新・物理学事典

大槻義彦　編
大場一郎

ブルーバックス

カバー装幀／芦澤泰偉・児崎雅淑
カバーオブジェ／富田　勉
図版／さくら工芸社
編集協力／下村　坦

編者まえがき

　学問の専門分野を学んだ人と、それを学ばなかった人との違いは何だろうか。それはすこぶる簡単である。その人がその分野の「総合事典（辞典）」の読み方を知っているかどうか、である。

　たとえばこの講談社ブルーバックスシリーズでは物理科学分野が大きな位置を占めている。もちろんその読者は大部分が専門以外の方々である。それらの方々でもブルーバックスのある特定の一冊が物理科学の分野に属するか、そうでないかは容易に判定できる。しかし、それが物理科学のうちのどのようなところに位置するかまでは、なかなか分からない。

　専門以外の方々が、現代物理科学分野をマスターして自分の知的な能力を高めようと、ブルーバックスの読破を試みる。しかし何十冊も読み進むうち、ふと不安になるにちがいない。
「これまで読み終えたブルーバックスは偏っていないのだろうか」
「考えてみればこれまでの読書分野は素粒子、クォーク関連だけではなかったか」
「物理科学全体の知識を獲得するためには他にどんな分野を読めばよいのだろうか」

　この戸惑いこそ、その分野の専門教育を受けた人とそうでない人との違いである。そこで唯一頼りになるのがその分野の「総合事典（辞典）」なのである。これがこのブルーバックス「新・物理学事典」の出版理由の第一である。あまたあるブルーバックスシリーズを手にとるとき、そのブルーバックスが物理科学という大きな学問のどの場所に位置するかをこの事典で確認して、これまで読んできたもの、これから読むべきものとの関係をこの事典で捉えてほしい。

　もちろん『事典』というからには事典本来の機能が当然含まれる。つまり不明な物理専門用語、物理法則、物理現象の分かりやすい解説を読者に提供することである。すでに物理分野では専門家用の分厚い事典が何冊も出版されている。これにアメリカ、ヨーロッパで広く利用されている物理学関連のエンサイクロペディアを加え

れば，われわれが利用できる物理学事典はありすぎるくらいである。しかしこれらはあくまでも専門家用なのだ。その意味ではブルーバックスの読者がかんたんに利用できる「非専門家用の物理学事典」が要望されることになる。

　上のような要望にこたえて16年前に出版された『現代物理学小事典』（本書の旧版）は幸い高い評価を受けて利用されてきた。旧版の製作，編集にたずさわった者として心から感謝申し上げたい。しかし物理科学の各分野の進展は目覚ましく，3～4年もたてば新しいトピックスも古くなる，という世界である。その発展に即応した改訂が待たれるわけであり，この時点での出版はむしろ遅すぎたほどである。この間，特に進展の著しかった「素粒子物理学」，「原子核物理学」と「物性物理学」の分野に関しては，新たな執筆者にも参加願い，内容を一新した。また前回は見送った「原子物理学」，「非平衡系の熱力学・統計力学」と「流体力学」の分野は，近年の先端技術と高速計算機の急激な発展に伴い予想すらしなかった驚くべき数多くの発見がなされ，ますます活況を呈している。このような現状から，これらの諸科学は事典に当然含まれるべき位置に到達しており，これらの分野に関しても新たな執筆者の方々から原稿をいただいた。このようにして旧版の内容を一新し，さらに新たな分野を加え，一層充実した『新・物理学事典』をここにお届けする次第である。

　本書の出版に賛同されてご執筆いただいた各分野の先生方には単なる原稿執筆以上のサポートをいただいた。あらためて深く感謝申し上げる。またこの膨大な編集作業を編者とともに成し遂げていただいたブルーバックス出版部の堀越俊一氏に御礼を申し上げる。

2009年5月
　　　　　　　　　　　　　　　　　　　　　　　　　　大槻義彦
　　　　　　　　　　　　　　　　　　　　　　　　　　大場一郎

編者・執筆者

編者　　大槻義彦・大場一郎

執筆者（五十音順。太字は各章責任者）
第 1 章　　**磯　暁**・藤川和男・山田作衛
第 2 章　　**谷畑勇夫**・土岐　博
第 3 章　　森下　亨・**山崎泰規**
第 4 章　　江馬一弘・**大槻東巳**・鹿児島誠一・岸本泰明
　　　　　・西川恭治
第 5 章　　**大槻義彦**
第 6 章　　**坂間　勇**
第 7 章　　大林康二・川村　清・**西川恭治**
第 8 章　　**小牧研一郎**
第 9 章　　**宮下精二**
第10章　　**山田道夫**
第11章　　**大槻義彦**
第12章　　**大場一郎**

目　次

編者まえがき ………………………………………………………………… i

第1章　素粒子物理学 ……………………………………………… 1
1. 素粒子物理学とは　2
2. 素粒子の分類とその物理量　3
3. クォークとレプトン　6
4. 時空の対称性と素粒子の性質　11
5. 相対論的場の方程式と場の量子論　14
6. 素粒子の相互作用とゲージ原理　16
7. 量子電気力学　19
8. 弱い相互作用と電弱理論　21
9. 電弱相互作用の実験　24
10. 強い相互作用の理論的側面　33
11. 量子色力学の実験検証　38
12. 大統一理論と超対称性　46
13. 素粒子論的宇宙論　53
14. 重力の量子論と超弦理論　56
15. 加速器と検出器　63

第2章　原子核物理学 ……………………………………………… 77
1. 原子核物理学の概要　78
2. 原子核の性質　90
3. 核物質　123
4. クォーク核物理　129
5. 原子核の構造理論　134
6. 核反応　150

第3章　原子物理学 ……………………………………………… 175
1. 原子に関わる典型的な物理量　176
2. 原子と分子　178

目 次

  3. 多電子原子　　182
  4. 重い原子と相対論効果　　185
  5. 原子衝突　　190
  6. 光と原子の衝突　　192
  7. 粒子と原子の速い衝突　　195
  8. 粒子と原子の遅い衝突　　198
  9. プラズマ中の原子過程　　206
 10. 中性粒子のトラップ　　211
 11. 荷電粒子のトラップ　　213

第4章　物性物理学　……………………………………221

  1. 物性物理とは　　222
  2. 結晶の原子配列と結合力　　224
  3. 結晶内の電子　　232
  4. 結晶の弾性的性質と格子振動　　241
  5. 磁性　　247
  6. 磁気共鳴　　256
  7. 電気伝導　　258
  8. 超伝導と超流動　　264
  9. 有機導体と低次元導体　　278
 10. 低次元半導体　　289
 11. 光物性　　296
 12. プラズマ物理　　305

第5章　量子力学　………………………………………325

  1. 光電効果　　326
  2. コンプトン錯乱　　327
  3. 黒体放射の量子論　　329
  4. 原子スペクトル系列　　331
  5. ボーアの原子モデル　　333
  6. 物質波　　335
  7. 量子力学　　337
  8. 波動関数の解釈　　340

目　次

9. 不確定性原理　342
10. 粒子の反射・透過　344
11. ポテンシャル障壁でのトンネル効果　346
12. 井戸型ポテンシャルの問題　347
13. 調和振動子の解　348
14. 水素様原子の解　351
15. 3次元調和振動子の解　353
16. 状態ベクトル　355
17. 行列力学　357
18. シュレーディンガー表示，ハイゼンベルク表示，相互作用表示　359
19. 定常状態の摂動論　361
20. シュタルク効果とゼーマン効果　362
21. WKB近似法　364
22. 遷移確率と黄金則　366
23. スピン　368
24. 波動関数の対称性　370
25. 散乱と散乱断面積　372
26. 重心系と実験室系　374
27. 部分波法　375
28. ボルン近似　377
29. 電磁場の量子論　380
30. 生成・消滅演算子　381

第6章　相対性理論 ……………………………………385

1. 相対性原理　386
2. 相対性理論　387
3. 特殊相対論的力学　388
4. 粒子速度の上限値　391
5. 相対論的力学の実験　396
6. 自由粒子のエネルギー　398
7. 運動量・エネルギー保存則　401
8. 光速度　403

目 次

  9. 時間・空間　405
 10. ローレンツ変換　408
 11. ミンコフスキー空間　412
 12. 宇宙旅行　414
 13. 4元ベクトル　418

第7章　電磁気学 …………………………………………423

  I　真空中の電磁気学
  1. 電気量と電流の単位　424
  2. クーロンの法則と電場　425
  3. 電位　433
  4. 導体と静電場　436
  5. 電気抵抗　440
  6. 電流と仕事　445
  7. 電流と磁束密度　448
  8. 磁場の強さと磁気モーメント　451
  9. 電磁誘導　455
 10. 交流　459
 11. 電磁波　463
 12. 電磁場のエネルギー　468
  II　物質中の電磁場
 13. 物質の電気分極　470
 14. 磁性　474
 15. 物質と電磁波の相互作用　478
 16. 線形応答　482
 17. 四端子回路理論　484
 18. 共振回路　487
  III　回路とエレクトロニクス
 19. 回路素子　490
 20. 回路　497
 21. コンピュータ　500
 22. 通信機器　502
 23. 科学計測機器　506

目　次

24. 家庭電化製品　509

第8章　熱学・熱力学・統計力学 …………………513
1. 熱力学的体系と状態方程式　514
2. 熱力学第1法則　517
3. 熱力学的過程　519
4. 熱力学第2法則　521
5. エントロピー　526
6. 熱力学関数　529
7. 開いた系　534
8. 混合理想気体　537
9. 平衡条件　539
10. 相転移　543
11. 熱力学第3法則　548
12. 一般の体系の熱力学　549
13. 統計力学の原理　553
14. ミクロカノニカル・アンサンブル　555
15. カノニカル・アンサンブル　558
16. グランドカノニカル・アンサンブル　561
17. 量子統計力学　562
18. フェルミ統計とボース統計　566
19. 理想気体の統計力学　568
20. 個体の統計力学　570

第9章　非平衡系の熱力学・統計力学 ……………573
1. エントロピー　574
2. ボルツマンのH定理　575
3. 情報の縮約　577
4. 1次相転移の動的性質　578
5. ランダムプロセス　583
6. マスター方程式　586
7. モデル化　588
8. 散逸現象　591

目　　次

　9. 散逸構造　596
　10. 線形安定性　598
　11. カオス　600
　12. フラクタル　608
　13. セルラーオートマトン　611
　14. その他　612

第10章　流体力学 …………………………………………619
　1. 巨視的記述としての流体力学　620
　2. 分子運動の統計的記述　622
　3. 流体運動の方程式　624
　4. 非圧縮性流体のナビエ-ストークス方程式　629
　5. 遅い流れと線形近似　631
　6. 圧縮性流体の流れ　633
　7. 流体を媒質とする波動　636
　8. 非圧縮性流れの非線形現象　640
　9. 地球流体力学　648
　10. 流体力学とコンピュータの発達　650

第11章　波動 ………………………………………………653
　1. 波の性質　654
　2. 波動方程式　655
　3. 波のエネルギーと運動量　657
　4. 波の重ね合せ　657
　5. 定常波　658
　6. うなり　659
　7. 屈折・反射の法則　661
　8. 音　662
　9. ドップラー効果　662
　10. 衝撃波　664
　11. 光　664
　12. ホイヘンスの原理　665
　13. 光の干渉　666

目　次

14. 光の回折　668
15. 回折格子による回折　669
16. 偏光　671
17. 複屈折　672
18. レンズ　673
19. 光の分散　675
20. ソリトン　676
21. 電子光学　678
22. 非線形光学　679

第12章　力　　学 …………………………………… 681

1. 運動学　682
2. 惑星の運動と万有引力　686
3. ニュートンの力学法則　689
4. 単位と次元　692
5. 運動量の保存則　694
6. 力とその性質　697
7. 線形な系と重ね合せの原理　700
8. 放物運動　702
9. 振動現象　705
10. 連成振動　709
11. エネルギーの保存　713
12. 非保存力とエネルギーの保存　716
13. 中心力場　717
14. ガリレイの相対性とガリレイの変換　720
15. 加速度系における運動方程式　721
16. 質点系の運動　726
17. 中心力場における二体問題　729
18. 剛体のつり合い　733
19. 平面内での剛体の運動　736
20. 固定点のまわりの剛体の回転運動　739
21. 弾性体の力学　743
22. 流体のつり合い　747

目　次

23. 流体の運動　751
24. 仮想仕事の原理とダランベールの原理　755
25. ラグランジュの運動方程式　758
26. ハミルトンの正準方程式　761

索　引（1. 事項索引）……………………………………764
　　　（2. 人名索引）……………………………………815

第 1 章　素粒子物理学

第1章　素粒子物理学

1. 素粒子物理学とは

　素粒子とは自然界のあらゆる物質を構成する最も基本的な粒子という意味である。したがって，素粒子を研究する素粒子物理学が物理学の最も基本的な分野を形作っていることになる。理想的な状況を仮定すれば，素粒子とそれらの間のもろもろの相互作用が明らかになれば，原理的には自然界に生起する全ての現象が第一原理から記述できることになる。

　当然のことながら，科学が進歩するに従って素粒子の概念も変化する。かつては，原子が最も基本的な粒子と見なされたことがあった。その当時には原子は素粒子と呼ばれるにふさわしい粒子であった。しかし，その後の物理学の進歩により原子は原子核とその周りを運動する電子から成り，さらに原子核は陽子と中性子で構成されていることが明らかになった。1960年代の中頃には，陽子とか中性子はクォークと呼ばれるより基本的な粒子からできていることが提案され，1960年代の終わり頃から1974年にかけてクォーク模型が実験的にも確証された。現在6個のクォークの存在が知られている。

　同時に，中性子とか陽子の中でクォークを結びつけている糊の役割をする粒子（グルーオンと呼ばれる）の存在が明らかになった。また，レプトンと呼ばれる電子および電子的なニュートリノとその仲間の粒子も，それぞれ3組（計6個）発見された。特に最近ニュートリノが非常に小さいが0でない質量を持つことが神岡の実験等により示唆された。ベータ崩壊等の弱い相互作用を媒介するW粒子とZ粒子も，その質量が陽子の質量の約80倍から100倍の大きさで発見された。

　これらの固有角運動量（スピン）1/2のフェルミ粒子（クォークとかレプトン）とそれらの間の相互作用を記述するスピンが1のベクトル粒子（グルーオンとかWとかZ粒子，それに電磁相互作用を媒介する光子γ）は現在素粒子の標準模型というものにまとめられ，標準模型は現時点では全ての実験事実を矛盾なく説明している。したがって，素粒子物理学とは何かと問われれば，標準模型に現れる粒子と相互作用がもたらすさまざまな現象を解明し，同時に標準模型を超えたより根源的な現象とか粒子を見つけ出し，それらの新しい基本粒子の間の相互作用を発見する試みといえる。素粒子

2. 素粒子の分類とその物理量

物理学の理論的な研究である素粒子論の一つの重要な側面としては，素粒子を記述する基本的な言語である量子力学およびその一般化である場の量子論のより深い理解と精密な定式化を追究することがあげられる。

(藤川和男)

2. 素粒子の分類とその物理量

(1) クォークとレプトン

今日素粒子と考えられているのは，陽子や中性子を構成しているクォーク族と電子やニュートリノに代表されるレプトン族で，それぞれ6種類が知られている。特性を整理して3組にまとめられ，それを世代と呼んでいる（表1-1）。クォーク族，レプトン族の世代ごとに，荷電流弱反応に際して相互に変換する粒子が対になってい

表 1-1 クォークとレプトン　　（ ）内は各粒子の記号

	第1世代	第2世代	第3世代	電荷
クォーク	アップ (u)	チャーム (c)	トップ (t)	$+\frac{2}{3}$
	ダウン (d)	ストレンジ (s)	ボトム (b)	$-\frac{1}{3}$
レプトン	電子ニュートリノ(v_e)	ミューニュートリノ(v_μ)	タウニュートリノ(v_τ)	0
	電子 (e)	ミューオン (μ)	タウ (τ)	-1

る（第3節，第4節参照）。世代の順は歴史的なもので，発見の順序だが，荷電粒子については重さの軽い順でもある。第2世代のミュー粒子は見つかってほぼ70年になるが，重さ以外全く電子と同じで，発見以来なぜ自然界にこのような重複があるのかナゾであった。30年ほど前にさらに第3世代の荷電レプトンのタウ粒子が見つかった。

中性レプトンのニュートリノは世代ごとに，電子ニュートリノ，ミューニュートリノ，タウニュートリノと対応する荷電レプトン名をつけて呼ばれる。一方，弱い反応に関与するときのクォーク族の各世代の組み合わせは，レプトン族ほど厳密ではないが，主要な相手と対にして示す。各クォークに与えられた名前を「香り（フレーバー）」と呼ぶ。クォークは，電荷，フレーバーの他に「カラー荷」を持ち，量子色力学により記述されるような反応を起こす。

第1章　素粒子物理学

(2) ハドロン

クォークでできている粒子をまとめてハドロンと呼び，陽子，中性子の他に，多くの中間子がある。ハドロンは厳密には素粒子でないが，今でも素粒子研究の対象である。数百種類のハドロンのうち典型的なものを表1-2に示す。クォークは数が増え過ぎたハドロンの分類のために導入され，最初はいわば仮想的な粒子だった。電

表 1-2 比較的軽いハドロンの分類表

		粒子		質量(MeV/c^2)	電荷	スピン	奇妙さ	クォーク構成
バリオン（重粒子）	核子	陽子	(p)	938.3	+1	$\frac{1}{2}$	0	uud
		中性子	(n)	939.6	0	$\frac{1}{2}$	0	udd
	ハイペロン	ラムダ	(Λ)	1115.7	0	$\frac{1}{2}$	−1	uds
		シグマプラス	(Σ$^+$)	1189.4	+1	$\frac{1}{2}$	−1	uus
		シグマゼロ	(Σ^0)	1192.6	0	$\frac{1}{2}$	−1	uds
		シグママイナス	(Σ$^-$)	1197.4	−1	$\frac{1}{2}$	−1	dds
		グザイ	(Ξ^0)	1314.8	0	$\frac{1}{2}$	−2	uss
		グザイ	(Ξ$^-$)	1321.3	−1	$\frac{1}{2}$	−2	dss
メソン（中間子）	パイ中間子	パイプラス	(π^+)	139.6	+1	0	0	u$\bar{\text{d}}$
		パイゼロ	(π^0)	135.0	0	0	0	* u$\bar{\text{u}}$, d$\bar{\text{d}}$
		パイマイナス	(π^-)	139.6	−1	0	0	d$\bar{\text{u}}$
	K中間子	Kプラス	(K$^+$)	493.7	+1	0	+1	u$\bar{\text{s}}$
		Kゼロ	(K^0)	497.6	0	0	+1	d$\bar{\text{s}}$
		反Kゼロ	($\bar{\text{K}}^0$)	497.6	0	0	−1	s$\bar{\text{d}}$
		Kマイナス	(K$^-$)	493.7	−1	0	−1	s$\bar{\text{u}}$
	エータ	エータ	(η)	547.5	0	0	0	** u$\bar{\text{u}}$, d$\bar{\text{d}}$, s$\bar{\text{s}}$

* u$\bar{\text{u}}$ と d$\bar{\text{d}}$ の混合状態
** u$\bar{\text{u}}$, d$\bar{\text{d}}$, s$\bar{\text{s}}$ の混合状態

荷は整数でなく，2/3や−1/3であるとされるが，実験では半端な電荷の自由粒子は見つかっていない。

ハドロンは3個のクォークで作られた重粒子とクォーク・反クォーク対で作られる中間子に大別される。それぞれクォークのフレーバーの組み合わせと結合の状態によって，さらに細かく分類できる。重粒子の代表，陽子と中性子は原子核を構成する粒子の意味で，まとめて核子と呼ばれることもある。一方，代表的な中間子は

2. 素粒子の分類とその物理量

かつて湯川秀樹博士が核力の媒介粒子として予言した π 中間子である。

エキゾチックな組み合わせのハドロンも予言され確認されていなかったが，最近新しい動きがある。4個のクォークと1個の反クォークでできたペンタクォークや2個のクォークと2個の反クォークでできていると考えられる粒子が報告されている。まだ確かでないものもあるが，検証実験と探索に弾みがついている。

(3) ゲージ粒子

ゲージ粒子は力の源となる粒子で，その代表例は電磁力を生む光子である。自然界の4種類の力，重力，電磁力，弱い力，強い力，それぞれが固有のゲージ粒子の交換に由来している（表1-3）。物質を構成する粒子にゲージ変換を行ったとき，運動方程式が不変で

表1-3 ゲージ粒子

		質量 (GeV/c^2)	電荷	スピン	結合定数
グルーオン	$g_{1\sim 8}$	0	0	1	カラー荷
光子	γ	0	0	1	電荷
弱中間子	Z^0	91.19	0	1	中性弱荷
	$W^\pm$	80.43	± 1	1	荷電弱荷
重力子	G	0	0	2	質量

あることを要求するとこれらの粒子が新たに必要になるので，ゲージ粒子と呼ばれる（第6節参照）。ゲージ変換の対称性によって異なった性質の力が生ずる。力の強さは反応に関与する粒子とゲージ粒子との結合の強さによって決まる。

(4) 反粒子

レプトンとクォークにはそれぞれ反粒子がある。反粒子は粒子と同じ質量で，逆符号の粒子数と電荷を持ち，粒子・反粒子が出会うと対消滅してゲージ粒子に変わったり，反対に反応のエネルギーが十分ならば，ゲージ粒子を介して粒子・反粒子が対生成されたりする。クォーク3個でできている重粒子にもそれぞれの反重粒子が存在する。一方，ゲージ粒子と中間子は反粒子が同じ表の中の仲間に含まれる。例えば正のパイ中間子の反粒子は負のパイ中間子であ

り，光子の反粒子は光子自体である。

(5) 分類の基準

素粒子の特性は，その質量，電荷，スピン，荷電スピンなどの値と，ゲージ粒子との結合の仕方で表される。

電荷は，電子の電荷の絶対値（e）を単位として数値だけで表される。

スピンは，粒子自体が持っているいわば自転運動に由来する角運動量で，プランク定数 h を 2π で割った量を単位として測る。レプトンとクォークのスピンは $1/2$ であり，ゲージ粒子は整数のスピンを持っている。ハドロンのスピンは，重粒子が半奇数，中間子が整数である。複数の粒子でできた粒子のスピンは，構成要素のスピンと，その間の軌道角運動量を合成したものとなる。

スピンが整数か半整数かで，粒子の統計力学的な特性が異なる。整数スピンの粒子は，ボース-アインシュタイン統計に従うので，まとめてボソン（あるいはボース粒子）と呼ばれ，一つの量子状態を複数個の粒子が共有できる。一方，半整数スピンの粒子は，フェルミ-ディラック統計に従うので，フェルミオン（あるいはフェルミ粒子）と呼ばれ，一つの量子状態にはたかだか1個の粒子だけが入れる。

(山田作衛)

3. クォークとレプトン

素粒子物理学はその名が示すように，物質を作る最も基本となる粒子とそれらの間の相互作用の解明を主な目的としている。電子と電磁場と核子（陽子と中性子）だけの範囲を越えて，現代的な素粒子物理学が始まったのは，フェルミ（Enrico Fermi）による弱い相互作用の理論と湯川による強い相互作用の理論に端を発するといってよい。1930年代前半に始まるこれらの理論には，それぞれ中性微子（ニュートリノ）およびパイ（π）中間子が新しい要素として導入された。素粒子物理学は，その後ミュー（μ）粒子の発見，戦後における π 中間子の確認，K中間子とかラムダ（Λ）粒子といった，ストレンジネス（奇妙さ）といわれる新しい量子数を持った粒子が大量に存在することの確認をもって一つのピークに達した。これらの粒子の分類と整理において，素粒子の電荷とストレンジネス

3. クォークとレプトン

を結びつける中野-西島-ゲルマン則が中心的な役割を果たした。これらの多くの素粒子（その大部分は不安定で，より安定な古くから知られている核子とか電子とか光子に崩壊する）が本当に基本粒子かどうか，これらの粒子の中のある粒子が他の粒子より「より基本的」である可能性も真剣に考えられ始めた。

このような考察から，陽子，中性子およびΛ粒子の3つの基本粒子から他の全ての強い相互作用をするハドロン族の粒子が作られている，とする坂田模型が提唱された。これらの3つの粒子を同等と考えると，それらを置き換える群として$U(3)$という群が考えられた（池田，小川，大貫，山口ほか）。この考えから群論的な側面を抽象化したものが，ゲルマン（Murray Gell-Mann）とネーマン（Y. Ne'eman）による八道説と呼ばれる素粒子の分類法である。この素粒子の八道説を説明するより基本的な粒子として$SU(3)$群の対称性を持つ3個のクォークが，1964年にゲルマンとツバイクにより導入された。これまでは素粒子と考えられていた核子，π中間子などのハドロン族の粒子は全てクォークの複合系と考える見方そのものは1960年代後半までに確立した。

しかし，クォークは半端な電荷（例えば，電子の電荷の1/3とか$-2/3$）を持つことが予言されていた。実験的には，半端な電荷を持つ粒子は知られていない。このため，多くの人たちにより，クォークはあるいは数学的な便法以上のものではないかも知れないと考えられたこともあった。しかし，1974年におけるJ/ψと呼ばれるチャーモニウムの発見（これは，第4のクォークcとその反粒子$\bar{c}$の結合状態と考えられている）により，クォーク模型は動かしがたいものとなった。現時点においては，クォークおよびレプトンと呼ばれる粒子の一群（すなわち，電子とかミュー粒子とかニュートリノ）が最も基本的な物質の構成要素と考えられている。

強い相互作用を持つハドロンと呼ばれる粒子の一群を構成する基本粒子として導入されたクォークには，現在6種類あることが知られている。これらは対にして二重項として分類すると弱い相互作用の考察からも便利なことが知られており，

第1章 素粒子物理学

$$\begin{pmatrix} u \\ d \end{pmatrix} \quad \begin{pmatrix} c \\ s \end{pmatrix} \quad \begin{pmatrix} t \\ b \end{pmatrix} \qquad \begin{pmatrix} \frac{2}{3}|e| \\ -\frac{1}{3}|e| \end{pmatrix}$$

クォークの3組の二重項　　　　　　　クォークの電荷

のように分類される。クォークの電荷は全ての二重項に共通で、電子電荷 e を単位にして $2|e|/3$ と $-|e|/3$ である。クォークにはそれぞれ名前がついており、u（アップ）、d（ダウン）、c（チャーム）、s（ストレンジ）、t（トップ）、b（ボトム）と呼ばれている。

　素粒子物理学の観点からすれば、これらのクォークはいずれも同等なものであるが、われわれを取り囲む日常目に触れる物質の構成要素という点では、u と d の2つのクォークが中心的役割を果たしている。すなわち、水素の原子核である陽子 p は、

$$p = (uud), \quad 電荷 = \left(\frac{2}{3} + \frac{2}{3} - \frac{1}{3}\right)|e| = |e|$$

重陽子の原子核を陽子とともに作る中性子 n は、

$$n = (udd), \quad 電荷 = \left(\frac{2}{3} - \frac{1}{3} - \frac{1}{3}\right)|e| = 0$$

のように、それぞれ3個のクォークから作られている。陽子とか中性子の間に働く強い相互作用を作り出す粒子として湯川により導入された π 中間子は、クォーク（一般的な記法で q）とその反粒子（$\bar{q}$）から、

$$\pi^0 = (u\bar{u} - d\bar{d}), \quad 電荷 = \left[\left(\frac{2}{3} - \frac{2}{3}\right) + \left(\frac{-1}{3} - \frac{-1}{3}\right)\right]|e| = 0$$

$$\pi^+ = (u\bar{d}), \quad 電荷 = \left(\frac{2}{3} - \frac{-1}{3}\right)|e| = |e|$$

$$\pi^- = (\bar{u}d), \quad 電荷 = \left(\frac{-2}{3} + \frac{-1}{3}\right)|e| = -|e|$$

のように作られている（一般に粒子と反粒子では、電荷とか他の量子数といわれる粒子を特徴づける数が逆になっている）。他のクォーク c, s, t, b は全て不安定であり、崩壊して最終的には u と d だけに落ち着く。

　このように、クォークは強い相互作用をするハドロン族の全ての

3. クォークとレプトン

粒子を作る構成子であるが,実験的には,陽子などから抜け出たクォークというものは観測にかかっていない。このことをどう理解するかは非常に重要な問題である。現在信じられているのは,クォークという粒子の間にはある種のひものような力が働いており,クォークは2つあるいは3つ集まって安定な組を作る以外は,"裸"の状態では陽子などから外へ出てこられないとするものである。このクォークの「閉じ込め」を説明するのは重要な問題であり,後に量子色力学の項でさらに詳しく議論される。

さて,クォークはハドロン族の粒子の基本的構成子であるが,自然界には強い相互作用をしないレプトン族と呼ばれる粒子(フェルミ粒子)の一群が存在する。これらも,クォークと同様にいくつかの二重項に分類するのが弱い相互作用の考察に便利であり,

$$\begin{pmatrix} \nu_e \\ e \end{pmatrix} \begin{pmatrix} \nu_\mu \\ \mu \end{pmatrix} \begin{pmatrix} \nu_\tau \\ \tau \end{pmatrix} \qquad \begin{pmatrix} 0 \\ -|e| \end{pmatrix}$$

　レプトンの3組の二重項　　　レプトンの電荷

のように,3組の二重項が実験的に確認されている(また実験的には,軽いニュートリノは3個以上は存在しないことも知られている)。レプトンの代表は電子 e であり,陽子と中性子から成る原子核の周りを回転して,いわゆる原子を作っている。レプトンという名前は本来「軽い粒子」という意味であり,実際電子は陽子や中性子に比して約 1/2000 くらいの重さである。その他のレプトンとしては,ミュー(μ)粒子およびタウ(τ)粒子が知られており,これらは電子よりもずっと重いという点を除いては,性質は電子と似ている。

これらの電荷を持つレプトンと対になって現れるのが,電荷を持たないニュートリノである。電子に対応して電子ニュートリノ ν_e,ミュー粒子に対応してミューニュートリノ ν_μ,タウ粒子にはタウニュートリノ ν_τ が,それぞれ知られている。ニュートリノの質量は非常に小さく(ニュートリノとは中性のちっぽけなものという意味),神岡鉱山での実験等により電子の質量の約 10^7 分の1程度以下であることが知られている。このような小さな質量がどうして実験的に測定可能かというと,ニュートリノ振動という現象があるからである(牧-中川-坂田の理論)。素粒子の模型の一般的な考え

第1章 素粒子物理学

に従えば，ニュートリノが質量を持つ場合には上記の3個のニュートリノは定まった質量を持っていなくて，定まった質量を持つ3個のニュートリノの線形結合になっている．例えば，中性子のベータ崩壊

n→p+e+$\bar{\nu}_e$

に現れる電子的な（反）ニュートリノ$\bar{\nu}_e$は，定まった質量を持っていない．簡単のため，仮想的に2個のニュートリノν_e，ν_μだけが存在するとすると，弱い相互作用で作り出されるニュートリノはθを定数として，

$\nu_e = \cos\theta \nu_1 + \sin\theta \nu_2$
$\nu_\mu = \sin\theta \nu_1 - \cos\theta \nu_2$

のように，定まった質量を持つニュートリノν_1，ν_2の線形結合で書ける．時間$t=0$において電子的なニュートリノが作られたとすると，量子力学の考えによれば時間tでは，

$$\nu_e(t) = \cos\theta e^{-im_1 c^2 t/\hbar} \nu_1 + \sin\theta e^{-im_2 c^2 t/\hbar} \nu_2$$

のように変化する．もし$m_1 \neq m_2$なら，時間$t \neq 0$でのニュートリノ$\nu_e(t)$は，上記のν_eとは異なり一般にν_μを含んでいる．したがって，時間$t \neq 0$で相互作用をしたときに電子を作り出す確率（これはどの程度ν_eを含んでいるかによる）が1より小さくなり，ミュー粒子を作り出す確率（これはどの程度ν_μを含んでいるかによる）が0でなくなる．このように電子型のニュートリノが時間が経つに従ってミュー粒子型のニュートリノを含む状態に変化する現象はニュートリノ振動と呼ばれている．

レプトンの議論に戻ると，3個知られているレプトンのうち，電子eを除く他の2つのμとτは不安定であり，例えば，

$\mu \rightarrow e + \bar{\nu}_e + \nu_\mu$

のように，他のレプトンへ弱い相互作用を通じて崩壊する．このため，われわれが日常目にする物質に含まれているのは電子のみである．しかし，宇宙空間から降り注ぐ宇宙線と上層の大気の衝突により多くのハドロンやレプトンが常時生成されており，そのため例えばμ粒子も素粒子の測定器で見れば，われわれの周囲にいつも降り注いでいる．

4. 時空の対称性と素粒子の性質

　以上のように物質の構成要素という観点からは，ハドロンに関しては，独立した粒子として観測されたことはないが，種々の実験事実から陽子などの内部には存在するに違いないと考えられているクォークが，現在のところ最も基本的な粒子といえる。レプトンに関しては，陰極線として古くから観測されている電子やその仲間であるμ粒子などが基本的なものである。

（藤川和男）

4. 時空の対称性と素粒子の性質

　光の速さは有限であり，しかもそれより速く伝搬できるものは知られていない。この意味で，光速は信号の伝わる最高の速度である。光の速さは，また，等速運動する人から見ればいつも一定である。止まっている人が測定する光速も，光を一定の速さで追いかけながら測定する人が見る光速も同一であることが，実験的に知られている。これらの事実から，アインシュタインは特殊相対性理論を提唱した（詳しくは，相対性理論の章参照）。

　ここで，素粒子物理学に関係した特殊相対性理論にまつわる重要な性質を説明したい。まず，特殊相対性理論の重要な帰結として，エネルギーと質量の同一性

$$E = mc^2$$

がある。ここに c は光速である。このことから，より重い粒子が軽い粒子に崩壊して，そのとき余分の質量が崩壊の結果できた粒子の運動エネルギーになることが可能になる。

　例えば，ミュー（μ）粒子が電子 e とニュートリノ ν_μ および反ニュートリノ $\bar{\nu}_e$ に壊れる現象

$$\mu \rightarrow e + \bar{\nu}_e + \nu_\mu$$

は，それぞれの粒子の質量を m_μ, m_e, m_{ν_e}, m_{ν_μ} とすると，

$$m_\mu > m_e + m_{\nu_e} + m_{\nu_\mu}$$

の関係があり，上記の崩壊における質量の変化分，

$$\Delta m = m_\mu - m_e - m_{\nu_e} - m_{\nu_\mu}$$

が電子 e およびニュートリノ ν_μ と $\bar{\nu}_e$ の運動エネルギーになり，その運動エネルギーの和は Δmc^2 となる。

　ここでエネルギーの保存則を使ったが，エネルギーの保存則は，より基本的には，時空間における時間の並進に対する一様性（すな

第1章 素粒子物理学

わち,時間の流れにおいて特殊な瞬間というものはない)ということの帰結として定式化できることが知られている。ここで時空間とは,特殊相対性理論では空間の3次元(縦,横,高さ)と時間を一緒にした4次元世界(これはミンコフスキー(Minkowski)空間と呼ばれる)を考えると便利であり,この4次元世界が時空間と呼ばれている。この観点からすれば,時間と空間は同等(完全には同等ではないが)と見なされる。したがって,空間の並進に対する一様性(すなわち,空間には特別な意味を持つ位置というものがない)ことから導かれる運動量の保存則と,上記のエネルギーの保存則は一つにまとめられ,エネルギー・運動量の保存則を与える。

空間の回転に関する一様性(すなわち,特別な方向というものはない)から同様に,角運動量の保存則というものが導かれる。これは,滑らかな面上のコマは回り続けるということであり,また,止まっているコマを回すにはそれに見合った角運動量をコマに与える必要があるということでもある。この回転運動に伴う角運動量という概念,およびそれが保存されるということは,素粒子物理学において非常に重要な役割を果たしている。その主な理由は,いわゆる素粒子と呼ばれるものは,固有角運動量(スピン)と呼ばれるものを持っているからである。スピンがどのような理由により起こっているかは知られていないが,それはコマの回転に伴う角運動量と同様な性質を持ち,かつスピンと通常の回転に伴う角運動量の和は(真空中では)保存される。

角運動量はプランクの定数と同じ次元を持つ。したがって,角運動量はプランクの定数を単位にして測られるわけであるが,実は量子論では,通常の回転に伴う角運動量はプランク定数(正確にはプランク定数 h を 2π で割ったもの $\hbar = h/2\pi$)の整数倍(たとえば2倍とか3倍)の値をとることが知られている。

上記のスピンと呼ばれるものもプランク定数を単位にして測定できるが,この場合は半整数倍(例えば1/2倍や3/2倍)も許される。これは古典論的には理解しがたいが,数学的には3次元回転群の2価表現であり,ディラック方程式のような相対論的波動方程式を考えると,ミンコフスキー空間の回転に関する一様性ということから自然に導入される。

4. 時空の対称性と素粒子の性質

　素粒子は，かくして，整数のスピンを持つものと半整数のスピンを持つものに大別される。整数のスピンを持つものはボース(Bose)粒子と呼ばれ，半整数のスピンを持つものはフェルミ(Fermi)粒子と呼ばれている。これら2種の素粒子の間には著しい差異がある。すなわち，フェルミ粒子はフェルミ統計に従い，パウリ(Pauli)の排他律を満たすことである。電子はスピン1/2を持つフェルミ粒子であるが，この排他律により，原子核の周りを回転する電子は一つの軌道に（スピンの2つの自由度を考慮して）2個以上入ることが許されず，全ての電子がエネルギーレベルが最低になる一番内側の軌道に落ち込むということはない。この性質は一般の原子の安定性，したがって身の周りの全ての物質の安定性を保証している。他方，ボース粒子はボース統計に従い，同じ量子状態に任意の個数の粒子が入ることができる。このように，半整数のスピンを持つ粒子はフェルミ統計に従い，スピン整数の粒子はボース統計に従うことは，特殊相対性理論と量子力学の基本的な原理から示され，スピンと統計の定理と呼ばれている。より具体的には，スピンと統計の定理は，特殊相対性理論を満たすよう構成された理論を量子化したときに，

1) 負のエネルギーは存在しない
2) 信号は光より速く伝わらない
3) 量子論の原理に従い，負の確率は存在しない

という3つの基本的な要請をすると，証明される。

　素粒子の分類という点からは，

　　フェルミ粒子：陽子，中性子，電子，ニュートリノ，……
　　ボース粒子：光子，π中間子，Wボソン，重力子，……

のように分けられる。われわれが通常の物質として認識しているものは，全てフェルミ粒子からできている。これに反して，ボース粒子は，主として素粒子間に働く力の担い手として認識されているものが対応している。

　その他，特殊相対性理論と量子論の重要な帰結の一つとして，粒子には必ず反粒子と呼ばれるものが対応して存在することが示される。反粒子は粒子と同じ質量と同じスピンを持っているが，電荷とかバリオン数（例えば，陽子はバリオン数1を持つ）とかレプトン

数（例えば，電子はレプトン数1を持つ）と呼ばれる量子数は全て反対の符号を持つ．光子の場合は特殊で粒子と反粒子は同じものである．いずれにしても十分なエネルギーがあれば，粒子と反粒子の対を加速器を使った衝突実験で作り出すことは一般に可能である．この性質が，新しい素粒子を実験室で作り出す基本となっている．

(藤川和男)

5. 相対論的場の方程式と場の量子論

ハイゼンベルク (Werner Karl Heisenberg)，シュレーディンガー (Erwin Schrödinger) らにより定式化された量子力学は，質点の古典力学をハミルトニアン形式と呼ばれる理論形式に書いたものに基礎を置いている．古典力学におけるポアソン (Poisson) の括弧式と呼ばれるものを，ディラック (Dirac) に従い交換関係と呼ばれるものに置き換え，さらにこの操作においてプランク定数 $\hbar$ を導入すると，形式的に量子論に移ることができる．このような量子論の初期の段階からハイゼンベルクによる質点力学の見方とド・ブロイ (Luis Victor de Broglie)，シュレーディンガーによる波動的な見方があった．量子力学の基礎方程式であるシュレーディンガー方程式は，波動方程式の形をしている．このことからシュレーディンガーは，物質波という考え方を強力に主張したことはよく知られている．この見方は，しかし，観測される電子は常に点状のものであり，シュレーディンガー方程式を物質波と見なすことから予想されるような，波のように電子が原子核の周りにそれ自体で広がったものではないことは明白であった．この問題は量子力学の章でも説明されているように，ボルン (Max Born) がシュレーディンガー波は確率波であるとする解釈を出したことにより，一応の決着をみた．

しかし，光の吸収とか放出を量子論的に記述するには，光を質点的に扱う方法では困難な点が多い．結局のところ，ディラックが示したように，マックスウェル (Maxwell) の方程式に現れる波を無限個の調和振動子の集合と見立てて，その固有振動モードのそれぞれを量子化して光子という描像に移るという考えにより，電磁場の量子化が行われた．すなわち，マックスウェルの古典的な波動場

5. 相対論的場の方程式と場の量子論

を改めて量子化して,波動場の量子論(すなわち,場の理論)が提案されたわけである。この波動場を量子化するという考えは,さらに,スピン 0 のスカラー場とかスピン 1/2 のディラックの電子場の量子化にも拡張された。この量子化法は,粒子描像から量子論へ移るのではなく,古典的な波動(ある種の物質波)を量子化することにより量子論へ移る可能性を与えるものであり,第二量子化法と呼ばれている。この方法は,粒子の生成と消滅,例えば,電子 e^- と陽電子 e^+ の光子 γ への対消滅

$$e^- + e^+ \rightarrow \gamma + \gamma$$

といった現象を記述するのに便利である。すなわち,空間内には全ての場に対応する固有振動といったものが内在しており,それを励起することが,粒子を作り出すと考えられるからである。また,粒子の数が変化しない低エネルギーでの現象を記述するときには,通常の質点の考えから出発する第一量子化法と同じ物理的な結果に導くことも示される。

この波動場の量子論,すなわち場の理論は特殊相対論との整合性もよく,ハイゼンベルクとパウリ以後,朝永-シュウィンガー(Tomonaga-Schwinger)の理論へと発展していった。同時に,質点に基礎を置く考え方も,ファインマン(Richard Phillips Feynman)が示したように,粒子の生成と消滅を記述する基本的な枠組みを与えることもわかった。しかし,現在においては,古典的な波動場とその量子化の結果として現れる粒子像という見方が最も自然なものとして,素粒子現象を記述する基本的な理論の枠組みとして採用されている。またファインマンの発明した経路積分法による量子化も波動場の量子化に適用され,摂動的および非摂動的な計算の処方として多用されている。

場の理論の枠組みでは,粒子には常に場が対応し,場には常に粒子が伴っていることになる。すなわち,電子には電子場,陽子には陽子場,π 中間子には π 中間子場,光子には電磁場,重力子には重力場といった具合である。これらの電子場とか中間子場とかの波動は真空中で生起するものであり,音波におけるような物理的な実体としての媒体というものを必要とはしない。また真空中で生起する波であることから,この 4 次元ミンコフスキー(Minkowski)時

空間の基本的対称性である特殊相対論と矛盾しない形に，波動方程式が書かれる必要がある。この要請から，可能な波動場の形，およびそれらの波動場の間の相互作用の形にかなり強い制限がつくことが知られている。波動場の方程式を書くときに基本になるのは，アインシュタインの関係式

$$E^2 = (c\vec{p})^2 + (mc^2)^2$$

である。この式で $E \to i\hbar \dfrac{\partial}{\partial t}$ および $\vec{p} \to (\hbar/i)\dfrac{\partial}{\partial \vec{x}}$ という置き換えをしたものを波動場 $\phi(x)$ に作用させた，

$$\left[\frac{\partial^2}{\partial (ct)^2} - \frac{\partial^2}{\partial \vec{x}^2} + \left(\frac{mc}{\hbar}\right)^2 \right] \phi(x) = 0$$

が，スピン0を持つ自由なクライン-ゴルドン（Klein-Gordon）場に対する波動方程式を与える。

場の理論およびくりこみ理論という形に定式化された量子論の適用限界は非常に広いものと考えられており，量子論が破れているという兆候は現在見つかっていない。 　　　　　　　　　　（藤川和男）

6. 素粒子の相互作用とゲージ原理

素粒子物理学においては，素粒子の分類が一つの大きなテーマであるが，この分類と並行して，分類の基礎となる素粒子の持つ種々の特性の解明が重要となる。素粒子の性質を決めているのが，とりも直さず，素粒子の間に働く力あるいは相互作用と呼ばれるものである。以下で見るように，この相互作用の解明が素粒子物理学のそもそもの誕生に導いたともいえる。

まず，原子や分子の世界を支配しているのが，電子と原子核あるいは電子相互の間に働いているクーロン力である。クーロン力は，電荷の間に働き，質量間に働く万有引力と同様に距離の逆2乗に比例する力である。

次に考えられるのが，原子の中心に存在する原子核を核子と呼ばれる陽子と中性子から作っている力である。この力は**核力**とも呼ばれ，この束縛力を説明するために，湯川によりパイ中間子が導入された。この力は，クーロン力に比してずっと短距離力であって，約 10^{-13} cm の距離にまで近づいたときにはじめて働く。この事実から逆に，湯川によりパイ中間子の質量が予言された。同時に，原子核

6. 素粒子の相互作用とゲージ原理

は非常に堅く結合しており，原子・分子の世界の出来事を考えるときには，安定な力の中心点を与えていると考えてよい。このことは，相互作用が非常に強い（あるいは直感的な描像でいえば，中性子とか陽子を結びつけているバネの定数が非常に大きい）ことを示す。このことが，核力が**強い相互作用**と呼ばれる所以である。

すなわち，陽子とか中性子の結合力を考えるときには，クーロン力はほとんど無視して構わない。この強い相互作用は同時に，加速された陽子を他の陽子にぶつけたときに衝突がどの程度頻繁に起こるかを決定する。素粒子の衝突では，古典力学におけるボールの衝突のときと同様に，その素粒子の大きさ（この大きさの目安は，コンプトン（Compton）波長と呼ばれ，粒子の質量に反比例する）が重要になるが，この半古典的な大きさに相互作用の強さを加味したものが，衝突の頻度を決める目安になる。すなわち，強い相互作用に基づく衝突は，他の相互作用に比して，粒子がいったん相互作用の力の範囲内に近づけばほとんど確実に起こることになる。

強い相互作用の本質を解明することが，湯川中間子論に始まり，第2次世界大戦後の素粒子物理学における中心テーマの一つであったが，これに関しては，1970年代の中期に至って大きな進展が見られ，現在に至っている。なお，強い相互作用を示す素粒子はハドロンと総称され，強い相互作用を示さないレプトン族（電子やニュートリノ）と区別される。

素粒子の相互作用としては，このほかにフェルミ（Enrico Fermi）により導入された**弱い相互作用**と呼ばれるものがある。この力は実際非常に弱くて，弱い相互作用以外の力を感じないと考えられるニュートリノは地球を貫通できるくらいである。弱い相互作用はしたがって，陽子と陽子の衝突を考えるときなどは，ほとんど無視してよい。しかし弱い相互作用が重要であるのは，この相互作用が電磁相互作用や強い相互作用と非常に違った特性を持っていることによる。

例えば，強い相互作用を示す粒子にラムダ（Λ）粒子と呼ばれるフェルミ粒子がある。この粒子は電気的には中性であるが，強い相互作用という点では中性子と（質量が約2割大きいという点を除いて）本質的に同等であると考えられる。このラムダ粒子は，有名な

17

第1章　素粒子物理学

中野-西島-ゲルマン則に現れるストレンジネス（奇妙さ）という量子数を持っており，強い相互作用と電磁相互作用がこのストレンジネスを変えないため，これらの相互作用だけを考えれば崩壊することなく安定に存在できる。しかし，われわれの周囲にはこのラムダを含む原子核といったものが見当たらない。この理由は，ラムダ粒子は弱い相互作用を通じて，

$$\Lambda \to p + \pi^-$$

のように陽子 p とパイ中間子 π^- に崩壊するからである。ラムダ粒子の寿命は約 10^{-10} 秒であるが，これは強い相互作用や電磁相互作用で崩壊すると考えたときに比してはるかに（約 10^{10} 倍）長い。

すなわち，弱い相互作用はそれが存在しなければ安定に存在できるような素粒子を崩壊に導くという特性のために，非常に弱い力であるにもかかわらず，その存在が確認されるわけである。弱い相互作用は歴史的には，原子核の β 崩壊の力として導入された。弱い相互作用の特性としては，他に非常に短距離力であることもあげられ，その力の到達距離は約 10^{-16} cm 程度である。この弱い相互作用の本質の解明に関しても，1970年代初期に理論的に大きな進歩が見られ，実験的にも1983年に至って理論の予言が確認された。

素粒子の間に働く力としては，以上の他にも万有引力として知られる重力の相互作用が働いている。この力は，他の3つの力に比してはるかに弱く，現在実験室で作り出されるエネルギーの大きさでは，素粒子に働く重力の相互作用は無視してよい。しかし，非常に高エネルギーになれば重力相互作用も重要になると考えられる。

以上議論してきた4種類の力は見かけ上非常に異なっており，全然別種の相互作用と見なされてきた。しかし，1970年代の初頭以降はこの見方に基本的な変更が加えられた。ゲージ場理論という考え方が基本的になったのである。ゲージ場理論とは，直感的にいうと，電磁場とその一般化を扱う理論である。ゲージ場理論は対称性という概念と結びついており，特に変換群という考え方と関係していて，電磁場は足し算の群（アーベル群）$U(1)$ と関係している。1954年から55年にかけて，ヤンとミルズ（C.N.Yang, R.Mills）および内山龍雄により，電磁場理論の一般の群への拡張の可能性が示された。これらのゲージ場は非アーベル的な群に関係しており，一

般に**ヤン-ミルズ場**と呼ばれている。第8節のワインバーグ-サラム理論および第10節の量子色力学の項でより詳しく説明するように，現在では弱い相互作用および強い相互作用は，いずれも電磁相互作用と同様にゲージ場理論で記述できると考えられている。重力場の理論である一般相対性理論も，一種のゲージ場理論と見なすことができることが知られている。

以上の電磁相互作用，強い相互作用，弱い相互作用および重力の相互作用が，いわゆる素粒子の4つの力と呼ばれているものである。それでは，これら以外にも力は存在するのであろうか？ 例えば，素粒子の大統一理論と呼ばれるものでは，陽子pの陽電子e^+と中性パイ中間子への崩壊

$p \rightarrow e^+ + \pi^0$

を媒介する力が存在すると予想されているが，まだ実験的には確証されていない。

(藤川和男)

7. 量子電気力学

光の運動を記述するマックスウェル（Maxwell）の波動方程式は特殊相対性理論の要請を満たしている。量子電気力学は，基本的には，このマックスウェル方程式で記述される光と電子の相互作用を記述する理論である。ひとたび電子に対する理論形式ができあがれば，他の荷電粒子にも適用できることになる。光と電子の相互作用の理論としては，古典力学の範囲内ではローレンツ（Hendrik Antoon Lorentz）により定式化が試みられた。

量子力学の発見により，電子は古典的な電荷という考えから今度はディラック（Dirac）方程式により記述される波動場を量子化したときに現れる粒子という見方に変わった。光もディラックにより，電磁場の量子化という形で粒子と波動性という2面性を矛盾なく記述する光子として定式化された。しかし，高次の量子効果を取り入れると自己エネルギーに無限大が生じることがわかった。このような無限大の量が現れるということは，電磁力学の量子論である量子電気力学が内部矛盾を含んでいるとも考えられた。

このように，量子力学に基づく理論でも高次の放射場の反作用というもの，すなわち，自分自身が放出した電磁場の中に自分自身が

第1章　素粒子物理学

いるという事実を考えると，理論が意味を失うように思われた。この困難の原因をどこに求め，どう解決するかが1930年代から40年代前半にかけての量子論の中心課題の一つであった。すぐに思いつく考えとしては，電子を量子論的にも内部構造を持つ（すなわち，大きさを持つ）粒子として定式化することが考えられるが，この考えでは特殊相対性理論との整合性を簡単な形で保つことは難しい。

もう一つの可能性としては，測定された質量や電荷と理論に最初から現れる質量や電荷を区別する考え方があった。すなわち，自己エネルギーという"衣を着た"後の電子が測定されるのであるから，無限大の量が計算の途中に現れれば，それを測定された質量（や電荷）に置き換えようという考えである。これは1930年代からディラックらによっても考えられたものであったが，本当に矛盾なくいくのかどうかわからなかった。この考えを，特殊相対論的な不変性といった一般的な枠組みと組み合わせながら，「くりこみ理論」という処方箋で一応の解決をみたのが，**朝永-シュウィンガー-ファインマン**（Tomonaga-Schwinger-Feynman）**の理論**である。

上記のプログラムを実行するには，場の量子論（現在の場合には電子と光子の理論）を特殊相対性理論と矛盾しない形に定式化することがまず必要であった。これは朝永の超多時間理論として知られているシュレーディンガー方程式の相対論的に不変な定式化により解決された。次に無限大の量の観測量への「くりこみ」の問題であるが，これに関しては放射補正の最低次の項（すなわち，1回だけ自分の放出した光と相互作用する）においては，朝永およびシュウィンガーにより定式化された。他方，ファインマンは彼自身の量子化法である経路積分という定式化を使って，より見通しのよい計算方法を提案した。これらの仕事を集大成したのがダイソン（Dyson）であり，彼は高次の放射補正を考えてもくりこみの処方箋が矛盾なくいくことを示した。

量子電気力学のくりこみ理論はこうして完成し，水素原子のラム・シフトの測定値の説明，電子の異常磁気モーメントの測定値との一致等において，驚くべき成功を収めた。高次のファインマン図の計算は木下東一郎等により高速計算機を駆使して遂行されている。このような計算に基づいて，量子電気力学は現在知られている限り

矛盾がなく，また実験事実との一致という点においても，われわれの知っている物理理論の中でも最もよい一致を示している。すなわち，理論と実験の一致という点では，くりこみ理論は見事な成功を収めた。

このように量子電気力学の成功は見事なものであるが，それでは無限大の量の除去というくりこみの操作はどういう意味を持つのであろうか？ 特に，くりこみ理論の枠内では電子の質量といったものを予言するのは不可能である。この問題に関しては，現在においても明確な解答は存在しない。ただいえることは，たとえ理論が有限であったとしてもくりこみという処方箋は，すなわち，測定された質量といったパラメーターを考えることは必要であるとも考えられる。放射補正の衣を着た後の質量とか電荷は，たとえていえば，自然を見る顕微鏡の分解能によって常に変化する概念であり，これらのパラメーターは測定器の分解能によっている。くりこみ理論のこの種の側面を強調するのが，「くりこみ群」という概念を重視する立場である。

（藤川和男）

8. 弱い相互作用と電弱理論

原子核の β 崩壊の理論に端を発したフェルミによる弱い相互作用の理論は，1956年のリー（Tsung-Dao Lee）とヤン（Cheng-Ning Yang）によるパリティ非保存の予言とその実験的な検証を経て，1957年にはファインマン，ゲルマンらによる V-A 理論として現象論的には完成された。パリティの破れとは，この世界に実際に起こっている現象を鏡に映して見たときに，鏡の中で起こっている現象は，この現実の世界では実現できないということを意味している。もう少し具体的な例でいうと，ニュートリノという粒子は，弱い相互作用で放出されるときには常に進行方向に関して左巻きに回転しながら運動している。このニュートリノの運動を鏡に映して見ると，鏡の中ではニュートリノは右巻きに回転しながら走っているように見える。しかし，現実の世界では右巻きに回転しながら走っているニュートリノというものは観測されていない。すなわち，鏡に映った世界はこの現実の世界では実現されない。これが，パリティの破れである。また，V-A 理論とは，パリティ変換すると V+A

に変わるような相互作用を記述するという意味であり、パリティの破れを特別な形の相互作用で記述している理論である。V-A 理論は、また弱い相互作用と電磁相互作用はともにスピンが1のボース (Bose) 粒子の交換に起因することを示唆している。

これに先立って、1950年代の前半にヤンとミルズにより、電磁相互作用を一般化したスピン1のボース粒子の理論の可能性が示されていた。これがいわゆるヤン-ミルズ (Yang-Mills) 理論であり、ゲージ場理論とも呼ばれ非常に基本的なものである。

さて、上記の弱い相互作用と電磁相互作用がともにスピン1の粒子により媒介されている可能性をヤン-ミルズ理論と結びつけるのは自然な考えのように思われる。事実、1957年にシュウィンガー (Schwinger) がそのような試みを行い、その後グラショー (Sheldon Glashow) により1960年前後にかけて発展させられていった。この考察は半現象論的なものであったが、重要な側面も含んでいた。それは、フェルミ相互作用により予想されていた $W^{\pm}$ という電荷を持つスピン1のボース粒子のほかに、電荷を持たない中性の Z^0 というスピン1のボース粒子を含んでいたことである。

弱い相互作用の特徴としては、力が弱いということと短距離力であることがあげられるが、この短距離力であるということを上記の $W^{\pm}$ や Z^0 が質量を持たない光子に比して重い粒子であるということに帰着させることが可能である。こうして、上記の $W^{\pm}$, Z^0 と光子 γ の4つの粒子が基本的にはほぼ同じ結合力を持っているが、何らかの理由で $W^{\pm}$ と Z^0 が重くなったため、弱い相互作用と電磁相互作用の間には非常な差異が現れたと考えることが可能になった。すなわち、電子 e の間の相互作用は、図1-1のように光子 γ の交換に起因するのに対し、弱い相互作用、例えば、ミュー (μ) 粒子の電子 e と2個のニュートリノ ν_μ および $\bar{\nu}_e$ への崩壊は、図1-2のように W^- の交換によるものである。さらに、ニュートリノ ν_μ と電子 e の間の相互作用は、図1-3のように、中性の Z^0 粒子の交換によるものとして記述される。また、これらの力の強さは基本的には差がなく、見かけ上の差異は $W^{\pm}$ と Z^0 が非常に重い (陽子の約100倍) ということに帰着させられた。

ところで、ここで一つの大きな問題が起こった。それは、量子電

8. 弱い相互作用と電弱理論

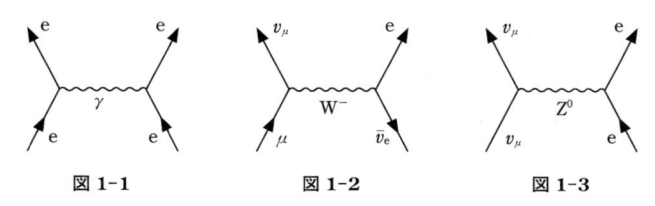

図 1-1　　　　　**図 1-2**　　　　　**図 1-3**

気力学の節で説明したように，光子の相互作用は朝永-シュウィンガー-ファインマンのくりこみ理論で見事に記述されることである。もし電磁相互作用と弱い相互作用を同一のレベルの相互作用として定式化しようとすれば，当然のことながら，弱い相互作用もくりこみ可能な理論であることが望ましい。しかし1960年代初期には，質量を持つスピン1の粒子の満足のいく量子論は知られていなかった。

この問題に関して解決の糸口になったのは，1950年代に現れた超伝導現象のBCS（Bardeen-Cooper-Schrieffer）理論であった。このBCS理論を素粒子物理に持ち込んだのは南部陽一郎であった。この業績で南部は2008年ノーベル物理学賞を受賞した。もしわれわれの真空が一種の超伝導体のようなものであるならば，超伝導体中におけるマイスナー（Meissner）効果（これは基本的には，通常の超伝導体中では光は質量を持つ粒子のように振る舞うことを示している）と類似の現象が起こる可能性がある。事実，真空が超伝導体のようなものであるなら，$W^{\pm}$，Z^0，γといったヤン-ミルズ場がその中に置かれたとき，$W^{\pm}$とZ^0だけが重くなり，γが質量0の通常知られている光子として振る舞うような可能性が示された。これは**ヒッグス**（Higgs）**機構**と呼ばれている。

このようにして，最初は$W^{\pm}$，Z^0，γが全て質量0の同じ種類のスピン1のボース粒子であったとき，その一部だけを非常に重くする「からくり」が明らかにされた。これを取り入れて1967年に理論を定式化したのがワインバーグ（Steven Weinberg）であり，翌年サラムも同様な提案を行った。ヒッグス機構の利点は，トホーフト（'t Hooft）により1970年代初頭に示されたように，こうして作られた質量を持つスピン1の粒子の理論は（量子化する過程である種の対称性が必然的に壊れるという現象，すなわち量子異常が生じな

ければ）量子電気力学と同様にくりこみ可能であることである。すなわち，現在知られている最も矛盾のない場の理論形式が弱い相互作用に対しても可能となった。

実験的には，Z^0の関与する中性カレント現象と呼ばれるものが1970年代に確認され，また1983年には$W^{\pm}$やZ^0の存在そのものも理論の予言値（すなわち，陽子質量の約100倍）と一致する質量で存在することが確認された。このようにして，**ワインバーグ-サラム**（Weinberg-Salam）**理論**あるいは電弱理論と呼ばれる弱い相互作用ならびに電磁相互作用の基本的統一理論は，実験的にも確かめられた。弱い相互作用はパリティを破ることはすでに説明したが，パリティ（P）変換と同時に粒子と反粒子を入れ替える変換（これはC変換と呼ばれる）を組み合わせたCP変換は，弱い相互作用では非常に良い精度で保たれていることが知られていた。上記のニュートリノの例でいえば，鏡の中のニュートリノは右巻きに回転しているが，このニュートリノを反ニュートリノに置き換えることを考えると，われわれの現実の世界でも実現される右巻きに回転しながら走っている反ニュートリノになる。このことは自然界の法則はCP変換に関して不変であると表現される。しかし実験的には，このCP対称性もごく少しであるが弱い相互作用で破れていることが，1960年代の中期にフィッチ（Fitch）とクローニン（Cronin）により発見されていた。このCPの破れをワインバーグ-サラム理論に取り入れる処方が，小林誠と益川敏英により提案され，実験的にも矛盾しない結果が得られている。

このように，実験と理論の予言値の比較は精力的に行われ，現時点では全ての実験事実はワインバーグ-サラムの理論で矛盾なく説明されることが知られている。今後の残された課題としては，この真空を超伝導体のようにしている基本的な仕組みを実験的に検証し，ヒッグス粒子と呼ばれている粒子が本当に存在するか否かを調べることである。

（藤川和男）

9. 電弱相互作用の実験

(1) 概観

電弱相互作用は電磁相互作用と弱い相互作用を統一的に記述する

9. 電弱相互作用の実験

考えであり、素粒子物理学の重要な一歩なので、詳細な検証がなされた。ことに電磁相互作用については古くから高精度の検証実験が続けられていて、精密にその正しさが確かめられている。加速器のエネルギーが上がるたびにいろいろな反応が詳しく測定されたし、特定の原子順位の間のエネルギー差の測定や、電子とミュー粒子の異常磁気能率の測定も長年継続されている。素粒子物理のみならず原子物理、低温物理も含めた幅広い検証実験で正しさが確かめられている。

反応エネルギーが数十GeVを超える領域では、光子に媒介される電磁相互作用とZ中間子に媒介される中性弱相互作用が干渉し、電磁相互作用だけを区別できないので、両者を統一した電弱相互作用として検証される。電子・陽電子衝突型の実験装置であるLEPやSLCで、Z中間子の質量に相当するエネルギーを挟んで精密な検証が行われ、陽子・反陽子衝突装置TEVATRONでのZ、W中間子の測定に加えて、詳細なデータが得られた。さらにエネルギーを200GeV強まで上げたLEP-IIでは、W中間子の対発生を観測し、その質量やゲージ結合を精密に測定した。W、Z中間子の質量の比と、さまざまの過程で測定された電弱混合角（ワインバーグ角）の値から、電弱統一理論の整合性が総合的に高い精度で確かめられている。電子（陽電子）・陽子衝突型の加速器HERAでは、重心系エネルギー300GeVでの偏極電子による荷電流弱反応の観測で、左手系電子（右手系陽電子）のみが反応することが確認された。

これらの検証実験の全てが電弱相互作用の正しさを示しており、ズレは見つかっていない。理論との整合性を表す手段として、未知の相互作用があったと仮定し、その効果を反映するパラメーターの下限値が用いられる。いろいろな反応に関して、値はいずれも数TeV（陽子質量の約1000倍）の程度である。

(2) ミューオンの異常磁気能率の測定

スピン1/2の粒子の磁気能率を表すg因子の大きさを、量子補正の無い値2からのズレとして測るので"$g-2$"実験と呼ばれる。ミューオン異常磁気能率を測定するには、極めて均一な偏向磁場を持つ専用の蓄積リングに、偏極したミュー粒子を蓄え、平均寿命の

第1章 素粒子物理学

数百倍（高速で走っているミュー粒子の寿命は相対論的効果で延びるので）の長時間にわたってスピンの歳差運動を測る。μ^+の崩壊では，パリティ非保存のためにスピンの方向に陽電子の出る確率が高い（μ^-の場合，電子は逆方向）。実験室系での崩壊電子のエネルギーは進行方向に対する放出角によって変わるため，一定のエネルギーを超えた電子を測れば，スピンの歳差運動を観測できる。

最近ではアメリカのブルックヘブン国立研究所で精力的な国際協力実験が続けられている。正負両方のミューオンについて有効数字8桁の精度で測られていて，両者は誤差の範囲で一致している。$(g-2)/2$ の値は $11659208(\pm 6) \times 10^{-10}$ である。この値と比べるための理論値は輻射補正を計算して求めるが，高次の補正計算が必要で，ファインマングラフの自動計算プログラムを用いた膨大な計算が，木下東一郎らによってなされた。高次補正には電磁相互作用，弱い相互作用だけでなく，ハドロンが関与する部分があり，ハドロン補正は他の実験データを用いて推定する。その際にどんな反応のデータを用いるかによって，$(g-2)/2$ の値の実験誤差よりも大きな不確定性が生ずる。実験値と今の理論的な予想値には若干のズレがあり，それが統計のバラツキではないとして，原因を輻射補正の誤差以外に求めると，例えば，超対称性粒子の効果が考えられる。そのためハドロン補正の精度向上への努力が続けられ，ズレは減っている。

(3) W，Z 弱中間子の特性

電弱相互作用の理論では，弱中間子の W^+，W^-，Z^0 と光子は，$SU(2)_L \times U(1)$ のゲージ粒子が混合したものだから，弱中間子の質量，弱い相互作用の結合定数，電荷の間に関係がある。電弱相互作用の検証には，弱中間子質量，これらの弱中間子の生成，崩壊などいろいろな過程を精密に測定する。それぞれから結合定数などを求め，種々のデータを総合的に解析して，理論の枠組みとの整合性を検討する。

W，Z 中間子はともに CERN の $S\bar{P}PS$ と呼ばれる陽子・反陽子衝突型の加速器で1980年代始めに発見され，その後アメリカのフェルミ国立加速器研究所のさらにエネルギーの高い陽子・反陽子衝突装置 TEVATRON で詳細な質量測定が続けられた。現在もフェル

9. 電弱相互作用の実験

ミ国立加速器研究所ではCDFとD0の2つの測定器グループが活躍している。これらの実験では、Z中間子やW中間子が崩壊してできた粒子のエネルギーから親の質量を再構成するため、測定器の校正が精度の決め手となる。例えばZ粒子の場合には電子・陽電子対に崩壊した事象について不変質量分布が測定された。W中間子の場合には、電子とニュートリノの対に壊れるので、不変質量を直接計算することはできないが、W中間子の運動方向に対する崩壊電子の横向き運動量の分布などを用いて質量が推定された。さらに、Z^0質量のエネルギーに達する電子・陽電子衝突装置で詳細な検証実験が行われた。Z中間子については、まずSLACの電子・陽電子線形衝突装置SLCのSLD実験がピークを測定し、引き続いてCERNのLEP-Iでの4つの大型国際実験（ALEPH, DELPHI, L3, OPAL）により大量のZ^0中間子が観測され、ほとんど全ての反応に関して高精度の測定がなされた。LEP-Iはその後LEP-IIとしてエネルギーが増強され、W中間子対の生成断面積のエネルギー依存性や、それぞれW中間子が2本のハドロンジェットになる事象の再構成から質量測定を行った（図1-4）。

電子・陽電子衝突では、基本的にはビームエネルギー全部がZ中間子1個、あるいはW中間子の対となるから、加速器のエネルギーも弱中間子の質量を決める際の有効な指標となる。LEP-Iでは加速器のエネルギー精度を上げる努力がされ、近くを通るフランスの高速鉄道TGVの電流や、レマン湖の水の干満や月の影響による大地の変形効果までも補正された。

輻射補正等を加えた結果で比べると、異なった実験、手法で得られた弱中間子の質量は誤差の範囲でよく一致している。現在の世界平均はZ中間子の質量は $91.1875 \pm 0.0021 \text{GeV}/c^2$、W中間子の質量は $80.450 \pm 0.034 \text{GeV}/c^2$ であり、有効数字4から5桁の精度が得られている。

Z中間子とW中間子の質量の比は、ワインバーグ角（θ_W）と呼ばれる電弱混合角に関係する。具体的にはW中間子質量とZ中間子質量の比が、$\cos\theta_W$ に等しい。ワインバーグ角の正接（$\tan\theta_W$）は $SU(2)_L$ と $U(1)$ ゲージグループの結合定数の比として定義された量で、従来ニュートリノ反応など別の手法でも測定されていた。

第1章 素粒子物理学

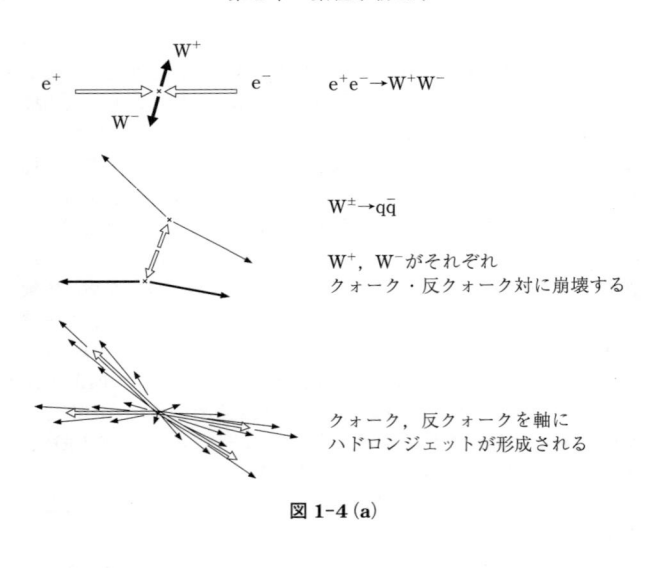

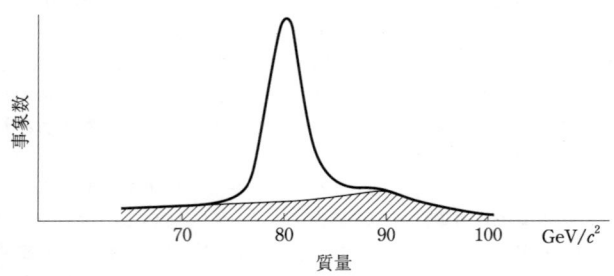

$e^+e^- \to W^+W^-$

$W^\pm \to q\bar{q}$

W^+, W^- がそれぞれクォーク・反クォーク対に崩壊する

クォーク,反クォークを軸にハドロンジェットが形成される

図 1-4 (a)

図 1-4 (b) 斜線部は、ジェットの組み合わせの間違いや、他の事象に由来するバックグラウンドの予想分布。

また、Z中間子とレプトンやクォークの結合定数もワインバーグ角に関係する。各モードへの分岐比の測定や、さらに電磁相互作用との干渉による前後方非対称、タウ粒子の偏極の測定から結合定数が求められ、それを用いてワインバーグ角を求められる。SLCでは

9. 電弱相互作用の実験

縦偏極電子・陽電子の衝突を実現し、左手系右手系の非対称からワインバーグ角を高精度で測定した。

いろいろな手段で決められた電弱混合角の正弦の2乗値($\sin^2\theta_W$) は 0.23 程度の値が得られていて、よく一致し、電弱相互作用の正しさが確かめられている。ただ、ハドロンが関わる過程と純粋にレプトンだけの過程で、わずかの差異が見られるが、これはハドロンが絡んだプロセスの理解がまだ不十分のためではないかと考えられている。

電弱相互作用のパラメーターの輻射補正にはトップクォークやヒッグス粒子の質量に依存する補正が含まれる。その際にトップクォークについては既知の質量と整合がよく、未発見のヒッグス粒子の質量については緩やかな許容範囲が求められている。$200\mathrm{GeV}/c^2$ 程度以下でないと整合性が崩れる。

CERN の LEP-I では Z 中間子を介して生ずる全ての終状態について分岐比が測られ、理論値との合致が確かめられたが、その一環として、Z 中間子の(寿命の逆数に当たる)全崩壊幅の測定からニュートリノ対に壊れる部分幅が求まり、軽いニュートリノが正確に3世代あることもわかった。素粒子の標準模型ひいては宇宙物理にも関係する重要な量である。

また、CERN の LEP-II の W 中間子対生成では、光子、Z^0 を介する s チャンネル過程とニュートリノを交換する t チャンネル過程が寄与し、実験結果はその予想値と一致している。標準模型で与えられる電弱相互作用以外の異常結合の兆しはなかった。

(4) ヒッグス粒子の探索

真空の自発的対称性の破れによって弱中間子 $W^\pm$ とか Z^0 に質量を与える原因として予言されているヒッグス粒子は標準模型の要であり、電弱相互作用の検証では最重要の課題であるが、未解決である。20年余にわたって、高エネルギー加速器ができるたびに探索が試みられ、CERN の LEP-II ではエネルギーを徐々に上げながら最後まで努力が続けられたが、これまでのエネルギー範囲では見つかっていない。

電子・陽電子衝突の場合ヒッグス粒子は、エネルギーが十分であれば Z 中間子とともに、H と Z の対として作られるし、多少足りな

第1章 素粒子物理学

ければ仮想状態のZ中間子を通じたレプトン対を伴って作られる。ヒッグス粒子がLEP-IIで作られた場合には重いbクォーク対に壊れる可能性が大きい。LEP-IIの運転も終わりに近づいた頃,ヒッグス粒子の質量としてふさわしい$105\text{GeV}/c^2$の近辺に,このような反応を示唆する事象も見られ,一時話題となったが,事象数が少なくバックグラウンドとの区別ができないまま運転終了となった。ヒッグス粒子探索は,今後は陽子・反陽子衝突型のFNALコライダーでの実験と,LEPの後にCERNで建設された陽子・陽子衝突装置LHCでの実験に引き継がれる。現在の質量の推定許容範囲,$200\text{GeV}/c^2$以下であれば,そう遠くない将来に発見されると期待される。もし質量が$135\text{GeV}/c^2$以下であれば,CERNでのLHCに先駆けて,フェルミ研究所のTEVATRONで発見される可能性もある。

もしもLHCでもヒッグス粒子が数百GeV/c^2を大きく超える範囲にないと判明すれば,標準模型全体の再検討を含めて新たな考察が必要となる。

(5) フレーバー物理

強い相互作用をする粒子であるハドロンが弱い相互作用をするときには,荷電流反応に関与するクォークは質量の固有状態ではなく,Cabibbo-小林-益川(CKM)行列により混合して,3世代のフレーバーの固有状態になる。小林-益川模型は,その際に世代数が3以上であれば,混合行列要素に複素数を導入でき,CP非保存を起こせることを提案したものである。この業績で,小林と益川は2008年ノーベル物理学賞を受賞した。CP非保存現象は約40年前に中性K中間子の希崩壊で発見され,以来高精度の実験が続けられている。近年新しくB中間子の崩壊でもCP非保存が確認され,混合行列の複素成分の測定精度が急速に向上している。

B中間子の詳細な研究のために建設されたのがBファクトリーと呼ばれる非対称エネルギーの電子・陽電子衝突装置である。両ビームの重心系エネルギーを,B中間子対に崩壊する質量約$10\text{GeV}/c^2$のボトムクォークと反ボトムクォークの結合状態であるウプシロンの4S共鳴状態に合わせて運転する。作られたB中間子対は重心系では静止しているが,重心系自体がエネルギーの高い方のビームの

9. 電弱相互作用の実験

方向に走っているから、B中間子対はその速さで走りながら崩壊する。その速さとそれぞれの崩壊点の間の距離から、両者が崩壊した時間の差を知ることができる。いわば、片方のB中間子が崩壊した際にストップウォッチをスタートさせ、もう一方が崩壊するまでの時間を測ることができる。崩壊粒子のどちらかをBあるいは反Bの崩壊と識別すると、その時点では相棒がその反粒子であり、時間とともにそれが変化する様子を知ることができる。このことを使ってCP非保存の研究がなされている。中性B中間子の場合には、B^0（あるいはその反粒子 $\overline{B}^0$）中間子が時間とともに $\overline{B}^0$（あるいはその反粒子 B^0）中間子に変わる現象があり、その際にCP非保存の効果が現れる。

Bファクトリーとしては、つくばの高エネルギー加速器研究機構のKEK-Bと最近停止した米国のスタンフォード大学にあるSLACのPEP-IIという2つの施設で、それぞれにBelleとBaBarという大型の国際共同実験が、結果を競っている。ビーム衝突頻度を表すパラメーターは輝度（ルミノシティー）と呼ばれる量で、これに反応断面積を乗ずると単位時間当たりにその反応の起こる頻度が得られる。Bファクトリーは従来の衝突装置に比べ桁違いのルミノシティーを実現して、1日あたり100万対の B^0 と $\overline{B}^0$ の事象を生成でき、稀にしか起きないB中間子の崩壊を研究することもできるよう

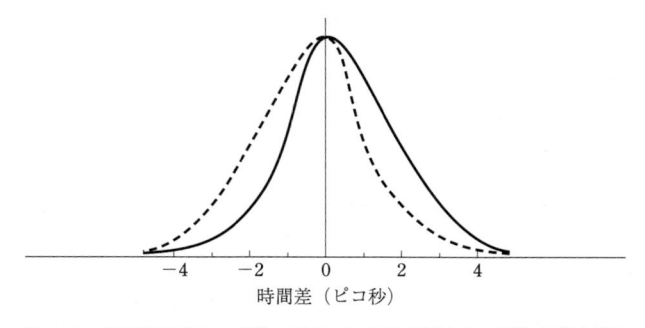

図 1-5 終状態が $(J/\psi + K^0_S)$ の事象で、相手が B^0 として崩れた場合（実線）と $\overline{B}^0$ として崩れた場合（破線）の、崩壊時間の差に対する頻度分布。両者の違いはCP非保存を示す。

になった。

B中間子でのCP非保存現象は、終状態がJ/ψ粒子と呼ばれるチャームクォークと反チャームクォークの結合状態とストレンジクォークを含む中間子K_sに壊れる事象を解析して見つかった。（図1-5）この崩壊はB^0からも$\overline{B}^0$からも起こるが、親がB^0だったときと$\overline{B}^0$だったときに、もしCP対称性が破れていれば、崩壊が起こる時間分布が同じではなく、小林-益川行列のパラメーターに関する情報が得られる。結果は従来のK中間子実験と矛盾しておらず、Bファクトリーのデータも加えてさらに精度良くパラメーターを決められるようになった。

B中間子は他にもいろいろな壊れ方をする。そのうちいくつかは非常に稀にしか起こらないが、やはりCP非保存現象を示すものがある。例えばπ^+とπ^-からなる終状態にも、B^0中間子、$\overline{B}^0$中間子の両方が壊れるが、測定された分岐比は異なることがわかり、やはりCP対称性が破れている。この場合には、上述の崩壊モードの場合とは別のより直截なメカニズムが働いていると考えられているので、さらに詳しいデータが待たれている。新しい物理への道を拓く可能性のある崩壊モードがいろいろあり、上記の2つの実験グループが競り合いながら次々と新発見を報告している。今後、観測値が全て標準模型の枠内にうまく収まるか、新しい物理への確かな手がかりが見つかるか、非常に興味深い。いずれも稀な崩壊のために、統計精度をさらに上げる必要がある。

(6) K中間子希崩壊

CP非保存に関するK中間子の希崩壊モードは、発見以来40年経っても超高精度で測定されている。寿命の長い方の中性K中間子K_L^0の$\pi^0\pi^0$への崩壊と$\pi^+\pi^-$への崩壊が、CERNとFNALで精力的に測定され、結果の一部に若干ではあるが有意に異なった値を報告していた。ビームの作り方など手法に多少の違いはあるものの、どちらも入念な解析を行っていたし、この差異が崩壊の際に直接CPを破る成分があるかどうかという疑問に関わっていたため、大きな問題だった。しかし、両者の最新のデータは一致し、直接CP対称性を破る効果もあるとの結論が得られて、問題は決着した。

K_L^0中間子の希崩壊で唯一観測されずに残っているのは、π^0とニ

ュートリノ対に崩壊するモード（$K_L^0 \to \pi^0 \nu \bar{\nu}$）の分岐比の測定である。この分岐比からも小林-益川行列の虚数成分の大きさが求められ，B中間子とは独立の情報が得られる。しかし，予想分岐比は極めて小さい上に，反応に関わる全ての粒子が中性で，実験は極端に難しい。最近 KEK で最新の測定器による観測が行われたが，まだデータ解析中で結果は報告されていない。12GeV 陽子加速器の運転が終了したので，今後は新しく建設中の大強度陽子加速器 J-PARC に測定器を移して実験が続けられるだろう。　（山田作衛）

10. 強い相互作用の理論的側面

強い相互作用を記述する理論は，電弱相互作用を記述するワインバーグ-サラム理論と同様に非可換ゲージ場の理論で記述される。ワインバーグ-サラム理論が $SU(2) \times U(1)$ 群で与えられるゲージ対称性を持っていたのに対し，強い相互作用は，$SU(3)$ のゲージ対称性を持つ。クォークなどの $SU(3)$ 色電荷を持つ粒子の間に働く相互作用はグルーオンと呼ばれるゲージ粒子で媒介されている。この理論は，量子色力学（Quantum Chromodynamics），略称 QCD と呼ばれる。この理論の大きな特徴は，漸近自由性と色電荷の閉じ込めである。

(1) 漸近自由性

量子場の理論では，真空は常に粒子，反粒子が生成消滅を起こしているダイナミカルな状態である。このため，試験的な色電荷を真空状態に置くとその周りの真空が分極し，その試験色電荷に働く有効な相互作用定数が変化する。これは，物質中に置かれた電荷の誘電効果と，本質的に同じ現象である（ただし物質中では，古典的に分極が起こるのに対し，真空中では量子的に起こる点が違う）。このエネルギーとともに変化する相互作用定数のことを「走る相互作用定数」（running coupling constant）または有効相互作用定数と呼ぶ。

有効相互作用定数の振る舞いを与えるのが，ベータ関数と呼ばれる量であり，エネルギー E での有効相互作用定数を $g(E)$ と書いたとき，そのエネルギーを変えたときの変化率

第1章 素粒子物理学

$$\beta(g) = \frac{\partial g(E)}{\partial \log E}$$

で定義される。ベータ関数 $\beta(g)$ が正（負）だと，エネルギーが高くなるにつれ，有効相互作用定数は大きく（小さく）なる。量子電磁力学のような $U(1)$ ゲージ対称性を持つ可換ゲージ理論では，電荷を持った物質場の量子効果により，摂動計算ではベータ関数は正となり，その結果，有効相互作用はエネルギーが増えるに従い大きくなる。

一方，量子色力学のような非可換ゲージ理論では，ゲージ粒子自身が色電荷を持ち，この量子的な効果でベータ関数が負になりえる。実際，摂動の1次での計算によると，$SU(N)$ 対称性を持つ非可換ゲージ理論では，ベータ関数が，

$$\beta(g) = -\frac{g^3}{(4\pi)^2}\left(\frac{11}{3}N - \frac{2}{3}n_f\right)$$

と与えられる。n_f は基本表現に従うフェルミ粒子の数である。量子色力学の場合 ($N=3$) に，このベータ関数を積分して有効相互作用定数を求めると，

$$\frac{g^2(E)}{4\pi} = \frac{12\pi}{(33-2n_f)\ln(E^2/\Lambda_{QCD})}$$

となる。物質場の数が16以下だと，ベータ関数が負となり，有効相互作用定数は，エネルギーが増えるとともに減少する。この振る舞いは漸近的自由性と呼ばれている。積分定数 Λ_{QCD} は，QCD スケールと呼ばれ，量子色力学を特徴づける大事なエネルギースケールである。実験的には，200MeV 程度であることが知られている。

この漸近的自由性のために，高エネルギーの散乱実験を行うと，QCD の有効相互作用は無視できるようになり，クォークは自由粒子のように振る舞う。第11節で解説するように，深非弾性散乱実験ではブヨルケン（Bjorken）のスケーリング則が成り立つ。これを簡単に説明したのがファインマンのパートン模型であるが，漸近自由なクォークこそがファインマンが導入したパートン粒子そのものとなっている。実際の実験では，もちろん有効相互作用定数は完全にゼロではなく，上の式からわかるように対数でエネルギーに依存している。この効果がスケーリング則の破れとなって現れる。摂動

10. 強い相互作用の理論的側面

的QCDと呼ばれる理論的解析によりその破れは詳細に計算されており、実験ともよく整合している。

(2) 色電荷の閉じ込め

一方，低エネルギー（長距離）では相互作用定数はどんどん増加し，QCDスケール Λ_{QCD} で発散してしまう。もちろんこの領域では摂動計算ができなくなるが，いずれにしても有効相互作用が非常に大きくなる。すなわちクォーク同士を長距離へ引き離そうとするとその間に働くQCD相互作用がどんどん大きくなって，ある距離よりも遠くへは引き離せなくなる。このように「色電荷を持ったものは単独では取り出せない」ことをクォーク（色電荷）の閉じ込めという。これが，クォークやグルーオンが単独で見つからないことの理由である。距離 r だけ離れたクォーク間に働くポテンシャルは，近距離ではクーロン力と同じ $1/r$ であるが，遠距離になると距離に比例した r 的な振る舞いをすると考えられている。このようなポテンシャルを仮定してクォークと反クォークからできている中間子の質量を計算すると，実際の実験値と良い一致を得ることができる。

色電荷の閉じ込めは，QCDの真空が誘電率0の完全反誘電体だと考えると定性的に説明できる。すなわち色電荷を持った粒子間には，色電荷の電束が走っているが，誘電率0のために色電荷間を結ぶ細いひも状の領域を除いて，色電場が0になる。電束の保存からひも状の領域の中では，色電場の強さは一定となり，このため色電荷間のポテンシャルエネルギーが距離に比例する。この現象は，外部磁場を排除する完全反磁性体である超伝導体でのマイスナー効果と類似の現象である。この類似をさらに推し進めると，電荷を持ったクーパー対が凝縮して完全反磁性体ができたように，磁化を持つ磁気単極子が凝縮すれば色電荷の閉じ込めが起こることがわかる。色電荷の閉じ込めは，定性的にはよく理解されているが，量子色力学から数学的に厳密に導くことはまだできていない。

1995年にサイバーグ（Seiberg）とウィッテン（Witten）は，$\mathcal{N}=2$ という拡大された超対称性を持つ4次元のゲージ理論の低エネルギーでの有効作用を厳密に求めることに成功した。この理論に摂動を加え $\mathcal{N}=1$ という最小限の超対称性を持つ理論まで壊してや

ると、実際、磁気単極子が凝縮し色電荷が閉じ込められていることが示された。このアプローチを推し進め超対称性のない通常の量子色力学で閉じ込めを証明できるか、期待が持たれているが、まだ完全には実現していない。

(3) 格子ゲージ理論

量子色力学から、実際に陽子等のバリオンやロー中間子等のメソンの質量を求めようとすると、低エネルギーで相互作用が非常に強くなるため、解析的な手法にはどうしても限界が生じる。そこで、ウィルソン（Wilson）やポリアコフ（Polyakov）により提案されたのが、格子ゲージ理論である。格子ゲージ理論は、場の理論を有限格子上で記述して、数値的にその性質を調べることを目指す。このやり方は相互作用が強くても数値計算が可能なため、ハドロンの質量や構造関数を求めるために今では欠くことのできない手法となっている。

また格子ゲージ理論は、強結合展開などの通常の摂動展開とは異なる解析方法も開発されていて、場の理論の非摂動的な振る舞いを調べるのにも適している。格子ゲージ理論は、ウィルソン（K. Wilson）の繰り込み群により基礎づけられる。格子ゲージ理論は有限な間隔を持つ格子上で記述されるが、最終的に欲しい連続理論がこのような人為的に導入した有限サイズの格子の詳細によっては困る。これを保証するのが、普遍性（universality）という概念である。ウィルソンは、スピン系の相転移点近傍での臨界現象の解析から、繰り込み群と呼ばれる手法を開発し、格子上に、正しく場の理論をのせる処方箋を与えた。現在では、格子ゲージ理論専用のスーパーコンピュータが開発され、ハドロンの質量、QCDの相構造などが活発に研究されている。

現在の格子ゲージ理論の最大の理論的問題は、フェルミ粒子に関する問題である。フェルミ粒子の入った分配関数は一般的に複素数になるため、数値的に物理量の期待値を計算するとき、統計的な誤差が非常に大きくなる。さらに、ディラック方程式に特有なカイラル対称性を持つフェルミ粒子を格子上にのせようとすると、（多数のフェルミ粒子が同時に表れる）ダブリングと呼ばれる問題が生じる。伝統的には、やはりウィルソンにより提案された方法で、ダブ

10. 強い相互作用の理論的側面

リングに伴い現れる不要な自由度を取り除いていたが、この方法だと量子色力学で重要なカイラル対称性を破ってしまうという問題があった。この問題はここ数年精力的に研究され、ドメインウォール型のフェルミ粒子の演算子やギンスパーグ-ウィルソン（Ginsparg-Wilson）関係式を満たすディラック演算子を用いたフェルミ粒子の定式化が開発され、カイラルな性質を満足な形で扱えるようになってきている。

(4) 強い相互作用のその他の話題

量子色力学は、すでに30年以上も前に提案され研究が進められてきたが、相互作用が強く摂動展開では理解できない点も多く、まだ多くの謎がある。その中でも興味深い点の一つは、閉じ込め相とは異なる相の存在であろう。特に、高温で色電荷が遊離しクォークとグルーオンの状態になったクォーク・グルーオン・プラズマ相や、色電荷を持つクォークのクーパー対が凝縮する色超伝導相などの相が予想されている。これらは宇宙初期や高密度天体内部などで実現している可能性があり、さらにはブルックヘブン国立研究所で進行中の重イオン散乱実験でその兆候が見えているという報告もなされている。

量子色力学のもう一つの重要な問題は強い CP 問題と呼ばれるものである。QCD にはセータ項と呼ばれる CP 対称性を破る位相項をゲージ理論の作用に追加する自由度が残されている。このような項

$$\mathcal{L}_\theta = \frac{\theta}{32\pi^2} \epsilon^{\mu\nu\lambda\rho} F_{\mu\nu} F_{\lambda\rho}$$

があると、中性子が $10^{-14}|\theta|$e・cm 程度の電気双極子モーメントを持つことがわかる。一方で実験からの上限値は 0.63×10^{-25}e・cm と非常に小さく、セータ項に現れるパラメーターが $|\theta|<10^{-9}$ を満たさないとならないことを意味する。なぜ任意に導入できるパラメーターの値がこのような小さい値を持つのか、この問題は強い CP 問題と呼ばれている。強い CP 問題の自然な解決法として現在知られているのは、マイナスの固有パリティを持ち質量が小さいアクシオン（axion）という粒子を導入し、この粒子のダイナミクスでこのパラメーターを 0 にすることである。アクシオンは超弦理論のよ

うな統一理論からもその存在が自然に導かれる．さらに，宇宙の暗黒物質の候補ともなっており，現在でもアクシオン粒子の探索が続いている．
(磯　暁)

11. 量子色力学の実験検証

クォーク間の力の理論である量子色力学は，電子の深非弾性散乱を理解する有力な理論として発達した．この理論の特徴である漸近的自由と呼ばれる性質によって，陽子の構成要素が深非弾性散乱ではあたかも自由な粒子のように，（仮想的な光子を介して）電子と反応することが説明された．1970年代に入ると電子以外に，ミュー粒子やニュートリノのビームによる深非弾性散乱も行われ，核子の構造研究が詳しくなるとともに，量子色力学の検証も進展した．構成要素の電荷がクォークの電荷と一致することや，電荷を持たず電子とは反応しない構成要素があり，それがグルーオンと見なせることなど，理論との整合性が確かめられた．

一方では，新たに電子・陽電子衝突実験のエネルギーが上がると，生成された粒子（ハドロン）が束になって飛び出すハドロンジェットが観測され，新しい視点からQCDが検証されるようになった．グルーオンに由来するジェットが見つかり，その発生頻度などからQCDの結合定数の測定が行われた．さらに，陽子・反陽子衝突で発生する高エネルギーのハドロンジェットの解析も有力な手段となった．深非弾性散乱の実験も電子・陽子衝突の実現で散乱エネルギーが上がり，陽子構造の解明が格段に進展した．

高エネルギーの原子核・原子核衝突で，クォークがハドロンに閉じ込められていない状態であるクォーク・グルーオン・プラズマを再現しようとする研究も進んでいる．

このように，多彩な実験研究でQCDの検証が進みQCDの基本的な特性が測定される一方，高エネルギーのクォーク対（あるいはクォーク・ダイクォーク対）が最終的にハドロンジェットとなる過程について詳細な模型が作られ，観測との定量的な比較がなされている．

(1) 深非弾性散乱

レプトンと核子の深非弾性散乱とは，散乱過程の4元運動量移行

11. 量子色力学の実験検証

の2乗（Q^2）が大きい領域の非弾性散乱のことである。Q^2の逆数は電子が反応する空間的領域の大きさ，すなわち分解能を示す。電子・陽子の弾性散乱や核子の共鳴状態生成反応の断面積がQ^2の増加とともに急速に減少するのに対し，深非弾性散乱の断面積はQ^2が増してもほとんど減少しない。それを理解するのに，ファインマンは高エネルギーの核子を構造のない自由な粒子（パートンと呼ばれる）の束と見なし，電子と核子の非弾性散乱を，パートンと電子の弾性散乱の重ね合わせと考えた。電磁相互作用による散乱を想定すると，散乱確率はパートンの電荷とエネルギーで決まり，散乱電子を観測するだけで陽子中のパートンの情報が引き出せる。すなわち，散乱後の電子のエネルギーと散乱角から，散乱に関わった核子内パートンの運動量分布が求められる。これは陽子の構造関数と呼ばれる量で，第1近似として，反応のエネルギーが変わっても急速に変化することはないから，期待される深非弾性散乱の断面積のエネルギー依存性はゆるやかなものとなる。詳細には，構造関数はQ^2と散乱後の電子エネルギーの比（ブヨルケン（Bjorken）変数と呼ばれ，xと書かれる）だけで表されるようなスケーリング則を示す。xは電子散乱の標的となった粒子（パートン）の運動量が核子運動量全体の中で占めていた割合を示す量である。

1960年代にスタンフォード線形加速器で行われた実験で，実際にQ^2とxの広い範囲でスケーリング則が観測された。その後電子だけでなくフェルミ研究所やCERNでミュー粒子やニュートリノを用いた実験も行われ，測られた構造関数から構成要素（すなわちパートン）がクォークと同定された。電子やミュー粒子の場合，電磁反応により散乱が起こるから，散乱クォークの電荷の2乗に比例して反応する。ニュートリノの場合には反応頻度はクォークの弱結合定数の2乗に比例し，かつパリティ非保存のためにクォークと反クォークによる違いも生ずるから，反クォークの分布関数を分離して測ることができた。さらに構造関数の積分から，散乱に関わる構成要素の全運動量が得られる。それは核子の運動量の約半分しかなく，残りは電荷を持たない（かつ弱い相互作用もしない）成分が担っているとわかった。この残りの運動量をグルーオンが持つと考えれば，核子がクォークとそれを結びつけるグルーオンで構成される

という QCD の描像と合致する。核子内のバレンスクォーク（素朴なクォーク模型に現れるクォーク）と海クォーク（量子効果で作られるクォークと反クォーク）の違いを反映して、反クォークの分布がブヨルケン変数 x の小さな領域に集中することも確認された。

(i) スケーリング則の破れ

深非弾性散乱に関わるときのクォークについてより詳しく考えると、次のような描像が得られる。クォークは仮想的なグルーオンの雲に囲まれている。Q^2 が小さなときは、それが全体として反応しているが、Q^2 が増大し解像度が上がると、クォークから遠くにあるグルーオンの雲は反応に関与しなくなり、反応に関わるクォークの運動量は減ってくる。逆に電荷を持たないグルーオンも微細に見ると、クォーク・反クォーク対（海クォーク）に変化している時間があり、電子と反応するパートンの量が増す。その結果、特定の x 値で見ていると、Q^2 の変化によって分布関数は一定ではなく変化するはずである。つまり、QCD の高次の効果によって、スケーリング則は破れている。

電子より高いエネルギーが得られるミューオンビームで深非弾性散乱の実験がなされると、エネルギー領域が10倍ほど拡大した。高エネルギーでの実験データが増えるにつれて、スケーリング則の破れが確かめられた。予想通り、Q^2 の増大に従い x の大きい領域で分布関数は減少し、x の小さな領域で増加することが明らかになった。この状況を記述するのがアルタレーリとパリジ（G.Altarelli, G.Parisi）が提案した QCD 発展方程式である。その後多くの改良が加えられ、他の貢献者（Y.L.Dokshitzer, V.N.Gribov, L.N.Lipatov）の頭文字もつけて DGLAP 方程式と呼ばれる。これを用いると、ある Q^2 値での構造関数を基準にして、他の Q^2 での構造関数を計算でき、広範囲で実験値を再現する構造関数が得られている。

(ii) 電子・陽子衝突

深非弾性散乱のエネルギー領域は、電子（あるいは陽電子）・陽子衝突装置の HERA によってさらに約10倍になり、探査領域の Q^2 の値は、それに対応して100倍に拡大した。その結果、スケーリング則の破れは広汎な運動学的領域で測定され、QCD による計算

11. 量子色力学の実験検証

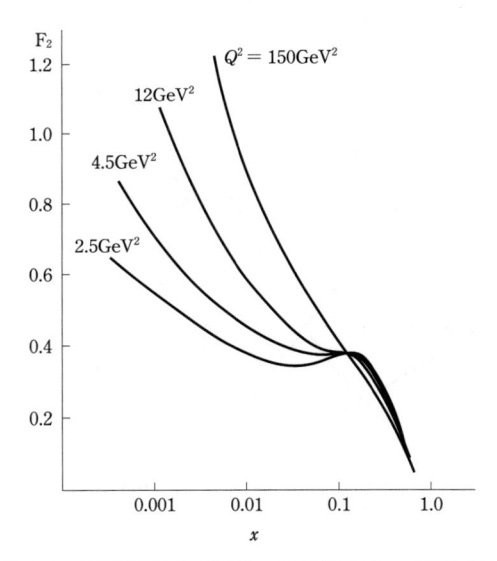

図 1-6 構造関数F_2のx依存性。Q^2の増加によって変化する。

と詳細に比較できるようになった。反応エネルギーの増大は、xの非常に小さな領域での構造関数測定も可能とした。図1-6に示すように、xの値が小さいほどスケーリング則の破れは顕著になることがよくわかる。発展方程式もさらに多くの研究者によって改良されて、低いQ^2値で予想される、ほとんどバレンスクォーク（素朴なクォーク模型に現れるクォーク）だけを考えた構造関数から出発して、Q^2が$10^4\mathrm{GeV}^2$に及ぶ非常に大きな範囲のデータが再現されている。

スケーリング則の破れから、間接的にグルーオンの分布関数も評価できて、図1-7のような結果が得られている。チャームクォークを含む中間子の生成から、陽子中のチャームクォークの分布関数も測定されている。また、高エネルギーの電子（陽電子）・陽子衝突では弱い相互作用による反応も起こる。この場合の弱い相互作用の荷電流反応は、ちょうどニュートリノ反応の逆反応に相当し、終

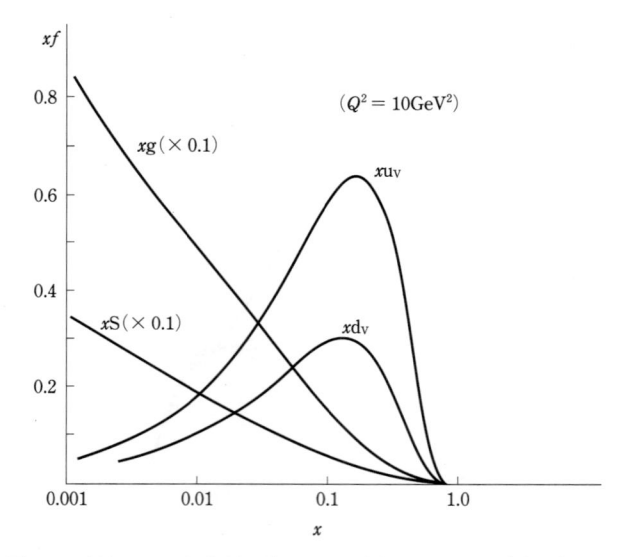

図 1-7 価クォーク (uとd), 海クォーク (S), グルーオン (g) 分布にブヨルケン変数 x を乗じた量 (xf) の x 依存性。海クォークの半分が反クォークである。xS と xg は x の小さなところで急増するため、10分の1にして表示してある。

状態にニュートリノが発生する。この反応の場合には電子と陽電子によって、反応に関わるクォークのタイプが異なるから、陽子中のクォークを識別した分布関数が測定される。これまでのデータを総合した解析で、陽子構造の理解が格段に進んだ。

(2) 電子・陽電子衝突

電子・陽電子衝突も QCD 研究の強力な手段である。電子・陽電子衝突では、両者が対消滅して光子あるいは Z^0 中間子のようなゲージ粒子を介して別の粒子の対生成が起こる。この際、高エネルギーで真空中から最初に対創生されるのは、本当の素粒子であり、QCD に基づいてハドロン生成を考えると、まず真空からクォーク対が作られる。ハドロン生成断面積は重心系の全エネルギーで生成できるクォーク対の種類数と電弱結合定数だけで決まる。複雑なハ

11. 量子色力学の実験検証

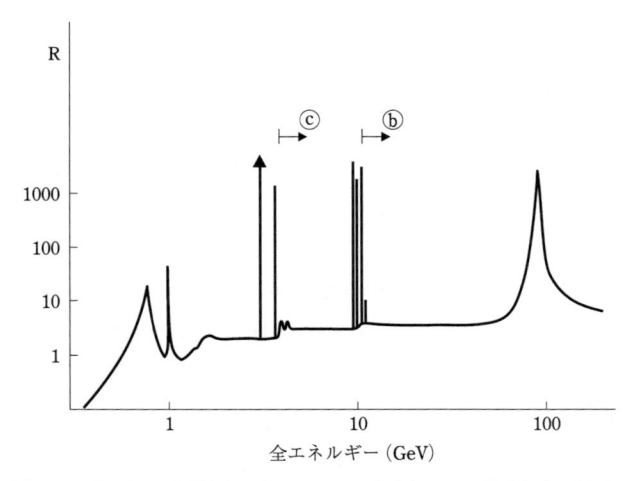

図 1-8 電子・陽電子衝突反応のハドロン生成とミュー粒子生成の断面積の比Rのエネルギー依存性。新しいクォーク生成のしきい値ⓒとⓑで階段状に増加している。

ドロン終状態は2次的なハドロン化の結果なので、第1近似では考えなくともよい。数 GeV 以上のハドロン生成断面積は、この予想と見事に一致し、QCDによる描像を裏づけた。ハドロン生成断面積とミュー粒子対生成の全断面積との比はRと呼ばれ、作られるクォークの半端な電荷の値の2乗を全て加えた量に等しい。その際、各種類のクォークに赤、青、緑のカラーの自由度3を考慮して3倍すると、実験結果は見事に再現された（図1-8）。ことに、チャームクォーク生成のしきい値近傍で、ハドロン生成断面積が期待される幅でステップ状に増大し、その近傍には（チャームクォークと反チャームクォークの結合状態である）チャーモニウムの鋭いピークと、チャーム中間子対生成の共鳴状態がいくつも現れたが、クォークの存在に実験的な支持を与え、クォークが広く認められる基礎となった。

電子・陽電子衝突のもう一つの成果は、生成ハドロンがエネルギーの増大につれてジェット（粒子の束）になるのを観測したことで

第1章　素粒子物理学

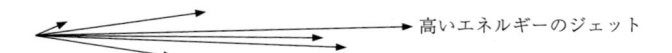

図1-9 クォーク（あるいはグルーオン）のエネルギーが増すと，それによって生ずるハドロンのジェットが一層前方に集中する様子。ハドロン生成時の横向き運動量の平均値がほぼ一定のためである。

ある。作られたクォーク・反クォーク対がハドロンに変化する過程はこう考えられる。クォーク・反クォークが離れるに従って，その間にグルーオン場が紐のように伸び，そのエネルギーが増すと，真空中からクォーク対を生み出して，それぞれ両端にクォーク・反クォークのついた2本の紐に分離する。クォーク・反クォーク対のエネルギーが閉じ込めエネルギーの程度に減るまで，何度も紐が伸びては切れ，最後に多数の中間子が発生する。真空から生まれるクォーク対は紐の伸びる方向に対して大きな横向きの運動量を持たず，結果としてハドロンは最初にできたクォークと反クォークの方向に沿って飛び出す。十数 GeV から 200GeV の広い範囲で系統的な研究がなされた。例えばジェットは衝突エネルギーが高くなるに従ってより細くなるなど，期待通りの結果が得られている（図1-9）。時にはダイクォーク（2個のクォークの集まり）・反ダイクォーク対が真空中に生じることもあり，その場合にはバリオンの対が作られる。ジェット中のハドロンの運動量分布が再現するモデルも整備されている。

　高次の QCD 過程によるグルーオン放出があると，ジェットの数は2本よりも多くなる。実験ではその分布から，QCD の結合定数が推定できる。ことに，4ジェット放出の頻度は，QCD の重要な要素である3グルーオン結合の大きさに関して情報を与えた。

(3) 陽子・反陽子衝突実験

　高エネルギーでの陽子・反陽子衝突は，実際は素材のクォークと反クォークの衝突である。クォーク・反クォーク散乱やクォーク・

11. 量子色力学の実験検証

反クォークの対消滅に伴う2個のグルーオンの生成が起こり,いずれの場合にもハドロンジェットが発生する。ビーム軸に対して横向き運動量の大きなジェットの観測によって,大角度散乱の素過程を選別でき,構造関数と QCD の結合定数の積から求めた反応頻度と比較する。誤差の範囲で,横向き運動量分布は QCD に基づく予想値に合っている。

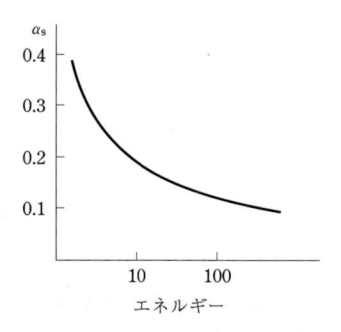

図 1-10 反応のエネルギー(または $\sqrt{Q^2}$ の)スケールによって QCD の結合定数が変化する様子。

また,クォーク・反クォークが対消滅して2個のガンマ線に変わる反応やレプトン対になる反応(後者はドレル-ヤン(Drell-Yan)過程と呼ばれる)も起こり,電磁反応がよくわかっているので陽子の構造関数について情報が得られる。

クォーク・反クォークの衝突では,頻度は極めて小さいがグルーオン以外に重い弱中間子に媒介される反応も起こり,ちょうど重心系エネルギーが中間子質量に等しいときには,弱中間子生成が起こるが,これについては電弱相互作用の実験(第9節)で述べた。また,弱中間子を介して重いクォークの対発生も起こる。現在のところ,これがトップクォークを生成する主要な反応である。

(4) QCD 結合定数のエネルギー依存性

QCD の結合定数のエネルギー依存性がエネルギー増大につれてその対数に反比例して減少するのが特徴である。いろいろな解析で結合定数が測られ,反応に関わるエネルギーあるいは Q^2 の関数として,理論予測どおりに対数的に減少することが確かめられている(図 1-10)。

こうした QCD の検証にはハドロンジェットの生成頻度や運動量分布などを調べるのだが,その際に若干の配慮が要る。まず,一定の相対論的不変質量を持った共鳴状態の崩壊と違って,ジェットを構成するハドロン群は決まった質量を持つわけではない。また2本

のジェットの放射軸が近いと1本に見えることも，その逆もある。そもそもソフトな QCD 過程とパートンのハドロン化の間に明確な境界はない。ジェットを一義的に同定できないため，その研究には，明確なジェットの定義が必要である。いろいろな手法が開発されているが，同じ条件で決めたジェットの分布を比較する必要がある。高エネルギーでは，カロリーメーターを用いて，ハドロンエネルギーの角分布から，その集中度合いを調べる方法が広く使われている。

(山田作衛)

12. 大統一理論と超対称性

現在確立している素粒子の標準模型とは，強い相互作用を記述する量子色力学と電弱相互作用を記述するワインバーグ-サラム (WS) 模型とを指し，$SU(3)_c \times SU(2)_L \times U(1)_Y$ のゲージ対称性を持つ。これらの基本的なエネルギースケールは，QCD では $\Lambda_{QCD}=200\text{MeV}$，WS 理論では，対称性が自発的に破れるスケールである 100GeV 程度である。この素粒子の標準模型は，ジュネーブにある LEP-II 実験などで非常に精度よく確かめられ，今のところそこからの有意なズレは見えない。物理学は，常に，これまでのモデルでは説明できない現象を，簡単な方法で説明することで発展してきた。その意味では，素粒子物理学は，先の見えない時代にいるともいえるが，もしかしたら，すでにある未知の現象にわれわれが気が付いていないだけかも知れない。また標準模型が確立されているとはいえ，理論的にはいくつもの不満足な点もある。まずは，標準模型の何が問題なのか，見てみよう。

(1) 標準模型の問題点と相互作用の統一

標準模型には，数多くのパラメーターが残されている。3つのゲージ相互作用定数やフェルミオンに質量を与えるヒッグス粒子との湯川相互作用，カビボ-小林-益川 (CKM) 角などである。これらは，理論から予言できない自由なパラメーターである。マックスウェルが電気力と磁気力が同じ力であることを見抜き電磁気理論を作って以来，違う相互作用がもとは同じであったという考えが，統一理論と呼ばれる考え方である。その典型が，電磁気力と弱い相互作用を統一的に理解した WS 理論であろう。自然の成り行きとして，

12. 大統一理論と超対称性

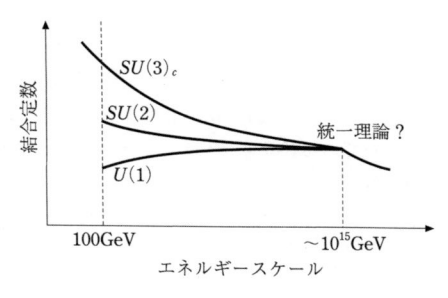

図 1-11

多くのパラメーターを持つ標準模型をより統一的に理解できないか，と考えたくなる。

これをサポートする大きな証拠が，繰り込み群による有効相互作用の統一である。前の節で説明したように，素粒子間の相互作用定数は，量子的な効果によりエネルギー依存性を持つ。強い相互作用は，漸近的自由であり，エネルギーとともに結合定数は減少する。電弱相互作用の $SU(2)_L$ に関する結合定数もやはり同様に減少するが，その仕方はよりゆっくりである。一方，可換ゲージ理論である $U(1)_Y$ の結合定数は，ゲージ粒子の寄与がないため，ベータ関数が正になり，高エネルギーでは結合定数が増大する。これを図示したのが，図1-11である。これを見ると，とても不思議なことにエネルギーが 10^{15}GeV 付近で，3つの結合定数がほぼ同じ値に重なっているのがわかる。このことは，高いエネルギーで，3つの相互作用が統一されていることを示唆していると考えるのが自然である。

(2) 大統一理論

そこで，1974年にジョージャイ（Georgi）とグラショー（Glashow）は，標準模型を一つの大きな群に統一する理論を提案した。これを大統一模型（Grand Unification Theory，略して GUT）と呼ぶ。彼らは，$SU(3) \times SU(2) \times U(1)$ を含む最も小さな群としてリー群 $SU(5)$ を考えた。物質場としては，各世代ごとに，$\bar{5}$表現と10表現を考えると，標準模型での各世代の粒子 [Q, u^c, d^c,

L, e^c〕が次のようにぴったりと収まる。

$$\bar{5}=[d^c,\ e,\ \nu],\qquad 10=[Q,\ u^c,\ e^c]$$

ここで, $Q=(u,\ d)$ と $L=(\nu,\ e)$ は, $SU(2)_L$ の二重項であり, u^c, d^c, e^c は, $SU(2)_L$ の相互作用を持たない右手成分を荷電共役変換したものである。粒子でいうと, u, d, e と u^c, d^c, e^c がアップクォーク, ダウンクォーク, 電子の左巻きと右巻き成分, ニュートリノには左巻き成分しかなく ν で表している。また, クォークには色電荷の自由度が3つずつある。

(3) 大統一理論の予言

この模型から予言できることをまとめてみよう。まず, ゲージ結合定数（詳しくは, 結合定数の2乗）がGUTの質量スケール M_G で α_G という値に統一されている。すなわち2つのパラメーターがある。これが自発的に破れ, 標準模型のゲージ対称性が現れる。標準模型には3つの結合定数がある。そこで, 精度よく測られている電弱相互作用の2つの結合定数（例えば, 電磁相互作用のZ粒子の質量スケールでの値 $\alpha_{EM}(M_Z)$ とワインバーグ角 $\sin^2\theta_W$）を使い, 3つの結合が統一されるとして, 強い相互作用の結合定数 $\alpha_s(M_Z)$ が予言できる。しかしながら現在では, 相互作用定数の動きをより詳細に眺めると, 単純な $SU(5)$ GUT理論では, 結合定数が正確には統一されないことが示されていて, 何らかの変更が必要だと考えられている。

次の予言は, 核子崩壊である。ゲージ相互作用が $SU(5)$ へ拡張されたため, この理論は24個ものゲージ粒子を含む。この中には, グルーオン8個とW, Zボソン3個, 光子1個も含まれているが, それ以外に, X, Yボソンと呼ばれる色電荷を持つゲージ粒子が新たに導入される。$SU(5)$ 大統一理論では, クォークとレプトンが同じ多重項に入っているため, これらの新たなゲージ粒子を媒介として, クォークがレプトンに崩壊してしまう。これを核子崩壊といい, 大統一理論の予言の一つである。特に, 標準模型では崩壊することのない陽子が崩壊する。新たなゲージ粒子は, $SU(5)$ 対称性の自発的破れに伴い, M_G スケールのとても大きな質量を持つため（力の強さは M_Z^2 に反比例し）, 核子の寿命は, 最も簡単な $SU(5)$ 模型では 3×10^{31} 年を予言する。陽子の寿命は, 神岡にある Super-

12. 大統一理論と超対称性

Kamiokande 実験で, すでに 5×10^{33} 年以上であることがわかっており（これは陽子が陽電子とパイ粒子に壊れる寿命）, 結合定数の統一のズレと合わせ, 単純な $SU(5)$ に基づく GUT は, すでに否定されているといえる。

(4) 階層性問題

大統一理論は, これ以外にも, 電荷の量子化など標準模型では理解できない事実を簡潔に説明する。大統一理論の良い点を残して, 実験と矛盾しない理論が作れないか。そこで考えられたのが, 超対称性を持つ大統一理論である。超対称性が導入された一つの動機は, 大統一理論の持つ理論的な困難「階層性問題」を解決するためでもあった。大統一理論は, 10^{15}GeV という非常に高いエネルギースケールでの統一を考える。一方, 標準模型は高々, 100GeV の世界を記述しており, その差は13桁にもなる。この差が問題になるのが, ヒッグス粒子の質量に関する問題である。ヒッグス粒子は, 電弱相互作用のゲージ対称性を破るために導入されたが, その質量は, 100GeV から 1TeV 程度でないと理論的に困る。現在の実験的な下限は, 114GeV であり, シカゴ近郊にある TEVATRON やジュネーブの CERN 研究所の LHC 加速器で, 近い将来発見される可能性が高い。一方, 理論の基本スケールが M_G であるとすると, ヒッグス粒子の質量は輻射補正を受け, よほど特殊なことをしない限り, $M_G = 10^{15}$GeV 程度に重くなることが予想される。この問題は階層性問題と呼ばれる。この問題を解決するためには, 例えば, 輻射補正が何らかの対称性によって打ち消されていればよい。この輻射補正を自動的に打ち消すために導入されたのが, 超対称性であった。

(5) 超対称性

超対称性は, ボソンとフェルミオンの間の対称性であり, 現在知られている粒子に, それぞれ未知の（同じ質量を持つ）超対称パートナーが存在すると考える。レプトンやクォークに対しては, そのパートナーは, 頭にスをつけ, スレプトン, スクォークと呼ばれる。ゲージ粒子やヒッグス粒子に対しては, 末尾にイーノをつけ, ゲージーノ, ヒグシーノという。輻射補正において, フェルミオンはボソンと逆の負符号で寄与するため, 両者の間に対称性がある

第1章 素粒子物理学

と,輻射補正が相殺する。しかし,現在知られている粒子たちと同じ質量を持つ超対称パートナーがないということは,超対称性が,輻射補正の相殺というよい性質を大きく壊さない仕方で,自発的に(あるいは,例えば,質量次元2を持つ演算子により陽に)破れていないとならない。これをソフトな超対称性の破れという。超対称性を破るやり方には,私たちの世界とは弱くしか相互作用しない隠れた世界があって,そちらでの超対称性の破れが,微かに私たちの世界にも見えているとする考え方もある。

私たちの世界に本当にこのような対称性が隠れているのか,またそれをどうやったらうまく破ることができるのか,などまだ多くの謎が残されている。超対称性の探究は,これからの素粒子物理の大きな課題の一つとなっている。

(6) 超対称性を持つ大統一理論

超対称性を持つ大統一理論の利点は,上に述べた結合定数の統一と核子の寿命の問題も解決できる点である。超対称性を導入すると,物質場の数が増え,結合定数の走り方が多少ゆっくりになる。この結果,標準模型のゲージ結合定数は,統一エネルギーが少し上がった10^{16}GeV近傍で,非常によい精度で一致させることができる。

核子崩壊に関しても,M_Gが1桁上がったせいで,同じファインマン図から計算される陽子の寿命は4桁長くなり,現在の実験値と矛盾がなくなる。しかし,超対称を入れたことにより,新しい機構による核子崩壊が可能となる。これは(GUT特有のゲージ粒子媒介による核子崩壊が次元6の過程と呼ばれているのに対し),次元5の演算子による陽子崩壊過程と呼ばれている。電弱相互作用の$SU(2)$対称性を破るヒッグス粒子は,超対称$SU(5)$模型では,5表現(および$\bar{5}$表現)に埋め込むことができる。5つのうち2つは,$SU(2)_L$二重項のヒッグスであるが,残りの3つが色電荷を持つヒッグス粒子である。この色電荷を持つヒッグス粒子の超対称パートナーの交換によりバリオン数が破れ,核子崩壊を起こす。これが,次元5の演算子による核子崩壊と呼ばれる過程である。次元が低い演算子であるため,GUTの大きな質量スケールM_Gによる抑制効果が小さく,短い核子の寿命を与え核子崩壊の観測からきつい

12. 大統一理論と超対称性

制限が与えられる。Super-Kamiokande の実験からは、一番単純な超対称 $SU(5)$ GUT では、生き残るパラメーター領域が非常に狭められている。

3種の相互作用があるエネルギーでほぼ同じ値に近づくという基本的な考えは多分正しいとして、GUT の正しい模型(あるいはその一般化)を見つけ出すのは将来に残された問題といえる。

(7) ニュートリノと大統一理論

標準模型を超える理論を探る可能性として、もう一つ重要なのがニュートリノである。最近の観測や実験から、ニュートリノには質量があり、世代間混合していることがほぼ明らかとなってきた(詳細は、第15節参照)。標準模型や $SU(5)$ GUT などでは、ニュートリノは左巻きしかないとされている。もしニュートリノに質量があれば、それと組むことのできる右巻きのニュートリノが存在しなくてはならない。その場合、この右巻きニュートリノが新しい粒子である可能性と、もともとあった左巻きニュートリノを荷電共役変換しただけで同じ粒子である可能性とがある。後者はマヨラナニュートリノと呼ばれ、粒子と反粒子が同一視されるため、レプトン数は保存されなくなる。

統一理論の観点から右巻きのニュートリノを導入する簡単な方法は、(群 $SU(5)$ を含む) 群 $SO(10)$ をゲージ対称性に持つ統一理論を考えることであろう。物質場としては、16次元表現を持ってくるのがよい。この16次元表現は、$SU(5)$ 部分群で既約分解すると、$\bar{5}+10+1$ に分解する。$\bar{5}$ と10表現は、まさに欲しい表現であるが、余分な単位表現の量子数を見ると、ちょうど右巻きニュートリノに対応している。しかし、GUT のような大きなスケールを持つ理論から、ニュートリノ振動で予想される 10^{-1}eV といった非常に軽い質量を導出することはとても難しそうに考えられる。

これを解決するアイディアが、ミンコフスキー(Minkowski)、柳田勉、ゲルマン(Gell-Mann)、ラモン(Ramond)、スランスキー(Slansky)らにより提案されたシーソー機構である。これは、右巻きのニュートリノ自身が大きなマヨラナ質量 M を持ち、さらに左巻きニュートリノとの間にあまり大きくないディラック質量 m を持つと仮定すると、一つのニュートリノが重くなる一方で、

シーソーのように，もう一つのニュートリノが m^2/M という非常に軽い質量を持つという機構である。m としてトップクォークの質量程度 100GeV をいれ，10^{-1}eV の軽いニュートリノを出そうとすると，重い右巻きニュートリノのマヨラナ質量は $M=10^{14}$GeV となる。これは，統一スケールに近い値であるが，パラメーターの選び方には任意性がある。この考えでは，測定されたニュートリノはマヨラナ型のニュートリノになるが，現在実験的には，ニュートリノはマヨラナ型かディラック型かは知られていない。非常に小さいニュートリノの質量を説明する正しい理論は，電子やミュー粒子の質量を説明する理論とともに将来に残された課題といえる。

(8) バリオン生成の問題

もう一つ標準模型を超える理論を探る上で忘れてならないのは，バリオン数非対称性である。われわれの宇宙は，バリオンと反バリオンに関して対称な世界ではない。バリオン数の非対称性度は，光子のエントロピー n_γ と比較するのが便利であり，観測から n_B/n_γ ～6×10^{-10} であることが知られている。宇宙の歴史の中でバリオン数を生成するためには，サハロフ（Sakharov）の3条件と呼ばれる条件

①バリオン数の破れ
②CおよびCP対称性の破れ
③熱的に非平衡状態の存在

の3つが実現する必要があることが知られている。バリオン数を生成する機構にはいろいろな提案がある。その中でGUTの枠組みの中で最も早く提案されたものとして，吉村太彦によるバリオン生成のアイディアがある。大統一理論では，最初の2つの条件は，GUTに現れるXボソンの媒介による相互作用により古典的に満たされている。一方で，非平衡状態は，Xボソンの崩壊で作られる。しかし現在では，このシナリオは宇宙論的な問題があることが知られている。

一方，ワインバーグ-サラム理論でも，量子的な効果（量子異常）を取り入れると，バリオン数が破れる。この場合には，ワインバーグ-サラム理論の1次相転移を利用して非平衡を実現するが，現在ではこの1次相転移があまり強くなく，欲しいだけのバリオン数の

13. 素粒子論的宇宙論

非対称性が得られないと考えられている。また素朴な GUT により作られたバリオン数はこのワインバーグ-サラム理論のバリオン数の破れの機構で打ち消されてしまうという分析もある。

これ以外にバリオン数非対称性を実現する方法として，重いレプトンを用いるレプトジェネシス機構やアフレック-ダイン (Affleck-Dine) 機構などが提案されているが，どの機構が正しいのかまだはっきりしていない。

また，大統一理論で一番問題となるのが，世代ごとに違うフェルミオンの質量やその間の混合をどう導くかという点である。大統一理論では対称性が高すぎて，そのままではこのような世代間の違いの問題を解決することができない。特に，カビボ-小林-益川 (CKM) 角で表されるクォークの世代間混合は小角度の混合だが，ニュートリノ振動で明らかになったレプトンの世代間混合は大角度の混合である。$SO(10)$ に基づく GUT の場合，一つの表現（16次元表現）に全てのフェルミオンを埋め込むため，このような違いを実現するには，たくさんのヒッグス粒子を導入しなくてはならないなど不自然な点も多い。このようなフレーバーの問題は，現在活発に研究が行われている。

(9) 標準模型を超えるには

標準模型を超えた素粒子物理を明らかにするには，何とかして標準模型では説明できない現象を探さないとならない。ミューオンの異常磁気能率や B 中間子の希崩壊現象などを詳細に調べ，その片鱗をつかみとるか，またはより高エネルギーの加速器で，ヒッグス粒子や超対称粒子の探索を行うことが重要である。これ以外にも，宇宙論からの制約や，ニュートリノ物理，宇宙線物理などの加速器を使わない実験から，何か新しい徴候を探すことも重要であろう。

(磯 暁)

13. 素粒子論的宇宙論

最近の宇宙物理学の発展には目覚ましいものがある。特にコービー (COBE) や WMAP 衛星による 2.7K の背景放射の詳細な観測結果から，さまざまな宇宙論パラメーターが決定され，宇宙論の標準模型と呼ばれる理論が精密科学として認められるようになった。

第1章 素粒子物理学

ここでは素粒子物理学との関係から,暗黒物質(ダークマター)と暗黒エネルギー(ダークエネルギー)の問題を見てみよう。

(1) 暗黒物質

宇宙初期の軽元素合成の理論と現在の重水素やヘリウムの存在比から,約3割ある物質密度の中で,バリオンの密度は5パーセントしか存在できないことが知られている。そこで物質密度の多くは,バリオン以外の未知の物質でなければならない。これを暗黒物質と呼んでいる。暗黒物質の存在は,楕円銀河の回転速度曲線,銀河団の運動やX線の放射強度測定,重力レンズ効果などからも予想されている。暗黒物質の候補としては,ニュートリノのような相対論的な物質も考えられたが,構造形成理論と矛盾することが知られている。現在では,物質とは非常に弱い相互作用しかしない重い粒子(WIMP)のような冷たい暗黒物質が有力な候補としてあげられている。この中には,ニュートラリーノのような超対称粒子や強い相互作用でのCP対称性の問題を解決するために導入されたアクシオンなどが考えられる。

地球上の観測で暗黒物質を捉えようという実験がなされているが,まだ発見されていない。また捉えられた粒子が実際に暗黒物質であることを確認するためには,暗黒物質の中を地球が運動することによって起こる季節変動を観測することなどが必要であろう。

(2) 暗黒エネルギー

宇宙論と素粒子論の関係でもう一つ興味深いのは,現在の宇宙における暗黒エネルギーの存在である。タイプⅠa型の超新星の観測から,現在の宇宙は加速膨張していることが示唆されていたが,最近のWMAPの観測データの解析から,宇宙の密度のうちで7割ほどが,通常の物質ではない,いわゆる暗黒エネルギーと呼ばれる成分で占められることが明らかになった。粘性が無視できる完全流体の状態は,その流体のエネルギー密度 ρ と圧力 p で特徴づけられる。これらの間に $p=\omega\rho$ という関係があるとすると,エネルギー運動量の保存則から,宇宙の大きさを a としたとき,エネルギー密度が宇宙の大きさ a とともに $\rho=a^{-3(1+\omega)}$ と変化することがわかる。通常の物質だと圧力が無視でき $\omega=0$ で,宇宙の膨張とともに密度は宇宙の大きさの逆3乗で減少する。光(放射)のような質量

13. 素粒子論的宇宙論

の無視できる物質では $\omega=1/3$ で逆4乗で減少する。これは光が宇宙の大きさとともに赤方偏移する効果が加味されるからである。一方で、宇宙定数は $\omega=-1$ であり、名前の通り宇宙膨張と無関係に一定の値をとり続ける。一般的に暗黒エネルギーと呼ばれるものは $\omega<-1/3$ の成分を指し、この場合、アインシュタイン方程式から、重力が斥力的となる。これは通常の物質だと重力の引力効果で膨張が少しずつ遅くなるのに対して、暗黒エネルギーの場合、逆に加速膨張することとなる。宇宙定数もその一つである。今現在、物質と暗黒エネルギーの比が1のオーダーとなっているということは、まさに今これから、物質に対して暗黒エネルギーが優勢となり、宇宙が再びインフレーションを起こそうとしていることを意味する。

(3) 宇宙項問題

そもそも場の理論の立場から考えると、宇宙項や暗黒エネルギーの問題は非常に不思議な問題である。第一に、場の理論によると真空のエネルギーは場の持つ零点エネルギーのせいで場の理論を定義するときのカットオフ（紫外切断）スケール程度の値を持つと考えるのが自然である。この零点エネルギーは、カシミア（Casimir）エネルギーとも呼ばれることがあり、そこから発生する力は実験的に観測されている。重力理論では、このような力だけでなく、真空のエネルギーの絶対値自体が重力のソースとなり、時空の運動方程式に寄与する。現在の宇宙定数の値から得られる真空のエネルギーを評価すると、エネルギー密度にして $(10^{-3}\mathrm{eV})^4$ という非常に小さい値を持つ。一方で、重力理論も含んだ場の理論の自然なカットオフがプランクスケール $10^{19}\mathrm{GeV}$ であるとすると、質量スケールにして31桁、真空のエネルギー密度にして124桁もの大きな違いがある。なぜこのようなごく微小な値を持つ真空のエネルギーが宇宙に満ちているのか、これが素粒子論、宇宙論の最大の謎の一つとして知られる宇宙項問題である。

宇宙項問題を解決するための提案はいくつもなされているが、まだ決定的な理論と呼ばれるものは発見されていない。一番自然な考え方は、真空のエネルギーが何らかの機構（例えば超対称性）により0に近く調整されているという考え方であろう。しかしながら、

われわれの宇宙は超対称でないことが知られており，上のような小さな宇宙項を説明することはできない．これ以外にも，重力理論を長距離側で変更して，宇宙項問題を解決するなどさまざまな提案がなされているが，まだ自然な解は存在しない．宇宙項問題（または暗黒エネルギー問題）は，21世紀の素粒子物理学，宇宙物理学の最大の課題の一つといってもよいであろう．宇宙項問題を解くことが，重力とは何なのか，宇宙とは何なのか，といった物理学の基本問題を解くことにつながることが期待される． （磯　暁）

14. 重力の量子論と超弦理論

素粒子の標準模型およびそれを超える理論として，これまで考えてきたのは，電弱相互作用と強い相互作用およびそれらの統一であった．これ以外に，粒子に働く相互作用には重力相互作用がある．

(1) プランクスケール

重力理論を考える上で重要なのは，基本的な長さのスケールを構成することができる，という点である．自然界で次元を持つ基本定数には，光速度 c，プランク定数 $\hbar$，そしてニュートンの重力定数 G_N がある．光速度は時間と空間を関係づける換算係数であり，プランク定数はエネルギーと振動数，すなわち時間を関係づけている．これら換算係数を1とおくと，標準模型の結合定数は全て次元を持たない量であるのに対し，重力定数だけが，次元を持っており，基本的なエネルギー（または時間，空間の長さ）のスケールを決めている．このスケールがプランク（Planck）スケールと呼ばれ，$M_{pl} = \sqrt{\hbar c / G_N} = 1.2 \times 10^{19} \text{GeV}/c^2$ で与えられる．このエネルギーの物理的な意味としては，質量 M を持つ点粒子を考えたとき，重力の強さを表すシュワルツシルト半径 $R = 2MG_N/c^2$ が，量子力学的な広がりを表すコンプトン波長 $\hbar/Mc$ よりも大きくなる質量 M_{pl} として捉えることができる．これはすなわち，通常の粒子間に働く力としては非常に弱い重力相互作用が，プランク質量程度の高エネルギーへいくと，1のオーダーの強い相互作用となることを意味している．

(2) 繰り込み不可能な重力相互作用

大統一理論で考えるエネルギースケールが 10^{16}GeV であるから，

14. 重力の量子論と超弦理論

このエネルギーまでいくと重力の量子効果が重要になる。重力の古典的な振る舞いは、宇宙論を通して非常によく理解されているが、量子化しようとすると大きな困難にぶつかる。通常のゲージ理論の指導原理は、繰り込み可能性にあった。しかし、重力を考えると事情は一変する。重力を記述するのは、一般相対性理論であるが、この理論は重力定数という負の質量次元を持つ結合定数がある。このため、重力理論から摂動計算を行うと、高次摂動からくる紫外発散を除去するためには無限個の相殺項を導入しなければならない。これをもって、重力は繰り込み不可能であるという。

一般に繰り込み不可能な理論は、その理論が最終的な理論ではなく低エネルギーでの有効理論に過ぎないと考えるのが自然である。その例として弱い相互作用の理論があげられる。弱い相互作用は、最初、4体フェルミ相互作用と呼ばれる繰り込み不可能な相互作用を導入することで現象論的には理解された。4体フェルミ相互作用は、その後、ワインバーグ-サラム（WS）理論において、重いゲージ粒子で媒介されるゲージ相互作用から現れる有効相互作用として導かれることがわかった。一般相対論もより基本的な理論の有効理論にすぎないのではないか？　この考えを推し進めると、超重力理論、そして超弦理論へと導かれていく。

一方で、繰り込み不可能なのは、摂動計算に頼っているためで、非摂動的には繰り込み可能ではないかという考え方もある。これを確かめるために、レッジェ（Regge）理論やダイナミカル単体分割といった手法で数値計算が行われているが、現在のところ、4次元重力が正しく定式化できているという証拠はない。

(3) 超弦理論とは

より大きな枠組みの中で重力を量子化しようという超弦理論（または超ひも理論）のアプローチを紹介しよう。1970～80年代に精力的に研究されたのが、超重力理論である。超対称性を導入すると、ボソンとフェルミオンの間に放射補正の相殺が起こり、紫外発散は弱められる。この性質を使い、大きな超対称性を持ちこんで、重力理論を発散のない理論にしようという試みが、超重力理論である。この理論と高次元のカルツァ-クライン（Kaluza-Klein）理論を結び付け、10次元や11次元の超重力理論から4次元重力理論を再構成

第1章 素粒子物理学

しようと盛んに研究されたが、結局、それだけでは発散のない整合的な理論を作ることはできなかった。

一方で同じころ、点粒子の場の理論という考え方を拡張し、基本的な構成要素が1次元的なひも状に広がった物体と考える理論の研究が続いていた。これは、もともとクォーク間に働く強い相互作用の電束（に対応するもの）がひも状にしぼられ、距離とともに線形に増大するポテンシャルを考えることで、中間子とその励起状態などの質量がきれいに予言できる、というハドロンのひも理論がその端緒である。ハドロンをひもととらえる見方は、実験結果をうまく説明する双対性という性質を備えたハドロンの散乱振幅（ベネチア―ノ振幅）の数学的構造を熟慮して着想した南部陽一郎らにより提案された。しかしながら、この理論は、時空の次元が26次元（超対称性のある理論だと10次元）でしか定式化できないこと、スピン2の質量のない粒子が必然的に含まれることなどが判明し、ハドロンの理論としては使えないことが明らかになった。このため、多くの人は興味を失ったが、グリーン（Green）とシュワルツ（Schwarz）の2人はその後も超対称性を持つひも理論の研究を重ね、ついに1984年、重力を含む統一理論としては、量子的に完全な理論（量子異常を持たない理論）であることを明らかとして、弦理論はリバイバルしたのである。

これ以来、ひもの理論（超弦理論という）は多くの研究者によって精力的に研究がなされ、10次元で、5種類の理論（タイプⅠ、タイプⅡA、タイプⅡB、そして2種類のヘテロティックと呼ばれる弦理論）しかないことが明らかになった。

(4) 超弦理論の性質

超弦理論には、点粒子の理論にはない多くの美しい性質があり、これが研究者を魅了し続けている。まず、第一にこの理論には発散がない。これは、弦理論の持っているモジュラー不変性（点粒子に対する世界線を弦に対して一般化した世界面の持っている対称性）に起因している。さらに整合的な理論が有限個（5個）しかないこと、そして何より、この理論には任意パラメーターが、基本的な長さのスケールを決定するひもの張力ただ一つしかない点である。ひもが相互作用する結合定数ですら、ひも理論に含まれるディラトン

14. 重力の量子論と超弦理論

と呼ばれる粒子の真空期待値により決まってしまう。

では，このような10次元のひもの理論と4次元の世界はどのように関係しているのだろうか。このひもはプランクスケール程度の大きな張力を持っている。この張力のエネルギースケールをひものスケール M_{st} という。このため，M_{st} より小さなエネルギーでは，ひもの振動は抑えられ，質量0の点粒子のように見える。ひもの励起モードは，M_{st} という大きな質量を持ち，低エネルギーでは，無視できる。ひもの持っている内部自由度の違いが，質量0の点粒子の量子数やスピンの違いとなる。このようにして，重力子を含むあらゆる種類の粒子が得られると考えられる。

(5) 空間のコンパクト化

このようにして得られた点粒子は10次元の粒子である。そこで，現実の4次元の世界を記述するため，10次元時空を4次元部分と6次元部分に分割し，6次元部分が小さな内部空間に丸まってしまったと考える。これをコンパクト化と呼ぶ。このような考え方は，今から70年以上も前にカルツァとクラインにより，5次元の理論から出発して4次元時空での電磁気力と重力を統一する理論として提唱されていた。このように超弦理論はこれまでのさまざまなアイディアが自然に総結集した理論となっている。現在のところ，ひも理論から導かれる具体的な予言は何一つない。それにもかかわらず，多くの素粒子論の研究者が夢中になっているのは，整合性だけから理論がユニークに決まってしまうという驚異的事実であり，こんな美しい理論を自然が採用しなかったことはあるまい，という信念である。

(6) 超弦理論の双対性

このようなすばらしい理論ではあるが，やはりいくつかの問題を抱えている。10次元で5種類しかなかった理論であるが，現実的な4次元の理論を作ろうとすると，無数の可能性が発生する。また，弦理論の定式化は，摂動展開としてしか知られておらず，実際に4次元時空が他の次元を持った時空解と比べて，より安定な解となりうるのかを判定する基準がない。このような疑問を少しでも解決しようと，弦理論の非摂動的な性質が調べられ，1995年に，弦理論のさらに驚くべき性質が明らかとなった。それが弦理論の持つ双対性

という大きな対称性の存在である。この対称性は，ちょうど，磁性体の相転移を記述するイジング模型の双対性の拡張になっていて，ある種の強結合の弦理論と別の弱結合の理論の等価性を主張する。この対称性を組み合わせていくと，10次元で知られていた5種類の超弦理論が，実は，一つの理論の違った側面を見ているにすぎないことが明らかとなった。さらに，この理論は，11次元の超重力理論とも関係していることがわかった。何か背後により究極の理論があるのではないか，と考えられ，この背後にあるであろう理論はM理論と呼ばれている。

(7) Dブレイン

もう一つ大きな発展があった。それはDブレイン（このDはDirichlet境界条件のDである）と呼ばれる拡がったソリトン解の存在である。ひも理論は，もともと1次元的に拡がった物体の量子化から出発した。しかし，この理論を突き詰めていくと，他のさまざまな拡がりを持った物体がひもと同等の働きをすることがわかってきた。11次元の見方では，2次元の膜のように拡がった物体が基本的な役割を果たす。また，Dブレインは，空間の見方に対しても示唆を与える。ひもはDブレインに端を持つことができる。つまり，Dブレインでひもはちぎれることになるが，その点で，Dブレインの上に存在するゲージ理論の電荷を持ち，ひもがちぎれる代わりに，そのゲージ場の電束がひもの端の間に走る。これは，Dブレイン上では非閉じ込め相となっているのに対し，通常の空間は閉じ込め相と理解でき，電束がしぼられひもを与えるという量子色力学の見方との類似のものである。弦理論の間のさまざまな双対性が，このDブレインを使うことで証明された。

Dブレインの存在は，ひもの代わりに，別の次元の拡がりを持つDブレインを定式化の出発点としようという考えも生み出した。これをDブレインデモクラシーと呼ぶ。その一つの流れが，0次元や1次元のDブレインを表す行列を使って弦理論を定式化しようという試みであり，行列模型と呼ばれている。この模型は，時空自身も理論から作り出そうという野心的な模型であるが，理論的にはまだわからないことも多い。

(8) AdS/CFT対応

14. 重力の量子論と超弦理論

最近の弦理論で大きく理解が進んだ分野が，AdS/CFT 対応と呼ばれる重力理論とゲージ理論の対応である。これは，1997年にマルダセナ（Maldacena）が $\mathcal{N}=4$ の 4 次元超対称ゲージ理論と，$AdS_5 \times S^5$（5 次元反ド・ジッター空間と 5 次元球面の直積）空間上の重力理論が互いに双対である，すなわち同じ理論を違う言葉で記述しているに過ぎないのではないかと予想したところからはじまる。特に BPS 状態と呼ばれる超対称性の一部を保った状態に関しては，エネルギーや相関関数の対応などが具体的に示され，その後，BPS から多少ずれた状態やより一般の重力理論へも拡張された。この対応は，強結合ゲージ理論と弱結合の重力理論を結びつけることから，ゲージ理論では計算が困難な物理量を重力理論で計算するという方法論へと発展してきている。

量子力学が形成されたときに，それまでの古典力学の概念で理解できない現象を説明するため，ボーアによる粒子と波の相補性原理が提案された。しかし最終的には，粒子と波の二重性は，シュレーディンガー方程式で表される量子力学の近似的な見方に過ぎないことが明らかになった。これと同様に，ゲージ理論と重力理論の二重性は，最終的な理論が完成した暁には，その理論から自然に導かれる近似的な見方に過ぎないことになるのだろう。

(9) ブラックホールエントロピー

ブラックホールは熱力学的な性質を持つことが知られており，莫大なエントロピーを持つことが予想されている。このエントロピーの統計力学的な起源を知ることは，重力理論をより深く理解するためにとても重要である。前述の重力理論とゲージ理論の対応関係を使った一つの成功例が，ブラックホールエントロピーの統計力学的な数え上げである。これは，ゲージ理論で作られたDブレインの配位が，ゲージ相互作用定数を大きくする極限ではブラックホールとして振る舞うことを使って，これらのDブレインの配位の自由度を数え上げることでブラックホールのエントロピーを計算しようという考えであり，ベッケンシュタイン-ホーキングのブラックホールエントロピーを係数まで含めて正しく再現した。最近では高次補正も再現できることが示されており，超弦理論が正しく重力理論を記述している一つの証拠と考えられている。

第1章　素粒子物理学

(10)　超弦理論の夢

超弦理論は，実験に基づく今までの物理学とは異なり，理論的な整合性を究極まで推し進め，その可能性を絞っていこうという非常に数学的なアプローチである。このようなアプローチは，今までのボトムアップ的アプローチに対比させ，トップダウン的なアプローチと呼ばれている。理論的にはもはや絞れるところまで絞ったものの，現在の弦理論にはまだ予言能力がない。このようなほぼ何の仮定も置かない究極の理論から出発した場合，まず予言すべきなのは，時空の次元がなぜ4次元であるのかといった大きな枠組みであろう。

重力の理論で成功している理論は，現在知られているものとしては超弦理論しかない。何百人もの人が20年以上かけてその整合性を突き詰めていった結果，一切のパラメーターの入っていない理論がただ一つ残ったのである。この理論から，時空の次元が4次元であることが説明できるようになったならば，これこそがこの理論から導かれる大きな成果といってよいのではないか。残念ながら，現在の弦理論の定式化では，時空次元を説明することはできない。これからの弦理論の研究は，摂動展開によらない新しい弦理論の定式化を見つけ出し，それから私たちの世界の大きな枠組みを説明できるような方向へ進んでいくことが期待される。

これが多くの弦理論研究者が期待している方向であるが，これ以外にも，超弦理論とは別の方向に基本的な理論が見つかる可能性も排除されてはいない。そのような試みの一つとしては，ループ重力と呼ばれる理論がある。ループ重力理論は，自然に背景場非依存な定式化になっており，時空の幾何そのものを量子化しようという立場である。この理論はまだ完成されていないが，時空の面積や体積が離散的な固有値を持つなど興味深い性質を持っている。

超弦理論を含む量子重力理論は，これまで理論的な整合性だけを指針として発展してきた。しかしながら，物理科学として今後も健全な発展をとげるためには，何らかの実験的，観測的な手法と結びついていかねばならない。これからの素粒子物理学に期待されているのは，非常に小さな効果でしかない量子重力的な効果を，何かうまい方法によって観測する手法を見つけ出すことである。これは巨

大な加速器実験だけでなく,非常に遠方からくる宇宙線の観測や,宇宙背景輻射などの初期宇宙の情報など,さまざまな可能性から手がかりを得なくてはならないだろう。　　　　　　　　　　　　（礒　暁）

15. 加速器と検出器

(1) 粒子加速器

荷電粒子を加速し,高エネルギーの粒子ビームを作る装置が,加速器である。素粒子研究に用いられるのは,ビームエネルギーが数 GeV 以上の高エネルギー加速器であり,その性能は主に加速エネルギーとビーム強度で示される。エネルギーは反応のしきい値や分解能に関わり,一般には高いことが望ましい。また,ビーム強度は反応頻度を決めるから,統計精度を上げるために,これも高い方が望ましい。加速器の進歩はこの2つの特性のどちらかあるいは両方を向上させることであった。

歴史を見ると,新しい加速手法の開発で,エネルギーやビーム強度は指数関数的に向上している。これまで,加速エネルギーの最高値は陽子（反陽子）ではアメリカ・フェルミ研究所の 1000GeV 陽子加速器,電子（陽電子）では CERN の LEP-II の 103GeV である。表1-4に現在稼働中あるいは建設中の加速器の一覧を示す。軽い電子は軌道放射光を出してエネルギーを失うために加速が困難で,陽子の方が高エネルギーまで加速できる。

他にも,ビームのエミッタンス（平行度と広がりの度合いを表す量）や取り出されたビーム粒子の時間分布,運転効率など,使用目的に応じていろいろな特性が問題となる。最先端の大型加速器では,運転効率や電力消費量,あるいは放射線管理といった側面も重要な課題である。

(i) 線形加速器と円形加速器

高エネルギー加速器のタイプは,大きく分けて構造が直線的な線形加速器と円形のシンクロトロンに分けられる。線形加速器は加速用の高周波空洞を直線状に並べて加速する。一方,円形加速器では電磁石中の円軌道に沿って粒子を周回させ,繰り返し高周波空洞を通して加速する。サイクロトロンも円形加速器であり,大きな円形の一体あるいは数個の扇形に分割した,一定磁場の電磁石を用いて

第1章 素粒子物理学

表1-4 世界のおもな研究所の素粒子実験用加速器

国 名	研究所名（略称）	加速器		
		種類（加速器名）	エネルギー(GeV)	規 模
米 国	ブルックヘブン国立研究所(BNL)	陽子シンクロトロン(AGS)	33	直径 257 m
	フェルミ国立加速器研究所(FNAL)	陽子・反陽子衝突型(TEVATRON)	1000×1000	直径 2000 m
	スタンフォード線形加速器センター(SLAC)	電子線形加速器 電子・陽電子衝突型(PEPⅡ)※	50 9×3.1	全長 3050 m 直径 700 m
日 本	高エネルギー加速器研究機構(KEK)	陽子シンクロトロン(J-PARC)※※ 電子・陽電子衝突型(KEK-B)	50 8×3.5	直径 500 m 直径 970 m
ロシア	セルプコフ高エネルギー研究所(IHEP)	陽子シンクロトロン	76	直径 472 m
	ドゥブナ合同原子核研究所(JINR)	陽子シンクロトロン	10	直径 66 m
スイス	ヨーロッパ素粒子研究所(CERN)	陽子シンクロトロン(CPS) 陽子シンクロトロン(SPS) 陽子・陽子衝突型(LHC)※※	28 450 (LHCへのインジェクター 7000×7000	直径 200 m 直径 2200 m 直径 8486 m
ドイツ	ドイツ電子シンクロトロン研究所(DESY)	電子・陽子衝突型(HERA)※	30×930	直径 2100 m

※ 2007～08年中に運転を停止した。
※※ 2008年中に運転を開始する。

15. 加速器と検出器

いる。軌道半径は加速とともに大きくなる。エネルギーは磁石の大きさで制限され、1 GeV 程度までだがビーム強度を要する目的に合う。シンクロトロンは一定半径の円軌道に沿って多数の磁石を配置するので軌道半径はずっと大きくでき、前段加速器によってある程度加速された粒子を入射して、磁場の強度を上げながら加速する。高エネルギー陽子加速器は全てシンクロトロンである。

(ii) ビーム衝突型加速器

加速器はビームの使い方でも分類される。加速されたビームを取り出して静止標的に当てるタイプと、ビーム同士を加速器の中で衝突させるビーム衝突型加速器がある。ビーム衝突型の場合、反応が起こる頻度は、両方のビームの強度と衝突点でのビーム断面積で決まるルミノシティー（輝度）と呼ばれる量に比例する。シンクロトロンを用いた衝突装置の場合、リング中に蓄積したビームを衝突させる。同じエネルギーの電子・陽電子衝突や陽子・反陽子衝突の場合は、単一のリングに逆電荷の粒子を蓄積する。エネルギーが違ったり（KEK-B ファクトリー、SLAC-B ファクトリー）、同じ電荷の陽子・陽子衝突の場合（CERN の LHC）、あるいは質量が違う粒子を衝突させる場合（DESY の HERA）には、2 つのリングを用い、衝突点で交差させる。線形加速器の衝突装置では、加速した粒子を 1 回だけ衝突させて捨てる。電子シンクロトロンでは軌道放射光が出て、ビームエネルギー損失がエネルギーの 4 乗で増すため、高エネルギーでは線形の衝突装置の方が効率的である。線形加速器の最大のものは、SLAC の電子加速器で全長 3 km に及ぶ。最大加速エネルギーは 50GeV である。円形加速器で最大の装置は、CERN の電子・陽電子衝突装置として建設された LEP で、シンクロトロン放射をできるだけ減らすために（エネルギー損失は軌道半径に反比例する）周長が 27km ある。当初最高エネルギー 50GeV で運転されたが、LEP-II としてエネルギーが増強され、蓄積された電子と陽電子をそれぞれ 103GeV まで加速した。LEP-II はすでに廃止され、そのトンネルの中に陽子・陽子衝突装置の LHC が建設された。電子に比べて陽子のシンクロトロン放射はずっと少ないので、強力な超伝導磁石を用いて、同じ周長で 7000GeV まで加速する。

第1章 素粒子物理学

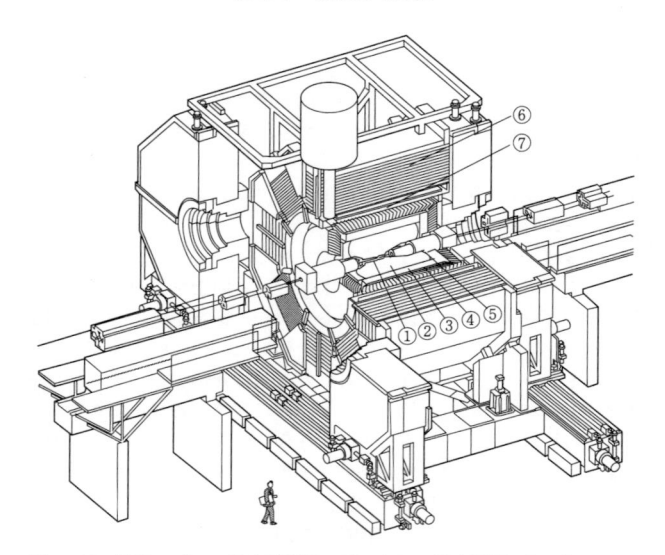

図1-12 最近のビーム衝突型実験で用いられる測定器例。高エネルギー加速器研究機構のBファクトリーで建設されたBELLE測定器。①高精度飛跡検出器（バーテックス検出器） ②中央飛跡検出器 ③粒子識別装置 ④高精度電磁シャワー検出器 ⑤飛行時間測定器 ⑥ミュー粒子-中性K中間子検出器 ⑦超伝導ソレノイドコイル

(2) 粒子検出器

放射線検出にはさまざまな検出器が使われるが、多くは荷電粒子が物質中で起こす電離作用で生じた電子を増幅して信号とする。電離損失によるシンチレーション光あるいは媒質中での光速より速く走る粒子の出すチェレンコフ光を検出し電気信号に変える測定器もある。中性粒子の検出には、何らかの反応で荷電粒子にエネルギーを移し、それを検出する。大型のビーム衝突実験では、さまざまな機能を持つ検出器を組み合わせて、ニュートリノ以外の全ての発生粒子を観測する総合的な汎用測定器が用いられる（図1-12）。

(i) 飛跡検出器

荷電粒子の通過位置を測る装置で、ドリフトチェンバーやタイム

15. 加速器と検出器

・プロジェクション・チェンバーがある。ガス中の電離損失で生じた電子を高電圧で電極ワイヤーまで引き寄せ，その移動時間からイオンの発生位置を計測する。位置測定精度は 0.2mm 程度である。飛跡検出器を磁場中に置くと，飛跡の円軌道の半径から粒子の運動量が計れる。信号は電極のワイヤー近傍で電子雪崩現象によって増幅されるが，出力が電離損失に比例するような範囲の電圧で作動させると，電離損失も測定でき，光速に比べて遅い場合には，粒子の速さが求められる。速さと運動量を組み合わせると粒子の質量が計算できる。平面状にワイヤーを張ったものや，大きなタンクの中に数万本のワイヤーを多少方向を変えて張り，3次元測定するものなど，いろいろな形のチェンバーが使われている。

さらに精度良く飛跡位置を測るには，半導体測定器が使われる。厚さ数百マイクロメートル（μm）で数 cm 大の半導体に幅25ないし 50μm のピッチで電極を作り，各電極の信号を別々に読み出して粒子の貫通位置を測る。およそ電極の間隔程度の位置分解能が得られる。最近は寿命の短い粒子の観測が重要になり，精巧な半導体検出器が不可欠となっていて，新しい測定器の開発も盛んに行われている。

(ii) シンチレーター

シンチレーターは電離損失を光に変換する素材で，ヨウ化ナトリウムやヨウ化セシウムのような無機結晶シンチレーターと液体あるいは固体の有機シンチレーターがある。無機シンチレーターはガンマ線のエネルギー測定によく使われ，高速の無機シンチレーターやプラスチックの有機シンチレーターは時間の測定にも使われる。また，種々のシンチレーターが次に述べるカロリーメーターの部品として広汎に用いられ，大量の液体シンチレーターが，低エネルギーのニュートリノ検出に使われることも多い。

(iii) カロリーメーター

入射粒子のエネルギーを全部吸収して，それに比例するような出力を出す検出器の総称で，ガンマ線や電子，エネルギーの高いハドロンのエネルギー測定に用いられる。前出の無機シンチレーターはカロリーメーターの一つで，入射ガンマ線エネルギーを電子に与え（エネルギーが高い場合には電子・陽電子を含む電磁シャワーを形

成し), 電子や陽電子の出すシンチレーター光の量を量る。鉛などの金属と有機シンチレーターを積層したサンドイッチカロリーメーターや, 電極を兼ねた鉛板の積層構造を液体アルゴン容器に入れて電離した電子を集める液体アルゴンカロリーメーターが広く使われる。カミオカンデ, スーパーカミオカンデの測定器もカロリーメーターであり, 水タンクの周囲をくまなく光電子増倍管で覆った構造をしている。水中を高速で走る電子などの粒子が発するチェレンコフ光を集めてエネルギー測定する。チェレンコフ光は, 粒子の走った方向に対して一定の角度で生じるので, 光に応答した光電子増倍管の位置から荷電粒子の位置や方向についても情報が得られる。

(3) 非加速器物理

1950年代以降は加速器の建設が続き, そのビームを用いて素粒子の実験を行うのが世界の素粒子実験の趨勢であった。ビームの種類や運動量, 強度などを実験に合わせて制御できるのが利点で, 加速された粒子の他に, その反応で作られる2次粒子, さらにそれが崩壊して生じる3次粒子も使われた。その一方, 加速器では作れない高エネルギーの宇宙線, あるいは原子炉から大量に放出されるニュートリノを利用する素粒子実験も続けられた。自由なクォークや磁気モノポールなど未知の新粒子を自然界に探す研究もなされた。加速器の進歩が進む一方で, 近年こうした素粒子研究の重要性も増している。加速器を使わないという共通点でさまざまな種類の実験をまとめ, 非加速器実験とか非加速器物理と呼ぶ。使われる測定器や実験の規模は, その対象と目的の幅の広さゆえに, 多種多様である。大がかりな高エネルギーの宇宙線やニュートリノの実験がある一方, 極低温検出器を用いて暗黒物質を探そうとする小規模な実験もある。最近話題となる研究をいくつか紹介する。

(4) スーパーカミオカンデ

岐阜県飛騨市神岡の地下に建設された大型水チェレンコフ測定器を用いた実験で, カミオカンデ実験を発展させ, 陽子崩壊実験とニュートリノ観測を目的としている。測定器は約5万トンの純水をタンクに蓄え, 高速荷電粒子が発するチェレンコフ光を検出するカロリーメーターで, 約1万本の光電子増倍管で囲んだ内水槽とバックグラウンド除去のための外水槽の2重構造になっている。上空から

15. 加速器と検出器

の宇宙線を減らすために地下深くに設置されているが、除ききれない宇宙線は外水槽の信号を用いて排除する。また、外水槽は周囲の岩から来る放射線も遮蔽する。

水中ではエネルギーの高い電子や陽電子、ガンマ線は電磁シャワーを起こし、含まれる電子成分がチェレンコフ光を発する。その量は親のエネルギーに比例するので、光電子増倍管の出力の和からエネルギー測定を行う。シャワーを起こさないミュー粒子などの場合には、水中の飛跡の長さにほぼ比例した出力が得られる。水中の自然放射能を減らして、低いエネルギーのニュートリノ反応まで識別できるよう、周到な水の純化が行われている。

(i) 陽子崩壊実験

陽子は化学における物質不滅の法則に象徴されるように、経験的に安定である。原子核反応では陽子と中性子の相互変換や組み替えが起こり原子数は変わり得るが、陽子と中性子の数の和は反応前後で変わらない。素粒子反応の場合にも、核子の仲間である重粒子の総数は反応で変わらず、重粒子数保存則と呼ばれる。全ての重粒子は、既知の反応で崩壊した場合、最終的に陽子に落ち着き、もはや壊れないように見える。しかし、素粒子物理学の観点からは、この法則には原理的な根拠がなく、標準模型を超える統一理論では、陽子も崩壊する可能性が指摘されている。しかし、もし陽子が崩壊するとしても、その寿命は非常に長いとわかっている。単位時間の崩壊確率の逆数がその粒子の平均寿命だから、寿命が長いことは崩壊が稀なことを意味する。陽子崩壊を検出するには大量の陽子を観察して崩壊事象を探す必要があり、実験には安価な水や鉄が試料として用いられる。水チェレンコフ装置の場合、観測対象は測定器の水に含まれる陽子である。自由な陽子と酸素原子核に含まれる核子の両方がある。原子核中の核子が崩壊する際には、フェルミ運動や2次反応の影響があって複雑なため、自由な陽子が崩壊するケースを述べる。

模型によって異なる崩壊過程が予言され、いろいろな終状態の探索が続けられている。例えば、陽子が単純な π^0 中間子と陽電子に壊れる場合、π^0 の崩壊による2つのガンマ線と陽電子のそれぞれが電磁シャワーを起こす。2本のシャワーが π^0 質量を構成し、さ

第1章 素粒子物理学

らにもう1本のシャワーを加えた質量が陽子質量になれば陽子崩壊が起こったと特定できる。こうした事象はまだ見つかっておらず，寿命の下限は分岐比との積で10^{33}年であり，宇宙の年齢に比べて途方もなく長い。

他にも，超対称性模型で予言される，K中間子とニュートリノに崩壊する過程なども探索されているが，何一つ識別されていない。各モードについて同じように分岐比と寿命の積に対する下限が得られている。

(ii)太陽ニュートリノの観測

太陽中の核融合反応で陽子がより重い原子核になる際に，陽子が中性子になる弱い相互作用が関与するので，その際ニュートリノが放出される。かつてアメリカのデービス (R. Davis Jr.) は，塩素がニュートリノと反応してアルゴンに変わる逆ベータ反応を用いて太陽ニュートリノを測定した。結果はバーコール (J.N.Bahcall) の太陽模型が予言する量の3分の1程度しかなく，その違いは長年の謎であった。3つの原因が考えられた。すなわち，a) 実験が違っている，b) 太陽模型が間違っている，c) どちらも正しく，太陽から出た電子ニュートリノが別のニュートリノに変わるニュートリノ振動現象が起こっている，である。カミオカンデの観測した太陽ニュートリノの強度はデービスの結果に近いもので，太陽模型の予言の半分程度しかなかった。デービスの実験が時間情報の乏しい化学的なアルゴン分離を用いたのに対し，カミオカンデは原子中の電子がニュートリノとの反応に際して反跳を受け水中で発するチェレンコフ光を観測し，その時刻，方向，エネルギーを測定した。カミオカンデは比較的エネルギーの高い電子だけを観測したので，反跳電子はほぼ入射ニュートリノの方向を再現し，チェレンコフ光の方向から入射ニュートリノの方向を観測できた。いろいろな方向から一様にくるバックグラウンドに比べ，太陽方向からのニュートリノが有意に多く，太陽ニュートリノの信号であると明確に判別できた。スーパーカミオカンデでも太陽ニュートリノの観測は続けられ，統計精度が格段に向上した。

他にも太陽ニュートリノを観測する実験がなされ，いずれも太陽模型に比べて半分程度のニュートリノ量を観測した。ことにガリウ

15. 加速器と検出器

ムなどの核反応を用いて低いエネルギーの成分を測る実験が注目された。太陽ニュートリノの起源にはいろいろな反応があって、放出されるニュートリノのエネルギーには幅がある。実験手法によって測定できるエネルギー領域が違っていたが、全体にわたって太陽ニュートリノのフラックスが少ないと確かめられた。太陽の中心温度を下げるような模型の手直しをするとカミオカンデの結果を再現できたが、低いエネルギーのニュートリノ強度までは変えられず、太陽模型を修正しても全ての実験結果を再現することは難しいとわかり、残る可能性は、ニュートリノ振動のみとなった。

太陽ニュートリノの謎はカナダのSNO実験によって最終的な決着を見る。SNOも水チェレンコフ測定器ではあるが、一部重水を用いたことにより、中性子を標的とするベータ崩壊の逆過程で電子が飛び出す反応も観測できた。この反応は電子ニュートリノだけが起こし、他のタイプのニュートリノでは起こらない。スーパーカミオカンデとSNOのデータでは弱い相互作用のうち中性流反応と荷電流反応の比が異なるので、両者の比較から、明らかに電子ニュートリノが減って、他のニュートリノに変化するような振動が起こっていることがわかった。その後、SNOグループのデータが増し、単独でも同じ結果を得ている。

(iii)大気ニュートリノによるニュートリノ振動

太陽ニュートリノの問題が解決する前に、カミオカンデの大気ニュートリノの観測で、ニュートリノ振動の兆しが見つかり、スーパーカミオカンデの詳細な研究の結果、ニュートリノ振動によるミューニュートリノの減少が1998年に報告された。

地球には高エネルギーの宇宙線が常時降り注いでいて、大気上空で原子核反応が起こり、沢山の中間子が作られている。その中の荷電π中間子は再度核反応を起こすこともあるが、その前にミュー粒子とミューニュートリノ(あるいは一緒にできるミュー粒子が負の場合には反ミューニュートリノ)に壊れることもある。このミュー粒子の一部、ことにエネルギーの低いものは飛行中に壊れて電子と電子ニュートリノ、ミューニュートリノを生じる。一連の過程でできるニュートリノのタイプの比は、大まかにはミュー型2個に対して電子型1個である。

第1章　素粒子物理学

　こうしてできたニュートリノのほとんどは地球を貫通してまた宇宙の彼方に飛び去る。ごく稀に反応を起こすことがあり，荷電流弱反応を起こすと，それぞれのニュートリノのタイプに対応する荷電レプトンに変わる。それを識別すれば反応を起こしたニュートリノの種類がわかる。カミオカンデの観測で，ミュー型と電子型のニュートリノの比を予測値と比べたところ電子型については一致したが，ミュー型については計算値より少なかった。その後スーパーカミオカンデが稼働してからは統計的なバラツキも減って，ニュートリノ振動を想定しない計算値との違いは確かなものとなった。

　ミューニュートリノの減少がニュートリノ振動に起因するならば，ニュートリノ生成から観測までに飛行した距離が問題になる。ニュートリノ振動の度合いはエネルギーと飛行距離の比の関数だからである。上空からのニュートリノは飛行距離が正確にはわからず，明確な結論が出しにくいが，幸いさまざまの方向からのニュートリノがある。ことに大地を貫いて下からくるニュートリノはほぼ地球の直径に相当する距離を走っているから，ニュートリノ振動が起これば何度も姿を変えた後の観測だと推測できる。その結果，もし2種類のニュートリノの間で振動しているなら，両者の確率は半々となる。ニュートリノのエネルギーと入射角度をパラメーターとした解析で，明らかに，ニュートリノ振動を仮定した場合に予測されるデータが得られた。

　ニュートリノ振動が起こるのは，ニュートリノにわずかでも質量がある場合である。全てのニュートリノが質量ゼロのときには，振動現象は起こり得ない（第3節参照）。自由粒子として伝搬するときの固有状態は質量が決まった状態であり，弱い相互作用で反応するときの固有状態はそれが混ざった状態である。発生時から観測時までの自由粒子の位相変化がエネルギーによって違うために，時間とともに混合の比率が変化する。その結果，時間とともに別のタイプのニュートリノの状態が混在することになる。もし十分に時間が経って，いろいろな状態が平均的に生ずると，全てのタイプが同じようにできることになる。

　このとき，各ニュートリノのタイプについて質量固有状態の混合比（最初にニュートリノの世代混合を提案した牧-中川-坂田の頭文

15. 加速器と検出器

字から MNS 行列と呼ばれる）と，それぞれの質量の 2 乗の差が重要なパラメーターとなる。スーパーカミオカンデの大気ニュートリノ振動の解析で，ミュータイプがタウタイプに変わる振動が起きていること，混合の度合いが大きいこと，また質量の 2 乗の差が 1000 分の $1eV^2/c^4$ 程度であることが明らかになった。もしミュータイプが電子タイプに変わったなら，電子の発生する頻度が増えるはずだが，電子ニュートリノはほぼ予想強度に一致していた。タウタイプに変化した場合には，タウ粒子を生成できるだけのエネルギーがないと荷電流反応を起こさないから，あたかもニュートリノの量が減ったように見え，実験結果が再現された。

(iv) K 2 K 実験

つくばの高エネルギー加速器研究機構にある陽子シンクロトロンで 250km 離れた神岡の方向に向けミューニュートリノを作り，それがスーパーカミオカンデで起こすニュートリノ反応を観測した長基線ニュートリノ振動の実験が K 2 K（KEK to (2) Kamioka の頭文字に由来した命名）である。つくばにも水チェレンコフ測定器を含むいろいろなニュートリノ観測器でできた前置測定器を置き，そこでの反応とスーパーカミオカンデでの反応を比較してニュートリノ振動を精密に測った。実験で使われたニュートリノのエネルギーは 1 GeV 程度で，観測されたニュートリノ反応の再構成から親のエネルギーを計算できるような事象例が多く，ニュートリノ振動のパラメーターが明瞭に決まる。もし飛行中にタウタイプに変化した場合には，質量約 $1.8GeV/c^2$ のタウ粒子を作れないため，荷電流反応は起こらない。その結果，荷電流反応の事象数をエネルギーを変数として観測すると，あたかも特定のエネルギーでミューニュートリノが減ったように見える。もしミューニュートリノが電子ニュートリノに変化する場合には，電子の発生する荷電流反応が出現する。

スーパーカミオカンデではつくばからのニュートリノの反応を簡単に選び出すことができた。衛星を用いた位置測定システム，GPS の時計を用いてビームの発射時刻とスーパーカミオカンデでの事象の発生時刻を比較すると，250km を光速で走るニュートリノに対応したピークが観測された。ミュー粒子の生ずる反応の数は

有意に減少していて、特定のエネルギーで顕著なことから、振動に関わる2種のニュートリノの質量の2乗の差が求められた。それはスーパーカミオカンデの測定したものと一致していた。

実験は完了し、東海のJ-PARCからのニュートリノをスーパーカミオカンデに向け発射するT2K実験が2009年に始まる。この実験は、ミューニュートリノが電子ニュートリノに変わる現象の観測を目指す。

(5) 原子炉反ニュートリノの振動実験 KamLAND

原子炉からは大量の反ニュートリノが放出される。かつてニュートリノの発見に原子炉反ニュートリノと陽子の反応（ベータ崩壊の逆反応）が使われた。以来、欧米で原子炉反ニュートリノによるニュートリノ振動の研究が続けられていた。低エネルギー反ニュートリノの反応頻度が極めて低いためビーム強度が必要で、測定器は原子炉の近くに置かれた。結果としてニュートリノ振動に対する感度は小さく、ニュートリノ振動は観測されなかった。

太陽ニュートリノからニュートリノ振動の可能性が示唆されて、従来に比べてはるかに長い飛行距離で原子炉反ニュートリノによるニュートリノ振動実験、KamLAND、が神岡鉱山の地下で行われている。カミオカンデ測定器が設置されていた場所と設備を利用し、水の中に液体シンチレーター測定器を入れた2重構造で、シンチレーター中の水素原子核（陽子）と反ニュートリノの反応で生ずる中性子と陽電子を観測する。

我が国では、神岡から約200kmの範囲に20基余の原子力発電所が稼働中である。これらの原子炉からの反ニュートリノを観測できれば、その強度とエネルギー分布からニュートリノ振動を調べられる。しかし、従来の原子炉ニュートリノ実験に比べて平均距離が100倍あるから、各原子炉からのニュートリノ強度は1万分の1になる。原子炉の数が多くても期待される事象数は極めて少なく、バックグラウンド対策が実験の要である。岩盤からの放射線、実験資材に含まれる天然放射能の除去に多大の努力が払われ、実験は原子炉からの反ニュートリノ振動の観測に成功した。エネルギー分布がニュートリノ振動により変化していることを確かめ、反ニュートリノについても太陽ニュートリノの観測で得られたものと一致するパ

15. 加速器と検出器

ラメーターを確認した。

この実験は継続中ではあるが，地球内部にある放射性元素からのニュートリノによると考えられる低エネルギーの反応も観測されていて，今後の展開が注目されている。

(6) ニュートリノの出ない2重ベータ崩壊

ニュートリノ質量に関連して，原子核の2重ベータ崩壊の探索が続けられている。もしニュートリノがマヨラナ成分を持てば，ニュートリノを出さないで中性子2個が陽子2個に変化し，電子2個を出す2重ベータ崩壊過程が許される。原子番号がZと$Z+2$の2つの核に比較して原子番号$Z+1$の核のレベルが高い原子核について，$Z \to Z+2$（あるいはその逆）の直接崩壊を探す。その際ニュートリノが2個出ていないことは，2個の電子が逆方向に予想される最大エネルギーで飛び出すことで確かめる。実験は輻射補正や線源中の電離損失を極力小さくする必要があり，また，極めて頻度が低いためにバックグラウンドも注意深く排除する必要がある。まだ世界的に確かと認められた検出例はなく，核種によるが寿命としておおむね10^{24}年程度の下限が得られている。困難ではあるが非常に重要な探索のため，世界中でさらに高精度を目指した大規模の研究が続いている。

（山田作衛）

第 2 章 原子核物理学

第2章 原子核物理学

1. 原子核物理学の概要
(1) 原子核とは

原子核は原子の中心にあってその質量のほとんどを占めるものである。原子核が存在することは1911年にラザフォードの主導によって，ガイガーとマースデンがアルファ粒子の金フォイルによる散乱の実験を行ったとき，大きな角度に散乱されるアルファ粒子の数が予測を越えて多く観測されることから発見された。

原子核は陽子と中性子で構成されているが，陽子は正の1単位（1e）の電荷を持っており，中性子は電荷を持たない。そのため，全体として陽子数（Z）だけの電荷を持つ。原子核の周りを電子（負の1単位の電荷を持つ）が取り巻いて原子を作っているが，中性の原子は Z 個の電子を持つことになる。電子の数は原子の化学的性質を決定するので，Z は原子番号とも呼ばれる。原子核中の中性子の数は中性子数（N）と記述されるが，陽子と中性子の質量はほぼ等しいので，中性子数と陽子数を加えたものを原子核の質量数（$A=Z+N$）と呼ぶ。

原子核の分類は構成から明らかなように，陽子数と中性子数で行われ，核種は，^{質量数}元素記号で表される。例えば陽子数 $Z=8$ 中性子数 $N=9$ の原子核は，^{17}O と記述し，酸素17と読む。現在までに元素としては $Z=112$* までの原子核が発見されている。

原子核はこのようにたかだか数百の核子が集合したものであり，そのため数個の粒子の相互作用を研究する素粒子物理や多数の粒子を記述する統計力学の世界とは異なった種々の珍しい様相を示す。そのため，原子核の物理は少数多体系の物理ともいわれる。

電子の数が陽子と違う場合，原子は電荷を持つことになる。これをイオンと呼び，電子が少ない場合は正に帯電し（正イオン），電子が多い場合は負に帯電する（負イオン）。イオンを記号で表す場合は，原子核名の後に電荷数（q）を右肩に添える。例えば炭素

---

* 2004年，$Z=113$ の原子核が理化学研究所で発見された。もし確立されれば我が国での初めての新元素発見となる。$Z \geq 114$ の核については，ロシアのドゥブナ研究所での観測が報告されているが確立には至っていない。

1. 原子核物理学の概要

12 ($Z=6$, $N=6$) が正の2価に帯電したものは $^{12}\text{C}^{2+}$ と書き,炭素12の2価イオンと呼ぶ。

(2) 核子の構造

地上に存在する原子核を構成しているのは陽子と中性子である。しかし最近ではそれ以外のハドロン(例えばラムダ粒子やシグマ粒子)を構成要素とする原子核(ハイパー原子核)も発見されている。これらの,原子核の性質を知る上で最も重要なものは,これらの粒子間の相互作用である。

原子核の構成粒子である核子はさらに構造を持つことが知られている。核子は,今日,基本粒子であると考えられているクォークにより構成されており,クォーク間でグルーオンを交換して結合力を生み出している。陽子は3個のクォーク (uud) から成り,中性子は (udd) から成っている。これらの相互作用は量子色力学(QCD)で記述されるが,核子は QCD の世界での少数多体系をなしており,核子の構造を探ることは現在では広い意味での原子核物理の範疇となっている。

QCD が他の相互作用と大きく違うことは「閉じ込め」であり,構成粒子であるクォークは単独では取り出せないというところにある。どのような機構で閉じ込めが起こり,それが核子の性質にどのように反映されているかを理解することは重要な課題となっている。

核力の根源は QCD で記述される強い相互作用であり,この相互作用の源は色電荷で3色(とその補色)ある。クォークは色電荷がゼロになるように組み合わされて核子を作る(閉じ込めは別のいい方をすると,「観測される粒子は全て色電荷がゼロである」ということになる)。一方で,核子を構成するクォークは非常に質量が軽く,近似的にカイラル対称性が成り立っている。しかし,強いクォーク間の相互作用によりそのカイラル対称性は自発的に破れており,クォークは閉じ込められていると同時にカイラル対称性も破れている。対称性の破れに伴って,ゴールドストーン粒子としてパイ中間子が出現する。このパイ中間子の交換により核子間に強い核力が生じる。さらには,短距離ではクォーク間相互作用が重要になり,強い斥力が生じる。すなわち,クォークは自らの相互作用によ

第2章　原子核物理学

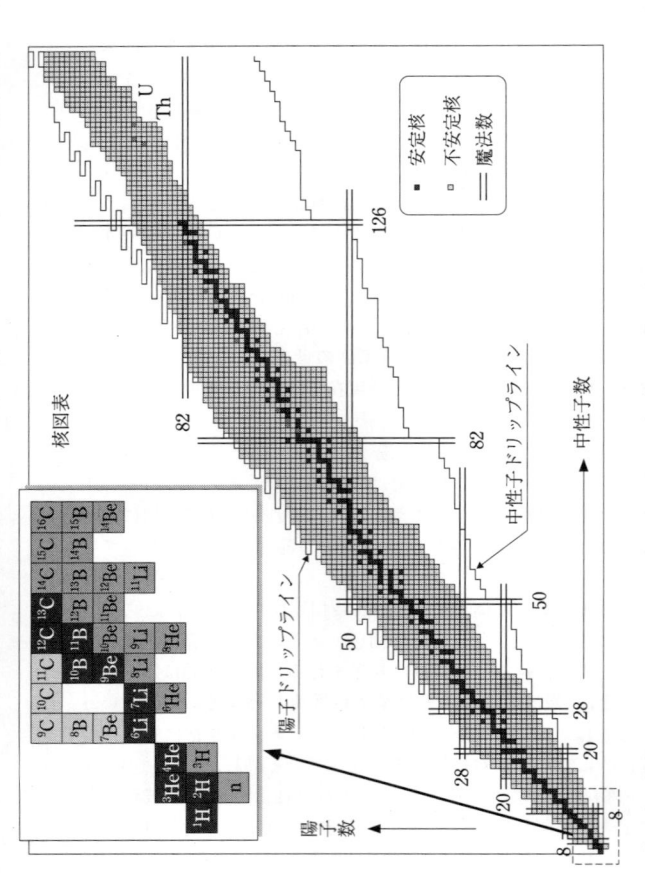

図 2-1 核図表。横軸に中性子数、縦軸に陽子数を示している。黒くぬりつぶされた原子核を分類したもので、一つ一つの正方形がこれまでに観測されている原子核を示している。黒くぬりつぶされた正方形は、地上に存在する安定核である。ウラン(U)とトリウム(Th)などはグレイの正方形で示した。これらは不安定核ではあるが、長寿命なので地上に存在する。中性子ドリップ線や陽子ドリップ線が原子核の存在の限界を示している。中性子過剰核はまだ多くが観測されていない。

1. 原子核物理学の概要

り，自らの存在を隠すのである。

(3) 原子核の存在極限

原子核は，陽子と中性子から成っているが，その比は狭く限られた範囲にある。これまでに知られている束縛された核の中で，最も中性子/陽子比（N/Z）が小さな核（水素核，つまり陽子を除いて）は ^{3}He で $N/Z=1/2$ であり，最も大きいものは ^{8}He で $N/Z=3$ である。これは，核力の性質によるところが多く，陽子と中性子間の引力が強く束縛状態（重陽子 d）を作るが，陽子と陽子，中性子と中性子の引力は弱く，束縛状態を作れないからである。

同じ元素に属する原子核は陽子数（Z）が同じであるが，中性子数の異なるものがあり，これらをアイソトープ（isotope）（同位体）と呼ぶ。逆に中性子数（N）が一定で陽子数（Z）が違うものをアイソトーン（isotone）と呼ぶ。また，質量数（$A=Z+N$）が同じものをアイソバー（isobar）（同重体）と呼ぶ。アイソトープをたどって中性子を増やしていくと，これ以上中性子数が増しても束縛状態を作らない極限がある。この極限を違った陽子数についてつないだものが，中性子ドリップ線である。同様に，アイソトーンについて陽子が結合する陽子数の限界をつないだものが，陽子ドリップ線である。束縛した原子核はこの2つのドリップ線の間に存在する（図2-1参照）。

ただし，この存在限界の外に原子核が全く存在しないわけではない。束縛状態ではないが，有意に長い寿命を持った原子核が存在し得る（原子核中での核子の軌道運動の周期はほぼ 10^{-22} 秒である）。特に陽子ドリップ線の外にはそのような核が存在し，陽子崩壊核と呼ばれる。中性子ドリップ線の外にも 10^{-21} 秒以上の寿命を持ったいわゆる共鳴核がある。

陽子数が増していくと，陽子の電荷同士の反発のため原子核の結合は弱くなっていき，核分裂を起こすようになる。そのため，陽子数が92（ウラン）以上の原子核は天然には見つかっていない。それ以上の原子核は人工的に作られる。これまでに陽子数が112のものが作られ，それより重いものもいくつか証拠が見つかっている。$Z=93$ 以上の元素を超ウラン元素と呼び，その中でも重いものは超重元素と呼ばれる。理論的にはさらに126までの存在が予測され

ている。

超ウラン元素					
原子番号	名称	記号	原子番号	名称	記号
93	ネプツニウム	Np	103	ローレンシウム	Lr
94	プルトニウム	Pu	104	ラザホージウム	Rf
95	アメリシウム	Am	105	ドブニウム	Db
96	キュリウム	Cm	106	シーボーギウム	Sg
97	バークリウム	Bk	107	ボーリウム	Bh
98	カリホルニウム	Cf	108	ハッシウム	Hs
99	アインスタイニウム	Es	109	マイトネリウム	Mt
100	フェルミウム	Fm	110	ダームスタチウム	Ds
101	メンデレビウム	Md	111	レントゲニウム	Rg
102	ノーベリウム	No			

(4) 核構造の概要

通常の原子核はほぼ球形をしており、その半径(R)は、$R = r_0 A^{1/3}$ とほぼ表される。r_0 は比例定数であり、半径の定義にもよるが 1.3fm 程度である。半径が質量数の 1/3 乗に比例するということは原子核中の核子密度が一定であることを示しており、その密度は約 1.5～1.7 核子/fm³ である。密度が核によらず一定であるという性質を密度の飽和性という。核子間距離はほぼ 2fm であり、核子の半径が 0.8fm であることを考えると、核子はほぼ稠密に詰まっていることになる。

原子核の形状は、球状のもの、軸対称な楕円体、さらに 3 軸非対称な楕円体、またさらに複雑な変形をしたものがある。さらに、密度まで考慮すると核内でいくつかの核子が特別強く結合して塊（クラスター）を作ることがある。特に 2 個の陽子と 2 個の中性子でできたものをアルファクラスターと呼ぶ。

原子核の構造には、いくつかの違った様相がある。まず、中心密度がほぼ一定であり、陽子と中性子は一様に混合しており、液滴のような性質を示す。例えば原子核の体積が質量数にほぼ比例すること、非圧縮性液体のように表面が振動を起こすこと、また、変形したまま回転運動をすること、などである。これらは多くの核子が同

1. 原子核物理学の概要

時に同じ運動を起こすので、集団運動と呼ばれる。また、ウランなどの重い原子核の分裂は液滴の分裂にたとえられる。

これとは逆に、個々の核子が平均的なポテンシャルの中で自由に軌道を描いているという、独立粒子運動の様相も示す。核子が軌道を持って運動することは、マジックナンバーやその他の重要な性質から明らかである。また、磁気モーメントや励起状態のエネルギーなども核子の単一粒子軌道の重要さを示している。

液体の中では、構成粒子は互いに強く相互作用し合い、そのために集団運動が生まれる。一方、独立粒子運動では核子は相互作用をほとんどせず、個々の粒子の軌道がはっきりしている。これらの、一見全く互いに相容れないような性質をあわせ持っているのが原子核であり、強く縮退したフェルミオンの系の特徴でもある。そのため、原子核の構造には液滴モデル、ガスモデル、シェルモデル、クラスターモデル、平均場モデルなど多くのモデルがある。

中性子数と陽子数の差は原子核基底状態のアイソスピン**を決定している（$I_z=(N-Z)/2$、基底状態は $I=I_z$）。原子核の構造はアイソスピンにより大きく変化することが知られている。特に中性子が多い中性子ドリップ線の近傍には、原子核の表面付近に中性子だけの層（中性子スキン）や非常に密度の低い中性子の広がり（中性子ハロー）がある。

陽子と中性子が、ある組み合わせの原子核の最もエネルギーが低い状態を基底状態と呼ぶ。陽子・中性子ともに最もエネルギーの低い軌道にいることが多いため、一番縮退の多い状態でもある。内部の陽子と中性子の運動状態が変化すると、それよりエネルギーの高い状態が作られる。これを励起状態と呼ぶ。励起状態には粒子の軌道が変化したもの（粒子励起）や、核全体が集団運動を起こしたも

　** アイソスピン（I）は陽子と中性子を核子として記述したときに、その内部状態の違いを表すために導入された量子数で、核子は $I=1/2$ を持ち、陽子と中性子はその z 成分が違うとされる。原子核物理では陽子は（$I_z=-1/2$）、中性子は（$I_z=1/2$）を持つ。アイソスピンはその名が示すようにスピンと同じ数学的性質を持つ。素粒子物理とは z 軸方向の向きが逆に定義されていることに注意。

の（巨大共鳴），形や，内部のクラスター構造が変化したものなどがある。

原子核の特徴はこのような励起状態が，原子核が粒子放出をするような高いエネルギーにも存在することである。このような状態は特に共鳴状態と呼ばれる。

(5) 原子核の崩壊

地上にある元素を作っている原子核は270種あって，ほとんどが安定でいつまでたっても変化をしない。これらの原子核は安定核と呼ばれる。しかし，現在では存在が確認されている原子核は3000種近くに及び，そのほとんどは不安定で，ある寿命を持って崩壊し，違った原子核に変化する。これらは不安定核と呼ばれる。また，励起状態の原子核も崩壊し最後は基底状態になる。

原子核の崩壊は確率的に起こる。ある時刻での不安定な原子核の数をN個とすると，微小時間dtの間に崩壊する原子核の数dNはNとdtに比例し，

$$dN = -\lambda N dt \tag{1.5.1}$$

と表される。この比例定数λを崩壊定数と呼ぶ。右辺にマイナスがついているのは崩壊によりNが減少することを表すためである。この式を書き直してNの時間変化を見ると，

$$N(t) = N(0) e^{-\lambda t} \tag{1.5.2}$$

と指数関数になる。すなわち一定時間ごとに一定の比で原子核が減少していくことになる。原子核の数が半分になる時間をその原子核の半減期（$T_{1/2}$）と呼び，

$$T_{1/2} = \ln 2 / \lambda \tag{1.5.3}$$

となる。一方，原子核が崩壊するまでの平均的な時間（$\tau = 1/\lambda$）は平均寿命または寿命と呼ばれる。崩壊する前の核を親核，崩壊後の核を娘核と呼ぶ。

アルファ崩壊は重い原子核から^{4}Heが放出されるもので，親核は陽子数，中性子数ともに2減少し，質量数は4減少して娘核となる。すなわち

$$^AZ \rightarrow {}^{A-4}(Z-2) + {}^4\text{He} \tag{1.5.4}$$

ここで，元素記号の代わりに原子番号で原子核を表記した。後にもこの表記法を使うので注意いただきたい。α崩壊は原子核を作っ

1. 原子核物理学の概要

ている核子の集団が放出され原子核の質量数が変化するものであり,その寿命はナノ秒のものから100億年の広い範囲にある。α崩壊以外にも,同様にイオンを放出する崩壊形式がある。例えば^{222}Ra は^{14}C を放出するなど,^{14}C や^{28}Si を放出する崩壊が観測されている。

また陽子ドリップ線のすぐ外では,陽子を放出する**陽子崩壊**(1陽子と2陽子の場合がある),また中性子ドリップ線の外では中性子を放出する中性子崩壊もある。陽子崩壊の場合は寿命が0.6秒程度のもの(^{121}Pr)までが確認されているが,中性子崩壊は共鳴状態といわれる10^{-20}秒程度のもののみが知られている。

ベータ崩壊は質量数が変化せず,原子核の中で弱い相互作用により,中性子が陽子に,または陽子が中性子に変化する。このとき原子番号が変化する。原子核により以下のようないくつかの崩壊様式がある。

中性子が陽子に変化して電子(e^-)と反ニュートリノ($\overline{\nu}$)を放出(電子崩壊)

$$^AZ \rightarrow {}^A(Z+1) + e^- + \overline{\nu} \tag{1.5.5}$$

陽子が中性子に変化して陽電子(e^+)とニュートリノ(ν)を放出(陽電子崩壊)

$$^AZ \rightarrow {}^A(Z-1) + e^+ + \nu \tag{1.5.6}$$

陽子が原子軌道にある電子を吸収して中性子に変わる(電子捕獲)

$$^AZ + e^- \rightarrow {}^A(Z-1) + \nu \tag{1.5.7}$$

などがある。核子の変化は弱い相互作用によるものであり,寿命は比較的長く,一番短いものでもミリ秒の単位であり,長いものでは100万年の単位である。

陽子数または中性子数が2つ変化する場合を,ダブルベータ崩壊と呼び,基本的な相互作用の研究に重要である。

ガンマ崩壊は,励起状態にある原子核がそれよりエネルギーが低い状態にガンマ線(光子)を放出して遷移するものであり,電磁相互作用で起こる。陽子数,中性子数ともに変化しない。原子核の励起エネルギーが核子放出のエネルギーより高い場合には,一般には核子の放出が起こり,ガンマ崩壊は観測されなくなる。しかし回転

バンドなど特殊な場合には,このようなときにもガンマ線の放出が見られる。

原子番号が鉄より大きくなると,陽子同士のクーロン力のために核子当たりの平均の結合エネルギーは徐々に小さくなる。非常に重い核ではクーロンエネルギーが大きくなるため,原子核が2つに分裂した方が全体のエネルギーが小さくなるようになり,原子核は分裂を起こす。これを**核分裂**と呼ぶ。核分裂は大きなエネルギーを放出するので,発電など原子力利用の方法となっている。

原子核の1つの状態があるとき,どのような崩壊をするかはエネルギーや状態の量子数によって変化する。また1つの崩壊形式だけで崩壊するわけではなく,常に競争過程となる。いくつかの崩壊が可能なときに全体の崩壊定数(λ)はそれぞれの過程の和となる。

$$\lambda = \lambda_1 + \lambda_2 + \lambda_3 + \cdots$$

それぞれの崩壊過程への分岐は,λ_1/λ,λ_2/λ などで表し,分岐比と呼ぶ。

ベータ崩壊が核の励起状態に向けて起こる場合には,その直後にガンマ線が放出されることがある。このように違った崩壊が続いて起こることを,カスケードと呼び,後に起こる崩壊で放出される粒子を遅延粒子と呼ぶ。例えば上の場合は「遅延ガンマ線が放出される」と記述する。ベータ崩壊や α 崩壊の後にはガンマ線だけでなく,陽子や中性子なども遅延粒子として放出されることもある。

(6) 原子核の反応・クーロン障壁

2つの原子核が触れ合うくらい近づくと,相互作用が働き原子核に変化が起こる。これを核反応と呼ぶ。

われわれの周りにある物質中では,原子核は原子の中心に位置するため隣の原子核とは非常に離れている(原子の半径は 10^{-10}m で原子核の半径は 10^{-15}m である)。さらに,地上の温度では熱エネルギーが低く,原子核が持つ電荷によるクーロン反発力に打ち勝って原子核が反応するほど近づくことはない(この反発の壁をクーロン障壁と呼ぶ。図2-2)。そのため通常の状態では原子核の反応は起こらない。自然界で核反応が起こっているのは恒星の中である。そこでは非常に高温であるため原子核は高速で走り回っており,互いに衝突する確率が増す。実際恒星のエネルギーはこのようにして

1. 原子核物理学の概要

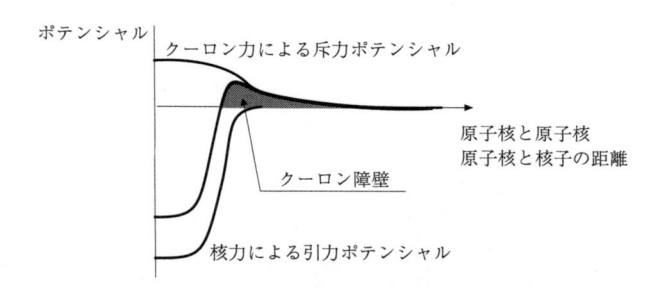

図 2-2 クーロン障壁。原子核と原子核，または原子核と陽子の間に働く力は遠距離ではクーロン力による斥力であり，近距離では核力による引力である。このために2つの粒子が近づいて核力による反応を起こすためには，これらのポテンシャルでの重ね合わせで作られるクーロン障壁を越えていかねばならない，また逆に核内にある粒子は，この障壁を越えないと核外には出ることができない。

起こる核反応により供給されている。

核反応を起こさせるためには，クーロン障壁を越えるだけのエネルギーを持った高速の原子核や陽子を作り（加速粒子と呼ぶ。加速粒子を作る装置を加速器という），これを物質に照射してその中にある原子核に衝突させる。加速されて物質に照射する粒子を入射粒子，物質中の原子核を標的原子核または簡単に標的と呼ぶ。例外は中性子である。中性子は電荷を持たないためクーロン反発がなく，非常に低いエネルギーでも原子核に近づき反応を起こす。

加速粒子としては，レプトンとして電子，軽いイオンとしては陽子，重陽子，^{3}He，^{4}He などが使われる。またそれよりも重い元素のイオンも加速され，重イオンと呼ばれる。最近では多くの元素のイオンが加速され，高エネルギーのウランイオンも使用されている。このようにして加速した粒子を反応させて種々の高エネルギー粒子がさらに作られる。ガンマ線，ミューオン，パイオン，反陽子，さらには不安定核も入射粒子として使用される。中性子は原子炉で多量に生成されるものを使ったり，核反応で生成されるものを使ったりして，やはり入射粒子として用いる。

核子やイオンの加速エネルギーは核子当たりのエネルギーで呼ばれることがある。例えば全エネルギーが 100MeV の ^{20}Ne は核子当

第 2 章　原子核物理学

宇宙の進化

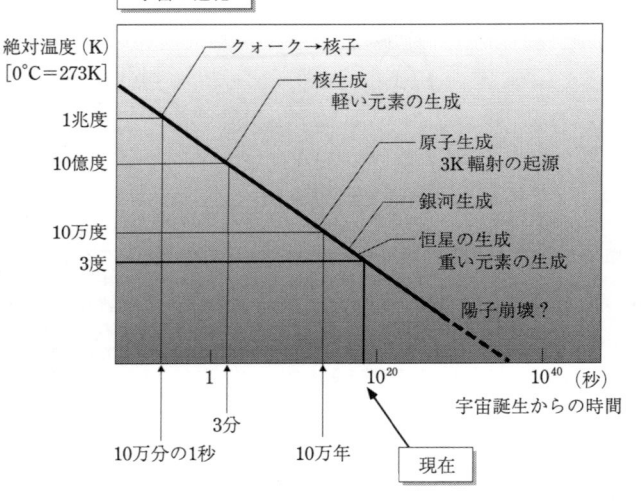

（図：絶対温度（K）[0℃=273K] を縦軸、宇宙誕生からの時間（秒）を横軸としたグラフ。以下のイベントが示されている）
- クォーク→核子
- 核生成、軽い元素の生成
- 原子生成、3K輻射の起源
- 銀河生成
- 恒星の生成、重い元素の生成
- 陽子崩壊？

縦軸の目盛：1兆度、10億度、10万度、3度
横軸の目盛：10万分の1秒、3分、1、10万年、10^{20}、10^{40}（秒）
現在

図 2-3　宇宙誕生からの年代と種々のイベント

たり 5 MeV とも表現される。核子当たりのエネルギーが同じなら、イオンの速度は同じなので、反応の様相は全エネルギーよりも核子当たりのエネルギーの方がよく反映することが多い。

核反応は衝突エネルギーによりその様相が大きく変わる。その目安となるのが、クーロン障壁、核の励起エネルギー、核内核子の結合エネルギーである。

クーロン障壁（E_c）は半径が R_1 と R_2 の 2 つの原子核が触れ合う程度の距離でのクーロンエネルギーとして考え、全ての陽子はそれぞれの半径の中にあるとすると、

$$E_c = \frac{e^2 Z_1 Z_2}{4\pi\varepsilon_0 (R_1 + R_2)} = \alpha\hbar c \frac{Z_1 Z_2}{r_0 (A_1^{1/3} + A_2^{1/3})}$$

$$\approx \frac{Z_1 Z_2}{(A_1^{1/3} + A_2^{1/3})} \ [\text{MeV}] \tag{1.6.1}$$

となる。このクーロンエネルギーの障壁は、図 2-2 に示すように、

1. 原子核物理学の概要

```
H, He, Li  [ビッグバン]
              ↓
         [恒星の誕生] ← ← ← [太陽系 地球 人間]
         ↙           ↖
  (低温燃焼)          [星間物質]
   C, O, Ne,…              ↑  U
                      [超新星爆発]
  [恒星の進化] →→→→→→
         (高温燃焼)
          Ne, Fe,…
```

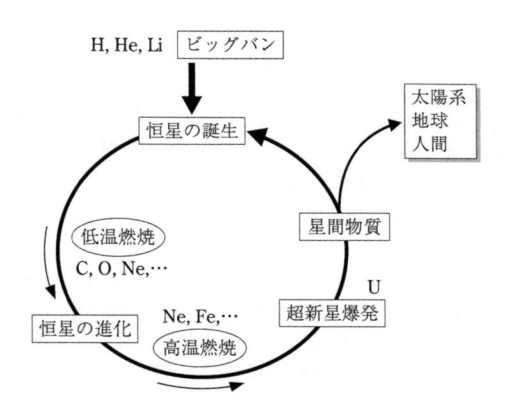

図 2-4 元素合成のサイクル。ビッグバンでリチウムまでの軽い元素が作られ、その後恒星の中で鉄までの元素が作られる。恒星の一生の終わりである超新星爆発により、それまでに作られた元素を宇宙空間にまき散らすとともに、ウランまでの鉄より重い元素が作られた。このようにしてまき散らされた星のかけらの一部が、われわれや地球を作った。

原子核の内側から見たときにも同様である。すなわち、原子核中を運動している陽子が原子核から外へ出て行く場合にも同じ障壁がある。

(7) 宇宙核物理学

ビッグバンから始まった最初の宇宙には何の元素も存在しなかった。その後宇宙の進化につれて、ビッグバン後の3分間、そしてその後は、100万年以上たって作られた恒星の中で、原子核反応が起こり、種々の原子核が作られて元素が誕生した。われわれを作っている元素は全て、宇宙や、恒星の進化の中で核反応により作られたものである（図2-3参照）。

最近になって、ビッグバン中や恒星の中で起こっている核反応の研究が急速に進み、宇宙物理学や天体物理学との共同の研究領域が生まれてきた。原子核の関連するこれらの研究はいくつかに分けられる。

まずは、元素の合成過程である。図2-4に表したように、ヘリ

第2章　原子核物理学

ウムまでの元素はビッグバン直後に作られた（ビッグバン元素合成）。その後，恒星の燃焼とともに鉄までの元素が作られ（燃焼過程），恒星が生涯を終える超新星爆発でウランまでの元素が作られた（r-過程）と考えられる。それ以外にも，高温の星の中でのゆっくりした中性子吸収による鉄以上の元素の生成（s-過程），新星爆発や降着円盤での小爆発による陽子過剰な核の生成（rp-過程）などがあるが，それに関連した原子核の性質や核反応の研究は始まったばかりである。

次に，超新星爆発は，核物質の状態方程式，特に非圧縮率（imcompressibility）に大きく影響を受け，高密度状態での陽子と中性子数が非対称の核物質の状態方程式が重要である。また中性子星は，中性子がほとんどの核物質の状態方程式が基本的な働きをしている。

（谷畑勇夫）

2. 原子核の性質

(1) 不安定原子核や励起状態とその生成法

1組の陽子と中性子で構成された原子核はいくつもの量子状態をとり得る。そのうち最もエネルギーの低い状態が基底状態であり，安定核や不安定核という定義はこの基底状態に対して適応される。それよりエネルギーの高い状態を励起状態と呼ぶが，その中には寿命の特別長いものがあり，それをアイソマーと呼ぶ。アイソマーは質量数の後にmをつけてその名前とする。例えば ^{26}Al の第1励起状態は半減期が6.3秒あるアイソマーで ^{26m}Al と記述される。

原子核の励起状態は，原子核名に加えてその励起エネルギーで記述されるが，全角運動量とパリティが良い量子数になっているので，スピン（J），パリティ（π と書くが値としては＋または－をとる）を J^π のように添える。例えば先ほどのアイソマーは ^{26m}Al（228keV, 0^+）で，基底状態は ^{26}Al（0keV, 5^+）である。

不安定核や励起状態は核反応を用いて作られるが，大きく分けて原子炉などからの中性子による吸収反応と，加速器で加速された高エネルギー粒子や重イオンを用いて核反応を起こす方法がある。

中性子による不安定核の生成は中性子吸収反応（n, γ）と，核分裂がよく使われている。核分裂を起こす核は非常に重く，中性子

2. 原子核の性質

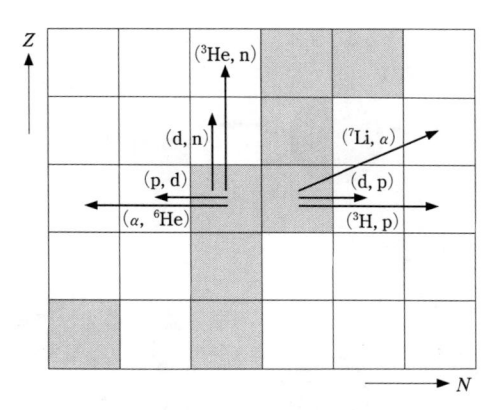

図 2-5 移行反応による不安定核の生成

数が陽子数より多い。核分裂で作られる核は分裂する前の核とほぼ同じ陽子と中性子の比を持ち，原子番号は約半分になるので，一般に中性子過剰の不安定核になる。そのため，ウランなどの核分裂は中性子過剰核を作る良い方法になっている。

加速器からの低エネルギーの粒子を用いると融合反応が起こる。重イオンを標的核に照射すると，融合した原子核は一般に陽子過剰核となる。少しエネルギーが増して核子当たり10MeV程度になると，核子の移行反応が起こり，入射核と標的核により種々の組み合わせで不安定核が作られる。図2-5に示したように，例えば (d, p), (^{3}H, p), (^{7}Li, α) などの反応は中性子過剰な核を作り，(p, d), (d, n), (^{3}He, n) などの反応は陽子過剰核を作る。

核子当たり50MeVを超えるようなエネルギーになると，原子核から陽子や中性子がはぎ取られてしまう破砕反応が起こる（図2-6参照）。陽子や軽核でこのような反応が起こったときには，まず衝突により少数の核子が飛び出す。残りの核（残留核）は通常高い励起状態になっており，多数の核子を蒸発させる。このとき陽子はクーロン障壁のため蒸発しにくく，中性子は蒸発しやすい。そのため，陽子や中性子による反応では陽子過剰な核が多く作られる。一方，高エネルギーの重イオンを用いると核の一部分がすっぱり切り

第 2 章　原子核物理学

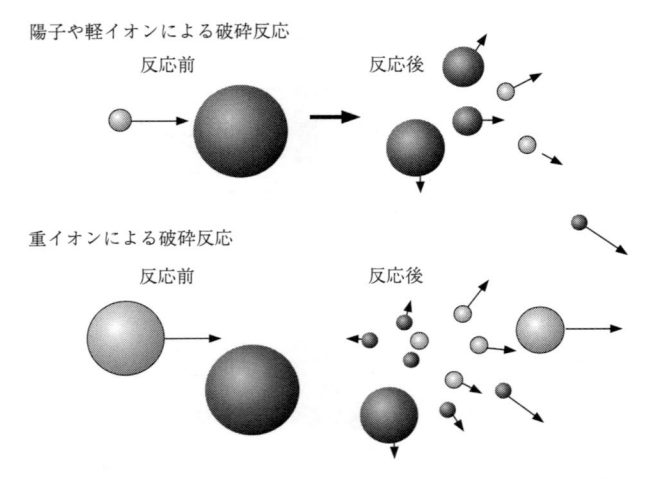

陽子や軽イオンによる破砕反応

重イオンによる破砕反応

図 2-6　破砕反応

取られたようになるため，残留核はそれほど高い励起状態にはない。そのため，陽子過剰核のみでなく中性子過剰核も多く作られる。中性子ドリップ線に近い核はほとんどがこの方法で作られている。

加速器を使って人工的には陽子や中性子以外のバリオン（ラムダ粒子（Λ）やシグマ粒子（Σ））が含まれる原子核が作られている。ラムダ粒子やシグマ粒子はハイペロンとも呼ばれるので，このような原子核はハイパー核と呼ばれる。ラムダ粒子もシグマ粒子もストレンジネスが -1 の量子数を持つ。記号としてはラムダ粒子が1個含まれたものは［元素名-A-ラムダ］または［$^A_\Lambda$元素記号］と記述し，シグマの場合は同様に［元素名-A-シグマ］または［$^A_\Sigma$元素記号］である。2個のハイペロンが含まれるものはダブルハイパー核と呼ばれ，［$^A_{\Lambda\Lambda}$元素記号］などと記述される。ハイパー核は通常の核にはない量子数ストレンジネスを持つため，その構成要素の中にsクォークを含んでいる。そのため，バリオンの系としての原子核とクォークの系として見た原子核をつなぐものとして興味深い（図

92

2. 原子核の性質

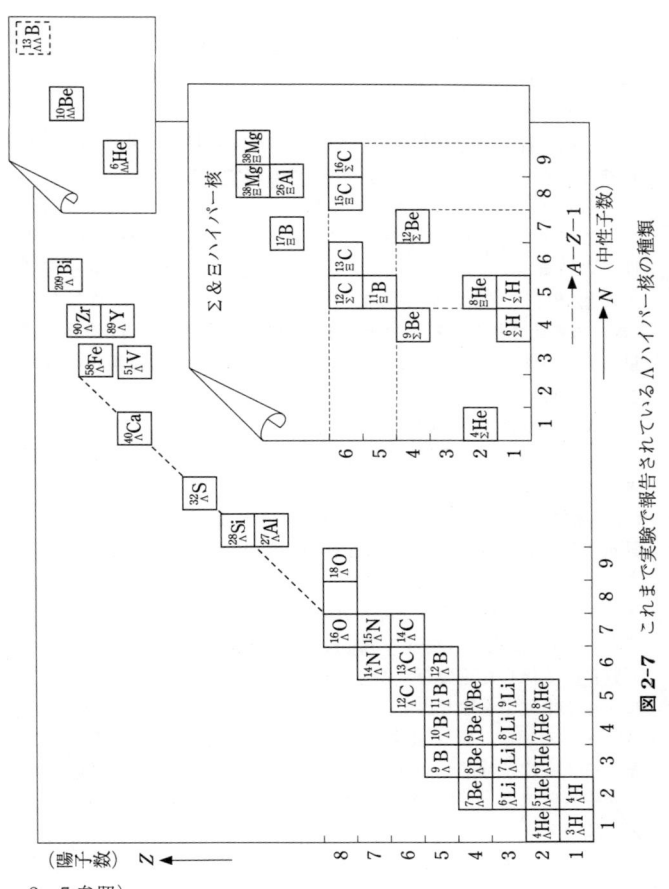

図 2-7 これまで実験で報告されているΛハイパー核の種類

2-7 参照)。

ハイパー核を作る反応は一般にストレンジネス交換反応と呼ばれるものであり、ストレンジネスを持ったK粒子を原子核に衝突させ、原子核の中の核子をラムダ粒子やシグマ粒子に変化させるものであり、その基本的な反応は

n(K⁻, π^-)Λ や n(K⁻, π^-)Σ^0
などである。また，逆にパイオンを照射して作る場合もあり，(π^+, K⁺) 反応などが用いられる。

(2) 原子核の質量

原子核の質量はそれを構成している陽子の質量と中性子の質量から結合エネルギー（E_B）を差し引いたものである。

$$M(^AZ)c^2 = Zm_p c^2 + Nm_n c^2 - E_B \qquad (2.2.1)$$

ここで $m_p c^2$，$m_n c^2$ は，それぞれ陽子の質量（938.28MeV），中性子の質量（939.57MeV）である。しかし，原子核の質量を記述する場合には質量の値が直接書かれることは少なく，質量欠損（Δ）で表記される。質量欠損は炭素12の原子質量の1/12を基準質量（原子質量単位 1u=931.494MeV）とし，それに質量数を掛けたものと実際の質量との違いを表しており，

$$\Delta = M_a(^AZ) - A \cdot 1u \qquad (2.2.2)$$

である。ここで $M_a(^AZ)$ は原子核 ^AZ を中心に持つ中性原子の質量である（質量を MeV 単位で呼ぶことにして c^2 の係数は除いた）。崩壊のエネルギーや反応のエネルギーなどを計算するには，質量の値を直接用いるよりは Δ を用いる方が便利である。ところで，

$$M_a(^AZ) = M(^AZ) + Zm_e - E_{eB} \qquad (2.2.3)$$

である。m_e は電子の質量で E_{eB} は電子の束縛エネルギーである。

質量に関係した重要な量として分離エネルギーがある。ある原子核から1中性子を取り出すのに必要なエネルギーを，中性子分離エネルギーと呼び，S_n で表す。また2中性子の分離に必要なエネルギーを2中性子分離エネルギーと呼び，S_{2n} で表す。陽子分離エネルギー（S_p や S_{2p}）も同様に定義される。(2.2.1) 式を用いると，

$$\begin{aligned} S_n(^AZ) &= M(^{A-1}Z) + m_n - M(^AZ) \\ &= E_B(Z, N) - E_B(Z, N-1) \end{aligned} \qquad (2.2.4)$$

$$\begin{aligned} S_p(^AZ) &= M(^{A-1}(Z-1)) + m_p - M(^AZ) \\ &= E_B(Z, N) - E_B(Z-1, N) \end{aligned} \qquad (2.2.5)$$

となり，結合エネルギーの差となる。ここで，違った原子核の結合エネルギーであることを示すため，(Z, N) と陽子数と中性子数とを明らかに変数として添えた。同様に，

2. 原子核の性質

$$S_{2n}(^AZ) = E_B(Z, N) - E_B(Z, N-2)$$
$$S_{2p}(^AZ) = E_B(Z, N) - E_B(Z-2, N)$$
(2.2.6)

である。

結合エネルギーの全体的な理解は，原子核を球形の液体とする液滴模型によりなされる。この模型によると結合エネルギー $E_B(Z, N)$ は

$$E_B(Z, N) = a_v A - a_s A^{2/3} - a_a \frac{(Z-N)^2}{A} - a_c \frac{Z(Z-1)}{A^{1/3}} + \Delta_{\mathrm{pair}}$$
(2.2.7)

と書かれる。最初の項は質量に比例しており，体積項と呼ばれる。2番目の項は表面エネルギー項で表面積に比例している。第3項は陽子と中性子の数が同じときに最も結合が強いことを反映した項で対称エネルギーと呼ばれる。その次にあるのは陽子の持つ電荷によるクーロンエネルギーである。最後の項は陽子数や中性子数が偶数のときに結合が特別強いことを示す項であり，

$\Delta_{\mathrm{pair}} = 0$ 　　　Z または N どちらかが偶数で他が奇数のとき
　　　$= -12A^{-1/2}$ MeV　　　Z, N ともに奇数のとき
　　　$= 12A^{-1/2}$ MeV　　　Z, N ともに偶数のとき

である。また，おのおのの項の係数は MeV 単位で

$a_v = 15.8, \quad a_s = 18.3, \quad a_a = 23.2, \quad a_c = 0.714$

である。結合エネルギーだけでなく核の種々の性質は陽子数や中性子数が偶数か奇数かで大きく変化する。このためこれらを区別するのに偶偶核，奇偶核，奇奇核などと呼ぶ。

この式は核図表全体で核の結合エネルギーの傾向をよく再現する。例えば核子当たりの結合エネルギー (E_B/A) が鉄やニッケルで最も大きくなることをよく再現する。また，アイソバーの結合エネルギーを比べて，最も大きな結合エネルギーを持つものが安定核となるが，軽い核ではそれが $Z=N$ 付近にあって，重くなるに従って N が Z より多いところが安定になることもよく再現する。

図2-8に安定核での核子当たりの結合エネルギー (E_B/A) を示した。実験値の傾向をよく再現している。ただ詳しく見ると質量数がいくつかの場所で実験値が大きくなっていることがわかる。これは核が液滴の性質だけでは説明されないことの代表的な例で，後述

第 2 章　原子核物理学

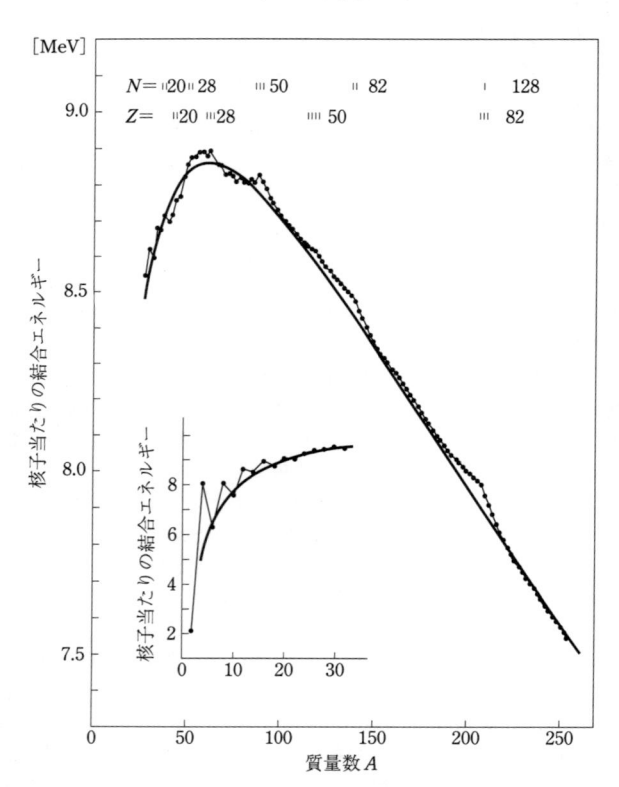

図 2-8　安定核の核子当たりの結合エネルギー

のマジックナンバーに関係している。

　原子核の質量をさらに正確にするために改良を加えた模型が提唱されている。液滴の変形，核子が軌道を描いて運動していることによるシェル効果を加えたモデル（ドロプレット・モデル，TUYYモデルなど）がある。一般にこのように原子核の性質の特徴を捉えて作られたモデルをグロス理論と呼ぶ。

　逆に，基礎的な相互作用から原子核を組み立てていく方法をミク

2. 原子核の性質

ロスコピックな模型と呼び，その中で最もよく使われるのが平均場近似を用いたもので，非相対論的なモデル（種々の核子相互作用を用いたハートリー-フォック理論）や相対論的な平均場理論などがある。

質量の差だけを議論する場合にはさらに種々のモデルが使われるが，その中でも後述の殻模型（シェルモデル）は非常に有効な理論である。一般の殻模型では閉殻を作る内部核子の部分の大きさや結合エネルギーを固定し，その外にある，いわゆる価核子で核の性質を記述する。最近では閉殻を仮定しないで全ての核子を殻模型で取り扱う無閉殻殻模型（No-core shell model）も提唱されている。

実験で決められた核質量や種々のモデルで計算された質量は表（Nucl. Phys. A 729（2003）p129-336 & p337-676）にまとめられている。核子当たりの結合エネルギーを核図表上に表したものが図2-9である。安定核にそって結合エネルギーが大きく安定性が高い。結合の強さは図で示すときには多くの場合，結合が大きいほど全体の質量は小さくなるので（式2.2.1の E_B の前の係数が負である），結合が深くなるという表現がよく使われる。そのため，安定核が連なっている結合エネルギーの大きい部分を安定核の谷（Valley of the stability）と呼ぶ。この谷は鉄・ニッケルのところで最も深

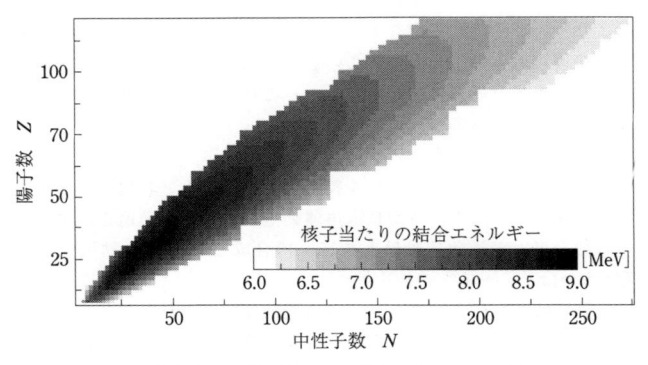

図2-9 不安定核も含めた核子当たりの結合エネルギー。鉄やニッケルの安定核が最も大きな結合エネルギーを持っていることがわかる。

い。そのため一般的には鉄より軽い核はほかの核や核子と融合すると結合が増すため、エネルギーを放出する（発熱反応）。逆に鉄より重い核は分裂して鉄に近い核になるときにエネルギーを放出する。鉄から遠いほどその放出エネルギーは増すので、融合では水素や重水素の融合が、逆に分裂ではウランやトリウムの場合に、最も多量のエネルギーが放出されることになる。これらの元素が核融合や核分裂による利用に適している理由である。

結合エネルギーが正であっても、その原子核が核子放出に対して安定であるわけではない。式2.2.4や式2.2.6に示した核子の分離エネルギーが負になれば、核子が自然に放出される。そのため、分離エネルギーのどれかが負になるところが核子放出安定の限界（ドリップ線）になる。

(3) 安定性・マジックナンバー

原子核の結合エネルギーは核子の数が特別な場合に特に強くなる。陽子数または中性子数が2、8、20、28、50、82、126（126は中性子数だけで観測）である。これとは別に地上に存在する元素の存在比を見ると（正確には太陽系、Solar abundance）、原子番号2、8、20、28が、さらに重い核では中性子数が50、82、126のところでその比が大きいことがわかる（図2-10参照）。さらに、安定なアイソトープの数がこれらの陽子数の元素でその周辺の元素のものより多い。同様に安定なアイソトーンの数が、これらの中性子数でその周辺のものより多い。このように特別強い安定性を示す数をマジックナンバー（魔法数）と呼ぶ。これらのマジックナンバーが現れる理由は後述の殻模型で説明される。

(4) スピン・パリティ・アイソスピン

核子は1/2のスピン（σ）を持ち、1/2のアイソスピン（τ）を持つ。陽子または中性子が軌道角運動量 l の単粒子軌道を運動している場合は、軌道角運動量とスピンの合成として角運動量 $j=l+1/2$ または $j=l-1/2$ の値を持つ。

原子核はよい孤立系であり、全角運動量がよい量子数となる。またパリティもよい量子数である。強い相互作用では荷電対称性（Charge symmetry）や荷電独立性（Charge independence）が成り立つためアイソスピンもよい量子数となっている。ただ、陽子が

2. 原子核の性質

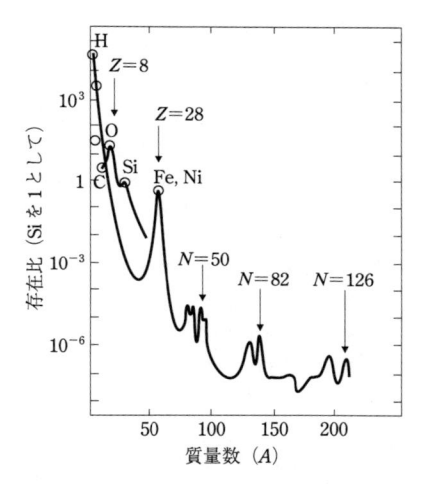

図 2-10 太陽系における元素の存在比。陽子数が 8, 28, 中性子数が 8, 28, 50, 82, 126 の元素の存在比がその周辺の元素に比べて大きく、これらの数がマジックナンバーであることを示している。中性子数 50, 82, 126 より少し小さいところに同様な存在比のピークが見られるが、これは中性子過剰核を次々に作っていく r-過程によるものであり、中性子過剰核でのマジックナンバーを反映している。

持つ電荷による電磁相互作用は、この対称性を破る。原子核の状態は原子核の記号にその状態のスピン (J) とパリティ (π)、また必要ならアイソスピン (T) を添える。また必要な場合には励起エネルギー (E_x, MeV 単位) を添える。例えば炭素12の基底状態と第1励起状態は $^{12}\text{C}(E_x=0, J^\pi=0^+, T=0)$ および $^{12}\text{C}(E_x=4.44, J^\pi=2^+, T=0)$、$^{12}\text{C}(E_x=15.11, J^\pi=1^+, T=1)$ などである。

1核種は決まったアイソスピンの z 成分 $\tau_z=(N-Z)/2$ を持っており、基底状態のアイソスピンはほとんどが $\tau=\tau_z$ である。励起状態の中には $\tau=\tau_z+1$, $\tau=\tau_z+2$, … のものがあり得る。

陽子数も中性子数も偶数の原子核（偶偶核）の基底状態のスピン

・パリティ (J^π) は，例外なく 0^+ で第1励起状態はほとんど 2^+ である。これは，2個の同種の核子は角運動量が0になる結合が一番強いことを示している。

次に，陽子と中性子のどちらかが奇数の奇偶核の基底状態は，半整数のスピンを持っている。ほとんどの原子核のスピン・パリティは，奇数の核子が入っている殻模型で記述される最後の軌道のスピン（j）と角運動量（l）で決定される。原子核のスピンは j でパリティは $(-)^l$ となる。

陽子・中性子ともに奇数の奇奇核の励起状態のスピン・パリティは，陽子および中性子の最終軌道のスピン・パリティの結合として理解されることが多い。一般にいろいろな違ったスピンが作られるが，それぞれそのスピンを持った順位が接近して存在する。最後の陽子と中性子が同じ量子数の軌道にいるときは，陽子と中性子のスピンが同じ方向を向いて（ストレッチ配位），大きなスピンを持つ場合の方が，反平行に結合して $J^\pi=0^+$ をとるよりもエネルギーが低いことが多い。

(5) アイソスピン多重項

同じ質量数を持ち陽子数と中性子数が入れ替わったペアの原子核を鏡核（mirror nuclei）と呼ぶ。例えば ^{3}H-^{3}He，^{9}Li-^{9}C，^{12}B-^{12}N，^{17}O-^{17}F などである。これらの基底状態は，同じスピン・パリティを持っている。また，これらの原子核のエネルギーの低い励起状態のエネルギーは非常によく似たパターンを示す。例として図2-11に ^{17}O-^{17}F のエネルギー準位を示した。基底状態から $J^\pi=5/2^+$，$1/2^+$，$1/2^-$，… と準位が並んでおり，その間隔も同じ傾向を示す。

次に質量数12を持った原子核の状態の例を図2-12に示す。先ほどと同様に ^{12}B-^{12}N は類似の順位構造を持ち基底状態は $J^\pi=1^+$ である。ところで ^{12}C の基底状態は $J^\pi=0^+$ であり，これらとは違っている。これは ^{12}C の基底状態は $T=0$ であり，^{12}B-^{12}N の基底状態は $T=1$ と違っているからである。^{12}C の励起状態をみると $E_x=15.11\text{MeV}$，$J^\pi=1^+$，$T=1$ の状態がある。この3つの状態 [^{12}B$(0, 1^+)$，^{12}C$(15.11, 1^+)$，^{12}N$(0, 1^+)$] はアイソスピンの z 成分が違うだけの状態であるので，アイソスピン多重項と呼ばれる。強

2. 原子核の性質

```
3.857    3/2⁻

3.104    1/2⁻
```

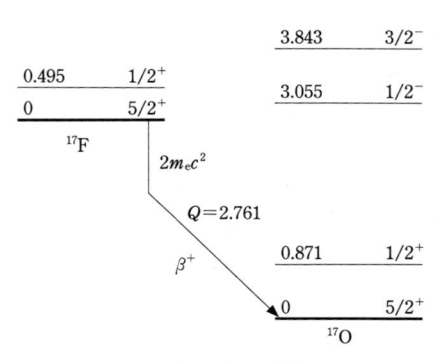

```
                              3.843    3/2⁻

0.495   1/2⁺                  3.055    1/2⁻
  0     5/2⁺
  ¹⁷F
         2m_ec²

         Q=2.761

          β⁺
                    0.871    1/2⁺
                      0      5/2⁺
                            ¹⁷O
```

図 2-11 ^{17}F と ^{17}O の順位構造

い相互作用の荷電独立性のため，これらの状態の性質は類似している。

(6) 大きさ，形，密度分布

原子核中の核子の密度分布を次のように定義する。

$$\rho_m(\mathbf{r}) = \rho_p(\mathbf{r}) + \rho_n(\mathbf{r}) \tag{2.6.1}$$

ここで，$\rho_m(\mathbf{r})$，$\rho_p(\mathbf{r})$，$\rho_n(\mathbf{r})$ はそれぞれ，核子数，陽子数，中性子数の中心からの距離 $\mathbf{r}$ における密度（個/fm³）である。一般に核子中の物質（クォーク・グルーオン）の分布は無視して，核子は質点であると考える。原子核の大きさの定義にはいくつかあるが，最もよく使われるものが平均2乗半径と1/2密度半径である。1/2密度半径は中心付近の密度の半分の密度になっている部分までの半径を示し，後で述べるフェルミ型の密度分布の半径パラメーターとなっている。

平均2乗半径は，

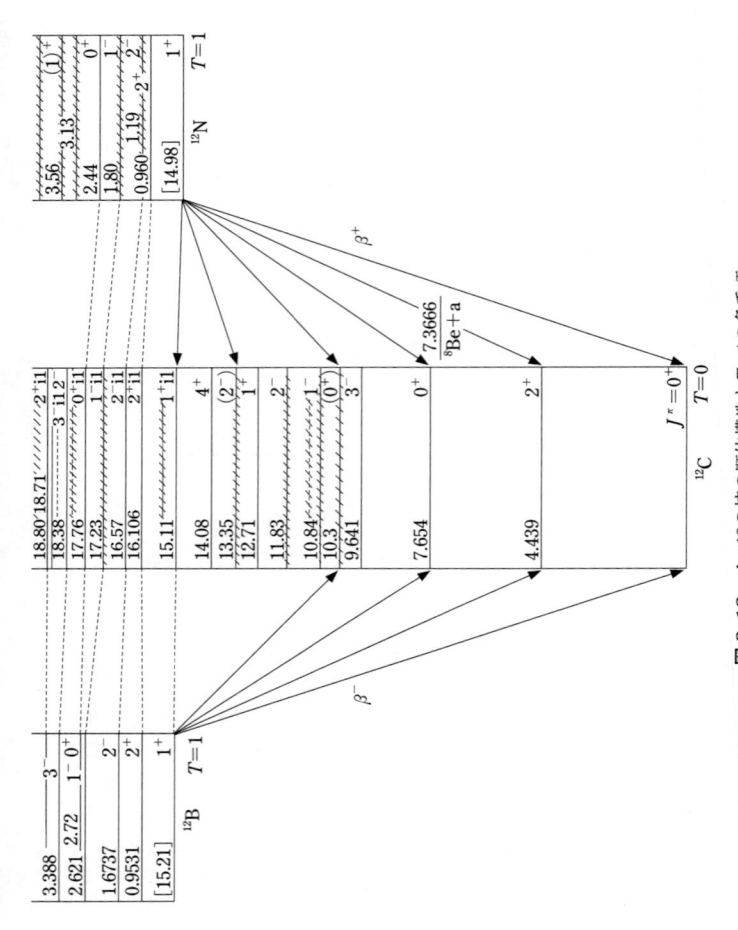

図 2-12 $A=12$ の核の順位構造と $T=1$ の多重項

2. 原子核の性質

$$\langle r_m{}^2 \rangle = \int \mathbf{r}^2 \rho_m(\mathbf{r})\, d\mathbf{r}/A \tag{2.6.2}$$

で定義される。陽子や中性子の平均2乗半径も同様である（添字をpまたはn，分母AをZまたはNとする）。

大きさを表す量はこの平方根で，

$$R_{m,rms} = \sqrt{\langle r_m{}^2 \rangle} = \langle r_m{}^2 \rangle^{1/2} \tag{2.6.3}$$

と表される。rms は root-mean-square の略である。$R_{p,rms}$, $R_{n,rms}$ についても同様である。また簡単な演算でわかるように，

$$R_{m,rms}^2 = \frac{Z}{A} R_{p,rms}^2 + \frac{N}{A} R_{n,rms}^2 \tag{2.6.4}$$

という関係が成り立つ。

電子散乱やミューオン原子からは原子核の電磁的分布が測定される。その中で最もよく知られているのが，原子核の荷電分布で核子の分布と陽子や中性子の荷電分布を畳み込んだものである。荷電平均2乗半径（$R_{c,rms}^2$）は，

$$R_{c,rms}^2 = R_{p,rms}^2 + r_{p,rms}^2 + \frac{N}{Z} r_{n,rms}^2 \tag{2.6.5}$$

である。ここで $r_{p,rms}{}^2 = 0.80 \mathrm{fm}^2$，$r_{n,rms}{}^2 = -0.12 \mathrm{fm}^2$ はそれぞれ，陽子と中性子自身の荷電平均2乗半径である。中性子は全体としての電荷は0であるが，内部には荷電分布があり，$r_{n,rms}{}^2$ はゼロでない値を持つ。

安定な原子核の核子密度分布は図2-13のようである。炭素や酸素までの原子核はほぼガウス型または調和振動子型の密度分布を持つ。それより重い原子核ではいわゆるフェルミ関数型の分布を持ち，中心付近はほぼ一定の密度で，表面近くになると急激に減少する。

$$\rho_{\mathrm{ho}}(r) = \frac{2}{(\sqrt{a_{\mathrm{ho}}\pi})^3} \left[1 + \frac{Z-2}{3}\left(\frac{r}{a_{\mathrm{ho}}}\right)^2\right] \exp\left(-\frac{r^2}{a_{\mathrm{ho}}{}^2}\right)$$
$$\quad : \text{調和振動子型} \tag{2.6.6}$$

$$\rho_{\mathrm{F}}(r) = \frac{\rho_0}{1 + \exp\left(\dfrac{r - R_{1/2}}{a_{\mathrm{F}}}\right)} \quad : \text{フェルミ型} \tag{2.6.7}$$

第 2 章　原子核物理学

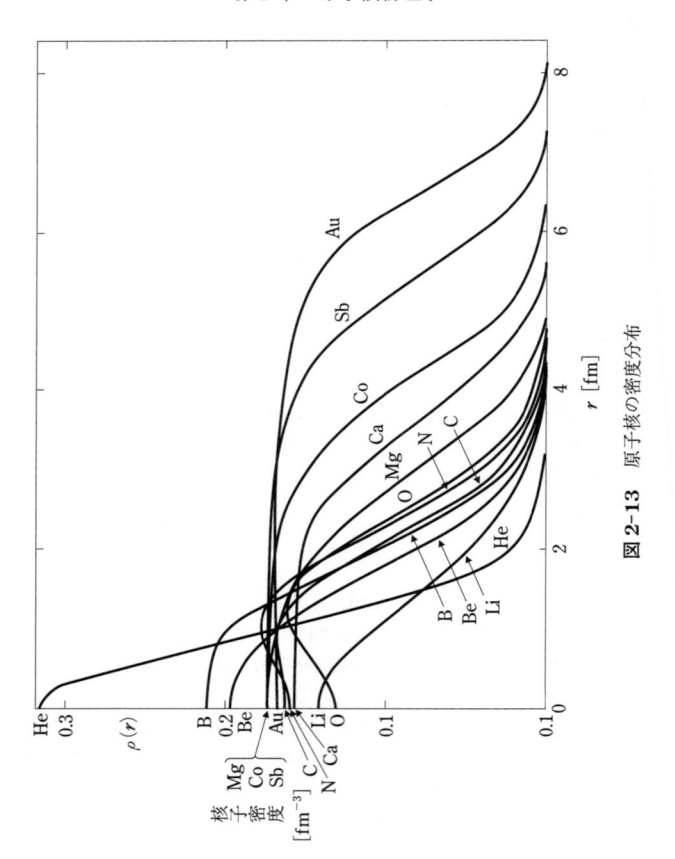

図 2-13　原子核の密度分布

縦軸：核子密度 $\rho(r)$ [fm^{-3}]、横軸：r [fm]

ここで，a_F, a_ho はそれぞれ原子核の大きさを示すパラメーターである。調和振動子型は陽子についての分布を Z が 2 以上の核で書かれているが，2 より小さい場合には [ ] 内の第 2 項はなくガウス型になる。中性子については Z を N に置き換えればよい。この形は Z, N ともに 8 以下で成り立つもので，それよりも大きな数の場合には，r のさらに大きな次数の項が入ってくる。しかしそれ

2. 原子核の性質

より重い原子核では，フェルミ型の分布が使われることが多い。

フェルミ型では ρ_0 は中心密度を決め，$R_{1/2}$ は密度が半分になる距離を示すので，1/2 密度半径（half-density radius）と呼ばれる。a_F は表面での密度減少の速さを示すパラメーターでディフューズネス（diffuseness）と呼ばれ，大きいほど緩やかに減少する。

陽子の密度分布と中性子の密度分布は安定核ではほぼ比例している。種々の原子核での ρ_0, $R_{1/2}$, a_F を図 2-14 に示した。まず ρ_0 はある程度以上重い核では一定であることがわかる。これは $R_{1/2}=r_0 A^{1/3}$（r_0 は一定）で表されることと同様に原子核の中心付近での密度が原子核によらず一定であることを示している。これは，陽子と中性子がほぼ同数の核物質の安定密度（飽和密度）を示しており，0.15～0.17fm^{-3} 程度である。a_F も質量数によらずほぼ一定である。これは核力の到達距離が一定であることと，安定核では核子の束縛の強さが核子当たり 6 ～ 8 MeV とほぼ一定であることとの反映である。陽子と中性子の分布はほぼ比例している。すなわち $\rho_\mathrm{p}(r)=(Z/N)\rho_\mathrm{n}(r)$ である。これは，陽子と中性子の rms 半径が同じことを示している。

不安定核の荷電半径はアイソトープシフト法で，核子分布や半径は RI ビームを用いた散乱実験で決定される。不安定核の密度分布は安定核にない特徴を示す。まず，質量数（A）が同じ原子核の半径は一定ではなく，一般に大きなアイソスピンを持った核ほど大きな半径を持っている（図 2-15）。次に陽子と中性子密度分布の比例性がくずれ，rms 半径に差が出る。中性子半径の方が大きい場合は原子核の表面に中性子の過剰な層（中性子スキン）が，逆の場合は陽子スキンがあることを示している。中性子スキンや陽子スキンは安定核では存在せず，中性子（陽子）過剰な核になるほど中性子（陽子）スキンが厚くなっていく。さらに中性子や陽子が過剰になり，ドリップラインの近くの原子核では，低密度の長く尾を引いた分布（ハロー）が出現する。この現象は中性子過剰核で顕著で，その密度は中心付近の密度の 1/100 程度か，それ以下であるが，通常原子核の大きさの数倍の範囲に広がっている。不安定核の密度分布を図 2-16 に示した。

これらの性質をまとめると，全ての原子核の密度分布の系統性

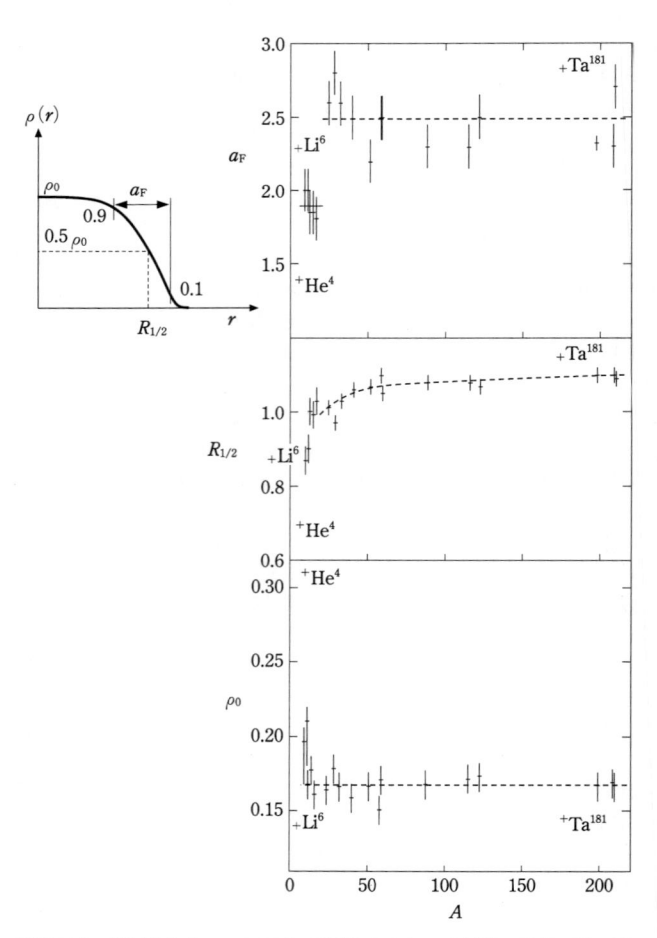

図 2-14 密度分布をフェルミ型で記述したときの各係数。非常に軽い原子核を除いて a_F, $R_{1/2}$, ρ_0 ともにほぼ一定であることがわかる。

2. 原子核の性質

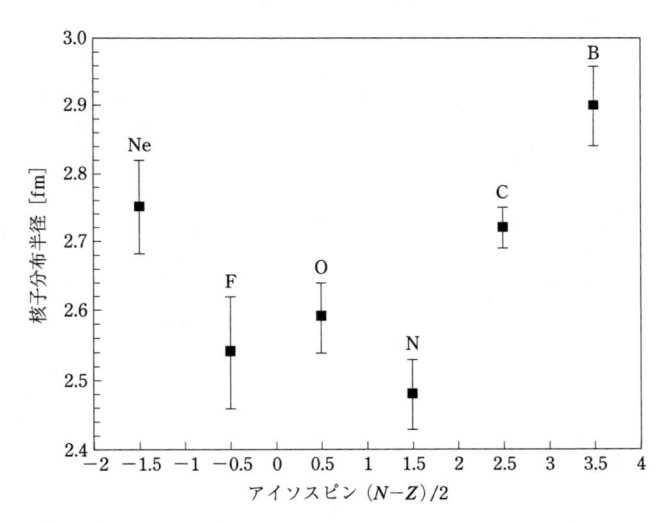

図 2-15 核半径のアイソスピン依存性。$A=17$のアイソバーの半径は強い依存性を示す。

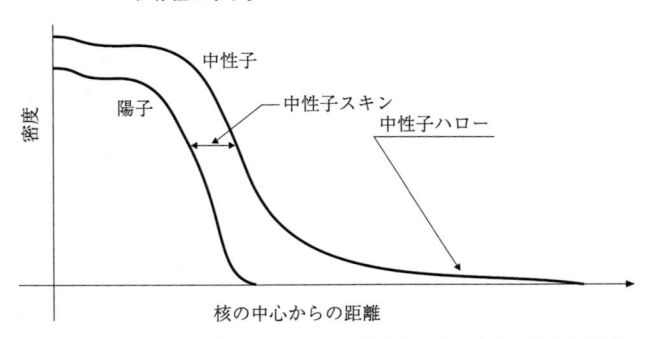

図 2-16 中性子過剰核の密度分布。不安定核の密度分布の典型的な例を示した。

と，それが示す物理は以下のようになる。

1. 原子核の中心付近の密度は，全ての原子核でほぼ一定で$0.15 \sim 0.17 \mathrm{fm}^{-3}$である。これは，核物質の平衡密度を反映している。こ

の一定性は安定核でよく確立されているが,陽子と中性子の数が同じでない場合は今のところ定かでない。

2. 原子核の半径はほぼその質量数で決まっており,安定な原子核では $A^{1/3}$ に比例している。しかし不安定核では,それからのずれが見られ,一般に安定線から離れるほどその半径は大きくなる。

3. 安定な原子核では陽子と中性子の密度分布は相似形である。しかし,不安定核では表面に中性子または陽子のスキンができる。スキンの厚さは陽子と中性子のフェルミレベルの違いによる。

4. 原子核表面付近での密度の減少の速さ,ディフューズネスは強い相互作用の到達距離に加えて,核子の束縛の強さによる。安定核では核子の分離エネルギーが $6 \sim 8$ MeV で一定であるので,ディフューズネスはどの核でもほぼ同じであるが,中性子の束縛が極端に弱い場合(1 MeV 以下)には中性子ハローができる。

(7) 電磁モーメント

陽子と中性子は,それぞれ違った電磁的性質を持っている。陽子は正の1単位(1 emu)の電荷を持っており,磁気双極モーメント(μ_p)は $2.7928\mu_N$ である。ここで μ_N は核マグネトンで $\mu_N = e\hbar/2m_p$ である。また中性子は電荷がゼロで磁気双極モーメント(μ_n)は $-1.9130\mu_N$ である(磁気双極モーメントは一般には磁気モーメントと呼ばれることが多い)。陽子はスピン 1/2 を持ったディラック粒子であるが,磁気モーメントの値はディラック方程式で予測される $1.0\mu_N$ よりずっと大きな値を持つ(同じスピンを持った電子がほぼ1ボーアマグネトンの磁気モーメントを持つのとは対照的である)。また,電荷を持たない中性子も大きな磁気モーメントを持つ。これは陽子や中性子が内部構造を持っていることを直接示している。核子が"素"の粒子ではなく,クォークやグルーオンからできていることは周知の事実である。

核子はスピンが 1/2 であるので,高次のモーメントを持たないが,原子核はより大きなスピンを持ったものがあり,高次のモーメントを持ち得る。その中でも電気4重極モーメントは重要である(電気4重極モーメントは一般には単に4重極モーメントまたはQモーメントと呼ばれる)。電気双極モーメントは,相互作用が時間反転に対して対称である場合には常に 0 となる。これまでのとこ

2. 原子核の性質

ろ，核子や原子核で電気双極モーメントは誤差の範囲で 0 であるが，対称性の検証には重要な量であるため，種々の研究が常に進められている．

磁気モーメントのオペレータ μ は，

$$\mu = g_l \mathbf{l} + \mu_N \sigma \tag{2.7.1}$$

と表される．ここで，g_l は軌道角運動量に対応する核子の g 因子であり，電荷が運動することにより生じるので，陽子では 1，中性子では 0 である．また μ_N は核子の磁気モーメントで陽子，中性子はそれぞれ μ_p, μ_n である．原子核の磁気モーメントはこのオペレータの z 成分の期待値として表される．すなわち

$$\mu = \langle JJ | \sum (g_l l_z + \mu_N \sigma_z) | JJ \rangle \tag{2.7.2}$$

となる．ここで $\langle JJ| \ |JJ \rangle$ は $J_z = J$ の波動関数での期待値を表しており，Σ は全ての核子で和をとることを示している．

電気 4 重極モーメントは

$$eQ = \int \rho_e(r) \, r^2 (3\cos^2\theta - 1) \, d\mathbf{r} = \int \rho_e(r) [3z^2 - r^2] \, d\mathbf{r} \tag{2.7.3}$$

で表される．分光学的な 4 重極モーメント Q_I はこのオペレータの $J_z = J$ の波動関数での期待値で定義される．すなわち，

$$Q_I = \langle JJ | Q | JJ \rangle \tag{2.7.4}$$

原子核基底状態の磁気モーメントは核の殻構造をよく反映している．まず，偶偶核は，スピンが 0 であり，磁気モーメントは 0 である．そのため，奇偶核の磁気モーメントは奇数の核子が最後に占めている軌道上の陽子または中性子の磁気モーメントであるとする単一粒子殻模型で計算すると，

$$\begin{aligned}\mu_j &= \langle jj | g_l l_z + \mu_N \sigma_z | jj \rangle \\ &= j \left(g_l \pm \frac{g_s - g_l}{2l+1} \right) \qquad : j = l \pm \frac{1}{2}\end{aligned} \tag{2.7.5}$$

となる．ここで正負の符号は $j = l+1/2$ の軌道の場合と $j = l-1/2$ の場合に対応している．また，g_l や g_s は陽子か中性子かによってそれぞれの値をとる．g_l や g_s の値として自由な核子の値を用いて計算したものはシュミット値と呼ばれる．

実際の原子核の磁気モーメントは図 2-17 に示したように，少数の例外を除いて，$j = l+1/2$ と $j = l-1/2$ の 2 つのシュミット値の間にある．これは，最後の軌道の 1 核子以外の核子も磁気モーメン

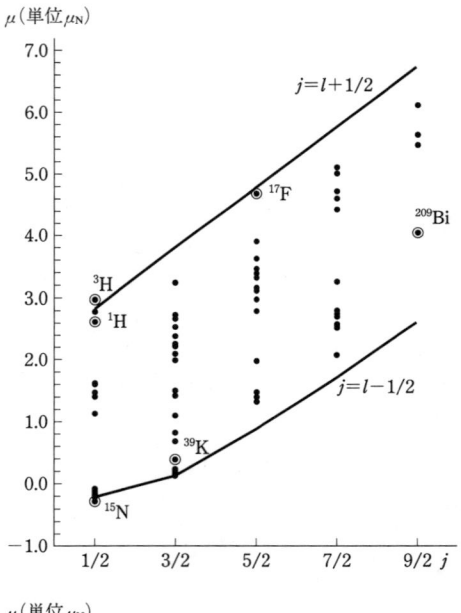

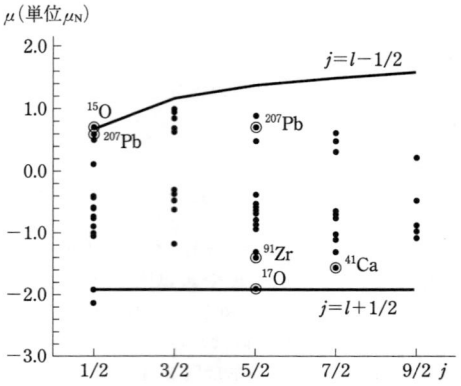

図 2-17 磁気モーメントの測定値とシュミット値。ほとんど全ての測定値はシュミット値の内側にある。

2. 原子核の性質

トに寄与していることを示している。特に配位混合の効果が大きいと考えられるが，核内でのパイオンなど中間子の交換効果の影響もある。逆に磁気モーメントを知ることにより，この状態の波動関数の混合状況を詳細に知ることができる。

原子核基底状態のQモーメントを示したものが図2-18である。正の値から負の値まで大きく変化していることがわかる。ただし，Q_{sp}は単一粒子模型の値である。陽子が奇数の場合を例にとって単一粒子模型でQモーメントを計算すると，

$$Q_j = -\frac{3}{5}R^2[(2j-1)/2(j+1)] \tag{2.7.6}$$

となる。ここでRは核半径である。図2-18に示された値はこれよりもずっと大きく数倍から数十倍に及ぶ。また多粒子殻模型で計算しても，値はむしろ単一粒子模型より小さくなる。

この大きなQモーメントの値は，原子核が集団で変形を起こしていることの反映である。特にこの変形は閉殻から離れた原子核で大きく現れる。変形した原子核を荷電Zeの密度が一様な回転楕円体と仮定してQモーメントを計算すると，

$$Q_0 = (2/5)Z(c^2 - a^2) \tag{2.7.7}$$

となる。ここでcは変形した核の固有の座標系での回転対称軸方向の径であり，aはそれと直角な方向の径である。今，変形率δを，$\delta = (c-a)/R_0$で定義すると，δが小さいときには，

$$Q_0 = (4/5)ZR_0^2\delta \tag{2.7.8}$$

となる。大きなQを示している実験値でも，δを0.3程度にとれば説明できる。

このように，原子核の大きな4重極モーメントは変形の大きさを示していることがわかる。モーメントが正の場合には回転対称軸の方向に長い葉巻形の変形であり，負の場合には回転対称軸方向が短くパンケーキ形をしている。

マジックナンバーを持った原子核の4重極モーメントは図2-18に見られる通りほとんど0である。すなわち閉殻近傍の原子核は球形であることがわかる。また，閉殻から離れると核が変形することがわかる。一般的に閉殻の後は葉巻形の変形であり，閉殻の直前ではパンケーキ形になっている。

第 2 章　原子核物理学

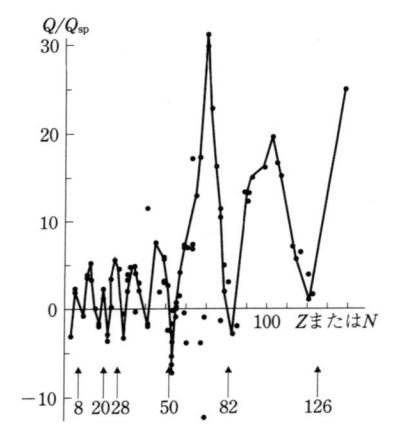

図 2-18　Qモーメントの測定値と単一粒子模型との比較。実験値は単一粒子値に比べて非常に大きく変化している。

(8)　原子核の励起状態

　原子核の励起はいくつかの違った機構で起こる。大きく分けると，1粒子または少数の粒子の軌道間の遷移による励起と，原子核全体の回転や振動によるいわゆる集団励起である。励起エネルギーが核子の分離エネルギーより小さいときは主にガンマ線放出をして脱励起する。核力は短距離力であり，それから作られるポテンシャルはクーロン力などに比べて急激な壁を持っているので核子分離エネルギーより高いエネルギーにも励起状態ができる。このような状態を共鳴励起状態と呼ぶ。主に核子を放出して脱励起するが，何らかの選択則で放出速度が遅くなった場合にはガンマ線の放出も起こる。

粒子励起

　1粒子励起として典型的な励起スペクトルの例を図 2-19に示す。^{17}O に関連した1粒子軌道は $0s_{1/2}$, $0p_{3/2}$, $0p_{1/2}$, $0d_{5/2}$, $1s_{1/2}$, $0d_{3/2}$ などである。^{16}O は陽子・中性子ともにマジックナンバーで特に強く束縛された原子核であり，$p_{1/2}$ 軌道まで詰まって閉殻を作ってい

2. 原子核の性質

る。^{17}O はそれに 1 つの中性子が結合したものであり,単粒子軌道の性質をもっともよく表している原子核の 1 つである。基底状態は ^{16}O 閉殻の次の空軌道 $d_{5/2}$ に中性子が入ったものであり,$J^\pi=5/2^+$ である。第 1 励起状態は $1/2^+$ であり,この中性子が $1s_{1/2}$ 軌道に励起したものである。これから,$d_{5/2}$ と $1s_{1/2}$ 単粒子軌道のエネルギー間隔が 0.87 MeV 程度であることがわかる。その次の励起状態は $1/2^-$ であり,閉殻の中の $p_{1/2}$ 単粒子軌道にあった中性子が $d_{5/2}$ 軌道に励起され,元からあったその軌道の中性子と一緒に 0^+ に結合したものであり,$p_{1/2}$ 軌道の J^π がこの状態のスピン・パリティを決めている。このことから同様に(p と d のペアリングエネルギーの差が少しあるが),$d_{5/2}$ と $p_{1/2}$ 単粒子軌道の間隔が 3 MeV 程度であることがわかる。

奇奇核では,陽子・中性子両方が軌道を変えた粒子励起が起こる。その例として図 2-20 に ^{16}N の第 3 励起状態までの状態を示した。このうち基底状態の 2^- と第 2 励起状態の 3^- 状態は $d_{5/2}$ 軌道の陽子と $p_{1/2}$ 軌道の中性子が組み合わさって作ったもので,スピンの結合の違いにより 2 つの状態となっている。この 2 つの状態のエネルギー差はスピンによる相互作用の強さを反映している。陽子が励起して $s_{1/2}$ 軌道にあって $p_{1/2}$ 軌道の中性子と組み合わされると,0^- および 1^- に結合するが,それが第 1 および第 3 励起状態である。このエネルギー差もまたこれらの軌道でのスピン相互作用の強さを示している。さらに,2^- と 3^- 励

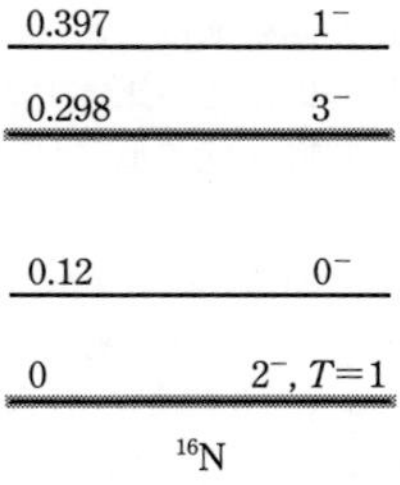

5.09	$3/2^+$
4.55	$3/2^-$
3.843	$3/2^-$
3.055	$1/2^-$
0.871	$1/2^+$
0	$5/2^+$

^{17}O

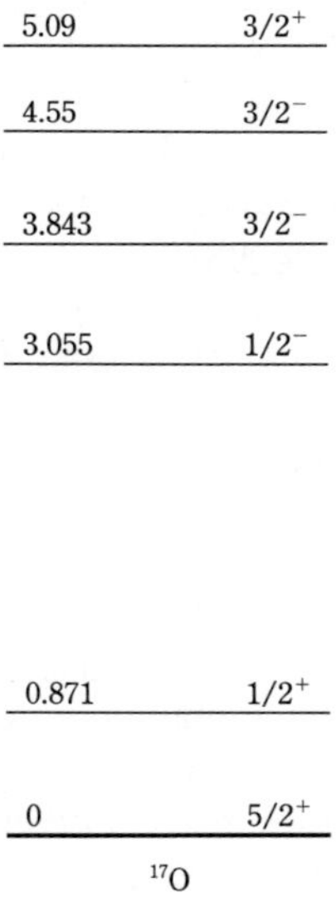

図 2-19 ^{17}O 核の励起状態と単粒子励起

0.397	1^-
0.298	3^-
0.12	0^-
0	2^-, $T=1$

^{16}N

図 2-20 ^{16}N 核の励起状態

起エネルギーの平均値と，0^- と 1^- 励起エネルギーの平均値の差は陽子の励起エネルギーすなわち陽子の $d_{5/2}$ と $s_{1/2}$ 単粒子軌道の差を示している。

このようにこれらの励起状態のエネルギーを知ることにより，殻模型の基本となる単粒子軌道に対する知見が得られる。

集団励起

すでに述べたように，原子核は集団的に変形しているものがある。原子核が回転楕円体であると考えると，変形軸が対称軸とは直角な方向の軸の周りに回転する励起モードが現れる。この回転準位は特徴的な構造を持っている。偶偶核の回転励起の順位のエネルギーは，

$$E(J) = \frac{\hbar^2}{\mathcal{J}} J(J+1), \quad J^\pi = 0^+, 2^+, 4^+, \cdots \tag{2.8.1}$$

となる。ここで $\mathcal{J}$ は回転に対する慣性モーメント（J は角運動量）である。図2-21にそのような典型的な励起準位の例を示した。このような準位構造を回転バンドと呼ぶ。回転バンドにある原子核は次々にガンマ線を放出して脱励起して行くが，このときのガンマ線のエネルギーは，

$$E(J+2) - E(J) = \frac{\hbar^2}{\mathcal{J}}(4J+6) \tag{2.8.2}$$

で，脱励起で J が2だけ変化するから，$8\hbar^2/\mathcal{J}$ の等間隔で並ぶことになり特徴的なスペクトルとなる。

励起準位が少数しか観測されていない場合には，$E(4)/E(2)$ の比が回転準位であるかどうかの判定に使われる。完全な回転準位の場合にはこの比は $10/3$ となる。

基底状態の原子核の変形は δ が0.3程度までであるが，励起状態の中にはもっと大きな変形（$a/c \sim 2$）を持った核に対応する超変形（superdeformed）回転バンドが多く観測されている。このような回転バンドが観測された例を図2-22に示す。

$a/c \sim 3$ のさらに大きな変形のバンド（極超変形，hyperdeformation）が理論的に予想されているが，まだ確立はしていない。

(9) 原子核のベータ崩壊

原子核のベータ崩壊は弱い相互作用で起こる。弱い相互作用は

2. 原子核の性質

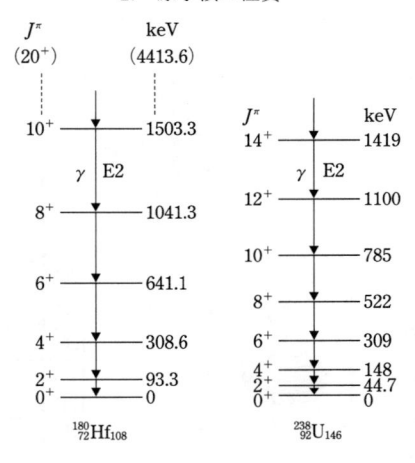

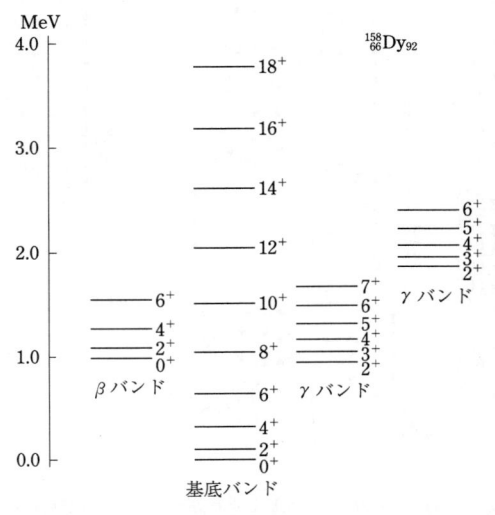

図 2-21 ^{158}Dy 核の回転バンドの例。振動の β 振動励起状態が回転した β バンド，基底状態の回転による基底バンド及び γ 振動励起状態が回転した γ バンドが見られる。

第2章 原子核物理学

プロレート変形

$\gamma = 0°$
$\beta \cong 0.2$

超変形状態

$\gamma = 0°$
$\beta \cong 0.6$

オブレート変形

$\gamma = 60°$
$\beta \cong 0.1$

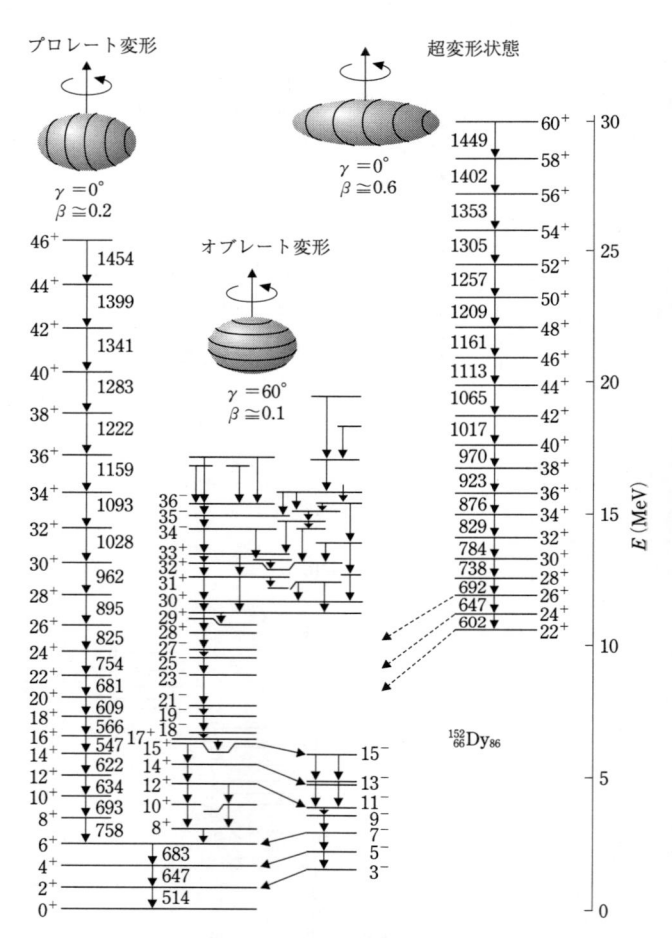

$^{152}_{66}\mathrm{Dy}_{86}$

図 2-22 ^{152}Dyの励起状態。超変形した状態の回転バンドが見られる。図中，励起状態の上に書かれている数字は遷移のエネルギーである。

2. 原子核の性質

V-A 型であり，ベータ崩壊のハミルトニアンは，

$$H_\beta = \frac{1}{\sqrt{2}}\{C_V(\bar{\psi}_p\gamma_\mu\psi_n)[\bar{\psi}_e\gamma_\mu(1+\gamma_5)\psi_\nu] - C_A(\bar{\psi}_p\gamma_\mu\gamma_5\psi_n)$$
$$[\bar{\psi}_e\gamma_\mu(1+\gamma_5)\psi_\nu]\} + h.c. \qquad (2.9.1)$$

で表される。ここで波動関数の添字 p, n, e, ν はそれぞれ陽子，中性子，電子，ニュートリノを示している。また，γ_μ はディラックの γ 行列を表している。この相互作用はパリティを最大限に破っている。また，

$$C_V = 1.41248 \times 10^{-49} \text{erg} \cdot \text{cm}^3, \quad C_A/C_V = 1.254 \pm 7 \qquad (2.9.2)$$

である。

(i) CVC, PCAC

C_V をベータ崩壊以外の崩壊，例えばミューオン崩壊の場合と比べてみるとほぼ等しいことがわかる。ミューオンの崩壊ではレプトンのみが関与しており，強い相互作用が働いていない。そのためこの事実は C_V が強い相互作用の影響を受けないことを示している。これは，電磁気の4元電流の保存則（電荷の値は強い相互作用の影響を受けない）の拡張として弱ベクトルカレントのアイソベクター・カレントも保存することを示しており，これをベクター流の保存則（CVC: Conserved Vector Current）と呼ぶ。電磁気と弱い相互作用をまとめて弱電磁相互作用と呼ぶ。CVC は ^{12}N と ^{12}B（鏡遷移）のエネルギースペクトルにより確かめられた。

ところで，C_A/C_V の比は1ではなく〜1.24である。これは軸ベクトルカレントが完全には保存していないことに対応する。軸カレント $A_{\mu,i}$ は保存せず，その発散がパイオンの場（ϕ_π）に比例する

$$\frac{\partial}{\partial x_\mu}A_{\mu,i}(x) = a\phi_{\pi,i}(0), \quad a = -\sqrt{2}i\frac{Mm_\pi}{g_{\pi NN}}\frac{C_A}{C_V} \qquad (2.9.3)$$

と考えるのが，PCAC（Partially Conserved Axial-Vector Current）理論である。ここで $g_{\pi NN}$ はパイオン-核子の結合定数である。この関係がよく成り立つことは中性子のベータ崩壊などから確かめられている。

ベータ崩壊は弱い相互作用で起こるため，その効果は核力より極端に小さい。そのため遷移確率は1次の摂動論で書くと，

第2章 原子核物理学

$$W = (2\pi/\hbar)|H_{if}|^2 \frac{dN}{dE} \tag{2.9.4}$$

と表すことができる。ここで H_{if} は i 状態から f 状態への遷移行列要素であり，dN/dE は終状態密度（統計因子）である。V-A 相互作用を使い，レプトンの最低次の項（エネルギーによらない項）だけを取り出すと，核行列要素はフェルミ型（$\int 1$）とガモフ-テラー型（$\int \sigma$）の2項だけになる。それぞれの行列要素は，

$$\int 1 = \int \psi_f^* \sum_{k=1}^{A} \tau_{\mp}^k \psi_i d\tau, \quad \int \sigma = \int \psi_f^* \sum_{k=1}^{A} \tau_{\mp}^k \sigma^k \psi_i d\tau \tag{2.9.5}$$

である。ここで，波動関数は原子核の始状態と終状態のもので，τ_- は電子崩壊，τ_+ は陽電子崩壊に対応している。これらの行列要素を用いて $|H_{if}|^2$ を表すと

$$|H_{if}|^2 = [g\psi_e^*(0)\psi_\nu(0)]^2|M_{if}|^2$$
$$= [g\psi_e^*(0)\psi_\nu(0)]^2 \left\{ \left|\int 1\right|^2 + \frac{C_A^2}{C_V^2}\left|\int \sigma\right|^2 \right\} \tag{2.9.6}$$

となる。ここで g は弱い相互作用の結合定数で，$\psi_e(0)$，$\psi_\nu(0)$ は電子とニュートリノの波動関数の原子核の中心での値である。この中には電子のエネルギースペクトルの情報は含まれておらず，エネルギースペクトルは統計因子により決定される。レプトンの高次の項は禁止遷移と呼ばれる弱い遷移を起こす。

(ii) ベータ線のスペクトル

電子のエネルギー（E_e）スペクトルを含めた崩壊確率は，

$$W(E_e)dE_e = \frac{G^2}{2\pi^3}|M_{if}|^2 F(\pm Z, E_e)p_e(E_0-E)^2 dE,$$
$$G = \frac{gm_e^2 c}{\hbar^3} \tag{2.9.7}$$

となる。E_0 はベータ線の最大エネルギーである。$F(\pm Z, E_e)$ はフェルミ（Fermi）関数と呼ばれ，電子の波動関数が核によるクーロン力のために受ける変更を表したものである。原子核には Z の電荷があるため，電子と陽電子ではこの影響でその値が変化する。$+Z$ は電子の場合，$-Z$ は陽電子の場合である。電子が非相対論的な場合には，

$$F(Z, E_e) \approx 2\pi\eta[1-\exp(-2\pi\eta)]^{-1}, \quad \eta = \alpha Z(c/v_e) \tag{2.9.8}$$

である。スペクトルの形とクーロン力による変化を図2-23に示し

2. 原子核の性質

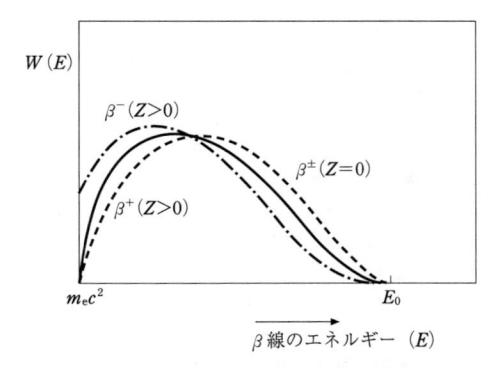

図 2-23 ベータ線のスペクトル。電子と陽電子では核とのクーロン相互作用によりスペクトルが変化する。

た。電子のスペクトルはカリー・プロット（Kurie-Plot）と呼ばれる方法で表示されることが多く，横軸に電子エネルギー，縦軸に $\sqrt{\dfrac{W(E_e)}{F(Z,\ E_e)p_e E_e}}$ をとる。(2.9.8) 式からわかるように $|M_{if}|$ が E_e によらない場合は，（許容遷移）スペクトルはこのプロットでは E_0 で横軸を横切る直線となる。これは許容遷移の確認となるほか，ベータ線の最大エネルギーを決定する方法ともなる。加えて重要な性質はもし違った状態へ遷移するベータ崩壊の分岐があった場合には，これらは傾きの違う 2 つの直線として現れるので，遷移の分岐を知る方法ともなっている。

(iii) 崩壊定数（λ）と ft 値

ベータ崩壊が起こる確率，崩壊定数（λ）は (2.9.7) 式を電子のエネルギーについて積分すればよく，

$$\lambda = \frac{m_e c^2}{2\pi^3 \hbar} G^2 |M_{if}|^2 f \tag{2.9.9}$$

であるが，ここで f は積分フェルミ関数と呼ばれ，

$$f \equiv f(\pm Z,\ E_0) = \int_1^{E_0} F(\pm Z,\ E_0)\sqrt{(E_e^2-1)}\,E_e(E_0-E_e)^2 dE_e \tag{2.9.10}$$

第2章 原子核物理学

である。ベータ崩壊にいくつかの分岐があると、全崩壊定数は各分岐 j に対応した λ_j の和となる。ある1分岐の遷移において f と半減期の積が ft 値と呼ばれるものであり、この値は相互作用の結合定数などの定数を除いては核行列要素のみに関連した量である。

$$ft \equiv ft_{1/2} = \frac{2\pi^3\hbar}{m_e c^2} \frac{\ln(2)}{G^2|M_{if}|^2} \tag{2.9.11}$$

ft 値はその対数($\log ft$)でよく議論されるが、許容遷移ではこの値は5程度であり、禁止遷移ではそれより大きくなる。観測された $\log ft$ 値から遷移の許容度についての情報は得られるが、5.5より大きな場合については ft 値からだけでは許容度の決定は難しい。

許容遷移にはフェルミ遷移($\tau_\pm$)およびガモフ-テラー遷移($\tau_\pm\sigma$)の2つの遷移がある。禁止遷移は遷移オペレータに r を含み、その次数に応じて角運動量の変化を伴う。遷移の許容度とスピン・パリティの選択則をまとめた。

許容遷移	ΔJ	パリティ変化	ΔT
F 型	0	No	0
GT 型	0, ± 1	No	0, 1
(ただし、0→0 は禁止)			
第1禁止遷移	0, ± 1, ± 2	Yes	
第2禁止遷移	± 2, ± 3	No	
第 n 禁止遷移	$\pm n$, $\pm(n+1)$	$(-1)^n$	

(iv) 結合定数の決定

例えば $^{10}C \rightarrow {}^{10}B + e^+ + \nu_e$ のようなアイソスピン多重項間の $0^+ \rightarrow 0^+$ 遷移($T=1$, $T_z=1 \rightarrow T=1$, $T_z=0$)では、フェルミ遷移だけが許され、$\left|\int 1\right|^2 = 2$ となる。この値を (2.9.11) 式に代入すると、ft 値の測定から結合定数を決めることができる。この方法は C_V を決める最も精度の良い方法となっている(図2-24参照)。

C_A を決定するには同様に鏡核間の遷移を使うことが考えられる

2. 原子核の性質

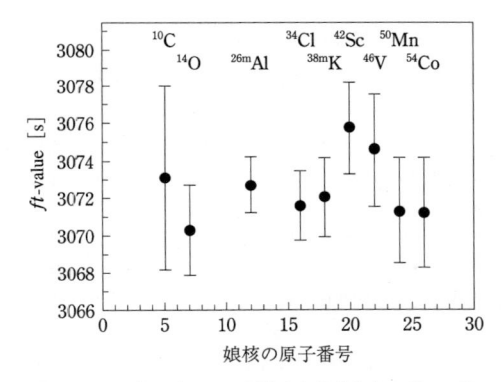

図 2-24 $0^+ \to 0^+$ ベータ遷移から決定した ft 値。ft 値は原子核によらず一定値を示し、結合定数 C_V の決定が可能である。

が、この場合は軸ベクトル流が保存しないため、核子が核中にいるために影響を受けること、また $\left|\int \tau\sigma\right|$ の行列要素は核構造の影響で大きく変化すること、などのため鏡核間遷移の ft 値から精度の良い決定は困難である。ただし、中性子の崩壊の行列要素は核構造の影響がないので正確に決定され、

$$\left|\int 1\right|^2 = 1, \quad \left|\int \sigma\right|^2 = 3 \tag{2.9.12}$$

となる。中性子崩壊では $ft = 1100 \pm 17\mathrm{s}$ であり、$|C_A/C_V| = 1.254 \pm 0.007$ となる。

(v) 非対称崩壊とヘリシティ

ベータ崩壊は V-A 相互作用で表され、パリティ保存則を最大限に破っている。そのため、観測量のうち擬スカラー量を測定すると 0 でない値が得られる。最も重要なものが、核スピンの方向（J）と β 線の方向（$\mathbf{p}$）の内積（$J \cdot \mathrm{p} = |J||p|\cos(\theta)$）である。スピンの方向は核スピンを偏極させることにより決定できる。核スピンの偏極度 P を

$$P = \langle J_z \rangle / J \tag{2.9.13}$$

とすると、偏極の軸から見た β 線の角度分布は

$$W(\theta) = 1 + P\frac{v}{c}A\cos(\theta) \tag{2.9.14}$$

となる。ここで v/c は電子の速度と光速との比であり、A は非対称度の係数でパリティが破れているために有限の値を持つ。

もう1つ別のパリティ非保存に関連した量は、粒子の運動とその粒子自身のスピンの方向 (s) の内積でヘリシティと呼ばれる。

$$\mathcal{H} = \mathbf{s} \cdot \mathbf{p}/[|s||p|] \tag{2.9.15}$$

質量を持つ粒子は観測する座標系を変えると運動量の方向が逆になり得るので、ヘリシティは良い量子数ではないが、質量を持たない粒子はヘリシティの固有状態となり得る。パリティの破れによりニュートリノのヘリシティは -1 で、反ニュートリノは $+1$ である。電子の場合は固有状態ではないが、実験室でのヘリシティは

$$\mathcal{H} = \mp\left(\frac{v}{c}\right), \quad \beta^{\mp} について \tag{2.9.16}$$

となる。

同様の、非対称崩壊はパイオンや、ミューオンでも見られる。

(10) ガンマ遷移

原子核の励起状態の遷移の1つとしてガンマ遷移がある。この遷移には電気的遷移と磁気的遷移があり、放出される電磁場の多重度または角運動量 (L) を用いてそれぞれ EL 遷移 (E1, E2 など)、ML 遷移 (M2 など) と呼ばれる。

初期状態 i から終状態 f へのガンマ遷移の確率 $T_{i \to f}^{(\sigma L)}$ は磁気量子数 (M) と遷移の多重度 L に依存し、遷移の選択則は $|J_f - J_i| \leq L \leq J_f + J_i$ および $M = m_f - m_i$ である。ただし、L は1またはそれ以上である。しかしながらガンマ線の相対強度を考えると、L が小さいほど遷移強度が強いので支配的な崩壊様式は

$$L = |J_f - J_i| \tag{2.10.1}$$

となる。ただし、$J_f = J_i$ のときには $L = 1$ であり、$J_f = J_i = 0$ のときには遷移は禁止される (このときは後に述べる内部転換による電子の放出が起こる)。

パリティの選択則は、

$$\text{始状態と終状態のパリティの積} = \begin{cases} (-1)^L & : \text{EL} \\ (-1)^{L-1} & : \text{ML} \end{cases} \tag{2.10.2}$$

と表される。

内部転換

核励起エネルギー（E_X）が原子軌道の束縛エネルギー W で束縛されている電子を励起して，エネルギーが（$E_X - W$）の電子が放出される現象を内部転換と呼ぶ。内部転換はガンマ線放射と競合する形で起こるが，その強度比 N_e/N_γ を転換係数 a（conversion coefficient）と呼ぶ。内部転換はいろいろな電子軌道から起こるが，K軌道，L軌道，M軌道，…から起こるものを，K, L, M, …転換と呼び，それぞれの転換係数（a_K, a_L, a_M, …）の和

$$a = a_K + a_L + a_M + \cdots \tag{2.10.3}$$

が全転換係数（a）となる。

0^+ 状態から 0^+ 状態への遷移は E0 遷移だけであるが，ガンマ線は $L=0$ とはなり得ないのでガンマ線の放出はない。しかし，内部転換ではK殻からなどの遷移が起こる。

内部転換以外にも 2γ, 2e, $e-\gamma$ などの放出過程も起こるが，通常その確率は内部転換に比べて小さい。　　　　　　　　　（谷畑勇夫）

3. 核物質

核物質とは無限に広がった核子だけで構成されている物質である。したがって，その密度はとてつもなく大きい（通常物質の 10^{15} 倍）。この核物質は中性子星の内部に存在している。また，超新星爆発は，星の進化の最終段階で星が太陽の内部程度の密度から核物質の密度にまで重力崩壊した後に核物質の反発力によって爆発する現象である。

(1) 核物質の性質

核物質の性質は，原子核の研究や核子間の相互作用の研究から理論的方法で導き出すことができる。原子核の中心部の核子密度は原子核によらずほぼ一定であり，$\rho_0 = 0.17 \mathrm{fm}^{-3}$ である。この性質を核物質の飽和性と呼ぶ。さらに原子核の束縛エネルギーの系統性から核子当たりの束縛エネルギーは $E/A = -16 \mathrm{MeV}$ であることが導かれる。この核物質の性質は原子核の理論で再現されるべき物理量である。したがって，原子核の飽和性を核力から理論的に導出する研究が多くのグループで行われた。初期には非相対論的多体理論で

あるブリュックナー (Brueckner)・ハートリー (Hartree)・フォック (Fock) のBHF理論計算が行われたが,飽和性の2つの値を再現することができなかった。

BHF理論では核子間の相互作用をVと書くと,核物質では核子のパウリ (Pauli) 効果のために,その密度に応じて相互作用が変化する。ブリュックナー理論では2体の相互作用をする際に他の粒子の影響として,単に核子のパウリ効果のみが作用していると仮定する。したがって,核内では自由空間に比べて相互作用が次の式に従って変化する。

$$G = V + V\frac{Q}{e}G$$

このGを有効相互作用という。Qはパウリ効果のための演算子で中間状態としてフェルミ面内部の核子の状態を排除する役割を持つ。したがって,パウリ演算子と呼ぶ。分母のeは中間状態と初期状態のエネルギー差である。

ここでBHF計算とは系の運動エネルギー演算子をTとしたとき,ハミルトニアンとして$H = T + G$と取り,多体系のシュレーディンガー方程式$H\Psi = E\Psi$を解く際に$\Psi = \det\{\psi_1\psi_2\cdots\psi_A\}/\sqrt{A!}$と反対称化された単一波動関数の積で表現されると仮定する。全系のエネルギーを最小にするという条件から,単一波動関数$\{\psi_i\}$の方程式を次のように得ることができる。

$$-\frac{\hbar^2}{2m}\nabla^2\psi_i(x_i) + \sum_j \int d^3x_j \left[\psi_j^*(x_j) G(x_i, x_j) \psi_i(x_i) \psi_j(x_j) - \psi_j^*(x_j) G(x_i, x_j) \psi_i(x_j) \psi_j(x_i) \right] = \varepsilon_i \psi_i(x_i)$$

このハートリー–フォック (HF) 方程式を解いて単一粒子の波動関数とそれに対する単一粒子のエネルギーを得る。さらには全体のエネルギー

$$E = \sum_i \varepsilon_i - \frac{1}{2}\sum_{i,j} \langle \psi_i\psi_j | G | \psi_i\psi_j - \psi_j\psi_i \rangle$$

を得ることができる。この有効相互作用Gを使って行うBHF計算をしても飽和性を再現することはできないことが示されていた。

1990年になって,相対論的な枠組みでのBHF理論が提唱された。相対論的効果は密度が大きいほど強い斥力が働くことで飽和性

3. 核物質

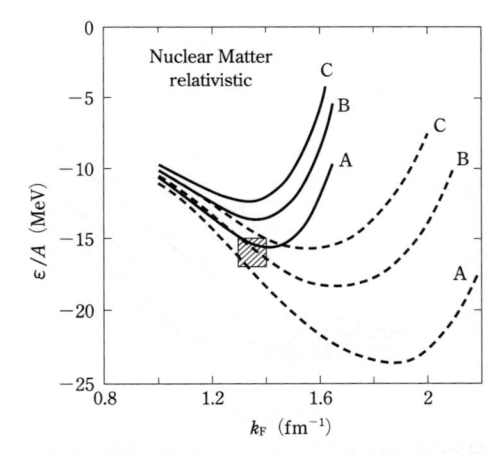

図 2-25 核物質のBHF計算の結果が，飽和性の実験値（ハッチをつけた4角形）と比較されている。実線が相対論的なBHFの計算結果であり，破線が非相対論的なBHFの計算結果である。A，B，Cは核子間相互作用の3つのバージョンである。Aの相対論的BHF計算が実験値（飽和性）を再現している。ここで，k_F はフェルミ波数で，核密度 ρ とは $\rho = \dfrac{2}{3\pi^2} k_F^3$ の関係にある。

が再現されることを示すことができた。この結果を図2-25に示す。実線が相対論的な計算結果であり，飽和性の実験値（四角で示されている）が相互作用Aの場合にそれが再現されている。その同じ核力を使って非相対論的に計算した結果が破線で示されている。相対論的な多体理論の特徴は，密度の高いところで非常に大きな斥力の効果をもたらすことである。この図で3つの核力（A，B，C）が2体の相互作用として採用されている。テンソル力は正確には決まっておらず，実験における誤差の範囲内で，その強さを変えたものが採用されている。Aはテンソル力が一番小さい場合で，Cが一番大きい場合である。

したがって，相対論的だが現象論的なモデルを作って原子核の性質を再現することによりモデルのパラメーターを決定し，核物質の

第 2 章　原子核物理学

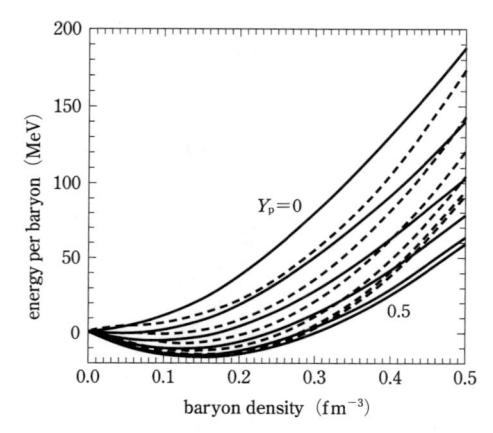

図 2-26　核子当たりのエネルギーを核子密度の関数でプロットしたもの。実線は相対論的平均場近似の計算結果で，破線は非相対論的な計算結果である。$Y_p=0$ は中性子物質であり，$Y_p=0.5$ は対称核物質（陽子数と中性子数が等しい核物質）の結果である。

性質を計算する試みもなされている。相対論的平均場近似（RMF）のもとに原子核系の方程式を作り，原子核のデータが再現されるようにモデルのパラメーターを決定した上で核物質の性質を計算したものを図 2-26 に示す。この図では RMF 計算の核子当たりのエネルギーが実線で，非相対論的に計算された結果が破線で示されている。それぞれの曲線の横にある Y_p は陽子の数を核子の数で割ったものである。このエネルギーと密度の関係を核物質の状態方程式（EOS）と呼ぶ。相対論的 EOS の方が非相対論的 EOS より Y_p の小さい側でエネルギーが大きくなっている。Y_p を小さくするのにより大きなエネルギーを必要とする。この際に相対論的 EOS の方が非相対論的 EOS より堅いと表現する。

(2)　中性子星と超新星爆発

核物質の状態方程式（EOS）がわかると，中性子星の構造を計算することが可能である。オッペンハイマー-ボルコフ

3. 核物質

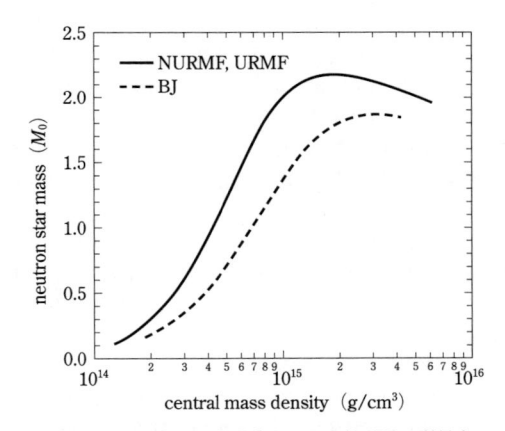

図 2-27 太陽質量 M_0 を単位とした中性子星の質量を，中心部の核子密度の関数でプロットしたもの。破線は非相対論的 EOS（ベーテ-ジョンソンの EOS）で計算した結果であり，実線は相対論的平均場近似（RMF）で計算したものである。

(Oppenheimer-Volkov) の方程式は相対論的な重力と EOS から与えられる核物質の圧力とのつり合いの式である。星の重力で核物質を押しつぶそうとする一方で，核物質はそれを押し戻す働きをする。EOS が堅いと，核物質は強い圧力を与えられるので大きな質量を支えることができる。上述の EOS を使って計算した中性子星の質量と中心部での密度の関係を図 2-27 に示す。実線は RMF による計算値であり，破線はベーテ-ジョンソン（Bethe-Johnson）の EOS で計算されたものである。このカーブの最大値はこの EOS の場合の最も大きな中性子星の質量であり，これより大きな中性子星は存在できない。もし天体観測でこれより大きな質量を持った輝かない天体が見つかれば，それはクォーク星かブラックホールの可能性が高い。

さらにいろいろな温度と密度で計算されている EOS は超新星（スーパーノバ）爆発計算の重要なインプットとなる。スーパーノバは太陽より 8 倍以上重い星が自らの核燃料を燃やし切った後に重

力崩壊する際に起こる星の爆発現象である。現在は理論的にスーパーノバの計算がアメリカ，ドイツ，日本で行われている。この計算には流体力学の非平衡理論とニュートリノの輸送方程式，さらには核物質の EOS が重要な役割を果たす。しかし現在のところ，いまだに理論的に超新星爆発を起こすことはできていない。現在注目されている現象としては爆発の際に放出されるニュートリノが重い星の内部にエネルギーを通常以上に落とす可能性が追究されている。スーパーノバを理論的に記述することは宇宙の歴史を知る上でも重要な研究課題である。世界が競ってプログラムを開発し，必要な核物質の EOS やニュートリノ原子核における重要な反応率の導出を行っている。

(3) クォークグルーオンプラズマ

核物質系での温度を高くすると，エントロピーが大きくなるためにクォークやグルーオンはハドロンの中に存在できなくなり，自由空間に解放される。原子の場合は電子と原子核がばらばらになっている状態をプラズマと呼ぶので，この状態をクォークグルーオンプラズマ（QGP）と呼ぶ。密度が 0 のところでは格子 QCD 計算がなされており，150MeV くらいで閉じ込め相から非閉じ込め相への相転移が起こることが示されている。さらに温度が高い QGP はクォークやグルーオンが自由に空間を動き回ることは可能になるが，完全に自由ガスのように相互作用しない物質になるのではなく，完全流体のように振る舞うことが議論されている。そのために sQGP（強く相互作用しているクォークグルーオンプラズマ）と呼ばれるようになってきている。核物質の相図を図 2-28 に示す。

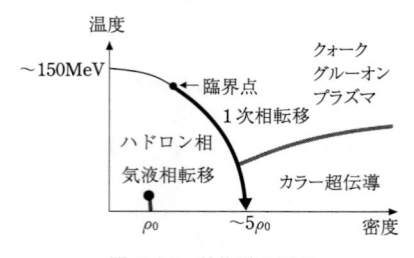

図 2-28 核物質の相図

さらには，このQGPの性質を実験的に調べるためにアメリカのブルックヘブンでは相対論的重イオン加速器（RHIC）を使って研究がなされている。

（土岐　博）

4. クォーク核物理

核子などのバリオンはクォーク3つからできている複合粒子であることがわかっている。メソンはクォークと反クォークの2つからできている複合粒子である。これらの複合粒子をクォークの自由度で研究する分野をクォーク核物理と呼ぶ。最近では4つや5つのクォークでできた新粒子の議論も盛んに行われるようになっている。

(1) 量子色力学

原子核を構成する粒子である核子やパイ中間子はハドロンと呼ばれる。強い相互作用が働く粒子である。これらの粒子は素粒子ではなく，クォークでできた複合粒子である。クォークの間の力はグルーオンが媒介している。この力学を与えているのが量子色力学（QCD）である。この力学はSU(3)の非可換ゲージ理論であり，高いエネルギーでの電子と核子の散乱の特徴である漸近的自由の性質を持っている一方で，低いエネルギーではクォークの閉じ込めやカイラル対称性の破れをも引き起こすことが格子QCD数値計算で示されている。量子色力学のラグランジアンは次のように非常にシンプルな形をしている。

$$L = \overline{\psi}(i\gamma_\mu \partial^\mu - m - g\gamma_\mu \frac{1}{2}\lambda^a A^{a\mu})\psi - \frac{1}{4}F^a_{\mu\nu}F^{a\mu\nu} \qquad (4.1.1)$$

$$F^a_{\mu\nu} = \partial_\mu A^a_\nu - \partial_\nu A^a_\mu - ig\sum_{b,c=1}^{8} f^{abc} A^b_\mu A^c_\nu$$

ここで，ψは3種類のカラーを持つクォークの場を与えており，A^a_μは8種類（$a=1, 2, \cdots, 8$）のカラーを持ったベクトル粒子の性質を持つグルーオン場，f^{abc}はSU(3)群の構造因子，λ^aはゲルマン行列，$\partial^\mu = \frac{\partial}{\partial x_\mu}$，$\partial_\mu = \frac{\partial}{\partial x^\mu}$である。クォークはこのグルーオン場と結合定数$g$の大きさで相互作用している。$F$は電磁気のマックスウェルの法則を与える反対称のテンソルだが，量子色力学では非可換ゲージ理論になっており，グルーオン同士が相互作用する項（Aの2次の項）が含まれている。このグルーオン同士の相互作

第2章 原子核物理学

用が閉じ込めを引き起こす原因になっており、低エネルギーで解析的に QCD の方程式を解くことを困難にしている。

さらに QCD のラグランジアンにはクォークの質量mが入っている。この質量はクォークの裸の質量と呼ぶ。クォークは6種類（アップ、ダウン、チャーム、ストレンジ、トップ、ボトム）あるが、グルーオンとの相互作用はこの種類（フレーバー）にはよらない。それらのフレーバーの違ったクォークは質量のみが違っている。この中で核子を形成しているアップクォーク（u）とダウンクォーク（d）は裸の質量が 5 MeV くらいと、陽子の質量である 939MeV に比べて桁違いに小さい。したがって、アップクォークとダウンクォーク系を扱う際には裸の質量が 0 のときに成り立つカイラル対称性がほぼ近似的に存在している。クォークが3つで核子などのバリオンができているが、3つのクォークの裸の質量を足し合わせるだけだとわずか 15MeV であり、核子の質量である 939MeV には程遠い。この質量の違いは、4.3項で述べるようにカイラル対称性が自発的に破れていることから説明できる。

カイラル対称性が自発的に破れるという意味はクォーク間に働くグルーオンが媒介する相互作用が強いために、クォークが質量を獲得する状態（非摂動状態）の方が、クォークの質量が 0 に近い系（摂動状態）より全系のエネルギーが小さくなることである。したがって、クォークの真空が単純なもの（摂動的）から複雑なもの（非摂動的）になる。この状況は物理学では全系の自由エネルギーが低い系が自然界で実現されるので、系の温度が低い場合にはカイラル対称性の自発的破れが起こることの方が自由エネルギーが低いことで引き起こされる。温度が高くなれば全系の自由エネルギーが摂動的な系の方が低くなり、カイラル対称性が回復する。

(2) クォークの閉じ込め

QCD の自由度であるクォークは自然界では見つかっていない。現在ではクォークはハドロンの中に閉じ込められていると考えられている。2つのクォーク（クォークと反クォーク）がある際にはその2つのクォークの間に紐がくっついていると議論されている。2つのクォークの間に紐がくっついている状況は格子 QCD 計算により図2-29に示されているようになる。また、バリオンのように3

4. クォーク核物理

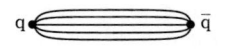

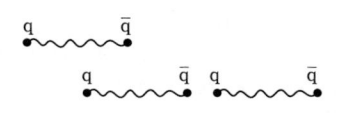

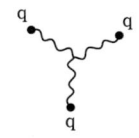

図 2-29 クォークの閉じ込め。クォーク間力ではカラー場の力線がしぼられるような性質を真空が持っている。そのためにクォークの間は「紐」でつながったようになっている。クォークを引きはがそうと引っ張ると、紐が切れて、その切れ目にクォークと反クォークの対が現れ、結果として2つの粒子になってしまう。

つのクォークがある場合には3つのクォークをY字形で結ぶ形で紐ができることが格子QCD計算で示されている。この紐を引き離すには大きなエネルギーが必要であり、中央にクォーク・反クォーク対を生成することで、紐がちぎれるのがメソンの生成現象であると考えられている。

最近の話題では特別のゲージ（アーベリアンゲージ）を取ると、QCDにカラーモノポール場が出現することが格子QCD計算で示された。このカラーモノポールが凝縮すると、カラー電荷は双対マイスナー効果で閉じ込もる。これは超伝導状態では磁場がマイスナー効果でボーテックス状にしか入れないことに対応している。この特別のゲージでの理論として双対ギンツブルク-ランダウ理論が提

唱されている。この理論によれば、カラーモノポールが凝縮すれば、それがカイラル対称性の破れも引き起こすことが示されている。

(3) カイラル対称性と NJL モデル

ハドロン物理ではカイラル対称性は非常に重要な対称性である。粒子のスピン自転の回転軸を粒子の運動の方向に射影したヘリシティが保存する対称性である。これは裸の質量が 0 の粒子の場合だけに存在する。クォーク物理でアップクォークとダウンクォークの物理を議論する際には、これらのクォークの裸の質量は核子の質量 (939MeV) に比べて 5 MeV と無視できる大きさなので、近似的にこのカイラル対称性が存在している。格子 QCD 数値計算により低エネルギーではクォークの閉じ込めが起こり、同時にカイラル対称性は自発的に破れていることが証明されている。すなわち軽いクォークは 300MeV くらいの質量を獲得する。その際にパイ中間子がほとんど 0 の質量を持った素粒子として出現する。この素粒子が湯川が予言したパイ中間子の現代的理解である。

QCD で直接カイラル対称性の破れを議論することは難しい。南部陽一郎は南部-ジョナラシニオモデル (NJL モデル) を提唱して、カイラル対称性の重要性と素粒子の質量の起源についての議論を行った。すなわち、NJL モデルの、ラグランジアンはスカラー型と擬スカラー型の 4 体フェルミ相互作用項 $G(\overline{\psi}\psi)^2$ と $G(\overline{\psi}i\gamma_5\tau^a\psi)^2$ があるが、クォークの質量が 0 なので、この系ではカイラル対称性が存在している。最初はフェルミオン場には質量項は存在しないが、相互作用を通じて真空で $\overline{\psi}\psi$ の期待値が有限の期待値を持てば、質量が $m=2G\langle\overline{\psi}\psi\rangle$ の大きさを持つことが可能となる。つまり、カイラル対称性は自発的に破れる。南部はその際にパイ中間子のような擬スカラー粒子が出現することを証明した。この $\overline{\psi}\psi$ の期待値をクォーク凝縮と呼ぶ。

真空では負のエネルギー状態のみが詰まっているので、$\overline{\psi}\psi$ の期待値は次の式で計算される。

$$\langle\overline{\psi}\psi\rangle = 2\int_{|\vec{p}|\leq\Lambda}\frac{d^3p}{(2\pi)^3}\frac{m}{E_p^{(-)}} = -\frac{m}{\pi^2}\int_0^\Lambda dp\frac{\vec{p}^2}{\sqrt{\vec{p}^2+m^2}} \quad (4.3.1)$$

この式はセルフコンシステントな式になっており、NJL 理論の

4. クォーク核物理

カットオフのパラメーターを非摂動領域と考えることができる約 1 GeV におくと,格子 QCD 理論や QCD 和則でいわれている $\overline{\psi}\psi$ の期待値を得ることができる。QCD 和則や格子 QCD 計算で,真空では $\langle\overline{\psi}\psi\rangle^{1/3} \cong -(240\pm25)\,\mathrm{MeV}$ と与えられており,その値が出るように NJL ラグランジアンの相互作用の強さを決める。さらに質量として $m \approx 300\,\mathrm{MeV}$ を得ることができる。このカイラル対称性の自発的破れによりクォークが大きな質量を獲得することができて,核子の質量の 1 GeV くらいの値を再現することが可能になる。

さらに重要なのは,相互作用のもう 1 つの項 $G(\overline{\psi}i\gamma_5\psi)^2$ は擬スカラークォーク対に非常に大きな相関を与える。実際,カイラル対称性が破れ,クォークが質量を持ったとき,擬スカラーのチャンネルの散乱振幅を求めるとそのゼロエネルギーのところに極があることを示せる。このことは質量 0 の擬スカラーのメソンが存在することを意味している。これはゴールドストーン-南部の定理と呼ばれ,カイラル対称性が自発的に破れると質量が 0 のメソンが出現することを示している。

アップとダウンの 2 つのクォークがあるときには電荷が $\pm e$, 0 のパイ中間子が出現する。したがって,ハドロンの系ではパイ中間子が非常に質量が小さくなることが,自然界ではカイラル対称性があることを意味しており,その対称性が低温(われわれの世界)で自発的に破れていてクォークが質量を獲得し,同時に $T=1$, $J^\pi=0^-$ のパイ中間子が出現する。

この NJL モデルはバリオンやメソンのスペクトルを非常にうまく再現することができる。メソンスペクトルを図 2-30 に示す。一番左にカイラル対称性が自発的に破れてクォークが質量を得た際のメソンの質量を示す。この際にアップとダウンとストレンジクォークの質量が最初は 0 と仮定してある。カイラル対称性が破れた後で残っている残留相互作用を取り入れた計算結果が示してある。擬スカラーメソン (0^-) の質量は 0 である。さらに最初からクォークに小さい質量を導入する。この計算結果が実験で得られたメソンのスペクトルと比較してある。

(土岐 博)

第 2 章　原子核物理学

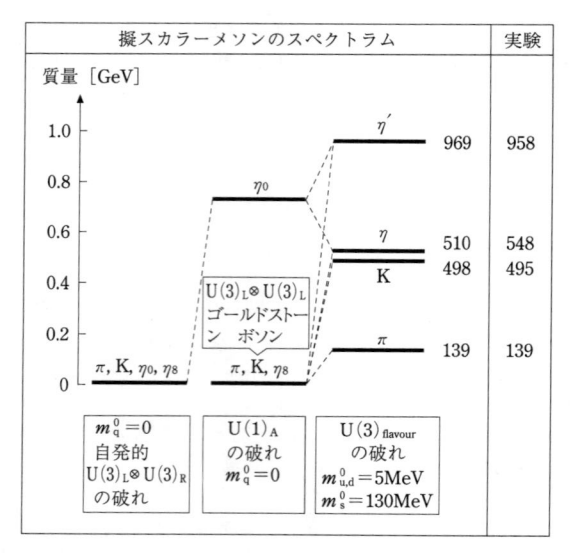

図 2-30　NJLモデルによる擬スカラーメソンのスペクトル。カイラル対称性とフレーバー対称性の破れていくパターンを示している。図中の実験値およびNJLモデルによる質量の値はMeV単位である。

5. 原子核の構造理論

原子核は核子の複合系であり、多種多様な構造を持っている。特に顕著なのは陽子が2個と、中性子が2個でできているアルファ粒子の束縛エネルギーが28MeVで核子当たりは7 MeVの大きさになっていることである。一方で、原子核全体を眺めてみて、平均的には核子当たりの束縛エネルギーは 8 MeV である。これらの値が近いことから、軽い核では1つの中心を持っている構造とアルファ粒子が複数あるような多数の中心を持っている構造が競合する。そのために軽い核では核子数を変えていくと非常に複雑な構造の変化がある。

核子数が20を超えてくるあたりから原子核の基底状態の構造は1つの中心を持っている構造になり、平均場理論を適用する領域にな

5. 原子核の構造理論

る。この平均場理論においては従来の非相対論的ハートリー‐フォックモデルがあるが,最近になって多くの研究者が研究している相対論的平均場モデルもある。中重核から重い原子核の研究では実験データを再現するように有効相互作用のパラメーターを決定する。さらには原子核の励起状態の研究にはシェルモデルを採用して,実験との比較を行う。

最近では大型計算機が高性能になり,軽い核は核力を使って直接原子核の構造計算を行うことが可能になってきている。質量が4までの原子核の計算では,これまでに多くの計算方法が開発されており,それらの計算方法では同じ2体の相互作用を採用すると同じ結果を得ることが示されている。しかし実際に束縛エネルギーを再現するためには3体力を導入することが必要である。さらに質量の大きな原子核(ただし,$A<10$)を正確に解く方法が開発されてきており,アルゴンヌグループの最近の研究では,質量が約10くらいの原子核までは,2体の核力と3体力を使えば原子核の質量や波動関数を計算できることが示されている。シェルモデル的な記述による膨大な数値計算の方法も開発されている。

(1) 原子核を作る力(核力)

原子核はZ個の陽子(p)とN個の中性子(n)の多体系である。なぜこれらの粒子が原子核の中に束縛されているのかは,量子力学が完成した1930年頃の大きな問題であった。日本の湯川秀樹は陽子と電子の中間の質量を持つ中間子を導入して,核子間相互作用(核力)の存在を予言した。その後,新しい力である核力の研究は核子間散乱(p-p,n-p散乱)のデータを注意深く解析することにより定量的になった。核力には中心力,スピン軌道力,テンソル力があり,それらの相互作用の強さは核子間散乱のデータを再現するように決定されている。核力の特徴はパイ中間子交換から生じる非常に強いテンソル力の存在と核子のクォーク構造から生じる強い斥力の存在である。その基本的な相互作用の形を図2-31に表現する。中心には強い斥力があり,中間領域で強い引力が働いている。一番離れたところにはパイ中間子交換からの相互作用がある。

相互作用Vは次のように書ける。

$$V = V_c + V_{ls}\vec{l}\cdot(\vec{\sigma}_1+\vec{\sigma}_2) + V_T S_{12}$$

第2章　原子核物理学

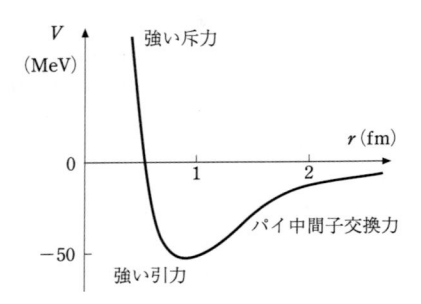

図 2-31　核子の相互作用

$V_c = V_0 + V_\sigma \vec{\sigma}_1 \cdot \vec{\sigma}_2 + V_\tau \vec{\tau}_1 \cdot \vec{\tau}_2 + V_{\sigma\tau} \vec{\sigma}_1 \cdot \vec{\sigma}_2 \vec{\tau}_1 \cdot \vec{\tau}_2$

$V_{ls} = V_{ls0} + V_{ls\tau} \vec{\tau}_1 \cdot \vec{\tau}_2$

$V_T = V_{T0} + V_{T\tau} \vec{\tau}_1 \cdot \vec{\tau}_2$

$S_{12} = 3 \vec{\sigma}_1 \cdot \vec{r} \; \vec{\sigma}_2 \cdot \vec{r}/r^2 - \vec{\sigma}_1 \cdot \vec{\sigma}_2$

この中でスピンは$\vec{\sigma}$でアイソスピンは$\vec{\tau}$で与えられている。さらにVは中間子理論に従って湯川型の相互作用の足し算で表現されることが多い。

$V_x = \sum V_x^i Y(m_i r)$

$Y(x) = \dfrac{e^{-x}}{x}$

相互作用の係数は核子散乱のデータを再現するように決定する。その上で得た相互作用は一般に図2-31のようになる。中心は強い斥力になっており、中間距離は引力で長距離ではパイ中間子交換が与える引力になっている。

さらには核力とパイ中間子交換力との関係をつけるために、パイ中間子交換力の形を書く。

$$V_\pi = \frac{1}{3} m f^2 \vec{\tau}_1 \cdot \vec{\tau}_2 \Big[\Big\{ \vec{\sigma}_1 \cdot \vec{\sigma}_2 + S_{12} \Big(1 + \frac{3}{mr} + \frac{3}{(mr)^2} \Big) \Big\} \frac{e^{-mr}}{mr}$$
$$- \frac{4\pi}{m^3} \vec{\sigma}_1 \cdot \vec{\sigma}_2 \delta(\vec{r}) \Big]$$

ここでfはパイ中間子と核子の相互作用の強さであり、mはパイ中間子の質量である。したがって、パイ中間子はアイソスピンが

5. 原子核の構造理論

1の粒子であることからアイソスピンに比例する形になっていることと、擬スカラー粒子であることから非常に強いテンソル力が生じることがわかる。この相互作用は核子間の長距離や中距離 ($r > 0.5$ fm) では核力をよく表現するが、短距離ではほかのメカニズムが強くなり、上述の多くのパラメーターを使った現象論的な表現を余儀なくしている。

原子核多体系はそれぞれの核子の運動エネルギーと核子間相互作用で決定される。したがって、その核子数が $A(=Z+N)$ 個の系のハミルトニアンは一般には1体の運動エネルギー (K) と2体の核子間相互作用 (V) の和となり、$H = \sum_{i=1}^{A} K_i + \sum_{i<j} V_{ij}$、多体系の波動関数を $H\Psi = E\Psi$ という形のシュレーディンガー方程式を使って解く。この計算は非常に難しいが、現在では4体までは多くのグループがそれぞれに特徴のある方法で正確に計算することが可能になっている。さらに、最近になってアメリカのグループは核力を使って10体系までについて非常に精度良く計算を行い、良い計算結果を得ている。計算結果とその方法を以下に紹介する。

(2) 核力を直接に使った変分計算

多体系のシュレーディンガー方程式を解くには、複雑だが完全に核子間の相関を取り込んだ波動関数を用意する必要がある。波動関数は相関関数に変分パラメーターを含ませて表現する。中心力的な相関だけではなく、テンソル相関やスピン軌道の2体と3体の相関関数を導入している。それらの変分関数の変分パラメーターに対する方程式を作って全系の波動関数を求める方法を採用している。この方法でかなり良い精度の波動関数を得ることができるが、アルゴンヌグループはさらに精度を上げるために、グリーン関数モンテカルロ (GFMC) 法を使ってエネルギーを下げる計算を行った。GFMC法では変分法で得た波動関数 Ψ_T をベースに取り、$\Psi(\tau) = [\exp(-(H-E_0)\Delta\tau)]^n \Psi_T$ を何度もモンテカルロ法で繰り返してより正確な波動関数を得る。非常に長時間の計算を必要とする研究であるが、約10体系までの計算ができており、非常に満足の行く結果である。

計算結果と実験データとの比較を図2-32に示す。この図ではそ

第 2 章　原子核物理学

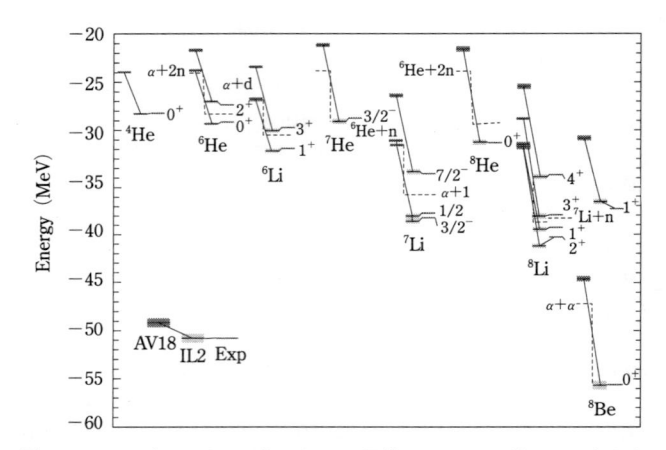

図 2-32 アルゴンヌグループのグリーン関数モンテカルロ法による変分計算の結果を，実験値（右端）と比較したものである。左端は 2 体の相互作用（核力）のみを使って計算した結果であり，実験との比較で少し引力が不足している。さらに 3 体の相互作用を加えて計算したものが，中央に示されている。非常によく軽い原子核のエネルギー（$A \leq 8$）を再現している。

れぞれの原子核のエネルギーが比較されており，左端に 2 体の相互作用のみを使った計算結果，中央に 3 体の相互作用を加えて計算した結果が右端の実験値と比較されている。ハミルトニアンは 2 体系と 3 体系で決定した後には何も変更を加えないで計算したもので，実験を見事に再現している。この際に重要な発見は，パイ中間子交換力からの引力の行列要素が全体の80％くらいの大きさになっていることである。このことは，パイ中間子が原子核を構成するときに非常に重要な役割を果たしていることを示している。

(3) 殻模型（シェルモデル）

湯川の核力は相互作用が大きく計算が難しく，1940年ごろはその核力を使って原子核を記述するまでには至らなかった。原子核物理が定量的に記述できるようになったのは1949年のメイヤーとヤンセンの現象論的なシェルモデル（殻模型）からであるといえる。殻模型はマジックナンバーを理解することから始まった。メイヤーとヤ

5. 原子核の構造理論

ンセンはマジックナンバーを説明するために核子が核内で量子軌道上を運動しており,さらに強いスピン・軌道相互作用力を導入して,原子核の構造に対する考えを示すことに成功した。以下に少し詳しく説明をする。

ポテンシャル中での量子軌道を 3 次元の調和振動子で見てみよう。図 2-33 の一番左にあるのがそれである。調和振動子の量子数,$N=0$ 軌道には $l=0$ の軌道が含まれ,$N=1$ の軌道には $l=1$ の,$N=\nu$ の軌道には,$l=\nu$, $\nu-2$, … の軌道が縮退している(同じパリティの軌道が縮退する)。この角運動量による $(2l+1)$ 重の縮退と,核子のスピンが $1/2$ であることによる 2 重の縮退があるため,$2[(2\nu+1)+(2\nu-3)+\cdots]$ 重の縮退となる。$N=0$ 軌道の縮退は 2,$N=1$ では 6,$N=2$ では 12,… である。殻模型ではこのようにして作られた軌道にエネルギーの低いものから陽子または中性子を詰めていく。陽子と中性子は別の粒子なので違った軌道があると

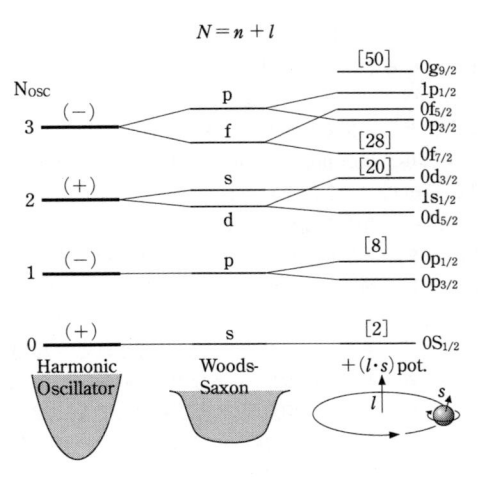

図 2-33 ポテンシャル中での 1 粒子軌道。ウッズ-サクソン型のポテンシャルにスピン軌道相互作用を入れると,マジックナンバーが再現できる。

考える。軌道を核子で満たしたとき（閉殻）の核子数がマジックナンバーであるといえる。これは，原子のイオン化エネルギーが最大のところが希ガスとなり電子配置が閉殻となっているのと同じである。

軌道の切れ目が，マジックナンバーになるとすると，調和振動子ポテンシャルの場合には，2，8，20，40，70，112がマジックナンバーとなるはずである。2，8，20は，実際に観測されているマジックナンバーと一致しているので，ポテンシャルの描像がある程度成り立っていることを示している。しかし，それより大きいマジックナンバーは28，50，82であるのに，この模型からでは40，70となって，説明できない。

ポテンシャルとしてより現実的なウッズ-サクソン型のポテンシャル $V_{ws}(r)$（図2-33参照）は

$$V_{ws}(r) = \frac{-2V_0}{1+e^{(r-R)/a}} \tag{5.3.1}$$

を使う。ここで，V_0はポテンシャルの深さを表し，Rはポテンシャルが半分になる半径を，aはポテンシャルが0に向かって減少する速さを示すパラメーターである。

このようなポテンシャル中では，軌道の順序は，エネルギーの低いものから，0s, 0p, 0d, 1s, 0f, 1pと並ぶ。ここでs, p, dは軌道角運動量が0, 1, 2にそれぞれ対応している。その前の数字は主量子数で，その軌道の動径波動関数のノード数（0の値を持つ点の数で中心点を除いたもの）を示す。軌道角運動量をlとすると，その軌道に入れる核子の数は$2(2l+1)$個である。1dと2sや1fと2pなどはエネルギーが近くにあるため混合して，切れ目（エネルギーのギャップ）はほとんどなくなると予想される。結局大きな切れ目は2，8，20，40，70，92，…となり，調和振動子とほとんど変わらない。また，小さな切れ目のどこを探しても，28，50，82，126という数は出てこない。結局，ポテンシャルの形を変えても，観測されたマジックナンバーは現れない。

核子のスピンは1/2であり，そのz成分は1/2と-1/2をとる。軌道角運動量の方向との類推から，z成分が1/2の場合を上向きのスピンとか左回りのスピンと呼ぶ。例えば右巻きのスピンを持った

5. 原子核の構造理論

核子が，左回りの軌道を運動する場合と，右回りの軌道を運動する場合ではエネルギーが違うのではないか？　そう考えて，メイヤーとヤンセンは「スピン‐軌道相互作用」という力を導入した（軌道角運動量の l とスピンの s を使って $l \cdot s$ 相互作用とも呼ぶ）。ある一つの軌道角運動量を持った軌道は，スピンの向きによらずエネルギーが同じであり縮退していたが，この相互作用があると，スピンの向きによってエネルギーの違った2個の軌道に分かれる（図2-33）。軌道角運動量を示す英文字の右に添えられた数字は，軌道角運動量とスピン角運動量を加えたもので，同じ向きなら $l+1/2$ になり，逆向きなら $l-1/2$ になる。この値は，その軌道にある核子の全角運動量を表しており，j と表記される。数学的に2つの角運動量のベクトル和として表され，

$$j = l + s \tag{5.3.2}$$

となる。

この相互作用を含めて計算すると，軌道は図2-33の右側に示したような順序になる。$l \cdot s$ の期待値は，

$$\langle l \cdot s \rangle = 1/2[j(j+1) - l(l+1) - s(s+1)] \tag{5.3.3}$$

と表されるので，$j=l+1/2$ と $j=l-1/2$ 軌道のエネルギーの違いは $(l+1/2)$ に比例し，l が大きいほど大きくなる。

そのため大きな l を持つ $f_{7/2}$ 軌道がぐっと下がって，他の $p_{3/2}$，$p_{1/2}$，$f_{5/2}$ 軌道から離れてしまう。そして，28のギャップを作る。次の軌道群には上から $g_{9/2}$ 軌道が降りてくるため40の広いギャップは消えて，50のところにギャップができる。同様に見事に82，126のギャップも出てくるのである。スピン‐軌道相互作用を導入することによって，見事に全てのマジックナンバーが説明された。この業績でメイヤーとヤンセンはノーベル賞に輝いたのである。

ところで，これらのマジックナンバーは安定核とその周辺の原子核で見出されたが，安定核から離れた不安定核ではこれらのマジックナンバーが消滅し，違った数のマジックナンバーが現れる。例えば図2-34に表したように，$N=20$ のマジックナンバーは Al より軽い原子核では消滅している。逆に Ne より軽い核では $N=16$ がマジックナンバーとなっている。これらは，陽子数と中性子数のバランスが崩れたため安定核では隠れていた相互作用が影響を見せて

第 2 章　原子核物理学

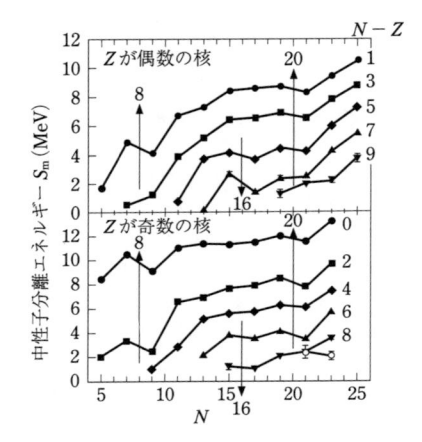

図 2-34 中性子過剰核では安定核とは違ったマジックナンバーが現れる。図から見られるように，$N=8, 20$ などの従来のマジックナンバーは消滅し，新しく $N=16$ のマジックナンバーが出現する。矢印の上向き（下向き）は，中性子数の少ない（多い）範囲の核にマジックナンバーが現れていることを示す（Ozawa の論文から引用）。

いるためである。

(4)　1 粒子状態と 2 粒子状態

核子数がマジックナンバーの原子核を閉核と呼ぶことにする。そこに 1 つの粒子（空孔）がある系を 1 粒子（空孔）状態と呼び，2 つの粒子（空孔）がある場合を 2 粒子（空孔）状態と呼ぶことにする。よく知られている陽子も中性子もマジックナンバーの原子核（ダブルマジック）である ^{16}O，^{40}Ca，^{56}Ni，^{208}Pb に 1 つ中性子を足した原子核の基底状態のスピンは，殻模型では図 2-33 の右側から，$5/2^+$，$7/2^-$，$3/2^-$，$11/2^+$ となるが，実験でも同じ値になることが観測されている。殻模型によると 1 粒子状態は単純な波動関数で記述される。

さらに実験によると同種の 2 粒子状態の基底状態は 0^+ のスピン

5. 原子核の構造理論

```
8⁺ ——————————— 1278
6⁺ ——————————— 1195
4⁺ ——————————— 1098

2⁺ ——————————— 800




0⁺ ——————————— 0.0 keV
         ²¹⁰Pb
```

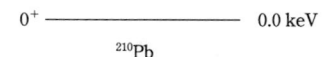

図 2-35 ^{210}Pb の励起順位。0^+から2^+, …, 8^+までの順位が基底状態近くにあるが,基底状態の0^+が1つ離れてエネルギーが低い(Wildenthal の論文から引用)。

・パリティを持っている。スピンjのレベルの2粒子状態の場合,殻模型では0^+から始まるが,それより上の,2^+, 4^+, …, $(2j-1)^+$の状態はほとんど縮退していると期待される。ここでスピンに奇数の値が出てこないのは波動関数が反対称化されているためである。この原子核の基底状態が0^+のスピンを持つことの意味を知るために例として,^{210}Pb の励起状態を図2-35に示す。0^+が一番下に来て,他の状態はほとんど縮退している。簡単のためにデルタ関数型の引力が2つの粒子の間に働いていると実験のスペクトルに似たものが再現される。したがって,殻模型は1粒子系ではそのままでよい結果を与えるが,2粒子系ではすでに短距離の引力型の残留相互作用を考慮することが必要である。

陽子数も,中性子数もともに偶数の原子核の基底状態は常に0^+である。2粒子系での短距離引力があると,粒子数がマジックナンバーから離れているときには BCS 状態(核子系の超伝導)になっていることを示すことができる。殻模型は原子核を定量的に表現するモデルとして導入されたが,実際にレベルの値を実験と比較するには,さらに核子間の相互作用(残留相互作用)を考慮して多くの状態の線形結合状態とした波動関数を用意してハミルトニアンを数

第2章 原子核物理学

値計算する必要がある。

(5) 殻模型での多粒子状態

殻模型では多粒子系を取り扱うのに，その原子核がどのマジックナンバーの間に入っているかを調べ，そのマジックナンバーの間の単一粒子スペース（バレンスシェル）のみで全ての可能性のある状態を作り，反対称性を考慮した波動関数を用意する。その波動関数で全系の状態を展開して，その展開係数をハミルトニアンを対角化することにより決め，レベルを決定する。

多くの実験データが存在している p-シェル核（$A=6\sim16$），sd-シェル核（$A=17\sim40$）（図2-33参照）では，そのシェルに現れる全ての相互作用をパラメーターにして，実験との比較で決定したハミルトニアンで計算されている。現象論的には実験との比較は良いことが示されている。

(6) 液滴モデル

原子核のシェルモデルが成功を収めるまでは，原子核は中性子と陽子が液滴の中の水分子のように振る舞うとモデル化されていた。核子は定められた軌道に入って運動するとは考えずに，原子核は液滴のように非圧縮の集合体と考えられた。マジックナンバーは再現できないまでも，原子核全体にわたっての質量がベーテ-ワイゼッカー（Bethe-Weizsäcker）の質量公式で与えられることから，このモデルがほぼ原子核の概要を表現していると考えるのはよいと思われる。

次は励起状態だが，液滴が励起すると多重極変形の振動が起こると考える。特に一番低い励起エネルギーを持つのは4重極変形であり，このモードを量子化するとスピン・パリティが 2^+ の状態が励起される。実際に偶偶核の原子核では励起状態は 2^+ で，次の励起状態は 0^+，2^+，4^+ 状態である。

さらに興味深いのはこの振動が大きくなると，丸い形に戻らなくて，4重極変形を持った原子核が安定状態として存在し得る。この場合には変形した原子核が回転することにより，励起状態に回転のスペクトルが生じる。励起状態は，そのスピンが $J=0, 2, 4, 6$ と並び，その励起エネルギーは $E_j=aJ(J+1)$ となる。実際には多くの変形した原子核が観測されており，回転スペクトルが現れるこ

5. 原子核の構造理論

とがその証拠となっている。

(7) 統一モデル

シェルモデルによると，原子核の中で核子は1体のポテンシャルの中を運動するという描像である。一方で，液滴モデルでは原子核は全体として相互作用しながら運動しているという描像である。これらは一見，互いに相容れない。

これらの一見違うように見えるモデルが次のように統一される。多体のシュレーディンガー方程式を解くのに，まずはハートリー–フォックの方法で1体のハミルトニアンを得る。このときの1体のポテンシャルをUと書く。したがってハミルトニアンは$H=T+U+(V-U)$と書ける。この$(V-U)$は1体場を作り出したことにより主要な部分が取り除かれているので残留相互作用と呼ばれる。この残留相互作用は励起状態を与えるのに使われる。

この際に，全ての励起状態の1次結合で，この残留相互作用を対角化する方法を乱雑位相近似（RPA）と呼ぶ。相互作用が引力の際には，一番エネルギーの低い状態は全ての励起状態を寄せ集めた性質を持つようになり，単純な励起状態と考えたものに比べて，非常に大きな遷移確率を持つ。一方で相互作用が斥力の際には，一番エネルギーが高い状態が同じく全ての励起状態を寄せ集めた性質を持つようになり，同じく非常に大きな遷移確率を持つ。この高い励起状態は大きな幅を持った，遷移確率の大きな状態なので巨大共鳴状態と呼ばれる。

したがって，引力の場合の一番励起エネルギーの低い状態と，斥力の場合の一番励起エネルギーの高い状態は，1粒子の励起と比べて全体の粒子が寄与した状態になるので集団状態と呼ぶ。この集団状態は液滴モデルの振動状態と同じ性質を持つ。したがって，殻模型と液滴モデルはRPA方法で統一されたことになる。

さらに，重要なのは1体のポテンシャルが変形する解が現れるときには，内部的に回転の対称性が破れることである。原子核のような孤立系では，この内部状態を全ての回転方向で足し合わせた状態が，ハミルトニアンの固有状態として実現される。この方法を対称性を回復する方法と呼び，変形で回転対称性が破れた場合には，その対称性を回復する過程で回転のスペクトルが現れる。2つの一見

違ったモデルが統一されたことになる。

(8) IBM模型

原子核物理の特徴は、非常に強いペアリング相関と4重極変形を与える密度相関があることである。ペアリング相関は、粒子対が0^+に組んだ状態を基本的自由度と考えることで取り扱う。一方、4重極密度相関は、粒子-空孔対が2^+に組んだ状態を基本自由度と考えることで取り扱う。したがって、核子の個数が偶数の原子核では、スピンが0^+に組んでいるsボソンとスピンが2^+に組んでいるdボソンがあり、それらのペアが相互作用していると考えると、原子核の振動や回転をうまく表現できる可能性がある。有馬朗人とイアケロ（Iachelo）はこのsボソンとdボソンの数の和はバレンス粒子の半分であると仮定し、その総数は保存するという"相互作用するボソン模型（IBMモデル）"を作った。

sボソンは1つ、dボソンは5つの自由度を持っている。全体のボソンの数は保存しているので、相互作用するとsとdを合わせた6つの状態から、ボソン間の相互作用により新しい6つの状態へ変換する。したがって$6 \times 6 = 36$通りの変換が可能であり、これらの変換の演算子はU(6)のリー代数を構成する。これら全ての演算子と交換可能な演算子はカシミア演算子と呼ばれる。IBMモデルのハミルトニアンがU(6)変換で不変である限りは、ハミルトニアンはU(6)のカシミア演算子で表現される。カシミア演算子の代表的なものは、回転群O(3)の場合の全角運動量の大きさである。そのO(3)の回転群を含むU(6)の部分群としてU(5)のものと、SU(3)のものと、O(6)のものが存在することがわかっている。この部分群の対称性を持つ系が存在すると仮定すると、それぞれのカシミア演算子で原子核のハミルトニアンを表現することが可能である。

球形の原子核が振動するときのスペクトルはU(5)、変形している原子核のスペクトルはSU(3)、変形の大きさは一定だが、形が葉巻形からパンケーキ形の楕円形を持つ原子核のスペクトルはO(6)の対称性を持ったIBMモデルで、パラメーターをうまく選んでやると非常に良く再現する。

(9) クラスター模型

5. 原子核の構造理論

αクラスターは原子核物理での重要な概念である。例えば、^{8}Beは^{4}Heが2つ集まってできたαクラスター状態と理解されている。3つのαクラスター状態は^{12}Cにおける励起状態にあるとされている。4つのαクラスターは^{16}Oにおける励起状態にあるとして、理論および実験の研究が現在推進されている。さらによく研究された系としては^{20}Neがある。これは1つのαと1つの^{16}Oがクラスター状態を構成していると考えられる。これらのαクラスター状態はクラスターに分解する閾値近傍に現れる。

⑽ 相対論的平均場モデル

相対論的平均場モデルは、場の理論を使って原子核を記述するもので、定量的に原子核の基底状態を記述することができている。このモデルでは原子核内を核子が相対論的に運動していると考える。相対論的記述を必要とする動機は、メイヤー-ヤンセンのシェルモデルでは非常に大きなスピン軌道力が原子核内の核子に働いている必要があり、それに関連する可能性があるからである。スピン軌道力は相対論では自然に導出できる。基本的なラグランジアン密度としては

$$L = \overline{\psi}(i\gamma_\mu \partial^\mu - m - g_\sigma \sigma - g_\omega \gamma_\mu \omega^\mu)\psi + \frac{1}{2}\partial_\mu \sigma \partial^\mu \sigma - \frac{1}{2}m_\sigma^2 \sigma^2 - \frac{1}{4}F_{\mu\nu}F^{\mu\nu} + \frac{1}{2}m_\omega^2 \omega_\mu \overline{\omega^\mu}$$

$$F^{\mu\nu} = \partial^\mu \omega^\nu - \partial^\nu \omega^\mu \tag{5.10.1}$$

を仮定する。ここでψ, σ, ω_μは核子、σメソン、ωメソンの波動関数、m, m_σ, m_ωはそれぞれの粒子の質量、$\partial^\mu = \frac{\partial}{\partial x_\mu}$である。$\sigma$はスカラーメソン、$\omega$はベクターメソンである。それぞれのメソンと核子の結合定数はg_σ, g_ωで与えられている。$F^{\mu\nu}$は反対称の2階のテンソルになっているが、電磁気の場合のマックスウェル方程式を与える形式と同じで、$-\frac{1}{4}F_{\mu\nu}F^{\mu\nu}$がベクトル場の運動エネルギーである。

このラグランジアンは一般的には非常に複雑な場の方程式を与えるが、平均場近似が使えるとすると簡単な連立の微分方程式になる。平均場近似とはσメソンやωメソンなどのボソン場が古典場であると近似することである。メソン場の基底状態での期待値が$\langle \sigma \rangle = \sigma$および$\langle \omega_\mu \rangle = \delta_{\mu 0}\omega$という値をとるとして、これらの平均

第2章 原子核物理学

場と核子の波動関数を変分して、全系が最低のエネルギーをとるという条件から波動関数を計算する。このメソンの平均場中での核子運動を与えるディラック方程式は次のように書ける。

$$(i\gamma_\mu \partial^\mu - m - g_\sigma \sigma - g_\omega \gamma_0 \omega)\psi = 0$$
$$(\vec{\nabla}^2 - m_\sigma^2)\sigma = g_\sigma \bar{\psi}\psi \qquad (5.10.2)$$
$$(\vec{\nabla}^2 - m_\omega^2)\omega = -g_\omega \bar{\psi}\gamma^0 \psi$$

この連立微分方程式を解くことにより原子核の質量や波動関数を得ることができる。全系の原子核の波動関数は

$$\Psi = \det(\psi_1 \psi_2 \cdots \psi_A) \qquad (5.10.3)$$

と書けて、σ や ω の値は A 個の波動関数 $\psi_i(i=1, \cdots, A)$ が決まると上記の方程式で決まる。この計算の過程は互いに連立しているのでセルフコンシステント（Self-consistent）な計算という。

この計算結果は核チャート全体での束縛エネルギーの実験値と良い一致を示す。また、原子核の変形の大きさもよく再現する。

(11) 非相対論的平均場モデル

殻模型では中心場の中に、核子が束縛されていると仮定して、多体系を記述するが、そのような様相を核子間の相互作用を使って直接導くのは興味深い。第3節で議論したG行列は、ある密度の核物質の有効相互作用と見なされる。その上で核子がその2体の有効相互作用を受けて、互いに束縛しているという計算を行う。すなわち、$H = T + G$ というハミルトニアンを使い、後はハートリー-フォック（Hartree-Fock）の方法で原子核の波動関数やレベル構造を計算する。実験データをほぼ再現できることが示されている。この方法は核力を直接に使って原子核を計算することができ、G行列を使うところも含めてブリュックナー-ハートリー-フォック（BHF：Brueckner-Hartree-Fock）模型と呼ばれる。

しかし、BHF模型では正確に実験を再現することはできていない。したがって、相互作用として、現象論的なものを使うことで実験データをもっと正確に再現することが望まれることが多い。この方法を提案したのがスキルム（Skyrme）で、それをスキルムの方法と呼ぶ。この場合には原子核内の核力は $V = V_2 + V_3$ とし、V_2 は相互作用の到達距離が0であるデルタ関数を使い、スピンやアイソスピンに依存する相互作用の係数は全てをパラメーターとする。

5. 原子核の構造理論

さらに V_3 は 3 体力と呼ばれ、相互作用が核子の場所の密度に依存すると仮定して、その大きさを原子核の性質が再現できるように決める。

原子核の領域ごとにこれらのパラメーターの値が決定されている。このスキルム-ハートリー-フォック（Skyrme-Hartree-Fock）近似は原子核を非常にうまく再現する。

⑿ 反対称分子軌道モデル（AMD モデル）

原子核のクラスターモデルは1970年代に日本でかなり研究された。多くのクラスターを取り扱う数学的な手法も独自に開発された。α クラスター物理そのものは、現在でもアルファ凝縮として実験の精度の向上に合わせて注目を集めている。このモデルはその後興味深い発展をした。α 核のような複合核が多数集まった原子核系を議論することは必然性がある。原子核を多くの核子が集まってできた複合クラスター状態であるという考えが堀内らにより導入された。その重要な発想の原点は1つの核子が波束として原子核内に分布していると考えるところである。この波束の中心の座標を変分のパラメーターとし、後は分子軌道法で全系を解く。シェルモデルのように中心場を仮定することなく多体系を取り扱うことが可能となり、変形や2中心などの原子核を事前に仮定することなく予言することが可能である。これは反対称分子軌道（AMD）法と呼ばれ、最近の不安定核の構造で多くの成果を上げている。

この AMD 法では α クラスターモデルのときのように、それぞれの核子が波束で表現される。1 粒子の波動関数は

$$\phi_i(\vec{x}_j) = \left(\frac{2\nu}{\pi}\right)^{3/4} \exp(-\nu(\vec{x}_j - \vec{D}_i)^2) \chi(スピン、アイソスピン) \quad (5.12.1)$$

のように広がりが $1/\sqrt{2\nu}$、中心の座標が D で与えられるガウス型の波束と、スピン・アイソスピン波動関数との積になっている。全系の波動関数はこれらの 1 粒子の波動関数の行列式で与えられる：$\Psi = \det|\phi_i(\vec{x}_j)|$。この位置ベクトル D と ν が変分パラメーターとなっている。全系のエネルギーを下げる方法として摩擦冷却法を用いて、これらのパラメーターを決定する。計算の一つの結果として Be アイソトープの基底状態の密度分布を図 2 -36 に示すが、^{8}Be が

第 2 章　原子核物理学

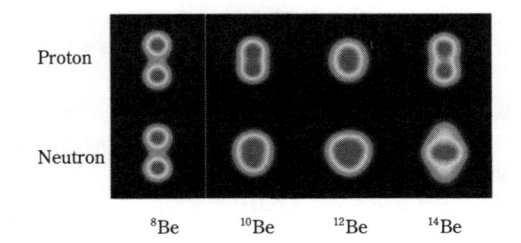

Proton / Neutron

^8Be　^{10}Be　^{12}Be　^{14}Be

図 2-36 AMD 法により計算された Be アイソトープの基底状態の陽子と中性子の密度分布が，核子数が 8 から 14 で示されている。中性子を 2 つ変えるだけで密度分布（変形度）が大きく変化する。

2 つの α クラスターから成っていることがよくわかる。

（土岐　博）

6. 核反応

(1) 核反応の様相

原子の中心に，そのほとんどの重さを持った小さな粒子である原子核の存在の決定的な証拠は，ラザフォードたちによるアルファ粒子の弾性散乱によるものである。それ以来原子核研究の重要な方法の 1 つとして加速粒子を衝突させてその様子を観測する，弾性散乱や核反応の方法が使われている。核反応を用いた，原子核やその励起状態の生成，原子核の構造の研究のほか，核反応の機構そのものの研究も重要である（図 2-37）。

原子核の反応は，以下のように記述される。

$$A+B \to C+D+E+\cdots(+Q) \tag{6.1.1}$$

ここで，A は入射核，B は標的核，C と D，E，… は終状態の核や粒子である。また Q は，

$$Q = M_A c^2 + M_B c^2 - M_C c^2 - M_D c^2 - M_E c^2 - \cdots \tag{6.1.2}$$

で計算される反応の Q 値で，反応式の中には記述される場合とされない場合がある。ここで，M_i は i 核の質量である。終状態も 2 体の反応の場合やそれに近い場合には，

$$B(A, C)D \tag{6.1.3}$$

6. 核反応

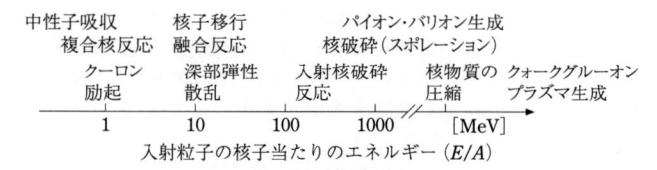

図 2-37 核反応の概要

と書かれることがある。ここで、Cは検出される粒子を示すことが多い。また、標的核を特定しないで（A, C）反応と分類して呼ぶことも多い。例えば、核子移行反応では（p, d）, （d, n）, （d, ^{3}He）反応のように記述されることが多い。

高いエネルギーになると終状態には多数の粒子が含まれることが多い。その場合、終状態の全ての粒子を観測せずに一部の粒子だけを観測する場合を、包含（inclusive）反応と呼び、

$$A+B \to C+D+\cdots+X \tag{6.1.4}$$

と表現する。ここでC, D, …は観測される粒子で、Xがその他の観測されない粒子を表している。特に1つの粒子だけを観測する場合、

$$A+B \to C+X \tag{6.1.5}$$

を1粒子包含反応と呼ぶ。逆に終状態の全ての粒子を検出する場合を、排他的（exclusive）反応と呼ぶ。

反応によるQ値の測定

式（6.1.2）に示されたように、反応に関与する核の質量がわかっている場合にはQ値が決定されるが、逆に質量が知られていない核が1つ含まれている場合には、Q値を反応から決定することによりその原子核の質量を決定することができる。入射エネルギーが（E_A）の $A+B \to C+D$ 反応においてCの散乱角（θ）とエネルギー（E_C）を測定した場合に反応のQ値は、

$$Q = E_A\left(\frac{M_A}{M_D}-1\right) + E_C\left(\frac{M_C}{M_D}+1\right) - \frac{2\sqrt{M_A M_C E_A E_C}}{M_D}\cos\theta \tag{6.1.6}$$

となる（非相対論近似）。この式には原子核 A, C, D の質量 M_A, M_C, M_D が入っているが、これらの原子核の質量の値は核子数で

ほぼ決められているため正確な数値を代入する必要はなく，おおよその値を使ってもQ値はよく決定できる。Q値が決定されるとその値を式(6.1.2)に入れることにより質量不明核の質量 M_C を決定できる。このようにして質量を決定する方法をミッシングマス (missing mass) 法と呼ぶ。

反応後に作られた原子核が共鳴状態で核子放出をする場合，その終状態の核と核子を観測することにより，共鳴状態の質量を決定することができる。この方法を不変質量 (invariant mass) 法と呼ぶ。共鳴状態RがCとDに分かれる場合には，

CとDの4元ベクトルを p_C, p_D として，Rの質量 m_R は，

$$m_R^2 = (p_C + p_D)^2, \quad p_i = (\mathbf{p}, E), \quad p_i^2 = E^2 - \mathbf{p}^2 = m_i^2 \qquad (6.1.7)$$

と決定される。

(2) 反応の断面積

2つの原子核を衝突させた場合，弾性散乱と核反応が起こるが，この確率を示す量が断面積である。入射核の強度を I (個/s)，標的核が1個あるとき，入射核のビームが単位面積・単位時間当たり I 個入射したときに，単位時間当たり I' の入射粒子が標的核とある反応を起こしたとすると，

$$\sigma = \frac{I'}{I} \qquad (6.2.1)$$

でその反応が起こる確率を表し，その反応の断面積 (σ) と呼ぶ。式からわかるように σ は面積のディメンションを持つ。核散乱の断面積は多くの場合バーン (1 barn = 10^{-24}cm^2) の単位で表される。

全断面積 (σ_t) は粒子を標的に入射したときに，入射粒子または標的粒子に何らかの変化が起こる確率を示す。全断面積はどちらの粒子にも内部的な変化はなく運動だけが変化する弾性散乱断面積 (σ_{el}) と，内部の変化を起こしたり分裂したりする反応断面積 (σ_R) の和である。

$$\sigma_t = \sigma_{el} + \sigma_R \qquad (6.2.2)$$

反応断面積の中には核子数変化を伴わないで，入射核または標的核が励起状態に励起されガンマ線が放出される反応が起こるが，これは非弾性散乱と呼ばれ，その確率は非弾性散乱断面積 (σ_{in}) と呼ばれる。

6. 核反応

相互作用断面積 (σ_I) は高エネルギーの重イオン反応で用いられ，入射核の核子数が変化する確率を示す。これに類するもので，入射核の陽子数が変化する場合を電荷変化断面積 (σ_{cc}) という。

入射核の方向に対して一定の方向（入射核の方向を z 軸としたときの，角度 (θ, φ) で表す）に置かれた微小立体角 ($d\Omega$) の検出器に i-粒子が単位時間に当たる数を dI'_i とすると，その微分断面積 ($d\sigma(\theta, \varphi)/d\Omega$) は，

$$\frac{d\sigma_i(\theta, \varphi)}{d\Omega} = \frac{dI'_i}{Id\Omega}, \quad \text{ただし} \quad d\Omega = \sin\theta d\theta d\varphi \tag{6.2.3}$$

で定義される。またエネルギー (E) や運動量 (P) を分けて議論をする場合には 2 重微分断面積，

$$\frac{d^2\sigma_i(\theta, \varphi, E)}{dEd\Omega} \quad \text{や} \quad \frac{d^2\sigma_i(\theta, \varphi, P)}{dPd\Omega} \tag{6.2.4}$$

が使われる。一般的に 1 粒子の微分断面積は，2 体反応でない限り残りの粒子の状態はわからないので包含反応断面積となっている。

実験系で測定された断面積を重心系やそのほかの系での断面積への変換は，系の変換のヤコビアンを使って行う。相対論的な記述では不変断面積 (invariant cross section) を用いると，どの系で見ても，その値は同じになる。例えば，

$$\frac{d^3\sigma}{\mathcal{E}^{-1}dP^3} \quad \text{や} \quad \frac{d^2\sigma}{dP_t dy} \tag{6.2.5}$$

などである。ここで，$\mathcal{E}$ は相対論的な質量を含んだエネルギーで，P_t は横方向の運動量 (transverse momentum)，y はラピディティ (rapidity) である。

$$y = \frac{1}{2}\ln\left[\frac{\mathcal{E} - P_{//}}{\mathcal{E} + P_{//}}\right] \tag{6.2.6}$$

$P_{//}$ は縦方向運動量 (longitudinal momentum) である。

詳細釣り合いの原理 (Principle of detailed blance)

2 体反応 A(a, b)B の断面積 (σ_{AB}) とその逆反応 B(b, a)A の断面積 (σ_{BA}) は重心系でのエネルギーが同じなら，

$$\frac{\sigma_{AB}}{\sigma_{BA}} = \frac{p_b^2}{p_a^2} \frac{(2J_B+1)(2J_b+1)}{(2J_A+1)(2J_a+1)} \tag{6.2.7}$$

なる関係が成り立ち，詳細釣り合いの原理 (principle of detailed

balance）と呼ばれる。ただし，I_i はそれぞれの粒子のスピンである。ある反応の断面積の測定が困難であるとき，その逆反応の断面積から求めることができる重要な関係である。

(3) 核反応の概要

核反応においては両極として2つの描像がある。1つは原子核は核子の集合であり，その核子同士がそれぞれ散乱を起こす描像であり，核子当たりの入射エネルギーが核内核子の束縛エネルギー（～8 MeV）より十分大きい場合にはこの描像が良い。その逆の極限は原子核全体が一体となって反応するものであり，原子核全体が一つの散乱体として記述される。

実際の反応の記述には散乱エネルギーや散乱粒子の違いにより，これらの様相が混ざり合ってくる。それらを簡単にみてみよう。

弾性散乱は全ての入射エネルギーで観測されるが，これらは吸収の部分を持ったポテンシャルでの散乱としてよく記述される（光学模型；後述）。光学ポテンシャルは粒子のエネルギーとともに変化するもので，その変化は核子-核子散乱の散乱断面積を反映しており，低いエネルギー（または小さな移行運動量）では引力であるが，高いエネルギー（または大きな移行運動量）では反発力となっている。これは，核力が長距離部分では引力で，短距離では反発力であることを反映したものである。

数百 MeV の高いエネルギーでは，核子の原子核による弾性散乱も核子-核子散乱の重ね合わせとしてよく記述されるようになる。インパルス理論やグラウバー理論である。これらの理論を使うと核子-原子核弾性散乱の微分断面積と，核内の核子分布が関係づけられる。核の核子密度分布は高エネルギー陽子の弾性散乱により決定されたものがもっとも正確なものである。

弾性散乱はそれ自身が重要な情報を含むが，それ以外にも全ての反応の解析において重要となる。ある反応が起こる場合，その反応が起こる前に入射核の波動関数は光学ポテンシャルの影響を受け変化をする（入り口チャンネル波の歪曲），また反応後にも終状態の核同士の間でポテンシャルによる変化が起こる（出口チャンネル波の歪曲）。反応断面積を理解するためには，反応の前後のこのような波の歪曲（distorted wave）の効果を取り入れる必要があり，弾

6. 核反応

性散乱の情報は常に必要なものとなる。このような効果を入れた理論が歪曲波ボルン近似（DWBA(Distorted Wave Born Approximation)）や歪曲波インパルス近似（DWIA(Distorted Wave Impulse Approximation)）である。

非弾性散乱も全ての入射エネルギーで起こる。この反応では原子核の集団的な励起や（回転励起，振動励起），1核子が違った軌道に遷移する1核子励起などが起こり，低い励起状態の生成やその遷移確率の決定に使われる。

クーロン障壁より低いエネルギーでは，電磁力だけによる励起が起こり，これをクーロン励起と呼ぶ。クーロン励起は集団運動による励起状態をよく励起するので核の集団的性質の研究に利用される。

最近は安定核だけではなく不安定核のクーロン励起が可能となり，ドリップ線近くの核の低エネルギー励起状態の研究に利用されている。

陽子や中性子その他の粒子が束縛エネルギーより十分高いエネルギー（数百 MeV）以上で原子核に散乱する場合には，入射粒子が核内の核子と散乱する描像がよく成り立つ。入射粒子が核内の1つの核子とだけ散乱した場合は，その例として準弾性散乱が起こる。陽子が核内陽子をはじき出す (p, 2p) 反応や，中性子をはじき出す (p, pn) 反応などである。これらの反応は，核内核子が直接はじき出されるため，その粒子軌道の情報を得るのに適している。入射粒子や散乱された核子が他の核内核子と散乱すると反応は複雑になっていくが，核内カスケードの描像が成り立つ。散乱のインパクトパラメーター（入射方向の延長線と標的間の最短距離，衝突係数）が小さいと激しい衝突が起こり，標的核から多くの核子が放出され，後に励起された原子核が残される。このような反応を**破砕反応**（spallation）と呼ぶ。後に残された励起状態の原子核は核子を放出して脱励起していくが，これは蒸発過程と呼ばれる。蒸発する核子のエネルギーはそれほど大きくないので，陽子はクーロン障壁のため中性子に比べ放出される確率が小さくなる。そのため，この反応で残される最後の原子核は陽子過剰なものになることが多い。

高エネルギーの重イオン反応では，図2-38に示されるように，

第 2 章　原子核物理学

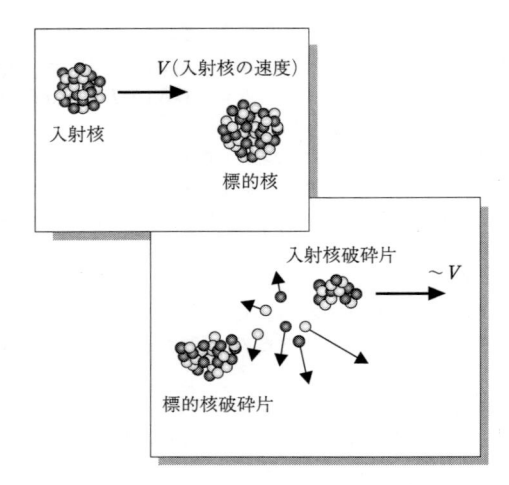

図 2-38　高エネルギー重イオン反応

衝突のとき，幾何的に重なり合った部分の核子同士，パーティシパント（participants）の散乱が起こる。重なり合わない部分，スペクテーター（spectator）はそのまま引きちぎられて元の速度で反応域を出ていく。入射核のスペクテーター部分を入射核破砕片と呼び，このような反応を**入射核破砕反応**（projectile fragmentation）と呼ぶ。十分高いエネルギーではパーティシパントとスペクテーターの区別ははっきりしており，入射核破砕片の励起エネルギーは中重核以下では非常に小さい。破砕片の励起エネルギーが小さいため粒子の放出はほとんど起こらず，反応直後の陽子数と中性子数がほぼ保たれる。そのため，陽子過剰核だけではなく，中性子過剰核も多く生成される。高エネルギーの重イオンが使われるようになって，多くの中性子過剰核が発見され，中性子ドリップ線近傍核の研究が急激に進んだ。

パーティシパントの部分では激しい核子-核子衝突が起こり，核子の集団が強く励起された状態が反応領域中に作られる。核物質の高温で高密度の状態の研究をする唯一の方法となっている。

入射エネルギーが数百 MeV の核子や軽核よる反応では核子の交

6. 核反応

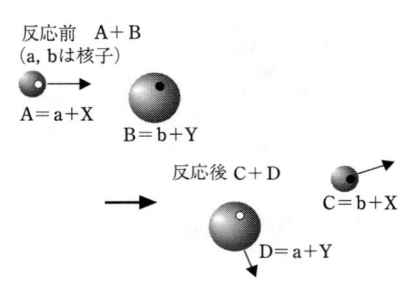

図 2-39 核子交換反応

換反応が起こる。(p, n), (d, ^{2}He), (^{3}He, t) 反応などである。このエネルギーではスピン・アイソスピン相互作用 ($\tau\cdot\sigma$) が, 他の相互作用との比較で最も重要であり, ガモフ-テラー遷移などの研究に利用されている (図 2-39)。

入射エネルギーが核内核子のフェルミエネルギー程度になると, 核子の交換はさらに激しくなり, また核子が標的から入射核にまたはその逆に移動することも重要になる。このような反応を**核子移行反応**と呼ぶ。核子や軽核入射の場合には (p, d), (d, t), (p, t) などのピックアップ (pick up) 反応や, (d, p), (d, n), (^{3}He, n) などのストリップ (strip) 反応などである。これらの反応は核表面付近の核子の波動関数を強く反映し, 核の1粒子配位の研究に使われる (図 2-40)。

核子当たり数十 MeV 以下の重イオン入射の場合には核子の移行が激しく起こり, 反応は一般に複雑になる。高エネルギーで見られたパーティシパントとスペクテーターの分離が難しくなり, 多種類の核が放出されるようになる。これを多重破砕反応 (multi-fragmentation) と呼ぶ。このエネルギー領域では核子の衝突と平均ポテンシャルによる影響が同じ程度であるため, 反応の理解には両方の効果を含んだ計算が必要である。しかしこのことは, 逆に核物質の集団的な性質を研究する機会を与えている。

衝突係数が比較的大きい場合やエネルギーがもう少し下がると移行される核子の数が少なくなり, 入射核の陽子数と中性子数が少し

第2章　原子核物理学

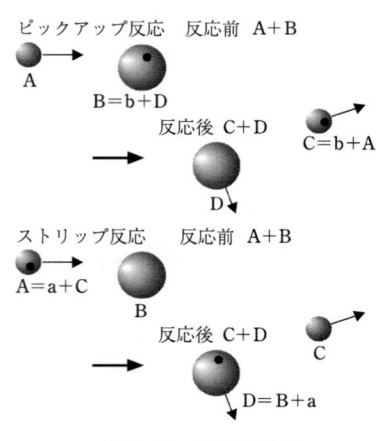

図 2-40　核子移行反応

変化した核が前方に放出される。このような反応を深部非弾性散乱 (deep inelastic scattering) と呼ぶ。

それより衝突係数が大きい場合には、核子移行反応がやはり起こるが、重イオン反応では多くの核子が移行する多核子移行反応が2体反応として起こる。この反応は安定線から離れた核を作ることが可能であり、それらの核の励起状態の研究に有効である。

エネルギーがさらに低くなると、融合が起こり始める。入射核が標的核と融合すると複合核が生成される。複合核は強く励起されており、多くの場合中性子を放出して脱励起する。このような反応を複合核反応と呼び、中性子の放出を蒸発過程と呼ぶ。例えば (α, xn) 反応などと呼ばれ、x は放出される中性子の数である。x は複合核の励起エネルギーに強く依存しており、もっとも大きな断面積を持つ x は入射エネルギーに伴って変化していく（図2-41）。

重イオンの場合には反応の角運動量が大きくなるため、複合核は大きなスピンを持つ。原子核の高いスピンの状態はこの反応で作られる。超変形核はこのような反応で作られ、ガンマ遷移を次々と起こし、特徴的なガンマ線スペクトルを与える。

入射エネルギーがクーロン障壁近くでは、融合反応と表面付近で

6. 核反応

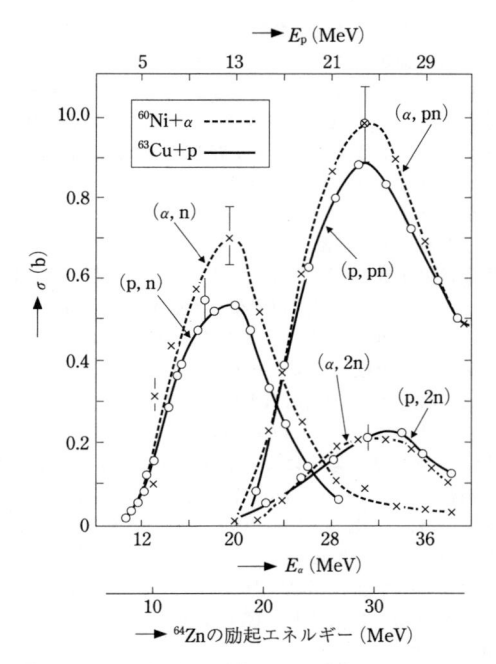

図 2-41 複合核反応と蒸発過程。入射粒子が陽子の場合とαの場合について^{64}Znの複合核ができ，中性子や陽子を蒸発する反応の断面積を示した。複合核の励起エネルギーが同じであれば，反応の初期状態にかかわらず蒸発過程は同じであることがわかる。

起こる核子移行反応が主なものになる。融合反応では通常入射核として安定な原子核が使われるため，生成核は陽子過剰なものになる。これは，核の安定線が重い核ほど中性子数が多くなっているためである。

ウランより重い核は融合反応で作られるが，重い核を低い励起状態として作る必要があるため，クーロン障壁やそれ以下のエネルギーでの反応が有力である。

第2章　原子核物理学

クーロン障壁以下では核子数の変化を伴う反応は起こらず，弾性散乱やクーロン励起だけが起こる。ただ，中性子の場合にはクーロン障壁がなく，吸収反応 (n, γ) が起こる。低エネルギーの中性子が吸収されると，その束縛エネルギー分（〜 8 MeV）の励起が起こる。その付近には数多くの準位が存在するため，中性子の共鳴吸収が起こる。(n, γ) や (p, γ) 反応は低エネルギーで起こるため，恒星中での発熱反応や元素合成に重要な働きをする。

(4) 電子散乱・光子散乱

電子散乱は原子核の電磁分布を反映して散乱が起こる。特に高いエネルギーでは，原子核の電荷分布を測定する最も精密な方法となっている。高エネルギーでは核子との準弾性散乱も起こる。これは，深く束縛された核子の軌道を研究する方法となっている。

光子による核散乱の断面積は図2-42に示されたように振る舞う。核子放出が可能なエネルギー以下では原子核の励起状態への非弾性散乱が起こるが，それ以上になると (γ, n)，(γ, 2n)，…反応など核子の放出を伴った反応が起こる。粒子放出が可能となった高いエネルギーでは，一般に粒子放出の断面積の方が非弾性散乱のものより圧倒的に大きく全断面積はこれら核子放出断面積の総和となる。光核反応の特徴は20MeV程度のところに大きなピークがあることで，これは核の巨大共鳴 (E1) によるものである。その例を図2-43に示した。

光核反応では，E1 総和則 (sum rule) があり，ω を光子の角振動数として，

$$\int \sigma_\gamma(\mathrm{E1})\,d\omega = 2\pi^2 \frac{\hbar e^2}{Mc} \frac{NZ}{A} \cong 6\frac{NZ}{A}\cdot 10^{-26}\ [\mathrm{MeV\cdot cm^2}] \tag{6.4.1}$$

である。中重核ではこの積分値は約 1b·MeV となる。ただし，この総和則は核内の交換力の影響で変更を受ける。その変更の大きさは20%から80%であると推定されている。

このほかに，エネルギー荷重総和則 (energy weighted sum rule) も成り立ち，

$$\int \hbar\omega\sigma_\gamma(\mathrm{E1})\,d\omega = \frac{4\pi^2 e^2}{3\hbar c}\left(\frac{\hbar P}{M}\right)^2 \frac{NZ}{A} \tag{6.4.2}$$

6. 核反応

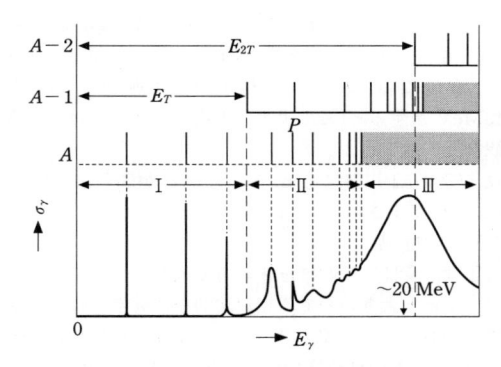

図 2-42 光核反応の断面積（仮想図）。低いエネルギーでは個々の励起状態が励起され、高いエネルギーに大きな幅の広い共鳴が見られる。

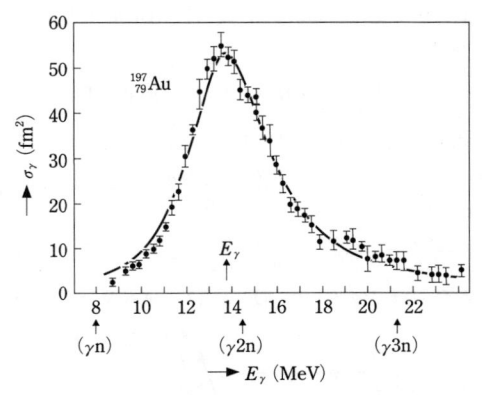

図 2-43 $^{197}_{79}$Au の E1 巨大共鳴（単色ガンマ線による励起）

が成立する。ここでP^2は核内核子の自乗平均運動量である。式 (6.4.1) と (6.4.2) を用いると E1 吸収の平均エネルギーがわかり，$(4/3)P^2/2M$ となる。$P^2/2M$ は核子の平均運動エネルギーであり，〜15MeV とすると，E1 吸収の平均エネルギーは 〜20MeV となり，観測と一致する。

光核反応では E1 以外にも E2 や M1 励起が関与するが，その寄与は E1 に比べて小さい。

(i) 電子の弾性散乱

核の電子散乱では，一般に意味のある入射エネルギーは電子の質量に比べてずっと大きいので，相対論的な運動学を適用する必要がある（図2-44）。4元ベクトルを $p=(E, \mathbf{p})$ と表すと，移行4元ベクトル $q=p_0-p$ の自乗はローレンツ不変量であり，

$$q^2=(E_0-E)^2-(\mathbf{p}_0-\mathbf{p})^2 \cong 4|\mathbf{p}_0||\mathbf{p}|\sin(\theta/2) \tag{6.4.3}$$

となる。

電子の核による弾性散乱の断面積の例として，球対称の電荷分布 $\rho_c(r)$ による散乱を考える。ディラック (Dirac) 方程式に入るポテンシャル $V(\mathbf{r})$ は，

$$V(\mathbf{r})=-Ze^2\int\frac{\rho(\mathbf{R})}{|\mathbf{r}-\mathbf{R}|}d\mathbf{R} \quad \text{ただし，} \int\rho(\mathbf{R})d\mathbf{R}=1 \tag{6.4.4}$$

であり，ボルン (Born) 近似を用いると，

$$\frac{d\sigma}{d\Omega}=\frac{d\sigma_M}{d\Omega}|F(q)|^2=\left(\frac{Ze^2}{2E_0}\right)^2\frac{\cos^2(\theta/2)}{\sin^4(\theta/2)}|F(q)|^2 \tag{6.4.5}$$

ここで $\frac{d\sigma_M}{d\Omega}=\left(\frac{Ze^2}{2E_0}\right)^2\frac{\cos^2(\theta/2)}{\sin^4(\theta/2)}$ は，点電荷によるモット (Mott) 散乱の断面積であり，$|F(q)|$ は，核電荷分布を表す形状因

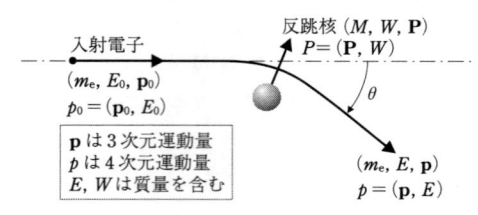

図 2-44 電子散乱のキネマティクス

6. 核反応

子 (form factor) で，荷電分布 $\rho(R)$ のフーリエ変換

$$F(q) = \frac{4\pi}{q}\int \rho(R)\sin(qR)\,R\,dR \tag{6.4.6}$$

で表される．移行運動量が小さい場合にはこの式は qR で展開できて，

$$F(q) = 1 - (q^2/3!)\langle R^2 \rangle + (q^4/5!)\langle R^4 \rangle + \cdots \tag{6.4.7}$$

となる．ここで $\langle R^2 \rangle$ は荷電分布の平均自乗半径，$\langle R^4 \rangle$ は平均 4 乗半径である．非常に q が小さいところで $|F(q)|$ の値を q^2 の関数としてプロットするとほぼ直線になり，$q=0$ のところでの傾きが $\langle R^2 \rangle$ を与える．このようにして決められた核の荷電分布が図 2-45 である．

(ii) 非弾性散乱

非弾性散乱では散乱断面積は，

$$\frac{d\sigma}{d\Omega} \cong \frac{d\sigma_M}{d\Omega}\left[F_C^2(q) + \left(\frac{1}{2} + \tan^2\frac{\theta}{2}\right)F_T^2(q)\right] \tag{6.4.8}$$

である．ここで，$F_C(q)$ はクーロン型の形状因子 (longitudinal form factor) で，$F_T(q)$ は横波型の形状因子 (transverse form

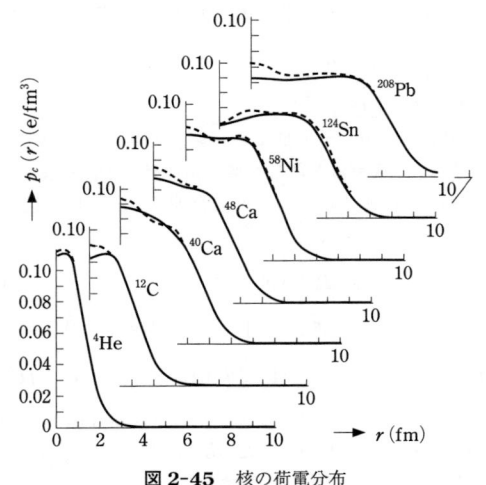

図 2-45 核の荷電分布

factor) である。

電子非弾性散乱においては数 GeV のエネルギーを用いて鳥塚などにより E0 や E2 などの巨大共鳴の研究がなされた。

(5) 反応の理論

(i) 散乱の部分波と位相差

中心力ポテンシャル V によるスピン 0 粒子の弾性散乱のシュレーディンガー方程式は

$$\nabla^2 \psi + (2m/\hbar^2)(E-V)\psi = 0 \tag{6.5.1}$$

である。入射方向を z 軸の正方向として散乱波の散乱中心から離れた漸近形を描くと，

$$\psi(\mathbf{r}) \to \exp(ikz) + f(\theta)\exp(ikr)/r \tag{6.5.2}$$

である。ここで $k=p/\hbar$ であり第 1 項は入射波を，第 2 項は散乱波を示しており，$f(\theta)$ を散乱振幅と呼ぶ。この漸近解を用いて微分断面積は，

$$\frac{d\sigma}{d\Omega} = |f(\theta)|^2 \tag{6.5.3}$$

であり，シュレーディンガー方程式を解いて $f(\theta)$ が得られればよい。また全断面積 (σ) は，散乱の前後で確率が保存することから

$$\sigma \equiv \int d\sigma = \frac{4\pi}{k} \mathrm{Im} f(0) \tag{6.5.4}$$

が成立する (光学定理)。

$f(\theta)$ を得る方法として，低エネルギーの散乱では角運動量が限られているので，入射波と散乱振幅を角運動量の部分波として展開する部分波法が有効である。l 波の散乱振幅を A_l として，$f(\theta)$ を

$$f(\theta) = \sum_l (2l+1) A_l P_l(\cos\theta) \tag{6.5.5}$$

と展開し，入射平面波の部分展開とともに漸近形に代入すると，

$$\psi(\mathbf{r}) \to \frac{1}{2ikr} \sum_l (2l+1)\{(1+2ikA_l)e^{ikr} - (-1)^l e^{-ikr}\} P_l(\cos\theta)$$

となる，ここで $P_l(\cos\theta)$ はルジャンドル (Legendre) 多項式である。{ } 中の第 1 項が出て行く波，第 2 項が入ってくる波であり，弾性散乱では両者の絶対値の 2 乗は等しいので，δ_l を実数として，

6. 核反応

$$1+2ikA_l=\exp(2i\delta_l) \tag{6.5.6}$$

と書ける。δ_l は位相のずれ (phase shift) という。δ_l が決まったとすると散乱振幅は,

$$f(\theta)=\frac{1}{2ik}\sum_l (2l+1)(e^{2i\delta_l}-1)P_l(\cos\theta) \tag{6.5.7}$$

となる。

位相ずれや散乱振幅はポテンシャルの形が決まっているとき, コンピュータを使って (6.5.1) の方程式を解き, 波動関数を求めて計算することができるが, 解析的に計算する方法としてボルン近似 (Born Approximation) がある (本項のivを参照)。ボルン近似では

$$\sin\delta_l \approx -\frac{2mk}{\hbar^2}\int V(r)[j_l(kr)]^2 r^2 dr \tag{6.5.8}$$

または

$$f(\theta)=-\frac{2m}{\hbar^2 K}\int V(r)r\sin(Kr)dr, \quad K=2k\sin(\theta/2) \tag{6.5.9}$$

と書ける。ここで $j_l(kr)$ は球ベッセル (Bessel) 関数である。この近似式の適用条件はポテンシャルが深さ V_0, 幅 r_0 の範囲に限られているとき, $V_0 r_0/\hbar v \ll 1$ を満たすことである。ただし, v は入射粒子の速度である。

(ii) 反応の場合

上記の議論を反応の場合に拡張するには散乱波, 式 (6.5.2) の右辺第2項の部分を変更して波動関数を,

$$\psi_s(\mathbf{r})=\frac{\exp(ikr)}{r}\sum_l \frac{2l+1}{2k}i(1-\eta_l)P_l(\cos\theta) \tag{6.5.10}$$

とする。η_l が波動関数の変更を記述している。弾性散乱のみのときは $\eta_l=\exp(2i\delta_l)$ であり, η_l の絶対値は1であった。しかし反応が起こる場合は $|\eta_l|<1$ となる。全断面積 (σ_t), 積分弾性散乱断面積 (σ_e) と, 反応断面積 (σ_R) は, それぞれ,

$$\sigma_\mathrm{t} = \sigma_\mathrm{e} + \sigma_\mathrm{R} = 2\pi/k^2 \sum_l (2l+1)(1-\mathrm{Re}\,\eta_l)$$

$$\sigma_\mathrm{e} = \pi/k^2 \sum_l (2l+1)|1-\eta_l|^2 \qquad (6.5.11)$$

$$\sigma_\mathrm{R} = \pi/k^2 \sum_l (2l+1)(1-|\eta_l|^2)$$

と求められる。

以上に述べた部分波の方法は低エネルギーの場合に有効であるが、入射粒子のエネルギーが高くなると関与する部分波が非常に多くなり、実用的ではなくなる。ただコンピュータの発達により、この制限はどんどん高いエネルギーになっている。

(iii) 光学模型

低いエネルギーから高いエネルギーまで、同じ方法で記述できるのが光学模型である。光学模型では原子核を複素ポテンシャルで記述して、粒子はそのポテンシャルにより散乱すると考える。ポテンシャルの虚数の項は入射波の減衰を表し、反応のチャンネルへ行くことを取り込んでいる。光学ポテンシャルは

$$V_\mathrm{op}(r) = V_\mathrm{coul}(r) + V(r) + iW(r) \qquad (6.5.12)$$

と書かれ、右辺の第1項はクーロン・ポテンシャルである。実ポテンシャル $V(r)$ は中心力部分とスピン・軌道部分から成り、

$$V(r) = V_\mathrm{c}(r) + V_{ls}(r) \qquad (6.5.13)$$

であり、$V_\mathrm{c}(r)$ としてはウッズ-サクソン型が多く使われる。すなわち、

$$V_\mathrm{c}(r) = \frac{V_0}{1+\exp\left(\dfrac{r-R}{a}\right)}, \quad R = r_0 A^{1/3},\ r_0 = 1.25\,\mathrm{fm},\ a = 0.65\,\mathrm{fm} \qquad (6.5.14)$$

であり、R が半密度半径、a がディフューズネスである。V_0 はポテンシャルの強さを表すが、負の場合が引力であり、正の場合は斥力を表す。スピン・軌道ポテンシャル V_{ls} は、

$$V_{ls}(r) = (\mathbf{l}\cdot\mathbf{s})\frac{r_0^2}{r}\frac{d}{dr}\left[\frac{V_{ls0}}{1+\exp\left(\dfrac{r-R}{a}\right)}\right] \qquad (6.5.15)$$

6. 核反応

で表される。

虚数部分のポテンシャル $W(r)$ としては，$V_c(r)$ と同じ形を使う場合（体積型の吸収）や，微分型の $dV_c(r)/dr$ を使う表面型，その他の関数型が使われる。

これらの関数の中にあるパラメーターは実験で得られる微分断面積を再現するように決定される。おのおののポテンシャルの強さはビームエネルギーにより変化し，高いエネルギーでは実ポテンシャルの積分値が正になる。

このようにして得られたポテンシャルは，低エネルギーの極限で原子核内の核子が感じているポテンシャルと同じになり，単粒子状態を記述できるようになっていることが望ましい。これにより反応と構造を示すポテンシャルが統一的に記述できる。

このように，ポテンシャルを経験的に決める方法もあるが，標的内核子と入射核内核子の核力を重ね合わせてポテンシャルを求めることもできる。このようなポテンシャルを重畳ポテンシャル (folding potential) と呼ぶ。

(iv) ボルン近似と DWBA

反応において1つまたは数個の核子が寄与する直接反応は，原子核の波動関数を知るためのよい道具である。直接反応の解析には歪曲波ボルン近似（DWBA : Distorted Wave Born Approximation）が最も有効である。この方法では，入射波，散乱波ともに散乱時の中心力ポテンシャルにより歪曲された波動関数を使う。

まず，ボルン近似の一般論から始める。1粒子のポテンシャル $V(\mathbf{r})$ による散乱は，

$$\left[-\frac{\hbar^2}{2m}\nabla^2 + V(\mathbf{r})\right]\chi(\mathbf{r}) = E\chi(\mathbf{r}) \quad (E\text{ は粒子のエネルギー})$$
(6.5.16)

の散乱解を解いて得る。散乱中心から遠く離れた位置での散乱解は，

$$\chi(\mathbf{k},\ \mathbf{r}) \approx e^{i\mathbf{k}\cdot\mathbf{r}} - \frac{e^{ikr}}{4\pi r}\int e^{-i\mathbf{k}'\cdot\mathbf{r}'} U(r')\chi(\mathbf{k},\ \mathbf{r}')d\mathbf{r}' \quad (6.5.17)$$

であり，散乱振幅は，

$$f(\theta, \phi) = -\frac{1}{4\pi}\int e^{-i\mathbf{k}'\cdot\mathbf{r}'}U(\mathbf{r})\chi(\mathbf{k}, \mathbf{r})d\mathbf{r}' \tag{6.5.18}$$

ただし，$\mathbf{k}'$ は極角度 (θ, ϕ) の方向へ向かう散乱粒子の運動量で，$U=2mV/\hbar^2$ である。

しかし，この解には (6.5.16) の正確な解が必要であり，そのまま散乱振幅を得ることは難しい。ボルン近似ではこの $\chi(\mathbf{r})$ の代わりに，入射粒子の波動関数をそのまま使う。すなわち，$\chi(\mathbf{k}, \mathbf{r}')\to e^{i\mathbf{k}\cdot\mathbf{r}}$ として，散乱振幅は

$$f_{BA}(\theta, \phi) = -\frac{1}{4\pi}\int e^{i\mathbf{q}\cdot\mathbf{r}}U(\mathbf{r}')d\mathbf{r}', \quad \mathbf{q}=\mathbf{k}-\mathbf{k}' \tag{6.5.19}$$

となる。ポテンシャルのフーリエ変換の $\mathbf{q}$ のところでの値となっていることに注目。

ところで，粒子が構造を持つ場合を考えてみよう，2つの粒子 a とAの散乱を考えよう。それぞれの粒子は内部構造を持ち，それぞれ内部波動関数が，

$$H_a\psi_a = \varepsilon_a\psi_a, \quad H_A\psi_A = \varepsilon_A\psi_A \tag{6.5.20}$$

を満たしているとする。その場合，全系のハミルトニアンは，

$$H = H_a + H_A - \frac{\hbar^2}{2\mu_\alpha}\nabla_\alpha^2 + V_\alpha \tag{6.5.21}$$

となる。ここで，α は2粒子の相対座標を示す指数である。このハミルトニアンの解となる波動関数 Ψ を，

$$\Psi = \sum_{a'A'}\chi_{a'A'}(\mathbf{r}_\alpha)\psi_{a'}\psi_{A'} \tag{6.5.22}$$

と展開する。ここで和は a' と A' の全ての状態（連続状態も含めて）の和を示している。このような展開を行うと，シュレーディンガー方程式は，

$$[\nabla_\alpha^2 - U_{aA,aA}(\mathbf{r}_\alpha) + k_{aA}^2]\chi_{aA}(\mathbf{r}_\alpha) = \sum_{\substack{a'\neq a \\ A'\neq A}}\chi_{a'A'}(\mathbf{r}_\alpha)U_{aA,a'A'}(\mathbf{r}_\alpha) \tag{6.5.23}$$

となる。$k_{aA}^2 = 2\mu_\alpha(E-\varepsilon_a-\varepsilon_A)/\hbar^2$ であり，ポテンシャルの行列要素 $U_{aA,a'A'}(\mathbf{r}_\alpha)$ は，

6. 核反応

$$U_{aA,a'A'}(\mathbf{r}_\alpha) = \frac{2\mu_a}{\hbar^2}\iint \psi^*_a(\tau_a)\psi^*_A(\tau_A) V_\alpha \psi_{a'}(\tau_a)\psi_{A'}(\tau_A)\,d\tau_a d\tau_A$$

$$= \frac{2\mu_a}{\hbar^2}\langle aA|V_\alpha|a'A'\rangle \qquad (6.5.24)$$

と定義される。

式 (6.5.23) では，行列の対角成分（弾性散乱に対応）する部分は左辺に表されており，a, A の状態の遷移に関する成分が右辺に表されている。ここで，対角成分ポテンシャルを一般化して，散乱のポテンシャル U がポテンシャル U_1 とそれ以外のポテンシャル U_2 とで分けられるとし，$U = U_1 + U_2$，U_1 によるシュレーディンガー方程式，

$$[\nabla^2 + k^2 - U_1(\mathbf{r})]\chi_1(\mathbf{k},\ \mathbf{r}) = 0 \qquad (6.5.25)$$

は簡単に解けるものとし，平面波と外向波から成る解を $\chi_1^{(+)}(\mathbf{k},\mathbf{r})$，平面波と内向波の解を $\chi_1^{(-)}(\mathbf{k},\mathbf{r})$ とする。ボルン近似では散乱振幅の計算に $\chi(\mathbf{k},\mathbf{r})$ の代わりに平面波を使ったが，その代わりに式 (6.5.25) の解を使うのが，歪曲波ボルン近似（DWBA: Distorted Wave Born Approximation）である。すなわち，

$$f_{\text{DWBA}}(\theta, \phi)$$
$$= f_1(\theta,\phi) - \frac{1}{4\pi}\int \chi_1^{(-)}(\mathbf{k}',\mathbf{r}')^* U_2(\mathbf{r}')\chi_1^{(+)}(\mathbf{k},\mathbf{r}')\,d\mathbf{r}' \qquad (6.5.26)$$

と計算される。ここで $f_1(\theta,\phi)$ はポテンシャル U_1 による散乱振幅である。

DWBA は初期状態と終状態が違う組み替え反応にも拡張される。反応が a+A→b+B であるとき，入り口チャンネルである a+A を α チャンネル，出口チャンネルである b+B を β チャンネルと呼ぶことにする。この場合にはおのおののチャンネルの波動関数を計算するが，一般にはおのおののチャンネルの U_1 を弾性散乱の光学ポテンシャルとする。χ_α を α チャンネルの弾性散乱の解，χ_β を β チャンネルの弾性散乱解とすると，散乱振幅は，

$$f_{\text{DWBA}}(\theta,\phi)$$
$$= \frac{1}{4\pi}\int \chi_\beta^{(-)}(\mathbf{k}_\beta,\ \mathbf{r}_\beta)^*\langle b,\ B|U_2|a,\ A\rangle$$
$$\chi_\alpha^{(+)}(\mathbf{k}_\alpha,\ \mathbf{r}_\alpha)\,d\mathbf{r}_\alpha d\mathbf{r}_\beta \qquad (6.5.27)$$

と表される。

粒子の移行（ピックアップまたはストリップ）反応では DWBA が標準的に使われている。いま，初期状態 $\alpha(=a+A)$ から終状態 $\beta(=b+B)$ に移る反応で，核 a から粒子 x が標的核の A に移行されて終状態 b と B になる反応

$$a(b+x)+A \rightarrow b+B(A+x) \tag{6.5.28}$$

である。この式で括弧の中は移行粒子を明らかにするために a と B 粒子の構成を書き下したものである。

移行反応の中でも，**1核子移行反応**（x が核子の場合）は核構造との関係がよく理解できる。始状態 A に核子 x を加えたもので終状態 B を記述すると，遷移確率振幅の中で，反応部分と核構造部分が分離して書ける。そのため，測定された断面積と純粋な軌道を用いた計算値との比較から，1粒子軌道の混合を示す量である分光学因子（Spectroscopic factor）が決定できる。また，1核子移行反応の特徴は確保された軌道の状態により角分布が特徴的な分布を示すことである。特に軌道角運動量 l により大きな違いがみられるため，終状態の l の決定に使われる（図2-46）。

(v) グラウバー模型（Glauber model）

高いエネルギーの反応では，散乱角が小さく全体の散乱は核子-核子散乱の重ね合わせであるとする，グラウバー理論が有効である。

グラウバー理論の前に，核子-核子散乱の高エネルギーでのアイコナル近似について述べる。質量 m の粒子のポテンシャル V による高エネルギー散乱を考える。ここで力の働く領域の長さを a，粒子の速度を v とする。エネルギー E が十分高く幾何光学的で，さらにその粒子の軌道が直線で近似できるとする。この条件は運動量変化［力積～$(V/a)(a/v)=V/v$］がポテンシャル中での運動量の不確定性 $\hbar/a$ より，十分大きく，しかし入射運動量 $\hbar k$ より十分小さいことを意味し，

$$\frac{Va}{\hbar v}=\frac{V}{2E}(ka)\gg 1, \quad \frac{V}{v\hbar k}=\frac{V}{2E}\ll 1 \tag{6.5.29}$$

という条件が必要である。

直線近似の軌道の方向を z 軸とすると，V 中での運動量の変化

6. 核反応

図 2-46 移行反応の角分布

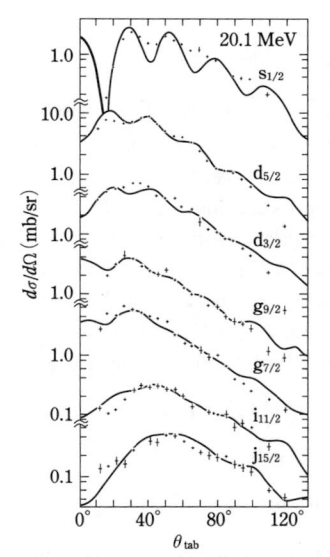

^{208}Pb(d, p)^{209}Pb反応のDWBA解析。軌道のlの違いにより特徴的な角度分布が見える。

で記述されるので，位相変化 $\Delta\phi$ は，

$$\Delta\phi = \int_{-\infty}^{z} \left(\sqrt{k^2 - \frac{2mV}{\hbar^2}} - k \right) dz \tag{6.5.30}$$

となる。この位相変化を用いて (6.5.29) の条件を使い，さらに移行運動量 q は入射核の方向とは垂直であるという条件を使うと散乱振幅 f は

$$f(\mathbf{q}) = \frac{ik}{2\pi} \int_{-\infty}^{\infty} db^2 e^{i\mathbf{q}\cdot\mathbf{b}} (1 - e^{i\chi(\mathbf{b})}) \tag{6.5.31}$$

となる。ただし，

第2章　原子核物理学

$$\chi(\mathbf{b}) = -\frac{1}{\hbar v}\int_{-\infty}^{\infty} V dz \tag{6.5.32}$$

である。$\mathbf{q}=\mathbf{k}-\mathbf{k}_i$ は移行運動量であり，座標 $\mathbf{r}$ は z 軸方向とその垂直方向の成分に分けてあり，$\mathbf{r}=(\mathbf{b},\ z)$ で，$\chi(\mathbf{b})$ は位相差関数 (phase shift function) と呼ばれる。このような方法をアイコナル近似 (eikonal approximation) という。

この近似を原子核標的に適用するには，原子核による散乱は，個々の核子による位相差の和であるとするのがグラウバー近似である。入射粒子の座標を $\mathbf{r}=(\mathbf{b},\ z)$，標的核中の核子 i の座標を $\mathbf{r}_i=(\mathbf{b}_i,\ z_i)$ として，入射粒子と核子 i 間のポテンシャルを $V_i(\mathbf{r}-\mathbf{r}_i)$ とすると，その相互作用により生じる位相差 $\chi_i(\mathbf{b}-\mathbf{b}_i)$ は，

$$\chi_i(\mathbf{b}-\mathbf{b}_i) = -\frac{1}{\hbar v}\int V_i(\mathbf{r}-\mathbf{r}_i)\,dz \tag{6.5.33}$$

から，全体の位相差 $\chi(\mathbf{b})$ は，

$$\chi(\mathbf{b}) = \sum_i \chi_i(\mathbf{b}-\mathbf{b}_i) \tag{6.5.34}$$

となる。散乱振幅 f は，ここでプロファイル関数 Γ，

$$\Gamma_i = 1 - e^{i\chi_i(\mathbf{b}-\mathbf{b}_i)} \tag{6.5.35}$$

を導入すれば，

$$f(\mathbf{q}) = \frac{ik}{2\pi}\int db^2 e^{i\mathbf{q}\cdot\mathbf{b}}\left(1 - e^{i\chi(\mathbf{b})}\right) = \frac{ik}{2\pi}\int db^2 e^{i\mathbf{q}\cdot\mathbf{b}}\left(1 - \prod_i(1-\Gamma_i)\right) \tag{6.5.36}$$

と表される。ただし，この f はまだ $\mathbf{b}_i$ を含んでおり，標的核の初期状態の波動関数 Φ_0 と終状態の波動関数 Φ_ν を用いた実際の散乱振幅は $A_{0\phi}$ で，

$$A_{0\phi} = \langle \Phi_n | f(\mathbf{q}) | \Phi_0 \rangle = \frac{ik}{2\pi}\int db^2 e^{i\mathbf{q}\cdot\mathbf{b}}\langle \Phi_n | 1 - \prod_i(1-\Gamma_i) | \Phi_0 \rangle \tag{6.5.37}$$

が得られる。ここで $1-\prod_i(1-\Gamma_i)$ を Γ_i について展開すると，

$$1 - \prod_i(1-\Gamma_i) = \sum_i \Gamma_i - \sum_{i\neq j}\Gamma_i\Gamma_j + \cdots - (-1)^A \prod_i \Gamma_i \tag{6.5.38}$$

となり，第1項が1回散乱，第2項が2回散乱，…，最後の項が A

6. 核反応

回散乱を表す多重散乱過程の和で表されることになる。

同様に重イオン散乱においても，入射核内の核子と標的核内の核子による位相差の和をとり，始状態と終状態の波動関数で平均をとったもので散乱振幅が得られる。 　　　　　　　　　（谷畑勇夫）

第 3 章 原子物理学

第3章　原子物理学

ここでは，原子や分子の持つ量子力学的性質をできるだけ直感的に議論する。厳密な，時に煩瑣な数学的取り扱いは専門の教科書に任せることにする。導かれる結論が正しいことから，逆に，ここで考えるような単純化が物事の本質を突いていることがわかる。

1. 原子に関わる典型的な物理量

まず，ここで話題にする物理量の典型的な大きさについてまとめておこう。基本となる量としては，光速 $c\,(=2.99792458\times10^8\text{m/s})$，素電荷 $e\,(\sim1.6022\times10^{-19}\text{A}\cdot\text{s})$，プランク定数（を 2π で除したもの）$\hbar\,(h/2\pi\sim1.0546\times10^{-34}\text{J}\cdot\text{s})$ がある。また，真空の誘電率と透磁率の間には $\epsilon_0\mu_0=c^{-2}$ の関係があり，MKSA単位系では $\mu_0\,(=4\pi\times10^{-7}\text{N/A}^2)$，$\epsilon_0=(c^2\mu_0)^{-1}\,(\sim8.85\times10^{-12}\text{A}^2\text{s}^2/(\text{Nm}^2))$ である。

これから無次元量，

- $\alpha=\dfrac{e^2}{4\pi\epsilon_0\hbar c}\sim\dfrac{1}{137.04}$：微細構造定数

が得られる。これは電磁的相互作用の強さを表す量(coupling constant)である。$\alpha\ll1$ であることから，電子と軽い原子の相互作用では，いろいろな場面で摂動論的な取り扱いが有効になる。強い相互作用はこれが1の程度である。ところで，重力相互作用と電磁的相互作用の強さの比は，例えば電子を例にとると，$4\pi\epsilon_0Gm_e^2/e^2=Gm_e^2/(\alpha\hbar c)\sim2.4\times10^{-43}$ と非常に小さい。ここで G は重力定数 $(=6.6726\times10^{-11}\text{m}^3/(\text{s}^2\text{kg}))$ である。このためミクロな系では多くの場合，重力相互作用は無視できる。逆に，素電荷間と同程度の力を生じる質量（プランク質量と呼ばれる）を考えると，これは $m_{pl}=\sqrt{\hbar c/G}\,(\sim2\times10^{-8}\text{kg}\sim1.3\times10^{19}m_p)$ と途方もなく大きな値になる。m_p は陽子の質量である。

速さは光速 c に加えて，

- $v_B=\alpha c\,(\sim2.2\times10^6\text{m/s})$：ボーア速度

を挙げることができる。このように，ボーア速度は c と α のみからなる普遍的な量であり，考えている粒子の質量には依存しない。

さらに，電子の質量 $m_e\,(\sim9.1094\times10^{-31}\text{kg})$ をこれに加えると，対応する運動量は，

1. 原子に関わる典型的な物理量

- $p_B = \alpha m_e c$：電子のボーア運動量
- $p_c = m_e c$

である。

長さの次元を持つ量としては,

- $a_B = \dfrac{\hbar}{\alpha m_e c}$ ($\sim 5.3 \times 10^{-11}$m)：水素原子のボーア半径
- $\lambdabar_c = \dfrac{\hbar}{m_e c}$ ($\sim 3.8 \times 10^{-13}$m)：電子のコンプトン波長（を 2π で割ったもの）
- $a_0 = \dfrac{\alpha \hbar}{m_e c}$ ($\sim 2.8 \times 10^{-15}$m)：電子の古典半径

を挙げることができる。それぞれ, 古典的記述が怪しくなる距離, 光の粒子性が顕著になる波長, 古典電磁気学の記述が怪しくなる距離, に対応している。

エネルギーに関わる量としては,

- $m_e c^2$ (~ 511keV)：電子の静止エネルギー
- $\dfrac{1}{2} m_e (\alpha c)^2$ (~ 13.6eV)：水素原子の束縛エネルギー

がある（1 eV に対応する周波数と温度は, それぞれ 2.418×10^{14}Hz と 1.1605×10^4K である）。

対応する時間は,

- $\dfrac{\hbar}{m_e c^2}$ ($\sim 1.3 \times 10^{-21}$s)
- $\dfrac{\hbar}{m_e (\alpha c)^2}$ ($\sim 2.4 \times 10^{-17}$s)

である。

電場の強さとしては, 例えば,

- $\varepsilon_B = \dfrac{e}{4\pi\epsilon_0 a_B^2} = \dfrac{m_e^2 (\alpha c)^3}{e\hbar}$ ($\sim 5 \times 10^{11}$V/m)：水素原子に束縛された電子に働く電場
- $\varepsilon_{sch} = \dfrac{m_e c^2}{e\hbar/m_e c} = \dfrac{\varepsilon_B}{\alpha^3}$ ($\sim 1.3 \times 10^{18}$V/m)：電子-陽電子対が生じる電場（いわゆるシュウィンガー（Schwinger）極限）

を挙げることができる。

電子の固有磁気モーメントは,

- $\mu_e = \dfrac{e\hbar}{2m_e}$ $(\sim 5.8\times 10^{-5}\mathrm{eV/T})$：ボーア磁子

である。

磁束密度に関しては，例えば，

- $B_B = \dfrac{\mu_0 e v_B}{4\pi a_B^2} = \dfrac{(m_e \alpha c)^2 \alpha^2}{e\hbar}$ $(\sim 1.3\times 10^1 \mathrm{T})$：電子の軌道運動により原子核上に作られる磁束密度

- $B_{sch} = \dfrac{(2m_e c)^2}{e\hbar}$ $(\sim 4.5\times 10^9 \mathrm{T})$：電子-陽電子対が生じる磁束密度

がある。したがって，B_B と原子核の磁気モーメント $(\sim (m_e/m_p)\mu_e)$ の相互作用（超微細構造分裂）は，$\sim (m_e/m_p)m_e(\alpha^2 c)^2 \sim 10^{-6}$ eV 程度になると予想される。 （山崎泰規）

2. 原子と分子

(1) 原子の電子励起と分子の振動励起

まず，2 原子分子を考えよう。分子を形成するような 2 個の原子は離れていると互いに引力を及ぼすが，原子の大きさ程度以上に近づくと，核間相互作用が大きくなり，反発に転じる。そのためポテンシャルエネルギーに極小値があり，これが，分子の核間距離を決定する。例として，図 3-1(a) に水素分子のポテンシャルカーブを示す。このポテンシャルカーブのもとにいくつかの束縛状態があり，分子の振動励起状態に対応している。振動励起エネルギーはおおよそ $\hbar\sqrt{k/m}$ で与えられる。k はバネ定数で $\sim 1\,\mathrm{eV}/a_B^2$ 程度と考えると，水素分子の場合でも $\sim 100\mathrm{meV}$ と予想され，電子励起エネルギーよりは 1 桁以上小さい。

分子の回転状態が変わると遠心力ポテンシャル $\dfrac{\hbar^2}{2m_M}\dfrac{l(l+1)}{r^2}$ が変化し，ポテンシャルカーブも変更を受ける（m_M は構成原子の換算質量）。再び水素分子の場合を考え，$r \sim 2a_B$ と置くと，回転エネルギーは 10meV 程度以下の量であることがわかる。すなわち，回転状態は，振動状態に大きな影響を与えない。このように分子では，電子励起，振動励起，および，回転励起に関わるエネルギーの

2. 原子と分子

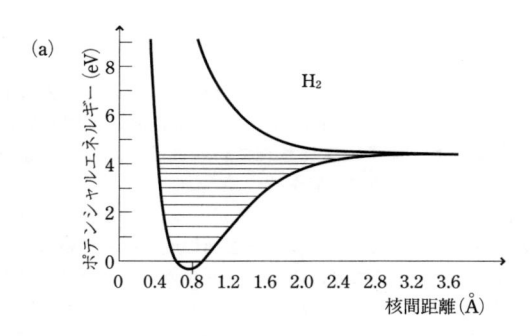

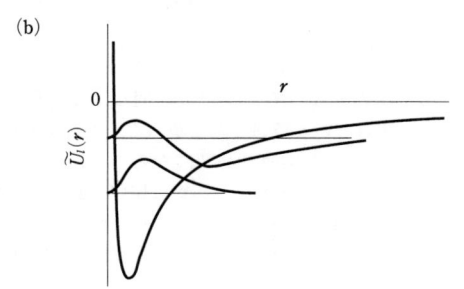

図 3-1 (a) H_2のポテンシャルエネルギー
(b) 有効ポテンシャル $\widetilde{U}_l(r)$ ($l \neq 0$)の振る舞い

間には,はっきりした階層性が存在する[1]。

次に,原子核に1個の電子が束縛されている最も簡単な原子を考えよう。波動関数の動径部分 $\psi_l(r)$ に電子と核の相対座標 r を掛けた $\chi_l(r)$ は,

$$-\frac{\hbar^2}{2m}\frac{d^2\chi_l(r)}{dr^2} + \widetilde{U}_l(r)\chi_l(r) = E_l\chi_l(r) \tag{1}$$

を満たす。ここで,l は軌道角運動量量子数,E_l はエネルギー固有値,また,$\widetilde{U}_l(r)$ は,

---

[1] もちろん,電子的,振動的を問わず,高励起状態では,この階層性が崩れ,興味深い研究対象となる。

$$\tilde{U}_l(r) = -\frac{Ze^2}{4\pi\epsilon_0 r} + \frac{\hbar^2}{2m}\frac{l(l+1)}{r^2} \tag{2}$$

である。これは，図3-1(b)のような形をしており，2原子分子のポテンシャルカーブ（図3-1(a)）と定性的には同じ形をしている。すなわち，原子に束縛されている電子も，分子の場合と同様，いろいろな振動励起状態を持つ。

さて，原子の場合の遠心力ポテンシャルは，式(2)から10eV程度と大きく，電子の束縛エネルギーと同程度になっている。したがって，分子の場合と異なり，ポテンシャルカーブは角運動量量子数 l（回転状態）毎に大きく変わるが，対応する振動励起状態は存在し（図3-1(b)参照），(l, v)（軌道角運動量量子数と振動量子数）を与えれば状態が決まる。

特にクーロン力の場合には l が異なり，したがって，もとになるポテンシャルカーブが異なっても，$l+v$ が同じになる状態の束縛エネルギーは一致するという特異な関係がある。束縛エネルギーを議論することがいろいろな場面で必要になるため，原子では $n=l+v+1$ で定義される"主量子数"が頻繁に用いられるが，状態の物理的意味は (l, v) の組み合わせで考える方がはっきりしている。また，クーロンポテンシャルの場合，角運動量 l 毎の"振動励起状態"の数は無限にある。

さて，$E_l<0$ の場合，波動関数は局在化し，

$$\psi_l(r) \propto \begin{cases} \exp(-\sqrt{-2mE_l}\,r/\hbar)/r & (r\to\infty) \\ r^l & (r\to 0) \end{cases} \tag{3}$$

となる。このように，波動関数のおおよその振る舞いを決めているのは，$r\to\infty$ では束縛エネルギー，$r\to 0$ では角運動量（回転状態）と，全く違う物理量である。上の議論から明らかなように，この事情は式(1)でクーロンポテンシャルが遮蔽クーロンポテンシャルになっても変わらない。

(2) 外場の中の原子

孤立した原子に外部から摂動を加えると，隣接する2つの状態が混合することがある。例えば，準安定状態 $2s_{1/2}$ にある水素原子は0.1秒程度の長い寿命を持つが，これに電場 ε をかけると，ラムシフト分だけわずかにエネルギーの異なる $2p_{1/2}$ 状態が混ざって，遷

2. 原子と分子

移するようになる。混ざり具合は，$\Delta\omega = (E^+ - E^-)/\hbar = \sqrt{\Delta E^2 + (2e\varepsilon z_{12})^2}/\hbar$ の角振動数を持って振動するので，発光強度も振動する。この現象は量子ビートと呼ばれ，わずかなエネルギー差を精度良く測定する有力な手段を与える。

摂動に伴う固有エネルギーのずれは，

$$\delta E = \langle i|H'|i\rangle + \sum_n \frac{|\langle n|H'|i\rangle|^2}{E_i - E_n} \tag{4}$$

で与えられる。摂動が $e\varepsilon z$ のように奇関数の場合，第1項は対称性のため消え，ε の自乗に比例した項のみ残る。基底状態にこのような摂動が加わると，その束縛エネルギーは必ずより深くなる。ところで，エネルギーのずれは標的の分極率 χ と $\delta E = -\frac{1}{2}\chi\epsilon_0\varepsilon^2$ の関係があるので，$\chi = (2e^2/\epsilon_0)\sum_n |\langle n|z|i\rangle|^2/(E_n - E_i)$ であることがわかる。すなわち，古典的には電荷分布の歪みとして説明される分極現象は，量子力学的には仮想的な励起として理解できる。

(3) 原子の安定性と不確定性原理

一つの電子と原子番号 Z，質量 M の原子核（とりあえず点電荷と仮定する）から成る系の重心系における非相対論的ハミルトニアン H は，

$$H = \frac{\vec{p}^2}{2m} - \frac{Ze^2}{4\pi\epsilon_0 |\vec{r}|} \tag{5}$$

で与えられる。ここで m は系の換算質量 $(\frac{1}{m} = \frac{1}{m_e} + \frac{1}{M})$，$\vec{r}$ は相対座標である。

古典力学的には，このような系の束縛状態は閉じた楕円軌道を描く。これは荷電粒子が常に加速度を受けて運動することを意味しており，電磁波を放射してより深い束縛状態に落ちていくことになる。そのため，輻射場との相互作用を考えると，水素原子のように2粒子から成る原子すら安定ではなく，なぜこの世界が存在するのか大問題であった。この困難を解決したのが量子力学で，式(5)の $\vec{p}$ に量子化条件 $\vec{p} \to -i\frac{\partial}{\partial \vec{r}}$ を課し，波動関数に対する微分方程式を解け，というのが量子力学の処方箋である。ところで，量子力学の本質が不確定性原理にあることに注目し，$r \to \Delta r$，$p \to \Delta p$ と置き換え，式(5)で $\Delta p \cdot \Delta r \sim \hbar$ を用いて Δr を消去すると，

$$H \sim \frac{1}{2m}\Delta p^2 - \frac{Ze^2}{4\pi\epsilon_0 \hbar}\Delta p = \frac{1}{2m}(\Delta p - Z\alpha mc)^2 - \frac{1}{2}(Z\alpha)^2 mc^2 \tag{6}$$

が得られる。これから，$\Delta p_{min} \sim Z\alpha mc$ のとき，ハミルトニアン H は最小値を取り，その値は，

$$H_{min} = -\frac{1}{2}(Z\alpha)^2 mc^2 \tag{7}$$

となる。これは水素様原子(イオン)に対するシュレーディンガー方程式を解いて得られる束縛エネルギーの固有値 $E_n = -\frac{1}{2n^2}(Z\alpha)^2 mc^2$ で，$n=1$ と置いた場合と正確に一致する。さらに，

$$\frac{\Delta p_{min}}{m} = Z\alpha c \sim 2.2\times 10^6 Z\,[\mathrm{m/s}] \tag{8}$$

は電荷 Z の場合のボーア速度である。同様に，

$$\Delta r_{min} \sim \frac{\hbar}{Z\alpha mc} \sim 5\times 10^{-11}/Z\,[\mathrm{m}] \tag{9}$$

は電荷 Z の場合のボーア半径を与える。このように，非相対論的な扱いでは Z の大きさにかかわらず，原子は安定で，有限のサイズと有限の束縛エネルギーを持つ。これは，原子核から距離 r にある電子のポテンシャルエネルギーは r に逆比例するが，運動量は不確定性関係により r の自乗に比例して増加するためである。

(山崎泰規)

3. 多電子原子

多電子原子を古典的に考察すると，その安定性はさらに深刻で，輻射場との相互作用がなくても，1個の電子が深く束縛されることにより，他の電子は自動電離されてしまう。やはり不確定性原理がキーとなって多電子原子の安定を保証する。多電子の状態を量子力学的に扱う手法はいくつか開発されており，代表的な例をいくつか紹介する。

(1) 平均場近似

電荷 $Z_t e$ の原子核の周りに N 個の電子が束縛されているとき，非相対論的ハミルトニアンは，

3. 多電子原子

$$H = \sum_{m=1}^{N} \left(\frac{\vec{p}_m^{\,2}}{2m_e} - \frac{Z_t e^2}{4\pi\epsilon_0 r_m} \right) + \sum_{n<m} \frac{e^2}{4\pi\epsilon_0 |\vec{r}_m - \vec{r}_n|} \tag{10}$$

である。そこで、$H\Phi_k = E_k\Phi_k$ を満たす $\Phi_k(\vec{r}_1, \vec{r}_2, \cdots, \vec{r}_N)$ を求めればよい。解析解はなく、逐次近似で精度を上げていくことになる。まず、$\Phi = \Pi_{m=1}^{N}\phi_m^{(0)}(\vec{r}_m)$ と適当な1電子波動関数の積を用意し、式(10)に代入して、両辺に $\Phi'^* = \Pi_{m \neq n}\phi_m^{(0)*}(\vec{r}_m)$ を掛け、$\vec{r}_n$ 以外について積分すると、n 番目の電子についての微分方程式

$$[H_n^0 + U_n^{(0)}(\vec{r}_n)]\phi_n^{(1)}(\vec{r}_n) = E_n^{(1)}\phi_n^{(1)}(\vec{r}_n) \tag{11}$$

が得られる。ただし、$H_n^0 = \vec{p}_n^{\,2}/2m_e$、また、

$$U_n^{(0)}(\vec{r}_n) = -\frac{Z_t e^2}{4\pi\epsilon_0 r_n} + \sum_{m \neq n} \frac{e^2}{4\pi\epsilon_0} \int \frac{\phi_m^{(0)*}\phi_m^{(0)}}{|\vec{r}_m - \vec{r}_n|}dV_m \tag{12}$$

である。$U_n^{(0)}(\vec{r}_n)$ は n 番目の電子が他の電子と相互作用することにより、核電荷が遮蔽されることを表している。式(11)から全ての n について $\phi_n^{(1)}(\vec{r}_n)$ と $E_n^{(1)}$ を決めると、式(12)の右辺で $\phi_m^{(0)} \to \phi_m^{(1)}$ として $U_n^{(1)}(\vec{r}_n)$ を求めることができる。そこで式(11)の $U_n^{(0)}$ を $U_n^{(1)}$ で置き換え、これを解くと $\phi_n^{(2)}$ が得られる。これを繰り返すことにより、順次精度を上げることができる。このような近似法をハートリー近似と呼ぶ。さらにパウリの排他律から、スピン自由度を含めて一つの状態には一つの電子しか存在できないことを考慮し、スレーター行列を用いて Φ_k を反対称化し、これを最適化することによりハートリー-フォック近似（HF近似）の波動関数を得ることができる。

以上の取り扱いでは電子間相互作用はあくまでも平均値が考慮されている。そこで、同じ対称性に属する Φ_k の線形結合を用意し、それを用いて式(10)の期待値を計算し、期待値が最小になるように線形結合の係数を決めると、さらに精度を高めた波動関数と束縛エネルギーを得ることができる。このようにして、異なる配置の混合することを配置間相互作用（CI：Configuration Interaction）と呼ぶ。

(2) 量子欠損

このように多電子原子中の束縛電子の運動は、他の電子によって原子核の作るクーロンポテンシャルが遮蔽されたものになっている。式(3)からわかるように、電子が主に存在する領域は l に強く

依存するため，その領域における遮蔽ポテンシャルの元で運動する。したがって束縛エネルギーは n ばかりでなく l にも依存するようになる。高励起状態の束縛エネルギーは，比較的良い精度で，$E_{nl} = -\frac{1}{2} m_e (\alpha c)^2 / (n - \delta_l)^2$ と書くことができる。δ_l を量子欠損と呼ぶ。量子欠損は電子散乱における位相のずれと直接に関係する。

(3) 超球座標

さて，上で議論した多電子の電子状態を記述する方法は平均的な電子の分布を扱っており，電子間の相対的な位置は，陽には考慮されていない。ところが，He や H^- などの原子番号の小さな少数電子系では，核から及ぼされる力はもう一方の電子からの力と同程度であり，電子同士はある種の相関を持って運動していると予想される。このような場合に電子-電子相関を陽に取り入れる方法として超球座標法がある。例えば2電子系の場合には，$R = (r_1^2 + r_2^2)^{1/2}$, $\alpha = \tan^{-1}(r_2/r_1)$, $\theta_{12} = \cos^{-1}(\vec{r}_1 \cdot \vec{r}_2 / r_1 r_2)$ で超球座標を導入する。R はいわば原子の大きさを，α は2つの電子の原子核からの距離の比，θ_{12} は原子核から見て2つの電子の位置ベクトルがなす角というふうに，2つの電子の相互の位置を強く意識したものであることがわかる。

図3-2は He の2電子励起状態を超球座標で見た電子密度分布を示した。例えば，$2s^2\ {}^1S^e$ は角運動量を持っていない2つの s 状態から成り，それぞれ "等方的" な分布をしていると予想されるが，図3-2(a)を見ると，2つの電子は互いに原子核の反対側に位置し，強い相関を持って運動していることがわかる。$2s3s\ {}^1S^e$ と互いに違う状態にあるときは，図3-2(b)からわかるように，核からの距離は異なるが，やはり核を挟んで反対方向に存在する。$2p^2\ {}^1D^e$ は，それぞれ有限の角運動量を持ち，かつ，同じ方向に回っている状態で，このとき，図3-2(c)のように，2つの電子は原子核からほぼ等距離にあり，核を挟んで反対側にあって回転していることがわかる。一方，$2p^2\ {}^1S^e$ はそれぞれの電子が角運動量を持ち，互いに反対方向に回転している場合で，このときは，図3-2(d)のように，反対側にあるときは同じくらいの距離に，同じ方向にくるときは距離を変えて分布していることがはっきりとわかる。なお，$\theta_{12} = \pi/2$ 付近の大きなくぼみは，θ_{12} 方向の "振動励起" に

4. 重い原子と相対論効果

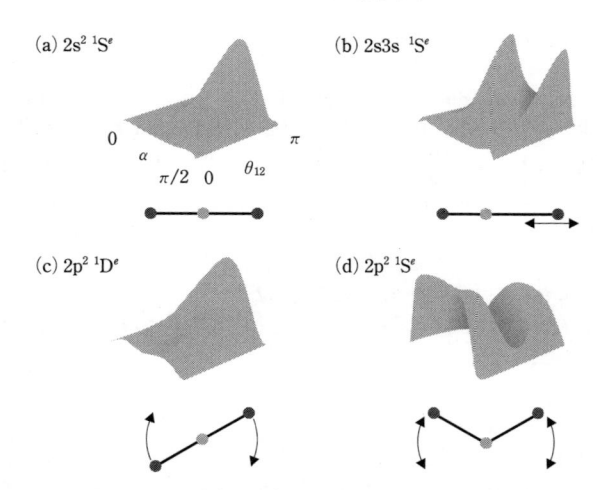

(a) $2s^2\ {}^1S^e$

(b) $2s3s\ {}^1S^e$

(c) $2p^2\ {}^1D^e$

(d) $2p^2\ {}^1S^e$

図 3-2 超球座標で表した He のいろいろな励起状態

対応した量子力学的効果によって生じている（図 3-1 (b) 参照）。このように超球座標を用いると，電子相関の様子を見事に可視化することができる。 (山崎泰規，森下　亨)

4. 重い原子と相対論効果

非相対論的な束縛電子の速さ（式(8)）は，$Z\alpha>1$ となるような大きな Z では光速を超えてしまう。電荷 Z を持つ原子核は電子に比べて十分に重いとして[2] 電子の相対論的な運動エネルギーを書くと，$E=\sqrt{c^2\vec{p}^2+m_e^2c^4}$ である。これには根号が含まれており，通常の量子化条件 $\vec{p}\to-i\hbar\partial/\partial\vec{r}$ を適用することは適切でない。そこで，ディラックはまず両辺を 2 乗した後，$E^2-c^2\vec{p}^2-m_e^2c^4=(E-\vec{\alpha}\cdot c\vec{p}-m_ec^2\beta)(E+\vec{\alpha}\cdot c\vec{p}+m_ec^2\beta)$ と"因数分解"し，一方を採用して線形の方程式を得た後，場がある場合の処方箋 $\vec{p}\to\vec{p}+e\vec{A}$，$E$

---

[2] 相対論的枠組みでは，相互作用の伝搬に遅れが生じるため，2 体問題でも重心座標と相対座標を分離することができない。

→ $-i\hbar\partial/\partial t + eU$ に従って電磁場中の電子を記述するハミルトニアン

$$H_{rel} = c\vec{\alpha}\cdot(\vec{p}+e\vec{A}) + m_e c^2 \beta - eU \tag{13}$$

を得た。このとき，因子分解の係数 $\vec{\alpha}$ と β はそれぞれ 4 行 4 列の行列になり，$\vec{\alpha} = \begin{pmatrix} 0 & \vec{\sigma} \\ \vec{\sigma} & 0 \end{pmatrix}$，また，$\beta = \begin{pmatrix} I & 0 \\ 0 & -I \end{pmatrix}$ である。$\vec{\sigma}$ は 2 行 2 列のパウリのスピン行列で，I は 2 行 2 列の単位行列である。それに対応して波動関数は 4 つの成分を持ち，電子は固有の角運動量を持っていて，それが $\hbar/2$ であることなどが自然に導かれた。一方，負のエネルギー解を持つことにもなった。

ディラック方程式はクーロン力のとき，解析解を持ち，束縛エネルギーは，

$$E_{n,j} = \frac{m_e c^2}{\sqrt{1+[Z\alpha\{n-(j+1/2)+\sqrt{(j+1/2)^2-(Z\alpha)^2}\}^{-1}]^2}} \tag{14}$$

で与えられる。ここで n は主量子数，j は全角運動量量子数 ($\vec{j} = \vec{l} + \vec{s}$) で，1/2, 3/2 などの半整数をとる。このように相対論的に扱うと全角運動量 j が良い量子数となり，束縛エネルギーは j にも依存するようになる。

(1) 電子の固有磁気モーメントと ls 相互作用

磁場 $\vec{B}$ が存在するとき，ディラック方程式を非相対論近似すると，$(e\hbar/2m_e)\vec{\sigma}\cdot\vec{B}$ という項が得られる。これは，電子が固有磁気モーメント $e\hbar/2m_e$ を持ち，外部磁場 $\vec{B}$ と相互作用していることに対応している。このように，磁気モーメントとスピン角運動量の比は e/m_e で，軌道角運動量の場合の比 $e/2m_e$ の 2 倍になっている。これを電子スピンの g 因子が 2 であるという。

中心力ポテンシャル $U(r)$ が存在するとき，ディラック方程式を非相対論近似すると $-\dfrac{e}{2m_e^2 c^2}\dfrac{1}{r}\dfrac{dU}{dr}\vec{l}\cdot\vec{s}$ という項が現れ，これは ls 相互作用と呼ばれる。軌道角運動量とスピン角運動量が相互作用するという一見奇妙な結果は，その起源を次のようにして理解することができる。すなわち電子が電荷 Z の原子核に束縛されている場合，その電子から見ると電荷 Z の原子核が電子の周りを運動している。その運動によって電子上に作られる磁束密度は，ビオ-サバールの法則により，$|\vec{B}| = \left|\dfrac{\mu_0}{4\pi}\int dV \dfrac{\vec{i}\times\vec{r}}{r^3}\right| = |v(dU/dr)/c^2|$ で

4. 重い原子と相対論効果

ある。したがって，電子のスピン磁気モーメントがこの磁場と相互作用して生じるエネルギーは，$\Delta E_{ls} = -\vec{\mu}_e \cdot \vec{B} \sim -\dfrac{e}{m_e^2 c^2 r}\vec{l}\cdot\vec{s} \times \dfrac{Ze}{4\pi\epsilon_0 r^2} = \dfrac{e}{m_e^2 c^2}\dfrac{1}{r}\dfrac{dU}{dr}\vec{l}\cdot\vec{s}$ となる。この式は，上に記したディラック方程式を非相対論近似した ls 相互作用と係数の $1/2$ を除いて一致する。このように，ls 相互作用の起源は原子核により電子上に形成される磁場と電子に固有の磁気モーメントとの相互作用であることがわかる。

さて，ls 相互作用があると，$\vec{l}$ や $\vec{s}$ はもはや単独では良い量子数ではなく，全角運動量 $\vec{j}=\vec{l}+\vec{s}$ が保存量となる。これは式(14)の結果と符合する。$\vec{l}\cdot\vec{s}=\dfrac{1}{2}(\vec{j}^2-\vec{l}^2-\vec{s}^2)$ であるので，量子状態は j, j_z, l, s を指定すればよい。

(2) 不確定性原理による定性的考察：相対論的な場合

相対論的なハミルトニアンは，

$$H = \sqrt{c^2 \vec{p}^2 + m_e^2 c^4} - \dfrac{Ze^2}{4\pi\epsilon_0 |\vec{r}|} \tag{15}$$

である。ここで非相対論的な場合と同様，不確定性関係 $\Delta p \cdot \Delta r \sim \hbar$ を用い，式(15)で Δr を消去して，H の極小値を求めると，

$$H_{min} = m_e c^2 \sqrt{1-Z^2\alpha^2} \tag{16}$$

が得られる。これは $p_{min} = \dfrac{m_e c^2 Ze^2}{\sqrt{(4\pi\epsilon_0\hbar c)^2-(Ze^2)^2}} = \dfrac{Z\alpha m_e c}{\sqrt{1-(Z\alpha)^2}}$，あるいは，$r_{min} = \dfrac{\sqrt{1-(Z\alpha)^2}}{Z\alpha}\dfrac{\hbar}{m_e c}$ のときに実現される。式(14)で $n=1$, $j=1/2$ と置くと，式(16)と正確に一致する。このように，不確定性原理は現象の根幹を支配している。扱っている系がどの程度相対論的かは $Z\alpha$ で評価することができる。$Z\alpha \ll 1$ の場合，式(16)は，$H_{min} \sim m_e c^2 - \dfrac{1}{2}m_e(Z\alpha c)^2$ となって，エネルギーの原点が静止エネルギー分だけずれている他は，非相対論的な結果と一致する。

さて，$\sqrt{1-Z^2\alpha^2}$ という項は，$Z>137$ では束縛エネルギー，運動量，位置座標の全てを虚数にする。これは以下のように考えることができる。まず，相対論的な運動エネルギーは，$\sqrt{c^2 p^2 + m^2 c^4} \xrightarrow[p\to\infty]{} cp$ で，運動量の大きなところでは cp に比例して増加する。一方，ポテンシャルエネルギーは $-Z\alpha cp$ に比例して減少するので，

第 3 章　原子物理学

$Z\alpha>1$ の場合，電子の局在化によるポテンシャルエネルギーの減少は，不確定性に伴う運動エネルギーの増加を上回ることになり，電子はひたすら原子核に引き込まれ，安定な原子として存在できなくなる。

ところで，現実の原子核は有限の大きさを持っており，クーロン力は原点に近づいても無限に大きくなることはない。そのため，原子の"崩壊"は現実問題としては起こらず，束縛エネルギーは Z とともに深くなり，詳しい計算によれば，$Z\sim170$ でついに負のエネルギー状態（$-2m_ec^2$）に達する（"反粒子"の項参照）。このとき，負の海にある電子の一つは束縛状態に引き抜かれ，そのため生ずる空孔は陽電子として観測される[3]。この状態は負の海が全て詰まっている場合よりエネルギーが低く，したがって，基底状態には陽電子が残ることになる。これを"帯電した真空"と呼ぶ。帯電した真空は実験的には確認されていない。

これまで見つかっている元素で最も原子番号の大きなものは112番で[4]，137にはほど遠い。したがって，上のような議論に現実的意味があるかを疑う読者もいるかもしれないが，重い原子同士の正面衝突では，核間距離を有限の時間ながら束縛電子の軌道半径より充分小さくできる。束縛電子の周回周期は原子番号が大きくなると急激に短くなるので，一時的には超重元素に対応する電子状態を生成することができる。

(3)　ラムシフト

式(14)からわかるように，$n,\ j$ が共通の状態（例えば，$2s_{1/2}$ と $2p_{1/2}$）は，相対論的に扱ってもなお縮退している。さらに電磁場との相互作用を考慮に入れた量子電磁力学（QED：Quantum Electro Dynamics）のレベルでは，電場の強さが真空状態でも不確定で[5]，そのため，原点で有限の存在確率を持つ $2s_{1/2}$ 状態はこのゆらぎの影響を受け，$2p_{1/2}$ 状態よりわずかに束縛が浅くなる。一方，電場

---

[3] 原子核の作る電場が強くなり，真空が強く分極して電子-陽電子対ができると考えてもよい。第 1 節のシュウィンガー極限を参照。

[4] 2004年に理化学研究所で113番元素が合成された。

[5] 光子数を与える演算子は電場を与える演算子と交換しないので，光子数が 0 である真空状態では電場の強さはゆらいでいる。

4. 重い原子と相対論効果

がかかると,仮想的に負のエネルギー状態から正のエネルギー状態への励起が起こり(別の言い方をすると,仮想的に電子–陽電子対が生成され),したがって,"真空が分極"するため,束縛がより深くなる(式(4)参照)。いずれがより重要かは束縛粒子の質量によるが,束縛エネルギーは $(\alpha/\pi)(Z\alpha)^4 m_e c^2/n^3$ 程度シフトする。このほか,Z が大きくなると原子核が有限の大きさを持つことも束縛エネルギーに影響を与える。これら全てを含め,ディラック理論からのずれをラムシフトと呼ぶ。

(4) 反粒子

ディラックの相対論的電子論は,電子がスピン 1/2 を持つこと,g 因子が 2 になることなど,それまで謎であったことを鮮やかに説明する。一方,非物理的に見える負エネルギー解を伴っている。ディラック自身もこの負エネルギー解には当初否定的であったが,1931年には,未知の反電子(陽電子)や反陽子の存在に言及した。実際,1932年には宇宙線の中に陽電子が発見され(図 3-3 参照),反粒子の世界は現実のものとなった。その後,反陽子,さらには,

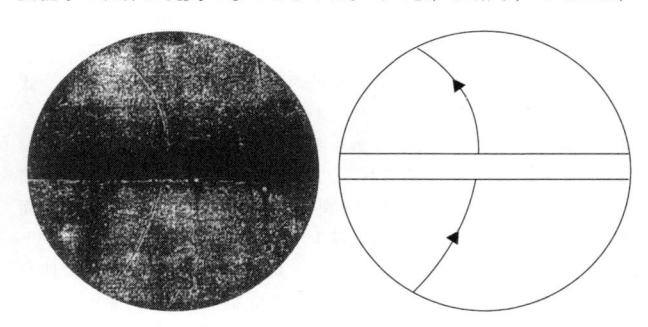

図 3-3 霧箱で観察された宇宙線の飛跡。紙面垂直下向きに磁場をかけ,写真中央水平(黒い部分)には鉛の板が入っている。左下から斜めに入った粒子は弧を描きながら鉛板に達し,エネルギーを失い,小さな曲率になって左上へ抜けている。円弧の向きから電荷符号が,曲率から運動量が,鉛板でのエネルギー損失から粒子の質量がわかり,質量は電子と同じで電荷符号が逆であることがわかった(初めての反粒子(陽電子)発見を伝えるアンダーソンの論文から)。

反中性子,反重陽子,反 ^{3}He と生成され,粒子と反粒子が対になっているという考え方は,われわれの物質観・自然観の根幹を成すようになった[6]。
 (山崎泰規)

5. 原子衝突

荷電粒子と原子や分子との衝突を考えよう。電荷 $Z_p e$,速さ v_i のイオンが衝突径数 b で原子とぶつかる場合の衝突時間 t_c は b/v_i 程度である。したがって,束縛エネルギー $\hbar\omega_b$ の電子に注目すると,$b/v_i \ll \omega_b^{-1}$ なら,束縛電子は近づいてくる荷電粒子の電場に応答する暇もなく衝突されることになる。逆に,$b/v_i \gg \omega_b^{-1}$ の場合,束縛電子は近づいてくる荷電粒子の電場に時々刻々応答するため,衝突は断熱的になり,励起などの電子遷移は起こりにくくなる。この境界の衝突径数 $b_{ad} = v_i/\omega_b$ を断熱距離と呼ぶ。ところで,相対速度 v_i を持つ電子のド・ブロイ波長(を 2π で割ったもの)$\lambdabar_{dB}\left(=\dfrac{\hbar}{m_e v_i}\right)$ より近い距離では,衝突径数という概念が意味を持たなくなるので,この2つの条件を組み合わせると,

$$\lambdabar_{dB} < b < b_{ad} \tag{17}$$

が反応を起こすのに有効な衝突径数の範囲であると予想される。式 (17) の条件が存在するためには,$\lambdabar_{dB} < b_{ad}$,すなわち,入射粒子と同じ速さを持つ電子の運動エネルギーが束縛エネルギーより大きい ($m_e v_i^2 > \hbar\omega_b$) ことが必要である。これを速い衝突と呼ぶ。速い衝突では,ボルン近似などの摂動的取り扱いが有効になり,散乱断面積はエネルギーとともに単調に減少するが,さらにエネルギーが上がって,相対論的領域になると,ローレンツ収縮により衝突に伴う電場が γ_i 倍になり,断熱距離も γ_i 倍になる。さらに,最大エネルギー移行も γ_i 倍になるため,断面積も $\ln \gamma_i$ に比例してゆっくりと増加に転じる。ここで $\gamma_i = (1-(v_i/c)^2)^{-1/2}$ である。

逆にエネルギーの低い側では,断面積は $E \sim (m_p/m_e)\hbar\omega_b$ 付近で極大値をとった後,衝突が断熱的になるため,次第に減少する。

---

[6] ^{4}He より重い反粒子は,加速器実験でも宇宙線の中にも,これまで見つかっていない。

5. 原子衝突

同時に，入射粒子が正の電荷を持っている場合はイオン化よりは電荷移行が重要になる。さらにエネルギーが下がり，標的の分極効果が無視できなくなると，有効な相互作用時間が増え，エネルギー的に可能な反応チャネルがある場合には，その反応断面積は，エネルギーの減少とともに $E^{-1/2}$ に比例して増加する（第8節の"ランジュバン断面積"の項参照）。

(1) 散乱断面積

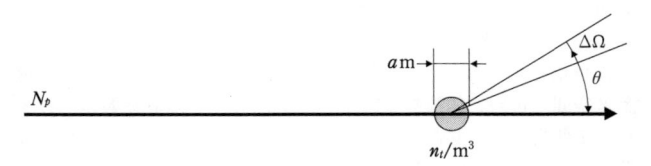

図 3-4 散乱実験の配置図

図 3-4 のように，左から N_p 個の粒子が密度 n_t/m^3 の標的に入射した場合を考える。ビームに沿っての標的の厚みを $a\,\mathrm{m}$ とする。散乱角 θ を中心として立体角 $\Delta\Omega$ 内に散乱される粒子数 ΔN_{sc} は，入射粒子の強度，標的密度，標的の厚さ，および，立体角に比例するので，

$$\Delta N_{sc} = \sigma N_p n_t a \Delta\Omega \tag{18}$$

と書ける[7]。σ は，入射粒子と標的の性質に依存する比例定数で，式(18)の両辺を比較すると，面積の次元を持っていることがわかる。散乱断面積と呼ばれる。この例の場合，ある特定の角度範囲への散乱に注目しているので，より正確には角度微分散乱断面積と呼び，$d\sigma/d\Omega$ と明示的に書くことが多い。

(2) フェルミの黄金律

ハミルトニアン H_0 の固有状態 Φ_i にある系が，摂動 H' により，やはり H_0 の固有状態 Φ_f に散乱される場合，単位時間当たりの遷移確率は，

$$dw_{fi} = 2\pi\hbar^{-1}|T_{fi}|^2\delta(E_f - E_i)\,d\xi \tag{19}$$

で与えられる。これをフェルミの黄金律と呼ぶ。ここで，$E_{i(f)}$ は

---

[7] このような比例関係は，もちろん $\Delta N_{sc}/N_p \ll 1$ のときに成立する。

始(終)状態のエネルギー,$d\xi$ は終状態の状態数,T_{fi} は遷移行列で,

$$T_{fi} = H'_{fi} + \sum_{n \neq i} \frac{H'_{fn}H'_{ni}}{E_i - E_n + i\eta}$$
$$+ \sum_{n \neq i} \sum_{m \neq i} \frac{H'_{fn}H'_{nm}H'_{mi}}{(E_i - E_m + i\eta)(E_i - E_n + i\eta)} + \cdots \quad (20)$$

と展開できる。ここで,$H'_{fi} = \langle f|H'|i\rangle$ である。単位面積,単位時間当たりに入射する粒子数を n_p,散乱断面積を $d\sigma_{fi}$ とすると,$n_p d\sigma_{fi} = dw_{fi}$,さらに,始状態の波動関数 Φ_i を体積 V の空間に1個と規格化しておくと,$n_p = v_i/V$ である。また,終状態 Φ_f が運動量空間で占める体積を dV_p と書くと,関与する状態数は,放出粒子1個当たり,$VdV_p/(2\pi\hbar)^3$ である。したがって,終状態で n 個の粒子が放出される場合,

$$d\sigma_{fi} = \frac{|T_{fi}|^2}{(2\pi)^{3n-1}\hbar^{3n+1}v_i}\delta(E_f - E_i)V^{n+1}dV_{p1}dV_{p2}\cdots dV_{pn} \quad (21)$$

となる。

例えば,終状態で質量 m,運動量 p_f,エネルギー E_{1f} の粒子が1個放出される場合,$dV_p = p_f^2 dp_f d\Omega_f$ を用いて,

$$d\sigma_{fi} = \frac{(p_f^2/c^2 + m^2)^{1/2}p_f|T_{fi}|^2}{(2\pi)^2\hbar^4 v_i}V^2 d\Omega_f \quad (22)$$

となる。さらに $p_f \ll mc$,および,光子の場合 $(m=0)$,それぞれ

$$d\sigma_{fi} = \frac{2^{1/2}m^{3/2}E_{1f}^{1/2}|T_{fi}|^2}{(2\pi)^2\hbar^4 v_i}V^2 d\Omega_f \quad (23)$$

$$d\sigma_{fi} = \frac{E_{1f}^2|T_{fi}|^2}{(2\pi)^2\hbar^4 c^3 v_i}V^2 d\Omega_f \quad (24)$$

となる。したがって,光放出と質量を持った粒子の放出が競合するような場合で,放出エネルギーが粒子の静止エネルギーより十分小さい場合には,光放出は相対的に起こりにくくなる。つまり,原子番号の小さい原子の場合,特性X線よりはオージェ電子が選択的に放出される。

(山崎泰規)

6. 光と原子の衝突

簡単のため,1電子原子が電磁場中にある場合を考える。非相対

6. 光と原子の衝突

論的な場合の摂動ハミルトニアンは，

$$H' = \frac{e}{m_e}\vec{A}\cdot\vec{p} + \frac{e^2}{2m_e}\vec{A}^2 \tag{25}$$

である。ここで，$\vec{A}$ はベクトルポテンシャルで，$\vec{A} = \frac{\hbar e_{ph}}{(2\epsilon_0 c p_{ph} V)^{1/2}}$
$\times \left[\alpha \exp\frac{i\vec{p}_{ph}\cdot\vec{r}}{\hbar} + \alpha^\dagger \exp\frac{-i\vec{p}_{ph}\cdot\vec{r}}{\hbar}\right]$ と書ける。$\vec{e}_{ph}$ と $\vec{p}_{ph}$ はそれぞれ光の偏光方向とその運動量ベクトル，α と $\alpha^\dagger$ はそれぞれ光の消滅演算子と生成演算子である。したがって，例えば，光を吸収して原子が励起状態になる1光子過程は，$\frac{e}{m_e}\vec{A}\cdot\vec{p}$ の1次の摂動から，

$$H_{fi} = \frac{e\hbar}{m_e(2\epsilon_0 c V p_{ph})^{1/2}} \int \exp\frac{i\vec{p}_{ph}\cdot\vec{r}}{\hbar} \phi_f^*(\vec{p}\cdot\vec{e}_{ph})\phi_i dV \tag{26}$$

で与えられる。同様にして，多光子過程はその高次の摂動で扱うことができる。光の散乱は $\frac{e}{m_e}\vec{A}\cdot\vec{p}$ の2次の摂動，あるいは，$\frac{e^2}{2m_e}\vec{A}^2$ の1次の摂動で与えられる。光のエネルギーが標的電子の束縛エネルギーを大きく上回るようになると非弾性散乱（コンプトン散乱）が顕著になり，$2m_e c^2$ を超えると電子-陽電子対生成が起こる。図3-5に，どのような過程が重要になるかをAl標的に対して光子のエネルギーの関数として示した。

高強度光との相互作用

光強度が強くなると，上で述べたように多光子過程が重要になるが，さらに強くなると，トンネリング過程と光電場による原子状態の変形によって現象が理解できるようになる。この様子はケルディッシュ（Keldysh）パラメーター $\gamma_K = cp_{ph}/(e\epsilon_{max}(\hbar/\sqrt{2m_e I_p}))$ を指標として分類することができる。ここで，ϵ_{max} は光に伴う最大電場強度，I_p は考えている束縛電子のイオン化エネルギーである。$\gamma_K \gg 1$ なら多光子的，$\gamma_K \ll 1$ なら準静的な電場イオン化に近くなる。原子の最外殻電子にかかっている電場は 10^9V/cm 程度であるので，10^{15}W/cm² 程度のレーザーは，最外殻電子を準静的にイオン化できる[8]。

電場が強くなると，より強く束縛されている内殻電子もイオン化

---

[8] レーザーのエネルギー流密度と電場の強さの間には $S[\text{W/cm}^2] \sim 1.3\times 10^{-3}(\epsilon[\text{V/cm}])^2$ の関係がある。

第 3 章　原子物理学

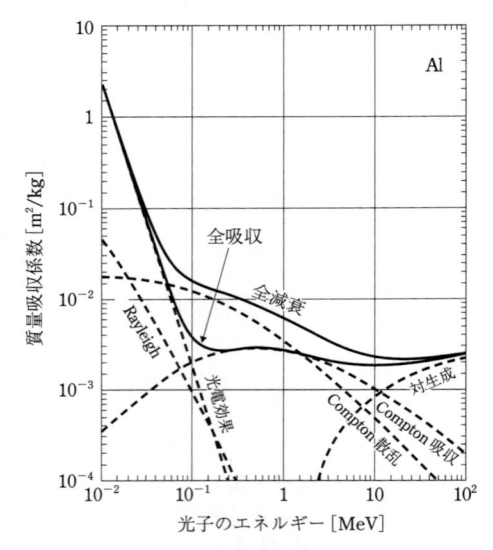

図 3-5　Al に対する質量吸収係数（光子強度が e^{-1} になる標的厚さ）

され，多価イオンが生成されるようになる。10^{18}W/cm² のレーザーでは，Xe²⁰⁺ のイオンも観測されている。さらに強度が増すと原子内電子がプラズマ状態になる，イオン化された電子が相対論的エネルギー領域まで加速されるなどの現象が引き起こされる[9]。電場の強さがさらに増し，コンプトン波長（$h/m_e c$）程度の距離におけるポテンシャルエネルギー差が $2m_e c^2$ を超えると（第 1 節参照），真空中に $e^+ e^-$ のペアが生成される（シュウィンガー極限）。現在のレーザー技術はまだこれに及ばないが，高速重イオン衝撃による仮想短パルス光子束ではこれを実現することができる（第 7 節参照）。

分子標的は 10^{12}W/cm² 程度のレーザー場に曝されると，配向する。パルス波形を調整して回転状態を制御し，分子を配向させるこ

---

[9] 標的を工夫することにより，イオンのエネルギーが増加し，重陽子間の核融合反応を引き起こせることも報告されている。

ともできる。レーザー電場によりポテンシャルカーブを調整して化学反応を制御しようという試みもある。

高エネルギー電子ビームを交代磁場中を走らせることにより、自由電子レーザーとする研究も進んでいる。これまでのシンクロトロン光の強度を何桁も上回るコヒーレントな硬X線が供給される。

(山崎泰規)

7. 粒子と原子の速い衝突

さて、式(20)は、状態 i から状態 f への遷移が必ずしも直接ではなく、一般には中間状態を経て起こる複雑な過程であることを示している。これは、衝突の最中に標的の波動関数が歪みを受けていることに対応する。分極率が量子力学的には仮想的な励起に起因していたことと似た事情である（式(4)参照）。衝突直径（$b_{cd} = \dfrac{Z_p Z_t e^2}{4\pi\epsilon_0 m v_i^2/2}$）は入射エネルギーとポテンシャルエネルギーが同程度になる距離に対応する。衝突直径と意味を持つ最小の衝突距離であるド・ブロイ波長を 2π で除した $\lambdabar_{dB} = \hbar/mv_i$ の比 $\eta = b_{cd}/2\lambdabar_{dB} = Z_p Z_t \alpha c/v_i$ は、系に典型的な速度と衝突の相対速度の比で、衝突系の歪みの程度を表す。ゾンマーフェルト（Sommerfeld）パラメーターと呼ばれ、$\eta \ll 1$ であれば、摂動の取り扱いが有効になる。

電荷 Z_p のイオンと原子の衝突における系の非相対論的ハミルトニアンは、

$$H = \frac{\vec{p}_p^2}{2m_p} + \frac{Z_p Z_t e^2}{|\vec{r}_p - \vec{r}_t|} + H_A + H' \tag{27}$$

である。ただし、$\vec{p}_p$ は入射イオンの運動量演算子、m_p は入射イオンの質量、H_A は標的原子のハミルトニアン、また、$H' (= -\sum_m Z_p e^2/|\vec{r}_p - \vec{r}_m|)$ は入射イオンと標的電子の相互作用、$\vec{r}_m$ は m 番目の標的内電子の位置ベクトルである。

(1) 平面波ボルン近似

衝突が $\eta \ll 1$ を満たす場合、式(27)の第2項が無視でき、非摂動ハミルトニアンは $H_0 = \dfrac{\vec{p}_p^2}{2m_p} + H_A$ となる。したがって、入射イオンの波動関数は $\phi_{i(f)}(\vec{r}_p) = V^{-1/2}\exp(i\vec{p}_{i(f)} \cdot \vec{r}_p/\hbar)$ であり、

第3章　原子物理学

$$H'_{fi} = -Z_p \sum_m \langle \phi_f(\vec{r}_p) \phi_f(\vec{r}_m) \left| \frac{e^2}{4\pi\epsilon_0 |\vec{r}_p - \vec{r}_m|} \right| \phi_i(\vec{r}_p) \phi_i(\vec{r}_m) \rangle \tag{28}$$

が得られる。これを式(21)に代入すると，遷移断面積は，

$$\begin{aligned}\sigma_{fi} &= 4Z_p^2 a_B^2 \left(\frac{m_p}{m_e}\right)^2 \frac{p_f}{p_i} \int \frac{|\eta_{fi}(\vec{K})|^2}{(Ka_B)^4} d\Omega_f \\ &= \frac{4\pi Z_p^2 a_B^2}{(m_e v_i^2/2E_R)(E_{fi}/E_R)} \int f_{fi}(K) \, d(\ln K^2)\end{aligned} \tag{29}$$

となる。ただし，$\eta_{fi}(\vec{K}) = \langle \phi_f(\vec{r}_m) | \exp(i\vec{K}\cdot\vec{r}_m) | \phi_i(\vec{r}_m) \rangle$ である。また，$f_{fi}(K)$ は $\frac{E_{fi}}{E_R} \frac{|\eta_{fi}(K)|^2}{(Ka_B)^2}$ で，一般化振動子強度と呼ばれる。ここで E_{fi} は標的の始状態と終状態のエネルギー差，E_R はリュードベリ定数(13.6eV)である。式(29)で立体角から運動量移行への変換には $\hbar^2 K^2 = p_i^2 + p_f^2 - 2p_i p_f \cos\theta_f$ を用いた。ボルン近似の成立条件 ($E_{fi} \ll p_i^2/2m_p$) では，式(29)の積分範囲は $\hbar K_{min} \sim E_{fi}/v_i$，および，$\hbar K_{max} \sim 2m_p v_i$ となる(式(17)の直感的説明が妥当であることがわかる)。

一般化振動子強度は無次元量で，

$$\sum_f f_{fi}(K) = 1 \tag{30}$$

というベーテ(Bethe)の総和則を満たし，遷移に寄与する"振動子"の総数が運動量移行 $\hbar K$ によらず常に対象となる電子の数に等しいことを示している。ところで，$f_{fi}(K) \xrightarrow[K\to 0]{} \frac{E_{fi}}{E_R} \left(\frac{r_{fi}}{a_B}\right)^2 = f_{fi}$ である。f_{fi} は光学的振動子強度である。このように，一般化振動子強度が $K\to 0$ で光学的振動子強度に収束するのは，大きな衝突径数の関わる衝突では，荷電粒子が標的に近づいてくるときと，離れていくときで，荷電粒子の進行方向に対する力積が相殺され，横向きの成分のみが残って，散乱面内に偏光した光による遷移と同様になるためである。一方，$f_{fi}(K)$ は K が大きくなると急速に 0 に近づくので，適当な K_c を用いて $\int f_{fi}(K) d(\ln K^2) \sim f_{fi} \ln(K_c/K_{min})^2 \sim f_{fi} \ln(v_i/E_{fi})^2$ と書ける。したがって，光学的許容遷移の励起に対しては $\sigma_{fi} \propto Z_p^2 f_{fi} \ln(v_i^2)/v_i^2$ という v_i 依存性を持つことがわかる。

7. 粒子と原子の速い衝突

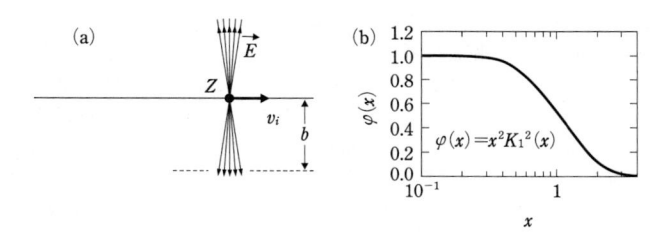

図 3-6 (a) 相対論的エネルギー領域にある荷電粒子が作る電場の模式図。電場はほぼ横向いており，光の場に近くなる。(b) 等価光子スペクトルの形。ただし $x = \omega b/(\gamma_i v_i)$。

光学的禁制遷移の一般化振動子強度は $K \to 0$ で 0 になるので，上の式で ln の項がなくなり，励起断面積は v_i^{-2} に比例する。

なお，Z_t が大きく，入射粒子への Z_t による歪み効果が無視できない場合や，散乱の後放出される 2 次粒子と入射粒子との相互作用が無視できない場合，非摂動ハミルトニアンに標的との相互作用を取り入れた歪曲波ボルン（DWB：Distorted Wave Born）近似や連続歪曲波（CDW：Continuum Distorted Wave）近似などの取り扱い方法が考案されている。

(2) 相対論的な粒子との衝突

粒子のエネルギーが高くなり，相対論的領域になると，図 3-6 (a)に示したように，イオンの電場はローレンツ収縮により進行方向につぶれたディスク状になる。すなわち，電場はほぼ横向きとなり，光子場との対応関係が非常に良くなる。実際，衝突径数 b，速さ v_i の荷電粒子の通過に伴う単位面積当たりの"光子束スペクトル"は $\gamma \gg 1$ のとき，近似的に，

$$N(\omega, b) = \frac{Z_p^2 \alpha}{\pi^2} \left(\frac{\omega}{\gamma_i v_i}\right)^2 \left(\frac{v_i}{c}\right)^{-2} K_1^2\left(\frac{\omega b}{\gamma_i v_i}\right) \tag{31}$$

で与えられる。K_1 は 1 次の変形ベッセル関数である。図 3-6 (b) に等価光子スペクトルを $x = \omega b/\gamma_i v_i$ の関数として示す。相対論的速度領域では，速さ v_i，衝突径数 b のイオンによる衝突は，$\hbar \omega < \hbar \gamma v_i / b$ 程度までの一様なエネルギースペクトルを持った光子束による照射と同等に扱えることがわかる。

ところで，このような疑似光子束のパルス幅は $\Delta t \sim b/\gamma_i v_i \sim b/\gamma_i c$ 程度である。例えば $\gamma_i=10$ の場合, $b \sim 1\text{nm}$ としても, $\Delta t \sim 1$ as 以下のパルスに相当する。近年レーザー光はパルス幅が fs を切るものが開発され，ポンプ-プローブ法により極短時間の現象が観測されるようになっているが，高速イオン衝撃は，さらに何桁も短い電場パルスに伴う現象を起こしていることがわかる。

（山崎泰規）

8. 粒子と原子の遅い衝突

イオンの速度が注目している原子内電子の速度よりゆっくりしているとき，原子内電子はイオンの電場により変形を受けた定常状態にあり（シュタルク状態），核間距離の変化に時々刻々追随する。

電荷移行断面積について定量的な考察を進めるため，例としてイオン A^{q+} と原子 B からなる系のポテンシャルエネルギーを核間距離 R の関数として考えてみよう。これをポテンシャルカーブと呼ぶ。標的原子が中性である入射チャネルのポテンシャルカーブは R にほとんど依存せず，イオンが標的電子雲の広がり程度に近づいてはじめて，変化するようになる。一方，電荷移行を起こした出射チャネルでは2つの粒子がともに帯電してクーロン斥力が働くため，ポテンシャルカーブは R の広い領域にわたって大きく変化する。したがって，この2本のポテンシャルカーブは一般にある距離 R_{ac} で交差すると予想される。しかし，R_{ac} 付近では電子間相互作用が無視できず，エネルギーレベルを R の関数としてプロットすると（断熱的ポテンシャルカーブ），図3-7のように，一方のポテンシャルカーブはもう一方のカーブに接続され，交差することはない。これを擬交差（pseudo crossing），あるいは，交差回避（avoided crossing）と呼ぶ。したがって，断熱的ポテンシャルカーブに沿って波動関数を見ると，その性質は擬交差の前後で変化する。衝突が充分ゆっくりしていて電子状態が図のポテンシャルカーブに沿って変化するときには，散乱は弾性的であって，衝突の前後で電子状態には変化がない。

(1) ランダウ-ツェナー（Landau-Zener）モデル

イオンの速さを v_i, 擬交差を起こしている核間距離の幅を ΔR

8. 粒子と原子の遅い衝突

とすると,この領域の通過時間は $\Delta t \sim \Delta R/v_i$ となる。したがって,Δt に対応するエネルギーの不確定性がエネルギーギャップ ΔU より大きい,すなわち,$\hbar v_i/\Delta R > \Delta U$ であれば,電子状態は擬交差を横切って非断熱的に遷移すると考えられる。詳しい計算によれば,この非断熱遷移の起こる確率は,

$$p_{ij} = \exp\left(-\frac{\pi \Delta U^2}{2\hbar v_i \sqrt{1-2U/mv_i^2-b^2/R_{ac}^2}\,|d\Delta U/dR|}\right) \quad (32)$$

で与えられる。

さて,式(32)は擬交差を1回通過する際の確率である。1回の衝突ではこの交差を2回通るので,実際に電子移行が起こる確率は $P_{ij} = 4p_{ij}(1-p_{ij})\sin^2\varphi$ で与えられる。ただし,φ は $R < R_{ac}$ におけるポテンシャルカーブ間のエネルギー差に伴う位相差 $\varphi = \int \Delta E dt/\hbar$ である。散乱角,あるいは,入射エネルギーを変えると φ が変化し,それに伴って断面積に振動が現れる(シュテュッケルベルク(Stueckelberg)振動)。多価イオンが関与する場合,図 3-7 からもわかるように,このような電荷移行反応は常に発熱的で,散乱イオン,反跳イオンともに反応のパスに依存した運動エネルギーを得る。逆に,イオンの運動エネルギー変化を観測すると,反応生成物

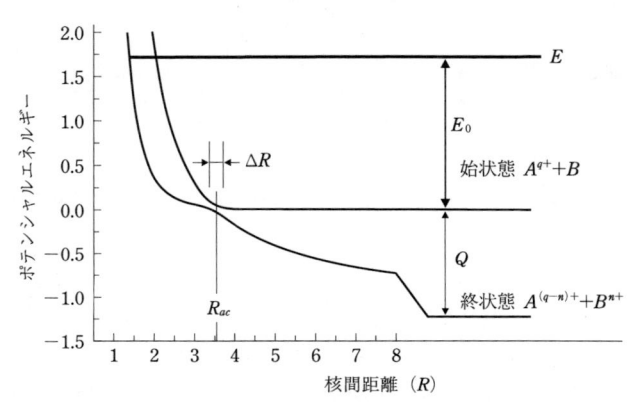

図 3-7 始状態と一つの終状態を考えた場合のポテンシャルカーブの模式図

第3章 原子物理学

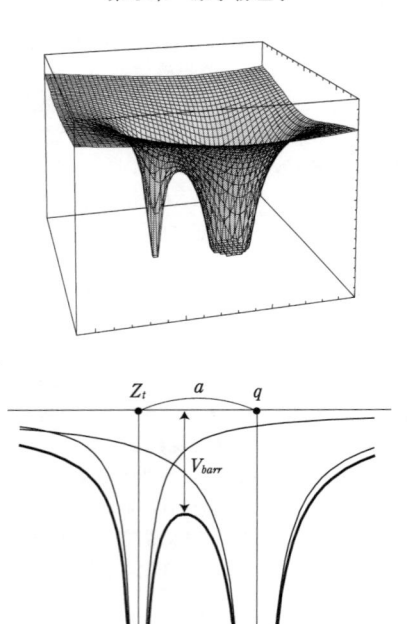

図 3-8 電荷 q の多価イオンと Z_t の原子（イオン）が距離 a にあるときのテスト電荷にとってのポテンシャルエネルギー分布。下図はイオンと原子を結ぶ線上のポテンシャルエネルギー。

の内部状態を特定することができる。

(2) 古典的障壁乗り越えモデル（COB：Classical over barrier model）

イオンの価数が高い場合，現象をさらに簡単化して捉えることができる。すなわち，図3-8のように，価数 q のイオンが有効電荷 Z_t で電子を束縛している原子と距離 a の位置にある場合を考えよう。このとき，原子から測って $\frac{\sqrt{Z_t}}{\sqrt{Z_t}+\sqrt{q}}a$ の位置に深さ $V_{barr}=-(\sqrt{Z_t}+\sqrt{q})^2/a$ のバリアが形成される。束縛電子の始状態の主量子数を n_t，移行先の主量子数を n_q とすると，移行に関与する2つのエネルギーレベルがほぼ等しい（共鳴条件：$-\frac{Z_t^2}{2n_t^2}-\frac{q}{a}\sim$

8. 粒子と原子の遅い衝突

$-\dfrac{q^2}{2n_q^2} - \dfrac{Z_t}{a}$) とき，電子移行が促進されると予想される[10]。これを核間距離について解くと，$a \sim \dfrac{2(q-Z_t)}{q^2/n_q^2 - Z_t^2/n_t^2}$ となる。このとき，電子の束縛エネルギーが V_{barr} より浅いと，電子移行は古典的に大きな確率をもって進行すると考えられる。これから，

$$n_q \lesssim \left(\frac{Z_t + 2\sqrt{Z_t q}}{q + 2\sqrt{Z_t q}}\right)^{1/2} \frac{q}{Z_t} n_t \tag{33}$$

が得られる。$q \gg Z_t$ の場合，高励起状態への電子移行が選択的に引き起こされることがわかる。上のエネルギーマッチングの条件のため，電荷移行断面積は q の関数として振動するが，q が大きくなると，状態密度が稠密になり，周期は短く振幅は小さくなると予想される。図 3-9 には水素原子からの電荷移行断面積を q の関数とし

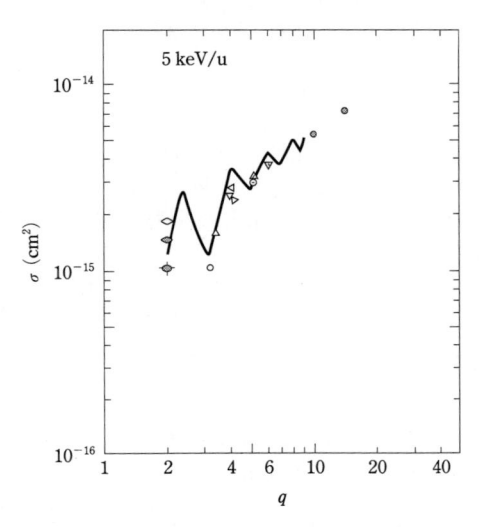

図 3-9 5 keV/u の多価イオン（電荷 q）と水素原子の衝突における電荷移行断面積

---

[10] どの程度のエネルギー差が許されるかは，具体的には式(32)で考察することができる。

て示した。このような電荷移行の考え方は,龍福,佐々木,渡部によって1980年に提唱され,多くの実験結果をほぼ定量的に説明できることが知られている。

標的が複数個の電子を持っている場合には,多電子移行も引き起こされ,条件によっては多電子移行断面積が一電子移行断面積を大きく上回ることもある。多電子過程は,

$$A^{q+} + B \to A^{*p+} + B^{(q-p)+} \to A^{p'+} + re^- + \Sigma_k \hbar\omega_k + B^{(q-p)+}$$
$$(p = p' - r) \tag{34}$$

と,$q-p$ 個の電子が多価イオンの高励起状態(A^*)に捕捉される段階と,そのようにして形成された多重高励起状態が,オージェ電子や光を放出して安定化する段階に分けて考えることができる。このとき,移行先の主量子数が大きくなるにつれて,多オージェ電子放出の確率は増加し,その後一定値に落ち着くことが知られている。

(3) ランジュバン断面積

イオンと原子(分子)の衝突で,イオンのエネルギーが低いとき,原子(分子)にはイオンの電場により双極子モーメント($\propto r^{-2}$)が誘起される。双極子モーメントに働く力は電場勾配($\propto r^{-3}$)に比例するので,これらの積を無限遠から積分して,分極ポテンシャルは距離の4乗に反比例する。したがって,入射チャネルでの有効ポテンシャルは,$V_{eff} = l(l+1)\hbar^2/(2mr^2) - \alpha q^2/2r^4 \sim (b^2 E_{CM}/r^2 - \alpha q^2/2r^4)$ となる。ここで,E_{CM} は衝突の相対エネルギー,α は標的原子の分極率,b は衝突径数である。V_{eff} は $r_c = \dfrac{q}{b}\sqrt{\dfrac{\alpha}{2E_{CM}}}$ にバリア $V_{barr} = \dfrac{b^4 E_{CM}^2}{2\alpha q^2}$ を持つ。したがって,$E_{CM} > V_{barr}$,すなわち,$b_L = \left(\dfrac{2\alpha q^2}{E_{CM}}\right)^{1/4}$ より小さい衝突径数のとき,イオンは障壁の内側に入り込み,一時的に束縛状態を形成し,イオンと原子の相互作用時間が長くなる(オービティング効果とも呼ばれる)。したがって,電荷移行反応などのエネルギー的に許される反応チャネルがあれば,それが効率的に引き起こされ,反応断面積は,

$$\sigma_L = \pi b_L^2 = \pi q \left(\frac{2\alpha}{E_{CM}}\right)^{1/2} \tag{35}$$

8. 粒子と原子の遅い衝突

と相対速度に反比例するようになる。これはランジュバン (Langevin) 断面積と呼ばれる。実際、多くの反応断面積は、低エネルギー極限でこのように振る舞うことが知られている ((6)の"エキゾチックな原子の生成"の項を参照)。

(4) 低速多価イオンと導体表面の相互作用と中空原子

上で議論した COB モデルは多価イオンと導体標的にも適用できる。ただし、導体標的は無限個の自由電子を持つので、複数の電子が移行した後も標的側の電位には変化がない。プローブとなる電子を $\vec{r}=(x, 0, z)$ に置いたとき、電子が持つポテンシャルエネルギーは、$U(\vec{r})=\dfrac{e^2}{4\pi\epsilon_0}\left(-\dfrac{q}{|\vec{R}-\vec{r}|}+\dfrac{q}{|\vec{R}+\vec{r}|}-\dfrac{1}{4z}\right)$ で与えられる。

各項はそれぞれ、電子と(i)イオン、(ii)イオンの鏡像電荷、および、(iii)電子自身の鏡像電荷、との相互作用に対応している。イオンが表面から d の距離にあるとき、$z_{sp}\sim d/(8q)^{1/2}$ に、$U_{barr}\sim -(2q)^{1/2}e^2/4\pi\epsilon_0 d$ のバリアが形成される。したがって、古典的に電子移行の始まる距離は $U_{barr}=-W$ (W：標的の仕事関数) から、$d_r\sim(2q)^{1/2}e^2/4\pi\epsilon_0 W$、移行後の電子の主量子数 n_r は、$n_r\sim qe/\sqrt{8\pi\epsilon_0 W}(1+\sqrt{q/8})$ と評価できる。典型的な金属の仕事関数 $W\approx 5$ eV を代入すると、数十価程度までは、ほぼ $n_r\sim q$ と近似できる。

このように、(1)電子移行は、イオンが表面上空の巨視的ともいえる距離 (例えば $q=10$ では ~ 1.5nm) で始まり、(2)主量子数 q 程度のリュードベリ状態が選択的に生成され、多価イオンが表面に近づくにつれ、少しずつ深いレベルが埋められる。この過程で多重空孔多重高励起状態が生成される。これを中空原子と呼ぶ。なお、中空原子生成過程は共鳴的であるため、ポテンシャルエネルギーの大半を担っている内殻空孔はほとんど保持されており、内殻空孔が埋められる最後の瞬間に大量のエネルギーが放出されることになる。中空原子は通常の方法ではなかなか形成できず、多価イオン源の開発(第11節参照)を待って研究が可能になった。

(5) 3 体反応

互いに反対符号の電荷を持った1対の自由な粒子の散乱 (例えば電子 e^- とイオン A^+) は、何らかの方法でエネルギーを捨てなければ、力学的エネルギーの保存のため束縛状態に入ることはない。エ

ネルギーを捨てる機構としては,放射性再結合過程 ($e^- + A^+ \to A + \hbar\omega$) や,3体再結合過程 ($e^- + e^- + A^+ \to e^- + A$) が考えられる。3体反応のレートは,電子密度の自乗に比例し,電子の運動エネルギー(あるいは温度)の4.5乗に反比例するので,電子が低温で密度の高いとき,現象を支配するようになる。

(6) エキゾチックな原子の生成

通常の原子は原子核とそれに束縛されている電子から成るが,この電子を他の負の荷電粒子で置き換えると,やはり束縛状態を作り,"エキゾチックな原子"が形成される。負の荷電粒子としては負のミューオン (μ^-),負のパイ中間子 (π^-),負のK中間子 (K^-),反陽子 ($\bar{p}$) などを挙げることができる。それぞれ電子の207倍,273倍,967倍,1836倍の重さを持ち,文字通り"重い電子"として振る舞う。式(7)から明らかなように,束縛エネルギーは粒子の換算質量と電子の質量の比程度深くなる。上で挙げた負の粒子は反陽子を除いて不安定で,例えば,μ^- と π^- は,それぞれ $2\mu s$ と $26 ns$ の寿命で崩壊するが,束縛状態の形成には周回周期 $\hbar n^2 / m(Z\alpha c)^2$ 程度の時間があればよく,いずれの場合もエキゾチックな原子が存在すると考えてよい。正の電荷を持ったエキゾチックな粒子には,e^+ や μ^+,π^+ がある。これらは電子と再結合して"軽い水素原子"として振る舞う。エキゾチックな原子として面白いばかりでなく物質中での振る舞いを調べることにより,標的の物性を研究する大変ユニークなプローブとなる。

重い負の荷電粒子 χ^- が原子 A に近づくと,原子内電子は原子の引力と入射粒子からの斥力のため χ^- の反対側に偏り,したがって束縛エネルギーは浅くなる。χ^- と A がさらに近づき,臨界距離 (r_{cr}) に達すると,束縛エネルギーは0になり,自動的に電子放出が起こる。このように,重い電子を含む系では,"断熱的"な衝突でもイオン化断面積が有限になる(フェルミ-テラー(Fermi-Teller)過程)。さらに,入射粒子は標的の分極により加速されるので,入射エネルギーが0の場合でも衝突直前には有限の速度に達し,衝突は断熱的ではなくなる。そのため,イオン化断面積は πr_{cr}^2 の数倍程度になると予測されている。重心系での衝突エネルギーが電子の束縛エネルギーより低いと,イオン化後は χ^- と A^+

8. 粒子と原子の遅い衝突

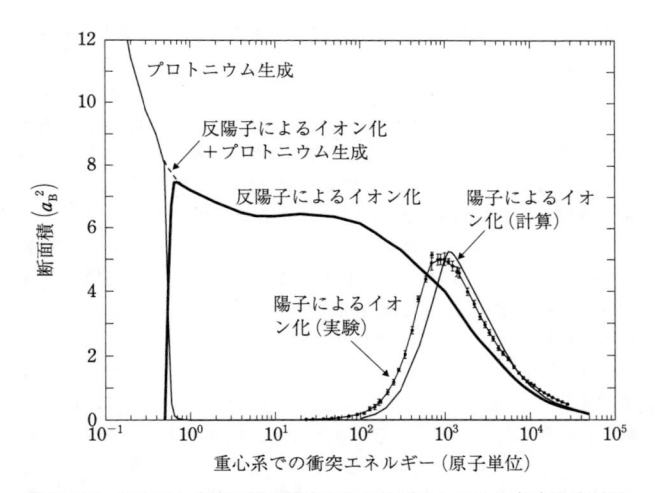

図 3-10 反陽子と水素原子の衝突におけるプロトニウム ($\bar{p}p$) 生成断面積とイオン化断面積のエネルギー依存性。比較のため、陽子によるイオン化断面積の実験値と理論計算例も示してある。

の力学的エネルギーの和は負になってしまう。すなわち、電子と負の粒子の交換反応、$\chi^- + (e^- A^+) \to (\chi^- A^+) + e^-$ が起き、荷電粒子と原子の複合系が形成される。このとき、置換反応はほぼ共鳴的で、エキゾチックな原子の束縛エネルギーは置換された電子のもとの束縛エネルギー程度になる。すなわち、エキゾチックな原子の初期状態は $\sqrt{m/m_e}$ 程度を下限とする主量子数を持つ高励起状態となる。

図 3-10 に、反陽子と水素原子の衝突における電子放出断面積の計算例を示す。上で議論したように、入射エネルギーを下げていくと、電子放出がただのイオン化からプロトニウム ($\bar{p}p$) 生成過程にシャープに切り替わる様子がわかる。

ところで、数十 eV の超低速反陽子ビームを得ることは最近まで不可能で、反陽子原子に関わる研究は、エネルギーの高い反陽子を比較的密度の高いガス中に打ち込み、ガス中で熱化した後生成される反陽子原子の観察を通じて進められてきた。密度の高い媒質中で

反陽子原子が生成されると，周りにいる標的原子の作る強い電場によってシュタルク混合を受け，s状態が混ざり込むために，直ちに消滅することが知られている。Heガスや液体He中で生成された$\bar{p}\mathrm{He}^+$は例外で，μs程度の長寿命を持つ。これは，$\bar{p}\mathrm{He}^+$中の電子と周りにあるHe原子の電子との間にパウリの排他律が働き，互いに近づけないためである。この長寿命$\bar{p}\mathrm{He}^+$に対してレーザー分光を適用し，相対分解能が10^{-9}に達する高精度で遷移エネルギーが決定されている。これはいわば，$(\bar{p}, \alpha)$のリュードベリ定数 ($\propto m_{\bar{p}} e_{\bar{p}}^2$) がこの精度で決定できることを意味する。高精度で決定された質量電荷比（第11節参照）と組み合わせることにより，反陽子の質量と電荷がこれまでにない精度で決定されている。

式(9)からわかるように，エキゾチックな原子の大きさは通常の原子に比して，m_e/m倍だけ小さい。分子の場合も同様で，電子を重い負電荷を持った粒子で置き換えると，核間距離の非常に小さいエキゾチックな分子となる。このため，$dt\mu^-$という水素分子イオンの同位体分子では，核融合反応，$(dt\mu^-) \rightarrow {}^4\mathrm{He} + n + \mu^-$が引き起こされる。反応後の$\mu^-$は再び標的中のtとdを結びつけて核融合反応を起こし，これはミューオンが崩壊するまで（寿命2.2μs）繰り返される。この現象はミューオン触媒核融合と呼ばれる。実際，ミュオニック分子は共鳴的に生成されるため，この触媒反応は大変効率が高く，1個のμ^-が150回程度の核融合反応を起こすことが確認されている。

電子と陽電子，正負のミューオン，陽子と反陽子，という具合に，いろいろな粒子と反粒子の組が手に入るようになってきた。これを組み合わせることにより，自然界の最も基本的なCPT対称性について研究が可能になる。水素(e^-p)と反水素$(e^+\bar{p})$の比較研究はすでに始まっているが，ミュオニウム(μ^+e^-)とアンチミュオニウム(μ^-e^+)，ミュオニックプロトン(μ^-p)とミュオニックアンチプロトン$(\mu^+\bar{p})$など，今後多彩な組み合わせが可能になると期待される。

(山崎泰規)

9. プラズマ中の原子過程

通常の物質は中性の原子を単位とし，それが化学結合して分子や

9. プラズマ中の原子過程

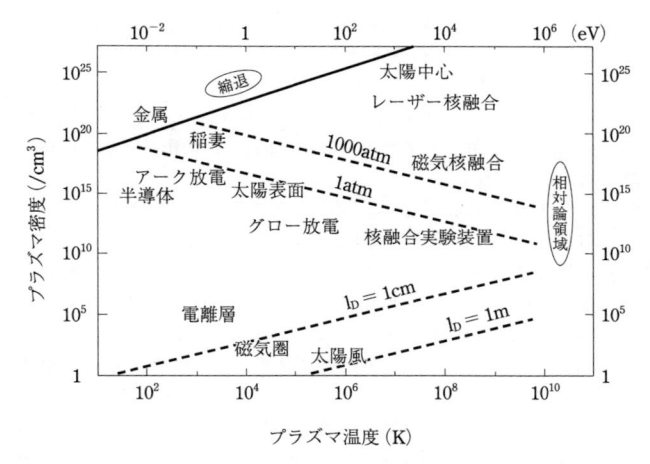

図3-11 いろいろなプラズマの温度と密度の関係

クラスター,さらには固体などの集合体を形成する。最外殻電子の束縛エネルギーが10eV程度(10万K程度)であることを考えると,物質を室温で扱っている限り,上の取り扱いは妥当なものといえる。しかし,系を束縛エネルギーより高い温度に置くと,原子はもはや基本単位ではなく,イオンと電子に分離して存在することになる。このような状態をプラズマと呼ぶ。プラズマは物質の第4の状態と呼ばれることもあり,実際,われわれの周りにもいろいろな形で存在する。図3-11によく知られているプラズマの例を温度と密度の関数として示す。

一般に,プラズマは全体として中性ではあるが,自由な電子やイオンからなるため,電磁場と強く結合する。プラズマを構成しているイオンの粒子群と電子の粒子群が空間的に Δx ずれた場合を考えよう。このとき,それぞれの群にはずれを修復する力 $-(\rho_e e^2/\epsilon_0)\Delta x$ が働く。ここで ρ_e は電子密度である。したがって,このプラズマは角振動数 $\omega_{pl}=\sqrt{\rho_e e^2/m_e \epsilon_0}$ で振動する。ω_{pl} をプラズマ角振動数と呼ぶ。

プラズマの温度を T とすると,電子の平均速さは $\overline{v_e}=\sqrt{k_B T/m_e}$

なので，このプラズマの遮蔽距離は $\lambda_D = \bar{v}_e/\omega_{pl} = \sqrt{\epsilon_0 k_B T/\rho_e e^2}$ 程度になる．これをデバイ長さと呼ぶ．ここで k_B はボルツマン定数である．したがって，プラズマ中にテスト電荷 q を置くと，テスト電荷の作るポテンシャルは $\phi(r) = \dfrac{q}{4\pi\epsilon r}\exp\left(-\dfrac{r}{\lambda_D}\right)$ と遮蔽される．$\rho_e \lambda_D^3 \sim 1$ を満たすプラズマは粒子間相互作用が強く，強結合プラズマと呼ばれる．

図3-11の左上には「金属」が高密度プラズマの例として記されている．金属は自由電子を持ち，その電子密度は $10^{23}/\text{cm}^3$ 程度である．対応するフェルミエネルギーは数 eV 程度になる．すなわち，金属は室温（300K～25meV）では強く縮退したプラズマである．薄膜を通過した高速電子ビームのエネルギー損失スペクトルには，$\hbar\omega_{pl}$ の整数倍の位置に明確なプラズマ励起に伴うピークが観測される．

速さ v_i の荷電粒子が金属を通過すると，粒子の後方に空間周期 v_i/ω_{pl} の航跡波振動を生じる．強力なレーザーにより航跡波（wake field）を誘起すると，100GV/m に達する電場の形成も可能で，次世代の粒子加速器への応用可能性に注目した研究も進んでいる．分子から比較的低温のプラズマを生成するとさまざまな励起分子やラジカルができる．これを用いた物質材料の加工法も開発されている．

(1) 核融合プラズマ

第7節で議論した衝突直径は斥力の場合，最近接距離に対応するので，これが原子核の大きさ程度に達すると，クーロンバリアを越えて原子核反応が引き起こされる．実際には，トンネル効果のため，クーロンバリアを越えないエネルギーでも核融合反応が起こる．例えば，重水素と三重水素を含む核融合反応（D-T反応）（$^2\text{H} + {}^3\text{H} \rightarrow {}^4\text{He} + n$）の断面積は，100keV 付近で最大値をとる．このとき，17.6MeV のエネルギーが放出されるので，効率よく粒子を加速できれば，エネルギーを取り出せる，というわけである．これまでのところ，数千万度に達する高温プラズマを磁気閉じ込めすることによる核融合方式や，大強度レーザー，あるいは，大強度イオンビームによる爆縮を利用した慣性核融合方式がさまざまに研究されている．実用機直前の仕様を目指す国際熱核融合実験炉

9. プラズマ中の原子過程

(ITER) の計画も進行している。

磁気閉じ込め型の核融合プラズマに原子番号の大きな不純物が混入すると励起状態にある多価イオンが形成される。これはX線放出によってプラズマからエネルギーを奪い、いわゆるプラズマの放射崩壊を引き起こす。そのため、核融合プラズマ程度のエネルギー領域における多価イオンの振る舞いが盛んに研究されている。多価イオンの分光は、またプラズマ計測にも重要なプローブとなっている。

(2) 宇宙におけるプラズマ

図3-11に示したように、太陽は表面温度6000K、中心温度は約1600万Kのプラズマであり、同様にして、宇宙に輝いている星は全てプラズマ状態にある。太陽外層の最上層部にはコロナと呼ばれる希薄な高温プラズマが広がっており、コロナからのスペクトルには鉄の多価イオンからの発光が観測されており、コロナの温度が数百万Kに達していることを示している[11]。

宇宙には中性子星あるいはブラックホールとその伴星から成る連星系がある。伴星の物質が中性子星やブラックホールに引き込まれ、その際得た重力エネルギーの一部をX線として放出する。そのため、伴星周辺にある物質は強いX線の場に曝され、やはりプラズマ状態となる。このとき、イオンの電離度はX線強度で決まっており、構成粒子間の衝突による電離平衡は成り立っていない。このようなプラズマを光電離プラズマと呼ぶ。地上でもこの光電離プラズマを用いたX線レーザーの研究が始まっている。

(3) 非中性プラズマ

プラズマは本来正の電荷と負の電荷の混合状態であるが、磁場と電場を使って正、あるいは、負の電荷を持った粒子群を閉じ込めることができる。これを非中性プラズマと呼ぶ。通常の中性プラズマと同様、非中性プラズマもプラズマ振動やデバイ長さなど、プラズマの基本的特性を持っている。非中性プラズマの閉じ込め特性は格段に優れていて、プラズマの基本的性質を研究するのに大変都合がよい。

---

[11] コロナをこのような高温に保つ機構はわかっていない。

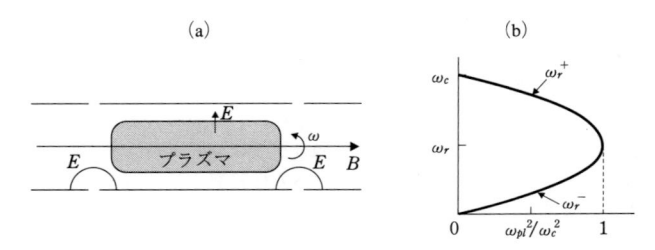

図 3-12 (a) 非中性プラズマ閉じ込め用の矩形トラップの概念図
(b) 電子密度 ($\propto \omega_{pl}^2$) と剛体回転の関係

図 3-12(a) に非中性プラズマの閉じ込め原理を示す。軸方向には一様磁場 $\vec{B}$ がかかっており、磁場と平行に円筒電極が同軸状に並べられている。例えば正の電荷を持った粒子の場合、両端の円筒電極に正の電位を与えれば、荷電粒子雲を閉じ込めることができる。図のように円筒状の電荷雲が閉じ込められたとすると、動径方向には空間電荷に伴う斥力、および、ローレンツ力と遠心力が働き、この3者がバランスするように雲全体が剛体回転する。その角振動数 ω_r は $\omega_r^\pm = \frac{\omega_c}{2}\left(1 \pm \sqrt{1 - 2\left(\frac{\omega_{pl}}{\omega_c}\right)^2}\right)$ となる。ここで $\omega_c = qB/m$ はサイクロトロン角振動数、ω_{pl} はプラズマ角振動数である。$\omega_r^\pm$ を図 3-12(b) に示す。これから剛体回転には2つのモードがあり、また、閉じ込め可能な粒子密度には限界 $\rho_{max} = \frac{\epsilon_0 B^2}{2m}$ (電子の場合、$\sim 5 \times 10^{18} B(\mathrm{T})^2/\mathrm{m}^3$) のあることがわかる。これをブリユアン (Brillouin) 極限と呼ぶ。

リング状電極を組み合わせることにより、正の荷電粒子と負の荷電粒子を同時に閉じ込めることができる。これをネステッドトラップ (nested trap) と呼ぶ。ネステッドトラップに反陽子と陽電子を閉じ込めて、$\bar{p} + e^+ + e^+ \to \overline{\mathrm{H}} + e^+$ という3体再結合反応により大量の反水素原子が生成できる。反水素原子は反物質の代表格で、これと水素の性質を精密に比較することにより、自然界の CPT 対称性について重要な知見が得られると考えられ、冷たい反水素の生成捕捉法、各種分光法について研究が進んでいる。 (山崎泰規)

10. 中性粒子のトラップ

$$\Delta\omega = \frac{v}{c}\omega$$

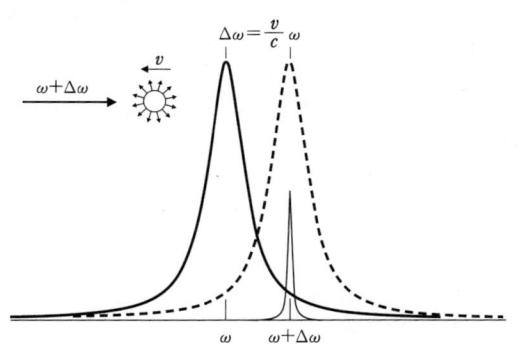

図 3-13 レーザー冷却の原理図

10. 中性粒子のトラップ

エネルギーを上げる技術はこれまでもさまざまに進歩して、いわゆるエネルギーフロンティアを作ってきたが、近年、逆に低いエネルギーに向かった研究が急速に進んでいる。中性粒子の捕捉法には、レーザー冷却法と不均一磁場を組み合わせる方法や、磁気モーメント$\vec{\mu}$を持っている中性粒子の場合は、不均一磁場中に捕捉する磁気トラップ法などが考案されている。

(1) レーザー冷却

図3-13のように、共鳴励起振動数ωの原子が速度vで左に向かって動いているとする。このとき、左側から見た原子の共鳴振動数はドップラーシフトにより$(1+v/c)\omega$となっている。そこで、振動数$(1+v/c)\omega$のレーザー光を左から照射すると、原子は共鳴的に励起され、その後自然放出によって基底状態に落ち、再びレーザー光を吸収する、ということを繰り返す。原子は1回のレーザー光吸収毎に$\hbar\omega/c$の右向きの運動量を受け取って減速されるが、自然放出はランダムな方向に起こるので、結果として原子は巨視的な減速を受ける。通常自然放出幅はドップラーシフトより小さいので、実際に原子を極低温まで冷却するには減速に合わせて$\Delta\omega$を調整するか、あるいは、外場で共鳴周波数を調整する。この方法はドップラー冷却法と呼ばれ、Rbを例にとると$100\mu\text{K}$程度までの

冷却が実現されている。この場合,放出光子による反跳が最終的な温度を決定し,$k_B T_R \sim (\hbar\omega/c)^2/2m$ で与えられる反跳限界温度が冷却限界となる。Rb の T_R は 180nK 程度である。レーザー冷却法には,偏光勾配冷却や VSCPT (Velocity Selective Coherent Population Trapping) などがあり,後者では反跳限界温度より 3 桁近く低い数 nK も達成されている。

アルカリ土類元素の 1 価イオンは可視光領域に遷移レベルがあり,荷電粒子トラップで捕捉したイオンをレーザー冷却することができる。トラップされたイオンは束縛に伴う振動成分を持つが,振幅が遷移波長より充分小さいと,実効的にはドップラー・フリーな分光をすることができる。

(2) ボース-アインシュタイン凝縮

質量 m の原子を数密度 ρ で閉じ込めることを考える。この原子のド・ブロイ波長は $\lambda_{dB} = h/mv_i \sim h/\sqrt{2mk_B T}$ で与えられるので,$\lambda_{dB}^3 \rho > 1$ であれば,原子の波同士に重なりができ,これがボース粒子であればボース-アインシュタイン凝縮に導かれると予想される。

すなわち,温度 T のボース粒子はボース-アインシュタイン分布,$f_{BE}(\epsilon) = (\exp\frac{\epsilon - \mu}{k_B T} - 1)^{-1}$ に従う。このとき,化学ポテンシャル μ は,

$$N = V \int dE \, D(E) f_{BE}(E) \tag{36}$$

から決まる。ただし,N と V は全系の粒子数と体積,$D(E)$ は状態密度である。

ところで T が,

$$T < \frac{h^2}{2\pi m k_B} \left(\frac{\rho}{2.612}\right)^{2/3} \tag{37}$$

を満たすほど低くなると,式(36)の右辺は $\mu = 0$ でも N より小さくなる。すなわち最低エネルギー状態に縮退するようになる。このような縮退をボース-アインシュタイン凝縮 (Bose-Einstein Condensation : BEC) と呼ぶ。気相の BEC は 1995 年に Rb 原子を用いて初めて実現された。気相の BEC 状態は,これまで凝縮相で研究されてきた超流動や超伝導などとは異なり,粒子密度が低く,したがって,粒子間相互作用の影響を強く受けていない,いわば理想的な

巨視的量子状態を形成することができる。さらに，フェルミ粒子を冷却することにより，そのペアリングによる BCS タイプの BEC 研究も進み，超伝導現象との比較もできるようになってきた。

式(37)から，原子が軽ければ BEC はより高温で生じることがわかる。最も軽い水素原子の同位体であるポジトロニウム（Ps：e^+e^-）による BEC 現象の研究も進んでいる。

BEC 状態では巨視的な数の原子が同じ状態にあり，その意味で，レーザーと同様の状態が実現されたことになる。これを原子波レーザーと呼ぶ。光格子（光の定在波）による原子波の回折現象や，原子波干渉計による重力の精密測定，などさまざまな応用が進んでいる。
(山崎泰規)

11. 荷電粒子のトラップ

真空中のスカラーポテンシャル ϕ は，ラプラス方程式 $\nabla^2\phi=0$ を満たし，したがって極値を持つことがない。そのため，静電場だけでは荷電粒子を真空中に捕捉することができない。そこで，電荷を持った粒子を真空中に捕捉する方法として，静電場と一様磁場を組み合わせるペニング（Penning）トラップ，高周波電場を用いるポール（Paul）トラップなどが考案された。

(1) ペニングトラップ

ペニングトラップは，図 3-14 のように $z^2=z_0^2+\rho^2/2$ に従う双

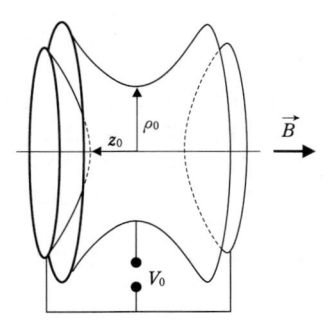

図 3-14 ペニングトラップの模式図

曲面状の電極 2 枚と $z^2=\frac{1}{2}(\rho^2-\rho_0^2)$ に従うリングから成っており，荷電粒子を巨視的な時間安定に閉じ込めることができる。トラップ内部には，四重極ポテンシャル $\phi=[(z^2-\rho^2/2)/2d^2]\phi_0$ が生成される。ただし，$d^2=\frac{1}{2}(z_0^2+\rho_0^2/2)$ である。このようなポテンシャルのもとでは，荷電粒子の z 方向と ρ 方向の運動は互いに独立になる。また，z 方向の運動エネルギーが双曲面電極の電位差より小さければ，トラップ内に閉じ込められて単振動運動をする。一方，z 方向には一様磁場 B を重畳させておくと，ρ 方向にも閉じ込めができるようになる。閉じ込め磁場を強くすると，電子や陽電子といった軽い荷電粒子はローレンツ力による加速度運動によりシンクロトロン放射光でエネルギーを失い，トラップの格納されている領域の温度程度まで冷却される。減衰係数は $\gamma_{rad}=\frac{\mu_0 e^2 \omega_c^2}{3\pi m_e c^2} \sim 0.4$ $B^2\mathrm{s}^{-1}$ で与えられる[12]。

ところで，荷電粒子は ρ 方向にはサイクロトロン運動をしているので，その周期で鏡像電荷が誘起される。リング電極を方位角方向に分割して，その内の一つの電極に注目すると，その電極に誘起される鏡像電荷は荷電粒子のサイクロトロン振動数と同じ振動数で変化する。これを観測すると，荷電粒子のサイクロトロン周波数，ひいては，$q/m\gamma=\omega/B$ から，荷電粒子の質量電荷比を決めることができる。実際，反陽子の質量電荷比は 10^{-11} 台の精度で決定されている。例えば H_2^+ イオンの質量をこの精度で測れば，イオンがどのような振動励起状態にあるかを決定することができる。もちろん，閉じ込められているイオンの運動エネルギーは充分低くなければならない。

束縛エネルギーは原子番号の（したがって，ほぼ質量の）自乗に比例して増加し，一方，質量は原子番号にほぼ比例することから，電子の束縛エネルギーを質量測定から決定できる相対精度は，重い元素の内殻ほど高くなることがわかる。近い将来，質量測定による分光学が成立すると期待される。

この他，電子の異常磁気モーメントの精密測定，束縛電子の g 因子測定，新たな周波数標準の探索などさまざまな研究が進んでい

---

[12] 磁場 B はテスラを単位として測るものとする。

11. 荷電粒子のトラップ

る。

(2) ポールトラップ

z方向に偏向した高周波電場中に質量m, 電荷qの荷電粒子を置くと, その運動方程式は, $m\dfrac{d^2z}{dt^2}=q\varepsilon(z)\cos\omega t$ で与えられる。そこで, 荷電粒子が$z=z_0$付近で平衡点を持つと仮定し, $z=z_0+\delta z(t)$と置いて上の運動方程式に代入し, 早い振動に関して平均すると, 荷電粒子には有効的に $-q^2\dfrac{\partial\varepsilon}{\partial z}\dfrac{\varepsilon(z_0)}{2m\omega^2}$ の力の働くことがわかる。したがって, 例えば $\varepsilon(z)\propto z^2$ としておけば, 荷電粒子の電荷符号に関わりなくこれを捕捉することができる。これをポールトラップと呼ぶ。ポールトラップは多数の粒子を捕捉すると粒子加熱を起こすので, 通常何らかのエネルギー吸収法と併用して安定な捕捉を実現している。

(3) 蓄積リング

磁場を使い, 各種のイオンや反陽子などの"重い"荷電粒子をリング状の領域に閉じ込める装置を蓄積リングと呼ぶ。模式的には図3-15のような構造を持っている。蓄積リングの第一の特徴は, ト

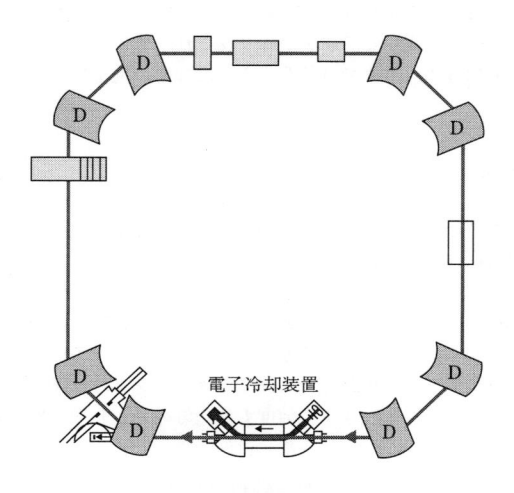

図 3-15 磁場型蓄積リングの概念図

第3章　原子物理学

ラップと同様，荷電粒子を巨視的な時間捕捉できることである。これによって，準安定イオンの高精度寿命測定が可能になり，例えば，He^- イオン（1s2s2p $^4P_{5/2}$）の寿命が $350\mu s$ と決定された。さらに分子イオンの振動状態などが基底状態に落ち着くのを待って次の衝突を用意することも可能になった。ペニングトラップと異なり，実験室系から見た運動エネルギーの高いものを蓄積できるため，反応生成物の検出が容易で実験の信頼性が大きく上がっている。

蓄積リングには周回しているイオンと合流して等速で運動する電子ビーム（図3-15の電子冷却装置）が用意されている。電子ビームの中心エネルギーで運動する座標系から眺めると進行方向のエネルギー幅は $\Delta E_{//} = \dfrac{\Delta E}{4E}\Delta E$ と大変圧縮されたものになる。ただし，ΔE は実験室系での電子ビームのエネルギー幅，E は実験室系での運動エネルギーである。したがって，熱カソードを用いた電子銃の場合でも $\Delta E_{//}$ は $100\mu eV$ 近くになる。さて，イオンはこの冷たい電子雲の前後左右にバラバラに動いており，どの方向に動いても，電子と衝突して運動が抑えられる方向に力が働く。蓄積リングではこのようにして電子との衝突が繰り返され，イオンビームは電子ビームと同程度の温度まで冷却される。冷却用の電子ビームを用いることで，

$$A^{q+} + e^- \rightarrow \begin{cases} A^{(q-1)+} + h\nu \\ A^{*(q-1)+} \rightarrow A^{q+} + e^- \\ A^{*(q-1)+} \rightarrow A^{(q-1)+} + \hbar\omega \end{cases} \tag{38}$$

といったイオンと電子の放射性再結合過程や2電子性再結合過程を meV 付近の極めて低い衝突エネルギーまで観測できるようになった。また，冷却された多価重イオンを用いた2電子性再結合過程の高分解能測定から，原子核の荷電半径が1%の精度で決定された。

このほかリング内に超音速ガスジェットによる原子標的を導入して，通常の原子衝突実験も行われている。リングでは周回している荷電粒子は反応を起こすまで何度も使えるので，非常に反応断面積

---

[13] 大きな断面積を持った反応と競争関係にある場合は，この限りではない。

の小さな現象も観測することができる[13]。

反陽子は実験室系で$6M_pc^2$($\sim5.6\text{GeV}=5.6\times10^9\text{eV}$, M_pは陽子の静止質量)以上の運動エネルギーを持った陽子と静止した核子(陽子あるいは中性子)との衝突によって生成される。このようにして生成された反陽子を蓄積リングに導き,確率冷却(Stochastic cooling)と上に述べた電子冷却,および,減速を繰り返して,良質の低エネルギー(~5 MeV)反陽子ビームも生成されている。

(4) 静電リング

磁場型の蓄積リングはクラスターや生体高分子など質量の大きなイオンを蓄積することはほとんど不可能である。そこで,静電型の蓄積リングが開発された。イオンの速度が遅いことから電子冷却は容易ではないが,蓄積時間が巨視的であること,レーザーが導入できること,2次粒子検出が容易であることなど,磁場型の持っていた長所はほぼ引き継がれている。また,リングサイズが比較的小型にできることから,全体を窒素温度,あるいは液体ヘリウム温度まで冷却し,黒体輻射を抑えることによって振動回転状態を制御した化学反応の研究も射程内に入ってきた。

(5) 多価イオン源

イオンを$v>q_{eff}v_B/n$となるまで加速し,適当な物質(例えば,炭素薄膜)を通過させれば,これより外殻の電子は剥がれ,多価イオンが生成される。ここでq_{eff}はイオンの有効価数,nは考えている電子の主量子数である。重イオンになるとこれはなかなか困難で,U^{92+}を得ようとすると核子当たり数百MeVのエネルギーが必要になる。逆に,イオンを止めておき,電子衝撃イオン化で多価イオンを得る場合には,電子ビームのエネルギーは束縛エネルギー程度でよい。

この事実に注目し,イオンをトラップして連続的に電子衝撃できるようにしたのが電子ビームイオン源(EBIS:Electron Beam Ion Source)や電子サイクロトロン共鳴イオン源(ECRIS:Electron Cyclotron Resonance Ion Source)である。いずれの場合も,残留ガスからの電荷移行を抑えるため,動作圧力が通常のイオン源よりは低く,特に,EBISは,イオン源としては特異なことに,超高真空下で運転される。図3-16に示したように,EBISは大きく分

第3章 原子物理学

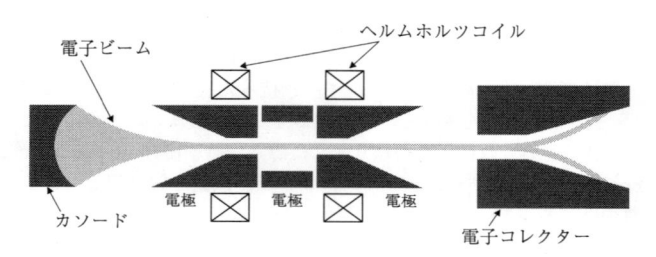

図 3-16 EBISの模式図。中央に3分割された円筒電極がある。

けて，電子銃，ソレノイドコイル，円筒電極，電子コレクターの4つの部分から成る。電子ビームはソレノイドコイルの磁力線に沿って径方向に圧縮されながら円筒電極に入射する。3つに分割された電極の両端には中央より高い正電圧を印加してイオンを閉じ込め，電子ビームにより逐次電離して多価イオンを生成している。200 keVの電子ビームを用いたEBISでは，ごく少数ながら裸のウランイオンU^{92+}も生成された。

図3-16で，トラップ中心に閉じ込められている多価イオンは電子ビームに繰り返し励起されるため，通常大変困難である多価イオンからの発光が観測できるようになる。これにより，$Z\alpha$の大きな少数多体系に対する量子電磁力学的効果が高精度で研究できるようになった。

多価イオンは大きなポテンシャルエネルギー[14]を持っており，例えば，U^{92+}では800keV，電子の静止エネルギー1.6個分にもなる。このような大きなポテンシャルエネルギーを持った多価イオンと物質との相互作用も研究が進み，応用分野との交流も始まっている。大電流のEBISにより短時間で不安定核を多価イオン化し，その質量を高精度測定する計画もある。

(6) 反応顕微鏡

冷却した標的を用い，衝突の際放出される電子とイオンのそれぞれの運動量ベクトルを高い精度で決める方法が開発された。入射ビームと直交して極低温に冷却した超音速ガスジェットを用意し，両

---

[14] イオンが中性化されるまでに放出するエネルギー。

11. 荷電粒子のトラップ

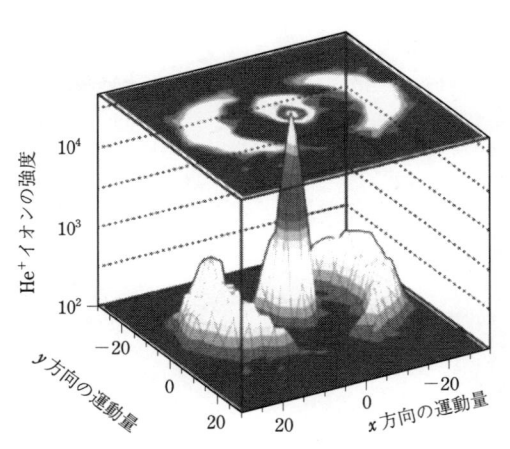

図 3-17 x 方向に直線偏光した 7 keV の X 線によりイオン化された He の反跳運動量分布

者に直交して一様磁場と一様電場を平行にかけたもので,生成されたイオンと電子はこの電場と磁場に沿ってらせん運動し,待ち受けている時間敏感型 2 次元検出器で検出される。いろいろな場面でのいわゆる完全実験が可能になった。

図 3-17 は,7 keV の直線偏光光(偏光面は図の x 方向)により生成された He$^+$ の反跳運動量分布を測定した例である。光電効果により生成された He$^+$ イオン(He+$\hbar\omega$→He$^+$+e^-)が偏光方向に運動量を持って,また,コンプトン効果で生成された He$^+$ イオン(He+$\hbar\omega$→He$^+$+e^-+$\hbar\omega'$)はほとんど反跳を受けることなく生成されている様子がわかる。

この反応顕微鏡法は,衝突ダイナミックスの詳細に大変敏感で,衝突現象の研究に数々の新しい知見を提供している。 (山崎泰規)

第 4 章 物性物理学

第4章　物性物理学

1. 物性物理とは

　物性物理は，物質のさまざまな性質をミクロなレベルから理解することを目的としている。磁石がなぜ鉄を引き付けるのか，銅やアルミニウムは電気を通すがほとんどのプラスチックはなぜ絶縁体なのか，銅がなぜあのような赤銅色をしているのか，ハイテクを支えるシリコンなどの半導体がなぜ電子素子として機能するのか，超伝導はなぜ生じるのかなど，これらの疑問を解き明かすことが物性物理の使命である。また，ある条件下のある物質には未知の性質があるかも知れず，それらを探索することも大事である。さらに，新規物質を合成して，そこに未知の性質を探索することも物性物理の大事な役割である。

　物質は膨大な数の原子の集合体である。物質の科学的性質つまり「物性」のうち，物理として大事なことは，多数の原子が集まることによって初めて生じる性質を調べることである。ある分子が赤い色をしており，その分子が集合して作られた物質も同じ色であるとき，その色に関することがらは特に物性物理の対象とする必要はない。もし物質になったときに，単独の分子とは違う色になるなら，その色になる理由を理解することは物性物理の役割である。

　このような意味での物性は，(1)原子・分子・電子が多数あること，および，(2)それらの相互作用，によってもたらされる。人間と社会の関係にたとえるなら，素粒子物理学は「人間」の究極の姿を求める学問であり，物性物理学は多数の人が相互作用をし合うことによって生じる「社会」という抽象的な対象を調べる社会科学であるといえよう。

　物性物理学ではミクロな要素として原子，分子，電子，スピンなどを扱う。これらが多数集まったときの平均値がマクロな物性を決めるが，統計的な平均を求める上で大事な性質がある。それは「フェルミ粒子」と「ボース粒子」の区別である。すべての粒子は「フェルミ粒子」と「ボース粒子」に区別され，それぞれ「フェルミ-ディラック統計」と「ボース-アインシュタイン統計」という異なる統計的性質をもっている。

　ボース粒子は，大きさが0または正整数のスピンをもつ粒子であり，フェルミ粒子のスピンの大きさは半整数 ($1/2$, $3/2$, $5/2$, …)

1. 物性物理とは

である。電子や陽子，中性子のスピンの大きさは1/2で，これらはフェルミ粒子である。さて，統計的平均を求める際には，粒子の物理的状態を指定しなければならないが，粒子の位置と速度に加えて，スピンという内部自由度も取り入れる必要がある。以下では，速度よりも一般性をもつ物理量として運動量を使うことにする。

一つの空間の中にN個の同一種類の粒子があるとき，有限の温度Tでは粒子は$k_\mathrm{B}T$程度の平均運動エネルギーをもちながら，さまざまな位置座標と運動量をもつであろう。k_Bはボルツマン定数である。粒子の位置は空間の中のどこでもよく，その位置座標を特定しないことにしよう。これは，粒子の一つ一つが，それぞれいわば"雲"のように，この空間の中に重なり合って広がっていると考えることを意味する。運動量の分布を描くと，図4-1上のようになっているであろう。ここで温度を下げていくと，粒子の運動エネルギーが下がるが，そのときの様子には2種類ある。一つは，右下の図のように絶対零度ですべての粒子の運動量がゼロとなる場合である。これを「ボース凝縮」といい，このような性質をもつ粒子をボース粒子という。直感的にいうと，全粒子が「静止」して，空間

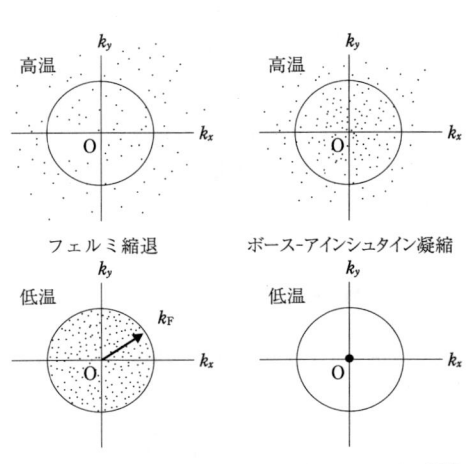

図 4-1 フェルミ縮退とボース-アインシュタイン凝縮

的に重なり合って雲のように広がることを意味する。もう一つは左下の図のように，ある運動量およびそれに相当する運動エネルギーまでの状態が占められ，それ以上の大きい運動量をもつ粒子がない状態である。この状態を「フェルミ縮退」の状態と呼び，このような性質をもつ粒子をフェルミ粒子という。

フェルミ粒子では，「パウリの排他律（排他原理）」によって，スピンの向きを含めて，一つの"状態"をもつ粒子の数は1個に限られる。電子スピンは一つの向き，およびその逆向きの2つのスピン状態をとることができるので，一つの運動量状態を占める電子は，スピンが上向きのものと下向きのもの，合わせて2個となる。他の電子はこれと異なる運動量をもたねばならない。したがって，すべての電子の運動量が0となって静止することはできず，運動量は最大 p_F（フェルミ運動量という）まで，運動エネルギーは最大 E_F（フェルミエネルギーまたはフェルミポテンシャルという）までの値をとる。

多くの大事な物性現象は，極低温で熱擾乱が少ないときに現れる。したがって，そこに登場する粒子がボース粒子であるか，あるいはフェルミ粒子であるかが現象を理解する上で極めて大事である。例えば，銅やアルミニウムが金属であるのは，電子がフェルミ粒子で，室温付近以下ではフェルミ縮退をしているからである。非常に高温になれば，金属である銅も，絶縁体であるはずの陶磁器も，ほどほどの電流を通すようになる（物質が溶けないとすれば）。

以下では，まず，物質を形作る物質構造に関する事項を見ていき，それに続いて，その構造の中で電子やスピンが演じる多彩な現象を見ていこう。

（鹿児島誠一）

2. 結晶の原子配列と結合力

物質は多数の原子や分子が結合して作られている。原子や分子が規則的に繰り返し配列をしている物質を結晶と呼び，全く規則性がないものを非晶質（アモルファス）物質と呼ぶ。

(1) 結晶と準結晶

図4-2は，高速動作をする電子回路や半導体レーザーに使われるヒ化ガリウム（GaAs）の結晶構造を示す。この構造は，各原子

2. 結晶の原子配列と結合力

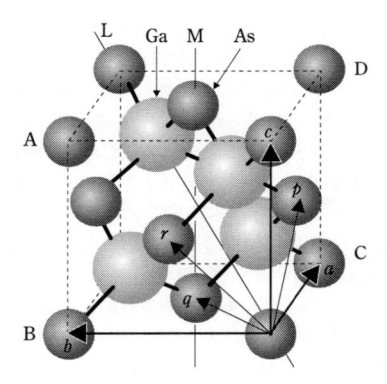

図 4-2 GaAs の結晶構造と並進対称性

の位置をベクトル p, q, r, またはそれらの整数倍の組み合わせだけ平行移動しても不変である。これを並進対称性があるといい，p, q, r を「基本並進ベクトル」と呼ぶ。このような基本並進ベクトルで作られる格子を「基本格子」と呼び，その中には構造の単位つまり GaAs という原子の組が 1 組含まれる。しかしながら，この構造が立方体という高い対称性をもっていることを明示するためには，3 つのベクトル a, b, c ($a=b=c$, $a\perp b\perp c$) を用いて，「単位格子」を定めた方がわかりやすい。単位格子は複数個の構造の単位を含んでよい。

結晶とは原子配列が並進対称性をもつ物質である。食塩，砂糖，ダイヤモンド，水晶などはいずれも結晶である。身の周りの大部分の金属は結晶らしく見えないが，いずれもマイクロメートル程度の大きさの多数の微結晶が固着したものである。結晶は並進以外に「回転」，「反転」，「鏡映」などと呼ばれるさまざまな対称性をもっている。例えば，GaAs では図の直線 L を軸とする120度回転，M を軸とする180度回転に対して，構造は不変である。これを「3 回回転」，「2 回回転」の回転対称性があるという。適当な点を原点として選び，一つの原子が位置座標 (x, y, z) にあり，$(-x, -y, -z)$ の位置にも同種の原子があれば，その結晶は「反転」対称

性をもつという。GaAsではGaとAsが異種の原子だから、「反転」対称性はない。また、図のABCD面を鏡とみなすと、GaAsの結晶構造はこれを鏡面とする「鏡映」対称性をもつ。

結晶構造を対称性によって分類するとき、「格子の対称性」と「結晶構造の対称性」を区別して考える。GaAsの例では、この物質の構造単位はGa原子1個とAs原子1個の組である。図のベクトル p, q, r で作られる「基本格子」の「格子点」の上に1組のGaAsをおくと、この物質の構造ができる。単位格子は、ベクトル a, b, c で作られる高い「立方対称性」をもっており、その頂点と6つの面の中心に格子点があるから、GaAsの単位格子は「面心立方」の対称性をもつという。格子はその対称性によって7種類、14通りに分類される。これらを「空間格子」(または「ブラベー格子」)と呼ぶ。7種類に分類したブラベー格子の名称をあげておこう。「三斜晶系」、「単斜晶系」、「斜方晶系」、「立方晶系」、「正方晶系」、「菱面体晶系」、「六方晶系」。

つぎに、格子点の上にGaAsなどという具体的な原子集団をおくと、新たに原子配列を含めた対称性を考えることができる。これを「空間群」と呼ぶ。3次元では230種類の空間群がある。例えばGaAs構造では、直線Mの周りの2回回転の対称性があるが、もし仮にGaがなくてAsだけが残ったような結晶があったとすると、そこには直線Mの周りの4回回転の対称性もある。これらの違いが空間群で区別される。

準結晶と呼ばれる特殊な物質構造があることが、1984年にAl-

図4-3 準結晶の構造の例

2. 結晶の原子配列と結合力

Mn 合金で発見された。これは，5 回回転の対称性があるが，並進対称性のない構造である。この構造は数学的には「ペンローズ・タイル貼り」の問題として知られていたが，現実の物質にそのような構造があることが発見された。このような特殊な構造をもつ物質での電子の運動など，電気的・磁気的・光学的性質が詳しく調べられている。

(2) 非晶質物質

原子・分子の配列に並進や回転などの規則性がない物質を非晶質（アモルファス）物質と呼ぶ。代表的な非晶質物質はガラスであり，その他，ゼリーやシリカゲルなどのゲル物質も非晶質物質である。液体のある瞬間の原子・分子位置をそのまま凍結できたとすると，それは非晶質物質といえる。非晶質物質を作るには，例えば液体を急冷すればよい。また，気相反応で非晶質物質の薄膜を作ることもできる。実用になっているアモルファス・シリコン太陽電池，液晶ディスプレイの駆動用アモルファス薄膜半導体などは，そのような方法で作られることが多い。

(3) 原子の結合力

分子や結晶などの原子集合体を作るもととなる力を原子結合力という。結合力の根源は電荷の間に働くクーロン力であるが，そこに量子力学的効果が介在することが多い。結合力の違いに応じて，結合のタイプを次のように区別する。

・イオン結合

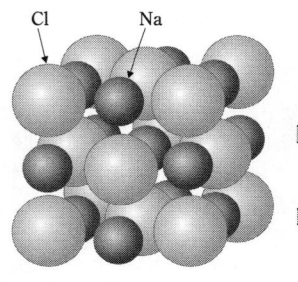

図 4-4 NaCl の結晶構造とイオン結合

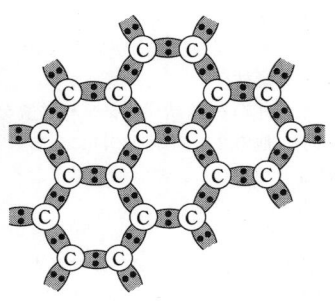

図 4-5 グラファイトの共有結合

代表物質は NaCl である。Na 原子から Cl 原子へ電子が 1 個移動して Na^{1+}，Cl^{1-} イオンとなり，これらイオン間のクーロン引力とクーロン斥力の和で安定な結合が作られる。

・共有結合

分子を作る力としてよく知られており，電気的に中性の原子間に作用する。結晶でもシリコン (Si)，ゲルマニウム (Ge)，ヒ化ガリウム (GaAs)，グラファイト (C)，ダイヤモンド (C) などの原子間結合は共有結合である。共有結合は，隣り合う 2 つの原子がそれぞれの電子を 1 個ずつ出し合い，それらを 2 つの原子が共有することで全体のエネルギーが下がることによって結合力が生じると考えられる。

・ファン・デル・ワールス結合

この結合力の起因は，隣り合う 2 原子間の電気的な双極子相互作用である。しかし，その双極子は量子力学的効果によっていわば仮想的に生じるものであり，それを取り出したり，大きさを測定したりできるわけではない。

・金属結合

Cu や Fe，Al など，金属物質に特有の結合力が金属結合である。例えば Cu では，Cu 原子の 1 個の電子（4s 電子）がその原子を離れて結晶全体に量子力学的な波となって広がり，電流を担う伝導電子となっている。この電子が特定の原子に帰属して，物質が単なる Cu 原子の集合となっているよりも，Cu^{1+} イオンの結晶格子の中に量子力学的な波となって広がった方が物質の全エネルギーが下がるので，原子間の結合力が生まれる。

・水素結合

氷（H_2O の結晶）やタンパク質分子の結合の起因である。水素原子が他の 2 つの原子の間に入ることによって，それら 2 原子間の結合力が生じる。水素結合はまたイオン結合の一種と考えることがある。

(4) 液　晶

液晶は，ある種の分子が結晶と非晶質物質との中間的な秩序で配置された物質である。分子の重心座標はほぼ無秩序であるが，分子の向きが温度，電場・磁場などの外場条件によって変わり，規則性

2. 結晶の原子配列と結合力

をもつことができるのが特徴である。例えば，ある種の棒状の分子の液晶は，電場がないときには分子の方向がそろっていないので，あたかも液体のような非晶質物質である。電場を加えると棒状分子が一つの方向にそろう。そのときでも分子の重心位置が完全に規則的には並んでいないので，正確な意味の結晶とはいえない。しかしながら，棒状分子の方向がそろっているのでマクロな性質にもそれが現れ，例えば直線偏光に対して偏光板の役割を果たす。この偏光性を利用して，コンピュータ，テレビジョン，携帯電話などの表示素子として広く使われている。

(5) 結晶の周期構造と逆格子，ブリユアン域

結晶は原子・分子が並進対称性のもとに周期的に配列したものである。したがって結晶の中では，電子の運動，原子の振動運動の他，外部から入った粒子や波もすべてこの周期配列の影響を受ける。例えば，図4-6上のように小球が並んだ構造に振動が入射したとしよう。波動は球と何らかの相互作用をして，散乱されるに違いない。それぞれの小球によってさまざまな方向に散乱される波動について干渉条件を考えると，図のように面間隔dで球が並んだ面に関して，光路長の差$2d\sin\theta = n\lambda$（λは波長）の方向には散乱波が強め合って強い回折波が進む。ここで，球が原子で波動がX線であるなら，これは結晶格子によるX線回折を表している。

ところで，波動が結晶内部の電子の量子力学的な波である場合や，原子の振動による格子振動の波である場合は，その回折波はX線のように物質の外に出ることはない。したがって，回折波が物質中を進むうちに再び別の面間隔の面でさらに別の方向に回折され，結局，回折に回折を繰り返した波動の状態が結晶中に存在するであろう。このような状態を扱うには，上の干渉条件式のように格子の格子定数や波の波長で表現するのではなく，それらの逆数で定義される「逆格子」や「波数」の概念を導入するとよい。もちろん，その概念は上のX線回折の場合にも有用である。

実空間の格子を基本並進ベクトル$\boldsymbol{a}, \boldsymbol{b}, \boldsymbol{c}$で表すとき，「逆格子」の基本並進ベクトルを$\boldsymbol{a}^* = 2\pi \dfrac{[\boldsymbol{b} \times \boldsymbol{c}]}{\boldsymbol{a} \cdot [\boldsymbol{b} \times \boldsymbol{c}]}$, $\boldsymbol{b}^* = 2\pi \times \dfrac{[\boldsymbol{c} \times \boldsymbol{a}]}{\boldsymbol{b} \cdot [\boldsymbol{c} \times \boldsymbol{a}]}$, $\boldsymbol{c}^* = 2\pi \dfrac{[\boldsymbol{a} \times \boldsymbol{b}]}{\boldsymbol{c} \cdot [\boldsymbol{a} \times \boldsymbol{b}]}$で定義する。$\boldsymbol{a} \cdot \boldsymbol{a}^* = \boldsymbol{b} \cdot \boldsymbol{b}^* =$

第 4 章　物性物理学

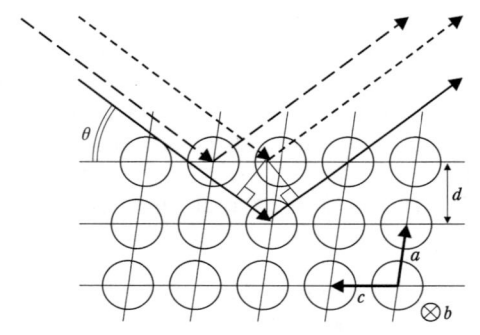

(注) 二つの破線の光路差はゼロ

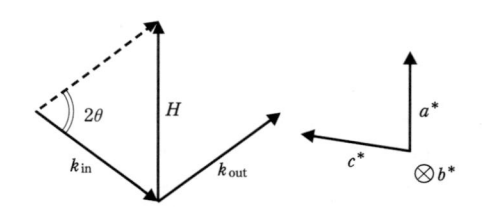

図 4-6　回折格子と逆格子ベクトル

$c \cdot c^* = 2\pi$, $a \cdot b^* = a \cdot c^* = b \cdot a^* = b \cdot c^* = c \cdot a^* = c \cdot b^* = 0$ である。逆格子ベクトル a^* などは，長さの逆数の次元をもっている。これを使うと，上のX線回折の条件式は，次のように書ける。

$$2k\sin\theta = H \tag{1}$$
$$\boldsymbol{H} = h\boldsymbol{a}^* + k\boldsymbol{b}^* + \ell\boldsymbol{c}^* \tag{2}$$

その意味は次のようである。光路長の差の式の両辺を $2d\lambda$ で割って 2π を掛けると，$2(2\pi/\lambda)\sin\theta = n(2\pi/d)$ となる。$2\pi/\lambda$ は，波長 λ のX線の波数ベクトル $\boldsymbol{k}$ の大きさである。図 4-6 下を参照すると，$\boldsymbol{H}$ が面 bc の法線方向のベクトルで，その大きさが a^* であることがわかる。したがって，このX線回折の状態は上の式で，$h=n$, $k=\ell=0$ の場合に相当する。

詳細には触れないが，回折の格子面は ab 面や bc 面に限るわけ

230

2. 結晶の原子配列と結合力

ではなく，傾いた面など任意の格子面でよい。そのような格子面について同様に考察すると，上記の式が一般に成り立つことがわかる。

格子の中にある波について，波数ベクトル k の大きさや向きが H だけ異なる2つの波は，上の式からわかるように，回折によって一方から他方が生まれるという関係で結ばれていて，互いに区別できない。したがって，波の波数ベクトルは逆格子の周期性をもつといえる。そこで，結晶中の電子の量子力学的波動，格子振動の波動，外部から入射した電子線の量子力学的波動やX線電磁波など，あらゆる波動の波動ベクトルを逆格子の中に位置づけ，逆格子の周期性のもとで考えると便利である。図4-7のように，逆格子空間の最小の範囲を第1ブリュアン域と呼び，その外側に第2，第3，…ブリュアン域を定義する。ブリュアン域の境界は，任意の逆格子ベクトル H の垂直2等分面で作られる。

(6) 回折と構造解析

波動が周期性のある格子に入射するとき，その波動と格子との間に何らかの相互作用があれば回折が起こる。結晶格子に電子線が入

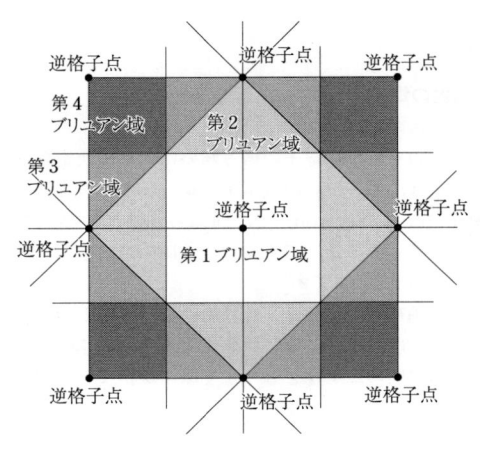

図4-7 逆格子とブリュアン域の例

射するときは，格子の中の電子集団および原子核と入射電子との間に働くクーロン相互作用が回折をもたらす．中性子線の場合は，原子核と中性子の間の核力相互作用が回折の原因となる．X線の場合は，格子の中の電子集団とX線電磁波との双極子相互作用が回折の起因である．

回折を起こす条件は，上で述べたように実空間の表式と逆格子・波数空間の表式のいずれかで表すこともできる．単結晶に波長と向きのわかった波動を入射すると，上の式の条件が満たされるとき，特定の方向に回折波が生じる．これを単結晶による「ブラッグ反射」という．微結晶がさまざまな方向を向いた集合体（多結晶）に波長と向きのわかった波動を入射すると，多数の微結晶の中には必ず式の関係を満たすものがあるので，特定の方向に回折波が出て行く．これを多結晶の「デバイ回折」と呼ぶ．単結晶に，波長が連続分布している波動を任意の方向から入射すると，式を満たす波長をもつ波が必ず存在するので，入射波に対して特定の方向に波動が回折される．これを「ラウエ反射」という．これらの回折現象を用いて，結晶の格子定数，軸方向，あるいは逆に波動の波長などを決めることができる．さらに回折の強度を測定すると，格子の中に配置している原子の位置座標を決めることができる．　　　（鹿児島誠一）

3. 結晶内の電子

(1) ブロッホの定理

固体の性質の多くは，電子の振る舞いによって決定されている．大部分の電子は，原子核の静電ポテンシャルによって捕獲されている**内殻電子**（core electron）で，固体の物性に寄与しない．固体の物性を決めているのは，ごく少数の外側の軌道を回っている**価電子**（valence electron）である．

では，この価電子はどのような状態になっているのであろう？ 孤立した原子では価電子も束縛状態にあるが，固体のように電子の波動関数と同程度の広がりをもつまで原子が密に並んでいる場合，電子はある原子に属しているというよりも，複数の原子にまたがって広がっていると考えるのが自然である．問題はこの広がり方である．

3. 結晶内の電子

電子は価電子を取り去った内殻電子と原子核からなる**原子芯** (atomic core) の作るポテンシャル中を運動する。古典的にはこうしたポテンシャル中の運動は不規則なものになると思われる。しかしながら、結晶のように規則的に原子が並んでいる場合、電子は量子力学の効果で系全体に周期的に広がっている。これを保証するのが**ブロッホの定理** (Bloch's theorem) である。

結晶内の電子のシュレーディンガー (Schrödinger) 方程式は、

$$\left(\frac{\boldsymbol{p}^2}{2m}+V(\boldsymbol{r})\right)\psi(\boldsymbol{r})=E\psi(\boldsymbol{r}) \tag{3}$$

となる。結晶の周期性はポテンシャル $V(\boldsymbol{r})$ が、

$$V(\boldsymbol{r})=V(\boldsymbol{r}+\boldsymbol{R}) \tag{4}$$

を満たすことで取り入れられる。$\boldsymbol{R}$ は結晶の周期に相当するベクトルである。このとき、$\psi(\boldsymbol{r})$ は平面波と周期関数の積、

$$\psi_{\boldsymbol{k}}(\boldsymbol{r})=\exp(i\boldsymbol{k}\cdot\boldsymbol{r})u_{\boldsymbol{k}}(\boldsymbol{r}), \quad u_{\boldsymbol{k}}(\boldsymbol{r})=u_{\boldsymbol{k}}(\boldsymbol{r}+\boldsymbol{R}) \tag{5}$$

となる。これがブロッホの定理である。この定理により、価電子の密度 $|\psi_{\boldsymbol{k}}(\boldsymbol{r})|^2=|u_{\boldsymbol{k}}(\boldsymbol{r})|^2$ は周期的になることがわかる。

(2) バンド構造

ブロッホの定理(5)式をシュレーディンガー方程式に代入すると、結晶内の電子状態を求める問題は、

$$\left(\frac{\hbar^2}{2m}\left(\frac{\nabla}{i}+\boldsymbol{k}\right)^2+V(\boldsymbol{r})\right)u_{\boldsymbol{k}}(\boldsymbol{r})=E_{\boldsymbol{k}}u_{\boldsymbol{k}}(\boldsymbol{r}) \tag{6}$$

を、境界条件 $u_{\boldsymbol{k}}(\boldsymbol{r})=u_{\boldsymbol{k}}(\boldsymbol{r}+\boldsymbol{R})$ のもとで解く問題に帰着する。(6)を解いて求めた固有値は離散的な値をとるので、エネルギーを $E_{n\boldsymbol{k}}(n=1,\ 2,\ \cdots)$ と番号づけ、$\boldsymbol{k}$ の範囲を第1ブリュアン域に限ることができる。こうして、**エネルギーバンド** $E_{n\boldsymbol{k}}$ が定義される。

第1ブリュアン域 (2.5節参照) の波数 $\boldsymbol{k}$ のとりうる数は系の中の単位胞の和に等しい。こうして、単位胞当たりの価電子を数えると、バンドの詰まり具合がわかる。簡単な例として、1次元の弱い周期ポテンシャル中のエネルギーバンドを考えよう。周期は a とする。このとき、第1ブリュアン域は $-\pi/a \leq k \leq \pi/a$ でエネルギーバンドは図4-8(a)となる。系の長さを L とすると単位胞の数は L/a であり、波数 k を周期境界条件を満たすように $2\pi/L\times$ 整数をとると、第1ブリュアン域の状態の数は $(2\pi/a)/(2\pi/L)=L/a$

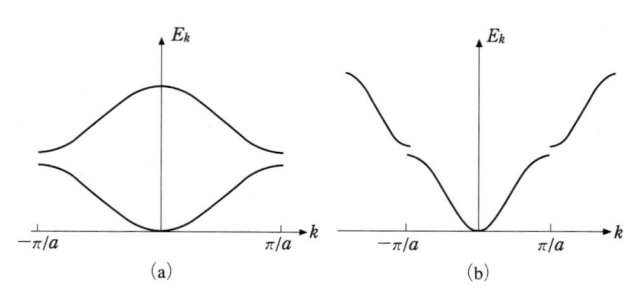

図 4-8 エネルギーバンド

となり,上で述べたことが確かに成立している。

逆格子ベクトルは,$2\pi/a$ の整数倍である。逆格子ベクトルだけ適当に動かすと,エネルギーバンドは図 4-8 (b)となる。これからわかるように,弱い周期ポテンシャルでのエネルギーバンドは,ほぼ自由電子の放物線形のエネルギースペクトルと同じである。この場合,エネルギーバンドはブリュアン域の境界付近のみで放物線からずれ,ギャップをもつ。

エネルギーバンドの計算方法には,平面波から出発する**ほとんど自由な電子の近似**(nearly free electron approximation),**強く束縛された電子の近似**(tight binding approximation)などがある。後者は価電子が原子芯からの引力を強く受けている場合を念頭においており,波動関数を原子に束縛された状態 ϕ の線形結合,

$$\psi_k(r) = \sum_R \exp(i\mathbf{k}\cdot\mathbf{R})\phi(\mathbf{r}-\mathbf{R}) \tag{7}$$

で近似するものである。この関数は **LCAO**(linear combination of atomic orbitals)と名づけられている。さらに,原子と原子の間は平面波で近似し,原子の近くは原子軌道を使うという **APW法**(augmented plane wave method),原子芯の状態に直交させた平面波を使って価電子状態を決める **OPW法**(orthogonalized plane wave method),原子芯の効果を適当なポテンシャルに見立てる**擬ポテンシャル法**(pseudopotential method)などがある。

(3) 結晶中の電子の運動

結晶内で電子が電場などの力 $\mathbf{F}$ を受けると,$\mathbf{k}$ は,

3. 結晶内の電子

$$\frac{d(\hbar \boldsymbol{k})}{dt} = \boldsymbol{F} \tag{8}$$

という時間変化を示す。一定の電場をかけた場合，電子はブリユアン域の端まで加速される。ブリユアン域の端ではギャップが開いている場合が多い。この場合，電子は逆格子ベクトルだけ波数の違う状態に飛ばされる。例えば，周期 a をもつ1次元格子では，第1ブリユアン域の端は $\pm \pi/a$ であり，k が π/a になったところで，$k=-\pi/a$ に乗り移るのである。こうして電子がちょうどバンドを満たしている場合，電子を電場で加速しようとしても電子の分布に変化はない。よって電流が流れず，系は**絶縁体** (insulator) になる（図4-9）。バンドを中途半端に電子が占有している場合，電場により電子が加速される。ただ，一方的に加速されるのではなく，不純物散乱などにより加速が止められる。こうして有限の電流が流れるようになる。これが**金属** (metal) である（図4-10）。

これより，完全に電子が詰まっているエネルギーバンドを**価電子帯** (valence band) と名づけ，電子が部分的に占有しているバンドを**伝導帯** (conduction band) と呼ぶ。価電子帯のすぐ上の空のバンドも，熱などで電子が励起されれば電流を流すようになるので，伝導帯と呼ばれる。電子が価電子帯をちょうど満たしている場合，フェルミ・エネルギー（第1節，およびフェルミ面の項を参照）はギャップのちょうど真ん中に位置する。

電子の群速度は，電子のエネルギーを ε とすると，

$$\boldsymbol{v} = \frac{1}{\hbar} \nabla_k \varepsilon \tag{9}$$

である。(8)と(9)から速度の時間変化は，

$$\frac{dv_i}{dt} = \frac{1}{\hbar^2} \sum_j \frac{\partial^2 \varepsilon}{\partial k_i \partial k_j} F_j, \quad (i, j = x, y, z) \tag{10}$$

となる。$\dot{v} = F/m$ の類推から固体内の質量は，**有効質量** (effective mass)

$$\left(\frac{1}{m^*} \right)_{ij} = \frac{1}{\hbar^2} \frac{\partial^2 \varepsilon}{\partial k_i \partial k_j} \tag{11}$$

となる。非対角成分が無視でき，かつ等方的な場合，有効質量は m^* だけで表せ，テンソルを考える必要はない。結晶中の電子の振

第4章 物性物理学

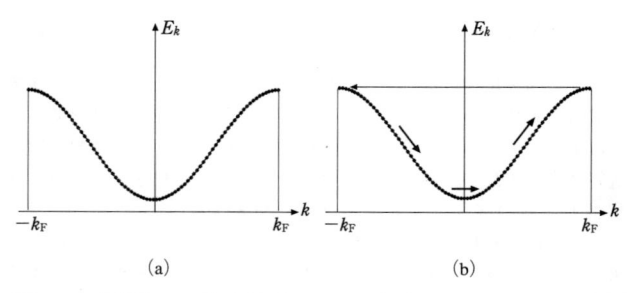

図 4-9 絶縁体のバンドの模式図。電子は k_F（第1節およびフェルミ面の項を参照）まで詰まっており，ブリュアン域は完全に占有されているので (a)，電場をかけても分布が変化せず，電流が流れない (b)。

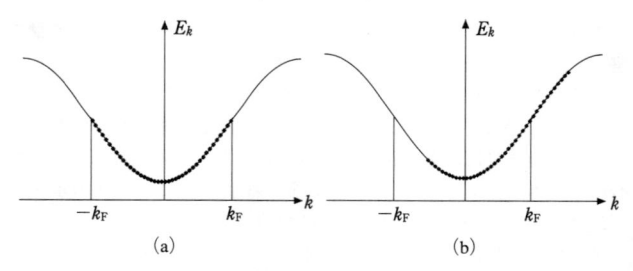

図 4-10 金属のバンドの模式図。ブリュアン域は完全には占有されていないので (a)，電場をかけると分布が変化し，電流が流れる (b)。

る舞いは，自由電子の質量を有効質量に置き換えることでうまく説明できることが多い。

電子がほぼ完全にバンドを占有しているときは，占有されていないごくわずかの状態を正電荷と見なして議論すると便利である。これを**正孔**（hole）と呼ぶ。

(4) フェルミ面

電子は**フェルミ粒子**（fermion）なので，エネルギー ε の状態を占有する確率は**フェルミ分布**

3. 結晶内の電子

$$f_F(\varepsilon) = \frac{1}{e^{\beta(\varepsilon-\mu)}+1} \tag{12}$$

で与えられる。ここで μ は化学ポテンシャルで，$\beta=1/k_B T$ である。$k_B=1.3807\times10^{-23}$ J/K は**ボルツマン定数**（Boltzmann constant）である。

金属では，μ は eV のオーダーである。$1 \text{eV}=1.160\times10^4 \text{K}\times k_B$ なので，常温ではフェルミ分布は，

$$f_F \approx \begin{cases} 1, & \varepsilon < \mu \\ 0, & \varepsilon > \mu \end{cases} \tag{13}$$

という階段関数のように振る舞う。逆に温度が十分高いと化学ポテンシャルが負の値をとり，任意の状態に対して $e^{\beta(\varepsilon-\mu)} \gg 1$ となり，**ボルツマン分布**（Boltzmann distribution），$e^{-\beta(\varepsilon-\mu)}$ が実現される。

化学ポテンシャルは粒子数を N とすると，

$$N = \sum_\nu f_F(\varepsilon_\nu) \tag{14}$$

から決定される。フェルミ分布はエネルギーのみの関数で，和は状態（波数）についてとるので，このままでは扱いにくい。そこで，固有エネルギーが ε から $\varepsilon+d\varepsilon$ という狭い幅 $d\varepsilon$ に入っている状態の数を $\rho(\varepsilon)d\varepsilon$ とし，$\rho(\varepsilon)$ を**状態密度**と呼ぶ。状態密度を使う

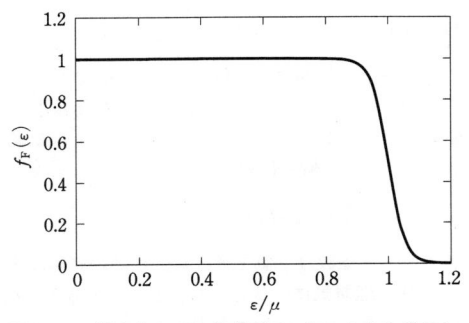

図4-11 温度を300K，化学ポテンシャルを1eVにしたときのフェルミ分布関数。常温でもかなり鋭い変化をしていることがわかる。

と(14)式は,

$$N = 2\int d\varepsilon \rho(\varepsilon) f_{\mathrm{F}}(\varepsilon) \tag{15}$$

となり, 積分で表せる. 2倍はスピン縮退による.

絶対零度での化学ポテンシャルは**フェルミ・エネルギー** (Fermi energy) と呼ばれている. フェルミ・エネルギーは,

$$N = 2\int^{E_{\mathrm{F}}} d\varepsilon \rho(\varepsilon) \tag{16}$$

から決定される. フェルミ・エネルギーを温度に換算してフェルミ温度 $T_{\mathrm{F}} = E_{\mathrm{F}}/k_{\mathrm{B}}$ を定義する. 温度が T_{F} よりも十分低いとき, 電子系は**縮退**しているといわれ, 古典的なボルツマン分布に従っている場合と異なる特徴を示す.

粒子が自由粒子と見なせる場合,

$$p_{\mathrm{F}} = \sqrt{2mE_{\mathrm{F}}}, \quad k_{\mathrm{F}} = \frac{p_{\mathrm{F}}}{\hbar}, \quad \lambda_{\mathrm{F}} = \frac{2\pi}{k_{\mathrm{F}}} \tag{17}$$

から, それぞれ, フェルミ運動量, フェルミ波数, フェルミ波長を定義できる. これらは電子物性の定性的な解釈において重要である.

状態密度を使って書くと, 物理量が1重積分で表せる. 例えば電子系の内部エネルギー E は,

$$E = 2\int^{E_{\mathrm{F}}} d\varepsilon \rho(\varepsilon) \varepsilon f_{\mathrm{F}}(\varepsilon) \tag{18}$$

となる. この積分は解析的には実行できないが, 温度がフェルミ・エネルギーよりも十分小さいときは**ゾンマーフェルト** (Sommerfeld) **の公式**により近似ができる. エネルギーから比熱 $C = dE/dT$ を計算することで, **電子比熱**

$$C_{\mathrm{e}} = \gamma T, \quad \gamma = \frac{2\pi^2}{3} k_{\mathrm{B}}^2 \rho(E_{\mathrm{F}}) \tag{19}$$

が求められる. T の係数は γ 値と呼ばれ, 比熱の議論に重要な量である. 電子比熱は**理想気体**の比熱 $3Nk_{\mathrm{B}}/2$ と比べると, $k_{\mathrm{B}}T/E_{\mathrm{F}}$ 程度の大きさしかもたない. 全体からすると, フェルミ・エネルギー付近のほんのわずかな数の状態しか, 比熱に寄与できないからである. 価電子が f 軌道にも存在するウランなどの重い原子核をもつ原

3. 結晶内の電子

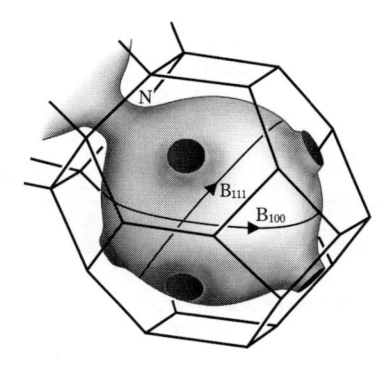

図 4-12 銅のフェルミ面の模式図。Bは腹、Nは首を表す。
(D.Shoenberg,Proc. R. Soc. A379 (1982) 1.)

子を含む系では、γ 値が通常の金属の1000倍にもなる。これは非常に高い状態密度、もしくは非常に大きな有効質量を意味する。このような系は**重いフェルミオン系**（heavy fermion system）と呼ばれている。

エネルギーバンド E_k から等エネルギー面が定義できる。これは、k 空間上で同じエネルギーをもつ状態の集合である。等エネルギー面を用いると、状態密度 ρ は、

$$\rho(\varepsilon)\,d\varepsilon = 2\int_{\varepsilon<E_k<\varepsilon+d\varepsilon}\frac{d\boldsymbol{k}}{(2\pi)^d} = 2d\varepsilon\int_{E_k=\varepsilon}\frac{dS}{|\nabla E_k|} \tag{20}$$

となる。最後の S に関する積分は等エネルギー面にわたる積分を意味する。

フェルミ・エネルギーに等しい状態が作る等エネルギー面を**フェルミ面**と呼ぶ。多くの物性は、フェルミ面付近の状態やフェルミ面の大きさで決まるので、フェルミ面は物性を議論する上で大変重要な量である。

フェルミ面は実験的に決定できる。主な手法は**ド・ハース−ファン・アルフェン効果**（de Haas-van Alphen effect）や**シュブニコフ−ド・ハース効果**（Shubnikov-de Haas effect）、**サイクロトロン共鳴**（cyclotron resonance）を利用する。これらは、磁場中の物質のそれぞれ帯磁率、伝導度、光吸収の測定に現われる。

第4章 物性物理学

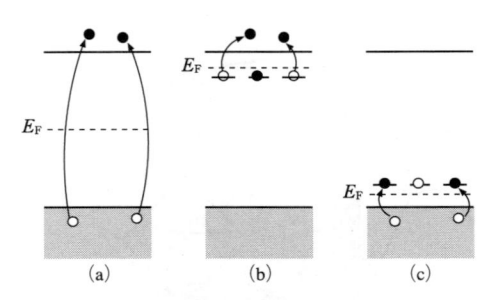

図4-13 半導体のエネルギーバンド。真性半導体(a)は価電子帯から伝導帯へと電子が励起される。一方, n型(b)は伝導帯付近の不純物バンド, p型(c)は価電子帯付近の不純物バンドから伝導電子や正孔が生じる。

(5) 半導体

フェルミ・エネルギーがギャップ中にある場合でも, そのギャップが小さければ, 電子は上のバンド (伝導帯) に熱的に励起され, $10^{-4} \sim 10^{7} \Omega \mathrm{m}$ の間の有限の抵抗を室温で示す。抵抗の値は, 伝導帯に励起された電子や価電子帯にできた正孔の数で決まるため, 抵抗の値は温度への強い依存性を示す。こうした物質は**半導体** (semiconductor) と呼ばれている。

よく知られた半導体は Si, Ge であるが, 化合物も重要である。Ⅲ価の元素とⅤ価の元素から成るいわゆるⅢ-Ⅴ化合物の GaAs, InSb, Ⅱ価とⅥ価の元素から成るⅡ-Ⅵ化合物の ZnTe, CdS がその例である。

価電子帯から伝導帯に熱的に励起された電子が伝導を担うものを**真性半導体**と呼ぶ (図4-13(a))。不純物を意図的に半導体にドープして, より伝導特性を改良し制御できるようにすることも可能である。これは**不純物半導体**と呼ばれる。伝導帯のすぐ下のエネルギーに不純物準位を作り, そこから電子を伝導帯へと励起させ電流が流れるようにする場合は, キャリアが電子で負の電荷をもつので**n型半導体**と呼ばれる (図4-13(b))。一方, 価電子帯のすぐ上に不純物準位を作り, その準位に価電子帯から電子が励起し, 価電子帯

に正孔を作り電流が流れるようにすることもできる。これは**p型半導体**と呼ばれている（図4-13(c)）。　　　　　　　　　　　　　　　（大槻東巳）

4. 結晶の弾性的性質と格子振動

(1) 物質の弾性と超音波

物質に外力を加えると、外力の大きさと方向に応じた変形が起こる。外力と変形があまり大きくなければ、外力を取り去ると物質はもとの形にもどる。これを物質の弾性変形という。弾性のミクロな起因は、原子間の結合力に求められる。絶対零度でない有限温度の場合は、これ以外に熱力学のエントロピーに起因するゴム弾性もある。いずれの場合でも、外力が小さい極限では近似的に変形の大きさが外力の大きさに比例する。この関係は、フックの法則としてよく知られている。弾性体の中を変形が波動として伝わることができる。これが弾性波であり、一般に音波と呼ばれることが多い。

音波のうち、人の可聴域は数十Hz～20kHz程度といわれている。これ以上の高振動数の音波、弾性波を超音波という。固体や液体中では音速が1～数km/sなので、1MHzの超音波の波長はmm程度となる。この程度の超音波を使って、人や動物あるいは構造物の内部の構造を探ることができる。100MHz程度の超音波であれば、波長は$10\mu m$程度になるので、固体の中の構造欠陥を探ることや、電子との相互作用を利用して物質の電子の振る舞いを調べることに使われる。

超音波を発生するには、図4-14のように水晶などの圧電素子を使う。水晶結晶に電場を加えると、電場の方向と向きに応じて、水晶が特定の方向にひずむ。これが圧電効果である。したがって、高周波電場を加えると水晶が電場の周波数の弾性振動を起こし、水晶を試料に貼りつけておくと、超音波が試料中に入っていく。また逆の効果として、水晶を一つの方向にひずませると、それに対応して特定の方向に電気分極が生じるので、これを検出することで超音波によって生じたひずみの大きさと向きを知ることができる。

(2) 格子振動

弾性波をミクロに見ると、結晶格子を作っている原子の振動の波である。これを格子振動と呼ぶ（図4-15）。

第 4 章　物性物理学

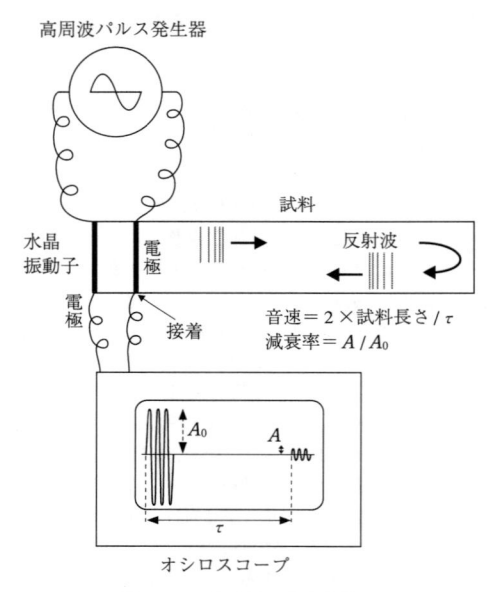

高周波パルス発生器

試料

水晶振動子

電極

電極

接着

反射波

音速 = 2 × 試料長さ / τ
減衰率 = A / A_0

A_0

A

τ

オシロスコープ

図 4-14　超音波の発生と検出

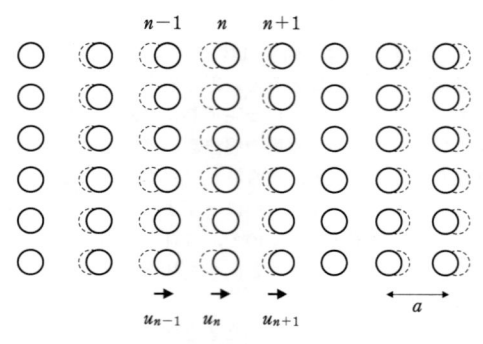

$n-1$　n　$n+1$

$\rightarrow$　$\rightarrow$　$\rightarrow$　　a
u_{n-1}　u_n　u_{n+1}

図 4-15　格子振動の模式図

4. 結晶の弾性的性質と格子振動

格子振動の波動方程式は，次のようにして得られる。単位格子に質量mの原子が1個だけある単原子格子と，x方向に走る平面波を考えよう。原子間距離をaとし，端からn番目で場所$x=na$にある原子の変位をu_nとする。これがx軸に平行なら縦波であり，直交する場合は横波である。原子間距離の変化に対してフックの法則が成り立つとすると，左隣の原子との距離の変化u_n-u_{n-1}に応じて，n番目の原子には$-c(u_n-u_{n-1})$の力が働き，右隣の原子との距離の変化に対応して$c(u_{n+1}-u_n)$の力が働く。もちろん，一般に縦波と横波では，ばね定数cが異なり，物質の構造によっては，y方向への変位の横波とz方向への変位の横波とで，ばね定数が異なる場合もある。n番目の原子の運動方程式は，

$$m\frac{d^2u_n}{dt^2}=-c(u_n-u_{n-1})+c(u_{n+1}-u_n) \tag{21}$$

となる。この連立の波動方程式を解くために，仮に解を$u_n=U\sin(kna+\omega t+\phi)$とおいてみる。これを方程式に代入すると，$m\omega^2=2c(1-\cos ka)$であれば，これが方程式を満たすことがわかる。この角振動数ωと(角)波数kとの関係を格子振動の分散関係という。

格子振動の波のエネルギーは群速度$v=\partial\omega/\partial k$で伝わる。いうまでもなく，音速$v$は縦波と2つの横波で異なり，普通は縦波の音速が横波の音速より大きい。

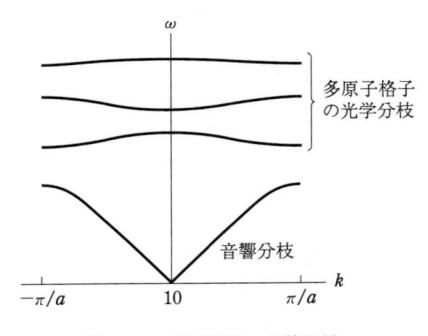

図 4-16 格子振動の分散関係

第4章 物性物理学

単位格子に2個以上の原子があると、図4-16のように格子振動には複数の異なった振動様式が現れ、分散関係もそれぞれ異なる。これを扱うには、上の式の原子変位 u_n を、単位胞に含まれるそれぞれの原子に対して定めて連立方程式を解くことになる。波数が十分小さいときに角振動数が波数に比例する分散関係を「音響分枝」と呼び、それ以外のものを「光学分枝」と呼ぶ。いずれについても、縦波と2つの横波がある。「光学分枝」の名の由来は、この振動が光と強い相互作用をすることがあるからである。

(3) フォノン

格子振動を量子力学で扱うと振動が量子化され、格子振動は「フォノン」という振動の量子の集まりと解釈される。これはちょうど、電磁波を量子化してフォトンという量子が導入されるのと同じである。角振動数 ω の格子振動のエネルギーは、$\hbar\omega$ が最小の大きさとなり、これの整数 N 倍のエネルギーが許される。したがって、格子振動のエネルギーが大きいこと、つまり振幅が大きいことは、量子数 N が大きいことに対応する。

(4) 格子比熱

一定量の物質の温度を、1K上げるために必要な熱量を比熱といい、特に、物質1モル当たりの比熱をモル比熱という。物質に与えた熱エネルギーは、物質の格子振動、電子運動、スピン運動などの励起エネルギーに分配されて熱平衡に達する。したがって、比熱の測定によって、物質のもつさまざまな励起状態を探ることができる。

絶縁体で磁性ももたない物質ならば、熱エネルギーはほとんど格子振動に分配される。格子振動が受けもつ比熱を格子比熱という。格子比熱の測定によって、物質の固さに関する知見を得ることができる。実験によれば、格子比熱は定性的には図4-17のように振る舞う。高温では一定値に近づき、低温では $\sim T^3$ でゼロに向かう。

高温領域の比熱は、次のように古典物理で理解できる。原子が平衡位置の周りで角振動数 ω でフックの法則に従って単振動をしていると考え、原子の質量を m、変位を q、運動量を p とすると、振動エネルギーは、$E = p^2/2m + (1/2)m\omega^2 q^2$ である。統計力学によれば、このエネルギーの平均値 $\langle E \rangle$ は、$\langle E \rangle = \langle p^2/2m \rangle + \langle (1/2)$

4. 結晶の弾性的性質と格子振動

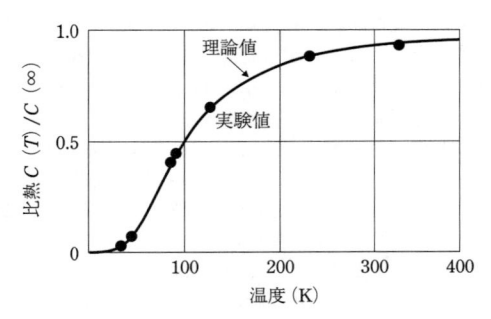

図 4-17 アルミニウムの比熱
(P. Debye, Ann. der Phys., **39**, 789 (1912))

$m\omega^2 q^2\rangle = (1/2)k_B T + (1/2)k_B T = k_B T$ と書ける。1つの原子は3方向の運動の自由度をもつから,物質中にN個の原子があるとき,全エネルギーの平均値は$3Nk_B T$で,比熱Cは$C = 3Nk_B$である。これが,温度Tでは原子の運動の1自由度当たり$k_B T$のエネルギーをもつという「エネルギーの等分配則」である。

この古典論で高温の比熱が一定値に近づくことは理解できるが,低温で比熱が減少することを説明するには,量子論を必要とする。量子論によれば,角振動数ωの単振動のエネルギーは$\hbar\omega$の整数倍

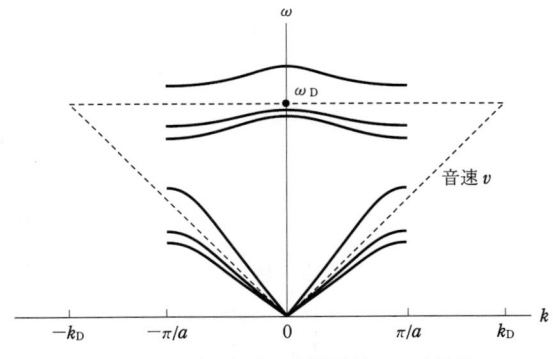

図 4-18 格子振動の分散関係とデバイ近似

という離散値に限られる。極低温に向かって振動のエネルギーが減少していくとき、このことが重要になる。量子力学的なボース-アインシュタイン統計によれば、角振動数ωの単振動の平均エネルギーは、$\hbar\omega/\{\exp(\hbar\omega/k_{\mathrm{B}}T)-1\}$となる。比熱が$T\to\infty$では一定値$3Nk_{\mathrm{B}}$で古典論、実験と一致し、$T\to 0$では$C\simeq\hbar\omega\exp(-\hbar\omega/k_{\mathrm{B}}T)$となり、ゼロに向かうという実験結果を定性的に説明できる。このように、格子振動を一定の角振動をもつ多数の単振動の集まりと考えるモデルを「比熱のアインシュタイン・モデル」という。

実際の物質の格子振動は、一定の角振動数をもつわけではない。音響分枝はいくらでも低い角振動の状態をもち、低温ではそれらが励起されているに違いない。そこで、音響分枝だけに注目し、角振動数が一定ではないことを考慮したモデルを「比熱のデバイ・モデル」という。

アインシュタイン・モデルの角振動数ωの状態の数(状態密度)を$C(\omega)$と書くと、アインシュタイン・モデルの結果を借用して、格子振動のエネルギーの平均値は、

$$\langle E\rangle=\int_0^\infty \frac{\hbar\omega C(\omega)}{\exp(\hbar\omega/k_{\mathrm{B}}T)-1}d\omega \tag{22}$$

と書けるであろう。物質の格子振動が、すべて一つの音速vをもつ音響分枝で近似できるとした。積分の上限は、振動の全自由度が$3N$という条件で決める。その上限をω_{D}と書き、これを「デバイ(角)振動数」という。$\omega=vk$という関係を使うと、同様に波数の上限として「デバイ波数」k_{D}が決まる(図4-18)。積分の結果、低温の極限では、

$$C=\frac{12}{5}\pi^4 Nk_{\mathrm{B}}\left(\frac{T}{\Theta_{\mathrm{D}}}\right)^3 \tag{23}$$

という結果が得られる。ここで$\Theta_{\mathrm{D}}=\hbar\omega_{\mathrm{D}}/k_{\mathrm{B}}$は「デバイ温度」である。低温比熱が$T^3$に比例するという実験事実をみごとに説明できる。

(5) 熱膨張

物質を加熱すると、多くの場合、物質は膨張する。これを熱膨張と呼ぶ。一般に熱膨張のミクロな起因は、原子・分子間の結合ポテンシャルである。図4-19のように、隣接する2原子間の結合のポ

5. 磁　性

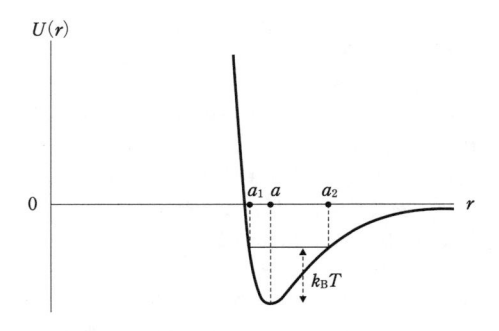

U(r) のグラフ。横軸 r,縦軸 U(r)。a_1, a, a_2 の位置が示されており, $k_B T$ のエネルギー幅が示されている。

図 4-19　原子間結合ポテンシャル

テンシャル・エネルギーは，結合の種類によらず，近距離では強い斥力，遠距離で弱い引力を生み出す。

さて，絶対零度で原子・分子間距離が図の平衡距離 a であったとしよう。ここで温度が T に上昇すると，原子・分子は $k_B T$ の熱エネルギーで熱振動をするから，距離は図のように a_1 と a_2 の間で振動するに違いない。温度が上昇するにつれて，a_1 は減少して a_2 が増大するが，a の周りでの関数形は一般に左右非対称であり，振動の中心位置 $(a_2+a_1)/2$ は温度の上昇とともに増大する。これは熱膨張に他ならない。このことの数学的意味は，ポテンシャル・エネルギーを $r=a$ の周りで展開してみればわかる。$U(r)=U(a)+U'(a)(r-a)+\frac{1}{2}U''(a)(r-a)^2+\frac{1}{6}U'''(a)(r-a)^3+\cdots$ であり，$r=a$ が釣り合いの位置だから，$U'(a)=0$ である。$(r-a)^2$ の項がフックの法則に従う振動を表現しており，3乗の項が $U(r)$ の $r=a$ の周りでの左右非対称性を表している。一般に原子・分子の熱振動には，フックの法則だけでは表現できない3次の項の効果が含まれており，この項によって物質の熱膨張が起こるといえる。

（鹿児島誠一）

5.　磁　性

電子は角運動量と電荷 $(-e)$ をもっている。回転する電流は磁気モーメントをもつ。これを簡単に見積もろう。半径 r で速さ v の

回転運動をしている電子は、$-ev/2\pi r$ の電流を運んでおり、これに面積 πr^2 を掛ければ古典的な磁気モーメント $\mu = \dfrac{\mu_0 e}{2m} mvr$ が求められる。mvr が角運動量なので、$L = mvr/\hbar$ とおくと、$\mu = \mu_0 \mu_B L$ と書ける。$\mu_0 = 4\pi \times 10^{-7} \mathrm{H/m}$ は真空の透磁率で、$\mu_B = \dfrac{e\hbar}{2m}$ は**ボーア磁子**（Bohr magneton）である。

電子は自転によるスピン角運動量 $\hbar/2$ をもつ。この場合、磁気モーメントは $\mu_0 \mu_B$ となる。$1/2$ がつきそうであるが、電子は量子力学的粒子なので前述の古典的な議論が使えないのである。いずれにしろ、質量が分母にくることから、電子の磁気モーメントの方が原子核の磁気モーメントよりもはるかに大きいことがわかる。一般には、原子の磁気モーメントはスピンと軌道角運動量の和を J として、$g\mu_0\mu_B J$ で与えられる。g は **g因子**（g-factor）である。これは一般に半端な数になる。

(1) 常磁性と反磁性

内殻は、電子のスピンも軌道角運動量も打ち消し合って 0 になっており、$J=0$ となっている。また、価電子も分子や結晶では磁気モーメントを打ち消し合う配置をとる。例外は、遷移元素や希土類元素である。これらは 3d, 4d, 4f, 5f 軌道が一部だけしか満たされていないので、磁気モーメントが残りうる。また、金属のように結晶全体に価電子が広がっている場合も磁気モーメントが残っている。

磁気モーメント μ は磁場と相互作用する。磁束密度 $\boldsymbol{B}$ の磁場中では、相互作用のエネルギーは、

$$E = -\boldsymbol{\mu} \cdot \boldsymbol{B} \tag{24}$$

となり、磁場方向と磁気モーメントの方向がそろっているときほど、エネルギーが低くなる。

常磁性（paramagnetism）とは、原子や分子に磁気モーメントが残っているとき、磁場をかけると磁場の方向に磁気モーメントがそろい、系が磁性をもつ現象である。ミクロな磁気モーメントの和を**磁化**（magnetization）M と呼ぶ。常磁性の場合、かけた磁場 B に磁化が比例する。その比例係数

$$\chi = \frac{\mu_0 M}{B} \tag{25}$$

5. 磁 性

が**帯磁率**(susceptibility) χ である。常磁性の場合，帯磁率は温度に反比例する。

$$\chi = \frac{C}{T} \tag{26}$$

これは**キュリー則**(Curie law)であり，磁気モーメントをもっている粒子数を N とすると，$C = N\mu^2\mu_0/3k_B$ となる。

金属中の電子は，パウリ原理により磁場をかけても簡単にはスピンの向きを変えられない。そのため帯磁率は，キュリー則よりもはるかに小さくなる。これは**パウリ常磁性**(Pauli paramagnetism)と呼ばれる（電子比熱が理想気体よりも小さくなるのと同じ現象である）。比熱と同じように，フェルミ面付近の電子だけが磁性に寄与し，帯磁率は，

$$\chi = 2\mu_0\mu_B^2\rho(E_F) \tag{27}$$

となる。

磁気モーメントをもっていない原子に磁場をかけると，ローレンツ力(Lorentz force)で電子の軌道は曲げられ，外部からかけた磁場と反対向きの磁気モーメントが生じる。これは**反磁性**と呼ばれる。反磁性の帯磁率は，全電子の半径の2乗の平均値 $\langle r^2 \rangle$ を使って，

$$\chi = -\frac{Ne^2\mu_0}{6m}\langle r^2 \rangle \tag{28}$$

と表される。N は全電子数である。

(2) 強磁性

ここまでの説明では，ミクロな磁気モーメントは外部からの磁場とのみ相互作用をすると仮定していた。しかしながら，固体では磁気モーメントが密に並んでいるので，磁気モーメント同士の相互作用が物理を本質的に変える場合がある。磁気モーメントが向きをそろえるとエネルギーが低くなるとする。低温ではエントロピーの効果が小さくなり，この磁気モーメント同士のエネルギーをより小さくするために，ミクロな磁気モーメントが自発的にそろい，**自発磁化**(spontaneous magnetization)が生まれる。これが強磁性である。自発磁化の向きはある方向を向く理由はなく，複数（もしくは無限）の可能性があるが，とにかくそのうちのどれかを選択する。

これが**自発的対称性の破れ**(spontaneous symmetry breaking)である。

この機構を直感的にわかりやすく説明するのが**ワイス理論**(Weiss theory)である。ミクロな磁気モーメントの周りの磁気モーメントの向きがある方向に偏っていると、最初に考えた磁気モーメントの方向も同じ方向を向きたがる。この周りの磁気モーメントの向きは、本来は場所によっていろいろな値をとるが、これをマクロな磁気モーメント(磁化)の平均値で近似してしまい、一様なものとする。これが**平均場近似**(mean field approximation)である。これは**分子場近似**(molecular field approximation)とも呼ばれる。磁化をMとすると、ミクロな磁気モーメントの受ける力はMに比例し、ある方向を向く傾向が強くなる。一方、ミクロな磁気モーメントの和が磁化なので、これがはじめに仮定したMを再現しなくてはならない。低温ではこの磁化が 0 でない解が存在し、**強磁性**(ferromagnetism)が出現する。磁化が有限の値をとり始める温度を**転移温度**(critical temperature)と呼び、T_c と記す。強磁性の場合、これを**キュリー温度**とも呼ぶ。ワイス理論ではキュリー則の(26)式は、

$$\chi = \frac{C}{T - T_c} \tag{29}$$

となる。これは**キュリー-ワイス則**(Curie-Weiss law)と呼ばれる。

磁気モーメント間の相互作用は静磁気学的起源をもつと仮定して、実際の数値を当てはめて相互作用の強さを見積もると、T_c は非常に小さく、現実に観測される強磁性は説明できない。このなぞに答えを与えたのがハイゼンベルク(W.K. Heisenberg)である。ハイゼンベルクは 2 個の電子が 2 つのイオンの間にまたがっているとき、そのスピンがそろっている場合とそろっていない場合で、静電エネルギーが異なることを示した。これをモデル化すると、スピン間の相互作用は、

$$H = -2J\mathbf{S}_1 \cdot \mathbf{S}_2 \tag{30}$$

となる。これを結晶に対して拡張すると、

5. 磁性

$$H = -2J \sum_{\langle i,j \rangle} S_i \cdot S_j \tag{31}$$

となる（i, j はミクロな磁気モーメントが存在している位置を，$\langle i,j \rangle$ はその最近接の対を表す）。これは**ハイゼンベルク・モデル**（Heisenberg model）と呼ばれる。J は静電的な起源をもつので，eV 程度の大きさになり，静磁気的な相互作用よりもはるかに大きい。J は**交換エネルギー**（exchange energy）と呼ばれる。J の符号は結晶中の電子状態で決まる。強磁性が現れるのは，$J>0$ の場合である。

ハイゼンベルク・モデルは実際の結晶内の磁性をかなり簡単化したものであるが，それでも解析的な解を求めるのは 1 次元を除き，今のところ不可能である。そこでスピン S を古典的なベクトルとして扱う古典モデルが強磁性を議論するのによく用いられる。特によく議論されるのが，$S_i = (0, 0, \pm 1)$ とした**イジング・モデル**（Ising model）である。イジング・モデルは 1，2 次元で厳密解が存在する。2 次元の厳密解は**オンサーガー解**（Onsager's solution）と呼ばれる。また，スピンが x-y 平面内の成分しかとらない，すなわち，$S_i = (\cos\theta_i, \sin\theta_i, 0)$ とした **XY モデル**もよく議論される。

XY モデル，ハイゼンベルク・モデルは 2 次元で強磁性相をもたないが，イジング・モデルは 2 次元で強磁性-常磁性転移を示す。この違いは S が連続自由度をもつか，離散的な自由度しかもたないかによる。前者の場合，2 次元では相転移が起こらないことは，**マーミン-ワグナーの定理**（Mermin-Wagner's theorem）として知られている。

イジング・モデル，XY モデル，ハイゼンベルク・モデルはスピンの成分を 1, 2, 3 と増やしていくことで実現できる。一般に n 個の成分をもつベクトルをスピンとして考えたものが，n ベクトルモデルである。

(3) 反強磁性

結晶の配置と電子状態によっては，交換エネルギー J が負になる。この場合，隣り合うスピンは反対向きになろうとする。これが結晶全体にわたって起こっているのが**反強磁性**（antifer-

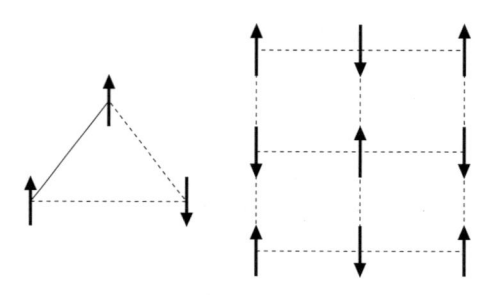

図 4-20 三角格子と正方格子上の反強磁性。三角格子では必ずエネルギーが上がってしまうボンド（実線）が存在する。一方，正方格子は副格子に分けられ，上向きスピンと下向きスピンを各副格子に配置することで，基底状態を実現できる。

romagnetism) である。

交換エネルギー J が負だからといって，すべての対が反対向きの配置をとれるわけではない。例えば3角形の頂点上にスピンが配置していたとすると，一つの頂点でスピンが上向き，もう一つの頂点で下向きとしたとき，3番目の頂点では，一つ目か二つ目の頂点上のスピンのどちらかと同じ向きにならざるを得ない（図4-20）。この現象は**フラストレーション**（frustration）と呼ばれる。

この考察から反強磁性が現れるのは，J が負であることと，結晶がフラストレーションを示さないことが必要であることがわかる。具体的には，結晶を2つの**副格子**（sublattice）に分けたとき，ある副格子に属する格子点の最近接サイトが必ず別の副格子に属しているとき，反強磁性が現れる。

常磁性-反強磁性転移温度は**ネール温度**（Néel temperature）と呼ばれ，T_N と表記される。J が負の系では帯磁率 χ は $T > T_N$ で，

$$\chi = \frac{C}{T+\theta}, \quad \theta > 0 \tag{32}$$

という振る舞いを示す。θ はネール温度 T_N 程度の大きさである。この場合，$T = T_N$ でも帯磁率は発散しない。しかし，$T < T_N$ では帯磁率は温度とともに減少するので，転移が起こったことがわか

5. 磁 性

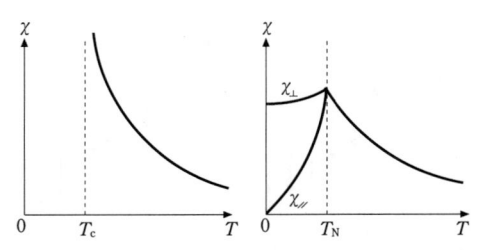

図 4-21 強磁性体と反強磁性体の帯磁率の温度依存性

る。

$T<T_N$ では,スピンが並んでいる方向と平行に磁場をかけた場合 ($\chi_{//}$) と垂直にかけた場合 ($\chi_\perp$) で,で振る舞いが異なる。絶対零度の場合,スピンが並んでいる軸に平行に磁場をかけても,エネルギーは変わらず,系に変化は起きない。これより,$\chi_{//}=0$ となる (図 4-21)。

2つの副格子で,磁気モーメントが異なる大きさをもつと,磁気モーメントの打ち消しが完全には起こらない。これが,**フェリ磁性** (ferrimagnetism) である。他に,**傾斜反磁性**,**ラセン磁性**などの配置も磁気秩序として現れる。

強磁性結合か反強磁性結合かは,格子や電子状態に依存する。不規則な格子の場合,強磁性と反強磁性がランダムに混じったものが実現される。これが**スピングラス** (spin glass) である。

(4) 磁 壁

自発磁化の方向には任意性がある。例えばイジング・モデルでは,スピンがすべて +1 の状態と,すべて -1 の状態のエネルギーが等しいし,XY モデルではすべてのスピンが面内の 1 方向にそろった状態は,方向によらず同じ基底エネルギーを与える。そのため,ある領域では 1 つの方向を向いており,別の領域では異なる方向を向いた状態が実現される場合がある。このとき,2 つの領域の間にはスピンの向きが変化する領域が存在する。これが**磁壁** (図 4-22) である。

イジング・モデルの場合,磁壁が存在する状態は,単位長さ当たり,エネルギーが J 程度,損をする。一方,XY モデル,ハイゼン

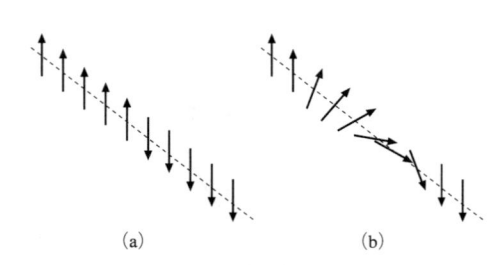

図 4-22 イジング・モデル (a) と，ハイゼンベルク・モデル (b) での磁壁

ベルク・モデルの場合，スピンの向きを徐々に変えていくことにより，磁壁の幅を N とすると，J/N 程度のエネルギーの損失ですむので，磁壁ができやすい。

(5) 相転移

常磁性-強磁性の転移は**相転移**の一種である。水と氷の相転移と違い，この相転移は潜熱を必要としない。つまり，エントロピーが連続なのである。このように同じ相転移でも，何が不連続に変わるのかで転移の様子が違ってくる。一般に自由エネルギーの n 階微分に異常が現れるとき，n 次相転移という。潜熱を伴う相転移は，エントロピーが不連続性を示す。エントロピーは自由エネルギーの 1 階微分なので，潜熱を伴う相転移は **1 次相転移**である。常磁性-強磁性転移は，エントロピーの微分（比熱）に異常が現れるので，**2 次相転移**である。

こうした相転移を特徴づけるのが**臨界指数**（critical exponent）である。ここで転移点からのずれを表す量として，

$$t = \frac{T - T_c}{T_c} \tag{33}$$

$$h = \frac{H}{k_B T_c} = \beta_c H \tag{34}$$

を定義する。このとき，臨界指数は表 4-1 のように定義される。

転移温度は物質ごとに違う値を示すが，臨界指数は多くの物質で共通である。これが**普遍性**（universality）である。臨界指数は系の次元と，系のもつ基本的な対称性のみで決まる。このような系

5. 磁 性

表 4-1 臨界指数の定義

臨界指数	関連した物理量	定義
α	比熱 C の発散	$C \sim |t|^{-\alpha}$
β	磁化 M の消失	$M \sim (-t)^{-\beta}$
γ	帯磁率 χ の発散	$\chi \sim |t|^{-\gamma}$
δ	転移点での磁化の振る舞い	$M \sim |h|^{1/\delta}$

の、基本的な対称性による臨界指数の分類を**普遍クラス**(universality class)と呼ぶ。

臨界指数は独立でなく、**スケーリング関係式**(scaling relation)

$$\alpha + 2\beta + \gamma = 2, \quad \alpha + \beta(\delta+1) = 2 \tag{35}$$

に従う。

物理量 $A(r)$ の相関を、

$$\langle A(r) A(0) \rangle = G(r)$$

と定義する。$\langle \cdots \rangle$ は平均を表す。$G(r)$ は相関関数と呼ばれる。相関関数の r 依存性は、

$$G(r) \sim \begin{cases} e^{-r/\xi} & T \ne T_c \\ 1/r^{d-2+\eta} & T = T_c \end{cases} \tag{36}$$

となる。d は次元で、ξ は**相関長**(correlation length)である。相関長の発散を示す臨界指数 ν は、

$$\xi \sim |t|^{-\nu} \tag{37}$$

で定義される。この相関関数に関連した臨界指数には、**ハイパースケーリング関係式**

$$\alpha = 2 - d\nu, \quad \gamma = \nu(2-\eta) \tag{38}$$

が成立している。スケーリング関係式(35)、(38)は、実験やシミュレーションで得られたデータを解析する上で重要な式である。

(6) 量子スピン系

スピンを古典的なものとせず、量子力学的に扱ったものが**量子スピン系**(quantum spin system)である。

スピンがすべてそろった基底状態からの励起を考えた場合、スピンを一つ分反転させるよりも、多くのスピンの向きを少しずつ変化させた方がエネルギーが低い場合がある。この励起は、スピンの向きが波のように変化しているので、**スピン波**(spin wave)と呼ば

図 4-23 マグノンの概念図。少しずつスピンを回すことで、エネルギーの損失を抑える。

れる。格子振動を量子化してフォノンを得たように（第 4 節(3)を参照），スピン波も量子化してこれを粒子のように扱ったものを**マグノン**（magnon）と呼ぶ（図 4-23）。マグノンの分散関係は強磁性の場合，$\omega(q) \sim q^2$，反強磁性の場合，$\omega(q) \sim q$ となる。

この分散関係から，3 次元の強磁性体の場合，磁化の温度変化は $\Delta M(T) \sim T^{3/2}$ で与えられる。これはブロッホの $T^{3/2}$ 則である。

特に 1 次元系は量子性が顕著に現れる。1 次元系は隣にある格子点の数，離れた 2 個のスピンを結ぶ経路の数，双方とも少ないので，スピンが周りからの束縛を受けにくいからである。最近，1 次元スピン鎖が有機化合物や $CuGeO$，$(NH, K, Tl)CuCl$ で実験的に実現されるようになり，盛んに研究されている。

スピン 1/2 の 1 次元量子スピン系は，基底状態と励起状態の間にギャップをもたない。一方，スピン 1 の 1 次元量子スピン系はギャップをもつ。このようなスピンが整数の場合に現れる基底状態と励起状態のギャップを，**ハルデン・ギャップ**（Haldane gap）と呼ぶ。スピンが大きい，小さいではなく，整数か半奇数かでギャップの有無が決まることは興味深い。

低温の低次元の反強磁性量子スピン系に強い磁場をかけていくと，磁化が起こる。このとき，磁化が磁場のなめらかな関数ではなく，プラトーを示す現象が注目を浴びている。 （大槻東巳）

6. 磁気共鳴

磁気共鳴とは，100MHz～100GHz 程度の周波数の電磁波を物質に加え，物質中の電子や原子核のミクロ磁石を励起することである。これによって，原子核や電子の近傍の電子状態を直接的に探ることができる。

(1) 磁場中の磁気モーメント

6. 磁気共鳴

磁気モーメント μ に磁束密度 B の磁場を加えると，磁気モーメントには $\mu \times B$ のねじり力（トルク）が働く。これは，あたかも回転するコマにトルクを加えたかのような効果を生じ，磁気モーメントに角運動量を与える。磁気モーメントがもともともっていた角運動量ベクトルにこれが加えられた結果，磁気モーメントの向きは図4-23のように変化する。これを磁気モーメントの「ラーモア回転」と呼び，回転周波数を「ラーモア周波数」という。これはちょうど，傾いたコマに重力が働いて，コマが鉛直軸の周りに歳差運動をすることと同じである。

(2) 電子スピン共鳴と核磁気共鳴

磁場中で歳差運動をする磁気モーメントに，ラーモア周波数に等しい周波数の交流磁場を加えると，磁気モーメントの歳差運動の振幅，つまり磁場に対する磁気モーメントの傾き角が増大するに違いない。エネルギーでいえば，加えた交流磁場のエネルギーが磁気モーメントに吸収され，歳差運動のエネルギーが増大したと考えられる。これを，磁気モーメントの共鳴励起という。

磁気共鳴のラーモア周波数は，磁気モーメントの大きさと磁場の強さとの積に比例する。電子スピンに由来する磁気モーメントの大きさは，ボーア磁子 $\mu_B = 9.27 \times 10^{-24}$ J/T の大きさ程度で，核スピンによるものは $\mu_n = 5.05 \times 10^{-27}$ J/T 程度である。したがって，例えば磁束密度が 1T の磁場のもとでは，電子スピンの共鳴励起の周波数は 10^{11} Hz 程度，核スピンでは 10^8 Hz 程度となる。

電子スピンの磁気共鳴は，電子スピン共鳴（ESR）と呼ばれる。共鳴周波数はマイクロ波の周波数領域なので，実験を行うにはマイクロ波の導波管の中に試料を入れて磁場を加える。マイクロ波（電磁波）の磁場成分が，電子の磁気モーメントを共鳴励起する。マイクロ波の周波数を固定し，磁場を掃引しながらマイクロ波の吸収を測定すれば，吸収の極大が共鳴が起こったことに相当する。共鳴磁場および磁場変化に対する共鳴の鋭さを測定し，共鳴している電子の g 値や，その電子と相互作用をしている周りの物質環境を探ることができる。

核スピンの磁気共鳴は核磁気共鳴（NMR）と呼ばれる。電子スピン共鳴と同様に，共鳴している原子核の性質や，その周りの物質

環境を探ることができる。

(3) 緩和機構

共鳴励起されたスピンの歳差運動は,周りの電子や原子との相互作用を通じて減衰していく。これを励起の緩和と呼ぶ。したがって,緩和の様子を調べれば,周りの物質環境がわかる。

緩和機構を2つに大別することができる。一つは「スピン-格子緩和」または「縦緩和」と呼ばれ,歳差運動のエネルギーが緩和時間 T_1 程度の時間のうちに原子の振動エネルギーに逃げていくことによる緩和である。もう一つの緩和機構は「スピン-スピン緩和」または「横緩和」と呼ばれ,多数のスピンの歳差運動がそろわなくなる緩和であり,その緩和時間を T_2 で表す。　　　　(鹿児島誠一)

7. 電気伝導

物質中の電流の流れやすさを表すのが電気伝導度である。電気伝導度 σ は電場 E と電流密度 j から,

$$j = \sigma E \tag{39}$$

の関係によって決定される。

20世紀の文明は電気を利用して発展していった。電気伝導現象はそれゆえ,応用上非常に大切な現象である。ここ20年で電気伝導現象は,量子力学的な効果で本質的な変化を受けることがつぎつぎと明らかになり,基礎研究としても注目されている。

(1) 一般論

はじめに,古典的な**ドルーデ・モデル**(Drude model)による電気伝導度の評価を示そう。電子を点電荷とみなし,電子は散乱時間 τ の散乱を受けているとする。このとき,電子の運動方程式は,

$$m\frac{d\boldsymbol{v}}{dt} = -e\boldsymbol{E} - \frac{m\boldsymbol{v}}{\tau} - e\boldsymbol{v}\times\boldsymbol{B} \tag{40}$$

である。ここで $\boldsymbol{B}$ を z 方向とする。定常状態では $\boldsymbol{v}$ は一定なので,x-y 平面上の運動を見ると,

$$m\frac{v_x}{\tau} + ev_yB = -eE_x$$

$$m\frac{v_y}{\tau} - ev_xB = -eE_y$$

7. 電気伝導

となる.電子密度を n とすると, 電流密度は $\boldsymbol{j} = n(-e)\boldsymbol{v}$ となるので,

$$\boldsymbol{j} = \sigma \boldsymbol{E}, \quad \sigma = \frac{ne^2\tau}{m}\frac{1}{1+(\omega_c\tau)^2}\begin{pmatrix} 1 & -\omega_c\tau \\ \omega_c\tau & 1 \end{pmatrix} \tag{41}$$

がえられる.$\omega_c = eB/m$ は**サイクロトロン振動数**(cyclotron frequency)である.ゼロ磁場では電気伝導度は,

$$\sigma(0) = \frac{ne^2\tau}{m} \tag{42}$$

となる.弱磁場中 $\omega_c\tau \ll 1$ では,電気伝導度 σ_{xx} が B^2 に比例する補正を受けて減少し,また強磁場中 ($\omega_c\tau \gg 1$) では,σ_{xx} は小さく,ホール伝導度 σ_{yx} (第7節(2)参照)は,ne/B となり,散乱時間 τ や有効質量 m によらないことがわかる.

電気伝導度(42)式は,電子密度 n と散乱時間 τ の積である.電気伝導度が大きいのは電子密度が大きいためか,散乱時間が長いためか,電気伝導度を見ているだけでは明らかでない.そこで,散乱時間の情報のみを含んだ,いわば"電子1個当たりの電気伝導度"μ を定義すると都合がよい.これは**移動度**(mobility)と呼ばれ,

$$v = \mu E \tag{43}$$

で定義される.ドルーデ・モデルでは,$\mu = \dfrac{e\tau}{m}$ である.

ドルーデ・モデルでは電子の示すフェルミ統計は取り入れられていない.これは,**ボルツマン方程式**(Boltzmann equation)によって取り入れることができる.ボルツマン方程式では,電子の速度でなく電子の速度分布関数が電場によってどのように変化するのかを議論する.

位置 $\boldsymbol{r}$,速度 $\boldsymbol{v}$ をもつ粒子の分布関数を $f(t, \boldsymbol{r}, \boldsymbol{v})$ とすると,f の時間変化 df/dt は,

$$\frac{df}{dt} = \frac{\partial f}{\partial t} + \boldsymbol{v}\cdot\frac{\partial f}{\partial \boldsymbol{r}} + \dot{\boldsymbol{v}}\cdot\frac{\partial f}{\partial \boldsymbol{v}} \tag{44}$$

である.散乱がないとこの変化は 0 であるが,散乱がある場合,これは f に依存した関数になり,

$$I(f) = \frac{\partial f}{\partial t} + \boldsymbol{v}\cdot\frac{\partial f}{\partial \boldsymbol{r}} + \dot{\boldsymbol{v}}\cdot\frac{\partial f}{\partial \boldsymbol{v}} \tag{45}$$

となる.これがボルツマン方程式である.熱平衡状態での分布関数を f_0 とすると,左辺は多くの場合,$-(f-f_0)/\tau$ で近似される.こ

のことは，f_0 からのずれが散乱によって緩和されることを意味する。電気伝導度を求める場合，一様な電場を仮定し，分布関数の r 依存性は無視する。また，定常状態を考えるので，$\partial f/\partial t=0$ である。$\dot{\boldsymbol{v}}=-e\boldsymbol{E}/m$ から，ボルツマン方程式は，

$$-\frac{e\boldsymbol{E}}{m}\cdot\frac{\partial f}{\partial \boldsymbol{v}}=-\frac{f-f_0}{\tau} \tag{46}$$

となる。電場が弱いと仮定すると，$f=f_0+f_1$ とおいたとき，f_1 は電場の1次となり，

$$f_1=e\boldsymbol{E}\cdot\boldsymbol{v}\tau\frac{\partial f_0}{\partial \varepsilon} \tag{47}$$

となる。電流密度 $\boldsymbol{j}$ は，ρ を単位体積当たりの状態密度として，

$$\boldsymbol{j}=2\int d\varepsilon\rho(\varepsilon)(-e\boldsymbol{v})f_1=-2e^2\int d\varepsilon\rho(\varepsilon)\,\boldsymbol{v}(\boldsymbol{E}\cdot\boldsymbol{v})\,\tau\frac{\partial f_0}{\partial \varepsilon} \tag{48}$$

である。2はスピン縮退による。ここで，熱平衡状態の分布からの寄与は f_0 が $\boldsymbol{v}$ の偶関数であり，速度を掛けて積分すると0になることを用いた。これより電気伝導度の表式，(42)が導かれる。(48)式中の $\dfrac{\partial f_0}{\partial \varepsilon}$ が値をもつのはフェルミ・エネルギー付近だけなので，衝突時間はフェルミ面付近の電子の衝突時間であることがわかる。

散乱があるような系では，電子は拡散運動をしている。ある時間から t 秒後に電子がいる位置 $\boldsymbol{r}(t)$ の平均値は，散乱がランダムなため，0である。一方，その2乗平均 $\langle r^2\rangle$ は，

$$\langle r^2\rangle=2dDt \tag{49}$$

となる。d は系の次元で D は**拡散係数**（diffusion coefficient）である。拡散がしやすいほど，電場をかけたときにその方向に沿って電流が流れやすい。このことを式で表すと，

$$\sigma=2e^2\rho D \tag{50}$$

となる。ブラウン運動を研究していたアインシュタイン（A. Einstein）は，粒子の移動度と拡散係数の関係式を導いたので，その業績にちなんで，これを**アインシュタインの関係式**（Einstein's relation）と呼ぶ。

アインシュタインの関係式は，量子力学的な効果が入っても，電子間相互作用が入っても成立する一般的なものである。しかし，実際には，求めたい電気伝導度を拡散係数にすり替えただけともいえ

7. 電気伝導

る。電気伝導度を量子力学や電子間相互作用の効果を取り入れて計算する道具としては，**線形応答理論**（linear response theory）がよく知られている．線形応答理論は一般に外部からの摂動に対して，系の物理量がどのように応答するか，計算する処方箋を与えるものである．電気伝導度の場合，外部からの摂動を電場，物理量として電流密度を選べばよい．線形応答理論は久保亮五によって開拓され，これを電気伝導度に応用した結果を**久保公式**（Kubo formula）と呼ぶ．

(2) ホール効果

ドルーデ・モデルで求めた電気伝導度は，行列の形をしている．これを，電気伝導度テンソルという．電気抵抗テンソル R は，

$$\boldsymbol{E} = R\boldsymbol{j}, \quad R = \sigma^{-1} \tag{51}$$

から決定される．電流を流すと，電荷の流れはローレンツ力を受けて曲げられる．曲げられた電子は系の端にたまり電場を作る．この電場とローレンツ力が打ち消し合うことで，定常電流が流れるのである．このローレンツ力を打ち消す電場が**ホール電場**（Hall field）である．ドルーデ・モデルから，このホール電場は $E_x = (B/ne)j_y$ となる．$E_x/j_y B = 1/ne$ は**ホール係数**（Hall coefficient）と呼ばれる．ホール係数から電荷密度 n が決定できる．また，電流を運んでいる電荷の正負も決定できる．これと電気伝導度の値から散乱時間が決定される．注目すべきは，ホール係数が散乱時間や，有効質量，状態密度には依存しないことである．これがより顕著に現れるのが**量子ホール効果**である（低次元半導体の節を参照）．

(3) オンサーガーの相反定理

ドルーデ・モデルでは**ホール伝導度**（Hall conductivity）σ_{yx} は，

$$\sigma_{yx}(\boldsymbol{B}) = \sigma_{xy}(-\boldsymbol{B}) \tag{52}$$

を満たす．この関係式は，より一般的に次のように定式化される．一般化された力 X_k が働いているとき，これにより，

$$J_i = -\sum_k \gamma_{ik} X_k \tag{53}$$

という流れが生じているとする．このとき，

$$\gamma_{ik}(\boldsymbol{B}) = \gamma_{ki}(-\boldsymbol{B}) \tag{54}$$

が示せる．これが**オンサーガーの相反定理**（Onsager reciprocity

theorem) である．ここで一般化された力は，エントロピーの時間変化が，

$$\dot{S} = -\sum_i J_i X_i \tag{55}$$

となるように定める．例えば，電流密度 j に対する一般化された力は $-E/T$，熱流 q に対しては $\nabla T/T^2$ が一般化された力である．

系に電流を流し，温度勾配をもうけると，電場 E と熱流 q が，

$$E = Rj + Q\nabla T, \quad q = \Pi j - \kappa \nabla T \tag{56}$$

に従って生じる．R は抵抗，Q は**熱電能**（thermoelectric power），Π は**ペルティエ係数**（Peltier coefficient），κ は**熱伝導率**（thermal conductivity）である．オンサーガーの定理から，

$$\Pi = QT \tag{57}$$

が導かれる．**ペルティエ素子**とは，この電流を流すと熱流が起こるという現象を利用したもので，コンピュータの CPU を冷却することなどに応用できる．熱伝導率を電気伝導度で割ったものをヴィーデマン-フランツ比（Widemann-Franz ratio）と呼ぶ．これをさらに温度 T で割ったものはローレンツ数（Lorenz number）と呼ばれ，金属の種類や温度にほとんど依存しない．

(4) 抵抗の温度依存性

一般に温度が高くなると，格子振動による散乱が強くなり電気抵抗は増大する．格子振動による抵抗は低温では T^5 に比例し，高温では T に比例する．これが**グリューナイゼン則**（Grüneisen law）である．また，低温における電子間相互作用は T^2 に比例した抵抗の増加をもたらす．しかしながら，温度を上げると電気抵抗が小さくなる例もある．その例として，**アンダーソン局在**（Anderson localization）と**近藤効果**（Kondo effect）が挙げられる．

アンダーソン局在とは，量子干渉効果によって定在波ができ，電流が流れにくくなる現象である．これは量子干渉効果なので，温度が高くなり位相のコヒーレンスが破れると見えなくなる．これより，2次元では電気伝導度が，

$$\sigma = \sigma_0 + A\frac{e^2}{h}\log T \tag{58}$$

という温度 T への対数依存性を示す（A は1程度の無次元量である）．

7. 電気伝導

近藤効果は，銅などの非磁性金属がマンガンなどの**磁性不純物**を含んだ系で起こる。このとき，磁性不純物による電子の散乱で電子のスピンが向きを変え，同時に磁性不純物のスピン状態も変化する。このときも，電気伝導度が温度への対数依存性を示す。アンダーソン局在との違いは，1）アンダーソン局在では伝導度の対数依存性は 2 次元電子系だけに見られるが，近藤効果では次元によらず伝導度の対数依存性が見られる，2）$\log T$ の前の係数がアンダーソン局在では e^2/h 程度の普遍的な値を示す，ことである。

(5) 磁気抵抗

ドルーデ・モデルでは磁場をかけると電子の軌道は曲げられ，電気伝導度は B^2 に比例した減少を示す。一方，アンダーソン局在では磁場によりアンダーソン局在が弱まり，電気伝導度はかえって増加する。これは，**負の磁気抵抗**（negative magnetoresistance）と呼ばれる現象である。

いずれにしろ磁場は電気伝導に大きな影響を与えないというのが，最近までの共通の常識であった。この常識は，1988年にフェルト（A. Fert）とグリュンベルク（P. Grünberg）らによって発見された **GMR 効果**（巨大磁気抵抗効果，giant magnetoresistance effect）によって覆された。GMR 効果は強磁性体層（Fe，Co など）と非磁性体層（Cr，Cu など）を交互に積層した構造において観測される。ゼロ磁場下では反平行であった強磁性層の磁化を磁場の印加によって平行にすることで電気伝導の劇的な増加が見られるのである。GMR 効果はハードディスクの読み取りヘッドに応用されている。さらに強磁性体層で薄い絶縁体層（Al_2O_3 など）をはさんだサンドイッチ構造を作り，絶縁体層をすり抜けるトンネル電流を利用した TMR（tunnel magnetoresistance）素子が開発され，ハードディスクの記録容量の高密度化に貢献している。

最近になって，上に述べた GMR 効果をも凌駕する大きな磁気抵抗効果が東京大学の十倉らによって発見され，**CMR 効果**（colossal magnetoresistance effect）と呼ばれている。これはマンガン酸化物で観測される。図 4-26 に示されているように，CMR 効果（Mn 酸化物）は GMR 効果（Co/Cu）に比べて1000倍以上大きな負の磁気抵抗効果がえられている。CMR 効果を示す Mn 酸化物の電

第 4 章　物性物理学

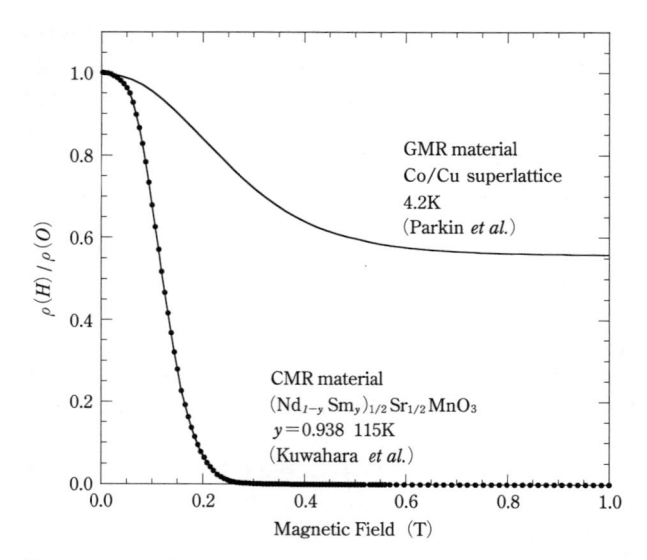

図 4-26　GMR 効果と CMR 効果の実験結果。GMR は Co/Cu の超格子で，CMR は $(Nd_{0.062}Sm_{0.938})_{1/2}Sr_{1/2}MnO_3$ での観測結果。
H. Kuwahara 他，Science **272** (1996) p.80.

気伝導は，そのスピン構造によって大きく変化し，隣り合った Mn のスピンの向きが平行である（強磁性的に整列している）ほど電気伝導度が高く，反対に反平行である（反強磁性的に整列している）ほど電気伝導度が低い。ここで，スピンがバラバラ（常磁性）で電気伝導度が低い状態に磁場を印加すると，スピンが整列し，電気伝導度は急激に増加する。これが CMR 効果の定性的な説明である。

(大槻東巳)

8.　超伝導と超流動

超流動は，液体の粘性抵抗がゼロになるとともに，熱伝導率が無限大になる（熱抵抗がゼロになる）現象である。液体ヘリウムを約 2.2K 以下に冷却すると超流動が起こる。超流動状態では，ナノメートル程度の小さな隙間であっても液体が抵抗なしに流れ，いった

8. 超伝導と超流動

ん流れ始めた液体はそのまま永久に流れ続ける。また，熱伝導率が無限大になるので，液体の中に温度勾配ができない。このため，液体内部の局所的温度上昇による沸騰が起こらず，泡が発生しないので，液面が鏡のように静かになる。

超伝導は，簡単にいえば，電子が2個ずつのペアを作り，そのペアの集団が超流動になる現象である。物質の電気抵抗が完全にゼロとなるとともに，磁束線がその物質から排除される。後者の現象は特に「マイスナー効果」と呼ばれる。物質が超伝導になると，いったん流れた電流はそのまま永久に流れ続ける。また，超伝導体を磁石に近づけると，磁石の磁束線が超伝導体の中に入れないので超伝導体には反発力が働き，例えば超伝導体が磁石の上に浮かぶ磁気浮上現象が起こる。超流動・超伝導現象は，電子や原子の状態を記述する量子力学の世界がマクロに現れる，いわば「マクロな量子現象」であるといえる。

(1) ボース凝縮とヘリウムの超流動

ヘリウム原子は，電子，陽子，中性子をそれぞれ2個ずつもっている。これらの粒子はフェルミ粒子であるが，2個の電子の合成スピンは0となり，陽子と中性子についても同じことが起こるので，原子全体のスピンは0となる。したがって，ヘリウムは原子としてはボース粒子であり，液体ヘリウムを十分低温にするとボース凝縮が起こる。凝縮が起こる温度（ボース凝縮温度）は，液体ヘリウムでは約2.2Kである。液体ヘリウムがN個の原子を含むとき，これらの原子は同じ空間の中で同じゼロ運動量をもつことになり，個々の原子の違いがなくなる。この状態は，ヘリウム原子の質量をmとするとき，そのN倍の質量Nmをもつ1個の"重い"粒子に相当するが，その実体はあくまで量子力学的に振る舞うヘリウム原子である。したがって，例えば1リットルの液体ヘリウムは$N=10^{25}$の原子を含み，質量は約120gであるが，これがそのまま1個の量子力学的粒子として振る舞うのである。この意味で，ボース凝縮の状態では量子現象が巨視的スケールで起こるといえる。巨視的量子現象の代表は液体の「超流動」である。液体にいったん流れが起こると，それは減衰することなく永久に続く。巨視的な物理量でいえば，液体の粘性抵抗が完全に消失するのである。永久流が続く理由

第4章 物性物理学

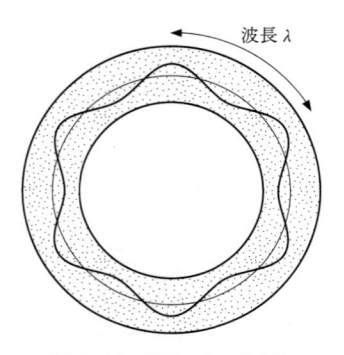

図 4-27 円環の中の永久流

は，次のように理解できる。

図4-27のように，ボース凝縮状態の液体ヘリウムが巨視的サイズの円環の中にあるとしよう。この液体ヘリウムは，全体が量子力学的な1粒子のように振る舞うので，その状態は量子力学の波動で表現できる。今の場合，円周に沿う波動があると考えられる。平衡状態では，円環の周の長さ L は，波動の波長 λ の整数倍 $n\lambda$ ($n=0$, 1, 2, …) であり，波長はとびとびで $\lambda=L/n$ となるであろう。量子力学では，波動の波長と運動量の間には $p=h/\lambda$ の関係があるから，運動量は $p=nh/L$ というとびとびの値をとる。運動エネルギーは $E=p^2/2m=n^2(h/L)^2$ であり，流速 v も，$v=p/m=nh/(mL)$ というとびとびの値をとる。さて，今，液体ヘリウムが例えば，$n=3$ の状態で流れているとしよう。この流れが減衰するためには，流速が $n=2$ の状態に移る必要があるが，この変化は流速と運動エネルギーの不連続変化をともなうから容易に起こることができず，大きい擾乱を与えない限り，流れは永久に続くことになる。液体ヘリウムと円環容器の壁との摩擦や，液体同士の摩擦では流速と運動エネルギーの不連続変化が起こりえないことが超流動の起因である。

このような超流動状態の特異な性質を目で見ることができる。一つは噴水効果と呼ばれるものである。図4-28のように，超流動ヘリウムの中に浸したガラス管の中に適当な微粉末を詰めておき，そ

8. 超伝導と超流動

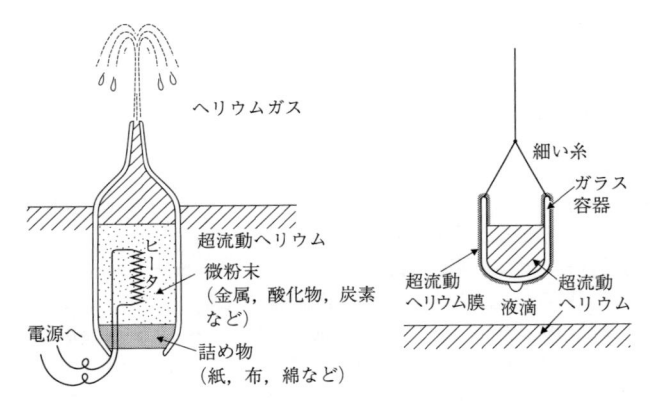

図 4-28 噴水効果

図 4-29 サイホン効果

の部分を，ボース凝縮温度を超えない程度に少し加熱すると，ノズルから液体ヘリウムが噴出する現象である．噴水効果は，超流動のゼロ粘性と，一般的な浸透圧の考え方で理解できる．まず，超流動ヘリウムは超流動成分と常流動成分との混合物だと考え（これを2流体モデルという），ボース凝縮温度で超流動成分が現れ始め，絶対零度でそれが100%を占めると考えることができる．さて，微粉末の部分のヘリウムが少し加熱されると，その分だけ超流動成分が減少する．それを補うように，微粉末の下にある加熱されていない部分から超流動成分が流れ込むと考えられる．これはいわば浸透圧である．その結果，ガラス管の上部から液体ヘリウムが噴出する．このとき，超流動成分は粘性をもたないから，微粉末の詰まった部分を抵抗なしに通り抜けられることがキーポイントである．

　もう一つの現象は「サイホン効果」と呼ばれる．これは，図4-29のように超流動ヘリウムを容器に汲み上げると，液体が容器の内壁を這い登り，外壁を流れ下って全部流れ出してしまう現象である．この現象もゼロ粘性によるものである．よく知られているように，水でも，容器の内外にガーゼなどを垂らしておくと，ある程度の量の水が流出する．これは表面張力と圧力で理解できる．超流動ヘリウムでは粘性が完全にゼロであり，表面張力もさほど大きくな

いので容器の表面を液体がどこまでも広がっていき，上のような流出が起こると考えられる。さまざまな実験によれば，物体の表面上にヘリウム原子が数層かさなる程度の薄い膜であっても，その中で超流動が起こる。

(2) 超伝導

電子はフェルミ粒子であるが，2個ずつのペアを作るとボース粒子の性質をもつ。超伝導は，その集団がボース凝縮をしたものと考えることができる。2電子のペアを「クーパー対」と呼ぶ。ペアを作るメカニズムについては後述する。クーパー対は $-2e$ の電荷をもっているから，クーパー対の超流動は"電荷の超流動"つまりゼロ抵抗の電流をもたらし，「永久電流」も流れる。しかしながら，超伝導では電荷と電流が登場するので，磁場との相互作用などにおいて，ヘリウムの超流動には見られなかった多彩な性質が現れる。

超伝導は，1911年にオランダのカマリング・オネス（Kamerlingh-Onnes）によって発見された。その物質は水銀で，超伝導になる温度（超伝導臨界温度という）は 4.19K であった。その後1985年までに，数多くの単体元素，合金，化合物で超伝導が発見され，1980年には有機結晶での超伝導が発見されたが，臨界温度はいずれも 25K 以下にとどまっていた。1986年，ドイツのベドノルツ（J.G. Bednorz）とスイスのミュラー（K.A.Müller）が，La_2CuO_4 の La を一部 Ba で置換した物質で30Kを超える超伝導を発見した。これが，後述の高温超伝導の幕開けであった。さらに，超高圧を加えることによって，すべての物質を超伝導にしようという壮大なもくろみも着実に進展しており，高圧下の Fe，O_2，Li，S，Ca，Br，I などでも超伝導が発見されている。

(3) ゼロ抵抗とマイスナー効果

超伝導は2つの代表的な性質をもっている。一つは直流電気伝導におけるゼロ抵抗であり，もう一つは，図4-30のように直流磁場の磁束が超伝導体の中から完全に排除される「マイスナー効果」である。電場，磁場のいずれについても，周波数が高くなると，ゼロ抵抗やマイスナー効果を示さなくなる。

ゼロ抵抗は，上で述べたように2電子のクーパー対がボース凝縮によって超流動を起こした結果と考えてよい。電気抵抗ゼロで電流

8. 超伝導と超流動

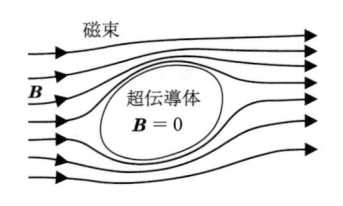

図 4-30 マイスナー効果

が流れるが，電流密度の大きさには上限があり，「臨界電流密度」を超える電流を流すと超伝導が破れる．超伝導のゼロ抵抗は，超伝導電磁石としてすでに実用に供されている．超伝導線で空芯のソレノイドコイルを作り，これを冷却して超伝導状態にする．臨界電流以下の電流であればゼロ抵抗で流れるから，ジュール熱なしに大電流を流して強い磁場を作ることができる．研究・開発用には 20T 程度までの強磁場を発生する電磁石が使われている．医療用の MRI（核磁気共鳴映像法）にも超伝導電磁石が用いられている他，現在，開発段階にある磁気浮上列車にも使われている．

マイスナー効果は，超伝導体が磁束を排除する現象である．これと似た現象は，古典電磁気学の世界でも「ファラデーの電磁誘導の法則」として知られている．電磁誘導は，磁場を時間変化させると，その変化を妨げるかのように誘導電流が流れる現象である．マイスナー効果はこれとは違って，磁場の時間変化がなくとも単に磁場があるだけで，その磁場を打ち消す"電流"が流れるかのような現象である．この"電流"は仮想的なものであり，外部に取り出したり，それを測定したりすることはできない．マイスナー効果は本質的に量子力学的な効果であり，古典物理学でこれを解釈することはできない．

電磁気学的には，超伝導物質は「完全反磁性」の性質をもつ．超伝導体に磁場を加えると，ちょうどこれを打ち消すような向きと大きさで磁化が生じ，その結果，超伝導体中で磁束がゼロになるのである．これは「磁化率」でいうと負である．水や多くの有機物も負の磁化率をもつが，その大きさは小さい．超伝導体では磁場を完全

第4章　物性物理学

に打ち消すだけの大きい反磁性が起こる。

(4) 臨界温度と臨界磁場

物質が超伝導になる温度を臨界温度という。超伝導が起こるためには，2つの条件がそろう必要がある。第一は2電子のクーパー対が作られることであり，第二はクーパー対がボース凝縮をすることである。現実の物質の超伝導で，どちらの条件が先に（より高温側で）起こるかは自明のことではない。なお，クーパー対が作られるメカニズムについては後述する。

超伝導体は磁束を排除するが，ある限界を超える強い磁場を加えると磁束が超伝導体の中に侵入する。この限界の磁場を「臨界磁場」という。臨界磁場を超える磁場を超伝導体に加えるときの超伝導体の応答は，2種類に区別される。第一のタイプでは，ただちに超伝導が破れる。このような超伝導体を「第1種超伝導体」と呼ぶ。第二のタイプの物質，つまり「第2種超伝導体」は2種類の臨界磁場をもつ。低磁場側の「下部臨界磁場」では，磁束の一部が超伝導体中に入り始め，ミクロには超伝導が破れた部分が現れるが，物質全体としては超伝導が保たれてゼロ抵抗状態が続く。磁場が「上部臨界磁場」を超えると物質全体で超伝導が破れ，電気抵抗も有限になる。

(5) ジョセフソン効果

ジョセフソン効果は，超伝導が巨視的な量子力学現象であることをあらわに見せてくれる典型的な現象である。「直流ジョセフソン効果」は，図4-31のように2つの超伝導体を近づけると，電位差が0のままでクーパー対がその隙間を「トンネル現象」によって通

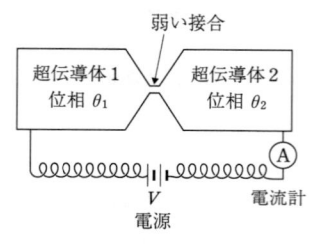

図4-31　ジョセフソン効果

8. 超伝導と超流動

り抜けて電流を運ぶ現象である。この電流をジョセフソン電流という。一般の導体でも1電子の量子力学的なトンネル現象は起こるが、そのときの電流は2つの導体間の電位差に比例する。ジョセフソン効果では、"電位差0"で"クーパー対"のトンネルが起こることが特徴である。「交流ジョセフソン効果」は、2つの超伝導体間にあえて電位差を与えると、トンネル電流に交流成分が加わり、その周波数が電位差に比例する現象である。

超伝導の状態は、2電子のクーパー対がボース凝縮をした状態である。したがって、物質中のすべてのクーパー対が全く同一の物理的状態になり、質量は重いが、1個の量子力学的粒子であるかのように振る舞う。その状態は、物質の中に雲のように広がった波動で表現できる。波動を表す関数が、$\phi = \phi_0 \cos(kx - \Omega t + \theta)$ であったとしよう。ここで、θ は位相定数である。直流ジョセフソン効果で流れるトンネル電流は、2つの超伝導体の位相定数 θ_1 と θ_2 の差で決まり、$\sin(\theta_1 - \theta_2)$ に比例する。一般に、量子力学的状態を表す波動関数に出てくる位相定数は形式的なものであり、観測可能な物理量を表現するときには消えてしまうものと考えられていた。しかしながら、ジョセフソン効果では驚くべきことに、その位相定数が直接的に電流という巨視量を支配するのである。

交流ジョセフソン効果は、この"位相"の意味をもっと直接的に見せてくれる。位相定数は、実は2つの超伝導体の電位と関係している。2つの超伝導体に電位差を与えると、それに比例して位相差が時間とともに増大するのである。上の正弦関数の位相は 2π の周期性をもつから、これが電流の振動をもたらす。研究の結果、電位差 V が加えられているとき、振動数 $\nu = 2eV/h$ の交流が生じることがわかった。素電荷 e とプランク定数 h は普遍定数だから、振動数を精密に測定すれば電位差の正確な値がわかる。このことを利用して、交流ジョセフソン効果は国際的な「電圧標準」に採用されている。

ジョセフソン効果はまた、高感度で磁場を測定できる磁束計「超伝導量子干渉素子（SQUID）」にも使われている。SQUID は図4-32のように、超伝導体のリングの2ヵ所にジョセフソン結合を作ったものである。これに磁場を加えると、リングを貫く磁束の大きさ

第 4 章　物性物理学

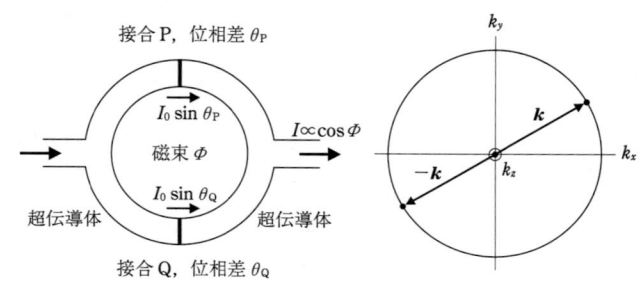

図 4-32　SQUID　　**図 4-33**　クーパー対を作る 2 電子

に応じて SQUID を流れる電流が振動する。電流振動を測定すれば磁束を知ることができ、これをリングの面積で割れば、磁場の磁束密度がわかる。その原理は次の通りである。一般に量子力学では、位相が磁場と電流に関係する。超伝導ではこの量子力学の性質がマクロな物質に現れ、図の 2 つの接合 P と Q の場所での位相差の差がリングを貫く磁束に比例することになる。位相の差が変化すると、2 つのジョセフソン接合を通って SQUID を流れる電流が振動するから、電流振動の測定によって、リングを貫く磁束がわかる。

(6)　BCS 理論

1911年に水銀で超伝導が発見されて以来、これを説明する数多くの理論が提唱されたが、ミクロなレベルで超伝導を説明する理論としては、BCS 理論が正しい理論として確立している。BCS 理論は、1957年にバーディーン（Bardeen）、クーパー（Cooper）、シュリーファー（Schrieffer）の 3 人が提唱したもので、そのエッセンスは次の 3 点にまとめられる。(1)金属の伝導電子が引力によって 2 個ずつのペア（クーパー対と呼ぶ）を作る。(2)クーパー対はボース粒子の性格をもっていて、多数の対が生まれるとボース凝縮が起こり、この凝縮状態が超伝導のさまざまな性質をもたらす。(3) 2 電子間の引力の原因は格子振動（量子化すると「フォノン」）である。「BCS 理論」という名称は広い意味でも使われ、そのときは、この(3)の引力の原因を格子振動に限定しないことが多い。

BCS 理論によれば、図 4-33のようにクーパー対を作る 2 電子の

8. 超伝導と超流動

エネルギーはフェルミエネルギー程度であり、運動量の大きさは等しく向きが互いに逆である。クーパー対が作られると、電子系は金属状態ではなく絶縁体状態になる。その意味は、通常の金属状態は1個1個の電子が独立に動いて電流を運ぶのであるが、超伝導状態ではそのような運動は禁じられるということである。その代わりに、クーパー対がボース凝縮した状態はゼロ抵抗で電流を流す。

格子振動が2電子間に引力をもたらす機構を正確に絵解きすることはできないが、次のように理解しても大きい誤りではない。まず一つの電子が物質の中を走ると、周りの陽イオンをクーロン力によって引き付けるであろう。一般に電子の速さはイオンの速さに比べて大きいから、電子が通過した後にもイオンはしばらく変位したままで残る。そこには相対的に正の電荷が集まっているから、別の電子がクーロン力によって引き付けられる。結果的に第一の電子の後を第二の電子が追っていくことになり、これは2電子のペアができたことを意味する。

BCS理論を実証したのは、引力機構が格子振動(フォノン)によるものであること(図4-34)を実験的に確かめた「同位元素効果」である。BCS理論では、超伝導転移温度は格子振動の平均的な振動数に比例する。原子の質量をMとするとき、振動数は$M^{-\frac{1}{2}}$に比例するから、同じ物質でMだけが異なるもの、つまり同位元素の超伝導を測定すれば理論の妥当性を判定できる。水銀やアルミニウムなどの同位元素の超伝導転移温度を精密に測定することによって、BCS理論の正しさが実験的に保証された。

(7) 異方的超伝導

後述の酸化物超伝導体や有機物超伝導体の性質を詳しく調べた結果、それらの超伝導と従来の超伝導との違いが明らかになった。代表的な違いは、超伝導の「対称性」である。簡単な金属や合金の超伝導では、クーパー対という2電子の複合粒子は、空間的に等方的に広がった波の性質をもっている。これは、原子の周りの電子を量子力学的に考えたときの、s軌道の電子の波と同じ対称性であるので、このような超伝導を「s波超伝導」という。これに対して、酸化物や有機物ではクーパー対は異方的な波の性質をもっているので、これらの超伝導は異方的超伝導と呼ばれる。酸化物・有機物超

第 4 章　物性物理学

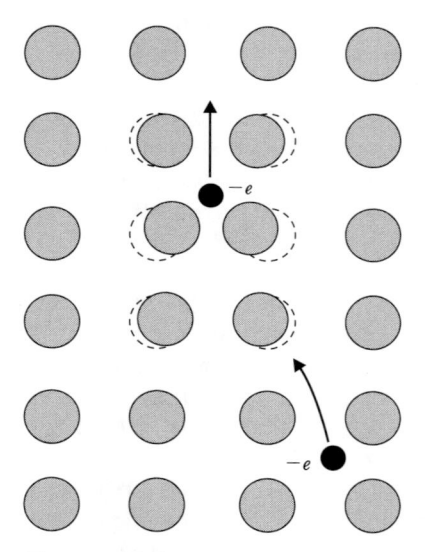

図 4-34　超伝導のフォノン機構のイメージ図

伝導は,「d波超伝導」の性質をもつことがさまざまな実験で明らかになっている。また一部の超伝導体は「p波超伝導」であることも発見されている。この他,「f波超伝導」なども考えられるが, まだ実験的に発見されてはいない。

異方的超伝導は, クーパー対を作る引力機構の性質と密接な関係があると考えられている。一般に電子間にはクーロン斥力が働くが, フォノン機構ではこれは電子の運動エネルギーやペアを作るエネルギーに比べて小さいと考えて無視した。しかし, クーロン斥力が無視できないときは, 最終的には2電子が引力でペアを作るけれども, ペアの内部では2電子はなるべく離れていると考えるのである。そのようなクーパー対の量子力学的状態は, 電子軌道のp, d, あるいはf軌道と同じ形をもつと考えられる。多くの実験的証拠によれば, 酸化物や有機物の超伝導体では, 電子の運動エネルギーに比べて電子間のクーロン斥力相互作用が無視できないくらい大

8. 超伝導と超流動

きい。これが酸化物・有機物超伝導体に異方的超伝導をもたらす原因であろう。

(8) 酸化物高温超伝導体

一般に酸化物は電気の絶縁体だと考えられており、実際、金属がさびると電流が流れない。しかし、中には電流を流す酸化物もあることが古くから知られており、その電気伝導の機構が研究されていた。ところが、1986年にベドノルツとミュラーが、La_2CuO_4 の La を一部 Ba で置換した酸化物質が金属的な電気伝導を示すだけでなく、30K を超える超伝導になることを発見した。通常、臨界温度が 30K 程度を超える超伝導を「高温超伝導」と呼ぶ。図 4-35 のように、超伝導の転移温度の上昇は、1986年のはるか以前に限界に達

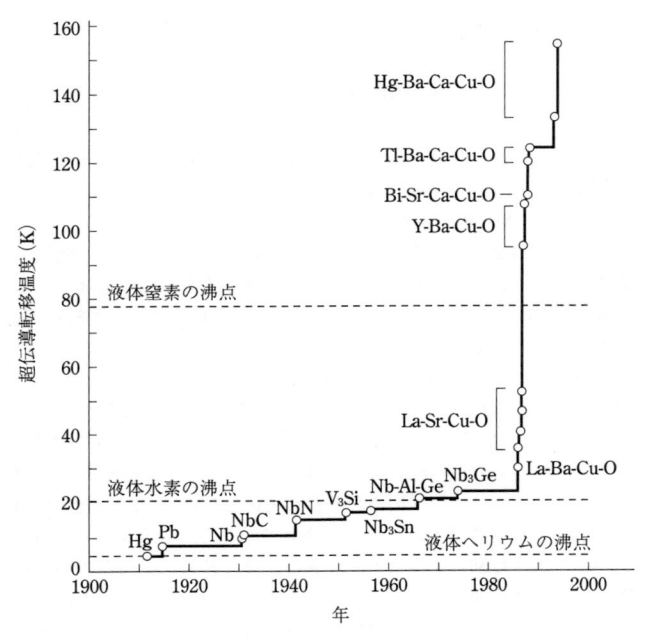

図 4-35 超伝導転移温度上昇の歴史

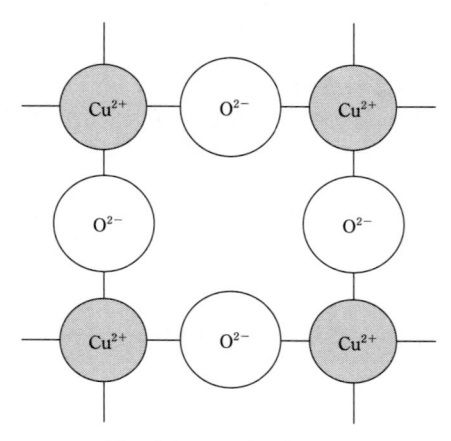

図 4-36 CuO_2 ネットワーク

したように見えたが,そこに登場したのがベドノルツとミュラーの大発見であった.これ以後,新物質探索の努力の中で,臨界温度は急上昇した.

(i) 電気伝導のメカニズム

超伝導を議論する前に,まず酸化物超伝導体が電流を流す機構を考察しよう.数多くの酸化物超伝導体に共通する結晶構造は,図4-36のように Cu の 3d 電子と O の 2p 電子の共有結合でできる CuO_2 のネットワークである.

La_2CuO_4 はその組成のままでは絶縁体である.イオンの価数は,La が +3 価,O が -2 価と考えられるから,Cu は +2 価である.Cu^{2+} イオンは 9 個の 3d 電子をもっており,スピンの大きさは 1/2 である.La の一部を Ba, Sr などの 2 価イオンで置換することができ,そのときは,形式的には一部の Cu が Cu^{3+} となる.他の Cu の酸化物超伝導体でも,イオンの置換や酸素量の制御によって Cu イオンの価数を制御することができる.その結果,それらの物質の電子状態には共通性があることがわかった.図 4-37 に La_2CuO_4 の例を示すが,La の置換の割合,言い換えれば,Cu の価数を制御することによって,反強磁性をもつ絶縁体状態から金属的な伝導状態

8. 超伝導と超流動

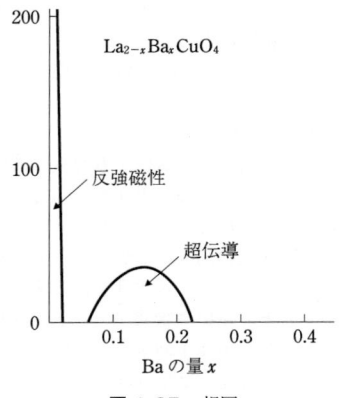

図 4-37 相図

を経て、ついには超伝導の状態が実現する。置換量をさらに増すと、超伝導は抑制されて単純な金属状態が安定になる。

このことから、次のようなシナリオが考えられている。(1)置換量 0 の付近では、Cu^{2+} の 9 個の電子のうちの 4 個が O との共有結合に使われ、残りの 5 個が電流を担って動きうる。しかし、これらの電子間のクーロン斥力が強いので、電子は動くことができず、その物質は絶縁体になる（これは、電子間クーロン相互作用があるときの電気伝導の理論で「モット絶縁体」と呼ばれる状態である）。Cu^{2+} のスピンのミクロ磁石が反強磁性をもたらす。(2)置換量が増えると、一部の Cu^{2+} が電子を 1 個失うことになり、電子の空席が物質中を動き回って電気伝導をもたらす（これはモット絶縁体への正孔注入と呼ばれる）。スピン配置が乱されるから反強磁性は抑制される。この状態で、何らかの理由によって超伝導が起こる。(3)さらに置換量が増すと電子の空席が増え、単純な金属状態に近づく。これにともなって超伝導が抑制される。

Nd_2CuO_4 の Nd の一部を Ce で置換すると、Ce 原子の電子の数は Nd 原子より 2 個少ないから、上の説明とは逆に、電子が余分に注入されたことになり、その電子が動き回って電気伝導をもたらす。

第4章　物性物理学

結晶構造から明らかなように，これらの酸化物超伝導体は CuO_2 伝導面が重なった層状構造をもっている。電子の運動は強い2次元性をもち，これが上で触れたモット絶縁体状態が生じることを助けていると考えられる。

(ii) 高温超伝導のメカニズム

酸化物高温超伝導体に高い臨界温度をもたらしている機構について，世界中の科学者が実験と理論の両面から精力的に研究を進めたが，結論的にいえば，いまだにすべてが明らかになったとはいいがたい。しかしながら，酸化物高温超伝導体のどの物質においても，モット絶縁体にわずかの電子または正孔を注入すると超伝導が生じるように見え，相図の上で超伝導状態がモット絶縁相の反強磁性状態に近接している。また，中性子回折などの実験によって，超伝導になる組成では反強磁性が安定には存在しないが，空間的・時間的にゆらいだ反強磁性状態が見つかっている。したがって，超伝導のクーパー対を作る引力メカニズムには，何らかの形でスピンの反強磁性ゆらぎが関わっていることは確かだと考えられている。

（鹿児島誠一）

9. 有機導体と低次元導体

有機物も電気を流すことは，白川英樹, ヒーガー（A.J. Heeger），マクダイアミド（A.G. MacDiarmid）に対する2000年のノーベル化学賞で一躍有名になった。この研究は1973年から急激に活発化した有機伝導体の研究を代表するものであったが，さらにこれに20年先んじて，3人の日本の化学者による有機半導体の先駆的な研究があった。以下では，1973年に始まる有機導体の金属的電気伝導とこれに関係する事項を扱う。

(1) 導電性有機結晶と導電性高分子

有機分子で作られる結晶で，高い電気伝導率をもつ物質が1973年に初めて登場した。それは，TTF（テトラ・チア・フルバレン）という有機分子とTCNQ（テトラ・シアノ・キノ・ジ・メタン）という有機分子で作られる物質TTF-TCNQである。図4-38でわかるように，分子は平板に近い形をしており，それらが重なって分子の柱を作り，その分子の柱が配列して結晶が作られている。

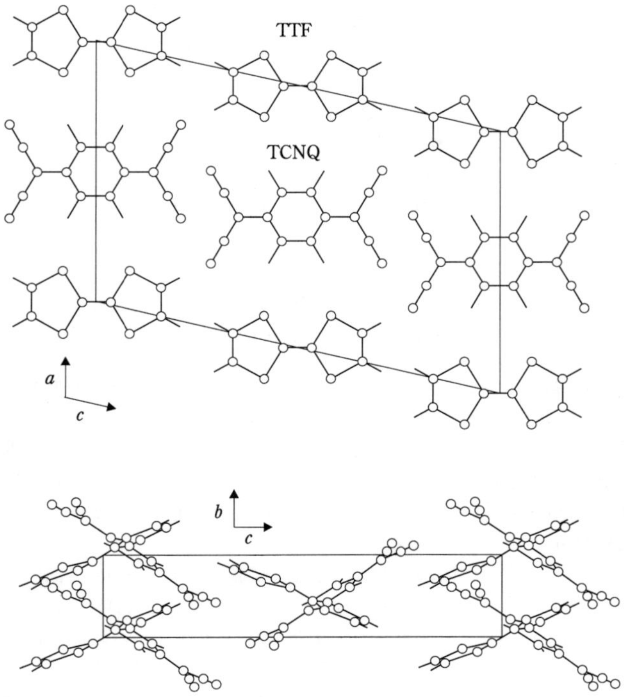

9. 有機導体と低次元導体

図 4-38 TTF-TCNQ の結晶構造

さまざまな実験によって，TTF 分子は +0.59，TCNQ は −0.59 の平均価数をもつことがわかった．平均価数が半端であることは，分子の上の電子状態が平均的に空席をもつことを意味するし，電子のバンド論で考えれば，バンドが途中までしか埋まっていないことになるから，金属的な高い伝導率が期待される．実験によれば，電気伝導率は室温から 60K 付近に向かって温度が下がるとともに増大する．このような温度依存性は，金属に特徴的なものである．60K 以下で電気伝導率が急激に減少するが，このことについては後述する．熱電能や光の反射率測定などからも，TTF-TCNQ は金

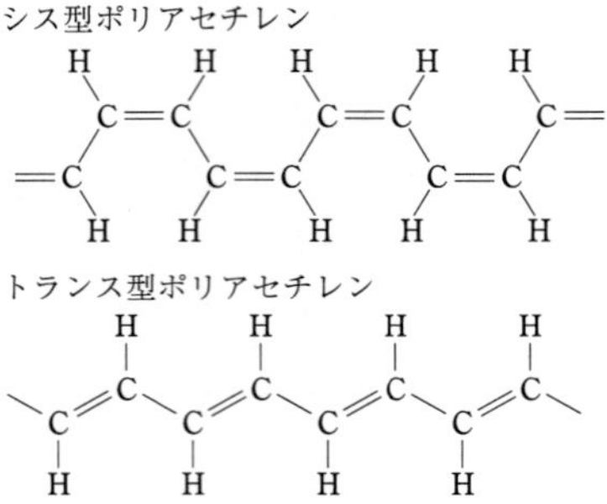

第4章　物性物理学

図 4-39　ポリアセチレンの構造

属の性質をもつことが明らかになっている。1980年には，有機物として最初の超伝導体 $(TMTSF)_2PF_6$ が登場した。この物質も TTF-TCNQ と同様に金属の性質をもつが，12K 付近でやはり電気伝導率が急激に減少する。これについても後述する。この物質に 0.5〜0.6GPa の静水圧を加えると，低温まで金属の性質が保たれ，1K 付近で超伝導が生じる。

　これらの有機導体の特徴は，電気伝導率が結晶の一つの方向に高く，他の方向には低いことである。これを「1次元伝導」という。また BEDT-TTF と略称される有機分子を主体とする結晶では，分子の配列が層状をなし，電気伝導もその層面内で高いという「2次元伝導」の性質をもつ。これらの低次元伝導が起こる理由は，結晶構造が低次元性をもっているからであり，その原因は分子の形が等方的でないからである。

　白川らが作り出した有機導体は，「ポリアセチレン」と呼ばれる導電性高分子のフィルムである。図4-39に示すように，ポリアセチレンにはパイ電子の2重結合がある。

　高分子の骨格は基本的にはシグマ結合で担われていると考えられ，パイ電子は比較的ゆるいパイ結合を作っている。したがって，パイ電子は物質中を動いて電流を担うことができそうである。しかしながら，図でわかるように，2重結合のパイ結合は2個の電子で作られる。したがって，そこに隣の原子から電子が動いてくること

9. 有機導体と低次元導体

はパウリの排他律によって禁じられるから，電気伝導は起こらないと考えられ，事実，純粋なポリアセチレンは絶縁体（真性半導体）である。

ポリアセチレンにヨウ素や臭素などのハロゲンガスを吸収させると，高い電気伝導が現れる。これは，ハロゲン原子が2重結合のパイ電子を奪うため，電子の空席ができて電流が流れるものと考えられる。ポリアセチレンに，アルカリ金属元素のように陽イオンになる物質を添加すれば，ポリアセチレンに余分の電子がつぎ込まれることになり，やはり電気伝導が起こる。ハロゲンなどを大量に添加すると，バンド論で期待される金属の電気伝導が生じる。

添加量が少ないときは，電気伝導の新たなメカニズムが起こることが，実験と理論の両面から明らかになった。それは「荷電ソリトン」による伝導である。ポリアセチレンから電子を1個奪うと，孤立したパイ電子を1個をもつC原子と，パイ電子を失ったC原子ができる。パイ電子がなくなったところには，実効的に正の荷電が現れたと考えることができる。ここで2重結合の組み換えが起これば，正の電荷の部分が動くことができるから，電場を加えれば電流が流れる。この正の電荷を帯びた部分の運動は理論的に「ソリトン（孤立波あるいはそれを粒子と考えたもの）」の運動と考えることができるので，これを「荷電ソリトン」と呼ぶ。ところで，2重結合を組み換えることによって孤立した電子も動くことができるので，その運動もソリトンの運動と考えることができる。組み替えが起こるだけでは電荷が動くわけではないが，孤立した電子はスピンをもっているから，スピンがソリトンとして動くといえる。これを「スピン・ソリトン」と呼ぶ。

ポリアセチレンの他にも多種多様な導電性高分子が開発されており，それらは実用的にも重要な意味をもつ。それは，純粋の導電性高分子は真性半導体であり，ハロゲンなどを添加すると不純物半導体になるので，フィルム状の半導体として電子機器に応用できるからである。実験室段階では太陽電池などの半導体機能が確かめられているが，この他に，有機EL（エレクトロルミネッセンス）発光素子として，実用化技術の開発が進んでいる。

(2) フラーレンとナノチューブ

第4章　物性物理学

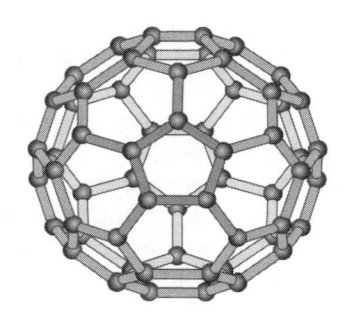

図 4-40　フラーレン C_{60} の構造

有機導体は基本的にC原子を主体とする物質であるが，C原子だけで作られる異色の導体がある。それは，図4-40に示すように，構造がサッカーボールによく似たフラーレン C_{60} と，網を丸めたように見える炭素ナノチューブである。

C原子は4個の電子で4つの共有結合を作るのが一般的である。鉛筆の芯の主原料であるグラファイトでは，共有結合の腕が互いに120度の角度で開いた平面の網目を作り，それが多層構造を作っている。このような結合を基本とする構造の安定性を理論的に調べている中から，1970年に大澤映二は60個のC原子でできたフラーレンの構造が可能であることを予言した。1985年に至って，クロート (Kroto)，スモーリー (Smalley)，カール (Curl) が実験的にフラーレンを発見した（クロートらの業績は1996年のノーベル化学賞に輝いた）。フラーレンは，炭素を含む物質を不完全燃焼させたときのすすの中に多く存在することがわかっている。フラーレン分子の結晶は，分子が立方体の頂点と6つの面の中心に位置する面心立方格子など，いくつかの異なる格子構造をもつ。そのままでは絶縁体であるが，他の元素を添加すると伝導性が現れる。例えば，カリウムと反応して K_3C_{60} ができるが，これは33Kの臨界温度をもつ超伝導体である。他の元素と反応させると，磁性をもつ物質も作られる。また，C_{60} 以外に，C_{76} など異なる数のC原子で作られる「高次フラーレン」も発見されている。フラーレンは，その内部に他の原子を収容するだけの空隙がある。ここにさまざまな原子を入

9. 有機導体と低次元導体

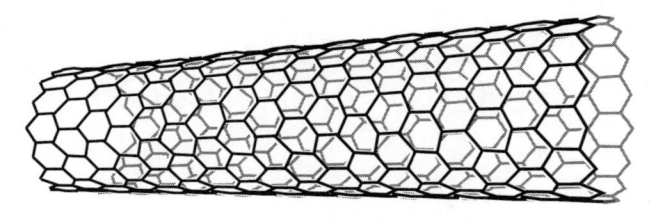

図 4-41 炭素ナノチューブ

れることにより，電子状態を制御することが試みられている。また，このような性質を利用してフラーレンをいわばカプセルとして使い，内部に入れた原子や分子を運ぶ機能をもたせることも試みられている。

炭素ナノチューブは，飯島澄男が1991年に電子顕微鏡でフラーレンなどを調べているときに発見したもので，図4-41のようにグラファイトの平面網目構造を筒状に丸めた構造をもっている。

炭素ナノチューブの電子状態で面白いことは，網目の丸め方次第で金属になったり真性半導体になったりすることである。模型の網を作って実際にこれを丸めてみればわかるが，網の一方の端に並んでいるCの6角構造の一つを他方の端の6角形に接続するとき，どの6角形に接続するかの任意性がある。その違いによって電子状態の違いが生まれるのである。炭素ナノチューブは直径1nm程度のきわめて細い針であり，その導電性を利用すれば電流を流す極細の針として応用することが可能であろう。また，フラーレンのように，その内部に他の原子や分子を入れることも可能になっている。

(3) 1次元電子系特有の金属・絶縁体転移

電流を運ぶ伝導電子が一つの方向にだけ動けるような電子系を，1次元電子系という。現実の物質は3次元だから，純粋の1次元電子系はありえないが，電子が一つの方向にだけ動きやすく，他の方向には動きにくい"準1次元系"であれば，1次元の特徴を反映した現象が現れる。その代表がTTF-TCNQなどで見られる「パイエルス転移」と呼ばれる相転移である。これは，1次元電子系の金属状態が不安定で，低温では特有の結晶構造の変化をともなって必ず絶縁体状態になる現象である。

第4章　物性物理学

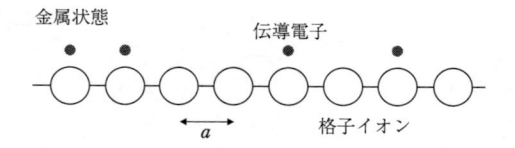

金属状態

（図：格子イオンの列と伝導電子、格子間隔 a）

パイエルス転移が生じた状態

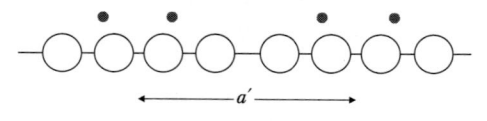

（図：変位した格子イオンの列、新しい格子周期 a'）

図 4-42　パイエルス転移

図4-42は、1次元の金属状態の電子と結晶格子の様子を表している。多数の原子が接近して図のように規則的に配列すると、電子の軌道が互いに重なり合い、その重なりを通って電子は結晶格子の上を動いていくことができる。パウリの排他律によれば、一つの電子軌道は最大2個の電子を収容することができる。したがって、1原子当たり2個の電子があるときは、すべての軌道が2電子で埋められているから、ある電子が隣の軌道に動いていくことはできない。電子を量子力学的波動としてバンド論で考えると、この状態は禁制帯の下のバンドが一杯で、上のバンドが空になっているバンド絶縁体（真性半導体）ということになる。

もし1原子当たりの電子数が2未満であれば、電子軌道には空きができるから、電子が隣の原子から移動してくることが可能である。電場を加えれば、電子が次々に移動して電流が流れる。これが1次元金属状態である。

さて、このときの1原子当たりの電子数を N としよう。格子周期を a とすると、単位長さ当たりの電子数（電子数密度）n は、$n = N/a$ である。ここで、図のように原子が周期的に変位して格子周期が a' となったとしよう。この中にはいくつかの原子が集まっているから、いわば"分子"のような状態が生まれ、電子軌道が再構成されて"新たな電子軌道"ができると考えてよい。この周期

9. 有機導体と低次元導体

a' の中には $N'=na'=Na'/a$ 個の電子が入っているから,もし,これが2となるなら"新たな電子軌道"は2個の電子で埋められ,この系は絶縁体になる。これが1次元系で必ず生じる「パイエルス転移」である。一般に,格子がひずんで,もとと異なる周期になった格子を「超格子」という。パイエルス転移では結晶格子に $a'=2a/N$ の超格子ができるといえる。図では $N=1/2$ の場合を描いている。

以上のことをバンド論でいうなら,金属状態の電子系のフェルミ準位にバンドギャップが生じるような周期で超格子が発生し,系がバンド絶縁体になる。電子系のフェルミ波数を k_F とすると,超格子の周期を記述する波数は $2k_F$ である。新たな第1ブリユアン域の大きさは $2k_F$ となり,図4-8(第3節(2))の場合と同様にこのブリユアン域の端に禁制帯が現れる。実験によれば,TTF-TCNQ では 53K でパイエルス転移が起こる。

1次元,2次元の電子系では,上の議論で無視してきた電子間のクーロン相互作用によっても,金属状態が不安定になって絶縁体状態への相転移が起こりやすい。これを「モット転移」という。モット転移が起こる機構は,いわば電子の波動性と粒子性とのせめぎ合いということができよう。伝導電子間にクーロン斥力が働くとき,電子が波動となって結晶中に広がると波動の重なった部分では電子間のクーロン相互作用エネルギーが増加する。したがって,波動が空間的に局在して波の重なり合いを小さくすれば,クーロンエネルギーの増加が抑制される。しかし,あまりに局在すると,不確定性原理によって運動量の不確定性が増加するから,運動エネルギーが増加する。したがって,クーロン相互作用エネルギーと運動エネルギーの釣り合いをとるような程度に電子が局在し,系は絶縁体となる。これがモット転移である。1原子または格子の1周期当たりの電子数が1であるときにモット転移は起こりやすく,また,系の次元が低いほど転移が起こりやすい。

(4) 1次元電子系の密度波とソリトン

1次元電子系でパイエルス転移が起こると,系は絶縁体状態になる。しかし,これは1個1個の電子が独立に動いて電流を運ぶという,普通の意味の電気伝導メカニズムでの話である。絶縁体状態で

第4章 物性物理学

独立には動けなくなった電子系が、全体として剛体のように結晶の中を動いて電流を運ぶことができることが実験・理論の両面から明らかにされた。さらに、この状態の電気抵抗は、理想的状態では0になることが理論的にはわかっている。この状態は超伝導に似ているが、もちろん、本質は全く別物である。

パイエルス転移を起こした状態では、前項の図4-42のように、格子ひずみの波とこれに捕らえられた電子密度の波が共存している。これらは相互作用をして混成波状態を作っており、この混成波を「電荷密度波(CDW)」と呼ぶ。電荷密度波が格子の中を動いて、ゼロ抵抗で電流を運ぶわけであるが、もちろん、原子が動いていくのではなく、原子が変位してできる格子ひずみのパターンが動いていき、これに波乗りするかのように電子が実際に動いていくのである。

電荷密度波は、いつでも電気抵抗0で電流を運ぶわけではない。もし電荷密度波の波長が格子周期の整数倍であると、電荷密度波は格子との相互作用によって動けないことは、直感的にも明らかであろう。これを電荷密度波の周期が格子周期と「整合」であるという。しかし、もし波長と格子周期との比が無理数であるなら周期は「不整合」となり、図4-43のように、電荷密度波が格子のどこにあっても相互作用エネルギーは一定である。これは、いわば格子の中の位置に関するポテンシャルエネルギーが一定であることを意味するから、電場によって電荷密度波が格子の中を動いていくことを妨げる力は働かない。現実の物質では必ず格子の不完全性があるとともに、温度も絶対零度にはなりえないので原子の熱振動がある。したがって、それらが原因となって電荷密度波の運動に対する抵抗力が働く。特に、格子の不完全性や不純物が電荷密度波の動きを止めることがあり、これを電荷密度波の「ピン止め」という。電荷密度波がピン止めされているとき、電荷密度波を動かすためには、あるしきい値以上の電場を加える必要がある。したがって、電流と電場の比例関係は破れ、オーム則に従わない「非線形伝導」が生じる。無機の1次元導体である$NbSe_3$や$K_{0.3}MoO_3$などで、非線形伝導の性質が詳しく調べられている。

電荷密度波は格子ひずみと電荷密度の混成波であり、必ずしも剛

9. 有機導体と低次元導体

図 4-43 不整合電荷密度波

(電荷密度波, 波長 λ / 格子ポテンシャル, 周期 a / $\lambda/a =$ 無理数)

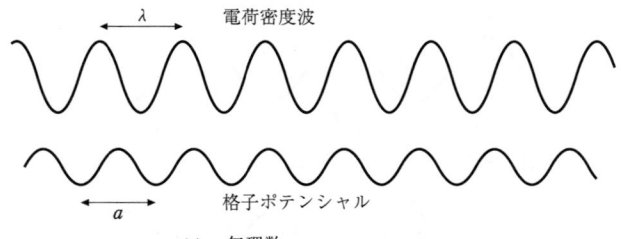

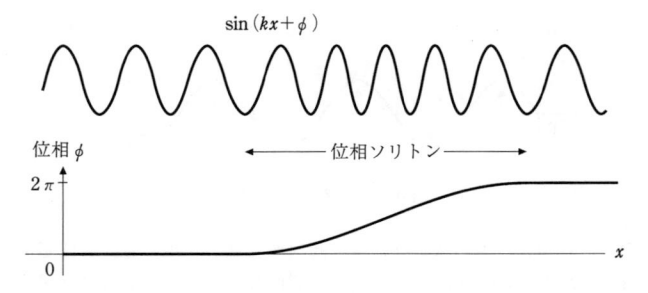

図 4-44 位相ソリトン

($\sin(kx+\phi)$ / 位相 ϕ, 2π / 位相ソリトン)

体というわけではなく，弾性体のように変形が可能である．このため，電荷密度波の内部に局所的なひずみが生じ，そのひずんだ部分が動くことによって電流が流れることが可能である．ひずみの部分を絵解きすると図 4-44 のようになり，これは電荷密度波の位相が局所的に変化したことを意味するので，このひずみの部分を「位相ソリトン」と呼ぶ．電荷密度波は 1 波長ごとに電子を 2 個含むから，位相ソリトンの部分では電荷が平均より多いか，あるいは逆に少ない．したがって，位相ソリトンが動くと電流が運ばれる．

パイエルス転移と電荷密度波に関する以上の議論では，伝導電子間のクーロン相互作用を無視した．クーロン相互作用が無視できないときも，やはり 1 次元電子系では金属状態が不安定で，金属-絶縁体相転移が起こる．しかし，このときは結晶格子がひずむことは

第4章　物性物理学

上向きスピン密度

下向きスピン密度

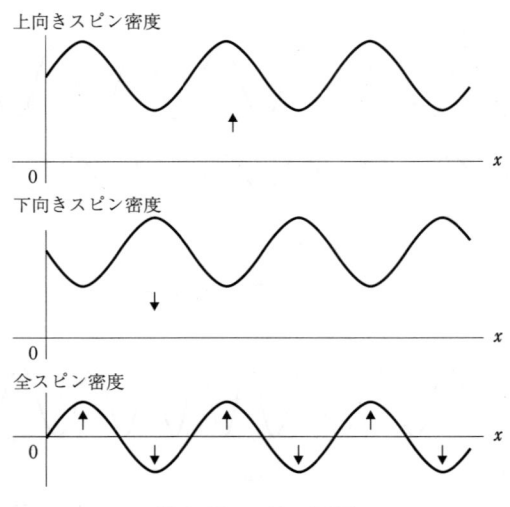

全スピン密度

図4-45　スピン密度波

なく，電荷密度波の代わりに「スピン密度波」が生じる。有機超伝導体 $(TMTSF)_2PF_6$ は，常圧では 12K で金属-絶縁体転移を起こし，スピン密度波が現れる。クーロン相互作用は2個の電子が同じ原子・分子にきたときにだけ作用する程度の大きさだとしよう。このとき，電子系は図4-45のように上向きスピンの電子の密度波と下向きスピンのものとが半波長だけずれて重なった構造をもつ。これが「スピン密度波」である。スピン配列の1周期には2電子が入っているから，この構造の周期は電荷密度波の波長と同じである。実験によれば，$(TMTSF)_2PF_6$ のスピン密度波の振幅は1電子分のスピンの大きさの10%以下である。スピン密度波ができるときも，電子系は絶縁体状態に相転移するが，電荷密度波とは違って結晶格子には何の変化も生じない。またスピン密度波は，電荷密度波と同様に結晶格子の中を動いて電流を運ぶことができ，乱れなどがあると，その動きがピン止めされることが実験・理論の両面から明らかにされている。

（鹿児島誠一）

10. 低次元半導体

10. 低次元半導体

近年,微細構造技術の発展により,半導体ナノ構造と呼ばれるものが作られるようになり,非常に小さいスケールでの電気伝導度が調べられるようになった。こうした系は基板上の界面に作られ,界面と垂直な方向の運動は抑制され,電子の運動としては界面に沿ったものだけが重要となる。この2次元電子系は単に薄い膜というのではない。この系は,以下のような特筆すべき性質をもっている。

1) 電子密度が小さく,これが電場をかけるなどして変えられる。
2) 電子密度が小さいため,フェルミ波長が長く(40nm 程度)なり,系の形状と同じ程度になりうる。
3) フェルミ面はほぼ丸いとしてよい。
4) 弾性散乱長が非常に長い(10μm 程度にまでなる)。
5) 磁場を垂直方向にかけると,ランダウ量子化の効果が顕著に現れる。

系の低次元性により,低温において量子力学的な効果が顕著に見られる。特に電気伝導の様子は劇的な変化を受ける。こうした低温における量子力学の効果が顕著な伝導現象を**量子輸送現象**(quantum transport phenomena)と呼ぶ。

2次元電子系が形成される代表的な系は,Si-MOS FET (metal-oxide-semiconductor field effect transistor) 構造と GaAs/AlGaAs ヘテロ接合である。図4-46に Si-MOS の模式図を示す。

こうした系における典型的なパラメーターを表4-2にしておく。ヘテロ接合は格子定数が近い物質を接合するので,滑らかな界面が形成される。GaAs/Al$_x$Ga$_{1-x}$ と書くと,$x \approx 0.3$ である。ドーパント(不純物)による散乱が小さくなるように,ドーピングは界面から離れたところにする。こうしてヘテロ接合は不規則ポテンシャルによる散乱が少なくなり,移動度が大きくなる。

低次元系で見られる量子輸送現象は,系のスケールによって3通りに分類できる。系がマクロな大きさでも見られる量子現象が**量子ホール効果**(quantum Hall effect)である。これは,2次元電子系に垂直に磁場がかかり,電子状態が**ランダウ準位**(Landau level)に量子化されている場合に起こる。整数量子ホール効果とは,ホール伝導度 σ_{yx} が $e^2/h (\approx 25.2\mathrm{k}\Omega)$ の整数倍に正確に量子化

第 4 章　物性物理学

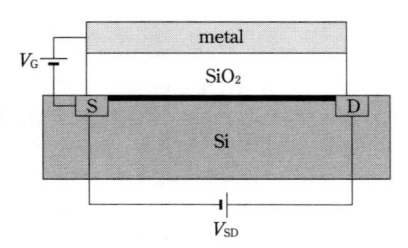

図 4-46 Si-MOS 構造の模式図。金属電極，SiO₂，Si の metal-oxide-semiconductor (MOS) から成っている。V_G はゲート電圧で，これをかけることにより，Si 中の電子が Si と SiO₂ の界面に引き付けられ，図で黒く塗りつぶしたところに 2 次元電子系を形成する。この 2 次元電子系の電子密度は，V_G を変えることにより制御できるのが特徴である。電流はソースとドレイン (S, D と記してある) 間を流れる。

表 4-2

	Si	GaAs
m_{eff}	$0.19m$	$0.067m$
ε_r	11.9	13.1
n_e	$1 \sim 10 \times 10^{11} \text{cm}^{-2}$	$4 \times 10^{11} \text{cm}^{-2}$
k_F	$0.56 \sim 1.77 \times 10^6 \text{cm}^{-1}$	$1.58 \times 10^6 \text{cm}^{-1}$
λ_F	$37 \sim 118 \text{nm}$	40nm
E_F	$0.63 \sim 6.3 \text{ meV}$	14 meV
μ	$10^4 \text{cm}^2/\text{V}\cdot\text{s}$	$10^4 \sim 10^6 \text{cm}^2/\text{V}\cdot\text{s}$
l	$\sim 40 \text{ nm}$	$10^2 \sim 10^4 \text{ nm}$
$k_F l$	$2.1 \sim 21$	$15.8 \sim 1580$
$\omega_c \tau$	$\sim 1 (\text{B/T})$	$1 \sim 100 (\text{B/T})$

Si-MOS と GaAs の物質パラメーター。m は自由電子の質量，ε_r，μ は，それぞれ比誘電率，移動度である。l は典型的な平均自由行程である (C.W. J. Beenakker and H. van Houten: Solid State Physics **44** (1991) pp.1-228 より)。

10. 低次元半導体

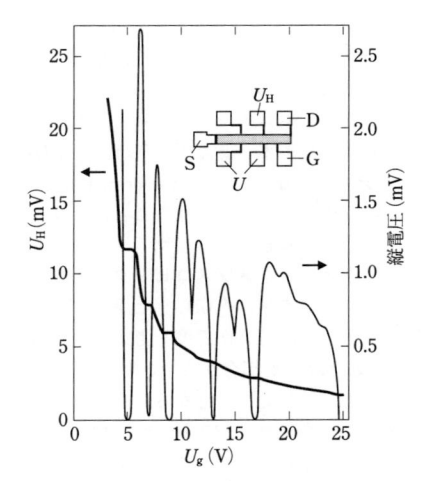

図 4-47 量子ホール効果の実験。ホール電圧 U_H が有限のゲート電圧 U_g 領域でプラトーを示す。この領域ではソース-ドレイン間の電圧 U は極端に小さくなる。K. von Klitzing 他，Phys. Rev. Lett. **45** (1980) pp. 494-497.

される現象である。ホール電圧を電子密度の関数としてプロットしたのが図 4-47 である。

その後，ホール伝導度が e^2/h の整数倍でなく，奇数を分母とした分数倍（1/3, 1/5 など）に量子化される現象が見つかった。これが，**分数量子ホール効果**（fractional quantum Hall effect）である。分数量子ホール効果では**分数電荷**（fractional charge）が現れる。

非弾性散乱により電子の位相が乱れる長さは，**位相緩和長**（phase coherent length）と呼ばれる。2 次元電子系では，低温でこの長さはミリメートル程度までなりうるので，系を小さくしていくと系の長さが位相緩和長よりも小さくなり，電子は系を伝導するとき，位相の情報が保たれる。このとき，電子の位相干渉効果が大き

な役割を果たす。一方,不純物などによる弾性散乱は頻繁に起こる。この場合,電子は拡散運動を行うが,位相はコヒーレントである。この状況は拡散領域といわれる。

大きさが数十ナノメートルの系では,系よりも平均自由行程が長いので量子効果がより見やすい。このときは,不純物による散乱が全くない**バリスティック伝導**(ballistic transport)という現象が見られる。人工的なポテンシャルを作ることにより,系の形状を反映した新奇な伝導現象が観察される。マイクロメートル以下のサイズ独特の物理現象を示す系を**メゾスコピック系**と呼ぶ。

(1) 普遍的なコンダクタンスのゆらぎとランダウアー公式

メゾスコピック系では,電気伝導度を考えるよりもコンダクタンス $G=I/V$ を考えたほうが都合がよい。コンダクタンスはある値をとるというよりも,統計的な量となる。なぜなら,同じ物質パラメーターでも不純物の配置などが変わるだけで,電子波の干渉パターンが変わり,全く異なるコンダクタンスを示すからである。その分布関数は正規分布になる。正規分布を特徴づけるのは平均値と標準偏差であるが,メゾスコピック系ではこの標準偏差が e^2/h 程度の普遍的な値をとる。これが**普遍的なコンダクタンスのゆらぎ**(universal conductance fluctuation)である。拡散領域にあるメゾスコピック系に磁場をかけるとその試料独自の磁気抵抗を示す。これは,再現性がある点でノイズとは別物である。この磁気抵抗のパターンは**磁気指紋**(magneto-fingerprint)と名づけられている。

コンダクタンスの値は試料だけでなく端子の位置にもよる。これを議論するには,**ランダウアー公式**(Landauer formula)が便利である。これは,コンダクタンスを端子間の透過係数で書き下す。例えば2端子コンダクタンスは,

$$G=\frac{2e^2}{h}T \tag{59}$$

と書ける。T は端子間の透過係数である。ランダウアー公式はある条件の下で久保公式から導かれるものであるが,直感的にわかりやすく数値計算しやすいなどのメリットがある。

端子が3つ以上ついている場合,メゾスコピック系では系の輸送特性はどの端子で電流を流し,どの端子で電圧を測定したかに大き

10. 低次元半導体

く依存する。各端子にかかっている電圧を V_j, 端子 i を流れる電流を I_i とすると, 端子 j から端子 i への電子の透過係数を T_{ij} として,

$$I_i = \frac{e^2}{h}\sum_j T_{ij}(V_i - V_j) \tag{60}$$

となる。磁場の反転に関しては, $T_{ij}(\boldsymbol{B}) = T_{ji}(-\boldsymbol{B})$ が成立する。抵抗は電流端子を k, l, 電圧端子を m, n とした場合, $R_{kl,mn}$ と表される。このとき, オンサーガーの相反定理は,

$$R_{kl,mn}(\boldsymbol{B}) = R_{mn,kl}(-\boldsymbol{B}) \tag{61}$$

となる。単に磁場を反転させても相反定理は満たされない。相反定理を満たすには, 磁場を反転すると同時に電流端子と電圧端子を入れ替える必要がある(図4-48)。

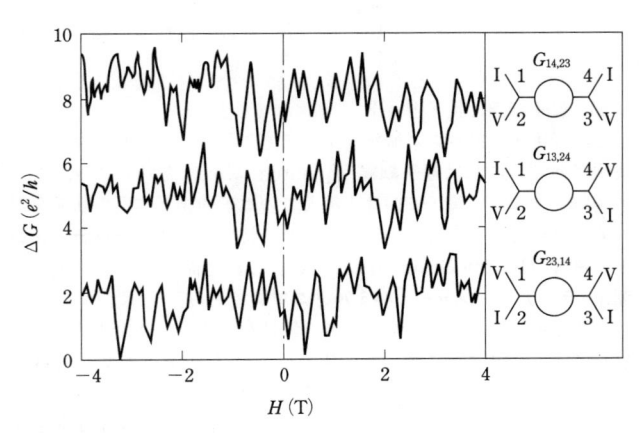

図 4-48 メゾスコピック系の磁気抵抗。端子には1から4まで番号が図の右側に示すように付けられており, どの端子を電流端子(I), 電圧端子(V)とするかによって, 振る舞いが異なる。磁気抵抗は単調な関数ではなく, ランダムなパターンを示すが, 再現性がある(磁気指紋)。増減の幅は e^2/h 程度である(UCF)。コンダクタンスは磁場に関して対称ではない。しかし, 磁場を反転すると同時に電流-電圧端子を入れ替えると, 同じ伝導度が得られる(1番上と1番下のデータがこの対称性に対応している)。A.D. Benoit 他, Phys. Rev. Lett. **57** (1986) pp.1765-1768.

第 4 章 物性物理学

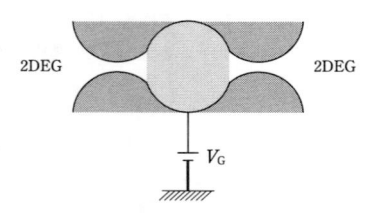

図 4-49 量子ドットの模式図。2次元電子系 (2DEG) に負の電圧をかけて，濃い影で示した領域に電子がこないようにし，中心付近の丸い領域を孤立させる。この丸い領域にはゲート電圧がかかっており，エネルギーの底上げができるようにする。

(2) 量子細線と量子ドット

2次元電子系にさらに微細加工をほどこし，非常に幅の狭い系が実現できる。これは**量子細線** (quantum wire) と呼ばれる。この不純物を含まない量子細線は1次元での電子間相互作用の効果を調べるのに理想的である。1次元で現れる特異な状態を**ラッティンジャー液体** (Luttinger liquid) と呼ぶ。これを記述するモデルが，**朝永-ラッティンジャー・ハミルトニアン**である。

2次元電子系の間に非常に小さい領域があると，この狭い領域が抵抗のように働く。このとき，電気伝導度は e^2/h の整数倍に量子化される。これが**コンダクタンスの量子化**である。この小さい領域を作る技術を発展させて，島のような状態を作ったのが**量子ドット** (quantum dot) である。図 4-49にその模式図を示す。

量子ドットはキャパシタンス C が非常に小さい。そのため，電子1個を付け加えることで増大する静電エネルギー $e^2/2C$ が無視できなくなる。低温，低電圧下ではこの静電エネルギーが大き過ぎて，電子がドットに入り込めなくなり，電流を流せなくなる。これが**クーロン・ブロッケード** (Coulomb blockade) である (図 4-50)。電子1個が量子ドットに入ることで電流を制御できることから，量子ドットは単一電子トランジスタとして注目されている。

10. 低次元半導体

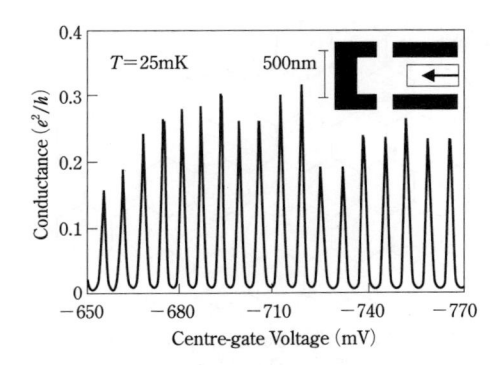

図4-50 クーロン・ブロッケードの実験。量子ドットの中の準位は量子化されており,その位置はゲート電圧 V_G でコントロールできる。これらの準位と外側の2次元電子系のフェルミ・エネルギーが一致したときのみ電流が流れる。準位の間隔は静電エネルギーの等間隔になっており,ドットの詳細にはよらない。D.A. Wharam and T. Heinzel: *Quantum Dynamics of Submicron Structures*, ed. H.A.Cerdeira 他, p.313.

(3) グラフェン

炭素ナノチューブ(第9節(2)参照)を平面上に開いたものが**グラフェン**(graphene)と呼ばれる2次元状のシートである。グラフェンでの電子状態のエネルギーは

$$E(k_x, k_y) = \pm \hbar v \sqrt{k_x^2 + k_y^2} \tag{62}$$

となり,電子はあたかも相対論的な質量0のフェルミオンとして振る舞う。ただし,v は,光速の1/100程度である。

これに加えてグラフェンは散乱が少なく移動度が高い,純粋な2次元系である,などの興味深い特徴をもち,近年,盛んに研究されている。

グラフェン,とりわけナノサイズのグラフェンの性質は,端の形状にも依存する。図4-51では,横方向の端はジグザグ型,縦方向はアームチェア型となっており,それぞれ興味深い状態をもたら

295

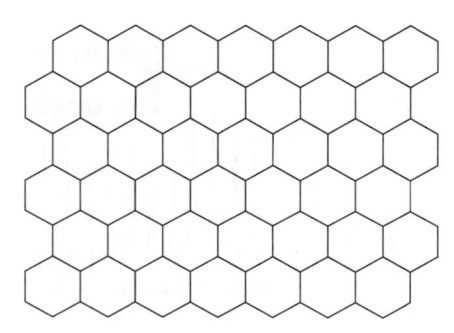

図 4-51 炭素の作る2次元系，グラフェン（図4-5も参照）。横方向の端はジグザグ型，縦方向の端はアームチェア型。

す。 (大槻東巳)

11. 光物性

(1) 誘電率と光学定数

物質に光が入射すると，一部は表面で反射し，残りは物質中に進入する。進入した光は物質中の荷電粒子（電子，イオン）と相互作用しながら進むので，真空中の光とは異なった伝搬の仕方をする。また，反射光も物質表面での相互作用が原因で生じている。光は電磁波であるから電場と磁場をもつが，光と物質との相互作用では光の電場のみを考える。なぜならば，速さ v をもつ荷電粒子における磁場との相互作用の大きさは，電場によるものに比べて v/c 倍だけ小さい（c は真空中の光速度）からである。

ここでは，光電場と物質との相互作用を，マクロな物理量である**誘電率** ε（一般的に複素数），またはその真空中の誘電率 ε_0 との比である**複素比誘電率** $\varepsilon_r = \varepsilon/\varepsilon_0$ で考える。

真空中を z 方向に伝搬する波数 k，角振動数 ω，振幅 $\boldsymbol{E}_0$ の光電場は，

$$\boldsymbol{E} = \boldsymbol{E}_0 \exp\{i(kz - \omega t)\} = \boldsymbol{E}_0 \exp\left\{i\omega\left(\frac{z}{c} - t\right)\right\} \tag{63}$$

と表される。真空中での k と ω の関係（**分散関係**）は，$\omega = ck$ な

11. 光物性

ので,上式の最後の変形が可能となる。最後の形を見てわかるように,真空中の電磁波は振動数によらず,速さ c で進む。この光が複素比誘電率 ε_r の物質中に入ると,分散関係は,

$$\left(\frac{ck}{\omega}\right)^2 = \varepsilon_r \tag{64}$$

となる。したがって, ε_r の具体的な形がわかれば,マクロな光学応答を知ることができる。複素比誘電率の平方根 $\sqrt{\varepsilon_r}$ が**複素屈折率** $\tilde{n}$ であり,その実部が光学の分野で使われる**屈折率** n である。すなわち,

$$\sqrt{\varepsilon_r} = \tilde{n} = n + i\kappa \tag{65}$$

であり,虚部の κ を**消衰係数**と呼ぶ。これらを用いると,物質中での光電場は,

$$\boldsymbol{E} = \boldsymbol{E}_0 \exp\left\{i\omega\left(\frac{nz}{c} - t\right)\right\} \exp\left(-\frac{\kappa\omega}{c}z\right) \tag{66}$$

と表され,波の位相速度が c/n となり,指数関数的に振幅が減衰していくことがわかる。光の強度は電場の2乗に比例するから,光強度の減衰定数は $\alpha = 2\kappa\omega/c$ となり,α を**吸収係数**と呼ぶ。ここで,n と κ,または n と α は物質のマクロな光学応答を決定するので,これらを**光学定数**と呼ぶ。また,物質表面での反射の様子も,これらの光学定数から知ることができる。半無限の物質の表面に垂直に光が入射したときの反射率 R は,

$$R = \left|\frac{\tilde{n}-1}{\tilde{n}+1}\right|^2 = \frac{(n-1)^2 + \kappa^2}{(n+1)^2 + \kappa^2} \tag{67}$$

となる。

以下の2項では,絶縁体と金属の場合に分けて,ε_r および光学定数の具体的な表式を簡単なモデルから求めていく。

(2) ローレンツ・モデル

絶縁体および半導体では,光電場によって物質中に分極 $\boldsymbol{P}$ が誘起される。電場 $\boldsymbol{E}$,誘電率 ε,分極 $\boldsymbol{P}$ の関係は以下のようになる。

$$\varepsilon \boldsymbol{E} = \varepsilon_0 \boldsymbol{E} + \boldsymbol{P} \tag{68}$$

一般的には,$\boldsymbol{E}$ と $\boldsymbol{P}$ の向きが同じとは限らないので,ε はテンソルであるが,ここでは等方的な物質を考えて,すべてスカラー量で話を進める。

第4章 物性物理学

物質中に誘起される分極は,原子中の正の電荷の中心と負の電荷の中心がずれることや,正イオンと負イオンの位置が平衡点からずれることによって生じる電気双極子の集まりである。この電気双極子を古典的な調和振動子として考えて誘電率を導くモデルを**ローレンツ・モデル**と呼ぶ。振動子の質量をm,電荷をqとして,固有角振動数をω_0とすると,光電場Eによる外力はqEであるから,振動子の運動方程式は,

$$m\left(\frac{d^2}{dt^2}x+\gamma\frac{d}{dt}x+\omega_0{}^2 x\right)=qE \tag{69}$$

となる。ここで,xは振動子の平衡位置からのずれであり,速度に比例する減衰をγとおいた。光電場の振動数をωとして,変位xを求めると,

$$x=\frac{q}{m}\frac{1}{\omega_0{}^2-\omega^2-i\omega\gamma}E_0 e^{-i\omega t} \tag{70}$$

となる。このような振動子が単位体積中にN_0個あれば,分極の大きさは$P=N_0 qx$で与えられるから,(68)式より複素比誘電率ε_rは,

$$\varepsilon_r=\frac{\varepsilon}{\varepsilon_0}=1+\frac{N_0 q^2}{m\varepsilon_0}\frac{1}{\omega_0{}^2-\omega^2-i\omega\gamma} \tag{71}$$

と求められる。

以上では,一つの固有振動数ω_0のみ考えたが,実際には物質中のさまざまな電子遷移エネルギーがあるので,それに対応していくつかの固有振動数をもつ振動子の集合と考えなければならない。さまざまな固有振動数ω_jをもつ振動子があれば,それらを足し合わせて,

$$\varepsilon_r=1+\sum_j\frac{N_0 q^2}{m\varepsilon_0}\frac{f_j}{\omega_j{}^2-\omega^2-i\omega\gamma_j} \tag{72}$$

とすればよい。ここで出てきたf_jは,ω_jの固有振動数をもつ振動子の割合を表し($0\leq f_j\leq 1$),**振動子強度**と呼ばれる。

図4-52にローレンツ・モデルにより得られた光学定数nとκ,および垂直入射の際の反射率Rを示す。ここでは,ある固有振動数ω_iの近傍だけを描いており,$\omega_i=1.3\times 10^{16}$(rad/s),$\gamma_i=1.3\times 10^{15}$(rad/s)とおいた。この図からわかるように,固有振動数の付近で

11. 光物性

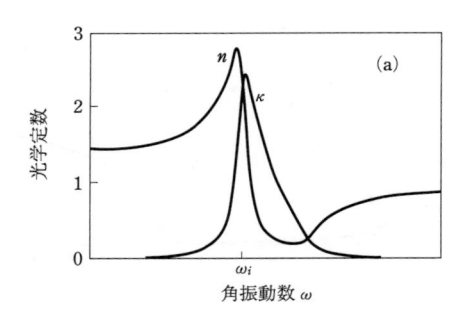

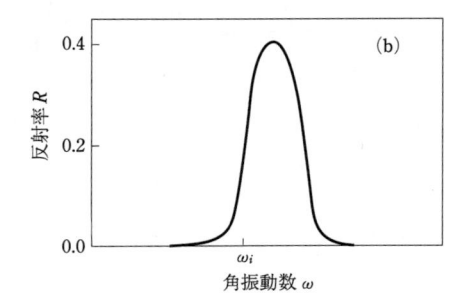

図 4-52 ローレンツ・モデルで計算した絶縁体の光学定数 n, κ (a) と垂直反射率 R (b)。$\left(\dfrac{N_0 q^2}{m\varepsilon_0}\right) = 1.8 \times 10^{32}$ とした。

反射率が大きくなる。これが絶縁体に色がある理由である。

ローレンツ・モデルは単純化した古典的モデルであるが、量子力学的な取り扱いからも、式(72)と同様の結果が導かれる。その場合、振動子強度 f_i は、基底状態から i 番目の励起状態への遷移確率を用いて表すことができる。

(3) ドルーデ・モデル

金属の場合には自由電子が存在するので、光との相互作用は自由電子によるものが支配的になる。自由電子には復元力が働かないので、光電場の下での運動方程式は、(69)式で $\omega_0 = 0$ とすればよい。

第 4 章　物性物理学

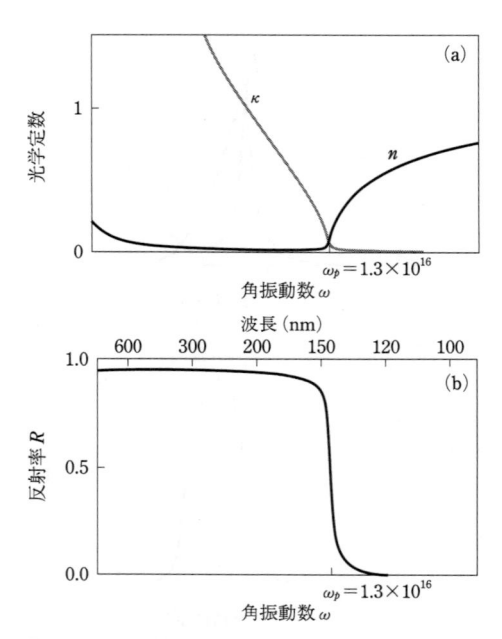

図 4-53 ドルーデ・モデルで計算した金属の光学定数と垂直反射率。

このとき，振動子の減衰を表した γ は，自由電子が散乱時間 τ で散乱を受けるということに対応づけられるので，$\gamma \to \tau^{-1}$ とする。すなわち，第7節の電気伝導で出てきたドルーデ・モデルと同じである。ローレンツ・モデルから導かれた式(71)で，$q \to -e$（電子の電荷），$m \to m^*$（自由電子の有効質量），$N \to N_e$（自由電子の密度）と書き換えれば，複素比誘電率は，

$$\varepsilon_r = 1 + \frac{N_e e^2}{m^* \varepsilon_0} \frac{1}{0 - \omega^2 - i\omega\tau^{-1}} = 1 - \frac{\omega_p^2}{\omega^2 + i\omega\tau^{-1}} \tag{73}$$

となる。ここで，

$$\omega_p = \sqrt{\frac{N_e e^2}{m^* \varepsilon_0}} \tag{74}$$

300

11. 光物性

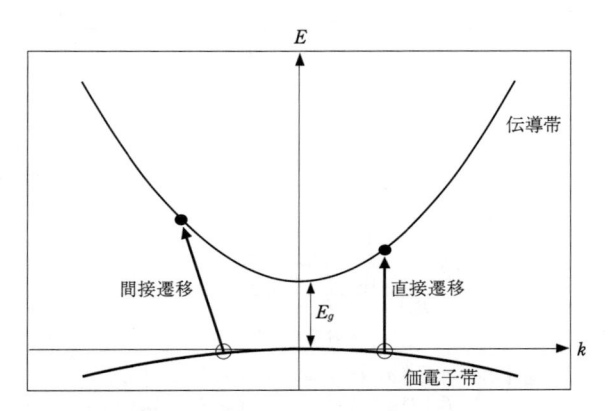

図 4-54 一般的な半導体の価電子帯と伝導帯。光吸収によって垂直に上がる遷移を直接遷移と呼ぶ。

は**プラズマ振動数**と呼ばれ、これを境にして光学特性が大きく変わる。図 4-53 にドルーデ・モデルにより得られた光学定数 n と κ、および垂直入射の際の反射率 R を示す。ここでは、$\omega_p = 1.3 \times 10^{16}$ rad/s、$\tau = 5 \times 10^{-15}$ s とおいた。図を見てわかるように、プラズマ振動数（波長で表すと、$\lambda_p \approx 140$ nm）より低エネルギーの光に対しては反射率がほぼ1である。これが、金属が鏡のように見える理由である。

(4) バンド間遷移と励起子

絶縁体・半導体のローレンツ・モデルは、物質中の電子エネルギー準位が離散的ならば、それを振動子の固有振動数に対応させればよいのでわかりやすい。すなわち、固有振動数 ω_i の振動子が励起されたということは、基底状態にいた電子が $\hbar\omega_i$ だけエネルギーの高い状態に遷移したことに対応する。

しかし現実の結晶では、第3節で説明したようにエネルギーバンドを形成しており、エネルギーは波数 k で決まる準連続的な値をとる。図 4-54 に、典型的な半導体の価電子帯と伝導帯のバンド構造を示す。価電子帯から伝導帯への光による遷移は、第1ブリュアン域のどの k でも可能である。光の吸収によって、光のもつエネルギ

第 4 章　物性物理学

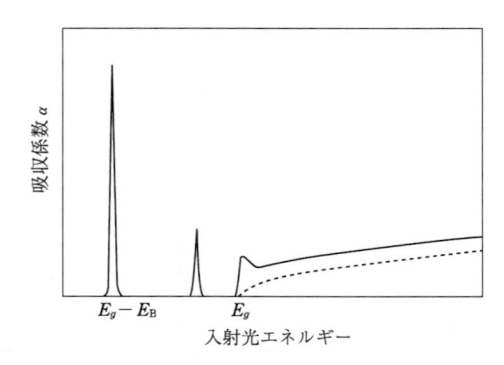

図 4-55　半導体のバンド端近傍の吸収スペクトル。
E_g：バンドギャップ・エネルギー，E_B：励起子束縛エネルギー。破線は電子と正孔間のクーロン相互作用がない場合の吸収スペクトル。

ーと運動量（波数）が電子に渡されるが，可視光程度の光の波数は $k \simeq 10^4 \sim 10^5 \mathrm{cm}^{-1}$ であり，第 1 ブリユアン域の大きさは $10^8 \mathrm{cm}^{-1}$ 程度だから，波数の変化は第 1 ブリユアン域の大きさに比べて無視してよい。したがって，図のように垂直に上がる遷移として表され，これを**直接遷移**と呼ぶ。もし，光による遷移にフォノンも関与すれば，フォノンの波数の分だけ電子の波数の変化が生じるので，遷移は垂直でなくなる。その場合を**間接遷移**と呼ぶ。以下では，直接遷移の場合を考える。

図のように，価電子帯の頂上と伝導帯の底が同じ位置にある場合には，そのエネルギー差である**バンドギャップ** E_g から光の吸収が観測され，吸収係数は，

$$\alpha(\omega) \propto \sqrt{\hbar\omega - E_g} \qquad (\hbar\omega > E_g) \tag{75}$$

となり，図 4-55の破線の形状になる。平方根の形になるのは，3次元の状態密度が反映されているからである。バンドを形成したことで，遷移エネルギーの幅が広がり，価電子帯の 1 個 1 個の電子がもっていた振動子強度が幅広い遷移に分配されたのである。

以上が，価電子帯から伝導帯への吸収の基本であるが，現実にはもう少し複雑なことが起こる。伝導帯に励起された電子は，価電子

11. 光物性

帯に残った正孔とクーロン引力で結合し,水素原子型の束縛状態を形成する。この電子と正孔のペアを**励起子**と呼ぶ。励起子への遷移エネルギーはその束縛エネルギー(**励起子束縛エネルギー**)分だけ小さくなるので,図の実線で示したようにバンド間遷移の吸収の低エネルギー側に,水素型のエネルギー構造をもった励起の吸収が現れる。ここで注目すべきことは,幅広い遷移エネルギーに分配されていた振動子強度が,離散的な準位に集中することで,励起子の吸収は非常に大きくなることである。この**振動子強度の集中**は,励起子の束縛エネルギーが大きいほど顕著になる。

通常の半導体では,励起子束縛エネルギーは数 meV と非常に小さいため,室温程度の熱エネルギーで容易に解離してしまう。したがって,低温でのバンド間遷移近傍の光学特性を支配するのは励起子であるが,室温では励起子が物性に顔を出すことはない。しかし,ある種の半導体(特にバンドギャップ・エネルギーの大きな半導体)では,励起子束縛エネルギーが数十 meV 以上に及び,室温での光学特性にも影響を与えるようになる。また,半導体を低次元に閉じ込めた**量子閉じ込め構造**(量子井戸,量子細線,量子ドット)では,励起子も同様に閉じ込められるため,その束縛エネルギーが大きくなり,中には数百 meV にも及ぶ物質も存在する。このような量子閉じ込め構造では,励起子が光学特性を決定する。

ここで説明してきた励起子は,半導体における電子と正孔の束縛状態であり,その束縛運動の軌道半径(**励起子ボーア半径**)は単位胞の大きさに比べてずっと大きい。すなわち,電子と正孔が大きな軌道半径で回転しながら,その重心が結晶中を運動しているイメージである。このような励起子を特に**ワニエ励起子**と呼ぶ。それに対して,分子性結晶などの励起子では,励起子の大きさが 1 つの分子や原子よりも小さくなる場合が多い。このような励起子を**フレンケル励起子**と呼び,その直感的イメージは,電子と正孔の束縛状態というよりも,一つの分子や原子の励起状態が次々と別の原子や分子へ移動していくというものである。

(5) 非線形光学

ローレンツ・モデルは調和振動子を基本にしているので,光電場に対する応答はすべて線形である。実際の物質では,調和振動子近

似からのずれが多少なりとも存在し,線形応答しない光学特性,すなわち**非線形光学効果**が現れる。これを考えるために,**電気感受率**を定義しておこう。(68)式を書き直して,

$$P = (\varepsilon - \varepsilon_0)E = \varepsilon_0(\varepsilon_r - 1)E = \varepsilon_0 \chi^{(1)} E \tag{76}$$

と表す。この式は物質中にできる分極が光電場に比例するという線形の関係を表しており,その比例係数 $\chi^{(1)}(=\varepsilon_r-1)$ を**線形感受率**と呼ぶ。

ローレンツ・モデルの振動子に非調和項が加わるとどうなるかを見るために,(69)式の運動方程式に,非調和項として,2次の項 (ax^2) と 3 次の項 (bx^3) を加えて,

$$m\left(\frac{d^2}{dt^2}x + \gamma\frac{d}{dt}x + \omega_0^2 x + ax^2 + bx^3\right) = qE \tag{77}$$

とする。右辺に ω で振動する光電場を代入して,変位 x を計算し,それを用いて分極 $P = N_0 qx$ を表すと,

$$\begin{aligned}P = \varepsilon_0[&\chi^{(1)}(\omega)E_0 e^{-i\omega t} &&\text{線形項} \\ &+\chi^{(2)}(2\omega)E_0^2 e^{-2i\omega t} + \chi^{(2)}(0)|E_0|^2 &&\text{2 次の項} \\ &+\chi^{(3)}(3\omega)E_0^3 e^{-3i\omega t} + \chi^{(3)}(\omega)|E_0|^2 E_0 e^{-i\omega t}] &&\text{3 次の項}\end{aligned} \tag{78}$$

となり,線形項以外に非線形項が現れる。ここで現れた各非線形項の係数は複雑な式なので,書き下すことはしないが,それぞれの項の物理的な意味を説明しておく。

$\chi^{(2)}(2\omega)$ が係数となっている項は,入射光の 2 倍の振動数 2ω で振動しており,この分極がもとになって 2ω で振動する光を外に取り出すことができる。これを**第 2 高調波発生(Second Hermonic Generation:SHG)**と呼び,赤外光を可視光に(あるいは可視光を紫外光に)変換したりする場合に多く利用されている。

$\chi^{(2)}(0)$ が係数となっている項は振動していないので,光によって静的な分極が生じることを意味しており,**光整流**と呼ばれている。

$\chi^{(3)}(3\omega)$ が係数となっている項は,入射光の 3 倍の振動数 3ω で振動しており,第 2 高調波発生と同様に,**第 3 高調波発生(Third Hermonic Generation:THG)**と呼ばれる。

$\chi^{(3)}(\omega)$ が係数となっている項は,入射光と同じ振動数で振動しているので,線形項といっしょに表すと,

$$P(\omega) = \varepsilon_0 [\chi^{(1)}(\omega) + \chi^{(3)}(\omega)|E_0|^2] E_0 e^{-i\omega t} \tag{79}$$

となる。すなわち、電気感受率が線形項 $\chi^{(1)}(\omega)$ と、光強度に比例した部分 $\chi^{(3)}(\omega)|E_0|^2$ の和になっている。これから複素屈折率を導くと、

$$\tilde{n} = \tilde{n}_0 + \tilde{n}_2 I \tag{80}$$

となり、線形の屈折率 $\tilde{n}_0$ に、光強度 I に比例した非線形項 $\tilde{n}_2 I$ が加わる。この比例係数 $\tilde{n}_2$ を**非線形屈折率**と呼ぶ。複素屈折率は、マクロな光学応答を決定するものであるから、光強度によってその大きさを変えられるということは、光自身で光学応答を制御できることを意味する。このように、$\chi^{(3)}(\omega)$ の項は、光による光の制御(**光スイッチ**)などへの応用の可能性をもっている。　　　(江馬一弘)

12. プラズマ物理

(1) 高温プラズマ

通常の気体は、電気的に中性な原子や分子から成っているが、負の電荷をもつ電子が正の電荷をもつイオンから解離して自由に動き回るようになった気体を、**電離気体**または**プラズマ**(plasma)と呼ぶ。われわれの身の周りでは、プラズマというと、ネオンサインや蛍光灯や稲妻などの発光体ぐらいしか見かけないが、これらはごく一部の原子しか電離していない**弱電離プラズマ**である。しかし、眼を宇宙に転ずると、そのほとんどがプラズマである。実際、地上50 kmぐらいから始まる**電離層**、その外側の**磁気圏**、**星間空間**、さらには太陽や恒星の表面や内部に至るまで、ほとんどがプラズマ状態になっている。それも、**オーロラ**を発光する地上120 km付近より外側はほぼ**完全電離プラズマ**である。

プラズマという名称は、1928年にラングミュア(Irving Langmuir)が**グロー放電**の**陽光柱**に電気的振動を発見し、それを**プラズマ振動**と名付けたことに始まる。プラズマは全体としては電気的に中性でありながら、通常の気体と異なり、電気伝導性が良いなど、電磁場に対して強い応答性を示すので、固体・液体・気体につぐ**物質の第四の状態**とも呼ばれている。

完全電離プラズマを作るには、十分高温(水素では約3万度)にすればよい。このようなプラズマを、**高温プラズマ**(high temperature plasma）と呼ぶ。地上で，**制御熱核反応（核融合）**により新しいエネルギー源を開発しようという研究では，1億度という超高温プラズマの生成・保持が要求される。近年では，レーザー技術の著しい発展により集光強度が 10^{18}W/cm^2 を上回る高強度レーザーが開発されているが，このようなレーザーを気体や固体に照射すると生成された電子の振動エネルギーが静止質量を上回る**相対論プラズマ**が生成され，これを利用した粒子加速やX線光源など，様々な応用研究が進められている。太陽上空のコロナや太陽風，**宇宙空間プラズマ**も高温プラズマである。これらに関する組織立った研究は，20世紀後半になって行われるようになり，**プラズマ物理学**（plasma physics）という新しい学問分野を生み出すに至っている。

このほか，金属内の自由電子のように，十分高密度で電子の量子力学的効果で電離した**量子プラズマ**もあるが，以下では，とくに断らないかぎり，高温完全電離プラズマを対象とすることにする。

(2) プラズマ条件と理想プラズマ

プラズマが生成されるためには，電子の平均運動エネルギーが電子をイオンに結び付けようとする平均のクーロン（Coulomb）エネルギーより十分大きくなければならない。高温プラズマでは，この条件は次のように表される。

$$\frac{3}{2}k_{\mathrm{B}}T \gg \frac{Ze^2}{4\pi\varepsilon_0 \bar{r}} \tag{81}$$

ここに，k_{B} はボルツマン定数，T は電子温度，Ze はイオンの電荷，ε_0 は真空の誘電率，$\bar{r}$ は電子-イオン間の平均間隔である。単位体積当たりの電子数（以下では，単に**電子密度**と呼ぶ）n を用いれば，$n\bar{r}^3 \sim 1$ であるから，$Z=1$ として(81)式は，

$$n\lambda_{\mathrm{D}}^3 \gg 1 \quad \left(\lambda_{\mathrm{D}} = \sqrt{\frac{\varepsilon_0 k_{\mathrm{B}}T}{ne^2}}\right) \tag{82}$$

と書き換えられる。λ_{D} は**デバイの長さ**（Debye length）と呼ばれ，次のような物理的意味をもつ。プラズマ中に静止した点電荷をおくと，その周りを通る電子は，点電荷によるクーロン力の影響で軌道を修正される。その結果，点電荷の周りに実効的に点電荷を打ち消すような誘導電荷が作られ，点電荷のクーロン力の効果は，あ

12. プラズマ物理

る距離より先には及ばなくなる。これを**デバイ遮蔽**(Debye screening, Debye shielding)と呼び，その距離が λ_D となる。また，条件(82)を**プラズマ条件**と呼ぶ。

デバイの長さは，プラズマを特徴づける基本的長さなので，この長さを単位長さとして，$n\lambda_D^3 \to \infty$ の極限を想定し，**理想プラズマ**と呼ぶ。逆に，$n\lambda_D^3 \sim 1$ の程度のプラズマを**強結合プラズマ**と呼ぶ。宇宙空間プラズマや核融合プラズマは，理想プラズマにきわめて近い。なお，$(n\lambda_D^3)^{-1}$ を**プラズマパラメーター**と呼ぶ。

(81)および(82)式より，高温プラズマの2つの基本的性質が導かれる。まず(81)式より，高温プラズマでは，クーロン力による2体衝突の効果がきわめて小さいことがわかる。実際，電子の平均自由行程は，$\lambda_D (n\lambda_D^3)/\log(n\lambda_D^3)$ の程度になり，理想プラズマでは ∞ になる。このようなプラズマを**無衝突プラズマ**と呼ぶ。衝突がなければ，粒子はそれぞれ個々バラバラの個別運動を行う。といっても，荷電粒子だから，電磁場の影響を受けた軌道を描く。この問題は，古くから**軌道理論**により調べられてきた。

他方，(82)式は，理想プラズマでは $n \to \infty$，つまり「高密度」**連続体**の極限となる。ただし，λ_D を単位長さとしているので，正しくは高温低密度の極限である。「高密度」という意味は，デバイ遮蔽が無限に多くの電子の集団的応答によって形成されている，ということである。これは，クーロン力が十分遠くまで及ぶ**長距離力**であるためである。しかもその向きが，電子とイオンとで逆向きだから，全体としてみると電気分極や電流を生ずる。このように，高温プラズマでは，荷電粒子の**集団運動**が起こりやすく，それが電磁場を生成し，粒子の個別運動の軌道に影響を与える。

以上をまとめると，理想プラズマは，**無衝突連続体**として特徴づけられ，その運動形態は個別運動と集団運動で表され，それらは電磁場を介して密接に結ばれている。

(3) 荷電粒子の個別運動

電磁場中での荷電粒子の一番基本的な運動は第7章電磁気学の第7節で述べるように静磁場に垂直な面内での円運動であり，**サイクロトロン円運動**と呼ばれる。その角振動数 ω_c は，粒子の電荷を q，質量を m，磁束密度の大きさを B とすると，$\omega_c = |qB|/m$ で与

第4章 物性物理学

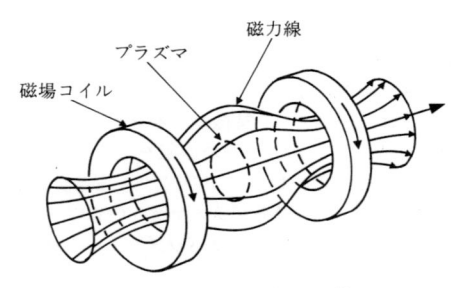

図 4-56 ミラー型磁場配位

えられ，**サイクロトロン振動数**とか**ラーモア振動数**（Larmor frequency）と呼ばれる。円運動の半径 ρ_L は，粒子の回転する速さを $v_\perp$ とすると，$\rho_L = v_\perp/\omega_c$ となり，**サイクロトロン半径**とか**ラーモア半径**と呼ばれる。力がローレンツ力のみであれば，磁場方向には自由に走れるから，荷電粒子の静磁場中の運動は，磁力線に巻き付いた磁場方向のラセン運動となる。

通常，サイクロトロン円運動はきわめて速いので，これについて平均したゆっくりした運動のみを扱うことが多い。これを**旋回中心の運動**と呼ぶ。磁場の強さが磁力線に沿ってゆっくり変化していると，粒子の運動とともにサイクロトロン振動数もゆっくり変わるが，円運動に伴う磁気モーメント $\mu = \mu_0 m v_\perp^2/2|B|$ は変化しない（**断熱不変量**）。その結果，磁場の強いところから力を受けて追い返される。これを**磁気ミラー**と呼ぶ。両端に磁気ミラーを配した図4-56のような配位を**ミラー型磁場配位**と呼ぶ。地球磁場は，地球の近くでミラー型配位をしている。

面白いのは，静磁場に垂直な力が働いているときの旋回中心の運動である。たとえば，静磁場 B に垂直に静電場 E があると，図4-57のように両者に垂直方向に $|E|/|B|$ の速さで運動する。これを $E \times B$ **ドリフト**と呼ばれ，電子もイオンも同じ速さで同じ向きに動

図 4-57 $E \times B$ ドリフト

12. プラズマ物理

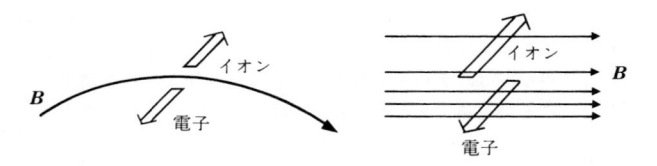

図 4-58 曲率ドリフト   **図 4-59** 勾配ドリフト

くので，プラズマ全体の運動となる．また，図 4-56のように磁力線が曲がっていたり，まっすぐでも磁場に垂直方向に強さの勾配があると，図 4-58，4-59のような旋回中心の運動が生じる．これらはそれぞれ，**曲率ドリフト**（または**遠心力ドリフト**）および**勾配ドリフト**と呼ばれ，電子とイオンとで逆向きなので，電流を伴い，電気分極を生ずる．

これらのドリフトの応用例として，図 4-56のミラー型磁場配位にプラズマを閉じ込めることを考えると，曲率ドリフトで表面に電気分極が生じて電場ができ，この電場による $E \times B$ ドリフトで，プラズマは外へ広がってしまう．これは，プラズマの閉じ込め配位の**巨視的不安定性**の一種で，**フルート不安定性**または**交換不安定性**と呼ばれる．似たようなソレノイドを円筒に変形して両端を接続して作った単純なトーラス状磁場（図 4-64を参照）でプラズマを閉じ込めようとしたときにも問題になる．プラズマを閉じ込めるためには，上記のような様々なドリフト運動を考慮して，巨視的な不安定性が発生しにくい磁場形状を考案する必要がある（(12)を参照）．

次に振動電場のあるときを考える．電場が磁場に平行なら，その方向に電子とイオンは逆向きに加速され振動するので，分極電流を生ずる．このときの旋回中心の運動を**分極ドリフト**と呼ぶ．電場が磁場に垂直のときは，分極ドリフトと振動する $E \times B$ ドリフトとが合成した運動となる．このときは，電子とイオンで振動の振幅が異なるため，$E \times B$ ドリフトによっても電流が生じる．とくに電場の振動数がサイクロトロン振動数に等しくなると，粒子は共鳴的な加速を受ける．これは**サイクロトロン共鳴**と呼ばれ，高温プラズマの生成や加熱に使われている．

(4) 静電的集団運動

第4章　物性物理学

ここで静電的というのは，電場が振動していても，磁場の変動を伴わず，静電ポテンシャルのみで表される場合をいう。静電的応答の最も簡単な例は，**デバイ遮蔽**である。原点に静止した点電荷 q の周りにできる静電ポテンシャル $\varphi(r)$ は，デバイ遮蔽の下では，

$$\varphi(r) = \frac{q}{4\pi\varepsilon_0 r} \exp[-r/\lambda_\mathrm{D}] \tag{83}$$

となり，$r > \lambda_\mathrm{D}$ では急速に 0 に近づく。

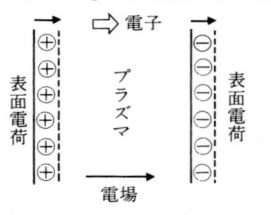

デバイ遮蔽が静的静電応答を表すのに対して，動的静電応答の代表が**プラズマ振動**である。図 4-60のように，一様な板状プラズマで電子のみが一斉に板面に垂直方向に少し変位したとすると，それによる表面電荷の作る電場で電子はもとの位置の方へ引き戻さ

図 4-60　板状プラズマにおける電子の変位による表面電荷と電場

れるが，ちょうどバネの振動のように，もとの位置を通り過ぎて振動を始める。イオンも電場の影響で電子と逆向きに振動するが，重いためその影響は無視できるくらい小さい。このときの角振動数 ω_p は $\sqrt{ne^2/m\varepsilon_0}$（$m$ は電子の質量）で与えられ，**プラズマ振動数**と呼ばれる。

このような振動は，プラズマの内部に局所的に起こることもある。このときは，電子密度の変動に伴う圧力勾配による力も加わって，有限な波長の波として伝わっていく。これを**電子プラズマ波**または**ラングミュア波**（Langmuir wave）と呼び，波長 $2\pi/k$（k は波数）のときの角振動数 ω は，$\omega = \omega_\mathrm{p}[1 + 3k^2\lambda_\mathrm{D}^2/2]$ で与えられる。ただし，$k^2\lambda_\mathrm{D}^2 \ll 1$ とした。

電子ではなく，重いイオンが主役となる低周波の**イオン波**という静電的な波もある。ただし，通常これは電子温度 T がイオン温度より十分高いときに限られ，角振動数 ω は $\omega = kC_\mathrm{s}/\sqrt{1 + k^2\lambda_\mathrm{D}^2}$ で与えられる。ここに，C_s は**イオン音速**と呼ばれ，イオン質量を M とすると $C_\mathrm{s} = \sqrt{k_\mathrm{B}T/M}$ である。$k^2\lambda_\mathrm{D}^2 \ll 1$（長波長）では $\omega \simeq kC_\mathrm{s}$ となり，音波のように振る舞うので**イオン音波**と呼ぶ。一方 $k^2\lambda_\mathrm{D}^2 \gg 1$

では，$\omega \fallingdotseq \omega_{pI} = \sqrt{ne^2/\varepsilon_0 M}$ となり，これは一様な電子流体の中の**イオンのプラズマ振動**を表している。

以上は，静磁場のないときか，静磁場に平行に伝わる波の場合だが，静磁場と角をなして伝わる波まで考えると，さらに多彩な静電的な波が現れる。いずれの場合も，静電的な波では，電場とともに密度の変動を伴う**縦波**(電場ベクトルと平行に伝わる波)となる。

(5) 電磁的集団運動

電場と磁場の両者の変動を伴う波を**電磁的波動**と呼ぶ。これは縦波ではなく，密度変動を伴わない純粋の**横波**か，一部縦波成分を含む横波となる。最も簡単な例として，真空中の電磁波が，静磁場のないプラズマに入射した場合を考えよう。十分振動数が高ければ，プラズマはこれに応答できないが，プラズマ振動数に近くなると，電子の分極ドリフトによる電流が生じ，電磁波の伝播を妨げるように働く。このときの電磁波の角振動数ωと波数kとの関係（分散関係：(6)参照）は，$\omega^2 = k^2 c^2 + \omega_p^2$ となり，$\omega^2 < \omega_p^2$ では電磁波はプラズマ中を伝わらない。これを電磁波の**遮断**と呼び，$\omega = \omega_p$ となる振動数を**遮断振動数**とよぶ。逆に，与えられたωで $\omega = \omega_p$ となる電子密度を**臨界密度**または**遮断密度**という。

静磁場があると，分極ドリフトのほかに $\boldsymbol{E} \times \boldsymbol{B}$ ドリフトも加わり，さらに $\omega = \omega_c$ ではサイクロトロン共鳴が起こるので，電磁波の構造も多彩となる。とくに電子のサイクロトロン振動数より少し低い領域には，電子の $\boldsymbol{E} \times \boldsymbol{B}$ ドリフト電流で，磁場に沿って電磁場が右回りに回転しながら伝わる円偏波が存在する。赤道付近の雷が原因で地球磁場に沿って伝わる**ホイスラー波**がこれに相当する。

十分低周波で，イオンのサイクロトロン振動数より低い領域では，$\boldsymbol{E} \times \boldsymbol{B}$ ドリフトによる電流は電子とイオンで打ち消し合い，イオンの分極ドリフトによる電流がおもなプラズマ効果となる波が現れ，**アルフベン波**（Alfvén wave）と呼ばれる。この波は2つの分岐からなり，それらの角振動数ωは，プラズマの圧力を無視すると，それぞれ $\omega = k v_A$（**速進波**または**圧縮モード**），$\omega = k_{/\!/} v_A$（遅進波または**捩れモード**）となる。$k_{/\!/}$は磁場方向の波数成分で，$v_A = \sqrt{B^2/\mu_0 M n}$ は**アルフベン速度**とよばれる。プラズマの圧力効果を入れると，これらの波は，イオン音波と結合して，**磁気音波**と呼

ばれる波になる。

(6) 線形波動と非線形波動

以上述べてきたプラズマ中の波は，いずれも振幅の小さい**線形波動**である。これらの波は，一様なプラズマ中では，正弦波として伝わり，角振動数 ω と波数 k との間に一定の関係を満たしている。この関係は，**分散関係**と呼ばれ，プラズマの特性を知るうえで重要である。プラズマの温度や密度が空間的に不均一であれば，これらの波は屈折したり，反射したりしながら伝わる。地上からの電波が電離層で反射しながら伝わるのは，その例である。時には空間の限られた部分に局在する**固有モード**となることもある。固有モードは，プラズマに不均一性があると，それらが自由エネルギー源となって**不安定化**し，その振幅が指数関数的に増大することがある。振幅が増大するとプラズマの**非線形性**によって波は正弦波から次第にずれて飽和し，その後，様々な振動数や波数の波が混在した乱流状態になったり（(11)を参照），あるいは無衝突プラズマではしばしば大振幅の非線形波動として空間的に局在した波になったりする。イオン音波は，振幅が増すと**ソリトン**になる。プラズマ中に不安定になる固有モードが存在すると，それが引金となって様々な非線形現象をもたらすことから，これらについて調べることはプラズマ物理の重要な課題である。固有モードの例として，密度や温度勾配がある場合の**ドリフト波不安定性**や重力や遠心力が作用した場合の**レイリー–テイラー不安定性**，プラズマの流れに速度勾配がある場合の**ケルビン–ヘルムホルツ不安定性**などがあり，これらは核融合プラズマや宇宙プラズマにおいて多彩な非線形現象を引き起こす。その意味でプラズマは，非線形現象の宝庫である。

(7) 波と粒子の相互作用

簡単のため，磁場のない一様なプラズマ中に x 方向に位相速度 ω/k で伝わる静電波を考えよう。無衝突プラズマでは，各粒子はほぼ一定速度で自由に運動しているが，この波の周期的変動電場の作用で，周期的速度変調を受けるであろう。これがまた波そのものを支えているのだが，なかには，x 方向の速度 v がほぼ ω/k に等しい粒子もある。このような粒子は波の一定位相に長くとどまって，波の電場による加速または減速を長時間にわたって受け続け

る。このような粒子を**共鳴粒子**と呼ぶ。

共鳴粒子は，加速（または減速）を続けることにより，そのエネルギーの増加（または減少）を続けるが，その分だけ，波のエネルギーが減少（または増加）することになる。位相速度より少し速い粒子は，平均として減速され，少し遅い粒子は加速される。熱平衡状態では，速度の遅い粒子のほうが数が多いので，共鳴粒子全体として考えると，平均として加速されることになり，これは波からみればエネルギーを失うことになる。これは，波の**ランダウ減衰**（Landau damping）と呼ばれ，無衝突プラズマにおける波のエネルギー吸収機構として重要である。

ランダウ減衰は，共鳴粒子という特殊な粒子群がなければ起こらない。位相速度が大き過ぎるとき（たとえば $\omega/k > c$ のとき）がその例である。逆に，位相速度が粒子の**熱速度**（$=\sqrt{k_\mathrm{B}T/m}$）ぐらいになると，著しい減衰を生じて波は伝わらなくなる。電子プラズマ波で $k\lambda_\mathrm{D} > 0.3$ のときや，電子とイオンの温度がほぼ等しいときのイオン波がその例である。

静磁場があると，共鳴粒子の条件は，磁場方向の速度 $v_\parallel$ で決まる。サイクロトロン振動の効果も考慮に入れると，静磁場中での**共鳴条件**は，$\omega - k_\parallel v_\parallel = N\omega_\mathrm{c}$（$N$ は整数）となる。この条件を満たす共鳴粒子による波の減衰を**サイクロトロン減衰**と呼ぶ。$N=0$ の場合がランダウ減衰に相当する。

もし，粒子の速度分布が熱平衡分布になく，位相速度より少し速い粒子のほうが遅い粒子より数が多いときには，共鳴粒子は全体として減速されてエネルギーを失うことになり，その分だけ波のエネルギーが増大する。これは波の不安定性を誘起し，**運動論的不安定性**と総称される。電子ビームがあって，電子プラズマ波の位相速度のところで速度分布が逆転している場合（**電子ビーム不安定性**）がその例である。核融合プラズマでは，核融合反応によって生成する高エネルギー粒子（(12)を参照）によって，アルフベン波（**トロイダル・アルフベン固有モード**と呼ばれる）が不安定となり，高エネルギー粒子の閉じ込めに影響を与える。そのほか，電流の存在もイオン波の不安定性（**電流駆動型不安定性**）を誘起する。

(8) 電磁流体力学（MHD）

第4章 物性物理学

電磁流体力学（磁気流体力学）（magnetohydrodynamics：**MHD**）は，静磁場中のプラズマの巨視的な集団運動のみに着目した理論体系で，20世紀前半にアルフベン（Alfvén）により確立され，広く核融合プラズマや宇宙空間プラズマの研究に使われている。ここでは，サイクロトロン振動に比べて十分遅く，ラーモア半径に比べて十分大きいスケールでの現象を対象とし，かつ電子系はイオン系の運動に追随して，局所的にも電気的中性を保っているとする。

プラズマは1成分の連続流体のように扱われ，流体としての巨視的密度 ρ，速度 u，圧力 P と磁場 B によってその状態が記述される。基礎方程式系は，連続の方程式と運動の方程式（圧力勾配による力のほかに，磁場に垂直な電流による力，$J \times B$ を受ける。J は電流密度）に，磁場と電流密度を関係付けるアンペールの法則，磁束に関するガウスの定理（磁束の保存則）およびローレンツ力を考慮に入れたオームの法則（$E + u \times B = \eta J$；η は電気抵抗）を連立させたものである。η は電子-イオン間のクーロン衝突によるもので，一般にはきわめて小さい。η を無視するモデルを**理想磁気流体**，その理論体系を**理想MHD**と呼ぶ。これに対して η を有限にした場合を**散逸性MHD**という。理想MHDでは流体の運動は $E \times B$ ドリフトのみとなる。その結果として，磁束がプラズマ流体に完全に付着して動くことが示される。これを**凍結した磁場**と呼ぶ。理想MHDは，また，磁場で閉じ込められたプラズマの**平衡配位**（圧力勾配と $J \times B$ の力のバランスで決まる）や，その**安定性**の解析，アルフベン波や磁気音波などの**磁気流体波**の解析に使われ，その有効性が実験的にも示されている。

(9) 磁力線再結合（magnetic reconnection）

理想MHDでは，磁場は流体に凍結しているので，2つの磁力線が交錯することは起こらない。したがって，異なる磁力線に付着した流体が混じり合うこともない。微視的にみれば，各荷電粒子は，それぞれの磁力線に巻き付いて運動し，そこを離れることはない。

しかし，図4-61のように，反平行の磁力線が互いに接近してくると，その間で磁場が0になるところができる。ここでは，磁場ベ

12. プラズマ物理

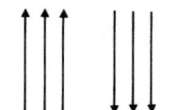

図 4-61 反平行磁力線　　**図 4-62** 反平行磁力線のつなぎ変わり

クトルの急激な変化のため，紙面に垂直にシート状の大きな電流が流れる。その結果，仮に抵抗ηが小さくても，ηJは無視できなくなり，磁場の凍結はその場所で破れて，図4-62のように磁力線のつなぎ変わりが起こる。これを**磁力線再結合**と呼ぶ。磁力線再結合は，2つの重要な効果をもたらす。一つは，それまで別々の磁力線に巻き付いていた荷電粒子が混じり合う効果であり，今一つは，ジュール効果による磁場のエネルギーの散逸である。

磁気流体中に，不安定性などによりプラズマの運動が起こると，凍結の原理で磁束も一緒に運ばれる。これにより反平行磁場が互いに引き寄せられると，あるところで磁力線再結合が起こり，プラズマの混じり合いとエネルギーの散逸が起こる。磁力線再結合は，また，磁場配位のトポロジーの変化をもたらす。宇宙空間や核融合プラズマでは，このようにしてプラズマと磁場の配位の変化が起こり，しだいにエネルギーの低い安定な配位へと移っていく。これを磁気流体プラズマの**自己組織化**と呼ぶ。

ここに述べた磁力線再結合は，プラズマの運動が引き金となった非線形現象の一種で，**外部駆動型磁力線再結合**と呼んでいる。これに対して，たまたま反平行磁場が接近して存在するときに，自然に磁力線再結合を起こすこともある。これは**テアリング不安定性**と呼ばれ，その進行速度は抵抗ηによるため，高温プラズマほど遅くなる。しかし，さらに高温になると，抵抗は小さくなるが，電子の**慣性効果**や$\bm{J} \times \bm{B}$に比例する**ホール効果**が電気抵抗と類似の役割をはたし，これらによって進行速度が決まる。高温の核融合プラズマや太陽フレアーなどの宇宙・天体プラズマでの磁気再結合現象では，これらの効果が重要な役割を果たすと考えられている。

(10) プラズマの運動論的理論

MHDでは，プラズマの個別運動や，プラズマ振動のような高周

波の集団運動，さらには共鳴粒子の効果などを扱うことができない。しかし，これらは，無衝突連続体としての高温プラズマでは，きわめて重要なので，それに適した理論体系が必要となる。

無衝突連続体では，構成粒子は初速度を記憶しているので，粒子の速度分布に関する情報が必要となる。プラズマを，実空間と速度空間を合わせた空間での連続体として記述したものを**ブラソフ・プラズマ**（Vlasov plasma）と呼び，その分布関数に対する方程式を**ブラソフ方程式**と呼ぶ。

この方程式は，電磁場を含んでおり，その電磁場は，粒子の分布関数で決まる電荷密度と電流密度を含むマックスウェル（J. C. Maxwell）の電磁場の方程式系より求められる。この理論体系を使えば，荷電粒子の多彩な個別運動はもとより，プラズマ振動のような高周波振動や，ランダウ（Landau）減衰のような波と粒子の相互作用も，また無衝突連続体に固有のさまざまな非線形現象も，すべて解析可能である。

一方，強い磁場に束縛されたイオンや電子はサイクロトロン円運動をするが，さらに，図4-59，4-58，4-57のように，磁力線に沿った方向や垂直方向に磁場の強さの勾配があったり，磁力線が湾曲していたりする場合，あるいは，電場がある場合などでは，それらの旋回中心はゆっくりとしたドリフト運動を引き起こす（(3)を参照）。これらのゆっくりとしたドリフト運動がプラズマの不均一性などと結合して，しばしばプラズマは不安定化し，様々な静電的あるいは電磁的な揺らぎが発生する（(6)を参照）。このような，プラズマの挙動を効率的に解く手法として，サイクロトロン円運動の効果は厳密に取り入れながら，ゆっくりとしたドリフト運動のみを追跡する**ジャイロ運動論モデル**によるブラソフ方程式やマックスウェル方程式が磁場に閉じ込められたプラズマの非線形波動や乱流輸送の理論やシミュレーション研究に広く使われている。

(11) プラズマ乱流

核融合プラズマや宇宙・天体プラズマでは，密度勾配や温度勾配が原因となって，静電的あるいは電磁的な固有モードが不安定になり，それらは，しばしば，**プラズマ乱流**へと発展する。この乱流状態では，線形の分散関係で決まる線形波動から，プラズマの非線形

12. プラズマ物理

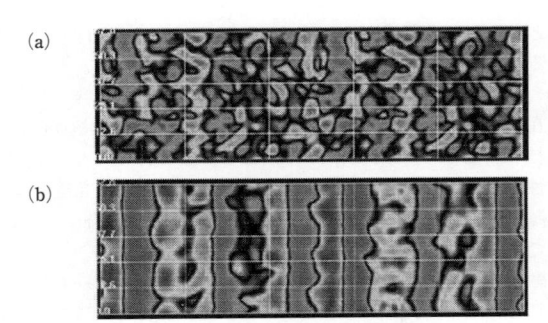

図 4-63 (a) 渦構造に支配されるプラズマ乱流, (b) 帯状流に支配されるプラズマ乱流

成を通して短波長や長波長の多数の波が生成され, 図 4-63(a)のように, それらが混在した複雑な渦構造が形成される. このような渦構造は時間的に生成・消滅を繰り返し, 粒子や運動量, 熱などの輸送(**乱流輸送**と呼ぶ)を引き起こす. この乱流輸送は, 溶液中での溶質の拡散や金属などの熱伝導と同様に, 輸送の大きさが勾配の大きさに比例するという**フィックの法則**(Fick law)に従う**拡散過程**によって一般的に支配されるが, 確率的に頻度は少なくても大きなサイズの渦が形成されると, それによって非拡散過程で支配される大きな輸送がバースト的(あるいは間欠的)に出現することがある. また, 微視的な乱流が自由エネルギー源となって新たな不安定性が引き起こされ, 方向が空間的に変化する大域的な流れ(**プラズマ流**)を生成することがある. この流れは木星大気の帯状構造に類似していることから**帯状流**(図 4-63(b))と呼ばれる. 帯状流や電場による $E \times B$ ドリフトで駆動されるプラズマ流は, 乱流の渦構造を変形させるなどの効果を通して乱流を弱める働きがあり, プラズマの輸送や分布に影響を及ぼすことが知られている((12)を参照).

このようなプラズマ乱流やそれに伴う帯状流生成のダイナミクスは, **チャーニー-長谷川-三間方程式**(Charney-Hasegawa-Mima equation)と呼ばれる非線形方程式によって支配される. この方程式は重力場の影響を受けた惑星大気の2次元乱流(台風の

渦などを含む）を記述する方程式（J.G. Charney）と同じ形を有していることから，気象学などとも密接に関連している。

(12) 核融合プラズマ

現在，実用化に向けて研究が進められている制御熱核反応は，重水素核($^2_1$D)と三重水素核($^3_1$T)の核融合により，ヘリウム核($^4_2$He)と中性子($^1_0$n)を生成する**D–T反応**である。将来の究極的エネルギー源と目されているのは，重水素核どうしの核融合によるD–D反応であるが，この実用化はまだ遠い先のことである。

核融合反応は，正の電荷をもつ原子核どうしを，クーロンの反発力に打ち勝って衝突させる必要があるので，核には大きなエネルギー（約200keV）を与えなければならない。それでも，反応で発生するエネルギーはその200〜1000倍ぐらいになる。少数の核を200keV程度に加速するのは容易だが，エネルギー源として活用するためには，巨視的な規模での核融合反応が必要である。そのためには，重水素核と三重水素核から成る十分高温のプラズマを生成・保持しなければならない。

D–T反応で約5000万度が必要で，これを**点火温度**という。これだけ高温のプラズマを生成・保持するには，かなりの量のエネルギーを必要とする。それにまさるエネルギーが核融合反応で得られて，初めてエネルギー源としての条件が満たされたことになる。この条件を**ローソン条件**（Lawson criterion, Lawson condition）と呼び，電子密度nとプラズマのエネルギー保持時間τを使って，D–T反応の場合で，だいたい$n\tau > 10^{14}$s/cm^3 となる。

このような超高温プラズマの生成・保持法としては，大別して2つの方式がある。一つは電磁場，とくに磁場を使って保持する方法で，**磁場閉じ込め方式**とか**磁気核融合**と呼ばれている。磁気圧がプラズマの圧力より大きくなければならないので，$n \sim 10^{14}$-10^{15}cm^{-3}にして，$\tau \sim 0.1$-1sを目標としている。今一つは，直径5mm程度の燃料球に，レーザーなどの高出力密度のエネルギーを集中照射して，**燃料球の爆縮**により，$n \sim 10^{25}$cm^{-3} という超高密度を瞬間的に達成させようというもので，**慣性閉じ込め方式**とか**慣性核融合**と呼んでいる。

磁気核融合の代表的な装置が**トカマク**（tokamak）である。こ

12. プラズマ物理

れは，最初に，ソレノイドを円形に変形して両端を接続して強いトーラス状磁場（**トロイダル磁場**（toroidal magnetic field）と呼ぶ）を作る（図4-64(a)参照）。前にも述べたように（(3)参照），トロイダル磁場だけでは，粒子のドリフト運動によって電場が発生してフルート不安定性を起こしてプラズマを閉じ込めることはできない。このため，図4-64(b)のように，トロイダル磁場の方向に電流を流して，トーラス断面を回転する磁場（ポロイダル磁場（poloidal magnetic field）と呼ぶ）を作ると，トロイダル磁場とポロイダル磁場の合成によって，図4-64(c)のように，らせん状の磁場が形成される。このような磁場配位では，磁力線はトーラスを1周してもとへ戻らなくなる（回転変換と呼ぶ）。これにより，磁力線に沿った電子の運動が，表面電荷を中和するため，フルート不安定性の原因となる電場が発生しなくなる。

トカマクは，トーラス軸のまわりに軸対称であるため，配位が簡単で，1970年ごろより急速に研究が進み，日，米，欧で大型装置が作られている。プラズマを高温にすることを**プラズマ加熱**というが，トカマクでは電流による**ジュール加熱**でまず2000万度ぐらいまで加熱し，次に外から高エネルギーの中性粒子ビームやマイクロ波を入射して，1億度くらいまで**追加熱**する。今日まで最も苦労してきている点は，プラズマの**エネルギー閉じ込め**である。エネルギー閉じ込めがプラズマ粒子間の衝突による拡散過程によって支配されていると，プラズマが高温になると衝突頻度が減少して閉じ込めが向上するはずであるが，逆に悪くなり，その物理機構が容易に解明できないことから**異常輸送**と呼ばれてきた。とくに，追加熱とともに閉じ込めが悪くなること（**Lモード**と呼ぶ）に悩まされてきたが，これは密度勾配や温度勾配などのプラズマの不均一性による乱流輸送が原因であることが分かってきた（図4-65(a)を参照）。その後，プラズマ周辺の境界層で閉じ込めのよい運転モード（**Hモード**あるいは**外部輸送障壁**と呼ぶ）や，プラズマ内部の狭い領域で熱や粒子の輸送が抑制される運転モード（**内部輸送障壁**と呼ぶ）が見出されるなど，研究成果が蓄積された。このような輸送障壁が形成されると，熱や粒子の輸送係数は局所的に小さくなることから，図4-65(b)(c)のように，プラズマの圧力が増大し，高い閉じ込め

第 4 章　物性物理学

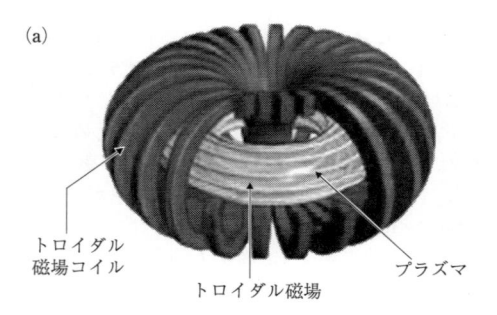

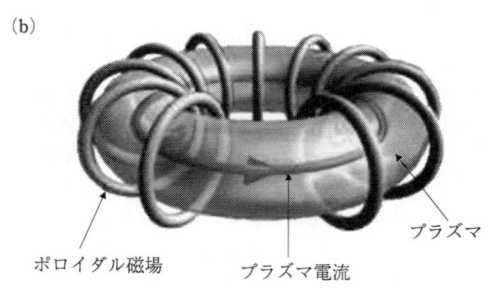

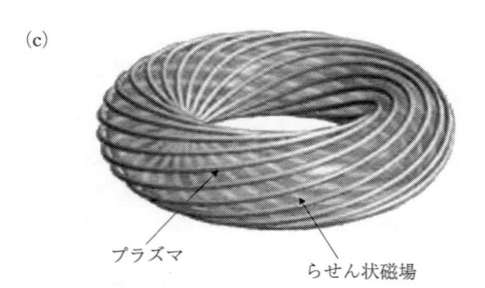

図 4-64　トカマクの磁場構造　(a) コイル電流によるトロイダル磁場，(b) プラズマ電流によるポロイダル磁場，(c) トカマクのらせん状磁場

12. プラズマ物理

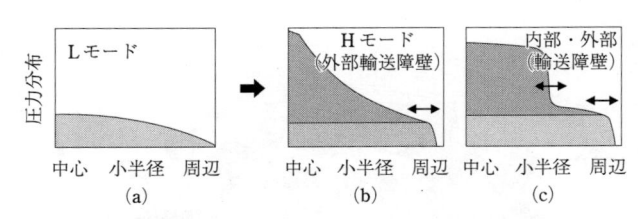

図 4-65 プラズマ圧力の半径分布 (a) L モードのプラズマ, (b) H モード (外部輸送障壁) のプラズマ, (c) 外部と内部輸送障壁が共存したプラズマ

性能を実現することができるので，その生成の物理機構が精力的に研究された．その結果，これらは，様々な要因でプラズマの周辺や内部に生成される速度差を持ったプラズマ流（**せん断流**（shear flow）と呼ぶ）や帯状流（(11)を参照）によってプラズマ乱流が局所的に抑制されることによるものであることが分かってきた．この輸送障壁の形成によって，日・欧の大型装置では，数億度のプラズマを，ローソン条件を上回る条件で保持することに成功している．

これらの研究成果の蓄積に基づいて，日・米・欧・露・中・韓・印の国際協力により，DT 反応による**燃焼プラズマ**を生成する国際熱核融合実験炉（ITER）の建設が進められている．この燃焼プラズマでは，DT 反応で発生するエネルギーによってプラズマを**自己加熱**して高温状態を維持し，ローソン条件を上まわってエネルギーを発生することができると期待されている．

トカマクでは，プラズマの内部電流が閉じ込めの鍵を握っている．この内部電流は，外部からの中性粒子ビーム入射や波動入射，あるいは，プラズマ自身が圧力勾配によって自発的に駆動する電流（**自発電流**または**ブートストラップ**（bootstrap）**電流**と呼ぶ）によって維持することが考えられているが，定常化に向けてさらなる研究が必要である．さらに，内部電流そのものがプラズマ中に不安定性を起こし，電流が瞬間的に途切れてしまう**ディスラプション**という現象が現れたりする．

これらの欠点を補う方法として，同じトーラス状配位で図 4-66 のようなラセン状のコイルに電流を流すことにより，プラズマ内電流を伴わない定常磁場配位を作る方法が工夫されている．ヘリカル

第4章 物性物理学

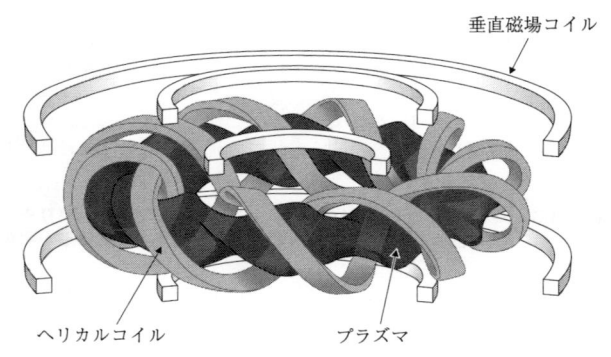

図 4-66 ヘリカル系の磁場コイルとプラズマの構造（核融合科学研究所提供）

系と呼ばれるこの方式は，わが国で独自な研究実績を基に，核融合科学研究所で大型装置により研究されている。

慣性核融合では，数十〜100 kJ級の大型ガラスレーザーを使った燃料球（ペレット）の爆縮研究が日米欧を中心に進められている。図4-67は，レーザー照射後のペレットの爆縮過程を示しており，圧縮，燃焼を通して核融合点火へと進展する。問題は，被圧縮コアの温度が簡単には点火温度に至らないことである。その解決のため，近年では，図4-67(c)に示すように，ペタワット（10^{15}W）級の超高強度レーザーを圧縮コアに照射することによってエネルギ

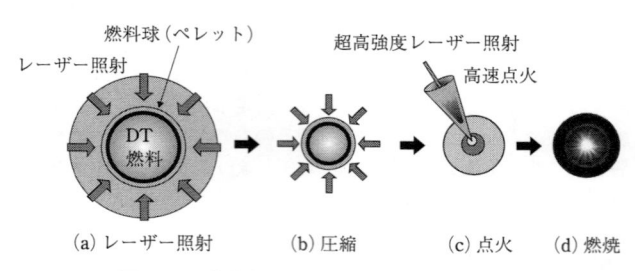

図 4-67 高速点火によるレーザー核融合の概念

(a) レーザー照射　(b) 圧縮　(c) 点火　(d) 燃焼

12. プラズマ物理

ーが相対論領域の大電流電子ビームを生成し，これによって高密度の圧縮コアを追加熱して強制的に点火する**高速点火方式**が考案され，大阪大学などで精力的に研究されている。この方法では，必要とされるレーザーエネルギーを大きく低減できる可能性があることから，それを実証するためのレーザー建設が日米欧を中心に進められている。

このような超高強度レーザーによって生成される相対論プラズマは，時間・空間的なエネルギー密度が高いことから，**高エネルギー密度状態の科学**として新しい学術領域に位置づけられ，これらを利用した基礎研究や応用研究が注目されている。特に，相対論プラズマは様々な宇宙・天体における現象とも類似性があることから，近年，超高強度レーザーを利用した実験室宇宙物理学という新しい研究分野への発展も見せている。

(13) 磁気圏プラズマ

地球の周りの**磁気圏プラズマ**は，ほぼ図4-68のような構造をしている。他の惑星でもほぼ同様である。まず，太陽から数十keVの高エネルギープラズマ流（**太陽風**）が**地球磁場**に突き当たり，それ

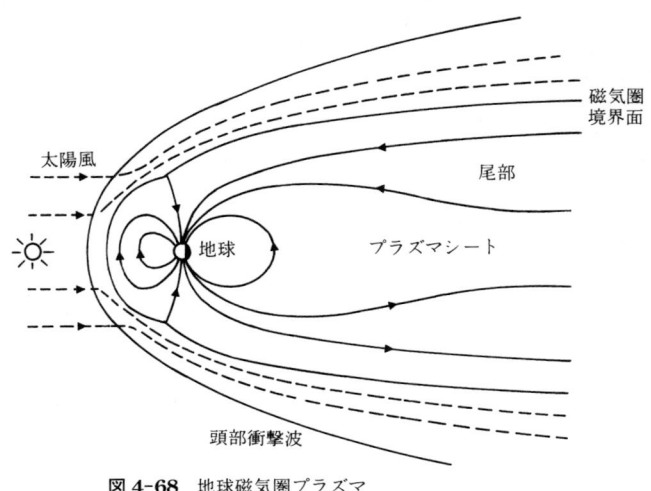

図 4-68 地球磁気圏プラズマ

を押し流して吹き流しのような磁場を作る。突き当たった前面には，**頭部衝撃波**（無衝突衝撃波と呼ぶ）を形成する。その内側に地球磁場と**惑星間空間磁場**とを分ける**磁気圏境界面**ができる。夜側の地球磁場は**磁気圏尾部**と呼ばれ，地球半径の1000倍以上にも広がっている。尾部で地球の赤道面上では，磁気的に中性な領域ができ，そこに数keVの高温プラズマが生成されている（**プラズマシート**または**中性シート**と呼ばれる）。

地球周辺には閉じたミラー磁場があり，そのうちの地球近くの部分は電離層とつながった低温プラズマで，外側のほうは，磁気圏プラズマとつながった**放射線帯**または**バン・アレン帯**(Van Allen belt)と呼ばれ，10keVから1 MeVぐらいまでの高温プラズマからなっている。両者の境界を**プラズマポーズ**と呼ぶ。磁気圏のこのような高温プラズマは，惑星間空間磁場と地球磁場との磁力線再結合によって，太陽風から供給される。

オーロラは，プラズマシートの高温プラズマが磁力線に沿って尾部から地球に向かってくるとき，磁力線に沿って電場が形成され，それにより加速された電子流が電離層に突入して発光現象を起こしたものである。このように，地球磁気圏は，生きた無衝突プラズマの活動の場であり，また，プラズマ物理のための巨大な実験室ともなっている。

（西川恭治，岸本泰明）

第5章 量子力学

第5章 量子力学

1. 光電効果

金属表面に光をあてると、そこから電子（**光電子**）が放出される（図5-1）。これを光電効果という。このとき光電子は、(1)光の照射と同時に放出され、(2)放出される電子1つ1つのエネルギーはあてる光の強度には関係せず、(3)放出される電子の数が光の強度に関係する。

あてる光の振動数を ν、放出される電子のエネルギー（運動エネルギー）を K とすると、

$$K = h\nu - W$$

となる。ここに、W は金属の種類、金属表面の状態などで決まる定数である。また h はプランク（Planck）の定数である。

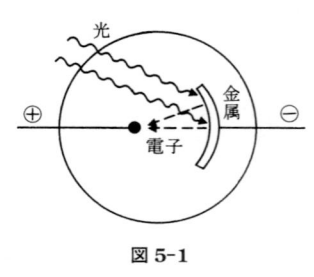

これらの実験事実を電磁気学（古典電磁気学）で説明することは不可能である。古典電磁気学では光は電磁波であり、電磁波のエネルギーは電場の2乗に比例している。したがって、光の強度が大きくなれば、放出される電子のエネルギーが増加するはずであるが、これは上の実験事実(2), (3)に反する。

図 5-1

しかも、放出される電子のエネルギーは、波長の短い光に対して数 eV から数十 eV に達する。これだけのエネルギーの電子が放出されるためには、個々の電子にとってあてられる光のエネルギーは不十分なため、かなりの時間「ためこむ」必要がある。しかし、実験事実(1)によれば、光電子は光の照射と同時に放出されるのである。

アインシュタイン（Albert Einstein）は1905年、光は電磁波というより、**光量子**という「塊」からできていると仮定し、上の実験事実をうまく説明することに成功した。これを**アインシュタインの光量子仮説**という。

それによれば、振動数 ν の光は、エネルギーが $h\nu$ の光量子から構成されており、これが金属内の電子と衝突し、これに吸収されて

2. コンプトン散乱

電子にエネルギーと運動量を与えるのである。光の強さは，光量子の数に対応し，振動数には無関係である。振動数が大きくなると，光量子のエネルギーは増加し，放出される電子のエネルギーは振動数 ν によって決まる。

光量子と電子のエネルギー保存則を考えれば，電子の受け取るエネルギー E は，

$E = h\nu$

となる。しかし，金属内の電子が金属外に放出されるためには，あるエネルギー W が必要である（そうでなければ，金属内部の電子は金属内に閉じ込められていることはない）。したがって，金属外に放出される電子の運動エネルギー K は，

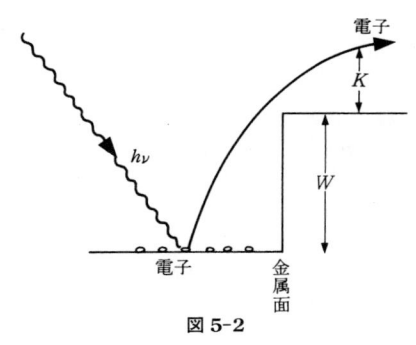

$K = E - W$

となる（図 5-2）。したがって，上の 2 つの式を組み合わせて，

$K = h\nu - W$

という式が得られる。これは実験式と一致する。

W は**仕事関数**とよばれ，貴金属では約 4 eV ぐらいである。

(大槻義彦)

2. コンプトン散乱

波長の短い電磁波，とくにX線を金属にあてると，散乱されてくるX線の波長が入射X線の波長と同じである場合と，異なる場合とがある。前者は，X線が散乱過程でエネルギーを失わない場合に対応し，**トムソン**（Thomson）**散乱**とよばれる。周期的に並んだ原子によってトムソン散乱されたX線は干渉し，ある散乱角度では強い干渉縞が見られる。これが**X線回折**とよばれるものである。

ところで，散乱の過程でX線の波長が変化してしまう場合があ

る。散乱角を ϕ とすると,波長のずれは,

$$\Delta\lambda = 0.024(1-\cos\phi) \quad (\text{Å})$$

の形となることが,1923年にコンプトン(Arthur Holly Compton)によって実験的に確かめられた。これをコンプトン散乱とよぶ。

コンプトン散乱を理解するためには,アインシュタインの光量子を用いることが必要である。一般に,エネルギー E の波動が速さ v で走っており,これがある物質で吸収されたとしよう。このとき,波動は物質に力 F を与えるはずである。Δt という時間に波動が完全に吸収されたものとすると,与えられた力積は $F\Delta t$ である。これは,波動がもっていた運動量 p となる。

$$p = F\Delta t$$

ところで,波は v という速さで吸収されるまで走り続けるとすると,$v=\Delta x/\Delta t$ より,吸収されるまでに走る距離は $\Delta x=v\Delta t$ である。$p\Delta x$ を書き直すと,

$$p\Delta x = F\Delta x\Delta t$$

一方,$F\Delta x$ は波動が失うエネルギーであるから,

$$p\Delta x = E\Delta t$$

$$\therefore \quad p = \frac{E}{(\Delta x/\Delta t)} = \frac{E}{v}$$

なる関係が得られる。

そこで,アインシュタインの光量子のエネルギー $E=h\nu$ を考えると,光量子のもつ運動量は,

$$p = \frac{h\nu}{c}$$

であると考えられる。ここに c は光の速さである。コンプトンは,光量子の運動量を $h\nu/c$ と考えて,コンプトン散乱を光量子と電子の衝突であるとみなした。運動量とエネルギーの保存則はそれぞれ次の式で書ける。

$$\frac{h\nu}{c} = \frac{h\nu'}{c}\cos\phi + \frac{mv}{\sqrt{1-\beta^2}}\cos\alpha$$

$$0 = \frac{h\nu'}{c}\sin\phi - \frac{mv}{\sqrt{1-\beta^2}}\sin\alpha$$

$$h\nu + mc^2 = h\nu' + \frac{mc^2}{\sqrt{1-\beta^2}}$$

ただし，m は電子の静止質量である．電子，光量子の散乱角，エネルギーは図5-3のようにとってある．また，相対論的効果も考慮してあり，$\beta = v/c$ である．

上の3つの式を解けば，散乱されたX線の振動数 ν' がわかり，これより波長のずれ $\Delta\lambda$ が求められる．

図 5-3

$$\Delta\lambda = \frac{h}{mc}(1-\cos\phi)$$

$$\cot\alpha = \left(1+\frac{h\nu}{mc^2}\right)\tan\frac{\phi}{2}$$

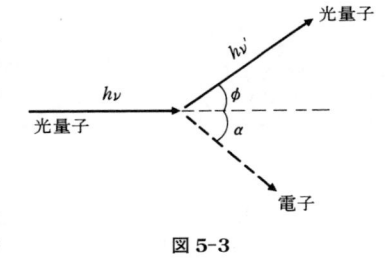

電子の質量 9.1×10^{-31} kg，$c = 2.998\times10^8$ m/s，プランクの定数 $h = 6.626\times10^{-34}$ J·s を考慮して，h/mc を計算すると，

$$\frac{h}{mc} = \frac{6.626\times10^{-34}}{9.1\times10^{-31}\times2.998\times10^8}$$
$$= 0.243\times10^{-11} \quad (\text{m})$$
$$= 0.0243 \quad (\text{Å})$$

となって実験式と一致する．

(大槻義彦)

3. 黒体放射の量子論

物質内に空洞ができていると，物質から放射（電磁波）がたえず放出され，それがまた物質に吸収されたり，反射されたりしている（図5-4）．このため，空洞内の放射のエネルギー密度は平衡状態にあると考えられる．空洞内で平衡状態にある放射を**黒体放射**とよぶ．空洞は外から見ると，通常，黒く見えるからである．

黒体放射のスペクトルは，空洞の小さい穴を通して放出される放射の強度を振動数 ν の関数として測定すればよい．

実測によると，放射のスペクトル $g(\nu)$ は，図5-5のような形

第5章 量子力学

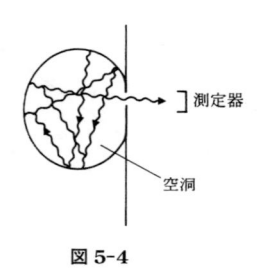

をしている。すなわち，振動数 ν の小さいところでは，ν^2 に比例し，ν の大きいところでは，$\nu^3 \exp(-A\nu)$ の形となっている。ここに，A は温度に反比例する定数である。

ところが，電磁気学と熱力学の法則を適用して，平衡状態にある黒体放射のスペクトルを求めると，

$$g(\nu) \propto T\nu^2$$

図 5-4

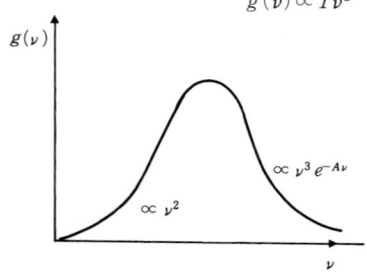

図 5-5

のような式が得られる。ここに T は温度である。これを**レイリー–ジーンズ（Rayleigh-Jeans）の公式**という。この式は ν が小さいところで実測値と一致するが，ν の大きいところでは大きくずれている。しかも，この式を用いると，放射の全エネルギーは無限大になってしまう。実際は，全エネルギーは当然有限で，

$$U = \sigma T^4$$

となる。これは**シュテファン–ボルツマン（Stefan-Boltzmann）の法則**とよばれている。

一方，ウィーン（Wilhelm Wien）は，熱力学的（直感的）考察から，

$$g(\nu) = \nu^3 F(\nu/T)$$

で与えられることを示した（**ウィーンの変位則**）。ここに，F はあ

4. 原子スペクトル系列

る温度Tでのスペクトル分布関数で,これがわかるとほかの温度でのスペクトル分布のずれがわかるとした。さらに,$F(\nu/T)$ の形が $\exp(-\alpha\nu/T)$ の形となることを示した。この形は,ν の大きいところで実験と一致するが,ν の小さい範囲ではまったく一致しない。

そこで,プランクは1900年,**量子仮説**というものを導入して,この問題を解決した。放射はエネルギーの塊から構成されており,物質から放出・吸収される場合,この塊で行われると考えたのである。これは結局,アインシュタインの光量子仮説と同じものである。

プランクの理論によれば,黒体放射のスペクトルは,

$$g(\nu) \propto \frac{\nu^3}{\exp(h\nu/k_B T)-1}$$

となる。ここに,k_B は**ボルツマン定数** $k_B = 1.38 \times 10^{-23}$ J/K である。h は**プランクの定数**で,実験に合致するように選ばれた。

プランクの式で,ν が小さいとすると,

$$e^{h\nu/k_B T} - 1 \fallingdotseq h\nu/k_B T$$

となるから,

$$g(\nu) \propto T\nu^2$$

となり,ν が大きいとき,

$$g(\nu) \propto \nu^3 e^{-h\nu/k_B T}$$

となる。

(大槻義彦)

4. 原子スペクトル系列

水素原子から放出される光のスペクトル(振動数の分布)は**線スペクトル**(不連続でバラバラな分布)をなしている(図5-6)。

線スペクトルの位置 ν_1, ν_2, ν_3, …の間にはある種の規則が存在する。その1つは**リッツ (Ritz) の結合原理**とよばれる。適当なスペクトルの間に,

$$\nu_A + \nu_B = \nu_C$$
$$\nu_A + \nu_B = \nu_C + \nu_D$$

なる関係がみられる。

特筆すべきことは,水素原子について,m, n を整数とすると

第5章　量子力学

図 5-6　水素原子スペクトル
（新物理実験図鑑II，講談社，1973）

$$\frac{1}{\lambda} = R\left(\frac{1}{m^2} - \frac{1}{n^2}\right) \quad (n > m)$$

なる関係が存在することである。ここにRは**リュードベリ**（Rydberg）**定数**とよばれ，

$R = 109677.6 \mathrm{cm}^{-1}$

である。

このうち$m=2$, $n=3, 4, 5, \cdots$の場合の波長領域は可視光線になり，この系列は**バルマー**（Balmar）**系列**とよばれる。このほか，

紫外部：　$m=1$, ライマン系列
赤外部：　$m=3$, パッシェン系列
赤外部：　$m=4$, ブラケット系列

などが知られている。

このような事実は，当時知られていた原子モデル，すなわち**トムソンの原子モデル，長岡の原子モデル**（土星の環のように大きな陽球の外側に電子のリングが回っているとする土星モデル）などでは説明することは不可能であった。土星モデルでは電子軌道に加速度が働き，その加速度によって電磁波が放出され，短時間のうちに電子の軌道はつぶれてしまう。一方，トムソンの原子モデルは，電子

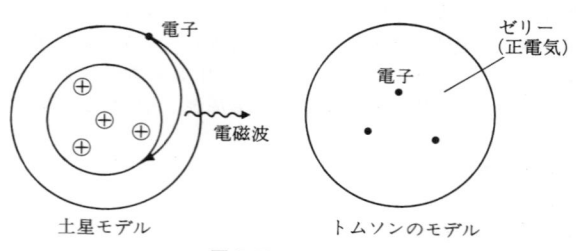

図 5-7

が正のゼリー状の海の中にバラバラに存在して，わずかに振動しているというものであった（図5-7）。

しかし，ラザフォードはα線の散乱によって，正の電気はゼリー状に分布しているのではなく，原子核として，中心に集中して存在することを示した。
（大槻義彦）

5. ボーアの原子モデル

ボーア（Niels Henrik David Bohr）は1913年に，まったく新しい原子モデルを提出した。そこで仮定された出発点は次のようなものであった。（ⅰ）原子核のまわりで円運動状態にある電子には**定常状態**というものがあり，この状態では電子は電磁波を放出しない。定常状態は**角運動量L**がプランクの定数の整数倍になっているものである（**ボーアの量子条件**）。すなわち，

$$L = mvr = n(h/2\pi) \quad (n = 1, 2, 3, \cdots) \tag{1}$$

ここにm, vは電子の質量と速度で，rは円軌道の半径である。（ⅱ）原子から電磁波が放出されるのは，定常状態のエネルギーE_n（$n=1, 2, 3, \cdots$）の間の遷移である。すなわち，

$$h\nu = |E_n - E_m| \tag{2}$$

で与えられる振動数の光が放出される。

円運動では電気的引力と遠心力がつり合っている。

$$\frac{e^2}{4\pi\varepsilon_0 r^2} = \frac{mv^2}{r} \tag{3}$$

したがって，全エネルギーEは，

$$E = \frac{1}{2}mv^2 - \frac{e^2}{4\pi\varepsilon_0 r} = -\frac{e^2}{2 \cdot 4\pi\varepsilon_0 r} \tag{4}$$

ところで，（1）式を（3）式に代入すると，rは，

$$r = \frac{4\pi\varepsilon_0 \hbar^2}{me^2} \cdot n^2 \quad (\hbar = h/2\pi) \tag{5}$$

となり，これを（4）式に代入すると，

$$E = -\frac{e^2}{8\pi\varepsilon_0 a_0} \frac{1}{n^2} \tag{6}$$

となる。$n=1$を基底状態といい，およそ13.6eVである。a_0は$n=1$のときの原子半径rのことで，（5）式より，

第5章　量子力学

$$a_0 = \frac{4\pi\varepsilon_0 \hbar^2}{me^2}$$

である。これを**ボーア半径**といい，およそ $5.2917721 \times 10^{-11}$ (m) である。

（6）式を（2）式に代入すれば，水素原子からの光のスペクトルが得られる。

$$h\nu = h\frac{c}{\lambda} = \frac{e^2}{8\pi\varepsilon_0 a_0}\left(\frac{1}{m^2} - \frac{1}{n^2}\right)$$

これより，**リュードベリ定数** R は，

$$R = \frac{e^2}{8\pi\varepsilon_0 a_0 hc}$$

となることがわかる。すなわち，

$$R = \frac{me^4}{8\varepsilon_0^2 h^3 c}$$

となる。これは，実験式により求めた $R = 109677.6 \text{cm}^{-1}$ にきわめて近い値となる。

水素原子でなく**水素様原子**でも，同じような式を得ることができる。原子番号 Z の原子では，定常状態のエネルギー準位の値は，

$$E = -\frac{Z^2 e^2}{8\pi\varepsilon_0 a_0} \cdot \frac{1}{n^2}$$

となる。あるいは，

$$a = a_0/Z^2$$

として，

$$E = -\frac{e^2}{8\pi\varepsilon_0 a} \cdot \frac{1}{n^2}$$

となる。

実際には原子番号 Z の原子では Z 個の電子があり，これらの電子が原子核の電荷を遮蔽（スクリーニング）するため，実質的に Z は小さくなっている。これを Z_{eff} と書く。ヘリウム原子(He)では，

$$Z_{\text{eff}} = Z - \frac{5}{16}$$

となり，他の原子では，

$$Z_{\text{eff}} = Z - 0.3$$

6. 物 質 波

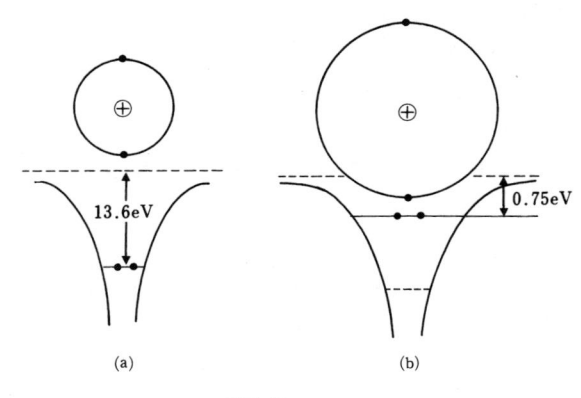

図 5-8

であることが知られている。これらの事実は，原子からの光のスペクトルのずれを調べることなどによって知られる。このほか，重い原子になると電子間の相互作用も重要になってくる。この場合には，原子はもはや水素様原子と考えることはできない。

なお，最近，**水素の負イオン** H^- というものが各方面で重要になっている。この場合，注意しなければならないのは，電子は $n=1$ の基底状態に2個入っているのではないことである（図 5-8(a)）。電子どうしの相互作用のために2個の電子ははがれやすくなっており，基底状態のエネルギーは0に近い（図 5-8(b)）。このような準位は**アフィニティ準位**とよばれ，その値は -0.75 eV である。

（大槻義彦）

6. 物 質 波

光は明らかに**干渉**や**回折**を起こすから波動の性質をもっている。それにもかかわらず，アインシュタインの光量子仮説によって $h\nu$ のエネルギーと $h\nu/c$ あるいは h/λ の運動量をもつ粒子の性質をもつ。これを波動‐粒子の**二重性**という。

1924年，ド・ブロイ（Louis Victor de Broglie）は，このような

第5章　量子力学

二重性が光に限らず電子でも存在するであろうと考えた。すなわち，電子は質量 m，速度 v をもつとき，エネルギー $mv^2/2$，運動量 $p=mv$ をもつのであるが，同時に，

$$p = \frac{h}{\lambda} = mv$$

で決まる波長 λ をもつ波動の性質を有すると考えた。すなわち，

$$\lambda = \frac{h}{p} = \frac{h}{mv}$$

である。このような波動を**ド・ブロイ波**という。

このような性質は電子に限らずすべての物質粒子に成り立ち，これを**物質波**という。

波動は回折，干渉という性質を有するから，電子も適当な実験をすれば回折，干渉をするはずである。電子は150eVぐらいのエネルギーで走る場合，1Åぐらいの波長となる。したがって，数Å間隔の回折格子で回折する。

結晶の原子は数Åの間隔で規則正しく並んでいるから，これによって回折を起こすはずである。実際これは1927年，ダヴィソンとガーマー (Davisson and Germer) によって，また1928年，菊池によって観測された。

波動はまた，閉じ込められると定常波を作る性質がある。長さ L の弦では，波長が $2L$，L，$(2/3)L$，…の定常波ができる。これと同じように，電子が1次元にある長さの範囲に閉じ込められると波長が不連続な定常波が形成される。たとえば，電子は金属表面で長さ2Å程度の範囲で閉じ込められている（図5-9）。

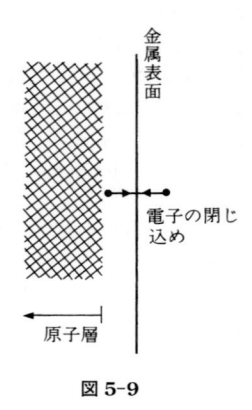

このため電子は金属表面で定常波を作り，表面電子は不連続なエネルギー状態をなし，エネルギーバンドを形成する。このような不連続な状態は，外部から波長の短い紫外線をあてたり，電子ビームをあてたりして正確に調べ

図 5-9

ることができる。

　電子は原子核の陽子に引かれて，円運動や楕円運動をすることができる。すなわち，核のまわりの2次元，あるいは3次元空間に閉じ込められる。このとき，やはり定常状態が形成されるのである。この定常状態は**ボーアの量子条件**にほかならない。

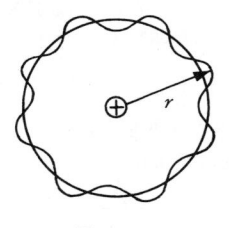

図5-10

　図5-10のような水素原子を考えると，円周は$2\pi r$であるから，定常波の波長λの整数倍が$2\pi r$でなければならない。

$$\lambda n = 2\pi r \quad (n=1, 2, 3, \cdots)$$

すなわち，

$$\frac{h}{mv} n = 2\pi r, \quad \therefore \quad mvr = n\hbar$$

が得られる。これはボーアの量子条件にほかならない。

（大槻義彦）

7. 量子力学

　光や電子の波動-粒子二重性が示すように，ミクロの世界は古典的な力学や電磁気学を基礎として記述することは不可能である。このため，新しい力学が必要となる。これが量子力学であり，1925年ハイゼンベルク（Werner Karl Heisenberg），その後シュレーディンガー（Erwin Schrödinger），ディラック（Paul Adrian Maurice Dirac），ボルン（Max Born），ヨルダン（Ernst Pascual Jordan）などによって発展された。

　ハイゼンベルクの方法は**行列力学**とよばれ，シュレーディンガーの方法は**波動力学**とよばれる。これらの量子力学は独立に構築され，形式はきわめて異質なものであるが，その後シュレーディンガーやディラックによって，完全に同等なものであることがわかった。

　シュレーディンガーの理論は，波動的性質と粒子的性質を同時に含むような**シュレーディンガー方程式**で表される。シュレーディンガー方程式は波動方程式に似ている。この場合，波動方程式の変位

第5章 量子力学

に対応するものは**波動関数 ψ** である。

波動関数 ψ を用いて，シュレーディンガー方程式は一般に，

$$-\frac{\hbar^2}{2m}\triangle\psi + V\psi = i\hbar\frac{\partial\psi}{\partial t}$$

と書き表される。ここに $\triangle$ は，ラプラス演算子（ラプラシアン Laplacian）とよばれ，

$$\triangle = \frac{\partial^2}{\partial x^2} + \frac{\partial^2}{\partial y^2} + \frac{\partial^2}{\partial z^2}$$

である。また V は系に働くポテンシャルを表す。

自由粒子の場合には $V=0$ となり，シュレーディンガー方程式

$$-\frac{\hbar^2}{2m}\triangle\psi = i\hbar\frac{\partial\psi}{\partial t}$$

の解はきわめて簡単である。たとえば，波数を $\boldsymbol{k}$ として，

$$\psi = \psi_0 \exp[i(\boldsymbol{k}\cdot\boldsymbol{r} - 2\pi\nu t)]$$

が上の方程式の解になっているとしよう。これを代入してみると，

$$-\frac{\hbar^2}{2m}(i\boldsymbol{k})^2 = i\hbar(-2\pi\nu i)$$

これより，

$$h\nu = \frac{\hbar^2 k^2}{2m}$$

となる。$h\nu$ はエネルギー E であり，運動量は，

$$p = \frac{h}{\lambda} = \frac{k}{2\pi}\cdot h$$

となるから，

$$E = \frac{p^2}{2m}$$

これは，ニュートン（Sir Isaac Newton）の運動方程式から得られる関係と同じである。

シュレーディンガー方程式は線形の微分方程式であるから**重ね合せの原理**が成り立つ。すなわち，ψ_1 と ψ_2 が2つの独立な解であるとすると，c_1，c_2 を任意の定数として，

$$\psi = c_1\psi_1 + c_2\psi_2$$

も解となることがわかる。

7. 量子力学

　この性質は通常の波動方程式の場合と同じであり，波動の現象で，重ね合せの原理を基礎として現れるすべての現象が実現する。たとえば，干渉とか定常波の生成などがそれである。

　系の状態を表す波動関数 ψ が，位置座標だけの関数 $\phi(x, y, z)$ と時間だけの関数 $F(t)$ の積になっているとき，すなわち，

$$\psi(x, y, z, t) = \phi(x, y, z) F(t)$$

と書けるとき，これを**変数分離**になっているという。このとき，シュレーディンガー方程式は，

$$i\hbar \phi(x, y, z) \frac{dF(t)}{dt} = -\frac{\hbar^2}{2m} \left(\triangle \phi(x, y, z) \right) F(t) + V \phi(x, y, z) F(t)$$

となる。ここに，ポテンシャル V は位置だけの関数とする。両辺を $\phi(x, y, z) F(t)$ で割ると，

$$i\hbar \frac{1}{F(t)} \frac{dF(t)}{dt} = -\frac{\hbar^2}{2m} \frac{1}{\phi(x, y, z)} \triangle \phi(x, y, z) + V$$

となる。

　ここで注意すべきことは，左辺は時間 t だけの関数，右辺は位置 x, y, z だけの関数であるということである。このため，上の式を満足するのは左右両方とも同じ定数でなければならない。この定数を C と書くと，

$$i\hbar \frac{1}{F(t)} \frac{dF(t)}{dt} = C$$

すなわち，

$$i\hbar \frac{dF(t)}{dt} = C F(t)$$

この解は容易に，

$$F(t) = F_0 e^{(C/i\hbar)t} = F_0 e^{-iCt/\hbar}$$

となることがわかる。ここに，F_0 は定数である。

　この式を再びシュレーディンガー方程式に代入すると，

$$C = E = h\nu$$

であることがわかる。このような解を定常解といい，座標部分の波動関数 ϕ は，

$$\left(-\frac{\hbar^2}{2m}\triangle + V\right)\phi(x, y, z) = E\phi(x, y, z)$$

を満たしている。 (大槻義彦)

8. 波動関数の解釈

シュレーディンガー方程式を解けば,その波動関数 $\psi(x, y, z, t)$ の形と,その解が得られるためのいくつかの条件が同時に求められる。このとき波動関数は一般に1価,連続,有界な複素関数となり,系の物理的内容のすべてが含まれる。

波動関数 ψ は次のような物理的意味を有している。

(1) 粒子の位置が (x, y, z) のまわりの $dx\,dy\,dz$ という空間に見いだされる確率は,

$$|\psi|^2 dx\,dy\,dz$$

に比例する。したがって,V という体積の内部に粒子が1個存在する場合には,

$$\iiint_V |\psi|^2 dx\,dy\,dz = 1$$

となる。ここに,積分は全体積 V で積分するという意味である。上のように $|\psi|^2$ の絶対値を選ぶことを**規格化**するという。

(2) 今,ψ が1つの状態を表すとするとき,これにある複素量(定数)c をかけても同じ状態を表す。それは単に規格化の問題だけである。とくに,

$$|c\psi|^2 = |\psi|^2$$

とすると,$|c|^2 = 1$。すなわち,

$$c = e^{i\theta}$$

の形となる。ここに,θ は任意の定数である。すなわち,ψ の**位相**が変化しても存在確率は不変である。

粒子がある速さで流れている場合,波動関数の考え方からすれば,それは**確率流**とみなすことができる。粒子数の不変性からすれば,**流体力学的**な**連続の式**が成り立つ。すなわち,ρ を確率密度 $|\psi|^2$ とすると,

$$\frac{\partial \rho}{\partial t} + \mathrm{div}(\rho v) = 0$$

8. 波動関数の解釈

となる。ここに、v は粒子の流れの速さである。

ここで**確率流密度** $\boldsymbol{j}=\rho\boldsymbol{v}$ は、

$$\boldsymbol{j}=\frac{\hbar}{2mi}(\psi^*\mathrm{grad}\,\psi-\psi\,\mathrm{grad}\,\psi^*)$$

と書ける。ここに、ψ^* は ψ の複素共役を意味する。ρ と $\boldsymbol{j}$ を ψ と ψ^* で表現した上記の連続の方程式が成立することは、シュレーディンガー方程式より直接証明できる。

シュレーディンガー方程式を解いても、ψ が一意的に求められるわけではない。ある時刻にどのような状態にあるか (**初期条件**)、ある場所でどのような状態にあるか (**境界条件**) を与えることが必要である。

とくに、ポテンシャルが無限に大きいところでは、粒子はそこに近づけない。このため存在確率はほとんど 0 でなければならない。数学的便利のために、**周期的境界条件**というものも採用される。

今、系は x 方向に長さ L_x ごとに、y 方向に長さ L_y ごとに、z 方向に長さ L_z ごとに周期的であるとしよう。このような系は必ずしも現実には多く存在しないが、L_x, L_y, L_z を大きくとれば、現実の系とみなすことができる。

さて、このような周期的境界条件の場合、

$$\psi(x,y,z)=\frac{1}{\sqrt{L_xL_yL_z}}e^{2\pi i(lx/L_x+my/L_y+nz/L_z)} \quad (l, m, n \text{ は整数})$$

なる関数は周期関数で、たとえば $x=a,\ x=L_x+a,\ x=2L_x+a,$ …などでまったく同じ値となることがわかる。

このとき、エネルギーは、

$$E=\frac{2\pi^2\hbar^2}{m}\left(\frac{l^2}{L_x^2}+\frac{m^2}{L_y^2}+\frac{n^2}{L_z^2}\right)$$

となる。不連続な波数 k_l, k_m, k_n、つまり

$$k_l=\frac{2\pi l}{L_x},\ k_m=\frac{2\pi m}{L_y},\ k_n=\frac{2\pi n}{L_z}$$

を定義すると、

$$E=\frac{\hbar^2}{2m}(k_l^2+k_m^2+k_n^2)$$

となる。

第 5 章　量子力学

なお，数学的には，ある線形演算子 A に対して，

$$A\psi = a\psi$$

なる方程式を考え，$\psi \neq 0$ なる解が存在するとき，これを保証する a の値を**固有値**とよび，これに対応した ψ を**固有関数**とよぶ。位置と時間が変数分離になっている場合，シュレーディンガー方程式は定常状態の形

$$\left[-\frac{\hbar^2}{2m}\triangle + V\right]\phi = E\phi$$

となる。したがって，$A = -(\hbar^2/2m)\triangle + V$, $a = E$ とみなすことができる。この意味で，このような E のことを**固有値エネルギー**，または**固有エネルギー**とよぶ。

固有値を指定する数のことを**量子数**とよぶ。自由場 $V = 0$ の場合，周期的境界条件では，l, m, n という 3 個の整数が量子数である。

同じ固有値に対して 1 次独立な固有関数が 2 個以上ある場合がある。このような場合，系は**縮退**あるいは**縮重**しているという。

(大槻義彦)

9. 不確定性原理

物理量に対応する演算子 A には運動量演算子

$$\boldsymbol{p} = -i\hbar\frac{\partial}{\partial \boldsymbol{r}}$$

位置の演算子

$$\boldsymbol{r} = \boldsymbol{r}$$

角運動量演算子

$$\boldsymbol{L} = \boldsymbol{r} \times \boldsymbol{p}$$

などがある。このような演算子 A について，

$$\iiint (A\psi_1)^* \psi_2 \, dx \, dy \, dz = \iiint \psi_1^* (A^\dagger \psi_2) \, dx \, dy \, dz$$

なる関係を満たす $A^\dagger$ が存在するとき，$A^\dagger$ のことを A の**エルミート共役**という。$A^\dagger = A$ のとき，**エルミート演算子**とよばれる。

物理量の固有値はいつも実数でなければならない（そうでなければ観測できない）。エルミート演算子の固有値はつねに実数であ

9. 不確定性原理

る。なぜなら，

$A\psi_1 = a_1\psi_1$

$\psi_1{}^* A^\dagger = a_1{}^* \psi_1{}^*$

だから，それぞれ左から $\psi_1{}^*$，右から ψ_1 をかけて積分すれば，

$$\iiint \psi_1{}^* A\psi_1 \, dx \, dy \, dz = a_1$$

$$\iiint \psi_1{}^* A^\dagger \psi_1 \, dx \, dy \, dz = a_1{}^*$$

となるが，$A^\dagger = A$ だから，$a_1 = a_1{}^*$ を得る。このことから，物理量に対応する演算子は，エルミート演算子でなければならない。

ところで，

$$\bar{a} = \frac{\iiint \psi^* A\psi \, dx \, dy \, dz}{\iiint \psi^* \psi \, dx \, dy \, dz}$$

は物理量 a（またはエルミート演算子 A）の**期待値**とよばれる。

期待値からの偏差の2乗平均，

$$\Delta a = \left(\overline{(a-\bar{a})^2}\right)^{1/2} = (\overline{a^2} - \bar{a}^2)^{1/2}$$

は分散とよばれる。一般に，粒子の位置を観測したときの分散 Δx と運動量を観測したときの分散 Δp には次のような不等号の関係がある。

$\Delta x \Delta p \geq \hbar/2$

これを**不確定性原理**という。

粒子の位置というのは，波動関数が $\bar{x}$ という平均値のところに局在していることを意味する（図5-11）。これを**波束**という。Δx が小さいということは，図5-11の波束が $\bar{x}$ に鋭く局在することである。

ところで，このような波束は，1つの波長をもって表すことはできない。ある範囲の波長をもつ正弦波を重ね合わせて波束を作ることができ

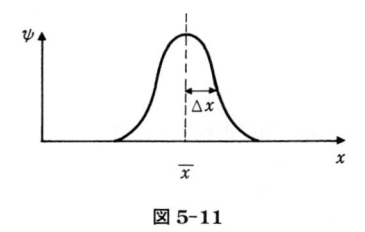

図 5-11

る。しかし，波束の幅が狭くなればなるほど，重ね合わせる正弦波の数は多くなり，それだけ対応する波長の分散，すなわち波数の分散，いいかえれば，運動量の分散が大きくなるわけである。これが不確定性原理の意味である。

図5-12には，重ね合わせる正弦波の様子を描いてある。

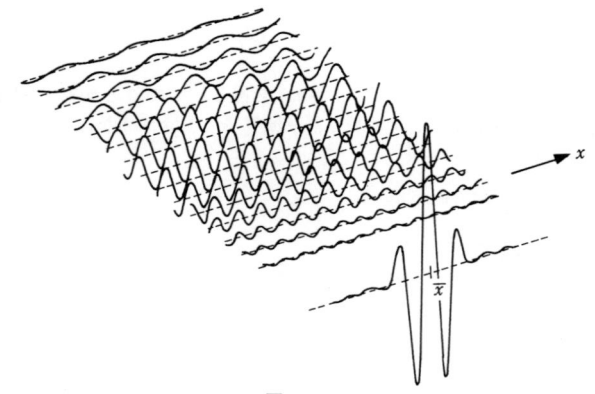

図 5-12

不確定性原理は，エルミート演算子の間の次のような**交換関係**から導くことができる。それはたとえば，$p_x = -i\hbar\partial/\partial x$ であるから，

$$p_x x - x p_x = -i\hbar \frac{\partial}{\partial x} x - x\left(-i\hbar \frac{\partial}{\partial x}\right)$$

$$= -i\hbar \left(1 + x\frac{\partial}{\partial x}\right) + i\hbar x \frac{\partial}{\partial x}$$

$$= -i\hbar$$

(大槻義彦)

10. 粒子の反射・透過

1次元のポテンシャル障壁がある場合の粒子の反射，透過を考える。ポテンシャルが，

10. 粒子の反射・透過

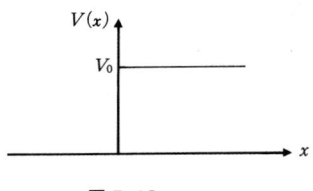

図 5-13

$$V(x) = \begin{cases} V_0(>0) & (x>0) \\ 0 & (x\leq 0) \end{cases}$$

とする（図 5-13）。

このとき，シュレーディンガー方程式の解は，A, B, C, Dを定数として，

$x>0$ で $\psi_1 = Ce^{ik'x} + De^{-ik'x}$

$x<0$ で $\psi_2 = Ae^{ikx} + Be^{-ikx}$

$$\begin{pmatrix} k = \sqrt{2mE}/\hbar \\ k' = \sqrt{2m(E-V_0)}/\hbar \end{pmatrix}$$

である。ここに，Eは粒子のエネルギーである。

境界点 $x=0$ で ψ と $d\psi/dx$ は連続でなければならない。この条件から，未定定数は，A, B, C, D のうちの2個となる。さらに規格化の条件を考えると，結局，未定定数は1個となる。

(1) $E<V_0$ の場合。このとき，粒子のエネルギーはポテンシャルの障壁より小さい。つまり，

$$k' = \sqrt{2m(E-V_0)}/\hbar \equiv i\kappa$$

は純虚数となり，

$$\psi_1 = Ce^{-\kappa x}$$

の形になる。x が κ^{-1} より大きいと $\psi_1 \to 0$ となり，粒子は $x>0$ の方向には進行できない。したがって，粒子は完全に反射される。ただし，κ^{-1} ぐらいは $x>0$ でも侵入しているわけである。これを**表皮効果**という。

(2) $E>V_0$ のとき。このとき粒子は $x=0$ で一部が反射し，一部が透過していく。反射係数は，

第5章 量子力学

$$反射係数 = \left(\frac{k-k'}{k+k'}\right)^2 = \left(\frac{1-\mu}{1+\mu}\right)^2$$

となる。ここに，μ は**屈折率**で，

$$\mu = \frac{k'}{k} = \sqrt{1-(V_0/E)}$$

で与えられる。

透過係数は，

$$透過係数 = \left(\frac{2}{1+\mu}\right)^2 \mu$$

となる。

ここで注意しなければならないのは，これらの反射・透過係数は，粒子流（確率流）についての反射，透過の割合を表していることである。このほか，通常の波動，たとえば光の場合に定義されるように，波動関数 ψ についての反射・透過係数というものも考えられる。

（大槻義彦）

11. ポテンシャル障壁でのトンネル効果

1次元のポテンシャル障壁

$$V(x) = \begin{cases} 0 & (x<0) \\ V_0 \ (>0) & (0<x<L) \\ 0 & (x>L) \end{cases}$$

があるとし，$x<0$ の側から粒子が運動してくると考える（図5-14）。

このときの解は，

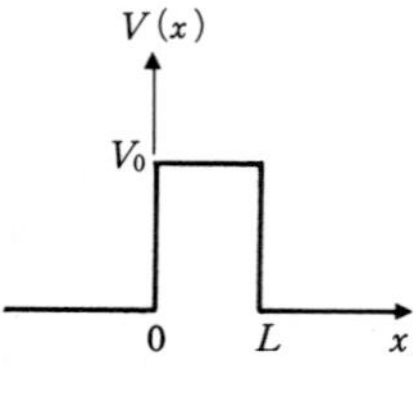

$$\psi = \begin{cases} e^{ikx} + Re^{-ikx} & (x<0) \\ Ae^{ik'x} + Be^{-ik'x} & (0<x<L) \\ Te^{ikx} & (x>L) \end{cases}$$

の形となる。ここに，

$$k = \sqrt{2mE}/\hbar$$
$$k' = \sqrt{2m(E-V_0)}/\hbar$$

となる。

図5-14

$E<V_0$ のとき，すなわち，走ってくる粒子のエネルギー E がポテンシャル障壁の

高さより低い場合，透過係数は，

$$透過係数 = \frac{4k^2/\varkappa^2}{(1-k^2/\varkappa^2)^2 \sinh^2\varkappa L + 4(k/\varkappa)^2 \cosh^2\varkappa L}$$

となる。ここに，$\varkappa = -ik'$ である。

ここで重要なことは，$E < V_0$ でも古典力学の場合のように透過係数は 0 にならず，有限な値となることである。とくに，$\varkappa L \ll 1$ の場合には透過係数は 1 に近づく。

このように，粒子のエネルギーがポテンシャル障壁より小さい場合でも，粒子はこの障壁を通り抜けることが可能である。これを**トンネル効果**という。

なお，$E > V_0$ の場合には当然，粒子は透過することができ，

$$透過係数 = \frac{4\mu^2}{(1+\mu^2)^2 \sin^2 k'L + 4\mu^2 \cos^2 k'L}$$

となる。ここに $\mu = k'/k = \sqrt{1-(V_0/E)}$ は屈折率である。

(大槻義彦)

12. 井戸型ポテンシャルの問題

井戸型ポテンシャルとは，たとえば，

$$V(x) = \begin{cases} -V_0 \,(V_0 > 0) & (|x| \geq L/2) \\ 0 & (|x| \leq L/2) \end{cases}$$

で表され，図 5-15 に示すような形をしている。

このとき，$E > 0$ の場合は，ポテンシャル障壁の問題であり，$V_0 (>0)$ を $-V_0$ にかえればよいわけである。

問題となるのは $-V_0 < E < 0$ の場合で，粒子は井戸の中に閉じ込められる。閉じ込められた波動は離散的な定常状態をとる。ただし，$V_0 \to \infty$ でない場合には，閉じ込めは完全ではないから複雑である。

$|x| > L/2$ で，
$$\psi = Ae^{-\varkappa|x|}$$
$$(\varkappa = \sqrt{-2mE}/\hbar)$$

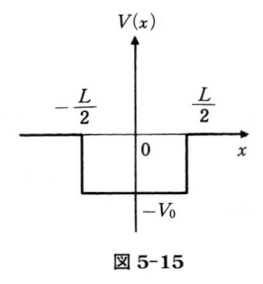

図 5-15

$|x| < L/2$ で,
 $\psi = B\cos kx$ または $B\sin kx$
  $(k = \sqrt{2m(E+V_0)}/\hbar)$

とすると, ψ, $d\psi/dx$ が境界で連続であることから,

$$\tan\frac{kL}{2} = \sqrt{\frac{E+V_0}{-E}} \quad\text{または}\quad \cot\frac{kL}{2} = -\sqrt{\frac{E+V_0}{-E}}$$

が成り立つ. k の定義式と連立させてこれが, 離散的な E を決定する方程式である.

薄い金属板の中の電子などは, このような井戸型ポテンシャルに閉じ込められていると考えられる. このとき V_0 の大きさは, 仕事関数に対応するわけである. したがって, 板の厚さ L に従って電子は離散的なエネルギー状態をとり, このため特有な「バンド構造」をなしていると考えられる. (大槻義彦)

13. 調和振動子の解

原子は結晶の中にあって平衡点を中心にして単振動(調和振動)している. 古典力学では,

 $x = x_0 \sin\omega t \quad (\omega = \sqrt{k/m})$

と表される. ここに, m は粒子の質量, k はバネ定数である.

このとき粒子の「存在確率」というのは速度に関係する. ある微小な距離 ΔL を v という速さで走ると, ΔL を通過する時間は $\Delta L/v$ であり, これは ΔL に滞在する時間であり, ΔL に存在する確率 P とみなすことができる. このため, 規格化して

$$P = \frac{\Delta L}{x_0\pi\cos\omega t} = \frac{\Delta L}{x_0\pi\sqrt{1-(x/x_0)^2}}$$

となる.

この形は, $x = \pm x_0$ で P が無限大, $x = 0$ で最小になるような形をしている (図5-16).

しかし, 量子力学では波動的効果のために, このように単純にはならない. シュレーディンガー方程式は,

$$-\frac{\hbar^2}{2m}\frac{d^2\psi}{dx^2} + \left(\frac{1}{2}m\omega^2 x^2\right)\psi = E\psi$$

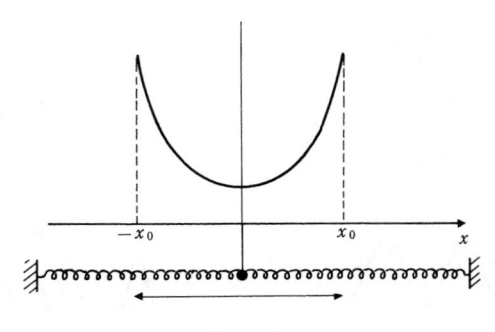

13. 調和振動子の解

である。

固有関数 ψ_n は規格化因子を含めて，

$$\psi_n = \left(\frac{m\omega}{2^{2n}(n!)^2 \pi \hbar}\right)^{1/4} H_n\left(\sqrt{\frac{m\omega}{\hbar}}x\right) e^{-(m\omega/2\hbar)x^2}$$

となる。ここに $H_n(\sqrt{m\omega/\hbar}x)$ は**エルミート多項式**である。また，これに対応するエネルギー固有値は，

$$E_n = \left(n + \frac{1}{2}\right)\hbar\omega$$

となる。

ここで，エルミート多項式は**母関数** e^{2tq-t^2} の展開係数として定義することができる。

$$e^{2tq-t^2} = \sum_{n=0}^{\infty} \frac{H_n(q)}{n!} t^n$$

なお，

$$H_0(q) = 1, \qquad H_1(q) = 2q$$
$$H_2(q) = 4q^2 - 2, \qquad H_3(q) = 8q^3 - 12q$$
$$\vdots \qquad \vdots$$
$$H_n(q) = (-1)^n e^{q^2} \frac{d^n}{dq^n} e^{-q^2}$$

である。また，

第5章 量子力学

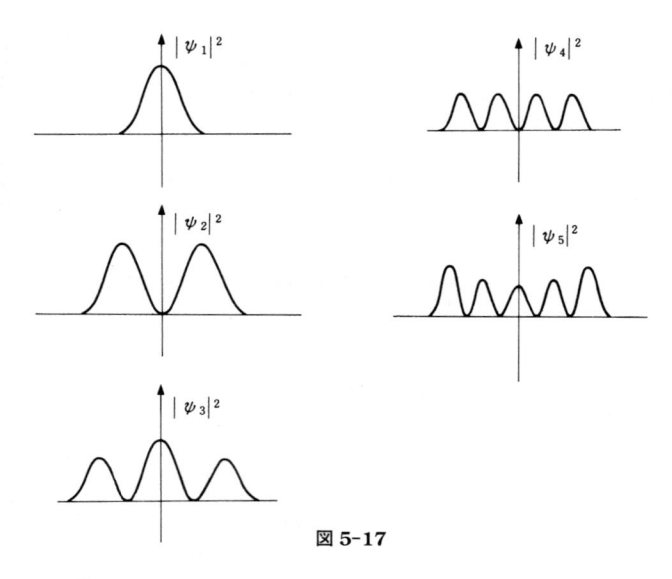

図 5-17

$$\int_{-\infty}^{\infty} H_m(q) H_n(q) e^{-q^2} dq = 2^n n! \sqrt{\pi} \delta_{mn}$$

の関係が成り立つ。

存在確率$|\psi_n|^2$をxの関数として描いたものは図5-17のようになる。量子数nが小さい場合には、古典力学の場合の存在確率とはかなり異なっているが、nが大きい場合には、その平均は古典的な形に近づく。

たとえば、結晶の中の原子は平衡点（格子点）のまわりに調和振動しているが、その存在確率は格子点付近で最大となっており、近似的には**ガウス分布**をしていることが多くの実験で知られている。

一方、高エネルギーの電子を結晶の原子軸に沿って小さい角度で入射させると、原子軸のポテンシャルに引かれて軸に垂直方向に単振動する（図5-18）。

ところで、電子のエネルギーが数 MeV 以上のときには、電子は古典的な粒子とみなす近似がよく成り立ち、存在確率は原子軸から

14. 水素様原子の解

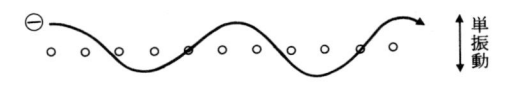

図 5-18

遠いところにある。このため、原子軸の存在にはあまり影響を受けないで結晶中を透過することができる。これを**電子線チャネリング**という。ところが、電子ビームのエネルギーが10 keV ぐらい（あるいはそれ以下）になると、電子の波長は長くなり、波動的性質が顕著になる。このため、原子軸近傍の存在確率が大きくなってしまい、電子は原子軸の影響を強く受け、透過できなくなってしまう。

(大槻義彦)

14. 水素様原子の解

H, He^+, Li^{2+}, Be^{3+} などは1電子原子であり、水素原子と同じ取扱いができる。このときのポテンシャルは、

$$V(r) = -\frac{Ze^2}{r}$$

となる。シュレーディンガー方程式は**球対称**な方程式であるから、

$x = r \sin\theta \cos\phi$
$y = r \sin\theta \sin\phi$
$z = r \cos\theta$

と変数変換する。シュレーディンガー方程式は、変数分離によって、

$\psi = R(r) Y(\theta, \phi)$
$Y(\theta, \phi) = \Theta(\theta) \Phi(\phi)$

と書くことができる。

$$a = \frac{\hbar^2}{me^2}, \quad \mu = \sqrt{-\frac{2aE}{Z^2 e^2}}$$

$$x = \frac{2Z}{a} r, \quad \xi = rR$$

とおくと、動径成分に対する方程式は、

第5章 量子力学

$$\frac{d^2\xi}{dx^2}+\left\{-\frac{l(l+1)}{x^2}+\frac{1}{x}-\frac{\mu^2}{4}\right\}\xi=0$$

この解は，n, l を整数として，

$$R_{nl}(r)=-\sqrt{\frac{(n-l-1)!}{2n[(n+l)!]^3}}\left(\frac{2Z}{na}\right)^{3/2}L_{n+l}^{2l+1}\left(\frac{x}{n}\right)e^{-x/2n}\left(\frac{x}{n}\right)^l$$

また (θ, ϕ) 成分は，l, m を整数として，

$$Y_{lm}=(\mp)^m\sqrt{\frac{(2l+1)(l-|m|)!}{2(l+|m|)!}}\,P_l^{|m|}(\cos\theta)\frac{1}{\sqrt{2\pi}}\,e^{im\phi}$$

である。ここで L_{n+l}^{2l+1} は**ラゲール多項式**，$P_l^{|m|}$ は**ルジャンドル陪関数**である。

これらに対するエネルギー固有値は，

$$E_n=-\frac{Z^2e^2}{2a}\cdot\frac{1}{n^2}\qquad (n=1, 2, 3, \cdots \text{かつ } n>l)$$

である。l は $n>l\geq 0$ で，n 個の l が存在する。また，l に対して $|m|\leq l$ で，m は $(2l+1)$ 個存在する。したがって，

$$\sum_{l=0}^{n-1}(2l+1)=n^2\quad (\text{個})$$

の固有状態が可能である。状態は n^2 重に縮退している。

ここで n を**主量子数**，l を**方位量子数**，m を**磁気量子数**という。$l=0, 1, 2, 3, \cdots$ に応じて，軌道は s, p, d, f, $\cdots$ と名付けられている。

動径方向の波動関数の中で，$L_N^M(q)$ はラゲールの多項式を M 回微分したもので，

$$L_N^M(q)=\sum_{k=0}^{N-M}\frac{(N!)^2(-1)^{k+M}}{(N-M-k)!(M+k)!k!}\,q^k$$

と表される。これについて，次の関係が成り立つ。

$$\int_0^\infty L_N^M(q)L_{N'}^M(q)\,q^M e^{-q}dq=\frac{(N!)^3}{(N-M)!}\,\delta_{NN'}$$

また，動径方向の波動関数 $R_{nl}(r)$ の規格直交性は，

$$\int_0^\infty R_{nl}(r)R_{n'l}(r)\,r^2 dr=\delta_{nn'}$$

となる。

一方，角部分の波動関数 $Y_{lm}(\theta, \phi)$ は**球面調和関数**とよばれ

る。これについても規格直交性,

$$\int_0^\pi \int_0^{2\pi} Y_{lm}^* Y_{l'm'} \sin\theta\, d\theta\, d\phi = \delta_{ll'}\delta_{mm'}$$

が成り立つ。なお,

$$Y_{00}=\frac{1}{\sqrt{4\pi}}, \qquad Y_{10}=\sqrt{\frac{3}{4\pi}}\cos\theta$$

$$Y_{11}=-\sqrt{\frac{3}{8\pi}}\sin\theta\, e^{i\phi}$$

$$Y_{20}=\sqrt{\frac{5}{16\pi}}(3\cos^2\theta-1)$$

$$Y_{21}=-\sqrt{\frac{15}{8\pi}}\sin\theta\cos\theta\, e^{i\phi}$$

$$Y_{22}=\sqrt{\frac{15}{32\pi}}\sin^2\theta\, e^{2i\phi}$$

であり, また,

$$R_{10}(r)=\left(\frac{a_0}{Z}\right)^{-3/2} 2\exp\left(-\frac{Zr}{a_0}\right)$$

$$R_{20}(r)=\left(\frac{2a_0}{Z}\right)^{-3/2}\left(2-\frac{Zr}{a_0}\right)e^{-Zr/2a_0}$$

$$R_{21}(r)=\frac{1}{2\sqrt{6}}\left(\frac{a_0}{Z}\right)^{-3/2}\left(\frac{Z}{a_0}r\right)e^{-Zr/2a_0}$$

$$R_{30}(r)=\frac{2}{3\sqrt{3}}\left(\frac{a_0}{Z}\right)^{-3/2}\left(1-\frac{2}{3}\frac{Z}{a_0}r+\frac{2}{27}\left(\frac{Z}{a_0}\right)^2 r^2\right)e^{-Zr/3a_0}$$

⋮　　　⋮

(a_0: ボーア半径)

図5-19には, 動径方向の波動関数を示す。　　　　(大槻義彦)

15.　3次元調和振動子の解

結晶中の原子は平衡点のまわりに, 3次元的に振動する。この場合, 平衡点からの位置 r の2乗に比例するポテンシャル

$$V(r)=\frac{1}{2}m\omega^2 r^2$$

で表される。

第 5 章　量子力学

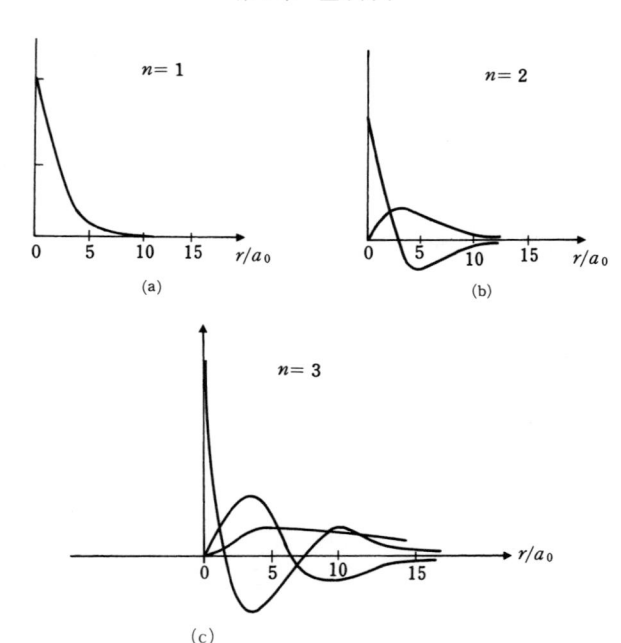

図 5-19　動径方向の波動関数

このとき固有関数，固有値はそれぞれ，

$$\psi_{n_x, n_y, n_z} = N H_{n_x}(\xi) H_{n_y}(\eta) H_{n_z}(\zeta) \exp\left(-\frac{1}{2}\frac{m\omega}{\hbar} r^2\right)$$

$$E_n = \left(n + \frac{3}{2}\right)\hbar\omega$$

となる。ここに ξ, η, ζ は，

$$\xi = \sqrt{\frac{m\omega}{\hbar}} x, \quad \eta = \sqrt{\frac{m\omega}{\hbar}} y, \quad \zeta = \sqrt{\frac{m\omega}{\hbar}} z$$

で，N は規格化定数である。$H_{n_x}(\xi)$ などはエルミートの多項式である。また，

$$n = n_x + n_y + n_z \quad (n_x, n_y, n_z = 0, 1, 2, 3, \cdots)$$

である。

状態は $(n+1)(n+2)/2$ 重に縮退している。　　　　（大槻義彦）

16. 状態ベクトル

一般に N 個の粒子が相互作用しているときの相互作用ポテンシャルは，それぞれの位置 (x_1, y_1, z_1), (x_2, y_2, z_2), (x_3, y_3, z_3), … の関数となっている。

$$V = V(x_1, y_1, z_1, x_2, y_2, z_2, \cdots)$$

波動関数も $(x_1, y_1, z_1, x_2, y_2, z_2, \cdots)$ の関数となっており，

$$\psi(x_1, y_1, z_1, x_2, y_2, z_2, \cdots)$$

と書ける。シュレーディンガー方程式は，

$$\left\{ -\sum_i \frac{\hbar^2 \triangle_i}{2m} + V(x_1, y_1, z_1, \cdots) \right\} \psi = E\psi$$

となる。ここに，

$$\triangle_i = \frac{\partial^2}{\partial x_i^2} + \frac{\partial^2}{\partial y_i^2} + \frac{\partial^2}{\partial z_i^2}$$

である。したがって，$\psi(x_1, y_1, z_1, \cdots)$ には N 個の粒子のすべての情報を含んでいる。ところで，今，次のような性質をもつ波動関数系 $\psi_s(x_1, y_1, z_1, \cdots)$ を考える。

$$(\psi_s, \psi_{s'}) = \int \psi_s^*(\tau) \psi_{s'}(\tau) \, d\tau = \delta_{ss'}$$

ただし，$\tau = (x_1, y_1, z_1, \cdots)$, $d\tau = dx_1 \, dy_1 \, dz_1 \cdots dx_N \, dy_N \, dz_N$ である。このような関数系を**規格直交系**という。

そこで，この関数系で $\psi(x_1, y_1, z_1, \cdots)$ を展開する。

$$\psi(x_1, y_1, z_1, \cdots) = \sum_s c_s \psi_s(x_1, y_1, z_1, \cdots)$$

ここで，c_s は次のようにして求められる。上の式の両辺に $\psi_s^*(x_1, y_1, z_1, \cdots)$ をかけ，積分すると，

$$\int \psi_s^*(\tau) \psi(\tau) \, d\tau = \sum_{s'} c_{s'} \int \psi_s^*(\tau) \psi_{s'}(\tau) \, d\tau$$

$$= \sum_{s'} c_{s'} \delta_{ss'}$$

$$= c_s$$

第5章 量子力学

N 個の粒子の自由度は $3N$ 個あり,この情報はすべて $\psi(\tau)$ に含まれているから,$c_s(s=1, 2, 3, \cdots, 3N)$ の中にこれらの情報が移送されているわけである。したがって,$\psi(x_1, y_1, z_1, \cdots)$ を与える代わりに c_s を与えればよいわけである。

このことは,$3N$ 次元のベクトル $\boldsymbol{C}$ の成分 $c_1, c_2, c_3, \cdots, c_{3N}$ を与えることと同じである。$\boldsymbol{C}$ と $\boldsymbol{C}'$ のベクトルの**内積**は,

$$(\boldsymbol{C} \cdot \boldsymbol{C}') = \sum_s c_s^* c_s'$$

である。これは波動関数についていえば,

$$(\psi, \psi') = \sum_s \sum_{s'} c_s^* c_{s'}' \int \psi_s^*(\tau) \psi_{s'}(\tau) d\tau$$

$$= \sum_s \sum_{s'} c_s^* c_{s'}' \delta_{ss'}$$

$$= \sum_s c_s^* c_s'$$

となる。すなわち,ψ と ψ' は $3N$ 次元のベクトルと考えることができる。この意味で ψ のことを**状態ベクトル**とよぶ。

ここで,空間を張る基底ベクトルに相当するのは規格直交関数系 ψ_s である。このような空間は**ヒルベルト**(Hilbert)**空間**とよばれる。

さて 2 組の規格直交系 ψ_s, φ_s を考えよう。これらによって,1 つの波動関数 ψ が展開されたとする。

$$\psi = \sum_s c_s \psi_s = \sum_s d_s \varphi_s$$

状態ベクトルの変換性は $(\cdots c_s \cdots) \rightleftarrows (\cdots d_s \cdots)$ の変換 $\boldsymbol{T}$ を議論することである。

$$\varphi_r = \sum_s T_{sr} \psi_s$$

この逆変換を $\boldsymbol{T}^{-1}$ とすると,

$$\psi_s = \sum_r (T^{-1})_{rs} \varphi_r$$

一方,

$$\psi = \sum_s c_s \psi_s$$

$$= \sum_s c_s \sum_r (T^{-1})_{rs} \varphi_r$$

$$= \sum_s \sum_r c_s (T^{-1})_{rs} \varphi_r$$

$$= \sum_r d_r \varphi_r$$

であるから,$d_r = \sum_s c_s (T^{-1})_{rs}$

同様に,

$$c_s = \sum_r T_{sr} d_r$$

の関係もある。これらの2つの式から,

$$d_r = \sum_s \sum_{r'} T_{sr'} (T^{-1})_{rs} d_{r'}$$

よって,

$$\sum_s T_{sr'} (T^{-1})_{rs} = \delta_{r'r}$$

つまり,T^{-1} は T の逆行列となっている。

また,ψ_s と φ_r は2組の規格直交系であることを使えば,$T^{-1} = T^\dagger$ の関係もすぐ証明できる。エルミート共役行列と逆行列が等しい行列は**ユニタリー行列**とよばれ,このような変換を**ユニタリー変換**という。すなわち,系を記述する2組の規格直交系は,ユニタリー変換で互いに移り変わることができる。　　　　　　　　　　（大槻義彦）

17. 行列力学

物理量を表すエルミート演算子 A があるとき,適当な規格直交系 ψ_n について,

$$A_{mn} = \int \psi_m^*(x) A \psi_n(x) \, dx$$

なる行列要素 A_{mn} を作る。ただし,x は一般に N 個の粒子に対し $3N$ 個の位置座標を代表するものとする。

状態ベクトルの係数を c_s とし,

$$A\psi(x) = \sum_s b_s \psi_s(x)$$

とすると，

$$b_s = \sum_{s'} A_{ss'} c_{s'}$$

となる。このようにして，行列 A_{mn} は A に対応した物理量 b_s を作る行列となる。

物理量に対応する演算子 A の固有値および固有関数を決める式は，

$$A\psi = \lambda\psi$$

である。ここに，λ は固有値である。そこで，$\psi = \sum_s c_s \psi_s$ を代入すると，

$$A\sum_s c_s \psi_s = \lambda \sum_s c_s \psi_s$$

両辺に ψ_s^* をかけて積分すると，固有値問題は，

$$\sum_{s'} A_{ss'} c_{s'} = \lambda c_s$$

となる。

そこで，$(c_1, c_2, \cdots)^{\mathrm{T}} = \boldsymbol{C}$，

$$\boldsymbol{A} = \begin{pmatrix} A_{11} & A_{12} & \cdots \\ A_{21} & \cdots & \cdots \\ \cdots & \cdots & \cdots \end{pmatrix}$$

なる列ベクトルと行列を定義すると，

$$\boldsymbol{A} \cdot \boldsymbol{C} = \lambda \boldsymbol{C}$$

という行列方程式となる。あるいは，

$$(\boldsymbol{A} - \lambda \boldsymbol{1}) \cdot \boldsymbol{C} = 0$$

ここに，$\boldsymbol{1}$ は単位行列である。この行列方程式が $\boldsymbol{C} = 0$ でない解をもつためには，行列式 $|\boldsymbol{A} - \lambda \boldsymbol{1}|$ は 0 でなければならない。

$$|\boldsymbol{A} - \lambda \boldsymbol{1}| = 0$$

すなわち，

18. シュレーディンガー表示,ハイゼンベルク表示,相互作用表示

$$\begin{vmatrix} A_{11}-\lambda & A_{12} & \cdots & \cdots \\ A_{21} & A_{22}-\lambda & \cdots & \cdots \\ A_{31} & A_{32} & A_{33}-\lambda & \cdots \\ \cdots & \cdots & \cdots & \cdots \end{vmatrix}=0$$

これから固有値 λ が求められる。

ところで A はエルミート行列なので,適当なユニタリー変換 S によって**対角化**することができる。

$$(S^{-1}AS)_{ij}=a_i\delta_{ij}$$

ここで,a_i は固有値 λ である。これを**主軸変換**という。こうしておけば,固有値を求める前述の行列方程式は簡単になる。

(大槻義彦)

18. シュレーディンガー表示,ハイゼンベルク表示,相互作用表示

状態ベクトルをヒルベルト空間で適当に回転させてやると,それに応じてシュレーディンガー方程式の形は変化する。状態ベクトルのとり方に応じてそれぞれシュレーディンガー表示,ハイゼンベルク表示,相互作用表示というものが考えられる。

シュレーディンガー表示というのは,基底ベクトルとして時間的に変化しないものをとる。すなわち,

$$\frac{\partial \psi_n}{\partial t}=0$$

このとき,状態ベクトル C は時間的に変化する。

$$i\hbar\frac{\partial C}{\partial t}=H\cdot C$$

となる。ここに H は,

$$H_{mn}=\int \psi_m^* H \psi_n dx$$

である。$H=-(\hbar^2/2m)\triangle+V$ は**ハミルトン演算子**(ハミルトニアン Hamiltonian)である。

ハイゼンベルク表示では基底ベクトル自身がシュレーディンガー方程式に従って変化するようにとる。すなわち,

$$i\hbar \frac{\partial \psi_n(x, t)}{\partial t} = H\psi_n(x, t)$$

このとき，状態ベクトル C は時間に依存しなくなる．すなわち，

$$\frac{dC_m}{dt} = 0$$

任意の物理量 A の行列要素の時間的発展は，

$$\frac{dA}{dt} = \frac{\partial A}{\partial t} + \frac{i}{\hbar}[H, A]_-$$

となる．ここに $[H, A]_-$ は，交換子

$$[H, A] = HA - AH$$

である．

このほか相互作用表示というものは，ハミルトニアンが相互作用ポテンシャル V を含むとき，すなわち，

$$H = H_0 + V$$

と書けるとき，相互作用ハミルトニアン V でのみ物理量の時間発展がなされるように考えられたものである．

今，波動関数を，

$$\psi' = U^{-1}\psi$$

$$U = \exp\left(-iH_0 \frac{t}{\hbar}\right)$$

と変換（ユニタリー変換）すると，ψ' の満たす方程式は，

$$i\hbar \frac{\partial \psi}{\partial t} = (H_0 + V)\psi$$

に代入することによって，

$$i\hbar \frac{\partial \psi'}{\partial t} = U^{-1}VU\psi'$$
$$= V(r'(t))\psi'$$

となる．ここに，$r'(t) = U^{-1}rU$ と定義される．すなわち，波動関数の時間的発展は $V(r'(t))$ という相互作用のみによって行われる．

このようなやり方は散乱問題や**多体問題**を取り扱うのに便利で，朝永振一郎，シュウィンガー（Julian Seymour Schwinger）により提案された．

（大槻義彦）

19. 定常状態の摂動論

19. 定常状態の摂動論

系の状態を記述するハミルトニアンが，その主要部分 H_0 と小さいパラメーターを含む項 $\varepsilon H'$ とから構成されていることがある。すなわち，

$$H = H_0 + \varepsilon H'$$

このとき，$\varepsilon H'$ を**摂動項**という。摂動項の影響を量子力学的に調べるのが摂動論である。

今，非摂動項 H_0 に対しては状態は完全に解かれているとしよう。すなわち，

$$H_0 \psi_n^{(0)} = E_n^{(0)} \psi_n^{(0)}$$

そこで，

$$(H_0 + \varepsilon H') \psi = E \psi$$

で決定されるべき ψ と E が ε のベキに展開されると考える。無摂動系において，状態が $\psi_n^{(0)}$ にあったとして，

$$\psi = \sum_{m=1} \psi^{(m)} \varepsilon^m + \psi^{(0)}$$

$$E = \sum_{m=1} E^{(m)} \varepsilon^m + E^{(0)}$$

これをシュレーディンガー方程式に代入して各ベキについて整理すると，

ε^0 の項： $(H_0 - E^{(0)}) \psi_n^{(0)} = 0$

ε^1 の項： $(H_0 - E^{(0)}) \psi^{(1)} = (E^{(1)} - H') \psi^{(0)}$

ε^2 の項： $(H_0 - E^{(0)}) \psi^{(2)} = (E^{(1)} - H') \psi^{(1)} + E^{(2)} \psi^{(0)}$

$\vdots \qquad \vdots \qquad \vdots$

このようにして，$E^{(0)} = E_n^{(0)}$，そして順次 $(\psi^{(1)}, E^{(1)})$，$(\psi^{(2)}, E^{(2)})$，… と決定できる。

さて，H_0 の固有ベクトル系 $\psi_m^{(0)}$ は規格直交系を作るから，

$$\psi^{(1)} = \sum_m a_m^{(1)} \psi_m^{(0)}$$

と展開できる。このとき，

$$a_m^{(1)} = -\frac{(\psi_m^{(0)}, H' \psi_n^{(0)})}{E_m^{(0)} - E_n^{(0)}} \qquad (E_m^{(0)} \neq E_n^{(0)})$$

となる。また，

$E_n^{(1)} = (\psi_n^{(0)}, H'\psi_n^{(0)})$

となる。上に求めた $\psi^{(1)}, E_n^{(1)}$ は第1次摂動解とよばれる。

同様に第2次摂動解は,

$$\psi^{(2)} = \sum_m a_m^{(2)} \psi_m^{(0)}$$

$$a_m^{(2)} = \sum_{l \neq n} \frac{(\psi_m^{(0)}, H'\psi_l^{(0)})(\psi_l^{(0)}, H'\psi_n^{(0)})}{(E_n^{(0)} - E_m^{(0)})(E_n^{(0)} - E_l^{(0)})}$$

$$- \frac{(\psi_m^{(0)}, H'\psi_n^{(0)})(\psi_n^{(0)}, H'\psi_m^{(0)})}{(E_n^{(0)} - E_m^{(0)})^2}$$

$$E_n^{(2)} = -\sum_{m \neq n} \frac{|(\psi_m^{(0)}, H'\psi_n^{(0)})|^2}{E_m^{(0)} - E_n^{(0)}}$$

ここで重要なのは, $E_n^{(0)}$ に縮退がないと考えていたことである。$\varepsilon = 0$ の場合, $E_n^{(0)}$ に縮退がなければ, $\psi_n^{(0)}$ は規格化定数のほか一義的に決まる。縮退がある場合の摂動論は少し注意して取り扱う必要がある。 (大槻義彦)

20. シュタルク効果とゼーマン効果

原子の定常状態（すなわち, 核外電子が固有エネルギー状態にあること）が一様な電場, 結晶内の電場などの摂動でそのエネルギー準位が変化したり, 縮退した準位が分裂したりする現象をシュタルク (Stark) 効果という。

シュタルク効果を調べるには, 励起原子に電場をかけたときの発光スペクトルを調べて知ることができる。各種イオンを結晶軸に沿って走らせるとき, 放出される紫外線やX線のスペクトルのずれを測定することもできる。

一方, ゼーマン (Zeeman) 効果というのは, 原子の縮退していた準位が一様な磁場によって分裂する現象をいう。たとえば図5-20は, s, p, d の各準位が磁束密度 B によって等間隔に分裂する様子を示している。この場合, 分裂準位の間隔は $(e\hbar/2m)B$ となる。

まずシュタルク効果の理論を考えよう。一様な電場 E が N 個の原子内電子にかかっているとしよう。i 番目の電子の位置を r_i とすると,

20. シュタルク効果とゼーマン効果

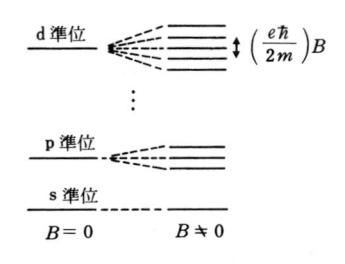

図 5-20

$$H' = -e\sum_i \boldsymbol{r}_i \cdot \boldsymbol{E} = -\boldsymbol{\mu} \cdot \boldsymbol{E}$$

$$\boldsymbol{\mu} = \sum_i e\boldsymbol{r}_i$$

となる。ここに，$\boldsymbol{\mu}$ は明らかに**双極子モーメント**である。

縮退がないとき，N 個の電子の無摂動系における波動関数を $\psi_n^{(0)}$ とすると，

$$E_n^{(1)} = -(\psi_n^{(0)}, \boldsymbol{\mu}\psi_n^{(0)}) \cdot \boldsymbol{E}$$

$$\psi_n^{(1)} = \sum_{m \neq n} \frac{(\psi_m^{(0)}, \boldsymbol{\mu}\psi_n^{(0)}) \cdot \boldsymbol{E}}{E_m^{(0)} - E_n^{(0)}} \psi_m^{(0)}$$

となる。

無摂動状態に**縮退がある場合**は，永年方程式

$$\begin{vmatrix} \langle 1|H'|1\rangle - E^{(1)} & \langle 1|H'|2\rangle & \cdots & \langle 1|H'|l\rangle \\ \langle 2|H'|1\rangle & \langle 2|H'|2\rangle - E^{(1)} & \cdots & \langle 2|H'|l\rangle \\ \vdots & \vdots & \cdots & \\ \langle l|H'|1\rangle & \cdots\cdots & \cdots & \langle l|H'|l\rangle - E^{(1)} \end{vmatrix} = 0$$

を解く。ここに，

$$\langle r|H'|s\rangle = \langle \psi_{nr}^{(0)}, H'\psi_{ns}^{(0)}\rangle$$

ただし，$\psi_{nr}^{(0)}$ は状態 n に属する，縮退している r 番目の固有状態波動関数とする。

ここで，水素原子の $n=2$ の四重縮退した状態に，z 方向に電場

E をかけるとしよう。このとき H' を上の永年方程式に代入すると,固有エネルギー

$$E^{(1)}=0(二重), \pm 3a_0 eE \qquad (a_0:ボーア半径)$$

および対応する固有関数

$$\psi_{2p_1}, \quad \psi_{2p_{-1}}, \quad \frac{2}{\sqrt{2}}(\psi_{2s} \pm \psi_{2p_0})$$

が得られる。ここで $2p_1$, $2p_0$, $2p_{-1}$ は 2p の三重項状態であるが,$2p_1$ と $2p_{-1}$ の縮退はとけないことを示す。固有エネルギーの分裂 $\pm 3a_0 eE$ はシュタルク効果を意味する。

一様な磁場 H が z 方向にかかっているときには,電子に対する相互作用ハミルトニアン H' は,

$$H' = -\frac{e}{2m_e c}L_z H + \frac{e^2 H^2}{8m_e c^2}(x^2+y^2)$$

$$L_z = x p_y - y p_x$$

である。そこで,磁場 H の1次摂動項は,

$$E^{(1)} = -\frac{e\hbar m}{2m_e c}H$$

である。ここに,m は磁気量子数,m_e は電子質量を意味する。これによって,エネルギー準位が等間隔 $e\hbar H/2m_e c$ に分裂することがわかる。これがゼーマン効果である。なお,定数

$$\mu_B = \frac{e\hbar}{2m_e c}$$

を**ボーア磁子**とよぶ。以上は電子のスピンを考えない場合で,正常ゼーマン効果というが,スピンモーメントが考慮されたスペクトル線の分離は異常ゼーマン効果といわれる(§23参照)。 (大槻義彦)

21. WKB近似法

定数 $\hbar$ が($\hbar = h/2\pi$;h はプランク定数)が小さいと考えられるときには,量子力学は古典力学に移行する。そこで,古典力学における運動が知られている系では,それを手がかりとして $\hbar$ が小さいとして近似的な解を求めることができる。これをウェンツェル(Wentzel, W),クラマース(Kramers, K),ブリユアン(Brillouin, B)の3人の物理学者にちなんでWKBの近似法という。

21. WKB近似法

今，1次元の方程式

$$-\frac{\hbar^2}{2m}\frac{d^2\psi}{dx^2}+V(x)\psi(x)=E\psi(x)$$

があるとしよう。$E>V(x)$ のとき，

$$W(x)=\sqrt{2m(E-V(x))}$$

とおくと，シュレーディンガー方程式は，

$$\frac{d^2\psi}{dx^2}=-\frac{W(x)^2}{\hbar^2}\psi$$

ところで，$V(x)$ は x に関して変化しない定数とすると，

$$\psi=Ae^{i(W/\hbar)x}$$

となる。ここに A は定数である。そこで，$V(x)$ が x に関してゆるやかに変化するときには，

$$\psi=A(x)e^{\pm(i/\hbar)\int W(x)dx}$$

とおく。これは $V(x)$ が定数のときの解を一般化したものである。$V(x)$ が x に関してゆるやかに変化するときは，$A(x)$ も x に関してゆるやかに変化する。

そこで上の式をシュレーディンガー方程式に代入すると，

$$2W(x)\frac{dA(x)}{dx}+A(x)\frac{dW(x)}{dx}\mp i\hbar\frac{d^2A(x)}{dx^2}=0$$

が得られる。$A(x)$ は x に関してゆるやかでかつ $\hbar$ が小さいとすると，$\hbar d^2A(x)/dx^2=0$ としてよい。よって上の式は，

$$\frac{2}{A(x)}\frac{dA(x)}{dx}+\frac{1}{W(x)}\frac{dW(x)}{dx}=0$$

これより，$A(x)$ は $1/\sqrt{W(x)}$ に比例することがわかる。よって，

$$\psi(x)=\frac{1}{\sqrt{W(x)}}\exp\left(\pm\frac{i}{\hbar}\int W(x)dx\right)$$

という振動解が得られる。

$E<V(x)$ のときも同様に考えればよい。

$$W'(x)=\sqrt{2m(V(x)-E)}$$

とすれば，減衰解（発散解）

$$\psi(x)=\frac{1}{\sqrt{W'(x)}}\exp\left(\pm\frac{1}{\hbar}\int^x W'(x)dx\right)$$

が得られる。

そこで問題になるのは，E が $V(x)$ に近い場合，どのように考えるかである。このとき，

$$A(x) \propto \frac{1}{\sqrt{W(x)}}$$

または，

$$A(x) \propto \frac{1}{\sqrt{W'(x)}}$$

は $E=V(x)$ で無限大になってしまう。そこで，このときは，

$$V(x)-E=V'(x_0)(x-x_0)$$

と展開する方法がある。ここに x_0 は，

$$E=V(x_0)$$

を満たす $x=x_0$ のことである。

このように考えると，問題は，

$$\frac{d^2\psi}{d\xi^2}=-\xi\psi$$

$$\xi=\sqrt{-\frac{2mV'(x_0)}{\hbar^2}}(x-x_0)$$

を解くことである。この厳密解は1/3次のベッセル関数，またはエアリ関数であり，これを介して振動解と減衰解を接続する関係式が得られ，近似法が完成する。　　　　　　　　　　　　　　（大槻義彦）

22. 遷移確率と黄金則

ここでは摂動によって状態間の遷移が起こるときの遷移確率を計算する公式，さらに黄金則とよばれるものについて述べる。

摂動項は一般に時間を含むものと考え，小さいパラメーター ε によって，

$$H=H_0+\varepsilon H'(t)$$

の形になっているとする。シュレーディンガー方程式

$$i\hbar\frac{\partial\psi}{\partial t}=(H_0+\varepsilon H')\psi$$

を考え，波動関数 ψ は，

22. 遷移確率と黄金則

$$\psi = \sum_n a_n(t)\, \psi_n e^{-iE_n t/\hbar}$$

と展開する。ここに，ψ_n は H_0 の固有関数である。この波動関数の形をシュレーディンガー方程式に代入すると，

$$i\hbar \frac{da_n(t)}{dt} = \varepsilon \sum_s H'_{ns}\, a_0 e^{i\omega_{ns} t}$$

$$(\hbar\omega_{ns} = E_n - E_s)$$

なる方程式が得られる。ここに，H'_{ns} は $(\psi_n, H'\psi_s)$ なる行列要素を意味する。

そこで，$a_n(t)$ を ε で展開すると，

$$a_n(t) = a_n^{(0)} + \varepsilon a_n^{(1)} + \varepsilon^2 a_n^{(2)} + \cdots$$

となるから，これを上の方程式に代入し，$a_n^{(j)}$ $(j=0, 1, 2, \cdots)$ を順に求めていくことができる。

$$a_n^{(1)} = -\frac{i}{\hbar}\int_{-\infty}^{t} H'_{nm}(t)\, e^{i\omega_{nm} t} dt$$

$$a_n^{(2)} = \left(-\frac{i}{\hbar}\right)^2 \sum_s \int_{-\infty}^{t} dt_2 H'_{ns}(t_2)\, e^{i\omega_{ns} t_2} \int_{-\infty}^{t_2} dt_1 H'_{sm}(t_1)\, e^{i\omega_{sm} t_1}$$

今，一定の摂動が働き始めた時刻を $t=0$，つまり，$H'(t) = 0$ $(t<0)$，$H'(t) = H' =$ 一定 $(t>0)$ ととると，

$$a_n^{(1)} = -\frac{i}{\hbar}\int_0^t H'_{nm} e^{i\omega_{nm} t} dt$$

$$= -\frac{i}{\hbar} H'_{nm} \frac{e^{i\omega_{nm} t} - 1}{i\omega_{nm}}$$

となる。そこで，これは系が状態 n に存在するときの（1次摂動の）**確率振幅**とよばれる。このとき，遷移確率は，

$$|a_n^{(1)}(t)|^2 = \frac{4|H'_{nm}|^2 \sin^2(\omega_{nm} t/2)}{\hbar^2 \omega_{nm}^2}$$

に比例する。

これより，単位時間当たりの遷移確率は上式を t で割り，$t \to \infty$ と考えて，

$$w = \frac{2\pi}{\hbar} |H'_{nm}|^2 \delta(E_n - E_m)$$

となる。ここに，$\delta(E_n - E_m)$ は**デルタ関数**で，始状態と終状態間

でエネルギーが保存されていることを示しており,

$$\int_{-\infty}^{\infty} \delta(x)\, dx = 1, \quad \delta(x) = 0 \ (x \neq 0), \quad \int_{-\infty}^{\infty} f(x)\, \delta(x-y)\, dx = f(y)$$

なる性質をもつ。また,

$$\delta(x) = \lim_{t \to \infty} \frac{t}{\pi} \left(\frac{\sin xt}{xt} \right)^2$$

である。wに関する上の式を遷移確率に関する**黄金則**という。今,終状態の準位の密度を$\rho(E)$と書くと,黄金則は,

$$w = \frac{2\pi}{\hbar} |H'_{nm}|^2 \rho(E)$$

とも書ける。

遷移確率に関する黄金則は量子力学的な散乱過程にも適用でき,この場合の散乱確率の最低次の近似公式は**ボルン**(Born)**近似**とよばれる。質量mの非相対論的粒子が散乱ポテンシャル$V(\boldsymbol{r})$によって散乱され,運動量(あるいは波数)が$\boldsymbol{p}_0$から$\boldsymbol{p}$に変化する場合,ボルン近似での散乱振幅は,

$$f(\boldsymbol{Q}) = -\frac{1}{4\pi} \frac{2m}{\hbar^2} \int V(\boldsymbol{r})\, e^{i\boldsymbol{Q}\cdot\boldsymbol{r}/\hbar}\, d^3\boldsymbol{r}$$

となる。ここに,$\boldsymbol{Q} = \boldsymbol{p} - \boldsymbol{p}_0$ であり,散乱確率(散乱断面積)は,$|f(\boldsymbol{Q})|^2$に比例する。 (大槻義彦)

23. スピン

ゼーマン効果の実験をすると,とくにアルカリ原子ではs状態は縮退がないはずなのに,実際には2本の準位分裂線が観測される。これを**異常ゼーマン効果**とよび,通常の**正常ゼーマン効果**と区別する。このことはシュテルン(Otto Stern)とゲルラッハ(W. Gerlach)によって,銀の原子線によって初めて見いだされた。

これは,電子が通常の空間座標の自由度のほかに,電子自身が内部自由度をもつと考えなければならない。ウーレンベック(George Eugene Uhlenbeck)とハウトスミット(Samuel Abraham Goudsmit)は1924年,電子はその自転(スピン)に伴った固有の角運動量をもつと考えた。これを**スピン角運動量**とよぶ。ディラック(Paul Adrian Maurice Dirac)は,このスピン自由度を相対論的な量子力

23. スピン

学の方程式,すなわち**ディラックの方程式**によって明らかにした。

スピン角運動量の演算子は通常,

$$s_x = \frac{\hbar}{2}\begin{pmatrix} 0 & 1 \\ 1 & 0 \end{pmatrix}, \quad s_y = \frac{\hbar}{2}\begin{pmatrix} 0 & -i \\ i & 0 \end{pmatrix}$$

$$s_z = \frac{\hbar}{2}\begin{pmatrix} 1 & 0 \\ 0 & -1 \end{pmatrix}$$

で与えられる。また,

$$s^2 = \frac{3}{4}\hbar^2 \begin{pmatrix} 1 & 0 \\ 0 & 1 \end{pmatrix}$$

である。スピン角運動量は,軌道角運動量と同様にベクトルとしての合成則を満たしている。これらの自由度に対応し,状態ベクトルも2倍になっていなければならない。

スピン角運動量 s に対応して,**スピンモーメント**は,

$$\boldsymbol{\mu}_s = \frac{e}{mc}\boldsymbol{s}$$

となる。軌道角運動量の場合の磁気モーメントと角運動量との関係が2倍だけ異なることに注意しよう。一般に電荷 e の粒子が角運動 $\boldsymbol{J}$ をもつとき,磁気モーメントは $\boldsymbol{\mu}_J = g\frac{e}{2mc}\boldsymbol{J}$ で表され,係数 g を g 因子という。電子の場合, $g=2$ となるが,これはディラック方程式で初めて証明された。

なお,

$$\sigma_x = 2s_x/\hbar = \begin{pmatrix} 0 & 1 \\ 1 & 0 \end{pmatrix}, \quad \sigma_y = 2s_y/\hbar = \begin{pmatrix} 0 & -i \\ i & 0 \end{pmatrix}$$

$$\sigma_z = 2s_z/\hbar = \begin{pmatrix} 1 & 0 \\ 0 & -1 \end{pmatrix}$$

は**パウリ**(Pauli)**の行列**とよばれる。

スピン角運動量と軌道角運動量は相互に作用し合う。これを**スピン-軌道相互作用**という。このため,スピン自由度に対応した縮退が解け,エネルギー準位,あるいはこれを反映したスペクトル線の位置に微細な分裂が起こる。これが異常ゼーマン効果である。

(大槻義彦)

第5章　量子力学

24. 波動関数の対称性

2個の電子系を表す波動関数を，

$$\psi(\boldsymbol{r}_1\sigma_1, \boldsymbol{r}_2\sigma_2)$$

と書く。ここに，σ_1, σ_2 はそれぞれのスピン自由度（2個の自由度に対応し $\sigma_1, \sigma_2 = 1/2, -1/2$ または $\uparrow, \downarrow$ ととる）を表す。

ところで，2個の電子を交換しても系の状態は不変なはずである。よって，$|\eta|=1$ として $\psi(1,2)=\eta\psi(2,1)$。ここで 1, 2 は $(\boldsymbol{r}_1, \sigma_1)$，$(\boldsymbol{r}_2, \sigma_2)$ を表す。2回入れ替えると元にもどるので $\eta\psi(2,1)=\eta^2\psi(1,2)=\psi(1,2)$ から $\eta^2=1$，つまり $\eta=\pm 1$ である。上の式より，

$$\psi(1,2) = \psi(2,1) \quad \text{または} \quad -\psi(2,1)$$

である。$\psi(1,2)=\psi(2,1)$ のとき，波動関数は**対称**であるといわれ，$\psi(1,2)=-\psi(2,1)$ のとき波動関数は**反対称**であるとよばれる。

自然界には粒子の交換に関して対称な波動関数をもつ粒子と反対称な波動関数をもつ粒子が存在する。電子，陽子，中性子などはすべて反対称な波動関数で表され，このような粒子を**フェルミ (Fermi) 粒子**あるいは**フェルミオン**という。一方，光子（光量子）や α 粒子は対称な波動関数で表され，このような粒子を**ボース (Bose) 粒子**あるいは**ボソン**という。

2個の電子の相互作用を無視すると，波動関数 $\psi(1,2)$ はそれぞれの波動関数の積になっている。しかし，単なる積では反対称の波動関数にはならない。電子1, 2 が縮退しているとすると，積の1次結合を作り，

$$\psi_n(1,2) = \frac{1}{\sqrt{2}}\Big[\psi_{n_1}(1)\psi_{n_2}(2) - \psi_{n_2}(1)\psi_{n_1}(2)\Big]$$

$$= \frac{1}{\sqrt{2}} \begin{vmatrix} \psi_{n_1}(1) & \psi_{n_2}(1) \\ \psi_{n_1}(2) & \psi_{n_2}(2) \end{vmatrix}$$

が反対称の波動関数となる。このような行列式は**スレーター (Slater) の行列式**とよばれる。

多電子原子で，電子間の相互作用を無視すると，多電子系の波動関数 $\psi(1, \cdots, N)$ はやはり同じスレーターの行列式で表される。

24. 波動関数の対称性

$$\psi(1,\cdots,N) = \frac{1}{\sqrt{N!}} \begin{vmatrix} \psi_1(1) & \psi_2(1) & \cdots & \psi_N(1) \\ \psi_1(2) & \psi_2(2) & \cdots & \psi_N(2) \\ \vdots & \vdots & & \vdots \\ \psi_1(N) & \psi_2(N) & \cdots & \psi_N(N) \end{vmatrix}$$

もし，$\psi_1,\cdots,\psi_N$ の中で，まったく同一の関数が1対でもあると，2つの行列は同じとなり，行列式に関する数学的公式より，行列式は0になってしまう。

このことは，電子2個がまったく同じ軌道（スピンも含めて）をとることはできないことを意味する。これを**パウリの原理**とよぶ。したがって，パウリの原理はフェルミオンに特徴的な性質である。これに反して，対称波動関数で表されるボソンでは，同じ軌道を何個の粒子がとってもかまわない。

パウリの原理によって，電子はエネルギーの低い準位から順につまっていると考えられる。自由電子の場合，波数空間（運動量空間）では，電子がつまっている状態は球状になり，この球を**フェルミ球**という。球の半径を**フェルミ波数**（k_F）とよぶ（図5-21）。

原子内電子の縮退した軌道のすべてが完全につまった状態を**閉殻**とよぶ。$(1s)^2, (2p)^6, (3d)^{10}$ などがそれである。ここに右肩の数字は閉殻の電子数を表す。ヘリウム(He)，ネオン(Ne)，アルゴン(Ar)，銅(Cu)，クリプトン(Kr)などはそれぞれ閉殻構造をなし，きわめて安定である。表5-1には電子配置を示す。　　（大槻義彦）

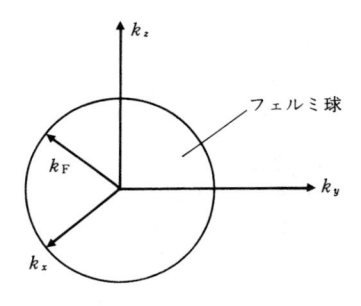

図 5-21

第5章 量子力学

表 5-1 元素の電子配置

元素		K	L		M			N
原子番号	元素名	1s	2s	2p	3s	3p	3d	4s
1	H	1						
2	He	2						
3	Li	2	1					
4	Be	2	2					
5	B	2	2	1				
6	C	2	2	2				
7	N	2	2	3				
8	O	2	2	4				
9	F	2	2	5				
10	Ne	2	2	6				
11	Na	2	2	6	1			
12	Mg	2	2	6	2			
13	Al	2	2	6	2	1		
14	Si	2	2	6	2	2		
15	P	2	2	6	2	3		
16	S	2	2	6	2	4		
17	Cl	2	2	6	2	5		
18	Ar	2	2	6	2	6		
19	K	2	2	6	2	6		1

25. 散乱と散乱断面積

運動している粒子1と粒子2が相互作用して、それぞれの軌道が曲げられる現象を**散乱**、または**衝突**という。これらの現象を取り扱う理論が**散乱問題**または**衝突問題**である。

散乱において重要なのは、散乱粒子のはじめの速度（**初速度**）と、はじめの進行方向とそれに平行に引いた散乱中心を通る直線との間隔である（図5-22）。この間隔を**衝突パラメーター**（**コリジョ**

25. 散乱と散乱断面積

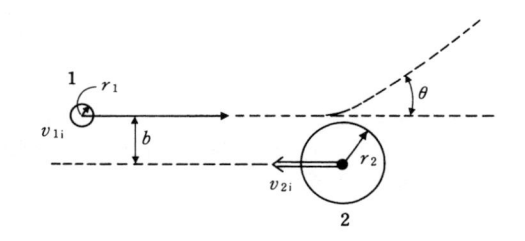

図 5-22

図 5-23

ンパラメーターまたは**インパクトパラメーター**)という。

散乱の確率を表す量として，散乱断面積という量を定義するのが便利である。古典力学では，図5-22において，単位時間，単位面積当たりN個の粒子1が流れているとする（図5-23）。図を見れば明らかなように，古典力学的軌道を考えれば，半径r_1+r_2の円の部分（面積$\pi(r_1+r_2)^2$）にやってくる粒子がすべて衝突する。このとき，衝突の起きる割合の大きさは，入射流の大きさで規格化して

$$P = \frac{N\pi(r_1+r_2)^2}{N} = \pi(r_1+r_2)^2$$

のように面積$\sigma=\pi(r_1+r_2)^2$となる。この割合が**散乱断面積**である。

散乱方向は**散乱角**θによって表される。粒子1が散乱角θの方向に散乱される確率は，**微分散乱断面積** $d\sigma/d\Omega$ によって表される。ここに，$d\Omega$はθ方向の立体角である。すなわち，

$$\sigma = \int_{\text{全立体角}} \left(\frac{d\sigma}{d\Omega}\right) d\Omega$$

となる。

電荷 $Z_1 e$, 質量 m_1 の粒子と, 電荷 $Z_2 e$, 質量 m_2 の粒子がクーロン力で相互作用して散乱されるときの微分散乱断面積は**ラザフォード**(Rutherford)**散乱の公式**とよばれている。

$$\frac{d\sigma}{d\Omega} = \frac{1}{4}\left(\frac{(Z_1 Z_2)e^2}{m v_0^2}\right)^2 \frac{1}{\sin^4(\theta/2)}$$

ここに, m は換算質量 $m = m_1 m_2/(m_1 + m_2)$, θ は重心系における散乱角, v_0 は粒子の初相対速度である。この式は, 量子力学的に計算しても古典力学的に計算してもまったく同じ形となる。

(大槻義彦)

26. 重心系と実験室系

実際の衝突実験は実験室で行われ(実験室系), この座標系では重心が衝突の前後で同じ速度で運動する。ところが, 重心に固定してある座標系(重心座標系)では重心は静止しており, また, ある種の対称性が存在し問題が簡単になる。このため, 散乱問題は重心座標系で解き, これを実験室系の問題に変換するという方法がとられる。

図 5-24(a)には, 実験室系での散乱前後の 2 粒子の速度と散乱角を示す。すなわち, 粒子 1 が初速度 v_{1i} で粒子 2 に衝突する。衝突後 1 は散乱角 θ, 速さ v_{1f} で散乱され, 標的粒子 2 は最初静止しており, 衝突後角度 α, 速さ v_{2f} で運動し始める。

一方, 重心系では, 衝突前後で粒子 1, 2 は互いに逆向きで同じ直線上を走る(図 5-24(b))。衝突前は粒子 1, 2 はそれぞれ u_{1i}, u_{2i} で近づき, 衝突後 u_{1f}, u_{2f} で遠ざかる。このときの散乱角が図 5-24(b) の ξ である。図 5-24(b) の場合, 散乱前後できわめて対称性がよくなっていることに注意しよう。

粒子 1, 2 の質量をそれぞれ m_1, m_2 とすると,

$$u_{1i} = \frac{m_2 v_{1i}}{m_1 + m_2}$$

27. 部分波法

図 5-24
(a) 実験室系　　(b) 重心系

$$u_{2i} = -\frac{m_1 v_{1i}}{m_1 + m_2} = -v_G$$

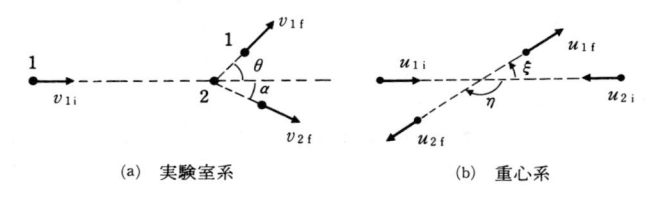

である。ここに，v_G は，実験室系における重心の速度である。また，

$$\xi + \eta = \pi$$
$$m_1 u_{1f} = -m_2 u_{2f}$$

が成り立つ。なお，次の散乱角の関係は重要である。

$$\tan\theta = \frac{m_2}{m_1} \frac{\sin\xi}{\{K/(K-Q)\}^{1/2} + \cos\xi}$$

ここに，K は実験室系での運動エネルギーから重心の運動エネルギーを差し引いた，相対運動の運動エネルギーである。すなわち，

$$K = \frac{1}{2} m_1 u_{1i}^2 + \frac{1}{2} m_2 u_{2i}^2$$

$$= \frac{1}{2} \frac{m_1 m_2}{m_1 + m_2} v_{1i}^2$$

である。また，Q は衝突によって失われたエネルギーである。$Q=0$ なら**弾性散乱**，$Q \neq 0$ なら**非弾性散乱**である。

とくに弾性散乱で $(Q=0)$，同じ質量の粒子が衝突するとき，

$$\tan\theta = \tan(\xi/2)$$
$$\therefore \quad \theta = \xi/2$$

である。

(大槻義彦)

27. 部分波法

古典力学の場合は，衝突パラメーターによって散乱角は完全に，1対1に決まる。しかし，量子力学では，入射粒子は波動であるか

第5章 量子力学

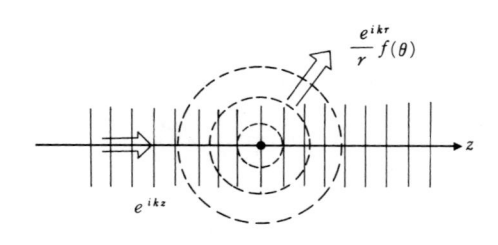

図 5-25

ら，衝突係数は意味をもたない．しかし，衝突係数 b が与えられるということは，古典的には mvb という角運動量が与えられるということである．

したがって，粒子が波動として入射するとき，波動関数を角運動量量子数 l について展開し，このおのおのについて散乱問題を解く方法が有効である．これを**部分波展開法**，あるいは**部分波法**という．この方法はポテンシャルが $r \to \infty$ でクーロン (Coulomb) ポテンシャルより速く 0 に近づく場合に適用される．

今，粒子は $-z$ 方向から $+z$ 方向に平面波として，

$$\psi_i = e^{ikz}$$

が入射するとする（図 5-25）．散乱されたあと，波動は標的原子から球面波 e^{ikr}/r の形で広がる．したがって，r の大きいところで，波動関数は，

$$\psi \sim e^{ikz} + \frac{e^{ikr}}{r} f(\theta)$$

の形となるはずである．この形になるようにシュレーディンガー方程式を解く．**散乱振幅** $f(\theta)$ は，

$$f(\theta) = \frac{1}{2ik} \sum_{l=0}^{\infty} (2l+1)(e^{2i\eta_l} - 1) P_l(\cos\theta)$$

の形となる．ここに，η_l は，**フェイズシフト**とよばれる量で，これが小さいときには近似的に，

$$\eta_l = -\frac{\pi}{2} \frac{2m}{\hbar^2} \int_0^\infty V(r) [J_{l+1/2}(kr)]^2 r\, dr$$

となる。

η_l が簡単に求められる例として,剛体球,すなわち**ハードコア**による散乱がある。このとき,

$$V(r) = \begin{cases} \infty & (r < a) \\ 0 & (r > a) \end{cases}$$

であるが,フェイズシフト η_l は,

$$\tan \eta_l = \frac{J_{l+1/2}(ka)}{N_{l+1/2}(ka)}$$

で与えられる。ここに,$J_{l+1/2}$ および $N_{l+1/2}$ はそれぞれ半整数次の**ベッセル関数**,および**ノイマン関数**である。

低速の極限では $k \to 0$ で,

$$\tan \eta_0 = -ka$$

$$\tan \eta_l = \frac{-(ka)^{2l+1}}{(2l+1)\{1 \cdot 3 \cdot 5 \cdots (2l-1)\}^2}$$

全断面積は,

$$\sigma = 4\pi a^2$$

となる。

一方,高速の場合,$k \to \infty$ で,$l < ka$ に対して,

$$\eta_l = -ka + \frac{1}{2} l\pi$$

となる。結局,高速の場合の全断面積は,

$$\sigma = 2\pi a^2$$

と計算される。

高速の場合にも,古典力学の場合のように全断面積は πa^2 にならないことに注意しよう。これは,高エネルギーの極限でも回折効果が現れるためである。 (大槻義彦)

28. ボルン近似

高速粒子の散乱問題では,摂動論(黄金則)に基礎をおくボルン(Born)近似という方法がきわめて有用である。入射波を,

$$\psi_0 = e^{ik_0 z}$$

とし,散乱波を $g(\boldsymbol{r})$ と書くと波動関数は,

$$\psi(\boldsymbol{r}) = e^{ik_0 z} + g(\boldsymbol{r})$$

第5章 量子力学

である。ここで，$V(\bm{r})$ の効果が小さく，したがって $g(\bm{r})$ は小さい量であるとする。

シュレーディンガー方程式によって，g に対する次の方程式が得られる。

$$(\triangle + k_0{}^2) g = \frac{2m}{\hbar^2} V(e^{ik_0 z} + g)$$

ここで，右辺の g を無視すると，この方程式の物理的に有効な解は，

$$g(\bm{r}) = -\frac{1}{4\pi} \int \frac{e^{ik_0|\bm{r}-\bm{r}'|} \{2mV(\bm{r}')/\hbar^2\} e^{ik_0 z'}}{|\bm{r}-\bm{r}'|} d\bm{r}'$$

となる。

これは，$\bm{r}'$ から出た球面波，

$$\frac{e^{ik_0|\bm{r}-\bm{r}'|}}{|\bm{r}-\bm{r}'|}$$

がある重みで重ね合わされることを意味している。したがって，この項は光学におけるホイヘンス (Huygens) の原理に相当するものである。

さて，散乱波を r の大きいところで，

$$\psi' = \frac{e^{ik_0 r}}{r} f(\theta, \phi)$$

と書くと，

$$f(\theta, \phi) = -\frac{m}{2\pi \hbar^2} \int V(\bm{r}') e^{i(\bm{k}_0 - \bm{k}) \cdot \bm{r}'} d\bm{r}'$$

となることがわかる。ここで，波数 $\bm{k}_0$ は入射波の波数，$\bm{k}$ は散乱波の波数である（図 5-26）。

今，球対称の場合を考えると，$\bm{k}_0 - \bm{k} = \bm{K}$ とおくと，図より，

$$|K| = 2k_0 \sin\left(\frac{\theta}{2}\right)$$

よって，

$$f(\theta, \phi) = f(\theta) = -\frac{m}{2\pi \hbar^2} \int V(\bm{r}') e^{i\bm{K} \cdot \bm{r}'} d\bm{r}'$$

$$= -\frac{2m}{\hbar^2 K} \int V(r') r' \sin(Kr') dr'$$

28. ボルン近似

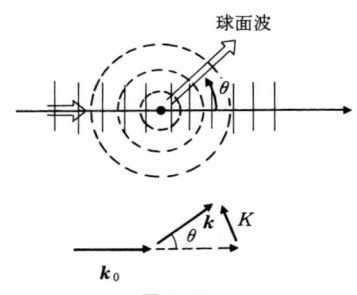

図 5-26

微分散乱断面積 $\sigma(\theta, \phi)$ は $|f(\theta, \phi)|^2$ であるから,

$$\sigma(\theta, \phi) = \left(\frac{m}{2\pi\hbar^2}\right)^2 \left|\int V(\boldsymbol{r}') e^{i(\boldsymbol{k}_0 - \boldsymbol{k})\cdot\boldsymbol{r}'} d\boldsymbol{r}'\right|^2$$

球対称の場合は,

$$\sigma(\theta) = \left(\frac{2m}{\hbar^2 K}\right)^2 \left|\int V(r') r' \sin(Kr') dr'\right|^2$$

となる。

以上述べたボルン近似は,すでに述べたように,摂動論の黄金則と密接な関係がある。入射波を系の初期状態 n, 散乱波を終状態 m と考えると,黄金則

$$w = \frac{2\pi}{\hbar} |H'_{nm}|^2 \delta(E_n - E_m)$$

は,

$$H'_{nm} = \int e^{i\boldsymbol{k}_0 \cdot \boldsymbol{r}'} V(\boldsymbol{r}') e^{-i\boldsymbol{k}\cdot\boldsymbol{r}'} d\boldsymbol{r}'$$

$$= \int e^{i(\boldsymbol{k}_0 - \boldsymbol{k})\cdot\boldsymbol{r}'} V(\boldsymbol{r}') d\boldsymbol{r}'$$

となるから,

$$w = \sigma(\theta, \phi) = \frac{m^2}{4\pi^2\hbar^4} \left|\int e^{i(\boldsymbol{k}_0 - \boldsymbol{k})\cdot\boldsymbol{r}'} V(\boldsymbol{r}') d\boldsymbol{r}'\right|^2$$

である。この手法は非弾性散乱の場合もそのまま適用される。

また,ボルン近似の公式は当然,部分波の方法からも導出することができる。このとき,η_l を小さいとして,

$e^{2i\eta_l} - 1 \fallingdotseq 2i\eta_l$

であるから,

$$f(\theta) = -\frac{\pi m}{k\hbar^2} \sum_l (2l+1) P_l(\cos\theta) \int_0^\infty V(r) [J_{l+1/2}(kr)]^2 r \, dr$$

これは, $K = 2k\sin(\theta/2)$,

$$\frac{\sin Kr}{Kr} = \sum (2l+1) P_l(\cos\theta) \left(\frac{\pi}{2kr}\right) [J_{l+1/2}(kr)]^2$$

なる関係を用いれば,

$$f(\theta, \phi) = -\frac{2m}{\hbar^2 K} \int V(r') r' \sin(Kr') \, dr'$$

と一致することが示される。

(大槻義彦)

29. 電磁場の量子論

電磁場はクーロン・ゲージ ($\mathrm{div} \boldsymbol{A} = 0$, ラジエーションゲージともいう) をとると, ベクトルポテンシャル $\boldsymbol{A}(\boldsymbol{r}, t)$ によって表現される。これをフーリエ展開すると,

$$\boldsymbol{A}(\boldsymbol{r}, t) = \frac{1}{L^{3/2}} \sum_{\boldsymbol{k}} \boldsymbol{A}_{\boldsymbol{k}}(t) e^{i\boldsymbol{k}\cdot\boldsymbol{r}}$$

ここで, 電磁場は長さ L の立方体の内部で取り扱う。これを自由な電磁場の方程式

$\Box \boldsymbol{A} = 0$

$\mathrm{div} \boldsymbol{A} = 0$

に代入する。ここで $\Box$ は**ダランベルシャン**とよばれるもので,

$$\Box = \triangle - \frac{1}{c^2} \frac{\partial^2}{\partial t^2}$$

と定義される。フーリエ係数 $\boldsymbol{A}_{\boldsymbol{k}}(t)$ に対する方程式は,

$\ddot{\boldsymbol{A}}_{\boldsymbol{k}}(t) + c^2 k^2 \boldsymbol{A}_{\boldsymbol{k}}(t) = 0$

$\boldsymbol{k} \cdot \boldsymbol{A}_{\boldsymbol{k}}(t) = 0$

となる。2番目の式は $\boldsymbol{k}$ と $\boldsymbol{A}_{\boldsymbol{k}}(t)$ が垂直であることを示している。したがって, $\boldsymbol{k}$ に垂直な面で $\boldsymbol{A}_{\boldsymbol{k}}(t)$ というベクトルを考えると, この面で直交する単位ベクトル $\boldsymbol{\varepsilon}_{\boldsymbol{k}}^{(1)}$, $\boldsymbol{\varepsilon}_{\boldsymbol{k}}^{(2)}$ によって表すことができる。

$$A_k(t) = \sum_{\lambda=1,2} \sqrt{\frac{\hbar}{2\omega_k}} \varepsilon_k^{(\lambda)} a_{k,\lambda}(t)$$

そこで $A_{k,\lambda}(t)$ に対する方程式は,

$$\ddot{a}_{k,\lambda}(t) + \omega_k^2 a_{k,\lambda}(t) = 0$$

$$\omega_k = ck$$

となる。これは調和振動子の方程式にほかならない。

複素量 $a_{k,\lambda}(t)$ の代わりに,次のような一般座標 $P_{k,\lambda}$,$Q_{k,\lambda}$ を導入すると都合がよい。

$$Q_{k,\lambda}(t) = \sqrt{\frac{\hbar}{2\omega_k}} [a_{k,\lambda}(t) + a_{k,\lambda}^*(t)]$$

$$P_{k,\lambda}(t) = -i\sqrt{\frac{\omega_k \hbar}{2}} [a_{k,\lambda}(t) - a_{k,\lambda}^*(t)]$$

さて,調和振動子を量子化するためには,一般化された座標,$Q_{k,\lambda}(t)$,$P_{k,\lambda}(t)$ を単なる c 数(単なる数)ではなく,次のような量子論的交換関係を満たすものと考えるとよい。

$$[Q_{k,\lambda}(t),\ P_{k',\lambda'}(t)] = i\hbar \delta_{k,k'} \delta_{\lambda,\lambda'}$$

電磁場と電荷 q をもつ荷電粒子との相互作用は,電磁場のないときのハミルトニアンで,運動量演算子 $\boldsymbol{p}$ を,$\boldsymbol{p} - (q/c)\boldsymbol{A}$ とおきかえることによって取り扱うことができる。すなわち,

$$H = \frac{1}{2m}\left[\boldsymbol{p} - \frac{q}{c}\boldsymbol{A}(\boldsymbol{r})\right]^2 + V$$

そこで,1電子と電磁場の相互作用ハミルトニアンは,

$$H' = -\frac{e}{mc}\boldsymbol{A}(\boldsymbol{r}) \cdot \boldsymbol{p} + \frac{e^2}{2mc^2}\boldsymbol{A}(\boldsymbol{r}) \cdot \boldsymbol{A}(\boldsymbol{r})$$

となる。ここで,$\nabla \cdot \boldsymbol{A} = 0$ を使った。

電磁場など場を量子化することを**第二量子化**といい,ディラック(Paul Adrian Maurice Dirac)により始められ,ハイゼンベルク(Werner Karl Heisenberg)とパウリ(Wolfgang Pauli)によって完成された。 (大槻義彦)

30. 生成・消滅演算子

多粒子系の状態ベクトルは,一粒子波動関数の積関数を適当に置換したものの1次結合で表される。しかも,それぞれの積関数の中

に一粒子関数 ψ_k がいくつ含まれているか，つまり ψ_k を占める粒子数を指定すれば十分である。そこで，それぞれの粒子数を n_k で指定する。ここに，N を総粒子数とすると，

$$\sum_{k=1}^{\infty} n_k = N$$

である。

そこで，状態ベクトルは，

$|n_1, n_2, \cdots, n_k, \cdots\rangle$

と書き表す。このような表現法を**粒子数表現**という。

そこで，ボース粒子の状態ベクトルを粒子数表現で書いたとき，この状態の粒子数を変化させる共役演算子 a_k，a_k^+ を次のように定義する。

$a_k|\cdots, n_k, \cdots\rangle = \sqrt{n_k}|\cdots, n_k-1, \cdots\rangle$
$a_k^+|\cdots, n_k, \cdots\rangle = \sqrt{n_k+1}|\cdots, n_k+1, \cdots\rangle$

ここで，n_k の部分以外は不変である。

a_k は n_k を1個減らす演算子で**消滅演算子**，a_k^+ はその逆に n_k を1個増加させる**生成演算子**である。ボース粒子に対しては n_k が任意の自然数をとれるので，定義式から，交換関係

$[a_k, a_{k'}^+]_- = a_k a_{k'}^+ - a_{k'}^+ a_k = \delta_{kk'}$
$[a_k, a_{k'}]_- = [a_k^+, a_{k'}^+]_- = 0$

が成り立っていることがわかる。また，

$a_k^+ a_k|\cdots, n_k, \cdots\rangle = n_k|\cdots, n_k, \cdots\rangle$

から，$a_k^+ a_k$ は粒子の個数演算子である。

フェルミ粒子の場合，$n_k = 1$ かまたは0しかない。定義より，

$a_k|\cdots, 0, \cdots\rangle = 0$
$a_k^+|\cdots, 1, \cdots\rangle = 0$

である。また，

$a_k^+ a_k|\cdots, 1, \cdots\rangle = |\cdots, 1, \cdots\rangle$
$a_k^+ a_k|\cdots, 0, \cdots\rangle = 0$

が成り立ち，$a_k^+ a_k$ は粒子の個数演算子である。

交換関係は反交換関係

$[a_k, a_{k'}^+]_+ = a_k a_{k'}^+ + a_{k'}^+ a_k = \delta_{kk'}$
$[a_k, a_{k'}]_+ = [a_k^+, a_{k'}^+]_+ = 0$

30. 生成・消滅演算子

となる。これより、$a_k^+ a_k(a_k^+ a_k - 1) = 0$ であることがわかり、フェルミ粒子の個数演算子の固有値は期待されるように0と1になる。

電磁場は、第二量子化され、エルミート演算子 $Q_{k,\lambda}$, $P_{k,\lambda}$ を用いて表現される。そこで、新しい演算子

$$a_{k,\lambda} = \frac{1}{\sqrt{2\omega_k \hbar}} (\omega_k Q_{k,\lambda} + iP_{k,\lambda})$$

$$a_{k,\lambda}^+ = \frac{1}{\sqrt{2\omega_k \hbar}} (\omega_k Q_{k,\lambda} - iP_{k,\lambda})$$

を定義し、$Q_{k,\lambda}$, $P_{k,\lambda}$ に関する交換関係

$$[Q_{k,\lambda}, P_{k',\lambda'}]_- = i\hbar \delta_{k,k'} \delta_{\lambda,\lambda'}$$
$$[Q_{k,\lambda}, Q_{k',\lambda'}]_- = [P_{k,\lambda}, P_{k',\lambda'}]_- = 0$$

を考えると、演算子 $a_{k,\lambda}$, $a_{k',\lambda'}^+$ に関する交換関係が得られる。

$$[a_{k,\lambda}, a_{k',\lambda'}^+]_- = \delta_{k,k'} \delta_{\lambda,\lambda'}$$
$$[a_{k,\lambda}, a_{k',\lambda'}]_- = [a_{k,\lambda}^+, a_{k',\lambda'}^+]_- = 0$$

これはボース粒子の消滅・生成演算子に関する交換関係にほかならない。

このことは、電磁場を量子化すると、電磁場は**光量子（光子）**によって粒子数表現されることを示している。すなわち、$a_{k,\lambda}$, $a_{k,\lambda}^+$ は波数 k、偏向 λ の光子の消滅・生成演算子となる。

第二量子化された電磁場のハミルトニアンは、

$$H_r = \sum_{k,\lambda} \hbar\omega_k (a_{k,\lambda}^+ a_{k,\lambda} + 1/2)$$

である。ここで、$n_{k,\lambda} = a_{k,\lambda}^+ a_{k,\lambda}$ は粒子の**個数演算子**である。とくに、$n_{k,\lambda} = 0$ であっても電磁場のエネルギーは0にならない。これを**ゼロ点振動**のエネルギーという。

1電子（その運動量演算子 $\boldsymbol{p}$）と電磁場の相互作用ハミルトニアンは、

$$H'_{e-p} = -\frac{e}{m} \frac{1}{L^{3/2}} \sum_{k,\lambda} \sqrt{\frac{\hbar}{2\omega_k}} [a_{k,\lambda} e^{i\boldsymbol{k}\cdot\boldsymbol{r}} + a_{k,\lambda}^+ e^{-i\boldsymbol{k}\cdot\boldsymbol{r}}] (\boldsymbol{\varepsilon}_{k,\lambda} \cdot \boldsymbol{p})$$

$$+ \frac{e^2}{2m} \frac{1}{L^3} \sum_{\substack{kk' \\ \lambda\lambda'}} \sqrt{\frac{\hbar^2}{4\omega_k \omega_{k'}}} (\boldsymbol{\varepsilon}_{k,\lambda} \cdot \boldsymbol{\varepsilon}_{k',\lambda'})$$

$$\times [a_{k,\lambda}e^{i\bm{k}\cdot\bm{r}}+a_{k,\lambda}^{+}e^{-i\bm{k}\cdot\bm{r}}][a_{k',\lambda'}e^{i\bm{k'}\cdot\bm{r}}+a_{k',\lambda'}^{+}e^{-i\bm{k'}\cdot\bm{r}}]$$

となる。

(大槻義彦)

第6章　相対性理論

第6章　相対性理論

1. 相対性原理

物理法則はどの座標系でも同じように成立しなければならない，という要請のことを**相対性原理**という。

自然現象を記述するには座標系が必要である。たとえば，粒子の位置・速度・運動量・運動エネルギーなどの物理量は，座標系を設定して初めてその値をいうことができる。物理法則は，ある座標系によるいくつかの物理量の値の間に成立するべき方程式として，定式化される。そのとき，もしほかの座標系を設定するなら，物理量の値は一般に異なる。しかし，あとの座標系による物理量の値の間にも前と同じ形の方程式が成立するべきである，という要請が相対性原理である。

この要請は，物理法則の再現性と普遍性からいって当然であろう。ある実験室で成立するかにみえた法則が，他の実験室では成立しないというのであれば，誰もそれを法則とは認めまい。いつでもどこでも成立するからこそ法則というのだ。物理量の値は相対的（座標系による）であろうとも，物理法則は絶対的（座標系によらない）である。その意味で，相対性原理とは物理法則の"絶対性"原理といってよい。

物理法則は座標系によらない，というときのその座標系は，通常，慣性系に限られる。慣性系とは，外力の作用していない粒子が等速直線運動してみえる座標系のことである。したがって，ある慣性系に対して一定速度で平行移動している座標系も慣性系である。慣性系は無数にある。

慣性系に対して加速度運動（回転運動を含む）をしている座標系は非慣性系である。慣性系に対する他の慣性系の速度は相対速度である（どちらの慣性系が動いているということはない）。慣性系に対する非慣性系の加速度は絶対加速度である（加速度運動しているのは非慣性系のほう）。物理法則を表す方程式の形が不変に保たれるのは，慣性系相互でのことであって，非慣性系に移ればその形は変わってもかまわない。慣性系は非慣性系に対して絶対的優位に立っているが，しかし無数にある慣性系の間に優劣はない。相対性原理は，すべての慣性系は同等である，と主張する。

慣性系を取り換えると物理量の値は変わる。どう変わるかは座標

2. 相対性理論

がどう変わるかで決まる。少なくとも粒子の座標と速度の関数として定義される物理量なら,そうである。実は,すべての物理量の変換則が座標の変換則によって規定される,と考えられている。物理法則の座標変換に対する不変性を要請している以上,相対性原理はそういう考え方を含んでいる。

相対性原理そのものは,物理法則の座標変換に対する不変性をいうだけで,どういう座標変換に対して不変か,とはいっていない。それをいわない相対性原理は具体的内容に乏しく,あまり役に立たない。そのため,座標の変換則を指定して,それまで含めて相対性原理ということもある。たとえば,ガリレイ(Galilei)変換に対する不変性の要請をガリレイの相対性原理,ローレンツ(Lorentz)変換に対する不変性の要請をアインシュタイン(Einstein)の相対性原理(あるいは特殊相対性原理)という。

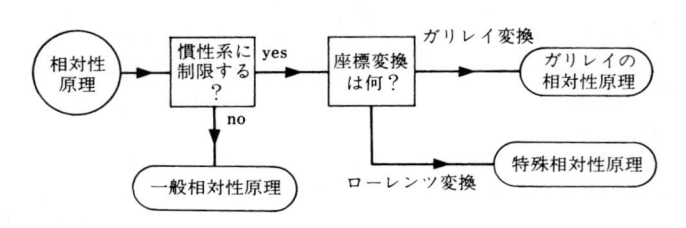

図 6-1

この2つは慣性系相互だけでの不変性を要請する点で同類といえるが,次のはまったく異質である。すなわち,慣性系の制限をはずし,すべての座標系で物理法則を表す方程式が同じ形に書けることを要請するとき,それを**一般相対性原理**という(図6-1)。

(坂間 勇)

2. 相対性理論

単に相対性原理を満たす理論という意味でなら,すべての物理理論が相対性理論である。相対性原理を最も基本的な原理として承認するならば,その原理を満たさない理論は考えられない。実際に

は，座標の変換則をもう1つの別な原理として採用するから，それに応じて種々の相対性理論（略して相対論）があり得る。ガリレイ-ニュートン（Galilei-Newton）の相対論，特殊相対論，一般相対論などがある。単に相対論といえば，特殊相対論を指すことが多い。

座標変換のしかたは幾何学に近い。われわれの住むこの世の中，時間1次元と空間3次元からなる4次元時空を，どういう数学上の空間とみなすかによって，座標の変換則が幾何学的に定まる。ガリレイ-ニュートンの相対論では，この世界を1次元の時間と3次元のユークリッド（Euclid）空間とが独立に存在するものとみる。そのときの変換則がガリレイ変換である。特殊相対論ではこの世界をミンコフスキー（Minkowski）空間とみる。そのときの変換則がローレンツ（Lorentz）変換である。一般相対論ではこの世界をリーマン（Riemann）空間とみる。座標系は一意性と連続性さえ備えていればよく，任意の座標変換が許される。

ここで，歴史的なことに少しふれよう。19世紀の物理学といえば，ニュートン力学とマックスウェル（Maxwell）電磁気学とがその双璧をなす。ニュートン力学は，ガリレイ変換に対して不変という意味で，相対論的である。マックスウェル電磁気学は，ローレンツ変換に対して不変という意味で，相対論的である。自然界は1つなのに，2つの異なる相対論があるのはおかしい。どちらか1本にしぼってもらいたい。よろしい，ニュートン側からいって非相対論的な電磁気学を修正しよう。いや，マックスウェル側からいって非相対論的な力学を修正しよう。前者は失敗し，後者は成功した。

このように，電磁気学から産まれたものではあったが，それにとどまらず，特殊相対論は全物理学の基盤を与えるものとなっている。ただ，重力のみがその枠組に納まらない。そこで，慣性系の制限をはずし，等価原理をおくことによって，一般相対論すなわち重力の理論が作られ，宇宙論の進展とともに現在はなばなしく活躍中である。

〔坂間　勇〕

3. 特殊相対論的力学

ローレンツ（Lorentz）変換に対して不変なかたちをもつ力学のこと。単に相対論的力学といえばこれを指す。粒子速度が遅い間は

3. 特殊相対論的力学

ニュートン（Newton）力学で十分であるが，光速度ぐらいに速くなるとこの力学によらなければならない。電磁場の中での荷電微粒子（電子・陽子など）の運動を扱うときこれが必要になる。

粒子に固有な量として質量mと電気量qがある。これらは座標系によらない，すなわち粒子速度によらない。粒子の運動状態を表す量として運動量と運動エネルギーがある。これらは座標系による。ある慣性系による速度，運動量，運動エネルギーを $\boldsymbol{v}, \boldsymbol{p}, K$ とする。$\boldsymbol{p}$ は $\boldsymbol{v}$ と同じ向きのベクトルで，その大きさ p は速さ v の増加関数であり，$v=0$ なら $p=0$ である。K も v の増加関数で，$v=0$ なら $K=0$ と約束する。粒子に外力が作用しないとき，$\boldsymbol{v}=$ 一定だから $\boldsymbol{p}=$ 一定，$K=$ 一定である。

粒子に外力 $\boldsymbol{F}$ が作用すると，$\boldsymbol{p}$ および K は，

$$\frac{d\boldsymbol{p}}{dt} = \boldsymbol{F} \tag{1}$$

$$\frac{dK}{dt} = \boldsymbol{F} \cdot \boldsymbol{v} \tag{2}$$

に従って変化していく。これが運動法則の微分形で，積分形でいうなら，運動量の増し高は外界から与えられた力積に等しい，運動エネルギーの増し高は外界からなされた仕事に等しい，となる。(2)式は(1)式の両辺に $\boldsymbol{v}$ をスカラー積したものである。ここで，

$$\boldsymbol{v} \cdot \frac{d\boldsymbol{p}}{dt} = \frac{dK}{dt} \tag{3}$$

となること，すなわち，$\boldsymbol{v} \cdot d\boldsymbol{p}/dt$ があるスカラー量 K の時間微分の形に書ける（$\boldsymbol{v} \cdot d\boldsymbol{p}$ が全微分である）ことが前提になっていて，その量 K を運動エネルギーとよぶのである。

運動方程式（1）は x, y, z 各成分ごとに成立する3つの独立な式である。場合によっては，そのときそのときの $\boldsymbol{v}$ の方向成分とそれに垂直で軌道の曲率中心方向の成分とに分けて書くのが便利である。前者を縦成分（$/\!/$ で示す），後者を横成分（$\perp$ で示す）とよぶことにする。その点での軌道の曲率半径を ρ として，幾何学的に，

$$\left(\frac{d\boldsymbol{p}}{dt}\right)_{/\!/} = \frac{dp}{dt}, \quad \left(\frac{d\boldsymbol{p}}{dt}\right)_{\perp} = p\frac{v}{\rho}$$

が容易に示されるので，（1）式は，

第6章　相対性理論

$$\frac{dp}{dt}=F_{/\!/}, \qquad p\frac{v}{\rho}=F_\perp \tag{4}$$

と書くことができ，また(3)式の左辺は $\boldsymbol{v}\cdot d\boldsymbol{p}/dt = vdp/dt$ ですむ。

外力 $\boldsymbol{F}$ の例（必要になる唯一の例）としてローレンツ力

$$\boldsymbol{F}=q\{\boldsymbol{E}+(\boldsymbol{v}\times\boldsymbol{B})\} \tag{5}$$

がある。ここに，$\boldsymbol{E}$ および $\boldsymbol{B}$ はそのときの粒子の位置での電場および磁束密度である。この場合，(2)式の右辺は $q\boldsymbol{E}\cdot\boldsymbol{v}$ となる。つまり $\boldsymbol{B}$ は仕事をしない。$\boldsymbol{E}$ および $\boldsymbol{B}$ は座標系による量である。

ここまでの式(1)〜(5)は，ニュートン力学で用いられているものとまったく同じである。違ってくるのはこれからだ。

運動量 $\boldsymbol{p}$ および運動エネルギー K は，速度 v の関数として，

$$\boldsymbol{p}=\frac{m\boldsymbol{v}}{\sqrt{1-(v/c)^2}} \tag{6}$$

$$K=\frac{mc^2}{\sqrt{1-(v/c)^2}}-mc^2 \tag{7}$$

と表される。ここに，c は速度の次元をもつ普遍定数である。その値は光速度（3×10^8 m/s）に等しい。m は質量である。

運動量の表式(6)を承認するならば，運動エネルギーの表式(7)は導出される。(3)式の左辺は，

$$\boldsymbol{v}\cdot\frac{d\boldsymbol{p}}{dt}=v\frac{dp}{dt}=\frac{mv}{[1-(v/c)^2]^{3/2}}\frac{dv}{dt}=\frac{d}{dt}\left\{\frac{mc^2}{\sqrt{1-(v/c)^2}}+C\right\}$$

となるから，この{ }の中が運動エネルギー K である。ただし，$v=0$ で $K=0$ の約束により，積分定数 C を $C=-mc^2$ とおく。

加速度ベクトルの縦・横成分は幾何学的に，

$$\left(\frac{d\boldsymbol{v}}{dt}\right)_{/\!/}=\frac{dv}{dt}, \qquad \left(\frac{d\boldsymbol{v}}{dt}\right)_\perp=\frac{v^2}{\rho}$$

である。(6)式を(4)式に代入すると，

$$\frac{m}{[1-(v/c)^2]^{3/2}}\frac{dv}{dt}=F_{/\!/}, \qquad \frac{m}{\sqrt{1-(v/c)^2}}\frac{v^2}{\rho}=F_\perp$$

となるから，一般に加速度ベクトルは力ベクトルとその方向すら一致しないことがわかる。運動量の定義を $\boldsymbol{p}=m\boldsymbol{v}$ から(6)式に変えた時点で，（質量）×（加速度）＝（力）といえなくなったのに，相対論の揺籃期にはそのいい方に固執して，

$$m_{/\!/} = \frac{m}{[1-(v/c)^2]^{3/2}}, \qquad m_\perp = \frac{m}{\sqrt{1-(v/c)^2}}$$

を縦質量,横質量とよんでいたが,今はすたれた.同様に,(運動量)＝(質量)×(速度) ではなくなったのに,そのいい方に固執して,

$$m(v) = \frac{m}{\sqrt{1-(v/c)^2}}$$

を質量とよび,質量は速さとともに大きくなる,などといわれたりする.これも質量という言葉の濫用であって,無意味なことである.

相対論において肝心なことは物理量の変換性にある.粒子についての量 v, p, K および電磁場 E, B がローレンツ変換によってどう変換されるか.それは別項で述べる.とにかく,それらが v', p', K', E', B' に変換されたとする.そのとき,

$$\frac{d\boldsymbol{p}'}{dt'} = q\{\boldsymbol{E}' + (\boldsymbol{v}' \times \boldsymbol{B}')\}, \qquad \frac{dK'}{dt'} = q\boldsymbol{E}' \cdot \boldsymbol{v}'$$

が成立するはずである.そのように理論を作ったのだ.ローレンツ変換に対して不変な形をもつ力学,といったのはこのことである.ここで時間 t も t' に変換されていることに注意しておく.

(坂間　勇)

4. 粒子速度の上限値

粒子に進行方向の力をいつまでも作用し続けると,粒子の運動量の大きさと運動エネルギーはいくらでも大きくなるが,速さはある値に接近していくだけでそれを超えることはない.この粒子速度の上限値は,粒子にも座標系にもよらない普遍定数で,その値は光速度 $c = 3 \times 10^8$ m/s に等しい.

粒子の速さ v は運動量の大きさ p,あるいは運動エネルギー K の関数として,

$$v/c = \frac{p/mc}{\sqrt{1+(p/mc)^2}} \tag{8}$$

$$v/c = \sqrt{1 - \frac{1}{(1+K/mc^2)^2}} \tag{9}$$

と表される.これは(6),(7)式を逆に解いただけである.c が v の,mc が p の,mc^2 が K の自然な単位になっている.

第6章 相対性理論

p-v 関係式（8）のグラフを図6-2に，K-v 関係式（9）のグラフを図6-3に示す。それぞれ，上の図では横軸（p あるいは K）の目盛を普通スケールに，下の図ではそれを対数スケールにしてある。各図の破線はニュートン（Newton）力学による関係である。

この図を見て次のことがわかる。小さいほうの $p/mc<0.1$ あるいは $K/mc^2<0.01$ において，実線（相対論的）と破線（ニュートン力学的）とは重なってしまっている。そこでは $v/c<0.1$ であり，そして $v=0.1c=3\times10^7$ m/s はとてつもない速さである。つまり，日常的物体の運動にややこしい式(8)，(9)を用いる必要はまったくない。そのことを式でみるなら，(8)，(9)式は $p\ll mc$，$K\ll mc^2$ の場合に，

$$v/c=\begin{cases} p/mc\left[1-\frac{1}{2}(p/mc)^2\right] \\ \sqrt{2K/mc^2}\left[1-\frac{3}{4}(K/mc^2)\right] \end{cases}$$

と近似でき，さらにその第1項のみをとるのがニュートン力学である。これを非相対論的近似といい，その誤差はこの式からわかる。

逆に，大きいほうの $p/mc>10$ あるいは $K/mc^2>10$ において，v はほとんど c に接近していることがわかる。式でいうと，(8)，(9)式は $p\gg mc$，$K\gg mc^2$ の場合に，

$$v/c=\begin{cases} 1-\frac{1}{2}(p/mc)^{-2} \\ 1-\frac{1}{2}(K/mc^2)^{-2} \end{cases}$$

と近似でき，さらにその第1項すなわち $v=c$ としてしまうことを超相対論的近似という。v/c の1からのわずかなずれは，この式からわかる。

今，電子に方向も大きさ E も一定な電場を作用させ続けてみよう（線形加速器ではそうなっている）。進行方向に x 軸をとり，電子は $t=0$ に $x=0$ を初速度なしに出発するものとする。時刻 t での電子の座標を x として，運動方程式(1)，(2)により $p=eEt$，$K=eEx$ を得るが，これを，

392

4. 粒子速度の上限値

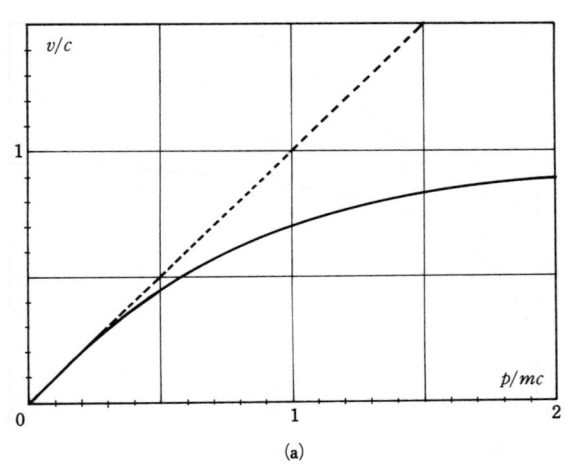

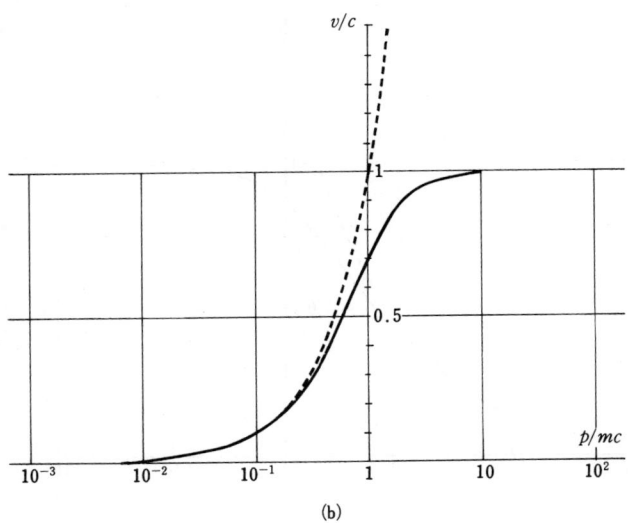

図 6-2

第 6 章 相対性理論

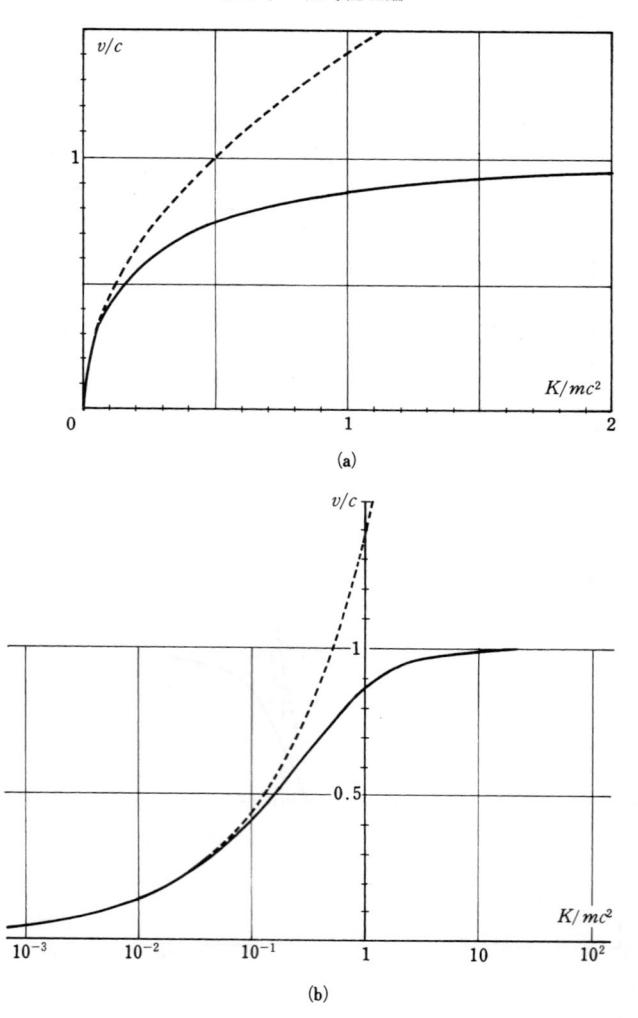

(a)

(b)

図 6-3

4. 粒子速度の上限値

$$\frac{p}{mc}=\frac{t}{mc/eE}, \quad \frac{K}{mc^2}=\frac{x}{mc^2/eE}$$

と書こう。mc/eE が加速時間 t の, mc^2/eE が加速距離 x の単位になる。図6-2がそのまま t とともに v が大きくなっていく様子を, 図6-3がそのまま x とともに v が大きくなっていく様子を表す。

数値例を作るために, $E=10^6$V/m とする(ひかえめな値である)。電子の質量は, $m=0.911\times10^{-30}$kg で $mc^2=0.511$MeV だから, $mc^2/eE=0.511$m, $mc/eE=0.511$m$/c=1.70$ns になる($n=10^{-9}$)。図6-2の横軸1目盛を 1.70ns, 図6-3の横軸1目盛を 0.511m に読めばいい。$t=1.7$ns ($x=0.21$m) で $v/c=0.707$, $x=0.51$m ($t=3.0$ns) で $v/c=0.866$ になり, $t\approx17$ns, $x\approx5.1$m をすぎればもう $v\approx c$ である。

なお, (8), (9)式より K-p 関係
$$K/mc^2=\sqrt{1+(p/mc)^2}-1 \tag{10}$$
を得るから, これもグラフにしておく(図6-4)。

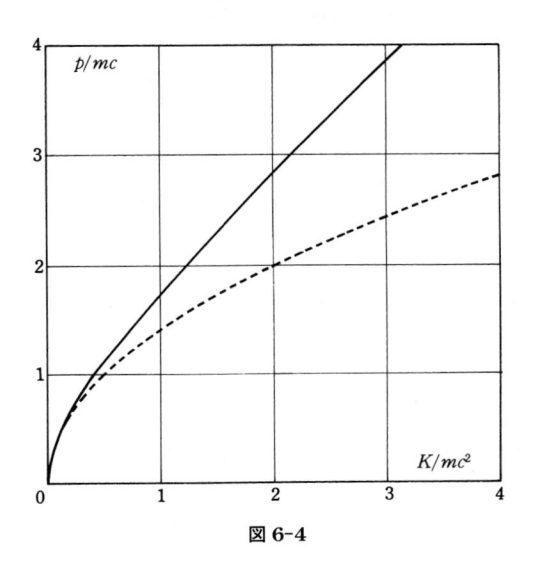

図 6-4

第6章 相対性理論

加速電場$E=$一定の場合には，横軸Kを座標xに，縦軸pを時間tに読み換えることができる．式で書くと，(8),(10)式により，

$$v(t) = c\frac{(eE/mc)t}{\sqrt{1+(eE/mc)^2 t^2}}$$

$$x(t) = \frac{mc^2}{eE}\left\{\sqrt{1+(eE/mc)^2 t^2}-1\right\}$$

となる．$x(t)$のグラフは，ニュートン力学でなら放物線であるが，これは双曲線である． (坂間 勇)

5. 相対論的力学の実験

運動量の大きさpと速さvとの関係を調べるものと，運動エネルギーKと速さvとの関係を調べるものとに分かれる．

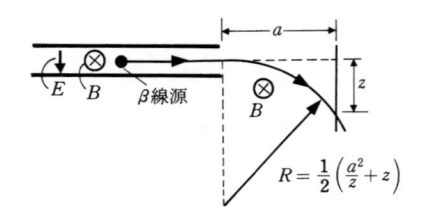

図 6-5 ブーヘラーの実験

p-v関係の検証は，はやくも1908年ブーヘラー(A. H. Bucherer)によって行われている．図6-5において，平行板コンデンサーの極板間に下向きの一様な電場Eがあり，極板間にもその外にも手前から向こうへ磁束密度Bの一様な磁場がある．極板間を右へ進む電子は，速さvが，

$0 = eE - evB$ より $v = E/B$

のもののみが直進して外へ出てくる．これでvの値が求められる．その電子が描く円弧の半径をRとすると運動方程式(4)の右式により，

$pv/R = evB$ より $p = eBR$

だから，Rを測定することによってpの値を知ることができる．得られたp-v関係は理論式(8)に一致して，相対論の初期の受容に

5. 相対論的力学の実験

一役かったのであった。この種の実験はその後も改良され繰り返されている。ただし，v の測定も p の測定も直接的ではなく，ローレンツ（Lorentz）力の式(5)を使っていることに不満が残る。

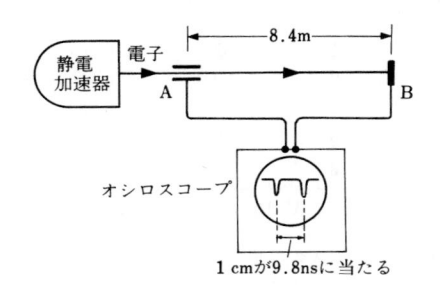

図 6-6 ベルトッジの実験

K-v 関係の検証は，1964年W.ベルトッジ（William Bertozzi）によって行われた。図6-6において，静電加速器から数億個の電子がひとかたまりになって出る。その運動エネルギーは加速電圧 V を変えることにより，またさらに線形加速器を用いることにより，$K=0.5 \sim 15 \mathrm{MeV}$ にする。電子群は金属管Aを通り抜けるときにその一部がAに吸収され，残りは8.4m走って金属板Bに吸収される。A，Bが帯電したことの信号はA，Bから等距離にあるオシロスコープに等しい所要時間で伝達され，2つの信号が届く時間差がスクリーンに現れる。こうして，AB間距離8.4mを走る電子の飛行時間（$\sim 10^{-8}$s）T が測定され，v の値を知ることができる。

測定結果は表6-1にまとめてある。理論値との一致はきわめてよい。ここで，K の値は加速静電圧 V の測定値から $K=eV$ とし，さらに線形加速する場合にはそれに $e\int E\,dx$ を加える。

ところで，速さがほとんどあがっていないのに，運動エネルギーは本当にこの計算通りにあがっているのだろうか。それを確かめる実験も行われている。金属板Bに吸収される電子数はその帯電量を測定すればわかる。同時にBの温度上昇を測定して吸収されるエネルギーを知る。こうして電子1個当たりのBにもち込むエネルギ

第 6 章 相対性理論

表 6-1 電子の速さ v の実測値(K は運動エネルギー,T は距離 8.4m の飛行時間)

K(MeV)	K/mc^2	T(ns)	v/c (測定値)	v/c (理論値)
0.5	1	32.3	0.867	0.866
1.0	2	30.8	0.910	0.943
1.5	3	29.2	0.960	0.968
4.5	9	28.4	0.987	0.995
15	30	28.0	1.0	0.999

W. Bertozzi: *Am. J. Phys.*, **32**, 551 (1964)

一,すなわち電子1個の運動エネルギーがわかる。$K=1.5$, 4.5 MeVの場合のその測定値は 1.6,4.8MeV であった。実験誤差を考えれば,この結果は満足すべきものである。

最後に,粒子速度の上限値が光速度に等しいことの検証実験をあげよう(1974年)。スタンフォード大学の線形加速器は長さ3kmの加速管を持つ。その始めの2kmを使って電子の運動エネルギーを15GeVにし($G=10^9$),そこで光を発生させ,残り1kmを電子と光に競走させる。どちらが先にかけつくか。もしニュートン力学が正しいなら,この電子の速さは光速の242倍であって勝負にならない。実験結果は,電子と光の到着時間に意味のある差は認められなかった。理論上,$v/c=1-6\times10^{-10}$ でその時間差は 2×10^{-15}s であるが,時間測定の精度が 10^{-12}s なので,その検出は不可能である。

(坂間　勇)

6. 自由粒子のエネルギー

外力を受けないで等速運動をしている粒子を自由粒子(自由な状態にある粒子)という。自由粒子のエネルギー ε は,運動エネルギー K と粒子の内部エネルギー U との和

$$\varepsilon = K + U \tag{11}$$

である。内部エネルギー U は,粒子の速度に関係せず,座標変換に対して不変である。

理解を助けるために,ニュートン力学ではどうなっていたかをみ

6. 自由粒子のエネルギー

ておく。粒子といえどもたいてい内部構造をもつ。たとえば，水素原子は陽子と電子とからなる。質量 m_1, m_2 の粒子 1, 2 からなる粒子（結合系）のエネルギー ε は，粒子 1-2 間ポテンシャルエネルギーを $V(r_{12})$ として，

$$\varepsilon = \frac{1}{2}m_1\boldsymbol{v}_1{}^2 + \frac{1}{2}m_2\boldsymbol{v}_2{}^2 + V(r_{12})$$

$$= \underbrace{\frac{1}{2}(m_1+m_2)\left(\frac{m_1\boldsymbol{v}_1+m_2\boldsymbol{v}_2}{m_1+m_2}\right)^2}_{K\,(並進運動エネルギー)} + \underbrace{\frac{1}{2}\frac{m_1 m_2}{m_1+m_2}(\boldsymbol{v}_1-\boldsymbol{v}_2)^2 + V(r_{12})}_{U\,(内部エネルギー)}$$

と書ける。この第1項は結合系が単に平行移動する運動のエネルギーである。それを除いた残りいっさいのエネルギーを，ここでは，粒子（結合系）の内部エネルギーとよぶことにする。内部エネルギー U は，相対座標と相対速度のみの関数で，ガリレイ（Galilei）変換に対して不変である。

ここで，内部エネルギー U には不定性があることに注意する。ポテンシャルエネルギーの基準に任意性があるだけではない。もしかしたら，粒子1, 2もまたなんらかの結合系かもしれないのだ。粒子の内部エネルギー U の表式は，その粒子の内部構造をどこまで細かくみるかによって異なってくる。

では相対論に戻る。粒子の（並進）運動エネルギー K の相対論的表式が（7）式である。ただし，質量 m はもはや構成粒子の質量の和に等しくない。m_1, m_2 は粒子1, 2がそれぞれ自由な状態にあるときの質量であって，結合しているときの質量というものは定義されない。結合している粒子1, 2の質量中心というものも定義されない。したがって，速度 $\boldsymbol{v}$ を質量中心の速度とはいえない。

粒子の内部エネルギー U の相対論的表式は，その粒子の質量を m として，

$$U = mc^2 \tag{12}$$

で与えられる。ニュートン力学と違ってこの表式には不定性がないことがきわだっている。内部エネルギー U はローレンツ（Lorentz）変換に対して不変である。

粒子に外力 $\boldsymbol{F}$ が作用すると，運動エネルギー K は（2）式に従って

第6章 相対性理論

変化するが，内部エネルギーUは変化しない．しかし，ある種の相互作用では，とくに他の粒子との衝突において，内部エネルギーも変化することがある．一般には，外界から粒子に流入するエネルギーをWとして，

$$\Delta K + \Delta U = W$$

である（エネルギー保存則）．内部エネルギーの増加ΔUは質量の増加$\Delta m = \Delta U/c^2$を引き起こす．たとえば，第1励起状態にある水素原子（励起エネルギー$\Delta U = 10.2\text{eV}$）の質量は，基底状態のときの質量よりその2×10^{-5}倍（$1.8 \times 10^{-35}\text{kg}$）だけ大きいはずである（小さすぎて測れない）．

自由粒子のエネルギーεの表式は，(11)式に(7)式および(12)式を代入して，

$$\varepsilon = \frac{mc^2}{\sqrt{1-(v/c)^2}} \tag{13}$$

とまとまる．これと運動量$\boldsymbol{p}$の表式(6)とから$\boldsymbol{v}$を消去して，

$$(\varepsilon/c)^2 - \boldsymbol{p}^2 = (mc)^2 \tag{14}$$

を得る．粒子を加速してε, pがいくら大きくなっても，粒子内部の状態が励起されないかぎり，$(\varepsilon/c)^2 - p^2$は一定のままである．粒子の速度$\boldsymbol{v}$は$\varepsilon, \boldsymbol{p}$を用いて，

$$\boldsymbol{v} = \frac{c^2}{\varepsilon}\boldsymbol{p} \tag{15}$$

と書くことができる（(6), (13)式よりただちに）．超相対論的近似（$\varepsilon \gg mc^2, p \gg mc$）で，(14)式は$\varepsilon = cp$に，したがって(15)式は$v = c$になる．

座標変換して$\varepsilon, \boldsymbol{p}$が変わっても$(\varepsilon/c)^2 - \boldsymbol{p}^2$は変わらない．ローレンツ変換に対するこの不変量を$(mc)^2$とおくことによって，その粒子の質量$m$が定義される．

質量0の粒子が存在する．(6), (13)式は$m=0$に対して意味を失うが，それでも(14), (15)式は意味をもつとされる．そのとき，(14), (15)式は，

$$\varepsilon = cp, \quad v = c$$

となる．いわば初めから超相対論的なのだ．質量0の粒子は静止できない．速くも遅くもなれず，一定速度cで動くよりしかたがな

い。それが光子（量子論による光）である。

なお、ここでいう内部エネルギー $U=mc^2$ は静止エネルギーとも質量エネルギーともよばれる。 (坂間　勇)

7. 運動量・エネルギー保存則

自由な状態にある粒子A, Bが接近して相互作用を開始し、やがて相互作用を終了して再び自由な状態にあるいくつかの粒子C, D, …になったとする。これを反応といい、

A+B⟶C+D+…

と書く。そのとき、

$\boldsymbol{p}_A+\boldsymbol{p}_B=\boldsymbol{p}_C+\boldsymbol{p}_D+\cdots$

$\varepsilon_A+\varepsilon_B=\varepsilon_C+\varepsilon_D+\cdots$

が成立する。ここに、$\boldsymbol{p}_A, \varepsilon_A$ は粒子Aの運動量、エネルギーで、他についても同様である。これが運動量・エネルギー保存則である。

反応前の粒子数が1個のこともあり、そのときはその粒子の崩壊という。

反応前後の粒子が同じA, Bの場合（AとBの衝突）、粒子の内部エネルギー U_A, U_B は一般に変わる。とくに U_A, U_B の両方とも変わらない場合を弾性衝突という。そのときに限って運動エネルギーのみの和 K_A+K_B が保存される。

なぜ全運動量 $\sum \boldsymbol{p}_\alpha$，全エネルギー $\sum \varepsilon_\alpha$ は保存されるのか（$\sum$ は相互作用に関与する粒子についての和）。保存される量を運動量，エネルギーとよぶからである。これは同語反復にならない。保存則は、そのような量 $\boldsymbol{p}_\alpha, \varepsilon_\alpha$ を各粒子について定義することが可能である、という仮定である。ある反応で定義された運動量とエネルギーが、他のすべての反応においても保存されなければならないのだ。

§3から§6までの話で、運動量の表式(6)と内部エネルギーの表式(12)だけが天下りであった。その理論的導出のすじみちは次のようになっている。

まず、同種粒子の弾性衝突の場合に次のことを仮定する。①ある座標系で運動量の和は保存される（運動量保存則）。②他の座標系でもそれは保存される（相対性原理）。③その座標系へはローレン

第6章　相対性理論

ツ（Lorentz）変換で移る．以上3つの仮定から，保存される量として，

$$\sum_{\alpha=1}^{2} \frac{\boldsymbol{v}_\alpha}{\sqrt{1-(v_\alpha/c)^2}}$$

が見いだされる（同種粒子だから質量は定義されない）．

次に，一般の反応の場合に上と同じ3つの仮定①，②，③をおく．そのときには運動量の表式として(6)式を用い，異種粒子を種別するものとして質量 m_α が導入される．$\sum m_\alpha \boldsymbol{v}_\alpha/\sqrt{1-(v_\alpha/c)^2}$ が保存されるなら必然的に $\sum (K_\alpha + m_\alpha c^2)$ が保存されることが証明できる（§13参照）．ただし K_α の表式は(7)式である．こうして内部エネルギーの表式 $U_\alpha = m_\alpha c^2$ を得る．

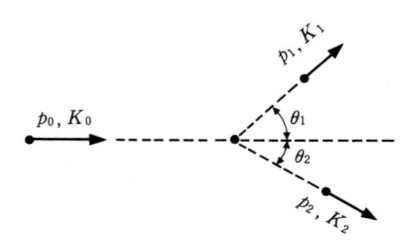

図 6-7

この保存則の検証例として，まず同種粒子の弾性衝突をみてみる．静止している電子に運動量の大きさ p_0，運動エネルギー K_0 の電子が衝突して，図6-7のようになったとすると，

$p_0 = p_1 \cos\theta_1 + p_2 \cos\theta_2$
$0 = p_1 \sin\theta_1 - p_2 \sin\theta_2$
$K_0 = K_1 + K_2$

が成立する．ここで，ニュートン力学の関係 $K_\alpha = p_\alpha^2/2m$ を用いると，$\theta_1 + \theta_2 = 90°$（一定）が容易に示される．相対論的関係式(10)を用いると，$\theta_1 + \theta_2$ は $90°$ より小さく一定でもない．そして，$\theta_1 = \theta_2$ の場合に最小になり，

$$\cos(\theta_1 + \theta_2)_{\min} = \frac{K_0}{K_0 + 4mc^2} \quad (\theta_1 = \theta_2 \text{ の場合})$$

である．$K_0/mc^2 = 1, 2$ で $(\theta_1 + \theta_2)_{\min} = 78°, 70°$ になる．霧箱写真

でこれは確かめられている。

内部エネルギーの表式(12)の検証には反応をみる。運動エネルギーの増し高Qを，その反応のQ値というが，それは(11)，(12)式により，

$$Q \equiv (K_C + K_D + \cdots) - (K_A + K_B)$$
$$= (U_A + U_B) - (U_C + U_D + \cdots)$$
$$= [(m_A + m_B) - (m_C + m_D + \cdots)]c^2$$

となる。各粒子の運動エネルギーは座標系しだいであるのに，Q値は座標系によらない。質量の和（$\times c^2$）の減少量だけ運動エネルギーが増える（発熱反応）。質量の和の増加量だけ運動エネルギーの和が減る（吸熱反応）。これらのことは，化学反応では質量差が小さすぎて測定できないが，原子核反応および素粒子反応で確かめられている。むしろ，この保存則に基づいて未知の粒子の質量が決定される。

原子核のβ崩壊(ほうかい)で出てくる電子の運動エネルギーは，連続的に分布している。もし原子核Xが原子核Yと電子のみになる（X $\longrightarrow$ Y + e）とすると，エネルギーも運動量も保存されていないようにみえる。ところが，

$$(\varepsilon_X - \varepsilon_Y - \varepsilon_e)^2 - c^2(\boldsymbol{p}_X - \boldsymbol{p}_Y - \boldsymbol{p}_e)^2$$

はどのβ崩壊についても等しい値になる。これは，電子のほかに検出されないもう1個の粒子νが生成されていることの強力な証拠である。そして，上の一定値を$(m_\nu c^2)^2$とおくことによって粒子ν（ニュートリノ）の質量m_νが求められる。その一定値はほとんど0なので，$m_\nu = 0$である。実験では上限値のみが得られている。例えば，ニュートリノの質量は電子の質量の10万分の1以下である，というふうに。

（坂間　勇）

8. 光 速 度

光は真空中をどの方向へも同じ速さで直進する。波長にも明るさにもよらない。光源の速度にも無関係である。動く光源からの光は，その方向によって波長と振動数は異なるが，速さは等しい。動く鏡に反射させると，波長と振動数は変わるが，速さは不変である。これを**光速一定の原理**という。

第6章 相対性理論

　光源の速度は座標系しだいである。その速度によらないのだから，光速は座標系によらない。相対性原理に光速一定の原理をもち込むと，すべての慣性座標系において光速 c の値は等しくなる。元来，速度とは相対的なものであった。しかし光速は絶対的である。自然界に，速度の次元をもつ普遍定数 c が存在した。

　電磁波（光）の速さが真空中で一定値

$$c = \frac{1}{\sqrt{\varepsilon_0 \mu_0}} \approx 3 \times 10^8 \quad \text{m/s}$$

をもつことは，マックスウェル（Maxwell）電磁気学の結論である（ε_0, μ_0 はそれぞれクーロン（Coulomb）の法則，ビオ-サヴァール（Biot-Savart）の法則の比例係数

$$\frac{1}{4\pi\varepsilon_0} \approx 9 \times 10^9 \text{ N·m}^2/\text{C}^2, \quad \frac{\mu_0}{4\pi} = 10^{-7} \text{ N/A}^2$$

である。前者は実験値，後者はA（アンペア）の定義）。A. アインシュタイン（Albert Einstein）は，マックスウェル理論をすなおに相対性原理に違反しないものと認め，光速が光源の速度によらないことを原理にして新しい相対論を作った（1905）。それが特殊相対論である。

　光速の等方性の検証としてマイケルソン-モーレイ（Michelson-Morley）の実験があり（1887），光速の値の不変性の検証としてケネディ-ソーンダイク（Kennedy-Thorndike）の実験がある（1932）。光速が光源の速度によらないことは，二重星の観測（一方は赤へ他方は青への波長のずれが同時に極大になる）からもわかるが，直接的な検証実験は CERN（ヨーロッパ合同原子核研究所）でなされている（1964）。高エネルギー陽子をベリリウムに当てて，6 GeV 以上の π^0 中間子を生成させる。これは速さ $0.99955c$ で走る光源となる（π^0 はすぐに2個の光子に崩壊する）。その π^0 の進行方向へ出る γ 線パルスの速さを測ったら，やはり 3×10^8 m/s であった。

　光速 c の値を決定するには，光パルスの走行時間を計ってもいいが，単色光の波長 λ と振動数 ν とを独立に測って $c = \lambda\nu$ としてもよい。量を測るとは，標準とされる同種の量との比を測るということで，波長の標準と振動数の標準とが必要になる。標準は，十分に安定で不変なもの，再現可能なものでなければならない。原子・分

子が吸収・放射する光の線スペクトルがそれにかなっている。

波長の標準として、クリプトン(^{86}Kr)のスペクトルの特定のもの(波長約 0.606 μm)が選ばれている。その光の真空中の波長を、

$$\lambda(^{86}\text{Kr}) = \frac{1}{1{,}650{,}763.73} \text{ m} \tag{16}$$

とする。これが長さの単位 m(メートル)の定義であった(1960)。

振動数の標準として、セシウム(^{133}Cs)のスペクトルの特定のもの(波長約3.26cm、基底状態の超微細準位間の遷移による)が選ばれている。その光の振動数を、

$$\nu(^{133}\text{Cs}) = 9{,}192{,}631{,}770 \text{ Hz} \tag{17}$$

とする($\text{Hz} = \text{s}^{-1}$)。これが時間の単位 s(秒)の定義である(1967)。

さて、He-Neレーザーの発振波長の一つ 3.39μm は、メタン(CH_4)の吸収線に共鳴して安定化する。その波長と振動数をそれぞれ上記の標準と比較して、

$\lambda(CH_4) = 3.39223140 \times 10^{-6}$ m　　(精度:4×10^{-9})
$\nu(CH_4) = 8.8376181627 \times 10^{13}$ Hz　　(精度:6×10^{-10})

を得た。よって光速 $c = \lambda\nu$ の値は、

$c = 2.99792458 \times 10^{8}$ m/s　　(精度:4×10^{-9})

となる(1973)。

この c の値の精度 4×10^{-9} は、実は長さの定義式(16)の精度そのものからきている(線スペクトルといえども幅をもつ)。より高い精度のスペクトル線を用いて長さを再定義しないかぎり、c の値の精度は上がらない。しかし、そんなことをする必要があるだろうか。時間の単位、長さの単位、光速 c の値の3つの量のうち、独立なのは2つである。光速一定の原理を信ずるなら、c の値を定義してしまえばよい。実際、1986年以来、

$c = 2.99792458 \times 10^{8}$ m/s　(定義)

が c の定義値として用いられている。したがって、長さの単位m(メートル)は、光が真空中を $3.335640952 \times 10^{-9}$ 秒間に走る距離である。

(坂間　勇)

9. 時間・空間

時間は時計で計る。時計には振動する何かがあり、その振動の何

第6章 相対性理論

回目ごとに秒針が1目盛ずつ進むようになっている。振動の周期が一定でないといけない。水晶の弾性振動はきわめて安定で，それを電気振動に変換すると同時に弾性振動を持続させることができる。この水晶時計の精度は 10^{-11} である。

水晶発振器による振動磁場をセシウムビームにかけて共鳴吸収させることにより，その振動数を(17)式の値 9,192,631,770Hz に制御することができる。定義通りの秒を刻むこの時計を原子時計という。精度は 10^{-13} である。昔は，地球の自転（変動率 10^{-7}）や公転（変動率 10^{-9}）に基づいて秒を定義していた。定義が変わったから，1日＝60×60×24秒のままにしておくとくるいが生じる。それでときどきうるう秒を挿入して調整する。地球の自転は遅くなる傾向があるので，年に1回程度，うるう秒を挿入していたが，1999年1月1日の後の挿入は2006年1月1日であった。今後，うるう秒の挿入でなく，引き抜きもあるかも知れない。

原子時計の特質は精度がいいことよりほかにある。水晶の形・大きさが違えばその固有振動数も異なる。この世に2つとして同じ水晶時計は存在しない。原子 ^{133}Cs はどこにでもあり，それらはまったく同じで区別できない。これは量子論への信頼である。われわれは，原理的に同じ時計を何個でも持つことができる。

長さは光の走行時間で測る。ものさしはいらない。ある物体へ向けて時刻 t に光パルスを発射し，反射して戻ってきた時刻を t' とする。光は往きも帰りも同じ速さ c で走るから，片道の所要時間は $(t'-t)/2$ であり，その物体までの距離 L は，

$$L = c(t'-t)/2 \tag{18}$$

である。そのパルスが物体で反射した時刻 T は，(片道所要時間)＝$T-t=t'-T$ より，

$$T = (t'+t)/2 \tag{19}$$

のはずである。このことは，その物体が動いていても変わらない。時刻 T における物体までの距離が L である。現に，月や金星までの距離はこうやって求めている。船舶や航空機は，地上の各地からの電波の到着時間差によって現在位置を知る（電波航法）。

時計が時間を定義する。時計と光速一定の原理が空間(長さ)を定義する。

9. 時間・空間

ここで光のドップラー(Doppler)効果の話をしよう。宇宙船AとBが，ロケットは噴射せず，一定の速さで互いに遠ざかりつつある。どちらも同じ原子時計を積んでいる。AがAの時計で1秒ごとに光信号を発すると，Bはそれをbの時計でk秒ごとに受信する。逆に，Bが1秒ごとに送信すれば，Aはそれをやはりk秒ごとに受信する。これはまさに相対性原理からの帰結である。共通のドップラー因子kは相対速度のみで定まる。

図6-8を見てほしい。これを時空図という。たまたまAが静止して見える座標系で，Bが一定の速さでAから遠ざかりつつあることが描か

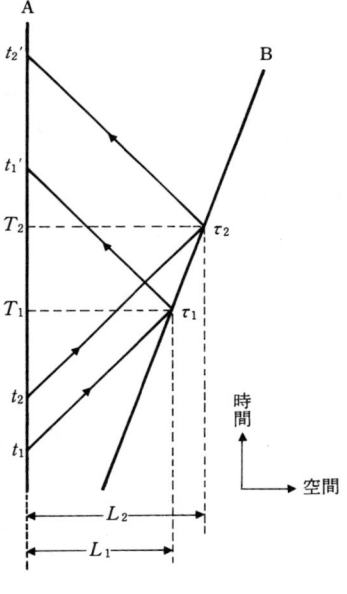

図 6-8

れている。その速さvを測定しよう。Aは時刻t_1に第1の光パルスを，時刻t_2に第2の光パルスを発射する。Bに反射して戻ってきた時刻をそれぞれt_1', t_2'とする。第1パルスがBで反射する時刻T_1でのAB間距離L_1と第2パルスについてのそれT_2, L_2は(18), (19)式で計算される。よって，

$$v = \frac{L_2 - L_1}{T_2 - T_1} = c\,\frac{(t_2' - t_2) - (t_1' - t_1)}{(t_2' + t_2) - (t_1' + t_1)} = c\,\frac{(t_2' - t_1') - (t_2 - t_1)}{(t_2' - t_1') + (t_2 - t_1)}$$

である。

次に，第1パルスがBで反射する時刻をBの時計で計ってτ_1，第2パルスについてのそれをτ_2とすると，

$$\tau_2 - \tau_1 = k(t_2 - t_1), \quad t_2' - t_1' = k(\tau_2 - \tau_1)$$

である。この両式で同じドップラー因子kを用いるところがかなめ

である。これを上式に代入して，

$$\frac{v}{c} = \frac{k^2 - 1}{k^2 + 1} \quad \text{すなわち} \quad k = \sqrt{\frac{1 + v/c}{1 - v/c}} \tag{20}$$

を得る。第1パルスのBでの反射と第2パルスのBでの反射，この2つの事象の時間間隔は，Aの時計によれば $T_2 - T_1$，Bの時計によれば $\tau_2 - \tau_1$ である。この両者は，

$$T_2 - T_1 = \frac{t_2' + t_2}{2} - \frac{t_1' + t_1}{2} = \frac{t_2' - t_1'}{2} + \frac{t_2 - t_1}{2} = \frac{1}{2}\left(k + \frac{1}{k}\right)(\tau_2 - \tau_1)$$

となって異なる。あるいは(20)式を代入して，

$$T_2 - T_1 = \frac{1}{\sqrt{1 - (v/c)^2}}(\tau_2 - \tau_1) \tag{21}$$

となる。$T_2 - T_1$ は $\tau_2 - \tau_1$ より大きい。

この2つの事象は，Aにとっては別のところ，Bにとっては同じところで起こっている。その場合にBの時計で計った時間間隔 $\tau_2 - \tau_1$ を，この2つの事象の**固有時間**という。Bに対して動いている観測者Aによる時間間隔 $T_2 - T_1$ は，固有時間よりつねに長い（図6-8は，Aが静止して見える座標系の場合であり，この場合，Bが静止してみえる座標系に書き換えるとよい）。どれほど長いかは，相対速度の大きさ v のみの関数である（遠ざかるか近づくかによらない）。

時計は進んだり遅れたりしない，信頼のおける原子時計を使っている。2つの事象の時間間隔が観測者によって異なるのは，それが座標系による相対量であることを意味する。ある座標系での時間とは，その座標系に固定された原子時計が定義する時間である。

（坂間　勇）

10. ローレンツ変換

ある事象が座標系Aでみて時刻 t に座標 x で起きたとき，(t, x) を座標系Aによるその事象の座標という。別の座標系Bによるその事象の座標を (t', x') としよう。同一事象の2つの座標系による座標 (t, x) と (t', x') との関係を与えるものが**ローレンツ**(Lorentz)**変換**である。もちろん，その前に座標系AとBとの関係を明確にしておかなければならない。

10. ローレンツ変換

2つの座標系として,相対運動する2つの宇宙船それぞれに固定したものを考えよう。宇宙船AとBがすれちがったときをそれぞれの時計の時間原点にし,それぞれ自分のところを座標原点にしてAから見てBの進む方向へx軸をとる。つまり,AとBがすれちがったという事象の座標は,どちらの座標系でも(0,0)である。Aから見てBは$+x$方向へ速さVで進み,Bから見てAは$-x$方向へ速さVで進む。§9の方法でVを測定しておく。

Aが時刻t_1に光パルスを発射し,それをBが時刻t_1'に中継して,x軸上を動いている物体Cに反射して戻って

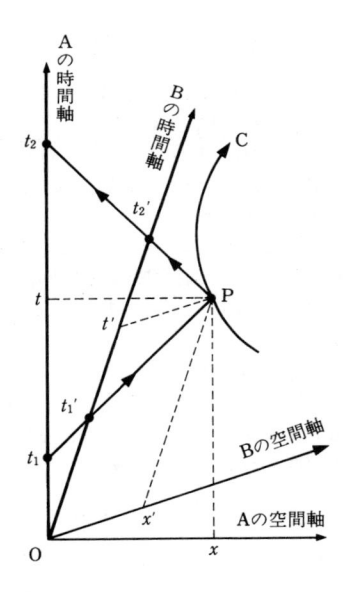

図6-9

きたパルスを,Bが時刻t_2'に中継して,それをAが時刻t_2に受信した(図6-9)。物体Cによる光パルスの反射という事象Pを,Aは$t=(t_1+t_2)/2$に$x=c(t_2-t_1)/2$で起こったといい,Bは$t'=(t_1'+t_2')/2$に$x'=c(t_2'-t_1')/2$で起こったという。

さて,AB間のドップラー(Doppler)因子k
$$k=\sqrt{(1+V/c)/(1-V/c)} \tag{22}$$
を用いて,
$$t_1'=kt_1, \quad t_2=kt_2'$$
の関係があることに注意しよう(§9参照)。これに$t_1=t-x/c$, $t_2=t+x/c$および$t_1'=t'-x'/c$, $t_2'=t'+x'/c$を代入して,それをt', x'について解くと,
$$t'=\frac{1}{2}\left(k+\frac{1}{k}\right)t-\frac{1}{2}\left(k-\frac{1}{k}\right)\frac{x}{c}$$

第6章 相対性理論

$$x' = \frac{1}{2}\left(k+\frac{1}{k}\right)x - \frac{1}{2}\left(k-\frac{1}{k}\right)ct$$

となり,これに(22)式を代入する。こうしてローレンツ変換

$$t' = \frac{t-(V/c^2)x}{\sqrt{1-(V/c)^2}}, \qquad x' = \frac{x-Vt}{\sqrt{1-(V/c)^2}} \tag{23}$$

を得る。これは非相対論的近似 ($V \ll c$) でガリレイ (Galilei) 変換 $t'=t$, $x'=x-Vt$ になっている。

Aがこの光パルスを発射してすぐ後に次の光パルスを発射し,それが物体Cに反射する事象の座標をA系で $(t+dt, x+dx)$, B系で $(t'+dt', x'+dx')$ とすると,これらの間にも(23)式が成立するから,

$$dt' = \frac{dt-(V/c^2)dx}{\sqrt{1-(V/c)^2}}, \qquad dx' = \frac{dx-Vdt}{\sqrt{1-(V/c)^2}}$$

も成立する。これより,AがCの速度 $v=dx/dt$ とBが測るCの速度 $v'=dx'/dt'$ との関係

$$v' = \frac{v-V}{1-Vv/c^2} \quad \text{あるいは} \quad v = \frac{v'+V}{1+Vv'/c^2} \tag{24}$$

を得る。かりに $V=0.75c$ で $v'=0.75c$ なら $v=0.96c$。たとえ $v'=c$ であっても $v=c$ である。粒子速度は c を超えない,光速はどの座標系でも c,たしかにそうなっている。

宇宙船Bが細長くて,Bをその後端,Cをその先端としよう ($v'=0$, $v=V$)。その場合,(23)式の x' はBの乗組員が測る宇宙船Bの長さ l_0 である。一方,x はAの時計で時刻 t におけるAC間距離であり,そのときのAB間距離は vt であるから,$x-vt$ はAが測る宇宙船Bの長さ l である。$l=x-vt$ は $l_0=x'$ より短く,(23)式の第2式により,

$$l = l_0\sqrt{1-(v/c)^2}$$

である。これを**ローレンツ収縮**という。

今度は事象PがB内で起こったとしよう。その場合,(23)式の x' は0であり,t' はABがすれちがってから事象Pが起きるまでの時間をBの時計で計ったもの,すなわちBの固有時間 τ である。Aが計るその時間 t は τ より長く,(23)式の第1式に $x=vt$ を代入して,

10. ローレンツ変換

$$t = \tau/\sqrt{1-(v/c)^2} \tag{25}$$

である。これを時計の遅れという。

Bが放射性同位体 ^{45}Ca を積み込んでいたとする。^{45}Ca は半減期165日で β 崩壊して ^{45}Sc になる。つまり，Bの時計で165日後にその放射能（単位時間当たり放射される電子数）は半減する。かりに $V=0.866c$ としよう。Aの時計で165日後，B内にある ^{45}Ca の放射能はまだ70.7%にしか減っていない。それが半減するのはAの時計で330日後である。

ミューオンは半減期 $\tau_{1/2}=1.52\mu$s で電子と2個のニュートリノに崩壊する。等しい速さ v のミューオンをたくさん製造して，一様な磁場の中で円運動させておく（蓄積リングという）。崩壊後の電子は，ニュートリノの分だけ運動量が減って曲率半径が小さくなり，リングの内側へ出てくる。単位時間当たり内側へ出てくる電子数は残っているミューオン数に比例する。こうしてリング内のミューオンが減っていく様子がわかる。

図 6-10にそれを示す。$v/c=0.9, 0.99, 0.999$ に応じて半減期は $t_{1/2}=3.5, 10.8, 34.0\mu$s と延びている。この実験は CERN（ヨーロッパ合同原子核研究所）で何回も行われて確かめられている。

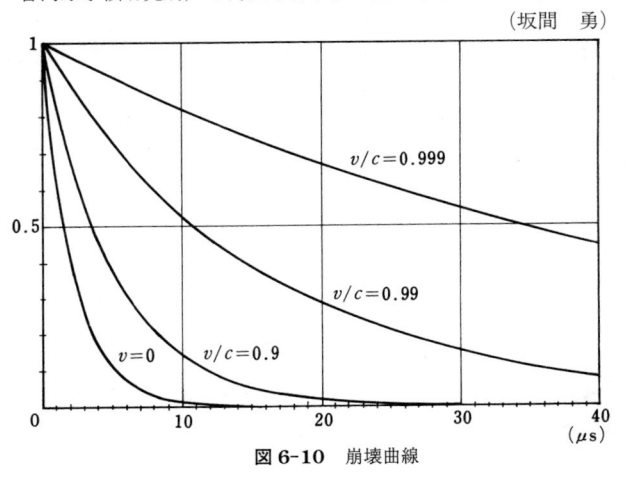

(坂間 勇)

図 6-10 崩壊曲線

第6章　相対性理論

11.　ミンコフスキー空間

　事象がいつ，どこで起きたかを表す4次元時空の点の座標を (ct, x, y, z) と書く．ここで，時間座標はその座標系に静止している時計の読みであることが本質的で，光速 c を乗じて空間座標の次元に揃えておく．物理的に意味のあるのは座標そのものではなく，2つの事象が時間的にまた空間的にどれだけ隔たっているかということである．第1事象の座標と第2事象の座標との差を $\Delta t = t_2 - t_1$, $\Delta x = x_2 - x_1$, $\Delta y = y_2 - y_1$, $\Delta z = z_2 - z_1$ と書く．そのとき，

$$(\Delta s)^2 \equiv (c\Delta t)^2 - (\Delta x)^2 - (\Delta y)^2 - (\Delta z)^2 \tag{26}$$

をその2つの事象の間隔（の2乗）という．

　事象間隔は，4次元時空の2点間距離，あるいは相対位置ベクトル $(c\Delta t, \Delta x, \Delta y, \Delta z)$ の長さといってもよい．相対位置ベクトルの各成分の値は座標系しだいであるが，その長さはその2つの事象に固有な値をもつ．これを事象間隔不変の原理という．そして，座標変換に対して不変な2点間距離が(26)式で定義される4次元ベクトル空間を**ミンコフスキー**（Minkowski）**空間**という．ミンコフスキー空間の2点間距離を不変に保つ座標変換が§10のローレンツ（Lorentz）変換である．

　もし，2点間距離を(26)式でなく $(\Delta s)^2 \equiv (c\Delta t)^2 + (\Delta x)^2 + (\Delta y)^2 + (\Delta z)^2$ で定義するなら，それは4次元ユークリッド（Euclid）空間である．ミンコフスキー空間はそれとはまったく異なる．座標変換で時間成分と空間成分とが入り交じるにしても，時間と空間の異質性は歴然として存在する．

　事象間隔の2乗が正，0，負に応じて，その2つの事象は時間的に，光的に，空間的に隔たっているという．点1に対して光的に隔たった点 (ct, x, y, z) の集合

$$c^2(t-t_1)^2 - (x-x_1)^2 - (y-y_1)^2 - (z-z_1)^2 = 0$$

を，点1を中心とする光円錐という．これによって時空は，点1に対して空間的に隔たった領域と時間的に隔たった領域とに分けられ，後者はさらに過去と未来とに分けられる（図6-11）．

　事象間隔不変の原理によって，これらの区別は絶対的である．事象2が空間的領域にあるなら，事象1と2のどちらが先に起こったかは座標系しだいであり，同時に起こって見える座標系も存在す

11. ミンコフスキー空間

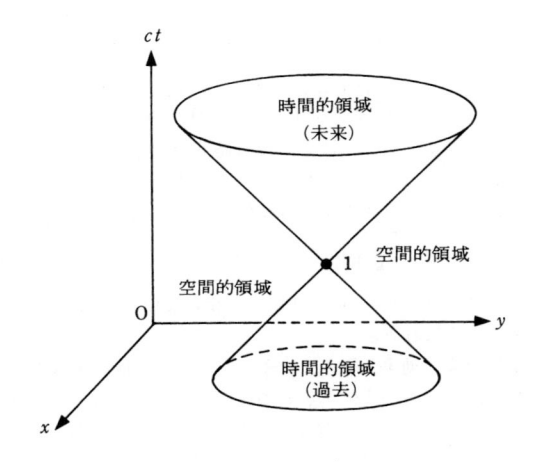

図 6-11

る。この2つの事象に因果関係はあり得ない。事象2が時間的領域のたとえば未来にあるなら、時間間隔 t_2-t_1 の値は座標系しだいであるが、どの座標系においても $t_2>t_1$ であることに違いはない。

さて、ある粒子が座標系Aで見て微小時間 dt に微小変位 (dx, dy, dz) したとする。$(dx/dt, dy/dt, dz/dt)$ がA系で観測されるその粒子の速度である。粒子の速さ v は光速 c を超えないから、4次元変位ベクトル (cdt, dx, dy, dz) は時間的なベクトルであり(長さの2乗が正ということ)、その長さ ds は、

$$\begin{aligned}ds &= \sqrt{(cdt)^2-(dx)^2-(dy)^2-(dz)^2} \\ &= cdt\sqrt{1-\frac{1}{c^2}\left\{\left(\frac{dx}{dt}\right)^2+\left(\frac{dy}{dt}\right)^2+\left(\frac{dz}{dt}\right)^2\right\}} \\ &= cdt\sqrt{1-\left(\frac{v}{c}\right)^2}\end{aligned}$$

と書くことができる。この微小変位を座標系Bで見れば (cdt', dx', dy', dz') のように各成分は異なって見えるだろう。しかし ds は不変量だから、

$$dt'\sqrt{1-\left(\frac{v'}{c}\right)^2}=dt\sqrt{1-\left(\frac{v}{c}\right)^2}$$

が成立する。ここに v' はB系による粒子の速さである。

とくにB系として粒子とともに動く座標系をとると $v'=0$ であり，その場合の dt' がその粒子の固有時間 $d\tau$ である。つまり，粒子が静止して見える座標系で時間 $d\tau$ が経過するとき，その粒子が速さ v で動いて見える座標系では時間 dt が経過して，

$$\frac{ds}{c}=d\tau=dt\sqrt{1-\left(\frac{v}{c}\right)^2} \tag{27}$$

が成立する。これは§10の(25)式にほかならない。ds は粒子の世界線の線素ともよばれる。

粒子が加速度運動する場合，粒子とともに動く座標系は慣性系ではない。しかし，微小変位する間の速度を一定とみなすことはかまわないから，次々に粒子が静止して見える慣性系 $B_1, B_2, \cdots$ を考えることができる。そして $B_1, B_2, \cdots$ による固有時間 $d\tau_1, d\tau_2, \cdots$ の和として，有限な固有時間 τ あるいは世界線の有限な長さ s が定義される。慣性系Aによる粒子の速さ $v(t)$ が与えられたとき，A系の時刻 $t=0$ から t までの間の粒子の世界線の長さ s あるいは固有時間 τ は，

$$\frac{s}{c}=\tau=\int_0^t \sqrt{1-\left(\frac{v(t)}{c}\right)^2}dt \tag{28}$$

で計算される。τ は t より小さい。ここで，$v(t)=V$（一定）の場合が§10の(25)式である。

ローレンツ変換は2つの慣性系の間に適用されるにもかかわらず，加速度運動する粒子とともに動く座標系による時間，すなわち固有時間と，ある1つの慣性系による時間との関係を(28)式が与えている。§10で述べた蓄積リング内のミューオンは等速円運動，すなわち中心へ向かう加速度をもっている。それでも，その寿命の測定結果は理論式の通りに延びていた。これは(28)式の有効性を検証している。

(坂間　勇)

12. 宇宙旅行

ミンコフスキー（Minkowski）空間を体験するには宇宙旅行が

12. 宇宙旅行

いい。地球A（慣性系とみなす）から宇宙船Bが飛び立った。ロケットの噴射量を適当に調節して，Bの乗組員はつねに一定の加速度 g を感じているものとする。すなわち，各瞬間にBが静止して見える慣性系で，$dt'=d\tau$ 時間にBの速度は 0 から dv' に加速されるとして $dv'/d\tau = g$（一定）とする。これをAから見れば，Bの速度は時間 dt に v から $v+dv$ になる。速度の加法公式§10の(24)式により，

$$v+dv = \frac{v+dv'}{1+vdv'/c^2} \approx v + \left[1-\left(\frac{v}{c}\right)^2\right]dv'$$

すなわち，$dv = [1-(v/c)^2]dv'$ であり，一方，$dt = d\tau/\sqrt{1-(v/c)^2}$ であるから，

$$\frac{dv}{dt} = \left[1-\left(\frac{v}{c}\right)^2\right]^{3/2}\frac{dv'}{d\tau}$$

となる。$dv'/d\tau=g$（一定）ならこれは簡単に積分できて，BがAを出発してから時間 t の後のAから見たBの速度 v およびAからBまでの距離 x が，

$$\frac{v}{c} = \frac{gt/c}{\sqrt{1+(gt/c)^2}}$$

$$\frac{g}{c^2}x = \sqrt{1+\left(\frac{g}{c}t\right)^2}-1$$

と求められる。この v を§11の(28)式に代入して，

$$\frac{g}{c}\tau = \log\left[\sqrt{1+\left(\frac{g}{c}t\right)^2}+\frac{g}{c}t\right]$$

を得る。また t, v, x を τ で表すと，

$$t = \frac{c}{g}\sinh\left(\frac{g}{c}\tau\right)$$

$$v = c\tanh\left(\frac{g}{c}\tau\right)$$

$$x = \frac{c^2}{g}\left[\cosh\left(\frac{g}{c}\tau\right)-1\right]$$

となる。$c/g, c, c^2/g$ がそれぞれ時間，速度，距離の自然な単位になっている。

かりに $g=9.5\mathrm{m/s^2}$（地表の重力加速度と同程度）とすると，B

の乗組員は地上にいるのと同じ快適な生活ができ,時間の単位および距離の単位がちょうど $c/g=1$ 年,$c^2/g=1$ 光年になる。地球を出てからBの乗組員にとって3年後,地上では10年が経過し,Bは地球から9光年のかなたを光速の99.5%の速さで飛んでいる(表6-2)。

表 6-2 等加速度ロケット ($g=9.5\mathrm{m/s^2}$)

τ(年)	t(年)	v/c	x(光年)
0.0	0.000	0.000	0.000
0.5	0.521	0.462	0.128
1.0	1.175	0.762	0.543
1.5	2.129	0.905	1.352
2.0	3.627	0.964	2.762
2.5	6.050	0.987	5.132
3.0	10.018	0.995	9.068

　旅行という以上,再び地球に帰ってこなくては話にならない。燃料も限りあることだから,次のようにする。初めの1年間(Bの時計で,以下同様)$g=9.5\mathrm{m/s^2}$ の加速,次の4年間エンジン停止,次の1年間ロケットを逆噴射して大きさ $g=9.5\mathrm{m/s^2}$ の減速をすると,5.8光年のところでいったん静止する。帰りも同様に1年の加速,4年の等速,1年の減速によって地球に軟着陸する。12年間の宇宙旅行を終えたBの乗組員は17年後の地上に降り立つ(図6-12)。

　旅行中,地球Aからは宇宙船Bに向けて地上の様子をテレビ放送してやる。B内にもテレビカメラを据え付けて,乗組員の生活を地上へ知らせてやろう。図の斜線は,それぞれからの電波が相手にいつごろ届くかを示すものである。

　地上の $t=0$ から $t=2.74$ 年までがBの受像機に $\tau=0$ から $\tau=6$ 年に引き延ばされて映し出され,$t=2.74$ 年から $t=17.05$ 年までが $\tau=6$ 年から $\tau=12$ 年に圧縮されて映し出される。Bの乗組員の生活の $\tau=0$ から $\tau=6$ 年が,地上の受像機に $t=0$ から $t=14.31$ 年に引き延ばされて映し出され,$\tau=6$ 年から $\tau=12$ 年までが,$t=14.31$ 年から $t=17.05$ 年に圧縮されて映し出される。なお,$\tau=1$

12. 宇宙旅行

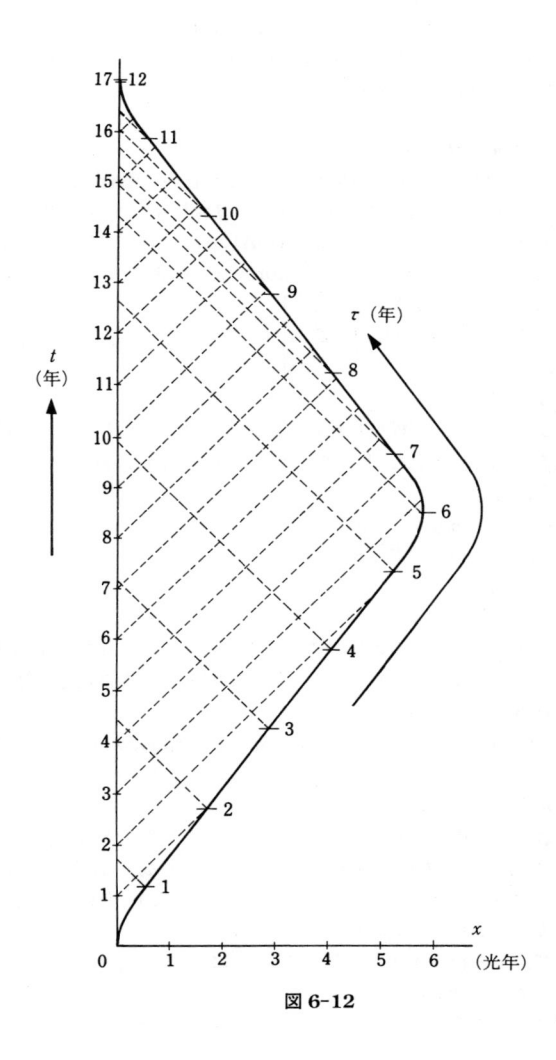

図 6-12

第6章 相対性理論

年から $\tau=5$ 年までと $\tau=7$ 年から $\tau=11$ 年までは $v/c=0.7616$ の等速運動で,前者のドップラー(Doppler)因子は $k=2.718$,後者のそれは $k=0.368$ である。 (坂間 勇)

13. 4元ベクトル

2つの座標系AとBの空間軸がそれぞれ互いに平行で,Aから見てBが $+x$ 方向へ速さ V で進むとし,$\beta=V/c$ とおく。2つの事象の座標の差をA系で $(c\Delta t, \Delta x, \Delta y, \Delta z)$,B系で $(c\Delta t', \Delta x', \Delta y', \Delta z')$ として,ローレンツ(Lorentz)変換は,

$$\left.\begin{array}{l} c\Delta t'=(c\Delta t-\beta\Delta x)/\sqrt{1-\beta^2} \\ \Delta x'=(\Delta x-\beta c\Delta t)/\sqrt{1-\beta^2} \\ \Delta y'=\Delta y \\ \Delta z'=\Delta z \end{array}\right\} \quad (29)$$

と書かれる。今,座標系しだいで定まる4つの量があって,A系での値を (a_t, a_x, a_y, a_z),B系での値を (a_t', a_x', a_y', a_z') とする。そのとき,もし,

$$a_t'=(a_t-\beta a_x)/\sqrt{1-\beta^2}$$
$$a_x'=(a_x-\beta a_t)/\sqrt{1-\beta^2}$$
$$a_y'=a_y$$
$$a_z'=a_z$$

が成立するならば,その4つの量を1組にして,それを4元ベクトルとよぶ。すなわち,ローレンツ変換に対して座標の差と同様に変換される量が4元ベクトルである。

2つの4元ベクトル (a_t, a_x, a_y, a_z) と (b_t, b_x, b_y, b_z) との内積 $a \cdot b$ を,

$$a \cdot b \equiv a_t b_t - a_x b_x - a_y b_y - a_z b_z$$

で定義する。内積はローレンツ変換に対して不変である。同一ベクトルの内積(ベクトルの2乗)$a^2=a_t{}^2-a_x{}^2-a_y{}^2-a_z{}^2$ の平方根をそのベクトルの長さともいう。長さの2乗が正,0,負に応じて,時間的な,光的な,空間的なベクトルという。

さて,ある粒子がA系で見て時間 dt に変位 (dx, dy, dz) したとき,(cdt, dx, dy, dz) が4元ベクトルとして(29)式によってB系に変換される。今は $(v_x, v_y, v_z)=(dx/dt, dy/dt, dz/dt)$ がA系で観

13. 4元ベクトル

測される粒子の速度という意味をもつから，たとえば(29)式の第1式より，

$$dt' = dt \frac{1-\beta v_x/c}{\sqrt{1-\beta^2}} \tag{30}$$

とも書ける。(30)式で，(29)式の第2式以下の微分商をとると，B系での速度への変換式は，

$$v_x' = \frac{v_x - \beta c}{1-\beta v_x/c}, \quad v_y' = \frac{v_y\sqrt{1-\beta^2}}{1-\beta v_x/c}, \quad v_z' = \frac{v_z\sqrt{1-\beta^2}}{1-\beta v_x/c} \tag{31}$$

となる。速度が4元ベクトルの空間成分でないのは，それが4元変位ベクトルの空間成分を不変量でないdtで割ったものであることから明らかである。

4元変位ベクトル (cdt, dx, dy, dz) は時間的なベクトルであり，その長さは粒子の固有時間 $d\tau$（のc倍）である。4元変位ベクトルを固有時間 $d\tau$ で割った $(cdt/d\tau, dx/d\tau, dy/d\tau, dz/d\tau)$ は，$d\tau$ が不変量であるから4元ベクトルであり，それを4元速度という。座標系によらない粒子に固有の量として質量mがあり，4元速度に質量mを乗じた4元ベクトル $(mcdt/d\tau, mdx/d\tau, mdy/d\tau, mdz/d\tau)$ を4元運動量という。$d\tau = dt\sqrt{1-(v/c)^2}$ に注意すると，その各成分は，

$$\left(\frac{mc}{\sqrt{1-(v/c)^2}}, \frac{mv_x}{\sqrt{1-(v/c)^2}}, \frac{mv_y}{\sqrt{1-(v/c)^2}}, \frac{mv_z}{\sqrt{1-(v/c)^2}}\right)$$

と書くことができる。4元運動量の長さは質量m（のc倍）である。

衝突あるいは反応にさいして，その和が保存される運動量 $\boldsymbol{p}$ およびエネルギー ε は，

$$\boldsymbol{p} = \frac{m\boldsymbol{v}}{\sqrt{1-(v/c)^2}}, \quad \varepsilon = \frac{mc^2}{\sqrt{1-(v/c)^2}}$$

であった（§7参照）。$\boldsymbol{p}$ は4元運動量の空間成分であり，ε は4元運動量の時間成分（のc倍）であったのだ。運動量・エネルギーの変換式は，

第6章 相対性理論

$$\begin{aligned}
\frac{\varepsilon'}{c} &= \left(\frac{\varepsilon}{c} - \beta p_x\right) \Big/ \sqrt{1-\beta^2} \\
p_x' &= \left(p_x - \beta \frac{\varepsilon}{c}\right) \Big/ \sqrt{1-\beta^2} \\
p_y' &= p_y \\
p_z' &= p_z
\end{aligned} \qquad (32)$$

である。

さて,衝突あるいは反応において,もし4元運動量の空間成分の和が保存されるならば,その時間成分の和も保存されなければならないことを示そう。たとえば,反応 A+B ⟶ C+D において,ある座標系で粒子 i の運動量の x 成分,エネルギーを p_i, ε_i, 別の座標系で p_i', ε_i' とする ($i=$ A, B, C, D)。(p_i, ε_i) と (p_i', ε_i') は各粒子 i について同じ変換式(32)で結ばれるから,第2の座標系での反応前後の運動量の和は,

$$p_A' + p_B' = \frac{(p_A + p_B) - \beta(\varepsilon_A + \varepsilon_B)/c}{\sqrt{1-\beta^2}}$$

$$p_C' + p_D' = \frac{(p_C + p_D) - \beta(\varepsilon_C + \varepsilon_D)/c}{\sqrt{1-\beta^2}}$$

となる。ここで,運動量保存則 $p_A + p_B = p_C + p_D$ が成立するなら,相対性原理により $p_A' + p_B' = p_C' + p_D'$ も成立する。したがって,

$$\varepsilon_A + \varepsilon_B = \varepsilon_C + \varepsilon_D$$

でなければならない。もちろん,そのとき,

$$\varepsilon_A' + \varepsilon_B' = \frac{(\varepsilon_A + \varepsilon_B) - c\beta(p_A + p_B)}{\sqrt{1-\beta^2}}$$

$$\varepsilon_C' + \varepsilon_D' = \frac{(\varepsilon_C + \varepsilon_D) - c\beta(p_C + p_D)}{\sqrt{1-\beta^2}}$$

であるから $\varepsilon_A' + \varepsilon_B' = \varepsilon_C' + \varepsilon_D'$ が成立する。これでわかるように,4元ベクトルの空間成分が保存量なら,必然的に時間成分も保存量である。

運動量の表式が $\boldsymbol{p} = m\boldsymbol{v}/\sqrt{1-(v/c)^2}$ であるなら,運動エネルギー K の表式は

$$K = \frac{mc^2}{\sqrt{1-(v/c)^2}} - mc^2$$

13. 4元ベクトル

であった（§3参照）。このKに粒子の内部エネルギーUを加えたものがεである。こうして粒子の内部エネルギーの表式$U=mc^2$が得られる。

運動方程式をA系で$d\boldsymbol{p}/dt=\boldsymbol{F}$と書いて，A系での力$\boldsymbol{F}$が導入される。この式の左辺は4元ベクトルの空間成分をA系の時間dtで割ったものだから，力$\boldsymbol{F}$は4元ベクトルの空間成分ではあり得ない。B系でも運動方程式は$d\boldsymbol{p}'/dt'=\boldsymbol{F}'$の形に書くことができる。運動量の変化率の変換は(30)式と(32)式を用いて，

$$\frac{dp_x'}{dt'}=\frac{\dfrac{dp_x}{dt}-\dfrac{\beta}{c}\dfrac{d\varepsilon}{dt}}{1-\dfrac{\beta v_x}{c}}, \qquad \frac{dp_y'}{dt'}=\frac{\dfrac{dp_y}{dt}\sqrt{1-\beta^2}}{1-\dfrac{\beta v_x}{c}},$$

$$\frac{dp_z'}{dt'}=\frac{\dfrac{dp_z}{dt}\sqrt{1-\beta^2}}{1-\dfrac{\beta v_x}{c}}$$

となるから，力$\boldsymbol{F}$もこれと同じ形に，

$$F_x'=\frac{F_x-\beta\boldsymbol{F}\cdot\boldsymbol{v}/c}{1-\beta v_x/c}, \quad F_y'=\frac{F_y\sqrt{1-\beta^2}}{1-\beta v_x/c}, \quad F_z'=\frac{F_z\sqrt{1-\beta^2}}{1-\beta v_x/c} \tag{33}$$

と変換されるものでなければならない。なお，

$$\frac{d\varepsilon}{dt}=\frac{dK}{dt}=\boldsymbol{F}\cdot\boldsymbol{v} \quad \text{で} \quad \boldsymbol{F}'\cdot\boldsymbol{v}'=\frac{\boldsymbol{F}\cdot\boldsymbol{v}-\beta cF_x}{1-\beta v_x/c}$$

である。

さて，ローレンツ力$\boldsymbol{F}=q[\boldsymbol{E}+(\boldsymbol{v}\times\boldsymbol{B})]$はこの条件式(33)を満たしているであろうか。電場$\boldsymbol{E}$も磁束密度$\boldsymbol{B}$も実は4元ベクトルの空間成分ではない。$\boldsymbol{E}$と$\boldsymbol{B}$はスカラーポテンシャルϕとベクトルポテンシャル$\boldsymbol{A}$とから，

$$\boldsymbol{E}=-\nabla\phi-\frac{\partial\boldsymbol{A}}{\partial t}, \qquad \boldsymbol{B}=\nabla\times\boldsymbol{A}$$

で導かれる。そして$(\phi/c, A_x, A_y, A_z)$が4元ベクトルになっている（$\boldsymbol{E}$と$\boldsymbol{B}$とが1組になって4元反対称テンソルというものになる）。$(\phi/c, A_x, A_y, A_z)$が4元ベクトルとして変換するので，A系での$\boldsymbol{E}$, $\boldsymbol{B}$がB系で$\boldsymbol{E}'$, $\boldsymbol{B}'$になるとして，変換後の電磁場は，

第6章 相対性理論

$$E_x' = E_x, \quad E_y' = (E_y - \beta c B_z)/\sqrt{1-\beta^2}, \quad E_z' = (E_z + \beta c B_y)/\sqrt{1-\beta^2}$$

$$B_x' = B_x, \quad B_y' = \left(B_y + \frac{\beta}{c}E_z\right)\Big/\sqrt{1-\beta^2}, \quad B_z' = \left(B_z - \frac{\beta}{c}E_y\right)\Big/\sqrt{1-\beta^2}$$

(34)

となる.これと速度の変換式(31)を用いて計算すると,ローレンツ力は(33)式を満たしていることが確かめられる.

電磁場の変換式(34)によれば,ある座標系で電場のみであっても他の座標系から見れば磁場も存在することになり,またある座標系で磁場しか見えなくても他の座標系では電場もあることになる.

例として,電気量 q の粒子がB系に静止している場合を考えよう.B系ではクーロン(Coulomb)の法則により,粒子から引いた位置ベクトル $\boldsymbol{r}'$ のところに,

$$\boldsymbol{E}' = \frac{q}{4\pi\varepsilon_0}\frac{\boldsymbol{r}'}{r'^3}$$

の電場があるだけである.これをA系から見ると,粒子は $+x$ 方向の速度 $\boldsymbol{v}$(速さ $v = V$, $\beta = v/c$)で動いていて,粒子から引いた位置ベクトル $\boldsymbol{r}$ のところの $\boldsymbol{E}, \boldsymbol{B}$ は,$\boldsymbol{v}$ と $\boldsymbol{r}$ のなす角を θ として,

$$\boldsymbol{E} = \frac{q}{4\pi\varepsilon_0}\frac{\boldsymbol{r}}{r^3}\frac{1-\beta^2}{(1-\beta^2\sin^2\theta)^{3/2}},$$

$$\boldsymbol{B} = \frac{q}{4\pi\varepsilon_0 c^2}\frac{\boldsymbol{v}\times\boldsymbol{r}}{r^3}\frac{1-\beta^2}{(1-\beta^2\sin^2\theta)^{3/2}}$$

となる.非相対論的近似($\beta \ll 1$)で $\boldsymbol{E}$ はクーロンの法則そのまま,$\boldsymbol{B}$ はビオ-サヴァール(Biot-Savart)の法則になっている.$\theta = \pi/2$ の方向での $\boldsymbol{E}, \boldsymbol{B}$ の大きさは,

$$E = \frac{q}{4\pi\varepsilon_0 r^2}\frac{1}{\sqrt{1-\beta^2}}, \qquad B = \frac{qv}{4\pi\varepsilon_0 c^2 r^2}\frac{1}{\sqrt{1-\beta^2}}$$

である.そこを同じ電気量 q の粒子が同じ速度で走っているなら,粒子間の斥力は

$$q[E - vB] = \frac{q^2}{4\pi\varepsilon_0 r^2}\sqrt{1-\beta^2}$$

となる.高エネルギーの細い電子ビーム($\beta \approx 1$)が電子間のクーロン斥力で広がっていかないわけが,これでわかる. (坂間 勇)

第7章 電磁気学

第7章　電磁気学

I　真空中の電磁気学

1. 電気量と電流の単位

力学では、長さ・質量・時間の3つの基本的な量の単位を定義した。電磁気学に出てくる物理量の大きさを表すには、これら3つの量のほかにもう1つ、電気的な量の大きさの表し方について共通の約束をしておかなくてはならない。国際的な約束により、今日では、電流の単位の**アンペア**（A）を定義して、これを基本的な単位とするのが最も普及したやり方である。

平行な2本の導線に同じ向きに電流を流すと電線の間に引力が作用し、また反対向きに流れる場合には斥力が作用する。平行な2本の導線を1mの間隔で置き、同じ向きに等しい電流を流して、導線1mにつき2×10^{-7}N（ニュートン）の引力が作用するとき、それぞれの導線を流れる電流を1Aとする。1/1000Aを1mAという。

小学生が理科の実験で使う豆電球を1.5Vの乾電池につないだとき流れる電流は、豆電球にもよるが、だいたい0.1A（=100mA）前後である。

電流は、電気量をもつ粒子が導線中を流れることによって生じる。これらの粒子としては、正の電気量をもつものも、負の電気量をもつものもある。金属や**n型半導体**中の電流は負の電気量をもつ電子の流れであり、また**p型半導体**の中は、正の電気量をもつ正孔とよばれる粒子が流れている。電気分解をする場合、電解質溶液中を負の電気量をもつ陰イオンが正の電極のほうへ、正の電気量をもつ陽イオンが負の電極に向かって流れている。

しかし、電磁気学では、電気量をもつ粒子の個性にまで立ち入らず、それぞれの粒子のもつ電気量のみに注目する。電気量をもつ粒子を**荷電粒子**といい、粒子のもつ電気量を**電荷**という。大きさの無視できるような荷電粒子を**点電荷**という。力学における質点と類似の概念である。

正の電荷をもつ粒子が導線中を流れるとき、この向きを**電流の向き**とする。負の電荷をもつ粒子が流れるときは、電流の向きは荷電粒子の流れる向きとは反対になる。したがって、同じ向きの電流で

あっても粒子の電荷の符号によって，荷電粒子の流れる向きは電流と同じ場合も反対の場合もある。ただし，電流が登場する多くの場合，その電流を，それと同じ向きに正の電荷をもつ粒子が流れているものとして扱っても，議論を間違えることはない。

導線中を1Aの電流が流れているとき，この導線の任意の断面を通って，1秒間に上流側から下流側へ移動する電気量を1**クーロン**（C）という。1個の電子の電荷はeを$1.602×10^{-19}$Cとして，$-e$である。eは**電気素量**とよばれる。われわれの身のまわりの物質のもつ電気量は，0であるか，あるいはeの正または負の整数倍であると考えられているからである。

物質のもつ電荷は，他から電荷の出入りがなければ，増えることも減ることもない。これを**電気量保存則**という。

真空中の電磁場の法則は，原子内の荷電粒子や素粒子の運動にもそのまま使えるから，そのかぎりにおいて電磁気学は，巨視的な対象にも微視的な対象にも適用できる。しかし，電磁気学に出てくる物質は巨視的にのみ扱われる。というのは，電磁気学で導体・誘電体・磁性体などの物質を扱うときには，原子や分子の構造には立ち入らず，もっと大きなスケールで考えるからである。そのため，電磁気学に現れる量は，微視的な量の平均値である。

たとえば，金属中の伝導電子とよばれる電子は，電場がなくても10^6m/s程度の速さで動き回っている。しかし，これらの電子は，それぞれ勝手な方向を向いて運動をしているので，電場がないかぎり，速度の平均値は0になる。導体中に電場があるとこのバランスがくずれて荷電粒子の流れが生ずるが，そのときも，平均の速度は個々の粒子の速さと比較して非常に小さい。たとえば，半径1mmの円形の断面をもつ金属の導線に1Aの電流が流れるとき，電子の平均の速さは0.6mm/s程度にすぎない。　　　　（西川恭治，川村清）

2. クーロンの法則と電場

真空中に，それぞれq_1［C］とq_2［C］の電気量をもつ2個の点電荷があって，距離r［m］離れて互いに静止しているとき，それぞれの点電荷には，大きさが，

第7章 電磁気学

$$F = \frac{q_1 q_2}{4\pi\varepsilon_0 r^2} \tag{1}$$

で、2つの点電荷を結ぶ線に平行な力が互いに反対向きに作用する(図7-1)。

これを**クーロンの法則**といい、(1)式で表される力を**クーロン力**という。ただし、(1)式の右辺が正の場合はこの力は斥力で、負の場合は引力であるとする。また、ε_0 は**真空中の誘電率**とよばれる定数で、その値は、

$$\varepsilon_0 = 8.854 \times 10^{-12} \, \text{F} \cdot \text{m}^{-1}$$

である(F(ファラッド)については§4を参照)。

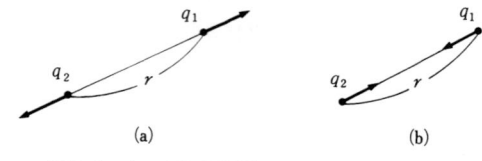

図 7-1 クーロンの法則
$q_1 q_2 > 0$ の場合(a)には斥力が作用し、
$q_1 q_2 < 0$ の場合(b)には引力が作用する。

1m離れた1kgの物体が2つあり、どちらも1Cの電荷をもっていたとすると、物体間に働くクーロン力は万有引力のおよそ 10^{20} 倍になる。このことから、電気的な現象を扱うときには、多くの場合、万有引力を無視してさし支えないことがわかる。

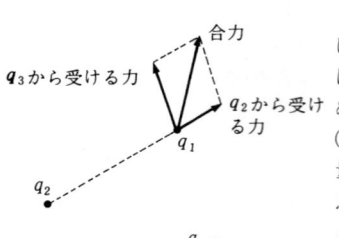

図 7-2 クーロン力の合成

3個以上の点電荷がある場合にそれらの間に作用し合う力は、**重ね合せの原理**によって求められる。たとえば、図7-1(a)の2個の点電荷のほかに電気量が q_3 の点電荷があるとき、点電荷 q_1 に作用する力は、q_2 と q_3 の一方だけがある場合に q_1 に作用する力をベクトル代数的に足し合わせたものになる

2. クーロンの法則と電場

(図7-2)。

2つの点電荷の間に,真空をはさんで直接,力が作用しているという考え方を**遠隔作用の考え方**という。それに対し,1個の点電荷は,そのまわりの空間に目には見えないひずみを作り,そのひずんだ空間中に他の電荷をおくとその電荷は空間から力を受けるという見方をすることもでき,これを**近接作用の考え方**という。近接作用の立場では,このひずんだ空間を**電場**(**電界**)とよび,空間におかれた点電荷に力が作用するとき,そこには電場があるという。

電場を量的に表すものに**電場の強さ**(あるいは簡単に電場という)Eがある。電気量が q [C] の点電荷が F [N] の力を受けるとき,その場所での電場は,

$$E = \frac{F}{q} \qquad (2)$$

と定義される*。大きさも方向も時間的に変動しない電場を**静電場**という。

電場の強さを決めるためにおかれた点電荷は**試験電荷**という。すなわち,電場の強さは1Cの試験電荷が受ける力で表され,電場が E のところに電気量が q の点電荷をおくと,その点電荷は qE の力を受ける。電荷の単位をC,力の単位をNとするとき,電場の単位はN/CまたはV(ボルト)/mである。

クーロンの法則によれば,点電荷またはその集団は電場を作る。電気量が q の静止した点電荷があるとき,そこから距離 r だけ離れた点の電場の強さは,点電荷とその点を結ぶ線に平行で,大きさは,

---

* たとえば,導体の近くに試験電荷をもってくると,後に述べるように,導体表面に電荷が誘導され,それも試験電荷に力を加える。このような場合,(2)式で定義した電場は試験電荷の大きさに依存する。これを避けるために,

$$E = \lim_{q \to 0} \frac{F}{q} \qquad (2)'$$

で電場を定義している本も多いが,イオンや電子の作る電場を扱うような微視的な理論では(2)式を使っているので,本書でも(2)式の定義を採用する。

第7章 電磁気学

$$E = \frac{q}{4\pi\varepsilon_0 r^2} \quad (3)$$

となる。ただし、このEの値が正の場合、$\boldsymbol{E}$の向きは点電荷から遠ざかる向きで、負の場合、点電荷に近づく向きであるとする。図7-3には、正の点電荷の周囲のいくつかの点での電場を矢印で示してある。点電荷の作る電場は等方的、すなわちどの方向にも一様で、遠方にいくほど小さくなる。

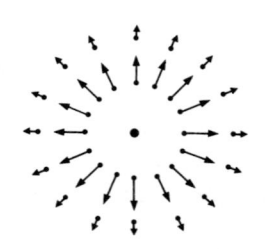

図7-3 正の点電荷の周辺の電場 それぞれの矢印のつけ根の黒丸の位置での電場を矢印で示してある。

2つ以上の点電荷が空間のある点に作る電場は、それぞれの点電荷が1個だけあったとき、その場所に作られる電場をベクトル代数的に足し合わせたものになる。これを電場についての**重ね合せの原理**という。

空間の各点での電場の様子を図示するには**電気力線**を使うのが便利である。電気力線とは、矢印で表された向きをもつ曲線で、線上の1点で矢印の向きに引いた接線の向きがその点での電場の向きになるように引かれたものである。クーロンの法則と電場の定義により、電気力線は正の電荷から出て負の電荷に入るほかは、無限遠に端をもつ。すなわち、電荷のないところから突然、電気力線が始まったり、そこで終わることはない。また、2本の電気力線が互いに交差することも接することもない。

いくつかの簡単な電荷の配置に対し、その周囲の空間の電気力線を図7-4に示してある。電気力線は元来、空間にくまなく引けるものであるが、実際には、図のように代表的な数本を引くことしかできない。その場合でも、各点での電場の向きについて、おおよその様子はわかる。さらに、点電荷に出入りする電気力線の総数がその点電荷の電気量に比例し、各点電荷からどの方向にも等しい間隔で、すなわち等方的に出るように引くと、各点の電場の大きさも知ることができる。

そのために、電気力線の密度を定義する。電気力線に垂直なある

2. クーロンの法則と電場

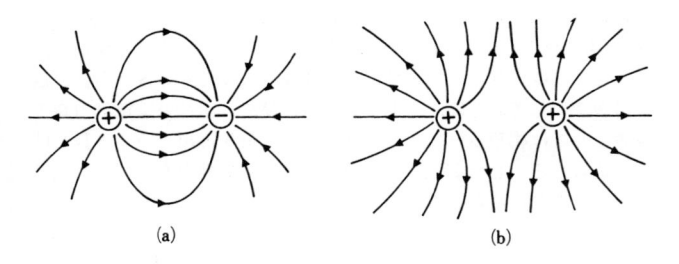

図 7-4 電気力線の例

小さな面を貫く電気力線の本数をその面の面積で割ったものを，その点の付近での電気力線の密度とする。すると，$q[\mathrm{C}]$の点電荷からq本の電気力線が出ているとき，ある点の電場の大きさは，その点の電気力線の密度をε_0で割ったものになる。すなわち，電場の大きさは電気力線の密度に比例するから，電気力線の混んでいるところは電場が大きく，すいているところは電場が小さい。このとき，点電荷の電気量が非整数だと電気力線の本数も非整数という奇妙なことになる。また，qの値が小さいと電気力線がまばらになり，その隙間であたかも電場が0になるかのようにみえ，不合理なことになる。そこで，以下では，電荷が非常に大きい整数であるとして議論を進めるが，その結論は，電気量がいくつの場合でも成り立つことがより厳密な数学的議論によって確かめられている。

このように電気力線の本数を決めて，

$$\boldsymbol{D} = \varepsilon_0 \boldsymbol{E} \tag{4}$$

という量を定義する。すると，ある点での$\boldsymbol{D}$は，その向きがその点を通る電気力線の接線の向きに等しく，大きさがその点の近傍での電気力線の密度に等しいベクトルである。そこで，$\boldsymbol{D}$は**電束密度**とよばれる。また，電気力線に垂直な面を貫く電気力線の数は，$\boldsymbol{D}$の大きさにその面積をかけたものになり，これを**電束**とよぶ。

正の電気量$q[\mathrm{C}]$をもつ点電荷が1つだけあるとき，それを内部に含む閉曲面を考えると，この閉曲面を貫いて外へ出ていく電気力線の数はq本である。なぜなら，点電荷から出るq本の電気力線がこの閉曲面内で消えることはないからである。このことは，その

第7章 電磁気学

点電荷を内部に含んでいるすべての閉曲面についていえる(図7-5(a))。もし図7-5(b)のように、1本の電気力線が一度この面から出て、もう一度入り直す場合でも、閉曲面に入ってくる電気力線の数を負数で表しておけば、一度出て入るたびに、出ていく電気力線の本数としては相殺されて0になり、結局、最後に出ていく本数だけが数えられる。したがって、やはり、この閉曲面を貫いて外に出ていく電気力線の数は q 本なのである。

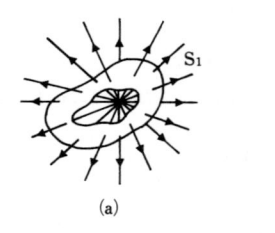

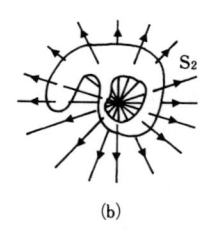

図 7-5

この電気量 q が負の場合、$|q|$ 本の電気力線が閉曲面を貫いて中に入ってくるが、この場合も外へ出ていく電気力線は負の値の q 本であるということにする。すると、ある閉曲面の内部に $q_1, q_2, \cdots, q_n$ [C] の点電荷があるとき、この閉曲面を貫いて外へ出ていく電気力線の正味の本数は $(q_1+q_2+\cdots+q_n)$ 本ということになる。この事実をベクトル解析の表現形式で表したものが**ガウスの法則**とよばれるものである。

これまで、点電荷の作る電場を念頭において議論してきたが、電荷は空間の一部に連続に分布していると考えられる場合もある。その場合は、連続に分布した電荷を細かく分け、その1つ1つは近似的に点電荷であるとみなして、これまでに述べた点電荷の作る電場の法則を使って議論を進める。

例として、無限に広い平面に一様に電荷が分布している場合に、その面の外側の点Pにおける電場を考える(図7-6(a))。そのためにPからこの面に下ろした垂線の足P′に関して対称な位置にあり、面積の等しい2つの小さな面 S_1 と S_2 を考える。この2つの面内の電荷は等しく、これを2つの点電荷とみなしたとき、それらが

2. クーロンの法則と電場

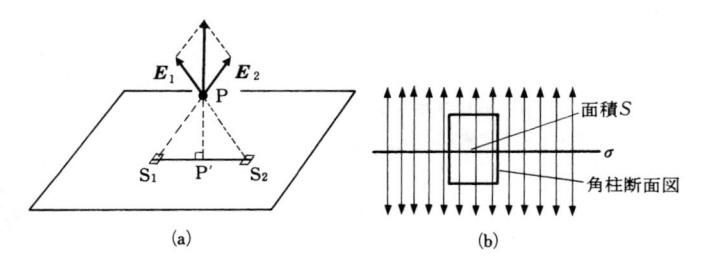

図 7-6 無限に広い平面上に一様に分布する電荷の作る電場

Pに作る電場 E_1 と E_2 は直線PP′に関して対称になる。そこで、これを合成した電場は面に垂直になる。残りのすべての電荷の作る電場も、同様にして、この平面に垂直になるから、結局、平面上に一様に分布した電荷の作る電場は面に垂直であることになる。

したがって、電気力線は、平面の両側でともに面に垂直で向きは反対になる（図7-6(b)参照）が電荷分布が一様だから、その密度はどこでも等しい。面積がそれぞれSの上底と下底がこの平面の両側にあって平行で、側面が平面に垂直な角柱を考える。平面上の単位面積当たりの電気量（これを**電荷の面密度**という）をσとすると、角柱内部の電気量はσSで、また、これだけの電気力線が上下半分に分かれて、電荷のある平面から出ていく。そこで、上底を貫く電束は$(\sigma S/2)$、そこでの電束密度は$(\sigma/2)$となり、したがって電場の大きさは、

$$E = \frac{\sigma}{2\varepsilon_0} \tag{5}$$

となる。

隣り合う電気力線は互いに反発し合い、1本の電気力線はなるべく短くなろうとする。したがって、連続に分布した電気力線の場を1つの媒質と考えると、電気力線に平行な面を通して圧力が現れる。また、電気力線に垂直な面には、張力が現れる。これらの応力を**マックスウェル**（Maxwell）**応力**という。

水の分子では、正電荷の中心は水素側に、負電荷の中心は酸素側に偏り、互いにずれている。このような分子のモデルとして**電気双**

極子というものがある。$\pm q$（$q>0$ とする）の電気量をもつ2個の点電荷が間隔 d だけ離れて並んでいるとき，この1対の点電荷を電気双極子とよび，大きさが $p=qd$ で，負電荷から正電荷のほうへ向くベクトル $\boldsymbol{p}$ を**双極子モーメント**という。

この電気双極子の作る電場を電気力線を使って表すと，図7-7のようになる。

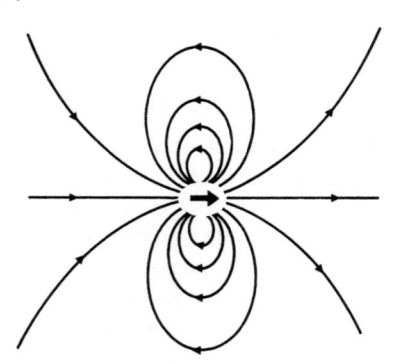

図 7-7 双極子モーメントの作る電場

電気双極子を一様な電場の中におくと，正負の電荷に大きさが等しく向きが反対な2つの力が平行に作用するから，この双極子は**偶力**を受けることになる。偶力のモーメントの大きさは，$\boldsymbol{p}$ と $\boldsymbol{E}$ の間の角度を θ として，

$$N = pE \sin \theta \tag{6}$$

で，その向きは，$\boldsymbol{p}$ の矢印を $\boldsymbol{E}$ の矢印と一致させるように右ネジを回転させるときの右ネジの進む向きである（図7-8）。これをベクトルの外積を使って表せば，

$$\boldsymbol{N} = \boldsymbol{p} \times \boldsymbol{E} \tag{7}$$

ということになる。

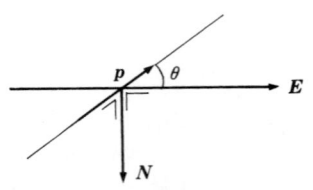

図 7-8 電場中の電気双極子モーメントに働く偶力のモーメント $\boldsymbol{N}$ は $\boldsymbol{p}$ と $\boldsymbol{E}$ の張る面に垂直である。

（西川恭治，川村清）

3. 電 位

3. 電 位

　静電場中の点Bから点Aへ1Cの試験電荷を移動させるとき，試験電荷が静電場から受ける力に打ち勝つように，外力を作用させなくてはならない。静電場は，他の電荷の作るクーロン力を合成したものであるということから，この外力のなす仕事は，AとBの2点のみの関数であって，試験電荷を移動させる途中の経路にはよらないということを導くことができる。そこでこの仕事を V_{AB} と表して，これをA，B間の**電位差**あるいは**電圧**という。2点間を1Cの電荷を移動するのに1J（**ジュール**）の仕事を要するとき，この2点間の電位差は1V（**ボルト**）であるという。

　V_{AB} が正のとき，すなわちBからAへ1Cの試験電荷を移動するのに外力が正の仕事をするとき，AはBより電位が高いという。これは，斜面上のある点Bから，それより高い点Aに物体を持ち上げるには，重力に打ち勝つように外力を加え，そのなす仕事が正になることに似ている。

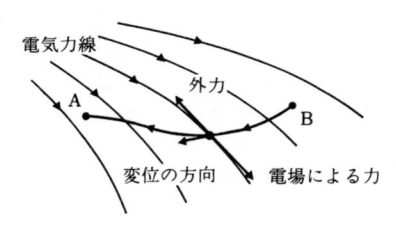

図 7-9 電場中での点電荷の変位

　点Bから点Aに電気量 q の電荷を変位させるには qV_{AB} という仕事をしてやらなくてはならない。その結果，この電荷のポテンシャルエネルギーは qV_{AB} だけ増加する（図7-9）。

　適当に定めた基準点Oと静電場中の任意の点Aとの電位差 V_{AO} は，Oが定点だからAの位置のみの関数となる。これを静電場中の点Aでの**電位**（あるいは**ポテンシャル**）といい，以下簡単に V_A と書くことにする。試験電荷を移動するのに要する仕事が移動の経路によらないことを使うと，静電場中の2点A，Bの間の電位差 V_{AB} は，

第7章　電磁気学

$$V_{AB} = V_A - V_B$$

と書ける。すなわち，2点間の電位差は文字通り，その2点の電位の差である。

q [C] の点電荷から距離 r [m] だけ離れた点Aでの電位は，

$$V_A = \frac{1}{4\pi\varepsilon_0} \frac{q}{r} \tag{8}$$

と書ける。ただし，基準点Oは無限遠にとってあり，A点が点電荷から無限に離れている場合，V_A は0になるようにした。また，q が正の場合にはこの点電荷に近づくほど電位は高くなり，また q が負の場合は点電荷に近づくほど電位は低くなる。

n 個の点電荷 $q_1, q_2, \cdots, q_n$ の作る静電場中の点Aにおける電位は，Aからそれらの点電荷までの距離を $r_1, r_2, \cdots, r_n$ として，

$$V_A = \frac{1}{4\pi\varepsilon_0} \left(\frac{q_1}{r_1} + \frac{q_2}{r_2} + \cdots + \frac{q_n}{r_n} \right) \tag{9}$$

になる。すなわち，電位に対しても**重ね合せの原理**が成り立つ。

静電場中で電位が与えられた値をもつ点の集合は面をなし，これを**等電位面**という。(8)式で表される V_A は，$r=$ 一定という面上で一定値をとるから，1個の点電荷が作る静電場中の等電位面は，その点電荷を中心とする球面であることがわかる。

試験電荷を電気力線に垂直な方向に変位させるとき，この間に加えるべき外力の方向は経路の向きと直交している。したがって，この外力は仕事をしない。すなわち，この試験電荷は等電位面上を変位したことになる。このことから等電位面と電気力線は互いに直交

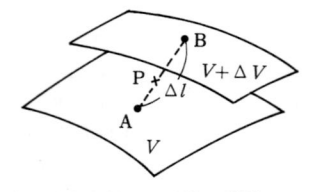

図7-10 AとBはPの近傍で，$\overline{AB}$ は，AおよびBを通る等電位面に垂直であるとする。このとき，Pにおける電場の大きさは近似的に $\Delta V/\Delta l$ に等しい。

3. 電　位

していることになる。この事実は，斜面に置かれた物体に作用する力は等高線に垂直になるということと似ている。

また，等高線と同じように，隣り合う等電位面上の電位の差がいつも一定になるように等電位面を描くと，等電位面の密なところほど電場が大きい。すなわち，ある点Pの近傍を通る2枚の等電位面を考え（図7-10），この2枚の等電位面の電位差を ΔV，Pを通ってこれらの等電位面に垂直な直線が等電位面によって切り取られた部分の長さを Δl とするとき，Pにおける電場の大きさは $\Delta V/\Delta l$ に近似的に等しい。とくに，Δl を0に近づけたとき，この比を**電位の勾配**というが，それは電場の大きさに等しい。以上をまとめれば，電場は，等電位面に垂直で電位の低くなるほうを向き，その大きさは電位の勾配に等しい。一般に，電位が場所の関数として与えられているとき，各点での電場は，

$$E_x(x, y, z) = - \frac{\partial V(x, y, z)}{\partial x} \tag{10a}$$

$$E_y(x, y, z) = - \frac{\partial V(x, y, z)}{\partial y} \tag{10b}$$

$$E_z(x, y, z) = - \frac{\partial V(x, y, z)}{\partial z} \tag{10c}$$

と書ける。

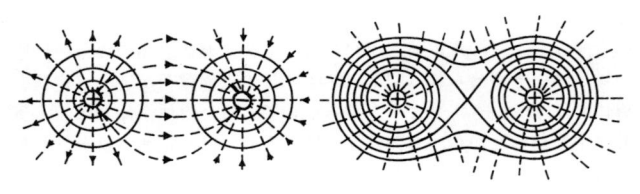

図 7-11　等電位線の例
等電位面は，それぞれの中心線のまわりで回転対称になっている。

図7-11に，簡単な点電荷の配置に対する等電位面と紙面との交線を実線で示してある。また，電気力線を破線で示してある。両者が直交していることに注意しよう。　　　　　　　　（西川恭治，川村清）

4. 導体と静電場

　静電気学の立場からみると，物質は**導体**と**絶縁体**の2つに分類される。後者は，**不導体**または**誘電体**ともよばれる。電場中で電流を生ずるのが導体で，電流を生じないのが絶縁体である。弱い電場のもとでは絶縁体である空気も，落雷現象のように強い電場のもとでは電流が生じるから，導体と絶縁体の区別は考えている電場の強さによる。

　この節では，静電場中に置かれながら，電流のまったく流れていない状態の導体を考える。その場合，導体内部に電場は存在しない。なぜなら導体中に電場があれば，必ず電流が生じるはずだからである。したがって，導体中至るところ電位は等しく，とくに，導体表面は等電位面である。その結果，導体外部に静電場があるとき，電気力線は導体表面に垂直になる。また，このような導体内部には，電荷は存在しえない。もし，導体内部に電荷が存在すると，その結果，導体内部に電場が存在しなくてはならないからである。したがって，導体を帯電したとき，電荷は必ず表面に集まる。

　今，静電場のない空間に表面が平面の導体を置く。導体は帯電していないとする。明らかに，導体中はもとより，それと接する空間にも電場はないと考えられるから，ここに点電荷をもってきても，この点電荷は何も力を受けそうにもないが，実はこの予想は間違っている。

　なぜなら，この点電荷と反対符号の電荷が導体表面の点電荷に近い領域に引き寄せられ（図7-12(a)），この表面電荷が逆に点電荷を導体のほうへ引き寄せようとするからである。導体全体では，電気的に中性だったから，導体の反対側の表面には点電荷に反発された点電荷と同符号の電荷が集まっているはずである。このように，外部の電荷分布によって導体表面の電荷分布が変化する現象を**静電誘導**，導体表面に現れた電荷を**誘導電荷**とよぶ。点電荷は導体内部に電場を作ろうとするが，誘導電荷による電場がちょうどこれを相殺し，その結果，導体内部には電場が生じない。このことを，外部の電場が誘導電荷によって遮蔽されるという。

　図7-12(a)の点電荷 q が受ける力は，この点電荷と導体表面に関して対称の位置に反対符号の点電荷 $(-q)$ があって，しかも導体

4. 導体と静電場

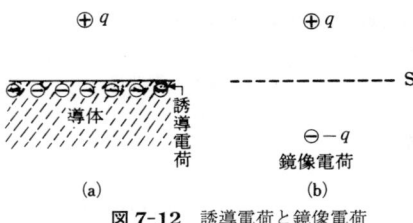

図 7-12 誘導電荷と鏡像電荷

が存在しない場合（図 7-12(b)参照）に，点電荷 q の受ける力と等しい。この反対符号の点電荷を**鏡像電荷**とよぶ。図 7-12(a)の場合，導体表面は等電位面である。それに対応する図(b)の平面 S 上の点は，どちらの点電荷からも等距離にあり，したがって，それぞれの点電荷による電位を§3の(8)式によって計算したものは，大きさが等しく符号が反対になる。それを重ね合わせると 0 になるから，S の上の至るところ電位が等しい。しかも，これらの面より上半分での電荷分布は図 7-12(a)と(b)の両者で等しい。このような場合，平面から上半分の空間で，電位の様子は，両方の配置でまったく共通であることを証明できるのだが，それには，数学的議論が必要なため，ここでは省略する。

こうしてできた静電場は，両者に共通な点電荷 q の作る静電場と，図 7-12(a)の場合は誘導電荷，図(b)の場合は鏡像電荷の作る静電場を重ね合わせたものである。したがって，誘導電荷が導体表面より上に作る静電場と，鏡像電荷が平面 S より上に作る静電場は等しく，そのため点電荷 q の受ける力も等しいのである。

真空中に，帯電した導体が 1 個だけある場合を考えよう。この導体の電位 V は無限遠の電位を 0 とすると，導体がもつ電気量 Q に比例する。これを $Q=CV$ と書くとき，C のことをこの導体の**電気容量**という。導体をこれだけ帯電させるために無限遠から電荷を運ぶには，

$$U = \frac{1}{2}QV = \frac{1}{2}CV^2 = \frac{1}{2C}Q^2 \tag{11}$$

だけの仕事をしなくてはならない。この仕事は導体にエネルギーのかたちでたくわえられていると考えられる。すなわち，導体は(11)

式で表される**静電エネルギー**Uをもつ。

n個の導体があって、i番目の導体がもつ電気量をQ_i、その電位をV_iとするとき、j番目の導体の電荷は、

$$Q_j = \sum_{i=1}^{n} C_{ji} V_i \quad (i=1, 2, 3, \cdots, n) \tag{12}$$

と書ける。ここに出てきたC_{ji}は、それぞれの導体の形や導体どうしの位置関係によって決まる量で、**電気容量係数**という。この導体系の静電エネルギーが、

$$U = \frac{1}{2}(Q_1 V_1 + Q_2 V_2 + \cdots + Q_n V_n) \tag{13}$$

になることから、電気容量係数は**相反定理**

$$C_{ij} = C_{ji} \tag{14}$$

を満たすことが証明できる。

とくに、導体が2つだけあって、$Q_1 = -Q_2 = Q$の電荷を与えたとき、2つの導体の電位差$V_1 - V_2 = V$とQとの間には、

$$C = \frac{C_{11}C_{22} - C_{12}{}^2}{C_{11} + C_{22} + 2C_{12}}$$

として、$Q = CV$という関係がある。この2個の導体の系を**コンデンサー**、Cを**コンデンサーの電気容量**、あるいは**キャパシタンス**という。$Q = 1C$に帯電させるのに必要な電圧が$V = 1V$であるとき、$C = 1F$（ファラッド）であるという。とくに、同じ形の2枚の導体板を平行に向かい合わせたものを**平行平板コンデンサー**、板を**極板**という。電気容量Cのコンデンサーを$\pm Q$に帯電すると、このコンデンサーは(11)式で表される静電エネルギーをもつ。

同じ形の2枚の導体板を平行に並べたコンデンサーの場合、板のサイズがその間隔に比べて十分大きければ、極板間の電場は、縁にごく近い部分を除き、至るところ大きさが一定で面に垂直な向きになる。とくに、その大きさは、板の面積をSとすると、

$$E = \frac{Q}{\varepsilon_0 S}$$

となる。Q/Sが極板上の電荷密度であるから、この式の右辺は§2の(5)式の右辺の2倍になっている。その理由は、電場が図7-6(b)とは異なり極板の一方の側にしかできないからである。極板の間隔

4. 導体と静電場

をdとすると、この間の電位差は$V=Ed$となり、このことから、このコンデンサーの電気容量は、

$$C = \frac{\varepsilon_0 S}{d} \tag{15}$$

と表される。

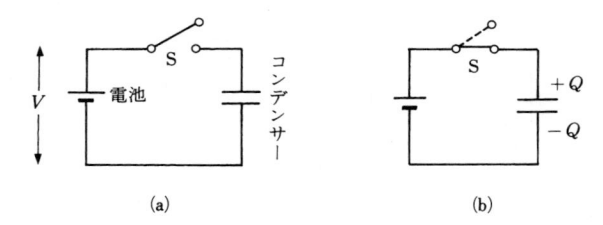

図 7-13 コンデンサーを帯電させる前(a)と後(b)

コンデンサーは、回路図では図7-13のように長さの等しい2本の平行線で表される。図(a)の回路でスイッチSを入れると電池の正負の極から$\pm Q$[C]の電荷が流れ出して、図(b)のようにコンデンサーが帯電する。このとき電池の正極から流れ出た電気量を電池の両極間の電位差で割ったものが、このコンデンサーの電気容量である。

コンデンサーを図7-14(a)のようにつなげるときこれを**直列**といい、図(b)のようなつなげ方を**並列**であるという。

直列につないだコンデンサーを帯電させるとき、電池の両極から$\pm Q$[C]の電荷が流れ出たとする。すると、電池の正負の極につながる極板にそれぞれQ[C]および$-Q$[C]の電荷が現れる。この電荷による静電誘導の結果、これらが向かい合う極板には大きさが等しく、符号が反対の電荷が現れる。結局、すべてのコンデンサーにおいて、電池の正極の側の極板にQ、負極の側の極板に$-Q$の電荷が現れる。i番目のコンデンサーの容量C_iと極板間の電位差V_iの間には$Q=C_i V_i$の関係があり、$V=V_1+V_2+\cdots+V_n$であることを使うと、$Q=CV$で定義されるCは、

$$\frac{1}{C} = \frac{1}{C_1} + \frac{1}{C_2} + \cdots + \frac{1}{C_n}$$

第7章　電磁気学

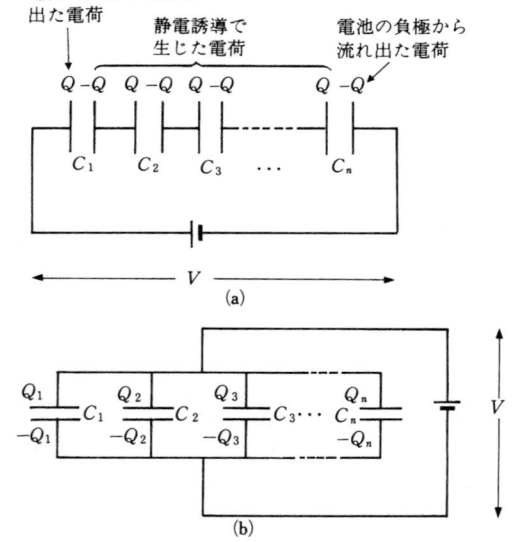

図 7-14　直列につないだコンデンサー(a)と並列につないだコンデンサー(b)

という関係で表されることが示せる。

並列につないだコンデンサーを帯電させると、両極板間の電位差はすべて電池の両極間の電位差Vに等しく、i番目のコンデンサーの極板に現れる電気量を$\pm Q_i$とするとき、$Q_i = C_i V$となる。電池の正極から流れ出した電気量Qは$\sum_{i=1}^{n} Q_i$に等しく、これをCVと書くとCは、

$$C = C_1 + C_2 + \cdots + C_n$$

に等しくなる。

(西川恭治，川村清)

5. 電気抵抗

電気回路のある部分に$I\,[\mathrm{A}]$の一定の電流（直流）が流れていて、その部分の両端の電位差が$V\,[\mathrm{V}]$のとき、多くの場合VはI

5. 電気抵抗

に比例して，
$$V = RI \tag{16}$$
と書ける。これを**オームの法則**といい，R をその部分の**電気抵抗**または**抵抗**という。1 A の電流が流れている部分の両端の電位差が 1 V のとき，その部分は 1 Ω（**オーム**）の抵抗をもつという。

また(16)式は，
$$I = \frac{V}{R} = GV \tag{17}$$
と書けるが，R の逆数を意味する G は**コンダクタンス**とよばれる。導線の両端の電位差が 1 V のとき 1 A の電流が流れると，その導線のコンダクタンスは 1 S（**ジーメンス**）であるという。

図 7-15 回路図における抵抗器(a)と可変抵抗器(b)

一般に，回路を構成する導線，端子や導線の接点，その他あらゆる部品が抵抗をもっているが，とくに一定の抵抗値をもつように作られたものを**抵抗器**という。この中で抵抗値を変えられるように設計されたものを**可変抵抗器**という。回路図で通常の抵抗器は，旧 JIS では図 7-15(a)のように折れ線で表され，可変抵抗器は図(b)のように矢印のついた線を添えて表された。抵抗器のこともしばしば，簡単に抵抗とよばれる。新 JIS では ——▭——, ——▱—— が使用されている。

なお，後に述べる交流の場合でも，抵抗の両端の電位差とそこを

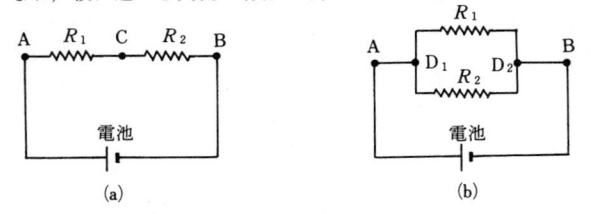

図 7-16 抵抗器の直列接続(a)と並列接続(b)

第7章　電磁気学

流れる電流との間には，各瞬間に(16)式および(17)式が成り立つ。

2個の抵抗器を図7-16(a)のように接続することを**直列**につなぐといい，図(b)のように接続することを**並列**につなぐという。どちらの場合についても，AB間にかかる電圧とAを通る電流（それはBを通る電流とも等しい）との比はAB間の**全抵抗**あるいは**合成抵抗**とよばれ，それをRと書くと，RとR_1およびR_2との関係は直列の場合に，

$$R = R_1 + R_2 \tag{18}$$

また，並列の場合には，

$$\frac{1}{R} = \frac{1}{R_1} + \frac{1}{R_2} \tag{19}$$

となる。より複雑に多数の抵抗器をつなげた場合も含め，合成抵抗を求めるのに有用なものとして**キルヒホフ**（Kirchhoff）**の法則**とよばれるものがある。**キルヒホフの第1法則**は，図7-16(b)のD_1やD_2のような分岐点に流れ込む電流の和はそこから流れ出る電流の和と等しい，というもので，電気量保存則の結果である。図(a)のCも特殊な分岐点であって，この法則を適用するとR_1を通る電流とR_2を通る電流は等しいことになる。

図7-16(a)の回路にI［A］の電流が流れるとき，AB間の電位差と比べBC間の電位差はIR_1［V］だけ低くなる。このことを，抵抗R_1における**電圧降下**という。回路中のある部分に電圧をかけようとしても，それと直列に入っている抵抗による電圧降下により，思うような電圧がかからないことがあるから注意を要する。この回路の場合，A→C→B→Aと回っていくと，2つの抵抗での電圧降下の和が電池の両端の電位差と等しくなる。**キルヒホフの第2法則**は，より複雑に多数の抵抗器と電池をつないだ回路の中の任意の閉じた部分について，その中の各抵抗による電圧降下の代数和はその中の電池の両端間の電位差の代数和に等しい，というものである。ただし，各閉回路ごとにあらかじめ1周する向きを定め，電圧降下は，この向きに流れる電流を正値として計算する。また，この向きに沿って負極→正極と並ぶ電池の電位差を正の電位差とする。

抵抗を測る1つの方法に，図7-17のような回路に電流を流し，電流計と電圧計の測定値から(16)式を使ってRを知る方法がある。

5. 電気抵抗

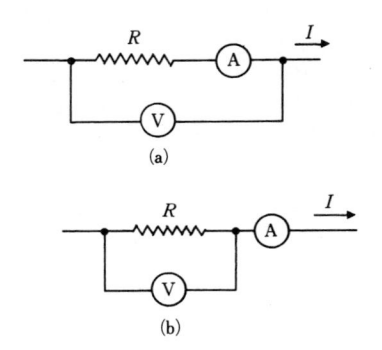

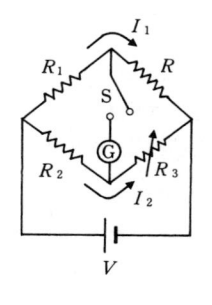

図 7-17 抵抗測定のための簡便な回路

図 7-18 ホイートストン・ブリッジ

これは簡便だが、図(a)の回路では抵抗のみならず電流計にかかる電圧も同時に測ることになるし、図(b)の回路では抵抗と電圧計を流れる電流を同時に測ることになる。さらに、電流計や電圧計の測定精度は3桁止まりである。

抵抗の精密な測定のために使われる装置の1つに**ホイートストン**(Wheatstone)・**ブリッジ**というものがある。それは、図7-18のような回路である。この図でGは検流計を表す。R_1 および R_2 は既知の抵抗で、R_3 も抵抗値のわかる可変抵抗である。スイッチSを入れたとき検流計に電流が流れないように R_3 を調節する。スイッチSが開いている状態で、R_1 および R を流れる電流 I_1 と R_2 および R_3 を流れる電流 I_2 は、それぞれ、

$$I_1 = \frac{V}{R_1 + R}$$

$$I_2 = \frac{V}{R_2 + R_3}$$

である。そこで、R_1 における電圧降下と R_2 における電圧降下が等しく検流計に電流が流れないためには、

$$R_1 R_3 = R R_2 \tag{20}$$

でなくてはならない。そのときの R_3 の値から(20)式を使って R が計算できる。ここに出てきた**検流計**は、電流が流れるかどうかだけ

443

第7章 電磁気学

を調べるための計器で,電流計のように針のふれの値まで読む必要はないので,かなり弱い電流も検出することができる。

同じ材質でできたものでも,その形状によって電気抵抗の値は異なる。均一な材質で作られ,一様な断面をもつ棒状の物体の長さ方向に電圧をかけたときのその物体の電気抵抗の値 R は,長さ l に比例し断面積 S に反比例して,

$$R = \rho \frac{l}{S} \tag{21}$$

と書ける。このことは,長さが2倍になることはこの棒を2本直列につないだことと同等であり,また,断面積が2倍になることは2本の棒を並列につないだのと同等であることより(18)式と(19)式を用いて説明される。

(21)式の ρ は,その棒の形状にはよらず材料に固有な量で,**電気抵抗率**あるいは**比抵抗**とよばれ,その単位は $\Omega \cdot m$ である。この逆数 $\sigma = 1/\rho$ を**電気伝導率**とよび,物質の電気の通しやすさを表すのに使われる。単位は $\Omega^{-1} \cdot m^{-1}$(または S/m)を使う。いくつかの物質の電気伝導率を表7-1に示す。

金属の電気抵抗率は,通常は温度が上昇すると増大するのに対し,半導体では,温度の上昇とともに,電気抵抗率は大きく減少する。また,ニューセラミックスに属するある種の物質では,ある温度で電気抵抗率が極小になるものがある。

表7-1 種々の物質の電気伝導率

	物質	温度(℃)	伝導率($\Omega^{-1} \cdot m^{-1}$)
導体	アルミニウム	20	3.6×10^7
	水銀	0	0.11×10^7
	スズ	20	0.88×10^7
	銅	20	5.8×10^7
	鉄	20	1.0×10^7
絶縁体	ナイロン	室温	$10^{-10} \sim 10^{-13}$
	天然ゴム		$10^{-13} \sim 10^{-15}$
	石英ガラス		$< 10^{-15}$

6. 電流と仕事

電気抵抗は非常に精密に測定できるので，その温度変化を利用して広い温度領域で精密な温度測定ができる。白金抵抗温度計，サーミスター，ボロメーターなどがその例である。

ある種の物質で作った導線では，両端の電位差とそこを流れる電流が比例しないことがある。その場合の電位差と電流の関係を，

$$V = f(I) \tag{22}$$

と書くとき，$df(I)/dI$ を**微分抵抗**,

$$\frac{V}{I} = \frac{f(I)}{I}$$

を**非線形抵抗**という。 (西川恭治，川村清)

6. 電流と仕事

電気抵抗がRの導線に強さIの電流が流れていて，導線の両端の電位差がVのとき，この導線からは，毎秒，

$$IV = I^2 R = \frac{V^2}{R} \tag{23}$$

の熱が発生する。これを**ジュール**（Joule）**熱**という。ジュール熱の発生は不可逆過程である。

ジュール熱は，導線中の電場が荷電粒子系に仕事をしたとき，その仕事が導線と粒子系の流れとのある種の摩擦によって熱に変わったものと考えることができる。電位差Vの間を電気量qの電荷が移動するとき，電場は qV の仕事をし，この電荷は qV だけポテンシャルエネルギーを失う。この導線を毎秒流れる電荷がIだから，この導線中で電場は荷電粒子に毎秒 IV の仕事をし，電荷は流れたことによって IV のポテンシャルエネルギーを失う。電場のなした仕事，いいかえれば電荷の失ったポテンシャルエネルギーがそのまま熱になるから，(23)式の関係が成り立つのである。

荷電粒子系はエネルギーを失っているのに，なお電流が流れ続けるのは，電源からエネルギーの供給を受けているからである。電源から毎秒供給されるエネルギーを**電力**といい，それは毎秒発生する熱量，すなわち(23)式と等しい。

電源につないだ1Ωの導線に1Aの電流が流れるとき，この導線から毎秒発生する熱量は1 J（ジュール）であり，このとき，導線

の消費電力は1W（ワット）であるという。

電気的エネルギーは，ジュール熱として放出されるほか，モーターによって力学的エネルギーに変換されたり，電球によって光のエネルギーにも変換される。電気器具の両端の電位差がVで，この器具中をIという電流が流れるとき，この器具に毎秒供給される電

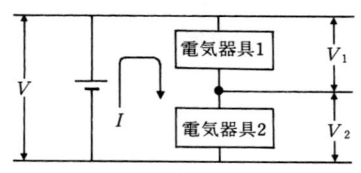

図7-19 電源の電位差と電気器具での電圧降下

気的エネルギーも前と同じ考察によってVIとなる。この電流が図7-19のように電気器具を通過するとき，電気器具1と2で，それぞれ毎秒IV_1とIV_2の電気的エネルギーが熱または仕事に変換され，エネルギーを失った荷電粒子が電源の負極に戻っていく。したがって，$V = V_1 + V_2$になる。V_1およびV_2が電気器具1および2における電圧降下で，このことをより複雑な回路に拡張すると，閉回路に沿っての電圧降下の和は，その閉回路中の電源の電位差の代数和に等しいということになる。これを電気抵抗の回路について定式化したのがキルヒホフの第2法則である。電源の正極から出た荷電粒子は，それぞれの電気器具を通過するたびにポテンシャルエネルギーを失い，電源の負極に戻り，電源の中で再びエネルギーを得て正極から送り出されるのである。

送電線などで発生するジュール熱は電力のロス（**熱損失**）となるため，ジュール熱の発生を**ジュール損失**ともいう。強さIの電流が抵抗Rの送電線を流れるときのジュール損失RI^2を小さくするには，Iを小さくする必要がある。他方，電源電圧をVとすると供給される電力はVIだから，これを一定にしてIを小さくするためにはVの大きな高電圧電流が使われる。

このように，電源は荷電粒子系にポテンシャルエネルギーを供給する能力がある。この能力を電源の電圧で表したものが**起電力**であ

6. 電流と仕事

る。厳密にいうと，電源から電流が流れ出ない状態での電源の電圧が起電力である。電流が流れ出ている場合，両極間の電位差は起電力よりは小さい。というのは，荷電粒子系は電源の中を移動するとき，放熱などによりエネルギーを

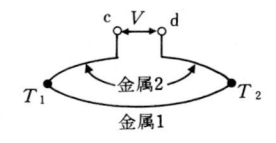

図 7-20 熱起電力

失うから，電源外部で利用できるエネルギーは起電力によって得たものよりは小さいのである。電源の起電力 V_{em} と電源の両極間の電位差 V との差を，

$$V_{\mathrm{em}} - V = Ir$$

と書いたとき，r を**電源の内部抵抗**という。

電源装置としてなじみのあるのは**電池（バッテリー）**である。乾電池や蓄電池の内部では，化学変化の結果生じた荷電粒子が電極から流れ出す。このとき流れ出す電気的エネルギーは，化学変化に伴い，材料物質の化学的エネルギーが電気的エネルギーに変換されたものである。電池は，18世紀末にヴォルタ（Alessandro Volta）により発明され，これにより，定常電流を伴った研究が可能になり，後に述べる電流と磁場の関係の研究などで著しい発展がみられた。最近注目を集めている太陽電池は，太陽光のエネルギーを吸収して，半導体中に生じた荷電粒子を外部回路に取り出すようにした装置である。

熱を電気エネルギーに変えたり，電流から可逆的に熱を出すこともできる。これらは，まとめて**熱電効果**とよばれる。図7-20のように異なる材料で作った導線をつなぎ，接点を異なる温度 T_1，T_2 に保つとき，端子c，d間に生じる電位差 V を**熱起電力**という。温度差と熱起電力の関係は，導線の材質による。与えられた導線の組合せに対して，この関係がわかっていれば，逆に熱起電力を測ることによって接点の温度差を知ることができる。そこで，一方の接点をたとえば氷点に固定しておけば，他の接点の温度を知ることができる。このような装置を**熱電対**という。　　　　　（西川恭治，川村清）

第7章 電磁気学

7. 電流と磁束密度

電線に直流の電流を流して方向磁針を近づけると針の向きが変わる。磁石の近くでも磁針の向きが変わる。このように，電線の周辺や磁石の周辺の空間は，まったくの真空とは異なり，方向磁針に回転力を与える特別な性質をもつので，このときその空間に**磁場**（**磁界**）があるという。

電磁石の両極の間隔を狭く，磁極の面積を大きくしておくと，この間の空間はほぼ一様な磁場となる。N極からS極の方向を磁場の向きとする。この磁場中に，磁場の方向とは垂直にある速さをもった荷電粒子を入れると荷電粒子は円運動をする。この現象は，高速粒子を有限な空間中に保持できることを意味しており，加速器や高温プラズマの閉じ込めに応用されている。

荷電粒子が円運動をしているということは，この粒子に求心力が作用していることを意味している。求心力の大きさFは，荷電粒子の電荷qと速さvに比例しており，それを，

$$F = qvB \tag{24}$$

と書いて，このBを**磁束密度**の大きさという。磁束密度はベクトル量で，N極からS極の方向に向いている。

点電荷の速度方向と磁場の方向がより一般の場合，点電荷に作用する力は磁場の向きと点電荷の速度の向きの両方に垂直で，点電荷の電気量が正の場合には，速度の向きから磁場の向きへ右ネジを回転したとき，その右ネジの進む向きである（図7-21）。またその力の大きさは，速度と磁場の間の角度をθとして，

$$F = qvB \sin\theta \tag{25}$$

となる。この力を**ローレンツ力**という。これをベクトル積を使って書くと，

$$\boldsymbol{F} = q(\boldsymbol{v} \times \boldsymbol{B}) \tag{26}$$

となる。電場を荷電粒子に作用する力を使って定義したように，磁場を定量的に表す磁束密度を動い

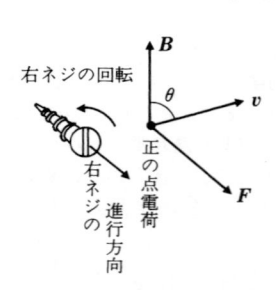

図7-21 運動する正の電荷に作用するローレンツ力

7. 電流と磁束密度

ている荷電粒子に作用するローレンツ力で定義するのが今日のやり方である。

磁場中に張られた電線に電流を流すと,電線は力を受ける。これは,電線中を運動する荷電粒子に作用するローレンツ力によるものである。磁束密度の大きさがBの磁場の中で磁場の方向とθの角度をなして張られた電線に強さIの電流が流れているとき,電線1m当たりに作用する力の大きさは,

$$f = IB \sin \theta \tag{27}$$

である。これからわかるように,電線が磁場に平行であれば力は働かない。磁場に垂直な電線に1Aの電流が流れていて,電線1m当たり1Nの力が働くとき,この磁束密度を1T(**テスラ**)という。日本付近での地球磁場の磁束密度は10^{-5}T程度である。

静電場の様子を図示するために電気力線を使ったように,磁場の様子を図示するために**磁力線**を用いる。それは向きをもつ曲線で,その上のある点における接線の向きが,その点における磁場の向きになるような曲線である。あるいは,磁場中に方向磁針を置くと,針はその場所での磁力線と平行になる。磁力線の密度を各点での磁束密度に比例するように引けば,磁力線の図から磁束密度の分布を知ることができる。

この節の最初に述べたように,電流があるとそのまわりに磁場ができる。I[A]の電流が流れる無限に長い導線からr[m]離れた点には,

$$B = \frac{\mu_0}{2\pi} \frac{I}{r} \tag{28}$$

の磁束密度が生じる。ここに,μ_0は$4\pi \times 10^{-7}$[N/A^2]という定数で,**真空の透磁率**とよばれる。この場合の磁力線は,電線に垂直な面内にあり電線を中心とする円で,磁力線の向きは電流の向きに進行する右ネジの回転する向きである(図7-22)。この事実を**右ネジの法則**という。

一般の電線に電流が流れるとき,その周囲の空間にできる磁場について述べているのが**ビオ-サヴァール**(Biot-Savart)**の法則**とよばれるもので,静電場のクーロン(Coulomb)の法則に相当する。この法則では,電流Iの流れる電線から長さΔlの部分(**電流**

第7章 電磁気学

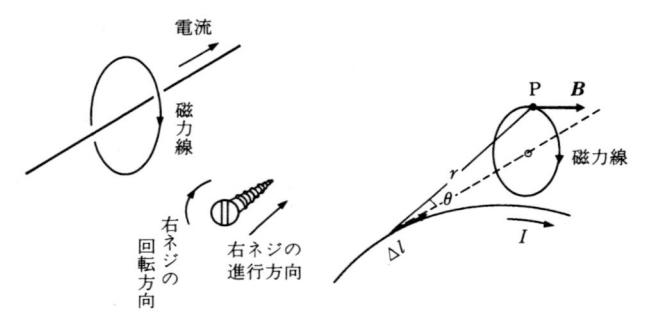

図 7-22 直線電流の作る磁場　**図 7-23** ビオ-サヴァールの法則

素片という）を切り出し，その電流素片がその周囲に作る磁束密度について次のように述べている．まず磁力線は，その電流素片を延長した無限に長い直線電流（図7-23の破線）が作るのと同じ円形であり，Bの向きには右ネジの法則が適用できる．この磁力線上のある点Pでの磁束密度の大きさは，Pと今考えている電流素片までの距離をr，電流素片から見たPの方向と電線の延長線とのなす角をθとして，

$$\Delta B = \frac{\mu_0}{4\pi} \frac{I \sin\theta}{r^2} \Delta l \tag{29}$$

になる．直線状の電線の作る磁場も，その電線上の各電流素片の作るこのような磁束密度を重ね合わせて計算され，その結果が(28)式になるのである．

電流がそのまわりに磁場を作り，また磁場の中におかれた電流には力が働く．したがって，2つの電流の間には，磁場を介して互いに力が働く．2本の平行な電線の間隔がR，それぞれを流れる電流が同じ向きにIであるとき，電線は1mにつき，

$$f = 2 \times 10^{-7} \frac{I^2}{R} \quad [\text{N}]$$

の力で引き合う．§1で述べた電流の単位はこの事実を使っている．

静電場の場合，電荷があり，それが電気力線の出発点または終点であった．磁場の場合，**磁荷**というものは見いだされていない．し

たがって，磁力線に出発点や終点はない。そこで，静電場のガウスの法則に対応するのは，単に閉じた曲面を貫いて曲面から出ていく磁力線の本数は 0 であるということになる。ただし，その曲面内に入ってくる磁力線の本数は，負値をつけて曲面から出ていく磁力線の本数に加算するものとする。

静電場においては，電位，すなわち静電ポテンシャルが定義されたが，磁場の場合は，磁力線が端点をもたないことから，"磁位"に相当するものが空間の一価関数でなくなるので，磁位に代わって，**ベクトルポテンシャル**という量が定義される。それを場所の関数として $A(x, y, z)$ と書くと，磁束密度は，

$$B_x = \frac{\partial A_z}{\partial y} - \frac{\partial A_y}{\partial z}$$

$$B_y = \frac{\partial A_x}{\partial z} - \frac{\partial A_z}{\partial x}$$

$$B_z = \frac{\partial A_y}{\partial x} - \frac{\partial A_x}{\partial y}$$

と書ける。A のある種の微分が磁束密度になるという点では，電位と電場の関係に似ている。ベクトルポテンシャルに対して，電位のことを**スカラーポテンシャル**ともよぶ。

荷電粒子に作用する力は，E と B で決まるのであって，電位の値やベクトルポテンシャルは古典電磁気学の範囲では観測できない。

(西川恭治，川村清)

8. 磁場の強さと磁気モーメント

本題に入る前に，閉じた曲線とそれを縁とする曲面の向きについて説明しておく。閉じた曲線上を1周するものとして，その向きを**曲線の向き**とする。この向きは，もちろん2通りに定義できるが，以下で曲線に沿って流れる電流を考えるときには，曲線の向きと電流の向きを一致させておくと便利である。次に，この閉じた曲線の向きに回した右ネジの進行方向をこの曲線を縁とする**曲面の向き**とする（図7-24）。

円形の導線に電流を流すと，ビオ-サヴァール(Biot-Savart)の法則より，図7-25のような磁力線ができることがわかる。導線の向

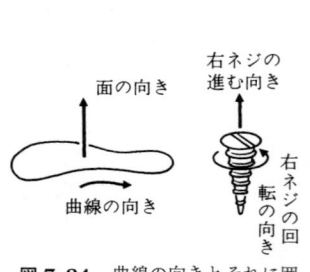

第7章 電磁気学

図7-24 曲線の向きとそれに囲まれる面の向き

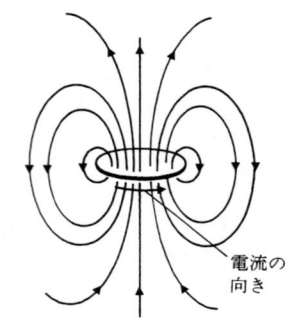

図7-25 円形電流の作る磁場

きを電流の向きに選ぶと，円を貫く磁力線の向きは円形の面の向きと一致する。

コイルは，このような円形回路が多数重なったものと考えられるから，これに電流を流すと図7-26のような磁力線ができる。コイルを貫く磁力線の向きは，電流が手首から指の先のほうへ流れるように右手でコイルをつかんだとき，親指の差す方向と一致する。無限に長く，電線の間から磁力線がもれないような理想的なコイルを**ソレノイド**という。ソレノイドの内部では，磁力線は直線で磁束密度は至るところ等しく，その大きさは1m当たりのコイルの巻き数をnとして，

$$B = \mu_0 n I \tag{30}$$

となる。

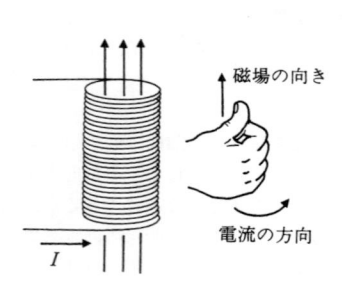

図7-26 コイルの作る磁場

磁束密度という言葉は，§2の電束密度という言葉を思い出させる。そこで，

$$\boldsymbol{B} = \mu_0 \boldsymbol{H} \tag{31}$$

によって**磁場の強さ**Hというものを定義すると，これは電場の強さに対応するものである。Hを使うと(30)式は，

$$H = nI \tag{32}$$

8. 磁場の強さと磁気モーメント

という,より簡単な式になる。n の単位は m^{-1} であるから,H の単位は (32) 式によって $A \cdot m^{-1} (= A/m)$ である。

ビオ-サヴァールの法則はクーロン (Coulomb) の法則に対応する。それに対して,静電場のガウス (Gauss) の法則に似た役割をするものとして**アンペール (Ampère) の法則**がある。これは,磁場の強さを任意の閉曲線に沿って積分したものは,その閉曲線を縁とする面を貫く電流に等しい,というものである。この法則は,ベクトルの線積分を使って定式化しなくてはならないので,ここではその数学的議論は省略するが,対称性などから磁力線の形が簡単な場合に磁場の強さを計算するのに便利な法則である。

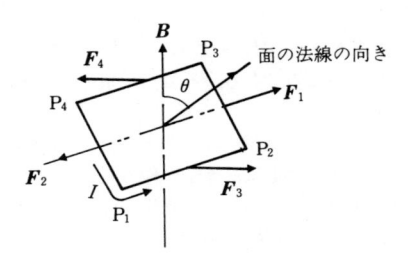

図 7-27 磁場中の閉じた回路を流れる電流に作用する力

一様な磁場中で図 7-27 のような長方形の導線に電流を流したとする。磁場中の電流が受ける力について述べた前節の事実を応用すると,$\overline{P_2P_3}$ を流れる電流が受ける力 F_1 と $\overline{P_4P_1}$ を流れる電流が受ける力 F_2 は,大きさが等しく向きが反対であり,しかもその作用線が一致するため,互いにつり合っている。$\overline{P_1P_2}$ に働く力と $\overline{P_3P_4}$ に働く力も大きさが等しく向きが反対であるが,これは作用線が一致しないから,偶力として作用する。一般に,一様な磁場中にある平面回路(その形は長方形であるとはかぎらない)には偶力が働き,そのモーメントの大きさ N は,導線が囲む面積を S として,

$$N = ISB \sin \theta \tag{33}$$

である。ここに θ は,電流の向きを使って決めた面の法線と磁場の向きとのなす角である。また偶力は,法線の向きの矢印を磁場の向

第 7 章 電磁気学

きの矢印のほうへ回転させる向きに平面回路を回転させる。

ここで,
$$m = \mu_0 IS \tag{34}$$
という量を使うと(33)式は,
$$N = mH \sin\theta \tag{35}$$
と書き換えられる。この式は, m, H を p, E で置き換えると, §2の(6)式と同じ形をしている。さらに, 大きさが(34)式で与えられ, 向きが平面回路の法線の向きと等しいベクトル m を導入すると, (35)式の θ は m と H の間の角度であり, §2の(6)式の θ は p と E の間の角度であるところまで対応関係がある。偶力の向きも, §2では p を E のほうへ向かせるものであったから, 以上のことから, (p, E) の組と (m, H) の組は, 偶力との数学的関係において完全に対応しているのである。そこで, m をこの閉回路の**磁気双極子モーメント**とよぶ。

このような閉回路を電流が流れるとき, それが作る磁力線は図 7-25のようになり, それは電気双極子の作る電気力線と似ている。実際, 閉回路から十分離れた場所での磁場の強さを求めると, その表式は, 電気双極子の作る電場の強さに対する表式中で p を m で置き換えたものにまったく等しく, ここでも (p, E) と (m, H) の間に対応関係が成り立つ。ただし, 磁力線は閉回路を貫く連続曲線であるのに対し, 電気双極子が作る電気力線は正負の極のところに端があるところだけが違う。

任意の形をした閉回路は図 7-28(a)のように多数の網目をもった回路に置き換えられる。それぞれの網目を大きさ I の電流の流れる閉回路であるとしても, 隣り合う網目の電流は境界で消し合うた

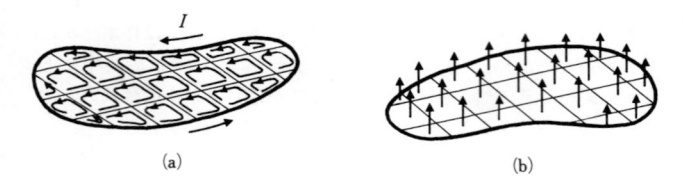

図 7-28

め,これらの閉回路は,外縁だけを I という大きさの電流が流れる場合と同等である。そこで,各網目が上と同じような磁気モーメントをもつとすれば,この大きな閉回路は,図(b)のように磁気モーメントが曲面上に分布しているのと同等である。

前の節では,電流が磁場の原因であると述べたが,閉回路の場合,磁気モーメントが磁場の原因であるといい換えられるのである。
(西川恭治,川村清)

9. 電磁誘導

図7-29のように一様な磁場中に,磁力線と垂直な面内に閉じた導線を置く。磁束密度を B,この導線で囲まれた面積を S とするとき, $\Phi = BS$ をこの導線で囲まれた面を貫く**磁束**という。この磁束が変化すると,その変化を妨げるような電流を流そうとしてこの導線中に電場が生じる。これを**レンツ (Lenz) の法則**といい,この電場を**誘導電場**という。たとえば,図7-29の磁束を増加させようとすると,矢印の向きに電場が生じるのであるが,その結果流れる電流はこの円形の回路の中に下向きの磁場を作り,この回路を貫く磁束の増加が妨げられる。

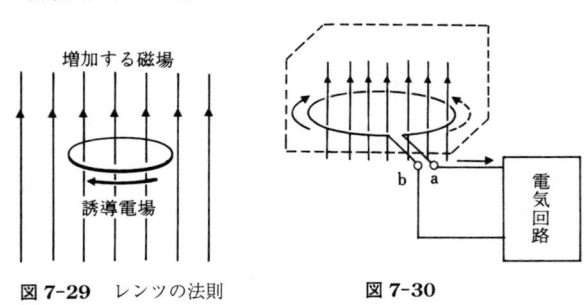

図7-29 レンツの法則   **図7-30**

このような電場が生じることは,図7-30のように閉じた導線の一部に隙間を作り,その間に生じる電位差を測定することによって確認できる。

図の円形の回路に生じる起電力 V_{em} は,輪を貫く磁束を Φ として,

第7章　電磁気学

$$V_{em} = -\frac{d\Phi}{dt} \tag{36}$$

と書ける。これが**ファラデー**（Faraday）**の（電磁誘導の）法則**である。

　ここで、V_{em} の意味と(36)式の右辺に負符号が現れる理由を説明しておく。まず、図7-30の磁場をこの円形回路に電流を流して作ろうとすれば、その電流は破線の矢印の向きに流さなくてはならない。回路の向きと磁束の向きに関する前節の約束に従い、この破線の矢印の向きを回路の向きという。ファラデーの法則に出てくる起電力とは、1Cの電荷をこの向きの回路に沿って1周させるとき、誘導電場のする仕事をいう。ところが、図の磁束が増加するとき、誘導電場は実線の矢印の向きにできる。電荷の変位の向きと電場の向きが反対だから、誘導電場がこの電荷にする仕事、すなわち誘導起電力は負となる。いい換えれば、$d\Phi/dt>0$ のとき、$V_{em}<0$ となるので(36)式の右辺に負符号がつくのである。

　ここに出てきた起電力と§6に出てきた電池の起電力や熱起電力とは、次のような意味で関連がある。すなわち、この輪を図7-30のように、端子a、bを通して外部の電気回路につないでみると、誘導電場によって生じる電流がaから流れ出してbに戻ってくる。したがって、破線で囲まれた部分は外部の電気回路に対する電源装置とみなせる。このとき、1Cの電荷がbから輪を1周してaに至る間に誘導電場によってなされる仕事は（$-V_{em}$）に等しい。その結果、aから外部回路に入る電荷は、bにあるより（$-V_{em}$）だけ余計なポテンシャルエネルギーをもっていることになる。そこで、a、bを電源装置の端子とみなすと、aとbの電位差 V_{ab} は（$-V_{em}$）に等しくなる。

　ファラデーの法則は、磁場が一様でない場合や、回路が1つの平面上にない場合にも一般化できる。そのためには、回路を縁とする曲面を考え、その曲面を貫く磁力線の数を Φ とすればよいのである。

　なお、これまで説明に便利なように磁場中に導線のある場合を考えたが、実際には、真空中で磁場が変動しても誘導電場が生じ、(36)式と同じ関係が成り立つ。ただし、この場合、真空中に任意に

9. 電磁誘導

想定した曲面を貫く磁束を(36)式の右辺に代入し，その縁に沿って単位電荷を1周させるとき，その電荷の得るエネルギーを(36)式の左辺に代入すればよい。

図7-30の回路に沿って電荷を1周させるとき電場は0でない仕事をするということは，誘導電場の中では，電位が空間の多価関数になることを意味している。したがって，誘導電場は§3の(10a)〜(10c)の形に書くことはできない。その代わり，この電場が磁場の時間変化によるものであることを反映して，ベクトルポテンシャルを使って，

$$E_x(x, y, z, t) = -\frac{\partial A_x(x, y, z, t)}{\partial t} \tag{37a}$$

$$E_y(x, y, z, t) = -\frac{\partial A_y(x, y, z, t)}{\partial t} \tag{37b}$$

$$E_z(x, y, z, t) = -\frac{\partial A_z(x, y, z, t)}{\partial t} \tag{37c}$$

と書けるのである。

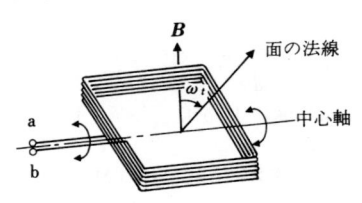

図7-31 ファラデーの法則を応用した交流発電機の原理

図7-31のようなコイルを磁場中で回転すると，コイルを貫く磁力線の数が時間的に変動するから，端子a, bの間に，

$V_{ab} = BSn\omega \sin \omega t$

という電位差が生じる。ここに，nはコイルの巻き数，ωはコイル面の回転の角速度で，コイル面が上向きのときの t を 0 にしてある。

また，真空磁場中に荷電粒子をおいて磁場の値を強くすると，誘導電場が生じて加速され，同時に磁場によるローレンツ (Lorentz)

第7章　電磁気学

力が働くために円運動をすることがある。これを応用した加速器を**ベータトロン**という。

コイルに電流を流すと磁場が生じる。その電流を増加させるとコイルを貫く磁束が増えるから、それを妨げるような電場がコイル中に現れ、それはコイルの電流の増加を妨げる方向になる。この現象を**自己誘導**という。コイルを貫く磁束はコイルを流れる電流に比例していて、$\varPhi = LI$ と書ける。この電流の流れる向きに回路の向きを選ぶと、このコイルには(36)式のような起電力が生じるから、それを電流の時間的増加率を使って書けば、

$$V_{\mathrm{em}} = -L\frac{dI}{dt} \tag{38}$$

となる。この比例係数 L をコイルの**自己インダクタンス**、あるいは簡単にインダクタンスという。断面積が S で単位長さ当たり n 回巻いてある長さ l のソレノイドの自己インダクタンスは、

$$L = \mu_0 n^2 l S \tag{39}$$

となる。

また、図7-32のように、コイルを2重に巻いておいて、1の側の電流 I_1 を変動させると、コイル2を貫く磁束が変化するために、2のコイルに誘導起電力 V_2 が生じる。この現象を**相互誘導**という。I_1 が増加するときの V_2 を負であるようにすると、

$$V_2 = -M(dI_1/dt) \tag{40}$$

となり、**相互インダクタンス**とよばれる M は正の値をとる。逆に2の側の電流を変化させると1のコイルに起電力 V_1 が現れるが、この間にも、

$$V_1 = -M(dI_2/dt) \tag{41}$$

という関係が成り立つ。しかも、同じコイルの組合せについて、この2つの式に出てきた M は等しい値をもつ。この事実を**相反定理**が成り立つという。

変圧器は、この相互誘導を利用して交流電圧（§10参照）を変換する装置である。コイル中の磁力線がコイルの途中からもれないようにしておくと、コイル1の両端にかけた電位差 V_1 とコイル2の端子に現れる電位差 V_2 との間の関係は、それぞれのコイルの巻き数を n_1, n_2 として、

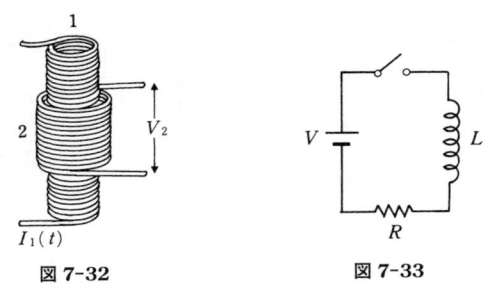

$$V_2/V_1 = n_2/n_1$$

となる。

インダクタンスが L のコイルを図7-33のように電池につないでスイッチを入れると、電流の増加を妨げるような誘導起電力が生じる。それでもなお電流が流れ続けるのは、電池がコイル中の荷電粒子を誘導起電力にさからって移動させているからである。1Cの電荷がコイルを通過する間に電池のする仕事が V_{em} に等しいのである。電流はやがて一定値 (V/R) に達し、誘導起電力はなくなるが、それまでに電池のした仕事は、最後の定常電流を I として、

$$U = \frac{1}{2} LI^2 \tag{42}$$

になる。この仕事を電池がした結果、電流 I の流れるコイルには U だけのエネルギーがたくわえられたことになる。

(西川恭治、川村清)

10. 交　流

電池から出てくる時間的に一定な電流を**直流**というのに対し、時間とともに向きと大きさが周期的に変動する電流を**交流**という。とくに重要なのは、交流電源の起電力が、

$$V(t) = V_0 \sin(\omega t) = V_0 \sin(2\pi\nu t) \tag{43}$$

というように振動している場合で、V_0 を**振幅**、ω を**角振動数**、ν を**振動数**とよぶ。日本国内の電力会社が供給する交流の場合、糸魚川と富士川を結ぶ線を境にして東・北の地域で $\nu=50$ Hz、西・南

第7章 電磁気学

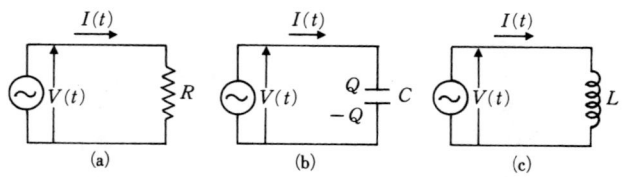

図 7-34 交流回路の例

の地域で $\nu=60\,\mathrm{Hz}$ である。

この電源に図 7-34(a)のように抵抗 R の抵抗器をつなぐと $I(t)=V(t)/R$ という電流が流れるのは，直流の場合と同じである。交流の場合には，図(b)のように，電源にコンデンサーをつないでも電流が流れる。ただし，コンデンサーの極板間は絶縁されているから，そこを流れるというわけではない。極板間の電位差が変動すると，極板に帯電する電荷も増減するが，その電荷を供給したり，取り除いたりするために，電源と極板の間の導線を電流が流れるのである。一方の極板の電荷を Q として，

$$\frac{dQ}{dt}=I \tag{44}$$

という電流が電源からその極板のほうへ流れ込み，また，反対の極板から電源のもう一方の端子へ同じ電流が流れ出す。電気容量が C のコンデンサーの両極間の電位差が(43)式のように変動する場合，そこを流れる電流は(44)式と $Q=CV$ から，

$$I(t)=C\omega V_0 \sin\left(\omega t+\frac{\pi}{2}\right) \tag{45}$$

となる。

また，図 7-34(c)のインダクタンス L のコイルを電流が流れるとき，(38)式によりコイルには，

$$V_{\mathrm{em}}=-L\frac{dI}{dt}$$

という誘導起電力が生じる。これに打ち勝つように電流が流れ続けるためには，コイルの上流側の端と下流側の端の間に LdI/dt という電圧がかかっていなくてはならない。これが，電源電圧に等しいのであるから，それが(43)式のようになるためには，

10. 交 流

$$I(t) = \frac{V_0}{L\omega} \sin\left(\omega t - \frac{\pi}{2}\right) \tag{46}$$

という電流が流れていなくてはならない。

(45)式や(46)式をみると，回路の各部分を流れる電流は一般に，
$$I(t) = I_0 \sin(\omega t - \alpha) \tag{47}$$
というかたちをしており，電源の起電力やその部分にかかる電位差と等しい振動数で変動するが，位相はずれる。各回路素子にかかる電圧が(43)式の場合に，そこを流れる(47)式の電流と電圧との位相差 α の値を表7-2の第1行目に示す。

表 7-2

回路素子	位相差 α	複素インピーダンス
抵　　　抗	0	R
コ イ ル	$\pi/2$	$i\omega L$
コンデンサー	$-\pi/2$	$1/(i\omega C)$

交流回路で電圧や電流の大きさを表すのに，振幅で表してもよいが，通常はその**実効値**を使って表す。電源の起電力と電流の実効値を V_{eff}, I_{eff} と書くと，それらと振幅の間の関係は，

$$V_{\text{eff}} = \frac{V_0}{\sqrt{2}}, \qquad I_{\text{eff}} = \frac{I_0}{\sqrt{2}} \tag{48}$$

と表される。この実効値は，それぞれ変動する起電力，電流の2乗を1周期にわたって平均したものの平方根である。

電源がそれに接続されている回路にする電気的な仕事も，時間とともに変動するが，その単位時間当たりの平均値，すなわち仕事率は，電源の起電力とそこから流れ出す電流の実効値を使うと，

$$P = V_{\text{eff}} \cdot I_{\text{eff}} \cos \alpha \tag{49}$$

となる。α が $\pm\pi/2$ のときこの電源は何も仕事をせず，$\alpha = 0$ のとき最大の仕事をする。その意味で，$\cos \alpha$ という因子は交流電源の効率を表すもので，**力率**とよばれている。

交流の場合，位相差があるために，回路にかかる電圧とそこへ流れ込む電流は比例しないが，振幅の間には，

$$V_0 = Z_0 I_0 \tag{50}$$

第7章 電磁気学

という比例関係がある。ここで Z_0 は，回路の特性と交流の振動数によって決まる量で，**インピーダンス**とよばれる。

位相差まで含めて，電圧と電流の間の関係を比例関数で表すには，**複素表示**が使われる。ある量 $A(t)$ が振幅 A_0，角振動数 ω で振動していて，初期位相，すなわち $t=0$ での位相が α であることを表すのに，

$$A_c(t) = A_0 e^{i(\omega t + \alpha)} \tag{51}$$

という複素数で表現し，これを振動量 $A(t)$ の複素表示という。$A_c(t)$ の虚部をとれば，それが実際の $A(t)$ の表式になる。この表示法で，(43)式の電圧や(47)式の電流は，

$$V_c(t) = V_0 e^{i\omega t} \tag{52}$$
$$I_c(t) = I_0 e^{i(\omega t - \alpha)} \tag{53}$$

と表される。$V_c(t)$，$I_c(t)$ をそれぞれ**複素電圧**，**複素電流**といい，それらの間には，

$$V_c(t) = Z(\omega) I_c(t) \tag{54}$$

という関係が成り立つ。この $Z(\omega)$ を回路の**複素インピーダンス**といい，その逆数を**複素アドミッタンス**という。表7-2に複素インピーダンスの例を示す。

複素インピーダンス $Z_1(\omega)$, $Z_2(\omega)$, $\cdots$, $Z_n(\omega)$ をもつ回路素子をつなげて作った回路にかかる複素電圧とそこを流れる複素電流の比がその回路の**合成インピーダンス**で，それを求めるには§5のキルヒホフ (Kirchhoff) の法則を次のように書き換えたものが使える。

① 回路の分岐点に流れ込む複素電流の和は 0 である。
② 1つの閉回路に沿って $I_{ic}(t) Z_i(\omega)$ の代数和をとったものは，その閉回路中の複素起電力の和に等しい。

たとえば図7-35(a)の合成インピーダンス $Z(\omega)$ は，

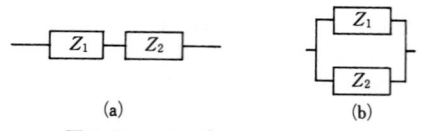

図7-35 インピーダンスの合成

$$Z(\omega) = Z_1(\omega) + Z_2(\omega)$$
であり，また，図(b)の合成インピーダンスは，
$$\frac{1}{Z(\omega)} = \frac{1}{Z_1(\omega)} + \frac{1}{Z_2(\omega)}$$
から求められる。

(西川恭治，川村清)

11. 電磁波

交流電源にコンデンサーをつなぐと両者をつなぐ導線に電流が流れるということを§10で述べた。図7-34(b)を見て，大きさが$I(t)$の電流がコンデンサーの極板間にも流れていると考えると，電流が閉じた回路を一周することになり，図(a)や(c)との整合性がある。もちろん極板間は絶縁されているから，極板間を流れる電流は電荷の流れを意味する普通の電流とは別のものである。そこで，これをI_dと書いて，**変位電流**あるいは**電束電流**とよぶ。コンデンサーの極板間に存在するのは電束密度であるから，I_dは電束密度を使って表されるであろう。

図7-34(b)の導線を流れる電流Iと極板上の電荷Qの間には§10の(44)式の関係があるから，変位電流の大きさも，

$$I_\mathrm{d}(t) = \frac{dQ}{dt} \tag{55}$$

と書けるはずである。極板の面積をS，極板間の電場の大きさをEとすると$Q = \varepsilon_0 ES$だから(55)式より，

$$I_\mathrm{d} = \varepsilon_0 S \frac{dE}{dt} = S \frac{dD}{dt} \tag{56}$$

が導ける。すなわち，極板間には単位面積当たり，

$$i_\mathrm{d} = \frac{dD}{dt} \tag{57}$$

という大きさの電流が流れていることになる。これを変位電流の電流密度とよぶ。

実は，マックスウェル（James Clerk Maxwell）は，図7-34(b)の回路の周辺の磁場の考察から，変位電流というアイディアを思いついた。彼によると，コンデンサーの極板の間にも磁場が存在するはずであり，それを変位電流によるものと考えた。すると，アンペ

第7章 電磁気学

表7-3 真空中のマックスウェル方程式

div $\boldsymbol{E}=0$	①
rot $\boldsymbol{E}+\dfrac{\partial \boldsymbol{B}}{\partial t}=0$	②
rot $\boldsymbol{H}-\dfrac{\partial \boldsymbol{D}}{\partial t}=0$	③
div $\boldsymbol{B}=0$	④
($\boldsymbol{B}=\mu_0\boldsymbol{H}$,　$\boldsymbol{D}=\varepsilon_0\boldsymbol{E}$)	

ール（Ampère）の法則は「磁場の強さを任意の閉曲線に沿って積分したものは，その閉曲線を縁とする面を貫く電流と変位電流の和に等しい」といい換えられる。これを**アンペール-マックスウェルの法則**という。

コンデンサーの間の理想化された電場でなく，一般に空間的および時間的に変動する電場中では，

$$i_\mathrm{d}=\frac{\partial \boldsymbol{D}(x, y, z, t)}{\partial t} \tag{58}$$

という変位電流がある。このような変位電流はいわば思考の産物であって，実験法則として導入されたものではなかった。しかし，**電磁波**が存在することによって，変位電流の存在は確実になった。

電磁場に関する基本的な法則は**マックスウェル方程式**とよばれる4つの微分方程式で，電流も電荷密度もない真空中の電磁場に対するものを表7-3にまとめておく。

これらの微分方程式は，これまでにばらばらに出てきた法則を純粋に近接作用論の立場で書き下ろしたもので，①式は電気力線に関するガウス(Gauss)の法則，②式はファラデー（Faraday）の法則から導かれる。③式はアンペール-マックスウェルの法則から導出されるが，②式と非常に似た形をしており，この2つが電場と磁場は相互にかかわり合っていることを示す。最後の④式は磁場に関するガウスの法則を表す。なお，$\boldsymbol{B}$と$\boldsymbol{H}$，$\boldsymbol{D}$と$\boldsymbol{E}$はそれぞれ比例関係にあるから，これらの式は，たとえば$\boldsymbol{E}$と$\boldsymbol{B}$のみを使って書くこともできるのだが，この形に書いておくと物質中の電磁場を論ずることもできるので，わざわざ4つの量を使って書いてある。

これまで遠隔作用の立場に近い書き方をしてきたので，これらの式の中に電場のもとになる電荷や磁場のもとになる電流が書いてなくても電磁場の様子が記述できるのだろうか，と思う読者もいるかもしれない。しかし，この点に近接作用という立場の核心があるの

11. 電磁波

である。

　もちろん，電場や磁場ができるためには，空間中のどこかに電荷や電流がなくてはならない。しかし，電荷や電流は，そのごく近傍の電磁場を決めているだけで，こうして決められた電磁場はさらにその近傍の領域の電磁場を決める。これを繰り返して遠方の電磁場が決まるのだが，真空中での電磁場の伝わり方は真空特有の法則に従うのであって，空間のどこかにある電荷や電流とは無関係である。これが近接作用の考え方というものである。

　マックスウェル方程式を使えば，静電場や静磁場についても別の立場から議論することもできるが，ここでは電磁波について議論する。

　表7-3の4つの方程式から，次のような微分方程式が導出できる。

$$\frac{\partial^2 \boldsymbol{E}(x, y, z, t)}{\partial t^2} = c^2 \nabla^2 \boldsymbol{E}(x, y, z, t) \tag{59a}$$

$$\frac{\partial^2 \boldsymbol{B}(x, y, z, t)}{\partial t^2} = c^2 \nabla^2 \boldsymbol{B}(x, y, z, t) \tag{59b}$$

ただし，

$$c^2 = \frac{1}{\varepsilon_0 \mu_0} \tag{60}$$

である。

　これら2つの方程式は，(E_x, E_y, E_z) と (B_x, B_y, B_z) に対する**波動方程式**であり，この電場および磁場の波を**電磁波**という。c は，この電磁波が真空中を伝わる速さであるが，昔からなじみのあった光が電磁波の一種なので，通常は c を**光の速さ**という。

　とくに，(59a)と(59b)は，

$$\boldsymbol{E} = \boldsymbol{E}_0 \sin\left\{\frac{2\pi}{\lambda}(x - ct) - \alpha\right\} \tag{61a}$$

$$\boldsymbol{B} = \boldsymbol{B}_0 \sin\left\{\frac{2\pi}{\lambda}(x - ct) - \alpha\right\} \tag{61b}$$

という解をもつ。これは x 軸に沿って進む波であるが，これら2つの電場の波と磁場の波が独立に進むわけではない。前にも述べたように表7-3の②式と③式は，電場と磁場の間の相互関係を規定し

第7章 電磁気学

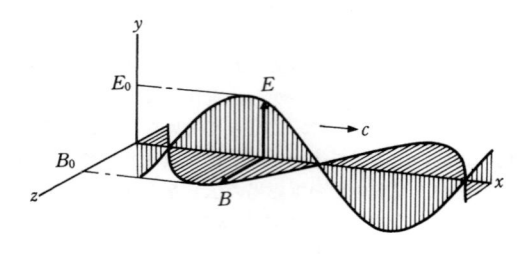

図 7-36 平面電磁波

ており，(61a)式と(61b)式を表7-3の②式または③式に代入すると，E_0 と B_0 は互いに直交しており，しかも①式と④式から両方とも波の進行方向に垂直であることがわかる。さらに，E_0 を表す矢印を B_0 を表す矢印のほうへ回転した右ネジの進行方向と波の進行方向が一致しているのである（図7-36）。また，これらのベクトルの大きさの間には $E_0 = cB_0$ の関係がある。

このように，電磁波においては振動する量，すなわち電場と磁場が波の進行方向に垂直なわけで，電磁波は横波の1つの例である。このうち，たとえば電場の方向を考えると，その振動の方向は E_0 によって表される。この進行中の波を後から進行方向に見て，電場が1つの直線に沿って振動しているとき（図7-37(a)），電磁波は**直線偏光**をしているという。一方，

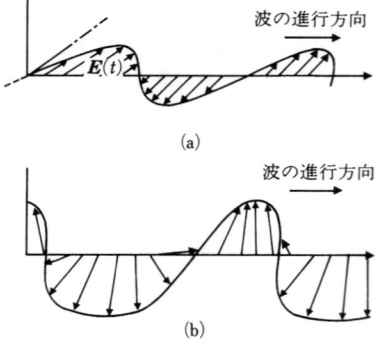

図 7-37 直線偏光波(a)と左旋光波(b)

11. 電磁波

$$E_x = E_0 \cos\{2\pi(x-ct)/\lambda\}, \quad E_y = 0 \tag{62a}$$
$$E_x = 0, \quad E_y = E_0 \sin\{2\pi(x-ct)/\lambda\} \tag{62b}$$

という波を重ね合わせて，進行方向から見ると，電場の大きさはいつも E_0 で，その向きが左向きに回転する（図 7-37(b)参照）。この

図 7-38 有限の長さの波

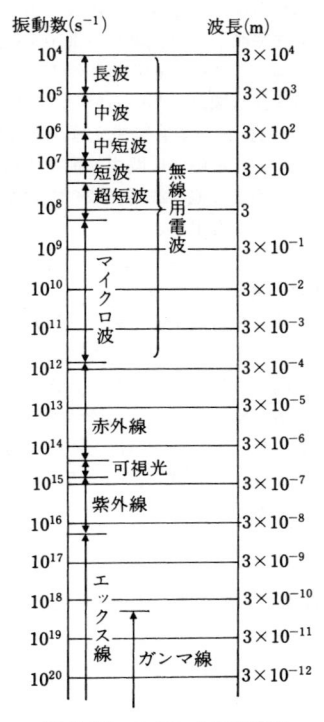

図 7-39 いろいろな電磁波

ような波を**左旋光**という。同様にして，反対に回転する波を作ることもでき，それを**右旋光**とよぶ。

(61a)，(61b)式あるいは(62a)，(62b)式のような波は理想化された電磁波で，自然界で見る光は種々の波長，$\boldsymbol{E}_0$の方向，位相をもった電磁波が混ざり合っている。また，上の例では，振幅がxによらない一定の波を考えたが，自然界の光は図7-38のように，有限の区間でのみ振幅があるような波である。それに対し，特定の波長のみをもつ電磁波を**単色光**，$\boldsymbol{E}_0$が特定の向きに揃った電磁波を**偏光**という。とくに，**レーザー光線**は，位相が揃った単色光に近い光が特定の方向に伝わる理想化された電磁波であって，その出現によって，光を使う実験や測定が目覚ましい進歩を遂げたばかりか，真空中を高い密度でエネルギーを送る可能性もでてきた。

電磁波には，その波長領域によりいろいろな名前がついている。それを図7-39に示した。なかでも可視光は，人類にとってなじみのある電磁波であるので，電磁波に関する種々の用語は光に対して使われていたものがそのまま他の波長領域の電磁波にも使われている。その多くの例が，上にも出てきた。　　　　　　（西川恭治，川村清）

12. 電磁場のエネルギー

§4で，コンデンサーを帯電するためになした仕事はコンデンサーにエネルギーとしてたまると述べた。このエネルギーは，帯電によってコンデンサー間に生じた電場にたくわえられたものと考えられる。ちょうど，バネで結ばれた2つの物体を引っ張るときになした仕事が，弾性エネルギーとしてバネにたくわえられていると考えるのと同じである。§4の(11)式に，$V=Ed$と§4の(15)式の電気容量の表式を代入すると，

$$U=\frac{\varepsilon_0}{2}E^2Sd$$

になるが，Sdが電場のある空間の体積であるから，電場には単位体積当たり，

$$u_E=\frac{\varepsilon_0}{2}\boldsymbol{E}^2 \tag{63}$$

のエネルギーがたまっていることになる。この表式は一般の電場で

12. 電磁場のエネルギー

も成立し,これを**静電場のエネルギー密度**という。

また§9で,電流が流れるコイルにもエネルギーがたまっていると述べた。このエネルギーもコイルの中の磁場にたくわえられていると考えられる。§9の(42)式に,ソレノイドのインダクタンスの式,§9の(39)式と§8の(32)式を代入すると,

$$U = \frac{1}{2}\mu_0 H^2 Sl = \frac{1}{2\mu_0} B^2 Sl$$

となる。Sl がコイルの体積であるから,磁場には単位体積当たり,

$$u_\mathrm{M} = \frac{\mu_0}{2} H^2 = \frac{1}{2\mu_0} B^2 \tag{64}$$

のエネルギーがたまっていることになる。この表式は一般の磁場でも成立し,これを**静磁場のエネルギー密度**という。

電場や磁場が変動する場合でも,単位体積当たり,

$$u(r, t) = \frac{\varepsilon_0}{2} E^2(r, t) + \frac{\mu_0}{2} H^2(r, t) \tag{65}$$

の大きさのエネルギーがたまるということは静電場・静磁場の場合と同じであるが,この場合にはさらに,エネルギーの流れという概念が必要になってくる。実際,電磁場中に体積が ΔV の小さな空間を考えると,そこにある電磁気的エネルギーは $u(r, t)\Delta V$ であるが,この値は時間的に変化する。

たとえば,この空間中のエネルギーが増加したとすると,エネルギー保存則により,その増加分は周囲から境界面を通して流れ込んだと考えるしかない。時間的に変動する電磁場中には,このようなエネルギーの流れの場があるわけで,その流れの場を表すのにエネルギー流量 $S(r, t)$ を使う。このベクトルの向きは,時刻 t における r という場所でのエネルギーの流れの向きに等しく,大きさは,流れの向きに垂直な単位面積を単位時間に通過するエネルギーに等しいものとする。計算の結果によると,このベクトルは,

$$S(r, t) = E(r, t) \times H(r, t) \tag{66}$$

と表される。この S を**ポインティング・ベクトル**とよぶ。

例として,平面電磁波が伝播する場合の電磁場のエネルギーを考えてみよう。この場合,磁束密度と電場の振幅の間の関係を使うと,(65)式の右辺の第2項は,

$$u_\mathrm{H} = \frac{1}{2\mu_0} \boldsymbol{B}^2(\boldsymbol{r}, t) = \frac{1}{2\mu_0 c^2} \boldsymbol{E}^2(\boldsymbol{r}, t) = \frac{\varepsilon_0}{2} \boldsymbol{E}^2(\boldsymbol{r}, t)$$

となって第1項と等しくなる。すなわち、平面電磁波の中では、電場のエネルギー密度と磁場のエネルギー密度はいつも等しい。$\boldsymbol{E}$と$\boldsymbol{B}$は直交しているから、$\boldsymbol{S}$の大きさは、

$$S = EH = \frac{1}{\mu_0} EB = \frac{E^2}{\mu_0 c} = c\varepsilon_0 E^2 = cu \tag{67}$$

となる。また、$\boldsymbol{S}$の向きは電磁波の進行方向になっている。そこで、電磁波の進行方向に垂直な単位面積を単位時間に通過するエネルギー流量Sは、電磁場のエネルギーが電磁波と同じ速さcで流れているとすれば、この面を底とし高さがcの柱状の空間の中にあるエネルギーと等しいはずである。$S = cu$という式はこの事実を表しているのである。

(西川恭治,川村清)

II 物質中の電磁場

13. 物質の電気分極

これまでは、導体を除きすべて真空中の電磁場について考えてきた。この節では、**誘電体**中の電磁場について議論する。ただし、電磁気学での議論は、巨視的な物質に関する実験結果の現象論に限るので、誘電体についても、独特のかなり抽象化されたモデルを使って議論する。20世紀に入ってからの物性物理学の輝かしい発展のおかげで、今日では、原子レベルの電磁現象に関する豊富な知識に基づいて巨視的な物質の電磁気的性質を議論できるようになってきたが、これらは物性物理学の章で議論される。

物質中に静電場があったとき電流を生じるものを**導体**、そうでないものを**絶縁体**という。この絶縁体は誘電体ともよばれるが、その理由はやがてわかってくる。この絶縁体、すなわち誘電体をコンデンサーの極板の間に挟むとコンデンサーの電気容量が増加する。このような現象を説明するのが誘電体の電磁気学の目的である。

そのために、次のようなモデルを考える。誘電体というのは、電場がないときは正負の電気量をもった荷電粒子が一様に混ざっているのだが、電場をかけると正電荷は電場と同じ向きに、負電荷は電場と逆向きにそれぞれ少しずつ変位する、というモデルである。そ

13. 物質の電気分極

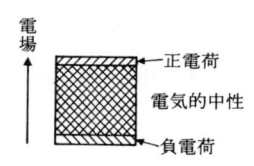

図 7-40 誘電体の分極

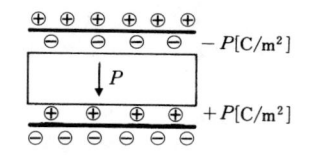

図 7-41 平行平板コンデンサー中の誘電分極と表面電荷分布

の変位の結果，図7-40のように誘電体の表面に正電荷と負電荷が現れる。導体の静電誘導に似ているが，それぞれの電荷は原子の中でかたくつながれているために，個々の電荷はあまり大きくは変位せず，したがって誘電体中の電場は消えずに残るところが導体とは違う。このように，ほんの少しだけ正負の電荷の重心が分離する現象を**電気分極**という。

正電荷の単位体積当たりの電気量を q，負電荷のそれを $-q$ とし，それぞれの電荷の重心の間隔を d とするとき，大きさが $P = qd$ で負電荷の重心から正電荷の重心のほうを向くベクトル $\boldsymbol{P}$ を**分極ベクトル**という。このベクトルの大きさ P は，変位に垂直な単位面積を通過した電気量と等しい。したがって，図7-41のように，コンデンサーの極板の間に入れた誘電体が電気分極して分極ベクトル $\boldsymbol{P}$ をもつとき，正の極板の側の誘電体の表面には $-P$ の密度の負電荷が現れ，反対側の表面には密度 P の正電荷が現れる。このように，分極によって生じた電荷を**分極電荷**という。物体全体では，正負の分極電荷は相殺し，したがって分極電荷の全電気量は0になる。

両極板に挟まれた誘電体内部の電場は，両極板の電荷（分極電荷に対し**真電荷**という）と誘電体表面の分極電荷の両方によって作られる。正の極板上の真電荷を Q，極板の面積を S とすると，両極とも分極電荷の符号が真電荷の符号と反対であるために，誘電体内部の電場 E は，$\pm(Q/S - P)$ の電荷密度をもった極板間の真空中の電場と等しい。したがって，

$$E = \frac{1}{\varepsilon_0}\left(\frac{Q}{S} - P\right) \tag{68}$$

第7章 電磁気学

となる。

一方,誘電体中の電場によって電気分極が生じるのであるから,PはEの関数であるが,Eが小さいときPはEに比例する場合が多い。それを,

$$P = \chi_e E \tag{69}$$

と表すとき,χ_eを**電気感受率**という*。(68)式と(69)式からPを消去すると,

$$E = \frac{Q}{(\varepsilon_0 + \chi_e) S}$$

を得るが,これは両極板間が真空の場合における電場の式のε_0を,

$$\varepsilon = \varepsilon_0 + \chi_e \tag{70}$$

で置き換えたものに等しい。そこで,コンデンサーの電気容量は,§4の(15)式を書き換えて,

$$C = \varepsilon \frac{S}{d} \tag{71}$$

となる。

(70)式のεをその物質の**誘電率**といい,$\varepsilon/\varepsilon_0$を**比誘電率**という。分極は電場に平行に生じるからχ_eは必ず正で,その結果,比誘電率は1より大きい。したがって,(71)式で表される電気容量は,極板間が真空のものより $(\varepsilon/\varepsilon_0)$ 倍だけ大きくなるのである。

一般に,誘電体中の静電気学の公式は,平行平板コンデンサーの電気容量の表式だけでなく,真空中の静電気学の公式に現れるε_0をその物質の誘電率で置き換えたものになる。たとえば,電束密度は,

$$D = \varepsilon E = (\varepsilon_0 + \chi_e) E = \varepsilon_0 E + P \tag{72}$$

と表されるし,一様な誘電体中におかれた2つの電荷の間のクーロン (Coulomb) 力は,

$$F = \frac{1}{4\pi\varepsilon} \frac{q_1 q_2}{r^2} \tag{73}$$

になる。

---

* 本によっては,$P = \varepsilon_0 \chi_e E$ と書くこともあるから注意が必要である。

13. 物質の電気分極

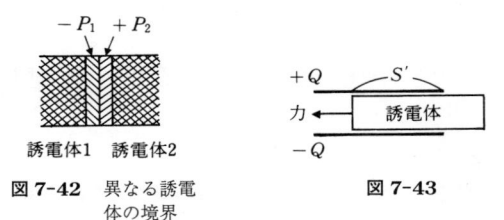

図 7-42 異なる誘電体の境界

図 7-43

　これまで一様な誘電体を考えてきたが，誘電率が空間的に変動する場合，分極電荷は誘電体内部にも現れる。たとえば，図7-42のように2つの誘電体が接していて，電場がこの境界面に垂直で左向きの場合，この面の誘電体1の側には単位面積当たり，$-P_1$ の分極電荷が，また誘電体2の側に $+P_2$ の分極電荷が現れるとすると，この境界面には正味 (P_2-P_1) の分極電荷が現れる。

　また，一般には，両方の誘電体中の電場の強さも電束密度も等しくない。ただし，これらの量の境界面に垂直な成分に n，平行な成分に t という添字を付けると，

$$E_{1t}=E_{2t} \tag{74a}$$
$$D_{1n}=D_{2n} \tag{74b}$$

という等式が成り立つことがわかっている。なお，真空と誘電体が接するときは，真空を誘電率 ε_0 の誘電体と考えればよい。

　コンデンサーの間に誘電体が入ると電気容量が大きくなるから，§4の(11)式で表した静電場のエネルギーも誘電体を入れることによって変化する。たとえば図7-43のように，両極板の間に誘電体をさし込んだ場合を考えてみよう。これは，誘電体を挟んだコンデンサーと極板間が真空のコンデンサーを並列につないだのと等価であるから，全体の電気容量は誘電体の入っている部分の面積を S' として，

$$C=\left\{1+\frac{S'}{S}\left(\frac{\varepsilon}{\varepsilon_0}-1\right)\right\}C_0 \tag{75}$$

となる。ここに，C_0 は誘電体がまったく入っていないときの電気容量である。極板上の電気量は一定であるから，$U=Q^2/2C$ より，S' が大きいほうが静電エネルギーは小さい。力学においてポ

473

テンシャルエネルギーが下がる方向に力が作用することを学んだが，この場合も，誘電体は静電エネルギーを下げるように，すなわち，S' を大きくするようにコンデンサーの中へ引き込まれるのである。

（西川恭治，川村清）

14. 磁　　性

磁場の強さが不均一な強力な電磁石の磁極の間に物体をつるすと，物体は磁極の中心に引き込まれたり外へ押し出されることが多い。外へ押し出されるような物体を**反磁性体**，引き込まれる物体を**常磁性体**，とくに強く引き込まれる物体を**強磁性体**という。また，このようにして物質の磁性を調べる方法を**ファラデー**(Faraday)**法**という。

この現象を，もう少し簡単な配置を使って説明しよう。そのために，図7-44のようにソレノイドの端の近くに物体を置いてみると，常磁性体や強磁性体はコイルに引かれ，反磁性体はコイルから反発力を受ける。その現象を説明するために，これらの物体を磁場に入れると物体の表面の磁場に垂直な面内で環状電流が流れると考えてみる。たとえば，図7-44のように電流が流れると，電流の各部でのローレンツ（Lorentz）力はほぼ水平に外側を向くが，コイルの端の近くでは磁力線が外へ向かって開いているために，下向きの成分をもつ。これがコイルに吸い込まれる理由だと考えるのである。

このように，物体が不均一な磁場から力を受けるような性質を**磁性**といい，磁性をもつことを**磁化**，磁性を示す物質を**磁性体**という。また，上に述べた環状電流を**磁化電流**という。

磁化電流は，電池につながれた電線中の電流とはかなり異なる性質をもっている。最も顕著な性質として，ジュール（Joule）熱を放出せず，したがって電場がなくても流れ続けることがある点である。さらに，このような電流が熱平衡状態でも生じる理由は，古典力学と電磁気学を組み合わせたのでは説明ができない。実際，磁場中で荷電粒子がローレンツ力を受けて円運動をしているのがこの磁化電流の実体だとしたら，図7-44の電流とは反対向きになってしまう。不均一プラズマの反磁性のように，熱平衡にないときにはこ

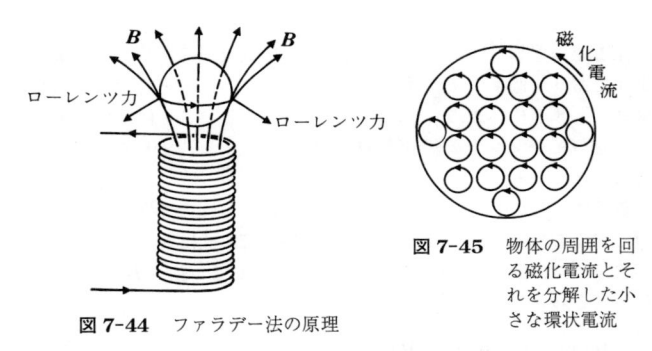

14. 磁 性

図 7-44 ファラデー法の原理

図 7-45 物体の周囲を回る磁化電流とそれを分解した小さな環状電流

れで説明できる場合もあるが，一般にはこの磁化電流の実体は量子力学を使わなくては説明できないものであって電磁気学の範囲を越えるので，詳しいことは物性物理学の章に譲ることにして，ここでは，磁化電流というものを現象論的に導入しておく．磁化電流に対し，導線中の電流のような通常の電流を**真電流**とよぶ．

磁性体が磁化されると，その周囲に磁場ができる．この磁場は，磁化電流にビオ-サヴァール（Biot-Savart）の法則を適用して求められる．鉄芯を入れたコイルに電流を流すと，コイルの作る磁場によって鉄芯が磁化される．この場合，周囲の空間にはコイルを流れる電流，すなわち真電流による磁場と，鉄芯の周囲を環状に回る磁化電流の作る磁場を重ね合わせた磁場ができる．数学的には，コイル周辺の空間の磁束密度は真電流と磁化電流の双方をビオ-サヴァールの公式に代入して計算される．したがって，鉄芯を入れることによってコイルの周囲には強い磁場ができるのである．

磁性体内部の磁場の様子はどうなっているのであろうか．たびたび述べたように，電磁気学では物質の微視的なふるまいについての議論はせず，以下に述べるような現象論で我慢しておく．

まず，§8で任意の閉回路を多数の網目に分けたように，磁化電流も，磁性体の周囲を流れるのではなくその内部の至るところ，小さな環状電流として流れていると考える（図7-45）．このように考えても，隣り合う環状電流はその接するところで打ち消し合うから，結局，外側の環状電流だけが残るのである．§8で述べたよう

に，これらの小さな環状電流の作る磁場は，磁気双極子モーメントの作る磁場と等しい。そこで，磁性体は磁気双極子モーメント $\boldsymbol{m}$ の集団であり，個々の環状電流のもつ磁気モーメントと磁化電流の関係は，§8の(34)式のようにして決まるとする。さらに，単位体積中の磁気モーメントの総和を $\boldsymbol{M}$ と書いて，これを**磁化ベクトル**とよぶことにする。

磁性体における磁化ベクトルは，誘電体における分極ベクトルに対応するものである。したがって，§13の(72)式に対応して，磁化ベクトルと磁束密度から次の式によって磁場の強さ $\boldsymbol{H}$ を定義する。すなわち，

$$\boldsymbol{H}(\boldsymbol{r}) = \frac{1}{\mu_0}[\boldsymbol{B}(\boldsymbol{r}) - \boldsymbol{M}(\boldsymbol{r})] \tag{76}$$

常磁性体や反磁性体では，$\boldsymbol{H}$ が小さいかぎり $\boldsymbol{M}$ は $\boldsymbol{H}$ に比例して，

$$\boldsymbol{M} = \chi_m \boldsymbol{H} \tag{77}$$

と書ける。ここに出てきた χ_m を**磁化率**という（なお本によっては，$\boldsymbol{M} = \mu_0 \chi_m \boldsymbol{H}$ と書くものもあるから注意が必要である）。

(77)式と(76)式とから $\boldsymbol{M}$ を消去すると，

$$\boldsymbol{B}(\boldsymbol{r}) = (\mu_0 + \chi_m) \boldsymbol{H}(\boldsymbol{r}) \tag{78}$$

となるが，

$$\mu = \mu_0 + \chi_m \tag{79}$$

をこの物質の**透磁率**という。常磁性体の磁化率は正だが反磁性体の磁化率は負だから，物質の透磁率は真空の透磁率より大きい場合も小さい場合もある。なお，μ/μ_0 を**比透磁率**という。強磁性体でないかぎり，比透磁率は1に非常に近い。

磁化電流と真電流を合わせた全電流と磁束密度との関係は，§8で述べた真空中での両者の関係と同じである。したがって，磁束密度を図示する磁力線が端点をもたないという性質は，真空中でも磁性体中でも，また両者の境界でも変わらない。それに対し，磁場の強さは，(78)式と(79)式より，

$$\boldsymbol{H} = \frac{1}{\mu} \boldsymbol{B} \tag{80}$$

と書けて，μ の値が磁性体中と真空中で異なるために，磁力線の密度を $\boldsymbol{H}$ の大きさに比例して引くと境界のところに端点が現れる。

14. 磁 性

Hを表す磁力線が端点をもつということは,電気力線と似ている。実際,§8で述べた(p, E)と(m, H)の対応は,真電流がない場所では磁性体があっても成り立つ。それに対し,Bと真電荷がない場所でのDとが対応している。その結果,2つの磁性体の境界では,前節の(74a),(74b)式に対応する関係

$H_{1t} = H_{2t}$ (81a)

$B_{1n} = B_{2n}$ (81b)

が成り立つ。真空と磁性体が接するときは,真空を透磁率μ_0の磁性体と考えればよい。

誘電体では電気分極の結果,表面に分極電荷が現れ,それによる電場を考えることができた。(p, E)と(m, H)の対応により,磁化された磁性体の表面にも磁気モーメントの不連続な分布のため,ある意味での磁荷が現れると考えることができる。この磁荷が磁性体中に作る磁場は,Mとはほぼ反対の向きで,これを**反磁場**という。磁性体を磁化するための磁場,すなわち(77)式の右辺のHは,外から加えた磁場とこの反磁場との和である。

磁性という立場からみると,すべての物質は磁性体であるといってよいが,日常生活において利用されているのは強磁性体の磁性である。とくに,外から磁場をかけない状態で磁化ベクトルをもち,外部に磁場を作るものを**永久磁石**という。

強磁性体では,もともと磁化がなかったものに弱い磁場をかけるときには(77)式が成り立つが,そうでない場合も多い。いずれにせよ,強磁性体中の磁化ベクトルMは,磁場Hと平行になろうとする。ところが,棒磁石の内外の磁場Hは,外部回路による磁場がないかぎりその両端に現れる磁荷によるものしかなく(図7-46(a)),その内部ではMとはほぼ反対向きである。この矛盾のために,棒磁石は不安定な状態にあり,時間がたつにつれ磁化ベクトルがなくなっていく。

他方,図(b)のような環状の永久磁石では,内部の磁化ベクトルは環に沿った方向にできて,表面に磁荷が現れない。したがって,Mの向きを変えようとするような磁場も現れず,この磁石は安定である。

この場合$B = M$だから,磁力線も環の中に閉じており,外部に

第7章　電磁気学

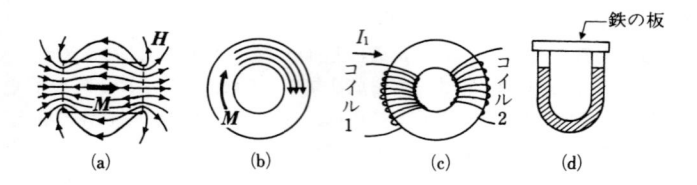

図 7-46 (a) 棒磁石の内部と周辺の磁場。内部では H と M は，ほぼ反対向きである。(b) 環状磁石中の磁力線 (c) 変圧器の原理 (d) U字形磁石の保存

は現れない。変圧器のコイルと鉄芯は図 7-46(c)のような配置になっており，I_1 の作る磁束が外に漏れることなくコイル2を貫き，効率よく作動する。また，市販のU字形磁石に，図(d)のような両極をまたぐ鉄の板がついているのは，表面磁荷が現れて，磁化ベクトルが消えていくのを防ぐためである。　　　　　　　　　　　（西川恭治，川村清）

15. 物質と電磁波の相互作用

§11では，真空中の電磁波の議論をした。その電磁波は，物質の中でバラエティーに富んだ様相を示す。

まず，最も簡単な場合として，マックスウェル（Maxwell）方程式は§11の表 7-3のように書けて，D と E および B と H を関係付ける誘電率 ε と透磁率 μ の値が真空中とは異なるだけという場合について考えよう。このような物質中では，§11の数学的表式のうち，ε_0 と μ_0 の部分だけを書き換えればよいのだが，これらの量は，光の速さにのみ現れる。したがって，この物質中では，電磁波は速さ v が，

$$v = \frac{1}{\sqrt{\varepsilon\mu}} \tag{82}$$

に変わる以外，真空中とまったく変化がない。通常，光を通す物質の μ は μ_0 と大差ない。したがって，このような物質中の電磁波の速さは真空中の $\sqrt{\varepsilon_0/\varepsilon}$ 倍になる。

波動の一般的性質として，**反射の法則**と**屈折の法則**が成り立つというものがある（図 7-47）。媒質1に対する媒質2の**屈折率** n_{12} は，それぞれの媒質中での光の速さを v_1，v_2 として，

15. 物質と電磁波の相互作用

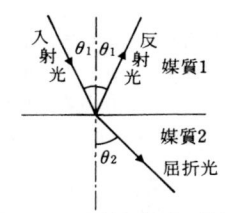

図 7-47 入射角(θ_1),反射角(θ_1)および屈折角(θ_2)

$$n_{12}=\frac{\sin \theta_1}{\sin \theta_2}=\frac{v_1}{v_2} \tag{83}$$

と書けるというのが波動の一般論だが(第11章「波動」を参照)(82)式を(83)式に代入すると,

$$n_{12}=\sqrt{\frac{\varepsilon_2}{\varepsilon_1}} \tag{84}$$

となり,誘電率の小さい物質から大きい物質に入るときの屈折率は1より大きい。入射側が真空であるとき,n_{12}をその物質の**絶対屈折率**という。空気の絶対屈折率は1とみなしてよいから,空気中から物質中に入る光の屈折率がその物質の絶対屈折率になる。

石英ガラスの絶対屈折率は約1.5であるが,この大きさは,厳密にいうと光の色によって異なる。プリズムによって太陽光を色別に分けることができるのは,この事実による。その原因は,石英ガラスの誘電率が光の波長が短くなるにつれて大きくなるからである。一般に,屈折率が光の波長により異なることを**光の分散**というが,それは誘電率が電磁波の振動数によって異なるという現象,すなわち**誘電分散**の結果である。

誘電分散が起こる理由の詳しい議論は物性論の役目であるが,一般的にいうと,誘電体中で電気分極ベクトルが,

$$\boldsymbol{P}(t)=\boldsymbol{P}_0 \cos(\omega_0 t)$$

というような固有振動をするからであると考えてよい。そのため,振動電場がこの誘電体中に入ると電場の角振動数ωがω_0になるとき共振を起こす。そうでなくとも,ωがω_0に近づくにつれて電気分極の振幅が大きくなり,したがって電気感受率が大きくなる。そ

第7章　電磁気学

の結果，誘電率も電磁波の振動数の関数となる。

物質と電磁波との相互作用を考えるとき，電気分極ベクトルや，その構成要素である電気双極子モーメントは重要な役割をする。電磁気学の立場からいえば，電磁波を作るのも双極子モーメントである。図7-48のような装置を考えてみよう。

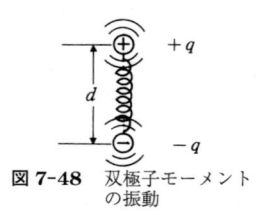

図7-48 双極子モーメントの振動

バネでつながれた2つの帯電した球が振動すると双極子モーメント qd が変動するが，その結果，周囲の電場が振動する。これが電磁波となって伝播するのであって，このような電磁波の放射を**双極子放射**という。その巨視的な例としてはラジオやテレビの送信アンテナの作動の原理があり，熱せられた物体から光が出るのは，分子の熱運動の結果生じた微視的な双極子の振動の結果である。また，物質中で光が吸収されるのも，電気分極が共振を起こして，電磁波のエネルギーが双極子の振動のエネルギーに変換されるからだと考えてよい場合も多い。さらに，光が物質に当たって双極子モーメントを振動させると，ただちにその双極子モーメントが双極子放射を行って四方に光を放射するのが，**光の散乱**の原因である。

電磁波の吸収を記述するのに重要な量として，**複素屈折率**がある。物質中を x 方向に進行する電磁波のうち，たとえば電場ベクトルは，

$$\boldsymbol{E} = \boldsymbol{E}_0 \exp\left\{i\omega\left(t - \frac{x}{v}\right)\right\} = \boldsymbol{E}_0 \exp\left\{i\omega\left(t - \frac{n}{c}x\right)\right\} \quad (85)$$

と書ける。真中の表式から右の表式に移るとき，この物質の絶対屈折率を n として，$n = (c/v)$ と書けることを使った。この表式は，速さ v で一定の振幅の電場の波が伝わることを表すのであるが，吸収が起こる場合もそのままの形で使うことにして屈折率の概念を拡張し，複素数 n_c であると考える。そこで，

15. 物質と電磁波の相互作用

$$n_c = n - ki \tag{86}$$

を(85)式の n の代わりに使うと,

$$\bm{E}_c = \bm{E}_0 \exp\left(-\frac{\omega k}{c}x\right)\exp\left\{i\omega\left(t-\frac{n}{c}x\right)\right\} \tag{87}$$

となって,振幅が x とともに減少する波の表式が得られる。上式において,n は(85)式と同じく**絶対屈折率**を表しているが,新たに出てきた k は,電磁波の減衰の度合いを表すので**減衰定数**とよばれる。

これまで,誘電体中の電磁波について述べてきたが,導体中では別の効果が起こる。x 方向に進行する平面電磁波の場合,導体中のマックスウェル(Maxwell)方程式は,

$$\begin{cases} -\dfrac{\partial E}{\partial x} = \dfrac{\partial B}{\partial t} & (88a) \\ -\dfrac{1}{\mu}\dfrac{\partial B}{\partial x} = \sigma E + \varepsilon \dfrac{\partial E}{\partial t} & (88b) \end{cases}$$

になる。この2つから B を消去して,E として複素数表示の(85)式を使うと,

$$\frac{\partial^2 E}{\partial x^2} = \left(\varepsilon\mu + \frac{\mu\sigma}{i\omega}\right)\frac{\partial^2 E}{\partial t^2} \tag{89}$$

という式にまとめることができる。この式の右辺の係数をみると,形式的ないい方であるが,導体とは,誘電率が複素数 ε_c の誘電体で,それは通常の**誘電率** ε および**電気伝導率** σ を使って,

$$\varepsilon_c = \varepsilon + \frac{\sigma}{i\omega} \tag{90}$$

と書けることを意味している。誘電率が複素数だから屈折率も複素数になり,したがって上に述べたことから,電磁波は導体中で減衰する。(87)式によると,x が,

$$d = \frac{c}{\omega k} \tag{91}$$

だけ大きくなると電磁波の振幅は $e^{-1}E_0 \fallingdotseq 0.3 E_0$ 程度になる。したがって,導体に電磁波を当てても d より深くは入れないわけで,この現象を**表皮効果**といい,d を**表皮の厚さ**という。(86)と(90)の両式から d を計算すると,近似的に,

$$d \fallingdotseq \sqrt{\frac{2}{\omega \mu_0 \sigma}}$$

になる。これは,ラジオ波が金属の表面から 1 mm より深くは入れないことを示している。　　　　　　　　　　　　（西川恭治,川村清）

16. 線形応答

導線の両端に電位差を与えるとそれに比例した電流が流れ,常磁性体に磁場をかけるとそれに比例した磁荷が現れる,というように自然界には,外部からの電磁場に対してそれに比例した変化を示す現象が多い。外部からの刺激に対して示す物質の状態の変化を**応答**といい,外部からの刺激に比例した応答を**線形応答**という。また,線形応答の性質に関する理論を**線形応答理論**という。

数学的には,線形応答というのは次の性質をもつものをいう。以下,外部からの刺激を表す量を x と書き,考えている体系の応答を y と書く。刺激が $x=f_1(t)$ と変動するときの応答が $y=g_1(t)$ で,また刺激が $x=f_2(t)$ のときの応答が $y=g_2(t)$ となったとする。そこで,刺激がこの 2 つの線形結合

$$x=af_1(t)+bf_2(t) \tag{92}$$

のときの応答が同じ線形結合

$$y=ag_1(t)+bg_2(t) \tag{93}$$

であったとき,この応答を**線形応答**という。すなわち,線形応答とは**重ね合せの原理**が適用できるものをいう。

今,$t=t_0$ という時刻に δ 関数型の刺激

$$x(t)=\delta(t-t_0)$$

が加わったとする。$\delta(t)$ という関数は $t \neq 0$ では 0 で,$t=0$ で無限大の大きさをもち,

$$1=\int_a^b \delta(t)\,dt \qquad (a<0<b)$$

という性質をもつ。

刺激がないとき,時間的に定常な系にこの刺激を加えると,それに対する応答は,

$$y(t)=\phi(t-t_0) \tag{94}$$

と書くことができる。この ϕ を**応答関数**という。応答は必ず刺激よ

16. 線形応答

り後の時刻に現れる。このことを**因果律**という。したがって，$\phi(t-t_0)$ という関数は，$t<t_0$ では 0 でなくてはならない。応答関数は，線形応答理論の基本となる量である。というのは，一般の刺激 $x=f(t)$ は δ 関数の性質を使って，

$$x(t)=\int_{-\infty}^{\infty}x(t')\delta(t'-t)dt'$$

と書けるから，応答の線形性によりこのときの応答は，

$$y(t)=\int_{-\infty}^{\infty}x(t')\phi(t-t')dt' \tag{95}$$

となる。

とくに刺激が角振動数 ω で振動するとき，これを複素数表示で，

$$x_c(t)=x_0 e^{i\omega t}$$

と書こう。これに対する応答を，

$$y_c(t)=y_0 e^{i(\omega t+\alpha)}$$

と書く。すると，

$$y_c(t)=x_0 e^{i\omega t}\int_{-\infty}^{\infty}e^{i\omega(t'-t)}\phi(t-t')dt' \tag{96}$$

となる，これを，

$$y_c(t)=\chi(\omega)x_c(t) \tag{97}$$

と書いて，$\chi(\omega)$ を**複素アドミッタンス**という。

x が交流電圧で y が電流のとき，§10 の (54) 式より，

$$I_c(t)=Z^{-1}(\omega)V_c(t) \tag{98}$$

となり，$Z^{-1}(\omega)$ を**アドミッタンス**というのだが，これを一般の刺激-応答系に拡張して，$\chi(\omega)$ を複素アドミッタンスというのである。$x(t)$ を振動磁場，y を磁化ベクトルとすると，(97) 式は，

$$\boldsymbol{M}_c(t)=\chi(\omega)\boldsymbol{H}_c(t) \tag{99}$$

となり，この場合の複素アドミッタンスは複素磁化率である。さらに，x が振動電場，y が分極ベクトルなら複素アドミッタンスは，複素電気感受率である。

(96) 式と (97) 式を比較すると，$\chi(\omega)$ は応答関数のフーリエ変換であるが，それは，因果律を使い積分変数を変えると，

$$\chi(\omega)=\int_0^{\infty}e^{-i\omega t}\phi(t)dt \tag{100}$$

と書ける。この式のωは実数であるが、仮にこれを単なる数学の公式とみなし、ωは複素数であると考えてみよう。そうすると、$t>0$であるから、ωの虚部を負の無限大にすると、$e^{-i\omega t}$は0になる。このような性質は、ωを実数としたときの$\chi(\omega)$に重大な制限を与えることが数学的に知られている。実際、χ'とχ''をそれぞれ実数として、
$$\chi(\omega)=\chi'(\omega)+i\chi''(\omega)$$
と書くとき、
$$\chi'(\omega)=P\int_{-\infty}^{\infty}\frac{\chi''(\omega')}{\omega'-\omega}\frac{d\omega'}{\pi}$$

$$\chi''(\omega)=-P\int_{-\infty}^{\infty}\frac{\chi'(\omega')}{\omega'-\omega}\frac{d\omega'}{\pi}$$

という関係がある。ただし、Pは、積分の主値をとることを意味する。これを**クラマース-クローニッヒ**(Kramers-Kronig)**の関係式**あるいは**分散式**という。とくに、$\chi(\omega)$が複素電気感受率の場合、これらの式から、

$$\varepsilon'(\omega)=P\int_{-\infty}^{\infty}\frac{d\omega'}{\pi}\frac{1}{\omega'-\omega}\varepsilon''(\omega')$$

$$\varepsilon''(\omega)=-P\int_{-\infty}^{\infty}\frac{d\omega'}{\pi}\frac{1}{\omega'-\omega}\{\varepsilon'(\omega')-\varepsilon_0\}$$

という関係が導出される。ただし、ε'とε''は複素誘電率の実部と虚部である。実は、クラマース-クローニッヒは、この誘電率の関係式を出したのであるが、それは上に述べたように、刺激-応答の因果律と線形応答の性質より、一般の複素アドミッタンスに対して成り立つ関係なのである。　　　　　　　　　　（西川恭治、川村清）

17. 四端子回路理論

自然科学、とくに物理学は、自然現象をより簡単な構成要素に分解し、それから現実世界の現象を説明しようとするかにみえる。しかし、そればかりが自然科学者の態度ではなく、考察の対象の中身は追究せずに、外側からその対象を観察し、その性質を法則化することもある。物質の究極の姿を追究する素粒子物理学でさえも、S行列理論に代表される現象論的考察を使うことがあった。このよう

17. 四端子回路理論

に，その中身を追究せずに扱われる研究対象を**ブラックボックス**という。

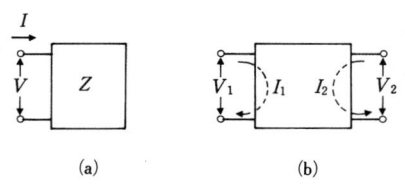

図 7-49 二端子回路(a)と四端子回路(b)

ある回路網があって，端子が2つ付いていたとしよう（図 7-49(a)）。このような回路を**二端子回路**とよぶが，端子電圧と電流の関係は，その回路の設計図がわかっていれば，それからインピーダンスを計算することによって原理的には計算できる。しかし，実用上は，この回路網をブラックボックスとして扱い，電流-電圧の関係を測定によって知っておけば十分である場合が多い。とくに，電流と電圧の値を何回か測定して両者に比例関係が成り立つことがわかった場合には，その回路の性質を表す量としてインピーダンスを求めておけば，任意の電圧値に対する電流値を予想することができるから，ブラックボックスのふたを開ける必要はない。

回路網で，端子が2対，すなわち4個ついているものを**四端子回路**という（図 7-49(b)参照）。端子間の電圧と電流を図のように定義すると，これらの間には，

$$I_1 = Y_{11}V_1 + Y_{12}V_2 \tag{101a}$$
$$I_2 = Y_{21}V_1 + Y_{22}V_2 \tag{101b}$$

という関係が成り立つ。Y_{ik} の行列を**アドミッタンス行列**といい，これがブラックボックスとしての四端子の性質を決めている。ブラックボックスの中にエネルギーを発生または吸収するような素子を含まない場合，$Y_{12}=Y_{21}$ となり，これを**相反定理**という。

四端子回路という概念は非常に広く使えるもので，ブラックボックスは普通の電子回路に限らない。たとえば，放送局の送信所のアンテナの高周波電源の端子と視聴者のアンテナ-アースの端子を四端子回路と考えれば，ブラックボックスは，両者の間の広い空間になる。また，物理量の種類の異なる四端子回路も考えることができ

第7章　電磁気学

る。その例は，空気の圧力を受けて作動し，電圧に変換するマイクロホンなどがあげられる。

いずれにせよ，(101a)式および(101b)式の右辺の V_1 と V_2 を刺激，I_1 と I_2 を応答と考えれば，これらの式は**線形応答**の式であるから，応答関数などを行列で定義すれば，四端子回路に関する線形応答理論を作ることができる。

(101a)式と(101b)式を V_1 と I_1 について解いて，

$$V_1 = AV_2 + BI_2 \tag{102a}$$
$$I_1 = CV_2 + DI_2 \tag{102b}$$

の形に書いたとき，行列

$$\begin{pmatrix} A & B \\ C & D \end{pmatrix}$$

を**四端子行列**という。この量は，2つの四端子回路を図7-50のように接続するとき，その両端の端子間の四端子行列が，

$$\begin{pmatrix} A & B \\ C & D \end{pmatrix} = \begin{pmatrix} A_1 & B_1 \\ C_1 & D_1 \end{pmatrix} \begin{pmatrix} A_2 & B_2 \\ C_2 & D_2 \end{pmatrix} \tag{103}$$

という行列積で表されるので，何段にも四端子回路をつないでいくときに有用である。

ブラックボックスの中を電磁波のような波が伝わる場合，4つの端子から波が出入りする。ある場所で，たとえば電場が，$E_0\sin(\omega t + \alpha)$ のように振動しているとき，$E_0 e^{i\alpha}$ をこの電場の**複素振幅**という。複素振幅の絶対値は振幅を表し，偏角は初期位相を表す。

左右の端子から出入りする波の振幅を絶対値とし，位相を偏角とする複素数を使って，ブラックボックスに出入りする波を図7-51のように表すことにしよう。すると，入ってくる波の複素振幅

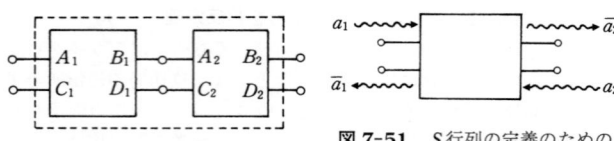

図7-50　四端子回路の接続

図7-51　S行列の定義のための参考図

a_1, a_2 と出ていく波の複素振幅 $\overline{a_1}$, $\overline{a_2}$ の間に,

$$\overline{a_1} = \rho_{11} a_1 + \rho_{12} a_2$$
$$\overline{a_2} = \rho_{21} a_1 + \rho_{22} a_2$$

という線形関係が成り立つとき, ρ_{ik} からできる行列を **S行列** または **散乱行列** という。ρ_{11} は, 左側の端子からだけ波が入るときの左側の端子から入る波とそこから出る波の振幅の比であるので, これを左側の端子での **反射係数** とよぶ。また $\rho_{21}(=\rho_{12})$ は, このとき右側の端子から出る波と左側から入る波の振幅の比であるから, これを **透過係数** という。ρ_{22} は, 右側の端子での **反射係数** である。

(西川恭治, 川村清)

18. 共振回路

図7-52のようにコイルとコンデンサーを電源と直列につないだとき, この回路のインピーダンスは, 交流の角振動数 ω が,

$$\omega_0 = 1/\sqrt{LC} \tag{104}$$

で表される ω_0 に等しいとき0になる。ということは, 電源電圧を0にしたあとでもこの振動数の電流が流れ続けるということである。現実には, コイルや導線が電気抵抗をもつために, このような極端なことは起こらないが, それでも(104)式で表される角振動数の近傍では, ほんのわずかの電源電圧で非常に大きな交流が発生する。このことは, 力学の共振現象と似ているので **電気的共振** (あるいは, L と C の組合せで起こることから **LC共振**) といい, また, 図7-52のように電気的共振を起こす回路を **共振回路** という。

物理現象には多くの振動現象が現れ, それらは数学的に同じ形の方程式で記述されることが多い。したがって, 適当なアナロジーを使えば, ある分野に出てくる振動現象についての知識を使って他の分野の振動現象を説明することができるのである。

このことを説明するために, 図7-52のコイルや導線の抵抗の効果を考慮した図7-53のような回路を流れる電流の様子を考えよう。回路を流れる電流を I として, ab間の電圧降下は,

$$V_{ab} = IR \tag{105}$$

であることは§5で述べた。また, コイルの両端の電位差, すなわちbとcの電位差は, §9の(38)式の符号を反対にして,

第7章 電磁気学

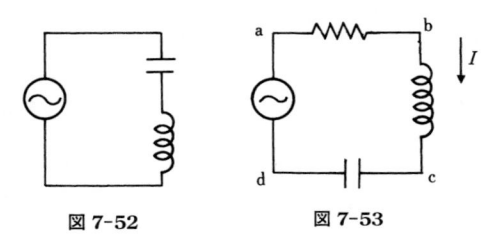

図 7-52

図 7-53

$$V_{bc} = L\frac{dI}{dt} \tag{106}$$

となる。さらに、コンデンサーの c の側の極板の電荷を Q とすると、c と d の電位差は、

$$V_{cd} = \frac{Q}{C} \tag{107}$$

となる。これら全部を加えたものが電源の起電力 $V(t)$ に等しくなくてはならないから、

$$L\frac{dI}{dt} + IR + \frac{Q}{C} = V(t) \tag{108}$$

となる。

一方、図 7-53 のように電流が流れるとき、電流 I はコンデンサーの上流側の極板に単位時間に流れ込む電気量に等しいから、(108)式の I と Q の間には、

$$I = \frac{dQ}{dt} \tag{109}$$

という関係がある。

ところで、1次元的に運動する質点に対して、その位置 x と速度 v の関係は、

$$v = \frac{dx}{dt}$$

であり、(109)式と同じ形である。そこで、(108)式の Q は質点の位置を表し、I はその速度を表すと考えてみよう。すると(108)式の左辺第1項は、力学の運動方程式に出てくる加速度の項である。また、同式の左辺第2項と第3項は、それぞれ速度に比例する抵抗力

488

18. 共振回路

と変位に比例するバネからの復元力の符号を変えたものであるとみなせる。すなわち，(108)式は，外力 $V(t)$ の下で，質量 L の質点がバネ定数 $1/C$ のバネにつながれ，速度に比例する抵抗力を受けて運動するときの運動方程式である。とくに $V(t)$ が交流電源の電圧で振動している場合には，強制振動の式になっている。

バネ定数 k のバネの先の質量 m の質点が外力も抵抗力も受けずに振動するとき，その角振動数は $\omega=\sqrt{k/m}$ で，力学的エネルギーは，バネの弾性エネルギーと質点の運動エネルギーの間を行き来する。これに対応するのが図 7-54 のような回路で，この回路に一度電流が生じると，電流とコンデンサーの極板の電気量は(104)式で表される角振動数で振動し，電磁エネルギーは，コンデンサーの極板間の電場のエネルギーとコイルの中の磁場のエネルギーの間を行き来するのである。

§10の複素電流と複素電圧，および新たに**複素電気量**

$$Q_c = Q_0 e^{i\omega t} \tag{110}$$

を使うと(109)式から，

$$Q_c = i\omega I_c$$

が導出される。これと(108)式とから，

$$i\omega L I_c + I_c R + \frac{I_c}{i\omega C} = V_c \tag{111}$$

が得られる。左辺の各項の I_c の係数が，§10の表 7-2 の各回路素

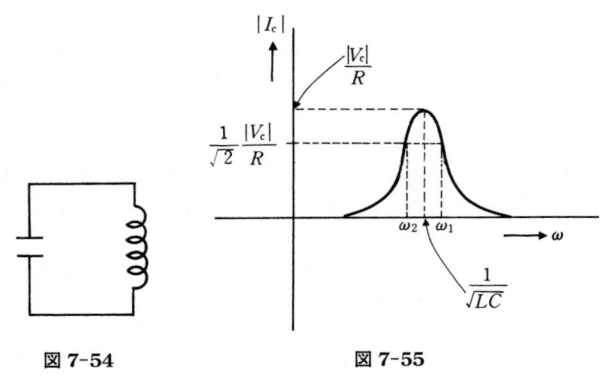

図 7-54　　　　　　**図 7-55**

子の複素インピーダンスになっている。

電流，電圧の振幅は，それぞれ I_c と V_c の絶対値で表される。それらの間の関係は，(111)式より，

$$|I_c| = \frac{|V_c|}{\sqrt{R^2 + (\omega L - 1/\omega C)^2}} \tag{112}$$

となる。この式の右辺を ω の関数としてグラフで表すとおよそ図7-55のようになり，角振動数が $\omega_0 = (LC)^{-1/2}$ のときに最大値をとる。これがこの節の冒頭で述べた**共振**である。また，電流と電圧の位相の差を α とすると，

$$\cos\alpha = \frac{R}{\sqrt{R^2 + (\omega L - 1/\omega C)^2}}$$

だから，電源の仕事率 P は，§10の(49)式により $\omega = \omega_0$ のとき最大値 $|V_c^2|/2R$ になる。P がこの最大値の半分になる振動数は2つあって(図7-55の ω_1 と ω_2)，$\omega_1 - \omega_2$ を**半値幅**といい，その大きさは $CR\omega_0^2$ である。さらに，

$$Q = \frac{\omega_0}{\omega_1 - \omega_2} = \frac{\omega_0 L}{R}$$

で表される量は，図7-55の曲線の鋭さを表し，これを **Q値**という。

(西川恭治，川村清)

Ⅲ 回路とエレクトロニクス

19. 回路素子

エレクトロニクスの回路は，それぞれ特有な役割をもつ**素子**を組み合わせて作られる。よく使われる素子の働きについて，以下に述べる。

(1) 抵抗・コンデンサー・インダクター

これらの素子の性質についてはⅠで説明されている。記号，電圧と電流の関係，交流インピーダンスについて，表7-4にまとめて示してある。この表で，V は素子にかかる電圧，I は素子を流れる電流，ω は交流の角振動数である。これらの素子は，電圧と電流の関係が線形なので**線形素子**とよばれる。

抵抗素子の抵抗値は図7-56のように，**色表示**で示されることが多い。4本の帯は，表7-5に記された数値を意味する。第1帯と

19. 回路素子

表 7-4

	抵 抗	コンデンサー	インダクター
記 号	R, I, V	C, I, V	L, I, V
電圧と電流の関係	$V = RI$	$I = C \dfrac{dV}{dt}$	$V = L \dfrac{dI}{dt}$
交流インピーダンス (Z)	R	$\dfrac{1}{i\omega C}$	$i\omega L$

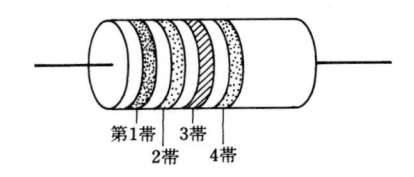

図 7-56 抵抗の色表示

第1帯・2帯・3帯・4帯

第2帯で2桁の数字を表し、これに第3帯の倍数をかけた数値が、オーム（Ω）の単位の抵抗値を示す。第4帯は誤差を表している。たとえば、茶・黒・橙・金と塗られていれば、$10 \times 10^3 \Omega$ すなわち $10 \mathrm{k}\Omega$ で、誤差は $\pm 5\%$ である。

コンデンサーの容量は、値が単位とともに書いてあることが多いが、小型のものでは、103のように3つの数字だけが書いてあることがある。この場合、第1文字と第2文字が数値、第3文字が倍数を示し、ピコファラッド（$1 \mathrm{pF} = 10^{-12} \mathrm{F}$）の単位の値である。すなわち、103は、$10 \times 10^3 \mathrm{pF} = 0.01 \mu \mathrm{F}$ である。

(2) ダイオード

第 7 章　電磁気学

表 7-5

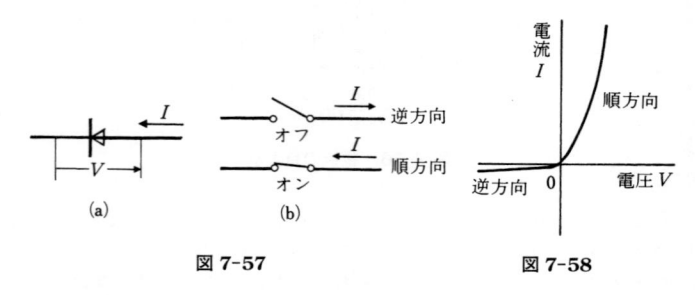

色分け	第1帯 第2帯 の数字	第3帯 (倍数)	第4帯 (誤差)
黒	0	$\times 10^0$	
茶	1	$\times 10^1$	$\pm 1\%$
赤	2	$\times 10^2$	$\pm 2\%$
橙	3	$\times 10^3$	$\pm 3\%$
黄	4	$\times 10^4$	
緑	5	$\times 10^5$	$(\pm 5\%)$
青	6	$\times 10^6$	$\pm 6\%$
紫	7	$\times 10^7$	$\pm 12.5\%$
灰	8	$\times 10^8$	
白	9	$\times 10^9$	
金		$\times 10^{-1}$	$\pm 5\%$
銀		$\times 10^{-2}$	$\pm 10\%$
色なし			$\pm 20\%$

図 7-57

図 7-58

ダイオードは，図 7-57(a)の記号で示される。電圧 V と電流 I の関係は図 7-58で表され，順方向にはわずかな電圧で多くの電流が流れ，逆方向にはほとんど電流を流さない素子である。

したがって，多くの場合，動作は図 7-57(b)に示すスイッチとみなして理解できる。このスイッチは，順方向に電流を流そうとするとオンの状態となり，逆方向に流そうとするとオフとなる。このほかに，ダイオードには，一定電圧を発生するのに用いる**ゼナー**

19. 回路素子

(Zener)**ダイオード**,光の検出に用いる**フォトダイオード**,電流を流すと発光する**発光ダイオード**,素子の全体の抵抗は正であるが,ある電圧の範囲で電圧増加に伴って抵抗が減少するという負性抵抗を示すエサキ・ダイオードなどがある。ダイオードは,p型,n型の2種の半導体を接合して作るが,フォトダイオードの接合部の面積を大きくし,光の電流への変換効率をよくしたものが**太陽電池**として用いられる。

(3) トランジスター

トランジスターは,図7-59の記号で示される。トランジスターは簡単には2個のダイオードを接合した構造をもつと考えることができる。

接合の仕方により,図7-59(a)の場合を **npn型**,図(b)の場合を **pnp型** という。**電界効果トランジスター(FET)** とよばれるものもあり,npn型およびpnp型に対応するものは,それぞれ **nチャンネル** および **pチャンネル** とよばれ,図7-59の(c),(d)のように記されている。

トランジスターには,**コレクタ,ベース,エミッタ**とよばれる3つの端子があり,FETの場合それらは,**ドレイン,ゲート,ソース**とよばれる。

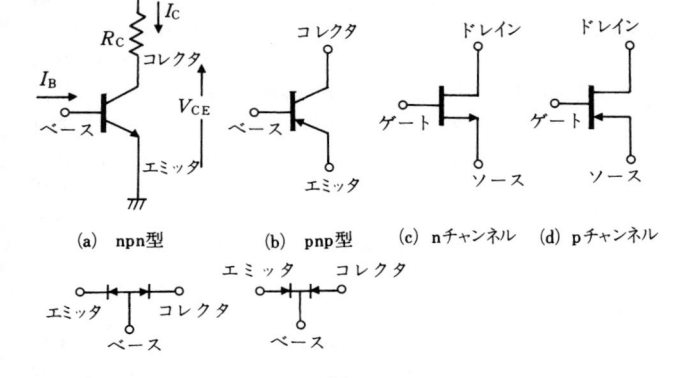

(a) npn型 (b) pnp型 (c) nチャンネル (d) pチャンネル

図7-59

第7章 電磁気学

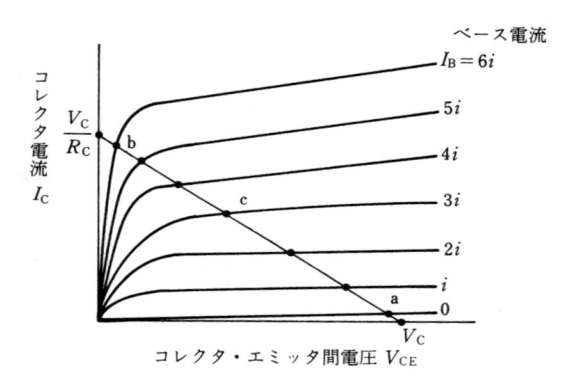

図7-60

(グラフ: 縦軸 コレクタ電流 I_C、横軸 コレクタ・エミッタ間電圧 V_{CE}、ベース電流 $I_B = 6i, 5i, 4i, 3i, 2i, i, 0$、$V_C/R_C$、$V_C$、点a,b,c)

トランジスターのコレクタに流れ込む電流 I_C と, コレクタとエミッタ間の電圧 V_{CE} との関係は, ベースに流れ込む電流 I_B に依存しており, I_B をある量 i ずつ増加させ, $0, i, 2i, \cdots$ と変えていくと, 図7-60のようになる. 図7-59(a)に示すように, 抵抗 R_C を通して電圧 V_C の電源にコレクタを接続すると, トランジスターは, 図7-60の直線上の電流と電圧をとる. トランジスターには, 増幅作用とスイッチ作用の2つの用い方がある. 図7-60のc点の近くでベース電流をわずかに変化させると, コレクタ電流は大きく変わるので電流が増幅される. これは**増幅作用**である.

また, ベース電流 I_B を0にすると I_C もほとんど0となり, a点の状態になるが, 逆に I_B を増やし, たとえば図のように $I_B=6i$ とすると, b点の状態になり, V_{CE} はほとんど0で I_C が大きな状態となる. aをオフ, bをオンの状態に対応させると, **スイッチ作用**になる. アナログ回路では増幅作用, ディジタル回路ではスイッチ作用が主として用いられる.

(4) 集積回路素子 (IC)

トランジスターやダイオードを抵抗やコンデンサーと組み合わせて高度の機能を有する回路を作ることができる. 基本的な回路で利用頻度の高いものは, あらかじめ大量生産してそれ自体を1つの素

19. 回路素子

子として用いると便利である。これを**集積回路**（**Integrated Circuit ; IC**) とよぶ。用いられるトランジスターの数が多いときは，**LSI** (**Large Scale Integrated Circuit**)とよばれる。とくに大規模なものは，**超 LSI** とよばれる。基本的な IC については次節で述べる。

(5) 超伝導素子と光論理素子

コンピュータを高速で動作させるためには，高速で動作する素子が必要である。ピコ秒（10^{-12} 秒）で作動する素子として，**超伝導素子**と**光論理素子**が開発されつつある。図 7-61(a)のように，酸化物の薄膜を 2 つの超伝導体で挟むと**ジョセフソン**（Josephson）**結合**

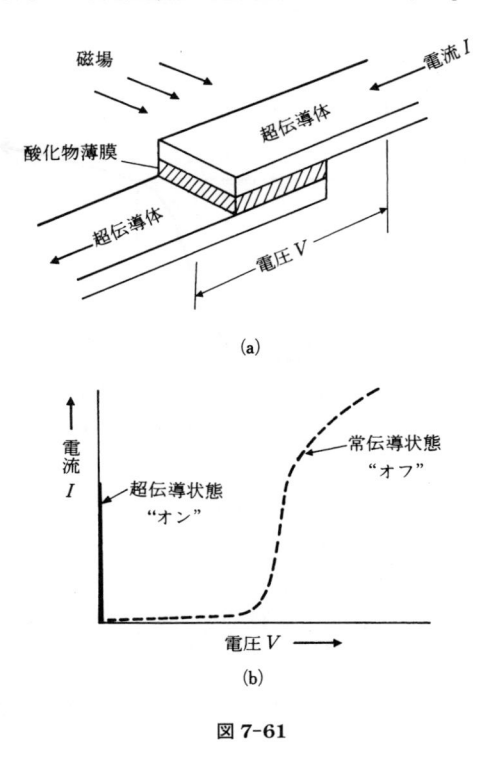

図 **7-61**

第7章　電磁気学

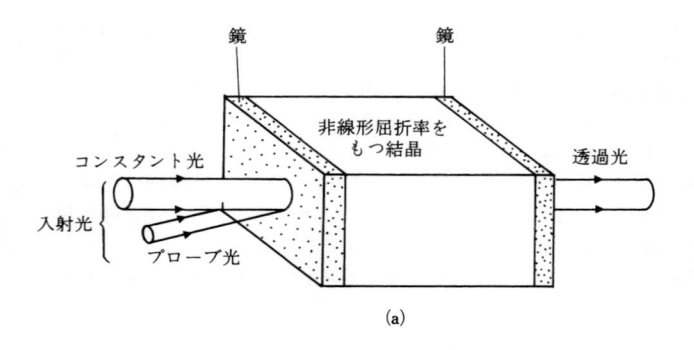

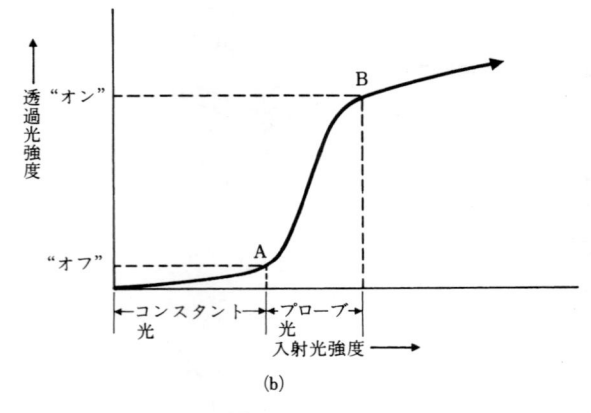

図 7-62

とよばれるものになる。

　超伝導体が超伝導の状態だと，2つの超伝導体の間に電圧をかけなくても電流が流れ，図7-61(b)の実線で示した特性となる。これに外部からある大きさを超える磁場をかけると超伝導体は常伝導になり，図(b)の破線のような電流と電圧の関係が得られる。前者をオン，後者をオフとして用いると超伝導スイッチとなり，これをトランジスターのスイッチ動作と同じように利用して，ディジタル回路

を組むことができる。これを超伝導素子という。

光の屈折率が入射光の強度によって変化する非線形屈折率をもつ結晶の2つの平行面に，図7-62(a)のように，ほんのわずかな光が通過する鏡をつけると，入射光強度に対し出てくる透過光の強度は図(b)のように変化する。一定強度のコンスタント光を入射して図のA点の状態にしておき，これにプローブ光を加えて変動させると，光が通らない"オフ"の状態Aと，光がよく通る"オン"の状態Bとの間を変化させることができる。これは光のスイッチとなり，トランジスターと同じように組み合わせて光論理回路を組むことができる。これを光論理素子という。 (大林康二)

20. 回　路

電圧や電流の連続的変化を信号として用いる回路を**アナログ回路**という。これに対し，電圧がある値より大きいときは"1"とみなし，小さいときは"0"とみなし，0状態と1状態の信号を論理回路で処理する場合を**ディジタル回路**という。

(1) アナログ回路

アナログ回路は通常，**演算増幅器**（Operational Amplifier；**OPアンプ**）とよばれるアナログ用のICを用いて作られる。OPアンプは，理想的な増幅器を目指して設計されたもので，性能が①増幅度無限大，②入力のインピーダンスが無限大，③出力のインピーダンスが0，④増幅できる周波数範囲が無限大の4つの項目にできるだけ近づくようにしてある。OPアンプは，図7-63の記号で示され，反転（−）と非反転（＋）の2つの入力と1つの出力の端子がある。

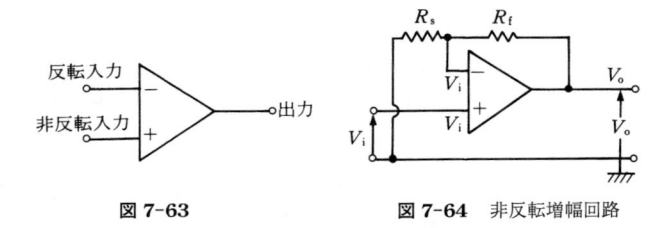

図 7-63

図 7-64　非反転増幅回路

第7章 電磁気学

アナログ回路の代表例は増幅回路である。

図7-64は、OPアンプで増幅器を作る一例を示している。入力電圧は V_i で、＋入力に結線されている。出力電圧 V_o は抵抗 R_f を通して－入力に結線され、－入力は抵抗 R_s を通じてアースされている。＋入力と－入力にわずかでも電圧の差があると、これはOPアンプにより無限大に増幅され、R_f を通じてこの差をなくすように－入力に戻されるので、近似的には＋入力と－入力に差が生じないと考える。

これは**イマジナルショート**とよばれる考えである。したがって、－入力も電圧 V_i とすると、V_o と V_i の比は R_f+R_s と R_s の比だから、

$$V_o = \left(1 + \frac{R_f}{R_s}\right) V_i \tag{113}$$

を得る。これは、増幅度 $|V_o/V_i|=1+R_f/R_s$ の**非反転増幅器**とよばれる。同じような考えを用いて解析すると、図7-65の回路では、

$$V_o = -\frac{R_f}{R_s} V_i \tag{114}$$

となり、これは増幅度 R_f/R_s の**反転増幅器**である。

図7-66の回路では、出力電圧 $V_o(t)$ と入力電圧 $V_i(t)$ の間に、

$$V_o(t) = -\frac{1}{R_s C}\int_0^t V_i(\tau)\,d\tau + V_o(0) \tag{115}$$

の関係があり、これは積分回路とよばれる。また、この回路は高い周波数の交流を通さない性質があり、**ローパスフィルター**ともよばれる。図7-67の回路では、出力電圧 $V_o(t)$ と入力電圧 $V_i(t)$ の間に、

$$V_o(t) = -R_f C \frac{dV_i(t)}{dt} \tag{116}$$

の関係があり、これは**微分回路**とよばれる。この回路の場合、低い周波数の交流ほど通りにくい性質があり、**ハイパスフィルター**ともよばれる。

(2) ディジタル回路

ディジタル回路では、電圧が生じている1の状態と生じていない0の状態との2つの状態のみを回路がとるよう工夫されている。1

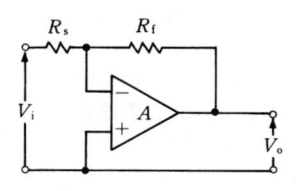

20. 回 路

図 7-65 反転増幅回路

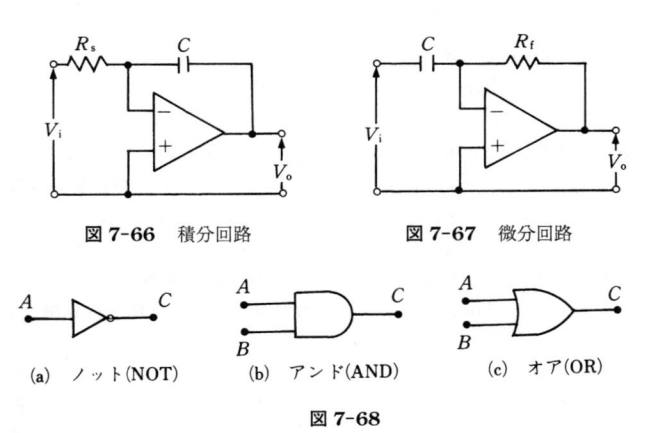

図 7-66 積分回路 **図 7-67** 微分回路

(a) ノット(NOT) (b) アンド(AND) (c) オア(OR)

図 7-68

表 7-6 真理値表

A	C
0	1
1	0

(a) ノット(NOT)

A	B	C
0	0	0
1	0	0
0	1	0
1	1	1

(b) アンド(AND)

A	B	C
0	0	0
1	0	1
0	1	1
1	1	1

(c) オア(OR)

と0は，それぞれH（ハイ）とL（ロー）ともよばれる。図7-68(a)の記号で示される回路は**ノット（NOT）**回路とよばれ，入力Aに対し出力Cが表7-6(a)のように変化するように作られたIC素

子を示す。図(b)は**アンド（AND）**回路で，2つの入力AとBに対し出力Cは表7-6(b)の変化をする。図(c)は**オア（OR）**回路で，入力AとBに対し出力Cは表7-6(c)の変化をする。表のように入力と出力の関係を示したものを，**真理値表**とよぶ。

この表は信号の間の論理関係を示しているので，図7-68の回路はディジタル論理回路とよばれる。この図に示す3つの論理回路は基本となる回路で，より複雑なディジタル論理回路もこれらの組合せで作り得ることが知られている。 　　　　　　　　（大林康二）

21. コンピュータ

ディジタル回路では信号を0か1かの2つの状態で処理するが，この最小単位を**ビット**とよぶ。数字は，たとえば10進数の9を2進数で表せば$1\times2^3+0\times2^2+0\times2^1+1\times2^0=1001$というように，0と1のビットの組合せで表現できる。文字も，あらかじめ0と1のある配列に対応させておけば，ビットの組合せで表現できる。このように，情報を非連続的に表現することを**コード化**するという。コード化された情報を処理する機械を**ディジタル計算機（コンピュータ）**という。現在は，ディジタル論理回路を用いた**電子計算機**（エレクトロニックディジタルコンピュータ）が単にコンピュータとよばれている。コンピュータを構成する実際の電気回路や機械部分を**ハードウェア**とよぶ。コンピュータはプログラムに従って動作するが，そのよし悪しで同じコンピュータでも機能の差が出る。プログラムの体系のことを**ソフトウェア**とよぶ。

コンピュータのハードウェアの構成を図7-69に示す。コンピュータの設置されている場所に集まっている**中央装置**と，離れた遠方に置かれた**端末装置**とがある。本体は**処理装置**で，**補助記憶装置**は速度は遅いが大容量の記憶装置，**周辺装置**は**ラインプリンタ**や**プロッタ**などである。通信制御装置は，通信線と処理装置を結ぶためのものである。

処理装置は，図7-70に示す構成となっており，演算を行う演算制御装置が多数の高速の主記憶装置につながっていて，プログラムに従って処理を行う。外部装置との情報の交換は入出力チャンネルを通して行う。

21. コンピュータ

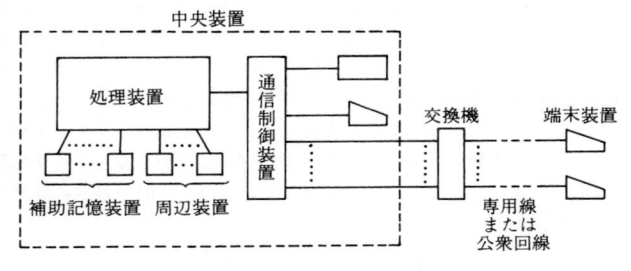

図 7-69 コンピュータの構成

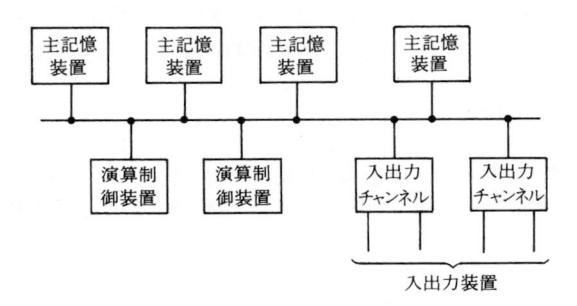

図 7-70 処理装置の構成

通常,コンピュータのプログラミングは,人間が取り扱いやすい**原言語(ソースランゲージ)**とよばれる言語で書くことができる。原言語にはFORTRAN(フォートラン),COBOL(コボル),BASIC(ベーシック),VISUAL BASIC(ビジュアル・ベーシック),C(シー)などがある。コンピュータの基本処理は2進コードで書かれた機械語でなされるので,原言語を機械語に翻訳しなければならないが,これを**コンパイル**するという。**アセンブラ**は,機械語の命令を1つ1つ書き表すことのできる言語で,高能率の処理に使われる。

最近,普及が著しい**マイクロコンピュータ**は,図7-70の中の演算制御装置を**CPU**(Central Processing Unit, **中央処理装置**)とよばれる1つのICの中にすべて組み込んだコンピュータである。シ

ステム構成が簡単で安価であるため、多方面に応用されている。マイクロコンピュータ素子を用いたパソコン（パーソナル・コンピュータ）の進歩は著しく、計算速度も記憶容量も、以前の大型コンピュータを凌ぐ性能をもつようになってきている。

また、インターネットやLAN（ローカル・エリア・ネットワーク、ラン）の発達も著しく、世界中のパソコンがネットワークで接続され、電子メールなどでの情報交換をしたり、同一目的の計算処理を分担・分散して同時に行ったりすることが可能になった。ネットワークで繋がれたパソコンは、情報を交換しながら、独立に動作していて、機能を分散させることができるので、従来のように1つの大型コンピュータが全体の動作を制御する集中制御方式に対し、**分散制御コンピュータシステム**と呼ばれる。　　　　　（大林康二）

22. 通信機器

電気信号は、電話のように導線を流れる電流変化として有線で送信することもできるが、幅広い範囲に送信するためには電波が用いられる。電気振動は電磁波として空間を伝播するが、光もX線も電磁波であり、名称と波長、および周波数との関係が図7-71と表7-7に示してある（図7-39参照）。このうち無線通信用電波として用いられる周波数は 30kHz から 30,000MHz で、それぞれの周波数領域に対して、表に示す略称が付けられ、区分されている。

電磁波は直進する性質があるが、地球のまわりには、太陽光線によって電離されたイオンが**電離層**としてあり、中波や短波はそれぞれE層、F層とよばれる電離層で反射される。この性質を用いて遠方に電波を送ることができる。電離層で反射されない、より短波長の電波でも、人工衛星で反射させたり、あるいは衛星中の受信器で受信し、増幅後再び衛星から送信したりする**衛星通信**を用いれば、遠方との受信に用いることができる。

信号を送るために用いられる電波は**搬送波**とよばれるが、周波数 ν、振幅 A とすると、$v(t) = A\cos(2\pi\nu t + \theta)$ と書くことができる。これに信号を乗せることを変調というが、この方法には、**振幅変調（AM）**と**周波数変調（FM）**の2つの方法がある。図7-72に示すように、信号波が(a)のように変化し、搬送波が(b)であるとき、

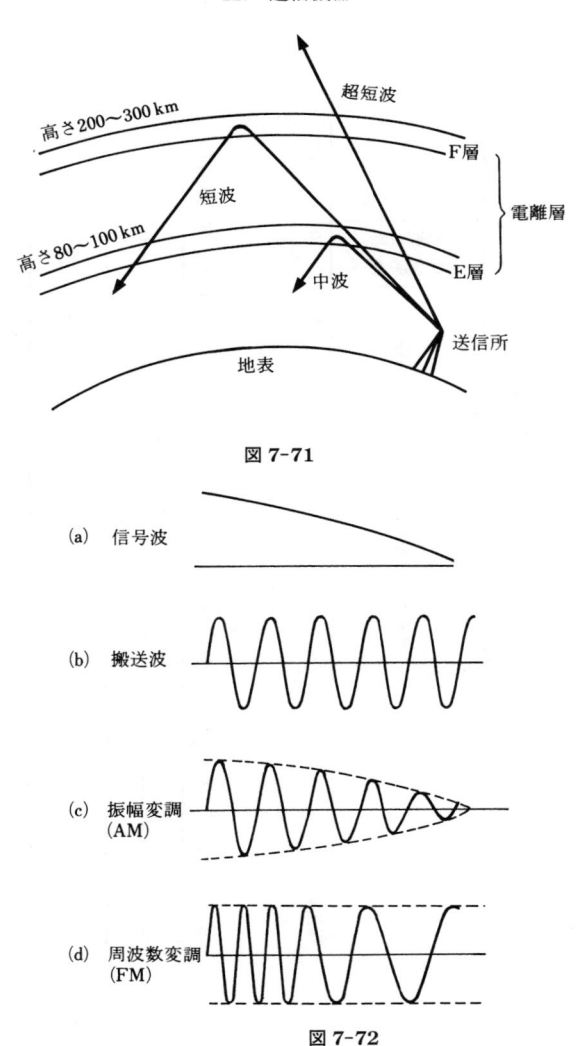

22. 通信機器

図 7-71

(a) 信号波

(b) 搬送波

(c) 振幅変調 (AM)

(d) 周波数変調 (FM)

図 7-72

第7章 電磁気学

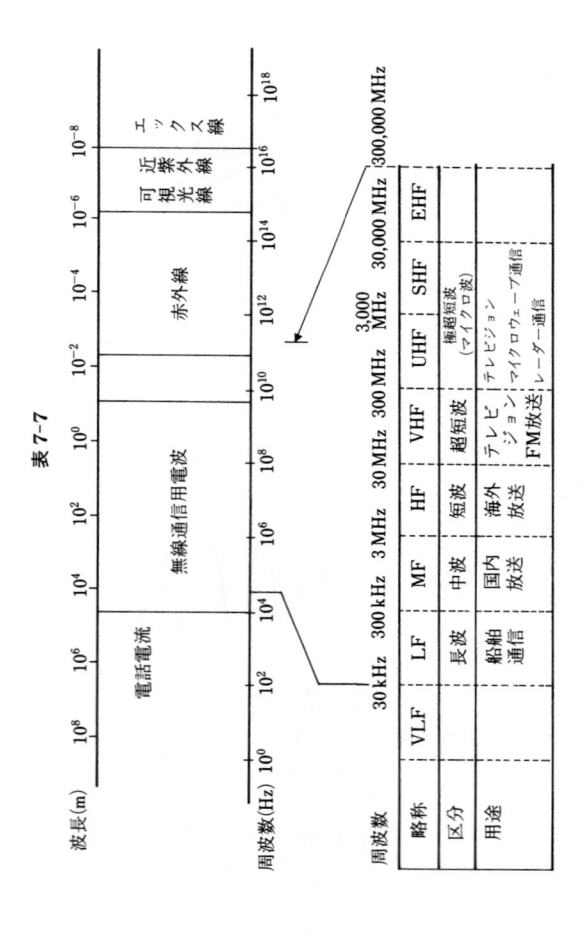

表 7-7

波長(m)	10^8	10^6	10^4	10^2	10^0	10^{-2}	10^{-4}	10^{-6}	10^{-8}	
	電話電流		無線通信用電波				赤外線	可視光線 / 近紫外線	エックス線	
周波数(Hz)	10^0	10^2	10^4	10^6	10^8	10^{10}	10^{12}	10^{14}	10^{16}	10^{18}

		30 kHz	300 kHz	3 MHz	30 MHz	300 MHz	3,000 MHz	30,000 MHz	300,000 MHz
略称	VLF	LF	MF	HF	VHF	UHF	SHF	EHF	
区分		長波	中波	短波	超短波	極超短波（マイクロ波）			
用途		船舶通信	国内放送	海外放送	テレビジョン FM放送	テレビジョン マイクロウェーブ通信 レーダー通信			

22. 通信機器

信号の強弱に比例して搬送波の振幅Aを変えて信号を送るのが振幅変調で，変調された波は(c)のようになる。これに対し，信号の強弱に合わせて周波数νを変化させる場合が周波数変調 (FM) で，変調された波は(d)のようになる。電波を受信し，変調された波から信号に対応する変動を取り出すのを**検波**という。AM，FMそれぞれに検波の回路が工夫されている。

近年，**レーザー**の発達により，光を用いる**光通信**が行われるようになってきた。一般に電磁波を用いて信号を送る場合，周波数が高いほど，単位時間当たりより多くの情報を伝達することができる。

表7-7に示すように，赤外線や可視光は，従来用いられている電波に比べ何桁も周波数が高く，これを用いれば単位時間当たりの情報量を飛躍的に増加させることができる。ディジタル通信を例にこれを考えてみる。ディジタル通信では，信号を0と1のビットの組合せで送信する。8ビットは1バイトとよばれる。100MHzの電波では毎秒約1ギガ (G) バイト (10^9バイト) 送れるが，100kHzの電波では1メガ (M) バイト (10^6バイト) しか送れない。光を遠方に送るには，**光ファイバー**とよばれる直径100μm (マイクロメートル) 程度の細いガラス繊維を用いる。

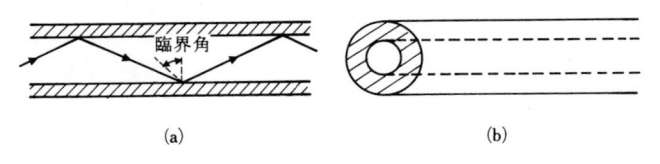

図7-73 光ファイバー

屈折率の大きな物質から小さい物質への境界を光が通過するとき，境界面の法線となす角が大きくなる性質があるが，この入射の角度がある**臨界角**を超えると，境界面を通過せず**全反射**されてしまう。そこで，図7-73(a)に示すように，屈折率の大きな物質を小さい物質で挟んだ物質に臨界角より大きい角度で光を入射すると，光は挟まれた細い部分を全反射しながら進むことになる。実際には，図(b)のように，断面が円の細いガラス繊維の中心部分の屈折率が大きくなるようにした光ファイバーを用いれば，光はファイバーの横

に出ることなくこの中を伝わる。光ファイバーはかなり自由に曲げることができるので、電気の導線と同じように用いることができる。現在、通信用ケーブルは光ファイバーに変わりつつある。

(大林康二)

23. 科学計測機器

科学計測では、温度・圧力・音の強さ・光の強さなどの量を、変換素子を用いて電気信号に変え、エレクトロニクスの回路で信号を処理することが多い。計測法は、信号の連続的な変化を測定する**アナログ計測**と、電気のパルスを計数するような**ディジタル計測**とに分かれる。近年、**アナログ-ディジタル変換器**でアナログ信号をディジタル信号に変え、処理をディジタルで行う手法が発展してきている。ディジタル信号はマイクロコンピュータ（マイコン）に容易に接続できるので、自動計測が可能となる。

電気信号を直接見るためには**オシロスコープ**が便利である。オシロスコープは、縦軸を電圧の大きさ、横軸を時間として、電圧の時間変化を直接表示する。表示には、図7-74に原理図を示すブラウン管を用いる。カソードから熱せられて出た電子は、第1陽極にかけられた高電圧で加速され、第2陽極で集束されて電子ビームとなる。電圧をかけることにより、偏向板1で上下に、偏向板2で左右に電子ビームの方向を変えることができ、電子ビームの当たった蛍光面が発光する。したがって、偏向板2に時間に比例した電圧を、偏向板1に入力信号に比例した電圧をかければ、信号の時間変化が蛍光面に表示できる。とくに、増幅回路の周波数領域が広く、高速単掃引回路が付いたオシロスコープは**シンクロスコープ**とよばれ、パルス現象の観測に便利である。

交流の電圧の大きさを変えるにはトランスを用いればよい。しかし、通常の計測回路は直流電源で動作するため、図7-75に示すような直流電源回路が組み込まれている。この回路では、まずトランスを用いて直流100Vを適切な交流電圧にする。4つのダイオードを用いた**整流ブリッジ**とよばれる素子を通すと、交流(a)は直流(b)になる。さらに**三端子レギュレータ素子**とよばれる素子を通すと、安定化された直流(c)になる。

23. 科学計測機器

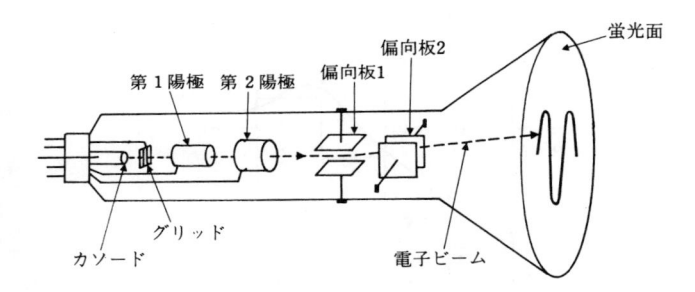

図 7-74 ブラウン管

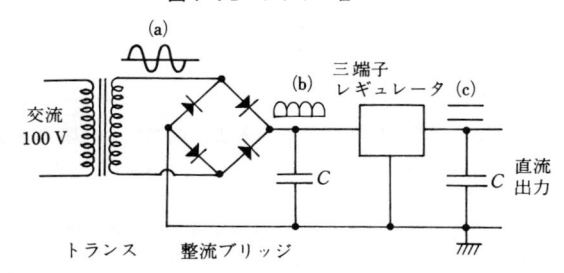

図 7-75 直流電源回路

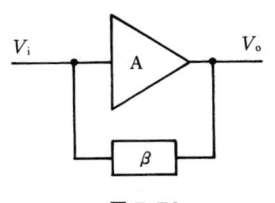

図 7-76

アナログ回路で多く用いられる増幅器とフィルターについては§20で述べた。このほかに，**発振回路**もよく用いられる。図 7-76 は，**帰還発振**とよばれる回路の原理図である。増幅度 A の増幅回路の出力電圧 V_o の一部 βV_o を入力電圧 V_i と加え合わせて増幅する回路を作ると，$V_o = A(V_i + \beta V_o)$ だから，

第 7 章　電磁気学

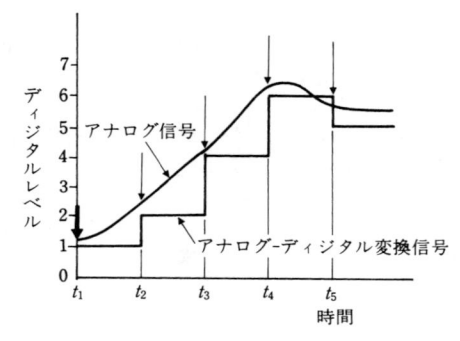

図 7-77　アナログ - ディジタル変換

$$V_\mathrm{o} = \frac{A V_\mathrm{i}}{1 - \beta A}$$

となる。$1-\beta A=0$ の条件が満足されると，増幅度が無限大となり，実際には発振する。

信号の自動記録には，コンピュータを用いると便利である。コンピュータに接続するためには，図 7-77 に原理を示す**アナログ-ディジタル変換（A/D変換）**をする必要がある。簡単な場合として，アナログ信号の 3 ビットのディジタル信号 $V_\mathrm{D} = D_0 \times 2^0 + D_1 \times 2^1 + D_2 \times 2^2 + \cdots$ への変換が示してある。$D_0 \sim D_2$ は 1 または 0 の値しかとらないから，V_D は 0 から 7 までの値をとる。時間を区分けし，各時間の始まりの時点での電圧の値で変換した例を示したのが図 7-77 である。

パルスの数を計数したり，A/D 変換したりする信号の処理には，ディジタル回路が用いられる。ディジタル回路は，ディジタル IC を組み合わせて作られるが，これら IC 素子には次のようなものがある。ノット(NOT)，アンド(AND)，オア（OR）などの論理ゲート。パルスを計数する**カウンター**。互いに反転した状態の 1 対の出力が，入力パルスや制御信号によって状態を変化させる**フリップ・フロップ**。1 対の状態を保持する**メモリーラッチ**。多数の結合したフリップ・フロップの状態が，**クロック**とよばれる信号パルスに従って移動する**シフトレジスタ**。**ディジタル発振器**，とくに水晶

24. 家庭電化製品

素子を用いた**水晶発振器**などである。　　　　　　　　　（大林康二）

24. 家庭電化製品

家庭生活の中でも，多くのエレクトロニクスを応用した家庭電化製品が使われている。これらの一部について以下に簡単にふれる。

電話は身近な有線の通信器である。原理は図7-78に示すようになっており，音声は送話器の振動板を震わせるが，それに伴って電流回路の一部をなす炭素粉末の電気抵抗が変わり，振動電流が回路を流れることになる。受話器の側では，この振動電流が磁石に巻いたコイルに流れ，振動板に取り付けた鉄片を音声に合わせて引きつけたり離したりするので，この振動板の運動が音を発生し，耳に聞こえることになる。

ラジオは，放送局で放射された電波を受信し，声に再生する装置である。原理を図7-79に示す。放送局では，音声をマイクロホンで受けて電気信号に変え，この信号で周波数 f_1 の高周波を変調し，電力増幅してアンテナから送信する。変調の方法には，振幅変調（AM）と周波数変調（FM）とがある（§22参照）。ラジオは，放送局のアンテナから送られる電波をアンテナで受信し，LC同調回路で聞きたい放送局の周波数 f_1 の電波を選択する。通常のラジオは，**スーパーヘテロダイン方式**を用いている。この方法では，周波数 f_2 の発振回路の出力と同調回路で受けた信号とを混合し，f_1-f_2 の周波数の信号とする。そして，この信号を中間周波増幅回路で

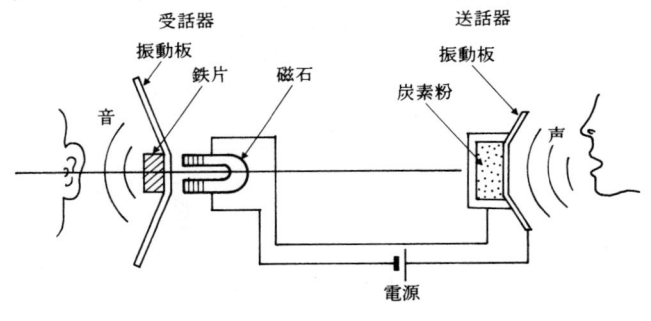

図 7-78

第 7 章　電磁気学

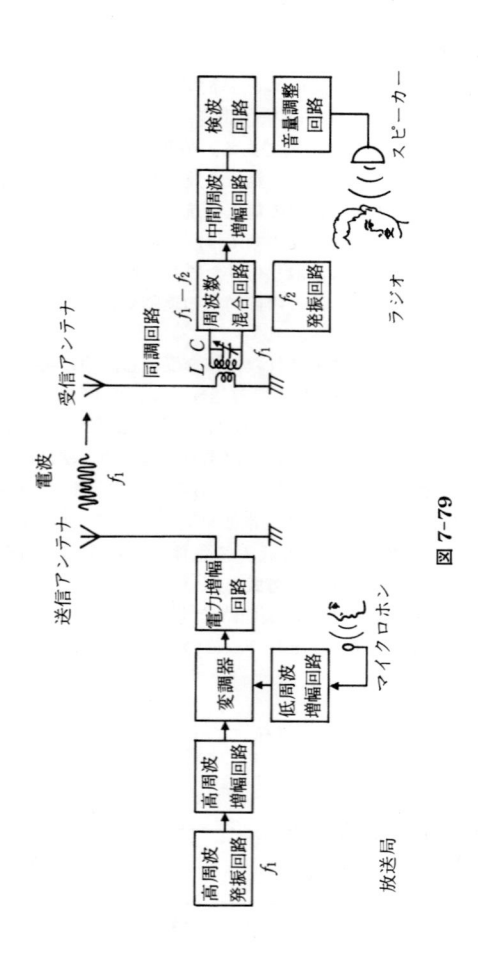

図 7-79

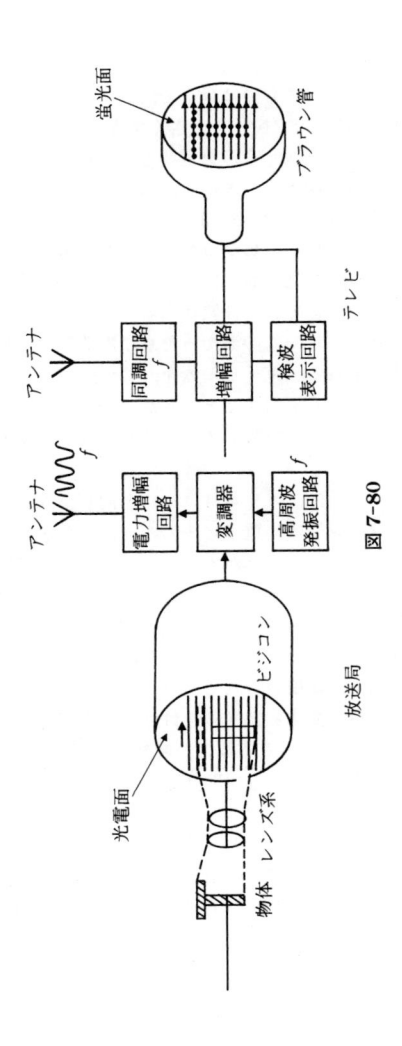

24. 家庭電化製品

図 7-80

放送局／テレビ

物体　レンズ系　光電面　ビジコン

アンテナ f
高周波発振回路 → 変調器 → 電力増幅回路

アンテナ f
同調回路 → 増幅回路 → 検波表示回路 → ブラウン管（蛍光面）

第7章 電磁気学

増幅し，さらに検波し，音量調整回路を通してスピーカーに送る。空間の電波には，いろいろな原因によるものが混ざっており，聞きたい電波からみればほかのものは雑音で，スーパーヘテロダインの方法は信号対雑音の比（S/N）を大きくすることができる。

テレビは，放送局で映像と音声を電波として送信し，これを受信してブラウン管上に映像として表示し，スピーカーから音声を出す装置である。図7-80に，きわめて簡単な原理図を示す。

物体の像をレンズを用いて**ビジコン**とよばれる電子管の光電面に結像させる。ビジコンの光電面には，当たった光の強度に比例して電荷をある時間たくわえておく性質がある。ビジコンの光電面に電子ビームを当てると，ビームの当たった点にある電荷が放電されてビジコンに電流が流れる。電子ビームを，碁盤の目のように区分けした光電面上を順序よく掃引すると，各点の像の強度に比例した電流が出力される。これで周波数 f の高周波を変調し，電波として送信する。

家庭のテレビの表示は，オシロスコープと同じように，ブラウン管を用いる。ブラウン管は，電子ビームの当たった所が発光し，強度を入力信号に比例させることができる。ビジコンの光電面に対応する位置にブラウン管の電子ビームを当て，強度をアンテナ，同調回路，増幅回路，検波回路などを通した信号でコントロールすると，ブラウン管上にビジコン上と同じ像が現れる。ブラウン管上の位置合せには同期信号が用いられる。カラーテレビでは，蛍光面に緑，赤，青の三原色を発する蛍光体を付け，3本の電子ビームでそれらを発光させる。テレビの電波は，超短波（VHF）に1～12チャンネル，極超短波（UHF）に13～62チャンネル用いられるようにしてある。

物質に高周波の電波を当てると，物質を構成する水分子が激しく振動して発熱する。この原理を応用したのが**電子レンジ**である。**マグネトロン**とよばれる発振器で，極超短波（通常は2,450MHz）を出し，これを食品に当てる。電波は表面ばかりでなく食品の中まで入るので，食品がむらなく熱せられて調理できる。　　（大林康二）

第8章　熱学・熱力学・統計力学

第8章 熱学・熱力学・統計力学

1. 熱力学的体系と状態方程式

(1) 熱力学

物質は原子・分子から構成されている。物質のいろいろな性質は,これらの原子・分子の運動がわかれば求めることができるはずである。個々の原子・分子の微視的(ミクロ)な運動は量子力学あるいは,その近似としての古典力学に支配されている。しかし,巨視的(マクロ)な性質を調べられるような物体には,非常に多数(アボガドロ数 6×10^{23} 程度)の原子・分子が含まれており,それらの構成粒子の運動をいちいち記述することは,事実上不可能である。

一方,多数の粒子からなる力学系では,個々の粒子がどんなに複雑で個性的な運動をしていても,全体の様子は平均化されてしまい,少数の物理量だけで表現できるようになる。

熱力学は,物質間の熱も含めたエネルギーの移動と,それに伴う物質の性質の変化を扱う分野である。熱力学では,物質のミクロな内部構造や内部運動には立ち入らず,マクロに観測される諸物理量の間の関係を,経験的に得られた原理・法則をもとにして定式化して論ずる。このような立場を**現象論**という。物質のミクロな構成に立ち入り,力学の基本法則と統計的手法によって熱力学では経験法則として用いる諸法則を導出し,さらに熱力学を越えた諸法則を探究しようとするのが**統計力学**である。

熱力学で扱う対象を**熱力学的体系**あるいは単に体系,または系とよぶ。体系の状態に対応して定まる物理量を**状態量**といい,それを数学的に表す変数を**状態変数**あるいは**熱力学的変数**という。

1つの体系に注目するとき,それを取り囲む他の系全体を**外界**とよぶ。系と外界の間にはいろいろな相互作用があり得る。熱力学ではそれを以下の3つに分けて考える。

①**機械的相互作用**: 2系が力学的あるいは電磁気学的作用を及ぼし合って,仕事のかたちでエネルギーを交換すること。

②**熱的相互作用**: 2系が熱伝導あるいは熱放射のかたちでエネルギーを交換すること。

③**質量的相互作用**: 2系がその構成粒子とともにエネルギーを交換すること。

体系の間にこれらの相互作用を行わせることを熱力学的接触ある

1. 熱力学的体系と状態方程式

いは単に接触という。

外界といかなる作用も行わない体系を**孤立系**，熱的作用を行わない体系を**断熱系**，質量的作用を行わない系を**閉じた系**とよぶ。また，閉じた系でない体系を**開いた系**という。本章では当分の間，閉じた系を対象とし，開いた系は§7以下でとりあげる。

(2) 熱 平 衡

孤立系を長時間放置すると，はじめその内部がどんなに複雑な状態であっても，やがて1つの状態に落ち着き，それ以上変化が進まなくなる。このとき系は**熱平衡状態**にあるという。また，2つの系A, Bを接触させると，はじめ両者の状態は変化するが，十分な時間の後にはそれ以上変化しなくなる。このとき系A, Bは熱平衡状態にあるという。一度平衡に達した2系は引き離しても，それらを再び接触させても変化は起こらない。接触していない2系についても，両者を接触させたときに変化が起きないならば，熱平衡状態にあるという。熱平衡状態を単に平衡状態ともいう。熱平衡に関して次の経験法則が成り立つ。

  2系A, Bおよび2系B, Cがそれぞれ熱平衡にあれば，2系A, Cは熱平衡状態にある(**熱平衡の推移律**)。

これを**熱力学の第0法則**とよぶことがある。

(3) 温   度

2つの力学系が平衡状態にあるとき，両者の及ぼし合う力の大きさは等しい。これと同様に2系が熱平衡状態にあるとき，両者の間で共通の値をとる物理量のうち，熱的つりあいに関するものとして，温度の概念が導入される。すなわち，2系の温度が等しければ両者は熱的つりあいにあり，2系の温度が異なれば，高温の系から低温の系に向かって熱が移動し，両者の温度は互いに接近する。熱力学の第0法則から，特定の体系を他の任意の系と接触させてみることにより，それぞれの系の温度の高低を知ることができる。つまり，温度計を作ることができる。実際にある系を温度計として用いるには，その系を構成する物質の熱的性質を利用する。通常，熱による体積あるいは長さの変化，すなわち熱膨張がよく用いられる。

(4) 気体温度計

一定量の気体からなる系Aを温度計として用いることを考えよ

う。気体は温度とともに体積が変化する（経験的事実）から，系Aの体積で温度を表せばよい。ところが，気体の体積は温度が一定でも圧力によって変化する（経験的事実）。したがって，圧力を一定値（ここでは1気圧）に保っておくことにする。

温度目盛を定めるには，少なくとも2つの普遍的な体系の温度値を定める必要がある。従来のセ氏（セルシウス，A. Celsius）温度目盛では，1気圧下で水と氷の共存する系の温度（氷点）を0℃，1気圧下で水と水蒸気の共存する系の温度（沸点）を100℃と定義していた。このような温度の標準になる状態を定点という。0℃および100℃における系Aの体積をそれぞれ V_0 および V_{100} とすると，未知の系と平衡にあるときの系Aの体積がVであれば，両系の温度 t は，

$$t = \frac{V - V_0}{V_{100} - V_0} \times 100 \tag{1}$$

で与えられる。このようにして構成される温度計を**定圧気体温度計**という。

これとは逆に，体積を一定に保った気体の圧力で温度を決めることができ，**定積気体温度計**という。このように，特定の物質の熱的性質に基づいて定められた温度目盛を**経験的温度目盛**という。

(5) 状態方程式

熱平衡にある体系の状態は，いくつかの状態量を指定することによって表すことができる。しかし，これらの状態量のすべてを任意に指定することはできない。たとえば，一定量の気体の状態は，圧力 p，体積 V，温度 t で表されるが，これらのうち2つを指定すると，他の1つは自動的に定まってしまう。すなわち，p, V, t の間には1つの関数関係がある。この関数関係を表した式をその物質の状態方程式という。

(6) 理想気体

実験によれば，一定温度，一定量の気体の圧力と体積は反比例する。これを**ボイルの法則**という。実際には，この法則は厳密には成立しないが，圧力を小さくしていくとすべての気体がボイルの法則に従うようになる。

そこで，すべての圧力にわたって厳密にボイルの法則が成り立つ

2. 熱力学第 1 法則

ような気体を考え，**理想気体**あるいは**完全気体**とよぶ。

理想気体の状態方程式は，ボイルの法則から，

$$pV = 一定 = f(t) \tag{2}$$

と書くことができる。$f(t)$ の形は，温度目盛の決め方に依存する。(2)式では，p と V を入れ換えても同じことだから，理想気体を用いた定圧気体温度計と定積気体温度計とは同じ温度目盛を与える。0℃，100℃における pV の値を $(pV)_0$，$(pV)_{100}$ とすると，セ氏温度 t と pV の関係は，

$$t = \frac{pV - (pV)_0}{(pV)_{100} - (pV)_0} \times 100 \tag{3}$$

となる。

また，$pV \to 0$ のときの温度値が 0 になるように温度の原点をずらし，セ氏と同じ目盛間隔をもった温度目盛を，理想気体による**絶対温度目盛**という。絶対温度を T とすると，

$$T = \frac{100}{(pV)_{100} - (pV)_0} \times pV = t + \frac{100(pV)_0}{(pV)_{100} - (pV)_0} \tag{4}$$

と書ける。この温度目盛は，1 つの定点における温度値を決めることにより定まる。現在は，水の三重点（氷，水，水蒸気が共存する状態）を 273.16 K（ケルビン）と定義し，セ氏温度は $t = T - 273.15$ と定義している。シャルル（J. A. C. Charles）とゲイ-リュサック（J. L. Gay-Lussac）により，多くの気体について，低圧の極限において pV の値は気体の種類によらなくなることが確かめられた。すなわち，n モルの理想気体について，その種類を問わず，

$$pV = nRT \tag{5}$$
$$R = 8.3145 \text{ J/mol·K} \tag{6}$$

が成り立つ。R は普遍定数で**気体定数**とよばれる。(5)式は**理想気体の状態方程式**である。

(小牧研一郎)

2. 熱力学第 1 法則

現在の微視的な物理学では，いろいろな粒子の間に働く力はすべて保存力であると考えられている。したがって，考えている体系の全力学的エネルギーは保存される（エネルギー保存則）。一方，巨視的な力学では，なんらかの摩擦のため系の全力学的エネルギーは

第8章 熱学・熱力学・統計力学

しばしば減少する。失われたエネルギーは熱となって系や外界の温度を高めることに費やされる。この事情を、いくつかの巨視的な物体からなる系をモデルに考察してみよう。

巨視的な全エネルギーは、各物体の重心運動のエネルギー、重心のまわりの回転運動のエネルギー、物体間の力の位置エネルギーの和である。微視的には、全系は質点系と考えられ、全エネルギーは各質点の運動エネルギーと質点間の位置エネルギーの和となる。微視的な全エネルギーから巨視的な全エネルギーを差し引いた残りは、各物体がその内部にもっているエネルギーの和と考えられる。これを**内部エネルギー**という。

物体の内部エネルギーは、その物体に固定された座標系からみた構成粒子の運動エネルギーと、それらの間に働く内力の位置エネルギーの和である。内部エネルギーに寄与する構成粒子の運動は、全体としてまとまった秩序はなく、個々の粒子がランダムに動いており、**熱運動**とよばれる。

巨視的な力学的エネルギーが保存されない場合には、見かけ上過不足となった分のエネルギーは、これらの物体の内部エネルギーの増減になっているはずである。これは、巨視的な仕事と物体の内部エネルギーの相互変換を表している。また、巨視的な力学的エネルギーが保存される場合でも、物体間では内部エネルギーが変換されることがある。これが熱としてのエネルギーの移動である。

微視的な全力学的エネルギー保存則を巨視的な立場で表現したものが、次の**熱力学第1法則**である。

系が熱平衡状態1から熱平衡状態2へ変化する間に系が外界から受け取る仕事Wと熱量Qの和は状態1と2によって定まり、途中の経路によらない。すなわち、

$$U_2 - U_1 = W + Q \tag{7}$$

ここでU_1, U_2は熱平衡状態1, 2における系の内部エネルギーである。

熱力学は内部エネルギーの本質には立ち入らず、それが状態量として存在することを主張する。

ジュール(J. P. Joule)は、おもりの位置エネルギーによって水中で羽根車を回転したときと、加熱したときの水温の変化を比較して、力学的なエネルギーと熱量の単位の間の関係を定めた。

$$1\,\mathrm{cal} = 4.1868\,\mathrm{J} \qquad (8)$$

これを**熱の仕事当量**という。

ジュールの実験からもわかるように,水を温めることは仕事だけによっても,熱を与えるだけでも実現できる。したがって,系がどれだけの仕事あるいは熱をもっているということはできない。すなわち,仕事 W も熱量 Q も状態量ではない。

系の状態の微小な変化の間に系が受け取った仕事を $\Delta'W$,熱量を $\Delta'Q$,系の内部エネルギーの増加を ΔU とすると,熱力学第1法則は,

$$\Delta U = \Delta'W + \Delta'Q \qquad (9)$$

となる。ここで,Δ は状態量の微小変化を表す。Δ' は,W や Q が状態量ではないがその微小量であることを表す。

体系の代表的な例として,ピストンのついたシリンダーに閉じ込められた気体を考えよう。この系に対する外界からの仕事は,ピストンを動かすことによってなされる。外圧 $p^{(e)}$ で気体の体積 V を ΔV 変化させたとき系の受け取る仕事 $\Delta'W$ は,

$$\Delta'W = -p^{(e)}\Delta V \qquad (10)$$

で与えられる。したがってこの系に対する第1法則は,

$$\Delta U = \Delta'Q - p^{(e)}\Delta V \qquad (11)$$

と表される。これは,断熱($\Delta'Q=0$)状態で気体を圧縮することと,体積一定で気体を加熱することが等しい内部エネルギーの増加をもたらすことを示している。

(小牧研一郎)

3. 熱力学的過程

(1) 過程

体系の1つの状態から他の状態への変化を,その経路まで含めて考えたものを**熱力学的過程**あるいは単に**過程**という。系の始状態と終状態が決まっていても,それらを結ぶ過程は無数にあり得る。熱力学第1法則は,系の受け取る熱量や仕事は過程によるが,その和は過程によらないことを示している。

熱力学では,いろいろな束縛条件下で行われる過程を考える。

①**断熱過程**: 熱の出入りのない過程。断熱系の行う過程。$\Delta U = \Delta'W$ となる。

②**等温過程**: 系の温度を一定に保ったまま行う過程。熱が出入りしても温度 $T^{(e)}$ が変わらないほど大きな系(これを熱源または熱浴という)と熱的に接触させることにより、系の温度は $T=T^{(e)}=$ 一定となる。

気体については次の2つの過程が重要である。

③**等積(定容)過程**: 系の体積 V を一定に保って行う過程。$\Delta'W = -p^{(e)}\Delta V = 0$ であるので仕事の出入りはない。したがって、$\Delta U = \Delta'Q$ となる。

④**定圧(等圧)過程**: 系の圧力を一定に保って行う過程。圧力 $p^{(e)}$ が一定の外界(これは仕事源として働く)と機械的に接触させることにより、系の圧力は $p=p^{(e)}=$ 一定となる。このとき、$\Delta'W = -p\Delta V = -\Delta(pV)$ であるから、$\Delta(U+pV) = \Delta'Q$ と書ける。

等積あるいは等圧過程では、$\Delta'Q$ は U あるいは $U+pV$ (いずれも状態量)の微小変化と等しいから、系に出入りする熱量は始状態と終状態のみで定まる。これを**ヘス**(Hess)**の法則**という。

⑤**準静的過程**: 過程の途中、つねに系と外界の熱平衡を保って行う過程。完全に平衡にあると変化のしようがないので実現することはできないが、きわめてわずかに平衡からずらしながら長時間かけて変化させることにより、近似的に実現することができる。平衡からずらす向きを逆にすることにより、同じ道筋を逆行することができる。この過程では、系と外界の温度、圧力などはつねに等しい。すなわち、$T=T^{(e)}$, $p=p^{(e)}$ である。

⑥**サイクル過程**: 注目している系が一連の変化の末、元の状態に戻るような過程。必ずしも同じ道筋を逆行する必要はない。サイクル過程あるいはサイクル過程を行う系自身をサイクルとよぶことがある。サイクルは繰返しが可能であり、各サイクルごとに系に入る仕事と熱量の和は0であるので、熱と仕事の変換を行う装置(**熱機関**)として働く。

エネルギーの補給なしに外界に正の仕事を与え続けるものを**第1種永久機関**というが、これは熱力学第1法則によって存在が否定される。

(2) 比 熱

系がある微小過程を行う前後での温度上昇を ΔT とし、この間

に $\Delta'Q$ の熱を得たとき,

$$C = \lim_{\Delta T \to 0} \frac{\Delta' Q}{\Delta T} \tag{12}$$

をこの系の熱容量という。とくに単位質量あるいは1モル (mol) の物質の熱容量をそれぞれ**比熱,モル熱**という。系の受け取る熱量は変化の道筋によるから,熱容量は過程によって異なる。また一般には,温度によっても異なる。

気体については,等積および定圧過程での熱容量を,一定に保つ状態量を右下につけて C_V および C_p と書く。理想気体の性質として,内部エネルギー U が温度 T だけの関数である(ジュールの法則)ことを含めることにすると,理想気体の等積過程では $\Delta'Q = \Delta U$ であるから,

$$C_V = \lim_{\Delta T \to 0} \left(\frac{\Delta' Q}{\Delta T}\right)_{\Delta V = 0} = \lim_{\Delta T \to 0} \frac{\Delta U}{\Delta T} = \frac{dU}{dT} \tag{13}$$

となる。C_V も T のみの関数である。また,理想気体の定圧過程では,状態方程式から,$p\Delta V = nR\Delta T$ であるから,

$$C_p = \lim_{\Delta T \to 0} \left(\frac{\Delta' Q}{\Delta T}\right)_{\Delta p = 0} = \lim_{\Delta T \to 0} \frac{\Delta U + nR\Delta T}{\Delta T} = C_V + nR \tag{14}$$

が得られる。これを**マイヤーの関係式**という。　　　　　（小牧研一郎）

4. 熱力学第2法則

(1) 熱力学第2法則

熱力学第1法則は,系の内部エネルギーに及ぼす効果については熱と仕事が同等であることを示している。しかし,われわれは経験的に次のような事実を知っている。

① 仕事は完全に熱に変えることはできるが,熱を完全に仕事に変えることができない。
② 熱は高温の物体から低温の物体に向かってのみ流れる。
③ 圧力差のある気体を一緒にすると一様な圧力になり,元の圧力差のある状態に自然に戻ることはない。
④ 仕切板の両側に異なった気体を入れておいて仕切板を取り去ると,両者は一様に混ざり,再び分離することはない。

これらの事実は,熱力学第1法則に反しなくても,一方向だけに

第8章 熱学・熱力学・統計力学

起こり,逆方向には自然には起こらない過程があることを示している。このような過程を**不可逆過程**という。厳密には,系の行った過程について,なんらかの方法でこれを始状態に戻すことができ,さらに,そのために用いたすべての他の系も元に戻し,なんの変化も残らないようにできるとき,はじめの過程は可逆過程であるといい,可逆でない過程を不可逆過程という。準静的過程は逆行可能であるから可逆である。

ある過程が可逆であるか不可逆であるかを判別する法則を**熱力学第2法則**という。これは経験的に得られた法則であり,次のようないくつかのかたちで表現される。

クラウジウスの原理: 低温の物体から高温の物体へ(正の)熱を移す以外なんの影響も残さないようなサイクルは存在しない。

ケルビン(トムソン)の原理: 温度一定に保たれた熱源から(正の)熱を受け取り,これをすべて仕事に変える以外なんの変化も残さないようなサイクル(このようなサイクルは**第2種永久機関**とよばれる)は存在しない。

第2種永久機関が実現不可能であることを,**オストヴァルトの原理**という。

第2種永久機関は第1種永久機関とは異なり,エネルギー保存則には反していないが,もしこれが存在すれば,大気・海水など環境のもっている熱エネルギーを自由に仕事に変えることができるようになり,すべての動力のエネルギー源を心配しなくてもよいことになる。

(2) カルノー・サイクル

1つの系と,温度 $T_1, T_2 (T_1 > T_2)$ の2つの熱源 R_1, R_2 を考える。系が R_1 から Q_1,R_2 から Q_2 の熱をとり,外界に Q_1+Q_2 の仕事をする過程を繰り返すサイクルのうち,$Q_1>0>Q_2$ であるような可逆サイクルCを正の**カルノー・サイクル**,$Q_1<0<Q_2$ であるような可逆サイクルを逆のカルノー・サイクルとよぶ。可逆サイクルであるから,全体を元に戻すようなサイクルC′が存在する。カルノー・サイクルについて次の定理がある。

正のカルノー・サイクルでは,$Q_1+Q_2>0$,逆のカルノー・サイクルでは,$Q_1+Q_2<0$ である。

4. 熱力学第2法則

これをクラウジウスの原理に基づいて証明しよう。逆のカルノー・サイクルにおいて $Q_1+Q_2 \geqq 0$ であったとすると、この仕事を摩擦によってR_1に熱として与えることができる。その結果、正の熱 Q_2 が低熱源から高熱源へなんの変化も残さずに移ったことになり、クラウジウスの原理に反する。したがって、逆のカルノー・サイクルでは $Q_1+Q_2<0$ でなければならない。正のカルノー・サイクルで $Q_1+Q_2<0$ であったとすると、これを元に戻すサイクルが正の仕事をする逆のカルノー・サイクルとなり、この証明の前半でその存在が否定されている。

ケルビンの原理は、クラウジウスの原理と上の定理から導出できる。すなわち、ケルビンの原理に反するサイクルが存在したとすると、R_2 から正の熱 Q_2' をとってこれを仕事に変えることができる。この仕事を用いて、R_2 から正の熱 Q_2 をとり、R_1 へ Q_2+Q_2' の熱を与える逆のカルノー・サイクルを運転すると、全体として正の熱 Q_2+Q_2' が低熱源から高熱源へ移ったことになり、クラウジウスの原理に反する。

逆に、ケルビンの原理からカルノー・サイクルに関する定理や、クラウジウスの原理を証明することができ、この2つの原理は同等である。

(3) 理想気体のカルノー・サイクル

ボイルの法則とジュールの法則を満たす理想気体を考え、これを用いてカルノー・サイクルを行う。図8-1において、A→Bでは温度 T_1 の高熱源に接しながら V_A から V_B まで等温膨張させ、B→Cでは断熱膨張により $T_2(<T_1)$ まで温度を下げ、C→Dでは温度 T_2 の低熱源に接しながら V_C から V_D へ等温圧縮し、D→Aで断熱圧縮して T_1, V_A に戻す。このすべてを準静的に行えば逆行可能であるから、可逆サイクルとなる。A→B, C→Dではそれぞれ温度が一定であるから、内部エネルギーは $U_A=U_B=U_1$, $U_C=U_D=U_2$ で不変である。熱力学第1法則から、このとき系に入った熱と仕事は、

$$Q_1=-W_{AB}=\int_A^B p\ dV=nRT_1\ \log\frac{V_B}{V_A} \tag{15a}$$

第8章 熱学・熱力学・統計力学

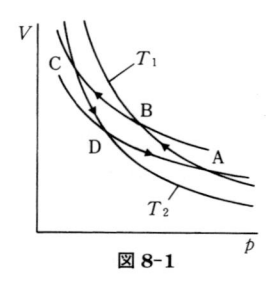

図 8-1

$$Q_2 = -W_{CD} = \int_C^D p\, dV = nRT_2 \log \frac{V_D}{V_C} \tag{15b}$$

となる。B→C, D→Aでは断熱変化であるから，系の得た仕事はそのまま内部エネルギーの増分となる。

$$W_{BC} = U_C - U_B = U_2 - U_1 \tag{16a}$$
$$W_{DA} = U_A - U_D = U_1 - U_2 \tag{16b}$$

したがって，1サイクルの間に系の得た仕事は，

$$W = W_{AB} + W_{BC} + W_{CD} + W_{DA} = -nRT_1 \log \frac{V_B}{V_A} - nRT_2 \log \frac{V_D}{V_C} \tag{17}$$

である。ところで，ジュールの法則から，$C_V = dU/dT$ は温度だけの関数であるから，

$$\Delta Q = C_V(T)\Delta T + p\Delta V \tag{18}$$

となり，断熱過程（$\Delta Q = 0$）では，

$$\frac{\Delta V}{V} = -\frac{C_V(T)}{nRT}\Delta T \tag{19}$$

となるから，これをB→C, D→Aについて積分すると，

$$\log \frac{V_C}{V_B} = -\int_{T_1}^{T_2} \frac{C_V(T)}{nRT}\, dT \tag{20a}$$

$$\log \frac{V_A}{V_D} = -\int_{T_2}^{T_1} \frac{C_V(T)}{nRT}\, dT \tag{20b}$$

すなわち，$\log(V_C/V_B) = \log(V_D/V_A)$，よって，

4. 熱力学第2法則

$$V_A V_C = V_B V_D \tag{21}$$

となる。これと(15), (17)式から,

$$\frac{Q_1}{T_1} = -\frac{Q_2}{T_2} = -\frac{W}{T_1 - T_2} \tag{22}$$

が得られる。$T_1>0$, $T_2>0$, $T_1>T_2$ であるから, このサイクルは, 高熱源から $Q_1(>0)$ の熱をとり, 低熱源へ $-Q_2(>0)$ の熱を与え, $-W(>0)$ の仕事をする正のカルノー・サイクルとなっていることがわかる。逆のカルノー・サイクルは A→D→C→B→A と変化させることによって得られる。いずれの場合にも,

$$\frac{Q_1}{T_1} + \frac{Q_2}{T_2} = 0 \tag{23}$$

となる。

いま, 1 サイクルの間に T_1, T_2 の熱源から Q_1, Q_2 の熱をとり, $-W = Q_1 + Q_2$ の仕事をする任意の正または逆のカルノー・サイクル C と, これと異符号で同じ絶対値の仕事 W をする理想気体を用いた逆または正のカルノー・サイクル C′ を組み合わせたものを考える (図 8-2)。

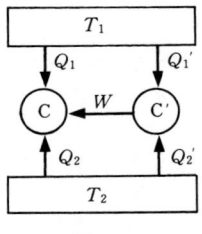

図 8-2

後者が T_1, T_2 の熱源からとる熱を Q_1', Q_2' とすると, 全体としては, T_1 の熱源から $Q = Q_1 + Q_1'$ の熱をとり, T_2 の熱源へこれを与えるだけのサイクルとなるから, 可逆であるためには $Q = 0$ でなければならず, $Q_1 = -Q_1'$, $Q_2 = -Q_2'$ となる。

理想気体のカルノー・サイクルについては,

$$\frac{Q_1'}{T_1} + \frac{Q_2'}{T_2} = 0 \tag{24}$$

が成り立つから, 任意のカルノー・サイクルについても,

$$\frac{Q_1}{T_1} + \frac{Q_2}{T_2} = 0 \quad \text{あるいは} \quad -\frac{Q_2}{Q_1} = \frac{T_2}{T_1} \tag{25}$$

となる。この関係式を用いると, もはや理想気体を用いずに絶対温

第8章 熱学・熱力学・統計力学

度を定めることができる。すなわち、カルノー・サイクルにおいて高熱源から得た熱と低熱源へ与えた熱の比で両熱源の絶対温度の比が定まる。実際の温度目盛は1つの定点の温度の数値を与えれば定まる。このような温度目盛はケルビンにより考案され，**熱力学的温度目盛**とよばれる。熱力学的温度目盛は理想気体による絶対温度目盛と一致する。以後，熱力学的温度目盛を用いることにすれば，理想気体の状態方程式

$$pV = nRT \tag{26}$$

は，理想気体の（定圧）膨張率 β が気体の種類によらず，

$$\beta = \frac{1}{V}\left(\frac{\Delta V}{\Delta T}\right)_{\Delta p=0} = \frac{1}{T} \tag{27}$$

となることを示す。これは実験的にシャルルおよびゲイ-リュサックにより見いだされていた法則である。

正のカルノー・サイクルは，高熱源から得た熱の一部を低熱源に捨て，残りを仕事に変える装置，すなわち熱機関として働く。熱機関の効率 η を得た熱とした仕事の比として定義すると，可逆機関では，

$$\eta = -\frac{W}{Q_1} = \frac{Q_1 + Q_2}{Q_1} = \frac{T_1 - T_2}{T_1} \tag{28}$$

の関係があり，両熱源の温度差が大きいほど大きくなる。

(小牧研一郎)

5. エントロピー

(1) クラウジウスの不等式

1つの系が行う任意のサイクルが可逆であるか，不可逆であるかを判定することを考えよう。考えるサイクルをCとする。系は1サイクルの間にいろいろな温度 $T^{(e)}$ の外界と熱を交換する。これを微小なステップに分解して，温度 T_i の熱源 R_i から Q_i の熱をとる過程を $i = 1, 2, \cdots, n$ と続けて元に戻るものと考える。1サイクルの後，系は元に戻っているが，熱源 R_i は Q_i の熱を失っている。各熱源の状態を元に戻すために，温度 T の別の熱源 R と，正または逆のカルノー・サイクル $C_1, C_2, \cdots, C_n$ を用意して，C_i が1サイクルする間に熱源 R から Q_i' の熱をとり，R_i に Q_i を与えるようにす

5. エントロピー

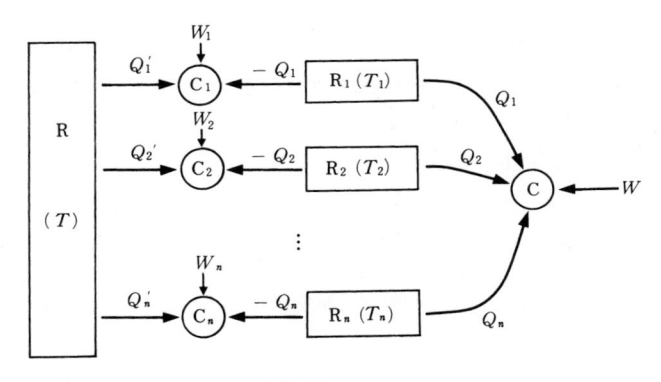

図 8-3

る（図 8-3）。

カルノー・サイクル C_i について，

$$\frac{Q_i}{T_i} = \frac{Q_i'}{T} \tag{29}$$

が成り立つ。これをすべての i について加え，$\sum_i Q_i' = Q$ とおくと，

$$\sum_i \frac{Q_i}{T_i} = \frac{1}{T} \sum_i Q_i' = \frac{Q}{T} \tag{30}$$

となる。ところで，C, R_i, C_i はすべて元に戻っているから，C と $R_1, R_2, \cdots, R_n$ および $C_1, C_2, \cdots, C_n$ を合わせた系はサイクル過程を行い，熱源 R から Q の熱をとり，熱力学第 1 法則によって，これをそのまま仕事に変えたことになる。もし，$Q>0$ であれば，この合成系は第 2 種永久機関となり，第 2 法則に反する。したがって $Q \leqq 0$ でなければならない。$Q<0$ であれば，合成系は $|Q|$ の仕事を熱に変えて R に与えたことになるから不可逆である。C_i はすべて可逆であるから，C 自身が不可逆でなければならない。$Q=0$ であれば R も元に戻ったことになるから，可逆性の定義から C は可逆サイクルである。

したがって，任意のサイクル C について，その途中の各ステップにおいて温度 T_i の熱源から Q_i の熱を得たとすると，

$$\sum_i \frac{Q_i}{T_i} \leq 0 \tag{31a}$$

あるいは,ステップを無限に小さくして,温度 $T^{(e)}$ の外界から $d'Q$ の熱を得るとすれば,

$$\int_C \frac{d'Q}{T^{(e)}} \leq 0 \tag{31b}$$

が成り立ち,等号・不等号に対応してCは可逆・不可逆である。(31)式を**クラウジウスの不等式**という。(31b)式の積分記号は,サイクルCの道筋に沿って行うことを意味する。

2つの熱源の間で働く任意の熱機関の効率は,$T_1 > T_2$,$Q_1 > 0 > Q_2$ として,

$$\eta = \frac{Q_1 + Q_2}{Q_1} \leq \frac{T_1 - T_2}{T_1} \tag{32}$$

となり,可逆熱機関のとき最大となる。

(2) エントロピー

系を準静的に A→C→B→C′→A と変化させるサイクルを考える。準静的過程では,つねに系の温度 T と外界の温度 $T^{(e)}$ は等しく,また逆行可能であるから,クラウジウスの不等式の等号が成り立つ。

$$\int_{A\to C\to B} \frac{d'Q}{T} + \int_{B\to C'\to A} \frac{d'Q}{T} = 0 \tag{33}$$

このサイクルの後半を逆行する過程を考えると,受け取る熱の符号を変えて,

$$\int_{A\to C'\to B} \frac{d'Q}{T} = -\int_{B\to C'\to A} \frac{d'Q}{T} = \int_{A\to C\to B} \frac{d'Q}{T} \tag{34}$$

が成り立つ。これは,この積分が準静的であるかぎり経路によらず,始状態と終状態のみで定まり,両状態におけるある状態変数の差で与えられることを示している。すなわち,

$$\int_{A \atop \text{準静的}}^{B} \frac{d'Q}{T} = S_B - S_A \tag{35a}$$

と書ける。状態量 S は,基準となる状態における値を定めれば,任意の状態について一義的に定まり,系の**エントロピー**とよばれる。微小な準静的変化については,

6. 熱力学関数

$$\Delta' Q = T \Delta S \tag{35b}$$

が成り立つ。

サイクル $A \to C \to B \to C' \to A$ において $B \to C' \to A$ が準静的であるとすれば，一般の過程 $A \to B$ について，クラウジウスの不等式から，

$$\int_{A \to B} \frac{d'Q}{T^{(e)}} \leq -\int_{B \to C' \to A} \frac{d'Q}{T} = S_B - S_A \tag{36a}$$

が得られる。微小過程については，

$$\Delta' Q \leq T^{(e)} \Delta S \tag{36b}$$

となる。等号は可逆過程のとき成り立つ。　　　　　　　(小牧研一郎)

6. 熱力学関数

(1) 自由エネルギー

気体の準静的過程を考える。系になされた仕事は，内圧と外圧がつりあっているから，$-p\Delta V$ で与えられる。系が吸収した熱は，クラウジウスの等式により，$T\Delta S$ となる。したがって，内部エネルギーの変化は，

$$\Delta U = T \Delta S - p \Delta V \tag{37}$$

となる。これは，3つの状態量 U, S, V の間に関数関係があることを表しており，系の状態を指定する独立変数として，たとえば S と V を選べば，U はこれら2変数の関数 $U(S, V)$ として定まり，その微小変化が，1次の微小量の範囲で，

$$\begin{aligned}\Delta U &= U(S+\Delta S, V+\Delta V) - U(S, V) \\ &= T(S, V)\Delta S - p(S, V)\Delta V\end{aligned} \tag{38}$$

と表されることを示している。定積過程，すなわち $\Delta V = 0$ とすると，系の温度は U の S に対する変化率

$$T(S, V) = \left(\frac{\Delta U}{\Delta S}\right)_{\Delta V = 0} \tag{39}$$

として与えられる。上式は厳密には $\Delta S \to 0$ の極限で成り立つ。すなわち，

$$T = \lim_{\Delta S \to 0} \left(\frac{\Delta U}{\Delta S}\right)_{\Delta V = 0} = \lim_{\Delta S \to 0} \frac{U(S+\Delta S, V) - U(S, V)}{\Delta S} \tag{40}$$

これは，2変数関数を1つの変数のみの関数とみなして微分した

第8章　熱学・熱力学・統計力学

もので,偏微分係数とよばれる。熱力学では通常これを$(\partial U/\partial S)_V$と記し,$S$と$V$との関数$U$を$V=$一定の条件下で,$S$で微分したものであることを表す。本章では,偏微分の記法はできるだけ使わないことにする。

(38)式において,断熱過程($\Delta S=0$)を考えると,

$$p = -\left(\frac{\Delta U}{\Delta V}\right)_{\Delta S=0} \tag{41}$$

が得られる。(39),(41)式で得られたT, pはともにS, Vの関数であるが,それぞれのV, Sに対する変化率を計算してみると,

$$\left(\frac{\Delta T}{\Delta V}\right)_{\Delta S=0} = -\left(\frac{\Delta p}{\Delta S}\right)_{\Delta V=0} \tag{42}$$

が成り立つ。これは,両辺とも,

$$\frac{U(S+\Delta S, V+\Delta V) - U(S+\Delta S, V) - U(S, V+\Delta V) + U(S,V)}{\Delta S \Delta V} \tag{43}$$

に等しいことから明らかである。(42)式のような関係式は**マックスウェル関係式**とよばれ,諸状態変数の間の関係を調べる際に有用である。

内部エネルギーUにpVを加えた状態量

$$H = U + pV \tag{44}$$

を**エンタルピー**という。微小変化をとると,

$$\Delta H = \Delta U + \Delta(pV) = T\Delta S + V\Delta p \tag{45}$$

となる。ここで,

$$\begin{aligned}\Delta(pV) &= (p+\Delta p)(V+\Delta V) - pV \\ &= p\Delta V + V\Delta p + \Delta p \Delta V\end{aligned} \tag{46}$$

において高次の微小量$\Delta p \Delta V$を省略した。

(45)式は,エンタルピーがSとpの関数$H(S, p)$として表されることを示している。UにpVを加えることにより,独立変数がVからpに変わったことになる。このような独立変数の変換を**ルジャンドル変換**という。同様の変換によって**ヘルムホルツの自由エネルギー**$F(T, V)$,**ギブスの自由エネルギー**$G(T, p)$が定義される。

$$F = U - TS \tag{47}$$

$$G = U + pV - TS = F + pV = H - TS \tag{48}$$

6. 熱力学関数

微小変化はそれぞれ,

$$\Delta F = -S\Delta T - p\Delta V \tag{49}$$

$$\Delta G = -S\Delta T + V\Delta p \tag{50}$$

となる。H, F, G からも (39), (41) 式に対応する式やマックスウェル関係式が得られる。それらをまとめて次にあげる。

$$T = \left(\frac{\Delta U}{\Delta S}\right)_{\Delta V=0} = \left(\frac{\Delta H}{\Delta S}\right)_{\Delta p=0} \tag{51}$$

$$p = -\left(\frac{\Delta U}{\Delta V}\right)_{\Delta S=0} = -\left(\frac{\Delta F}{\Delta V}\right)_{\Delta T=0} \tag{52}$$

$$S = -\left(\frac{\Delta F}{\Delta T}\right)_{\Delta V=0} = -\left(\frac{\Delta G}{\Delta T}\right)_{\Delta p=0} \tag{53}$$

$$V = \left(\frac{\Delta H}{\Delta p}\right)_{\Delta S=0} = \left(\frac{\Delta G}{\Delta p}\right)_{\Delta T=0} \tag{54}$$

$$\left(\frac{\Delta T}{\Delta V}\right)_{\Delta S=0} = -\left(\frac{\Delta p}{\Delta S}\right)_{\Delta V=0} \tag{55}$$

$$\left(\frac{\Delta T}{\Delta p}\right)_{\Delta S=0} = \left(\frac{\Delta V}{\Delta S}\right)_{\Delta p=0} \tag{56}$$

$$\left(\frac{\Delta p}{\Delta T}\right)_{\Delta V=0} = \left(\frac{\Delta S}{\Delta V}\right)_{\Delta T=0} \tag{57}$$

$$\left(\frac{\Delta V}{\Delta T}\right)_{\Delta p=0} = -\left(\frac{\Delta S}{\Delta p}\right)_{\Delta T=0} \tag{58}$$

U, H, F, G, S などは熱力学（特性）関数とよばれる。

上にあげた関係式は熱力学の法則 (37) 式から導かれたものであるが, 一般に変数の間に関数関係がある場合, それらの変化率（偏微分係数）の間にはいくつかの関係式が成り立つ。

一般に, 3 変数 x, y, z の間に 1 つの関数関係があり, 任意の 2 変数が独立変数となり得るとき,

$$\left(\frac{\Delta x}{\Delta y}\right)_{\Delta z=0} \left(\frac{\Delta y}{\Delta x}\right)_{\Delta z=0} = 1 \tag{59}$$

$$\left(\frac{\Delta x}{\Delta y}\right)_{\Delta z=0} \left(\frac{\Delta y}{\Delta z}\right)_{\Delta x=0} \left(\frac{\Delta z}{\Delta x}\right)_{\Delta y=0} = -1 \tag{60}$$

が成り立つ。また, 4 変数 x, y, u, v のうち 2 つが独立変数である場合には,

$$\left(\frac{\Delta x}{\Delta y}\right)_{\Delta u=0}\left(\frac{\Delta u}{\Delta v}\right)_{\Delta y=0}=\left(\frac{\Delta x}{\Delta y}\right)_{\Delta v=0}\left(\frac{\Delta u}{\Delta v}\right)_{\Delta x=0} \tag{61}$$

$$\left(\frac{\Delta x}{\Delta y}\right)_{\Delta u=0}-\left(\frac{\Delta x}{\Delta y}\right)_{\Delta v=0}=\left(\frac{\Delta x}{\Delta v}\right)_{\Delta y=0}\left(\frac{\Delta v}{\Delta y}\right)_{\Delta u=0} \tag{62}$$

などが成り立つ。これらの関係式もよく用いられる公式である。

これらの公式・関係式を用いてジュールが行った気体の断熱自由膨張の実験を考察してみよう。ジュールは,断熱壁で囲まれた2つの容器の一方に気体を入れ,他方を真空にしておき,これらの間にある栓を開いて膨張させたとき,体積変化に伴う温度変化がほとんどないことを測定し,低圧の気体でジュールの法則がほぼ成り立つことを確かめた。自由膨張では,外界との仕事の出入りはない。また,断熱変化であるので熱の出入りもなく,したがって,変化の前後で内部エネルギーUは一定である。

この実験で測定される量は,Uを一定に保ってVを変えたときのTの変化$(\Delta T/\Delta V)_{\Delta U=0}$である。(59),(60)式において,$x$,$y$,$z$を$U$,$V$,$T$とおくと,$(\Delta U/\Delta T)_{\Delta V=0}=C_V$を用いて,

$$\left(\frac{\Delta T}{\Delta V}\right)_{\Delta U=0}=-\left(\frac{\Delta U}{\Delta V}\right)_{\Delta T=0}\Big/\left(\frac{\Delta U}{\Delta T}\right)_{\Delta V=0}$$
$$=-\frac{1}{C_V}\left(\frac{\Delta U}{\Delta V}\right)_{\Delta T=0} \tag{63}$$

一方,(37)式においてU, SをT, Vの関数と考え,マックスウェル関係式(57)を用いて,

$$\left(\frac{\Delta U}{\Delta V}\right)_{\Delta T=0}=T\left(\frac{\Delta S}{\Delta V}\right)_{\Delta T=0}-p=T\left(\frac{\Delta p}{\Delta T}\right)_{\Delta V=0}-p \tag{64}$$

が得られる。したがって$(\Delta T/\Delta V)_{\Delta U=0}$および$(\Delta U/\Delta V)_{\Delta T=0}$は状態方程式から求めることができる。

理想気体では,

$$\left(\frac{\Delta p}{\Delta T}\right)_{\Delta V=0}=\frac{nR}{V}=\frac{p}{T} \tag{65}$$

であるから,

$$\left(\frac{\Delta U}{\Delta V}\right)_{\Delta T=0}=0 \tag{66}$$

すなわち,ジュールの法則が成り立つ。

6. 熱力学関数

気体の断熱膨張に伴う温度変化のより高精度の実測は，断熱的な細孔栓の両側を圧力 p_1, p_2 に保って，定常的に気体を流して行われる。これを**ジュール-トムソンの実験**という。この実験で測定される量は，

$$\left(\frac{\Delta T}{\Delta p}\right)_{\Delta H=0} = \frac{1}{C_p}\left\{T\left(\frac{\Delta V}{\Delta T}\right)_{\Delta p=0} - V\right\} \tag{67}$$

で，**ジュール-トムソン係数**とよばれる。この係数は，理想気体では 0 であるが，実在の気体では，高温で負，低温で正である。これによる温度変化は**ジュール-トムソン効果**とよばれ，気体を液化するために応用されている。

(2) 理想気体の熱力学関数

理想気体では，ジュールの法則により内部エネルギー U は温度だけの関数であり，したがってエンタルピー $H = U + pV = U + nRT$，定積熱容量 $C_V = dU/dT$，定圧熱容量 $C_p = C_V + nR$ も温度だけの関数である。いま，C_V または C_p が温度の関数として既知であるとして任意の状態の熱力学関数の表式を求めよう。

内部エネルギーは C_V を T で積分して，

$$U(T) = U(T_0) + \int_{T_0}^{T} C_V(T') dT' \tag{68}$$

と表される。エンタルピーは，

$$H(T) = U(T) + nRT$$

$$= H(T_0) + \int_{T_0}^{T} C_p(T') dT' \tag{69}$$

で与えられる。$\Delta U = C_V(T)\Delta T$ から，

$$\Delta S = \frac{\Delta U}{T} + \frac{p}{T}\Delta V = \frac{C_V(T)}{T}\Delta T + nR\frac{\Delta V}{V} \tag{70}$$

これを T_0, V_0 から T, V まで積分して，

$$S(T, V) = S(T_0, V_0) + \int_{T_0}^{T}\frac{C_V(T')}{T'} dT' + nR \log \frac{V}{V_0} \tag{71}$$

あるいは T, p を独立変数として，

$$S(T, p) = S(T_0, p_0) + \int_{T_0}^{T}\frac{C_p(T')}{T'} dT' - nR \log \frac{p}{p_0} \tag{72}$$

が得られる。自由エネルギーは，

$$F(T, V) = U(T_0) - TS(T_0, V_0) + \int_{T_0}^{T} C_V(T') \, dT'$$
$$- T \int_{T_0}^{T} \frac{C_V(T')}{T'} \, dT' - nRT \log \frac{V}{V_0} \tag{73}$$

$$G(T, p) = H(T_0) - TS(T_0, V_0) + \int_{T_0}^{T} C_p(T') \, dT'$$
$$- T \int_{T_0}^{T} \frac{C_p(T')}{T'} \, dT' + nRT \log \frac{p}{p_0} \tag{74}$$

と表される。

(小牧研一郎)

7. 開いた系

(1) 化学ポテンシャル

外界と質量的相互作用を行う系,すなわち開いた系を考える。系の内部エネルギーの変化は,受け取った熱Q,仕事Wおよび構成物質の量の変化による部分Zの和で与えられる。したがって,熱力学第1法則は,

$$U_2 - U_1 = Q + W + Z \tag{75}$$

と表される。このような系では構成物質の量も状態量となる。物質量の表し方としては,モル数,分子数,質量などが用いられる。

α種の成分からなり,成分iをn_iモルずつ含む系を考える。この系に成分iの微小量Δn_iモルを断熱定積過程で付加したときの内部エネルギーの変化はΔn_iに比例すると考えられるから,成分の微小変化による質量的作用は,

$$\Delta' Z = \sum_{i=1}^{\alpha} \mu_i^{(e)} \Delta n_i \tag{76}$$

と書ける。比例係数$\mu_i^{(e)}$は,成分iの外界における**化学ポテンシャル**とよばれ,単位量の物質を熱や仕事の出入りなしに系に加えたときの内部エネルギーの増分を表す。準静的過程では,系自身における化学ポテンシャルμ_iは$\mu_i^{(e)}$と等しいから,微小過程について,

$$\Delta U = T \Delta S - p \Delta V + \sum_{i=1}^{\alpha} \mu_i \Delta n_i \tag{77}$$

が成り立つ。閉じた系の場合と同様にルジャンドル変換$H = U + pV$, $F = U - TS$, $G = F + pV$によってH, F, Gを定義すると,

7. 開いた系

その微小変化は,

$$\Delta H = T\Delta S + V\Delta p + \sum_{i=1}^{\alpha} \mu_i \Delta n_i \tag{78}$$

$$\Delta F = -S\Delta T - p\Delta V + \sum_{i=1}^{\alpha} \mu_i \Delta n_i \tag{79}$$

$$\Delta G = -S\Delta T + V\Delta p + \sum_{i=1}^{\alpha} \mu_i \Delta n_i \tag{80}$$

となる。これらは, **熱力学特性関数**としての内部エネルギー $U(S, V, n_1, n_2, \cdots)$, エンタルピー $H(S, p, n_1, n_2, \cdots)$, ヘルムホルツの自由エネルギー $F(T, V, n_1, n_2, \cdots)$, ギブスの自由エネルギー $G(T, p, n_1, n_2, \cdots)$ とその独立変数の間の関係を表す。

(77)〜(80)式から, §6の(51)〜(54)式と同様の関係式が得られる。

$$T = \left(\frac{\Delta U}{\Delta S}\right)_{\Delta V = \Delta n = 0} = \left(\frac{\Delta H}{\Delta S}\right)_{\Delta p = \Delta n = 0} \tag{81}$$

$$p = -\left(\frac{\Delta U}{\Delta V}\right)_{\Delta S = \Delta n = 0} = -\left(\frac{\Delta F}{\Delta V}\right)_{\Delta T = \Delta n = 0} \tag{82}$$

$$S = -\left(\frac{\Delta F}{\Delta T}\right)_{\Delta V = \Delta n = 0} = -\left(\frac{\Delta G}{\Delta T}\right)_{\Delta p = \Delta n = 0} \tag{83}$$

$$V = \left(\frac{\Delta H}{\Delta p}\right)_{\Delta S = \Delta n = 0} = \left(\frac{\Delta G}{\Delta p}\right)_{\Delta T = \Delta n = 0} \tag{84}$$

$$\mu_i = \left(\frac{\Delta U}{\Delta n_i}\right)_{\Delta S = \Delta V = \Delta n' = 0} = \left(\frac{\Delta H}{\Delta n_i}\right)_{\Delta S = \Delta p = \Delta n' = 0}$$

$$= \left(\frac{\Delta F}{\Delta n_i}\right)_{\Delta T = \Delta V = \Delta n' = 0} = \left(\frac{\Delta G}{\Delta n_i}\right)_{\Delta T = \Delta p = \Delta n' = 0} \tag{85}$$

ここで, $\Delta n = 0$ はすべての n_j を一定に保つこと, $\Delta n' = 0$ は n_i 以外の n_j をすべて一定に保つことを表す。これらの諸量の間には§6の(55)〜(58)式と同様にマックスウェル関係式が成り立つが, ここではいちいちあげない。

(2) オイラーの関係式

これまでに現れた状態量のうち, U, H, F, G, S, V, n_i などは, 系の大きさを λ 倍にすると同じく λ 倍になる, すなわち系の大きさに比例する量で, **示量性変数**とよばれる。これに対して, T, p, μ_i

などは系の大きさに関係しない量で，**示強性変数**とよばれる。ギブスの自由エネルギーの独立変数のうち，成分量以外（T と p）は示強性変数であるから，すべての n_i を λ 倍すると，G も λ 倍になる。すなわち，

$$\lambda G(T, p, n_1, n_2, \cdots) = G(T, p, \lambda n_1, \lambda n_2, \cdots) \tag{86}$$

λ を $\Delta\lambda$ 変化させたときの両辺の変化は，

$$\Delta\lambda \cdot G = \sum_{i=1}^{\alpha} \left(\frac{\Delta G}{\Delta n_i}\right)_{\Delta T = \Delta p = \Delta n' = 0} \Delta\lambda \cdot n_i = \Delta\lambda \sum_{i=1}^{\alpha} \mu_i n_i \tag{87}$$

よって，

$$G = \sum_{i=1}^{\alpha} n_i \mu_i \tag{88}$$

が得られる。これを**オイラーの関係式**という。他の熱力学特性関数は，

$$F = \sum_{i=1}^{\alpha} n_i \mu_i - pV \tag{89}$$

$$H = \sum_{i=1}^{\alpha} n_i \mu_i + TS \tag{90}$$

$$U = \sum_{i=1}^{\alpha} n_i \mu_i - pV + TS \tag{91}$$

と表される。

(80)式から(83)〜(85)式によって得られた S, V, μ_i の間のマックスウェル関係式を，

$$\left(\frac{\Delta \mu_i}{\Delta T}\right)_{\Delta p = \Delta n = 0} = \left(\frac{\Delta S}{\Delta n_i}\right)_{\Delta T = \Delta p = \Delta n' = 0} = s_i \tag{92}$$

$$-\left(\frac{\Delta \mu_i}{\Delta p}\right)_{\Delta T = \Delta n = 0} = \left(\frac{\Delta V}{\Delta n_i}\right)_{\Delta T = \Delta p = \Delta n' = 0} = v_i \tag{93}$$

と書くと，S, V が G と同様に $T, p, n_1, n_2, \cdots$ の関数であることから，

$$S = \sum_{i=1}^{\alpha} n_i s_i \tag{94}$$

$$V = \sum_{i=1}^{\alpha} n_i v_i \tag{95}$$

が得られる。μ_i, s_i, v_i は見かけ上 $T, p, n_1, n_2, \cdots$ の関数として定義

されているが，(88), (94), (95)式からわかるように示強性変数であるから系の大きさにはよらず，T, p と，n_i の相対比との関数である。成分比をモル分率

$$y_i = n_i \Big/ \sum_{j=1}^{\alpha} n_j \tag{96}$$

で表すと，μ_i, s_i, v_i は $T, p, y_1, y_2, \cdots$ の関数となる。s_i, v_i は，**部分モルエントロピー，部分モル体積**とよばれる。一般に示量性変数が n_i の1次式で表されるとき，n_i の係数を部分モル量という。化学ポテンシャルは，ギブスの自由エネルギーの部分モル量に当たる。とくに純粋物質の場合には，部分モル量は，単に1モル当たりの量を表すから，化学ポテンシャルは1モル当たりのギブスの自由エネルギーに等しい。

(88)式の両辺の微小変化をとり(80)式を用いると，**ギブス-デューエムの関係式**

$$\sum_{i=1}^{\alpha} n_i \Delta \mu_i = -S\Delta T + p\Delta V \tag{97}$$

が得られる。 (小牧研一郎)

8. 混合理想気体

理想気体とみなせる2種類の気体 1, 2 をそれぞれ n_1, n_2 モルずつ同じ温度 T，圧力 p の下で仕切のついた箱に入れると，それぞれの体積は $V_1 = n_1 RT/p$, $V_2 = n_2 RT/p$ となる。実験によると，この箱の仕切を取り除いて両者が混合した後も，全体積は混合前の値 $V = V_1 + V_2$ と変わらない。気体の種類が増えても結果は同様である。混合理想気体において成分 i のみが全体積を占めていたときに示すはずの圧力 $p_i = n_i RT/V$ を，その成分の**分圧**という。さきほどの実験結果は，混合理想気体の全圧は，各成分の分圧の和に等しい（**ダルトンの分圧の法則**）ことを表している。

$$p = \sum_i p_i = \frac{RT}{V} \sum_i n_i \tag{98}$$

これを用いると，純粋理想気体の場合と同様に，

$$\left(\frac{\Delta U}{\Delta V}\right)_{\Delta T = \Delta n = 0} = 0 \tag{99}$$

が示されるから，成分が一定ならば，内部エネルギーは温度のみの関数である（ジュールの法則）。

仕切を取り去ることにより，各成分は他成分の存在にかかわりなく**自由膨張**するのと同じで，内部エネルギーは変化しない。しかし，自由膨張した気体が元に戻らないのと同様，一度混合した気体がひとりでに元通りに分離することはない。すなわち，この過程は不可逆である。

理想気体の混合によるエントロピーの変化を計算してみよう。まず，各仕切板に気体1の分子だけを通す半透膜の窓を開けると，気体1は V_1 から $V=\sum_i V_i$ まで自由膨張する。このときのエントロピー変化は§6の(71)式により，

$$\Delta S_1 = n_1 R \log \frac{V}{V_1} \tag{100}$$

である。次に気体2, 3, …について順次，半透膜の窓を開くと，同様の変化が得られ，最終的に，

$$\Delta S = \sum_i n_i R \log \frac{V}{V_i} = -\sum_i n_i R \log y_i \tag{101}$$

が得られる。これを**混合のエントロピー**という。

同じ温度，圧力の同種の気体の間の仕切を取り去っても，なんの変化も起こらないから，エントロピーも変わらない。ところが，これに対して(101)式において，気体が同種であるという極限をとっても，ΔS は0とならない（**ギブスの逆説**）。仕切の両側の気体分子は同種であるか，異種であるかのどちらかであり，同種の場合は分子どうしの区別がつかないため，混合という概念が成立しないので(101)式を用いてはいけないのである。

混合理想気体の熱力学関数を求めよう。純粋な気体 i の1モル当たりの内部エネルギーを $u_i^{(0)}$，エンタルピーを $h_i^{(0)}$，エントロピーを $s_i^{(0)}$，ヘルムホルツおよびギブスの自由エネルギーを $f_i^{(0)}$ および $\mu_i^{(0)}$ とおくと，これらは§6の(68)～(74)式と同じ様な表式で与えられる。

混合によって内部エネルギーは変わらないから，

$$U(T) = \sum_i n_i u_i^{(0)}(T) \tag{102}$$

$$H(T) = U(T) + \sum_i n_i RT = \sum_i n_i h_i^{(0)}(T) \tag{103}$$

エントロピーは，混合のエントロピーの分だけ増すから，
$$\begin{aligned}S(T, V) &= \sum n_i s_i^{(0)}(T, V) + \Delta S \\ &= \sum n_i (s_i^{(0)}(T, V) - R \log y_i)\end{aligned} \tag{104}$$
$$S(T, p) = \sum n_i (s_i^{(0)}(T, p) - R \log y_i) \tag{105}$$

自由エネルギーは，これらから，
$$\begin{aligned}F(T, V) &= U(T) - TS(T, V) \\ &= \sum_i n_i (f_i^{(0)}(T, V) + RT \log y_i)\end{aligned} \tag{106}$$
$$\begin{aligned}G(T, p) &= H(T) - TS(p, V) \\ &= \sum_i n_i (\mu_i^{(0)}(T, p) + RT \log y_i)\end{aligned} \tag{107}$$

となる．したがって，混合理想気体の化学ポテンシャルは，
$$\begin{aligned}\mu_i(T, p, y_1, y_2, \cdots) &= \mu_i^{(0)}(T, p) + RT \log y_i \\ &= \mu_i^{(0)}(T, p_0) + RT \log(p_i/p_0)\end{aligned} \tag{108}$$
で与えられる．

(小牧研一郎)

9. 平衡条件

(1) エントロピー増大の法則

熱力学第2法則は，温度 $T^{(e)}$ の外界と熱的に接触している体系が行う過程について，クラウジウスの不等式
$$T^{(e)} \Delta S \geq \Delta' Q \tag{109}$$
が成り立つことを主張する．

ある束縛条件下におかれた系が実際に行う変化は(109)式に従わなければならず，同式は実際に起きる変化の方向を定める．また，系の1つの状態から考え得るすべての変化(仮想変化)が(109)式を満たさないならば，その状態は平衡状態である．以下に，いろいろな束縛条件の下で系に起こり得る変化の方向と平衡条件を考える．

孤立系や断熱系では，$\Delta' Q = 0$ であるから，(109)式は，
$$\Delta S \geq 0 \tag{110}$$
となる．すなわち，これらの系の変化ではエントロピーが増加する(**エントロピー増大の法則**)．また，平衡条件は S が最大であること

である。

(2) 最大仕事の原理

温度を一定に保った系（等温系）では$T=T^{(e)}$と考えてよいから, (109)式および熱力学第1法則を用いて,

$$\left.\begin{array}{l}\Delta F=\Delta(U-TS)\leqq\Delta'W \\ \text{あるいは,} \\ -\Delta'W\leqq-\Delta F\end{array}\right\} \quad (111)$$

が成り立つ。これは, 系が外界に行う仕事は可逆過程のとき最大で, 系の失ったヘルムホルツの自由エネルギーを超えることはない（**最大仕事の原理**）ことを表している。とくに等温サイクルでは$\Delta F=0$であるから, $-\Delta'W\leqq0$となり, 外界に正の仕事をさせる（第2種永久機関）ことはできない。

等温・等積に保った系では, $\Delta W'=-p^{(e)}\Delta V=0$であるから, (111)式より,

$$\Delta F\leqq 0 \quad (112)$$

すなわち, ヘルムホルツの自由エネルギーは減少する。また, 平衡条件はFが最小であることである。

等温・等圧下の系では, $p^{(e)}=p$としてよいから$\Delta'W=-p\Delta V=-\Delta(pV)$となり, (109)式から,

$$\Delta G\leqq 0 \quad (113)$$

したがって, ギブスの自由エネルギーが減少する。また, G最小が平衡条件である。

(3) 平衡条件

次に, 接触している2系のA, Bの間の平衡条件を求めよう。A, Bを合わせたものは孤立系と考えられるから, 全系のU, V, nは一定で, 平衡条件はSが最大であることである。全系の状態量は2系の対応する量の和であるので, U, V, nが一定であることから,

$$\Delta U=\Delta U^{(A)}+\Delta U^{(B)}=0 \quad (114)$$
$$\Delta V=\Delta V^{(A)}+\Delta V^{(B)}=0 \quad (115)$$
$$\Delta n=\Delta n^{(A)}+\Delta n^{(B)}=0 \quad (116)$$

また, 各系について,

$$\Delta U^{(i)}=T^{(i)}\Delta S^{(i)}-p^{(i)}\Delta V^{(i)}+\mu^{(i)}\Delta n^{(i)} \quad (117)$$

であるから, エントロピーの仮想変化は(114)～(116)式を用いて,

9. 平衡条件

$$\Delta S = \Delta S^{(A)} + \Delta S^{(B)}$$
$$= \left(\frac{1}{T^{(A)}} - \frac{1}{T^{(B)}}\right)\Delta U^{(A)} + \left(\frac{p^{(A)}}{T^{(A)}} - \frac{p^{(B)}}{T^{(B)}}\right)\Delta V^{(A)}$$
$$- \left(\frac{\mu^{(A)}}{T^{(A)}} - \frac{\mu^{(B)}}{T^{(B)}}\right)\Delta n^{(A)} \tag{118}$$

となる。S が最大となるためには，任意の $\Delta U^{(A)}, \Delta V^{(A)}, \Delta n^{(A)}$ に対して，$\Delta S = 0$ でなければならないから，平衡条件は，

$$T^{(A)} = T^{(B)}, \quad p^{(A)} = p^{(B)}, \quad \mu^{(A)} = \mu^{(B)} \tag{119a, b, c}$$

となる。これらは2系の間で熱，仕事，質量（構成粒子）が移動しない条件になっている。

ここで，A を対象とする系，B を外界と考えると，与えられた環境と平衡になるための条件は，

$$T = T^{(e)}, \quad p = p^{(e)}, \quad \mu = \mu^{(e)} \tag{120a, b, c}$$

と表される。しかし，ここで求めた条件は S が極値をとるためのもので，この平衡が安定なものであるためには，S は極大値でなければならない。これを求めるためには，2次の微小量まで考慮する必要がある。状態 (S, V, n) における内部エネルギー，温度，圧力，化学ポテンシャルを U, T, p, μ とし，$(S+\Delta S, V+\Delta V, n+\Delta n)$ における値を $U+\Delta U, T+\Delta T, p+\Delta p, \mu+\Delta \mu$ とすると，2次の微小量までの範囲で，

$$\Delta U = U(S+\Delta S, V+\Delta V, n+\Delta n) - U(S, V, n)$$
$$= T(S+\Delta S/2, V+\Delta V/2, n+\Delta n/2)\Delta S$$
$$- p(S+\Delta S/2, V+\Delta V/2, n+\Delta n/2)\Delta V$$
$$+ \mu(S+\Delta S/2, V+\Delta V/2, n+\Delta n/2)\Delta n$$
$$= (T+\Delta T/2)\Delta S - (p+\Delta p/2)\Delta V + (\mu+\Delta \mu/2)\Delta n \tag{121}$$

安定な平衡である条件は，任意の $\Delta S, \Delta V, \Delta n$ に対して，

$$\Delta Q' - T^{(e)}\Delta S = \Delta U - T^{(e)}\Delta S + p^{(e)}\Delta V - \mu^{(e)}\Delta n$$
$$= (T - T^{(e)})\Delta S - (p - p^{(e)})\Delta V + (\mu - \mu^{(e)})\Delta n$$
$$+ (\Delta T \Delta S - \Delta p \Delta V + \Delta \mu \Delta n)/2 \geqq 0 \tag{122}$$

となることである。これから，等式 (120) に加えて，

$$\Delta T \Delta S - \Delta p \Delta V + \Delta \mu \Delta n \geqq 0 \tag{123}$$

が安定性の条件として得られる。(123)式から，たとえば閉じた系 ($\Delta n = 0$) については，

$$C_V = T\left(\frac{\Delta S}{\Delta T}\right)_{\Delta V=0} \geq 0, \quad C_p = T\left(\frac{\Delta S}{\Delta T}\right)_{\Delta p=0} \geq 0 \quad (124\text{a, b})$$

$$k_T = -\frac{1}{V}\left(\frac{\Delta V}{\Delta p}\right)_{\Delta T=0} \geq 0, \quad k_S = -\frac{1}{V}\left(\frac{\Delta V}{\Delta p}\right)_{\Delta S=0} \geq 0 \quad (125\text{a, b})$$

などが得られる。すなわち，定積熱容量 C_V，定圧熱容量 C_p，**等温圧縮率** k_T，**断熱圧縮率** k_S は正でなければならない。

内部エネルギーの変化は一般に，

$$\Delta U = \sum_i X_i \Delta x_i \tag{126}$$

の形で表されるが，このような系が安定である条件は，

$$\sum_i \Delta X_i \Delta x_i \geq 0 \tag{127}$$

となり，

$$\left(\frac{\Delta X_i}{\Delta x_i}\right)_{\Delta X_i'=0\ \text{or}\ \Delta x_i'=0} \geq 0, \quad \left(\frac{\Delta x_i}{\Delta X_i}\right)_{\Delta X_i'=0\ \text{or}\ \Delta x_i'=0} \geq 0 \quad (128\text{a, b})$$

が得られる。これは，平衡状態にある系に，ある作用 ΔX_i（または Δx_i）を加えたときに引き起こされる直接の（(126)式において同じ項に含まれる）変化 Δx_i（または ΔX_i）は，加えられた作用を打ち消す向きに起こることを示しており，**ル・シャトゥリエの原理**とよばれる。(124), (125)式はその例である。

また (62), (60), (59)式を順次用いると，

$$\left(\frac{\Delta X_i}{\Delta x_i}\right)_{\Delta X_j=0} - \left(\frac{\Delta X_i}{\Delta x_i}\right)_{\Delta x_j=0} = \left(\frac{\Delta X_i}{\Delta x_j}\right)_{\Delta x_i=0}\left(\frac{\Delta x_j}{\Delta x_i}\right)_{\Delta X_j=0}$$

$$= -\left(\frac{\Delta X_i}{\Delta x_j}\right)_{\Delta x_i=0}\left(\frac{\Delta x_j}{\Delta X_j}\right)_{\Delta x_i=0}\left(\frac{\Delta X_j}{\Delta x_i}\right)_{\Delta x_j=0} \tag{129}$$

マックスウェル関係式

$$\left(\frac{\Delta X_j}{\Delta x_i}\right)_{\Delta x_j=0} = \left(\frac{\Delta X_i}{\Delta x_j}\right)_{\Delta x_i=0} \tag{130}$$

を用いると，(128b)式により，

$$\left(\frac{\Delta X_i}{\Delta x_i}\right)_{\Delta X_j=0} - \left(\frac{\Delta X_i}{\Delta x_i}\right)_{\Delta x_j=0} = -\left(\frac{\Delta X_i}{\Delta x_j}\right)^2_{\Delta x_i=0}\left(\frac{\Delta x_j}{\Delta X_j}\right)_{\Delta x_i=0} \leq 0 \tag{131a}$$

同様にして，

10. 相 転 移

$$\left(\frac{\Delta x_i}{\Delta X_i}\right)_{\Delta X_j=0} - \left(\frac{\Delta x_i}{\Delta X_i}\right)_{\Delta x_j=0} = \left(\frac{\Delta x_i}{\Delta X_j}\right)^2_{\Delta X_i=0} \left(\frac{\Delta X_j}{\Delta x_j}\right)_{\Delta X_i=0} \geq 0 \tag{131b}$$

が得られる．(131a)式は，平衡にある系に作用 Δx_i を加えると，直接の変化 ΔX_i が生ずるが，その大きさは，Δx_i による間接の変化 ΔX_j を禁止した場合 ($\Delta X_j=0$) のほうが，これを許した場合 ($\Delta x_j=0$) より大きいことを示している．すなわち，Δx_i による間接の変化 ΔX_j は，Δx_i の効果を軽減する方向に起こる．これを，**ル・シャトゥリエ-ブラウンの原理**という．(131)式からは，

$$C_p \geq C_V \tag{132}$$
$$k_T \geq k_S \tag{133}$$

などの関係式が得られる．平衡の安定条件から導かれた不等式を熱力学不等式と総称する． (小牧研一郎)

10. 相 転 移

(1) 相

多くの気体は，温度を一定に保ったまま体積を小さくしていくと圧力が高くなっていくが，ある状態Aに達するとその一部が液体となり，圧力は変化しなくなる(図8-4(a))．さらに圧縮し続けると，液体の部分が増え，状態Bにおいて全系が液体となり，その後は再び圧力が上昇するようになる．同様の変化は圧力を一定にして温度を変えてもみられる．液体と気体が共存している状態では，それぞれの部分はある境界面で空間的に分離され，その内部は均質な部分系をなす．このような部分系を**相**とよぶ．全系が均質なときは全系

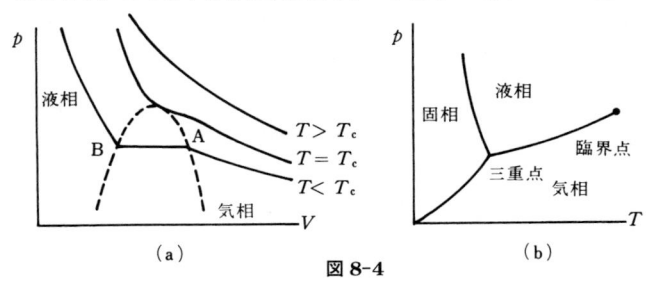

図 8-4

が1つの相となる。

相の種類としては，気相，液相，固相などがあるが，固相には結晶構造の異なるいくつかの相をもつものや，溶液や合金（固溶体）では成分の異なる複数の相を作ることがある。特定の条件下である相から他の相へ移り変わることを**相転移**という。

(2) 相の共存

一定の温度・圧力の下で純粋な物質の2つの相（たとえば気相と液相）が共存している場合を考察しよう。それぞれの相を部分系1, 2とすると，これらは等温・等圧下の開いた系をなし，全系は閉じた系となる。このような系の平衡条件は全系のギブスの自由エネルギーが最小であることであり，両部分系の化学ポテンシャルが等しいときに実現される。

$$\mu^{(1)}(T, p) = \mu^{(2)}(T, p) \tag{134}$$

右肩の(1), (2)は系1, 2を表す。(134)式はTとpの間に1つの関数関係があることを意味する。すなわち，2相共存条件はT-p平面における1つの曲線で表される（図8-4(b)参照）。2相が気相・液相のときこの曲線を**蒸気圧曲線**，液相・固相のとき**融解曲線**，気相・固相のときは**昇華曲線**とよぶ。蒸気圧曲線，昇華曲線で表される圧力をその温度における飽和蒸気圧という。これら3本の曲線は1点で交わり，その温度・圧力では3相が共存する。この状態をその物質の**三重点**という。三重点は定まった温度・圧力を示すので，それらの基準値(定点)として用いられる。

1つのT-p曲線上に近接した2点(T, p)および$(T+\Delta T, p+\Delta p)$をとると，(134)式および

$$\mu^{(1)}(T+\Delta T, p+\Delta p) = \mu^{(2)}(T+\Delta T, p+\Delta p) \tag{135}$$

が成り立つ。(135)式と(134)式の差をとって各相について，

$$\mu(T+\Delta T, p+\Delta p) - \mu(T, p)$$
$$= \left(\frac{\Delta \mu}{\Delta T}\right)_{\Delta p=0} \Delta T + \left(\frac{\Delta \mu}{\Delta p}\right)_{\Delta T=0} \Delta p \tag{136}$$

およびマックスウェル関係式(92), (93)式を用いると，

$$-s^{(1)}\Delta T + v^{(1)}\Delta p = -s^{(2)}\Delta T + v^{(2)}\Delta p \tag{137}$$

が得られる。$s^{(i)}, v^{(i)}$は相iにおける1モル当たりのエントロピーおよび体積である。よって，

10. 相転移

$$\frac{\Delta T}{\Delta p} = \frac{v^{(1)} - v^{(2)}}{s^{(1)} - s^{(2)}} = \frac{T(v^{(1)} - v^{(2)})}{L} \tag{138}$$

ここで，
$$L = T(s^{(1)} - s^{(2)}) \tag{139}$$

は，1モルの物質を一定の T, p の下で相2から相1へ転移させるために与えなければならない熱量を表し，**潜熱**とよばれる。固相→液相，液相→気相，固相→気相に対する潜熱をそれぞれ**融解熱，気化熱，昇華熱**という。(138)式は**クラウジウス-クラペイロンの関係式**とよばれる。

潜熱が0でなく，体積（密度）が変化する転移を**第1次相転移**という。エントロピーや体積が連続な転移もあり，(138)式は適用されない。そのような場合には，(136)式において高次の微小量まで考えなければならない。

蒸気圧曲線上で共存している気相・液相の密度は $1/v^{(1)}$, $1/v^{(2)}$ で異なるが，実験によれば，高温になると $v^{(1)}$, $v^{(2)}$ の差が小さくなり，物質に固有のある温度以上ではこの差がなくなり，気相・液相の区別がなくなる。この境界の温度 T_c は蒸気圧曲線の終点で，圧力も物質固有な値 p_c をもつ。この状態をその物質の**臨界点**という（図8-4参照）。臨界点は融解曲線上には観測されていない。

理想気体の状態方程式に，気体分子の大きさと分子間引力の影響を定性的にとり入れたもの，つまり

$$\left(p + \frac{a}{V^2}\right)(V - b) = RT \tag{140}$$

を1モル当たりの**ファン・デル・ワールスの状態方程式**という。a, b は気体固有の定数である。いろいろな温度における p-V 曲線は図8-5のようになる。$T < T_c = 8a/27bR$ の場合には p はA, Bにおいて極小，極大となる。この曲線に沿ってヘルムホルツの自由エネルギーを計算すると，

$$f(T, V) = f(T, V_0) - \int_{V_0}^{V} p \, dV$$

$$= f(T, V_0) - RT \log(V - b) - \frac{a}{V} \tag{141}$$

となる。これは図8-5(b)のようになり，2点L, Gにおいて共通の

第 8 章　熱学・熱力学・統計力学

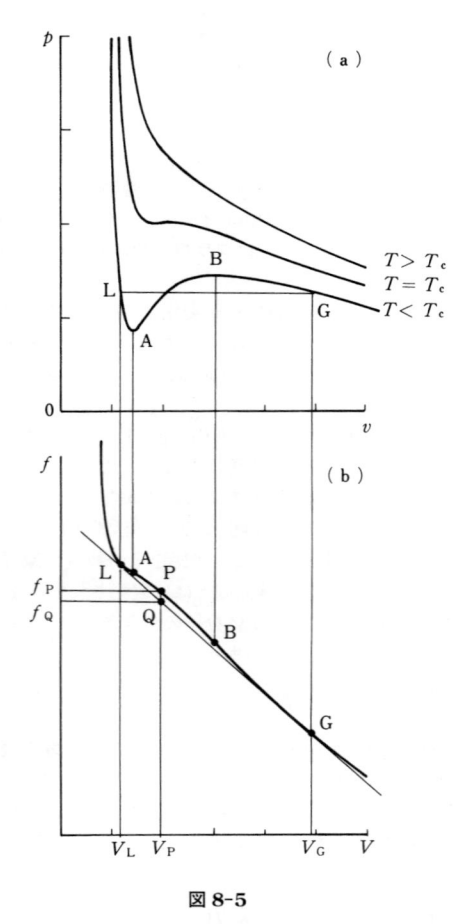

図 8-5

接線をもつ。$V_L < V_P < V_G$ を満たす V_P について，1 モルのうち $n_L = (V_G - V_P)/(V_G - V_L)$ モルが状態 L に，$n_G = 1 - n_L$ モルが状態 G にある場合を考えると，全系の体積は V_P，自由エネルギーは図の f_Q となり，曲線上の値 f_P より小さくなる。これは，系が均一な状

546

10. 相 転 移

態Pにあるよりよ LとGの状態にある2つの部分に分かれているほうが安定であることを表しており,実際に系は2相共存の状態になる。体積を $V_L \longleftrightarrow V_G$ と変化させると両相にあるモル数 n_L, n_G が変化する。2相共存の状態は図8-5でL,Gを結ぶ線分で表される。

曲線AB上の状態では, $(\Delta V/\Delta p)_{\Delta T=0}>0$ であるから, $k_T<0$ となり,安定性の条件((125a)式)に反しているため,必ず2相に分離する。LA,BG上の状態では,2相共存のほうがより安定ではあるが,均一なままの状態も安定な熱平衡の条件を満たしており,準安定平衡状態とよばれる。実際,気体をゆるやかに冷却あるいは圧縮していくと,圧力が飽和蒸気圧より高くなっても気体のままとどまっていることがある。この状態を過飽和蒸気という。同様に**過冷却状態,過熱状態**などが実現される。これらの状態は,新しい相との界面を作るための自由エネルギーが,2相に分かれることによる自由エネルギーの減少分より大きいために起こる。

(3) 相 律

多成分・多相の平衡状態を考える。相 i に含まれる j 成分のモル数を $n_j^{(i)}$, 化学ポテンシャルを $\mu_j^{(i)}$ と書くと, T,p を一定に保った場合の平衡条件は,各成分の化学ポテンシャルがすべての相について共通になることである。

$$\left. \begin{array}{l} \mu_1^{(1)}=\mu_1^{(2)}=\cdots=\mu_1^{(\alpha)} \\ \mu_2^{(1)}=\mu_2^{(2)}=\cdots=\mu_2^{(\alpha)} \\ \cdots\cdots\cdots \\ \mu_\beta^{(1)}=\mu_\beta^{(2)}=\cdots=\mu_\beta^{(\alpha)} \end{array} \right\} \quad (142)$$

α は相の数, β は成分の数である。これらは全部で $\beta(\alpha-1)$ 個の条件式である。一方 $\mu_j^{(i)}$ は, T, p および相 i における各成分の相対濃度で決まるから,全体で $\alpha(\beta-1)+2$ 個の独立変数がある。平衡条件を満たしたうえでなお自由に変えることができる変数の数は,系の自由度 f とよばれ,独立変数の数から条件式の数を引いたものになる。

$$f=\alpha(\beta-1)+2-\beta(\alpha-1)=\beta-\alpha+2 \quad (143)$$

この関係式を**ギブスの相律**という。

1成分2相では $f=1$ で, p または T の一方だけが自由に変えることができ,他方はそれに従って自動的に定まる。1成分3相では

$f=0$ となり，T も p も完全に定まる（三重点）．2 成分 2 相では $f=2$ であり，たとえば T, p の両方を自由に決めることができる．このとき両相の成分は自動的に定まる． (小牧研一郎)

11. 熱力学第 3 法則

純粋な物質がある圧力 p において，温度 T_0 から $T (T>T_0)$ までに相 1, 2, $\cdots$, j をもち，相 i での定圧熱容量を $C_p^{(i)}(T)$，相 $i \to i+1$ の転移温度を $T_i(p)$，潜熱を $L_i(p)$ とすると，そのエントロピーは，

$$S^{(j)}(T,p) = S^{(1)}(T_0,p) + \sum_{i=1}^{j-1} \Big(\int_{T_{i-1}}^{T_i} \frac{C_p^{(i)}(T')}{T'} dT' + \frac{L_i}{T_i} \Big)$$
$$+ \int_{T_{j-1}}^{T} \frac{C_p^{(j)}(T')}{T'} dT' \tag{144}$$

によって与えられる．ここに現れた諸量は熱的測定によって求めることができる．また，エントロピーの圧力変化は，マックスウェル関係式

$$\Big(\frac{\Delta S}{\Delta p}\Big)_{\Delta T=0} = -\Big(\frac{\Delta V}{\Delta T}\Big)_{\Delta p=0} \tag{145}$$

により等圧熱膨張率から得られる．このようにして，ある状態 T, p を基準にして，$T_0 \to 0$ の極限における $S^{(1)}(0,p')$ をいろいろな圧力 p' について，また，準安定状態のまま $T \to 0$ とした極限 $S^{(i)}(0,p)$ などが実験値を元にして計算することができる．その結果，「純粋な物質のエントロピーは，$T \to 0$ の極限で，圧力（密度），相によらず一定値に近づく」すなわち，

$$\lim_{T \to 0} S^{(i)}(T,p) = S_0 \tag{146}$$

となることが知られた．さらに，化学反応における平衡定数や反応熱の実測値から反応に関与する物質の S_0 の間の関係を求めることができる．(144)式と(146)式から計算した S_0 が実測と合うためには，反応に関与する物質の S_0 をかってに決めることはできない．多くの実験データから，すべての純粋物質において $S_0=0$ でなければならないことが確かめられた．よって，

純粋な物質のエントロピーは $T \to 0$ の極限において，圧力，相

にかかわらず0に近づく

$$\lim_{T \to 0} S^{(i)}(T, p) = 0 \tag{147}$$

これを**熱力学の第3法則**,あるいは**ネルンスト-プランクの定理**という.

熱力学の第3法則から,$T \to 0$ ですべての比熱が0になることが,

$$C_x(T) = T \left(\frac{\Delta S}{\Delta T} \right)_{\Delta x = 0}$$

$$= \left(\frac{\Delta (TS)}{\Delta T} \right)_{\Delta x = 0} - S \longrightarrow \frac{TS}{T} - S \longrightarrow 0 \tag{148}$$

により示される.また,x を温度以外の状態量とすると,$T \to 0$ で,

$$\left(\frac{\Delta S}{\Delta x} \right)_{\Delta T = 0} \longrightarrow 0 \tag{149}$$

となる.これをいろいろな系に適用して,マックスウェル関係式を用いると,気体の膨張率 $(\Delta V/\Delta T)_{\Delta p=0}/V$,磁化の温度変化 $(\Delta m/\Delta T)_{\Delta H=0}$ などが $T \to 0$ で0に近づくことが示される.

(小牧研一郎)

12. 一般の体系の熱力学

これまでは,主として気体を対象としてきた.これは,外界からの仕事が体積変化を通して,

$$\Delta' W = -p^{(e)} \Delta V \tag{150}$$

の形で与えられるような系であった.一般の体系では,仕事はいくつかの"座標"x_i の変化 Δx_i に比例する項の和

$$\Delta' W = \sum_i X_i^{(e)} \Delta x_i \tag{151}$$

として与えられる.$X_i^{(e)}$ は"座標"x_i に対応して外界が系に及ぼす"力"である.準静的過程では,"外力"$X_i^{(e)}$ は"内力"X_i とつりあっているから,

$$\Delta' W = \sum_i X_i \Delta x_i \tag{152}$$

となる.内部エネルギーの微小変化は,

第8章 熱学・熱力学・統計力学

$$\Delta U = T\Delta S + \sum_i X_i \Delta x_i + \sum_i \mu_i \Delta n_i \tag{153}$$

と表され，内部エネルギーは S, x_i, n_i の関数となる。他の熱力学特性関数は，

$$H = U - \sum_i X_i \Delta x_i \tag{154}$$

$$F = U - TS \tag{155}$$

$$G = F - \sum_i X_i \Delta x_i \tag{156}$$

で定義され，その微小変化は，

$$\Delta H = T\Delta S - \sum_i x_i \Delta X_i + \sum_i \mu_i \Delta n_i \tag{157}$$

$$\Delta F = -S\Delta T + \sum_i X_i \Delta x_i + \sum_i \mu_i \Delta n_i \tag{158}$$

$$\Delta G = -S\Delta T - \sum_i x_i \Delta X_i + \sum_i \mu_i \Delta n_i \tag{159}$$

と表され，気体の場合と同様な関係式が成り立つ。

熱容量は，x_i を一定にしたもの C_{x_i} と X_i を一定にしたもの C_{X_i} が，

$$C_{x_i} = T\left(\frac{\Delta S}{\Delta T}\right)_{\Delta x_i = 0}, \quad C_{X_i} = T\left(\frac{\Delta S}{\Delta T}\right)_{\Delta X_i = 0} \tag{160a, b}$$

で定義される。等温および断熱過程での Δx_i と ΔX_i の比は系の機械的特徴を表す量であるが，それらと比熱との間には§6の(61)式により，

$$C_{x_i}\left(\frac{\Delta x_i}{\Delta X_i}\right)_{\Delta T = 0} = C_{X_i}\left(\frac{\Delta x_i}{\Delta X_i}\right)_{\Delta S = 0} \tag{161}$$

が成り立つ。これを気体に適用すると，

$$C_V k_T = C_p k_S \tag{162}$$

が得られる。k_T, k_S は等温および断熱圧縮率である。

(1) 磁 化

一例として，磁界中におかれた単位体積の磁性体の場合について具体的に考えよう。磁界 $\boldsymbol{H}$ 中の磁性体の磁化 $\boldsymbol{m}$ が $\Delta\boldsymbol{m}$ 変化したとすると，磁界は磁性体に対して単位体積当たり $\boldsymbol{H}\Delta\boldsymbol{m}$ の仕事をする。単位体積についての内部エネルギーの変化は，

12. 一般の体系の熱力学

$$\Delta U = T\Delta S + \boldsymbol{H}\Delta \boldsymbol{m} \tag{163}$$

と書ける。一方，実験から，常磁性体については**キュリーの法則**

$$\boldsymbol{m} = \frac{C}{T}\boldsymbol{H} \tag{164}$$

が，強磁性体または反強磁性体が高温領域で示す常磁性相では**キュリー–ヴァイスの法則**

$$\boldsymbol{m} = \frac{C}{T-\Theta}\boldsymbol{H} \tag{165}$$

が成り立つことが知られている。C はキュリー定数とよばれる。これらが状態方程式にあたる。これを，

$$\boldsymbol{m} = \chi_T(T)\boldsymbol{H} \tag{166}$$

と書くと，χ_T は等温磁化率を表す。断熱磁化率 χ_S，$\boldsymbol{H}$ あるいは $\boldsymbol{m}$ を一定にした熱容量 C_H, C_m と χ_T との間に

$$\chi_S C_H = \chi_T C_m \tag{167}$$

が成り立つ。ギブスの自由エネルギーを，

$$G = U - TS - \boldsymbol{H}\boldsymbol{m} \tag{168}$$

と定義すると，その微小変化は，

$$\Delta G = -S\Delta T - \boldsymbol{m}\Delta \boldsymbol{H} \tag{169}$$

となる。T と $\boldsymbol{H}$ を独立変数として，S の変化を表すと，

$$\Delta S = \left(\frac{\Delta S}{\Delta T}\right)_{\Delta H=0}\Delta T + \left(\frac{\Delta S}{\Delta H}\right)_{\Delta T=0}\Delta H \tag{170}$$

(169)式から得られるマックスウェル関係式

$$\left(\frac{\Delta S}{\Delta H}\right)_{\Delta T=0} = \left(\frac{\Delta \boldsymbol{m}}{\Delta T}\right)_{\Delta H=0} \tag{171}$$

および(166)式から，

$$\left(\frac{\Delta \boldsymbol{m}}{\Delta T}\right)_{\Delta H=0} = \frac{d\chi_T}{dT}\boldsymbol{H} \tag{172}$$

であるから，熱容量 C_H を用いて，

$$\Delta S = \frac{C_H}{T}\Delta T + \frac{d\chi_T}{dT}\boldsymbol{H}\Delta H \tag{173}$$

よって，断熱変化（$\Delta S = 0$）での T と $\boldsymbol{H}$ の変化との間には，

$$\left(\frac{\Delta T}{\Delta H}\right)_{\Delta S=0} = -\frac{HT}{C_H}\frac{d\chi_T}{dT}$$

$$= \frac{CH}{C_H T} \quad \text{または} \quad \frac{CHT}{C_H(T-\Theta)^2} \tag{174}$$

が成り立ち，これは正の値をとる。これを利用して，断熱状態で磁界を取り除くことにより系の温度を下げることができ，極低温を作り出す有力な方法となっている(**断熱消磁法**)。

(2) 光子気体

特殊な系の例として，光子気体をとり上げよう。温度Tの物体で囲まれた空洞内には，Tで定まる波長分布をもつ電磁波が飛び交っている。これを空洞放射という。これを粒子の集まりとみたものが光子気体である。光子が壁に及ぼす圧力は，電磁気学により，

$$p = \frac{U}{3V} = \frac{u}{3} \tag{175}$$

であることが，また，単位体積当たりの内部エネルギー $u=U/V$ がTのみの関数であることが知られている。気体について成り立つ§6の(64)式，すなわち，

$$\left(\frac{\Delta U}{\Delta V}\right)_{\Delta T=0} = T\left(\frac{\Delta p}{\Delta T}\right)_{\Delta V=0} - p \tag{176}$$

に(175)式を代入すると，

$$u = \frac{T}{3}\frac{du}{dT} - \frac{u}{3} \quad \therefore \quad \frac{du}{dT} = \frac{4u}{T} \tag{177}$$

よって，

$$u = aT^4 \tag{178}$$

が得られる。このような空洞の壁に開けた窓からもれ出る放射を**黒体放射**といい，そのエネルギーの流れの密度は，光速度をcとして，

$$J = \frac{u}{4\pi}\int_0^{2\pi}d\varphi \int_0^{2\pi} c\cos\theta \sin\theta\, d\theta = \frac{c}{4}u = \frac{ca}{4}T^4 = \sigma T^4 \tag{179}$$

となる。これを**シュテファン-ボルツマンの法則**という。係数σはシュテファン-ボルツマン係数とよばれ，統計力学によりその値は，

$$\sigma = 5.67\times 10^{-8}\,\text{W}\cdot\text{m}^{-2}\cdot\text{K}^{-4} \tag{180}$$

と計算される。

(小牧研一郎)

13. 統計力学の原理

N個の同種の粒子からなる系を考えよう。古典力学においては，系の微視的（ミクロ）な状態は，ある時刻における全粒子の位置と速度を指定することによって過去・未来のすべてにわたって決まる。一般には，位置と速度の代わりに系の自由度$f=3N$の数だけの一般化座標q_iとそれに共役な運動量p_iの組$(q_1, q_2, \cdots, q_f, p_1, p_2, \cdots, p_f)=(\boldsymbol{q}, \boldsymbol{p})$を用いる。これを正準変数という。正準変数を座標軸とする$2f$次元の空間（位相空間）を考え，これを$\varGamma$空間とよぶ。系の微視的状態は，$\varGamma$空間内の一点$(\boldsymbol{q}, \boldsymbol{p})$で表される。これを系の代表点という。$(\boldsymbol{q}, \boldsymbol{p})$は時間の関数であり，その時間変化は，系の全エネルギーを$\boldsymbol{q}, \boldsymbol{p}$の関数として表したハミルトン関数（ハミルトニアン Hamiltonian）$H(\boldsymbol{q}, \boldsymbol{p})$を用いて，

$$\frac{dq_i}{dt}=\frac{\partial H}{\partial p_i} \tag{181a}$$

$$\frac{dp_i}{dt}=-\frac{\partial H}{\partial q_i} \tag{181b}$$

で表される。これをハミルトンの運動方程式という。代表点は(181)式に従って運動し，$\varGamma$空間内に1つの曲線（位相軌道）を描く。全エネルギーが保存される系では，位相軌道は$\varGamma$空間内の等エネルギー面に乗っている。

系の微視的状態$(\boldsymbol{q}, \boldsymbol{p})$に応じて定まる力学的量$A(\boldsymbol{q}, \boldsymbol{p})$は，代表点の運動に伴い刻々変化する。巨視的な測定によって得られる値A_{obs}は，$A(\boldsymbol{q}, \boldsymbol{p})$の測定時間にわたる平均値，理論的には，長時間平均$\langle A \rangle_t$であると考えられる。

$$A_{\mathrm{obs}}=\langle A \rangle_t=\lim_{\tau \to \infty}\frac{1}{2\tau}\int_{t-\tau}^{t+\tau}A(\boldsymbol{q}(t'), \boldsymbol{p}(t'))\,dt' \tag{182}$$

たとえば，気体の圧力は，微視的には単位時間に，単位面積の器壁に気体分子が衝突する際に与える運動量であり，刻々と変化するが，これを時間平均したものが巨視的な圧力として観測される。

体系の巨視的物理量は，原理的には，ある時刻での$\boldsymbol{q}, \boldsymbol{p}$の値を求め，ハミルトン方程式に従ってその時間変化を計算することによって導入されるが，10^{23}程度の個数の粒子についてこれを実行することは不可能である。そこで，統計力学では，巨視的には考えてい

第8章 熱学・熱力学・統計力学

る系とまったく同じ系を多数考え,これを統計集団(アンサンブル)とよび,集団に属する各系における $A(\boldsymbol{q}, \boldsymbol{p})$ を集団全体にわたって平均した値が巨視的な観測値に等しいという立場をとる。このような平均を統計平均といい,$\overline{A}$ で表す。

統計集団は,Γ 空間内の代表点の集合と同等である。n を集団に含まれる系の数として,時刻 t において Γ 空間内の微小体積 $d\Gamma = dq_1 dq_2 \cdots dq_f dp_1 dp_2 \cdots dp_f$ 内にある代表点の数を $n\rho(\boldsymbol{q}, \boldsymbol{p}, t) d\Gamma$ とすると,統計平均は,

$$\overline{A} = \int A(\boldsymbol{q}, \boldsymbol{p}) \rho(\boldsymbol{q}, \boldsymbol{p}, t) d\Gamma \tag{183}$$

で定義される。ρ は,統計集団の特徴をすべて含んだ関数で,**統計分布関数**とよばれ,規格化条件

$$\int \rho(\boldsymbol{q}, \boldsymbol{p}, t) d\Gamma = 1 \tag{184}$$

を満足する。(183),(184)式の積分は Γ 空間全体にわたって行う。

代表点はハミルトン方程式に従って運動し,途中で消えたり生まれたりしないことから,**リューヴィユの定理**

$$\frac{d\rho}{dt} = \frac{\partial \rho}{\partial t} + \sum_{i=1}^{f} \left(\frac{\partial \rho}{\partial q_i} \frac{\partial H}{\partial p_i} - \frac{\partial \rho}{\partial p_i} \frac{\partial H}{\partial q_i} \right) = 0 \tag{185}$$

が成り立つ。ここで,$d\rho/dt$ は位相軌道に沿ってみた ρ の変化,$\partial \rho/\partial t$ は Γ 空間内の定点における ρ の変化を表す。

熱平衡状態にある系では,観測される物理量 A_{obs} は時間によらない。統計平均 $\overline{A}$ がこの性質をもつのは,(183)式から分布関数があらわに時間によらないとき,すなわち $\partial \rho/\partial t = 0$ のときである。このような分布関数をもつ統計集団を**定常集団**という。分布関数 ρ が $\boldsymbol{q}, \boldsymbol{p}$ に個別に依存せずに,全エネルギー $E = H(\boldsymbol{q}, \boldsymbol{p})$ だけの関数 $\rho(E)$ となっているときに定常集団となることが(181)式と(185)式から示される。そこで,統計力学では次のことを基本的原理として仮定する。

> 熱平衡にある体系を表す統計分布関数は,等エネルギー面上では等しい値をとる。あるいは,熱平衡にある系の全エネルギーの等しい微視的状態はすべて等しい確率で実現される。

これを**等重率の原理**,あるいは**アプリオリ確率**の仮定という。さら

に，統計力学では，このような統計分布関数を用いて計算された物理量の統計平均 $\overline{A}$ が時間平均 $\langle A \rangle_t$ と一致することを仮定する。これを**エルゴード仮説**という。

これらの原理あるいは仮説を証明しようとする試みが**エルゴード理論**である。「代表点の軌道は等エネルギー面上のすべての点を通る」という**ボルツマンのエルゴード定理**が成立すれば，軌道がすべて1本につながり，$\overline{A}$ と $\langle A \rangle_t$ とが一致する。しかし，この定理はそのままの形では成立せず，「軌道は等エネルギー面上のすべての点にいくらでも近づく」という**準エルゴード定理**が成り立つことが証明されている。

古典論では，系の微視的状態を表す代表点は Γ 空間内に連続に存在し得るが，ミクロの世界は量子論に支配されており，古典論はその近似にすぎない。

量子論では，q_i と p_i の両方を同時に完全に知ることはできない(不確定性原理)ことから，N 粒子系では，Γ 空間の h^{3N} の体積(h はプランクの定数)が1つの区別できる微視的状態に対応する。さらに量子論では，同種の粒子は本質的に区別することができず，それらが入れ換わった状態は元の状態と同一の状態と考えなければならない。この性質を粒子の**不可弁別性**という。　　　　　　(小牧研一郎)

14. ミクロカノニカル・アンサンブル

N 個の同種の粒子からなる孤立系の熱平衡状態を考える。系のエネルギーは一定であるから，等重率の原理により，許される微視的状態はすべて等しい確率で実現される。このような系を表す統計集団を**小さい正準集団**あるいは**ミクロカノニカル・アンサンブル**といい，その統計分布関数は，

$$\rho(\boldsymbol{q}, \boldsymbol{p}, x) = \begin{cases} \dfrac{1}{h^{3N}[N!]W(E, \delta E, N, \boldsymbol{x})} \\ \qquad (E < H(\boldsymbol{q}, \boldsymbol{p}, \boldsymbol{x}) < E + \delta E \text{ のとき}) \\ 0 \qquad (\text{それ以外のとき}) \end{cases}$$

(186)

で与えられる。ここで $h^{3N}[N!]$ は1つの微視的状態に対応する Γ 空間の体積であり，$[N!]$ は，粒子の不可弁別性を考慮すべきとき

は $N!$ を,その必要がないときは1を表すものとする。$W(E, \delta E, N, x)$ は系のエネルギー $H(\boldsymbol{q}, \boldsymbol{p}, x)$ が E と $E+\delta E$ の間にあるような微視的状態の数である。$\delta E=0$ とすると,偶然等エネルギー面上にある少数の状態しか含まれなくなって統計的に扱えなくなるため,有限の δE を考える。δE はエネルギー測定の精度と考えてよく,その値はこれから得られる巨視的な物理量の値に影響しない。パラメーター x は,系が外界と機械的相互作用する場合の「座標」を代表的に表したもので,外部変数とよばれる。気体の場合の体積 V がこれに当たる。

等エネルギー面 $H(\boldsymbol{q}, \boldsymbol{p}, x)=E$ で囲まれた Γ 空間内の領域の体積を,

$$\Gamma(E, N, x) = \int_{H(\boldsymbol{q}, \boldsymbol{p}, x) < E} d\Gamma \tag{187}$$

とすると,この領域内にある状態の数は,

$$J(E, N, x) = \frac{\Gamma(E, N, x)}{h^{3N}[N!]} \tag{188}$$

と表される。また,単位エネルギー幅に含まれる状態数,すなわち状態密度を,

$$\Omega(E, N, x) = \frac{\partial J(E, N, x)}{\partial E} \tag{189}$$

とすると,$W(E, \delta E, N, x)$ は,

$$W(E, \delta E, N, x) = \Omega(E, N, x) \delta E \tag{190}$$

と表される。

この系の巨視的な性質を与える基本公式は**ボルツマンの原理**

$$S(E, N, x) = k \log W(E, \delta E, N, x) \tag{191}$$

である。この式で定義される S を**統計力学的エントロピー**といい,ボルツマン定数 k の値を分子1個当たりの気体定数となるように,

$$k = 1.38065 \times 10^{-23} \text{ J/K} \tag{192}$$

とすると,S が熱力学におけるエントロピーと一致することが以下のようにして示される。

系のエネルギーに対する S の変化率によって統計力学的温度 T を定義する。

14. ミクロカノニカル・アンサンブル

$$\frac{1}{T} = \left(\frac{\partial S}{\partial E}\right)_{N,x} \tag{193}$$

考えている系をA, B 2つの部分に分けて透熱壁で仕切ったとする。系A, Bについての諸量を右肩に(A), (B)をつけて表すと、系A, Bがエネルギー $E^{(A)}, E^{(B)}(=E-E^{(A)})$ をもつ確率は、両系の状態密度の積 $\Omega^{(A)}(E^{(A)}) \cdot \Omega^{(B)}(E-E^{(A)})$ に比例する。これは巨視的状態の実現する確率が対応する微視的状態の数に比例するためである。確率最大の状態が実現されると考えられるから、$E^{(A)}$ の値は、$\Omega^{(A)}(E^{(A)}) \cdot \Omega^{(B)}(E-E^{(A)})$ を最大にするように、あるいは log が単調関数であることから、$S^{(A)}(E^{(A)}) + S^{(B)}(E-E^{(A)})$ を最大にするように定まる。その条件は、

$$\left(\frac{\partial S^{(A)}}{\partial E^{(A)}}\right) = \left(\frac{\partial S^{(B)}}{\partial E^{(B)}}\right) \tag{194}$$

となり、(193)式から $T^{(A)} = T^{(B)}$ となる。したがって、統計力学的温度が熱平衡の尺度としての温度の役割を果たす。後に示すように理想気体に統計力学を適用することにより、統計力学的温度が熱力学的温度と一致することがわかる。

次に、外部変数をきわめてゆっくり変化させる過程を考える。これは、熱力学における準静的過程に相当する。力学ではこれを断熱過程とよぶ。状態 $(\boldsymbol{q}, \boldsymbol{p})$ にある系のエネルギーの時間変化は、ハミルトン方程式を用いて、

$$\frac{dH}{dt} = \sum_{i=1}^{3N} \left(\frac{\partial H}{\partial q_i}\dot{q}_i + \frac{\partial H}{\partial p_i}\dot{p}_i\right) + \frac{\partial H}{\partial x}\dot{x} = \frac{\partial H}{\partial x}\dot{x} \tag{195}$$

で表される。長時間 2τ をかけて $\dot{x}$ 一定で x を Δx 変化させたときのエネルギー変化は、

$$\Delta E = \int_{-\tau}^{\tau} \frac{dH}{dt}dt = \int_{-\tau}^{\tau} \frac{\partial H}{\partial x}\dot{x}\,dt$$

$$= 2\tau\dot{x}\,\frac{1}{2\tau}\int_{-\tau}^{\tau}\frac{\partial H}{\partial x}\,dx = \left\langle\frac{\partial H}{\partial x}\right\rangle \Delta x \tag{196}$$

で与えられる。「座標」x に対応する「力」を X とすると、(196)式はミクロな力学量

$$X(\boldsymbol{q}, \boldsymbol{p}, x) \equiv \frac{\partial H(\boldsymbol{q}, \boldsymbol{p}, x)}{\partial x} \tag{197}$$

を時間平均したものがXの観測値$X_{\mathrm{obs}}=\Delta E/\Delta x$であることを表している。統計力学では，さらに**エルゴード仮説**（§13「統計力学の原理」の節参照）を用いて，

$$X_{\mathrm{obs}}=\langle X\rangle_t=\overline{X}=\int X(\boldsymbol{q},\boldsymbol{p},x)\rho(\boldsymbol{q},\boldsymbol{p},x)d\Gamma \tag{198}$$

と表される。

力学の**断熱定理**によれば，

$$\Gamma(E+\overline{X}\Delta x, x+\Delta x)=\Gamma(E,x) \tag{199}$$

すなわちΓが断熱不変量であることが示される。(188)～(191)式により，統計力学的エントロピーSも断熱不変量である。よって，

$$S(E+\overline{X}\Delta x, N, x+\Delta x)=S(E, N, x) \tag{200}$$

$$\therefore \left(\frac{\partial S}{\partial E}\right)_{N,x}\overline{X}\Delta x+\left(\frac{\partial S}{\partial x}\right)_{E,N}\Delta x=0 \tag{201}$$

$\overline{X}$は(201)式と(193)式により，

$$\overline{X}=-\left(\frac{\partial S}{\partial x}\right)_{E,N}\Big/\left(\frac{\partial S}{\partial E}\right)_{N,x}=-T\left(\frac{\partial S}{\partial x}\right)_{E,N} \tag{202}$$

と表される。(193)式と(202)式から，

$$dS=\frac{1}{T}dE-\frac{\overline{X}}{T}dx \tag{203}$$

が得られる。これと熱力学における関係式

$$dS=\frac{dU}{T}-\frac{X}{T}dx \tag{204}$$

を比べると，内部エネルギーUは系の全エネルギーEであるから，統計力学的エントロピーと熱力学的エントロピーが一致することがわかる。これによって，物理量の平均値は，(198)式による代わりに熱力学の関係式を利用して自然な独立変数の関数として得られた$S(E, N, x)$から(202)式によって求めることができる。

（小牧研一郎）

15. カノニカル・アンサンブル

温度Tの熱源との間でエネルギーをやりとりして平衡にある，N粒子からなる閉じた系を考える。考えている系と熱源を合わせた全系は孤立系をなすから，その微視的状態はすべて等確率で実現される。熱源および全系にかかわる量は右肩に(e)および(t)をつけ

15. カノニカル・アンサンブル

て表すと,考えている系がエネルギー $E=H(\boldsymbol{q}, \boldsymbol{p}, x)$ の微視的状態にある確率は,熱源が $E^{(\mathrm{e})}=E^{(\mathrm{t})}-E$ のエネルギーをもつ確率に等しく, $\Omega^{(\mathrm{e})}(E^{(\mathrm{t})}-E)$ に比例する.熱源にミクロカノニカル・アンサンブルを適用して得られる,

$$\Omega^{(\mathrm{e})}(E^{(\mathrm{t})}-E)\,\delta E = \exp[S^{(\mathrm{e})}(E^{(\mathrm{t})}-E)/k] \tag{205}$$

において,熱源は十分大きいと考えてよいから, $E^{(\mathrm{t})} \gg E$ として $S^{(\mathrm{e})}$ を展開すると,

$$S^{(\mathrm{e})}(E^{(\mathrm{t})}-E) = S^{(\mathrm{e})}(E^{(\mathrm{t})}) - \frac{\partial S^{(\mathrm{e})}}{\partial E^{(\mathrm{e})}} E + \frac{1}{2}\frac{\partial^2 S^{(\mathrm{e})}}{\partial E^{(\mathrm{e})2}} E^2 + \cdots \tag{206}$$

となる.第1項は E によらない定数,第2項の係数は, $1/T^{(\mathrm{e})}=1/T$ である.第3項以下は,熱源が大きい場合には無視することができ,

$$\Omega^{(\mathrm{e})}(E^{(\mathrm{t})}-E) \propto e^{-E/kT}$$

が得られる.したがって,考えている系の規格化された統計分布関数は,

$$\rho(\boldsymbol{q}, \boldsymbol{p}, x) = \frac{e^{-H(\boldsymbol{q}, \boldsymbol{p}, x)/kT}}{h^{3N}[N!]Z(T, N, x)} \tag{207}$$

で与えられる.ここで,

$$Z(T, N, x) = \frac{1}{h^{3N}[N!]} \int e^{-H(\boldsymbol{q}, \boldsymbol{p}, x)/kT} d\Gamma \tag{208}$$

は分配関数とよばれる.このような統計集団は**正準集団**あるいは**カノニカル・アンサンブル**(カノニカル集団)とよばれる.

系が相互作用のない,いくつかの部分系から構成されていると,全系のハミルトン関数は部分系のハミルトン関数の和となり,分配関数は部分系の分配関数の積で与えられる.とくに,系が N 個の独立な粒子からなるときには1粒子ハミルトン関数 $H_1(\boldsymbol{q}, \boldsymbol{p}, x)$ から得られる1粒子分配関数

$$f(T, x) = \frac{1}{h^3} \iint e^{-H_1(\boldsymbol{q}, \boldsymbol{p}, x)/kT} d\boldsymbol{q} d\boldsymbol{p} \tag{209}$$

を用いて系の分配関数は,次式で与えられる.

$$Z(T, N, x) = \frac{1}{[N!]} \{f(T, x)\}^N \tag{210}$$

第8章 熱学・熱力学・統計力学

このように,温度Tに保たれた系あるいは部分系がエネルギーEをもつ確率は $e^{-E/kT}$ に比例する。この因子はボルツマン因子とよばれる。Eを気体分子の運動エネルギーにとれば,マックスウェルの速度分布則が得られる。

系のエネルギーおよび外部変数xに対応する「力」の平均値は,$H(\boldsymbol{q},\boldsymbol{p},x)$ および $\partial H(\boldsymbol{q},\boldsymbol{p},x)/\partial x$ の統計平均

$$\overline{E}(T,N,x)=\int H(\boldsymbol{q},\boldsymbol{p},x)\rho(\boldsymbol{q},\boldsymbol{p},x)\,d\Gamma \tag{211}$$

$$\overline{X}(T,N,x)=\int \frac{\partial H(\boldsymbol{q},\boldsymbol{p},x)}{\partial x}\rho(\boldsymbol{q},\boldsymbol{p},x)\,d\Gamma \tag{212}$$

によって与えられる。(208)式を T, x で微分すると,

$$\left(\frac{\partial Z}{\partial T}\right)_{N,x}=\frac{Z}{kT^2}\overline{E} \tag{213}$$

$$\left(\frac{\partial Z}{\partial x}\right)_{T,N}=-\frac{Z}{kT}\overline{X} \tag{214}$$

が得られる。したがって,

$$\left(\frac{\partial \log Z}{\partial T}\right)_{N,x}=\frac{\overline{E}}{kT^2} \tag{215}$$

$$\left(\frac{\partial \log Z}{\partial x}\right)_{T,N}=-\frac{\overline{X}}{kT} \tag{216}$$

よって,Nは一定であるから,

$$d(\log Z)=\frac{\overline{E}}{kT^2}\,dT-\frac{\overline{X}}{kT}\,dx \tag{217}$$

一方,熱力学の関係式

$$dF=-SdT+Xdx \tag{218}$$

から,F/kT の微分を求めると,

$$d\left(\frac{F}{kT}\right)=\frac{TdF-FdT}{kT^2}=-\frac{U}{kT^2}\,dT+\frac{X}{kT}\,dx \tag{219}$$

(217)式と(219)式を比べると,内部エネルギーは系の平均エネルギー$\overline{E}$で表され,ヘルムホルツの自由エネルギーは,分配関数により,

$$F(T,N,x)=-kT\log Z(T,N,x) \tag{220}$$

と表されることがわかる。

微視的状態 $(\boldsymbol{q},\boldsymbol{p})$ が実現される確率

$$P(\boldsymbol{q}, \boldsymbol{p}, x) = h^{3N}[N!]\rho(\boldsymbol{q}, \boldsymbol{p}, x) = \frac{e^{-H(\boldsymbol{q}, \boldsymbol{p}, x)/kT}}{Z(\boldsymbol{q}, \boldsymbol{p}, x)} \tag{221}$$

を用いると,系のエントロピーは,

$$S = \frac{\overline{E} - F}{T} = -k[\overline{\log e^{-H/kT}} - \log Z] = -k\overline{\log P(\boldsymbol{q}, \boldsymbol{p}, x)} \tag{222}$$

と表される。これはボルツマンの原理の一般化になっている。

(小牧研一郎)

16. グランドカノニカル・アンサンブル

 十分大きな外界と接触して,エネルギーと粒子を交換して熱平衡に達している系を考えよう。外界は温度 $T^{(e)}$ の熱源および化学ポテンシャル $\mu^{(e)}$ の粒子源として働く。このような系では,系の全エネルギー E とともに系の全粒子数 N も変化することができる。系と外界を合わせた全系は孤立系であるから,等重率の原理により,系が粒子数 N をもち,エネルギー E の微視的状態にある確率は,$\Omega^{(e)}(N^{(t)} - N, E^{(t)} - E)$ に比例する。$N^{(t)} \gg N, E^{(t)} \gg E$ により,

$$k \log \Omega^{(e)}(N^{(t)} - N, E^{(t)} - E) = S^{(e)}(N^{(t)} - N, E^{(t)} - E)$$

$$= S^{(e)}(N^{(t)}, E^{(t)}) - \frac{\partial S^{(e)}}{\partial N^{(e)}} N - \frac{\partial S^{(e)}}{\partial E^{(e)}} E + \cdots \tag{223}$$

と展開し,熱平衡にあることから,

$$\frac{\partial S^{(e)}}{\partial N^{(e)}} = -\frac{\mu^{(e)}}{T} = -\frac{\mu}{T} \tag{224}$$

$$\frac{\partial S^{(e)}}{\partial E^{(e)}} = \frac{1}{T^{(e)}} = \frac{1}{T} \tag{225}$$

であるので,規格化された確率分布関数は,

$$\rho_N(\boldsymbol{q}, \boldsymbol{p}, x) = \frac{e^{(\mu N - H_N(\boldsymbol{q}, \boldsymbol{p}, x))/kT}}{h^{3N}[N!]\,\Xi(T, \mu, x)} \tag{226}$$

となる。ここで,

$$\Xi(T, \mu, x) = \sum_{N=0}^{\infty} \frac{e^{\mu N/kT}}{h^{3N}[N!]} \int e^{-H_N(\boldsymbol{q}, \boldsymbol{p}, x)/kT} d\Gamma_N$$

$$= \sum_{N=0}^{\infty} e^{\mu N/kT} Z(T, N, x) \tag{227}$$

は，**大きな分配関数**とよばれる。H_N, $d\Gamma_N$ は系が N 個の粒子を含むときのハミルトン関数および Γ 空間の微小体積を表す。物理量の統計平均は，

$$\overline{A} = \sum_{N=0}^{\infty} \int A_N(\boldsymbol{q}, \boldsymbol{p}, x) \rho_N(\boldsymbol{q}, \boldsymbol{p}, x) \, d\Gamma_N \tag{228}$$

によって定義される。このような統計分布関数で表される統計集団を**大きい正準集団**あるいは**グランドカノニカル・アンサンブル**とよぶ。

$\log \Xi$ を T, μ, x で微分することにより，

$$d(\log \Xi) = \frac{\overline{E} - \mu \overline{N}}{kT^2} dT + \frac{\overline{N}}{kT} d\mu - \frac{\overline{X}}{kT} dx \tag{229}$$

が得られる。ヘルムホルツの自由エネルギー F が T, N, x の関数であることから，ルジャンドル変換してグランドポテンシャル

$$J \equiv F - \mu N = F - G = xX = U - TS - \mu N \tag{230}$$

を考えると，これは T, μ, x の関数となる。

$$dJ = -SdT + Xdx - Nd\mu \tag{231}$$

これから，

$$d\left(\frac{J}{T}\right) = -\frac{U - \mu N}{T^2} dT + \frac{X}{T} dx - \frac{N}{T} d\mu \tag{232}$$

これと (229) 式を比べて，$U = \overline{E}$, $N = \overline{N}$, $X = \overline{X}$ および，

$$J = -kT \log \Xi \tag{233}$$

が得られる。また，粒子数 N をもち，$(\boldsymbol{q}, \boldsymbol{p})$ で指定される状態の実現確率

$$P_N(\boldsymbol{q}, \boldsymbol{p}) = h^{3N}[N!]\rho_N(\boldsymbol{q}, \boldsymbol{p}, x) = \frac{1}{\Xi} e^{(\mu N - H_N(\boldsymbol{q}, \boldsymbol{p}, x))/kT} \tag{234}$$

を用いると，エントロピーは，

$$\overline{S} = \frac{1}{T}(\overline{E} - \mu \overline{N} - x\overline{X}) = -k \, \overline{\log P_N(\boldsymbol{q}, \boldsymbol{p}, x)} \tag{235}$$

によって表される。

(小牧研一郎)

17. 量子統計力学

量子力学においては，系に関するすべての情報は波動関数 $\Psi(t)$ に含まれている。系のエネルギーを表すハミルトン演算子(ハミルトニアン)を $\hat{H}$ とすると，波動関数の時間変化は，(時間に依存す

17. 量子統計力学

る）シュレーディンガー方程式

$$-\frac{\hbar}{i}\frac{\partial \Psi}{\partial t}=\hat{H}\Psi \tag{236}$$

によって規定される。波動関数 Ψ は，時間に依存しないシュレーディンガー方程式

$$\hat{H}\phi_l=E_l\phi_l \tag{237}$$

の固有関数の作る完全系 $\{\phi_l\}$ によって，

$$\Psi(t)=\sum_l c_l(t)\phi_l, \quad \sum_l |c_l|^2=1 \tag{238}$$

と展開することができる。E_l は ϕ_l で表される量子状態 l における系のエネルギー（固有値）である。

物理量 A は，演算子 $\hat{A}$ として波動関数 Ψ に作用する。完全系 $\{\phi_l\}$ による $\hat{A}$ の行列要素を，

$$A_{lm}=\int \phi_l^* \hat{A}\phi_m d\tau \tag{239}$$

と定義する。A を測定したとき得られる値は，A_{lm} を行列要素とする行列 A の固有値のいずれかであり，いろいろな値が系の状態で定まるある確率で得られる[†]。波動関数 Ψ で表される状態における A の測定値にその出現確率をかけて平均した値（期待値）$\langle A \rangle$ は，

$$\langle A \rangle=\int \Psi^*\hat{A}\Psi \, d\tau=\sum_l \sum_m c_m c_l^* A_{lm} \tag{240}$$

で与えられる。$\langle A \rangle$ の時間変化は (236)〜(238) 式から導かれる

$$\frac{d}{dt}c_m c_l^*=\frac{i}{\hbar}(E_l-E_m)c_m c_l^* \tag{241}$$

によって与えられる。

このように，量子論では，物理量の観測値を完全に予言することはできないが，ある時刻での波動関数とハミルトン演算子がわかれば，すべての時間における物理量の期待値を決めることができる。しかしながら，巨視的な体系について，その波動関数 Ψ を完全に知ることは不可能である。そのような体系については統計集団の考えをとり入れ，集団に属する系はいろいろな Ψ をもち，したがってい

[†] とくに，ハミルトン演算子 $\hat{H}$ の行列要素は $H_{lm}=E_l\delta_{lm}$ となり，対角形となる。

第8章 熱学・熱力学・統計力学

ろいろな $\{c_l\}$ をもつとして,物理量 A の期待値 $\langle A \rangle$ を統計平均したもの,

$$\overline{A} \equiv \overline{\langle A \rangle} = \sum_l \sum_m \overline{c_m c_l^*} A_{lm} \tag{242}$$

が巨視的な観測値であると考える。

$$\rho_{ml} \equiv \overline{c_m c_l^*} \tag{243}$$

と書くと,

$$\overline{A} = \sum_m \sum_l \rho_{ml} A_{lm} \tag{244}$$

と表され,統計集団の性質はすべて ρ_{ml} に含まれる。ρ_{ml} を行列要素とする行列を**密度行列**,また演算子としての $\hat{\rho}$ を**統計演算子**という。ρ_{ml} の時間変化は,(241)式により,

$$\frac{d\rho_{ml}}{dt} = \frac{d}{dt}\overline{c_m c_l^*} = \overline{\left(\frac{d}{dt}c_m c_l^*\right)} = \frac{i}{\hbar}(E_l - E_m)\rho_{ml} \tag{245}$$

によって表される。$\hat{\rho}$ が $\hat{H}$ のみの関数のとき,密度行列は対角形

$$\rho_{ml} = P_l \delta_{ml}, \quad P_l = \overline{|c_l|^2} \tag{246}$$

となり,(245)式により,時間によらなくなる。熱平衡にある系は,このような密度行列で表され,P_l は系がエネルギー E_l をもった量子状態に見いだされる確率を表す。

量子状態 l における A の期待値を,

$$A_l \equiv A_{ll} = \int \phi_l^* \hat{A} \phi_l d\tau \tag{247}$$

と書くと,A の統計平均は,

$$\overline{A} = \sum_l P_l A_l \tag{248}$$

によって与えられる。

孤立系を表す小さい正準集団では,等重率の原理により,E と $E+\delta E$ の間に E_l をもつすべての量子状態は等確率で実現される。すなわち,

$$P_l = \begin{cases} \dfrac{1}{W(E, \delta E, N, x)} & (E < E_l(x) < E + \delta E \text{ のとき}) \\ 0 & (\text{それ以外のとき}) \end{cases} \tag{249}$$

W は古典論のときと同じ意味で,許される量子状態の数を表

17. 量子統計力学

す。(188)式に対応する $J(E_l, N, x)$ は，E_l より小さい E をもつ量子状態の数を表す。$l = 1, 2, 3, \cdots$ として，

$$J(E, N, x) = l \qquad (E_l < E < E_{l+1}) \tag{250}$$

$J(E, N, x)$ は階段関数となるが，巨視的な系では E_l はほぼ連続的に分布しているので，これをならした滑らかな関数を考え，その微分である状態密度 $\Omega(E, N, x)$ を定義する。量子状態についての和は，エネルギーを連続変数と考えて，

$$\sum_l \cdots \longrightarrow \int \cdots \Omega(E, N, x)\, dE$$

とおきかえて積分によって計算することができる。

熱力学との橋渡しは(191)式と同じ形のボルツマンの原理を用いる。

外部変数 x の準静的変化の間，系は同じ量子状態にとどまる（量子力学における断熱定理）ことにより，x に対する「力」X の巨視的観測値は，

$$\overline{X} = \sum_l P_l X_l \tag{251}$$

$$X_l = -\frac{\partial E_l}{\partial x} \tag{252}$$

によって与えられる。

量子論における正準集団は，

$$P_l = \frac{e^{-E_l(x)/kT}}{Z(T, N, x)} \tag{253}$$

$$Z(T, N, x) = \sum_l e^{-E_l(x)/kT} \tag{254}$$

によって定義される。大きい正準集団は，

$$P_{N, l} = \frac{e^{(\mu N - E_{N, l}(x))/kT}}{\Xi(T, \mu, x)} \tag{255}$$

$$\Xi(T, \mu, x) \equiv \sum_{N=0}^{\infty} \sum_l e^{(\mu N - E_{N, l}(x))/kT} \tag{256}$$

で定義され，統計平均は，

$$\overline{A} = \sum_{N=0}^{\infty} \sum_l P_{N, l} A_{N, l} \tag{257}$$

で与えられる。ここで, $E_{N,l}$, $A_{N,l}$ は, 系が N 個の粒子を含むときのエネルギー固有値および $\hat{A}$ の状態 l での期待値である。

Z, Ξ と熱力学的関数との関係は古典論の場合と同じである。

(小牧研一郎)

18. フェルミ統計とボース統計

相互作用のほとんどない N 個の粒子からなる体系の量子状態を考える。各粒子は独立に運動し, 1粒子シュレーディンガー方程式

$$\hat{H}_1(k)\phi_i(k)=\varepsilon_i\phi_i(k) \tag{258}$$

に従うと考えられる。全系のハミルトニアンは1粒子ハミルトニアンの和, 波動関数は1粒子波動関数の積, エネルギー固有値は1粒子エネルギーの和で与えられる。

$$\hat{H}_N=\hat{H}_1(1)+\hat{H}_1(2)+\cdots+\hat{H}_1(N) \tag{259}$$
$$\Psi=\phi_{i_1}(1)\phi_{i_2}(2)\cdots\phi_{i_N}(2) \tag{260}$$
$$E=\varepsilon_{i_1}+\varepsilon_{i_2}+\cdots+\varepsilon_{i_N} \tag{261}$$

上の状態では粒子 k は1粒子状態 i_k にある。N 個の粒子がすべて同種類であると, それらが入れ換わった状態は元の状態と区別できない。したがって, 系の波動関数は上記のものだけでなく粒子を入れ換えたもの (全部で $N!$ 個ある) との1次結合となる。

このようにして得られた波動関数で任意の2個の粒子を入れ換えたものは元の波動関数と同じか負号のついたもののいずれかに限られる。前者を対称な波動関数, 後者を反対称な波動関数とよぶ。波動関数が対称であるか反対称であるかは, 粒子の基本的な性質によるもので, スピン量子数が整数の粒子は対称な波動関数をもち, ボース粒子とよばれ, スピン量子数が半整数の粒子は反対称な波動関数をもち, フェルミ粒子とよばれる。

多数の同種粒子からなる系では, 個々の粒子がどの1粒子状態にあるかを区別できないから, 系の状態はそれぞれの1粒子状態にある粒子の数 n_i (占有数という) の組 $\{n_i\}$ で指定される。系の全エネルギーおよび全粒子数は,

$$E_{\{n_i\}}=\sum_i n_i\varepsilon_i \tag{262}$$

18. フェルミ統計とボース統計

$$N = \sum_i n_i \tag{263}$$

で与えられる。

フェルミ粒子では,ある1粒子状態に2個以上の粒子があると,波動関数は反対称性によって0になってしまう。すなわち,フェルミ粒子は同じ1粒子状態を複数の粒子が占めることはできない(パウリの排他原理)。したがって,フェルミ粒子の占有数は0と1に限られる。一方,ボース粒子にはこの制限がなく,占有数はすべての整数をとる。このような性質を粒子の統計性といい,それぞれはフェルミ-ディラック統計およびボース-アインシュタイン統計に従うという。

大きい正準集団では,占有数の組 $\{n_i\}$ で指定される状態の実現確率 $P(\{n_i\})$ は,

$$P(\{n_i\}) = \frac{e^{(\mu N - E(\{n_i\}))/kT}}{\Xi(T, \mu, x)} \tag{264}$$

で与えられる。ただし,

$$\Xi(T, \mu, x) = \sum_{N=0}^{\infty} \sum_{\{n_i\}} e^{(\mu N - E(\{n_i\}))/kT} \tag{265}$$

$\{n_i\}$ の和は(263)式の条件つきで行わなければならないが,そのあとで N についての和をとるので,結局すべての n_i について同式の条件を考えずに和をとればよい。したがって,

$$\Xi = \prod_i \sum_{n_i} \exp[n_i(\mu - \varepsilon_i)/kT] \tag{266}$$

n_i についての和をフェルミ粒子,ボース粒子の場合に実行すると,

$$\Xi = \prod_i \{1 \pm \exp[(\mu - \varepsilon_i)/kT]\}^{\pm 1} \tag{267}$$

が得られる。複号は上がフェルミ粒子,下がボース粒子に対応する(以下でも同様)。同様の方法で,(264)式を用いて1粒子状態 k の占有数の平均値を計算すると,

$$\overline{n_k} = \sum_{n_1} \sum_{n_2} \cdots n_k P(\{n_i\})$$
$$= \frac{1}{\exp[(\varepsilon_k - \mu)/kT] \pm 1} \tag{268}$$

となる。これらは、フェルミ-ディラック分布およびボース-アインシュタイン分布とよばれ、1粒子状態の分布関数を表す。

これを用いると、熱力学関数は、

$$E = \sum_i \overline{n_i} \varepsilon_i \tag{269}$$

$$N = \sum_i \overline{n_i} \tag{270}$$

$$J = H - \mu N = \pm kT \sum_i \log(1 \mp \overline{n_i}) \tag{271}$$

で与えられる。(269), (270)式は、E, N が与えられたときは T, μ を決める条件を表し、逆に、T, μ が与えられたときは E, N の平均値を表す。

フェルミ-ディラックおよびボース-アインシュタイン分布は条件

$$\frac{N}{V} \ll \left[\frac{2\pi mkT}{h^2}\right]^{3/2} \tag{272}$$

が満たされるときは、(268)式の指数関数に対して1が無視でき、ともに、

$$\overline{n_k} = \exp[(\mu - \varepsilon_k)/kT] \tag{273}$$

となる。これは、マックスウェル-ボルツマン分布とよばれる。

逆に、低温では(268)式の分母の1が重要になり、量子効果特有の縮退現象がみられる。　　　　　　　　　　　　　　　　(小牧研一郎)

19. 理想気体の統計力学

実在の気体は、密度が小さいとき理想気体に近い性質を示す。密度が小さくなると分子どうしの相互作用は小さくなるから、理想気体では分子間に相互作用がまったく働かないと考える。単原子分子の理想気体に統計力学を適用してみよう。

手始めに、N 個の分子が体積 V の容器に入っている系に、古典統計を適用する。この体系のハミルトン関数は個々の分子の運動エネルギーの和となる。

$$H_N(q, p) = \sum_{i=1}^{N} \frac{p_i^2}{2m} \tag{274}$$

これにミクロカノニカル・アンサンブルを適用して、Γ 空間内の

19. 理想気体の統計力学

$H_N(q,p)<E$ の領域の体積を§14の(187)式により計算する。座標の積分は V^N となり，運動量の積分は半径 $(2mE)^{1/2}$ の $3N$ 次元の球の体積を表し，

$$\Gamma(E, V, N) = \frac{(2\pi mE)^{3N/2} V^N}{(3N/2)!} \tag{275}$$

が得られる。粒子の不可弁別性を考慮して因子 $N!$ を含め，大きな n について成り立つスターリングの公式

$$\log n! = n \log n - n \tag{276}$$

を用い，(188)～(191)式の処方に従って，エントロピー

$$S(E, V, N) = Nk\left[\frac{3}{2}\log\frac{4\pi mE}{3h^2 N} + \log\frac{V}{N} + \frac{5}{2}\right] \tag{277}$$

が得られる。系の全エネルギーの不確定さ δE による寄与は，$k\log(N\delta E/E)$ 程度の大きさで結果には影響しない。

S を E で微分することにより，統計力学的温度と内部エネルギーの関係

$$E = 3NkT/2 \tag{278}$$

が，S を V で微分することにより，状態方程式

$$pV = NkT \tag{279}$$

が得られ，統計力学的温度が熱力学的絶対温度と同じであることが確かめられる。(278)式から分子の熱運動の1自由度当たりのエネルギーは $E/3N = kT/2$ となる。これをエネルギー等分配則という。これをさらに T で微分すると，この気体の定積モル熱 $c_V = 3R/2$ が得られる。

この系が温度 T の熱源に接しているとして，カノニカル・アンサンブルを適用すると，分配関数

$$Z(T, N, V) = \frac{(2\pi mkT)^{3N/2} V^N}{N! h^{3N}} \tag{280}$$

が計算できる。これからヘルムホルツの自由エネルギー

$$F(T, V, N) = -NkT\left[\frac{3}{2}\log\frac{2\pi mkT}{h^2} + \log\frac{V}{N} + 1\right] \tag{281}$$

が得られ，これを T, V で微分することにより，S, P が得られ，さらに(278)，(279)式を得る。

大きな分配関数は，

$$\varXi(T, V, \mu) = \exp\left[\frac{(2\pi mkT)^{3/2}V}{h^3} e^{\mu/kT}\right] \tag{282}$$

となり,これからも(278),(279)式を導くことができる。

(小牧研一郎)

20. 固体の統計力学

N 個の原子からなる固体を考える。各原子は,その平衡位置を中心として,熱振動している。アインシュタインは,これを $3N$ 個の1次元調和振動子の集まりとみなした。各振動子の固有振動数を ν とすると系のハミルトン関数は,

$$H_N(q, p) = \frac{1}{2m}\sum_{i=1}^{3N}[p_i^2 + (2\pi\nu m q_i)^2] \tag{283}$$

となり,理想気体の場合と同様に,小さい正準集団および正準集団を適用すると,

$$\varGamma(E, N) = \frac{E^{3N}}{(3N)!\nu^{3N}} \tag{284}$$

$$Z(T, N) = (kT/h\nu)^{3N} \tag{285}$$

$$S(E, N) = 3Nk\left[\log\frac{E}{Nh\nu} + 1\right] \tag{286}$$

$$F(T, N) = -3Nk\log(kT/h\nu) \tag{287}$$

$$E = 3NkT \tag{288}$$

などが得られ,これから,固体のモル熱が $c=3R$ と求められる。これはデュロン-プティの法則とよばれている。また,位置エネルギーの各自由度にも $kT/2$ のエネルギーが等しく分配されることがわかる。

量子力学では,固有振動数 ν の1次元調和振動子のエネルギー固有値は $\varepsilon_n = (n+1/2)h\nu$ で与えられる。1粒子分配関数は,

$$\begin{aligned}f(T) &= \sum_{n=0}^{\infty}\exp[-(n+1/2)h\nu/kT] \\ &= \frac{\exp(-h\nu/2kT)}{1-\exp(-h\nu/kT)}\end{aligned} \tag{289}$$

全系の分配関数は§15の(210)式により $f(T)$ の $3N$ 乗となる。これから自由エネルギーを求め,さらに内部エネルギーを計算する

20. 固体の統計力学

と,

$$E(T, N) = 3Nh\nu \left[\frac{1}{2} + \frac{1}{e^{h\nu/kT} - 1} \right] \tag{290}$$

となり,高温で $h\nu/kT$ が小さいときは(288)式と一致するが,低温では同式よりも大きくなり,$T \to 0$ では零点エネルギーの項 $3Nh\nu/2$ だけが残る。モル熱は,

$$c = 3R \left[\frac{h\nu}{kT} \right]^2 \frac{e^{h\nu/kT}}{[e^{h\nu/kT} - 1]^2} \tag{291}$$

となり,$T \to 0$ で 0 となり,デュロン-プティの法則からはずれてくる。これは,系が受け取れるエネルギーの単位 $h\nu$ よりも熱エネルギー kT が小さくなると系が熱を受け取れなくなる,という量子効果による。実際の比熱は低温で T^3 に比例し,(291)式とは合わない。この食い違いは,デバイ (P. J. W. Debye) によって解決された。

(小牧研一郎)

第9章　非平衡系の熱力学・統計力学

第9章　非平衡系の熱力学・統計力学

1. エントロピー

熱力学では，圧力や内部エネルギーなど，いろいろな量の熱平衡状態での平均値を扱うが，その中でエントロピーという熱力学特有の量がある。この量は，熱の移動を温度で割ったものとして定義され，熱力学の第2法則を定量化する量である。温度とエントロピーの積はエネルギーの次元を持つが，それぞれは通常の物理量では表せない量であり，系の"乱雑さ"の指標に関する量である。これらの量は情報を表す物理量といってよい。

熱力学ではすべての状態は熱平衡状態にあり，エントロピーは最大の状態にある。熱力学は熱平衡状態にある物理量の相互の関係は完璧に記述するが，熱力学第2法則がいうところの，熱平衡への緩和，つまりエントロピー増大の法則に関しては定量的な記述は持たない。ただ近づくというだけである。それを越えて何か法則づけられるであろうか。それが，非平衡熱力学，非平衡統計力学のテーマである。

(1) エントロピー

統計力学におけるエントロピーは，第8章で説明されるように，与えられたエネルギーを持つ状態数の対数にエネルギーの次元を持つボルツマン定数 k_B を掛けたもので，**ボルツマンの原理**

$$S(E) = k_B \ln W(E) \tag{9.1}$$

で与えられる。このエントロピーに関する関係は，情報量を物理量として定式化したものとして，物理学の上でも極めて重要なものといえるだろう。

対応する温度は，

$$T = \left(\frac{\partial E}{\partial S}\right)_{V,N} \tag{9.2}$$

で与えられる。温度が正であるためには高いエネルギーほど状態数が多くなくてはならない。普通の場合にはこの条件は満たされている。しかし，この条件が満たされないこともあり，そのような場合は，統計力学的に正常でないと呼ばれ，その時の状態は負の温度状態，あるいは逆転分布状態と呼ばれる。負の温度状態ではエネルギーを放出すれば，さらに"温度"が上がることになり，他の系との熱的接触において不安定である。

2. ボルツマンのH定理

(2) エントロピーによる力

エントロピーは熱の出入りを記述する量であるが,系がよりランダムな方向に進む第2法則を記述する量でもある。系はエントロピーが増える方向に変化しようとするため,力学的な力が働かない場合にもエントロピーによる力が存在することが知られている。

その典型例は,ランダムに折りたためる高分子の両端を引っ張ったときの力(**ゴム弾性**)である。折りたたむときと真っ直ぐ伸びるときのエネルギーが同じであるとすると,エネルギーは折りたたみの様子によらず同一である。しかし,エントロピーによる力が存在する。つまり,全体を真っ直ぐに伸ばしたときの長さをNとすると,ランダムに折りたたまれた配位では両端の間の長さは大体$\sqrt{N}$程度の長さになる。そのため,高分子は長さが長くても短くても,エントロピー的に最も有利な長さになろうとする復元力を示す。これがゴム弾性の起源である(久保亮五『ゴム弾性』(裳華房))。

系のエネルギー縮退度が複雑な構造を持つ系では,いろいろな量が複雑な温度変化を示すことがある。そのような現象は,エントロピー誘起現象と呼ばれ,またそのような性質を利用して状態を制御する方法はエントロピー制御などと呼ばれる。

熱現象における運動は純粋に力学的な力だけでなく,上で述べたエントロピーによる力によっても起こる。つまり,エネルギーではなく,自由エネルギーが運動の原因となるのである(第4節(2)のTDGLを参照)。

(宮下精二)

2. ボルツマンのH定理

巨視的な量が示す不可逆性の起源は"時間"というものの哲学的な意味にも関連していろいろな考察がなされている。この問題に対して,ボルツマンは気体の速度分布に関する画期的な考察をした。

気体分子の位置,運動量$\boldsymbol{p}=m\boldsymbol{v}$($m$は気体分子の質量,$\boldsymbol{v}$は速度)の分布$f(\boldsymbol{r},\boldsymbol{p},t)$の時間変化は,連続の方程式

$$\frac{\partial f}{\partial t}+\boldsymbol{p}\cdot\frac{\partial f}{\partial \boldsymbol{r}}+\boldsymbol{F}\cdot\frac{\partial f}{\partial \boldsymbol{p}}=0 \tag{9.3}$$

で与えられる。ここで$\boldsymbol{F}$は粒子が受ける力である。力の部分を重力などの外力$\boldsymbol{F}_0$と,粒子間の衝突の部分に分け,方程式を

第9章 非平衡系の熱力学・統計力学

$$\frac{\partial f}{\partial t}+\bm{p}\cdot\frac{\partial f}{\partial \bm{r}}+\bm{F}_0\cdot\frac{\partial f}{\partial \bm{p}}=\left(\frac{\partial f}{\partial t}\right)_{\text{collision}} \tag{9.4}$$

の形に表す。右辺の衝突項は分子の衝突により分布が変化することを表す項である。ボルツマンの理論では衝突項を,他の粒子の運動として具体的に考えるのではなく,平均的な効果として,次のように取り扱っている。運動量 $\bm{p}$ と $\bm{p}_1$ の分子が衝突して $\bm{p}_2$ と $\bm{p}_3$ の運動量を持つ衝突が単位時間当たりに起こる割合を $\sigma(\bm{p},\bm{p}_1|\bm{p}_2,\bm{p}_3)$ で与える。このとき,衝突項は,

$$\left(\frac{\partial f}{\partial t}\right)_{\text{collision}}=\int d\bm{p}_1\int d\bm{p}_2\int d\bm{p}_3\sigma(\bm{p},\bm{p}_1|\bm{p}_2,\bm{p}_3)\,(f(\bm{p}_2)f(\bm{p}_3)-f(\bm{p})f(\bm{p}_1)) \tag{9.5}$$

の形で与えられる。このように,衝突の効果を近似的に考えた1粒子の分布関数の時間発展方程式(9.4)は**ボルツマン方程式**と呼ばれる。

ここで,分布の変化を表すのにボルツマンの H と呼ばれる関数

$$H(t)=\int f(\bm{p},t)\ln f(\bm{p},t)\,d\bm{p} \tag{9.6}$$

を定義する。この H の時間変化

$$\frac{dH}{dt}=\int\frac{df(\bm{p},t)}{dt}(\ln f(\bm{p},t)+1)\,d\bm{p} \tag{9.7}$$

は,衝突に関する対称性

$$\sigma(\bm{p},\bm{p}_1|\bm{p}_2,\bm{p}_3)=\sigma(\bm{p}_1,\bm{p}|\bm{p}_3,\bm{p}_2)=\sigma(\bm{p}_2,\bm{p}_3|\bm{p},\bm{p}_1)=\sigma(\bm{p}_3,\bm{p}_2|\bm{p}_1,\bm{p}) \tag{9.8}$$

に注意すると,

$$\frac{dH}{dt}=\frac{1}{4}\int d\bm{p}\int d\bm{p}_1\int d\bm{p}_2\int d\bm{p}_3\sigma(\bm{p},\bm{p}_1|\bm{p}_2,\bm{p}_3)\,(f(\bm{p}_2)f(\bm{p}_3)-f(\bm{p})f(\bm{p}_1))\times(\ln[f(\bm{p})f(\bm{p}_1)]-\ln[f(\bm{p}_2)f(\bm{p}_3)]) \tag{9.9}$$

と書くことができる。ここで,恒等式 $(x-y)(\ln x-\ln y)\geq 0$ を用いると,

$$\frac{dH}{dt}\leq 0 \tag{9.10}$$

が結論される。このことから H は時間的に単調に減少する。これを**ボルツマンの H 定理**という。

3. 情報の縮約

この不可逆性に関して，力学の可逆性に反するとの反論（ロシュミット）や有限系での力学系の性質として知られていたポアンカレの再帰定理に矛盾するとの反論（ツェルメロ）がなされた。これらの反論は，系の完全な力学的記述(9.4)を前提にしたものである。力学的な記述のためには，他の粒子の運動も同時に考えなくてはならず，全体の分布関数 $f_N(r_1, r_2, \cdots, r_N, p_1, p_2, \cdots, p_N, t)$ に関する記述が必要である。ボルツマン方程式は1体の速度分布の時間発展を記述する方程式であるため，衝突項は力学的ではなく確率的な記述となっている。そのために不可逆性が生じている。このことは，N体から1体への情報の縮約（欠如）が不可逆性の原因となるという重要な教訓を与えている。このような議論を通して，この定理の確率論的な特徴の理解が進んできた。

(9.4)において，衝突項を具体的に与える代わりに，単に平衡状態への緩和をさせる働きを持たせるため，

$$\left(\frac{\partial f}{\partial t}\right)_{\text{collision}} = \frac{f_{eq} - f}{\tau} \tag{9.11}$$

と置かれることもある。τは代表的な緩和時間である。たとえば，緩和時間として粒子が衝突せずに走る距離を平均速度で割った平均自由時間が当てられることが多い。　　　　　　　　　　　　　　　（宮下精二）

3. 情報の縮約

熱力学で取り扱う系は非常に自由度が大きく，その中から実際に対象とする巨視的な情報を引き出すことを情報の縮約という。ボルツマンが気体の緩和現象を扱うのに，全粒子のN体の分布関数を用いず1体の分布関数を用いたのは情報の縮約である。

正確に扱おうとすると，2体の衝突には2体の分布関数 $f_2(r_1, r_2, p_1, p_2, t)$ が必要である。この2体の分布関数の時間変化を表す運動方程式を作ると，さらに多体の分布関数 $f_n(r_1, r_2, \cdots, p_1, p_2, \cdots)$ が必要となり，$n=N$になるまで閉じた方程式系にならない。この事情は階層（ヒエラルキー）方程式と呼ばれ，グリーン関数の方法で BBGYK (Bogoljubov-Born-Green-Yvon-Kirkwood) 階層構造として知られている。

不必要な情報を縮約する操作は，射影演算子で行われる。たとえ

ば，N 体の分布関数から 1 体の分布関数を出すには，注目する粒子を 1 とするとき，

$$\rho(\bm{r}_1, \bm{p}_1) = \int_{-\infty}^{\infty} d\bm{p}_2 \cdots \int_{-\infty}^{\infty} d\bm{p}_N \int_V d\bm{r}_2 \cdots \int_V d\bm{r}_N \times$$
$$f_N(\bm{p}_1, \bm{p}_2, \cdots, \bm{p}_N, \bm{r}_1, \bm{r}_2, \cdots, \bm{r}_N) \tag{9.12}$$

である．

　射影演算子の考え方を一般化して，注目している量とそれ以外の量（ノイズ）に分ける射影演算子を用いて，注目している量の運動におけるノイズの効果を定式化できる．このような射影演算子の一般論は，中嶋貞雄やツバンチィッヒ（Zwanzig）によって導入され，森肇によって定式化され，森理論として知られている．

　また，相転移現象の大きなゆらぎのゆっくりした運動を代表する長波長成分に関する巨視的運動方程式から，輸送係数を求めるのに必要な相関関数を考え，そこでの有効なモードの寄与に着目して相転移現象に由来する特異性を調べる方法として，川崎恭治によって展開されたモード結合理論がある．この方法で流体，スピン系，超流動相転移の臨界緩和がよく説明され，最近ではガラス転移などの遅い緩和現象にも応用されている．　　　　　　　　　（宮下精二）

4. 1 次相転移の動的性質

　相転移では熱力学的に安定な相（熱平衡状態）が，温度や圧力などの外部パラメーターの変化によって入れ替わる．熱平衡状態は自由エネルギーが最小の状態で与えられるので，相の変化は外部パラメーターによる自由エネルギーの変化によって特徴づけられる．

　相転移に伴い状態が新しい状態に移ろうとする際の動的な変化として，次の 2 つの場合がよく調べられている．

　(1) **準安定緩和**　準安定状態における局所的な状態の安定性は次のように理解できる．1 次相転移は図 9-1 に示すような秩序変数 M の関数としての現象論的自由エネルギー $F(M)$ の変化で考えることができる．図(a)の状況では状態 A が熱平衡状態であり，(b)では状態 B が熱平衡状態である．例として強磁性体において磁場によって磁化が示す 1 次相転移を見てみよう．

　初期状態として，負の磁場がかかっているとしよう．そこでの

4. 1次相転移の動的性質

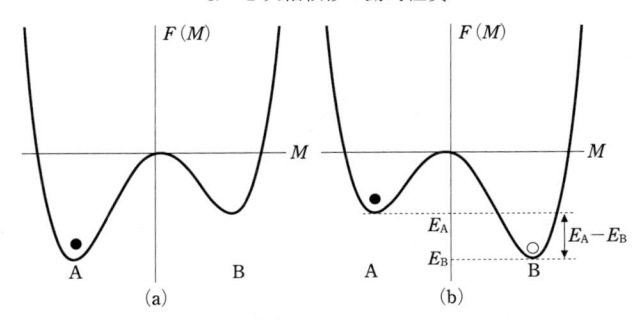

図9-1 1次相転移における自由エネルギーの変化。●が安定状態を表し，○が準安定状態を表す。(a) A が熱平衡状態，(b) A は準安定状態。

$F(M)$ は図9-1(a)のような形となり，平衡状態での磁化は負の値を持つ（黒丸）。磁場が変化していき，符号が変わると，真の安定状態は正の磁化を持つ状態に変わる（図9-1(b)白丸）。しかしながら，負の磁化を持つ状態と正の磁化を持つ状態の間には図に示すような大きなポテンシャル障壁が存在し，負の磁化を持つ状態は準安定状態として留まる（図9-1(b)黒丸）。

図9-1(b)において黒丸の準安定状態から白丸の平衡状態へ変化するためには，その間のポテンシャル障壁を越えなくてはならない。しかし，相互作用が短距離である場合には，この変化は，磁化が負の領域に臨界核と呼ばれる正の磁化をもつ小さな領域（核）が出現することで起こる。このミクロな変化によるエネルギーを図9-2に示す。核の体積を v とすると，自由エネルギーは $v(E_A - E_B)$ だけ下がるが，両相の境界面が生じることによって表面エネルギーが表面積に比例して上がる。系の次元を d とすると，表面積は $v^{(d-1)/d}$ に比例するため，核が生じることによる自由エネルギーの変化は，

$$\Delta F = v(E_B - E_A) + \sigma v^{(d-1)/d} \tag{9.13}$$

となる。ここで，σ は表面張力を表す係数である。v が小さい間は第2項の方が大きな寄与を与えるため，小さな v に関して元の状態が安定になる。それに対し，v が v_c を越すと第1項が主体的になり，その領域は成長する。つまり，ある臨界的な大きさを持つ安定

第9章 非平衡系の熱力学・統計力学

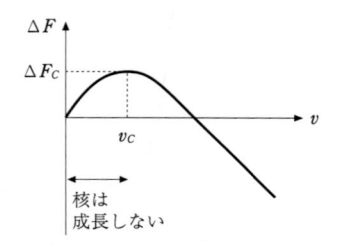

図 9-2 核生成のエネルギー

な相の核（臨界核）がゆらぎによって発生すると，準安定状態はその核から安定な相へ移行する。この過程は**核生成過程**（nucleation process）と呼ばれる。臨界核が熱ゆらぎで発生する確率は，臨界核の持つ自由エネルギー ΔF_C が熱ゆらぎのために発生する確率，つまり，カノニカル分布に従い，温度 T では，

$$p \propto e^{-\frac{\Delta F_C}{k_B T}} \tag{9.14}$$

で与えられる。ここでの ΔF_C を臨界核の特徴的なエネルギー ΔE とみなし，

$$p \propto e^{-\frac{\Delta E}{k_B T}} \tag{9.15}$$

とも書かれる。このとき，準安定状態の緩和時間 τ は

$$\tau \propto \tau_0 e^{\frac{\Delta E}{k_B T}} \tag{9.16}$$

で与えられる。1次相転移でなく，ミクロな状態の変化でもその変化のためのエネルギー障壁が ΔE で与えられる場合には単位時間当たりの変化率（緩和時間の逆数）は(9.15)の p に比例する。一般に(9.16)の形で緩和時間が与えられることを，**アレニウス**（Arrhenius）**則**と呼ぶ。

実際に核生成によって準安定状態が緩和する際，核生成の確率が非常に小さいと一つの核生成によって系全体が緩和する。そのような場合には，緩和は突然起こり，その発生はポアソン過程となる。このようなタイプは**単一核生成過程**と呼ばれる。それに対し，核生成の確率が比較的大きいと系の各所で核生成が起こり，緩和の様

4. 1次相転移の動的性質

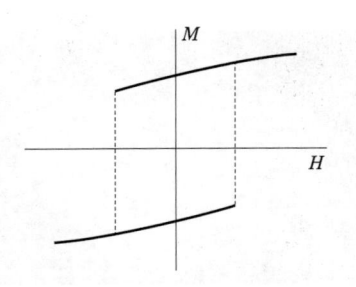

図9-3 ヒステリシス現象

子は全体的には決定論的に起こる。このような過程は**多核生成過程（アヴラミ(Avrami)過程）**と呼ばれる。

準安定状態の存在のため，秩序変数（今の場合，磁化）は外部パラメーター（今の場合，磁場）を相転移点の付近で変化させた場合，履歴現象を示す。この現象は強磁性体における磁化の磁場に対する依存性などでよく観測され，**ヒステリシス現象**と呼ばれる。その様子を図9-3に示す。

(2) **不安定緩和** 準安定状態ではなく，不安定状態に系を置くと，小さな密度ゆらぎが成長し，むら（ドメイン）のあるパターンが成長する。その成長の様子は，合金や高分子の混合体の分離，磁性体の磁化の成長などでよく調べられている。構造分子がそれぞれの成分ごとに分離する場合には，各成分総量は保存するため，秩序変数の保存する系と呼ばれる。この場合，分離は各成分の拡散によって起こる。このような状態分離の過程で現れるパターンは，**スポンジ構造**と呼ばれ，高分子の混合体で実際に観測されている（図9-4）。ドメインの大きさ（半径）の成長が時間の1/3乗に比例する領域があることが知られており，リフシッツ-スリオゾフ則と呼ばれる。

それに対し，各場所での磁化が独立に反転できる磁性体や，2成分がABABといった配置をとる合金の配置に関する相転移の場合，秩序状態に関する保存則はなく，保存則がある場合に比べて早い緩和が起こる。その場合，ドメインの大きさ（半径）の成長は時間の1/2乗に比例する（合金の場合には，A，Bの各成分は保存す

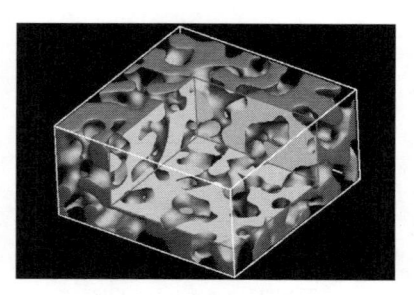

第9章 非平衡系の熱力学・統計力学

図 9-4 高分子の混合体の分離過程（スポンジ構造）(H.Jinnai,他 Langmuir *16*(2000) 4380)

るが，ABAB と BABA の並び方をしている領域に関して保存則はない）。

秩序変数をM，それに共役な変数をHとするとき，熱力学的関数としての自由エネルギー $G(T, H)$ は与えられたパラメーターT, H 関数である。ここで，自由エネルギーをMが熱平衡状態での値以外の値をとる場合へ拡張された自由エネルギー $\hat{G}(T, H, M)$ を考えてみよう。Mの関数としての$\hat{G}(T, H, M)$ が与えられた T, H のもとで最低になった時の値が $G(T, H)$ であり，そのときのMが熱平衡状態のMの値である。この拡張された自由エネルギー $\hat{G}(T, H, M)$ を考えると，相転移の様子がポテンシャル的に捉えやすく便利である。この考え方は，ギンツブルクとランダウによって導入されたのでギンツブルク-ランダウ（GL）自由エネルギーと呼ばれる。一般に $\hat{G}(T, H, M)$ をMに関して展開し，

$$\hat{G}(T, H, M) = aM^2 + bM^4 + cM^6 + \cdots - HM \tag{9.17}$$

の形に書くことが多い。図 9-1 で示した $F(M)$ はこの意味の自由エネルギーである。この GL 自由エネルギーを用いて秩序変数の時間発展を調べる方法は TDGL (time dependent Ginzburg-Landau) の方法と呼ばれる。

気相液相相転移のように，潜熱が伴う相転移ではクラウジウス-クラペイロンの関係によってその他の物理量も不連続に変化する。

それに対して、強磁性体の相転移などでは、潜熱は存在せず、秩序変数である自発磁化が0から連続的に現れることが多い。そのような場合の相転移は、潜熱がある場合の1次相転移と区別して、2次相転移と呼ばれる。

2次相転移現象では、磁化Mの緩和を、
$$\langle M(0)M(t)\rangle = M_0^2 t^{-x} e^{-t/\tau} \tag{9.18}$$
の形で表すとき、緩和時間τは、温度が臨界温度T_cに近づくと、
$$\tau = |T_c - T|^{-z\nu} \tag{9.19}$$
の特異性を示す。ここでνは相関長ξの発散を与える指数($\xi \propto |T-T_c|^{-\nu}$)である。この臨界指数$z$は、動的臨界現象特有の指数であることが、八幡英雄と鈴木増雄によって発見された。

(宮下精二)

5. ランダムプロセス

ノイズなどランダムに見える過程$X(t)$の解析の際、ゆらぎのスペクトル密度
$$S(\omega) = \lim_{T\to\infty} \frac{1}{T} \left| \int_{-T}^{T} dt X(t) e^{i\omega t} \right|^2 \tag{9.20}$$
を考えることが多い。この量は相関関数
$$C(\tau) = \lim_{T\to\infty} \frac{1}{T} \int_{-T}^{T} dt X(t) X(t+\tau) \tag{9.21}$$
のフーリエ変換
$$S(\omega) = \int_{-\infty}^{\infty} dt C(t) e^{i\omega t} \tag{9.22}$$
で与えられる。この関係は**ウィナー-ヒンチン(Wiener-Khinchin)の定理**と呼ばれる。

ランダムな過程はスペクトル密度で特徴づけられる。$S(\omega) \propto \omega^{-1}$で特徴づけられる$1/f$ノイズは、多くの場合に現れることが知られており、そのミクロな機構について盛んに研究されている。

ランダム過程のモデル化として、**白色ガウスノイズ**(ホワイトガウシャンノイズ)がよく用いられる。白色ガウスノイズは、花粉から出てくる小さな粒子が液体中で見せるランダムな運動(**ブラウン運動**)をモデル化するため導入された。多くの独立で瞬間的な小さ

第9章 非平衡系の熱力学・統計力学

な力 $f_i(t)$ の和を考え，それを揺動力 $\xi(t)$ とすると，

$$\xi(t) = \sum_i f_i(t) \tag{9.23}$$

であり，

$$\langle \xi(t) \rangle = 0, \quad \langle \xi(t)\xi(s) \rangle = 2D\delta(t-s) \tag{9.24}$$

の性質を持つ。ここで D は揺動力の強さを表すパラメーターである。また，$\langle \cdots \rangle$ は全てランダムな過程に関しての平均を表す。相関関数がデルタ関数であるので，スペクトル密度は ω に依存しない。そのため，白色ノイズと呼ばれる。また，多くの独立な量の和で与えられることから，同時相関関数の大きさの分布がガウス分布している（中央極限定理）と考えるのが自然であるため，このモデルが通常用いられる。

ランダムな変数を含む方程式は**ランジュバン方程式**と呼ばれる。もっとも簡単な例として，時間発展が白色ガウスノイズによって与えられる運動は，

$$\frac{dx}{dt} = \xi(t) \tag{9.25}$$

で表され，**ウィナー過程** ($x = W(t)$) と呼ばれる。この過程は，拡散過程を表しており，

$$\langle x^2 \rangle = 2Dt \tag{9.26}$$

であり，$t = 0$ で $x = 0$ にあった粒子の分布関数は，

$$P(x, t) = \frac{1}{\sqrt{4\pi Dt}} e^{-x^2/4Dt} \tag{9.27}$$

で与えられる。図 9-5 にランダムウォーク（1 次元）とブラウン運動（2 次元）の軌跡を示す。ここで注意しなくてはならないのは，ウィナー過程はランダムな変位を与えた場合の運動であり，ランダムな力を与えた運動ではないことである。上の式で，変数 x を運動量とすると，ランダムな力を与えた運動とみなせるがその場合，(9.26) のように運動量の平均が時間とともに増大する物理的でない状況になる。ランダムな力を与えた運動を考える場合は，(9.25) に摩擦の項を付け加えたモデル（オルンシュタイン-ウーレンベック過程）を考える（モデル化の節参照）。

ノイズを含む (9.25) のような方程式で表される運動の各過程は，

5. ランダムプロセス

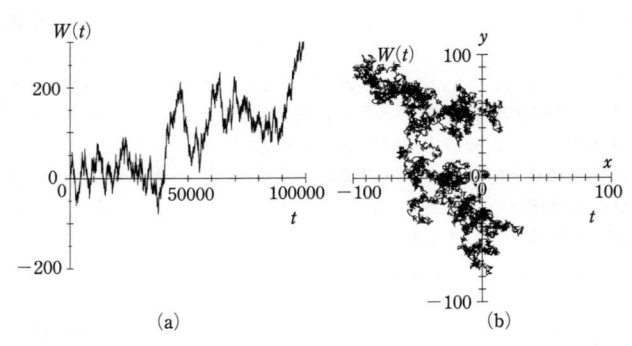

図 9-5 (a) ランダムウォーク（1次元）と，(b) ブラウン運動（2次元）の軌跡

ランダムな変数のもとでの運動であるので，ギザギザの軌跡を与える。それらを集合することで運動の分布関数が得られる。そのような分布関数が従う方程式を導くこともできる。そのような方程式は**フォッカー–プランク方程式**と呼ばれ，物理的には(9.25)と同値の内容を持つ。(9.25)に対するフォッカー–プランク方程式は，

$$\frac{\partial}{\partial t}P(x,t)=D\frac{\partial^2}{\partial x^2}P(x,t) \tag{9.28}$$

である。(9.27)は，この方程式の解である。

白色ガウスノイズによる変化（ウィナー過程）の期待値は，時間が小さいとき，$\sqrt{t}$ に比例する。このような量が方程式に入っている場合，通常の微分が定義できなくなる。そのため，ランジュバン方程式の意味については注意しなくてはならない。すなわち，$t\sim t+dt$ の差分での白色ガウスノイズの寄与はウィナー過程を用いて，

$$\int_t^{t+dt}\xi(t')\,dt'=W(t+dt)-W(t)=W(dt)=O(\sqrt{t}) \tag{9.29}$$

と書ける。ランジュバン方程式に $g(x(t))\xi(t)$ のタイプの項が含まれているとき，その項を差分の形に書けば，

$$g(x(t''))(W(t+dt)-W(t)) \tag{9.30}$$

となる。しかし，t'' を $t\sim t+dt$ のどこにとるかでこの項の方程式

585

への寄与が変わってしまうことが，白色ノイズの特異性として伊藤清によって指摘されている。そのようなことは，$\xi(t)$ が滑らかで，$W(dt) \propto dt$ のときは起こらない。そこで，数学的には，白色ノイズを含む過程は，定義できない微分方程式でなく，t'' のとり方を具体的に示した差分方程式で与えられる。特に，$t''=t$ ととる場合は**伊藤積分**と呼ばれる。その解釈では，連続的なランダム過程の直感的な極限として定義した白色ガウスノイズを用いた場合と異なる結果を得る。一致する結果を得るには，

$$\frac{g(x(t))+g(x(t+dt))}{2}(W(t+dt)-W(t)) \tag{9.31}$$

ととればよいことが知られており，ストラトノビッチの積分と呼ばれる。伊藤積分(I)をストラトノビッチ積分(S)に変換するには**伊藤-ストラトノビッチ変換**と呼ばれる

$$[\text{(I)}] \quad g(x)\xi(t) \quad \Leftrightarrow \quad [\text{(S)}] \quad g(x)\xi(t)+D\frac{dg(x)}{dx}g(x) \tag{9.32}$$

変換が用いられる。

一般に，

$$\frac{dx}{dt}=h(x)+g(x)\xi(t) \tag{9.33}$$

で与えられるランジュバン方程式をストラトノビッチ積分の解釈をする場合，等価なフォッカー-プランク方程式は

$$\frac{\partial}{\partial t}P(x, t)=\left[-\frac{\partial}{\partial x}h(x)+D\frac{\partial}{\partial x}g(x)\frac{\partial}{\partial x}g(x)\right]P(x, t) \tag{9.34}$$

で与えられる。

このような確率過程は株価の時間変動の評価にも応用され，株価オプションの評価公式を求めるブラック-ショールズの方程式などが提案されている。

(宮下精二)

6. マスター方程式

ランダムな変数が従う分布関数の時間発展を与える方程式としてフォッカー-プランク方程式を紹介したが，より一般的に単位時間当たりの状態の遷移確率を用いて分布関数の時間発展を与える方法

6. マスター方程式

として、マスター方程式の方法がある。

状態 S_i が単位時間当たり確率 W_{ij} で、状態 S_j に遷移するとしよう。現在の分布関数を $P(\{S_i\}, t)$ とすると、時間 Δt 後の分布関数 $P(\{S_i\}, t+\Delta t)$ は、

$$\begin{pmatrix} p_1(t+\Delta t) \\ p_2(t+\Delta t) \\ \vdots \\ p_M(t+\Delta t) \end{pmatrix} = \begin{pmatrix} W_{11} & W_{21}\Delta t & \cdots & W_{M1}\Delta t \\ W_{12}\Delta t & W_{22} & \cdots & W_{M2}\Delta t \\ \vdots & \vdots & & \vdots \\ W_{1M}\Delta t & W_{2M}\Delta t & \cdots & W_{MM} \end{pmatrix} \begin{pmatrix} p_1(t) \\ p_2(t) \\ \vdots \\ p_M(t) \end{pmatrix} \quad (9.35)$$

で与えられる。ここで、$p_i(t)$ は時刻 t での状態 S_i の出現する確率を表している。ここで、W_{ii} などの対角成分は確率保存の要請から、

$$W_{ii} = 1 - \sum_{j \neq i} W_{ij} \Delta t \tag{9.36}$$

である。ここで現れた行列（$\mathcal{L}$ とする）は、時間を Δt 進める働きをするので、時間発展演算子と呼ぶ。上の式は、

$$L \equiv \lim_{\Delta t \to 0} \frac{\mathcal{L} - 1}{\Delta t} \tag{9.37}$$

として、

$$\frac{\partial}{\partial t} \boldsymbol{P}(t) = L \boldsymbol{P}(t) \tag{9.38}$$

と微分形でも与えられる。

遷移確率が時間に依存しない過程は**マルコフ過程**と呼ばれる。その場合、時間 t から t'、t' から t'' への時間発展は、

$$\begin{aligned} \boldsymbol{P}(t') &= L(t'-t) \boldsymbol{P}(t), \\ \boldsymbol{P}(t'') &= L(t''-t') \boldsymbol{P}(t') = L(t''-t') L(t'-t) \boldsymbol{P}(t) \end{aligned} \tag{9.39}$$

であり、

$$L(t''-t) = L(t''-t') L(t'-t) \tag{9.40}$$

の関係がある。この関係を遷移確率で書き直すと、

$$L_{ji}(t \to t'') = \sum_k L_{jk}(t' \to t'') L_{ki}(t \to t') \tag{9.41}$$

となる。この関係は、**チャップマン–コルモゴロフ** (Chapman-Kolmogorov) の関係と呼ばれる。

マスター方程式の定常状態は,
$$\mathcal{L}\boldsymbol{P}_{eq}=P_{eq} \tag{9.42}$$
で表せる。時間発展演算子によって任意の状態から任意の状態への遷移が可能である場合, フロベニウス-ペロンの定理によって定常状態が縮退しないことが結論できる。そこで, P_{eq} を定常状態として持つためには(9.42)より,

$$0=\sum_j(-W_{ij}P_{eq}(S_i)+W_{ji}P_{eq}(S_j)) \tag{9.43}$$

を満たす遷移確率を選べばよいことがわかる。その十分条件として, すべての i, j の間で,

$$0=-W_{ij}P_{eq}(S_i)+W_{ji}P_{eq}(S_j) \tag{9.44}$$

を課す場合, **詳細釣り合いの条件**という。多数個の状態間で(9.43)を考える場合, 循環釣り合いの条件という。

熱平衡状態のシミュレーションを行うモンテカルロ法では, カノニカル分布を P_{eq} として詳細釣り合いの条件を満たす遷移確率が用いられる。

(宮下精二)

7. モデル化

自然界や社会で起こる諸現象, 特に散逸現象に関して力学の場合のように一意的なモデルを作ることは難しい。しかし, 対象とする現象の個々のプロセスや結果として起こる現象に注意して, 対象を"モデル化"することができる。

(1) マスター方程式によるモデル化

マスター方程式の遷移確率を選ぶことは, その系の動的過程を決めていることになる。

例) 運動学的(kinetic)イジング模型(グラウバーモデル)

相互作用するイジング模型の動的な過程をモデル化したもので, 相転移近くでの緩和が非常に遅くなる臨界緩和現象などの研究のため用いられる。イジング模型のハミルトニアンを,

$$H=-\sum_{ij}J_{ij}\sigma_i\sigma_j-H\sum_i\sigma_i, \quad \sigma_i=\pm 1 \tag{9.45}$$

とするとき, i 番目のスピン σ_i と相互作用しているスピンからの内部磁場は $h=-\sum_j J_{ij}\sigma_j$ である。σ_i が次のステップで $+1(-1)$ に

7. モデル化

なる遷移確率を，hの関数として，たとえば，

$$p_{\pm} = \frac{e^{\pm\beta h}}{e^{\beta h} + e^{-\beta h}} \tag{9.46}$$

の形に表すと，詳細釣り合いを満たす．その過程の定常状態として熱平衡状態が得られる（マスター方程式の節参照）．また，平衡への緩和の定性的なモデルを与える．

詳細釣り合いを満たす遷移確率として，上記のもの(9.46)は一例であり，熱浴法，あるいはグラウバーモデルと呼ばれる．特に，相互作用が最近接だけの1次元系ではスピンの運動の期待値を厳密に解くことができることをグラウバー（Glauber）が示している．また，マスター方程式を用いて相転移のダイナミックスが鈴木・久保によって調べられ，臨界緩和現象などが明らかにされた．

(2) ランジュバン方程式によるモデル化

運動方程式にランダムノイズを入れて，ランジュバン方程式を作る．

例）オルンシュタイン-ウーレンベックモデル

復元力を付け加えたウィナー過程は**オルンシュタイン-ウーレンベック過程**と呼ばれる．ここで，変数xを速度vにとると，この過程はブラウン運動のモデルとなる．粒子の質量をmとすると

$$m\frac{dv}{dt} = -kv + \xi(t) \tag{9.47}$$

$t=0$で$v=0$の粒子の時刻tにおける速度分布は，

$$P(v,t) = \frac{1}{\sqrt{2\pi\sigma^2}}\exp\left(-\frac{v^2}{2\sigma^2}\right), \quad \sigma^2 = \frac{D}{mk}(1-e^{-2kt/m}) \tag{9.48}$$

で与えられ，$t\to\infty$で定常分布は，

$$P_{\text{定常}}(v) = \sqrt{\frac{mk}{2\pi D}}e^{-mkv^2/2D} \tag{9.49}$$

となる．ここで，温度Tでのカノニカル分布と比較すると，

$$\frac{k}{D} = \frac{1}{k_B T} \tag{9.50}$$

の関係があることがわかる．この関係から，アインシュタインにより揺動力Dと散逸に関係する係数k（摩擦係数）の間に関係

第9章 非平衡系の熱力学・統計力学

$$\frac{D}{k_B T} = k \tag{9.51}$$

があることが指摘され,**アインシュタインの関係**と呼ばれ,揺動散逸定理の一例となっている.さらに,粒子の拡散係数 D_{diff} との間には

$$D_{diff} = \frac{k_B T}{k}$$

の関係も導かれる.この関係のことをアインシュタインの関係ということが多い.

(3) レート方程式によるモデル化

ベロゾフ-ジャボチンスキー(Belousov-Zhabotinsky)反応と呼ばれるマロン酸の酸化過程における振動的化学反応では Br イオン,3価と4価の Ce イオンの濃度が振動的に移り変わり,色が変化したり,興味深いパターンが現れたりすることが知られている.このような振動的な化学反応の機構を探るため,いくつかのモデルが導入された.その代表的なものにブラッセルモデルというものがある.そこでは6つの成分(A, B は初期物質,X, Y は中間生成物,D, E は最終物質)として次のような反応が考えられている.

$$\begin{aligned} A &\to X \\ X+B &\to Y+D \\ 2X+Y &\to 3X \\ X &\to E \end{aligned} \tag{9.52}$$

A, B は十分多くあり,D, E はできるとすぐに取り除かれるとする.この反応に対する成分の時間変化に関する方程式(レート方程式)は,

$$\begin{aligned} \frac{dX}{dt} &= A - (B+1)X + X^2 Y \\ \frac{dY}{dt} &= BX - X^2 Y \end{aligned} \tag{9.53}$$

で与えられる.この方程式を,線形安定性解析をすると,X, Y の固定点からのずれは振動しながら成長する.　　　　　　(宮下精二)

8. 散逸現象

力学,あるいは量子力学に従う運動では,時間発展による状態変化において位相空間の体積が保存され(リューヴィユの定理),運動は可逆である。それに対して系が,熱浴などに接している場合に生じるいわゆる緩和現象では,位相空間の体積はもはや保存せず,運動は非可逆になる。後者の場合を,一般に散逸現象という。そこでは外界との間にエネルギーの供給放出があり,孤立系としての系固有のエネルギーが散逸するため,そのように呼ばれるのかもしれない。

(1) 非平衡定常状態

平衡状態は,流れがなく時間的に変化しない状態である。熱伝導や電気伝導は外力によって流れが生じ,それが広い意味での摩擦と釣り合って定常になっている。摩擦のある場合の運動は散逸現象である。最も簡単な例として,外力 F によって引かれる粒子が,速度に比例する摩擦を受ける場合(図9-6)を考えよう。この運動は運動方程式

$$m\frac{d^2x}{dt^2} = -b\frac{dx}{dt} + F \tag{9.54}$$

で表される。ここで,m は粒子の質量,b は摩擦係数である。定常状態では右辺の2項が釣り合い,

$$\frac{dx}{dt} = \frac{1}{b}F \tag{9.55}$$

となり,流れは力に比例する。

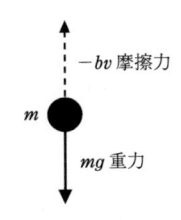

図 9-6 速度に比例する摩擦を受けながらの自由落下

第9章 非平衡系の熱力学・統計力学

また,力はハミルトニアン $\mathcal{H}$ から導けるとし,$b=1/\tau$ とすると,

$$\frac{dx}{dt} = -\tau \frac{\partial \mathcal{H}}{\partial x} \tag{9.56}$$

の形の方程式が得られる。さらに,x が秩序変数など熱力学的な量を表しているとき,力も熱力学的なものであるとして,ハミルトニアンの代わりに自由エネルギー $\mathcal{F}$ を用い,

$$\frac{dx}{dt} = -\tau \frac{\partial \mathcal{F}}{\partial x} \tag{9.57}$$

の形の運動方程式を考えることが多い。この形の方程式はファン・ホーベ (van Hove) 方程式と呼ばれる。

(2) 輸送現象

外界からの力によって流れが引き起こされる現象は,輸送現象と呼ばれる。その典型例として,電気伝導におけるオームの法則 $IR=V$ がある。電流を流すために力として電位 E が電子にかけられ,外場がする単位時間当たり仕事は電流の大きさを I とすると,単位長さ当たり EI である。この供給された仕事は,摩擦によって散逸する。摩擦の大きさを表す係数を b,電界の強さを E とすると,(9.54) で $F=E$ である。定常状態では大きさ $v=E/b$ の定常流が流れる。単位時間当たりに電子の移動する距離を ℓ とすると,電流は $I=nev$ なので,$nev=ne\ell E/\ell b=(ne/\ell b)V$ であり,単位長さ当たりの電気抵抗は $R_0=b/ne$ で与えられる。ここで,n は電子の密度である。$\tau=1/b$ を散乱を受けるまでの時間,あるいは緩和時間と呼ぶ。これらによって,電気伝導率は,

$$\sigma \equiv \frac{1}{R_0} = ne\tau \tag{9.58}$$

と表される。この定常流の状態では,電場によってされる仕事は摩擦によって散逸させられている。この散逸で生じる熱がジュール熱である。

もう一つの代表的な輸送現象に熱伝導現象がある。温度差 ΔT があるとき,熱流 I_Q が流れる現象である。その関係は

$$I_Q = \kappa \Delta T \tag{9.59}$$

と表され,フーリエの法則と呼ばれる。ここで κ は熱伝導率であ

8. 散逸現象

る。

さらに,電位差 ΔV のもとで ΔV に比例した熱流 I_Q が流れたり,温度差 ΔT があるとき ΔT に比例して電流 I が流れたりすることも知られており,

$$I_E = c_{11}\Delta V + c_{12}\Delta T \\ I_Q = c_{21}\Delta V + c_{22}\Delta T \tag{9.60}$$

の形で表される。これらに関する現象として,温度差によって起電力が生じる**ゼーベック効果**や,異なる金属からなる電線をつないだものに電流を流すとき,接点で熱の吸収や発生が起きる**ペルティエ効果**がある。(9.60)での比例係数は輸送係数と呼ばれる。

一般に輸送現象は,示量性変数 X_i に対する熱力学的な力として,

$$F_i = \frac{\partial S}{\partial X_i} \tag{9.61}$$

を考え,X_i の熱力学的流量を J_i とすると,

$$J_i = \sum_j L_{ij} F_j \tag{9.62}$$

と表される。このとき,

$$L_{ij}(\boldsymbol{H}) = L_{ji}(-\boldsymbol{H}) \tag{9.63}$$

の関係があり,**オンサーガーの相反定理**と呼ばれる。ここで,$\boldsymbol{H}$ は磁場や速度など時間反転で符号が変わる変数を表している。

(3) 線形応答理論

一般に熱力学的力に線形な現象を統一的に扱うのが**線形応答理論**である。線形な範囲で,力 $\{F_i\}$ ($i=1, 2, \cdots$) に対する変位 X_j ($j=1, 2, \cdots$) の応答は,

$$X_j(t) = \sum_i \chi_{ij} F_i(t) + \int_{-\infty}^{t} ds \sum_i \Phi_{ij}(t-s) F_i(s) \tag{9.64}$$

と書ける。ここで,χ_{ij} は力 $F_i(s)$ に対する X_j の瞬間的応答であり,$\Phi_{ij}(t-s)$ は現在の時刻 t より前の時刻 s で加えられた力 $F_i(s)$ に対する X_j の応答を表す関数で応答関数と呼ばれる。また,時刻 t_0 まである力を加え,$t=t_0$ でその力を取り除いた後の X_j の変化は $F_i(t) = F_0 \theta(t_0-t)$ と置き,

第9章 非平衡系の熱力学・統計力学

$$X_j(t) = F_0 \int_{-\infty}^{t_0} ds \sum_i \Phi_{ij}(t-s) \equiv F_0 \Psi(t-t_0) \tag{9.65}$$

となる。ここで、$\Psi(t)$ は緩和関数と呼ばれる。力が、周期的な場合、

$$F_i(t) = F_i(\omega) e^{i\omega t} \tag{9.66}$$

となり、応答は、

$$X_j(\omega) = \sum_i \chi_{ij}(\omega) F_i(\omega), \quad \chi_{ij}(\omega) = \int_0^\infty ds\, e^{i\omega s} \sum_i \Phi_{ij}(s) \tag{9.67}$$

である。この $\chi_{ij}(\omega)$ は複素アドミッタンスと呼ばれる。

複素アドミッタンスの実部と虚部 ($\chi_{ij}(\omega) = \chi'_{ij}(\omega) + i\chi''_{ij}(\omega)$) の間には、**クラマース-クローニッヒ** (Kramers-Kronig) の関係と呼ばれる関係がある。

$$\begin{aligned}\chi'_{ij}(\omega) &= \frac{1}{\pi} \mathrm{P} \int_{-\infty}^{-\infty} \frac{\chi''_{ij}(\omega)}{\omega' - \omega} d\omega' \\ \chi''_{ij}(\omega) &= -\frac{1}{\pi} \mathrm{P} \int_{-\infty}^{-\infty} \frac{\chi'_{ij}(\omega)}{\omega' - \omega} d\omega'\end{aligned} \tag{9.68}$$

ここでPは積分の主値をとることを意味する。

$\chi_{ij}(\omega)$ の実(虚)部が全ての角振動数で求められれば、この関係によって虚(実)部も計算できる。分極率と電気伝導率の変換などに利用されている。

線形応答のミクロな表式は久保亮五によって完全に定式化されたので、久保理論と呼ばれる。一般に、系のハミルトニアンを $\mathcal{H}_0$、動的な摂動を

$$H'(t) = A e^{-i\omega t} \tag{9.69}$$

とするとき、物理量 B の時間変化は、

$$\langle B(t) \rangle = -\frac{i}{\hbar} \int_{-\infty}^{t} e^{-i\omega s} \mathrm{Tr}(e^{-i\mathcal{H}_0(t-s)/\hbar} [A, e^{-\beta \mathcal{H}_0}] \times$$
$$e^{i\mathcal{H}_0(t-s)/\hbar} B ds)/Z \tag{9.70}$$

と表される。ここで、$\beta = 1/k_B T$、Z は $A=0$ での分配関数である。複素アドミッタンス $\chi_{AB}(\omega)$ は $\langle B(t) \rangle = \chi_{AB}(\omega) e^{-i\omega t}$ より、少し変形して、

8. 散逸現象

$$\chi_{AB}(\omega) = \frac{i}{\hbar}\int_0^\infty e^{i\omega s}\mathrm{Tr}(e^{-i\mathcal{H}_0 s/\hbar}[A, e^{-\beta\mathcal{H}_0}]e^{i\mathcal{H}_0 s/\hbar}Bds)/Z \tag{9.71}$$

で与えられる。この表式は久保公式 (Kubo formula) と呼ばれる。

(4) より一般な非平衡定常状態

より一般な非平衡定常状態として，外界からの励起と外界への散逸が釣り合い定常状態になっている場合がある。その典型例として，レーザー発振がある。レーザー発振は，原子や分子などの固有のエネルギー差に等しい光を発振器に閉じ込め，光と物質の量子力学的な相互作用である誘導放射を利用して，位相のそろった強い光を発生する現象である。

光が原子や分子などと相互作用し，エネルギーが高い状態を低い状態に移すとき，光の強度が増幅される。エネルギーが低い状態を高い状態に移すときは光の強度が減衰するので，光の強度を増幅するためには，エネルギーが高い状態にある原子や分子などの数が低い状態にあるものより多くなければならない。このような状態は，逆転状態あるいは負温度状態と呼ばれる。この条件が満たされると，光の強度は光が発振器を往復する間に増大する。発振器外への放射やその他の原因による減衰によって一定の振幅を持つ発振が行われる。レーザーの発振状態では，負温度状態を維持するため定常的に原子や分子などを励起し続ける必要があり，非平衡定常状態の典型例といえるだろう。

また，原子炉は核分裂の連鎖反応を利用している。つまり，1回の核分裂によって複数個の中性子が生じ，それぞれが新しい核に当たると核分裂を引き起こすので，全ての中性子が新しい核に当たると核分裂の数は指数関数的に増える。そのような状態が臨界である。核爆発に至らないように，核分裂の回数を非平衡定常状態にするため，各核分裂で発生する中性子を制御棒と呼ばれるもので取り除き，連鎖反応を抑制している。これも非平衡定常状態の例である。

また，伝染病の感染の様子や山火事をモデル化したコンタクトプロセスと呼ばれるモデルがある。たとえば，空間（格子）上の各点

に(健康,病気)の2自由度を持つ変数を考えよう。単位時間当たりの状態更新として,自然治癒(病気→健康)の遷移確率,周りからの感染(健康→病気)の遷移確率(周囲にいる病気の数に依存,周りが全て健康であれば0)をとり入れてマスター方程式をつくる。自然治癒の確率が高いと病気の状態にあるものはなくなり,病気は撲滅される。それに対し,自然治癒の確率が低いと病気の蔓延状態になる。系の大きさが有限のとき,数学的には完全健康状態が定常状態であるが,系の大きさが無限大では,蔓延状態も定常的に続き,非平衡定常状態となる。(宮下精二)

9. 散逸構造

線形領域では最小エントロピー生成という考え方が成り立つことがプリゴジン(I. Prigogine)によって指摘されている。また,非線形領域で起こる時間的あるいは空間的対称性が破れたさまざまな構造を,プリゴジンは**散逸構造**と呼んだ。いろいろなことが起こるので,どのくらい統一的に捉えるかは難しい問題であるが,その典型例として,いくつかのモデルが調べられており,散逸構造の一般的な概念も整理されつつある。

非線形の反応は**レート方程式**といわれる反応方程式で与えられる。たとえば,えさとなる生物A(ウサギ)とそれを食べる生物B(キツネ)の数をそれぞれ N_A, N_B として,その時間変化の方程式を考える。AはBがいないと,草を食べて,ある率 a で増加し,Bに出会うと,ある率 b で食べられてしまう様子を,

$$\frac{dN_A}{dt} = aN_A - bN_A N_B \tag{9.72}$$

と表し,BがAを食べることである率 d で増加するが,Aを食べないと一定の率 c で死んでしまう様子を,

$$\frac{dN_B}{dt} = -cN_B + dN_A N_B \tag{9.73}$$

で表す。このモデルは捕食・被捕食モデル,あるいは**ロトカ-ヴォルテラ・モデル**(Lotka-Volterra model)と呼ばれ,このモデルの定常解は,

9. 散逸構造

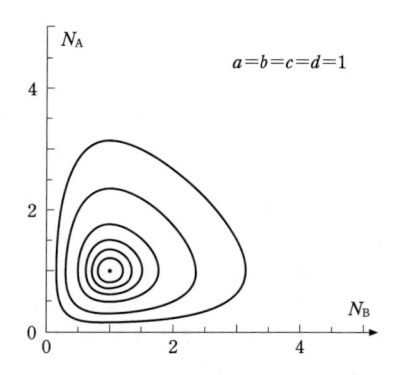

図 9-7 ロトカ-ヴォルテラ・モデルでの N_A, N_B の変化の軌跡

$$\begin{cases} aN_A - bN_AN_B = 0 \to N_B^0 = \dfrac{a}{b} \\ -cN_B + dN_AN_B = 0 \to N_A^0 = \dfrac{c}{d} \end{cases} \tag{9.74}$$

である。この定常解から数がわずかにずれた場合の運動は定常解の周りを周期

$$T = \frac{2\pi}{\sqrt{ac}} \tag{9.75}$$

で回転する。つまり，個体数の振動現象が振動する。この振動現象が各個体数自身の復元力でなく，他の個体数との非線形な結合からもたらされていることは興味深い。図 9-7 に $a=b=c=d=1$ の場合の N_A, N_B の変化の軌跡を示す。このような個体数の時間的な振動現象は自然界でよく観測され，そのモデルとしてロトカ-ヴォルテラ・モデルが考えられている。もちろん，個々の現象を仔細に調べると，このモデル以外の機構も多く存在する。

その他，いろいろな化学反応を表すモデル（レート方程式）が調べられている。たとえば，シュレーゲルモデル（Schlögel model）は，

$$A + 2X \leftrightarrow 3X, \quad X \leftrightarrow B \tag{9.76}$$

のタイプの化学反応を調べたもので，X の濃度が 1 次転移的に変化

第9章 非平衡系の熱力学・統計力学

する。

$$\frac{dN}{dt}=k_1 c_A N^2 - k_2 N^3 - k_3 N + k_4 c_B \tag{9.77}$$

また，時間的に振動的な変化を示す化学反応として有名なベロゾフ-ジャボチンスキー (Belousov-Zhabotinsky) 反応を表すレート方程式として**ブラッセルモデル** (Brusselator) と呼ばれるモデルが導入されている（モデル化の節参照）。

その他，上部の温度が高い温度差がある平板間にはさまれた流体の熱伝導は，温度差が小さい間は熱伝導で熱が伝わるが，温度差が大きくなると対流が始まる。この対流が始まる際の流体モードの不安定性は，**ベナール** (Bénard) **不安定性**と呼ばれる。この現象のモデル化は，熱膨張と流体の運動（ナビエ-ストークス方程式）によってモデル化される。さらに温度差をより大きくすると，対流のロールが振動を始め（倍周期化），さらに乱流状態に移行する。そのような過程は，カオス現象との類似によって議論されている（カオスの節参照）。
（宮下精二）

10. 線形安定性

定常状態の周りでわずかな変動

$$x_i = x_i^0 + \delta_i, \quad i=1, \cdots, N \tag{9.78}$$

がどのように変化するかを調べる方法として，線形安定性解析がある。系の時間発展が，

$$\begin{cases} \dot{x}_1 = f_1(x_1, x_2, \cdots, x_N) \\ \dot{x}_2 = f_2(x_1, x_2, \cdots, x_N) \\ \quad \vdots \\ \dot{x}_N = f_N(x_1, x_2, \cdots, x_N) \end{cases} \tag{9.79}$$

で表されているとする。$\dot{x}_1=0, \dot{x}_2=0, \cdots, \dot{x}_N=0$ を満たす点 $(x_1^0, x_2^0, \cdots, x_N^0)$ を定常状態，あるいは固定点，あるいは不動点と呼び，その周りで線形化する。

$$\begin{aligned}\dot{\delta}_1 &= f_1(x_1^0+\delta_1, x_2^0+\delta_2, \cdots, x_N^0+\delta_N) \\ &\simeq f_1(x_1^0, x_2^0, \cdots, x_N^0) + \left(\frac{\partial f_1}{\partial x_1}\right)\delta_1 + \left(\frac{\partial f_1}{\partial x_2}\right)\delta_2 + \cdots \left(\frac{\partial f_1}{\partial x_N}\right)\delta_N\end{aligned} \tag{9.80}$$

10. 線形安定性

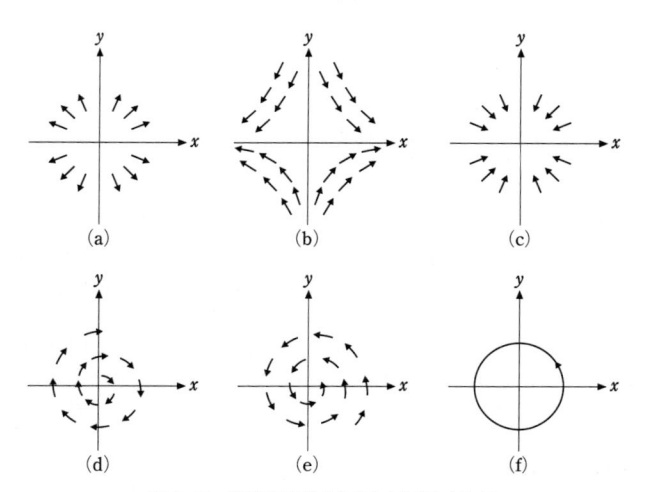

図 9-8 線形安定性 (a) (b) (c) (d) (e) (f)

そして，固定点の周りでの解の様子を調べるのが線形安定性解析である。連立方程式を行列で表すと，

$$\begin{pmatrix} \dot{\delta}_1 \\ \dot{\delta}_2 \\ \vdots \\ \dot{\delta}_N \end{pmatrix} = \begin{pmatrix} \left(\dfrac{\partial f_1}{\partial x_1}\right) & \left(\dfrac{\partial f_1}{\partial x_2}\right) & \cdots & \left(\dfrac{\partial f_1}{\partial x_N}\right) \\ \left(\dfrac{\partial f_2}{\partial x_1}\right) & \left(\dfrac{\partial f_2}{\partial x_2}\right) & \cdots & \left(\dfrac{\partial f_2}{\partial x_N}\right) \\ \vdots & \vdots & & \vdots \\ \left(\dfrac{\partial f_N}{\partial x_1}\right) & \left(\dfrac{\partial f_N}{\partial x_2}\right) & \cdots & \left(\dfrac{\partial f_N}{\partial x_N}\right) \end{pmatrix}_{\text{不動点}} \begin{pmatrix} \delta_1 \\ \delta_2 \\ \vdots \\ \delta_N \end{pmatrix} \quad (9.81)$$

となり，運動の様子は行列で特徴づけられる。

簡単のため2変数の場合を調べる。

$$\left(\dfrac{\partial f_1}{\partial x_1}\right) = a, \quad \left(\dfrac{\partial f_1}{\partial x_2}\right) = b, \\ \left(\dfrac{\partial f_2}{\partial x_1}\right) = c, \quad \left(\dfrac{\partial f_2}{\partial x_2}\right) = d \quad (9.82)$$

として，

599

第9章 非平衡系の熱力学・統計力学

$$\frac{d}{dt}\begin{pmatrix}\delta_1\\\delta_2\end{pmatrix}=\begin{pmatrix}a & b\\c & d\end{pmatrix}\begin{pmatrix}\delta_1\\\delta_2\end{pmatrix} \tag{9.83}$$

この行列の固有値は,

$$\lambda_{\pm}=\frac{a+d\pm\sqrt{(a-d)^2+4bc}}{2} \tag{9.84}$$

である。

ここで λ が実数で, $\lambda_+>\lambda_->0$ の場合は湧き出しの流れになる (図9-8 (a))。$\lambda_+>0>\lambda_-$ の場合は, 図9-8 (b)のように鞍点的な流れになる。$0>\lambda_+>\lambda_-$ の場合は, 図9-8 (c)のように吸い込みの流れになる。複素数で $\mathrm{Re}(\lambda_{\pm})>0$ の場合は, 図9-8 (d)のように回転しながら湧き出す。また, 複素数で $\mathrm{Re}(\lambda_{\pm})<0$ の場合は, 図9-8 (e)のように回転しながら吸い込む。$\mathrm{Re}(\lambda_{\pm})=0$ の場合は回転になる(図9-8 (f))。 (宮下精二)

11. カオス

方程式で現象を表すと, 運動が把握できることになるが, その方程式を解いて, 運動を具体的に関数として求めるためには, 微分方程式を解かなくてはならない。それは一般に大変であるが, 原理的にも閉じた式の形で解が書けない場合があることが知られている。むしろほとんどがこの場合に当たる。そのような状況をカオスと呼ぶ。1変数の微分方程式ではカオスは起こらない。剛体の運動の場合は変数の数が増え, カオスになる場合が多い。方程式が解けないというのは, どのようなことであろうか。$\boldsymbol{r}(t)=(x(t), y(t), z(t))$ に関する微分方程式が与えられたとき, たとえば $x(t)$ を t の関数として不定積分で表すことができる場合, その方程式が**求積法**で解けるという。そこでの不定積分が具体的に解けるかどうかは問題にしない。

有名な問題に**三体問題**がある。太陽と地球だけに注目すると, それらの運動は, 力学で習うように完全に解ける。ところが, そこに月, あるいは木星などもう一つの質点を考え, 3体の運動を表す運動を考えると, 求積法では解けないことが, ポアンカレ (H.Poincaré) やブルンス (H.Bruns) によって示されている。

方程式が解けないと, どのようなことが起こるのであろうか。ど

11. カオス

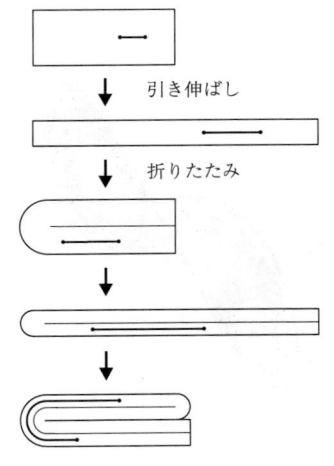

図 9-9 パイこね変換

んな方程式でも，特殊な状況がない限り与えられた初期状態から一意的な軌道を示す．解の存在する領域が有限の領域にある場合には，解は広がることができず，しかも解が周期的でないとすると非常に複雑な形にならざるを得ないことは容易に想像される．

どこかで広げた空間を折りたたまなくてはならなくなる．この様子は**パイこね変換**と呼ばれる（図 9-9）．このような運動の結果，位相空間の各点の任意の近傍に軌道があり，その密度が定義できるようになる．その密度は**不変測度**（invariant measure）と呼ばれる．

このような場合，互いに近くの初期状態から始めても時間が経つにつれて，軌道が指数関数的に離れていく．そのため，初期のわずかなずれが時間が経つと増大される．この現象を**軌道が不安定**という．このとき，その不安定さを表す量として，局所的に解が離れていく速さを表す量，**リアプノフ数**（Liapunov exponent）が考えられている．

$$|x_1(t) - x_2(t)| = Ae^{\lambda t}|(x_1(0) - x_2(0))| \tag{9.85}$$

この λ が正の場合に，軌道は不安定である．気象学者であるロー

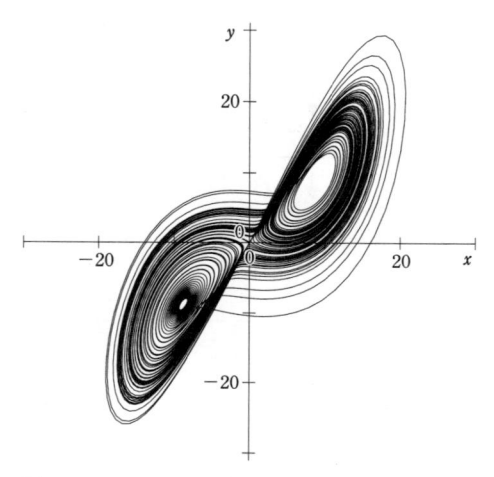

第9章 非平衡系の熱力学・統計力学

図 9-10 ローレンツ・マップ: $\sigma=10$, $\gamma=30$, $b=8/3$, 初期値として, $(x, y, z)=(0.8, 0.6, 0.7)$ にとった。

レンツ (E.N. Lorenz) は，気象を表す3変数の常微分方程式

$$\begin{cases} \dot{x}=-\sigma x+\sigma y \\ \dot{y}=-zx+\gamma x-y \\ \dot{z}=xy-bz \end{cases} \quad (9.86)$$

を作った。それを数値的に解くと，その解は不安定な振る舞いを見せた。彼は，天気予報の長期予測ができないことの理由として，この不安定性を指摘した。図 9-10 に解の (x, y) 面への射影を示す。解は第1象限での回転状態と，第3象限での回転状態を"ランダム"に変化する。この指摘が今日のカオスの研究の始まりとなった。

さいころの目は，投げ出すときの初期状態によって決まっているはずであるが，初期条件のわずかな違いにより出る目が異なるため，どの目が出るかはランダムとみなされている。ベルヌーイ (J. Bernoulli) らが**確率論**を創始し，統計力学の発展につながった。統計力学では確率は自明のこととして扱われ，カオス自身について

11. カオス

$\sigma=10$, $\delta=30$, $b=8/3$

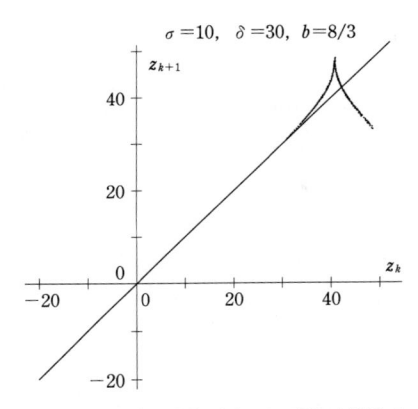

図 9-11 1次元写像:図9-10で用いた運動での極値をとるzの値を(z_k, z_{k+1})としてプロットしたもの。

はあまり意識されていない。最近,カオスの研究とあいまって統計力学の基礎づけにカオスを用いようとする試みがある。

カオスの性質を調べるのに有効なモデルとして,1次元写像を用いる方法がある。それは,ある系列 $\{x_0, x_1, \cdots\}$(たとえば何らかの複雑な系で現れる変数が極値をとるたびに記録した値の列)を求め,ひき続き起こる2つの値

$$(x_i, x_{i+1}) \tag{9.87}$$

の関係を議論するとき用いられる。ローレンツ・マップの(9.86)で極値をとるzの値を順に$z_1, z_2, \cdots$とし,(9.87)の形でプロットしたものを図9-11に示す。もし,(z_i, z_{i+1})がばらばらな場合には何らの規則性が見いだせないが,ローレンツ・マップでは図9-11のようにある一つの関数で表されるように見える。この場合の変数zの振る舞いは図で得られた関数$f(z)$で,

$$z_{i+1}=f(z_i) \tag{9.88}$$

と表すことができるだろう。一般に系の振る舞いが1変数の写像

$$x_{i+1}\to x_{i+1}=f(x_i) \tag{9.89}$$

で表される場合を,1次元写像(マップ)に縮約されたという。

第9章 非平衡系の熱力学・統計力学

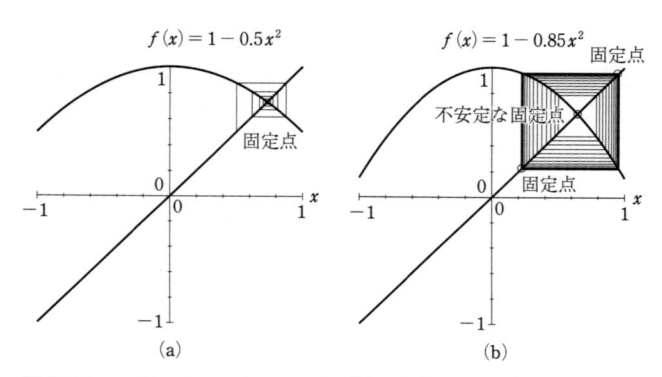

図 9-12 ロジスティック・マップ：(a) 固定点への吸収 ($\mu = 0.5$)。(b) 交互に移り変わる 2 倍周期の軌道 ($\mu = 0.85$)。

1次元写像の典型的なモデルとして，**ロジスティック・マップ**と呼ばれるものがある。

$$F(x) = 1 - \mu x^2 \tag{9.90}$$

たとえば，$\mu = 0.5, \ 0.85$ の場合を図 9-12に示す。そこで，$y = f(x)$ と $y = x$ の交点からマップを始めると，$F(x) = x$ であり，その点，$x_F = (-1 \pm \sqrt{1+4\mu})/2\mu$ に留まる。そこで，このような点は**固定点**と呼ばれる。どのような μ の値でも，今の写像では，$x > 0$ の領域に少なくとも一つの固定点が存在する。この固定点 x_F の周りで x の振る舞いを調べてみよう。x_0 が固定点から少し離れたところ $x_0 = x_F + \delta$ にあるとしよう。ずれ δ は 1 回の写像

$$f(x_F + \delta) = 1 - \mu x_F^2 - 2\mu \delta x_F = x_F - 2\mu \delta x_F \tag{9.91}$$

となり，$-2\mu x_F$ 倍になる。そこで，$|-2\mu x_F| < 1$ であれば，写像を繰り返すうちに x は固定点に近づいていく（図 9-12(a)）。このような固定点は安定な固定点と呼ばれる。この場合は，もとの方程式系で解がある周期解**リミットサイクル**に落ち着いたことを意味する。それに対し，

$$|-2\mu x_F| > 1 \tag{9.92}$$

であれば，固定点は不安定である。$F(x)$ では $\mu = 3/4$ で不安定化する。しかし，固定点の不安定化は必ずしもカオスを意味せず，固

11. カオス

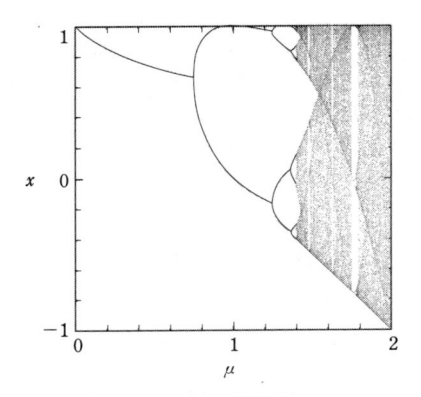

図 9-13 周期倍化

定点の代わりに2つの点 x_{F1}, x_{F2} に交互に移り変わる2倍の周期の軌道が現れる(図9-12(b))。

さらに μ が大きくなると、この2倍周期の軌道も $\mu=1.25$ で不安定化し、次には4倍周期が現れる。同様にして、

$$8, \ 16, \ \cdots, \ 2^n \to \infty \tag{9.93}$$

の周期が現れる。この現象は**周期倍化**(period doubling)と呼ばれる。この周期点の μ 依存性を図9-13に示す。

それぞれの周期を示す μ の間隔は、n とともにべき的に減少することが知られている。周期 2^n の軌道が始まる μ の値を μ_n とすると、

$$\mu_{n+1} - \mu_n \sim const \times \delta^{-n}, \quad \delta = 4.66920\cdots \tag{9.94}$$

と、ある種の臨界指数が存在することが知られている。

温度差によって対流が生じている流体において温度差をさらに上げていくと、対流が振動し始める現象が観測され、その周期が倍々になっていくことが知られている。この現象で単純な対流は固定点に相当し、その後の振動は、周期倍化に相当していると考えられている。

$\mu = 1.40115$ において周期が無限大になる。この場合がカオスである。そこでは、周期を表す点が有限個の周期軌道でなく、ある領

第9章 非平衡系の熱力学・統計力学

域にべったり存在するようになる。べったりした領域も複雑な μ 依存性を示し，ところどころの μ の値では周期軌道が復活したりする。そこで現れる周期は μ が大きくなるにつれ，**シャルコフスキー(Sharkovsky) の定理**

$$1<2<2^2<2^3<\cdots<7\cdot 2^n<5\cdot 2^n<3\cdot 2^n<\cdots \\ <7\cdot 2<5\cdot 2<3\cdot 2<\cdots<7<5<3 \tag{9.95}$$

の順に現れることが知られている。ここで $i<j$ は周期 j の周期軌道があれば，そこには周期 i の周期軌道があることを意味する。

$\mu=2$ は最もカオスが発達したところであり，全領域にわたって点が存在する。その密度は，

$$\rho(x)=\frac{1}{\pi\sqrt{1-x^2}} \tag{9.96}$$

である。この分布が不変測度である。μ の値が 2 より小さいときは，この不変測度に似た幅が狭い不変測度が区間ごとに存在する。

任意の点から出発した点は，これらの周期軌道に吸い込まれていく。系がカオスになった場合にも，その非常に複雑な軌道に吸い込まれるが，その場合，その吸い込まれる先の"無限大の"周期軌道を**ストレンジアトラクター**と呼ぶ。つまり，任意の点から写像を始めるとカオスの不変測度を持つ"周期"軌道へ近づいていく。その移動の過程はカオス軌道ではない。

系がカオスになる様子は，変数 x の時間変化 $x(t)$ をフーリエ変換したパワースペクトル

$$P(\omega)=\frac{1}{\pi}\int_0^\infty\left[\frac{1}{T}\int_0^T x(t)x(t+\tau)dt\right]e^{-i\omega\tau}d\tau \tag{9.97}$$

によっても特徴づけられる。周期軌道の場合は，パワースペクトルは周期 T を反映した周波数 $\omega=2\pi/T$ のところのデルタ関数の集まりとなるが，カオスになると連続スペクトルとなる。

運動が複雑化してカオスが出現する過程として，倍周期化によるカオス出現機構を説明してきたが，異なるシナリオでもカオスが現れる。よく知られたものに間欠性カオスがある。これは図 9-14 の 1 次元マップの変化で特徴づけられる。図 9-14(a) では，点 A が安定，点 B が不安定な固定点であり，点 A がリミットサイクルを与える。マップの持つパラメーターが変化し，点 A と点 B が融合して

11. カオス

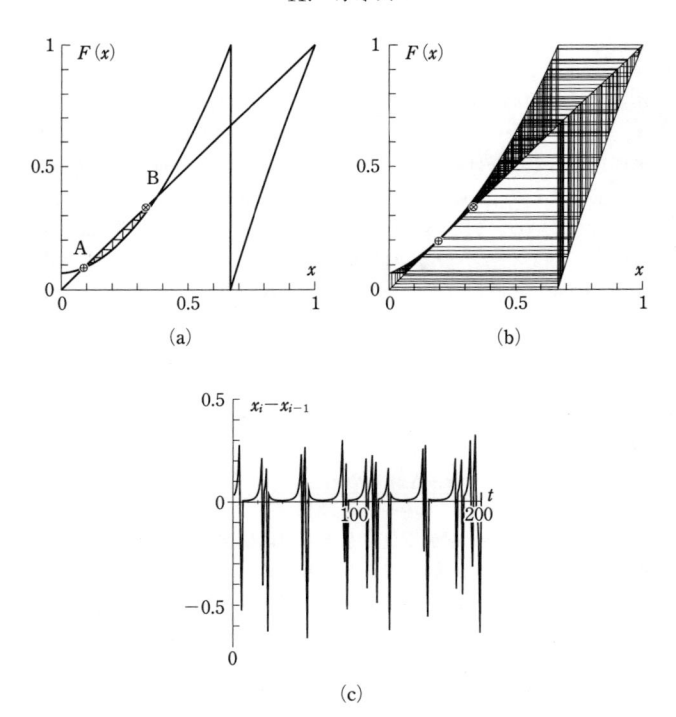

図 9-14 間欠性カオスを与えるマップ：(a)固定点を持つ場合。(b)カオスになる場合。初期値は $x = 1/3$（$\otimes$），また最終値は $\oplus$ で示されている。(c)カオス状態での変数の変動 $x_i - x_{i-1}$ の時間変化。

消滅し，図 9-14(b)のようになると系はカオスになる。カオスになってもしばらくは，点Aの周りの滞在時間が長く，大きな変化が間欠的に起こるように見えるので間欠性カオスと呼ばれる。カオス状態での $x_i - x_{i-1}$ を図 9-14(c)に示す。しばらく緩やかな変化が続いた後で急激な引き戻しが起こっている。

また，周期的な運動に駆動力と散逸があるとき，角変数 θ の変化が 1 次元マップで表されることが多いことが知られている。そのようなマップの典型例として，サークルマップと呼ばれる，

第9章 非平衡系の熱力学・統計力学

$$\theta_{n+1} = \theta_n + \Omega - \frac{K}{2\pi}\sin(2\pi\theta_n) \tag{9.98}$$

がある。q 回のマップ後に θ_{n+q} が θ_n より整数 p だけ増加するとき，サークルマップは周期 p/q の周期軌道を持つという。周期が無理数である場合は概周期軌道という。有理数の周期を持つ場合に系が安定化して，いわゆる引き込み現象（locking）を起こすことが知られている。引き込みを起こす周期として全ての有理数が現れる場合，パラメーター K に対する周期の変化は悪魔の階段（Devil's stairs case）と呼ばれる。パラメーター K がさらに大きくなると，θ の変化はカオス的になる。 (宮下精二)

12. フラクタル

自然な構造は，ある程度細かくみると滑らかになる。そのため，微分が定義できるのである。

$$\frac{df(x)}{dx} = \lim_{\Delta x \to 0}\frac{f(x+\Delta x)-f(x)}{\Delta x} \tag{9.99}$$

しかし，どこまで細かく見てもその中に構造があり，接線が引けないような場合も概念的に考えられる。特に，ある図形の一部を細かく見るとその中に，同じ構造が繰り返しサイズを小さくしてある場合に**自己相似**の図形という。その典型例として**コッホ**（Koch）**曲線**（図9-15(a)-(1)）と呼ばれるものがある。この図の基本的な図形の数を考えてみる。図9-15(a)-(1)の1辺の長さを a とする。ここで図9-15(a)-(2)のように，長さを $1/3$ にして細かく見ると内部構造が見え，基本図形の数 B は，

$$B = 4 \tag{9.100}$$

になり，長さは $4/3$ 倍になる。同様に，長さのスケールを $1/3^n$ のように小さくしていくと図形の数は

$$B_n = 4^n \tag{9.101}$$

になり，長さは $(4/3)^n$ 倍になる。通常の線（1次元図形）の基本的図形の数は，長さの単位を小さくすると，$B_n = 3^n$ に比例して大きくなるが，全体の長さは変わらない。この性質を利用して，フラクタル次元が定義される。一般に尺度を $1/b$ 倍にしたとき，幾何学的基本図形の数が，

12. フラクタル

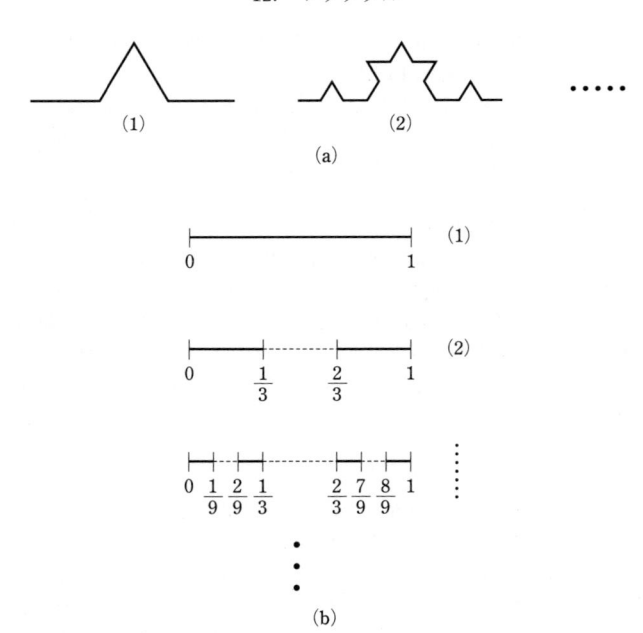

図 9-15 自己相似の図形 (a) コッホ曲線, (b) カントール集合

$$B = b^{d_r} \tag{9.102}$$

倍になるとき，その図形のフラクタル次元は，

$$d_r = \ln B / \ln b \tag{9.103}$$

と定義する．普通の場合，1次元，2次元，3次元の図形の基本単位として，長さ，面積，体積をとると，普通の次元と一致する．コッホ曲線のフラクタル次元は

$$d_{\text{コッホ曲線}} = \ln 4 / \ln 3 = 1.261\cdots \tag{9.104}$$

であり，1次元と2次元の間の中途半端な次元を持つ．

フラクタル次元の定義は必ずしも上のものだけとは限らないが，何らかの意味で中途半端な次元を持つ場合，図形はフラクタルといわれる．

もう一つの典型例として**カントール集合**と呼ばれるものがある．

第9章 非平衡系の熱力学・統計力学

その例として,線分の真ん中 1/3 を取り除く操作を繰り返し行ってできる図形である(図 9-15(b))。

この場合,辺の数は 2 倍になるので,n 回の操作後の辺の数は,
$$B_n = 2^n \tag{9.105}$$
である。この場合のフラクタル次元は,
$$d_{\text{カントール集合}} = \frac{\ln 2}{\ln 3} = 0.630\cdots \tag{9.106}$$
であり,0 次元と 1 次元の間の中途半端な次元を持つ。

上で挙げたような規則正しいフラクタル図形ではないが,平均として自己相似性を持つ現象として,ランダムウォーク,つまり拡散現象を挙げることができる。ランダムウォークの軌跡のフラクタル次元は距離のスケールも b にすると,そこまで離れるのにステップ数は b^2 回必要なので,フラクタル次元は,
$$d_{\text{ランダムウォーク}} = \frac{\ln b^2}{\ln b} = 2 \tag{9.107}$$
である。これは整数であるが,軌跡は自己相似的である。

さらに,自然界には近似的に自己相似性を示す形や,現象が多く存在する。たとえば川の長さは,どの程度の枝の大きさまで考えるかというスケールを変えると,延べの長さはフラクタル的に長くなる。また,海岸の長さも同様である。一般に相関関数がべき的に振る舞うものは,
$$\langle x(t)x(t+\tau)\rangle \sim C\tau^{-\eta} \tag{9.108}$$
で τ を b 倍するとき,x を $b^{\eta/2}$ 倍すると相関関数は同じなので,それが表す現象は同じになり,自己相似といえる。このような場合,**特徴的な長さがない**といい,それが表す現象はフラクタル的という。フラクタルな図形として有名なものに DLA(Diffusion Limited Aggregation)と呼ばれるものがある。これは遠くから粒子をブラウン運動させ,中心のクラスターに接触するとその場所に固定してクラスターの一部に加える操作を繰り返し,中心のクラスターを成長させたものである。図 9-16 に 3600 個の粒子から成るクラスターを示す。この図形では密度相関が距離のべき
$$\langle \rho(\boldsymbol{r}')\rho(\boldsymbol{r}+\boldsymbol{r}')\rangle \sim |\boldsymbol{r}|^{-0.34} \tag{9.109}$$
で減少し,図形が平均的にフラクタルな性質を持っていることが知

13. セルラーオートマトン

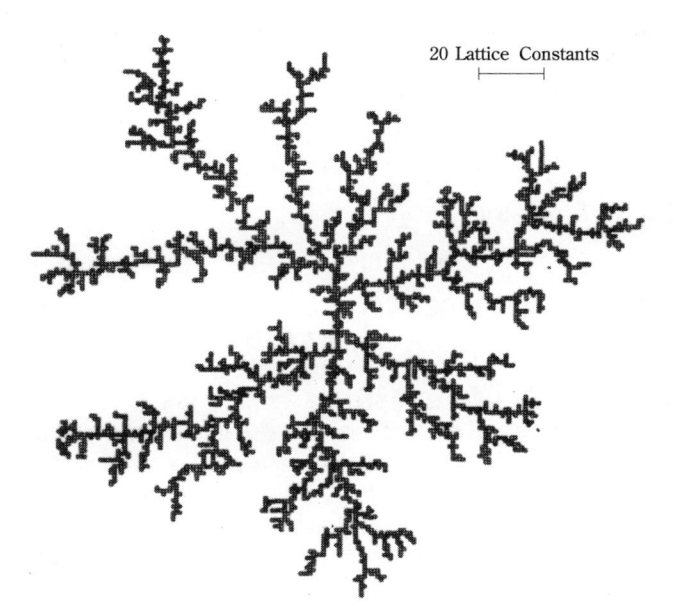

20 Lattice Constants

図 9-16 DLA:T.A.Witten and L.M.Sander,Phys.Rev.Letters **47**(1981)1400 より。

られている。 (宮下精二)

13. セルラーオートマトン

状態をある決まったルールで更新していくシステムは，一般に力学系と呼ばれる。通常のニュートン力学をはじめ，レート方程式やカオスの写像なども力学系である。確率過程を含むルールは普通，力学系とはいわない。

力学系のもっとも簡単なものにセルラーオートマトンと呼ばれるものがある。これは，離散的な点の上に変数を定義し，次の時間（普通，離散的に時間更新をする）の状態は，現在の値と周囲の変数によって決まる系である。その簡単な例として，1次元格子上の i 番目の点 i に 0, 1 の 2 値をとる変数 σ_i を考える。次の時間での

値 σ'_i は，両隣の値で決まるとする．

$$\sigma'_i = f(\sigma_{i-1}, \sigma_i, \sigma_{i+1}) \tag{9.110}$$

ルールは，可能な $(\sigma_{i-1}, \sigma_i, \sigma_{i+1})$ の配置 (1, 1, 1), (1, 1, 0), …, (0, 0, 0) に対し，σ'_i として $(I_0, \cdots, I_7)$, $I_i = 0$ または 1, とすれば，

$$\begin{cases} I_0 = f(1\ 1\ 1) \\ I_1 = f(1\ 1\ 0) \\ \quad \vdots \\ I_7 = f(0\ 0\ 0) \end{cases} \tag{9.111}$$

を指定することにより定まる．考えられるすべてのルールは，これらの $(I_0, I_1, \cdots, I_7)$ のすべての組み合わせなので，$2^8 = 256$ 通りある．この $(I_0, I_1, \cdots, I_7)$ を2進数と見たときの数を名前にして，たとえばルール22などと呼ばれる．ただし，添え字が2のべき数を表している．したがって，22の組み合わせは (0, 1, 1, 0, 1, 0, 0, 0) である．ルール0では，どんな場合にも次のステップですべての変数が0になってしまうつまらないルールである．複雑なパターンを示すものもあり，たとえばルール22の例を図9-17に示す．いろいろなタイプをウルフラムは4つの場合に分類している．第1のものはある決まったパターンに落ち着くもの，第2のものは流れのパターンが出てくるもの，第3のものは周期的なパターンが出てくるもの，第4のものは非常に複雑なパターンが出て，カオス的なもの，である．ルールによっては可逆で，保存則があるものもあり，力学系の基礎的な問題である熱伝導などの研究にも用いられている．また，セルラーオートマトンを離散的な粒子の流れとして，流体のシミュレーションなどにも用いる試みもある．

（宮下精二）

14. その他

(1) トンネル現象と非断熱遷移

よく知られているように，量子力学では粒子のエネルギーがポテンシャル障壁より低い場合にも，波動関数のしみ出しによってポテンシャル障壁を通過するいわゆるトンネル現象が起こる（量子力学の章参照）．このトンネル現象の考え方は，ポテンシャル障壁によ

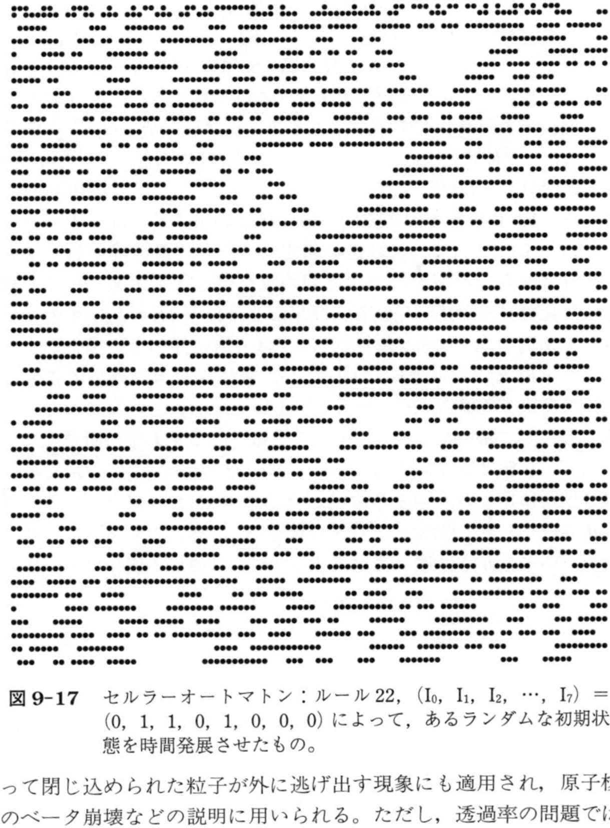

図 9-17 セルラーオートマトン：ルール 22，$(I_0, I_1, I_2, \cdots, I_7) = (0, 1, 1, 0, 1, 0, 0, 0)$ によって，あるランダムな初期状態を時間発展させたもの。

って閉じ込められた粒子が外に逃げ出す現象にも適用され，原子核のベータ崩壊などの説明に用いられる。ただし，透過率の問題では粒子は一様な流れを持つことで規格化され，後者では全波動関数が規格化される点に注意しなくてはならない。

最近のナノスケールの物性の研究において，量子ダイナミックスに起因する現象が重要になっている。そこでは，量子力学的な共鳴によって古典的にない状態の変化が起こる。

第 4 節で見た磁化の磁場による変化を量子力学的に考えてみよ

第9章 非平衡系の熱力学・統計力学

う。量子効果として横磁場ΓS_xをつけ加えたモデルを考える。

$$\mathcal{H} = -DS_z^2 - \Gamma S_x - HS_z \tag{9.112}$$

このとき，S_zは離散的な値$M = S, S-1, \cdots, -S$をとる。ここでSはスピンの大きさと呼ばれる。もし$\Gamma = 0$であれば，各Mを持つ状態は系の固有状態であり，エネルギーは磁場$h = H(t)$の関数として，

$$E(M) = -DM^2 - hM \tag{9.113}$$

である。$\Gamma \neq 0$のときはz方向の磁化はよい量子数でなくなる。そのため，$S_z = M$によって状態を指定できない。横磁場が量子ゆらぎを与え，異なるMを持つ状態間の混合が起こり，エネルギー構造に反発擬交差構造が現れる。簡単な2準位系（$S=1/2$）での反発擬交差構造を図9-18に示す。ここでは，横磁場がない場合のエネルギー準位$E(M) = \pm hM$（破線）が，量子ゆらぎのため実線のように反発擬交差構造（$E = \pm\sqrt{h^2 S^2 + \Gamma^2}$）となる。このエネルギー構造のもとで，磁場をゆっくり変化させると，量子力学の断熱定理によって，状態は同じエネルギーレベル（たとえば$E = -\sqrt{h^2 S^2 + \Gamma^2}$の分枝）に留まる。つまり磁場が負の領域でほぼ$M = -S$であった状態$|-S\rangle$が，自然に$M = S$の状態$|S\rangle$に移るのである。それに対し，磁場を非常に速く変化させると磁化は磁場の変化についてい

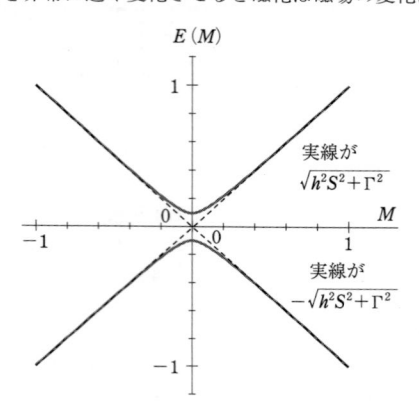

図9-18 反発擬交差

けず，$M=-S$ のまま留まり，エネルギーが負の分枝から正の分枝にのり移る。一般の速さでは，状態は，

$$|\psi\rangle = \alpha|S\rangle + \beta|-S\rangle \tag{9.114}$$

になり，状態が基底状態へ変化する確率 p は，ランダウ・ゼーナー・シュテュッケルベルク (Landau, Zener, Stueckelberg) によって，

$$p = |\alpha|^2 = 1 - \exp\left(-\frac{\pi(\Delta E)^2}{vS}\right) \tag{9.115}$$

で与えられている。ここで，ΔE は2つの分枝の $h=0$ でのエネルギーの差，v は $H(t)$ の掃引の速さ，S はスピンの大きさである。一つのエネルギーレベルに留まる過程は断熱遷移，他のレベルにのり移る過程を非断熱遷移という。

同様な過程を大きな S を持つ系で考えてみよう。Γ が小さいときは2つの準位が交差するのは，状態 $|-S\rangle$ のエネルギー $-DM^2 + hM$ が状態 $|S\rangle$ のエネルギー $-DM'^2 - hM'$ と一致するときなので，レベルのエネルギーが一致したとき両者の量子共鳴のため M から M' へのトンネル現象が起きているとみなせる。このような現象は共鳴トンネル現象と呼ばれる。このような遷移現象は全ての交差点で起きる。有限温度では，これらの励起状態の間の遷移も重要な役割を果たす。

(2) 量子計算と量子情報

近年の計算機の発展はすさまじく，科学計算は非常に発展してきた。これらの計算は，2状態の双安定性を利用して，情報をオン，オフあるいは1，0の2値で表すことで進められている。このような情報の最小の単位は，ビット (bit) と呼ばれる。たとえば，8 bit は $2^8 = 256$ 個の状態を表せる。計算機上で1文字を表すのに8 bit が用いられる。この8 bit の組は1バイト (byte) と呼ばれ，メモリーの単位である。ただし，漢字など，日本語を表すには256個では不十分なので，2バイトが用いられる。

計算機の発展は，この1 bit をいかに小さな境域に実現するか，また，これらの bit 情報をいかに早く演算するかの技術発展によってもたらされてきた。現在大容量のメモリーも安価に供給され，また演算速度も，ムーアの法則として指摘されているように毎年指数

第9章 非平衡系の熱力学・統計力学

関数的に早くなってきている。

その発展を外挿すると,メモリーは1電子で表現し,また,計算操作は光速を超えなくてはならなくなることが近い将来訪れることになる。それらは不可能なので,計算機自体の開発よりも計算機構成や計算アルゴリズムの開発に新しい発展が期待されている。実際,計算機の演算速度自身の高速化の進度は鈍ってきており,ベクトル化と呼ばれる計算機の計算方法の改善や,多くの計算機を並列につなぎ,トータルとしての計算速度の改善をはかるパラレル化によってムーアの法則が実現され続けている。

計算アルゴリズムは個々の問題に対していろいろ工夫され,単純に計算すれば,対象の個数Nの2乗程度の計算時間がかかる大きい順に並べ替える計算や,フーリエ変換を$N \ln N$で抑える計算方法(ソート法,高速フーリエ変換FFT)などが開発されている。

このような計算アルゴリズムは,通常のビット計算を前提に開発されているが,近年,もし量子力学的な情報処理が可能になれば,飛躍的に効率のよい計算アルゴリズムが可能であることが提案され,量子計算と呼ばれている。また,そのような量子力学的な情報処理ができる計算機を量子コンピュータと呼ぶ。

この量子計算において基本となる情報単位は,キュービット(qubit:quantum bit)と呼ばれる。従来の計算機のビットに相当するものであるが,ビットが0,1の離散的な2値をとるのに対し,キュービットは0と1の量子力学的な重ね合わせの状態をとる量子力学の波動関数を,すなわち,量子力学的状態を情報の単位にとる。この様子を,スピン1/2の演算子を用いて考えてみよう。スピン1/2を表現するパウリ行列

$$\sigma_x = \begin{pmatrix} 0 & 1 \\ 1 & 0 \end{pmatrix}, \quad \sigma_y = \begin{pmatrix} 0 & -i \\ i & 0 \end{pmatrix}, \quad \sigma_z = \begin{pmatrix} 1 & 0 \\ 0 & -1 \end{pmatrix} \tag{9.116}$$

において,σ_zの固有状態を$|+\rangle$,$|-\rangle$としよう。

$$\sigma_z |\pm\rangle = \pm |\pm\rangle \tag{9.117}$$

古典的には,状態はこれらのどちらかであり,それがビットの2状態(ここでは0,1の代わりに-1,1)に対応している。しかし,量子力学的にはそれらの重ね合わせの状態

$$|\psi\rangle = \alpha |+\rangle + \beta |-\rangle, \quad |\alpha|^2 + |\beta|^2 = 1 \tag{9.118}$$

14. その他

が考えられる。この $|\psi\rangle$ で表される状態がキュービットである。それを利用した新しい演算手法が可能となり，量子計算アルゴリズムとして注目を浴びている。

このキュービットから成る状態は，N ビットから成る状態の線形結合で，

$$|\psi\rangle_N = C_1|++\cdots+\rangle + C_2|++\cdots-\rangle + \cdots + C_M|--\cdots-\rangle,$$
$$M = 2^N \tag{9.119}$$

である。この波動関数に対する量子力学的な操作はユニタリー変換でなされる。波動関数を自由に変換するためには，各ビットでの独立な操作のほかに，各2ビット間でCNOTと呼ばれる基本的な演算が実現できれば十分であることが知られている。

N キュービット状態を量子力学的な演算で操作すると，その操作は，線形結合されている $M = 2^N$ 個の全ての状態に同時に操作され，2^N 倍の計算効率が得られることになる。この点を利用して量子計算では，これまでの演算では，計算手順の数がどうしても 2^N オーダーかかる問題（NPP：Non-Polynomial Problem）を，N に比例する手順で解くことができることがドイチ（Deutche）らによって指摘されている。

その有名な例は，素因数分解問題に関するアルゴリズムである。ある整数 M の素因数を探そうとするとき，小さい数（2）から順に割り切れるかどうかを調べていけばよいのであるが，その方法では素因数を見つけるまでに，$\sqrt{M}$ の程度の回数の試行が必要となる。そのため，大きな M については非常に時間がかかる。この問題に対してショア（Shor）は，量子演算の利点を活かしたショアのアルゴリズムと呼ばれる方法を開発している。その他，データ検索に関するグローバー（Grover）アルゴリズムと呼ばれる方法も開発されている。

これらの方法を実際の量子系で実現すべく，努力がなされ，数個の核スピンをNMR（核磁気共鳴）の技法で操作することによって，量子計算に相当する量子状態の操作が実現できることが報告されている。より多くのキュービットにおける量子計算実現に向けて努力がなされている。

従来のビットは古典的な2値を用い，状態の変更は新しい状態へ

第9章 非平衡系の熱力学・統計力学

の緩和で実現されているのに対し,量子計算での状態の変更はユニタリー変換であり,可逆操作である。このことは,計算処理による熱発生が量子計算では原理的にはない(最終の状態の観測時は除く)ことになる。この点は,新しい利点とも考えられるが,逆にこれまでの計算は緩和によって状態更新の不完全さを補って安定な演算操作が実現されてきていたことに対し,状態更新の物理的不完全さが演算操作の不安定性に直結することも指摘されており,実現に向けて解決すべき問題も多い。

また,量子情報の利用は通信の分野でも研究が進んでおり,量子暗号や量子テレポーテーションの技術開発が進んでいる。

(宮下精二)

第10章 流体力学

第10章 流体力学

1. 巨視的記述としての流体力学

　空気や水は、ミクロに見れば多くの分子から構成されているが、マクロに見れば物質は連続的に分布していると考えることができるだろう（連続体近似）。この連続体の運動を記述する力学を連続体力学といい、物体の性質によって、鉄板や岩盤など固体の運動を扱う弾性体力学、空気や水などの流体の運動を扱う流体力学などがある。ここでは特に流体の運動に注目して流体力学について見ていくことにする。流体力学は古典力学の一分野であり、ニュートン（Newton）力学の一つの応用である。しかし以下に述べるように、流体力学には、その基礎方程式の導出においても、また方程式の解の性質においても、重要かつ未解決の問題が残されており、古典力学の内容の豊かさを示す好例になっている。

　古典物理学では、有限個の質点の運動はニュートンの運動法則によって記述することができる。もちろん、非常に強い重力や光速に近い速度が現れるような場合は相対性理論による修正が必要になるが、ここではそのような修正の必要がない日常的な重力や速度の範囲で考えることにしよう。このとき古典物理学では、ニュートンの運動法則は物の運動を支配する基礎方程式である。

　物体は原子、分子、イオンなどの粒子を基本として構成されている。これらの粒子は質点として扱うことができるので、すべての物体の運動は質点系についてのニュートンの運動方程式によって記述される、ということもできる。もちろん素粒子などの運動は量子力学的に記述されなければならないので、この主張は割り引かねばならないが、それでも、すべての物は質点系として扱うことができる、という考えは依然として正しい。われわれの周囲にある空気や水は、質点系として考えた場合、アボガドロ数（6.02×10^{23}）程度の個数の分子の集まりとなる。空気や水のような流体の運動はこの膨大な個数の質点の運動から成っているわけである。

　それならば流体の運動は、原理的には、これだけの個数の質点の運動として記述できるはずである。しかしこれは実際に可能だろうか？　この膨大な個数の質点の運動を記述するためには、分子1個当たりその位置と運動量を表すために、少なくとも x, y, z および p_x, p_y, p_z の6個の変数が必要であり、全体としては分子の6

1. 巨視的記述としての流体力学

倍の個数の変数についての方程式を解かなければならない。このような数の方程式の一般的な解を紙と鉛筆で求めることは全く不可能である。それならコンピュータでは可能だろうか？　今，仮に1個の変数を表すのにメモリが4バイト必要であるとしよう。1テラ(10^{12})バイトの容量のメモリが $1cm^3$ の大きさに収まると仮定しても（この仮定自体，現在の技術では実現不可能であるが），これだけの個数の分子の位置を記憶しておくためにはおよそ $(100)^3 m^3$ 程度の大きさの巨大なメモリが必要になる。現時点はもちろん将来も実際にそのようなコンピュータができるとは想像し難い。

このように，実際に質点系の運動方程式を立てて解を求めることは絶望的である。分子の運動すべてをきちんと計算し追跡するという方法で流体の運動を記述することは，人間の能力を超えているのである。また，分子運動を記述するニュートンの運動方程式は少なくともそのままでは役に立たないにも注意しよう。なぜならこの方程式は初期条件としてすべての分子の位置と運動量を必要とするが，そのような観測は不可能だからである。

しかしこのことは，流体運動の予言や理解が不可能であることを意味しない。そもそも空気や水のような流体の運動においてわれわれが観測する量は，ある程度の時間的空間的大きさで平均化された量，すなわち流体のマクロな性質を表す量（マクロ変数）である。流体運動の理解とは，つまりはこのマクロな量を記述し理解することに外ならない。言い換えれば，流体のマクロ変数（例えば流体の速度や密度や圧力など）についての観測値をもとにして，それらマクロ変数の時間発展を記述することが求められているのである。

このような観点に立つとき，流体力学の最も根本的な問題は，流体力学は成立するのかということ，すなわち**マクロ変数の時間変化をマクロ変数だけで記述する方程式は存在するのか**，という点にあることがわかるだろう。古典物理学を認めれば各分子がニュートンの運動法則に従うことは当然といえるが，そのような分子集団のマクロなスケールの運動がマクロ変数だけを含む方程式で記述できるかどうかは，決して明らかとはいえない問題である。そこで，まずマクロ変数の閉じた方程式[1]，すなわち流体力学方程式の導出を見ることにしよう。

（山田道夫）

第10章　流体力学

2. 分子運動の統計的記述

希薄な気体を考えよう。これは各分子がほとんどすべての時間,自由に動き分子同士の衝突のときだけ相互作用をするような気体である。気体の状態を記述するためには,すべての分子の位置と速度を用いる方法があるが,これは先に述べたように実際的には役に立たない。そこで,気体全体の様子を捉えるために統計的な記述が用いられる。

(1) ニュートン方程式・リューヴィユ方程式・BBGKY ヒエラルキー

気体はN個の粒子(分子)から成るとしよう。Nはアボガドロ数のような莫大な数である。全粒子の位置と運動量を,

$$\mathbf{x}^{(N)} = (\mathbf{x}_1, \mathbf{p}_1, \mathbf{x}_2, \mathbf{p}_2, \cdots, \mathbf{x}_N, \mathbf{p}_N)$$

と表すと,気体全体の状態はこの$6N$次元空間(相空間)の1点で表される。そこで気体の状態を統計的に扱うために,多くの気体,すなわち$6N$次元空間にある多くの点(これを気体のアンサンブルという)を考えて,これらの点の分布密度関数$\rho_N(\mathbf{x}^{(N)}, t)$によって気体の統計的状態を表すことにする。

これらの各点はニュートンの運動方程式に従って($6N$次元空間の中を)移動するため,分布密度関数に時間変化が生じる。この時間変化を記述するのが,次のリューヴィユ(Liouville)方程式である。

$$\frac{\partial}{\partial t}\rho_N(\mathbf{x}^{(N)}, t) = -\nabla_{\mathbf{x}}{}^{(N)} \cdot (\rho_N \mathbf{V}^{(N)})$$

ここで,$\nabla_{\mathbf{x}}{}^{(N)}$と$\mathbf{V}^{(N)}$は,$6N$次元空間のナブラ(ベクトル演算子)および速度を表す。この方程式はニュートン方程式から直接かつ厳密に導かれるものであり,ニュートン方程式と全く同等の内容を含む方程式である。したがって,統計的状態を扱ってはいても,完全にミクロなレベルの記述である。

---

[1] 例えば$x+y=2$という方程式だけでは変数x, yの値を決定するには不十分である(閉じていない)。しかしこの方程式を$x-y=0$という方程式と連立させると,$x=y=1$と値が確定する。これらの連立方程式(方程式系ともいう)は閉じているという。

2. 分子運動の統計的記述

一方,われわれが観測可能な量は,このような莫大な数の個々の粒子に関するものではなく,それを大幅に平均化した量に過ぎない。そこで,この平均化した情報を取り扱うためには,分布密度関数を大きく簡単化した少数個の粒子の分布関数(縮約した分布関数)を考えるとよい。これは,ほとんどの変数について積分(平均化)した分布密度関数である。すなわち s 粒子の変数 $\mathbf{x}^{(s)} = (\mathbf{x}_1, \mathbf{p}_1, \mathbf{x}_2, \mathbf{p}_2, \cdots, \mathbf{x}_s, \mathbf{p}_s)$ について,

$$F_s(\mathbf{x}^{(s)}, t) = \int d\mathbf{x}^{(N-s)} \rho_N(\mathbf{x}^{(N)}, t)$$

として定義される s 体分布関数を中心に考えるわけである。

この s 体分布関数の時間変化を記述する方程式が必要になるが,これは上のリューヴィユ方程式を積分(平均化)することによって次のように求められる。

$$\frac{\partial}{\partial t} F_s(\mathbf{x}^{(s)}, t) = L_s F_s(\mathbf{x}^{(s)}, t) + \int d\mathbf{x}'_{s+1} d\mathbf{p}'_{s+1} \theta(\mathbf{x}^{(s)}, \mathbf{x}'_{s+1}, \mathbf{p}'_{s+1}) \times F_{s+1}(\mathbf{x}^{(s)}, \mathbf{x}'_{s+1}, \mathbf{p}'_{s+1}, t)$$

ここで,L_s は $\mathbf{x}^{(s)}$ のみに依存する演算子,第2項は s 個以外の粒子との相互作用(衝突の効果)を表す。この方程式は面倒な形をしているが,要するに,

(s 体分布関数の時間変化)
  = (s 体分布関数だけで決まる部分) + ($s+1$ 体分布関数が関与する部分)

となっている点が重要であり,s 体分布関数の時間発展を知るためには $s+1$ 体の分布関数の知識が必要であることを示している。つまり,1体分布関数を知るためには2体分布関数が必要であり,2体分布関数を知るためには3体分布関数が必要であり……というようになっているわけであり,たとえ1体分布関数だけを知りたくても,無限個の方程式を同時に考えなければならないことを意味している。この無限に続く方程式は,5人の研究者の名前をとってBBGKY(Bogolyubov-Born-Green-Kirkwood-Yvon)ヒエラルキーと呼ばれている。このヒエラルキーはやはり,もとのリューヴィユ方程式,したがってミクロの記述を与えるニュートン方程式と

等価である。

(2) ボルツマン方程式

気体の最も基本的な統計情報は，1体分布関数から得られる。この1体分布関数を求めるために，無限に続く BBGKY ヒエラルキーをそのまま扱うことは事実上不可能であり，何らかの近似と簡単化が必要である。実は歴史的にはこのヒエラルキーが見出される以前から，ボルツマン（Boltzmann）によって1体分布関数 $F_1(\mathbf{x}, \mathbf{p}, t)$ の閉じた方程式（ボルツマン方程式）が提案されていた。これは上のヒエラルキーの $s=1$ の場合で，さらに右辺に現れる2体分布関数を1体分布関数の組み合わせによって近似し，方程式を1体分布関数だけで閉じさせたものである。現在，この扱いは，分子の平均自由行程を一定に保ちながら気体の粒子密度をゼロに近づけた極限（ボルツマン-グラード（Boltzmann-Grad）極限）において正しいことが知られている。このボルツマン方程式は，時間的にも空間的にも分子の衝突間隔程度のスケールで物事を見たときの（つまりそれ以下のスケールの物事はならしてしまったときの）気体の振る舞いを記述するもので，ミクロのスケールのニュートン方程式とは異なる階層（スケール）における方程式である。気体分子運動がこのような階層における記述（**閉じた方程式**）を許すことは自然法則の重要な性質と考えられる。

(山田道夫)

3. 流体運動の方程式

(1) 局所平衡とオイラー方程式

ボルツマン方程式の成り立つスケールよりもさらに大きなスケールで物事を見ることを考えよう。ボルツマン方程式は1体分布関数の変化を記述するが，今，気体がほとんど平衡状態にあるとすると，1体分布関数 F_1 はマックスウェル（Maxwell）分布

$$n\left(\frac{m}{2\pi k_B T}\right)^{3/2} \exp\left(-\frac{m\mathbf{v}^2}{2k_B T}\right)$$

によって良く近似されると予想される（局所マックスウェル分布）。このとき，T と n はその場所における局所的な温度と粒子数密度を表している。そこで，分布関数の時間的空間的にゆっくりとした変化を，温度や粒子数密度が時間空間変数 t, $\mathbf{x}$ とともに変化すると

3. 流体運動の方程式

いう形で捉えてみよう。この方針に従って,この分布関数をボルツマン方程式に代入し,気体のその場所における質量密度,運動量密度,エネルギー密度を計算すると(つまり,分子質量mや運動量$\mathbf{p}$,分子のエネルギーを,それぞれ掛け算して速度uで平均すると)次の3つの方程式が得られる。

$$\frac{\partial \rho}{\partial t} + \nabla \cdot (\rho \mathbf{u}) = 0 \tag{1}$$

$$\rho \left(\frac{\partial \mathbf{u}}{\partial t} + (\mathbf{u} \cdot \nabla) \mathbf{u} \right) = - \nabla p \tag{2}$$

$$\frac{\partial}{\partial t} \left(\frac{1}{2} \rho u^2 + \rho \epsilon \right) + \nabla \cdot \left[\rho \mathbf{u} \left(\frac{1}{2} u^2 + W \right) \right] = 0 \tag{3}$$

初めのものは,質量保存則を表すもので連続方程式と呼ばれる。ここで∇は3次元空間のナブラ,ρは流体の質量密度である。2番目のものは運動量保存則を表す運動方程式であり,**オイラー(Euler)方程式**と呼ばれるものである。ここでpは流体の圧力である。3番目のものは全エネルギーの保存を表しており,ϵは流体の内部エネルギー,$W = \epsilon + p/\rho$は流体の熱関数(エンタルピー)である。この方程式系は($\mathbf{u}$が3成分のベクトルだから)計5本の方程式から成っている。一方,方程式に含まれている未知量はρ,$\mathbf{u}$,p,ϵの6個である。したがってこのままでは方程式が1つ足りないが,これには流体を構成する物質の熱力学関係式(状態方程式)を補えばよく,これでマクロな変数に関する閉じた方程式系が得られたことになる。

(2) 弱い非平衡とナビエ-ストークス方程式

しかし実は,この方程式系は実際の流体の運動を記述するには**不十分**なのである。実際の流体では,マクロなスケールの運動エネルギーは流体の粘性(つまり摩擦)によって次第に散逸し熱になって運動は静止状態に近づく,ということが起こる。ところが上の方程式系は粘性を含んでいないため,摩擦効果が全く現れず現象を説明することができない。この原因は,1体分布関数を局所マックスウェル分布に仮定したことにある。これは熱力学でいうところの可逆変化のみを考えることに対応するため,非可逆的な運動量の流れを表す粘性係数はゼロになってしまうのである。そこで,分布関数の

第10章 流体力学

マックスウェル分布からの小さなずれも考慮して計算することで，粘性を含む運動方程式（**ナビエ-ストークス**（Navier-Stokes）**方程式**）

$$\rho(\frac{\partial \mathbf{u}}{\partial t}+(\mathbf{u}\cdot\nabla)\mathbf{u})=-\nabla p+\eta\Delta\mathbf{u}+(\zeta+\frac{\eta}{3})\nabla(\nabla\cdot\mathbf{u}) \quad (NS)$$

が導かれる。この方程式は，連続方程式，全エネルギーの保存則および熱力学関係式と合わせて，マクロ変数に関する**閉じた**方程式系を構成する。つまりこの方程式は，ニュートンの運動方程式（リューヴィユ方程式）およびボルツマン方程式に続く第3の階層における運動の記述を与えることになる。このようなマクロの階層の記述が存在すること，すなわち流体力学が成立することは自然法則の深い性質と考えられる。

しかし，このナビエ-ストークス方程式の導出は実は単純でも明らかでもない。驚くべきことに，2次元空間の気体を考えると分子運動から導かれる粘性係数は発散し，この意味で2次元気体には通常の意味での流体力学は存在しないことが知られている。また，3次元気体でも分子の多体相互作用のため，導出には微妙な点が残ることも知られている。マクロスケールの変数のみで記述するためには，それよりも小さなスケールの運動を分離することが必要になるが，その分離は明瞭とは言い難いのである。

またこの粘性項では，速度の微係数が引き起こす運動量輸送のうちの線形部分しか考慮していないのも気になる点である。現実の流体現象，特に強い乱流など粘性項が大きくなるような現象においては線形項以外に高次項も含めることが必要になると思われるが，実際にはこのような場合においてもナビエ-ストークス方程式の深刻な破綻は知られていない。運動量輸送の線形応答に基礎をおくナビエ-ストークス方程式は実際には思いのほか広い範囲で適用可能であるが，その理由はよくわかっていない。このように流体力学的記述の根拠には今でも未解明の面が存在するため，現在もその基盤を明らかにする努力が続けられている。

なお，流体力学の成立，すなわちマクロ変数による閉じた方程式の存在を**仮定**してしまえば，ナビエ-ストークス方程式は，全くマクロ変数のみの議論から導くことも可能である。具体的には，応力

3. 流体運動の方程式

図 10-1 周期的な渦。重い流体の上に軽い流体をおいて全体を傾けると，2つの流体の境目にケルビン-ヘルムホルツ (Kelvin-Helmholtz) 不安定とよばれる周期的な渦が発生する。実験室だけでなく空の雲でもこのような渦を見ることができる（酒井敏氏（京大）による実験）。

テンソルを歪み速度テンソルの線形関数と仮定し，比例係数を3次元等方定数テンソルとすればよく，これはいわば対称性の観点からの方程式の導出である。流体力学の教科書ではこの導出方法が述べられていることが多い。

(3) ナビエ-ストークス方程式の数学的性質

もう一つ注意すべきことがある。それは，ナビエ-ストークス方程式の数学的性質に関するものである。流体の運動がナビエ-ストークス方程式によって記述されるということは，ナビエ-ストークス方程式の初期値問題に常に時間大域的に（つまり時間的にいつまでも）なめらかな解が存在しなければならないことを意味する。ところが，応用上もっとも基本的な非圧縮性流体（$\rho =$ 定数）の場合について，ナビエ-ストークス方程式の数学的な解析は困難を極め，現在でも**なめらかな時間大域解**の存在は証明されていない。多くの研究者は物理的に自然な問題設定であればこのような時間大域解は常に存在すると考えている（期待している）が，指導的な研究者の中にもそうではないという予想がある。もしこのような大域解が存在しないならば，流体力学の基本方程式であるナビエ-ストークス

方程式はなんらかの変更を強いられるだろう。時間大域解の存在問題は,物理学的にはもちろん,数学においても最重要問題の一つとも見なされていて,クレイ(Clay)研究所による100万ドル懸賞問題の一つにもなっている。なお,同様の数学的問題はオイラー方程式にも存在する。非圧縮性流体のオイラー方程式では,ナビエ-ストークス方程式とは異なり,有限時間内に解が**発散**する場合があると考える研究者も多く,現在盛んに研究が行われている。

(4) 流体力学の数学と物理

このように,流体運動の基礎方程式には,いまだ,物理学的にも数学的にも未解明な問題が数多く存在している。流体力学の基礎には未知の部分が意外に多いのである。とはいえ,ナビエ-ストークス方程式は,広い範囲の流体運動に対し適用できる基礎方程式であることが経験的に確認されており,流体力学の主要な内容がナビエ-ストークス方程式の解の性質に含まれているのは間違いない。この意味で,流体力学の研究にはナビエ-ストークス方程式の解の研究という面がある。しかし量子力学のシュレーディンガー(Schrödinger)方程式の場合と同様,方程式が確定してもあとはすべて数学の問題として片付くわけではない。非線形方程式であるナビエ-ストークス方程式に対して,数学的な一般論を建設することはまず望めないだろう[2]。現在のところ,ナビエ-ストークス方程式の非線形性を扱うための数学的手段は不十分かつ力不足であり,例えば乱流が絡むような問題(実は自然界における流れはほとんど常に乱流を伴う)では,ナビエ-ストークス方程式のみから有用な結論を導く理論はまだ建設されていない。現在のところ,なんとか理論的に扱えるのは線形問題と非線形性が弱い問題であり[3],強い非線形性を伴う現象に対しては,どのようなアプローチによってどのような物理量を対象とすべきか,という基本的で物理学的な課題が未解決のまま残されているのである。 (山田道夫)

---

[2] 何百年,何千年も未来のことは全くわからないが,何十年という範囲でいえば絶望的だろう。

[3] といってもこれは理論の一般的枠組みの話であり,具体的な問題になると線形問題といえども必ずしも易しくはない。

4. 非圧縮性流体のナビエ-ストークス方程式

日常生活の範囲では,例えば水の密度は圧力をかけてもほとんど変化しない。そこで最も単純で基本的かつ重要な流体力学として,質量密度 ρ を一定とする流体力学(非圧縮性流体の流体力学)を考えることが行われる。このとき方程式は,単純になって,次の連続方程式とナビエ-ストークス方程式から成る。

$$\nabla \cdot \mathbf{u} = 0$$

$$\frac{\partial \mathbf{u}}{\partial t} + (\mathbf{u} \cdot \nabla)\mathbf{u} = -\nabla\left(\frac{p}{\rho}\right) + \nu \Delta \mathbf{u}$$

ここで $\nu = \eta/\rho$ とおいた(動粘性率と呼ばれ普通は定数とする)。ちなみに,粘性を持つ流体の速度は物体表面で物体の表面の速度と一致する,という性質を持つ。つまり静止している物体表面では流速もゼロとなる。上の方程式はこの条件(境界条件)のもとで考えなければならない。

(1) 圧 力

ナビエ-ストークス方程式は速度 $\mathbf{u}$ の時間変化を記述する方程式である。この方程式には圧力 p が含まれているが,圧力の時間発展を与える方程式はない。これは奇妙に思えるが,実は圧力はいわば速度から決められる量なのである。つまり,ナビエ-ストークス方程式の両辺の発散(divergence)をとると,圧力に関する方程式(ポアソン(Poisson)方程式)

$$\Delta p = -\rho \nabla \cdot [(\mathbf{u} \cdot \nabla)\mathbf{u}]$$

が得られるが,これは右辺が決まれば左辺の p も決まる,という方程式である[4]。言い換えれば,圧力 p は速度 $\mathbf{u}$ が連続方程式 $\nabla \cdot \mathbf{u} = 0$ を満たすように自動的に調整されて決まる,つまり速度が決まれば圧力も決まるのである。これは,速度が変動するとその影響は一瞬にして全空間に伝わることを意味している。言い換えれば「音速」が無限大の状況である。ナビエ-ストークス方程式は見かけは局所的な方程式のように見えるが,圧力は一瞬にして遠方の影響を受けるため実は本質的に**非局所的**な方程式になっている。さらに,

---

[4] 流体の外部から圧力を操作する場合は,ポアソン方程式の境界条件が変化する。

ポアソン方程式の右辺からもわかるように，圧力項は速度の2次に依存しているため速度 $\mathbf{u}$ からみれば非線形項である。このように圧力項は非局所かつ非線形という二重の難しさを抱えており，流体力学の難しさと面白さの源泉となっている。

(2) レイノルズの相似則

非圧縮性流体の方程式には，スケール変換によって一つの解から別の解を作ることができる，という著しい性質がある。今，$\mathbf{u}(\mathbf{x},\ t)$，$p(\mathbf{x},\ t)$ がこの方程式系の解であるとしよう。このとき，任意の正数 L，U に対してスケール変換

$$\mathbf{x}=L\mathbf{x}',\quad t=\frac{Ut'}{L},\quad \mathbf{u}=U\mathbf{u}',\quad p=\rho U^2 p'$$

を行うと，$\mathbf{u}'$，p' は次の方程式系の解となる。

$$\nabla'\cdot\mathbf{u}'=0$$

$$\frac{\partial \mathbf{u}'}{\partial t'}+(\mathbf{u}'\cdot\nabla')\mathbf{u}'=-\nabla'p'+\frac{1}{Re}\Delta'\mathbf{u}'\quad (Re\equiv\frac{UL}{\nu})$$

ここでダッシュのついた演算子は $\mathbf{x}'$，t' に関するものを表す。

つまり非圧縮性流体の場合，ナビエ-ストークス方程式のどのような解も L，U によってスケール変換することにより，このダッシュのついた方程式の解に帰着するわけである。ところが，このダッシュのついた方程式にはたった一つのパラメーター Re しか含まれていない。ということは，ダッシュのついた方程式に変換したときに，1. 境界条件が一致し，2. Re の値が等しい，という条件を満たす流れはすべて，スケール変換によって同じ解に帰着する，つまり本質的に同等なのである。この重要なパラメーター Re は最初の提案者の名前をとって**レイノルズ**（Reynolds）**数**と呼ばれ，流体現象はレイノルズ数の値を用いて分類するのが通例である。特に，L，U を流れを代表する長さと速度に選ぶとき[5]，レイノルズ数 Re は粘性項に対する非線形項の比を表している。したがって，レイノルズ数は非線形性の大きさの目安であり，レイノルズ数の大小は非線形性の強弱に対応している。

（山田道夫）

---

[5] 通常はこの選び方が行われる。

5. 遅い流れと線形近似

5. 遅い流れと線形近似

一般的にいって，流体運動の中でもっとも扱いやすいのは，非線形性が無視できる流れ，つまりレイノルズ数がゼロに近い流れである。スケールが非常に小さい流れや非常に遅い流れがこのような流れに対応している。このときは，非線形項 $(\mathbf{u}\cdot\nabla)\mathbf{u}$ は他の項に比べて小さくなるためこれを無視し（ストークス（Stokes）近似），残った線形方程式（**ストークス方程式**）

$$\nabla\cdot\mathbf{u}=0$$

$$\rho\frac{\partial \mathbf{u}}{\partial t}=-\nabla p+\eta\Delta\mathbf{u}$$

を扱うことが考えられる[6]。この方程式を用いて求められる流れはストークス流と呼ばれる。いうまでもなく非線形方程式に比べ線形方程式は格段に扱いやすい。重ね合わせの原理を利用して解を構成することも可能である。また，線形方程式には線形演算子の固有関数による展開の形で解を求めるという一般的な手法もある。ストークス方程式の場合も例外ではなく，この方程式の提案が19世紀半ば（1851年）にさかのぼるのも，数学的な扱いやすさが根底にあったためである。しかし，線形方程式であっても複雑な状況になると解を陽な形で直接に求めることは難しく，現実の問題では単純な問題からの摂動展開を用いて議論されることが多い。

(1) 球の周りの流れ

ストークス流の代表的問題を一つ取り上げよう。半径 a の球が一定の速度 $\mathbf{U}$ の一様流の中に（静止して）置かれたとき，球の周りの流れを求める問題である。球の周りの定常解は簡潔な形で表現され，

$$\mathbf{u}(\mathbf{x})=\mathbf{U}-\frac{3a}{4r}(\mathbf{U}+(\mathbf{U}\cdot\mathbf{n})\mathbf{n})-\frac{a^3}{4r^3}(\mathbf{U}-3(\mathbf{U}\cdot\mathbf{n})\mathbf{n})$$

のように求められる（$\mathbf{n}=\mathbf{x}/r$, $r=|\mathbf{x}|>a$）[7]。この解の重要な結論は，球が流体から受ける抵抗力が $F=6\pi a\eta U$ と求められること

---

[6] 注意：圧力は $\Delta p=0$ という方程式（ラプラス（Laplace）方程式）に従うが，これは圧力がゼロであることを意味しない。

[7] ストークス方程式にしても，解がこのように簡潔な形で表現される場合はそれほど多いわけではない。

(**ストークスの抵抗法則**)である。これは,小さな粒子の受ける抵抗を表す式として多方面に応用される重要な結果である。実際この解は,空気中の微小な水滴の落下速度を求める問題や,微粒子を混ぜた液体の粘性を求める問題に応用される。また,アインシュタイン(Einstein)は1905年この解を用いて液体中の微粒子のブラウン運動を論じ,揺動散逸定理として知られる見事な結果を導いている。

(2) 線形化と摂動展開

しかし,球の周りのストークス流には実は複雑な事情が含まれている。そもそもストークス近似は速度 $\mathbf{u}$ が小さいときに成り立つ近似である。ところが遠方では,速度 $\mathbf{u}$ が一様流 $\mathbf{U}$ に近づくため,ナビエ-ストークス方程式における非線形項が粘性項より大きくなってしまい,ストークス近似が成り立たなくなるのである。つまりストークス近似が正しいのは,球の周囲だけに限られる。このためもし遠方の流れを正しく近似したいのであれば,ストークス方程式ではなく別の方程式を用いる必要がある。

そこでオゼーン(Oseen)は1910年,球の遠方の定常流を今日彼の名をとって**オゼーン方程式**と呼ばれる次の線形方程式を用いて求めることを提案した。

$$\rho(\mathbf{U}\cdot\nabla)\mathbf{u} = -\nabla p + \eta\Delta\mathbf{u}$$

この方程式は,遠方の流れを $\mathbf{u}=\mathbf{U}+\mathbf{u}'$ とおいて,一様流からのずれ $\mathbf{u}'$ の非線形性を無視したことに相当している。この方程式は,ストークス方程式とは逆に,遠方で良い近似を与え,球の近くでは近似が悪くなる。このように,もともと非線形方程式であったナビエ-ストークス方程式を線形化する場合,あらゆる場所で良い近似となる線形化は困難であることが多い。またさらに,一般の形状の物体の周りの流れでは,これらの線形近似方程式が解を持たない場合もあることには注意が必要である。例えば一様流中の円柱の周りの流れについてはストークス方程式の解そのものが存在しない。またこの場合,オゼーン方程式では解を求めることができるが,それから求められる抵抗力がもとのナビエ-ストークス方程式から計算した抵抗力と一致するのは,レイノルズ数の最低次に限られることが知られている。このような事情から,流れの理論計算に当たっては,全領域をいくつかの部分領域に分けてそれぞれについて良い近

似となる線形化を行い，得られた解をつなぎ合わせて全体の近似解を得る，という方針を採る必要がある．この作業を組織的に行う数学的手法は，現在，接合漸近展開法（matched asymptotic expansion）として整備されており，遅い流れを理論的に求める際にはこのような手法が用いられることが多い．

(3) 遅い流れと理工学

レイノルズ数の小さな流れは，空間的規模が小さい問題に典型的である．例えば，小さな電子部品の周りの気流やマイクロマシンの周りの流れ，また，小さな昆虫やプランクトンの運動などである．より複雑な場合として，例えば毛細血管の中の血液の流れがあり，これは赤血球や血管の変形まで考慮すると難しい非線形問題を扱わなければならない．遅い流れは，計算機の発達以前は数々の応用数学的手法が適用できる線形問題として多くの研究が行われてきた．しかし計算機の発達とともに，複雑な境界を伴う線形問題あるいは非線形境界条件を伴う非線形問題に問題が拡がり，数値解析的手法が導入されるようになった．さらに近年は，マイクロマシンや生物現象への興味が大きくなるとともに，遅い流れの重要性が再認識されている．

（山田道夫）

6. 圧縮性流体の流れ

厳密にいえば，いかなる流体も圧力を加えると密度が変化する．この密度変化が重要になる流れの一例は熱対流である．これは熱による密度変化に重力が作用することで作られる流れであるが，日常経験する熱対流では，微小な密度変化を強い重力が増幅する，といった形のものが多い．一方，圧縮性流体の現象で，重力のような外力を必要としない例は音波である．一般に音波は，流体に接している物体の振動によって引き起こされたり，あるいは流体内部から渦度（$\omega = \nabla \times \mathbf{u}$）の時間変化などによって生み出されたりする．通常は，音波の持つエネルギーは非常に小さいため，音波の存在が流れに重要な影響を与えることは少ない．しかし，流れ自身の速度が音速に近づくと様相は一変し，流体の圧縮性が流れの形態を決定する重要な要素となる．

(1) 音波と弱い衝撃波

第10章　流体力学

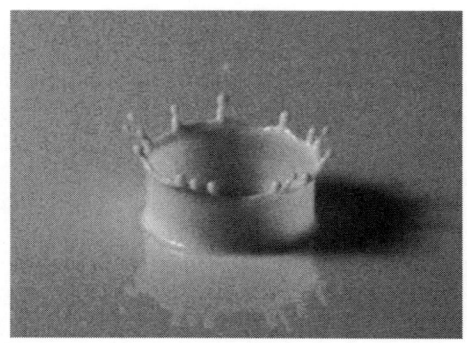

図10-2 ミルククラウン。水平な面の上に薄い流体層があるとき，液滴を上から落下衝突させると流体が跳ね上がって王冠のような形（ミルククラウン）を作る（郡司博史氏（京大）による実験の高速度撮影）。

流体の密度がほんの少し揺らいでいるとしよう。空気など圧縮性流体では，小振幅の密度変化は，次の方程式，

$$\frac{\partial^2 \rho}{\partial t^2} - a_0^2 \Delta\rho = 0 \quad \left(a_0 = \sqrt{\frac{dp}{d\rho}}\right)$$

に従うことが導かれる。これは波動方程式でありその解が表すものは速度 a_0 で空間を伝播する波である。これが音波である。密度変化は圧力変化でもあり，この圧力変化が鼓膜に力を及ぼすためわれわれは音を聞くことができる。音波の最も大切な性質は，どのような波も一定の速度（音速）a_0 で進行することである。この結果，波は形を変えずに伝播することができ，コンサートでは近くの席でも遠くの席でも同じ音楽を聴くことができるわけである。

しかし音波の振幅が少し大きくなってくると，「音波」の速度が，音波に伴う流れの速度（普通は音速よりもずっと小さい）の程度だけ，音速 a_0 からずれるようになる。つまり「音波」の速度がその振幅に影響されるようになってくる。この結果，「音波」の中で振幅の大きな部分が，その前面にある振幅の小さな部分よりも大きな速度を持つため，前の部分に追いつくという現象が生じることになる。この追いつき部分では，流速の勾配が大きくなり，波形の突っ

6. 圧縮性流体の流れ

立ち（ショック）が形成される。これを弱い衝撃波という。

弱い衝撃波はほとんど音速で進行している。そこで，衝撃波と同じ速度で動きながら現象を観察することにしよう。このとき，流体は衝撃波の前からほとんど音速でやってきた後，後に再びほとんど音速で流れ去っていくことになる。ここで「ほとんど音速」と書いたが，正確にいえば，流速は音速 a_0 から少しずれており，衝撃波の前面では速く後面では遅い。この速度の違いにより，圧力や密度は前面よりも後面の方が大きくなって衝撃波の通過が「衝撃」をもたらすことになる。以上は，流速が音速よりずっと小さいときの（例えば風船が割れることによる）衝撃波の様子であるが，このような衝撃波は流速が速くなって音速に近づくとより顕著に現れる。流速と（その場所の）音速との比をマッハ数 M というが，一般に衝撃波に垂直に流れがある場合，前面の速度と後面の速度の積は音速の2乗に等しいという関係があるため，衝撃波の前面では $M>1$ （超音速），後面では $M<1$ （亜音速）となる。

衝撃波は，超音速飛行機に伴うほか，宇宙船や隕石の大気突入，高速列車のトンネル通過などに際して発生することが知られている。また，人工的に造った衝撃波によって人体内の結石を破壊する，という治療法も一般的になっている。

(2) 亜音速流・遷音速流・超音速流

流れの速度が音速に近づくと流れの様子が大きく変化し，マッハ数 M が1を超えるかどうかは大きな違いを引き起こす。これは流れを記述する方程式の性格と密接に関係している。

一般に，流れの全領域において $M<1$ である流れを**亜音速流**という。このクラスの流れを記述する方程式[8] は至るところ「楕円型」と呼ばれる形式になり，その解は，流れの変化はあらゆる方向に向かって全領域に伝播され流れは至るところ連続となる。つまり流れは全領域でなめらかになる。

これに対し，流れの全領域で $M>1$ となる流れは**超音速流**と呼ばれ，方程式は「双曲型」と呼ばれる形式になる。双曲型の方程式

---

[8] 以下この節ではポテンシャル流の範疇で考える。これは事実上かなり一般的な流れと考えてよい。

第10章　流体力学

では，1点における変化は「特性線」と呼ばれる線に沿って流れの限られた領域にのみ伝播し，その特性線を横切る方向には不連続が発生し得る。例えば，超音速の流れが物体に当たるときは，物体の影響は物体下流の限られた領域にのみ伝わり，これを影響領域と呼ぶ。物体が小さい場合，この影響領域の境界は下流に向かって広がる円錐形となり，マッハ波と呼ばれる衝撃波となる。また，流れの中に $M<1$ となる領域と，$M>1$ となる領域が混在する場合を**遷音速流**という。遷音速流では方程式の型は領域によって異なるため，解は複雑な様相を示すようになり，わずかな条件の違いによって超音速領域に衝撃波が発生することが知られている。

超音速流はロケットや飛行機では非常に重要な流れである。特に衝撃波を伴うようになると抵抗が著しく増加するため，この抵抗（造波抵抗）を少なくすることが大きな技術的課題となる。このため飛行機の先端を尖らせる，翼厚を薄くする，翼上面をなるべく平坦にする，などの方法が用いられている。　　　　　　　（山田道夫）

7.　流体を媒質とする波動

密度一定の非圧縮性流体には線形の波動現象が存在しない[9]。これは，非圧縮性流体には波動に不可欠な変位に対する復元力を与える機構が存在しないためである。しかし，圧縮性はなくても密度の非一様性を伴う流体では，重力を作用させることによって浮力を用いた波動が存在することができる。これが表面波や内部波である。

(1)　水面波

(i)　振幅の小さな波

池や海の表面に立つ波（水面波）は，水と空気の密度差が生む復元力による波動現象である。通常，空気側の密度をゼロと近似して考えることが多い。これらの波は，振幅が十分小さいときは，単純な三角関数で記述することができる[10]。その周期と波長の間には一

---

[9] 回転効果や磁場との相互作用を含む場合は別で，線形波動が発生しうる。

[10] 複雑な形の波は三角関数の和として表される（フーリエ（Fourier）展開）。

7. 流体を媒質とする波動

定の関係（分散関係）があり，波長が長いほど周期は長い．また，波長が長いほど波の位相速度も群速度も速くなるが，深い水の表面に立つ波では，位相速度は群速度の倍の速さを持っている．このため，一つの波群の中では，波群全体が進行するとともに，波群内部では後方から前方に波が進んでいくことになる．これは池の水面などで日常的に見かける現象である．また，波長によって速度が異なるため，波の形は進行するにつれて変形し，長い波長の波が波の前方に，短い波長の波が後方にそれぞれ位置するようになる．この結果，遠い海域の嵐によって起こされた波がうねりとなって伝わってくるとき，海岸で打ち寄せる波の周期は日ごとに短くなっていくことになる．

(ii) 不安定性・統計性・砕波

周期的で振幅の大きな水面波（**ストークス (Stokes) 波**）の形は，非線形効果によって，単純な三角関数形から峰が狭く谷が広い形になる．さらに振幅を増加させると，波の峰は次第に鋭くなり，ついには120度の角度をもつ頂点となって，これ以上の振幅をもつ定常解が存在しなくなる．これを最大波高の波といい，これを超える波高の波は，定常的には存在できないため，速やかに小さくなるかあるいは砕波して崩れてしまうことになる．このようにストークス波の振幅はある限られた範囲にのみ存在するのだが，実は驚くべきことに，ストークス波はたとえ振幅が小さくても，長い周期をもつ擾乱に対しては不安定であり，安定には存在できないのである．そのためストークス波は，振幅がどれほど小さくても，きちんと並んだ波の列が次第に崩れて不規則になっていく．また振幅が大きいストークス波では，波の峰の方向（進行方向に直角な方向）に周期をもつ擾乱に対しても不安定となり，波は切れ切れになってしまう．普通に見られる海面は，このような切れ切れの波が混在した状況になっており，波浪に対する防災などではこの状況の統計的性質が非常に重要である．後で述べる乱流の場合に比べ，水面波現象では，線形モードの存在がいくらか問題を易しくしている面があるが，同時に非常に強い非線形性現象である砕波も考慮しなければならないため，問題は容易ではない．**砕波**とは文字通り波が砕ける現象であり，荒れた海で波頭が白く見えるのはこの結果に他ならな

い。砕波は方程式における解の正則性の破れと関連していると考えられるが，エネルギー散逸が集中して起こる現象でもあるため，水面の状況を記述するとき避けては通れない課題となっている。しかし強い非線形性のため，現在でも砕波に対し有効な理論的記述方法は見出されていない。

(2) 内部波

ところで流体の内部でも，上が軽く下が重いという密度分布があるとやはり波が発生し，これを内部波という。しばしば空の雲が列をなして並ぶことがあるが，これは空気の密度分布のために上空に内部波が発生し，波の上下に伴って発生した雲を地上から見ているのである。内部波は海の中でも発生し，例えば，暖かい海に冷たい川が流れ込む河口では強い密度の鉛直勾配が生じるため，内部波が発生しやすい。このような河口を横切る船では，スクリューのエネルギーが内部波を発生させることに費やされるため前になかなか進まない，という事態を生じることがある。

内部波も，上下の流体層がそれぞれ一様密度を持つ場合は，これら2層の界面を進行する波動になるので表面波の場合と類似する。これと対照的に密度が一定の鉛直勾配をもって連続的に変化する場合は，内部波は斜め方向にも進めるようになる。このとき，内部波の振動数は位相速度の方向のみ（大きさには無関係）で決まり，位相速度は群速度に直交する，という変わった性質を持っている。このため，例えば底による内部波の反射では，反射波の方向が底の傾きによらないなど風変わりな性質が見られる。大気中では，内部波は例えば季節風が山岳に当たることによっても発生する。このとき内部波は上空に伝わって気流の乱れを引き起こし，飛行機の運航の支障を引き起こす原因ともなる。また，このような内部波は上空に伝わっていくにつれて，空気密度の減少のため振動の振幅が次第に増加して，ついには砕波に至ることになる。このとき砕波に伴い，内部波は地上から運んできた「運動量」を上空に「落とす」ため，例えば上空のジェット気流に対して「ブレーキ」として働くことがある。実際ジェット気流の位置を決定する機構の一つとして，内部波が重要な役割を果たすことが詳細な数値計算によって知られるようになった。しかし，水面波の場合と同様，砕波の扱いは困難であ

7. 流体を媒質とする波動

り，十分な理論化は今後の課題として残されている。

(3) ソリトン

ソリトンとは，一般的には，互いに衝突しても通り抜けて個性を失わない孤立波を意味している。線形方程式では重ね合せの原理が成り立つためこれは当然のことである。しかし，1960年代の半ば，非線形方程式においても個性が保たれる孤立波がある，という驚くべき発見が行われた。以後，ソリトン理論は大発展を遂げるに至っている。このきっかけを作ったのは水面波の方程式である。19世紀末，コルトヴェーク (Korteweg) とド・フリース (de Vries) という2人の研究者は，水深が浅い場合の水面波を記述するために次の方程式を導いた。

$$\frac{\partial u}{\partial t} + u\frac{\partial u}{\partial x} + \frac{\partial^3 u}{\partial x^3} = 0$$

この方程式は現在，この2人の名をとって KdV 方程式と呼ばれている。1950年代，フェルミ (Fermi)，ウラム (Ulam)，パスタ (Pasta) という3人の研究者は結晶格子の振動エネルギー分配問題を研究したが，これに興味を持ったザブスキー (Zabusky) は結晶格子運動を連続近似で考察することを考え，それがこの KdV 方程式に対応することに気がついた。彼は当時まだ珍しかったコンピュータを使ってこの方程式を解き，非線形性があるにもかかわらず互いに衝突しても個性を失わない孤立波があることを発見し，これを**ソリトン** (soliton) と名づけた。これは非線形方程式に関する大発見となり，以後多くの研究者によってその理論的解明が進められた。この過程において日本人の果たした役割は大きく，方程式のソリトン解を見つけ出す非常に有効な手法 (「広田の双一次形式」) の発見や，それをもとに，ソリトン方程式 (ソリトン解を持つ方程式) を統制する理論の建設 (「佐藤理論」) が行われた。先に，水深の深い場合の水面波の不安定について述べたが，この不安定性を記述する方程式 (Nonlinear Schrödinger 方程式) も，やはり代表的なソリトン方程式である。今日，ソリトン方程式の理論は可積分系の理論として数学の多くの分野と関わっており，さらに，差分方程式や従属変数まで離散化した超差分方程式への拡張が活発に研究されている。

〔山田道夫〕

第10章　流体力学

8. 非圧縮性流れの非線形現象

流体運動の大きな特徴は非線形性の卓越である。運動のスケールが小さくレイノルズ（Reynolds）数が低い場合は別として，日常身の回りの流れではほとんど常に非線形効果を無視することができない。われわれが目にする流体現象は，注意して観察すれば驚くほど多様で複雑な性格を持っているが，この根本的な理由は流体現象が非線形現象であるためである。非線形性の効果は，パラメーターを変化させると解が不安定化し別の解が枝分かれしていくこと（解の不安定化と分岐）およびカオスの発生に典型的に現れる[11]。

(1) 流れの不安定化とカオス化

(i) 解の安定性と分岐

一般に遅い流れは安定である。しかし流速が増していくと次第に流れは不安定になって乱れた部分が生じ始め，ついには流れ全体が乱れるようになる。日常身の回りの流れは実はほとんどが乱流である。一般に，乱れがなく整然とした流れを**層流**（laminar flow），乱れを含む流れを**乱流**（turbulent flow）というのが通例であり，この用語を用いていえば，流れはレイノルズ数の増加とともに層流から乱流に遷移することになる。

このような遷移はナビエ–ストークス方程式が非線形方程式であることの現れである。流速の増加はつまりはレイノルズ数の増加であるので，以下レイノルズ数を用いて述べることにしよう。レイノルズ数が十分小さいとき定常な層流が実現しているとする。この流れは当然ナビエ–ストークス方程式の解 u_0 である。今，この解がほんの少し揺らいで $u = u_0 + \Delta u$ になったとしよう。このとき，解のズレ Δu が時間的に大きくなるようであれば，解 u はもとの解 u_0 からどんどん遠ざかることになる。現実の流れには常に外部からの攪乱によって揺らぎが生じていると考えられるから，もし解のズレが大きくなるような状況であれば，もとの解 u_0 はすぐに壊されてしまい実現できないだろう。この状況にあるとき，解 u_0 は不安定

---

[11] もう一つの典型的現象は前節で述べたソリトンの存在であるが，ここでは粘性をもつ「非可積分系」を念頭におくためソリトンは含めないことにする。

8. 非圧縮性流れの非線形現象

である,という。これに対し,どのようなズレ $\Delta \mathbf{u}$ も時間がたつと小さくなり $\mathbf{u}$ は結局もとの $\mathbf{u}_0$ に近づいていくとき,解 $\mathbf{u}$ は安定である,という。ナビエ-ストークス方程式の解が現実の流れとして実現されるためには,それが方程式の解であって,しかも安定であることが必要なのである。

レイノルズ数が小さいとき層流が実現する,ということはこの層流が安定な流れであることを意味している。しかしレイノルズ数を増加させると,通常この層流もあるレイノルズ数を境として不安定になる。この後,流れがどのようになるかについては,いくつかのパターンがある。

その一つは,ちょうどこの不安定が発生するレイノルズ数から別の新しい安定解が発生(枝分かれ)し,流れはこの新しい安定解が表す流れに移行する場合である。このような解の枝分かれは**解の分岐**と呼ばれ,非線形方程式に特有の現象である。解の分岐によって流れは,しばしば新しいパターンを持つようになるが,これは流体現象一般に普遍的に見られる現象で,身近なところでは,味噌汁の中にできるセル状の流れや,冬の季節風が強いとき気象衛星写真に見られる日本海の筋状の雲などがその例である。

また,解の分岐の際に現れる新しい解が,定常解ではなく振動解となることも多い。一様流中に(流れに垂直な)円柱を置く場合,レイノルズ数が小さいときは定常的な流れが見られるが,レイノルズ数が増加する(つまり流速が増大する)と円柱後部の流れに振動が現れるようになる。これはレイノルズ数の増加とともに振動解が分岐したことによる。この振動は強風のときの電線からも発生するが,このときの振動は可聴周波数帯にあるため耳で聞くことができる。

さらに,このような新しい安定解が生じない分岐の場合もあり,このときは解が不安定になったとたん,流れが激しく乱れ始めることが多い。このように解の分岐にはさまざまのタイプがあり,どのタイプであるかということが,流れの時間的空間的な構造を大きく左右することになる。また,同じレイノルズ数で複数の解が安定になる,ということも珍しくなく,このようなときは,初期条件や外から与える攪乱によって実現される流れが選択されることになる。

第10章　流体力学

天気の変化や海流の道筋にはしばしば代表的なパターンが見られるが，このようなパターンは複数の安定解の存在と関係するのではないかという考えも提案されている。

(ii) カオスの発生

レイノルズ数の増加に伴って定常解の不安定化と新しい解の分岐が起こる。さらにレイノルズ数を増加させると，この新しい解自体も再び不安定化と分岐を繰り返し，流れの様子は次第に複雑になっていく。これは，振動解が分岐するたびに新しい周波数の運動が加わるためである。したがって，たくさんの分岐の後には，(互いに関係のない) たくさんの周波数を持つ運動 (**準周期運動**) が実現されるだろう，これが乱流のような複雑な運動の構造である，という考えが20世紀半ば過ぎまでの乱流描像であった。実際乱流の中にはたくさんの周波数の運動が含まれており，これらが多数の分岐の結果であるという考えはごく自然なものでもあった。

ところが事実はそうではない，ということが1960年代から徐々に明らかになり，結局，乱流の描像を大きく塗り替えることになった。この変革を決定的にしたのは，1971年のルエルとターケンスの論文である。彼らは力学系に関するある定理を証明し，振動解への分岐をたった3回繰り返すだけで多くの周波数を含む状態が実現する可能性を指摘したのである。その後，実際にこの可能性が実現していると思われる例が実験的に見出され，彼らの予想の重要性が裏づけられることになった。こうやって実現される運動状態にはたくさんの周波数が含まれているが，それらは準周期運動とは異なる構造に由来している。さらに重要な特徴は，この運動状態は，従来知られていた運動の場合よりもはるかに強い不安定性を伴うため，初期値がほんの少し異なると時間とともにその違いが急速に (指数関数的に) 拡大する，という性質 (**初期値敏感性**) を持っていることである。この性質の結果，確率的な要素を全く含まないにもかかわらず運動は急速に予測不能となっていく。この特徴からこの運動状態は**カオス** (chaos) と呼ばれるようになった。

カオスは力学系全般における概念で，相空間の解軌道が (ストレンジ) アトラクター ((strange) attractor) と呼ばれる複雑な構造の集合に捉えられることによって生じる運動状態である。

8. 非圧縮性流れの非線形現象

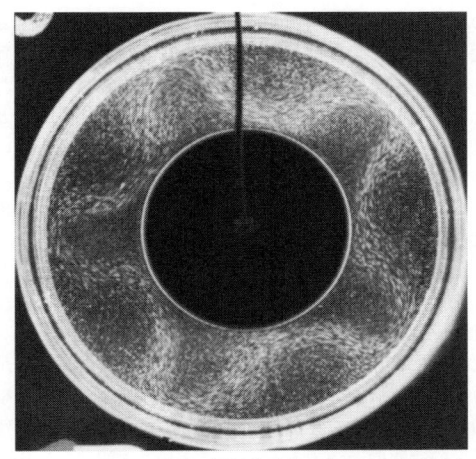

図 10-3 Hide の実験。回転する台の中央に流体を入れた 2 重円筒の容器をおき，内側の円筒を冷やし外側の円筒を温める。これはちょうど，地球を北極の上から見たような状況である。面白いことに，このときできる流れは軸対称にならず，回転軸に近づいたり遠ざかったりして花びらのようなパターンを描く（写真では 5 枚の「花びら」が見える）。この流れのしくみは地球の成層圏のジェット気流の蛇行のメカニズムと類似している（酒井敏氏（京大）の実験による）。

　流体の乱流もそれに対応するアトラクターが存在し，その構造が乱流の性質を作り出していると考えられる。カオス以前には，乱流は多重周期運動として解釈され物理学の中で概して孤立した対象であったが，カオスの発見以後，非線形散逸力学系に普遍的な運動状態の一つという認識が生まれ，非線形力学の中の代表的かつ最重要の現象の一つと見なされるようになった。

　しかし，カオスの構造の解明は依然として非線形性による困難を抱えており，皮肉なことに，これまでにカオスが乱流にもたらした最も目覚ましい成果は，乱流状態そのものに関するものではなく，

第10章　流体力学

カオスの発生，すなわち層流が乱流に至る遷移過程に関するものである。従来の流体力学では，多数回の分岐の結果現れる運動の構造などは，ほとんどまともに扱うことが不可能な課題であったが，この問題を（直観的に）低次元写像におけるカオス化の問題として捉えることにより，運動の周波数構造などに関して目覚ましい結果がもたらされた（ファイゲンバウム（Feigenbaum）理論）。これを契機として，低次元系の分岐構造と多くの乱流遷移過程の比較検討が行われるようになり，流体力学の伝統的アプローチとは異なる解析手法が進展することになった。

(2) 乱流

(i) 乱流と平均流

19世紀後半にレイノルズが円管内乱流を実験的に調べてから今日に至るまで，乱流研究の歴史は1世紀を超えるが，乱流現象はいまだに有効な理論的記述を見出していない。乱流は21世紀に残された物理学最大の問題の一つである。

まず初めに乱流の理論が解決すべき問題の例を挙げよう。まっすぐな円管内の流れは，流速が大きくなると非常に激しく乱れるようになる。このとき，円管断面の各点毎に変動する速度の時間平均をとると平均速度分布（平均流）が得られ，この分布は実験を繰り返すとき良い再現性を持っている。この平均速度分布を理論的に求めることは乱流理論の代表的な問題であり，理論的にもまた工学的な意味でも重要な課題である。より一般的にいえば，乱流理論の課題は，乱流場において激しく変動する速度の統計性質をナビエ-ストークス方程式から論理的飛躍なしに導くことである。

この課題は，気体分子が乱雑な運動をしているにもかかわらず，分子速度がマックスウェル分布に従い気体が安定な熱力学的性質を保っていることを思い起こさせる。気体分子の場合，これらの統計性質はギブス（Gibbs）分布から導かれるが，これは気体が熱平衡状態にあるためである。しかし乱流状態は，それを維持するにはエネルギーを注入し続けることが必要であり，熱力学的な意味での熱平衡状態にはない。このため，乱流にはギブス分布を適用することはできない。乱流は非線形非平衡系なのである。

乱流の平均流について考えてみよう。同じ外的条件を満たす多数

8. 非圧縮性流れの非線形現象

の乱流（アンサンブル）を考えて，これらについての平均（アンサンブル平均）を〈 〉で表すと，速度は平均と速度変動の和 $\mathbf{u}=\langle\mathbf{u}\rangle+\mathbf{u}'$ で表される．これをナビエ-ストークス方程式に代入して平均をとると，

$$\nabla\cdot\langle\mathbf{u}\rangle=0$$

$$\frac{\partial\langle\mathbf{u}\rangle}{\partial t}+(\langle\mathbf{u}\rangle\cdot\nabla)\langle\mathbf{u}\rangle=-\sum_{j=1}^{3}\frac{\partial}{\partial x_j}\langle u'_j\mathbf{u}'\rangle-\nabla\left(\frac{\langle p\rangle}{\rho}\right)+\nu\Delta\langle\mathbf{u}\rangle$$

という方程式が得られる．これは平均流の時間変化を記述する方程式である．しかし，右辺第1項に速度変動の2次の平均量[12] が入っているため，平均量だけで閉じた方程式にはなっていない．そこで，この方程式を解くには，速度変動の2次の項を記述する方程式が別に必要になる．この方程式はやはりナビエ-ストークス方程式から導くことができるが，今度は右辺に速度変動の3次の項が発生するため，ここでも閉じさせることができない．結局このような形式的な扱いでは，どこまで行っても平均量についての閉じた方程式は得られないのである．

この事情は，気体についてリューヴィユ方程式からBBGKYヒエラルキーを導いたときに大変よく似ている．気体の場合は，ある特定の極限で成り立つ閉じた方程式（ボルツマン方程式）が得られ，これがニュートン方程式とは異なるレベルの記述を与えることになった．もし乱流の場合にも平均流で閉じた方程式が得られれば，それはニュートン方程式，ボルツマン方程式，ナビエ-ストークス方程式に続く第4の階層の記述の存在を示すことになり，物理学的に大変重要な意味を持つだろう．また，平均流で閉じた方程式は工学的にも非常に有用であるに違いない．しかし，多くの研究者の努力にもかかわらず，現在までのところ，このような閉じた平均流方程式は見出されておらず，そもそもそのようなものが存在するかどうかも明らかになっていない[13]．

(ii) 速度変動の統計性質

乱流では平均流とともに速度変動も重要な要素である．乱流の場合，速度変動とは正確にいえば速度場の変動であり，したがって，

---

[12] 速度変動の2次相関はレイノルズストレスと呼ばれる．

第10章 流体力学

それを十分に記述するためには、1点分布だけでなくn点分布（nはすべての正整数をとる）が必要である。しかし同時に、最も基本的なのは、速度平均に関係する1点分布およびレイノルズストレスに関係する2点分布である。

以下では十分にレイノルズ数が大きい場合（**発達した乱流**）を考えて、話を簡単にするため、空間的に一様かつ等方的な乱流（**一様等方性乱流**）を想定しよう。このときは、空間の1点の速度変動の分布密度関数は実験的にガウス分布と一致することが知られている。これは乱流のさまざまな速度成分が"ランダムに"重なり合い、中心極限定理に似た状況が成り立つため、と想像されているが、ナビエ-ストークス方程式から理論的に導出されているわけではなく、その原因はよくわかっていない。

2点分布密度関数も2点が離れていれば結合ガウス分布となるが、それらが近づくにつれて結合ガウス分布からずれていく。乱流研究においては、このずれの性質が最重要課題の一つとされ、多くの研究が行われてきた。通常、2点分布密度関数そのものを扱うことは理論的にも実験的にも難しいため、速度の2点相関を用いて議論されることが多い。特に、一様等方性乱流では2点相関ではしばしば縦相関 $R_2(r) = \langle (\mathbf{n} \cdot [\mathbf{u}(\mathbf{x}+\mathbf{r}) - \mathbf{u}(\mathbf{x})])^2 \rangle$ が取り上げられる。

乱流の統計性質については一つの重要な理論が存在する。これは1941年に当時のソビエト連邦の数学者コルモゴロフ（Kolmogorov）が提案したもので、以後半世紀以上にわたって乱流研究のガイドラインを与えてきた（**コルモゴロフ理論**）。この理論は次のような簡単な考察から成っている。乱流では、大きな（長さの）スケールで外部から（例えば扇風機から）運動エネルギーが与えられ、十分小さなスケールで粘性の効果により運動エネルギーが熱に散逸される。したがって、エネルギーは大きなスケールから小さなスケ

---

[13] とはいえ、このような平均流で閉じた方程式があれば、たとえそれが近似的であっても、大変有用である。このため、このような近似方程式を作るためにさまざまな工学的手法が提案され、LES (Large Eddy Simulation) と呼ばれる数値計算手法が発展することとなった。現在 LES は多くの工学的用途に用いられている。

8. 非圧縮性流れの非線形現象

ールに輸送（これをエネルギーカスケードという）されることになるが、この途上、ある程度小さなスケールに至ると、もはやエネルギーを供給した機構（扇風機）のことは忘れ去られて、どのような乱流も普遍的な統計性質をもつに至るだろう。そこで物理的直観から、この普遍的な統計性質は、散逸される（単位時間単位体積当たりの）エネルギー量（ϵ）および動粘性率（ν）のみによって決定されると考えよう。この前提のもとに次元解析を用いると、さまざまな量の関数形を決定することができる。例えば、上の2点2次相関の形はある範囲[14]のrに対して、$R_2(r) = C\epsilon^{2/3} r^{2/3}$ と求めることができる（Cは定数）。

2点相関に関するこの結果は繰り返し実験的に検証され、コルモゴロフ理論の妥当性が確認されている。しかし同じ速度でも、高次の相関量 $R_n(r) = \langle (\mathbf{n} \cdot [\mathbf{u}(\mathbf{x}+\mathbf{r}) - \mathbf{u}(\mathbf{x})])^n \rangle$ については、コルモゴロフ理論からは $\epsilon^{n/3} r^{n/3}$ となることが予想されるものの、現実には $R_n(r) \sim r^{\zeta_n}$ とするとき、$\zeta_n < n/3$ となって理論と一致しない。この不一致は「間欠性」と呼ばれ、コルモゴロフ理論の不完全さを示すものとして詳細な研究が続けられており、**多重フラクタル**の概念の発祥の一つともなっている。一様等方性乱流は平均流からくる困難を捨象した、いわば最も純粋な乱流であり、その統計性質を解明するために、量子電気力学など他の分野から多くの手法が導入され、適用が試みられている。

(ii) コンピュータ・乱流・カオス

近年、コンピュータの発達によって乱流の数値実験が可能になり、乱流構造の研究は大きく進展した。ナビエ-ストークス方程式による乱流計算は、科学計算全体の中でも最も巨大な計算機資源を必要とする数値計算の一つであるが、このような乱流計算の結果、乱流は細い管状の渦で満たされていて、これらの渦の性質が乱流の統計性質を与えていること、また壁付近の乱流には大きな渦が卓越し乱流の中に大規模な構造を作っていることなどが明らかになってきた。特にチャネルや管の中の流れについては、流れの中の渦の構

---

[14] 普遍統計性質が成り立つ程度には十分小さく、かつ粘性効果が効かない程度には大きいr。

造などが詳しく調べられ，工学的な応用が盛んに行われている。

一方，前項で述べたように乱流は巨大次元のカオスであり，その力学系としての性質は相空間のアトラクタの構造に依存しているはずである。しかし，このアトラクタの構造と現実の乱流の統計構造の間にどのような関係があるのか，という基本的な問題についてはまだ不明な点が多く残されている。従来の流体力学で取り扱ってきた速度場の統計に関する諸量を，非線形力学系，とくにカオス力学系を特徴づける諸量と関係づけ，乱流を一般的な非線形力学系の枠組みのもとに理解するということは21世紀の大きな課題である。

（山田道夫）

9. 地球流体力学

最後に，近年重要性を増してきた分野に触れておきたい。地球流体力学は20世紀後半から盛んになった研究分野である。これは地球や惑星の大気や海洋，またマントルや流体核の（主として）大規模運動を念頭においた流体力学であり，それらの流体運動の基本性質と，惑星の形状，太陽からの入射エネルギー，公転角速度，自転角速度，大気組成，海岸形状，などのパラメーターとの関わりを理解し，記述することを目的としている。

従来，流体力学は日常のスケールの流体運動を主たる対象としてきた。例えば配管の中の水流や車の周りの気流は，理論解析の難しい乱流ではあるが，われわれの経験する流れであり，およその形態は想像可能な範囲にある。しかし，地球大気や海洋の大規模な流れを想像することは，衛星観測以前は大変難しいことであった。これは理由のないことではない。そもそも大気や海洋の運動の大規模構造を決めている一番の要因は，地球回転効果の緯度による変化，という日常生活では問題にならない微小な効果だからである。

地球上の大気や海洋が実際にはどう流れているのか，という質問に根拠をもって答えられるようになったのは，ロケットや人工衛星の観測が行われ，巨大な数値計算が可能になってから，すなわち20世紀も押し詰まってからに過ぎない。20世紀末から21世紀にかけて環境問題が重要な国家的課題となるに伴い，大規模観測や巨大な計算機資源の投入が行われるようになった。その結果，大量の観測結

9. 地球流体力学

果や計算結果が得られるようになったが,それらを説明すべき流体力学的な概念体系は十分に発展しているとは言い難い。端的な例でいえば,仮に地球の1日が48時間だったとすると,大気の大規模流れはどう変化するのか,十分な理論的根拠をもって答えることは今でも難しい。

地球や惑星の大気海洋など大規模流体運動の特徴は,地球惑星の形状(球),自転効果,成層効果(大気は高度によって,海水は温度と塩分によって密度が変化する)などが大きな影響を及ぼすことにある。例えば,ジェット気流の蛇行運動は回転と成層の複合的効果によっている。このような系の重要な点は線形波動が存在することである。自転効果は,コリオリ(Coriolis)力を通じて慣性振動という振動をもたらす(海洋で実際に観測される)が,さらに球面上においてはコリオリ力の大きさが緯度によって変化することによる波動現象(**ロスビー**(Rossby)**波**)を引き起こす。また,流体の成層は内部波をもたらすことになる。これらの波動は,単に波が存在するという以上に,流れに対して大きな影響を及ぼすことになる。これは**波と平均流の相互作用**として知られる現象で,波が運動量や角運動量をある場所から別の場所に輸送して流れを作る,という効果である。球面上の流体運動では,波と平均流の相互作用が流れの大規模パターン形成の大きな要因となるのである。しかし,この相互作用は非線形相互作用であり,それを記述するための枠組みには多くの問題が残されている。

また,地球流体現象の別の側面は相転移を行う物質の存在である。雲や雨は地球大気運動にとって本質的であるし,岩石の相変化はマントル対流の形態に重要な影響を与える。そもそも雨を室内実験で研究することは大変難しいように,日常的な経験からはこのような物質を含む流体運動がどのような形態をとるのかを想像することは大変難しい。地球大気のエネルギーは熱帯における対流運動によって供給されているが,この対流は水蒸気の凝結によって駆動される**湿潤対流**と呼ばれるものである。大規模な湿潤対流がどのような形態をとるのか,という問題は現在理論的に扱うにはあまりに複雑な問題である。しかし問題の複雑さにもかかわらず,明瞭な流れパターンが誘起される例も発見されている。例えば,湿潤対流系の

組織的な大規模数値実験によって大規模な雲集団(スーパークラウドクラスター)の組織的東進現象が見出され,この現象の存在は後に衛星観測によって確認されることとなった。現在この現象は,熱帯域の天気に見られる40日周期の振動の根本原因であることが知られている。湿潤対流のパターン形成問題は,降雨パターンとも密接に結びつくため日常生活と関わりの深い問題でもあるが,その理論的解明は今後の課題である。

地球流体力学の理論的な特徴の一つは,現実の大気海洋が念頭にあるにもかかわらず,理論的枠組みの中で粘性を無視した方程式の役割が大きいことである。これは,運動が大規模で2次元性が強く,また波動現象が卓越する場合には,粘性の効く小スケールへのエネルギー輸送が抑えられる傾向にあることなどが要因となり,粘性の役割が直接的ではないためである。非粘性の流体方程式は非可逆過程を含まず,変分原理やハミルトン形式など解析力学の概念を用いることが可能であり,複雑な解析の見通しが良くなるという利点がある。上に述べた波と流れの相互作用も,部分的ではあるがこのような変分形式で議論されている。このように地球流体力学は,天気予報など実用面とも結びつく一方で新しい理論的課題を抱えるユニークな位置にあり,近年,物理学者・地球科学者・数学者などさまざまな背景をもった研究者が参入している。　　　(山田道夫)

10. 流体力学とコンピュータの発達

20世紀の最後の20年間にコンピュータはめざましく発展し,自然科学の多くの分野もコンピュータの影響を受けることになった。流体力学はコンピュータの影響を特に強く受けた分野の一つに数えられるだろう。

コンピュータ以前の流体力学は,実験的研究と比較的単純な流れの理論解析から成っていた。しかしコンピュータの発達とともに,ナビエ-ストークス方程式の数値計算が飛躍的に発達し,複雑な配置の問題であっても実験的研究を数値実験に置き換える場合が生まれるようになった。その過程で**数値風洞**という象徴的な言葉が生まれたが,これは大規模なコンピュータによる数値実験が,すべてではないものの従来の風洞実験の役割を分担するようになったことを

10. 流体力学とコンピュータの発達

示している。その背景には，流体力学の問題はおおむね問題全体が偏微分方程式によって定式化されるため数値計算として比較的扱いやすい，という事情があり，なによりも工学と産業界における大きな需要がこの傾向を加速することになった。

もともと，流体力学に限らず自然科学には現象を予測するという面があり，これが研究に強い動機を与えていた。現象の理解は予測を可能にするという認識は，科学的理解をめざす研究を支える主要な柱の一つであった。しかし，コンピュータの発達は，さまざまな問題点はあるものの，ともかく流れに関する課題に対し答を与えることを可能にしつつある。数値計算は，その技法の創造において流れの物理学的理解を必須とするが，技法の目標とするところは，物理的理解の有無にかかわらず計算を可能とするような手続きの完成である。この意味で，数値計算技法が成熟するにつれ，現象の予測にとって現象の理解は必ずしも必要ではないという状況が生まれることになった。コンピュータ自体の発達もこの傾向に拍車をかけている。10年前には大型コンピュータを必要とした計算も現在はパソコン上で可能となり，やや誇張していえば，流れの場は誰でもいつでも手元で機械的に計算し図が描けるようになりつつある。もはや流体力学の碩学でなくても，流れ場を描くことができるのである。われわれが，いわば予測と理解が分離された時代に向かいつつあるのは確かであろう[15]。これは楽観的に見れば，純粋な科学的理解を重要視する時代の始まり，ともいえるが，研究動機の喪失となる分野も現れるだろう。どちらが選択されるかは社会的条件によるところが大きいと思われる。

(山田道夫)

---

[15] これは流体力学に限った話ではなく，従来の古典的数理科学分野における一般的傾向でもあり，流体力学ではそれが幾分早めに現れたということであろう。

第11章 波　　動

第11章 波　動

1. 波の性質

媒質の変形がその形を保ちながら伝播(でんぱ)するものを波，または波動という。ここで媒質といった場合，固体，液体，気体はもちろんのこと，プラズマとか真空も含めて考えることができる。さらに変形というのは，文字通り各点での媒質の位置が変位することを指すが，もっと一般的には，一般化された座標（力学の章のハミルトンの正準方程式の節参照）の変動でもよい。たとえば，プラズマを伝わる波（プラズマ波）では，電荷密度のフーリエ成分といったものとなる。

物理学でいう波は，必然的に運動量とエネルギーを運ぶ。これが，波と「単なるパターンの移動」とを区別する大事な性質である。たとえばマスゲームなどのパターンは，リズムに合わせて移動するが，これだけでは物理学でいう波動ではない。マスゲームのパターンは運動量を移送しないからである。

波の形（位相）が伝わる速さは位相速度（v）とよばれ，エネルギーの伝わる速さ（群速度）と区別する。周期的な形の波では，1つの周期（たとえば山から山）の距離，λ を波長とよび，

$$\lambda \nu = v$$

なる関係が存在する。ここに，ν はある点における媒質の振動数である。上の関係は，波動方程式を満たす波動では一般的に成り立つ。波動方程式以外で記述される波動では，上の関係は修正されなければならない。

波動方程式を満たす波動の変位は一般に，

$$\xi(x, t) = f\left(t \pm \frac{x}{v}\right)$$

という形となる。上の式で±の符号は，それぞれ x の負または正の方向に進行する波を表す。

関数 f の形が正弦関数のとき，すなわち，

$$\xi(x, t) = a \sin\left\{2\pi\nu\left(t \pm \frac{x}{v}\right) + \delta\right\}$$

の形のとき，これを正弦波という。ここで，$\omega = 2\pi\nu$ を**角振動数**，δ を**位相定数**という。

3次元の波のうち，

2. 波動方程式

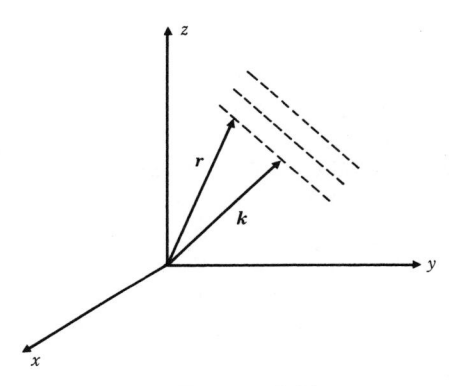

図 11-1 平面波

$$\xi(r, t) = a \exp i(k \cdot r \pm \omega t)$$

の形のものは平面波という。ここに，kは大きさが波数 $k=2\pi/\lambda$ で方向が進行方向（向き）のベクトルで，**波数ベクトル**とよばれる。この場合，$k \cdot r =$一定となるものはkに垂直な平面であり（図11-1），このような波が平面波とよばれるのはこのためである。

aがkと平行なものを**縦波**，垂直なものを**横波**という。

（大槻義彦）

2. 波動方程式

1次元の波動方程式は，vを位相速度とするとき，

$$\frac{\partial^2 \xi}{\partial t^2} = v^2 \frac{\partial^2 \xi}{\partial x^2}$$

と書き表される。3次元の波動方程式は，

$$\frac{\partial^2 \xi}{\partial t^2} = v^2 \nabla^2 \xi$$

となる。ここに，∇^2は微分記号

$$\nabla^2 = \frac{\partial^2}{\partial x^2} + \frac{\partial^2}{\partial y^2} + \frac{\partial^2}{\partial z^2}$$

である。

第11章 波　　動

波動方程式の解は，

$$\xi(x, t) = f\left(t \pm \frac{x}{v}\right)$$

と書ける。ここに，f は任意の関数で，波動のパターンの形を表すものである。

弦を伝わる波の波動方程式では，弦の張力 T が重要な役割を演じる。すなわち，弦の平衡位置からのずれ $\xi(x, t)$ は，

$$\frac{\partial^2 \xi}{\partial t^2} = \frac{T}{\sigma} \frac{\partial^2 \xi}{\partial x^2}$$

を満足する。ここに，σ は弦の線密度である。当然のことながら，

$$v = \sqrt{\frac{T}{\sigma}}$$

となる。

弾性体を縦波が伝播する場合，重要なのは弾性体のヤング率 E である。この場合の波動方程式は，

$$\frac{\partial^2 \xi}{\partial t^2} = \frac{E}{\rho} \frac{\partial^2 \xi}{\partial x^2}$$

となる。ここに，ρ は弾性体の密度である。

一般に弾性体中を伝わる弾性波の速さは，それぞれの変形に応じた弾性率 C に関係する。すなわち，

$$v = \sqrt{C/\rho}$$

たとえば，固体中の横波では，

$$v = \sqrt{G/\rho} \quad (G：剛性率)$$

液体，気体中の縦波では，

$$v = \sqrt{k/\rho} \quad (k：体積弾性率)$$

となる。

空気中を伝わる音は，空気の断熱的な膨張・圧縮がもとになっており，体積弾性率は $k = \gamma p$ である（γ は**比熱比**）。よって，

$$v = \sqrt{\frac{\gamma p}{\rho}} = v_0 \sqrt{\frac{T}{T_0}} = v_0 \left(1 + \frac{1}{2} \frac{\theta}{273}\right)$$

となる。ここに，添字 0 は 0℃ のときの値で，上式は気温が θ℃ のときの音速を表す。

（大槻義彦）

3. 波のエネルギーと運動量

媒質の密度を ρ とすると,媒質の運動エネルギー密度は,

$$U_k = \frac{1}{2}\rho\left(\frac{\partial \xi}{\partial t}\right)^2$$

位置エネルギー密度は,

$$U_p = \frac{1}{2}K\left(\frac{\partial \xi}{\partial x}\right)^2$$

ここに,K は媒質の弾性率である。もちろん,

$$U_k = U_p$$

なる関係が成り立つ。

波の進む方向に単位時間に単位面を通って流れる波のエネルギー(すなわち波の**強さ**,強度)は,

$$I = \overline{(U_k + U_p)}\, v = \frac{1}{2}\rho v (a^2 \omega^2)$$

である。ここに,a は波の振幅,ω は角振動数である。

量子化された波では,1個の量子のエネルギーは,

$$E = h\nu \quad (h:\text{プランク (Planck) 定数})$$

であり,エネルギーの流れ I は,

$$I = N(h\nu)v$$

となる。ここに,N は量子の密度である。

定義によって平面波では強度はつねに等しいが,1点の波源をもつ球面波では,それからの距離の2乗に反比例して減少する。

エネルギーは運動量も移送する。エネルギー E と運動量 p との間には一般に,

$$p = \frac{E}{v}$$

なる関係があるから,量子1個のもつ運動量は,

$$p = \frac{h\nu}{v} = \frac{h}{\lambda}$$

である。

(大槻義彦)

4. 波の重ね合せ

波動を表す方程式(波動方程式あるいはシュレーディンガー

(Schrödinger) 方程式など) は**線形**の微分方程式である. すなわち, ξ_1 と ξ_2 を2つの独立な解とするとき, その線形結合

$\xi = a\xi_1 + b\xi_2$ 　　(a, b は定数)

も同じ方程式の解となる. このことを物理学的には**重ね合せの原理**とよぶ.

同じ方向に進む同じ波

$\xi_1 = a_1 \sin(\omega t - kx + \delta_1)$

$\xi_2 = a_2 \sin(\omega t - kx + \delta_2)$

を合成したものは,

$\xi = \xi_1 + \xi_2 = a \sin(\omega t - kx + \delta)$

$a = \sqrt{a_1{}^2 + a_2{}^2 + 2a_1 a_2 \cos(\delta_1 - \delta_2)}$

$\tan \delta = \dfrac{a_1 \sin \delta_1 + a_2 \sin \delta_2}{a_1 \cos \delta_1 + a_2 \cos \delta_2}$

波の重ね合せの結果, 波は弱め合ったり強め合ったりする. 上の例では, $|a|$ が最大になるところ, 0 になるところが存在する. この現象を波の**干渉**という. 波の振幅が0になるところは**節**, 最大となるところは**腹**とよばれる. 　　　　　　　　　　　　　　(大槻義彦)

5. 定 常 波

両端が固定されている場合, 固定端にやってくる波と, すでにこれによって反射された逆位相の波とは干渉し, 腹と節ができる. この腹と節は不動で, **定常波(定在波)** とよばれる. 弦の長さを L とすると, 発生する定常波の波長を λ として,

$\dfrac{\lambda}{2} = L$

$\dfrac{\lambda}{2} \cdot 2 = L$

$\dfrac{\lambda}{2} \cdot 3 = L$

$\vdots$

なる関係にある. m を自然数とすると, 上の関係は,

$\dfrac{\lambda}{2} \cdot m = L$

または,
$$\lambda = \frac{2L}{m}$$
が成り立つ。

一般に振幅の異なる2つの波,
$$\xi_1 = a\sin(\omega t - kx)$$
$$\xi_2 = b\sin(\omega t + kx + \delta) \quad (b < a)$$
を重ね合わせて定常波を作ると,
$$\xi = A\sin(\omega t + \varepsilon')$$
$$A = \sqrt{a^2 + b^2 + 2ab\cos(2kx + \delta)}$$
が得られる。この場合,節では振幅が完全に0にならず,最小値 $a-b$ をとることに注意しよう。腹の振幅と節の振幅の比

$$\sigma = \frac{a+b}{a-b}$$

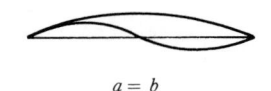

$a = b$

図11-2 定常波の例

を**定常波比**という。図11-2に,$a=b$ の定常波を示す。

(大槻義彦)

6. う な り

振動数と波長が少しだけ異なる2つの波を重ね合わせると,干渉して時間的,空間的にところどころで強くなる。これをうなりという。いま,ω と ω',k と k' はほとんど等しいものとすると,
$$\xi = a\sin(\omega t - kx) + a\sin(\omega' t - k'x)$$
$$= 2a\cos\left(\frac{\omega'-\omega}{2}t - \frac{k'-k}{2}x\right)\sin\left(\frac{\omega'+\omega}{2}t - \frac{k'+k}{2}x\right)$$

ここで,
$$\frac{|\omega'-\omega|}{2} = \tilde{\omega}$$

第11章　波　動

$$\frac{|k'-k|}{2}=\tilde{k}$$

とおくと，$(\omega'+\omega)/2 \fallingdotseq \omega$，$(k'+k)/2 \fallingdotseq k$ であるから，

$$\xi = A(x, t)\sin(\omega t - kx)$$
$$A(x, t) = 2a\cos(\tilde{\omega}t - \tilde{k}x)$$

となる。

$A(x, t)$ が最大になる点は，

$$\tilde{v} = \frac{\tilde{\omega}}{\tilde{k}}$$

で伝播することがわかる。位置が一定な場所で観測すれば，$|A(x, t)|$が最大になるのは，たとえば $x=0$ とすれば，

$$t = \frac{\pi}{\tilde{\omega}}n \quad (n=0,\ 1,\ \cdots)$$

のときである。これに速く振動する部分がかけ合わされるから，うなりの回数Nは，

$$N = \frac{\tilde{\omega}}{\pi} = \frac{1}{2\pi}|\omega' - \omega|$$

である。

さて，うなりの伝わる速さ $\tilde{v}$ は，エネルギーの伝わる速さであると考えられる。振幅最大なところはエネルギー最大なところに対応するからである。うなりの伝わる速さ $\tilde{v}$ は群速度とよばれる。したがって，

$$\tilde{v} = \frac{\tilde{\omega}}{\tilde{k}}$$

$$= \frac{|\omega + (d\omega/dk)dk - \omega|}{|k + dk - k|}$$

$$= \frac{d\omega}{dk}$$

角振動数ωが波数kの1次に比例する場合には，

$$\omega = vk$$

となるから，

$$\tilde{v} = \frac{d\omega}{dk} = v$$

となり,群速度は位相速度に一致する。 (大槻義彦)

7. 屈折・反射の法則

波動が媒質の境界面で反射,屈折するときの法則で,波動の運動量の面方向の成分が保存されることから導かれる。反射の場合は簡単で,入射角 θ_i と反射角 α は等しくなる。

屈折の場合,入射角 θ_i と屈折角 θ_r とすると,波の運動量の面方向成分は,図11-3によって,

$$p_{//} = p\sin\theta_i = p'_{//} = p'\sin\theta_r$$

ここに,p, p' は屈折する媒質中での波の運動量である。よって,

$$\frac{\sin\theta_i}{\sin\theta_r} = \frac{p'}{p}$$

となる。これが屈折の基本法則である。

光の場合,$p = h/\lambda$ と書けるから,

$$\frac{\sin\theta_i}{\sin\theta_r} = \frac{\lambda}{\lambda'} = \frac{\lambda\nu}{\lambda'\nu} = \frac{v}{v'}$$

ここに,v と v' は屈折前と屈折後の光の速さである。

一方,電子波の場合には,$p = mv$ と書けるから,

$$\frac{\sin\theta_i}{\sin\theta_r} = \frac{v'}{v}$$

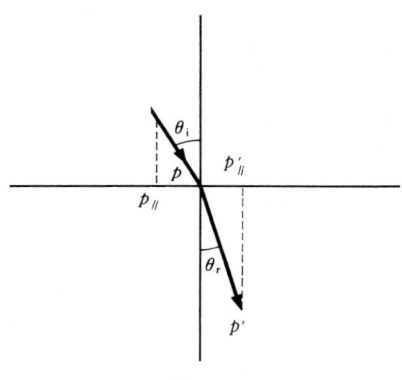

図 11-3

となり,光の場合と速さ依存性は逆になる。電子波の場合は振動数も変化するのである。

入射角と屈折角の比は屈折の度合を表すから,**屈折率**(n)とよばれる。

$$n = \frac{\sin \theta_\mathrm{i}}{\sin \theta_\mathrm{r}}$$

(大槻義彦)

8. 音

音の中で規則正しく繰り返す音を**楽音**といい,これに反して不規則で乱雑な振動の音を**騒音**という。完全な正弦波(たとえば音叉の音)である音は**純音**とよばれる。

楽音の強さ,高さ,音色を**楽音の三要素**という。音の強さ,つまり音の強弱は波の強度であり,W/m^2 で測る。これは振幅の2乗,角振動数の2乗に比例する。

一方,音の高さとは,振動数の高さ(大きさ)のことをいう。人間の耳で聞きとれる高さの範囲は,20ヘルツ(Hz)から20000 Hz である。この範囲でも最もよく聞きとれるのは2000 Hz から4000 Hz の音で,音の強さにして0デシベル(dB)(10^{-16} W/cm²)でも聞きとることができる。

ところが100 Hz の低音では,40 dB の音を聞きとるのがやっとであるし,10000 Hz の音では20 dB の音を聞きとることは容易ではない。このように,人間の耳は,音の振動数によって,10^2 倍も敏感さが変動するのである。

最後に音色は波形によって違ってくることに注意しよう。同じ振幅,振動数の音でも波の形が少し違うと,異なる音色の音となる。

(大槻義彦)

9. ドップラー効果

波源と観測者が相対的に運動している場合,波の振動数は異なって観測される。これを**ドップラー**(Doppler)**効果**という。ドップラー効果は光の場合とその他の場合とでは異なる。ここではまず,光以外のドップラー効果から説明する。

9. ドップラー効果

もともとの波の振動数を ν とし,観測者は u_O で波源に近づき,波源も u_S で観測者に近づくとする。波の速さを v とすると,観測される振動数は,

$$\nu' = \frac{v + u_O}{v - u_S} \nu$$

となる。

波源が遠ざかるときは $u_S < 0$,観測者が遠ざかるときは $u_O < 0$ と考えればよい。

音の場合,風の影響は無視できないが,この場合には,音速 v に風の速度 V をつけ加えておけばよい。すなわち,上式で v を $v + V$ と置き換えればよい。

相対速度が波源と観測者を結ぶ直線上にない場合には,注意が必要である。

図11-4 に示すように,波源が角度 θ をなす方向に u_S で運動しているとき,観測者の方向に対する速度は $u_S \cos \theta$ であるから,

$$\nu' = \frac{v + u_O}{v - u_S \cos \theta} \nu$$

である。このような修正は,観測者が異なる方向に動く場合も同じである。

光の場合のドップラー効果は,相対性原理,光速不変の原理を考慮しなければならない。このとき,波源が $v(>0)$ で遠ざかるとすると,

$$\nu' = \frac{1 - v/c}{\sqrt{1 - v^2/c^2}} \nu$$

となる。一方,波長については,

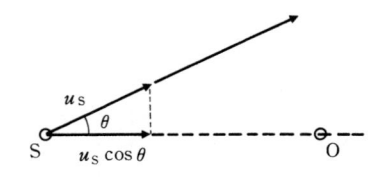

図 11-4

$$\lambda' = \lambda\sqrt{\frac{1+v/c}{1-v/c}}$$

となる。この場合，v は相対速度である。 （大槻義彦）

10. 衝撃波

急激な密度，圧力変化が物質中に生じ，このときの密度，圧力の不連続面（波面）が音速を超えて伝わるものを衝撃波という。

衝撃波は超音速飛行体，強力な電気放電，核爆発などに伴って発生する。このうち，比熱が一定の理想気体の場合の衝撃波がいちばん簡単である。衝撃波の波面の前後における圧力をそれぞれ p_0, p_1，比体積（密度の逆数）をそれぞれ V_0, V_1，比熱比を $\gamma(=C_p/C_V)$ とすると，

$$\frac{p_1}{p_0} = \frac{(\gamma+1)V_0-(\gamma-1)V_1}{(\gamma+1)V_1-(\gamma-1)V_0}$$

$$\frac{V_1}{V_0} = \frac{(\gamma-1)p_1+(\gamma+1)p_0}{(\gamma+1)p_1+(\gamma-1)p_0}$$

が成り立つ。

さらに，超音速と音速の比（**マッハ数**）を M とすると，上記の気体のパラメーターは，たとえば，

$$\frac{p_1}{p_0} = \frac{2\gamma}{\gamma+1}M^2 - \frac{\gamma-1}{\gamma+1}$$

と表すことができる。 （大槻義彦）

11. 光

光波は真空中を伝播し，その位相速度は，

$$c = 2.9979 \times 10^8 \quad \text{(m/s)}$$

である。これだけの速さの運動を測定するためには数々の工夫が必要であった。すなわち，天文学的方法（レーマー（Rømer）1676年，ブラッドレー（Bradley）1726年など），タイム・オブ・フライトの方法（フィーゾー（Fizeau）1849年；フィーゾーの歯車），マイケルソン（Michelson）の方法（マイケルソン，1926年）などがある。現在では，これらの方法を改良したものを用いるほか，レーザーを利用したり，メスバウアー（Mössbauer）効果を利用し

12. ホイヘンスの原理

たりするものが考案されている。

光は波動の性質,すなわち,回折や干渉を示す。したがってその波長は正確に決定され,可視光線(3800~8000 Å),紫外線(数十~3800 Å),赤外線(8000 Å~1 mmぐらい)などが区別される。光の伝わり方も,波動独特な性質を示し,たとえば**ホイヘンス**(Huygens)**の原理**によって説明される。

一方,光は粒子的性質も示す。その最もよい例は光電効果やコンプトン(Compton)効果である。波長λ,振動数νの光は光子(光量子)から構成されており,

$$E = h\nu$$

なるエネルギーと

$$p = \frac{h}{\lambda}$$

なる運動量をもつ。 (大槻義彦)

12. ホイヘンスの原理

波動としての光が伝播する様子を記述するもので,1678年,ホイヘンス(Christiaan Huygens)により提出された。それによれば,「ある時刻での波面S_0が与えられると,それからわずかな時間の後の波面Sは,S_0の上の各点を波源とした,小さい球面波(素元波,または要素波)の前面の包絡面である」(図11-5)というものである。

この原理によって,光波の回折,屈折などあらゆる光の伝播の様

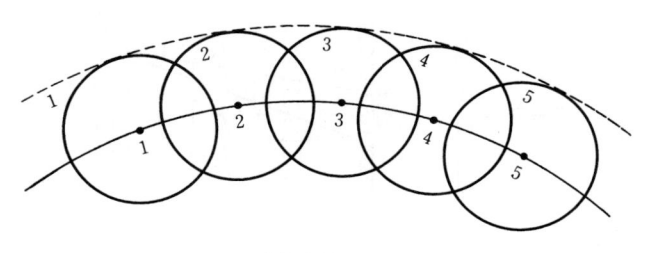

図 11-5

第11章　波　　動

子が表現される。しかし，この原理には波長の概念が入っていないので，波長が異なる場合，なぜ回折のしかた（回折パターン）が違ってくるのかを説明することはできない。しかも，もちろん光電効果やコンプトン（Compton）効果も説明することは困難である。

ホイヘンスの原理を数学的に拡張したものはキルヒホフの回折理論であるが，それによれば，任意の点における波は，この点を囲む任意の閉曲面上の素元波による2次波として，ヘルムホルツの方程式の解を使い構成できる。その表現をヘルムホルツ-キルヒホフの積分という。

(大槻義彦)

13. 光の干渉

可視光線の波長は音波や水の波に比べてはるかに短いから，特別な場合にしかその干渉効果を観測できない。しかも，光源は小さい点光源から出たものを分割して用いないと，2つの波は干渉しないことに注意しよう。

同一の光源でも，大きさがある程度大きくなると，干渉性は悪くなる。完全に干渉する光波は**干渉性**の光，干渉がまったく起こらない光波は**非干渉性**の光とよばれ，ある程度干渉の起こるものを**部分干渉性**という。

点光源から出た光を2個のスリットに通すと，干渉性の2本の光線を作る（図11-6）。2本のスリットの間隔をd，スリットからスクリーンまでの距離をLとし，$d \ll L$のとき，スクリーンには中心から，

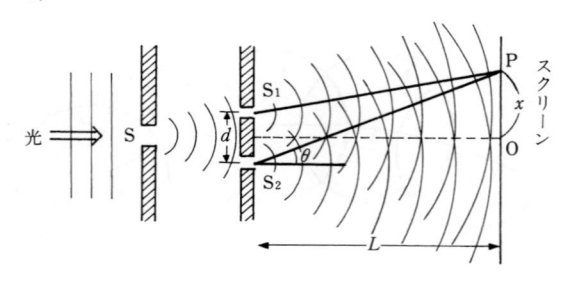

図 11-6

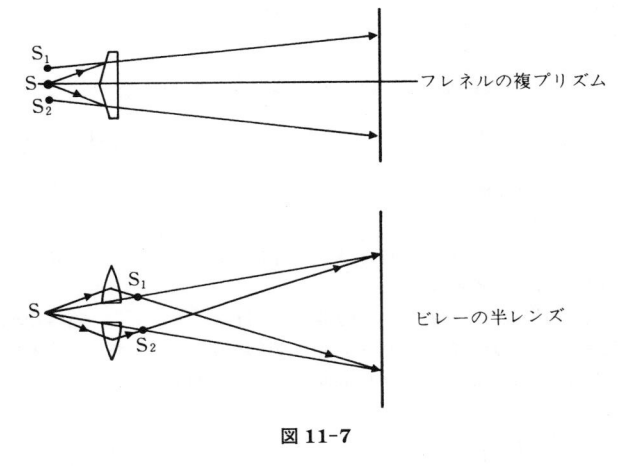

13. 光の干渉

図 11-7 フレネルの複プリズム／ビレーの半レンズ

$$x = 2m\frac{\lambda L}{2d} \quad (m=0, \pm 1, \pm 2, \cdots)$$

の位置に明るい干渉線が，それらの中間の位置に暗い干渉線が現れる。このような実験を**ヤング（Young）の実験**という。

同様な実験は点光源からの光をプリズム（フレネル（Fresnel）の複プリズム），鏡（ロイド（Lloyd）の鏡，フレネルの鏡），それにレンズ（ビレー（Billet）の半レンズ）などを用いて分割して，干渉パターンを作ることができる。図11-7には，フレネルの複プリズム，ビレーの半レンズの方法を示す。

薄膜の干渉も有名なものである。厚さ h，屈折率 n の薄膜に，入射角 α，反射角 α で反射した場合の干渉縞（**等傾角干渉縞**）は，

明るい条件： $2h\sqrt{n^2-\sin^2\alpha} = (2m-1)\dfrac{\lambda}{2}$

暗い条件： $2h\sqrt{n^2-\sin^2\alpha} = 2m\dfrac{\lambda}{2} \quad (m=1, 2, 3, \cdots)$

となる。

ニュートン・リングは，半径 R の半凸レンズ（球の曲率半径 R）を平板ガラス面に置き，上から光をあてたもので，レンズの中心を

中心としたリング状干渉パターンが得られる。明るいリングの位置 x は,

$$x^2 = (2m+1)\frac{\lambda}{2}R \qquad (m=0, 1, 2, \cdots)$$

で与えられる。

(大槻義彦)

14. 光の回折

光は波動であるから,障害物（ついたて）のうしろにも回り込むことができる。これを回折という。回折パターンを定性的に表したものが図11-8である。

光の回折現象を便宜上2つの場合に分ける。すなわち,障害物から測って光源およびスクリーンまでの距離のうちの少なくとも1つが有限の場合で,これを**フレネル**（Fresnel）**回折**という。

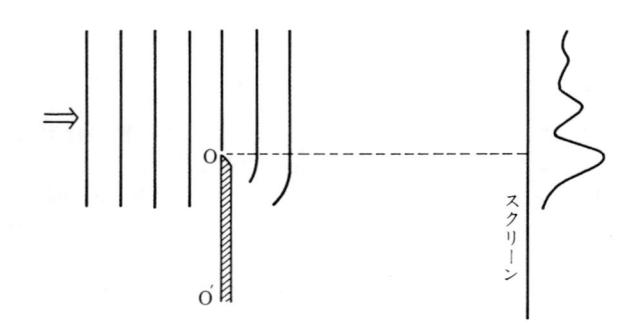

図 11-8

一方,上に述べた距離が両方とも無限大になっているとき,これを**フラウンホーファー**（Fraunhofer）**回折**という。太陽の光を手でさえぎり,テーブル上の紙面に影を作るとき,この回折パターンはフレネル回折である。点光源が有限の距離にあっても,レンズを通して平行光源にして障害物にあてれば,この点光源は無限遠点にあると考えられるし,障害物を通った光をレンズで有限の距離にあるスクリーンにあてると,このスクリーンは無限遠点にあると考え

15. 回折格子による回折

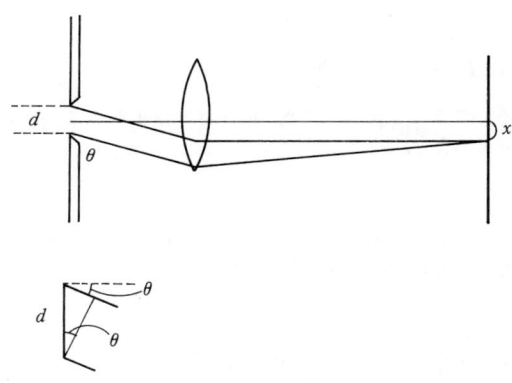

図 11-9

ることができる。

1つのスリットによるフラウンホーファー回折を調べてみよう。スリットの幅を d, 回折角を θ とする（図11-9）。スクリーン上の光の強さは，

$$I = A^2$$

$$A = E_0 \frac{\sin \alpha}{\alpha}$$

$$\alpha = \frac{1}{2} kd \sin \theta \quad (k = 2\pi/\lambda)$$

となる。すなわち，$(1/2)kd \sin \theta = m\pi$, つまり，

$$d \sin \theta = m\lambda \quad (m = \pm 1, 2, \cdots)$$

のとき，光の強さがゼロとなることがわかる。　　　　　　　（大槻義彦）

15. 回折格子による回折

幅 d の N 個のスリットを等間隔 b で1列に並べたものを**回折格子**といい，これによる回折は独特なパターンとなる。すなわち，1個のスリットによる周期的回折パターンと，スリットが等間隔 b で並んでいるための周期的パターンが共存することになる。

第11章 波　動

スクリーン上の光の強度は,
$$I = A^2$$
$$A = E_0 \frac{\sin \alpha}{\alpha} \frac{\sin(N\beta)}{\sin \beta}$$
である。ここに, 最初の因子 $(\sin \alpha)/\alpha$ は1個のスリットによる回折効果を表し,
$$\alpha = \frac{1}{2} kd \sin \theta$$
である。一方, 2番目の因子 $\sin(N\beta)/\sin \beta$ は, 周期的なスリットの配置による干渉効果を表すもので, β は,
$$\beta = \frac{1}{2} kb \sin \theta$$
である。因子 $(\sin \alpha)/\alpha$ を**回折因子**, $\sin(N\beta)/\sin \beta$ を**干渉因子**という。

干渉因子は,
$$\sin \theta = m\lambda/b \quad (m = 0, \pm 1, \pm 2, \cdots)$$
で最大となる。この方向で光の強度は極大になっている。これを**主極大**という。

強度の強い方向が, 波長 λ によって異なるから, 回折格子は, さまざまな波長の光を分けること, すなわち分光に利用される。このためには, 第1に,
$$\frac{d\theta}{d\lambda} = \frac{m}{b \cos \theta}$$
という量が大きくなければならない。これを**分散度**という。

第2に, 極大の線の幅がよく分離していなければならない。隣り合う極大の角度の差 $\delta\theta$ は,
$$\delta\theta = \frac{\lambda}{Nb \cos \theta}$$
で与えられるから, 区別できる波長の差 $\delta\lambda$ は,
$$\delta\lambda = \frac{d\lambda}{d\theta} \delta\theta = \frac{b \cos \theta}{m} \frac{\lambda}{Nb \cos \theta} = \frac{\lambda}{mN}$$
で与えられる。そこで, $\lambda/\delta\lambda$ は分解できる度合, すなわち**分解能**を表すことになる。

$$\frac{\lambda}{\delta\lambda}=mN$$

格子はさまざまな方法で作られる。ガラスにダイヤモンドで細いきずをつける。こうすると，きずをつけた部分は光を乱反射し，光は透過しにくくなるが，きずをつけない部分は光を透過させる。これは，同時に**反射格子**として使用することもできる。きずをつけない部分は光を一定方向に反射するが，きずの部分は乱反射してしまうからである。なお，金属の凹面鏡の表面に刻んだ反射格子は**ローランド**（Rowland）**の凹面格子**とよばれる。一方，薄い平板ガラスを十数枚ほど階段状にずらせて作ったものがある。これを**階段格子**という。

(大槻義彦)

16. 偏　光

波の振動方向がある規則性をもつとき，これを波の**偏り**といい，光の場合，偏った光を偏光という。偏光を作る装置を**偏光子**，偏光を調べるものを**検光子**という。

光が媒質の境界面で反射するとき，光は図11-10のように，境界面に平行な振動方向（●印）とこれに垂直な振動方向（↔印）の成分をもっている。しかし，ある入射角度 α_p では，後者の成分は消えてしまう。この角度は，反射面の屈折率 n によって決まり，

$$\tan\alpha_p=n$$

の関係がある。これを**ブリュースター**（Brewster）**の法則**，角度 α_p のことを**ブリュースター角**（または**偏光角**）という。

一般に軸性結晶を光が透過すると，透過方向によって偏光が取り出せる。これが偏光子として使えることはいうまでもない。電気石

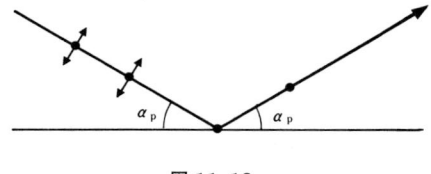

図 11-10

はこの代表例である。 (大槻義彦)

17. 複屈折

方解石を通して物を見ると，2つに分かれて見える。これは，方解石の中で，光が通常の屈折の法則を満足する**常光線**と必ずしもそれを満足しない**異常光線**とに分離したからである。このような現象を**複屈折**という。一般に常光線と異常光線では偏りが異なる。

常光線の屈折率と異常光線の屈折率は，結晶の光軸方向では一致しているが，それ以外の方向では一致せず，方向によって異常光線の屈折率は変化する。したがって，光の速さも，それに伴って変化することになる。

異常光線の光の速さが，常光線のそれより小さくなる場合，これを**正結晶**（水晶など），逆になる場合を負結晶（電気石，方解石）という。

光軸，または光学軸とは2つの光線の速度が等しくなる結晶の方

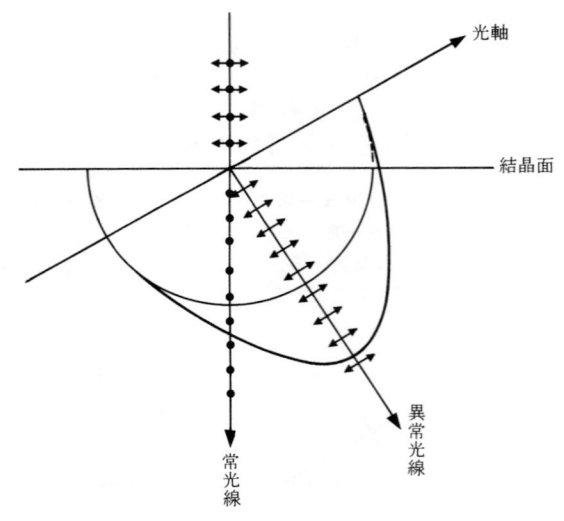

図 11-11 負結晶での光の進み方

18. レンズ

向であるが，その光軸が，結晶表面に対して傾いている場合，面に垂直に入射した光が，常光線と異常光線に分かれていく様子を図11-11に示す。入射した光は，紙面に垂直な成分（●印）と，これに平行な成分（↔印）とをもつが，常光線は紙面に垂直な偏光となり，異常光線は紙面に平行に偏った偏光となる。

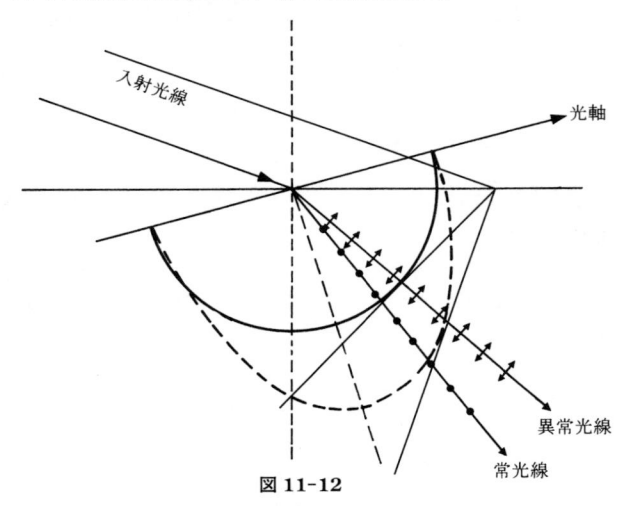

図 11-12

光軸の方向では光速は一致するが，これと垂直な方向では異常光線は速く進む。このため，図11-12のように，光を面に対して少し傾けて入射させると，常光線，異常光線では異なる方向に屈折することがわかる。これが複屈折に対応しているわけである。

方解石で常光線と異常光線の屈折のしかたの違いを利用して，直線偏光である異常光線を純粋に取り出すことができる。これを**ニコル（Nicol）のプリズム**という。　　　　　　　　　　　　　　（大槻義彦）

18. レンズ

ガラスなどを球面で裁断したものがレンズである。一般に，球面による屈折は球面の曲率半径 r と裁断される媒質の屈折率 n に依存する。図11-13のように，点Oから a の距離に光源Aがあると，こ

第11章 波　動

れからの光は球面で屈折し，Oから距離bにあるB点に集まる。この場合，

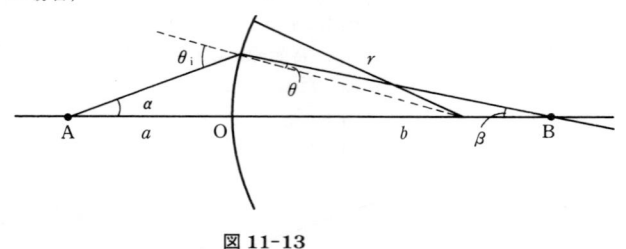

図 11-13

$$\frac{1}{a}+\frac{n}{b}=\frac{n}{r}$$

の関係がある。

これをもとにして，薄いレンズの公式を作ることができる。図11-14のように，曲率半径r_1, r_2の球面で切り取ったレンズでは，物体の位置をa，像の位置をbとすると，

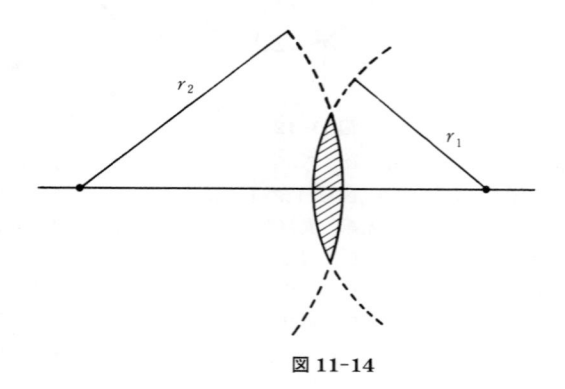

図 11-14

$$\frac{1}{a}+\frac{1}{b}=\left(\frac{1}{r_1}-\frac{1}{r_2}\right)(n-1)$$

$a \to \infty$のとき，$b=f$を**焦点距離**といい，その位置を**焦点**という。

19. 光の分散

$$\frac{1}{f} = \left(\frac{1}{r_1} - \frac{1}{r_2}\right)(n-1)$$

で与えられる。これを用いると，

$$\frac{1}{a} + \frac{1}{b} = \frac{1}{f}$$

なる薄いレンズに対する公式が得られる。ここで，a, b, r_1, r_2, f の符号は次の表のようにとることが必要である。

	f	a(光源)	b(像)	r_1(第1面)	$-r_2$(第2面)
正	凸レンズ	実光源	実像	凸面	凸面
負	凹レンズ	虚光源	虚像	凹面	凹面

レンズによる像の拡大率，つまり倍率は，

$$m = \frac{b}{a} = \frac{f}{a-f} = \frac{b-f}{f}$$

で与えられる。

厚いレンズの場合も，薄いレンズと同様の公式

$$\frac{1}{a} + \frac{1}{b} = \frac{1}{f}$$

が成り立つが，焦点距離 f は，

$$\frac{1}{f} = (n-1)\left(\frac{1}{r_1} - \frac{1}{r_2} + \frac{n-1}{n}\frac{t}{r_1 r_2}\right)$$

ここに，t はレンズの厚さである。

(大槻義彦)

19. 光の分散

白色光を図11-15のようにプリズムにあて，屈折させると，反対側のスクリーンには七色の色帯（**スペクトル**）が生じる。これは，波長によって屈折率が異なるためで，この現象は**分散**とよばれる。

通常はこのスペクトルは波長の順に並ぶ。これに対して，たとえばフクシンの濃いアルコール溶液で作ったプリズムではスペクトルの縁の付近が欠けており，これを境として，スペクトルの波長の順序が逆転している。このようなものを**異常分散**とよぶ。

第11章　波　　動

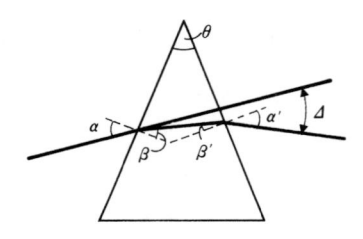

図 11-15

プリズムの頂角を θ とし，散乱角（ふれの角）を $\varDelta$ とすると，図11-15によって，

$$\varDelta = (\alpha - \beta) + (\alpha' - \beta')$$
$$= (\alpha + \alpha') - \theta$$

となる。

θ が小さい屈折率 n のプリズムでは，α が小さい入射光に対して，

$$\varDelta = (n-1)\theta$$

が得られる。すなわち，小さい入射角に無関係である。逆にこれによって，屈折率 n を測定することもできる。

よって，たとえば青（4861 Å，F線という）と赤（6563 Å，C線）のふれの角の差

$$\delta\varDelta = (n_F - n_C)\theta$$

は分散角の大きさを表す。ここに，n_F, n_C はそれぞれF線，C線に対する屈折率である。また，

$$\omega = \frac{\delta\varDelta}{\varDelta} = \frac{n_F - n_C}{n-1}$$

は**分散能**とよばれる。なお，ω の逆数 $\nu (=\omega^{-1})$ を**アッベ**(Abbe)**数**という。

分散は回折格子によっても起こる。回折角が波長に依存するからである。レンズによる分散は**色収差**となる。　　　　　　（大槻義彦）

20. ソリトン

広い空間にわたって，エネルギーを失うことなく伝播（でんぱ）するパルス

20. ソリトン

波で,衝突しても壊れず粒子的なふるまいをする波の"塊"をソリトンという。

この種の波の塊を初めて水面上で観測したのは,ラッセル(J. S. Russell)であるといわれる(1834年)。その後60年ほどして,コルトヴェーク(D. J. Korteweg)とド・フリース(G. de Vries)は,水面の波に関して非線形の波動方程式

$$\frac{\partial u}{\partial t}+u\frac{\partial u}{\partial x}+\beta\frac{\partial^3 u}{\partial x^3}=0$$

を提出した(**KdV方程式**)。この形の波動方程式は,

$$u=a\,\mathrm{sech}^2(\sqrt{a/12\beta}\,(x-vt)),\quad v=\frac{a}{3}$$

で与えられる孤立波の解をもつ。

1965年,ザブスキー(N. J. Zabusky)とクルスカル(M. D. Kruskal)は,KdV方程式を計算機実験で研究し,孤立波どうしの衝突ではそれらは形を変えず,粒子のようにふるまうことを示した。そこで彼らはこれをソリトンと名づけたのであった。

KdV方程式に限らず,物理現象を記述する方程式に適当な非線形項があると,波は局在し,ソリトン型の解が存在する。そのため,ソリトンは非線形現象を理解するうえで,きわめて有効なモデルである。

ソリトンが発生する系の運動を記述する方程式はさまざまな物理の分野にまたがり,現在では100近くの方程式が知られている。その中で,流体力学における**KdV方程式**,**非線形シュレーディンガー方程式**,**サイン-ゴルドン方程式**,**戸田格子**などは有名である。

統計力学的にはソリトン系は**非エルゴード的**であり,非線形系の統計力学を発展させるのに重要な考え方である。プラズマ物理学,流体力学などにおいては,媒質の分散効果によってソリトンが容易に形成され,イオン音波,浅水波などにソリトンが発生する。分散性の媒質での光の伝播,すなわち**非線形光学**における自己集束現象,屈折性結晶での光伝播における**光ソリトン**は最近急速に研究が発展した。また,結晶中の転位の運動,ジョセフソン接合中の磁束の運動などにもソリトンが発生し,これらはサイン-ゴルドン型のソリトンであることが知られている。

第11章 波　動

最近では素粒子論や生物物理学，天体物理学にまでソリトンの考えが持ち込まれ，その有効性が確かめられている。さらに光ソリトンは莫大な情報を運ぶものとして注目され，工学分野での応用の道が議論されている。

(大槻義彦)

21. 電子光学

電子は波動的性質（ド・ブロイ(de Broglie)波）をもち，その波長 λ (Å) は，

$$\lambda = \sqrt{\frac{150}{E}}$$

で表される。ここに，E は電子のエネルギー (eV) である。たとえば，150 eV のエネルギーをもつ電子の波長は 1 Å となる。このため，光波と同じような回折とか干渉効果がみられる。電子の波動光学，幾何光学は電子光学とよばれている。

電子は結晶格子で散乱されるとき回折や干渉を起こし，特定の方向で強い散乱，反射がみられる。これを**ラウエ-ブラッグ**(Laue-Bragg)・**スポット**という。格子の原子面の間隔を d，電子波の波長を λ とすると，

$$2d \sin \theta = m\lambda \quad (m=0, 1, 2, \cdots)$$

なる条件がラウエ-ブラッグ・スポットの方向を決める式となる。θ は入射方向と原子面のなす角である。これを**ラウエ-ブラッグ条件**という。また，このような現象，およびこの現象を利用した物質構造の研究法を**電子線回折**という。

電子線回折には，とくに表面を研究するための **LEED**（低速電子回折），物質内部を研究するための **HEED**（高速電子回折），また，これらの変形である **RHEED**（反射型高速電子回折）がある（図11-16）。

電子波を磁場を用いて屈曲させ，これによってレンズの役割をさせて組み立てた顕微鏡が**透過型電子顕微鏡**である（図11-17）。電子顕微鏡では光学顕微鏡より高い倍率と高分解能が得られる。現在では数Åの原子も見られるようになりつつある。

電子ビームを絞って試料にあて，ここから放出される2次電子のシグナルをつかまえ，これを走査する電子ビームと同期させてブラ

22. 非線形光学

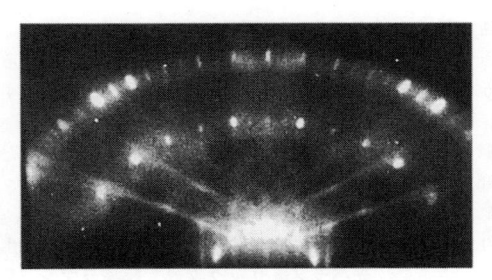

図 11-16 反射型高速電子回折像(RHEED)
(Si (100) 2×1)

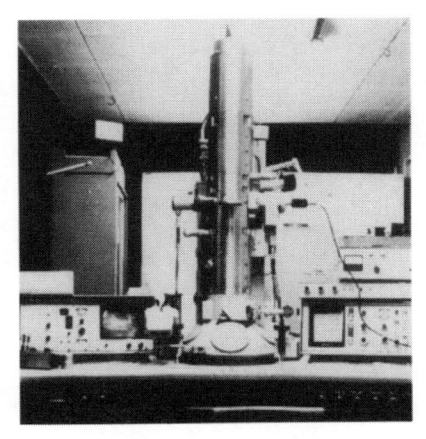

図 11-17 透過型電子顕微鏡

ウン管上に作図すると,やはり倍率の高い顕微鏡像となる。これを**走査型電子顕微鏡**という。

(大槻義彦)

22. 非線形光学

光,あるいは広く電磁波が物質にあたると,物質はそれに応じて反応(応答)する。たとえば,光を構成している電場を E とする

と，物質の電荷密度（あるいは分極）は変化するが，このときの分極の大きさはEに比例する．これを**線形応答**とよぶ．ところが，光の強度が強くなると，分極はEの2乗とか3乗とかに比例することになる．これを**非線形応答**とよぶ．

非線形応答になる場合の光の反射，透過，散乱，吸収などを研究する学問分野を非線形光学という．

非線形光学では，1個の光子が2個の光子に分解したり，逆に合体したりする．このため，**光高調波の発生**，**光混合波の発生**などが行われる．さらに，**光パラメトリック増幅**，**誘導ラマン**（Raman）**散乱**，**ブリユアン**（Brillouin）**散乱**，**多光子吸収**などがある．

（大槻義彦）

第12章 力　　学

第12章　力　　学

1. 運 動 学

運動学とは，物体の空間内に占めている位置が時間の経過に伴って変化する現象——物体の運動——を数学的に記述する方法であり，物体の運動を変化させる力には立ち入らない。つまり，物体を構成する各部分が，時空間の連続体の中にどのような軌跡を描いているかを記述するものである。

古く，エジプト人はナイル河が氾濫(はんらん)した後，耕地の境界線を引き直そうとしたことから幾何学が始まったといわれている。ここでは，基本的に土地の大きさは氾濫の前後で不変としている。幾何学のもとで不変な長さや広がり，立体の存在が仮定され，物体の大きさが決められる。物体の存在する場所がいわゆる空間であり，古典力学で取り扱う空間はユークリッド (Euclid) 幾何学によって定義される**3次元ユークリッド空間**である。

それでは，3次元ユークリッド空間内の任意の1点 P_1 をどのように表すか。それには**ベクトル表現**とその**座標表示**を用いると便利である。まず，空間内に基準となる原点Oを選ぶ。そして図12-1に示すように，原点Oを通り互いに直交する3本の直線 OX, OY, OZ を引く。これら3本の直線それぞれに原点Oを基準にして OX, OY, OZ の方向に正，逆の方向に負の値の長さの目盛りをつけたものが**デカルト座標系**であり，**直交座標系**ともいわれる。3本の基準

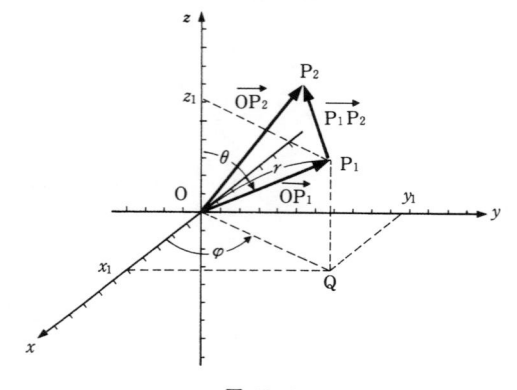

図 12-1

1. 運動学

線は x, y, z 軸とよばれる。点 P_1 の位置は, P_1 から x, y, z 軸へ下ろした垂線の足の読み x_1, y_1, z_1 で一意的に表され, 点 P_1 のデカルト座標は (x_1, y_1, z_1) であるという。また, x_1, y_1, z_1 をそれぞれ x, y, z 座標成分, または省略して x, y, z 成分という。

一方, 同じ点 P_1 は, O から P_1 へ向かって引いたベクトル $\overrightarrow{OP_1}$ によっても表せる。これは, 長さ $\overrightarrow{OP_1}$ という大きさと O から P_1 へという方向を兼ね備えた量で, 矢印で示される。ベクトル $\overrightarrow{OP_1}$ は**動径ベクトル**とよばれ, **球座標** (r, θ, φ) でも表されるが, これは 3 個の目盛りとして動径距離 r と, x 軸と OQ のなす方位角 φ, z 軸と $\overrightarrow{OP_1}$ のなす角, 天頂角 θ を選んだものである。2 つの座標間には, 図12-1 から明らかなように, $x_1 = r \sin \theta \cos \varphi$, $y_1 = r \sin \theta \sin \varphi$, $z_1 = r \cos \theta$ の関係がある。

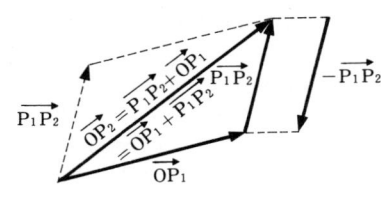

図 12-2

ところで, 2 つのベクトルが違った位置にあっても, 同じ大きさと同じ方向をもっていれば**同一のベクトル**であると定義する。したがって, あるベクトルを任意に平行移動したものももとのベクトルと同じベクトルである。次に, ベクトルの和と差を定義しよう。いま, O にあった物体が点 P_1 に, ついで点 $P_2(x_2, y_2, z_2)$ へ移動したとする。この移動は, 最初が $\overrightarrow{OP_1}$, 次が $\overrightarrow{P_1P_2}$ の 2 つのベクトルで表されるが, 一方, 全体としては 1 つのベクトル $\overrightarrow{OP_2}$ でも表される。そこで図12-2 に示すように $\overrightarrow{OP_1}$ と $\overrightarrow{P_1P_2}$ の**ベクトル和**を $\overrightarrow{OP_2}$ で定義すると, 2 つのベクトルの和は三角形の 1 辺で与えられる。以上述べた平行移動と加法の性質をもつものがベクトルである。

$\overrightarrow{P_1P_2}$ を始点が O に重なるまで平行移動すれば, 容易にわかるように $\overrightarrow{P_1P_2}$ の座標は $(x_2 - x_1, y_2 - y_1, z_2 - z_1)$ である。$\overrightarrow{OP_1}$ は (x_1, y_1, z_1), $\overrightarrow{OP_2}$ は (x_2, y_2, z_2) であるから, ベクトル和の定義は, デ

第12章 力　　学

カルト座標では成分間で和をとることに相当する。大きさ0で方向をもたないベクトルを**零ベクトル** $\mathbf{0} = (0, 0, 0)$ とし、任意のベクトル $\mathbf{A} = (A_x, A_y, A_z)$ に対し、大きさは同じだが、方向が逆のベクトルを**負ベクトル** $-\mathbf{A} = (-A_x, -A_y, -A_z)$ と定義すれば、ベクトルの減法は $\overrightarrow{P_1P_2} + (-\overrightarrow{P_1P_2}) = \mathbf{0}$, $\overrightarrow{OP_1} = \overrightarrow{OP_2} + (-\overrightarrow{P_1P_2}) = \overrightarrow{OP_2} - \overrightarrow{P_1P_2}$ とすることができる。このようにして決めたベクトル表現により、ユークリッド空間内の動かない物体や図形は数学的に記述することができる。

さて、時間経過に伴って移動する物体や変化する図形の運動を数学的に記述しよう。この**変化の相**はニュートン(Sir Isaac Newton)によって始められた**微分**とその逆演算である**積分**によってとらえられる。たとえば、高速道路を車でドライブするとしよう。ゲートを通過すると、ゆるくカーブしたアプローチをゆっくりと加速しながら走り、速度を上げ本線へ合流していく。このとき速度計の針は0からしだいに大きくふれていき、合流時には、たとえば80 km/hの目盛りを指しているであろう。もちろん、途中の速度計の読みはその瞬間の速度を示している。この車の運動をヘリコプターで上空から観察すれば、図12-3のように小さな物体Pが速度を増しながら曲線運動から直線運動へ移行していくのがみられよう。

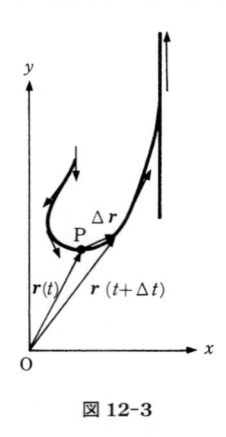

等速直線運動の速度は向きが直線の進行方向で、大きさが任意の時間間隔に進んだ距離をその時間間隔で割った値をもつベクトルである。しかし時々刻々に変化する速度ベクトルの定義はそれほど自明ではない。時刻 t のときの動径ベクトルを $\mathbf{r}(t)$ とすると、微小時間の Δt だけ経過した動径ベクトルは $\mathbf{r}(t + \Delta t)$ なので、この間の位置の変化量は $\Delta \mathbf{r} = \mathbf{r}(t + \Delta t) - \mathbf{r}(t)$ の**変位ベクトル**で表せる。変化量を Δt で割った比 $\Delta \mathbf{r} / \Delta t$ は時刻 t と $t + \Delta t$ 間の**平均速度ベクトル**である。連続な変化では Δt を無限小にしてもこの比の極限値が存在し、その値を時刻 t におけるPの**速度ベ**

図 12-3

1. 運 動 学

クトル $v(t)$ と定義する。つまり，

$$v(t) = \lim_{\Delta t \to 0} \frac{\Delta r}{\Delta t} = \frac{dr}{dt} \tag{1}$$

である。このベクトルの大きさが速度計の示す値であり，向きは定義から曲線の接線方向である。

また，v の大きさを v で表せば，Δt 間に P の進んだ距離は，曲線の軌跡を直線で近似して $v\Delta t$ となり，図12-4 の1本の柱で示される。したがって，時刻 T までに進んだ距離は，Δt ごとの柱を多数寄せ集めた図の斜線部分で近似できる。Δt を無限小にすれば，当然，柱の数は無限大となり，その和は無限に細い柱を無限個寄せ集めたものになる。この和の極限値は存在し，0 から T までの間に横軸 (t) と速さ $v(t)$ の曲線とで挟まれた部分の面積になる。つまり，

$$S = \lim_{\Delta t \to 0} \sum_{t=0}^{T-\Delta t} v(t) \Delta t = \int_0^T v(t) \, dt \tag{2}$$

であり，この積分値が**走行距離**で，車のメーターの数値となって表示される。また，同様に $v(t) \Delta t$ のベクトル和も定義でき，これは P の走行距離ではなく，0 から T までの位置の変位ベクトル

$$r(T) - r(0) = \int_0^T v(t) \, dt \tag{3}$$

を与える。

最後に，速度の時間変化も同じように取り扱える。各瞬間瞬間，軌跡の各点の接線方向に決められた速度ベクトル $v = (v_x, v_y, v_z)$

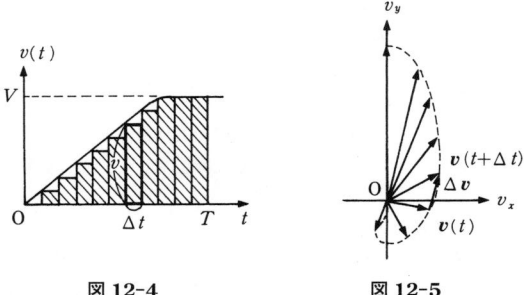

図 12-4 　　　　図 12-5

を，図12-5のように原点Oに平行移動して寄せ集める。基準の目盛りは距離ではなく，速度ベクトルの x 成分 v_x, y 成分 v_y, z 成分 v_z であるから，この空間は同じ3次元ユークリッド空間でも**速度空間**である（図12-5は2次元速度空間）。

時間の経過につれて速度ベクトルの先端は連続曲線を描く。この**軌跡**を**ホドグラフ**という。この図から推測されるように，速度ベクトルの時間変化も動径ベクトルの場合と同じように定義できる。t から $t+\Delta t$ 間に $\boldsymbol{v}(t)$ から $\boldsymbol{v}(t+\Delta t)$ へ変化したとすると，変化量 $\Delta \boldsymbol{v} = \boldsymbol{v}(t+\Delta t) - \boldsymbol{v}(t)$ を Δt で割った比 $\Delta \boldsymbol{v}/\Delta t$ は**平均加速度**である。連続なホドグラフの場合は，Δt を無限小としてもこの比の極限値が存在し，それを**加速度ベクトル** $\boldsymbol{\alpha}(t)$ という。つまり，

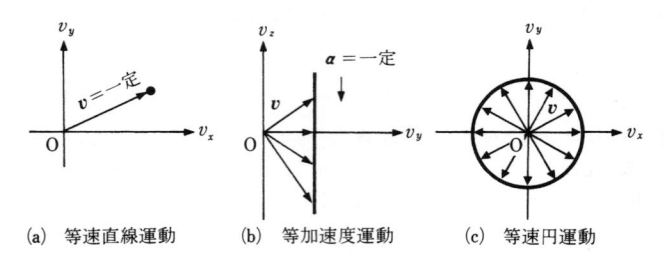

(a) 等速直線運動　　(b) 等加速度運動　　(c) 等速円運動

図 12-6

$$\boldsymbol{\alpha}(t) = \lim_{\Delta t \to 0} \frac{\Delta \boldsymbol{v}}{\Delta t} = \frac{d\boldsymbol{v}}{dt} = \frac{d^2 \boldsymbol{r}}{dt^2} \tag{4}$$

である。そして $\boldsymbol{\alpha}(t)\Delta t$ の柱を無限個寄せ集めれば，0から T までの速度ベクトルの変化量

$$\boldsymbol{v}(t) - \boldsymbol{v}(0) = \int_0^T \boldsymbol{\alpha}(t)\,dt \tag{5}$$

が与えられることは，速度ベクトルの積分の場合と同じである。簡単な運動のホドグラフの例を図12-6に示した。　　　　（大場一郎）

2. 惑星の運動と万有引力

天体の運動は誰にでも容易に観測できる身近な自然現象であり，しかもきわめて規則正しい。そのうえ季節の移り変りと密接に関係

2. 惑星の運動と万有引力

しているため,有史以前から天体の運行は観測されており,その運動法則が追究され,いろいろな宇宙論が作られてきた。2世紀のエジプト,アレキサンドリアのギリシア人プトレマイオス・クラウディオス (Ptolemaeus Claudius) は,地球中心の天動説としてそれまでの仕事を集大成した。恒星は天球にはりついて運動し,星座の形や配置は変わらない。惑星はそれぞれ小さな円周上を動くが,その回転中心はさらに惑星ごとに半径の異なる大きな円周上を動く。小さな円は周転円,大きな円は搬送円とよばれる。それらの搬送円の中心がすべて地球あるいは地球からごくわずか離れた位置にあるとするものである。このプトレマイオスの**天動説**とよばれる宇宙論は,コペルニクスの出現に至るまで長い間信じられてきた。

16世紀初頭,ポーランドの聖職者ニコラウス・コペルニクス (Nicolaus Copernicus) は,それまでの天体運行の観測結果がプトレマイオス理論では説明できないことから,地球自体の運動を考え始め,太陽中心の**地動説**をとるようになった。すなわち,地球も含めて全惑星は太陽を中心として円運動しているとするものである。天動説では惑星がそれぞれ周転円運動しなければならないが,地動説では,それらは地球の運動による見掛け上のもので,太陽を中心とする地球の公転運動1つに帰着される。この画期的な考えが『天体の回転について』として出版されたのは,彼の死の直前の1543年であった。コペルニクスの理論は内容的にすぐれていたが,円運動に固執する限り,観測値とのあまりよい一致は得られなかった。この意味でコペルニクスの理論は修正される必要があったが,それを成し遂げたのは,ドイツ人の不遇な天文学者ヨハネス・ケプラー (Johannes Kepler) であった。

1599年,ケプラーはデンマーク生まれの天文学者ティコ・ブラーエ (Tycho Brahe) の計算助手としてプラハへ赴いた。当時プラハには神聖ローマ帝国の宮廷がおかれ,ティコはルドルフ2世の庇護のもとにあった。ケプラーは,師の集積した最高精度の観測資料を分析して惑星軌道を計算することに取り組んだ。1601年,ティコの死後も観測資料が譲り渡され,火星軌道の精密計算に没頭した。その結果,まず地球の運動から,地球の近日点での速度は遠日点の速度より速く,太陽からの動径に逆比例することを見いだした。こ

れを軌道上の任意の場所で成立する関係式へと拡張し、**面積速度一定の法則**を得ている。ここで面積速度とは、図12-7に示すように、物体Pが点Oのまわりを運動し、動径ベクトル $\overrightarrow{OP}$ が単位時間に $\overrightarrow{OP'}$ に変化したとき、OP, OP′と弧 $\overline{PP'}$ によって囲まれた面積 dS/dt をいう。動径 r と方位角 φ で表せば、$dS/dt = (1/2)r^2 d\varphi/dt$ となる。

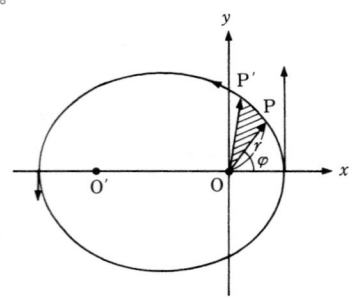

図 12-7

ついで火星軌道を決定していくと、それが円ではあり得ないことがわかった。まず最初に卵形軌道を想定したが、この軌道では面積速度一定の関係が成り立たない。苦悩し模索した結果、求める軌道が楕円であることに気がついた。こうして火星軌道の分析から惑星運動に関するケプラーの第1、第2法則が発見され、1609年に『新天文学』として発表された。まとめると次のようになる。

第1法則：すべての惑星は太陽を1つの焦点とする楕円軌道を運動する。

第2法則：太陽を中心とする惑星の動径ベクトルが等しい時間に掃く面積は一定である。

さらにケプラーは、太陽から遠い惑星ほどその公転周期が長いことを定式化しようとした。長期にわたる思索のすえ、1618年、周期の2乗が楕円軌道の長径の3乗に比例することを見いだし、翌年『宇宙の調和』という著書に発表した。これは、

第3法則：惑星の周期の2乗と楕円軌道の長径の3乗との比はすべての惑星について等しい。

3. ニュートンの力学法則

　これらのケプラーの法則は,太陽こそが惑星の運行に重要な役割を果たしていることを示す。第1法則によれば,すべての惑星の軌道面は太陽を楕円の1つの焦点として共有している。つまり,太陽の位置する1点ですべての軌道面が互いに交差している。第3法則によれば,太陽から遠い軌道を運行している惑星ほどゆっくり運動している。さらに第2法則によれば,同じ惑星でも太陽に近づくと速度が増加し,遠ざかると減少している。これらのことからケプラーは,すべての惑星の運動は太陽の重力によって支配され,その作用の強弱は動径の大小によるのだと考えた。この力こそ**万有引力**であり,それを明らかにしたのがニュートン (Sir Isaac Newton) であった。

　事実,ニュートン力学によれば,第2法則は**角運動量保存則**に対応し,力が動径ベクトル方向に平行な中心力であることを示す。角運動量一定と楕円軌道であることを使えば,その中心力 f は,大きさが惑星の質量 m に比例し,動径 r の2乗に反比例する引力であることがわかる。さらに第3法則を使えば,その比例係数 k が惑星には無関係であることも示すことができ, $f = -km/r^2$ となる。ここで太陽と惑星のあいだで作用反作用の法則が成り立ち,太陽も同じ引力を受けるので, k は太陽の質量 M にも比例するはずであるから $k = GM$ となる。したがって,太陽と惑星間に働く引力は $f = -GMm/r^2$ となるが,この引力が質量のある2物体間すべてに働くとするのが万有引力の法則である。ここで, G は**万有引力定数**といわれ,

$$G = (6.67259 \pm 0.00085) \times 10^{-11} \, \text{m}^3/\text{kg} \cdot \text{s}^2$$

である。

（大場一郎）

3. ニュートンの力学法則

　3次元ユークリッド (Euclid) 空間の中で,物体がその占めている位置を,時間が経過するとともにどのように変化していくかを記述する方法が**運動学**である。現実の物体はじつにさまざまな運動をするが,運動学ではその原因が明らかでない。運動状態が持続したり変化したりするときには,運動学にはない重要な概念「**慣性**」と「**力**」が関係しており,これらのかかわり合いを規定するのが**力学**

第12章　力　学

である。ニュートン（Sir Isaac Newton）は，1687年に出版した『自然哲学の数学的諸原理』（略称『プリンキピア』）の中に，これらを運動の3法則として次のようにまとめている。

法則I：すべての物体は，その静止の状態，あるいは直線上の一様な運動状態を外力によって変えられない限り，そのままの状態を続ける。

法則II：運動の変化は，それが及ぼされる起動力に比例し，力が及ぼされる直線の方向に行われる。

法則III：作用に対し反作用はつねに逆向きで相等しい。あるいは，2物体の相互の作用はつねに相等しく正反対である。

法則Iがいわゆる**慣性の法則**であり，物体は，力によって強制されない限り，静止していれば静止し続け，動いていれば等速直線運動し続けるというものである。静止の場合は当然としても，われわれが経験している身近な現象では，力が補給されない限り，物体が運動していてもしだいに減衰してしまう。実際，アリストテレス以来，すでに秩序が実現されている天体の運行や固有の場所へ向かって移動していく落体の運動のような，いわゆる「自然運動」以外は，強制する力がなくなれば運動は終わるものであると長いあいだ考えられてきた。

このようなアリストテレスの形而上的呪縛を解いて，実験をよりどころとする近代科学の端緒を開いたのが，ガリレイ（Galileo Galilei）であった。ピサの斜塔で行われたといわれるガリレイの落体実験は有名であるが，実際は落体運動の速度変化，つまり加速度まで調べようとして，斜面をころがる球の実験を巧みに工夫している。こうすると，斜面に沿っての加速度が重力加速度より水平面との傾斜角の正弦分だけ小さくなるからである。さらにガリレイは，『天文学対話』の中でこの装置を使った思考実験を行い，慣性の法則を導いている。

いま，水平面に少し傾けて，鋼鉄のように硬い材質の鏡のように滑らかな面を用意する。この面上に青銅のように重く硬い材質の球をのせて手を離す。球は下方に加速しながら面の続く限り運動していく。次に球を傾斜面の上方へ衝撃的に押し出す。球は上方に動くが次第に遅くなるであろう。それでは水平面に平行な面上ではどう

3. ニュートンの力学法則

なるであろうか。球を面上にそっと置けば、下方へ行く運動もしないし、もちろん上方に運動もしていないので運動に対する抵抗もなく、球は静止し続ける。同じ水平な面上でどちらかの方向に衝撃が与えられたらどうなるであろうか。加速の原因も減速の原因もないので、面の続く限り衝撃が与えられた方向に運動し続けるであろう。

以上がガリレイが慣性の法則を導き出した論法であった。しかし、ガリレイのいう平面とは地平面に平行な面、つまり地球の同心球面であって、慣性運動とは等速円運動のことであり、正しく直線運動と考えたのはニュートンであったことは注意すべきである。

法則IIはニュートンの**運動方程式**といわれるものである。ここで、運動の変化とは**運動量**の変化、つまり運動量の時間微分であり、運動量 $\boldsymbol{p}$ は質量 m と速度 $\boldsymbol{v}$ の積 $\boldsymbol{p}=m\boldsymbol{v}$ のことである。質点に及ぼされる力を $\boldsymbol{f}$ とするとこの法則は、運動方程式

$$\frac{d\boldsymbol{p}}{dt}=\frac{d}{dt}(m\boldsymbol{v})=\boldsymbol{f} \tag{6}$$

と表される。特殊相対論によれば、速度が光速 c に近いくらい大きくなると、有効な質量は速度とともに増加するとみなすこともできるが、ミクロの世界などを別にすれば、多くの場合、この効果は無視できる。このような非相対論的世界（$v \ll c$）では有効な質量も一定としてよい（相対論的世界でも静止質量は一定である）。すると運動方程式は、

$$m\frac{d^2\boldsymbol{r}}{dt^2}=\boldsymbol{f} \tag{7}$$

となる。つまり、運動の変化の相を示す加速度と力の関係をつけている。力が与えられたとして、数学的にみれば、運動方程式は質点の位置ベクトルの時間に関する2階の微分方程式である。この解は初期時刻、たとえば $t=0$ における位置ベクトル $\boldsymbol{r}$ とその微分である速度ベクトル $\boldsymbol{v}$ の値が与えられれば一意的に求められる。これが古典力学における**因果性**である。そしてまた、逆にいえば $\boldsymbol{r}(t)$ の時間変化、つまり運動の形態は初期条件によって、力が同一であってもじつにさまざまな様子をとることができる。

法則IIIは、多数の物体が相互に力を及ぼし合いながら運動する場

合に適用される。ここでいう作用とは力のことであり、この法則により広がりをもった物体の運動をその重心の運動に代表させて議論することができる。つまり、複数の物体がそれらの物体間だけで力を及ぼし合い、この系の外からは力が働かないとき、法則IIIを使って運動方程式を立てると、この物体系の重心は静止しているか、等速直線運動を続けることが導ける。さらに、この系に外から力が働くときは、重心をあたかも全質量をもつ質点とみなした運動を調べればよいことがわかる。つまり、この法則が、質量だけをもち、それ自身の大きさをもたないような**質点**の概念の正当性を保証している。

(大場一郎)

4. 単位と次元

物理学は物理量を定量的に測定し、それに基づいて自然法則を推論していく科学である。ケルヴィン卿（Lord Kelvin）は、「よく私がいうことだが、対象物を測定し、数量的に表記して初めて対象物をかなり理解したことになる。それに対し、数量的に表記できなければ、貧弱で不満足な理解となる。理解する始まりかもしれないが、問題が何であれ、頭の中ではほとんど科学の段階に発展はしていないのである」と、定量的測定と合理的推論の重要性を指摘している。

物理量を測定するには、まず量の単位を定めなければならない。物差しの目盛りをつけるわけである。ついでこの単位量と対象物を比較して、たとえば単位の2.5倍あるいは2/3倍などと表記する。運動学の節（§1）で述べたように、力学では3次元空間と時間が用意されていなければならない。そこで、空間の性質を決める2点間の距離、つまり**長さの単位**と**時間の単位**を定める必要があるが、1メートル［m］あるいは1センチメートル［cm］（1 cm＝1/100 m）と1秒［s］の単位が使われるのが普通である。

はじめ子午線の北極から赤道までの距離の1000万分の1を1mと定義し、実用上、X形断面をもつ白金・イリジウム製棒上に間隔1mの2本の線を刻み**国際メートル原器**とした。現在では、原器の経年変化あるいは紛失などを避けるため、原子の世界に基準を選んでいる。1960年、^{86}Kr原子が$5d_5$準位から$2p_{10}$準位へ遷移するさ

4. 単位と次元

いに放射する光の波長を原器と比較し、その1,650,763.73倍を1mと定義した。この定義の採用で、単位の精度は10^{-8}になる。長さの単位としては、このほかに、たとえば素粒子・原子核での1フェムトメートル(fm)＝10^{-15} m（＝10^{-13} cm）や、天文学での1パーセク(pc)＝$3.086×10^{16}$ mなど、極微や長大なスケールもあるが、人間の身長は子どもから大人まで1m台であることからわかるように、メートルは通常の世界では都合のよい単位である。

時間の単位は、古くは太陽の運行をもとにして決められた。24時間＝(60×60×24) 秒だから、**平均太陽日**の86,400分の1を1秒とした。大人の平均脈拍数は毎分ほぼ70前後だから、心臓の鼓動周期は1秒弱である。また、周期を1秒とする単振り子の長さは約25 cmであるが、これは昔の柱時計の振り子の大きさから納得できよう。実用的時計として現在では、水晶 (quartz) の固有振動を利用したクォーツ時計が多く用いられている。

しかし、平均太陽日から決めた時間の単位は精度が低く、変動もするので、1967年に原子時を採用した。^{133}Cs原子の基底状態には2つの超微細構造があるが、その準位間に遷移が起こると光が放射される。この光の周期の9,192,631,770倍の時間を1秒と定義している。この原子時で較正すれば、クォーツ時計を10^{-11}程度の精度をもつ標準時計として使用できる。

以上で長さと時間の単位は決められたが、力学では、このほかに質量の単位が必要である。質量の単位は、現在でも**国際キログラム原器**の質量が1キログラム [kg] であると定義されている。1 kgの1/1000が1グラム [g] である。まず1799年、4℃の水1リットル [l] の質量をもとに白金円柱のキログラム標準器が作られたが、その後1899年、現在の白金・イリジウム製の原器に変更された。世界各国には、10^{-8}の精度で多数の同様な原器が製作され配分されており、その国での質量の基準として使われ、保管されている。

力学では、以上の長さ、質量および時間の単位を**基本単位**という。他の物理量の単位はその定義式を使えば、基本単位の掛算や割算（あるいはまたベキ根）で定められ、**誘導単位**とよばれる。基本単位と誘導単位の集合を、その基本単位に基づく**単位系**という。普

通使われるのは,長さにm,質量にkg,時間にsをとった**MKS単位系**と,cm,g,sをとった**CGS単位系**である。たとえば,ニュートン(Newton)の運動方程式から力の誘導単位は,CGS系でg·cm/s² = ダイン[dyn],MKS系でkg·m/s² = ニュートン[N]($=10^5$ dyn)となる。電磁気学では,このほかに電流の単位アンペア[A]を加えた**MKSA単位系**が使われる。この単位系を発展させたものとして,温度の単位ケルビン[K]と光度の単位カンデラ[cd]を加えた**国際単位系**(International System of Units,略称SI)も使われる。

いま,長さL,質量M,時間Tを基本量とするとき,ある物理量Qが$Q = kL^\alpha M^\beta T^\gamma$($k$は数係数)と定義できるとき,$Q$の**次元**を,

$$[Q] = [L^\alpha M^\beta T^\gamma]$$

と書き,α, β, γを順にQの長さ,質量,時間に関する次元という。たとえば,角度は$[L^0]$で無次元量,力は$[LMT^{-2}]$である。物理関係式は同次元の物理量間だけに成り立っているので,物理量の次元を比較し,単位の換算,式のチェック,未知の物理量の次元決定などが容易に行える。

また,同種の物理量は同次元であることを利用して,自然現象を解析することもできる。たとえば,長さl cmの単振り子の周期T sと重力加速度gの関係を求めてみよう。$[g] = [LT^{-2}]$だから,$[\sqrt{g/l}] = [T^{-1}]$となる。したがって,周期の次元$[T]$をもつ量$\sqrt{l/g}$を使って,$T = k\sqrt{l/g}$と書けることがわかる。この方法を**次元解析**というが,数係数$k(=2\pi)$までは定められない。

(大場一郎)

5. 運動量の保存則

いま,図12-8に示すように,速度v_A, v_Bで摩擦のない水平面上を運動している質量m_A, m_Bの2物体A,Bが時刻$t=0$で衝突したとしよう。ごくわずかな時間のあいだ,A,Bは互いに力を及ぼし合いながら接触し,$t=T$のとき,速度v_A', v_B'で分離する。このとき,BからAに及ぼされる**衝撃力**$F_A(t)$は,ほぼ図12-9(a)のように変化するであろう。ニュートン(Newton)の運動方程式(6)を使って,Aの運動量の変化を求めてみる。時間間隔TをN

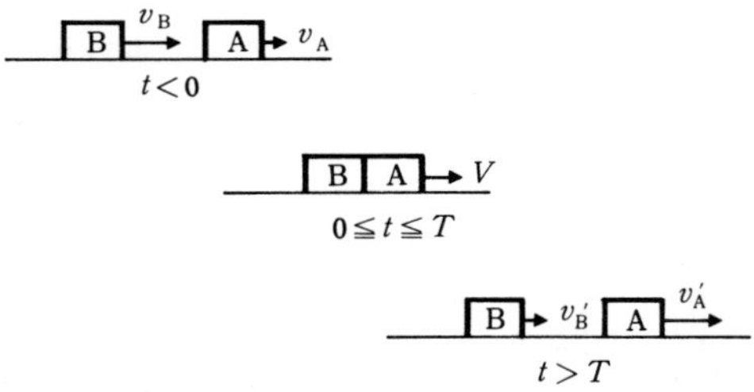

5. 運動量の保存則

図 12-8

等分し，$\Delta t = T/N$ とすると，i 番目の時刻 t_i は $t_i = i \cdot \Delta t$ となる。$t_0 = 0$，$t_N = T$ である。t_i と t_{i+1} のあいだの平均的な力を $\overline{F_A}(t_i, t_{i+1})$ と書くと，この間の速度の変化は(6)式から，

$$m_A \frac{v_A(t_{i+1}) - v_A(t_i)}{\Delta t} = \overline{F_A}(t_i, t_{i+1}) \tag{8}$$

となるので，運動量変化は，

$$m_A v_A(t_{i+1}) - m_A v_A(t_i) = \overline{F_A}(t_i, t_{i+1}) \Delta t \tag{9}$$

と求められる。(9)式の右辺に現れた量（力×時間）は**力積**とよばれ，図12-9(a)に示された t_i と t_{i+1} 間の柱の面積に対応する。(9)式の両辺を $i=0$ から $i=N-1$ まで加え合わせると，

$$m_A v_A' - m_A v_A = \sum_{i=1}^{N-1} \overline{F_A}(t_i, t_{i+1}) \Delta t \tag{10}$$

となり，右辺は図12-9(a)の柱の総和である。$N \to \infty$ の極限では $\overline{F_A}$ は F_A に近づくので，(10)式は，

$$m_A v_A' - m_A v_A = \int_0^T F_A(t) \, dt \tag{11}$$
$$= (F_A \text{の曲線と時間軸の囲む面積})$$

と表せる。つまり，**運動量の変化**は，その間に加えられた**力積の総和**に等しい。同様にAからBに及ぼされる力を $F_B(t)$ とすれば，Bの運動量変化は，

$$m_B v_B' - m_B v_B = \int_0^T F_B(t) \, dt \tag{12}$$

となる。

第12章　力　学

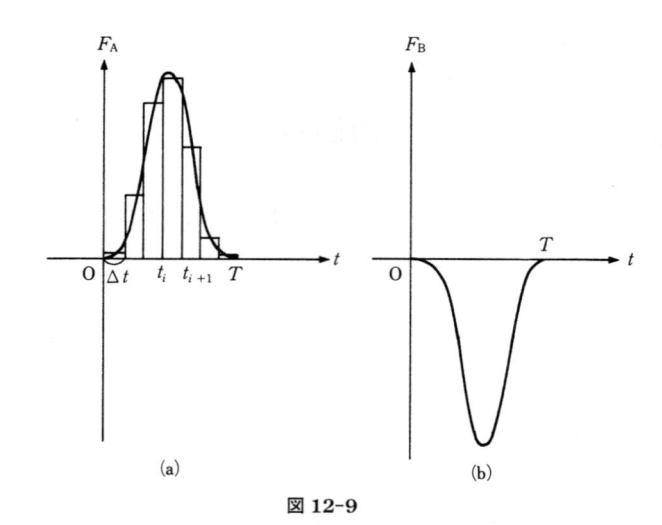

(a)　(b)

図 12-9

ところで，ニュートンの第3法則によれば，AB間に働く力に関して，時々刻々に関係式

$$F_A(t) = -F_B(t)$$

が成り立っている。したがって，(11)式と(12)式から，

$$m_A v_A' + m_B v_B' = m_A v_A + m_B v_B \tag{13}$$

となる。AとBの運動量は $p_A = m_A v_A$, $p_B = m_B v_B$ であるから，この(13)式は全運動量

$$P = p_A + p_B \tag{14}$$

が衝突の前後で変わらないことを示している。3次元運動では全運動量

$$\boldsymbol{P} = \boldsymbol{p}_A + \boldsymbol{p}_B = m_A \boldsymbol{v}_A + m_B \boldsymbol{v}_B \tag{15}$$

が一定となること，すなわち，**全運動量の保存則**が成立することも同様に示すことができる。

AとBの座標ベクトルを $\boldsymbol{r}_A, \boldsymbol{r}_B$ とすると，AとBからなる系の重心座標は $\boldsymbol{R} = (m_A \boldsymbol{r}_A + m_B \boldsymbol{r}_B)/M$，重心の速度は $\boldsymbol{V} = d\boldsymbol{R}/dt$ だから，(15)式は，

$$\boldsymbol{P} = M\boldsymbol{V} = M\frac{d\boldsymbol{R}}{dt} = \text{一定} \tag{16}$$

と書くことができる。ただし，$M = m_A + m_B$ は系の全質量である。

(16)式は，AとBの間だけに作用する内力は働くが，系の外から加えられる外力が働かない限り，重心は静止状態が一様な等速直線運動を続けることを示している。これは，2物体だけでなく，多数の質点から構成される複雑な系にも容易に拡張できる。すなわち，一般に，系に内力だけが働いている場合には，全運動量は保存され，重心は一様な等速直線運動を行う。これは，内力に関する第3法則からの重要な帰結である。

（大場一郎）

6. 力とその性質

力はニュートン（Newton）の第2法則において，物体の運動状態を変化させる作用として定義されたベクトルである。力には**作用点**があり，多数の力が1つの作用点に働く場合の**合力**は，それらの力のベクトル和となる。作用点が3次元的に分布する場合の力を**体積力**，2次元的に分布する場合の力を**面力**という。たとえば，連続物体に働く重力は体積力であり，気体の圧力は面力であるが，これらの力は単位体積当たり，あるいは単位面積当たりのベクトルで表せる。このようにベクトルで表現すれば，体積力や面力の合力もそれぞれのベクトル和となる。

力には大別すると**近接力**と**遠隔力**がある。§5で述べた衝撃力は，物体AとBが衝突して両者が接触しているあいだだけ互いに力を及ぼし合う近接力である。巨視的にみる限り，近接力は相互の距離が無限に小さいと考えられるときだけに働く**近接作用**である。電磁場中を運動する荷電粒子に働くローレンツ（Lorentz）力や粘性流体中を運動する物体に働く抵抗力などは近接力である。これに対し，遠隔力は，ある物体が遠く離れた物体に直接かつ瞬間的に力を及ぼすもので，**遠隔作用**である。万有引力やクーロン（Coulomb）力がその例である。

万有引力は，§2で説明したように，質量 m_A, m_B，座標ベクトル $\boldsymbol{r}_A, \boldsymbol{r}_B$ の質点A，Bからなる系において，BがAに及ぼす引力は，

$$\boldsymbol{f}_{\mathrm{AB}}^{(\mathrm{G})} = -Gm_{\mathrm{A}}m_{\mathrm{B}}\frac{\boldsymbol{r}_{\mathrm{A}}-\boldsymbol{r}_{\mathrm{B}}}{|\boldsymbol{r}_{\mathrm{A}}-\boldsymbol{r}_{\mathrm{B}}|^{3}} \tag{17}$$

となる。(17)式の右辺は添字A, Bについて反対称だから, AがBに及ぼす引力 $\boldsymbol{f}_{\mathrm{BA}}^{(\mathrm{G})}$ は,

$$\boldsymbol{f}_{\mathrm{BA}}^{(\mathrm{G})} = -\boldsymbol{f}_{\mathrm{AB}}^{(\mathrm{G})} \tag{18}$$

となり, 遠隔力の万有引力もニュートンの第3法則を満たしている。このように, 一般に近接力であるか, 遠隔力であるかにかかわらず, 物体間に実際に作用している力は第3法則を満たしていなければならない。

あとの2つは, 電磁気学で詳しく説明されている電磁相互作用力である。電荷 $q_{\mathrm{A}}, q_{\mathrm{B}}$ の静止している2つの荷電粒子間に働く静電気力 $\boldsymbol{f}_{\mathrm{AB}}^{(\mathrm{e})}$ と, 磁荷 $m_{\mathrm{A}}, m_{\mathrm{B}}$ の静止している2つの磁極間に動く静磁気力 $\boldsymbol{f}_{\mathrm{AB}}^{(\mathrm{m})}$ は, Aに及ぼされる力としてそれぞれ,

$$\boldsymbol{f}_{\mathrm{AB}}^{(\mathrm{e})} = \frac{q_{\mathrm{A}}q_{\mathrm{B}}}{4\pi\varepsilon}\frac{\boldsymbol{r}_{\mathrm{A}}-\boldsymbol{r}_{\mathrm{B}}}{|\boldsymbol{r}_{\mathrm{A}}-\boldsymbol{r}_{\mathrm{B}}|^{3}} \tag{19}$$

$$\boldsymbol{f}_{\mathrm{AB}}^{(\mathrm{m})} = \frac{m_{\mathrm{A}}m_{\mathrm{B}}}{4\pi\mu}\frac{\boldsymbol{r}_{\mathrm{A}}-\boldsymbol{r}_{\mathrm{B}}}{|\boldsymbol{r}_{\mathrm{A}}-\boldsymbol{r}_{\mathrm{B}}|^{3}} \tag{20}$$

と表され, 電気, 磁気に関するクーロン力とよばれる。ただし, ε, μ はそれぞれ媒質の誘電率, 透磁率である。また, 磁石などの磁極にある磁荷は単独ではとり出せないが, それは磁気単極子が存在しないと信じられていることに符合する。万有引力と同じく, いずれも物体間の距離の逆2乗に比例しているが, 大きさはまったく異なる。たとえば, 水素原子を構成している陽子と電子間に働く重力とクーロン力の比は,

$$f^{(\mathrm{G})}/f^{(\mathrm{e})} = 4\pi\varepsilon_{0}Gm_{\mathrm{e}}m_{\mathrm{p}}/e^{2} = 4\times 10^{-40} \tag{21}$$

となり, 原子・分子の世界では重力相互作用はまったく無視してよい。ただし, $m_{\mathrm{e}}, m_{\mathrm{p}}$ はそれぞれ電子, 陽子の質量, e は素電荷である。これに対し, 惑星の運動などの天体現象では重力相互作用が主で, 電磁相互作用は無視できる。その理由は, 通常の物質はほとんどが電気的に中性であり, 正電荷と負電荷がほぼ同量だけ存在し, マクロなケースでの電磁相互作用は打ち消し合うのに対し, 重力相互作用では, すべての質量が強め合う方向に寄与するからである。

以上の万有引力やクーロン力は, (17), (19), (20)の各式の表現

から明らかなように遠隔力である。これらに対し,電場 $\boldsymbol{E}(\boldsymbol{r}, t)$, 磁束密度 $\boldsymbol{B}(\boldsymbol{r}, t)$ の中を速度 $\boldsymbol{v}(t)$ で運動している電荷 q をもつ荷電粒子には,ローレンツ力

$$\boldsymbol{f}(\boldsymbol{r}(t))=q[\boldsymbol{E}(\boldsymbol{r}, t)+(\boldsymbol{v}(t)\times\boldsymbol{B}(\boldsymbol{r}, t))]_{\boldsymbol{r}=\boldsymbol{r}(t)} \tag{22}$$

が働く。ただし,$\boldsymbol{r}(t)$ は時刻 t における荷電粒子の座標ベクトルである。(22)式は,荷電粒子に働く電磁力がその瞬間に粒子の存在している場所での電磁場の値によって与えられること,つまり,ローレンツ力が近接力であることを示している。

いままで,近接力と遠隔力は概念的にはっきりと区別できるものとしてきたが,実際はそうでもなく,便宜的な区別にすぎない。たとえば,電気に関するクーロン力は,**場**の概念を導入すれば,近接力とみなせる立場がとれる。電荷 q_B が場 $\boldsymbol{r}$ に作る静電場は,

$$\boldsymbol{E}_B(\boldsymbol{r})=\frac{q_B}{4\pi\varepsilon}\frac{\boldsymbol{r}-\boldsymbol{r}_B}{|\boldsymbol{r}-\boldsymbol{r}_B|^3} \tag{23}$$

であるから,電荷 q_A の物体に働くクーロン力は,(22)式の括弧中の第1項に対応して,

$$\boldsymbol{f}_{AB}^{(e)}=q_A\boldsymbol{E}_B(\boldsymbol{r}_A) \tag{24}$$

と書くことができ,これは近接力とみなせる。アインシュタイン (Einstein) の一般相対性理論によれば,万有引力も近接作用として重力理論に組み入れることができる。

素粒子・原子核に関係する弱い相互作用・強い相互作用の力を除外すれば,原子間力,分子間力,各種の抵抗力などは,重力相互作用と電磁相互作用から原理的には導かれるはずのものである。とはいうものの,現象論的によく使われている力として,**フック (Hooke) の法則**に従う変位に比例する復元力,運動を妨げる抵抗力などがある。抵抗力は速度の反対方向に働く。固体表面に接して運動する物体には,大きさが速さに依存しない**運動摩擦力**が働く。流体中を運動する物体には,速さが小さい場合,大きさが速さの1乗に比例する**ストークス (Stokes) 抵抗**が,大きくなると,2乗に比例する**ニュートン抵抗**が働く。

慣性系におけるニュートンの運動方程式には物体に作用しているこれらの真の力だけが現れ,これらの力は第3法則を満たしている。しかし,加速度運動をしている座標系で運動方程式を立てる

第12章 力　　学

と，これらの真の力以外に加速度運動をしているために現れてくる力がある。それらは系を構成する質点（物体）間に本当に働いている力ではなく，第3法則が適用できない。この意味で**見掛けの力**であり，直線的な加速度運動における**慣性力**，回転運動における**遠心力**や**コリオリ**(Coriolis)**の力**などがその例である。　　　　　（大場一郎）

7. 線形な系と重ね合せの原理

§3で述べたように，運動の状態は時間に関する2階の微分方程式で表される。たとえば，1質点の x 座標成分は，

$$P(t)\frac{d^2x}{dt^2}+Q(t)\frac{dx}{dt}+R(t)x=f_x(t) \tag{25}$$

のような微分方程式を満たす。ここで，左辺の第1項は（時間とともに変化する）質量と加速度の積，第2項は抵抗力など速度に比例する力，第3項は変位に比例するフック (Hooke) の復元力などを想定すればよい。P, Q, R は定数，あるいは時間だけに依存する関数であり，$f_x(t)$ は座標ベクトル r には無関係な外力である。とくに $f_x=0$ の場合，(25)式を**2階の同次線形微分方程式**といい，$f_x\neq0$ の場合，**非同次線形微分方程式**という。

微分演算子の1次結合

$$\Lambda_t=P(t)\frac{d^2}{dt^2}+Q(t)\frac{d}{dt}+R(t)$$

を定義するとこれは未知関数 $x(t)$ には無関係である。$g_1(t)$ と $g_2(t)$ を時間 t の関数とし，a, b を定数とすると，微分演算の定義から，

$$\Lambda_t\{ag_1(t)+bg_2(t)\}=a\Lambda_tg_1(t)+b\Lambda_tg_2(t) \tag{26}$$

の成立することが容易に確かめられる。このような性質を Λ_t の**線形性**という。

2階の同次線形微分方程式を解くには，t について2回積分しなければならず，2個の積分定数を必要とする。とくに条件を課さない限り，任意にこれらを選べることから，2個の独立な解が存在する。それらのうちの任意の1組を**基本解**という。基本解を x_1, x_2 で表し，c_1, c_2 を任意定数とすると，(26)式から1次結合

$$x(t)=c_1x_1(t)+c_2x_2(t) \tag{27}$$

も $f_x(t)=0$ の場合の(25)式の解となることは明らかである。つま

7. 線形な系と重ね合せの原理

り，(27)式が同次方程式の**一般解**である。

さらに，$\tilde{x}_i(t)$ $(i=1, 2, \cdots)$ が方程式の解であるとき，1次結合

$$x(t) = \sum_i c_i \tilde{x}_i(t) \qquad (c_i \text{ は任意定数}) \tag{28}$$

も解となるとき，この方程式で記述されている系を**線形な系**といい，この系において**重ね合せの原理**が成り立つという。同次線形微分方程式で記述される系は，重ね合せの原理の成り立つ典型的な例である。以上は時間についての微分方程式を取り扱ってきたが，変数をふやして，時間・空間に関する偏微分方程式についても，線形である限り同様な概念が適用できる。これは，ポテンシャルなど場を導入した場合に重要な概念である。

簡単な例として，2次元 x-y 平面上の調和振動子

$$m\frac{d^2 \boldsymbol{r}}{dt^2} + k\boldsymbol{r} = 0 \tag{29}$$

を考えよう。たとえば，$\boldsymbol{r}_1 = (A_x \cos(\omega t + \varphi_1), 0)$ と $\boldsymbol{r}_2 = (0, A_y \sin(\omega t + \varphi_2))$ はそれぞれ(29)式の解であるから，重ね合せの原理よりその1次結合，この場合はベクトル和 $\boldsymbol{r} = \boldsymbol{r}_1 + \boldsymbol{r}_2$ も解となる。ただし，$\omega^2 = k/m$ である。

(a) $\varphi_1 = \varphi_2$

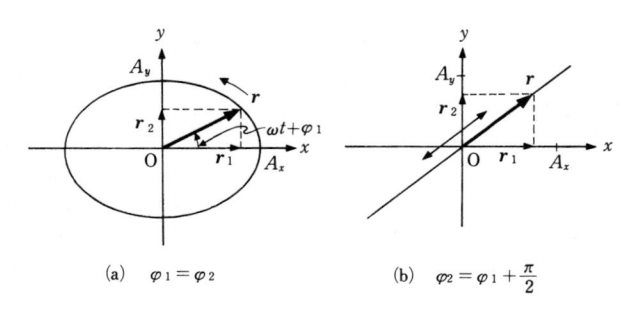

(b) $\varphi_2 = \varphi_1 + \dfrac{\pi}{2}$

図 12-10

図12-10に示すように，位相 φ_1 と φ_2 のあいだの関係で合成ベクトルの先端の描く軌跡は楕円や直線などになる。また x，y の代わりに電界 E_x, E_y を考え，ブラウン管上に (E_x, E_y) を表示すれば，**リサジュー**(Lissajous)**図形**となる。また，§10で述べるよう

に，安定平衡点付近の微小変位は(29)式のような調和振動子で近似できるので，この場合も重ね合せの原理が適用できる。

非同次方程式の場合は，この原理が成立するかどうかはそれほど自明ではない。しかし，初期条件，あるいは場のときの境界条件などが線形であり，かつ(25)式の $f_x(t)$ のような非同次項が，ベクトル（の x 成分）あるいはスカラーなどの和の定義できる量である場合に限り，この原理が適用できる。つまり，非同次項 $f_x^{(i)}(t)$ に対応する解を $\bar{x}_i(t)$ とすると $\Lambda_t \bar{x}_i(t) = f_x^{(i)}(t)$ だから，Λ_t の線形性から，1次結合(28)も，

$$\Lambda_t x(t) = \sum_i c_i f_x^{(i)}(t)$$

の解となる。物理で取り扱われるのは，この形のものが多い。

（大場一郎）

8. 放物運動

時間・空間的に一定な力が働く場合，つまり**加速度が一定**であるとき，物体は，一般に，いわゆる**放物運動**をする。加速度一定の最も簡単な例は落体運動であるが，この研究はガリレイ（Galileo Galilei）に始まる。日常の経験では，同じ高さのところから落としても，重い物体は軽い物体より速く地面に落下する。アリストテレス以来，多くの人々はこのように考えてきたが，この説はそれ自身，内部矛盾を含んでいる。

たとえば，軽い物体として鳥の小羽根数枚の根元を糸でくくったものを，重い物体としてムクロジの種子を考えよう。別々に落下させれば，小羽根はゆっくりと，ムクロジの種子はすばやく地面に着く。それでは，ムクロジの種子に孔をあけ，小羽根数枚をそれに差し込んで作った追羽根つきで用いる羽根は，どのような速度で落下するであろうか。通説に従えば，羽根は全体で重くなっているから，ムクロジの種子より速く落下することになってしまう。実際はそうではなく，小羽根よりは速く，種子より遅く落下している。この矛盾に気付いたガリレイは，落体の実験を実際に行い，同じ高さを落下するのに要する時間は，物体の重さには関係がなく，異なる物体間で現実に観測される落下の時間差は空気抵抗によるものであ

8. 放物運動

ると結論している。

さらに，§3で述べた斜面をころがり落ちる金属球の実験で落体の速度変化を調べている。静止していた金属球をころがすと，時間間隔をどのように選ぼうとも，一定の時間間隔に進む距離は，1, 3, 5, … と増加していくことを見いだした。つまり，時間を一定の時間間隔 t_1 で等しく区切り，はじめから順に t_1, t_2, …, t_i, … とし，t_i までに進んだ距離を $x(t_i)$ とすると，

$$x(t_i) - x(t_{i-1}) = (2i-1)x(t_1) \quad (i=1,\ 2,\ \cdots) \tag{30}$$

と書くことができる。n 区間までの距離は $t_0 = 0$ として，(30)式の両辺を $i=1$ から $i=n$ まで加えれば，

$$x(t_n) = n^2 x(t_1) = \frac{x(t_1)}{t_1^2} t_n^2 \tag{31}$$

となる。さらに，最初に進んだ距離と時間間隔の2乗との比 $x(t_1)/t_1^2$ は，選んだ t_1 の大きさに無関係な一定値をとることもわかったので，(31)式は任意の時間 t についても成立する。落体に直せば，

$$x(t) = \frac{1}{2} g t^2 \tag{32}$$

と表せる。これが**落体の法則**である。速度と加速度は§1の(1)式と(4)式から，

$$v(t) = gt \tag{33}$$

$$\alpha = g \tag{34}$$

となる。ここで g は**重力加速度**とよばれ，地球の極点での測定値は $g = 9.832 \text{ m/s}^2$ である。極点以外では，地球の自転による見掛け上の力である遠心力が働くため，緯度 φ の地点での**実効重力加速度**または**見掛けの重力加速度**は，

$$g = (9.832 - 0.0339 \cos^2 \varphi) \text{ m/s}^2$$

となる。この効果は緯度 0° で最大となるが，その値は g の約 0.3% にすぎないため，実用上は，重力加速度は地球中心に向き，大きさが 9.80 m/s^2 の加速度として差し支えない。落体の質量を m として運動方程式を使えば，(34)式は，

$$m\alpha = mg \tag{35}$$

となり，物体には地球からの**重力** mg（つまり物体と地球間の万有引力）が働いていることがわかる。

第12章 力　　学

図 12-11

図 12-12

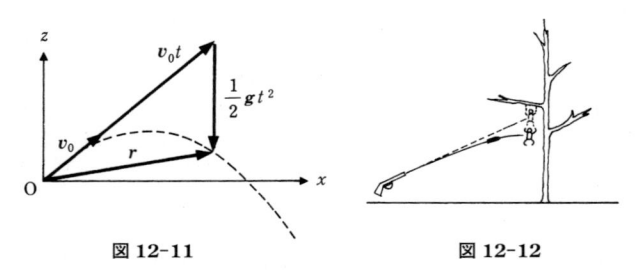

次に，空間内に放出した物体の運動を考える。この場合，物体は初速度を含む鉛直面を運動するので，水平方向に x 軸，鉛直上向きに z 軸をとる。原点から射角 α，初速 $\boldsymbol{v}_0$ で放出した物体の運動方程式は，重力が $m\boldsymbol{g}$ であるから，空気抵抗を無視すれば，

$$m\frac{d^2\boldsymbol{r}}{dt^2} = m\boldsymbol{g} \tag{36}$$

で記述される。ここで $\boldsymbol{g}$ の座標成分は $(0,\ 0,\ -g)$ である。$t=0$ で $d\boldsymbol{r}/dt = \boldsymbol{v}_0$，$\boldsymbol{r}=0$ を考えれば，このベクトル微分方程式は2回積分できて，

$$\boldsymbol{v} = \boldsymbol{v}_0 + \boldsymbol{g}t \tag{37}$$

$$\boldsymbol{r} = \boldsymbol{v}_0 t + \frac{1}{2}\boldsymbol{g}t^2 \tag{38}$$

となる。(38)式を図示すると図12-11のようになり，任意の時間における座標ベクトル $\boldsymbol{r}$ は等速直線運動の変位 $\boldsymbol{v}_0 t$ と落体運動の変位 $\boldsymbol{g}t^2/2$ のベクトル和として表される。このことから，図12-12に示すように，木の枝にぶら下がっている猿をハンターが銃で撃ち落とすためには，猿とハンター間の距離には関係なく，猿が枝から手を離した瞬間にそのポイントを撃てばよいことがわかる。また，(38)式を成分で書けば，

$$x = v_0 \cos\alpha \cdot t, \quad z = v_0 \sin\alpha \cdot t - \frac{1}{2}gt^2 \tag{39}$$

となるが，時間を消去すれば，放物運動の軌跡は，

$$z = \tan\alpha \cdot x - \frac{g}{2v_0^2 \cos^2\alpha} x^2 \quad (\alpha \neq 0)$$

となり，これが放物線の名前の由来である．

また，地面に着地する時間は $z=0$ から $t=(2v_0\sin\alpha)/g$ となり，着地点の x の座標は $x=(v_0^2\sin 2\alpha)/g$ と書ける．したがって，ガリレイが初めて証明したように，初速一定で到達距離を最大にするには，$\alpha=\pi/4$ の射角で投げればよいことがわかる．

いままでは，空気抵抗を無視してきた．しかし実際には無視できない場合もあり，ストークス(Stokes)の抵抗力の例を簡単にふれておく．抵抗力を $\eta\boldsymbol{v}$ とすると，運動方程式は(36)式の代わりに，

$$m\frac{d^2\boldsymbol{r}}{dt^2}+\eta\frac{d\boldsymbol{r}}{dt}=m\boldsymbol{g}$$

となる．これも積分できて，結果は，

$$\frac{d\boldsymbol{r}}{dt}+\frac{\eta}{m}\boldsymbol{r}=\boldsymbol{g}t+\boldsymbol{v}_0$$

$$\boldsymbol{r}=\frac{m}{\eta}\boldsymbol{g}t+\frac{m}{\eta}\left(\boldsymbol{v}_0-\frac{m}{\eta}\boldsymbol{g}\right)(1-e^{-(\eta/m)t})$$

となる．$t\to\infty$ ($t\gg m/\eta$) では一定の最終速度 $d\boldsymbol{r}/dt=(m/\eta)\boldsymbol{g}$ となるが，これは重力と抵抗力がつり合って $d^2\boldsymbol{r}/dt^2=0$ の等速運動へ移行したことに相当する．具体例としては，風の静かな日に地上へ降る雨滴の速度があげられよう． （大場一郎）

9. 振動現象

振動は自然現象にも人為的現象にもきわめて多く見いだされる．振動とは同じ変化を繰り返す周期現象のうち，時間に対する物理量の変化が連続的なものをいう．ミクロ的には，固体結晶を構成する原子の格子振動があり，この振動エネルギーが固体の熱である．ギターの弦の振動や柱時計の振り子の振動は，目で確認できる．家庭に配電されている交流の電圧は50 Hzまたは60 Hzで振動しているし，ラジオの波長は500～1500 kHzで振動している電磁波である．また最近では，ブラックホールが近くの星と互いに引き合いながら振動している現象（スペクトルの一重線連星）が発見されている．

変化量が1次元の場合は，正弦波で表される調和振動または単振動が基本的であり，周期を T とする一般の振動は，**フーリエ**(Fourier)**分解**によって振動数 n/T (n は正整数) の調和振動の重

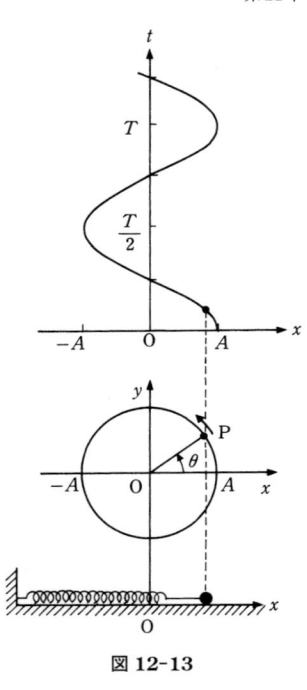

ね合せで表される。2次元以上の場合は各成分に分解し、成分ごとに考えればよい。

調和振動は、2次元等速円運動の1次元射影である。図12-13に示すように、半径Aの円周上を点Pが角速度または角振動数ω_0で等速円運動している。時刻tのとき、動径OPとx軸のなす角は、

$$\theta(t) = \omega_0 t + \varphi \tag{40}$$

であるから、OPのx成分は、

$$x(t) = A\cos(\omega_0 t + \varphi) \tag{41}$$

と表せるが、これが**調和振動**である。ここで、Aを振幅、θを位相、φを初期位相という。この振動の周期Tと振動数fは、

$$T = \frac{2\pi}{\omega_0}, \quad f = \frac{\omega_0}{2\pi}$$

である。xの加速度は、

$$\frac{d^2 x}{dt^2} = -\omega_0^2 A\cos(\omega_0 t + \varphi)$$

$$= -\omega_0^2 x$$

図 12-13

と書けるので、Pが質量mの質点とすれば、この質点の従う運動方程式は、

$$m\frac{d^2 x}{dt^2} = -kx, \quad k = m\omega_0^2 \tag{42}$$

となる。図12-13に示すように、これは質点に変位xに比例するバネ定数kのフック（Hooke）の復元力が働く場合に相当する。運動方程式(42)は、§7で述べた2次元調和振動子（(29)式参照）のx成分であり、調和振動子の別の定義である。

現実の振動の振幅は、抵抗力のため時間とともに減少していく。ストークス抵抗力$\eta dx/dt$の場合、(42)式は、

9. 振動現象

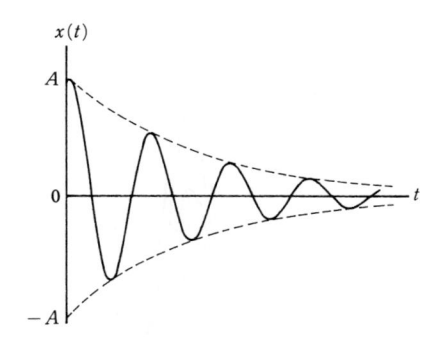

図 12-14

$$m\frac{d^2x}{dt^2}+\eta\frac{dx}{dt}+kx=0 \tag{43}$$

に置き換わる。解は，$\eta<2\sqrt{km}$ のとき，

$$x(t)=A\exp\left(-\frac{\eta}{2m}t\right)\cos\left(\sqrt{\omega_0{}^2-\frac{\eta^2}{4m^2}}\,t+\varphi\right) \tag{44}$$

となり，振幅が時間とともに減衰し，角速度も $\sqrt{\omega_0{}^2-\eta^2/4m^2}$ に変わる。これは**減衰振動**とよばれ，摩擦力や抵抗力などエネルギーを保存しない散逸力を伴う振動系にみられる（図12-14）。

抵抗力が大きく $\eta\geq 2\sqrt{km}$ の場合は，強い制動のため質点は振動せずに非周期運動となり，変位は時間とともに指数的に減衰していく。

振動が減衰しないためには，周期的な外力 $f\sin\omega t$ を加え，エネルギーを供給して，強制的に振動を持続させればよい。このときの運動方程式は，

$$\left(m\frac{d^2}{dt^2}+\eta\frac{d}{dt}+k\right)x(t)=f\sin\omega t \tag{45}$$

となる。上式の一般解は，§7に述べた同次方程式の解と非同次方程式の特解との和で書くことができ，

第12章 力　　学

$$1\Big/\sqrt{\Big(1-\frac{\omega^2}{\omega_0^2}\Big)^2+\frac{\omega^2}{\omega_0^2 Q^2}}$$

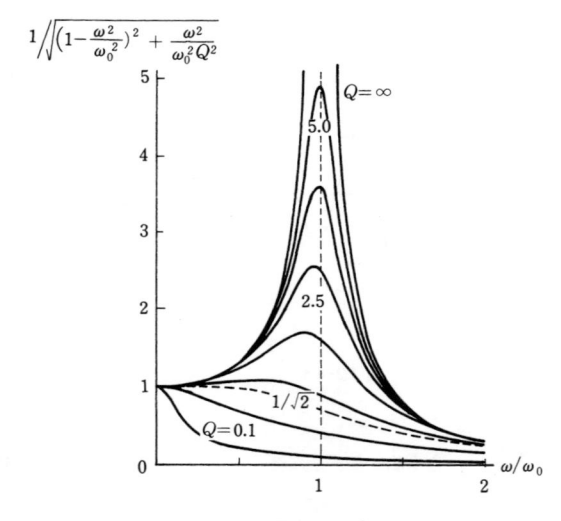

図 12-15

$$x(t) = a\exp\Big(-\frac{\eta}{2m}t\Big)\cos\Big(\sqrt{\omega_0{}^2-\frac{\eta^2}{4m^2}}\,t+\varphi\Big)$$
$$+\frac{f}{m\omega_0{}^2}\frac{\sin(\omega t+\delta)}{\sqrt{(1-\omega^2/\omega_0{}^2)^2+\omega^2/\omega_0{}^2 Q^2}} \tag{46}$$

となる。ここで，$\delta=\tan^{-1}[\omega\eta/(m(\omega_0{}^2-\omega^2))]$ は**位相のずれ**，$Q=m\omega_0/\eta$ は **Q値**とよばれる。第1項は減衰振動であり，第2項は強制力と同じ角速度 ω で振動し，この現象は**強制振動**とよばれる。十分時間がたてば，第1項は減衰し，初期条件には無関係な第2項の定常運動のみが残る。$t=0$ から定常状態への移行は**過渡現象**とよばれる。強制振動の振幅は ω の関数であり，$Q>1/\sqrt{2}$ ならば，共振点 $\omega=\omega_0\sqrt{1-1/2Q^2}$ で極大となる。図12-15に示すように，Q値が大きいほど鋭い**共振**となる。

また，振動系に含まれるパラメーターを周期的に変化させて系に振動を発生させることもでき，これを**パラメーター励振**という。ブ

ランコはその一例で，重心を周期的に上下させて単振り子の糸の長さを変えていることに相当する。この方法はパラメトロンやパラメーター増幅に利用されている。

伸び縮みしない長さ l の糸の下端につけられた質量 m のおもりが，上端の支点を含む鉛直面内で振動するとき，これを単振り子という。

鉛直方向と糸のなす角を θ とすると，接線方向の加速度は $d(l\dot{\theta})/dt = l\ddot{\theta}$，重力の接線方向成分は $-mg\sin\theta$ であるから，運動方程式は，

$$\ddot{\theta} = -\frac{g}{l}\sin\theta \tag{47}$$

となる。この厳密解は楕円積分で表されるが，振幅が小さく，$\sin\theta \sim \theta$ と近似できる場合は，$\omega_0 = \sqrt{g/l}$ の調和振動となる。

単振り子の例に限らず，自然界に現れる振動の多くは非調和的であり，復元力は変位の1次に比例せず，一般に x のベキ級数で，

$$m\frac{d^2x}{dt^2} = -kx - c_2x^2 - c_3x^3 - \cdots \tag{48}$$

と表される。これを非調和振動，または力が変位の2次以上の項を含むので非線形振動という。(48)式で2次以上の項が無視できる場合には調和振動となる。非線形効果の現れる一例として，c_2 が 0 でない場合の格子振動では，振動の中心がずれ，それが固体の熱膨張として現れることが知られている。　　　　　　　　　　　(大場一郎)

10. 連成振動

2つ以上の振動系が互いに力を及ぼし合いながら結合しているときに現れる振動を**連成振動**という。たとえば，図12-16に示すように，質量 m_1, m_2 の質点が固定された壁面の滑らかな平面上にバネ定数 k_1, k_2, k_3 の3本のバネで結合されている場合を考えよう。

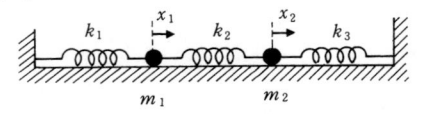

図 12-16

第12章 力　学

平衡の位置からの変位を x_1, x_2 とすると, 運動方程式は,

$$m_1 \frac{d^2 x_1}{dt^2} = -k_1 x_1 + k_2(x_2 - x_1) \\ m_2 \frac{d^2 x_2}{dt^2} = -k_2(x_2 - x_1) - k_2 x_2 \quad \quad (49)$$

となる. 2つの式を m_1, m_2 で割ると,

$$\frac{d^2 x_1}{dt^2} = -V_{11} x_1 - V_{12} x_2 \\ \frac{d^2 x_2}{dt^2} = -V_{21} x_1 - V_{22} x_2 \quad \quad (50)$$

と書くことができる. ただし,

$$V_{11} = (k_1 + k_2)/m_1, \quad V_{12} = -k_2/m_1,$$
$$V_{21} = -k_2/m_2, \quad V_{22} = (k_2 + k_3)/m_2$$

である. この連立微分方程式を解くために, 解の形を,

$$x_1 = A_1 \cos(\omega t + \varphi), \quad x_2 = A_2 \cos(\omega t + \varphi) \quad (51)$$

と仮定して(49)式に代入すれば, A_1, A_2 を決める方程式として,

$$(\omega^2 - V_{11}) A_1 - V_{12} A_2 = 0, \quad -V_{21} A_1 + (\omega^2 - V_{22}) A_2 = 0 \quad (52)$$

が得られる. 代数学の定理から, 上式が $A_1 = A_2 = 0$ 以外の解をもつためには係数の作る (2×2) 行列の位数が2であってはならない. この条件

$$\begin{vmatrix} \omega^2 - V_{11} & -V_{12} \\ -V_{21} & \omega^2 - V_{22} \end{vmatrix} = 0 \quad (53)$$

は**永年方程式**または**固有値方程式**とよばれるが, これより角振動数 ω が,

$$\omega = \left\{ \frac{1}{2} \left(V_{11} + V_{22} \pm \sqrt{(V_{11} - V_{22})^2 + 4 V_{12} V_{21}} \right) \right\}^{1/2} = \begin{Bmatrix} \omega_1 \\ \omega_2 \end{Bmatrix} \quad (54)$$

と求められる. $\omega = \omega_1, \omega_2$ を(52)式に代入すれば, A_2 は A_1 で表すことができ,

$$A_{2i} = \frac{\omega_i^2 - V_{11}}{V_{12}} A_{1i} = \frac{V_{21}}{\omega_i^2 - V_{22}} A_{1i} \quad (i = 1, 2) \quad (55)$$

と書ける. したがって, 連成振動の一般解は,

10. 連成振動

$$x_1(t) = A_{11}\cos(\omega_1 t + \varphi_1) + A_{12}\cos(\omega_2 t + \varphi_2) \\ x_2(t) = A_{21}\cos(\omega_1 t + \varphi_1) + A_{22}\cos(\omega_2 t + \varphi_2)\} \quad (56)$$

となる。これから，連成振動の各振動子は共通の位相をもつ2つの調和振動の合成で振動していることがわかる。それぞれの調和振動を**基準振動**，ω_1, ω_2 を**基準角振動数**という。また逆に，基準振動は x_1 と x_2 の1次結合

$$\xi_1(t) = A_{22}x_1 - A_{12}x_2 = (A_{11}A_{22} - A_{12}A_{21})\cos(\omega_1 t + \varphi_1) \\ \xi_2(t) = A_{21}x_1 - A_{11}x_2 = (A_{12}A_{21} - A_{11}A_{22})\cos(\omega_2 t + \varphi_2)\} \quad (57)$$

で表される。この ξ_1, ξ_2 を**基準座標**という。

この議論は2自由度以上の連成振動系にも一般化できる。具体例として，ポテンシャルが $V(x_1, x_2, \cdots, x_n)$ で与えられている質量 $m_i (i=1, 2, \cdots, n)$ の n 個の質点系を考えよう。系が $x_1 = x_{10}$, $x_2 = x_{20}, \cdots, x_n = x_{n0}$ で安定であるとすれば，安定点では m_i に働く力 f_i が0となるので，

$$f_i = -\left.\frac{\partial V}{\partial x_i}\right|_{\{x_j = x_{j0}\}} = 0 \quad (i=1, 2, \cdots, n) \quad (58)$$

である。そこで，この安定点から各質点を x_{i0} から $x_{i0} + \eta_i$ とわずかに変位させると，変化した点でのポテンシャルは，テイラー(Taylor) 展開して η の3次以上を無視する近似で，

$$V(x_{10}+\eta_1, x_{20}+\eta_2, \cdots, x_{n0}+\eta_n) \\ \simeq \left.V\right|_{\{x_k=x_{k0}\}} + \frac{1}{2!}\sum_{i=1}^n\sum_{j=1}^n \left.\frac{\partial^2 V}{\partial x_i \partial x_j}\right|_{\{x_k=x_{k0}\}}\eta_i\eta_j \\ = \left.V\right|_{\{x_k=x_{k0}\}} + \frac{1}{2}\sum_i\sum_j V_{ij}\eta_i\eta_j \quad (59) \\ V_{ij} = \left.\frac{\partial^2 V}{\partial x_i \partial x_j}\right|_{\{x_k=x_{k0}\}}$$

となる (図12-17)。したがって，変位 η_i に対して，

$$m_i \frac{d^2\eta_i}{dt^2} = -\sum_{j=1}^n V_{ij}\eta_j \quad (60)$$

の運動方程式を得るが，ここで V_{ij}/m_i をあらためて V_{ij} とみなせ

第12章 力　学

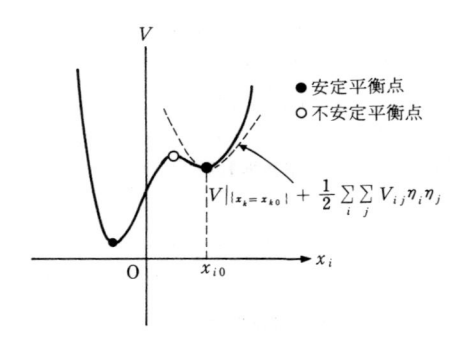

図 12-17

ば，(60)式は(50)式の一般化である。$\eta_i = A_i \cos(\omega t + \varphi)$ と仮定して(60)式に代入すれば，A_i について n 個の連立1次方程式

$$(m_i\omega^2 - V_{ii})A_i - \sum_{j \neq i} V_{ij}A_j = 0 \qquad (i = 1, 2, \cdots, n) \tag{61}$$

を得る。$A_i = 0 \, (i = 1, 2, \cdots, n)$ 以外の解をもつ条件

$$\begin{vmatrix} m_1\omega^2 - V_{11} & -V_{12} & \cdots\cdots & -V_{1n} \\ -V_{21} & m_2\omega^2 - V_{22} & \cdots\cdots\cdots\cdots \\ \cdots\cdots\cdots\cdots\cdots\cdots\cdots\cdots\cdots\cdots\cdots\cdots \\ -V_{n1} & \cdots\cdots\cdots\cdots\cdots\cdots & m_n\omega^2 - V_{nn} \end{vmatrix} = 0 \tag{62}$$

は，ω^2 に関する n 次の固有値方程式となる。

ところで，この系が安定となるには条件式(58)のほかに，安定点でエネルギーが極小となる条件，つまり V_{ij} が**正値行列**であることが必要である。この条件は，代数方程式(62)が n 個の基準角振動数の解 $\omega = \omega_i \, (i = 1, 2, \cdots, n)$ をもつことを保証する。これまでの議論は，ポテンシャルの具体的な形には無関係である。したがって，一般に任意の力学系において安定点付近の微小変位 $\eta_i(t)$ は連成振動となり，

$$\eta_i(t) = \sum_{j=1}^{n} A_{ij} \cos(\omega_j t + \varphi_j) \qquad (i = 1, 2, \cdots, n) \tag{63}$$

と基準振動の合成で表される。ここで，A_{ij} は $\omega=\omega_j$ に対応する(61)式の解である。

このような連成振動の特徴は，各振動子が相互作用しているためエネルギーの交換が行われ，振動の大きな状態が振動子間を移動していく現象がみられることである。とくに，角振動数が近接した振動子間では顕著に現れ，**共鳴**あるいは**共振**が起きる。また**弾性波**は，弾性体中を伝播する波動であるが，これは連成振動の連続極限と考えることができる。　　　　　　　　　　　　　　　　　（大場一郎）

11. エネルギーの保存

ニュートン（Newton）の第2法則によれば，物体の運動状態を変えるには外力が必要である。図12-18に示すように，質量 m の質点に微小な時間間隔 t_0 から $t_1=t_0+\Delta t$ の間，一定の外力 $\boldsymbol{F}_1=(F_{1x}, F_{1y}, F_{1z})$ が作用し，質点は $\Delta \boldsymbol{r}_1=(\Delta x, \Delta y, \Delta z)$ だけ移動したとする。このとき，物理量

$$\Delta W_1 = \boldsymbol{F}_1 \cdot \Delta \boldsymbol{r}_1 = F_1 \Delta r \cos\theta$$
$$= F_{1x}\Delta x + F_{1y}\Delta y + F_{1z}\Delta z \quad (64)$$

を外力が質点になした**仕事**という。t_0, t_1 のときの速度をそれぞれ $\boldsymbol{v}_0$, $\boldsymbol{v}_1$ とすると，運動方程式は，

$$m\frac{\boldsymbol{v}_1-\boldsymbol{v}_0}{\Delta t} = \boldsymbol{F}_1 \tag{65}$$

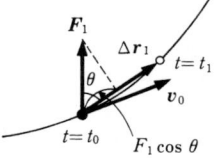

図 12-18

である。また t_0, t_1 間の平均速度 $(v_1+v_0)/2$ から，変位は，

$$\Delta \boldsymbol{r} = \frac{\boldsymbol{v}_1+\boldsymbol{v}_0}{2}\Delta t \tag{66}$$

と書けるので，(65)式と(66)式の $\boldsymbol{F}_1$, $\Delta \boldsymbol{r}$ を(64)式へ代入すると，仕事は，

$$\Delta W_1 = \frac{1}{2}m\boldsymbol{v}_1^2 - \frac{1}{2}m\boldsymbol{v}_0^2 \tag{67}$$

で表される。右辺の各項は仕事と同次元の物理量であり，一般に，質量 m の物体が速度 $\boldsymbol{v}$ で運動しているとき，

$$T = m\boldsymbol{v}^2/2 \tag{68}$$

を物体のもつ**運動エネルギー**という．(67)式は $v_1{}^2=v_0{}^2+2\Delta W_1/m$ と書けるので，加える仕事が正であれば，仕事をされた質点の速度が増加し，仕事が負であれば，速度が減少する．後者の場合，減少した分だけ質点が外部に仕事をしたことになる．このように，物体のエネルギーとは物体が仕事をする能力として定義でき，単位はMKS系で 1 N·m＝1 ジュール(J)，CGS系で 1 dyn·cm＝1 エルグ (erg) である．

有限の時間間隔 t_A から t_B までの間で，力も時間的に変化する場合は，(t_B-t_A) を N 等分し（$t_A=t_0$, $t_1=t_0+\Delta t$, …, $t_i=t_0+i\Delta t$, …, $t_B=t_0+N\Delta t$；$\Delta t=(t_B-t_A)/N$），各微小間隔内で同様の議論を行えばよい．t_{i-1} から t_i 間では，力を一定の力 $\boldsymbol{F}_i$ が作用するものとみなす．この間，速度が $\boldsymbol{v}_{i-1}$ から $\boldsymbol{v}_i$ に変化し，質点が $\Delta \boldsymbol{r}_i$ だけ移動したとすると，質点に加えられた仕事 ΔW_i は近似的に，

$$\Delta W_i = \boldsymbol{F}_i \cdot \Delta \boldsymbol{r}_i = \frac{1}{2}m v_i{}^2 - \frac{1}{2}m v_{i-1}{}^2$$

と表される．したがって，t_A から t_B までに加えられた仕事全体 W_{AB} は，

$$W_{AB} = \sum_{i=1}^{N} \Delta W_i = \sum_{i=1}^{N} \boldsymbol{F}_i \cdot \Delta \boldsymbol{r}_i = \frac{1}{2}m v_B{}^2 - \frac{1}{2}m v_A{}^2 = T_B - T_A$$

となる．ここで，T_A, T_B は t_A, t_B における運動エネルギーである．各微小間隔内で力を一定とみなす近似は Δt を小さく，つまり N を大きくとればとるだけ正確になるので，$N \to \infty$ の極限では，

$$W_{AB} = \int_A^B dW = \int_{r_A}^{r_B} \boldsymbol{F} \cdot d\boldsymbol{r}$$
$$= \frac{1}{2}m v_B{}^2 - \frac{1}{2}m v_A{}^2 = T_B - T_A \tag{69}$$

を得る．これを**エネルギーの定理**といい，運動エネルギーの変化は，その間に作用した力 $\boldsymbol{F}$ が質点になした仕事に等しい．

力が位置 $\boldsymbol{r}$ のスカラー関数 $V(\boldsymbol{r})$ の方向微分である**グラジエント**または**勾配**

$$\boldsymbol{F}(\boldsymbol{r}) = -\left(\frac{\partial V}{\partial x}\boldsymbol{i} + \frac{\partial V}{\partial y}\boldsymbol{j} + \frac{\partial V}{\partial z}\boldsymbol{k} \right) \tag{70}$$

で与えられる場合，微小間隔内でなされた仕事は，

11. エネルギーの保存

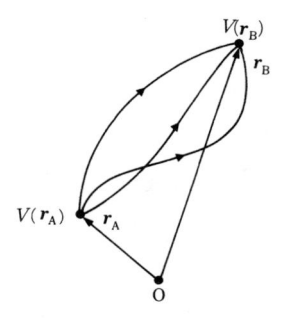

図 12-19

$$\boldsymbol{F}_i \cdot \Delta \boldsymbol{r}_i = -\left(\frac{\partial V}{\partial x}\Delta x + \frac{\partial V}{\partial y}\Delta y + \frac{\partial V}{\partial z}\Delta z\right)\bigg|_{r=r_i} = -\Delta V_i$$

となる。ただし，ΔV_i は時間 t_i のとき質点の位置 $\boldsymbol{r}_i$ でのスカラー関数 V の値の変化量 $\Delta V_i = V(\boldsymbol{r}_i + \Delta \boldsymbol{r}_i) - V(\boldsymbol{r}_i)$ である。$i=1$ から N まで加えてから $N\to\infty$ の極限をとれば，

$$W_{AB} = \int_{r_A}^{r_B} \boldsymbol{F} \cdot d\boldsymbol{r} = \int_A^B dV = V(\boldsymbol{r}_B) - V(\boldsymbol{r}_A) \tag{71}$$

となる。最後の表式は，積分の端点での関数値だけで決まり，途中で質点がどのような経路をとろうとも，途中の経路には依存しない（図12-19）。このように(70)式で表される力を**保存力**，その力の場を**保存力場**という。また，スカラー関数 $V(\boldsymbol{r})$ はエネルギーの次元をもち，保存力場内にある質点が位置 $\boldsymbol{r}$ でもつ**位置エネルギー**または**ポテンシャルエネルギー**とよばれる。(71)式は，保存力 $\boldsymbol{F}$ が質点になした仕事はポテンシャルエネルギーの減少量に等しいことを示している。

ポテンシャルエネルギーと運動エネルギーとの関係は，仕事を通して(69)式と(71)式から，

$$T_A + V(\boldsymbol{r}_A) = T_B + V(\boldsymbol{r}_B)$$

となるが，時間 t_B は任意に選べるので，任意の時間 t で，

$$E = T + V = 一定 \tag{72}$$

となる。すなわち，保存力場を運動する質点の運動エネルギー T とポテンシャルエネルギー V の和 $E = T + V$ はつねに一定に保たれ

る。これを**力学的エネルギーの保存則**といい，E を**全エネルギー**という。フック (Hooke) の復元力，重力や万有引力，クーロン (Coulomb) 力などは保存力の例であり，ポテンシャル関数 V が存在する。

(大場一郎)

12. 非保存力とエネルギーの保存

§6 で，基本的な力として重力と電気・磁気のクーロン (Coulomb) 力，ローレンツ (Lorentz) 力などの電磁力があることを述べたが，これらはすべてポテンシャルから導かれる**保存力**であり，この場合，力学的エネルギーが保存される。これに対し，**非保存力**とは，ポテンシャルで表せない力をいう。現象論的に導入した摩擦力などにはポテンシャルが存在せず，物体に作用すると物体は運動エネルギーを失う。このような摩擦力などの力を**散逸力**という。

たとえば，物体に摩擦による**ストークス** (Stokes) **の抵抗**

$$\boldsymbol{F} = -k\boldsymbol{v} \quad (k>0)$$

が作用する場合を考えよう。この物体が，抵抗力に抗して Δt 間に $\Delta \boldsymbol{r} = \boldsymbol{v}\Delta t$ だけ移動したとすると，物体になされた仕事は，

$$\Delta W = \boldsymbol{F} \cdot \Delta \boldsymbol{r} = -kv^2 \Delta t$$

となる。この仕事量は負であるから，物体が摩擦に抗してなす仕事であり，単位時間について，

$$\frac{dW}{dt} = -kv^2 \tag{73}$$

の運動エネルギーが散逸している。このように現実の運動には多くの場合，摩擦力が伴われ，エネルギーが失われるので，力学的エネルギーは保存量でないように思われる。失われたエネルギーはどうなったのであろうか。

1847年，ジュール (J. P. Joule) は，羽根車を回して水をかき回し，力学的エネルギーが熱に変換されることを示した。逆に，蒸気機関などの熱機関によって熱量は力学的エネルギーに変換されるので，熱量もエネルギーの一形態と認識されるようになった。分子論的に考えれば，系の内部エネルギーは系を構成する分子の平均運動エネルギーであるが，それは系の絶対温度に比例する。系に**熱エネルギー**を加えることは，分子をよりはげしく運動させて平均運動エ

ネルギーを増加させる,つまり温度を上げることに対応する。逆に,熱機関で高温物体から熱量を取り出して,それを力学的エネルギーに変換することは,はげしく運動している分子の運動エネルギーを系の外に取り出して,平均運動エネルギーを減少させる,つまり系の温度を下げることに対応している。

このような熱エネルギーと力学的エネルギーの変換で,一定量の熱エネルギーは必ず一定量の力学的エネルギーに対応している(**熱の仕事当量**, $J=4.1868\,\mathrm{J/cal}$)。この結果,運動エネルギー,ポテンシャルエネルギーの力学的エネルギーと熱エネルギーの内部エネルギーを統括的に扱えば,**全エネルギーの保存則**が導かれる。すなわち,エネルギーは不生不滅であり,その現れ方は,1つの形態から別の形態へと変換できる。

力学的エネルギーが熱エネルギーに変換するのは多くの場合,摩擦による。たとえば,物体が固体表面上を滑る場合,すれ合う表面に熱が発生する。摩擦によって,物体と固体の表面付近が変形される。この変形を受けたため,物質を構成する分子・原子の内部運動がはげしくなり,温度が上昇する,つまり熱が発生するわけである。ストークスの抵抗力の場合,失われた運動エネルギー式(73)に相当する量の熱エネルギーが物体と固体の表面付近に発生している。新たに発生したようにみえる熱エネルギーは,じつは失われた運動エネルギーが別の形態に変換されたものであるので,力学的エネルギーと内部エネルギーの和は保存されるのである。

(大場一郎)

13. 中心力場

力の作用線がつねにある定点を通るとき,この力を**中心力**といい,そのような力の与えられている場を**中心力場**という。その定点は力の中心であり,力は必ず中心と作用点を結ぶ動径方向のみに働く。中心を原点Oにとれば,座標ベクトル $\boldsymbol{r}$ の位置に働く力は,

$$\boldsymbol{F}=f(\boldsymbol{r})\frac{\boldsymbol{r}}{r} \tag{74}$$

で与えられる。ここで,大きさ $f(\boldsymbol{r})$ は $\boldsymbol{r}$ に依存するスカラー関数であり,中心力は,その正負に対応して斥力,引力となる。たとえ

ば，ひもの先端におもりを結び付け，おもりを振り回して円運動させる。このとき，ひもがおもりに及ぼす力は引力の中心力である。とくに $f(\boldsymbol{r})$ がOからの距離 $r=|\boldsymbol{r}|$ のみに依存する場合，$\boldsymbol{F}$ を**球対称な中心力**という。基本的な力である万有引力やクーロンの法則の成立している静電気力・静磁気力などがその例である。

中心力場の運動には，際立った特徴がある。図12-20に示すように，質量 m の質点がOから $\boldsymbol{r}$ だけ離れた位置を運動している。ここで，$\boldsymbol{r}$ と速度 $d\boldsymbol{r}/dt$ は図の面内にあるとする。Oのまわりを質点が回転するとき，物理量

$$\boldsymbol{l} = \boldsymbol{r} \times \boldsymbol{p} = m\left(\boldsymbol{r} \times \frac{d\boldsymbol{r}}{dt}\right) \tag{75}$$

を定義する。これはOのまわりの質点の**角運動量**とよばれ，回転運動を記述するのに都合がよい。(75)式を時間で微分すれば，ベクトル演算の定義と運動方程式から，

$$\frac{d\boldsymbol{l}}{dt} = m\left(\frac{d\boldsymbol{r}}{dt} \times \frac{d\boldsymbol{r}}{dt} + \boldsymbol{r} \times \frac{d^2\boldsymbol{r}}{dt^2}\right)$$

$$= \boldsymbol{r} \times \left(f(\boldsymbol{r})\frac{\boldsymbol{r}}{r}\right) = 0 \tag{76}$$

となる。すなわち，中心力場における運動ではつねに角運動 $\boldsymbol{l}$ が一定に保たれている，つまり**角運動量保存則**が成立している。

角運動量保存則の幾何学的側面が，ケプラー（Kepler）の面積速度一定という第2法則である。図12-20からわかるように，時間 Δt に動径ベクトル $\boldsymbol{r}$ によって掃かれる面積要素 ΔS は，ベクトル積の定義から，

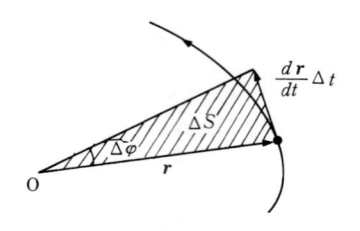

図 12-20

13. 中心力場

$$\Delta S = \frac{1}{2}\left| \boldsymbol{r} \times \frac{d\boldsymbol{r}}{dt}\Delta t \right| \tag{77}$$

と書けるので,面積速度は,

$$\frac{dS}{dt} = \lim_{\Delta t \to 0} \frac{\Delta S}{\Delta t} = \frac{1}{2}\left| \boldsymbol{r} \times \frac{d\boldsymbol{r}}{dt} \right|$$

$$= \frac{1}{2m}|\boldsymbol{l}| = 一定 \tag{78}$$

となる。つまり,ケプラーの第2法則は,中心力場の運動で成立する角運動量保存則から自動的に導かれる。

ここで注意しておきたいことは,dS/dt がスカラーなのに対し,$\boldsymbol{l}$ はベクトル量として保存されていることである。時刻 $t=0$ で質点が位置 $\boldsymbol{r}_0$ で速度 $(d\boldsymbol{r}/dt)_0$ で運動しているとすると,Oを通り $\boldsymbol{r}_0$ と $(d\boldsymbol{r}/dt)_0$ に平行な平面が決まる。ただし,$\boldsymbol{r}_0$ と $(d\boldsymbol{r}/dt)_0$ が平行でないときを $t=0$ に選ぶ。この平面上に x 軸と y 軸を定め,それらに垂直に z 軸をとる。この座標系で $\boldsymbol{r}_0$ と $(d\boldsymbol{r}/dt)_0$ は $\boldsymbol{r}_0=(x_0, y_0, 0)$,$(d\boldsymbol{r}/dt)_0=(\dot{x}_0, \dot{y}_0, 0)$ と書けるから,$t=0$ のときの角運動量 $\boldsymbol{l}_0$ は $\boldsymbol{l}_0=(0, 0, m(x_0\dot{y}_0 - y_0\dot{x}_0))$ となるが,これは時間的に一定である。したがって,角運動量保存の関係式は,

$$\left.\begin{aligned} m(y\dot{z} - z\dot{y}) &= 0 \\ m(z\dot{x} - x\dot{z}) &= 0 \\ m(x\dot{y} - y\dot{x}) &= m(x_0\dot{y}_0 - y_0\dot{x}_0) = |\boldsymbol{l}_0| \neq 0 \end{aligned}\right\}$$

となる。はじめの2式にそれぞれ $\dot{x}$, $\dot{y}$ をかけ,両辺をそれぞれ引算すれば,

$$m(\dot{x}y - x\dot{y})\dot{z} = 0$$

$m(\dot{x}y - x\dot{y}) = -|\boldsymbol{l}|$ は 0 でないから,z 方向の運動は $\dot{z}=0$ となる。時刻 $t=0$ で $z_0=0$ だから,つねに $z=0$ となり,質点の運動は保存量 $\boldsymbol{l}$ に垂直な平面内に限定されることがわかる。万有引力は中心力であるから,太陽系の惑星の運動にこの定理が適用できる,つまり軌道が太陽を含む平面内にあるのはこの反映である。ただし,これは古典論の場合に限定され,量子論が適用されるような場合には,z 成分の運動が量子効果により 0 ではなくなる。 (大場一郎)

14. ガリレイの相対性とガリレイ変換

慣性系(xyz)と,それとは別の座標系$(x'y'z')$がある.このとき,$(x'y'z')$系における運動方程式が慣性系のものと同じであったとする.たとえば,質量mの質点の運動方程式は,時間が2つの座標系で同じだから,

$$m\frac{d^2\boldsymbol{r}}{dt^2} = \boldsymbol{F} \tag{79a}$$

$$m\frac{d^2\boldsymbol{r'}}{dt^2} = \boldsymbol{F} \tag{79b}$$

となる.(79a)式から(79b)式の両辺をそれぞれ引算して,座標間の差の時間発展

$$\frac{d^2}{dt^2}(\boldsymbol{r}-\boldsymbol{r'}) = 0 \tag{80}$$

を得る.時刻$t=0$で(xyz)系の原点Oと$(x'y'z')$系の原点O'が一致していたとすれば,(80)式の解は,$\boldsymbol{v}$を一定なベクトルとして,

$$\boldsymbol{r'} = \boldsymbol{r} - \boldsymbol{v}t \tag{81}$$

となる.質点の座標だけでなく,$(x'y'z')$系と(xyz)系間の任意の座標点間にこの関係式が成立するとき,これを**ガリレイ(Galilei)変換**という.図12-21からわかるように,$(x'y'z')$系は慣性系(xyz)に対して速度$\boldsymbol{v}$の等速直線運動をしている.とくに,$\boldsymbol{v}$の方向をz軸の正方向にとり,(81)式を成分で書き表せば,

$$\left.\begin{array}{l} x' = x \\ y' = y \\ z' = z - vt \end{array}\right\}$$

となる.

また,逆にガリレイ変換式(81)が成立するならば,運動方程式は慣性系と同形である.この意味で,ガリレイ変換で結び付く座標系はすべて慣性系である.さらに,(81)式から,2つの位置ベクトル$\boldsymbol{r}_1$と$\boldsymbol{r}_2$の差$\boldsymbol{r}_1-\boldsymbol{r}_2$はガリレイ変換しても$\boldsymbol{r}_1'-\boldsymbol{r}_2'=\boldsymbol{r}_1-\boldsymbol{r}_2$となる.このように,相対座標や力などのベクトルはガリレイ変換に対して不変である.ガリレイ変換は,原点の選び方には依存しないベクトルの不変性や運動方程式の同形性という性質をもつが,これらをローレンツ(Lorentz)変換における特殊相対性に対比して**ガリレ**

15. 加速度系における運動方程式

図 12-21

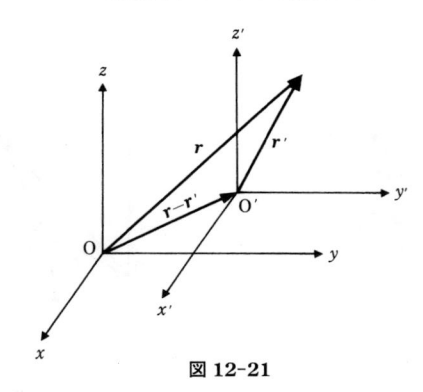

イの相対性という。 (大場一郎)

15. 加速度系における運動方程式

原点をOとする慣性系Oに対し,原点O'が速度v_0で運動している座標系O'があり,系O'は系Oに対して角速度ωで回転しているとする。系OとO'の基礎ベクトルを,それぞれe_i, e_i' ($i=1, 2, 3$) とするとe_iは時間的に一定であるが,e_i'は変化する。系O'はωで回転しているので,e_i'の時間変化は図12-22に示すように,

$$\frac{de_i'}{dt} = \omega \times e_i' \tag{82}$$

で与えられる。

図12-23に示すように,質量mの質点Pが力$\boldsymbol{F}$のもとで運動しているとしよう。系O,系O'におけるPの座標ベクトルを$\boldsymbol{r}$, $\boldsymbol{r}'$, OからO'に引いたベクトルを$\boldsymbol{r}_0$とすれば,

$$\boldsymbol{r}(t) = \boldsymbol{r}_0(t) + \boldsymbol{r}'(t) \tag{83}$$

となる。$\boldsymbol{r}'$のe_i'成分をx_i'とすれば,$\boldsymbol{r}'$は,

$$\boldsymbol{r}'(t) = \sum_{i=1}^{3} x_i'(t) e_i'(t), \quad x_i' = \boldsymbol{r}' \cdot e_i' \tag{84}$$

と分解できるので,(82)~(84)式を使ってPの速度$\boldsymbol{v} = d\boldsymbol{r}/dt$は,

$$\frac{d\boldsymbol{r}}{dt} = \frac{d\boldsymbol{r}_0}{dt} + \sum_{i=1}^{3} \frac{dx_i'}{dt} e_i' + \sum_{i=1}^{3} x_i' \frac{de_i'}{dt}$$

図 12-22

図 12-23

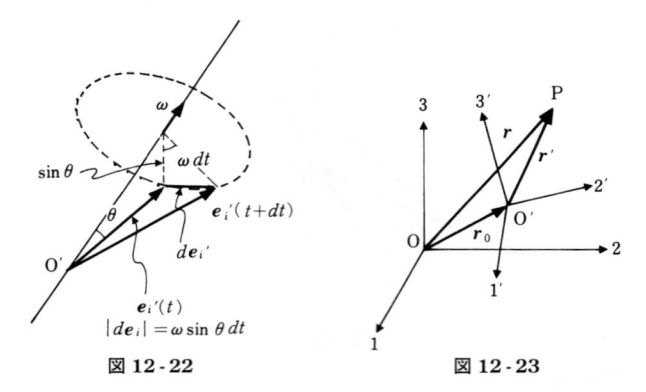

$$= \frac{d\boldsymbol{r}_0}{dt} + \sum_{i=1}^{3} \frac{dx_i'}{dt} \boldsymbol{e}_i' + \boldsymbol{\omega} \times \sum_{i=1}^{3} x_i' \boldsymbol{e}_i' \tag{85}$$

となる。右辺の第1項は O' の O に対する速度 $\boldsymbol{v}_0$,第2項は系 O' とともに運動する観測者の見る P の速度 $\boldsymbol{v}'$ であるから,

$$\boldsymbol{v} = \boldsymbol{v}_0 + \boldsymbol{v}' + \boldsymbol{\omega} \times \boldsymbol{r}' \tag{86}$$

と書ける。第3項は系 O' が回転しているため現れる速度である。さらに P の加速度 $\boldsymbol{\alpha} = d^2\boldsymbol{r}/dt^2$ は (85) 式を微分して,

$$\begin{aligned}
\frac{d^2\boldsymbol{r}}{dt^2} &= \frac{d^2\boldsymbol{r}_0}{dt^2} + \sum_{i=1}^{3} \frac{d^2 x_i'}{dt^2} \boldsymbol{e}_i' + \frac{d\boldsymbol{\omega}}{dt} \times \sum_{i=1}^{3} x_i' \boldsymbol{e}_i' \\
&\quad + 2\sum_{i=1}^{3} \frac{dx_i}{dt} \frac{d\boldsymbol{e}_i'}{dt} + \boldsymbol{\omega} \times \sum_{i=1}^{3} x_i' \frac{d\boldsymbol{e}_i'}{dt} \\
&= \frac{d^2\boldsymbol{r}_0}{dt^2} + \sum_{i=1}^{3} \frac{d^2 x_i'}{dt^2} \boldsymbol{e}_i' + \frac{d\boldsymbol{\omega}}{dt} \times \boldsymbol{r}' \\
&\quad + 2\boldsymbol{\omega} \times \boldsymbol{v}' + \boldsymbol{\omega} \times (\boldsymbol{\omega} \times \boldsymbol{r}')
\end{aligned} \tag{87}$$

となる。右辺の第1項は O' の O に対する加速度であり,第2項は系 O' とともに運動している観測者の見る P の加速度 $\boldsymbol{\alpha}'$ であるから,

$$\boldsymbol{\alpha} = \frac{d^2\boldsymbol{r}_0}{dt^2} + \boldsymbol{\alpha}' + \frac{d\boldsymbol{\omega}}{dt} \times \boldsymbol{r}' + 2\boldsymbol{\omega} \times \boldsymbol{v}' + \boldsymbol{\omega} \times (\boldsymbol{\omega} \times \boldsymbol{r}') \tag{88}$$

と書ける。第3項は角速度ベクトルが時間変化するときに現れる加

15. 加速度系における運動方程式

速度で r' に垂直な**横加速度**，第4項はPが系 O′ で運動しているときにのみ現れ，ω と v' に垂直な**コリオリ** (Coriolis) **加速度**，最後の項は $\omega \times (\omega \times r') = (\omega \cdot r')\omega - \omega^2 r'$ とも書け，ω と r' の作る平面上にあり，Pから回転軸に下ろした垂直方向に向かう求心加速度である。

加速度系における運動方程式は慣性系における $m\alpha = F$ に (88) 式を代入して得られ，

$$m\alpha' = F - m\frac{d^2 r_0}{dt^2} - m\frac{d\omega}{dt} \times r' - 2m\omega \times v'$$
$$- m\omega \times (\omega \times r') \tag{89}$$

となる。右辺の第1項以外はすべて，加速度系で運動を記述しているために現れる見かけ上の力，**慣性力**であり，第2項から順に，**並進慣性力**，**横慣性力**，**コリオリ力**，**遠心力**とよばれる。これらの慣性力は，(88)式で与えられる対応する加速度の逆向きであり，真の力 F とは異なり，ニュートン (Newton) の第3法則が適用されないことに注意すべきである。

ところで，落体や放物体の運動は地上に固定した座標系 O″ で記述される。地球が自転しているため，系 O″ は慣性系ではなく加速度系である。しかし，地球中心Oの運動は公転周期1年に比べ短期間とみなせる範囲では，太陽に対してほぼ等速直線運動をしていると近似できるので，Oとともに動く座標系Oは慣性系としてよい。地球中心Oに固定し，地球とともに自転している座標系を系 O′ として，系 O″ における運動方程式を求めてみる。図12-24に示すように，O′ から O″ に引いた位置ベクトルを R，質点Pの位置ベクトルを系 O′ と系 O″ でそれぞれ r', r'' とすると，$r' = R + r''$ となる。系 O′ と系 O″ では R は一定のベクトルなので，r' と r'' についての速度，加速度は変わりなく，$v' = v''$, $\alpha' = \alpha''$ となる。系Oと系 O′ の原点は同一であるので，$d^2 r_0 / dt^2 = 0$ であり，また自転角速度 ω はほぼ一定なので，系 O′ における運動方程式は，(89)式より，

$$m\alpha'' = F + mg_0 - m\omega \times (\omega \times R)$$
$$- m\omega \times (\omega \times r'') - 2m\omega \times v'' \tag{90}$$

となる。ここで，真の力として重力 mg_0 とそれ以外の力 F とを分

第12章　力　学

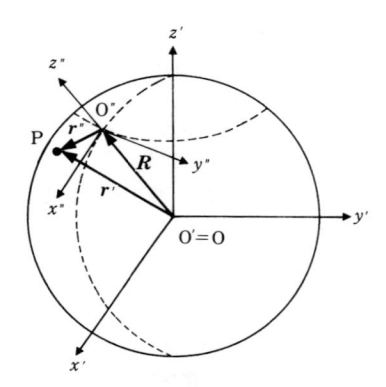

図 12-24

けて書いた。(90)式の右辺の第4項は，地球半径Rに比べて小さな領域内での力学現象では無視できる。第3項はr''に無関係で，mに比例する慣性力なので，観測者にとって重力と区別できない。この慣性力を重力にくりこめば，系O''での**実効重力加速度g**が，

$$g = g_0 - \omega \times (\omega \times R) \tag{91}$$

と定義でき，系O''での運動方程式は次式となる。

$$m\alpha'' = F + mg - 2m\omega \times v'' \tag{92}$$

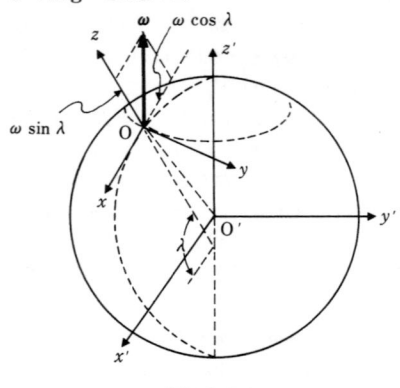

図 12-25

724

15. 加速度系における運動方程式

運動方程式(92)を成分で書くため，系 O'' の座標系 (xyz) を次のように選ぶ。以下では繁雑になるのを避けるため，(x'', y'', z'') を (x, y, z) で表すことにする。図12-25に示すように，z 軸を O'' での鉛直上方（実効重力加速度 $\boldsymbol{g}$ の逆向き），x 軸を鉛直軸に垂直で南方に，y 軸を東方にとると，$\boldsymbol{\omega}$ の成分は $\boldsymbol{\omega} = (-\omega \cos \lambda, 0, \omega \sin \lambda)$ となる。ここで λ は O'' の天文緯度である。したがって，(92)式の座標成分表示

$$\left.\begin{aligned} m\ddot{x} &= F_x + 2m\omega \sin \lambda \cdot \dot{y} \\ m\ddot{y} &= F_y - 2m\omega (\sin \lambda \cdot \dot{x} + \cos \lambda \cdot \dot{z}) \\ m\ddot{z} &= F_z - mg + 2m\omega \cos \lambda \cdot \dot{y} \end{aligned}\right\} \tag{93}$$

を得る。

z 軸上，高さ h のところから自由落下するときには，水平方向速度 $\dot{x}, \dot{y}$ は無視でき，

$$\ddot{x} = 0, \quad \ddot{y} = -\omega \cos \lambda \cdot \dot{z}, \quad \ddot{z} = -g \tag{94}$$

となる。$t = 0$ で自由落下したとすると，解は，

$$x = 0, \quad y = \frac{1}{3}\omega g \cos \lambda \cdot t^3, \quad z = h - \frac{1}{2}gt^2 \tag{95}$$

と書けるので，t を消去すれば，自由落下の軌跡

$$x = 0, \quad y = \frac{1}{3}\omega g \cos \lambda \left[\frac{2(h-z)}{g}\right]^{3/2} \tag{96}$$

を得るが，これを**ナイル** (Neil) **の曲線**といい，落下点はコリオリ力のため原点 O'' から東方に偏移する。

最後に単振り子の振動面に対するコリオリ力の影響を調べよう。単振り子の糸の長さを l とし，糸の張力を S とすれば，z 方向の運動は無視できるので，

$$m\ddot{x} = -S\frac{x}{l} + 2m\omega \sin \lambda \cdot \dot{y} \tag{97a}$$

$$m\ddot{y} = -S\frac{y}{l} - 2m\omega \sin \lambda \cdot \dot{x} \tag{97b}$$

$$0 = mg - S \tag{97c}$$

となる。(97a)式に y，(97b)式に x を掛けて両辺をそれぞれ引くと，

$$\ddot{x}y - \ddot{y}x = 2\omega \sin \lambda (\dot{x}x + \dot{y}y)$$

となり，積分して $x = y = 0$ で積分定数を決め，

第12章 力　　学

$$\dot{x}y - \dot{y}x = \omega \sin \lambda \, (x^2 + y^2)$$

を得る。極座標 (r, φ) に変換すれば，

$$r^2 \dot{\varphi} = -r^2 \omega \sin \lambda \tag{98}$$

となり，これより振動面は z 軸のまわりに $-\omega \sin \lambda$ の角速度で回転していることがわかる。北半球では時計回り，南半球では時計の逆回り（反時計回り）であり，周期は $T = 2\pi/\omega \sin \lambda =$（自転周期）$/\sin \lambda$ で与えられる。フーコー（J. B. L. Foucalt）は1851年に，$l = 67.2$ m，$m = 28.5$ kg の単振り子でこの実験を行い，地球自転の証拠としたので，これを**フーコーの振り子**という。

(大場一郎)

16. 質点系の運動

質点の集合において，集合全体，あるいは任意の部分集合の運動を論ずるとき，それらの問題にする質点からなる力学系を**質点系**という。質点系の決め方は任意であり，取り扱う力学現象を記述するのに都合のよいように定めればよい。気体や液体も質点系の連続極限として考えられるし，剛体は各質点の相対位置が不変な質点系の連続極限である。

N個の質点からなる系を考える。質量 m_i の質点 i の原点Oに関する位置ベクトルを $\boldsymbol{r}_i$ とするとき，加重平均

$$\boldsymbol{R} = \frac{\sum_i m_i \boldsymbol{r}_i}{\sum_i m_i} = \frac{\sum_i m_i \boldsymbol{r}_i}{M} \quad (M = \sum_i m_i = 質点系の全質量) \tag{99}$$

で定義される位置ベクトル $\boldsymbol{R}$ で与えられる点Gを質点系の**質量中心**という。また，質点系に働く重力はGに作用する1つの力と同じ効果をもつので**重心**ともいう（図12-26）。

質点 i に作用する力 $\boldsymbol{F}_i$ のうち，質点系を構成する他の質点 j から働く力 $\boldsymbol{f}_{ij}^0 (j = 1, 2, \cdots, i-1, i+1, \cdots, N)$ を**内力**といい，系外から働く力 $\boldsymbol{f}_i$ を**外力**という。ニュートン（Newton）の作用反作用の法則から，質点 i から質点

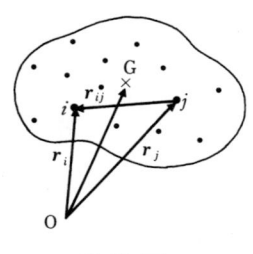

図 12-26

16. 質点系の運動

j に働く内力 $\boldsymbol{f}_{ji}^0$ は,
$$\boldsymbol{f}_{ji}^0 = -\boldsymbol{f}_{ij}^0, \qquad \boldsymbol{f}_{ii} = \boldsymbol{f}_{jj} = 0 \tag{100}$$
を満たし, これら2つの内力は i と j を結ぶ $\boldsymbol{r}_{ij} = \boldsymbol{r}_i - \boldsymbol{r}_j$ の方向に沿って働くので,
$$\boldsymbol{r}_{ij} \times \boldsymbol{f}_{ij}^0 = 0 \tag{101}$$
を満足する. 質点 i に働く力は全体で $\boldsymbol{F}_i = \sum_{j=1}^{N} \boldsymbol{f}_{ij}^0 + \boldsymbol{f}_i$ なので, 質点 i の運動方程式は,
$$m_i \frac{d^2 \boldsymbol{r}_i}{dt^2} = \sum_{j=1}^{N} \boldsymbol{f}_{ij}^0 + \boldsymbol{f}_i \tag{102}$$
となり, 質点系を記述する基礎方程式を得る. (102)式を $i=1$ から N まで辺々加えると, 内力に関して(100)式より,
$$\sum_{i=1}^{N} \sum_{j=1}^{N} \boldsymbol{f}_{ij}^0 = \sum_{i=1}^{N} \sum_{j=1}^{N} \boldsymbol{f}_{ji}^0 = \frac{1}{2} \sum_{i=1}^{N} \sum_{j=1}^{N} (\boldsymbol{f}_{ij}^0 + \boldsymbol{f}_{ji}^0) = 0$$
が成立するので, 全体としての方程式
$$\frac{d}{dt} \sum_{i=1}^{N} m_i \frac{d\boldsymbol{r}_i}{dt} = \sum_{i=1}^{N} \boldsymbol{f}_i \tag{103}$$
を得る. 質点 i の運動量は $\boldsymbol{p}_i = m_i d\boldsymbol{r}_i/dt$ だから, 系の**全運動量** $\boldsymbol{P} = \sum_{i=1}^{N} \boldsymbol{p}_i$ で書けば, (103)式は,
$$\frac{d\boldsymbol{P}}{dt} = \sum_{i=1}^{N} \boldsymbol{f}_i \tag{104}$$
とも表される. したがって, 外力の和が0ならば, $\boldsymbol{P}$ は保存され, これを**運動量保存則**という. (104)式を $t = t_\mathrm{A}$ から t_B まで積分すれば,
$$\boldsymbol{P}_\mathrm{B} - \boldsymbol{P}_\mathrm{A} = \sum_{i=1}^{N} \int_{t_\mathrm{A}}^{t_\mathrm{B}} \boldsymbol{f}_i \, dt = (t_\mathrm{A} \text{ から } t_\mathrm{B} \text{ までの力積}) \tag{105}$$
と, 運動量変化が外力の力積で与えられる. また,
$$M \frac{d\boldsymbol{R}}{dt} = \sum m_i \frac{d\boldsymbol{r}_i}{dt} = \sum \boldsymbol{p}_i = \boldsymbol{P}$$
であり, 外力の和 $\boldsymbol{F} = \sum_{i=1}^{N} \boldsymbol{f}_i$ を定義すれば, (104)式は,
$$M \frac{d^2 \boldsymbol{R}}{dt^2} = \boldsymbol{F} \tag{106}$$
とも書け, 質量中心の運動は外力の和だけによって決定される. (105)式から, あたかも系の全質量が質量中心Gに集中し, そこに

外力の和が働いているとみなせる。§3で述べたように、このことが、物体の質量中心にその全質量が集中しているとし、その点の位置、運動で物体の位置、運動を代表させる**質点**の概念を採用する正当性を保証している。

基礎方程式(103)式に r_i をベクトル積して、全体を加え合わせる。右辺第1項の和は(100)、(101)式より、

$$\sum_{i=1}^{N}\sum_{j=1}^{N} r_i \times f_{ij}^0 = \sum_j \sum_i r_j \times f_{ji}^0 = \frac{1}{2}\sum_i \sum_j (r_i - r_j) \times f_{ij}^0$$

$$= \frac{1}{2}\sum_i \sum_j r_{ij} \times f_{ij}^0 = 0$$

であるから、

$$\frac{d}{dt}\Big(\sum_{i=1}^{N} r_i \times m_i \frac{dr_i}{dt}\Big) = \sum_{i=1}^{N} r_i \times f_i \tag{107}$$

を得る。質点 i のOに関する角運動量を $l_i = r_i \times p_i$、外力のOに関する**トルク**を $n_i = r_i \times f_i$ で定義すれば、系の**全角運動量**とトルクの和は、それぞれ、

$$L = \sum_{i=1}^{N} l_i, \quad N = \sum_{i=1}^{N} n_i$$

なので、(107)式は L に対する運動方程式

$$\frac{dL}{dt} = N \tag{108}$$

を与える。したがって、外力によるトルクの和が0ならば L は保存され、これを**角運動量保存則**という。

最後に、エネルギーの関係式を導くため、基礎方程式(103)に速度 dr_i/dt をスカラー積し、全体の和をとって整理すると、

$$\frac{d}{dt}\sum_{i=1}^{N}\frac{1}{2}m_i\Big(\frac{dr_i}{dt}\Big)^2 = \frac{1}{2}\sum_{i=1}^{N}\sum_{j=1}^{N} f_{ij}^0 \cdot \frac{dr_{ij}}{dt} + \sum_{i=1}^{N} f_i \cdot \frac{dr_i}{dt} \tag{109}$$

となる。$(1/2)m_i(dr_i/dt)^2$ は質点 i の運動エネルギーなので、系の**全運動エネルギー**

$$T = \sum_{i=1}^{N}\frac{1}{2}m_i\Big(\frac{dr_i}{dt}\Big)^2$$

の時間変化が、

$$\frac{dT}{dt} = \frac{1}{2}\sum_{i=1}^{N}\sum_{j=1}^{N} \boldsymbol{f}_{ij}^0 \cdot \frac{d\boldsymbol{r}_{ij}}{dt} + \sum_{i=1}^{N} \boldsymbol{f}_i \cdot \frac{d\boldsymbol{r}_i}{dt} \tag{110}$$

で与えられる。積分すれば、運動エネルギー変化は、

$$T_B - T_A = \frac{1}{2}\sum_i \sum_j \int_A^B \boldsymbol{f}_{ij}^0 \cdot d\boldsymbol{r}_{ij} + \sum_i \int_A^B \boldsymbol{f}_i \cdot d\boldsymbol{r}_i \tag{111}$$

となる。右辺の各項は順に、内力、外力が系にした仕事である。とくに内力が保存力の場合は、$\boldsymbol{f}_{ij}^0 = -\nabla_{r_{ij}} V_{ij}(\boldsymbol{r}_{ij})$ と書けるので、系のポテンシャルエネルギー

$$V(\boldsymbol{r}_i, \cdots, \boldsymbol{r}_N) \equiv \frac{1}{2}\sum_i \sum_j V_{ij} = \sum_{i>j} V_{ij}$$

を定義すれば、第1項は $V_B - V_A$ となる。まとめれば、エネルギー関係式として、

$$\left.\begin{array}{l} E_B - E_A = \sum_i \int_A^B \boldsymbol{f}_i \cdot d\boldsymbol{r}_i \\ E = T + V = (系の全エネルギー) \end{array}\right\} \tag{112}$$

を得る。外力による仕事がない場合、系の E は一定に保たれ、これを**エネルギー保存則**という。　　　　　　　　　　　　（大場一郎）

17. 中心力場における二体問題

質点系全体としての運動については、全体としての物理量の時間変化が、系に加えられる外力の性質によって決定される。一方、個々の質点の運動の詳細は一般には決定できない。多質点間に万有引力が働いている場合、三体以上になると、特殊な場合を除き、積分によって運動方程式の解を求めることが不可能なことをポアンカレ (Jules Henri Poincaré) が証明している。しかし、二体系では、個々の質点の運動が、**重心運動**と**相対運動**に分離され、厳密に論じられる。

質点系の基礎方程式§16の(102)式で $N=2$ とすれば、

$$m_1 \ddot{\boldsymbol{r}}_1 = \boldsymbol{f}_{12}^0 + \boldsymbol{f}_1 \tag{113a}$$
$$m_2 \ddot{\boldsymbol{r}}_2 = \boldsymbol{f}_{21}^0 + \boldsymbol{f}_2 \tag{113b}$$

となる（図12-27）。上式の両辺をそれぞれ加えれば、重心 $\boldsymbol{R} = (m_1 \boldsymbol{r}_1 + m_2 \boldsymbol{r}_2)/M$ ($M = m_1 + m_2$) に関する運動を、

$$M\ddot{\boldsymbol{R}} = \boldsymbol{f}_1 + \boldsymbol{f}_2 \tag{114}$$

によって分離できる。

相対座標 $r = r_1 - r_2$ を分離するには，差 (113a)$\times m_2/M$ − (113b)$\times m_1/M$ を作ると，

$$\mu \ddot{r} = f_{12}^0 + \frac{1}{M}(m_2 f_1 - m_1 f_2) \quad (115)$$

を得る。ここで，$\mu = m_1 m_2 / (m_1 + m_2)$ は**換算質量**である。とくに，外力が働かない場合，重心とともに運動する座標系は慣性系であり，相対運動は内力のみに依存する。

以下で述べるのはこの場合であり，かつ，内力が中心力ポテンシャル $V(r)$ によって

$$f_{12}^0 = -\nabla V(r) = -\frac{dV}{dr} \frac{r}{r}$$

と与えられるものとする。すなわち，(114)式と(115)式は，

$$M\ddot{R} = 0 \quad (116)$$
$$\mu \ddot{r} = -\nabla V(r) \quad (117)$$

となるので，第1式から直ちに $\dot{R} = $ 一定が与えられる。相対運動は中心力ポテンシャル $V(r)$ のもとでの質量 μ の質点の一体運動に帰着する。§13で述べたように，中心力場では角運動量 $l = \mu r \times \dot{r}$ が保存されるので，l 方向に z 軸をとると，運動は x-y 面に限られる。極座標で表示すれば，保存量 l の大きさは，

$$l = \mu r^2 \dot{\varphi} \quad (118)$$

となるが，これは，中心力場において面積速度が，

$$\frac{dS}{dt} = \frac{1}{2} r^2 \dot{\varphi} = \frac{l}{2\mu} \quad (119)$$

と一定であるという，ケプラー (Kepler) の第2法則に対応している。

運動エネルギーを重心座標と相対座標で，

$$T = \frac{1}{2} M \dot{R}^2 + \frac{1}{2} \mu \dot{r}^2 \quad (120)$$

と書きかえる。外力が働いていないので，§16の(112)式よりエネル

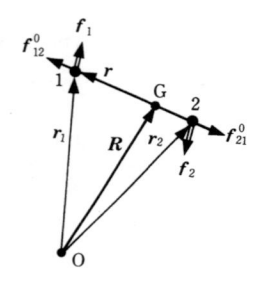

図 12-27

17. 中心力場における二体問題

ギー保存則は,

$$\frac{1}{2}M\dot{\boldsymbol{R}}^2 + \frac{1}{2}\mu\dot{\boldsymbol{r}}^2 + V(r) = \text{一定} \tag{121}$$

となる。さらに,$\dot{\boldsymbol{R}}$ も一定なので,相対運動に関するエネルギー

$$\begin{aligned}E &= \frac{1}{2}\mu\dot{\boldsymbol{r}}^2 + V(r)\\ &= \frac{1}{2}\mu(\dot{r}^2 + r^2\dot{\varphi}^2) + V(r) \end{aligned} \tag{122}$$

も保存するが,これは(117)式のエネルギー積分である。ここで,相対運動のエネルギーを改めて E とおいた。

相対運動の動径方向の解 $r(t)$ は,(118)式と(122)式から $\dot{\varphi}$ を消去した方程式

$$\frac{1}{2}\mu\dot{r}^2 + U(r) = E, \quad U(r) = V(r) + \frac{l^2}{2\mu r^2} \tag{123}$$

を解いて得られる。上式から,相対運動は最終的に質量 μ の質点が,$V(r)$ に**遠心力ポテンシャル** $l^2/2\mu r^2$ を加えた**有効ポテンシャル** $U(r)$ のもとで,$r>0$ の等価な1次元運動を行う問題に帰着することがわかる。(123)式を $\dot{r}$ について解けば,

$$\dot{r} = \frac{dr}{dt} = \pm\sqrt{\frac{2}{\mu}(E - U(r))} \tag{124}$$

であるが,$U(r)$ の r 依存性を調べれば,動径方向の運動の概略が求められる。r が時間とともに増加する境界条件で(124)式を積分すれば,

$$\int_{t_0}^{t} dt = \int_{r_0}^{r} \frac{dr}{\sqrt{\dfrac{2}{\mu}(E - U(r))}} \tag{125}$$

から $t = t(r)$ が求められ,この逆関数が解 $r = r(t)$ を与える。これを(118)式に代入すれば,

$$\int_{\varphi_0}^{\varphi} d\varphi = \frac{l}{\mu}\int_{t_0}^{t} \frac{dt}{(r(t))^2} \tag{126}$$

から,解 $\varphi = \varphi(t)$ を得る。

相対運動の軌道は $r(t)$ と $\varphi(t)$ から t を消去しても求められるが,(125)式と(126)式の微分形を辺々かけて得られる方程式

第12章 力　　学

$$d\varphi = \frac{l dr}{r^2 \sqrt{2\mu(E-U(r))}} = -\frac{l d\rho}{\sqrt{2\mu(E-U(1/\rho))}} \quad (127)$$

$$\left(\rho = \frac{1}{r}\right)$$

を積分するほうが直接的である。あるいは，

$$d\rho/d\varphi = -\sqrt{2\mu(E-U(1/\rho))}/l$$

をφで微分し，整理して得られる2階微分方程式

$$\frac{d^2\rho}{d\varphi^2} + \rho = -\frac{\mu}{l^2\rho^2} V'\left(\frac{1}{\rho}\right) \quad (128)$$

を解いてもよい。

逆2乗中心力のポテンシャル$V(r)=-k/r(k>0$で引力，$k<0$で斥力)の場合は，

$$\frac{d^2\rho}{d\varphi^2} + \rho = \frac{k\mu}{l^2} \quad (129)$$

であるから，解は同次方程式の一般解$A\cos(\varphi+\varphi_0)$と非同次方程式の特解$k\mu/l^2$の和

$$\rho = A\cos(\varphi+\varphi_0) + \frac{k\mu}{l^2} \quad (130)$$

となる。(127)式に代入すればAが決まり，rについて書きかえれば，軌道を表す関係式は，

$$r = \frac{l^2/k\mu}{1+\varepsilon\cos(\varphi+\varphi_0)}, \quad \varepsilon = \sqrt{1+\frac{2El^2}{k^2\mu}} \quad (131)$$

となり，軌跡は**半直弦** $l^2/k\mu$，**離心率** ε の**円錐曲線**である。相対運動のエネルギーEの値により，(i)$E=-k^2\mu/2l^2$のとき$\varepsilon=0$で円軌道，(ii)$-k^2\mu/2l^2<E<0$のとき$0<\varepsilon<1$で，長径$a=k/2|E|$，短径$b=\sqrt{l^2/2\mu|E|}$の**楕円軌道**，(iii)$E=0$のとき$\varepsilon=1$で**放物線軌道**，(iv)$E>0$のとき$\varepsilon>1$で**双曲線軌道**に分類できる（図12-28）。とくに(ii)（と(i)）の場合，周期運動となり，その周期Tは，(119)式を用いて楕円の面積$S=(l/2\mu)T=\pi ab$から$T^2=(4\mu/k)\pi^2 a^3$となる。惑星の運動では，太陽質量を$M_\odot$，惑星質量をmとして，$k=GM_\odot m$，$\mu\approx m$なので，

$$T^2 = \frac{4\pi^2}{GM_\odot} a^3 \quad (132)$$

となり，比例定数は個々の惑星の質量には無関係となる。これが，ケプラーの第3法則であった。　　　　　　　（大場一郎）

18. 剛体のつり合い

剛体とは，力が加わっても，その変位が無視できるような物体をいう。任意の質点間の距離 r_{ij} が固定されていて，時間的に不変とみなせる質点系とも定義できる。$\boldsymbol{r}_{ij}\cdot\boldsymbol{r}_{ij}=r_{ij}^2$ を微分すると $\boldsymbol{r}_{ij}\cdot d\boldsymbol{r}_{ij}=0$ が得られる

図 12-28

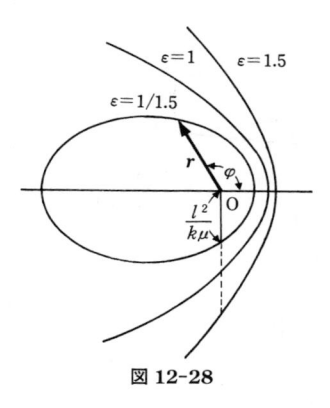

が，この関係式を用いれば，$\boldsymbol{F}_{ij}\cdot d\boldsymbol{r}_{ij}\propto \boldsymbol{r}_{ij}\cdot d\boldsymbol{r}_{ij}=0$ となり，内力は仕事をしない。つまり，系の内部ポテンシャルは一定であり，剛体ではこれについて考慮する必要はない。

力学系の配置を指定するために必要とする独立な座標数を**自由度**という。1質点で3個の座標を必要とするので，N 質点系の自由度は $3N$ となる。しかし，図12-29 のように，剛体の配置は同一直線上にない剛体内の任意の3個の基準点を選ぶことによって指定できる。それら以外の点に関しては，基準点からの距離が固定されているので，すべての

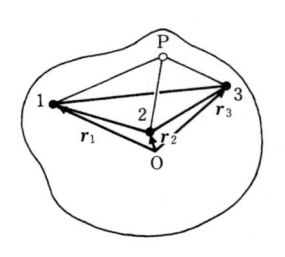

図 12-29

配置が決まってしまう。基準点間の距離も固定されていることを考慮すると，剛体の自由度は $3\times 3-3=6$ となる。

剛体の1点Oを固定すれば，自由度は $6-3=3$ に減り，固定点のまわりの回転の自由度が残される。この自由度は**オイラー**(Euler)**角** (φ, θ, ψ) によって記述するのが便利である。図12-30のように，空間に固定した座標系 (x, y, z) と剛体に固定した座標系 (ξ, η, ζ) とに関して，パラメーターであるオイラー角を以下のよう

第12章 力　学

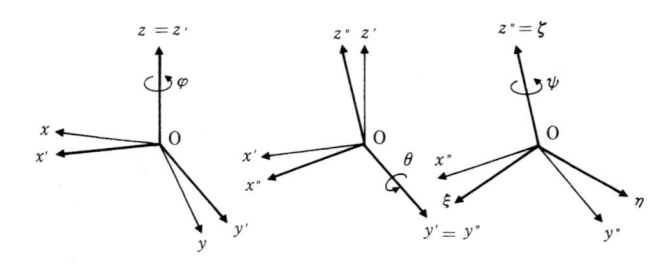

図 12-30

に定める。

系 (x, y, z) を z 軸のまわりに φ だけ回転して得た系を (x', y', z') とする $(z'=z)$。次に，その系を y' 軸のまわりに θ だけ回転して得た系を (x'', y'', z'') とし $(y''=y')$，最後に，この系を z'' 軸のまわりに ψ だけ回転させて系 (ξ, η, ζ) に一致させる $(\zeta=z'')$。座標 (x, y, z) と (ξ, η, ζ) との間の変換は**直交変換**であり，結果は次のようにまとめられる。

$$\begin{pmatrix}\xi\\ \eta\\ \zeta\end{pmatrix}=A\begin{pmatrix}x\\ y\\ z\end{pmatrix}, \quad \begin{pmatrix}x\\ y\\ z\end{pmatrix}=A^\mathsf{T}\begin{pmatrix}\xi\\ \eta\\ \zeta\end{pmatrix} \tag{133}$$

$$A=\begin{pmatrix} \cos\varphi\cos\theta\cos\psi-\sin\varphi\sin\psi & \sin\varphi\cos\theta\cos\psi+\cos\varphi\sin\psi & -\sin\theta\cos\psi \\ -\cos\varphi\cos\theta\sin\psi-\sin\varphi\cos\psi & -\sin\varphi\cos\theta\sin\psi+\cos\varphi\cos\psi & \sin\theta\sin\psi \\ \cos\varphi\sin\theta & \sin\varphi\sin\theta & \cos\theta \end{pmatrix} \tag{134}$$

剛体内の任意の 2 点を固定すれば，残る自由度は $6-(3\times 2-1)=1$ となるが，その自由度は 2 点を通る**固定軸**のまわりの回軸運動に対応する。

剛体は質点系の特別なものなので，剛体の運動量を P，角運動量を L とすると，運動は §16 の (106) 式と (108) 式で決定される。

734

18. 剛体のつり合い

$$\frac{d\boldsymbol{P}}{dt} = \boldsymbol{F}, \quad \boldsymbol{F} = \sum_i \boldsymbol{f}_i \tag{135}$$

$$\frac{d\boldsymbol{L}}{dt} = \boldsymbol{N}, \quad \boldsymbol{N} = \sum_i \boldsymbol{r}_i \times \boldsymbol{f}_i \tag{136}$$

ここで，$\boldsymbol{r}_i$ は外力 $\boldsymbol{f}_i$ が剛体に働く点の座標ベクトルであり，この点を**作用点**という．剛体が並進も回転もしていなければ $\boldsymbol{F}=0$，$\boldsymbol{N}=0$ である．逆に，$\boldsymbol{F}=0$，$\boldsymbol{N}=0$ ならば，$\boldsymbol{P}=$一定，$\boldsymbol{L}=$一定となる．とくにある時刻で $\boldsymbol{P}=0$，$\boldsymbol{L}=0$ ならば，任意の時間で剛体は静止している．したがって，剛体の**つり合い**，または**平衡**の条件は，

$$\boldsymbol{F} = \sum_i \boldsymbol{f}_i = 0 \tag{137}$$

$$\boldsymbol{N} = \sum_i \boldsymbol{r}_i \times \boldsymbol{f}_i = 0 \tag{138}$$

である．(138)式は座標の選び方には依存しないことに注意すべきである．Oとは異なる点 O' の座標ベクトル $\boldsymbol{r}'$ を(137)式にかけて(138)式から引算すると $\boldsymbol{N} = \sum_i \boldsymbol{r}'_i \times \boldsymbol{f}_i$，$\boldsymbol{r}'_i = \boldsymbol{r}_i - \boldsymbol{r}'$ が成立するからである．

剛体に作用する力は，その効果を変えずに移動することができる．座標 $\boldsymbol{r}_i$ の作用点に働く $\boldsymbol{f}_i$ と別の点 $\boldsymbol{r}'_i$ に働く $\boldsymbol{f}'_i$ が剛体に対して同一の効果を与えるには，(135)式と(136)式から $\boldsymbol{f}_i = \boldsymbol{f}'_i$，$\boldsymbol{r}_i \times$

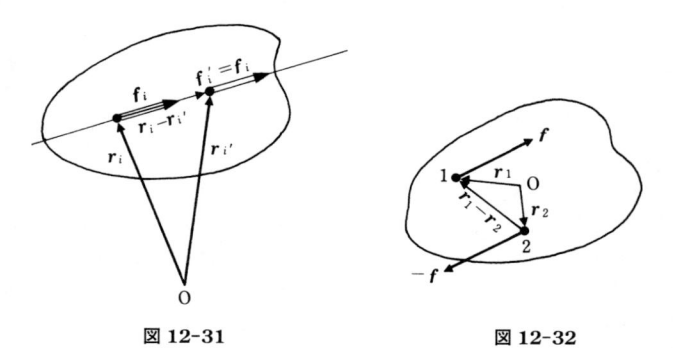

図 12-31　　　　　　　　　　　**図 12-32**

$f_i = r_i' \times f_i'$ が成立すればよい。これらの条件は $f_i = f_i'$, $(r_i - r_i') \times f_i = 0$ と書き換えられるので,図12-31のように f_i を r_i から f_i の延長線上にある剛体の任意の点へ移動しても,剛体に及ぼす効果は変わらないことがわかる。これを**作用線の定理**という。

図12-32のように,逆平行で大きさが等しいが,作用線の異なる2つの力 f と $-f$ が r_1 と r_2 に働く場合,この2つの力を**偶力**という。偶力はつり合いの条件中(137)式は満たすが,$N = (r_1 - r_2) \times f \neq 0$ となり,回転運動に影響を与える。　　　　　　(大場一郎)

19. 平面内での剛体の運動

剛体が固定軸のまわりを回転している運動を考える。この場合,固定軸を z 軸に選ぶと,残された自由度は z 軸のまわりの回転だけとなるので,運動方程式として§18の(136)式の z 成分

$$\frac{dL_z}{dt} = N_z, \quad L_z = \sum_i m_i (x_i \dot{y}_i - y_i \dot{x}_i) \tag{139}$$

をとればよい。円筒座標 (r, φ, z) を使えば,

$$L_z = \sum_i m_i r_i^2 \dot{\varphi}_i = \sum_i m_i r_i^2 \omega \tag{140}$$

と書き換えられる。ここで,ω は z 軸のまわりの角速度であり,$I_{zz} = \sum_i m_i r_i^2$ は剛体の性質のみによって決まる物理量で,z 軸のまわりの**慣性モーメント**という。添字 z をとって書けば,固定軸のまわりの運動は,

$$I \frac{d\omega}{dt} = I \frac{d^2 \varphi}{dt^2} = N \tag{141}$$

$$L = I\omega, \quad I = \sum_i m_i r_{i\perp}^2 \tag{142}$$

によって記述される。ただし,$r_{i\perp}$ は点 i から固定軸へ下ろした垂線の長さである。

剛体の全質量を M とするとき,$I = M\kappa^2$ で与えられる長さの次元をもつ量 κ を**回転半径**という。剛体の重心Gを通って固定軸に平行な軸のまわりの慣性モーメントを $I_G = M\kappa_G^2$ とすると,重心の定義から,

$$I = I_G + Mh^2, \quad \kappa^2 = \kappa_G^2 + h^2 \tag{143}$$

19. 平面内での剛体の運動

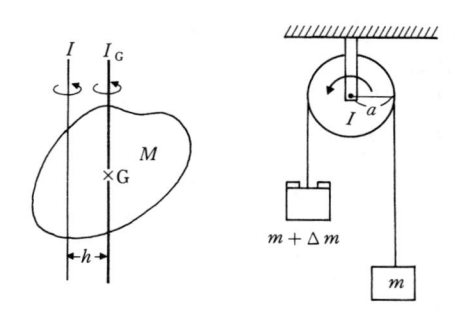

図 12-33　　　　　　**図 12-34**

の関係が成立する。ここで h は G から固定軸に下ろした垂線の長さである（図12-33）。この式は I_G を知って，h だけ離れた平行な回転軸のまわりの慣性モーメント I を求めるのに使われる。

図12-34のように，半径 a の滑車に糸を掛け，糸の両端に質量 m のおもりをつけ，さらに，その一方に質量 Δm の小さなおもりをつけ加えて運動させる。この装置を**アトウッドの器械**という。(141)式を使えば，糸はおもりの重い方へ，$\Delta m \cdot g/(I/a^2+2m+\Delta m)$ の小さな加速度で運動することがわかる。途中で Δm を取り去れば，その後は等速運動となる。アトウッド (G. Atwood) は，この緩慢な落下運動を重力加速度の測定に利用した。

水平な直線を固定軸とし，重力のもとで振動する剛体を**実体振り子**，あるいは**物理振り子**という。固定軸を O，重心を G，$\overline{\mathrm{OG}}=h$ とする。OG の鉛直線に対する傾きを φ とすれば，(141)式より運動方程式は，

$$I\frac{d^2\varphi}{dt^2}=-Mgh\sin\varphi \tag{144}$$

となる。これは糸の長さ $l=I/Mh$ の単振り子の運動に等しい。このような単振り子を**相等単振り子**，l を**相等単振り子の長さ**という。小さな振幅の場合は調和振動となり，周期は $T=2\pi\sqrt{I/Mgh}$ である。

剛体の各点が，つねに定平面に平行に運動するとき，これを剛体の平面運動という。定平面を x-y 面とすれば，平面運動は G の x-y 面での並進運動と z 軸のまわりの回転になる。G の座標を $(x,$

第12章　力　　学

y, z)，Gを通ってz軸に平行な軸のまわりの回転角をφとすると，方程式は，

$$M\ddot{x}=F_x, \quad M\ddot{y}=F_y, \quad \ddot{z}=0 \tag{145}$$

$$I_G\frac{d^2\varphi}{dt^2}=I_G\frac{d\omega}{dt}=N_G \tag{146}$$

となる。運動エネルギーは，重心の運動エネルギーと次項で示されている回転運動のエネルギーで次のように表すことができる。

$$T=\frac{1}{2}M(\dot{x}^2+\dot{y}^2)+\frac{1}{2}I_G\omega^2 \tag{147}$$

平面運動する剛体に，tから$t+\Delta t$のきわめて短い時間だけ撃力(F_{ix}, F_{iy})が働く場合の運動量，角運動量の変化は，(145)，(146)式を積分して，

$$\left.\begin{aligned}M\dot{x}(t+\Delta t)-M\dot{x}(t)&=\sum_i\int_t^{t+\Delta t}F_{ix}dt\\ M\dot{y}(t+\Delta t)-M\dot{y}(t)&=\sum_i\int_t^{t+\Delta t}F_{iy}dt\end{aligned}\right\} \tag{148}$$

$$I_G\omega(t+\Delta t)-I_G\omega(t)=\sum_i\left(x_i\int_t^{t+\Delta t}F_{iy}dt-y_i\int_t^{t+\Delta t}F_{ix}dt\right) \tag{149}$$

で与えられる。ここで，撃力以外の力からの寄与は小さいので無視している。また，作用点のGからの座標(x_i, y_i)は，撃力の作用している間に変化しないとしてよいので，(149)式の右辺では積分記号の外へ出してある。

図12-35のように，Gからhだけ離れた点Oでバットを握り，Gから先にh'だけ離れた点O'でOO'に垂直にボールを打つ。(148)，(149)式を用いると，$Mhh'=I_G$のとき，ボールからの撃力によって生じる運動は点Oで瞬間的に静止の状態となる。このとき，$\overline{OO'}=(Mh^2+I_G)/Mh$は，(143)式からOのまわりの慣性モーメント$I$を使って$\overline{OO'}=I/Mh$となる。この長さは，バットをOのまわりの実体振り子と考えたときの相当

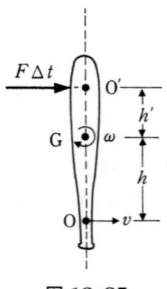

図 12-35

単振り子の長さである。このOをO′に対する**打撃の中心**といい，O′に撃力を加えても，Oではショックを感じることがない。

(大場一郎)

20. 固定点のまわりの剛体の回転運動

剛体が固定点Oのまわりを回転している運動を考えよう。固定軸のまわりの回転では，角運動量が $L=I\omega$ と表せたが，この場合，自由度3なので，角運動量を表すには**慣性モーメント・テンソル**が必要となる。Oを原点とし，空間に固定した慣性系 (x, y, z) と，同じOを原点とし，剛体に固定した座標系 (ξ, η, ζ) をとる。剛体の角速度を $\boldsymbol{\omega}$ とすると，系 (ξ, η, ζ) は系 (x, y, z) に対して $\boldsymbol{\omega}$ で回転している加速度系である。剛体の点 $\boldsymbol{r}_i$ の慣性系における速度は，§15の(86)式より，

$$\dot{\boldsymbol{r}}_i = \boldsymbol{\omega} \times \boldsymbol{r}_i \tag{150}$$

となる。ここで，2つの座標系は原点を共有するので，系 (ξ, η, ζ) の座標ベクトル $\boldsymbol{r}_i'$ は $\boldsymbol{r}_i$ に等しく，また $\boldsymbol{v}_0=0$, $\boldsymbol{v}_i'=0$ であることを使った。したがって，剛体の角運動量は，

$$\boldsymbol{L} = \sum_i m_i \boldsymbol{r}_i \times (\boldsymbol{\omega} \times \boldsymbol{r}_i) = \sum_i m_i \{(\boldsymbol{r}_i \cdot \boldsymbol{r}_i) \boldsymbol{\omega} - \boldsymbol{r}_i (\boldsymbol{r}_i \cdot \boldsymbol{\omega})\} \tag{151}$$

となる。ここで，x, y, z 成分を添字 a, b で表記し，慣性モーメント・テンソル

$$I_{ab} = I_{ba} = \sum_i m_i (r_i^2 \delta_{ab} - x_{ia} x_{ib}) \tag{152}$$

を定義すると，(151)式の成分は，

$$L_a = \sum_{b=1}^{3} I_{ab} \omega_b \tag{153a}$$

と書くことができ，行列表示すれば，

$$\boldsymbol{L} = \boldsymbol{I} \boldsymbol{\omega} \tag{153b}$$

となる。対角要素 I_{aa} を a 軸に関する**慣性モーメント**，非対角要素 $-I_{ab}(a \neq b)$ を**慣性乗積**という。同様に回転運動のエネルギーを求めると，

$$T = \frac{1}{2} \sum m_i \boldsymbol{v}_i^2 = \frac{1}{2} \sum m_i \boldsymbol{v}_i \cdot (\boldsymbol{\omega} \times \boldsymbol{r}_i) = \frac{1}{2} \boldsymbol{\omega} \cdot \sum m_i \boldsymbol{r}_i \times \boldsymbol{v}_i$$

第12章 力 学

$$= \frac{1}{2} \boldsymbol{\omega} \cdot \boldsymbol{L} = \frac{1}{2} \sum_{a,b} \omega_a I_{ab} \omega_b = \frac{1}{2} \boldsymbol{\omega}^\mathrm{T} \boldsymbol{I} \boldsymbol{\omega} \tag{154}$$

となる。運動方程式は(153)式を微分して得られるが,慣性系では$\boldsymbol{\omega}$だけでなく,I_{ab}も時間の関数となり,得られた方程式を解くことは実際上不可能である。

そこで,この困難を避けるには,剛体に固定した系(ξ, η, ζ)へ変換すればよい。そこでは対応するI_{ab}が剛体の質量分布だけによって決まる定数である。以下ではこの系で考えることにし,繁雑さを避けるため,この系での量であることを示す($'$)はとることにする。Oを通る任意方向の単位ベクトルを$\boldsymbol{n}$とすると,$I \equiv \boldsymbol{n}^\mathrm{T} \boldsymbol{I} \boldsymbol{n} = \sum m_i (r_i^2 - (\boldsymbol{r}_i \cdot \boldsymbol{n})^2) = \sum m_i r_{i\perp}^2$ となるので,この量はOを通る$\boldsymbol{n}$方向の軸のまわりの慣性モーメントであり,またI_{ab}は正値行列であることがわかる(図12-36)。$\boldsymbol{n}$の方向余弦を(α, β, γ)とすると$I = I(\alpha, \beta, \gamma)$である。そこで,

$$\boldsymbol{\rho} = \frac{\boldsymbol{n}}{\sqrt{I}} = \left(\frac{\alpha}{\sqrt{I}}, \frac{\beta}{\sqrt{I}}, \frac{\gamma}{\sqrt{I}} \right)$$

を定義すると,この関係式は,

$$I_{11}\rho_1^2 + I_{22}\rho_2^2 + I_{33}\rho_3^2 + 2I_{12}\rho_1\rho_2 + 2I_{23}\rho_2\rho_3 + 2I_{31}\rho_3\rho_1 = 1 \tag{155}$$

となる。これは$\boldsymbol{\rho}$の軌跡が2次曲面であることを示し,ρ^{-2}が$\boldsymbol{n}$を軸とする慣性モーメントを与える。I_{ab}は正値行列なので,この2次曲面は楕円体面であり,これを**慣性楕円体**という。

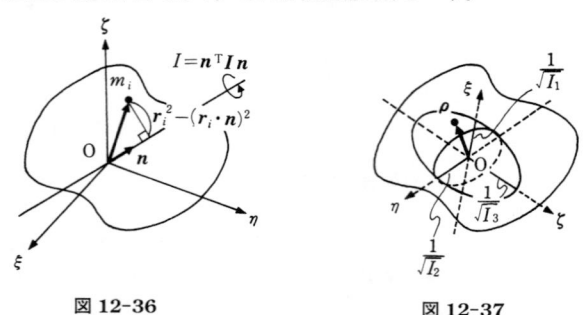

図 12-36　　　　　　　　**図 12-37**

ところで,実対称な正値行列の要素I_{ab}は,定義式(152)から2階のテンソルでもあるので,適当な座標変換を行えば,必ず対角化

20. 固定点のまわりの剛体の回転運動

できる。このときの座標軸を**慣性主軸**,座標系を**慣性主軸系**,座標変換を**主軸変換**という。(ξ, η, ζ) を改めてこの慣性主軸系にとれば,(155)式は標準形

$$I_1\rho_1^2 + I_2\rho_2^2 + I_3\rho_3^2 = 1 \tag{156}$$

となる(図12-37)。主軸に対する慣性モーメント I_i を**主慣性モーメント**という。この系では慣性乗積は 0 となるので,(153)式と(154)式は,

$$L_a = I_a \omega_a \tag{157}$$

$$T = \frac{1}{2}\sum_{a=1}^{3} I_a \omega_a^2 \tag{158}$$

と簡単になる。一様で対称な剛体では,対称軸のまわりの慣性乗積は 0 となるので,その軸は主軸の 1 つとなる。慣性主軸系の基礎ベクトル $\boldsymbol{e}_a$ の時間変化は§15の(82)式より,

$$\frac{d\boldsymbol{e}_a}{dt} = \boldsymbol{\omega} \times \boldsymbol{e}_a \tag{159}$$

であることを考えると,角運動量の微分は,

$$\frac{d\boldsymbol{L}}{dt} = \frac{d}{dt}\sum_{a=1}^{3} L_a(t)\,\boldsymbol{e}_a(t) = \sum_a \frac{dL_a}{dt}\boldsymbol{e}_a + \boldsymbol{\omega} \times \sum L_a \boldsymbol{e}_a$$

$$= \sum \frac{dL_a}{dt}\boldsymbol{e}_a + \boldsymbol{\omega} \times \boldsymbol{L} \tag{160}$$

となる。慣性系での運動方程式 $d\boldsymbol{L}/dt = \boldsymbol{N}$ に上式を代入し,(157)式を使って書き換えれば,慣性主軸系における運動方程式

$$\left. \begin{array}{l} I_\xi \dot{\omega}_\xi - (I_\eta - I_\zeta)\,\omega_\eta \omega_\zeta = N_\xi \\ I_\eta \dot{\omega}_\eta - (I_\zeta - I_\xi)\,\omega_\zeta \omega_\xi = N_\eta \\ I_\zeta \dot{\omega}_\zeta - (I_\xi - I_\eta)\,\omega_\xi \omega_\eta = N_\zeta \end{array} \right\} \tag{161}$$

を得る。これを**オイラー**(Euler)**の運動方程式**という。

一般に支点のまわりを回転する剛体をこまといい,$I_\xi = I_\eta = I_\zeta$ の**球こま**, 2つが等しい**対称こま**, 3つとも異なる**非対称こま**に分類される。こまの運動はオイラーの運動方程式で記述されるが,解析的な解を求めることはきわめて困難である。任意の初期条件での解が求められているものとして,自由回転 $\boldsymbol{N}=0$ の**オイラーのこま**, $I_\xi = I_\eta$ で支点が ζ 軸上にある**ラグランジュ**(Lagrange)**のこま**, $I_\xi = I_\eta = I_\zeta/2$ で支点が ξ-η 面にある**コヴァレーフスカヤ**

741

(Kovalevskaya) のこまがある。

ジャイロスコープは，図12-38に示すように，重心がその中心にある重いはずみ車を2個の回転できる金属環で支え，車軸がどの方向へも自由に向けるようにした装置であり，オイラーのこまの一例である。対称軸を ξ, $I_\xi = I_\eta = A$, $I_\zeta = C$ とすると，(161)式から，$\omega_\zeta =$ 一定，

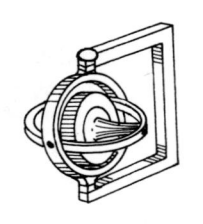

$$\dot{\omega}_\xi - \Omega \omega_\eta = 0, \quad \dot{\omega}_\eta + \Omega \omega_\xi = 0 \quad (162)$$

となる。ここで，

$$\Omega = \frac{A-C}{A} \omega_\zeta$$

図 12-38

である。(157)式より，$L = (A\omega_\xi, A\omega_\eta, C\omega_\zeta)$ だから $\omega_\xi = \omega_\eta = 0$ ならば，回転軸は保存量 L と一致する。すなわち回転軸はつねに一定方向を保つ。この性質を用いたものが**ジャイロコンパス**である。ω が L と異なるとき，$L = A\omega + (C-A)\omega_\zeta e_\zeta$ から，L, ω, e_ζ は同一平面にある。(162)式の解 $\omega_\xi = \omega_\perp \cos(\Omega t + \alpha)$, $\omega_\eta = \omega_\perp \sin(\Omega t + \alpha)$ から，対称軸 ζ のまわりを L と ω が角速度 Ω で回転する。慣性系では L が一定だから，ω と ζ 軸が L のまわりを角速度 Ω で回転することがわかる。これを**歳差運動**という。他の天体からの引力を無視すれば，地球の自転は自由運動とみなせ，$(A-C)/A \fallingdotseq 1/300$ と極軸方向に偏平であることから，約300日周期の歳差運動が予想される。実際には大気の運動のため，回転軸は極点のまわりの円軌道から不規則にはずれ，地球の弾性的性質のため周期は約430日前後となる。これを**チャンドラー** (Chandler) **周期**という。

トルクが 0 でなければ，L は保存されない。特別な場合，N が定数ベクトルを Ω として $N = \Omega \times L$ で与えられるとき，慣性系における運動方程式を微分して $\ddot{L} = (\Omega \cdot L) \Omega - \Omega^2 L$ が得られる。L を Ω に垂直成分と平行成分に $L = L_\perp + L_{/\!/}$ と分けると，$L_{/\!/} =$ 一定，$\ddot{L}_\perp = -\Omega^2 L_\perp$ となり，図12-39のように $L_\perp$ は Ω のまわりを角速度 Ω で円運動する。すなわち，L は Ω のまわりを歳差運動する。

例として，軸の一端を支持台で水平に支えられて回転している対称こまが支持台のまわりに歳差運動すること（図12-40），月と太陽

21. 弾性体の力学

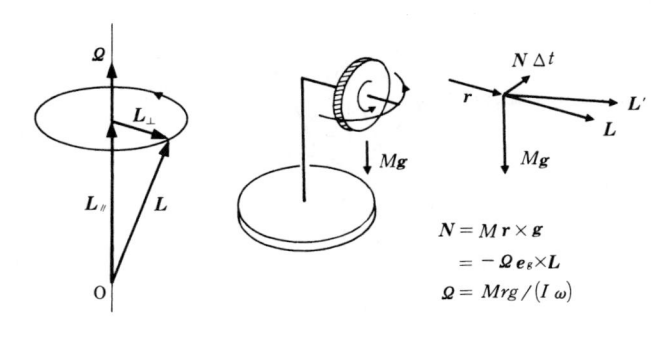

図 12-39

図 12-40

$$N = M r \times g = -\varOmega e_g \times L$$
$$\varOmega = Mrg/(I\omega)$$

からの引力で，地球の自転軸が黄道面に垂直な軸のまわりを約26,000年の周期で歳差運動すること，磁場中の荷電粒子の磁気モーメントが磁場のまわりを**ラーモア**（Larmor）**歳差運動**することなどが知られている。

(大場一郎)

21. 弾性体の力学

前の3節で剛体の力学を取り扱った。剛体は力を加えても任意の2点間の距離が不変とみなせる物体であった。しかし，実際には力を加えれば，それに応じて物体は変形する。加える力が小さければ，その力を取り去ると変形はもとに戻る。物体のつり合いや運動を論ずるとき，このような範囲で考える物体を**弾性体**，生じる変形を**ひずみ**，変形がもとに戻る性質を**弾性**という。力の大きさがある限度を超えると，力を取り去っても変形が永久ひずみとして残る。そのときの力（**応力**）を**弾性限度**という。弾性限度を超えるような大きな力を加えると物体は弾性体でなくなり，永久ひずみを生じて連続的に変形する。この性質を**塑性**という。

弾性体の1点Pを囲む小さな直角三角錐OABCを考える（図12-41）。面ABCの面積をS，外向き法線ベクトルを$\boldsymbol{n}=(l, m, n)$とすると，面BOC, COA, AOBの面積はSl, Sm, Snとなる。それぞれの面に外側から働く単位面積当たりの力は$\boldsymbol{T}_x=(T_{xx}, T_{xy}, T_{xz})$，$\boldsymbol{T}_y=(T_{yx}, T_{yy}, T_{yz})$，$\boldsymbol{T}_z=(T_{zx}, T_{zy}, T_{zz})$，面ABCが外側

第12章 力　　学

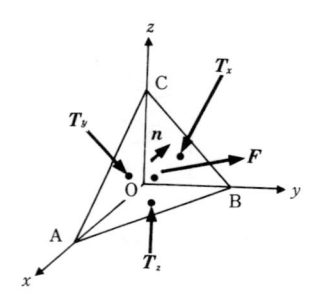

図 12-41

に働く単位面積当たりの力を F とすれば，つり合い条件 $T_x Sl + T_y Sm + T_z Sn - FS = 0$ から，F は，

$$F = T_x l + T_y m + T_z n$$
$$= \begin{pmatrix} T_{xx} & T_{yx} & T_{xz} \\ T_{yx} & T_{yy} & T_{yz} \\ T_{zx} & T_{zy} & T_{zz} \end{pmatrix} \begin{pmatrix} l \\ m \\ n \end{pmatrix} = Tn \tag{163}$$

と書ける。ここで，T は**応力テンソル**とよばれる。また，トルクの和は 0 でなければならないが，力はそれぞれの面の重心に働くとする。面 ABC の重心を通り，x 軸に平行な軸のまわりのトルクの和が 0 となることから，$T_{yz} = T_{zy}$ がわかる。他の非対角要素も同様なので，T は**対称テンソル**であり，対角要素を**法線応力**，非対角要素を**接線応力**とよぶ。

次に，応力が働いていないとき，2 点 r と $r + \delta r$ にあった質量が，それぞれ $r' = r + u$ と $r'' = r + \delta r + u'$ に移ったとする。微小な変位 u は r の連続関数と考えてよいので，$u' = u(r + \delta r)$ を展開すれば，2 点間の正味の変位は，

$$(r'' - r') - \delta r = u(r + \delta r) - u(r)$$
$$= \sum_{j=1}^{3} \sum_{i=1}^{3} \frac{\partial u_j}{\partial x_i} \delta x_i e_j \tag{164}$$

のように 2 階のテンソル $\partial u_j / \partial x_i$ で表される。対称と反対称な部分に分けると，

21. 弾性体の力学

図 12-42

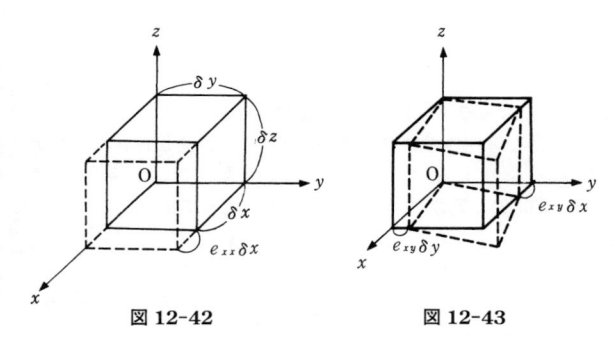

図 12-43

$$\frac{\partial u_j}{\partial x_i} = \frac{1}{2}\left(\frac{\partial u_j}{\partial x_i} - \frac{\partial u_i}{\partial x_j}\right) + \frac{1}{2}\left(\frac{\partial u_j}{\partial x_i} + \frac{\partial u_i}{\partial x_j}\right)$$

となる。第1項は $\omega_k \equiv (\nabla \times \boldsymbol{u})_k/2$ ($i, j, k=1, 2, 3$ の循環)であり、第2項を $e_{ij} \equiv (\partial u_j/\partial x_i + \partial u_i/\partial x_j)/2$ とおくと、

$$\boldsymbol{u}(\boldsymbol{r}+\delta\boldsymbol{r}) - \boldsymbol{u}(\boldsymbol{r}) = \boldsymbol{\omega} \times \delta\boldsymbol{r} + \begin{pmatrix} e_{xx} & e_{xy} & e_{xz} \\ e_{yx} & e_{yy} & e_{yz} \\ e_{zx} & e_{zy} & e_{zz} \end{pmatrix} \begin{pmatrix} \delta x \\ \delta y \\ \delta z \end{pmatrix} \quad (165)$$

と書ける。第1項は **ω の微小回転** を表すので変形には無関係である。変形に寄与するのは第2項であり、対称テンソル e_{ij} を **ひずみテンソル** または **変形テンソル** という。ひずみテンソルの幾何学的意味をみるには、頂点Oからの長さが $\delta x, \delta y, \delta z$ の稜をもつ直方体の変形を調べればよい。$e_{xx} \neq 0$ で他はすべて0の場合、e_{xx} の正負に従って直方体が x 軸方向に $e_{xx}\delta x$ だけ伸び、縮みする(図12-42)。つまり対角要素は法線方向の **伸び、縮み** を表す。$e_{xy}=e_{yx}\neq 0$ で他はすべて0の場合、x 軸と y 軸のなす角が $2e_{xy}$ だけ変化し、これは **ずれひずみ** とよばれる(図12-43)。

フック(Hooke)の法則によれば、微小変形では加えた力と生じる変形は1次の関係にあるので、

$$T_{ij} = \sum_{\{k, l\}} C_{ij, kl} e_{kl} \quad (166)$$

と書ける。ここで、$\{k, l\}$ は対称な添字の組($_3H_2=6$)についての和をとるものとする。係数 $C_{ij, kl}$ は **弾性率** または **弾性力定数** とよば

れ，独立なものはたかだか21個である．等方体では 2 個となり，

$$T_{ij} = \lambda \left(\sum_{k=1}^{3} e_{kk} \right) \delta_{ij} + 2\mu e_{ij} \tag{167}$$

と書ける．λ, μ を**ラメ**（Lamè）**の定数**という．

細長い一様な弾性棒の軸方向（x 軸とする）に単位面積当たり T の力を加えるとする．このとき，$\boldsymbol{T}_x = (T, 0, 0)$，$\boldsymbol{T}_y = (0, T_{yy}, T_{yz})$，$\boldsymbol{T}_z = (0, T_{zy}, T_{zz})$ だから，(167)式に代入すると，

$$e_{xx} = \frac{\lambda + \mu}{\mu(3\lambda + 2\mu)} T, \quad e_{yy} = e_{zz} = -\frac{\lambda}{2\mu(3\lambda + 2\mu)} T \tag{168}$$

となり，x 軸方向の伸び，縮みに応じて，y 軸，z 軸方向に縮み，伸びが生じる．大きさの比

$$\sigma \equiv -\frac{e_{yy}}{e_{xx}} = -\frac{e_{zz}}{e_{xx}} = \frac{\lambda}{2(\lambda + \mu)} \tag{169}$$

を**ポアソン**（Poisson）**比**，また，T と e_{xx} の比

$$E \equiv \frac{T}{e_{xx}} = \frac{\mu(3\lambda + 2\mu)}{\lambda + \mu} \tag{170}$$

を**ヤング**（Young）**率**という．逆に λ, μ は σ と E で表せ，λ, μ が正であるためには $-1 < \sigma < 1/2$ でなければならない．

図12-44に示すように $T_{zx} \neq 0$ で他はすべて 0 の応力で生じたずれの角 $\theta = 2e_{zx}$ を，

$$T_{zx} = n\theta \tag{171}$$

と書くとき，n を**剛性率**という．さらに，一様な圧力 p をかけると，$T_{ik} = -p\delta_{ik}$ であるから，

$$e_{ik} = -\frac{p}{3\lambda + 2\mu} \delta_{ik} \tag{172}$$

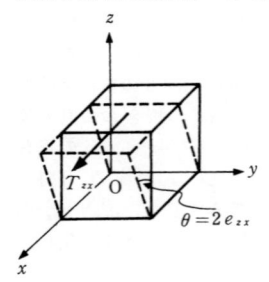

図 12-44

となる．この場合，弾性体の体積 $V = \delta x \delta y \delta z$ は，

$$V' = (1 + e_{xx})\delta x (1 + e_{yy})\delta y (1 + e_{zz})\delta z \cong V\left(1 + \sum_{i=1}^{3} e_{ii}\right)$$

$$= V\left(1 - \frac{3p}{3\lambda + 2\mu}\right)$$

に変化するので,

$$p = -\kappa \frac{\Delta V}{V}, \qquad \kappa = \lambda + \frac{2}{3}\mu \tag{173}$$

となる。ここで κ を**体積弾性率**という。

密度を ρ とすると,変位の時間変化は運動方程式

$$\rho \frac{\partial^2 u_i}{\partial t^2} = \sum_j \frac{\partial T_{ij}}{\partial x_j} = (\lambda + \mu) \frac{\partial}{\partial x_i} (\nabla \cdot \boldsymbol{u}) + \mu \nabla^2 u_i \tag{174}$$

で記述されるが,これは次の2つの波動方程式に分解できる。

$$\rho \frac{\partial^2}{\partial t^2}(\nabla \cdot \boldsymbol{u}) = (\lambda + 2\mu) \nabla^2 (\nabla \cdot \boldsymbol{u}) \tag{175}$$

$$\rho \frac{\partial^2}{\partial t^2}(\nabla \times \boldsymbol{u}) = \mu \nabla^2 (\nabla \times \boldsymbol{u}) \tag{176}$$

つまり,変位は(175)式から速度 $v_l = \sqrt{(\lambda + 2\mu)/\rho}$ の伸び縮みの**縦波**と,(176)式から速度 $v_t = \sqrt{\mu/\rho}$ の渦の**横波**として弾性体中を伝播する。$v_l^2 - 2v_t^2 = \lambda/\rho$ なので,$v_l > v_t$ であるが,この事実は,近地地震においてまずP波(縦波)の震動が始まり,ついでS波(横波)が始まるまでの部分として観測される初期微動の現象から経験することである。

(大場一郎)

22. 流体のつり合い

連続体のうち,液体と気体は容易に変形し,つり合いや運動の状態もよく似ているため,**流体**と総称される。静止流体では,流体の任意面を通して両側の部分が及ぼし合う応力は法線成分だけをもち,大きさが等しく,逆向きな**圧力**である。もし接線成分があれば,面に平行なずれが生じ静止流体ではなくなる。引っ張り合う力ならば,境界に真空部分が発生してしまうからである。さらに,流体の任意の1点での圧力は,とる面の方向によらず一定となることも証明できる。流体の密度変化が無視できる場合,その流体は**非圧縮性**であり,無視できない場合,**圧縮性**であるという。液体は固体と同じく圧縮されにくく,非圧縮性と考えてよい。

重力場に置かれた静止流体の圧力分布を考える。まず,図12-45のように,流体中の同一水平面上の任意の2点A,Bに働く圧力を調べる。ABを軸とする小円柱の流体部分に働く力の条件のうち

第12章 力　学

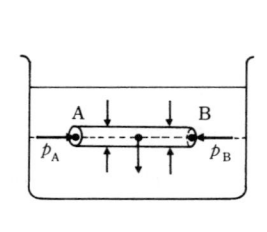

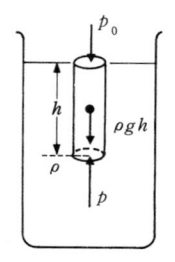

図 12-45

図 12-46

AB方向成分に着目しよう。重力と側面に働く圧力はAB方向に垂直なので無関係であり、底面A、Bに働く圧力がつり合う。すなわち、同一水平面上では圧力が至るところ一定である。逆に、圧力が等しい2点は同一水平面上にあることもいえる。そこで、大気と接している液面は大気圧 p_0 が一定で**水平面**となるが、これを**自由表面**という。

液面から h だけ深いところでの圧力 p は、液面に単位面積の円を考え、これを断面とする高さ h の鉛直な円柱をとり、鉛直方向の力のつり合いを考えて、

$$p = p_0 + \rho g h \tag{177}$$

となる（図12-46）。ここで、ρ は流体の密度、g は重力加速度である。この関係式は、前の議論から容器の形には無関係に成立し、深さが同じなら流体中至るところ同じ圧力である。たとえば図12-47で、Cの底面での圧力がDの底面での圧力より高い（静止流体のパ

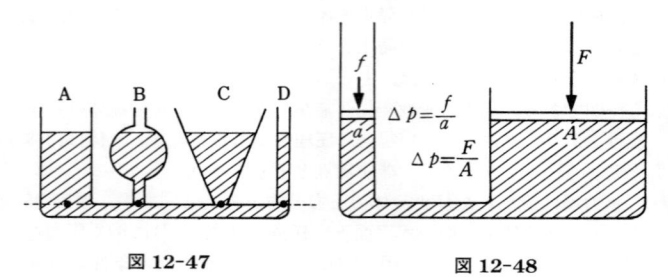

図 12-47

図 12-48

22. 流体のつり合い

ラドックス）というわけではない。また，なんらかの方法で p_0 を $p_0+\Delta p$ に増加すると，(177)式から任意の深さのところで p から $p+\Delta p$ になる。いいかえれば，至るところの圧力が新たに加えた分 Δp だけ増加する。

密閉された静止流体では，任意の1点の圧力を増加させると流体の至るところで同じ分だけ圧力が増加する。これを**パスカル** (Pascal) **の原理**という。たとえば，図12-48の装置は水圧機や油圧機の原理であり，小断面積 a のピストンに加える小さな力 f は，大断面積 A のピストンに $F=(A/a)f$ の大きな力を発生する。

最も簡単に圧力を測定する方法として，図12-49のようなU字管に水銀を満たした装置が使われる。測定すべき圧力 p は(177)式より $p=p_0+\rho g h$ で与えられる。一方の口を閉じたU字管に水銀を満たしてから，それを図12-50のように立てる。こうして作られた水銀柱の上部は真空であり，これを**トリチェリ** (Torricelli) **の真空**という。これにより大気圧が $p_0=\rho g h$ として測定できる。気圧の単位として，1 bar(バール)$=10^5$ N/m²，水銀柱の高さ 1 mmHg = 1 Torr(トル)，1 Pa(パスカル) = 1 N/m² などが用いられており，1 Torr=1.333224 mbar である。また1気圧は 1 atm と書き，760 mmHg=1013 mbar=1013 hecto Pa（ヘクトパスカル）の大きさである。

流体中に置かれた物体には浮力が働くが，パスカルの原理と同様にこの現象も(177)式から説明できる。図12-51のように，底面積

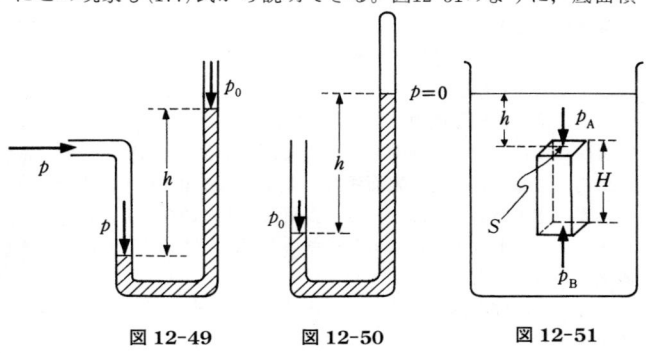

図 12-49　　**図 12-50**　　**図 12-51**

第12章 力　学

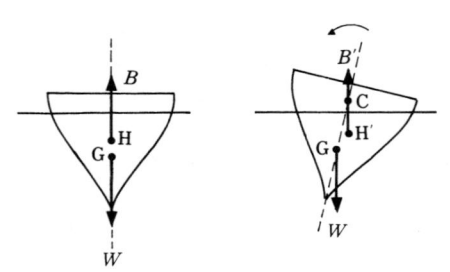

図 12-52

S，高さ H の直方体を，液面下 h の水平面にその上底が接するように置き，これに働く力を考える。側面の力は対称性からつり合うので無視できる。上底に働く力は下向きに $(p_0+\rho gh)S$，下底に働く力は上向きに $(p_0+\rho g(h+H))S$ だから，直方体に働く正味の力は上向きに $\rho gSH = \rho gV$ である。すなわち，流体中の物体には，その物体が排除した流体に働く重力に等しい**浮力**が作用する。これを**アルキメデスの原理**という。

任意形の物体では，物体を細長い直方体の柱に分割して考えればよい。分割した柱それぞれに浮力が働くので，全体としての**浮力の中心**は排除された流体の重心と一致する。この浮力の中心は重要であり，船の安定，不安定はこれで説明される。平衡状態では重力 W と中心を H とする浮力 B がつり合っている。傾けば，浮力 B' の中心は H から H′ へ移る。このとき，B' の作用線と GH の交点 C を**傾きの中心**という。C が重心 G より上方にあれば復元力が，下方にあれば，ますます傾ける力が船に作用する（図12-52）。

液体には，その表面をできるだけ小さくしようとする力が働く。この力は液体の分子間力によるもので，境界面近傍では分子配置が等方からずれるため，内向きの力が大きくなることに起因する。液面に沿って働くこの力は**表面張力**とよばれ，液面の単位長の線に垂直に働く応力として定義される。表面張力 T に逆らって，新たに面積 S の表面を形成するにはエネルギーを TS だけ必要とし，これを**表面エネルギー**という。

気体中で液体が固体に接している場合，その境界面と固体のなす角を**接触角**といい，これら3つの物質によって決まった値をとる。

接触角は,液体が固体をぬらすときは鋭角,ぬらさないときは鈍角となる。空気中では水とガラスで8°～9°,水銀とガラスで約140°である。

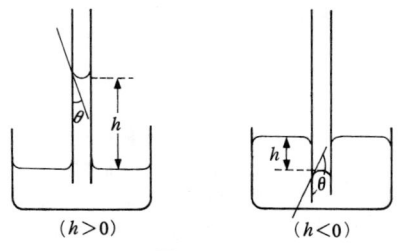

図 12-53

液体中に立てられた毛細管の中で,管内の液面が管外の液面より上がる,あるいは下がることを**毛管現象**とよぶが,これは接触角 θ が鋭角であるか,鈍角であるかに応じて表面張力が重力の反対向き,同じ向きに働くためである。半径 r,管外の液面からの高さを符号まで含めて h とすると,$h = 2T\cos\theta/r\rho g$ となる(図12-53)。

(大場一郎)

23. 流体の運動

流体の運動には2つの記述法がある。1つは質点系の力学を適用して調べるラグランジュ(Lagrange)の方法である。もう1つは,各瞬間の流体の各点での速度 $\boldsymbol{v}$,密度 ρ,圧力 p などを調べるオイラー(Euler)の方法であるが,定常的な流れではこのほうが扱いやすい。いま,ある瞬間において流体各点での $\boldsymbol{v}$ がその点での接線となるような曲線を考えよう。この曲線を**流線**といい,流線は交わったり,分岐したりはしない。

ある1つの閉曲面を通過した流線群は,1つの管を作る。これを**流管**という。1つの細い流管について,2つの任意の直交断面 S_A,S_B を考えよう。そこでの流速を v_A,v_B,密度を ρ_A,ρ_B とすると,Δt 間に S_A に流れ込む流量は $\rho_A S_A v_A \Delta t$,S_B から流れ出る流量は $\rho_B S_B v_B \Delta t$ である。各点での速度が時間的に変化しない流れを**定常流**という。この場合,流管中にわき出しや吸い込みのない限り,

$\rho_A S_A v_A \Delta t = \rho_B S_B v_B \Delta t$ であり, S_A, S_B は任意だから, 流管の任意の直交断面 S で,

$$\rho v S = 一定 \tag{178}$$

が成り立つ. これを**連続の式**という. 非圧縮性の場合は ρ も一定なので,

$$vS = 一定 \tag{179}$$

となり, 流速は流管の断面積に反比例する.

静止流体中では, 任意の面での応力が接線成分をもたず, 法線方向の圧力だけをもつ. しかし, 流体がある面を境界として異なる速度で運動すると, その速度差を小さくするような接線応力が働く. この性質を**粘性**という. 実在流体では多かれ少なかれ粘性があるが, 空気や水などは比較的粘性が小さいので, 理論的取扱いを簡単にするため粘性のない仮想的な流体を考える. これを**完全流体**という.

非圧縮性完全流体の定常流を考える. 図12-54のような任意の流管をとり, 高さ h_A, h_B にある2つの直交断面 S_A, S_B 間にある流体のエネルギー変化を計算しよう. Δt 間に圧力から受ける仕事 $p_A S_A v_A \Delta t - p_B S_B v_B \Delta t$ が, 流体のエネルギー増加に等しい. 定常流なので変化前後での共通部分は無視でき, エネルギー変化が,

$$\frac{1}{2}(\rho S_B v_B \Delta t) v_B^2 + (\rho S_B v_B \Delta t) g h_B$$

$$- \frac{1}{2}(\rho S_A v_A \Delta t) v_A^2 - (\rho S_A v_A \Delta t) g h_A$$

であるから, (179)式を使えば,

$$p_A + \frac{1}{2}\rho v_A^2 + \rho g h_A = p_B + \frac{1}{2}\rho v_B^2 + \rho g h_B$$

が成立する. 直交断面は任意であり, 断面も無限小にとれるので, 結局1つの流線について,

$$p + \frac{1}{2}\rho v^2 + \rho g h = 一定 \tag{180}$$

が成立する. これを**ベルヌーイ** (Bernoulli) **の定理**といい, エネルギー保存則に相当する. p を**静圧**, $\rho v^2/2$ を**動圧**, $p + \rho v^2/2$ を**総圧**という. 断面積が変化する管中の定常流では, $v \propto S^{-1}$ である

23. 流体の運動

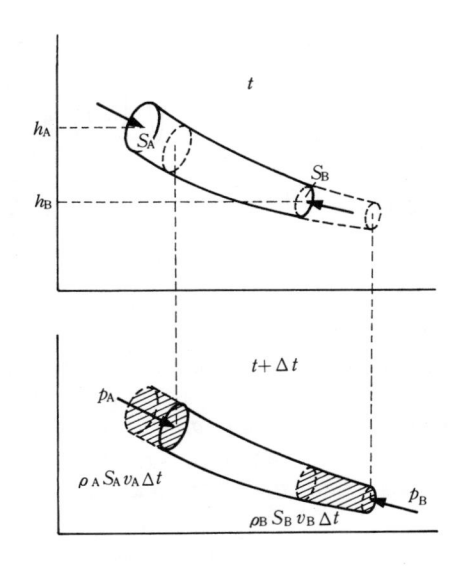

図 12-54

から,管が細い領域では静圧が低くなる。この定理から,容器にあけた小孔から流れ出る流体の流速 v は,孔から液面までの高さを h とすれば $v=\sqrt{2gh}$ で与えられ,これを**トリチェリ** (Torricelli) **の定理**という。

また,総圧は図12-55のような**ピトー** (Pitot) **管**または**総圧管**で測定できる。図12-56の**ピトー静圧管**(簡単に**ピトー管**ともいう)では流速 v が直接測定できる。

完全流体では接線応力が0なので,質点系の場合の中心力場に対応し,角運動量保存則が存在する。はじめに流体が回転していなければ,いつまでも回転し始めることはなく,回転していたとすれば,いつまでも回転する。この角運動量保存則に対応するものは,完全流体では渦は不生不滅であるという**ラグランジュ**(Lagrange)**の渦定理**として知られ,ヘルムホルツ (H. L. F. von Helmholtz) に

第12章　力　学

図 12-55

図 12-56

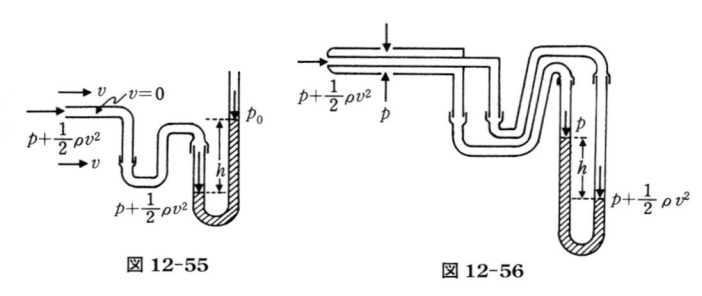

よって定式化された。

　完全流体中を等速直線運動する物体には抵抗が働かない。たとえば，前後対称な物体を考えれば，流線分布は前後対称であり，圧力分布も前後対称となる。したがって，進行方向の合力は 0 となる。これを**ダランベール (d'Alembert) のパラドックス**という。ただ図12-57からわかるように，運動方向に垂直な方向には流速分布は非対称になり得る。この図では上方に力が働くが，これを揚力という。

　実在流体では粘性があるため，物体の後方表面付近に渦が発生する。この部分の圧力は前方に比べて低くなり，後方への力，抵抗力が現れる。しかし**流線形**の物体では渦の発生を少なく抑えられるため，パラドックスも現実に近い形で成立する。

　図12-58のように応力 T で引っ張られ，v で動いている上部壁と，それから l だけ離れて静止している下部壁のあいだにある流体を考える。上部壁と接している流体は v で動くが，下部壁付近の流体は静止している。中間部分の流速は下部から上部へ一様に増加する。重ねたカードが滑るような，このような流れを**層流**という。加

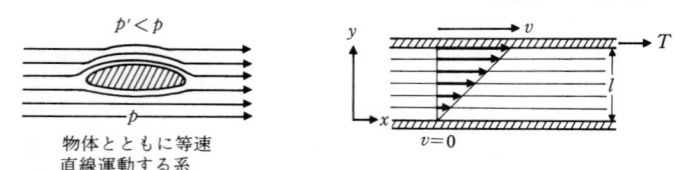

物体とともに等速
直線運動する系

図 12-57　　　　　　**図 12-58**

える応力はその**速度勾配** v/l に比例し，

$$T = \eta \frac{v}{l} \tag{181}$$

となり，この応力は隣り合う層流間に働く接線応力の摩擦力 T に等しい。ここで，η を粘性率という。単位は N·s/m² であるが，CGS 系では 1 ポアズ（P）= 1 dyn·s/cm² という。速度変化が y 方向に一定でない場合には速度勾配が dv/dy なので，任意点 y における摩擦力は，

$$T = \eta \frac{dv}{dy} \tag{182}$$

で与えられる。

ボールを投げるとき，ひねりを加えると，加える向きによりボールはカーブしたりシュートする。球形物体が進行方向に垂直な軸のまわりに回転しているとき，粘性のためまわりの流体も物体の回転にひきずられる（**循環**を生じる）。図12-59のようにボールとともに運動している系で見て，回転速度が流体の流れと一致する側の流速は増加し，反対となる側の流速は減少する。その結果，圧力差が生じ，図では上から見て物体の進行方向右側にカーブする。これを**マグヌス**（Magnus）**効果**という。以上の議論からわかるように，進行方向と回転軸が一致する場合はこの効果は起こらず，物体は直進する。銃身の内側にラセンの筋を刻み，銃弾に回転軸が進行方向に平行な回転を与えるのはこの理由による。

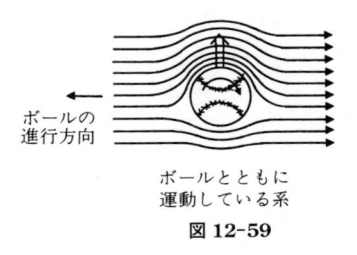

（大場一郎）

24. 仮想仕事の原理とダランベールの原理

一般に N 個の質点系から構成される力学系において，すべての座標 r_i を独立に動かすことはできないが，束縛条件を満足する範囲では任意に変位させることが可能である。独立に動かせる座標数を**自由度**といい，全座標数 $3N$ から束縛条件数 M を引いた $3N-$

第12章 力　学

M である．実際の運動は，**既知力**が加えられて力学系が時間的に発展する．この動力学的変化とは別に，与えられた瞬間の時刻 t で，既知力 F_i は変えず，束縛条件に矛盾しないで，任意にとることの可能な座標の無限小変位 δr_i を系の**仮想変位**という．これは系のとり得る力学的構造を与えるものであり，実際の運動やつり合いでは，時間の経過に伴って系がこれら可能な変位の1つをたどっていく．

つり合いの状態にある力学系を仮想変位させる．r_i に加えられる既知力 F_i と拘束の結果現れる**束縛力** S_i はつり合っているので，これらの合力のなす仕事は，

$$\sum_i (F_i + S_i) \cdot \delta r_i = 0 \tag{183}$$

となる．剛体の場合にみたように，摩擦力などの散逸力(きんいつりよく)がないとき，束縛力は配置空間での束縛面に垂直なので束縛力のなす仕事は 0 となる．このような力学系では，(183)式は，

$$\delta W \equiv \sum_i F_i \cdot \delta r_i = 0 \tag{184}$$

となる．つまり，つり合いの状態では，仮想変位 δr_i に対して既知力 F_i のなす仕事が 0 となる．この仕事 δW を**仮想仕事**という．逆に任意の仮想変位に対して $\delta W = 0$ ならば，系がつり合いの状態にあることも証明できるので，(184)式はつり合いの必要十分条件である．これを**仮想仕事の原理**，または**仮想変位の原理**という．ここで，つり合いの条件 $F_i + S_i = 0$ とは異なり，束縛力 S_i が消去されている．その代わりに，すべての δr_i が独立であり得なくなり，束縛条件で関係づけられている．たとえば，M 個の束縛条件が，

$$f_a(r_1, r_2, \cdots, r_N) = 0 \quad (a = 1, 2, \cdots, M) \tag{185}$$

で与えられるとしよう．この束縛は**ホロノーム的**であるというが，仮想変位は，

$$\sum_i \nabla_i f_a \cdot \delta r_i = \sum_i \left(\frac{\partial f_a}{\partial x_i} \delta x_i + \frac{\partial f_a}{\partial y_i} \delta y_i + \frac{\partial f_a}{\partial z_i} \delta z_i \right) = 0 \tag{186}$$

を満たす．(184)式と上式を連立させるには，ラグランジュの未定乗数法を用いればよく，

24. 仮想仕事の原理とダランベールの原理

$$F_i+\sum_a \lambda_a \nabla_i f_a=0 \tag{187}$$

より，**未定乗数** λ_a を求め，r_i での束縛条件 $f_a=0$ からの束縛力 $\lambda_a \nabla_i f_a$ を知ることができる。当然であるが，(186)式から全体の束縛力のなす仮想仕事は 0 である。このように，つり合いという静力学の問題は仮想仕事の原理に定式化できる。

動力学については，ベルヌーイ (Jacques Bernoulli) の着想をダランベール (Jean Le Rond d'Alembert) が発展させた。r_i に対する運動量を p_i とすると，ニュートン (Newton) の運動方程式は $\dot{p}_i=F_i+S_i$ である。これを書き換えて，

$$F_i+S_i-\dot{p}_i=0 \tag{188}$$

とすれば，座標 r_i の点で，既知力 F_i と束縛力 S_i が慣性力 $-\dot{p}_i$ とつり合っているとみなせる。このように考えれば，動力学も静力学の問題に帰着され，仮想変位に対し束縛力を含まない方程式

$$\sum_i (F_i-\dot{p}_i)\cdot \delta r_i=0 \tag{189}$$

を得て，この解が実際の運動を記述する。この方程式を**ダランベールの原理**という。ホロノーム的束縛条件 ((185)式) のときは，静力学の場合の束縛力を導いたと同様に，方程式

$$F_i+\sum_a \lambda_a \nabla_i f_a-\dot{p}_i=0 \tag{190}$$

から λ_a を求め，束縛力 $S_i=\sum_a \lambda_a \nabla_i f_a$ を知ることができる。

ところで，$3N$ 個の座標 r_i の代わりに，互いに独立な自由度 $(3N-M)$ 個の関数 q_i によって r_i が，

$$r_i=r_i(q_1, q_2, \cdots, q_{3N-M}, t) \tag{191}$$

と一義的に表されるとき，この $q_j(j=1, 2, \cdots, 3N-M)$ を**一般化座標**という。q_j の仮想変位は，

$$\delta r_i=\sum_{j=1}^{3N-M} \frac{\partial r_i}{\partial q_j} \delta q_j$$

から与えられ，関係式

$$m_i \ddot{r}_i \cdot \frac{\partial r_i}{\partial q_j}=\frac{d}{dt}\left(m_i \dot{r}_i \cdot \frac{\partial r_i}{\partial q_j}\right)-m_i \dot{r}_i \cdot \frac{\partial \dot{r}_i}{\partial q_j}$$

$$= \frac{d}{dt}\left(m_i \dot{\boldsymbol{r}}_i \cdot \frac{\partial \dot{\boldsymbol{r}}_i}{\partial \dot{q}_j}\right) - m_i \dot{\boldsymbol{r}}_i \cdot \frac{\partial \dot{\boldsymbol{r}}_i}{\partial q_j}$$

$$= \frac{d}{dt}\left(\frac{\partial}{\partial \dot{q}_j}\frac{1}{2}m_i \dot{\boldsymbol{r}}_i{}^2\right) - \frac{\partial}{\partial q_j}\frac{1}{2}m_i \dot{\boldsymbol{r}}_i{}^2$$

を使えば，(189)式は，

$$\sum_{j=1}^{3N-M}\left(\frac{d}{dt}\frac{\partial T}{\partial \dot{q}_j} - \frac{\partial T}{\partial q_j} - Q_j\right)\delta q_j = 0 \tag{192}$$

$$T = \sum_{i=1}^{3N}\frac{1}{2}m_i \dot{\boldsymbol{r}}_i{}^2, \quad Q_j = \sum_{i=1}^{3N}\boldsymbol{F}_i \cdot \frac{\partial \boldsymbol{r}_i}{\partial q_j}$$

となる。ここで，$\dot{q}_j$ を**一般化速度**，Q_j を**一般化力**という。$\delta \boldsymbol{r}_i$ とは異なり，δq_j はすべて独立だから，ダランベールの原理は，

$$\frac{d}{dt}\frac{\partial T}{\partial \dot{q}_j} - \frac{\partial T}{\partial q_j} = Q_j \tag{193}$$

と変形できる。Q_j がポテンシャルの微分で与えられるとき，これはラグランジュの運動方程式となる。　　　　　　　　　　（大場一郎）

25. ラグランジュの運動方程式

力学系 $\{q_j(t); j=1,2,\cdots,3N-M\}$ が，時刻 t_1 から t_2 の間に状態 P_1 から経路 C を通って P_2 へ移ったとしよう。図12-60のように，途中の任意時刻 t において状態 P から $\delta q_j(t)$ だけ仮想変位したとすれば，ダランベール(d'Alembert)の原理から§24の(193)式が成り立つ。ただし，端点 P_1, P_2 では仮想変位を $\delta q_j(t_1) = \delta q_j(t_2)$

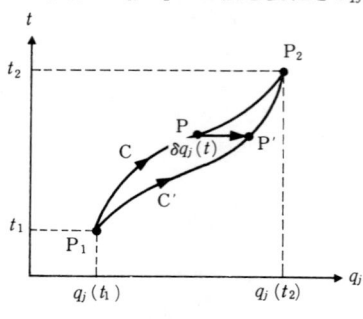

図 12-60

25. ラグランジュの運動方程式

$=0$ と固定しておく.仮想変位して移った状態を P′, P′ の軌跡を C′ とする.いま,経路積分 $\int_C T(q_j, \dot{q}_j)\,dt$ の変分,

$$\int_{t_1}^{t_2} \delta T\,dt \equiv \int_{C'} T(q_j+\delta q_j, \dot{q}_j+\delta\dot{q}_j)\,dt - \int_C T(q_j, \dot{q}_j)\,dt \quad (194)$$

を評価しよう.$\delta q_j(t_1) = \delta q_j(t_2) = 0$ に注意し,関係式 $\delta\dot{q}_j = (d/dt)\delta q_j$ を利用して部分積分すると,この変分は次のように変形できる.

$$\begin{aligned}
\int_{t_1}^{t_2}\delta T\,dt &= \sum_{j=1}^{3N-M}\left(\int_{t_1}^{t_2}\frac{\partial T}{\partial \dot{q}_j}\delta\dot{q}_j\,dt + \int_{t_1}^{t_2}\frac{\partial T}{\partial q_j}\delta q_j\,dt\right) \\
&= \sum_{j=1}^{3N-M}\left[\frac{\partial T}{\partial \dot{q}_j}\delta q_j\right]_{t_1}^{t_2} - \sum_{j=1}^{3N-M}\int_{t_1}^{t_2}\left(\frac{d}{dt}\frac{\partial T}{\partial \dot{q}_j} - \frac{\partial T}{\partial q_j}\right)\delta q_j\,dt \\
&= -\sum_{j=1}^{3N-M}\int_{t_1}^{t_2} Q_j\,\delta q_j\,dt \quad (195)
\end{aligned}$$

ここで,2行目の式の第2項には§24の(193)式を代入した.既知力 $\boldsymbol{F}_i$ が保存力であれば,一般化力は,

$$Q_j = \sum_{i=1}^{3N} \boldsymbol{F}_i\cdot\frac{\partial \boldsymbol{r}_i}{\partial q_j} = -\sum_{i=1}^{3N} \nabla_i V \cdot \frac{\partial \boldsymbol{r}_i}{\partial q_j} = -\frac{\partial V}{\partial q_j} \quad (196)$$

と書けるので,(195)式の最後の項は,

$$\int \sum_j \frac{\partial V}{\partial q_j}\delta q_j\,dt = \int \delta V\,dt$$

となる.移項すれば,この変分は,

$$\delta\int_{t_1}^{t_2} L(q_j, \dot{q}_j;\,t)\,dt = 0,\; L(q_j, \dot{q}_j;\,t) \equiv T - V \quad (197)$$

とまとめられる.これは,微分形であったダランベールの原理を積分形に書き換えたものであり,**ハミルトン**(Hamilton)**の原理**とよばれ,$L(q_j, \dot{q}_j;\,t)$ は**ラグランジュ**(Lagrange)**関数**である.つまり,系が時刻 t_1 にとっている状態から t_2 にとる状態へ束縛条件を満足しながら時間的に発展するとき,実際の運動はラグランジュ関数の時間積分が極値となる経路をたどるのである.

変分の計算を実行すれば,(197)式を導いたと同様な手法で,

$$\delta\int_{t_1}^{t_2} L(q_j, \dot{q}_j;\,t)\,dt = \sum_{j=1}^{3N-M}\int_{t_1}^{t_2}\left(\frac{\partial L}{\partial \dot{q}_j}\delta\dot{q}_j + \frac{\partial L}{\partial q_j}\delta q_j\right)dt$$

$$= -\sum_j \int_{t_1}^{t_2} \left(\frac{d}{dt} \frac{\partial L}{\partial \dot{q}_j} - \frac{\partial L}{\partial q_j} \right) \delta q_j dt = 0$$

となる。ここで，δq_j は互いに独立で任意にとれるから，

$$\frac{d}{dt} \frac{\partial L}{\partial \dot{q}_j} - \frac{\partial L}{\partial q_j} = 0 \quad (j=1, 2, \cdots, 3N-M) \tag{198}$$

が成立しなければならない。これを**ラグランジュの運動方程式**といい，右辺に現れた量

$$p_j = \frac{\partial L}{\partial \dot{q}_j} \tag{199}$$

を一般化座標 q_j に共役な**一般化運動量**という。一般に変分原理から導出される微分方程式を**オイラー**（Euler）**の微分方程式**というので，ラグランジュの運動方程式はハミルトンの原理に対するオイラーの微分方程式である。また，V が一般化速度 $\dot{q}_j$ を含まないときは $\partial V/\partial \dot{q}_j = 0$ であるから，(196)式を用いれば，§24の(193)式はラグランジュの運動方程式に一致する。

もし系のラグランジュ関数 L がある一般化座標 q_k を含まない場合，q_k を**循環座標**という。このとき，ラグランジュの運動方程式は，

$$\frac{d}{dt} \frac{\partial L}{\partial \dot{q}_k} = 0, \quad \therefore \quad p_k = \frac{\partial L}{\partial \dot{q}_k} = \text{一定} \tag{200}$$

となる。すなわち，循環座標に共役な一般化運動量は保存する。定義より p_k は q_j と $\dot{q}_j$ の関数で書けるので，これは**運動の第1積分** $p_k = p_k(q_1, \cdots, q_{3N-M}, \dot{q}_1, \cdots, \dot{q}_{3N-M}) = $ 一定 の関係式が得られたことを意味する。循環座標の存在は系のもつ**対称性**と密接に関係している。もし，並進に対応する座標が循環座標ならば，系を並進しても系の力学構造には何の影響もなく，系は不変である。このとき，その方向の運動量が保存される。また，回転に対応する座標が循環座標ならば，系はその軸のまわりの回転に対して不変である。このとき，それに共役な角運動量が保存する。このように**一般化運動量保存則**は運動量保存則と角運動量保存則を統一して一般化した保存則である。

さらに，ラグランジュ関数が $\partial L/\partial t = 0$ ならば，L の時間変化は(198)式を使って変形すれば，

26. ハミルトンの正準方程式

$$\frac{dL}{dt} = \sum_j \left(\frac{\partial L}{\partial \dot{q}_j} \ddot{q}_j + \frac{\partial L}{\partial q_j} \dot{q}_j \right) = \sum_j \left(\frac{\partial L}{\partial \dot{q}_j} \ddot{q}_j + \frac{d}{dt}\left(\frac{\partial L}{\partial \dot{q}_j}\right) \dot{q}_j \right)$$

$$= \frac{d}{dt} \sum_j \frac{\partial L}{\partial \dot{q}_j} \dot{q}_j = \frac{d}{dt} \sum p_j \dot{q}_j$$

となる。したがって,次の保存量を得る。

$$\frac{d}{dt}\left(\sum_j p_j \dot{q}_j - L\right) = 0, \quad H \equiv \sum_{j=1}^{3N-M} p_j \dot{q}_j - L = \text{一定} \tag{201}$$

ここで定義した H を**ハミルトン関数**という。V が $\dot{q}_j$ に依存しないなら,$p_j = \partial T/\partial \dot{q}_j$ であり,束縛条件が時間に無関係なら T は $\dot{q}_j$ の2次の同次式なので,$\sum p_j \dot{q}_j = \sum \dot{q}_j \partial T/\partial \dot{q}_j = 2T$ が成り立つ。したがって,

$$H = 2T - L = T + V \tag{202}$$

となり,ハミルトン関数は系の全エネルギーに対応する。

(大場一郎)

26. ハミルトンの正準方程式

力学系の時間的な発展は自由度 $(3N-M)$ 個のラグランジュ (Lagrange) の運動方程式 (§25の(198)式) によって記述される。これらは2階の微分方程式なので,その解はすべての q_j とすべての $\dot{q}_j$ に対する初期値を与えて初めて完全に決定される。このように,力学系を完全に記述するには $(3N-M)$ 個の q_j と $(3N-M)$ 個の $\dot{q}_j$ が必要であり,これらの組が系を記述する独立変数の完全系を作っている。つまり,**ラグランジュ形式**は力学系を一般化座標と一般化速度で記述する理論である。

これに対し,一般化座標と一般化運動量を独立変数とする形式も可能であり,これを**ハミルトン** (Hamilton) **形式**という。この変数変換は,いわゆる**ルジャンドル** (Legendre) **変換**を用いて実行できる。§25の(199)式で定義される一般化運動量

$$p_j = \frac{\partial L(q, \dot{q} ; t)}{\partial \dot{q}_j} \tag{203}$$

は q と $\dot{q}$ の関数である。以下では上式が $\dot{q}_j$ について,

$$\dot{q}_j = \dot{q}_j(q_1, \cdots, q_{3N-M}, p_1, \cdots, p_{3N-M}) \tag{204}$$
$$(j = 1, 2, \cdots, 3N-M)$$

と解けるものとする。このときの L を正則な (regular) ラグランジュ関数という。そこで、§25の(201)式で導入した H を q_j と p_j の関数とみて、

$$H(q, p ; t) = \sum_{j=1}^{3N-M} p_j \dot{q}_j(q, p) - L(q, \dot{q}(q, p) ; t) \quad (205)$$

と定義し直す。このような変数変換をルジャンドル変換という。上式の微分は、ラグランジュの運動方程式を使えば、

$$dH = \sum \dot{q}_j dp_j + \sum \left(p_j - \frac{\partial L}{\partial \dot{q}_j} \right) d\dot{q}_j - \sum \frac{\partial L}{\partial q_j} dq_j - \frac{\partial L}{\partial t} dt$$

$$= \sum \dot{q}_j dp_j - \sum \dot{p}_j dq_j - \frac{\partial L}{\partial t} dt \quad (206)$$

と変形できる。これは、ハミルトン関数 H が正しく q_j, p_j と t の関数であることを示す。そこで、H を q_j, p_j と t の関数とすれば、

$$dH = \sum \frac{\partial H}{\partial q_j} dq_j + \sum \frac{\partial H}{\partial p_j} dp_j + \frac{\partial H}{\partial t} dt \quad (207)$$

と書けるので、(206)式と(207)式を比較して、

$$\dot{q}_j = \frac{\partial H}{\partial p_j}, \quad \dot{p}_j = -\frac{\partial H}{\partial q_j} \quad (208)$$

$$-\frac{\partial L}{\partial t} = \frac{\partial H}{\partial t} \quad (209)$$

を得る。(208)式を**ハミルトンの正準方程式**という。q_j と p_j は**正準変数**とよばれ、互いに**正準共役**であるという。系を記述するのは、ラグランジュ形式では $(3N-M)$ 個の2階微分方程式の組であるのに対し、ハミルトン形式では $2 \times (3N-M)$ 個の1階微分方程式の組である。独立変数 q_j, p_j を直交軸とするような $2 \times (3N-M)$ 次元の空間を**位相空間**という。系の運動状態は位相空間内の1点(**代表点**という)によって表される。

2つの力学量 $F(q, p ; t)$, $G(q, p ; t)$ について、

$$(F, G) = \sum_{j=1}^{3N-M} \left(\frac{\partial F}{\partial q_j} \frac{\partial G}{\partial p_j} - \frac{\partial F}{\partial p_j} \frac{\partial G}{\partial q_j} \right) \quad (210)$$

を**ポアソン** (Poisson) **括弧式**という。正準変数に関しては、

$$(q_i, p_j) = \delta_{i,j}, \quad (q_i, q_j) = (p_i, p_j) = 0 \quad (211)$$

となる。F の時間変化は、(208)式を用いて、

26. ハミルトンの正準方程式

$$\frac{dF}{dt} = \sum \left(\frac{\partial F}{\partial q_j} \dot{q}_j + \frac{\partial F}{\partial p_j} \dot{p}_j \right) + \frac{\partial F}{\partial t}$$

$$= (F, H) + \frac{\partial F}{\partial t} \tag{212}$$

となる。$\partial F/\partial t$ が 0 のときは，

$$\frac{dF}{dt} = (F, H) \tag{213}$$

となり，これはハミルトン関数が時間発展の**生成母関数**であることを意味する。また，H が，いいかえれば(209)式より $\partial L/\partial t=0$ ならば，$F=H$ として(213)式から H が保存量となること ((201)式) は明らかである。F が正準変数であれば，正準方程式(208)は，

$$\dot{q}_j = (q_j, H), \quad \dot{p}_j = (p_j, H) \tag{214}$$

とも書ける。

実際の力学の問題を解くには，ハミルトン形式を用いても特別な場合を除き，結局は2階の微分方程式を解くこととなり，ハミルトン形式がラグランジュ形式にまさるとはいいにくい。ハミルトン形式の利点は，一般化座標と一般化運動量がまったく独立でかつ同等な役割を果たしている変数であるため，正準方程式の形を不変に保つような新しい変数の組を選べる自由度が存在することである。このような変換を**正準変換**とよび，変換の前後で記述されている力学系の内容は変わらない。正準変換を利用すれば，**ハミルトン-ヤコービ (Hamilton-Jacobi) の理論**によって系を静止系や循環座標系へ移すことができ，力学系の内容を抽象的な形で記述できる。以上述べたようなハミルトン形式による古典力学の定式化は，ただ単に力学の抽象化だけでなく，統計力学，量子力学や場の理論などの発展に大きく寄与している。　　　　　　　　　　　　　　（大場一郎）

索 引

注）索引項目の抽出にあたっては，読者の利用を考慮して，必要な項目はできるかぎりとりあげ，さらに読者が利用しやすい配列となるよう心がけました。そのため，索引としてはかなりのボリュームとなっています。

1. 事項索引

〈数字・英字・ギリシア字索引〉

1核子移行反応　170
1次元写像　603
1次元電子系　283
1次元伝導　280
1次相転移　254, 578
1粒子励起　112
2次元伝導　280
2次相転移　254, 583
2重ベータ崩壊　75
2相共存　547
2電子性再結合過程　216
2流体モデル　267
3次元調和振動子　353
3体反応　203
4S共鳴状態　30
4元運動量　419
4元電流の保存則　117
4元ベクトル　418
4次元世界　12
4次元ミンコフスキー時空間　15
4次元ユークリッド空間　412
AdS/CFT対応　61
AMDモデル　149
APW法　234
BBGKYヒエラルキー　622, 645
BBGYK階層構造　577
BCS状態　143
BCS理論　23, 272
BEC　212
BHF模型　148
BHF理論　124
BPS状態　61
B中間子　30
Bファクトリー　30
Cabibbo-小林-益川行列　30
CDW　286
CDW近似　197
CERN（セルン）　26, 404
CI　183
CKM角　46, 53
CKM行列　30
CMR効果　263
COB　200
COBE（コービー）　53
CPT対称性　210
CP対称性　24
CP非保存　30
CP変換　24
CVC　117
DGLAP方程式　40
DLA　610
D-T反応　208, 318
DWBA　155, 167
DWB近似　197
DWIA　155
d波超伝導　274

1. 事項索引

Dブレイン　60
E1総和則　160
EBIS　217
$E \times B$ ドリフト　308
ECRIS　217
EL遷移　122
EOS　126
ESR　257
FET　493
ft値　119
"g-2"実験　25
GFMC法　137
GL自由エネルギー　582
GMR効果　263
GUT　47
g因子　248
G行列　148
HEED　678
HERA　25
HF近似　183
HF方程式　124
Hモード　319
IBMモデル　146
J-PARC　33
K 2 K実験　73
KamLAND　74
KdV方程式　639, 677
KEK-B　31
K中間子　4
LCAO　234
LC共振　487
LEED（リード）　678
LEP　25
$l \cdot s$相互作用　141, 186
Lモード　319
MHD　314
ML遷移　122
MNS行列　73
MRI　269
M理論　60
NJLモデル　132
NMR　257, 617

NPP　617
OPW法　234
PCAC　117
QCD　33, 79, 129
QCD結合定数　45
QCDスケール　34
QCD発展方程式　40
QED　188
QGP　128
Q値　151, 490, 708
Qの次元　694
Qモーメント　111
RHEED　678
RMF　126
RPA　145
rp-過程　90
SHG　304
SLAC　27
SLC　25
S/N　512
s QGP　128
SQUID　271
SU(3)　7
Super-Kamiokandeの実験　48, 51
S行列　487
s 体分布関数　623
s 波超伝導　273
TDGLの方法　582
TEVATRON　25
THG　304
TMR素子　263
TUYYモデル　96
U(3)　7
V-A理論　21
VSCPT　212
WKB近似法　364
WS模型　46
W粒子　2
XYモデル　251
X線回折　229, 327
Z粒子　2

Z中間子　29
β（ベータ）崩壊　18, 21, 403
γ（ガンマ）行列　117
Γ（ガンマ）空間　553
π（パイ）中間子　5

〈50音順索引〉

あ

アイコナル近似　170
アイソスピン　83, 98, 136
　——多重項　100
アイソトープ　81
　——シフト法　105
アイソトーン　81, 98
アイソバー　81
アイソマー　90
アインシュタイン
　——の関係式　260
　——の光量子仮説　326
　——の相対性原理　387
アヴラミ過程　581
亜音速流　635
アクシオン　38, 54
悪魔の階段　608
圧
　静——　752
　総——　752
　動——　752
　複素電——　462
　分——　537
　飽和蒸気——　547
圧縮
　——性流体　633
　——モード　311
　断熱——　523
　等温——　523
圧電素子　241
アッベ数　676
アトウッドの器械　737
アドミッタンス　483
　——行列　485

　複素——　462, 483, 594
アトラクター　642, 648
アナログ・ディジタル変換　508
アフィニティ準位　335
アプリオリ確率の仮定　554
アフレック-ダイン機構　53
アーベリアンゲージ　131
アボガドロ数　514, 620
アモルファス　224
アルキメデスの原理　750
アルファ
　——凝縮　149
　——クラスター　82
　——崩壊　84
　——粒子の弾性散乱　150
アルフベン
　——速度　311
　——波　311
アレニウス則　580
暗黒
　——エネルギー　54
　——物質　38, 53
アンダーソン局在　262
安定核　84
　——の谷　97
　不——　84
アンペール
　——の法則　453, 463
　——-マックスウェルの法則　464

い

イオン　78
　——音速　310
　——音波　310
　——化エネルギー　193
　——のプラズマ振動　311
　——波　310
　重——　87
　水素の負——　335
　低速多価——　203

1. 事項索引　　　　　〜うんどう

異常
　——光線　672
　——磁気能率　25
　——磁気モーメント　20, 214
　——ゼーマン効果　364, 368
　——分散　675
　——輸送　319
　量子——　23, 52
イジング
　——模型　60, 588
　——・モデル　251
位相　340
　——干渉効果　291
　——緩和長　291
　——空間　762
　——差関数　172
　——速度　637, 654
　——ソリトン　287
　——定数　271, 654
位置エネルギー　715
一様等方性乱流　646
一般化
　——運動量　760
　——運動量保存則　760
　——座標　757
　——速度　758
　——力　758
一般相対性
　——原理　387
　——理論　19
伊藤-ストラノビッチ変換　586
伊藤積分　586
移動度　259
井戸型ポテンシャル　347
異方的超伝導　273
イマジナリショート　498
色
　——収差　676
　——電荷　33, 79
　——電荷の閉じ込め　35
　——表示　490
因果
　——性　691
　——律　483
インダクター　490
インダクタンス　460
　自己——　458
　相互——　458
インパクトパラメーター　373
インパルス理論　154
インピーダンス　462
　合成——　462
　複素——　462

う

ヴィーデマン-フランツ比　262
ウィナー過程　584
ウィナー-ヒンチンの定理　583
ウィーンの変位則　330
宇宙
　——空間プラズマ　306
　——項問題　55
　——線　10, 71
　——定数　55
　——背景輻射　63
『宇宙の調和』　688
ウッズ-サクソン型　166
　——のポテンシャル　140
うなり　659
運動
　——の3法則　690
　——の第1積分　760
　——方程式　389, 421
　——摩擦力　699
　——量の変化　695
　——量保存則　401, 727
　サイクロトロン円——　307
　歳差——　257, 742
　重心——　729
　集団——　307
　準周期——　642
　スピンの歳差——　26
　旋回中心の——　308
　相対——　729, 730

うんどう〜

等速円——　414, 691
等速直線——　386, 704
熱——　518
ブラウン——　260, 583, 632
並進——　737
放物——　702
ラーモア歳差——　743
運動方程式　389, 421
　オイラーの——　741
　ニュートンの——　691
　ハミルトンの——　553
　ラグランジュの——　760
運動論的不安定性　313

え

永久機関
　第1種——　520
　第2種——　522, 527
永久電流　268
永年方程式　710
エキゾチックな原子　204
液晶　228
液相　544
液滴
　——模型　95
　——モデル　144
エネルギー
　——荷重総和則　160
　——カスケード　647
　——等分配則　569
　——閉じ込め　319
　——の定理　714
　——（の）等分配則　245, 569
　——バンド　233
　——（の）保存則　11, 400, 517, 729
　暗黒——　54
　イオン化——　193
　位置——　715
　カシミア——　55
　ギブスの自由——　530, 535

　ギンツブルク-ランダウ自由——　582
　結合——　95
　交換——　251
　固有——　342
　固有値——　342
　GL自由——　582
　自己——　20
　自由——　529
　静止——　177
　静電——　438
　零点——　55
　全——　716
　束縛——　94, 177
　ダーク——　54
　中性子分離——　94
　内部——　398, 518, 532
　表面——　750
　フェルミ・——　238
　ヘルムホルツの自由——　530, 535, 545
　ポテンシャル——　715
　陽子分離——　94
　励起子束縛——　303
エミッタンス　63
エルゴード
　——仮説　555, 558
　——理論　555
エルミート
　——演算子　342
　——共役　342
　——多項式　349
エレクトロルミネッセンス　281
遠隔
　——作用　427, 697
　——力　697
円形加速器　63
演算子
　エルミート——　342
　カシミア——　146
　個数——　383

射影―― 577
　消滅―― 382
　生成―― 382
　ディラック―― 37
　統計―― 564
　パウリ―― 124
　ハミルトン―― 359, 563
　ベクトル―― 622
　ラプラス―― 338
演算増幅器　497
遠日点　687
遠心力　700, 723
　――ドリフト　309
　――ポテンシャル　731
円錐曲線　732
エンタルピー　530, 533, 625
エントロピー　61, 528, 548, 574
　――制御　575
　――増大の法則　539
　――誘起現象　575
　混合の――　538
　統計力学的――　556
　部分モル――　537
　ブラックホール――　61
円偏波　311

お

オイラー
　――角　733
　――の運動方程式　625, 741
　――の関係式　536
　――のこま　741
　――の微分方程式　760
黄金則　368, 379
応答関数　482, 593
応力　743
　接線――　744
　法線――　744
　マックスウェル――　431
大きな分配関数　562
オージェ電子　192, 202
オストヴァルトの原理　522

オゼーン方程式　632
オッペンハイマー-ボルコフの方程式　126
オービティング効果　202
オームの法則　441, 592
重い電子　204
重いフェルミオン系　239
オルンシュタイン-ウーレンベック過程　584, 589
オンサーガー
　――解　251
　――の相反定理　261, 293, 593
音速　634
温度　515
　キュリー――　250
　超伝導臨界――　268
　デバイ――　246
　転移――　250
　点火――　318
　ネール――　252
　臨界――　270
温度計
　気体――　515
　定圧気体――　516
　定積気体――　516
温度目盛
　経験的――　516
　絶対――　517
　熱力学的――　526
音波　241, 634
　イオン――　310
　磁気――　311

か

概周期軌道　608
回折　231, 335
　――因子　670
　――格子　336, 669
　――波　229
　X線――　229, 327
　高速電子――　678

かいせつ〜　　　　　　　　　索　引

　低速電子——　678
　デバイ——　232
　電子線——　678
　反射型高速電子——　678
　フラウンホーファー——　668
　フレネル——　668
階層
　——性問題　49
　——方程式　577
階段格子　671
回転
　——対称性　225
　——バンド　114
　ωの微小——　745
　ラーモア——　257
解の分岐　641
外部
　——駆動型磁力線再結合　315
　——変数　556
　——輸送障壁　319
カイラル対称性　36, 79, 132
　——の破れ　129
回路
　——素子　490
　共振——　487
　四端子——　485
　増幅——　507
　二端子——　485
　発振——　507
　微分——　498
ガウス
　——の法則　430, 464
　——分布　350
カオス　600, 642
　——現象　598
　間欠性——　606
化学ポテンシャル　534
可換ゲージ理論　34
可逆サイクル　527
角

　——振動数　459, 654
　オイラー——　733
　カビボ-小林-益川——　46, 53
　散乱——　373
　接触——　750
　電弱混合——　25, 27
　微小立体——　153
　ブリュースター——　671
　偏光——　671
　立体——　373
　臨界——　505
　ワインバーグ——　25, 27, 48
核
　——間距離　178
　——スピン　121
　——生成過程　580
　——反応　150
　——分裂　81, 86
　——力　5, 16, 79, 125, 135
　安定——　84
　過剰——　156
　奇奇——　113
　鏡——　100
　偶偶——　99, 114
　原子——　2, 78
　ダブルハイパー——　92
　中性子過剰——　91, 156
　超変形——　158
　ハイパー——　92
　ハイパー原子——　79
　不安定——　84
　分裂——　81, 86
　陽子過剰——　91, 156
　陽子崩壊——　81
　臨界——　579
角運動量　184, 333, 718
　——（の）保存則　12, 689, 718, 728
　軌道——　6, 109, 140
　固有——　2, 12
　スピン——　368

770

全—— 728
楽音の三要素　662
拡散
　——過程　317
　——係数　260
　——現象　610
核子　4, 79
　——移行反応　157, 159
　——間散乱　135
　——間の相互作用　143
　——系の超伝導　143
　——交換反応　157
　——崩壊　48, 50
　——密度分布　103
核磁気
　——共鳴　257, 617
　——共鳴映像法　269
核反応
　制御熱——　306
　光——　160
　複合——　158
核物質　123
　——のEOS　128
　——の状態方程式　126
　——の飽和性　123
殻模型　97, 138
核融合　306
　——反応　206
　——プラズマ　208
　慣性——　318
　磁気——　318
　ミューオン触媒——　206
確率
　——振幅　367
　——波　14
　——分布関数　561
　——流　340
　——流密度　341
　——冷却　217
　——論　602
　遷移——　117, 145, 366, 587
　存在——　348

重ね合せの原理　338, 426, 434, 482, 658, 701
カシミア
　——エネルギー　55
　——演算子　146
カスケード　86
　エネルギー——　647
仮想
　——仕事の原理　756
　——変位の原理　756
加速
　——器　63, 87
　——粒子　87
加速度
　——運動　386
　——ベクトル　686
　コリオリ——　723
　実効重力——　703, 724
　重力——　703
　平均——　686
　見掛けの重力——　703
　横——　723
傾きの中心　750
過程
　アヴラミ——　581
　ウィナー——　584
　オルンシュタイン-ウーレンベック——　584, 589
　拡散——　317
　核生成——　580
　サイクル——　520
　準静的——　520
　蒸発——　158
　多核生成——　581
　単一核生成——　580
　断熱——　519, 524, 557
　定圧——　520
　定容——　520
　等圧——　520
　等温——　520
　等積——　520
　ドレル-ヤン——　45

かてい～

2電子性再結合—— 216
熱力学的—— 519
非拡散—— 317
フェルミ-テラー—— 204
不可逆—— 522
ポアソン—— 580
放射性再結合—— 204
マルコフ—— 587
陽子崩壊—— 50
ランダム—— 583

荷電
——スピン 6
——ソリトン 281
——対称性 98
——独立性 98
——平均2乗半径 103
——粒子 3, 424
——流弱反応 3, 72

価電子 232
——帯 235

カノニカル
——・アンサンブル 559
——集団 559

カビボ-小林-益川角 46, 53
過飽和蒸気 547
ガモフ-テラー遷移 120, 157
カラー
——荷 3
——モノポール場 131
カリー・プロット 119
ガリレイ
——の相対性 720
——変換 387, 399, 720
カルツァ-クライン理論 57
カルノー・サイクル 522, 525
過冷却状態 547
カロリーメーター 67
関係式
アインシュタインの——
260
オイラーの—— 536
ギブス-デューエムの——
537
ギンスパーグ-ウィルソン——
37
クラウジウス-クラペイロンの
—— 545
クラマース-クローニッヒの
—— 484
スケーリング—— 255
ハイパースケーリング——
255
マイヤーの—— 521
マックスウェル—— 530
間欠性カオス 606
換算質量 181, 730
干渉 335, 658
——因子 670
——縞 327, 667
——性の光 666
薄膜の—— 667
環状電流 475
関数
位相差—— 172
s体分布—— 623
応答—— 482, 593
大きな分配—— 562
確率分布—— 561
緩和—— 594
球ベッセル—— 165
球面調和—— 352
構造—— 41
固有 342
仕事—— 203, 327
生成母—— 763
積分フェルミ—— 119
相関—— 610
単一波動—— 124
デルタ—— 367
統計分布—— 554
内部波動—— 168
熱力学—— 529, 531
熱力学特性—— 531, 535
ノイマン—— 377

1. 事項索引

波動—— 109, 137, 148, 338, 340, 563, 566
ハミルトン—— 553, 559, 761
フェルミ—— 118
分配—— 559, 569
分布密度—— 622
ベータ—— 33
ベッセル—— 377
母—— 349
ラグランジュ—— 759
ルジャンドル陪—— 352
慣性 689
　——核融合 318
　——系 386, 720
　——効果 315
　——主軸系 741
　——乗積 739
　——楕円体 740
　——閉じ込め方式 318
　——の法則 690
　——モーメント 736
　——モーメント・テンソル 739
慣性力 700, 723
　並進—— 723
　横—— 723
間接遷移 302
完
　——気体 517
　——電離プラズマ 305
　——反磁性 269
　——流体 752
カントール集合 609
ガンマ
　——線 86
　——遷移 122
　——崩壊 85
緩和
　——関数 594
　——時間 577

き

規格
　——化定数 354
　——直交系 355
気化熱 545
帰還発振 507
奇奇核 113
擬交差 198
基準
　——角振動数 711
　——座標 711
　——振動 711
擬スカラークォーク対 133
気相 544
気体
　——温度計 515
　——定数 517
　——のアンサンブル 622
　——の速度分布 575
　完全—— 517
　混合理想—— 537
　純粋理想—— 537
　電離—— 305
　理想—— 238, 517, 568
期待値 313
基底状態 83, 333
起電力 446
　熱—— 447
　誘導—— 459
輝度 31, 65
軌道
　——角運動量 6, 109, 140
　——角運動量量子数 180
　——が不安定 601
　——放射光 63
　——理論 307
　概周期—— 608
　双曲線—— 732
　楕円—— 688, 732
　単粒子—— 113
　放物線—— 732

773

ぎぶす〜

ギブス
- ——-デューエムの関係式 537
- ——の逆説 538
- ——の自由エネルギー 530, 535
- ——の相律 547
- ——分布 644

希崩壊 32
擬ポテンシャル法 234
基本
- ——解 700
- ——格子 225
- ——並進ベクトル 225, 229

奇妙さ 6, 18
逆
- ——格子 229
- ——ベータ反応 70

キャパシタンス 438
球
- ——こま 741
- ——座標 683
- ——対称な中心力 718
- ——ベッセル関数 165
- ——面調和関数 352
- ——面波 378, 665
- フェルミ—— 371

吸収係数 297
吸熱反応 403
キュリー
- ——-ヴァイスの法則 551
- ——温度 250
- ——則 249
- ——定数 551
- ——の法則 551
- ——-ワイス則 250

鏡映対称性 226
境界条件 341
鏡核 100
- ——間遷移 121

強結合プラズマ 208, 307
強磁性 249
- ——体 474
- 反—— 251

共振 490, 708, 713
- ——回路 487
- LC—— 487
- 電気的—— 487

強制振動 708
鏡遷移 117
鏡像電荷 203, 437
共鳴 713
- ——吸収 160
- ——条件 313
- ——状態 84
- ——トンネル現象 615
- ——粒子 313
- ——励起 257
- 核磁気—— 257, 617
- 巨大—— 160
- サイクロトロン—— 239, 309
- 磁気—— 256
- 電子スピン—— 257
- 量子—— 615

共有結合 228
行列
- ——方程式 358
- アドミッタンス—— 485
- S—— 487
- MNS—— 72
- Cabibbo-小林-益川—— 30
- γ—— 117
- 小林-益川—— 32
- 散乱—— 487
- G—— 148
- 四端子—— 486
- 正値—— 712
- パウリの—— 369
- 密度 564
- ユニタリー—— 357

極超変形 114
極板 438
曲率ドリフト 309

1. 事項索引　　　　　　　～ぐりゆな

巨視的不安定性　309
巨大共鳴　160
巨大磁気抵抗効果　263
許容遷移　120
霧箱　189
キルヒホフ
　——の回折理論　666
　——の第1法則　442
　——の第2法則　442
　——の法則　442
禁止遷移　118, 120
近日点　687
ギンスパーグ-ウィルソン関係式　37
禁制帯　284
近接
　——作用　427, 465, 697
　——力　697
金属結合　228
金属-絶縁体相転移　287
ギンツブルク-ランダウ自由エネルギー　582

く

空間
　——群　226
　——格子　226
　——のコンパクト化　59
　位相——　762
　Γ（ガンマ）——　553
　速度——　686
　ヒルベルト——　356
　ミンコフスキー——　12, 412
　リーマン——　388
偶偶核　99, 114
空孔　142
偶力　432, 453, 736
クォーク　2, 7, 8, 79
　——核物理　129
　——凝縮　132
　——グルーオンプラズマ　128

　——の閉じ込め　9, 130
　——の裸の質量　130
　ダイ——　44
　バレンス——　40
　反——　35, 39
屈折　661
　——の法則　478
屈折率　297, 346, 478, 662
　絶対——　479, 481
　非線形——　305
　複素——　297, 480
クーパー対　35, 268
久保
　——公式　261, 595
　——理論　594
クライン-ゴルドン場　16
クラウジウス
　——-クラペイロンの関係　582
　——-クラペイロンの関係式　545
　——の原理　522
　——の不等式　528
グラウバー
　——近似　172
　——模型　170
　——モデル　588
　——理論　154
グラジエント　714
クラスター　82, 610
　——模型　146
　アルファ——　82
グラフェン　295
クラマース-クローニッヒの関係式　484
グランドカノニカル・アンサンブル　562
繰り込み
　——群　36
　——不可能　57
くりこみ理論　16, 20
グリューナイゼン則　262

775

ぐりんか〜

グリーン関数モンテカルロ法 137
グルーオン 2, 5, 33, 38, 79
グロス理論 96
クロック 508
グローバーアルゴリズム 617
グロー放電 305
クーロン
　——・ゲージ 380
　——障壁 87, 88, 155
　——の法則 404, 422, 426, 449, 453
　——・ブロッケード 294
　——ポテンシャル 376
　——力 16, 180, 426, 698, 716
群速度 637, 654, 660

け

経験的温度目盛 516
形式
　ハミルトン—— 761
　広田の双一次—— 639
　ラグランジュ—— 761
傾斜反磁性 253
係数
　拡散—— 260
　吸収—— 297
　ジュール-トムソン—— 533
　消衰—— 297
　転換—— 123
　電気容量—— 438
　透過—— 292, 347, 487
　粘性—— 625, 626
　反射—— 487
　ペルティエ—— 262
　ホール—— 261
　輸送—— 578, 593
系の代表点 553
系列
　パッシェン—— 332
　バルマー—— 332
　ブラケット—— 332
　ライマン—— 332
経路積分法 15
撃力 738
ゲージ
　——結合定数 48
　——場理論 18, 22
　——粒子 5
　クーロン・—— 380
　ラジエーション—— 380
ゲージーノ 49
結合
　——エネルギー 95
　——定数 27, 120
　共有—— 228
　金属—— 228
　シグマ—— 280
　ジョセフソン—— 495
　磁力線再—— 315
　水素—— 228
　パイ—— 280
　ファン・デル・ワールス—— 228
結晶 224
　——格子 639
　——構造の対称性 226
　準—— 224
　正—— 672
　多—— 232
　単—— 232
　導電性有機—— 278
　負—— 672
ケネディ-ソーンダイクの実験 404
ケプラーの
　——第1法則 688
　——第2法則 688
　——第3法則 688
ケルディッシュパラメーター 193
ケルビン（トムソン）の原理 522
ケルビン-ヘルムホルツ不安定性

312
ゲル物質　227
検光子　671
原子
　──核　2, 78
　──間結合ポテンシャル　247
　──結合力　227
　──芯　233
　──波レーザー　213
　──番号　78
　──炉　595
　エキゾチックな──　204
　水素様──　334, 351
　多電子──　182
　中空──　203
減衰
　──振動　707
　──定数　481
　サイクロトロン──　313
　ランダウ──　313
元素
　超ウラン──　81, 82
　超重──　81, 188
検波　505
顕微鏡
　走査型電子──　679
　透過型電子──　678
　反応──　218
原理
　アインシュタインの相対性──　387
　アルキメデスの──　750
　一般相対性──　387
　オストヴァルトの──　522
　重ね合せの──　338, 426, 434, 482, 658, 701
　仮想仕事の──　756
　仮想変位の──　756
　クラウジウスの──　522
　ケルビン（トムソン）の──　522
　光速一定の──　403
　光速不変の──　663
　最大仕事の──　540
　事象間隔不変の──　412
　詳細釣り合いの──　153
　相対性──　386
　ダランベールの──　757
　等価──　388
　等重率の──　554, 564
　特殊相対性──　387
　トムソン（ケルビン）の──　522
　排他──　224
　パウリの──　371
　パスカルの──　749
　ハミルトンの──　759
　不確定性──　181, 187, 343, 555
　ホイヘンスの──　665
　ボルツマンの──　556, 574
　リッツの結合──　331
　粒子と波の相補性──　61
　ル・シャトゥリエの──　542
　ル・シャトゥリエ-ブラウンの──　543
弦理論　59

こ

光
　──円錐　412
　──子　383
　──速度　390
　──電離プラズマ　209
　──量子　326, 370, 383
　軌道放射──　63
　シンチレーション──　66
　単色──　468
　チェレンコフ──　66
　直線偏──　466
　左旋──　468
　偏──　468, 671
　右旋──　468

こう～

　　レーザー── 198
コヴァレーフスカヤのこま
　741
硬X線 195
高エネルギー密度状態 323
高温
　──超伝導 268, 275
　──プラズマ 305
効果
　異常ゼーマン── 364, 368
　位相干渉── 291
　オービティング── 202
　慣性── 315
　巨大磁気抵抗── 263
　光電── 219, 326, 665
　交流ジョセフソン── 271
　近藤── 262
　コンプトン── 665
　サイホン── 267
　CMR── 263
　GMR── 263
　重力レンズ── 54
　シュタルク── 362
　シュブニコフード・ハース──
　　239
　ジュール-トムソン── 533
　ジョセフソン── 270
　正常ゼーマン── 368
　成層── 649
　ゼーベック── 593
　ゼーマン── 362
　双対マイスナー── 131
　直流ジョセフソン── 270
　同位元素── 273
　ドップラー── 407, 662
　ド・ハース-ファン・アルフェン
　　239
　トンネル── 208, 347
　熱電── 447
　パウリ── 124
　非線形光学── 304
　表皮── 345, 481

　分極── 191
　噴水── 266
　分数量子ホール── 291
　ペルティエ── 593
　ホール── 261, 315
　マイスナー── 23, 35, 268
　マグヌス── 755
　メスバウアー── 664
　量子ホール── 261, 289
光学
　──定数 297
　──定理 164
　──分枝 244
　──模型 166
　非線形── 677
交換
　──エネルギー 251
　──関係 344
　──不安定性 309
交差回避 198
光子 2, 5, 383
　──散乱 160
　──束スペクトル 197
　検── 671
　偏── 671
格子
　──ゲージ理論 36
　──振動 241
　──振動の分散関係 243
　──点 226
　──の対称性 226
　──ひずみ 286
　──比熱 244
　回折── 336, 669
　階段── 671
　基本── 225
　逆── 229
　空間── 226
　結晶── 639
　単位── 225
　超── 285
　戸田── 677

反射—— 671
光—— 213
副—— 252
ブラベー—— 226
面心立方—— 282
ローランドの凹面—— 671
公式
　久保—— 261, 595
　スターリングの—— 569
　ゾンマーフェルトの—— 238
　ベーテ-ワイゼッカーの質量—— 144
　ラザフォード散乱の—— 374
　ランダウアー—— 292
　レイリー-ジーンズの—— 330
高次フラーレン 282
合成
　——インピーダンス 462
　——抵抗 442
剛性率 746
航跡波 208
構造関数 41
光速 405
　——一定の原理 403
高速点火方式 323
剛体 733
降着円盤 90
光電効果 219, 326, 665
光電子 326
勾配 714
　——ドリフト 309
交流ジョセフソン効果 271
光量子 326, 370, 383
国際単位系 694
黒体放射 329, 552
個数演算子 383
固相 544
コッホ曲線 608
固定
　——軸 734
　——点 604
古典
　——的障壁乗り越えモデル 200
　——半径 177
小林-益川行列 32
こま 741
　オイラーの—— 741
　球—— 741
　コヴァレーフスカヤの—— 741
　対称—— 741
　非対称—— 741
　ラグランジュの—— 741
固有
　——エネルギー 342
　——角運動量 2, 12
　——関数 342
　——時間 408
　——磁気モーメント 178, 186
　——状態 72
　——振動 479
　——振動数 298, 570
　——値エネルギー 342
　——値方程式 710
　——モード 312
コリオリ
　——加速度 723
　——力 649, 723
コリジョンパラメーター 372
孤立
　——系 515
　——波 281, 639
ゴールドストーン
　——-南部の定理 133
　——粒子 79
コルモゴロフ理論 646
混合
　——のエントロピー 538
　——理想気体 537

――シュタルク―― 206
コンダクタンス 441
　　――のゆらぎ 292
　　――の量子化 294
コンタクトプロセス 595
近藤効果 262
コンプトン
　　――効果 665
　　――散乱 193, 328
　　――波長 17, 56, 177

さ

サイクル過程 520
サイクロトロン 63
　　――円運動 307
　　――共鳴 239, 309
　　――減衰 313
　　――振動数 259, 308
　　――半径 308
歳差運動 257, 742
　　スピンの―― 26
　　ラーモア―― 743
最小エントロピー生成 596
最大
　　――仕事の原理 540
　　――波高の波 637
砕波 637
サイホン効果 267
サイン-ゴルドン方程式 677
サークルマップ 607
佐藤理論 639
サハロフの3条件 52
座標
　　――ベクトル 717
　　――変換 398
　　一般化―― 757
　　球―― 683
　　事象の―― 408
　　循環 760
　　超球―― 184
　　直交――系 682
作用

　　――線の定理 736
　　――点 697, 735
　　――反作用の法則 689, 726
　　遠隔―― 427, 697
　　近接―― 427, 465, 697
　　増幅―― 494
散逸
　　――現象 588, 591
　　――構造 596
　　――性MHD 314
　　――力 716, 756
酸化物高温超伝導体 275
三重点 544
三体問題 600
三端子レギュレータ素子 506
散乱
　　――角 373
　　――行列 487
　　――振幅 164, 376
　　――断面積 191, 373
　　――ポテンシャル 368
　　――問題 372
　　アルファ粒子の弾性―― 150
　　核子間―― 135
　　光子―― 160
　　コンプトン―― 193, 328
　　重イオン―― 173
　　準弾性―― 155, 160
　　深非弾性―― 34, 38
　　深部非弾性―― 158
　　弾性―― 154, 169, 375
　　電子―― 160
　　トムソン―― 327
　　光の―― 480
　　非弾性―― 39, 152, 155, 163, 193, 375
　　ブリュアン―― 680
　　モット―― 162
　　誘導ラマン―― 680
残留相互作用 133, 143

し

ジェット気流　638, 649
シェルモデル　97, 135, 138
磁化　248, 474, 550
　——電流　474
　——ベクトル　476, 477
　——率　269, 476
　自発——　249
磁荷　450
磁界　448
時間大域解　627
磁気
　——音波　311
　——核融合　318
　——共鳴　256
　——圏境界面　324
　——圏尾部　324
　——圏プラズマ　323
　——指紋　292
　——双極子モーメント　454
　——単極子　35, 698
　——抵抗　263
　——浮上現象　265
　——ミラー　308
　——モーメント　248, 257
　——流体波　314
　——流体プラズマの自己組織化　315
　——量子数　352
示強性変数　536
時空図　407
シグマ結合　280
次元解析　694
試験電荷　427
自己
　——インダクタンス　458
　——エネルギー　20
　——加熱　321
　——相似の図形　608
　——誘導　458
仕事　713

　——関数　203, 327
事象　408
　——間隔　412
　——間隔不変の原理　412
　——の座標　408
磁性　247, 474
　——不純物　263
　完全反——　269
　強——　249
　傾斜反——　253
　常——　248
　反——　249
　反強——　251
　フェリ——　253
　ラセン——　253
磁性体　474, 550
　強——　474
　常——　474, 551
　反——　474
自然界の4種類の力　5
『自然哲学の数学的諸原理』　690
シーソー機構　51
磁束　455
　——密度　178, 248, 390, 448, 451
実験室系　374
実効値　461
湿潤対流　649
実体振り子　737
質点　692
　——系　726
質量　391
　——欠損　94
　——数　78
　——中心　726, 727
　換算——　181, 730
　クォークの裸の——　130
　静止——　691
　ディラック——　51
　不変——　27, 152
　プランク——　176

マヨラナ—— 51
有効—— 235
磁場 448
——閉じ込め方式 318
——の強さ 452
地球 323
凍結した—— 314
トロイダル—— 319
反—— 477
臨界—— 270
自発
——磁化 249
——的対称性の破れ 250
——電流 321
磁壁 253
ジャイロ
——運動論モデル 316
——コンパス 742
——スコープ 742
射影演算子 577
弱中間子 5, 26
弱電離プラズマ 305
遮断
——振動数 311
——密度 311
電磁波の—— 311
シャルコフスキーの定理 606
自由
——度 733, 755
——表面 748
——膨張 532, 538
——粒子 398
重イオン 87
——散乱 173
——散乱実験 37
シュウィンガー極限 177, 194
自由エネルギー 529
ギブスの—— 530, 535
ギンツブルク-ランダウ—— 582
ヘルムホルツの—— 530, 535, 545

周期
——解リミットサイクル 604
——的境界条件 341
——倍化 605
チャンドラー—— 742
重心 697, 726
——運動 729
——系 374
——座標系 374
集団
——運動 307
——状態 145
——励起 112
カノニカル—— 559
正準—— 559
定常—— 554
統計—— 554
周転円 687
重陽子 8, 87
反—— 190
自由粒子 398
重粒子 4, 5
——数保存則 69
重力 703
——加速度 703
——定数 56, 176
——レンズ効果 54
——ループ 62
主慣性モーメント 741
主極大 670
縮重 342
縮退 139, 238, 342, 363
フェルミ—— 224
主軸変換 359, 741
シュタルク
——効果 362
——混合 206
——状態 198
シュテファン-ボルツマンの法則 330, 552
シュテュッケルベルク振動

199
シュブニコフード・ハース効果 239
シュミット値　109
主量子数　352
ジュール
　——損失　446
　——トムソン係数　533
　——トムソン効果　533
　——トムソンの実験　533
　——熱　445, 592
　——の法則　521
シュレーゲルモデル　597
シュレーディンガー
　——表示　359
　——方程式　137, 168, 233, 337, 657
シュワルツシルト半径　56
準
　——1次元系　283
　——安定緩和　578
　——エルゴード定理　555
　——周期運動　642
　——静的過程　520
　——結晶　224
　——弾性散乱　155, 160
純音　662
循環座標　760
純粋理想気体　537
昇華
　——曲線　544
　——熱　545
蒸気圧曲線　544
衝撃
　——波　635, 664
　——力　694
条件
　境界——　341
　共鳴——　313
　サハロフの3——　52
　周期的境界——　341
　詳細釣り合いの——　588

プラズマ——　307
平衡——　540
ボーアの量子——　333, 337
ラウエ-ブラッグ——　678
量子化——　181, 185
ローソン——　318
常光線　672
詳細釣り合い
　——の原理　153
　——の条件　588
常磁性　248
　——体　474, 551
消衰係数　297
状態
　——ベクトル　355
　——変数　514
　——密度　237
　——量　514
　4S共鳴——　30
　BCS——　143
　BPS——　61
　過冷却——　547
　基底——　83, 333
　共鳴——　84
　高エネルギー密度——　323
　固有——　72
　集団——　145
　シュタルク——　198
　振動励起——　180
　摂動——　130
　定常——　333
　熱平衡——　515, 574
　非摂動——　130
　非平衡定常——　591, 595
　物質の第4の——　207
　量子——　90
　励起——　83, 112
状態方程式　516
　核物質の——　126
　ファン・デル・ワールスの——　545
　理想気体の——　517

しようて〜

焦点　674
衝突
　——径数　190
　——パラメーター　372
　——問題　372
　弾性——　401
蒸発過程　158
障壁
　外部輸送——　319
　クーロン——　87, 88, 155
　内部輸送——　319
　ポテンシャル——　346
情報の縮約　577
消滅演算子　382
初期
　——条件　341
　——値敏感性　642
ジョセフソン
　——結合　495
　——効果　270
　——電流　271
示量性変数　535
磁力線　449, 454
　——再結合　315
真空
　——中の誘電率　426
　——の透磁率　449
　トリチェリの——　749
シンクロトロン　63
　——放射　65
　——陽子　73
信号対雑音の比　512
新星爆発　90
真性半導体　240, 281, 284
シンチレーション光　66
シンチレーター　67
真電荷　471
『新天文学』　688
真電流　475
振動
　——強度の集中　303
　——散逸定理　632

——子強度　298
——量子数　180
——励起状態　180
イオンのプラズマ——　311
基準——　711
強制——　708
減衰——　707
格子——　241
固有——　479
シュテュッケルベルク——　199
ゼロ点——　383
単——　348
弾性——　406
調和——　348, 706, 709
ニュートリノ——　10, 71
非線形——　709
非調和——　709
プラズマ——　305
連成——　709
振動数　459, 654
　角——　459, 654
　基準角——　711
　固有——　298, 570
　サイクロトロン——　259, 308
　遮断——　311
　デバイ——　246
　プラズマ——　301, 310
　プラズマ角——　207
　ラーモア——　308
深非弾性散乱　34, 38
振幅　459, 636
　——変調　502, 509
　確率——　367
　散乱——　164, 376
　ベネチアーノ——　58
深部非弾性散乱　158
真理値表　500

す

水素

――結合　228
――の負イオン　335
――様原子　334, 351
スイッチ作用　494
水面波　636
数
　アッベ――　676
　アボガドロ――　514, 620
　軌道角運動量量子――　180
　磁気量子――　352
　質量――　78
　主量子――　352
　振動量子――　180
　スピン量子――　566
　占有――　566
　デバイ波――　246
　ノード――　140
　フェルミ波――　371
　方位量子――　352
　マッハ――　635, 664
　魔法――　98
　未定乗――　757
　リアプノフ――　601
　量子――　6, 342
　レイノルズ――　630, 640
数値
　――計算技法　651
　――風洞　650
スカラーポテンシャル　451
スキルム
　――の方法　148
　―――ハートリー-フォック近似　149
スクォーク　49
スケーリング
　――関係式　255
　――則　39
スターリングの公式　569
ストークス
　――近似　631
　――の抵抗法則　632
　――波　637
　――方程式　631
　――流　631
ストラノビッチ積分　586
ストリップ反応　157
ストレンジアトラクター　606, 642
ストレンジネス　6, 18
　――交換反応　93
　量子数――　92
スーパー
　――カミオカンデ　68
　――クラウドクラスター　650
　――ノバ　127
スピン　2, 6, 12, 222
　――・アイソスピン相互作用　157
　――角運動量　368
　――-軌道相互作用　141, 369
　――軌道力　135
　――-格子緩和　258
　――-スピン緩和　258
　――・ソリトン　281
　――と統計の定理　13
　――の歳差運動　26
　――波　255
　――・パリティ　144
　――密度波　288
　――モーメント　369
　――量子数　566
　アイソ――　83, 98, 136
　核――　121
　荷電――　6
　整数の――　13
　半整数(の)――　6, 13
スピングラス　253
スペクテーター　156
スペクトル　118, 675
　光子束――　197
　線　331
　等価光子――　197
スポンジ構造　581

すれたの〜

スレーターの行列式　370
ずれひずみ　745
スレプトン　49

せ

静圧　752
制御熱核反応　306
正結晶　672
正孔　236
静止
　——エネルギー　177
　——質量　691
静磁場のエネルギー密度　469
静電場のエネルギー密度　469
正準
　——共役　762
　——集団　559
　——変換　763
　——変数　553, 762
　——方程式　763
正常ゼーマン効果　368
整数のスピン　13
生成
　——演算子　382
　——母関数　763
成層効果　649
正値行列　712
静電
　——エネルギー　438
　——的な波　311
　——場　427, 436
　——場のエネルギー密度　469
　——誘導　436, 439
　——リング　217
整流ブリッジ　506
世界線の線素　414
積分フェルミ関数　119
赤方偏移　55
セータ項　37
絶縁体　235, 277, 436, 470
　バンド——　284

モット——　277
接合漸近展開法　633
接触角　750
接線応力　744
摂動　181
　——項　361
　——状態　130
　——論　361
ゼナーダイオード　492
ゼーベック効果　593
ゼーマン効果　362
　異常——　364, 368
　正常——　368
セルラーオートマトン　611
ゼロ抵抗　268
零点エネルギー　55
ゼロ点振動　383
零ベクトル　684
遷移
　——確率　117, 145, 366, 587
　EL——　122
　ML——　122
　ガモフ-テラー——　120, 157
　間接——　302
　ガンマ——　122
　鏡核間——　121
　鏡——　117
　許容——　120
　禁止——　118, 120
　断熱——　615
　直接——　302
　バンド間——　301
　非断熱——　615
　フェルミ——　120
全運動エネルギー　728
全運動量　727
　——の保存則　696
全エネルギー　716
　——の保存則　717
遷音速流　636
旋回中心の運動　308
全角運動量　728

漸近
　——自由性　33
　——的自由　38
線形
　——安定性解析　598
　——応答　482, 486, 680
　——応答理論　261, 482, 593
　——加速器　63
　——感受率　304
　——性　700
　——素子　490
　——な系　701
　——波動　312
線スペクトル　33
せん断流　321
全抵抗　442
潜熱　545, 582
全反射　505
線密度　656
占有数　566

そ

相　543
　液——　544
　気——　544
　固——　544
総圧管　753
騒音　662
相関関数　610
相関長　255
双極子
　——放射　480
　——モーメント　363, 432
　電気——　431
双曲線軌道　732
走行距離　685
相互作用
　——するボソン模型　146
　——定数　33
　——表示　359
　$l \cdot s$——　141, 186
　核子間の——　143
　残留——　133, 143
　スピン・アイソスピン——　157
　スピン-軌道——　141, 369
　強い——　17, 37
　電磁——　18, 25
　電弱——　25
　波と平均流の——　649
　配置間——　183
　有効——　124
　弱い——　17, 21
相互誘導　458
走査型電子顕微鏡　679
双対
　——マイスナー効果　131
　——ギンツブルク-ランダウ理論　131
相対
　——運動　729, 730
　——性原理　386
　——性理論　387
　——速度　408, 664
　——論的波動方程式　12
　——論的平均場近似　126
　——論的平均場モデル　135, 147
　——論的力学　388
　——論プラズマ　306
相転移　254, 283, 544
　1次——　254, 578
　2次——　254, 583
　金属・絶縁体——　287
相等単振り子　737
造波抵抗　636
相反定理　438, 458, 485
増幅
　——回路　507
　——作用　494
増幅器
　演算——　497
　反転——　498
　非反転——　498

ぞうふく～

増幅作用 494
相律 547
　ギブスの—— 547
層流 640, 754
則
　アレニウス—— 580
　E1総和—— 160
　ウィーンの変位—— 330
　エネルギー荷重総和—— 160
　エネルギー(の)等分配—— 245, 569
　エネルギー(の)保存—— 400, 517, 729
　黄金—— 368, 379
　キュリー—— 249
　キュリー-ワイス—— 250
　グリューナイゼン—— 262
　スケーリング—— 39
　中野-西島-ゲルマン—— 7, 18
　ブヨルケンのスケーリング—— 34
　ベーテの総和—— 196
　マックスウェルの速度分布—— 560
　リフシッツ-スリオゾフ—— 581
　レイノルズの相似—— 630
速進波 311
速度
　——空間 686
　——勾配 755
　——の加法公式 415
　——分布 589
　——ベクトル 684
　アルベン—— 311
　位相—— 637, 654
　一般化—— 758
　群—— 637, 654, 660
　光—— 390
　相対—— 408, 664

熱—— 313
　ボーア—— 176
　面積—— 718
束縛
　——エネルギー 94, 177
　——力 756
素元波 665
素子 490
　圧電—— 241
　回路 490
　三端子レギュレータ—— 506
　線形—— 490
　超伝導—— 495
　超伝導量子干渉—— 271
　TMR—— 263
　発光—— 281
　光論理—— 495
　ペルティエ—— 262
塑性 743
素電荷 698
ソフトな超対称性の破れ 50
ソリトン 281, 639, 677
　位相—— 287
　荷電—— 281
　スピン・—— 281
　光—— 677
素粒子 2, 6
ゾンマーフェルト
　——の公式 238
　——パラメーター 195

た

第1
　——次相転移 545
　——ブリユアン域 285
　——種永久機関 520
ダイオード 492
　ゼナー—— 492
　発光—— 493
対角化 359
ダイクォーク 44

第 3 高調波発生　304
対称
　——こま　741
　——性の破れ　79
　——性を回復する方法　145
　——テンソル　744
帯状流　317
帯磁率　249, 252
体積
　——弾性率　747
　——力　697
　部分モル——　537
帯電　78
　——した真空　188
大統一
　——模型　47
　——理論　47
ダイナミカル単体分割　57
第 2
　——高調波発生　304
　——種永久機関　522, 527
第二量子化　381
　——法　15
代表点　762
タイム・オブ・フライトの方法　664
太陽
　——電池　281
　——ニュートリノ　70
　——風　323
　——模型　70
タウ
　——ニュートリノ　9
　——粒子　3
楕円軌道　688, 732
多価イオン源　217
多核生成過程　581
ダーク
　——エネルギー　54
　——マター　54
打撃の中心　739
多結晶　232

多項式
　エルミート——　349
　ラゲール——　352
　ルジャンドル——　164
多光子吸収　680
多重
　——破砕反応　157
　——フラクタル　647
多体問題　360
縦縦和　258
多電子原子　182
ダブリング　36
ダブル
　——ハイパー核　92
　——ベータ崩壊　85
ダランベール
　——の原理　757
　——のパラドックス　754
ダランベルシャン　380
多粒子殻模型　111
ダルトンの分圧の法則　537
単
　——結晶　232
　——色光　468
　——振動　348
単位系　693
　国際——　694
単位格子　225
単一
　——核生成過程　580
　——波動関数　124
　——粒子殻模型　109
短距離力　22
弾性　241, 743
　——限度　743
　——散乱　154, 169, 375
　——衝突　401
　——振動　406
　——体　743
　——波　241, 713
　——率　745
　——力定数　745

炭素ナノチューブ　282, 295
断熱
　——圧縮　523
　——圧縮率　542, 550
　——過程　519, 524, 557
　——距離　190
　——系　515
　——磁化率　551
　——自由膨張　532
　——消磁法　552
　——遷移　615
　——定理　558, 614
　——不変量　308
　——変化　524
　——膨張　523
断面積
　散乱——　191, 373
　電荷変化——　153
　ハドロン生成——　42
　微分散乱——　373
　不変——　153
　ランジュバン——　203

ち

チェレンコフ光　66
力　689
　コリオリの——　700
　自然界の4種類の——　5
　見掛けの——　700
地球磁場　323
蓄積リング　215, 411
地動説　687
チャップマン-コルモゴロフの関係　587
チャーニー-長谷川-三間方程式　317
チャームクォーク　41
チャーモニウム　7, 43
チャンドラー周期　742
チャンネル波の歪曲　154
中間子　4, 135
　弱——　5, 26
　Z——　29
　B——　30
中空原子　203
中心力　717
　——場　717
中性
　——カレント現象　24
　——シート　324
　——微子　6
　——プラズマ　209
中性子　2, 78
　——過剰核　91, 156
　——吸収反応　90
　——スキン　83, 105
　——星　90, 123, 209
　——ドリップ線　81, 92
　——ハロー　83, 108
　——分離エネルギー　94
　——崩壊　85, 121
　反——　190
中性微子　6
超ウラン元素　81, 82
超音速流　635
超音波　241
超球座標　184
長距離力　307
超弦理論　37, 57
　——の双対性　59
超格子　285
超差分方程式　639
超重元素　81, 188
超重力理論　57
重畳ポテンシャル　167
超新星爆発　90, 123
超相対論的近似　392
超対称性　35, 49
超多時間理論　20
超伝導　265
　——現象　23
　——磁石　65, 269
　——スイッチ　496
　——素子　495

1. 事項索引　　～ていせき

　　——量子干渉素子　271
　　——臨界温度　268
　異方的——　273
　s波——　273
　核子系の——　143
　高温——　268, 275
　d波——　274
超微細構造分裂　178
超ひも理論　57
超変形核　158
超流動　264
調和振動　348, 706, 709
　——子　14, 139, 701
直接遷移　302
直線偏光　466
直流ジョセフソン効果　270
直交
　　——座標系　682
　　——変換　734

つ

強い
　　——CP問題　37
　　——相互作用　17, 37

て

テアリング不安定性　315
定圧
　　——過程　520
　　——気体温度計　516
　　——熱容量　542
抵抗　490
　合成——　442
　磁気——　263
　ストークス——　699
　ゼロ——　268
　全——　442
　造波——　636
　電源の内部——　447
　ニュートン——　699
　粘性——　265
　非線形——　445

比——　444
微分——　445
負の磁気——　263
定在波　658
ディジタル
　　——計測　506
　　——発振器　508
定常
　　——集団　554
　　——状態　333
　　——波　336, 339, 658
　　——波比　659
　　——流　751
定数
　位相——　271, 654
　宇宙——　55
　規格化——　354
　気体——　517
　QCD結合——　45
　キュリー——　551
　ゲージ結合——　48
　結合——　27, 120
　減衰——　481
　光学——　297
　重力——　56, 176
　相互作用——　33
　弾性力——　745
　電弱結合——　42
　走る相互作用——　33
　万有引力——　689
　微細構造——　176
　普遍——　391
　プランク——　12, 176, 657
　崩壊——　84, 86, 119
　ボルツマン——　237, 331
　有効相互作用——　33
　ラメの——　746
　リュードベリ——　196, 206, 332, 334
ディスラプション　321
定積
　　——気体温度計　516

——熱容量　542
低速多価イオン　203
ディフューズネス　105
定容過程　520
ディラック
　——演算子　37
　——質量　51
　——方程式　12, 19, 148, 186
　——粒子　108
テイラー展開　711
ディラトン　58
定理
　ウィナー-ヒンチンの——　583
　エネルギーの——　714
　オンサーガーの相反——　262, 293, 593
　光学——　164
　ゴールドストーン-南部の——　133
　作用線の——　736
　シャルコフスキーの——　606
　準エルゴード——　555
　スピンと統計の——　13
　相反——　438, 458, 485
　断熱——　558, 614
　トリチェリの——　753
　ネルンスト-プランクの——　549
　ブロッホの——　233
　ベルヌーイの——　752
　ポアンカレの再帰——　577
　ボルツマンの H ——　576
　ボルツマンのエルゴード——　555
　マーミン-ワグナーの——　251
　揺動散逸——　632
　ラグランジュの渦　753
　リューヴィユの——　554, 591

デカルト座標系　682
デバイ
　——温度　246
　——回折　232
　——遮蔽　307, 310
　——振動数　246
　——長さ　208
　——波数　246
デュロン-プティの法則　570
デルタ関数　367
点
　遠日　687
　近日　687
　系の代表——　553
　格子　226
　固定——　604
　作用——　697, 735
　三重——　544
　質　692
　焦　674
　代表——　762
　氷——　516
　沸——　516
　水の三重——　517
　臨界——　545
電圧　433
　——降下　442
　——標準　271
　複素——　462
転移
　——温度　250
　1次相——　254, 578
　金属-絶縁体相——　287
　相——　254, 283, 544
　第1次相——　545
　2次相——　254, 583
　パイエルス——　283
　モット——　285
電位　433
　——差　433
　——の勾配　435
電荷　6, 78, 424, 427

1. 事項索引　　　　　　　～でんどう

　　——の面密度　431
　　——変化断面積　153
　　——密度波　286
　色——　33, 79
　鏡像——　203, 437
　試験——　427
　真——　471
　素——　698
　点——　424
　分極——　471, 477
　分数——　291
　誘導——　436
点火温度　318
転換係数　123
電気
　　——感受率　304, 472
　　——4重極モーメント　109
　　——双極子　431
　　——双極子モーメント　37
　　——素量　425
　　——抵抗率　444
　　——的共振　487
　　——伝導度　258
　　——伝導率　444, 481, 592
　　——分極　471
　　——容量　437, 438
　　——力線　428
　　——量保存則　425
電源の内部抵抗　447
電子　2, 78
　　——サイクロトロン共鳴イオン源　217
　　——散乱　160
　　——スピン共鳴　257
　　——線回折　678
　　——線チャネリング　351
　　——雪崩現象　67
　　——ニュートリノ　9, 73
　　——の弾性散乱　162
　　——波　661
　　——比熱　238
　　——ビームイオン源　217
　　——ビーム不安定性　313
　　——プラズマ波　310
　　——崩壊　85, 118
　　——捕獲　85
　　——密度　306
　　——・陽子衝突　40
　　——・陽電子衝突　42
　オージェ——　192, 202
　重い——　204
　価——　232
　光——　326
　伝導——　425
　内殻——　232
　反跳——　70
　反——　189
　左手系——　25
　右手系陽——　25
　陽——　189
電磁
　　——シャワー　67
　　——相互作用　18, 25, 698
　　——的波動　311
　　——波　464, 466, 705
　　——波の遮断　311
　　——モーメント　108
電弱
　　——結合定数　42
　　——混合角　25, 27
　　——相互作用　25
　　——理論　24
電束　429
　　——電流　463
　　——密度　429
テンソル
　　——力　125
　慣性モーメント・——　739
　対称——　744
　ひずみ——　745
　変形——　745
『天体の回転について』　687
点電荷　424
伝導

でんどう〜

- ——帯　235
- ——電子　425
- 1次元——　280
- 2次元——　280
- バリスティック——　292
- 非線形——　286

天動説　687

電場　427
- 静——　427, 436
- ホール——　261
- 誘導——　455

電波航法　406

『天文学対話』　690

電離
- ——気体　305
- ——層　305, 502
- ——損失　75

電流
- ——駆動型不安定性　313
- ——素片　449
- ——の向き　424
- ——密度　463
- 永久——　268
- 環状——　475
- 磁化——　474
- 自発——　321
- ジョセフソン——　271
- 真——　475
- 電束——　463
- 複素——　462
- 変位——　463

と

等圧
- ——過程　520
- ——熱膨張率　548

動圧　752

同位
- ——元素効果　273
- ——体　81

統一
- ——モデル　145
- ——理論　38

等温
- ——圧縮　523
- ——圧縮率　542
- ——過程　520
- ——磁化率　551
- ——膨張　523

等価
- ——原理　388
- ——光子スペクトル　197

透過
- ——係数　292, 347, 487
- ——率　613
- ——型電子顕微鏡　678

統計
- ——演算子　564
- ——集団　554
- ——分布関数　554
- ——力学的エントロピー　556
- フェルミ-ディラック——　6, 222, 567
- ボース——　13
- ボース-アインシュタイン——　6, 222, 567

等傾角干渉縞　667

動径ベクトル　683

同重体　81

等重率の原理　554, 564

透磁率　476

等積過程　520

等速
- ——円運動　414, 691
- ——直線運動　386, 704

導体　436, 470

等電位面　434, 436

導電性
- ——高分子　278
- ——有機結晶　278

動粘性率　629, 647

頭部衝撃波　324

トカマク　318

特殊相対
　——性原理　387
　——性理論　11
　——論　691
　——論的力学　388
特性線　636
時計の遅れ　411
閉じ込め　79
　エネルギー——　319
閉じた系　515
閉じた方程式　624
土星モデル　332
戸田格子　677
トップクォーク　29, 45
ドップラー
　——因子　409
　——効果　407, 662
　——シフト　211
　——冷却法　211
ド・ハース-ファン・アルフェン効果　239
ド・ブロイ
　——波　336, 678
　——波長　190
トムソン
　——散乱　327
　——の原子モデル　332
　——（ケルビン）の原理　522
朝永
　——-シュウィンガーの理論　15
　——-シュウィンガー-ファインマンの理論　20
　——-ラッティンジャー-ハミルトニアン　294
トリチェリの
　——真空　749
　——定理　753
ドリフト
　——波不安定性　312
　$E \times B$ ——　308

遠心力——　309
曲率——　309
勾配——　309
分極——　309
ドルーデ・モデル　258, 299
ドレル-ヤン過程　45
トロイダル
　——・アルフベン固有モード　313
　——磁場　319
ドロプレット・モデル　96
トンネル現象　270, 612
トンネル効果　208, 347

な

内殻電子　232
内部
　——エネルギー　398, 518, 532
　——転換　123
　——波　638
　——波動関数　168
　——輸送障壁　319
内力　726
ナイルの曲線　725
長岡の原子モデル　332
中野-西島-ゲルマン則　7, 18
ナビエ-ストークス方程式　598, 626, 640, 650
ナブラ　622
波　654
　——と平均流の相互作用　649
　——の偏り　671
　——の強さ　657
　最大波高の——　637
　静電的な——　311
　縦——　243, 311, 655, 747
　横——　243, 311, 655, 747
なめらかな時間大域解　627
南部-ジョナラシニオモデル　132

に

ニコルのプリズム 673
二重星 404
入射角破砕反応 156
ニュートラリーノ 54
ニュートリノ 2, 6, 9, 51, 403
　——振動 10, 71
　——の輸送方程式 128
　太陽—— 70
　タウ—— 9
　電子—— 9, 73
　マヨラナ—— 51
　ミュー—— 9
ニュートン
　——抵抗 699
　——の運動法則 620
　——の運動方程式 691
　——方程式 622
　——・リング 667

ね

捩れモード 311
ネステッドトラップ 210
熱
　——運動 518
　——起電力 447
　——速度 313
　——損失 446
　——対流 633
　——電効果 447
　——電対 447
　——伝導現象 592
　——伝導率 262
　——電能 262
　——の仕事当量 519, 717
　——平衡状態 515, 574
　——平衡の推移律 515
　——膨張 246, 515
　——ゆらぎ 580
　——容量 521, 550
　——浴法 589
　気化—— 545
　自己加—— 321
　ジュール加—— 319
　ジュール—— 445, 592
　昇華—— 545
　潜—— 545, 582
　プラズマ加—— 319
　モル—— 521
　融解—— 545
熱力学
　——関数 529, 531
　——第1法則 518, 527, 534
　——第2法則 521
　——第3法則 548
　——的温度目盛 526
　——的過程 519
　——的体系 514
　——的変数 514
　——特性関数 531, 535
　——の第0法則 515
ネール温度 252
ネルンスト-プランクの定理 549
燃焼プラズマ 321
粘性 752
　——係数 625, 626
　——抵抗 265
燃料球の爆縮 318

の

ノイマン関数 377
ノード数 140

は

波
　——源 663
　——束 343
　——長 654
　——面 664
　アルフベン—— 311
　イオン—— 310
　イオン音—— 310

1. 事項索引

――円偏―― 311
回折―― 229
確率―― 14
球面―― 378, 665
検―― 505
高周―― 512
航跡―― 208
孤立―― 281, 639
砕―― 637
磁気音―― 311
磁気流体―― 314
衝撃―― 635, 664
水面―― 636
ストークス―― 637
スピン―― 255
スピン密度―― 288
速進―― 311
素元―― 665
弾性―― 241, 713
超音―― 241
定在―― 658
定常―― 336, 339, 658
電荷密度―― 286
電子―― 661
電磁―― 464, 466, 705
電子プラズマ―― 310
頭部衝撃―― 324
ド・ブロイ―― 336, 678
内部―― 638
搬送―― 502
光高調―― 680
光混合―― 680
物質―― 14, 336
プラズマ―― 654
平面―― 243, 655
ホイスラー―― 311
マイクロ―― 257
無衝突衝撃―― 324
要素―― 665
ラングミュア―― 310
ロスビー―― 649

場
――の概念 699
――の量子論 20
――の理論 15
カラーモノポール―― 131
クライン-ゴルドン―― 16
磁―― 448
静電―― 427, 436
地球磁―― 323
中心力―― 717
電―― 427
凍結した磁―― 314
トロイダル磁―― 319
反磁―― 477
ボソン―― 147
保存力―― 715
ホール電―― 261
ミラー磁―― 324
メソン―― 147
ヤン・ミルズ―― 19
誘導電―― 455
臨界磁―― 270
パイエルス転移 283
パイ結合 280
パイこね変換 601
媒質 673
ハイゼンベルク
――表示 359
――・モデル 251
排他
――原理 224
――的反応 151
配置間相互作用 183
パイ中間子交換力 136
ハイパー
――核 92
――原子核 79
――スケーリング関係式 255
ハイパスフィルター 498
ハイペロン 4, 92
パウリ
――演算子 124

――効果　124
　　――常磁性　249
　　――の行列　369
　　――の原理　371
　　――の排他律　13, 183, 206, 224
白色ガウスノイズ　583
薄膜の干渉　667
波源　663
バーコールの太陽模型　70
破砕反応　91, 155
走る相互作用定数　33
波数　229
　　――ベクトル　655
　　デバイ――　246
パスカルの原理　749
八道説　7
発光
　　――素子　281
　　――ダイオード　493
パッシェン系列　332
発振
　　――回路　507
　　帰還――　507
　　レーザー――　595
発熱反応　403
パーティシパント　156
波動　654
　　――関数　109, 137, 148, 338, 340, 563, 566
　　――関数の対称性　370
　　――場の量子論　15
　　――方程式　337, 465, 654
　　――粒子の二重性　335
　　線形――　312
　　電磁的――　311
ハードコア　377
ハートリー
　　――近似　183
　　――-フォック近似　183
　　――-フォックの方法　148
　　――-フォック方程式　124
　　――-フォック理論　97
ハドロン　4, 7, 129
　　――ジェット　27, 38, 45
　　――生成断面積　42
　　――族　9
パートン模型　34
ハミルトニアン　144, 359, 553
ハミルトン
　　――演算子　359, 563
　　――関数　553, 559, 761
　　――形式　761
　　――の運動方程式　553
　　――の原理　759
　　――の正準方程式　762
　　――-ヤコービの理論　763
波面　664
腹　658
パラメーター励振　708
バリオン　4, 92, 129
　　――数非対称性　52
バリスティック伝導　292
パリティ
　　――の破れ　21
　　――非保存　21, 26
　　――（P）変換　24
ハルデン・ギャップ　256
パルマー系列　332
バレンス
　　――クォーク　40
　　――シェル　144
バン・アレン帯　324
反強磁性　251
反クォーク　35, 39
半減期　84, 411
反磁性　249
　　――体　474
　　傾斜――　253
反磁場　477
反射　661
　　――型高速電子回折　678
　　――係数　487
　　――格子　671

1. 事項索引 ～ひずみ

　　──の法則　478
　　全──　505
　　ブラッグ──　232
　　ラウエ──　232
反重陽子　190
反重粒子　5
半整数(の)スピン　6, 13
搬送
　　──円　687
　　──波　502
反対称分子軌道モデル　149
半値幅　490
反中性子　190
反跳電子　70
半直弦　732
反転
　　──増幅器　498
　　──対称性　225
反電子　189
バンド
　　──間遷移　301
　　──キャップ　302
　　──構造　233, 348
　　──絶縁体　284
　　エネルギー──　233
　　回転──　114
半導体　240
　　──ナノ構造　289
　　真性──　240, 281, 284
　　不純物──　240
反応顕微鏡　218
反発擬交差構造　614
反バリオン　52
万有引力　18, 689, 697, 719
　　──定数　689
反陽子　189, 205
反粒子　5, 13, 189

ひ

非圧縮
　　──性　747
　　──性流体　627

　　──率　90
ヒエラルキー方程式　577
非エルゴード的　677
ビオ-サヴァ(バ)ールの法則
　　186, 404, 422, 451, 475
非可換ゲージ理論　34, 129
非拡散過程　317
非加速器物理　68
光
　　──円錐　412
　　──核反応　160
　　──格子　213
　　──高調波　680
　　──混合波　680
　　──スイッチ　305
　　──整流　304
　　──ソリトン　677
　　──通信　505
　　──の回折　668
　　──の干渉　666
　　──の散乱　480
　　──の分散　479, 675
　　──パラメトリック増幅
　　　　680
　　──ファイバー　505
　　──物性　296
　　──論理素子　495
　　干渉性の──　666
　　非干渉性の──　666
非慣性系　386
ヒグシーノ　49
非結晶　224
微細構造定数　176
ビジコン　512
非晶質　224
　　──物質　227
微小立体角　153
ヒステリシス現象　581
ひずみ　743
　　──テンソル　745
　　格子──　286
　　ずれ──　745

799

飛跡検出器　66
非摂動
　——状態　130
　——的　36
非線形
　——応答　680
　——屈折率　305
　——光学　677
　——光学効果　304
　——シュレーディンガー方程式　677
　——振動　709
　——抵抗　445
　——伝導　286
非相対論
　——的近似　392, 410
　——的ハートリー-フォックモデル　135
　——的平均場モデル　148
非対称こま　741
比体積　664
左
　——旋光　468
　——手系電子　25
非弾性散乱　39, 152, 155, 163, 193, 375
非断熱遷移　615
非中性プラズマ　209
非調和振動　709
ヒッグス
　——機構　23
　——粒子　24, 29
ビッグバン　89
比抵抗　444
ピトー
　——管　753
　——静圧管　753
非同次線形微分方程式　700
比透磁率　476
比熱　244, 521
　——のアインシュタイン・モデル　246
　——のデバイ・モデル　246
　——比　656, 664
　格子——　244
　電子——　238
　モル——　244
非反転増幅器　498
微分　684
　——回路　498
　——散乱断面積　373
　——抵抗　445
非平衡定常状態　591, 595
非保存力　716
ビーム衝突型加速器　65
比誘電率　472
標準模型　53
氷点　516
表皮
　——効果　345, 481
　——の厚さ　481
表面
　——エネルギー　750
　——張力　267, 579, 750
開いた系　515, 534
ヒルベルト空間　356
ビレーの半レンズ　667
広田の双一次形式　639

ふ

ファイゲンバウム理論　644
ファインマン図　50
ファラデー
　——の電磁誘導の法則　269, 456
　——の法則　456, 464
　——法　474
不安定
　——核　84
　——緩和　581
不安定性
　運動論的——　313
　巨視的——　309
　ケルビン-ヘルムホルツ——

1. 事項索引　　～ふどうた

312
　　交換——　309
　　テアリング——　315
　　電子ビーム——　313
　　電流駆動型——　313
　　ドリフト波——　312
　　フルート——　309
　　ベナール——　598
　　レイリー-テイラー——
　　312
ファン・デル・ワールス
　　——の状態方程式　545
　　——結合　228
ファン・ホーベ方程式　592
フィーゾーの歯車　664
フィックの法則　317
フィルター
　　ローパス——　498
　　ハイパス——　498
風洞実験　650
フェイズシフト　376
フェリ磁性　253
フェルミ
　　——運動量　224
　　——・エネルギー　238
　　——関数　118
　　——球　371
　　——縮退　224
　　——遷移　120
　　——-ディラック統計　6, 222, 567
　　——-ディラック分布　568
　　——-テラー過程　204
　　——の黄金律　191
　　——波数　371
　　——分布　236
　　——面　239
　　——粒子　2, 6, 13, 222, 236, 370, 382, 566
フェルミオン　6, 295, 370
フォッカー-プランク方程式　585

フォトン　244
フォノン　244, 272, 302
不可逆過程　522
不確定性原理　181, 187, 343, 555
不可弁別性　555
複屈折　672
複合核反応　158
副格子　252
輻射補正　26, 49
複素
　　——アドミッタンス
　　462, 483, 594
　　——インピーダンス　462
　　——屈折率　297, 480
　　——電圧　462
　　——電気感受率　483
　　——電気量　489
　　——電流　462
　　——比誘電率　296
負結晶　672
フーコーの振り子　726
節　658
不純物
　　——準位　240
　　——半導体　240
フックの法則　241, 247, 699, 745
物質
　　——の第4の状態　207
　　——波　14, 336
　　——不滅の法則　69
　　暗黒——　38, 53
　　ゲル——　227
　　非晶質——　227
沸点　516
物理
　　——振り子　737
　　——量　386
　　非加速器——　68
　　——フレーバー　30
不導体　436

801

ぶとすと〜

ブートストラップ 321
負の磁気抵抗 263
部分
　——干渉性 666
　——波展開法 376
　——波法 376
　——モルエントロピー 537
　——モル体積 537
不変
　——質量 27, 152
　——測度 601, 606
　——断面積 153
普遍
　——クラス 255
　——性 254
　——定数 391
ブヨルケン
　——のスケーリング則 34
　——変数 39
ブラウン運動 260, 583, 632
フラウンホーファー回折 668
フラクタル 608
　——次元 608
　——的 610
ブラケット系列 332
フラストレーション 252
プラズマ 207, 305
　——角振動数 207
　——加熱 319
　——シート 324
　——条件 307
　——振動 305
　——振動数 301, 310
　——波 654
　——パラメーター 307
　——ポーズ 324
　——乱流 316
　——流 317
　宇宙空間—— 306
　核融合—— 208
　完全電離—— 305
　強結合—— 208, 307

　クォークグルーオン——
　　128
　高温—— 305
　光電離—— 209
　磁気圏—— 323
　弱電離—— 305
　相対論—— 306
　中性—— 209
　燃焼—— 321
　非中性—— 209
　ブラソフ・—— 316
　無衝突—— 307
　理想—— 307
　量子—— 306
ブラソフ
　——・プラズマ 316
　——方程式 316
ブラック-ショールズの方程式
　586
ブラッグ反射 232
ブラックボックス 485
ブラックホール 209, 705
　——エントロピー 61
ブラッセルモデル 590, 598
ブラベー格子 226
フラーレンC_{60} 282
プランク
　——質量 176
　——スケール 56
　——定数 12, 176, 657
フーリエ
　——の法則 592
　——分解 705
　——変換 483
振り子
　実体—— 737
　相等単—— 737
　フーコーの—— 726
　物理—— 737
プリズム 667
　ニコルの—— 673
　フレネルの複—— 667

1. 事項索引

フリップ・フロップ 508
ブリュアン
　――域 231
　――極限 210
　――散乱 680
ブリュースター
　――角 671
　――の法則 671
ブリュックナー
　――-ハートリー-フォック模型 148
　――理論 124
浮力の中心 750
『プリンキピア』 690
フルート不安定性 309
フレネル
　――回折 668
　――の鏡 667
　――の複プリズム 667
フレーバー 3, 130
　――物理 30
フレンケル励起子 303
ブロッホの定理 233
分解能 21, 670
分極
　――効果 191
　――電荷 471, 477
　――ドリフト 309
　――ベクトル 471
　――率 181
　電気―― 471
分光学因子 170
分散 675
　――関係 296, 312
　――式 484
　――度 670
　――能 676
　異常―― 675
　光の―― 479, 675
　誘電―― 479
分子場近似 250
噴水効果 266

分数
　――電荷 291
　――量子ホール効果 291
分配関数 559, 569
分布密度関数 622

へ

閉殻 371
平均
　――加速度 686
　――速度ベクトル 684
　――2乗半径 103
　――場近似 182, 250
　――場理論 97, 134
　――流 644
平衡
　――条件 540
　――配位 314
並進
　――運動 737
　――慣性力 723
　――対称性 225
平面波 243, 655
　――ボルン近似 195
ベクター流の保存則 117
ベクトル
　――演算子 622
　――ポテンシャル 451
　加速度―― 686
　基本並進―― 225, 229
　座標―― 717
　磁化―― 476, 477
　4元―― 418
　状態―― 355
　速度―― 684
　動径―― 683
　波数―― 655
　分極―― 471
　平均速度―― 684
　変位―― 684
　ポインティング・―― 469
ヘスの法則 520

ベータ関数 33
ベータトロン 458
ベータ崩壊 85, 114
ベッセル関数 377
ベーテ-ジョンソンのEOS 127
ベーテの総和則 196
ヘテロ接合 289
ベーテ-ワイゼッカーの質量公式 144
ベナール不安定性 598
ペニングトラップ 213
ベネチアーノ振幅 58
ヘリシティ 122
ヘルツ 662
ペルティエ
　——係数 262
　——効果 593
　——素子 262
ベルヌーイの定理 752
ヘルムホルツ
　——キルヒホッフの積分 666
　——の自由エネルギー 530, 535, 545
　——の方程式 666
ベロゾフ-ジャボチンスキー反応 590, 598
変位
　——電流 463
　——ベクトル 684
変化
　運動量の—— 695
　断熱—— 524
変換
　アナログ-ディジタル—— 508
　伊藤-ストラノビッチ—— 586
　ガリレイ—— 387, 399, 720
　座標—— 398
　CP—— 24
　主軸—— 359, 741

正準—— 763
直交—— 734
パイこね—— 601
パリティ（P）—— 24
フーリエ—— 483
ユニタリー—— 357, 617
ルジャンドル—— 530, 761
ローレンツ—— 387, 391, 408
偏極 121
変形テンソル 745
偏光 468, 671
　——角 671
　——勾配冷却 212
　——子 671
　直線—— 466
変数
　——分離 339
　外部—— 556
　示強性—— 536
　状態—— 514
　示量性—— 535
　正準—— 553, 762
　熱力学的—— 514
　ブヨルケン—— 39
　マクロ—— 621
ペンローズ・タイル貼り 227

ほ

ボーア
　——運動量 177
　——磁子 178, 248, 364
　——速度 176
　——の量子条件 333, 337
　——半径 177, 334
ポアソン
　——括弧式 762
　——過程 580
　——比 746
　——方程式 629
ポアンカレの再帰定理 577
ホイスラー波 311

1. 事項索引　　～ほうてい

ホイートストン・ブリッジ　443
ホイヘンスの原理　665
ボイルの法則　516
ポインティング・ベクトル　469
方位量子数　352
崩壊
　——曲線　411
　——定数　84, 86, 119
包含反応　151
方式
　慣性閉じ込め——　318
　高速点火——　323
　磁場閉じ込め——　318
棒磁石　477
放射
　——性再結合過程　204
　——線帯　324
　——能　411
　黒体——　329, 552
　シンクロトロン——　65
　双極子——　480
法線応力　744
法則
　アンペールの——　453, 463
　アンペール-マックスウェルの——　464
　運動の3——　690
　エントロピー増大の——　539
　オームの——　441, 592
　ガウスの——　430, 464
　慣性の——　690
　キュリー-ヴァイスの——　551
　キュリーの——　551
　キルヒホフの第1——　442
　キルヒホフの第2——　442
　キルヒホフの——　442
　屈折の——　478
　クーロンの——　404, 422, 426, 449, 453
　ケプラーの第1——　688
　ケプラーの第2——　688
　ケプラーの第3——　688
　作用反作用の——　689, 726
　シュテファン-ボルツマンの——　330, 552
　ジュールの——　521
　ストークスの抵抗——　632
　ダルトンの分圧の——　537
　デュロン-プティの——　570
　ニュートンの運動——　620
　熱力学第1——　518, 527, 534
　熱力学第2——　521
　熱力学第3——　548
　熱力学の第0——　515
　反射の——　478
　ビオ-サヴァ（バ）ールの——　186, 404, 422, 451, 475
　ファラデーの電磁誘導の——　269, 456
　ファラデーの——　456, 464
　フィックの——　317
　フックの——　241, 247, 699, 745
　物質不滅の——　69
　フーリエの——　592
　ブリュースターの——　671
　ヘスの——　520
　ボイルの——　516
　右ネジの——　449
　ムーアの——　615
　面積速度一定の——　688
　落体の——　703
　レンツの——　455
方程式
　運動——　389, 421
　永年——　710
　オイラーの運動——　625, 741
　オイラーの微分——　760
　オイラー——　625
　オゼーン——　632

805

ほうてい〜

オッペンハイマー-ボルコフの
―― 126
階層―― 577
核物質の状態―― 126
QCD発展―― 40
行列―― 358
KdV―― 639, 677
固有値―― 710
サイン-ゴルドン―― 677
シュレーディンガー―― 137, 168, 233, 337, 657
状態―― 516
ストークス―― 631
正準―― 763
相対論的波動―― 12
チャーニー-長谷川-三間―― 317
超差分―― 639
DGLAP―― 40
ディラック―― 12, 19, 148, 186
閉じた―― 624
ナビエ-ストークス―― 598, 626, 640, 650
ニュートリノの輸送―― 128
ニュートンの運動―― 691
ニュートン―― 622
波動―― 337, 465, 654
ハートリー-フォック―― 124
ハミルトンの運動―― 553
ハミルトンの正準―― 762
ヒエラルキー―― 577
非線形シュレーディンガー―― 677
非同次線形微分―― 700
ファン・デル・ワールスの状態―― 545
ファン・ホーベ―― 592
フォッカー-プランク―― 585

ブラソフ―― 316
ブラック-ショールズの―― 586
ヘルムホルツの―― 666
ポアソン―― 629
ボルツマン―― 259, 576, 624
マスター―― 586
マックスウェルの波動―― 19
マックスウェル（の）―― 14, 464
ラグランジュの運動―― 760
ランジュバン―― 584, 589
理想気体の状態―― 517
リューヴィユ―― 622
レート―― 590, 596

放物
　――運動　702
　――線軌道　732
方法
　TDGLの――　582
　スキルムの――　148
　対称性を回復する――　145
　タイム・オブ・フライトの――　664
　ハートリー-フォックの――　148
　マイケルソンの――　664
包絡面　665
飽和蒸気圧　547
母関数　349
捕食-被捕食モデル　596
ボース
　――凝縮　223, 265
　――統計　13
　――粒子　6, 13, 22, 222, 370, 567
ボース-アインシュタイン
　――凝縮　212
　――統計　6, 222, 567

――分布　568
ボソン　6, 370
　――場　147
保存則
　一般化運動量――　760
　運動量――　401, 727
　エネルギー（の）――
　　11, 400, 517, 729
　角運動量（の）――　12,
　　689, 718, 728
　4元電流の――　117
　重粒子数――　69
　全運動量の――　696
　全エネルギーの――　717
　電気量――　425
　ベクトル流の――　117
　力学的エネルギーの――
　　716
保存力　715, 716
　――場　715
　非――　716
ポテンシャル　433
　――エネルギー　715
　――障壁　346
　井戸型――　347
　ウッズ-サクソン型の――
　　140
　遠心力――　731
　化学――　534
　クーロン――　376
　原子間結合――　247
　散乱――　368
　スカラー――　451
　重畳――　167
　ベクトル――　451
　有効――　731
ホドグラフ　686
ホール
　――係数　261
　――効果　261, 315
　――伝導度　261
　――電場　261

ボルツマン
　――-グラード極限　624
　――定数　237, 331
　――のH定理　576
　――のエルゴード定理　555
　――の原理　556, 574
　――分布　237
　――方程式　259, 576, 624
ポールトラップ　215
ボルン近似　162, 368, 377
ホロノーム的　756
ホワイトガウシャンノイズ
　583

ま

マイクロ
　――波　257
　――マシン　633
マイケルソン
　――の方法　664
　――-モーレイの実験　404
マイスナー効果　23, 35, 265,
　268
マイヤーの関係式　521
牧-中川-坂田の理論　9
マグヌス効果　755
マグネトロン　512
マグノン　256
マクロ変数　621
摩擦　591
　――冷却法　149
マジックナンバー　83, 98, 138,
　141
マスター方程式　586
マックスウェル
　――応力　431
　――関係式　530
　――の速度分布則　560
　――の波動方程式　19
　――分布　624
　――（の）方程式　14, 464
　――-ボルツマン分布　568

ま

マッハ数　635, 664
魔法数　98
マーミン-ワグナーの定理　251
マヨラナ
　——質量　51
　——成分　75
　——ニュートリノ　51
マルコフ過程　587

み

見掛け
　——の重力加速度　703
　——の力　700
右
　——旋光　468
　——手系陽電子　25
　——ネジの法則　449
ミクロ
　——カノニカル・アンサンブル　555
水の三重点　517
ミッシングマス法　152
密度
　——行列　564
　——の飽和性　82
　確率流——　341
　磁束——　178, 248, 390, 448, 451
　遮断　311
　状態　237
　静磁場のエネルギー　469
　静電場のエネルギー——　469
　線——　656
　電荷の面——　431
　電子——　306
　電束——　429
　電流——　463
　臨界——　311
　臨界電流——　269
未定乗数　757

む

ミューオン　25
　——触媒核融合　206
ミューニュートリノ　9
ミュー(μ)粒子　3
ミラー
　——型磁場配位　308
　——磁場　324
　磁気——　308
ミンコフスキー空間　12, 412

む

ムーアの法則　615
無衝突
　——衝撃波　324
　——プラズマ　307
　——連続体　307
無閉殻殻模型　97

め

メイヤー-ヤンセンのシェルモデル　147
メスバウアー効果　664
メゾスコピック系　292
メソン　4, 133
　——場　147
メモリーラッチ　508
面心立方　226
　——格子　282
面積速度　718
　——一定の法則　688
面力　697

も

毛管現象　751
模型
　イジング——　60, 588
　液滴——　95
　殻　97, 138
　グラウバー——　170
　クラスター——　146
　光学——　166
　相互作用するボソン——

1. 事項索引　　　〜もんだい

146
大統一—— 47
太陽 70
多粒子殻 111
単一粒子殻 109
バーコールの太陽—— 70
パートン 34
標準—— 53
ブリュックナー-ハートリー-フォック—— 148
無閉殻殻 97
ワインバーグ-サラム—— 46
モジュラー不変性 58
モット
　——散乱 162
　——絶縁体 277
　——転移 285
モデル
　IBM—— 146
　イジング・—— 251
　AMD—— 149
　液滴 144
　XY—— 251
　NJL—— 132
　グラウバー—— 588
　古典的障壁乗り越え—— 200
　シェル 97, 135, 138
　ジャイロ運動論—— 316
　シュレーゲル—— 597
　相対論的平均場—— 135, 147
　TUYY—— 96
　統一—— 145
　土星—— 332
　トムソンの原子—— 332
　ドルーデ・—— 258, 299
　ドロプレット—— 96
　長岡の原子—— 332
　南部-ジョナラシニオ—— 132

2流体—— 267
ハイゼンベルク・—— 251
反対称分子軌道 149
非相対論的ハートリー-フォック—— 135
非相対論的平均場 148
比熱のアインシュタイン・—— 246
比熱のデバイ・—— 246
ブラッセル—— 590, 598
捕食-被捕食—— 596
メイヤー-ヤンセンのシェル 147
ランダウ-ツェナー—— 198
ロトカ-ヴォルテラ・—— 596
ローレンツ・—— 298
モーメント
　異常磁気—— 20, 214
　慣性—— 736
　Q—— 111
　固有磁気—— 178, 186
　磁気双極子 454
　磁気 248, 257
　主慣性—— 741
　スピン—— 369
　双極子 363, 432
　電気4重極—— 109
　電気双極子—— 37
　電磁—— 108
森理論 578
モル
　——熱 521
　——比熱 244
問題
　宇宙項—— 55
　階層性—— 49
　三体—— 600
　散乱—— 372
　衝突—— 372
　多体—— 360
　強いCP—— 37

や

ヤング
　——の実験　667
　——率　656, 746
ヤン-ミルズ
　——場　19
　——理論　22

ゆ

融解
　——曲線　544
　——熱　545
有機
　——EL　281
　——超伝導体　288
有効
　——質量　235
　——相互作用　124
　——相互作用定数　33
　——ポテンシャル　731
融合反応　91, 158
核——　206
誘電
　——体　436, 470
　——分散　479
　——率　35, 296, 472, 481
誘導
　——起電力　459
　——単位　693
　——電荷　436
　——電場　455
　——ラマン散乱　680
　自己——　458
　静電——　436, 439
　相互——　458
輸送係数　578, 593
ユニタリー
　——行列　357
　——変換　357, 617

よ

陽子　2, 78
　——過剰核　91, 156
　——シンクロトロン　73
　——スキン　105
　——ドリップ線　81
　——・反陽子衝突　44
　——・反陽子衝突装置　25
　——分離エネルギー　94
　——崩壊　85
　——崩壊核　81
　——崩壊過程　50
　——崩壊実験　69
　重——　8, 87
　反——　189, 205
要素波　665
陽電子　189
　——崩壊　85, 118
揺動散逸定理　632
揚力　754
横
　——加速度　723
　——慣性力　723
　——緩和　258
　——波　243, 311, 655, 747
ヨーロッパ合同原子核研究所　404
弱い相互作用　17, 21

ら

ライマン系列　332
ラウエ
　——反射　232
　——-ブラッグ条件　678
　——-ブラッグ・スポット　678
落体
　——運動　690
　——の法則　703
ラグランジアン　147
ラグランジュ
　——関数　759
　——形式　761

1. 事項索引　　　～りつ

―――の渦定理　753
―――の運動方程式　760
―――のこま　741
―――の未定乗数法　756
ラゲール多項式　352
ラザフォード散乱の公式　374
ラジエーションゲージ　380
ラセン磁性　253
ラッティンジャー液体　294
ラプラシアン　338
ラプラス演算子　338
ラムシフト　188
ラムダ（Λ）粒子　6, 17
ラメの定数　746
ラーモア
―――回転　257
―――歳差運動　743
―――周波数　257
―――振動数　308
―――半径　308
ラングミュア波　310
乱雑位相近似　145
ランジュバン
―――断面積　203
―――方程式　584, 589
ランダウ
―――減衰　313
―――準位　289
―――-ツェナーモデル　198
ランダウアー公式　292
ランダム
―――ウォーク　584, 610
―――過程　583
―――プロセス　583
乱流　628, 640
―――輸送　317

り

リアプノフ数　601
力学的エネルギーの保存則
　　716
力積　695

力率　461
リー群　47
リサジュー図形　701
離心率　732
理想
―――MHD　314
―――気体　238, 517, 568
―――気体の状態方程式　517
―――磁気流体　314
―――プラズマ　307
律
因果―――　483
ギブスの相―――　547
相―――　547
熱平衡の推移―――　515
パウリの排他―――　13, 183, 206, 224
フェルミの黄金―――　191
率
異常磁気能　25
屈折―――　297, 346, 478, 662
剛性―――　746
磁化―――　269, 476
真空中の誘電―――　426
真空の透磁―――　449
絶対屈折―――　479, 481
遷移確―――　117, 145, 366, 587
線形感受―――　304
存在確―――　348
帯磁―――　249, 252
体積弾性―――　747
弾性―――　745
断熱圧縮―――　542, 550
断熱磁化―――　551
電気感受―――　304, 472
電気抵抗―――　444
電気伝導―――　444, 481, 592
等圧熱膨張―――　548
等温圧縮―――　542
等温磁化―――　551
透過―――　613

811

透磁—— 476
動粘性—— 629, 647
熱伝導—— 262
非圧縮—— 90
非線形屈折—— 305
比透磁—— 476
比誘電—— 472
複素屈折—— 297, 480
複素電気感受—— 483
複素比誘電—— 296
分極—— 181
ヤング—— 656, 746
誘電—— 35, 296, 472, 481
力—— 461
離心—— 732
立体角 373
リッツの結合原理 331
立方対称性 226
リフシッツ-スリオゾフ則 581
リーマン空間 388
リューヴィユ
 ——の定理 554, 591
 ——方程式 622
流管 751
粒子
 ——加速器 63
 ——検出器 66
 ——数表現 382
 ——と波の相補性原理 61
 ——の平均寿命 69
 ——励起 112
 α（アルファ）—— 78
加速—— 87
荷電—— 3, 424
共鳴—— 313
ゲージ—— 5
ゴールドストーン—— 79
自由—— 398
重—— 4, 5
タウ—— 3
ディラック—— 108
反重—— 5
反—— 5, 13, 189
ヒッグス—— 24, 29
フェルミ—— 2, 6, 13, 222, 236, 370, 382, 566
ボース—— 6, 13, 22, 222, 370, 567
ミュー（μ）—— 3
ラムダ（Λ）—— 6, 17
流体 747
 ——力学の非平衡理論 128
完全—— 752
非圧縮性—— 627
理想磁気—— 314
リュードベリ定数 196, 206, 332, 334
量子
 ——暗号 618
 ——異常 23, 52
 ——井戸 303
 ——色力学 3, 19, 33, 79, 129
 ——化条件 181, 185
 ——仮説 331
 ——共鳴 615
 ——欠損 183
 ——コンピュータ 616
 ——細線 294, 303
 ——状態 90
 ——数 6, 342
 ——数ストレンジネス 92
 ——スピン系 255
 ——テレポーテーション 618
 ——閉じ込め構造 303
 ——ドット 294, 303
 ——ビート 181
 ——プラズマ 306
 ——ホール効果 261, 289
 ——輸送現象 289
 ——ゆらぎ 614
 ——力学 3, 14, 19, 337
光—— 326, 370, 383
理論

1. 事項索引

一般相対性—— 19
インパルス—— 154
M—— 60
エルゴード—— 555
可換ゲージ—— 34
カルツァ-クライン—— 57
軌道—— 307
キルヒホフの回折—— 666
久保 594
グラウバー—— 154
くりこみ—— 16, 20
グロス—— 96
ゲージ場—— 18, 22
弦—— 59
格子ゲージ—— 36
コルモゴロフ—— 646
佐藤—— 639
線形応答—— 261, 482, 593
相対性—— 387
双対ギンツブルク-ランダウ—— 131
大統一—— 47
超弦—— 37, 57
超重力—— 57
超ひも—— 57
電弱—— 24
統一—— 38
特殊相対性—— 11
朝永-シュウィンガーの—— 15
朝永-シュウィンガー-ファインマンの—— 20
ハートリー-フォック—— 97
場の—— 15
ハミルトン-ヤコービの—— 763
BHF—— 124
非可換ゲージ—— 34, 129
BCS—— 23, 272
ファイゲンバウム—— 644
V-A—— 21

ブリュックナー—— 124
平均場—— 97, 134
牧-中川-坂田の—— 9
森—— 578
ヤン-ミルズ—— 22
流体力学の非平衡—— 128
レッジェ—— 57
ワイス—— 250
ワインバーグ-サラム—— 19, 24, 52

臨界
—— 温度 270
—— 角 505
—— 核 579
—— 指数 254, 605
—— 磁場 270
—— 点 545
—— 電流密度 269
—— 密度 311

る

ル・シャトゥリエ
—— の原理 542
—— -ブラウンの原理 543
ルジャンドル
—— 多項式 164
—— 陪関数 352
—— 変換 530, 761
ループ重力 62
ルミノシティー 31, 65

れ

励起子 303
—— 束縛エネルギー 303
—— ボーア半径 303
フレンケル 303
ワニエ 303
励起状態 83, 112
レイノルズ
—— 数 630, 640
—— の相似則 630
レイリー-ジーンズの公式 330

れ

レイリー-テイラー不安定性 312
レーザー 505
　——光 198
　——発振 595
　——冷却 211
レッジェ理論 57
レート方程式 590, 596
レプトジェネシス機構 53
レプトン 2, 7
　——族 9
連成振動 709
連続
　——の式 752
　——歪曲波近似 197
連続体 307
　——近似 620
　無衝突—— 307
レンズの法則 455

ろ

ロイドの鏡 667
ロジスティック・マップ 604
ロスビー波 649
ローソン条件 318
ロトカ-ヴォルテラ・モデル 596
ローパスフィルター 498
ローランドの凹面格子 671
ローレンツ
　——収縮 190, 197, 410
　——数 262
　——不変量 162
　——変換 387, 391, 408
　——・マップ 603
　——・モデル 298
　——力 261, 397, 448, 457, 697, 716

わ

歪曲波
　——インパルス近似 155
　——ボルン近似 155, 167, 197
ワイス理論 250
ワインバーグ
　——角 25, 27, 48
　——-サラム模型 46
　——-サラム理論 19, 24, 52
ワニエ励起子 303

2. 人名索引

〈ア行〉

アインシュタイン, A.　11, 570, 632
アトウッド, G.　737
アリストテレス　690
有馬朗人　146
アルタレーリ, G.　40
アルフベン, H.O.G.　314
イアケロ, F.　146
飯島澄男　283
伊藤清　585
ウィッテン, E.　35
ウィルソン, K.G.　36
ウィーン, W.　330
ウェンツェル, W.　364
ヴォルタ, A.　447
内山龍雄　18
ウルフラム, S.　612
ウーレンベック, G.E.　368
大澤映二　282

〈カ行〉

ガイガー, H.　78
ガーマー, L.H.　336
カマリング・オネス, H.　268
ガリレイ, G.　690
カール, R.　282
カルツァ, T.F.E.　59
川崎恭治　578
木下東一郎　20, 26
ギンツブルク, V.L.　582
クーパー, L.N.　272
久保亮五　594
クライン, O.　59
グラウバー, R.J.　589
グラショー, S.L.　22, 47
クラマース, K.　364
グリュンベルク, P.　263
グリーン, M.　58
クルスカル, M.D.　677
クロート, H.　282
クローニン, J.　24
ゲイ-リュサック, J.L.　517
ケプラー, J.　687, 718
ケルヴィン卿　692
ゲルマン, M.　7, 51
ゲルラッハ, W.　368
小林誠　24
コペルニクス, N.　687
コルトヴェーク, D.J.　639, 677

〈サ行〉

サイバーグ, N.　35
ザブスキー, N.J.　639, 677
サラム, A.　23
シャルル, J.A.C.　517
シュウィンガー, J.S.　22, 360
シュテュッケルベルク, E.C.G.　615
シュテルン, O.　368
シュリーファー, J.R.　272
ジュール, J.P.　518, 716
シュレーディンガー, E.　14, 337
シュワルツ, J.　58
ジョージャイ, H.　47
白川英樹　278
鈴木増雄　583
スモーリー, R.　282
スランスキー, R.　51
ゼーナー, C.　615
セルシウス, A.　516

〈タ行〉

ダイソン, F.　20
ダヴィソン, C.J.　336
ターケンス, F.　642
ダランベール, J.L.R.　757
ツェルメロ, E.F.F.　577

索　　引

ツバイク, G.　7
ツバンチィッヒ, R.　578
ティコ・ブラーエ　687
ディラック, P.A.M.　14, 337, 368, 381
デバイ, P.J.W.　571
デービス, R.Jr.　70
ドイチ, D.　617
ド・フリース, G.　639, 677
ド・ブロイ, L.V.　14, 335
トホーフト, G.　23
朝永振一郎　360

〈ナ行〉

中嶋貞雄　578
南部陽一郎　23, 58, 132
ニュートン, I.　338, 684
ネーマン, Y.　7

〈ハ行〉

ハイゼンベルク, W.K.　14, 250, 337, 381
ハウトスミット, S.A.　368
パウリ, W.　381
バーコール, J.N.　70
バーディーン, J.　272
ハートリー, D.R.　124
パリジ, G.　40
ヒーガー, A.J.　278
ファインマン, R.P.　15, 34
フィーゾー, A.H.L.　664
フィッチ, V.L.　24
フェルト, A.　263
フェルミ, E.　6
フォック, V.A.　124
プトレマイオス, C.　687
ブーヘラー, A.H.　396
ブラーエ, T.　687
ブラッドレー, J.　664
プランク, M.K.E.L.　331
プリゴジン, I.　596
ブリユアン, B.　364

ブルンス, H.　600
ベドノルツ, J.G.　268
ベルトッジ, W.　397
ベルヌーイ, J.　602, 757
ヘルムホルツ, H.L.F.von　753
ボーア, N.H.D.　333
ポアンカレ, J.H.　600, 729
ホイヘンス, C.　665
ポリアコフ, A.M.　36
ボルン, M.　14, 337

〈マ行〉

マクダイアミド, A.G.　278
益川敏英　24
マースデン, E.　78
マックスウェル, J.C.　463
マルダセナ, J.M.　61
ミュラー, K.A.　268
ミルズ, R.　18
ミンコフスキー, H.　51
メイヤー, M.G.　138, 141
森肇　578

〈ヤ・ラ・ワ行〉

八幡英雄　583
柳田勉　51
ヤン, C.N.　18, 21
ヤンセン, J.H.D.　138, 141
湯川秀樹　5, 135
吉村太彦　52
ヨルダン, E.P.　337
ラザフォード, E.　78, 150
ラッセル, J.S.　677
ラモン, P.　51
ラングミュア, I.　305
ランダウ, L.D.　582, 615
リー, T.D.　21
ルエル, D.　642
レーマー, O.C.　664
ロシュミット, J.　577
ローレンツ, H.A.　19
ワインバーグ, S.　23

N.D.C.420　　816p　　18cm

ブルーバックス　B-1642

新・物理学事典
しん・ぶつりがくじてん

2009年 6 月20日　第 1 刷発行
2009年 7 月16日　第 2 刷発行

編者	大槻義彦（おおつきよしひこ） 大場一郎（おおばいちろう）
発行者	鈴木　哲
発行所	株式会社講談社
	〒112-8001東京都文京区音羽2-12-21
電話	出版部　03-5395-3524
	販売部　03-5395-5817
	業務部　03-5395-3615
印刷所	(本文印刷) 慶昌堂印刷株式会社
	(カバー表紙印刷) 信毎書籍印刷株式会社
製本所	株式会社国宝社

定価はカバーに表示してあります。
©大槻義彦・大場一郎ほか 2009, Printed in Japan
落丁本・乱丁本は購入書店名を明記のうえ、小社業務部宛にお送りください。送料小社負担にてお取替えします。なお、この本についてのお問い合わせは、ブルーバックス出版部宛にお願いいたします。
®〈日本複写権センター委託出版物〉本書の無断複写(コピー)は著作権法上での例外を除き、禁じられています。複写を希望される場合は、日本複写権センター(03-3401-2382)にご連絡ください。

ISBN978-4-06-257642-0

発刊のことば

科学をあなたのポケットに

二十世紀最大の特色は、それが科学時代であるということです。科学は日に日に進歩を続け、止まるところを知りません。ひと昔前の夢物語もどんどん現実化しており、今やわれわれの生活のすべてが、科学によってゆり動かされているといっても過言ではないでしょう。

そのような背景を考えれば、学者や学生はもちろん、産業人も、セールスマンも、ジャーナリストも、家庭の主婦も、みんなが科学を知らなければ、時代の流れに逆らうことになるでしょう。

ブルーバックス発刊の意義と必然性はそこにあります。このシリーズは、読む人に科学的に物を考える習慣と、科学的に物を見る目を養っていただくことを最大の目標にしています。そのためには、単に原理や法則の解説に終始するのではなくて、政治や経済など、社会科学や人文科学にも関連させて、広い視野から問題を追究していきます。科学はむずかしいという先入観を改める表現と構成、それも類書にないブルーバックスの特色であると信じます。

一九六三年九月　　　　　　　　　　　　　　　　　野間省一

ブルーバックス 物理関係書 (I)

79	相対性理論の世界	J・A・コールマン／中村誠太郎=訳
373	新しい科学論	村上陽一郎
563	電磁波とはなにか	後藤尚久
693	量子力学の考え方	砂川重信
789	超ひも理論と「影の世界」	J・C・ポーキングホーン／宮崎忠=訳
873	時間の不思議	広瀬立成
911	電気とはなにか	都筑卓司
1004	質量の起源	広瀬立成
1012	量子力学が語る世界像	和田純夫
1128	原子爆弾	山田克哉
1205	金属なんでも小事典	増本健=監修／ウォーク=編著
1213	クォーク 第2版	南部陽一郎
1216	静電気のABC	堤井信力
1249	図解・わかる電気と電子	見城尚志
1251	脳と心の量子論	治部眞里／保江邦夫
1259	心は量子で語れるか	ロジャー・ペンローズ／中村和幸=訳
1260	光と電気のからくり	山田克哉
1268	ペンローズのねじれた四次元	竹内薫
1285	相対論的量子論	メンデル・サックス／原田・天外=伺訳
1287	意識は科学で解き明かせるか	茂木健一郎
1295	カオスから見た時間の矢	田崎秀一
1310	マンガ 量子論入門	J・P・マッケボイ=文／治部眞里=訳
1324	「場」とはなんだろう	竹内薫
1328	いやでも物理が面白くなる	志村史夫
1337	クイズで学ぶ大学の物理	飽本一裕
1380	パソコンで見る流れの科学（CD-ROM付）	矢川元基=編著
1381	新装版 四次元の世界	都筑卓司
1383	新装版 パズル・物理入門	都筑卓司
1384	新装版 高校数学でわかるマクスウェル方程式	竹内淳
1385	新装版 マクスウェルの悪魔	都筑卓司
1388	新装版 不確定性原理	都筑卓司
1390	新装版 タイムマシンの話	都筑卓司
1394	熱とはなんだろう	竹内薫
1395	ニュートリノ天体物理学入門	小柴昌俊
1404	科学の大発見はなぜ生まれたか	科崎晶雄／J・アガシ／立花希一=訳
1406	新・核融合への挑戦	吉川庄一
1412	真空とはなんだろう	広瀬立成
1414	脳とコンピュータはどう違うか	茂木健一郎／田谷文彦
1415	謎解き・海洋と大気の物理	保坂直紀
1425	新装版 量子力学のからくり	山田克哉
	新装版 相対論的宇宙論	佐藤文隆／松田卓也

ブルーバックス　物理関係書（II）

- 1442 温度から見た宇宙・物質・生命　ジノ・セグレ　桜井邦朋=訳
- 1444 超ひも理論とはなにか　竹内　薫
- 1445 ゴルフ上達の科学　大槻義彦
- 1450 応用物理の最前線　早稲田大学理工学部応用物理学科
- 1452 流れのふしぎ　日本機械学会=編
- 1480 宇宙物理学入門　石綿良三/根本光正=編
- 1483 新しい物性物理　伊達宗行
- 1484 単位171の新知識　桜井邦朋
- 1487 ホーキング　虚時間の宇宙　竹内　薫
- 1499 マンガ　ホーキング入門　J・P・マッケボイ=文 オスカー・サラーティ=訳 杉山直=訳
- 1505 新しい高校物理の教科書　山本明利/左巻健男=編著
- 1509 対称性から見た物質・素粒子・宇宙　広瀬立成
- 1511 「複雑ネットワーク」とは何か　増田直紀/今野紀雄
- 1521 音のなんでも実験室　吉澤純夫
- 1522 判断力を高める推理パズル　鈴木清士
- 1543 早わかり物理50の公式　保江邦夫=監修 岡山物理アカデミー=編
- 1550 絵で見る物質の究極　江尻宏泰
- 1555 新装版 物理のABC　福島　肇
- 1560 はじめての数式処理ソフト　CD-ROM付　竹内　薫
- 1561 新装版 相対論のABC　福島　肇
- 1569 新装版 電磁気学のABC　福島　肇
- 1575 波のしくみ　佐藤文隆/松下泰雄
- 1591 発展コラム式 中学理科の教科書 第1分野〔物理・化学〕　滝川洋二=編
- 1600 量子力学の解釈問題　コリン・ブルース　和田純夫=訳
- 1605 マンガ 物理に強くなる　関口智彦=原作/鈴木みそ=漫画
- 1606 関数とはなんだろう　山根英司
- 1620 高校数学でわかるボルツマンの原理　竹内　淳

ブルーバックス　数学関係書 (I)

35	計画の科学	加藤昭吉
116	推計学のすすめ	佐藤信
120	統計でウソをつく法	ダレル・ハフ 高木秀玄=訳
177	ゼロから無限へ	C・レイド 芹沢正三=訳
217	ゲームの理論入門	モートン・D・デービス 桐谷維/森克美=訳
297	複雑さに挑む科学	柳井晴夫/岩坪秀一
312	非ユークリッド幾何の世界	寺阪英孝
325	現代数学小事典	寺阪英孝=編
716	マンガ　数学小事典	岡部恒治
722	解ければ天才！算数100の難問・奇問	中村義作
776	コンピュータもびっくり！速算100のテクニック	中村義作
797	円周率πの不思議	堀場芳数
833	虚数iの不思議	堀場芳数
862	対数eの不思議	堀場芳数
899	解ければ天才！算数100の難問・奇問 PART3	中村義作
908	数学トリック＝だまされまいぞ！	仲田紀夫
926	原因をさぐる統計学	豊田秀樹
988	論理パズル101	デル・マガジンズ社=編 小野田博一/柳田忠彦=訳
989	数学を築いた天才たち(上)	スチュアート・ホリングデール 岡部恒治=監訳 岡部恒治/藤岡文世=絵
990	数学を築いた天才たち(下)	スチュアート・ホリングデール 岡部恒治=監訳
1003	マンガ　微積分入門	岡部恒治 藤岡文世=絵
1013	違いを見ぬく統計学	豊田秀樹
1037	道具としての微分方程式	斎藤恭一
1054	数学オリンピック問題にみる現代数学	吉田剛=絵 小島寛之
1062	算数オリンピックに挑戦	算数オリンピック委員会=監修 雅/孝司=編
1074	フェルマーの大定理が解けた！	足立恒雄
1076	トポロジーの発想	川久保勝夫
1106	脳を鍛える数理パズル	デイビッド・ウェルズ 芦ヶ原伸之=監訳 藤岡文世=絵
1141	マンガ　幾何入門	岡部恒治=著 清水誠=絵
1145	データ分析 はじめの一歩	佐藤修一
1201	自然にひそむ数学	佐藤修一
1243	高校数学とっておきの勉強法	鍵本聡
1278	無限のパラドクス	足立恒雄
1286	Excelで学ぶ金融市場予測の科学	保江邦夫
1288	算数オリンピックに挑戦'95〜'99年度版	算数オリンピック委員会=編
1289	代数を図形で解く	中村義作/阿邊恵一
1312	マンガおはなし数学史	仲田紀夫=原作 佐々木ケン=漫画
1332	新装版 集合とはなにか	竹内外史
1352	確率・統計であばくギャンブルのからくり	谷岡一郎
1353	算数パズル「出しっこ問題」傑作選	仲田紀夫
1366	数学版・これを英語で言えますか？	E・ネルソン=監修 保江邦夫=著 ムギ畑=編
1372	数学にときめく	新井紀子=著

ブルーバックス　数学関係書（II）

- 1383 高校数学でわかるマクスウェル方程式　竹内淳
- 1386 素数入門　芹沢正三
- 1397 数の論理　保江邦夫
- 1402 Q&Aで学ぶ確率・統計の基礎　木下栄蔵
- 1403 パソコンで学ぶ数学実験（CD-ROM付）　涌井貞美
- 1407 入試数学　伝説の良問100　安田亨
- 1419 最新・Excelでひらめく補助線の幾何学　中村義作
- 1422 パズルでひらめく 高校・総合学習の数学　保江邦夫
- 1428 ゆっくり考えよう！ 最新・Excelで学ぶ金融市場予測の科学　佐々木正敏
- 1429 数学21世紀の7大難問　中村亨
- 1430 Excelで遊ぶ手作り数学シミュレーション　田沼晴彦
- 1433 大人のための算数練習帳　佐藤恒雄
- 1440 算数オリンピックに挑મ '00～'03年度版 図形問題編　算数オリンピック委員会=編
- 1453 大人のための算数練習帳 図形問題編　佐藤恒雄
- 1455 新装版 数学・まだこんなことがわからない　吉永良正
- 1470 高校数学でわかるシュレディンガー方程式　竹内淳
- 1479 なるほど高校数学三角関数の物語　原岡喜重
- 1490 暗号の数理 改訂新版　一松信
- 1493 計算力を強くする　鍵本聡
- 1494 間違いさがしパズル傑作選　中村義作/阿邊恵一
- 1515 論理力を強くする　小野田博一

ブルーバックス 12cm CD-ROM付

- 1536 計算力を強くする part2　鍵本聡
- 広中杯 ハイレベル中学生に挑む 算数オリンピック委員会=監修／青木亮二=解説
- 1547 大人のための算数練習帳 中学入試編　佐藤恒雄
- 1549 やさしい統計入門　柳井晴夫/藤越康祝/C・R・ラオ
- 1557 はじめての数式処理ソフト CD-ROM付　竹内薫
- 1560 音律と音階の科学　小方厚
- 1567 なるほど高校数学 ベクトルの物語　原岡喜重
- 1598 関数とはなんだろう　芳沢光雄
- 1606 出題者心理から見た入試数学　芳沢光雄
- 1617 離散数学「数え上げ理論」　野﨑昭弘
- 1619 高校数学でわかるボルツマンの原理　竹内淳
- 1620 ロールプレイで学ぶ経営数学　横手光洋
- BC04 パソコンらくらく高校数学 微分・積分　友田勝久/堀部和経
- BC05 JMP活用 統計学とっておき勉強法　新村秀一
- BC06

ブルーバックス　宇宙・天文・地学関係書

- 1260 ペンローズのねじれた四次元　S・F・オデンワルド　塩原通緒＝訳
- 1293 宇宙300の大疑問　加藤賢一＝監修
- 1380 新装版 四次元の世界　都筑卓司
- 1388 新装版 タイムマシンの話　都筑卓司
- 1390 熱とはなんだろう　竹内薫
- 1394 宇宙の素顔　小柴昌俊
- 1395 ニュートリノ天体物理学入門　J・アガシ　立花希一＝訳
- 1414 科学の大発見はなぜ生まれたか　保坂直紀
- 1417 謎解き・海洋と大気の物理　マーティン・リース　青木薫＝訳
- 1425 新装版 相対論的宇宙論　佐藤文隆／松田卓也
- 1442 温度から見た宇宙・物質・生命　ジノ・セグレ　桜井邦朋＝訳
- 1458 クェーサーの謎　谷口義明
- 1476 宇宙のからくり　山田克哉
- 1487 ホーキング 虚時間の宇宙　竹内薫
- 1491 遺伝子で探る人類史　ジョン・リレスフォード　沼尻由起子＝訳
- 1492 宇宙100の大誤解　ニール・カミンズ　加藤賢一／吉本敬子＝訳
- 1496 暗黒宇宙の謎　谷口義明
- 1505 対称性から見た物質・素粒子・宇宙　広瀬立成
- 1510 新しい高校地学の教科書　杵島正洋／松本直記／左巻健男＝編著
- 1517 ダイヤモンドの科学　松原聰

- 1542 クイズ 宇宙旅行　中冨信夫
- 1575 波のしくみ　佐藤文隆／松下泰雄
- 1576 富士山噴火　鎌田浩毅
- 1592 麓々式 中学理科の教科書 第2分野（生物・地球・宇宙）　石渡正志／滝川洋二＝編
- 1593 海のなんでも小事典　道田豊／加藤茂／小田巻実／八島邦夫

BC01 太陽系シミュレーター　SSSP＝編

ブルーバックス12cm CD-ROM付